H. BANDEMER u. a.

THEORIE UND ANWENDUNG DER OPTIMALEN VERSUCHSPLANUNG I

MATHEMATISCHE LEHRBÜCHER UND MONOGRAPHIEN

HERAUSGEGEBEN VON DER
AKADEMIE DER WISSENSCHAFTEN DER DDR
ZENTRALINSTITUT FÜR MATHEMATIK UND MECHANIK

II. ABTEILUNG

MATHEMATISCHE MONOGRAPHIEN

BAND 47

THEORIE UND ANWENDUNG DER OPTIMALEN VERSUCHSPLANUNG I

VON

H. BANDEMER u. a.

AKADEMIE-VERLAG · BERLIN

1977

THEORIE UND ANWENDUNG DER OPTIMALEN VERSUCHSPLANUNG I

Handbuch zur Theorie

Herausgegeben von

Prof. Dr. H. BANDEMER

Bergakademie Freiberg

AKADEMIE-VERLAG · BERLIN

1977

Dem Autorenkollektiv gehören an:

Prof. Dr. H. Bandemer
Dr. A. Bellmann
Dr. W. Jung
Dr. Le Anh Son
Dipl.-Math. S. Nagel
Dipl.-Math. W. Nagel
Dr. W. Näther
Dipl.-Math. J. Pilz
Dr. K. Richter

Erschienen im Akademie-Verlag, 108 Berlin, Leipziger Straße 3—4

Lizenznummer: 202 · 100/405/77
Gesamtherstellung: VEB Druckerei „Thomas Müntzer", 582 Bad Langensalza
Bestellnummer: 761998 6 (6215/1) LSV 1075
Printed in GDR
DDR 68,—

VORWORT

Bei der Durchführung von Experimenten, die in einem Regressionsmodell ausgewertet werden, erhebt sich stets die Frage, welche Werte für die einstellbaren Einflußgrößen bei jedem einzelnen Versuch gewählt werden sollen. Mit der mathematischen Behandlung dieses Problems einer Versuchsplanung beschäftigt man sich bereits seit mehr als sechzig Jahren. Aber erst in den letzten zwanzig Jahren setzte eine stürmische Entwicklung auf diesem Gebiet, unter theoretischen wie unter praktischen Aspekten, ein; genannt seien hier die Arbeiten von J. Kiefer, G. E. P. Box und V. V. Fedorov. Daneben erschien eine Vielzahl praktisch orientierter Bücher, in denen Verfahren der Versuchsplanung heuristisch begründet und beschrieben werden. Die damit zum Ausdruck kommende hohe praktische Bedeutung und der erreichte Stand der Theorie rechtfertigen eine zusammenfassende Darstellung des Gebietes. Wegen des Umfangs und im Interesse eines jeweils einheitlichen Stils und einer besseren Lesbarkeit wird die Problemstellung in zwei Teilbänden behandelt.

Im ersten Teilband erfolgt die Darstellung des Standes der Theorie nach möglichst einheitlichen Prinzipien. Damit soll ein Beitrag zum Aufbau einer geschlossenen Theorie der statistischen Versuchsplanung als einem Teilgebiet der Entscheidungstheorie geleistet werden. Die Darstellung wendet sich an den Mathematiker und den mathematisch stark interessierten Naturwissenschaftler und Ingenieur, der auf diesem Gebiet arbeiten will oder sich über die den praktischen Verfahren zugrunde liegenden mathematischen Gedanken informieren muß, um eine sinnvolle Anwendung zu empfehlen oder zu gewährleisten. Diesem Aspekt dienen z. B. Hinweise auf offene Probleme und Robustheitsaussagen. Es wird nicht erwartet, daß der Leser ein Spezialist auf dem Gebiet der Wahrscheinlichkeitstheorie und Mathematischen Statistik ist; bei den Formulierungen wurde daher eine starke Formalisierung angestrebt, die den entscheidungstheoretischen und statistischen Sprechweisen stets einen eindeutigen mathematischen Inhalt gibt.

Den Problemen der unmittelbaren Anwendung wird der zweite Teilband gewidmet sein. Dieser Teil setzt lediglich gewisse Grundkenntnisse der Mathematik auf dem Niveau eines Grundkurses für Ingenieure an Technischen Hochschulen voraus. Er ist als Basis für die Beratungstätigkeit des Mathematikers gedacht und kann vom Anwender unmittelbar benutzt werden. Daher steht in diesem zweiten Teilband die Darstellung und Erläuterung von Versuchsplanungsverfahren im Vordergrund, die sich in der Anwendung bewährt haben oder sich dafür eignen. Die mathematische Theorie tritt hier stark zurück, es wird in jedem Fall auf die entsprechenden Grundlagen im ersten Teilband verwiesen werden. Weiterhin werden auch heuristisch begründete Verfahren aufgenommen, deren theoretische Fundierung noch aussteht.

Andererseits wird im ersten Teilband bei den theoretischen Ergebnissen wegen der Anwendung stets auf die entsprechenden Ausführungen des zweiten Teilbandes verwiesen (in der Form: II/Nummer des Kapitels, z, B. II/4).

So bilden beide Teilbände zusammen erst die Grundlage sowohl für die sachgerechte Anwendung als auch für den weiteren Aufbau einer praxisverbundenen Theorie.

Bei der theoretischen Untersuchung des Versuchsplanungsproblems für das Regressionsmodell stellt man eine starke gegenseitige Abhängigkeit der bisher fast ausschließlich getrennt behandelten Teilprobleme der Ansatzwahl, der Schätzung und der Versuchsplanung fest. Eine Optimierung in einem der Teilprobleme beeinflußt möglicherweise die Optimierung in den anderen beiden oder setzt voraus, daß dort keine Optimierung mehr erfolgen soll. Um diese gegenseitigen Abhängigkeiten in die Betrachtung einzubeziehen, wurde eine entscheidungstheoretische Formulierung des Gesamtproblems zum Ausgangspunkt der Untersuchungen gewählt. Die statistische Entscheidungstheorie liefert jedoch nicht nur den Rahmen, sondern auch die grundlegende Denkweise für den gesamten ersten Teilband. Dazu war es nötig, das Versuchsplanungsproblem im Entscheidungsmodell zu betrachten. Die dadurch bereitgestellten Grundlagen (s. Kapitel 2) sind nicht auf die Anwendung für das Regressionsmodell beschränkt, eine Anwendung auf andere Modelle, z. B. der Varianzanalyse, bietet sich an. Jedoch wird nur die Spezialisierung auf die Regression weiter verfolgt. Aus dem entscheidungstheoretisch formulierten Gesamtproblem werden nacheinander die verschiedenen Teilprobleme der Schätzung, der Versuchsplanung und der Ansatzwahl und deren Verknüpfungen herausgelöst und behandelt. Dazu dienen Trennsätze, die Bedingungen angeben, unter denen eine Optimierung in den Teilproblemen zu einem Optimum des Gesamtproblems führt.

Bei den in der Darstellung der Theorie verfolgten Richtungen spielten Erwägungen der praktischen Anwendung eine zentrale Rolle.

So führte die Erkenntnis, daß in der Praxis fast stets a-priori-Kenntnisse über den untersuchten Sachverhalt existieren, zu einer relativ ausführlichen Behandlung bayesscher Denkweisen und Methoden. Da weiterhin bekannt ist, daß die Verlustfunktion und die Verteilungen der auftretenden Zufallsgrößen bei praktischen Problemen nicht genau erfaßt oder festgelegt werden können, wurde bei den Ergebnissen großer Wert auf Robustheitsaussagen gelegt. Schließlich wurden in die einzelnen Kapitel Abschnitte über sequentielle Verfahren aufgenommen, obwohl das sequentielle Vorgehen theoretisch noch nicht beherrscht wird, die Ausführungen dazu fragmentarisch sind und sich teilweise auf die entscheidungstheoretische Formulierung, Deutung und Einschätzung der Verfahrensweise beschränken.

Das erste Kapitel gibt einen sehr knappen Überblick über die in der Theorie der Versuchsplanung benötigten mathematischen Teilgebiete. Es dient der Einführung der Bezeichnungen und zum Verweis für die Beweise in den späteren Kapiteln. Es soll dem Leser die mathematischen Grundtatsachen ins Gedächtnis rufen und ist nicht für ein erarbeitendes Selbststudium gedacht.

Das zweite Kapitel liefert die konzeptionelle Basis für alle folgenden. Hier werden das Versuchsplanungsproblem im allgemeinen statistischen Entscheidungsproblem formuliert, zentrale Begriffe eingeführt und grundlegende Aussagen abgeleitet. Dazu gehören der auf J. Kiefer zurückgehende Begriff des stetigen Planes, einige Trennsätze für das Gesamtentscheidungsproblem sowie der weitreichende Satz von Whittle aus der Optimierungstheorie.

Nach der Zerlegung des Gesamtentscheidungsproblems wird zuerst die Aufgabe betrachtet, eine optimale Schätzfunktion für die Regressionsparameter zu bestimmen. Im dritten Kapitel werden dabei im wesentlichen Optimalitäts- und Robustheitseigenschaften der Schätzung nach der Methode der kleinsten Quadrate (MKQ) für einen wahren Regressionsansatz untersucht, um so die Zugrundelegung dieser Schätzfunktion für die im fünften und sechsten Kapitel behandelten Versuchsplanungsprobleme zu rechtfertigen.

Im vierten Kapitel wird das Schätzproblem unter der Voraussetzung untersucht, daß a-priori-Kenntnisse über die Parameter des Regressionsmodells vorliegen, die sich als eine a-priori-Verteilung ausdrücken lassen. Die hierfür konstruierten bayesschen Schätzfunktionen liefern die Basis für die Behandlung von Versuchsplanungsproblemen im siebenten Kapitel.

Im fünften Kapitel werden Versuchsplanungsprobleme betrachtet, die man bei Schätzfunktionen nach der MKQ für einen wahren Ansatz erhält. Dabei steht die Untersuchung von Eigenschaften optimaler Pläne (Zulässigkeit, Äquivalenzsätze u. ä.) im Vordergrund.

Im sechsten Kapitel werden Methoden zur Konstruktion optimaler Pläne angegeben und für die im fünften Kapitel behandelten Versuchsplanungsprobleme spezialisiert. Bei den Iterationsverfahren wird die Konvergenz untersucht.

Im siebenten Kapitel werden Versuchsplanungsprobleme behandelt, auf die man geführt wird, wenn man bei der Schätzung Alternativen zur MKQ verwendet. Eine bedeutende Rolle spielen dabei bayessche Versuchsplanungsprobleme für die im vierten Kapitel behandelten Schätzfunktionen.

Das achte Kapitel beschäftigt sich mit der Schätzung und Versuchsplanung für den Fall einer nichtlinearen Parametrisierung des Regressionsansatzes. Eine lokale Linearisierung führt auf lokale Optimalitätskriterien für die Versuchsplanung und sequentielle Verfahren.

Im neunten Kapitel wird das Problem betrachtet, daß aus einer Menge vorgegebener Regressionsansätze ein Ansatz ausgewählt werden soll. Das Schätzproblem wird aus der Betrachtung ausgeblendet. Speziell werden Versuchsplanungsprobleme für bayessche Entscheidungsfunktionen zur Ansatzwahl und für den F-Test diskutiert.

Im zehnten Kapitel wird auf die Voraussetzung eines wahren Ansatzes für die Schätzung verzichtet. Besondere Beachtung wird der Approgression und Vortestschätzungen, sowie den damit zusammenhängenden Versuchsplanungsproblemen gewidmet.

Daran anschließend im elften Kapitel wird die Faktorplanung als ein spezielles Versuchsplanungsverfahren bei der sequentiellen Schätzung, ohne Voraussetzung eines wahren Ansatzes, dargestellt.

Im zwölften Kapitel werden einige Probleme für den Fall stochastischer Einflußgrößen untersucht, wenn deren Erwartungswerte in jedem Versuch geplant werden können.

Im dreizehnten Kapitel schließlich wird von der Voraussetzung unkorrelierter Beobachtungswerte abgegangen.

Vom dritten Kapitel ab enthält der letzte Abschnitt jeden Kapitels einige Hinweise auf Arbeiten, in denen man sich weiter oder in anderer Richtung mit der Problematik des Kapitels beschäftigt hat. Diese Hinweise erheben keinen Anspruch auf Repräsentanz und Vollständigkeit, sondern sollen vor allem einen Eindruck von der Vielfalt und den Möglichkeiten einer weiteren Beschäftigung mit den angeführten Problemen vermitteln.

Da der Schwerpunkt des vorliegenden Teilbandes in der Versuchsplanung liegt, wurden solche Methoden zur Schätzung und Ansatzdiskrimination dargestellt und untersucht, zu denen Ergebnisse, Untersuchungen oder Ansatzpunkte für eine Versuchsplanung gefunden wurden. Wegen eines Überblicks zur Schätzung und Modellwahl verweisen wir auf Humak [1].

Obwohl die Koautoren in unterschiedlichem Maße und Umfang an der Erarbeitung des Manuskripts beteiligt waren, haben wir uns für eine alphabetische Anführung der Koautoren entschieden. Wir möchten jedoch an dieser Stelle den besonders großen Anteil hervorheben, den Dr. W. Näther am Zustandekommen dieses Teilbandes hat.

Unser Dank gilt Akademiemitglied Prof. O. Bunke, Berlin, der uns zur Beschäftigung mit Problemen der Versuchsplanung angeregt hat. Das Laboratorium für Statistische Methoden an der Moskauer Staatlichen Universität, das unter der Leitung von Akademiemitglied Prof. A. N. Kolmogorov steht, besonders Prof. V. V. Nalimov und seine Arbeitsgruppe, hat uns bei der Arbeit auf dem Gebiet der Versuchsplanung in dankenswerter Weise wirksam unterstützt.

Wir danken Frau H. Drewning, Frau B. Hegenberg und Fräulein E. Richter für die Anfertigung des Schreibmaschinenmanuskripts.

Dem Akademie-Verlag sei für sein freundliches Entgegenkommen und Eingehen auf unsere Wünsche in den verschiedenen Phasen der Entstehung dieses Teilbandes gedankt.

Schließlich möchten wir uns bei der Druckerei „Thomas Müntzer" in Bad Langensalza bedanken, wo der schwierige Formelsatz seine Gestalt gewonnen hat.

Obwohl sich alle Beteiligten große Mühe mit dem vorliegenden Teilband gegeben haben, sind wir überzeugt, daß noch Fehler und Irrtümer verschiedener Herkunft und aus unterschiedlichen Gründen stehen geblieben sein werden. Entsprechende kritische Hinweise sind uns daher stets willkommen.

Freiberg, im Juni 1977 Die Autoren

INHALTSVERZEICHNIS

1. GRUNDLAGEN

In diesem Kapitel werden die im folgenden notwendigen Begriffe und Aussagen aus der Analysis, Wahrscheinlichkeitstheorie und mathematischen Statistik, insbesondere der statistischen Entscheidungstheorie, zusammengestellt. Ein Anhang enthält Formeln aus der linearen Algebra. Ausführliche Darstellungen und Beweise finden sich in der Literatur, z. B. zur Analysis bei DIEUDONNÉ [1], MANGOLDT/KNOPP [1], zur Algebra bei RAO [3], BECKENBACH/BELLMAN [1], zur Wahrscheinlichkeitstheorie und mathematischen Statistik bei BAUER [1], KRICKEBERG [1], LOÈVE [1], MÜLLER [1], NEVEU [1], RICHTER, H. [1], WITTING [1], zur Entscheidungstheorie bei FERGUSON [1], GIRLICH [1], WALD [2] und WITTING [1].

1.1. Räume

Es bezeichnen N die Menge der natürlichen Zahlen; $0 \notin \mathsf{N}$; und $\emptyset$ die leere Menge. Die Mengen A und I seien nichtleer.

Def. 1.1.1: Die Funktion f heißt *Familie über* A mit der Indexmenge $I =_{\text{df}}$

$$f \mid I \to A \bullet$$

Man schreibt für

$$\forall i \in I\colon\ f(i) = x_i; \qquad x_i \in A;$$

gelegentlich $f = \{x_i\}_{i \in I}$. Ist $I = \mathsf{N}$, so heißt $\{x_i\}_{i\in\mathsf{N}}$ *Folge* über A.

Es sei $\{A_i\}_{i\in I}$ eine Familie von Mengen. Die Menge $\bigtimes_{i\in I} A_i := \left\{\{x_i\}_{i\in I}\colon \forall i \in I\colon x_i \in A_i\right\}$ heißt kartesisches Produkt von $\{A_i\}_{i\in I}$. Im Fall $I = \{1, \dots, n\}$; $n \in \mathsf{N}$; schreibt man das kartesische Produkt auch als $\bigtimes_{i=1}^{n} A_i$ und für $n = 2$ als $A_1 \times A_2$. Falls $\boldsymbol{x} \in \bigtimes_{i=1}^{n} A_i$, so schreiben wir $\boldsymbol{x} = (x_1, \dots, x_n)'$ und nennen $x_1, \dots, x_n$ die Komponenten von $\boldsymbol{x}$. Wenn $A_i = A$ für $i = 1, \dots, n$, so ist $A^n := \bigtimes_{i=1}^{n} A_i$. Es bezeichnen R^n die Menge aller n-Tupel reeller Zahlen und R^+ die Menge aller positiven reellen Zahlen. Auf der Menge A seien die zweistellige Operation Addition $(+)$ und die Multiplikation $(\cdot)$ mit reellen Zahlen definiert.

Def. 1.1.2: $[A, +, \cdot]$ heißt (reeller) *linearer Raum* $=_{\text{df}}$

1. $\forall x \in A\ \forall y \in A\colon x + y \in A$
2. $\forall x \in A\ \forall y \in A\colon x + y = y + x$

3. $\forall x \in A\ \forall y \in A\ \forall z \in A: (x + y) + z = x + (y + z)$
4. $\exists o \in A\ \forall x \in A: x + o = x$
5. $\forall x \in A\ \exists y \in A: x + y = o$
6. $\forall x \in A\ \forall \alpha \in \mathrm{R}^1: \alpha \cdot x \in A$
7. $\forall x \in A\ \forall \alpha_1 \in \mathrm{R}^1\ \forall \alpha_2 \in \mathrm{R}^1: \alpha_1 \cdot (\alpha_2 \cdot x) = (\alpha_1\alpha_2) \cdot x$
8. $\forall x \in A\ \forall y \in A\ \forall \alpha \in \mathrm{R}^1: \alpha \cdot (x + y) = \alpha \cdot x + \alpha \cdot y$
9. $\forall x \in A\ \forall \alpha_1 \in \mathrm{R}^1\ \forall \alpha_2 \in \mathrm{R}^1: (\alpha_1 + \alpha_2) \cdot x = \alpha_1 \cdot x + \alpha_2 \cdot x$
10. $\forall x \in A: 1 \cdot x = x$ •

Falls $x + y = z$, so schreibt man auch $x = z - y$. Wenn keine Verwechslungen möglich sind, bezeichnet man A als linearen Raum und schreibt αx für $\alpha \cdot x$.

Im folgenden sei A ein linearer Raum. Für $B \subseteq A$ heißt der mit $\mathcal{L}[B]$ bezeichnete Durchschnitt aller linearen Räume, die in A enthalten sind und ihrerseits B enthalten, der von B *aufgespannte lineare Raum* oder die *lineare Hülle* von B.

Es sei $B = \{x_1, \ldots, x_n\} \subseteq A$ mit $n \in \mathsf{N}$. Für jedes Tupel $(\alpha_1, \ldots, \alpha_n)' \in \mathrm{R}^n$ heißt $\alpha_1 x_1 + \cdots + \alpha_n x_n$ *Linearkombination* der Elemente von B.

Def. 1.1.3: Die Elemente von B heißen *linear unabhängig* $=_{\mathrm{df}}$

$$\forall (\alpha_1, \ldots, \alpha_n)' \in \mathrm{R}^n: \alpha_1 x_1 + \cdots + \alpha_n x_n = 0 \Rightarrow \alpha_1 = \cdots = \alpha_n = 0 \ \bullet \tag{1.1.1}$$

Gilt (1.1.1) nicht, so heißen die Elemente von B *linear abhängig.*

Def. 1.1.4: Die Menge B heißt *Basis* von A $=_{\mathrm{df}}$

1. Die Elemente von B sind linear unabhängig.
2. Jedes Element von A ist als Linearkombination der Elemente von B darstellbar •

Ist $B = \{x_1, \ldots, x_n\}$ eine Basis von A, so hat A die *Dimension* n, d. h. $\dim A = n$.

Es seien $\{x_1, \ldots, x_m\} \subseteq A$ und $m \in \mathsf{N}$.

Def. 1.1.5: Das Element x aus A heißt *konvexe Linearkombination* von $x_1, \ldots, x_m$ $=_{\mathrm{df}}$

$$\exists (\alpha_1, \ldots, \alpha_m)' \in \mathrm{R}^m: \sum_{i=1}^{m} \alpha_i = 1$$
$$\wedge\ (\forall i \in \{1, \ldots, m\}: \alpha_i \geqq 0) \wedge x = \alpha_1 x_1 + \cdots + \alpha_m x_m\,. \tag{1.1.2}$$

Für $A_1 \subseteq A$ heißt die Menge aller konvexen Linearkombinationen von Elementen von A_1 *konvexe Hülle* von A_1, die mit $\mathcal{H}[A_1]$ bezeichnet wird.

Satz 1.1.1 (Caratheodory): Es seien $A_1 \subseteq \mathrm{R}^n$ und $\dim \mathcal{L}[A_1] = d$. Dann gilt

$$\forall x \in \mathcal{H}[A_1]\ \exists \{x_1, \ldots, x_{d+1}\} \subseteq A_1: x \in \mathcal{H}[\{x_1, \ldots, x_{d+1}\}] \ \bullet$$

Für $A_1 \subseteq A$ gelte $A_1 = \mathcal{H}[A_1]$, d. h., A_1 sei eine *konvexe Menge.*

Def. 1.1.6: Der Punkt $x \in A_1$ heißt *Extremalpunkt* von A_1 $=_{\mathrm{df}}$

$$x \notin \mathcal{H}[A_1 \setminus \{x\}]\,. \tag{1.1.3}$$

Auf A^2 sei eine reellwertige Funktion m definiert.

Def. 1.1.7: a) $[A, m]$ heißt *semimetrischer Raum* $=_{\text{df}}$

$$\forall x \in A\ \forall y \in A: m(x, y) = m(y, x) \geqq 0\ ,$$

$$\forall x \in A\ \forall y \in A: x = y \Rightarrow m(x, y) = 0\ ,$$

$$\forall x \in A\ \forall y \in A\ \forall z \in A: m(x, y) \leqq m(x, z) + m(z, y)\ .$$

b) $[A, m]$ heißt *metrischer Raum* $=_{\text{df}}$ $[A, m]$ ist ein semimetrischer Raum und

$$\forall x \in A\ \forall y \in A: m(x, y) = 0 \Rightarrow x = y\ \bullet$$

Dabei wird m als *Semimetrik* bzw. als *Metrik* bezeichnet.

Auf A sei eine reellwertige Funktion $||\cdot||$ definiert.

Def. 1.1.8: $[A, ||\cdot||]$ heißt *normierter (linearer) Raum* $=_{\text{df}}$

$$\forall x \in A \setminus \{o\}: ||x|| > 0\ , \tag{1.1.4}$$

$$\forall x \in A\ \forall y \in A: ||x + y|| \leqq ||x|| + ||y||\ , \tag{1.1.5}$$

$$\forall x \in A\ \forall \alpha \in \mathrm{R}^1: ||\alpha x|| = |\alpha| \cdot ||x||\ \bullet \tag{1.1.6}$$

Dabei wird $||\cdot||$ als *Norm* bezeichnet. Falls keine Verwechslungen möglich sind, wird auch A als normierter Raum bezeichnet. Es seien $\{x_i\}_{i \in \mathsf{N}}$ eine Folge von Elementen und x ein Element des normierten Raumes A.

Def. 1.1.9: Die Folge $\{x_i\}_{i \in \mathsf{N}}$ heißt *normkonvergent* gegen x $=_{\text{df}}$

$$\lim_{i \to \infty} ||x_i - x|| = 0\ \bullet \tag{1.1.7}$$

Falls (1.1.7) gilt, schreibt man auch $\{x_i\}_{i \in \mathsf{N}} \xrightarrow[(i \to \infty)]{} x$. Es sei $\varepsilon \in \mathrm{R}^+$. Die Menge $U_\varepsilon(x) := \{y \in A: ||x - y|| \leqq \varepsilon\}$ heißt *ε-Umgebung* von x.

Für zwei Mengen M_1, M_2 bezeichnet $M_2^{M_1}$ die Menge aller eindeutigen Abbildungen (Funktionen) von M_1 in M_2.

Es werden nun Eigenschaften von nichtleeren Mengen $A_1 \subseteq A$ definiert.

Def. 1.1.10: a) Die Menge A_1 heißt *abgeschlossen* $=_{\text{df}}$

$$\forall \{x_i\}_{i \in \mathsf{N}} \in A_1^{\mathsf{N}}: (\exists x \in A: \{x_i\}_{i \in \mathsf{N}} \xrightarrow[(i \to \infty)]{} x) \Rightarrow x \in A\ . \tag{1.1.8}$$

b) Die Menge A_1 heißt *offen* $=_{\text{df}}$

$$\forall x \in A_1\ \exists \varepsilon \in \mathrm{R}^+: U_\varepsilon(x) \subseteq A_1\ . \tag{1.1.9}$$

c) Die Menge A_1 heißt *beschränkt* $=_{\text{df}}$

$$\exists \delta \in \mathrm{R}^1\ \forall x \in A_1\ \forall y \in A_1: ||x - y|| \leqq \delta\ . \tag{1.1.10}$$

d) Die Menge A_1 heißt *kompakt* $=_{\text{df}}$

A_1 ist abgeschlossen und

$$\forall \{x_i\}_{i \in \mathsf{N}} \in A_1^{\mathsf{N}}\ \exists \{i_j\}_{j \in \mathsf{N}} \in \mathsf{N}^{\mathsf{N}}\ \exists x \in A: \operatorname{card}\{i_j: j \in \mathsf{N}\} = \aleph_0 \wedge \{x_{i_j}\}_{j \in \mathsf{N}} \xrightarrow[(j \to \infty)]{} x\ \bullet \tag{1.1.11}$$

Def. 1.1.11: Das Element x aus A heißt *Randpunkt* von A_1 $=_{\text{df}}$

$$\forall \varepsilon \in \mathrm{R}^+: U_\varepsilon(x) \cap A_1 \neq \emptyset \wedge U_\varepsilon(x) \cap (A \setminus A_1) \neq \emptyset\ \bullet \tag{1.1.12}$$

Satz 1.1.2: Es seien $A \subseteq \mathrm{R}^n$ eine abgeschlossene beschränkte konvexe Menge und A_1 die Menge ihrer Extremalpunkte. Dann gilt $A = \mathscr{H}[A_1]$ •

Satz 1.1.3: Es seien $A \subseteq \mathrm{R}^n$ und $\dim \mathscr{L}[A] = d$. Es bezeichne A_1 die Menge der Randpunkte von $\mathscr{H}[A]$. Dann gilt

$$\forall \boldsymbol{x} \in A_1\, \exists \{\boldsymbol{x}_1, \dots, \boldsymbol{x}_d\} \subseteq A : \boldsymbol{x} \in \mathscr{H}[\{\boldsymbol{x}_1, \dots, \boldsymbol{x}_d\}] \bullet$$

Es seien A, B lineare Räume und T, T_1, T_2 seien Abbildungen von A in B.

Def. 1.1.12: Die Abbildung T heißt *linearer Operator* $=_{\mathrm{df}}$

$$\forall x \in A\ \forall y \in A : T(x + y) = T(x) + T(y)\,, \tag{1.1.13}$$

$$\forall x \in A\ \forall \alpha \in \mathrm{R}^1 : T(\alpha x) = \alpha \cdot T(x) \bullet \tag{1.1.14}$$

Die linearen Räume A und B seien normiert.

Def. 1.1.13: Der lineare Operator T heißt *beschränkt* $=_{\mathrm{df}}$

$$\exists \delta \in \mathrm{R}^1\ \forall x \in A : ||T(x)|| \leqq \delta\, ||x|| \bullet \tag{1.1.15}$$

Ist T ein linearer beschränkter Operator, so heißt

$$||T|| := \sup_{x \in A_1} ||T(x)||\,; \qquad A_1 = \{x \in A : ||x|| \leqq 1\}\,; \tag{1.1.16}$$

Norm des Operators. Damit ist im Raum der linearen beschränkten Operatoren über den linearen normierten Räumen A, B ein Konvergenzbegriff definiert. Die Addition von zwei Operatoren T_1, T_2 ist definiert durch

$$\forall x \in A : (T_1 + T_2)\,(x) = T_1(x) + T_2(x)$$

und die Multiplikation durch

$$\forall x \in A : (T_1 \circ T_2)\,(x) = T_2\big(T_1(x)\big)\,.$$

Ist $A = B$, so bezeichnet I den identischen Operator mit der Eigenschaft

$$\forall x \in A : \mathrm{I}(x) = x\,.$$

Es sei $[A, ||\cdot||]$ ein normierter Raum.

Def. 1.1.14: Die Folge $\{x_i\}_{i \in \mathsf{N}}$ über A heißt *Fundamentalfolge* oder CAUCHY-*Folge* $=_{\mathrm{df}}$

$$\forall \varepsilon \in \mathrm{R}^+ : \exists i(\varepsilon) \in \mathsf{N}\ \forall i \in \mathsf{N}\ \forall j \in \mathsf{N} : i \geqq i(\varepsilon) \wedge j \geqq i(\varepsilon) \Rightarrow ||x_i - x_j|| \leqq \varepsilon \bullet \tag{1.1.17}$$

Def. 1.1.15: Der (lineare) normierte Raum $[A, ||\cdot||]$ heißt BANACH-*Raum* $=_{\mathrm{df}}$

Jede Fundamentalfolge über A konvergiert in A •

Satz 1.1.4: Es seien A ein BANACH-Raum, $T \mid A \to A$ ein linearer beschränkter Operator und $||T|| < 1$. Dann existiert der Operator $(\mathrm{I} - T)^{-1}$, und es gilt

$$(\mathrm{I} - T)^{-1} = \sum_{i \in \mathsf{N}} T^i \bullet \tag{1.1.18}$$

Die rechte Seite von (1.1.18) heißt eine NEUMANN-*Reihe*.

Es sei $[A, +, \cdot]$ ein reeller linearer Raum. Auf $A \times A$ sei eine reellwertige Funktion $\langle\cdot, \cdot\rangle$ definiert.

Def. 1.1.16: Die Funktion $\langle\cdot,\cdot\rangle$ heißt (reelles) *Skalarprodukt* $=_{\text{df}}$

$$\forall x \in A \setminus \{o\}: \langle x, x\rangle > 0\,, \tag{1.1.19}$$

$$\forall x \in A\ \forall y \in A: \langle x, y\rangle = \langle y, x\rangle\,, \tag{1.1.20}$$

$$\forall x \in A\ \forall y \in A\ \forall z \in A: \langle x + y, z\rangle = \langle x, z\rangle + \langle y, z\rangle\,, \tag{1.1.21}$$

$$\forall x \in A\ \forall y \in A\ \forall \alpha \in \mathrm{R}^1: \langle \alpha x, y\rangle = \alpha\langle x, y\rangle \bullet \tag{1.1.22}$$

Lineare Räume mit Skalarprodukt sind normierbar durch die Festlegung

$$\forall x \in A: \|x\| := \langle x, x\rangle^{1/2}\,. \tag{1.1.23}$$

Dafür gilt die SCHWARZ*sche Ungleichung*

$$\forall x \in A\ \forall y \in A: \langle x, y\rangle \leqq \|x\| \cdot \|y\|\,. \tag{1.1.24}$$

Dabei gilt die Gleichheit nur, wenn x, y linear abhängig sind.

Def. 1.1.17: Die Elemente $x \in A$ und $y \in A$ heißen *orthogonal* bez. $\langle\cdot,\cdot\rangle =_{\text{df}}$

$$\langle x, y\rangle = 0 \bullet$$

Es sei A_1 ein linearer Teilraum von A.

Def. 1.1.18: Die Menge $A_\perp$ heißt *orthogonales Komplement* zu A_1 bez. $\langle\cdot,\cdot\rangle =_{\text{df}}$

$$A_\perp = \{y \in A: \forall x \in A_1: \langle x, y\rangle = 0\} \bullet$$

Das orthogonale Komplement $A_\perp$ bildet einen linearen Teilraum von A, und es gilt

$$A_1 \cap A_\perp = \{o\}\,. \tag{1.1.25}$$

Def. 1.1.19: Die lineare Abbildung $P|A \to A_1$ heißt *orthogonale Projektion von A auf A_1 bez.* $\langle\cdot,\cdot\rangle =_{\text{df}}$

$$\forall x \in A: (x - P(x)) \in A_\perp\,,$$

$$\forall x \in A_1: P(x) = x \bullet$$

Es sei A_1 ein linearer Teilraum des R^r der Dimension q.

Satz 1.1.5: Auf dem linearen Raum R^r sei für die positiv definite Matrix $\boldsymbol{U} \in \mathcal{M}_r^>$ ein Skalarprodukt $\langle\cdot,\cdot\rangle_U$ gemäß

$$\forall \boldsymbol{x} \in \mathrm{R}^r\ \forall \boldsymbol{y} \in \mathrm{R}^r: \langle \boldsymbol{x}, \boldsymbol{y}\rangle_U := \boldsymbol{x}'\boldsymbol{U}\boldsymbol{y} \tag{1.1.26}$$

definiert. Dann vermittelt die Matrix $\boldsymbol{P} \in \mathcal{M}_{q\times r}$ die orthogonale Projektion von R^r auf A_1, genau dann, wenn

$$\boldsymbol{P}\boldsymbol{P} = \boldsymbol{P} \wedge \boldsymbol{U}\boldsymbol{P} = \boldsymbol{P}'\boldsymbol{U} \bullet$$

Def. 1.1.20: Der lineare Raum mit Skalarprodukt $[A, \langle\cdot,\cdot\rangle]$ heißt HILBERT-*Raum* $=_{\text{df}}$ A ist ein BANACH-Raum bez. der durch das Skalarprodukt gemäß (1.1.23) definierten Norm •

1.2. Maß- und Integrationstheorie

Es sei Ω eine nichtleere Menge und $\mathcal{P}(\Omega)$ die Menge aller ihrer Teilmengen.

Def. 1.2.1: a) Das Mengensystem $\mathcal{B} \subseteq \mathcal{P}(\Omega)$ heißt *Algebra* über $\Omega =_{\mathrm{df}}$

1. $\Omega \in \mathcal{B} \wedge \emptyset \in \mathcal{B}$,
2. $\forall A_1 \in \mathcal{B}\ \forall A_2 \in \mathcal{B}: (A_1 \cup A_2) \in \mathcal{B} \wedge (A_1 \setminus A_2) \in \mathcal{B}$.

b) Die Algebra $\mathcal{B} \subseteq \mathcal{P}(\Omega)$ heißt *σ-Algebra* über $\Omega =_{\mathrm{df}}$

3. $\forall \{A_i\}_{i \in \mathsf{N}} \in \mathcal{B}^{\mathsf{N}}: \bigcup\limits_{i \in \mathsf{N}} A_i \in \mathcal{B}$ •

Folglich ist jede σ-Algebra bez. der abzählbaren Durchschnittsbildung abgeschlossen.

Es sei $\mathcal{E} \subseteq \mathcal{P}(\Omega)$. Dann heißt der mit $\mathcal{B}[\mathcal{E}]$ bezeichnete Durchschnitt aller σ-Algebren über Ω, die $\mathcal{E}$ enthalten, die *von $\mathcal{E}$ erzeugte σ-Algebra.*

Ist $\mathcal{B}_\Omega$ eine σ-Algebra über Ω, so heißen $[\Omega, \mathcal{B}_\Omega]$ *meßbarer Raum* und die Elemente von $\mathcal{B}_\Omega$ *meßbare Mengen.*

Es sei $\mathcal{O}$ das System der offenen Mengen des R^n bez. der Norm

$$\forall (x_1, \dots, x_n)' \in \mathrm{R}^n: \|(x_1, \dots, x_n)\| = (x_1^2 + \dots + x_n^2)^{1/2}.$$

Dann ist $\mathcal{B}[\mathcal{O}] =: \mathcal{B}^n$ die *σ-Algebra der* BOREL-*Mengen* des R^n.

Für $Q_x := \{z : z \in \mathrm{R}^n \wedge \forall i \in \{1, \dots, n\} : z_i < x_i\}$ gilt

$$\mathcal{B}^n = \mathcal{B}[\{Q_x : x \in \mathrm{R}^n\}]. \tag{1.2.1}$$

Es sei $\mu \mid \mathcal{B}_\Omega \to \mathrm{R}^1 \cup \{\infty\}$ eine Funktion über dem meßbaren Raum $[\Omega, \mathcal{B}_\Omega]$.

Def. 1.2.2: Die Funktion μ heißt *Maß* $=_{\mathrm{df}}$

$$\forall A \in \mathcal{B}_\Omega: \mu(A) \geqq 0 \vee \mu(A) = \infty, \tag{1.2.2}$$

$$\mu(\emptyset) = 0, \tag{1.2.3}$$

$$\forall \{A_i\}_{i \in \mathsf{N}} \in \mathcal{B}_\Omega^{\mathsf{N}}: (\forall i \in \mathsf{N}\ \forall j \in \mathsf{N}: i \neq j \Rightarrow (A_i \cap A_j) = \emptyset)$$
$$\Rightarrow \mu\Big(\bigcup_{i \in \mathsf{N}} A_i\Big) = \sum_{i \in \mathsf{N}} \mu(A_i) \quad (\sigma\text{-Additivität}) \bullet \tag{1.2.4}$$

Ist μ ein Maß, so heißt $[\Omega, \mathcal{B}_\Omega, \mu]$ *Maßraum.* Das Maß μ heißt *endlich,* wenn $\mu(\Omega) \in \mathrm{R}^1$.

Def. 1.2.3: Das Maß μ heißt *σ-endlich* $=_{\mathrm{df}}$

$$\exists \{A_i\}_{i \in \mathsf{N}} \in \mathcal{B}_\Omega^{\mathsf{N}}: (\forall i \in \mathsf{N}\ \forall j \in \mathsf{N}: i \neq j \Rightarrow (A_i \cap A_j) = \emptyset)$$
$$\wedge \bigcup_{i \in \mathsf{N}} A_i = \Omega \wedge (\forall i \in \mathsf{N}: \mu(A_i) \in \mathrm{R}^1) \bullet \tag{1.2.5}$$

Jede meßbare Menge A mit $\mu(A) = 0$ heißt μ-Nullmenge.

Def. 1.2.4: Es sei Ω ein normierter Raum. Die Menge $A \in \mathcal{B}_\Omega$ heißt *Träger* des Maßes $\mu =_{\mathrm{df}}$

1. $\mu(A) = \mu(\Omega)$,
2. A ist abgeschlossen,
3. für jede abgeschlossene Menge $A_1 \in \mathcal{B}_\Omega$, für die $\mu(A_1) = \mu(\Omega)$, gilt $A \subseteq A_1$ •

Ist A Träger von μ, so schreibt man $A = \operatorname{supp} \mu$. Es seien μ und ν Maße und $\{\mu_i\}_{i\in I}$ eine Familie von Maßen über dem meßbaren Raum $[\Omega, \mathscr{B}_\Omega]$.

Def. 1.2.5: Es heißt ν *absolutstetig bez.* $\mu =_{\text{df}}$

$$\forall A \in \mathscr{B}_\Omega : \mu(A) = 0 \Rightarrow \nu(A) = 0 \bullet \tag{1.2.6}$$

Gilt (1.2.6), so schreibt man $\nu \ll \mu$.

Def. 1.2.6: Die Familie $\{\mu_i\}_{i\in I}$ heißt *dominiert durch* $\mu =_{\text{df}}$

$$\forall i \in I : \mu_i \ll \mu \bullet \tag{1.2.7}$$

Es seien $A \subseteq \Omega$ und die Funktion I_A gemäß

$$\forall x \in \Omega : I_A(x) = \begin{cases} 0 & \text{für } x \notin A \\ 1 & \text{für } x \in A \end{cases} \tag{1.2.8}$$

definiert. Man nennt I_A *Indikatorfunktion* von A.

Def. 1.2.7: Das Maß μ heißt *diskret* $=_{\text{df}}$

$$\exists \{x_i\}_{i\in \mathsf{N}} \in \Omega^{\mathsf{N}}\ \forall A \in \mathscr{B}_\Omega : \mu(A) = \sum_{i\in\mathsf{N}} I_A(x_i) \bullet \tag{1.2.9}$$

Def. 1.2.8: a) Das Maß ξ über $[\Omega, \mathscr{B}_\Omega]$ heißt *Wahrscheinlichkeitsmaß* oder normiertes Maß $=_{\text{df}}$

$$\xi(\Omega) = 1 .$$

b) Der Maßraum $[\Omega, \mathscr{B}_\Omega, \xi]$ heißt *Wahrscheinlichkeitsraum* $=_{\text{df}}$ ξ ist Wahrscheinlichkeitsmaß über $[\Omega, \mathscr{B}_\Omega]$ $\bullet$

Es bezeichnet Ω^* die Menge aller Wahrscheinlichkeitsmaße über $[\Omega, \mathscr{B}_\Omega]$.

Gegeben sei ein Maßraum $[\Omega, \mathscr{B}_\Omega, \mu]$. Eine Aussage über Elemente ω von Ω gilt *μ-fast überall*, wenn eine μ-Nullmenge $A \in \mathscr{B}_\Omega$ existiert, so daß die Aussage für alle $\omega \in \Omega \setminus A$ gilt. Ist μ ein Wahrscheinlichkeitsmaß, so wird μ-fast überall synonym zu *μ-fast sicher* oder *mit Wahrscheinlichkeit* 1 gebraucht.

Es seien $\{[\Omega_i, \mathscr{B}_i]\}_{i\in I}$ eine Familie von meßbaren Räumen und $I \subseteq \mathsf{N}$. Die Menge

$$\mathscr{Z} := \Big\{\mathop{\times}_{i\in I} A_i : (\forall i \in I : A_i \in \mathscr{B}_i) \wedge (\exists n \in \mathsf{N}\ \exists \{i_1, \dots, i_n\} \subseteq \mathsf{N}\ \forall i \in I \setminus \{i_1, \dots, i_n\} : A_i = \Omega_i)\Big\} \tag{1.2.10}$$

heißt *Menge der Zylindermengen*. Der meßbare Raum $\Big[\mathop{\times}_{i\in I} \Omega_i, \mathscr{B}[\mathscr{Z}]\Big]$ heißt *Produktraum*. Man schreibt $\bigotimes_{i\in I} \mathscr{B}_i := \mathscr{B}[\mathscr{Z}]$ und für $I = \{1, \dots, n\}$; $n \in \mathsf{N}$; und $\mathscr{B}_1 = \dots = \mathscr{B}_n$ auch $\bigotimes^{n} \mathscr{B}_1$.

Satz 1.2.1: Für jedes $i \in I$ sei μ_i ein σ-endliches Maß über $[\Omega_i, \mathscr{B}_i]$. Dann gibt es genau ein (σ-endliches) Maß $\mu := \mathop{\times}_{i\in I} \mu_i$ über dem Produktraum mit der Eigenschaft

$$\forall \mathop{\times}_{i\in I} A_i \in \mathscr{Z} : I' := \{i_j \in I : A_{i_j} \neq \Omega_{i_j}\} \wedge \mu\Big(\mathop{\times}_{i\in I} A_i\Big) = \prod_{i_j\in I'} \mu_{i_j}(A_{i_j}) \bullet \tag{1.2.11}$$

Das gemäß Satz 1.2.1 gebildete Maß μ heißt *Produktmaß*. Das Produktmaß von Wahrscheinlichkeitsmaßen ist ein Wahrscheinlichkeitsmaß.

Für $\boldsymbol{a} \in \mathrm{R}^n$, $\boldsymbol{b} \in \mathrm{R}^n$ und $\boldsymbol{a} \in Q_{\boldsymbol{b}}$ ist definiert

$$[\boldsymbol{a}, \boldsymbol{b}) := \{\boldsymbol{x} \in \mathrm{R}^n : \forall i \in \{1, \dots, n\} : a_i \leqq x_i < b_i\} .$$

Es bezeichne $\bar{\lambda}$ das Maß über $[\mathrm{R}^n, \mathscr{B}^n]$, das erzeugt wird durch

$$\forall \boldsymbol{a} \in \mathrm{R}^n\ \forall \boldsymbol{b} \in \mathrm{R}^n : \boldsymbol{a} \in Q_{\boldsymbol{b}} \Rightarrow \bar{\lambda}([\boldsymbol{a}, \boldsymbol{b})) := \prod_{i=1}^{n} (b_i - a_i) . \tag{1.2.12}$$

Weiter seien

$$\forall A \subseteq \mathrm{R}^n : \lambda^*(A) := \inf_{A_1 \in \{A' : A' \in \mathscr{B}^n \wedge A' \supseteq A\}} \bar{\lambda}(A_1) ,$$

$$\forall A \subseteq \mathrm{R}^n : \lambda_*(A) := \sup_{A_1 \in \{A' : A' \in \mathscr{B}^n \wedge A' \subseteq A\}} \bar{\lambda}(A_1) .$$

Definiert man $\mathscr{B}^{(n)} := \{A \subseteq \mathrm{R}^n : \lambda^*(A) = \lambda_*(A)\}$, so erhält man einen meßbaren Raum $[\mathrm{R}^n, \mathscr{B}^{(n)}]$ und als Maß das LEBESGUE-*Maß* $\lambda^{\otimes n}$:

$$\forall A \in \mathscr{B}^{(n)} : \lambda^{\otimes n}(A) := \lambda_*(A) = \lambda^*(A) . \tag{1.2.13}$$

Es sei f eine Abbildung und f^{-1} die zu ihr gehörende Umkehrabbildung. Die Räume $[\Omega_1, \mathscr{B}_1]$, $[\Omega_2, \mathscr{B}_2]$, $[\Omega_3, \mathscr{B}_3]$ seien meßbar.

Def. 1.2.9: Die Funktion $f \mid \Omega_1 \to \Omega_2$ heißt $(\mathscr{B}_1, \mathscr{B}_2)$-*meßbar* $=_{\mathrm{df}}$

$$\forall A \in \mathscr{B}_2 : f^{-1}(A) \in \mathscr{B}_1 \bullet \tag{1.2.14}$$

Die Menge aller $(\mathscr{B}_1, \mathscr{B}_2)$-meßbaren Funktionen wird mit $\mathscr{F}(\mathscr{B}_1, \mathscr{B}_2)$ bezeichnet.

Sind $f_1 \in \mathscr{F}(\mathscr{B}_1, \mathscr{B}_2)$ und $f_2 \in \mathscr{F}(\mathscr{B}_2, \mathscr{B}_3)$, so ist $f_2(f_1) \in \mathscr{F}(\mathscr{B}_1, \mathscr{B}_3)$.

Nun seien $[\Omega_1, \mathscr{B}_1, \mu_1]$ ein Maßraum und f eine $(\mathscr{B}_1, \mathscr{B}_2)$-meßbare Funktion.

Def. 1.2.10: Die Mengenfunktion μ_2 heißt durch f *induziertes Maß* über $[\Omega_2, \mathscr{B}_2]$ $=_{\mathrm{df}}$

$$\forall A \in \mathscr{B}_2 : \mu_2(A) = \mu_1(f^{-1}(A)) \bullet \tag{1.2.15}$$

Es seien $[\Omega, \mathscr{B}_\Omega, \mu]$ ein Maßraum, f eine $(\mathscr{B}_\Omega, \mathscr{B}^1)$-meßbare Funktion und $\{f_i\}_{i \in \mathrm{N}}$ eine Folge von $(\mathscr{B}_\Omega, \mathscr{B}^1)$-meßbaren Funktionen.

Def. 1.2.11: a) Die Folge $\{f_i\}_{i \in \mathrm{N}}$ *konvergiert* μ-*fast überall* gegen f $=_{\mathrm{df}}$

$$\mu(\Omega \setminus \{\omega \in \Omega : f_i(\omega) \xrightarrow[(i \to \infty)]{} f(\omega)\}) = 0 . \tag{1.2.16}$$

b) Die Folge $\{f_i\}_{i \in \mathrm{N}}$ *konvergiert dem Maße* μ *nach* gegen f $=_{\mathrm{df}}$

$$\forall \varepsilon \in \mathrm{R}^+ : \lim_{i \to \infty} \mu(\{\omega \in \Omega : |f_i(\omega) - f(\omega)| > \varepsilon\}) = 0 \bullet \tag{1.2.17}$$

Falls (1.2.16) gilt, schreibt man $f_i \xrightarrow[\mu\text{-f.ü.}]{} f$; bei (1.2.17) schreibt man $f_i \xrightarrow[\mu]{} f$. Ist $[\Omega, \mathscr{B}_\Omega, \mu]$ ein Wahrscheinlichkeitsraum, so spricht man im Fall (1.2.16) von *fast sicherer Konvergenz* ($f_i \xrightarrow[\mu\text{-f.s.}]{} f$) und bei (1.2.17) von *Konvergenz in Wahrscheinlichkeit*.

Über dem Maßraum $[\Omega, \mathscr{B}_\Omega, \mu]$ sei die $(\mathscr{B}_\Omega, \mathscr{B}^1)$-meßbare Funktion f definiert. Wenn f nur endlich viele reelle Werte $c_1, \dots, c_n$ annimmt und für jedes $i \in \{1, \dots, n\}$ die Menge $\Omega_i := f^{-1}(c_i)$ die Bedingung $\mu(\Omega_i) \in \mathrm{R}^1$ erfüllt, heißt f *einfache Funktion*. Das Integral dieser einfachen Funktion wird definiert als

$$\int_\Omega f \, \mathrm{d}\mu := \sum_{i=1}^{n} c_i \mu(\Omega_i) .$$

Def. 1.2.12: Die $(\mathscr{B}_\Omega, \mathscr{B}^1)$-meßbare Funktion g heißt *μ-integrierbar* über $\Omega =_{\text{df}}$
Es existiert eine Folge $\{g_i\}_{i\in\mathsf{N}}$ einfacher Funktionen, für die gilt

$$\lim_{i,j\to\infty} \int_\Omega |g_i - g_j| \, \mathrm{d}\mu = 0 \quad \text{und} \quad g_i \xrightarrow[\mu]{} g \bullet$$

Ist g eine μ-integrierbare Funktion, so heißt $\int_\Omega g \, \mathrm{d}\mu := \lim_{i\to\infty} \int_\Omega g_i \, \mathrm{d}\mu$ das *μ-Integral* von g.

Über Mengen $A \in \mathscr{B}_\Omega$ wird das Integral der μ-integrierbaren Funktion g definiert durch

$$\forall A \in \mathscr{B}_\Omega : \int_A g \, \mathrm{d}\mu = \int_\Omega I_A \cdot g \, \mathrm{d}\mu \,. \tag{1.2.18}$$

Man schreibt für das Integral auch $\int_A g(\omega) \, \mu \, (\mathrm{d}\omega)$.

Sind $\Omega = \mathrm{R}^n$, $\mathscr{B}_\Omega = \mathscr{B}^{(n)}$ und $\mu = \lambda^{\otimes n}$ das LEBESGUE-Maß, so heißt g *LEBESGUE-integrierbar* und der Ausdruck (1.2.18) definiert das LEBESGUE-*Integral* von g über A. Alle beschränkten meßbaren Funktionen sind LEBESGUE-integrierbar.

Satz 1.2.2 (LEBESGUE): Es seien $[\Omega, \mathscr{B}_\Omega, \mu]$ ein Maßraum und $A \in \mathscr{B}_\Omega$. Die Funktion g und alle Elemente der Funktionenfolge $\{f_i\}_{i\in\mathsf{N}}$ seien über A μ-integrierbar. Dafür gelte

1. $\exists f \in (\mathrm{R}^1)^\Omega : f_i \xrightarrow[\mu\text{-}f.\ddot{u}.]{} f$,
2. $\forall i \in \mathsf{N} : \mu(\{\omega \in A : |f_i(\omega)| > |g(\omega)|\}) = 0$.

Dann ist f μ-integrierbar über A und

$$\int_A f_i \, \mathrm{d}\mu \xrightarrow[i\to\infty]{} \int_A f \, \mathrm{d}\mu \bullet$$

Dieselbe Aussage gilt, wenn anstelle von $f_i \xrightarrow[\mu\text{-}f.\ddot{u}.]{} f$ die schwächere Voraussetzung $f_i \xrightarrow[\mu]{} f$ gewählt wird.

Satz 1.2.3 (BEPPO/LEVI): Es sei $\{f_i(\cdot)\}_{i\in\mathsf{N}}$ eine für jedes $\omega \in \Omega$ nichtfallende Folge $(\mathscr{B}_\Omega, \mathscr{B}^1)$-meßbarer Funktionen. Dann folgt für alle $A \in \mathscr{B}_\Omega$ aus $f_i \xrightarrow[\mu\text{-}f.\ddot{u}.]{} f$ stets

$$\lim_{i\to\infty} \int_A f_i \, \mathrm{d}\mu = \int_A f \, \mathrm{d}\mu \bullet$$

Es seien $[\Omega_1, \mathscr{B}_1, \mu_1]$, $[\Omega_2, \mathscr{B}_2, \mu_2]$ Maßräume und $[\Omega, \mathscr{B}_\Omega, \mu] := [\Omega_1 \times \Omega_2, \mathscr{B}_1 \otimes \mathscr{B}_2, \mu_1 \times \mu_2]$. Die Funktion f sei $(\mathscr{B}_\Omega, \mathscr{B}^1)$-meßbar.

Satz 1.2.4 (FUBINI): Die Funktion f sei μ-integrierbar über Ω. Dann sind μ_1-fast alle Funktionen $f(\omega_1, \cdot) \mid \Omega_2 \to \mathrm{R}^1$ μ_2-integrierbar, μ_2-fast alle Funktionen $f(\cdot, \omega_2) \mid \Omega_1 \to \mathrm{R}^1$ μ_1-integrierbar, und es gilt

$$\int_\Omega f \, \mathrm{d}(\mu_1 \times \mu_2) = \int_{\Omega_1} \left(\int_{\Omega_2} f(\omega_1, \omega_2) \, \mu_2(\mathrm{d}\omega_2) \right) \mu_1(\mathrm{d}\omega_1) = \int_{\Omega_2} \left(\int_{\Omega_1} f(\omega_1, \omega_2) \, \mu_1(\mathrm{d}\omega_1) \right) \mu_2(\mathrm{d}\omega_2) \bullet \tag{1.2.19}$$

Es seien $[\Omega_1, \mathscr{B}_1, \mu]$ ein Maßraum und $[\Omega_2, \mathscr{B}_2]$ ein meßbarer Raum. Die Funktionen $f \mid \Omega_1 \to \Omega_2$ und $g \mid \Omega_1 \to \Omega_2$ seien $(\mathscr{B}_1, \mathscr{B}_2)$-meßbar.

Def. 1.2.13: Die Funktionen f und g heißen *μ-äquivalent* $=_{\text{df}}$

$$\mu(\{\omega \in \Omega_1 : f(\omega) \neq g(\omega)\}) = 0 \bullet \tag{1.2.20}$$

Satz 1.2.5 (Radon/Nikodym): Die Maße μ und ν seien σ-endlich über $[\Omega, \mathscr{B}_\Omega]$ und $\nu \ll \mu$. Dann existiert eine reellwertige $(\mathscr{B}_\Omega, \mathscr{B}^1)$-meßbare μ-integrierbare Funktion f mit der Eigenschaft

$$\forall A \in \mathscr{B}_\Omega: \nu(A) = \int_A f \, d\mu . \tag{1.2.21}$$

Dabei ist f bis auf μ-Äquivalenz eindeutig bestimmt •

Die durch (1.2.21) definierte Funktion heißt Radon-Nikodym-*Ableitung von* ν *nach* μ; man schreibt $f := \frac{d\nu}{d\mu}$. Ist ν ein Wahrscheinlichkeitsmaß, so heißt f *Wahrscheinlichkeitsdichte von* ν in bezug auf μ.

Ist $g \mid \Omega \to \mathrm{R}^1$ eine $(\mathscr{B}_\Omega, \mathscr{B}^1)$-meßbare μ-integrierbare Funktion und $f = \frac{d\nu}{d\mu}$, so gilt

$$\forall A \in \mathscr{B}_\Omega: \int_A g \, d\nu = \int_A g \cdot f \, d\mu . \tag{1.2.22}$$

Es sei μ ein endliches Maß über dem meßbaren Raum $[\mathrm{R}^n, \mathscr{B}^n]$.

Def. 1.2.14: Die Funktion $F \mid \mathrm{R}^n \to \mathrm{R}^1$ heißt *μ-erzeugende Funktion* $=_{\mathrm{df}}$

$$\forall \boldsymbol{x} \in \mathrm{R}^n: F(\boldsymbol{x}) = \mu(Q_{\boldsymbol{x}}) \; \bullet \tag{1.2.23}$$

Es seien $g \mid \mathrm{R}^n \to \mathrm{R}^1$ eine μ-integrierbare und $F \mid \mathrm{R}^n \to \mathrm{R}^1$ eine μ-erzeugende Funktion. Durch die Festlegung

$$\forall A \in \mathscr{B}^n: \int_A g(\boldsymbol{x}) \, dF(\boldsymbol{x}) := \int_A g(\boldsymbol{x}) \, \mu(d\boldsymbol{x}) \tag{1.2.24}$$

wird das (Lebesgue-)Stieltjes-*Integral der Funktion* g *nach der Funktion* F auf $[\mathrm{R}^n, \mathscr{B}^n]$ definiert.

Es seien μ absolutstetig bez. des Lebesgue-Maßes $\lambda^{\otimes n}$ und $f = d\mu/d\lambda^{\otimes n}$. Dann läßt sich (1.2.24) wegen (1.2.22) schreiben als

$$\forall A \in \mathscr{B}^n: \int_A g(\boldsymbol{x}) \, dF(\boldsymbol{x}) = \int_A g(\boldsymbol{x}) \cdot f(\boldsymbol{x}) \, \lambda^{\otimes n}(d\boldsymbol{x}) =: \int_A g(\boldsymbol{x}) \cdot f(\boldsymbol{x}) \, d\boldsymbol{x} . \tag{1.2.25}$$

1.3. Wahrscheinlichkeitstheorie

Es seien $[\Omega_1, \mathscr{B}_1, P]$ ein Wahrscheinlichkeitsraum und $[\Omega_2, \mathscr{B}_2]$ ein meßbarer Raum.

Def. 1.3.1: Die Abbildung $\mathfrak{X} \mid \Omega_1 \to \Omega_2$ heißt *zufällige Variable* $=_{\mathrm{df}}$

$$\mathfrak{X} \in \mathscr{F}(\mathscr{B}_1, \mathscr{B}_2) \; \bullet$$

Jedes Bild der zufälligen Variablen $\mathfrak{X}$ heißt *Realisierung von* $\mathfrak{X}$. Für $A \in \mathscr{B}_2$ schreibt man anstelle von $P(\{\omega \in \Omega_1: \mathfrak{X}(\omega) \in A\})$ auch $P(\mathfrak{X} \in A)$ und falls $A = \{t\}$ schreibt man $P(\mathfrak{X} = t)$. Für $[\Omega_2, \mathscr{B}_2] = [\mathrm{R}^1, \mathscr{B}^1]$ bzw. $[\Omega_2, \mathscr{B}_2] = [\mathrm{R}^n, \mathscr{B}^n]$ spricht man von (reellen) *Zufallsgrößen* bzw. (reellen n-dimensionalen) *zufälligen Vektoren*.

Es sei $\mathfrak{X}$ eine zufällige Variable. Sind die Mengen A_1 und A_2 aus $\mathscr{B}_2$ und gilt $P(\mathfrak{X} \in A_2) > 0$, so heißt

$$P(\mathfrak{X} \in A_1 \mid \mathfrak{X} \in A_2) := \frac{P(\mathfrak{X} \in A_1 \cap A_2)}{P(\mathfrak{X} \in A_2)}$$

bedingte Wahrscheinlichkeit von A_1 *unter der Bedingung* A_2.

Def. 1.3.2: Das Wahrscheinlichkeitsmaß $P_{\mathfrak{X}}$ über $[\Omega_2, \mathcal{B}_2]$ heißt *Wahrscheinlichkeitsverteilung* (Verteilungsgesetz) *von* $\mathfrak{X} =_{\mathrm{df}} P_{\mathfrak{X}}$ wird durch $\mathfrak{X}$ induziert •

Die Menge aller Wahrscheinlichkeitsverteilungen über dem meßbaren Raum $[\Omega, \mathcal{B}_\Omega]$ wird mit Ω^* bezeichnet.

Im folgenden sei $\boldsymbol{\mathfrak{X}} = (\mathfrak{X}_1, \dots, \mathfrak{X}_n)'$ ein n-dimensionaler zufälliger Vektor; die von ihm über $[\mathrm{R}^n, \mathcal{B}^n]$ induzierte Wahrscheinlichkeitsverteilung wird mit $P_{\boldsymbol{\mathfrak{X}}}$ bezeichnet; $Q_{\boldsymbol{x}}$ ist entsprechend (1.2.1) definiert.

Def. 1.3.3: Die reelle Funktion $F_{\boldsymbol{\mathfrak{X}}}$ heißt *Verteilungsfunktion von* $\boldsymbol{\mathfrak{X}} =_{\mathrm{df}}$

$$\forall \boldsymbol{x} \in \mathrm{R}^n: F_{\boldsymbol{\mathfrak{X}}}(\boldsymbol{x}) = P_{\boldsymbol{\mathfrak{X}}}(Q_{\boldsymbol{x}}) = P\left(\bigcap_{i=1}^{n} \{\omega \in \Omega_1: \mathfrak{X}_i(\omega) < x_i\}\right) \bullet \tag{1.3.1}$$

Die Verteilungsfunktion $F_{\boldsymbol{\mathfrak{X}}}$ besitzt folgende Eigenschaften:

$$F_{\boldsymbol{\mathfrak{X}}} \text{ ist in jeder Variablen } x_i;\ i \in \{1, \dots, n\};\ \text{monoton nichtfallend}, \tag{1.3.2}$$

$$F_{\boldsymbol{\mathfrak{X}}} \text{ ist in jeder Variablen } x_i;\ i \in \{1, \dots, n\};\ \text{linksseitig stetig}, \tag{1.3.3}$$

$$\forall i \in \{1, \dots, n\}: \lim_{x_i \to -\infty} F_{\boldsymbol{\mathfrak{X}}}(\boldsymbol{x}) = 0\,, \tag{1.3.4}$$

$$\lim_{x_1 \to \infty} \cdots \lim_{x_n \to \infty} F_{\boldsymbol{\mathfrak{X}}}(\boldsymbol{x}) = 1\,. \tag{1.3.5}$$

Jede Funktion $F_{\boldsymbol{\mathfrak{X}}}$ mit den Eigenschaften (1.3.3), (1.3.4), (1.3.5) und

$$\forall A \in \mathcal{B}^n: \int_A \mathrm{d}F_{\boldsymbol{\mathfrak{X}}}(\boldsymbol{t}) \geqq 0 \quad \text{definiert gemäß}$$

$$\forall A \in \mathcal{B}^n: P_{\boldsymbol{\mathfrak{X}}}(A) := \int_A \mathrm{d}F_{\boldsymbol{\mathfrak{X}}}(\boldsymbol{t}) \tag{1.3.6}$$

eindeutig eine Wahrscheinlichkeitsverteilung $P_{\boldsymbol{\mathfrak{X}}}$ über $[\mathrm{R}^n, \mathcal{B}^n]$.

Def. 1.3.4: Der n-dimensionale zufällige Vektor $\boldsymbol{\mathfrak{X}}$ heißt *stetig* $=_{\mathrm{df}}$ Das Maß $P_{\boldsymbol{\mathfrak{X}}}$ ist absolutstetig bez. des Lebesgue-Maßes $\lambda^{\otimes n}$ auf $[\mathrm{R}^n, \mathcal{B}^n]$ •

Für den stetigen zufälligen Vektor $\boldsymbol{\mathfrak{X}}$ existiert gemäß Satz 1.2.5 eine als *Dichte* (oder Verteilungsdichte) *von* $\boldsymbol{\mathfrak{X}}$ bezeichnete Radon-Nikodym-Dichte $p_{\boldsymbol{\mathfrak{X}}}$. Es gilt

$$\forall \boldsymbol{x} \in \mathrm{R}^n: F_{\boldsymbol{\mathfrak{X}}}(\boldsymbol{x}) = \int_{Q_{\boldsymbol{x}}} p_{\boldsymbol{\mathfrak{X}}}(\boldsymbol{t})\, \lambda^{\otimes n}(\mathrm{d}\boldsymbol{t}) = \int_{-\infty}^{x_1} \cdots \int_{-\infty}^{x_n} p_{\boldsymbol{\mathfrak{X}}}(t_1, \dots, t_n)\, \mathrm{d}t_n \cdots \mathrm{d}t_1\,, \tag{1.3.7}$$

$$\forall \boldsymbol{x} \in \mathrm{R}^n: p_{\boldsymbol{\mathfrak{X}}}(\boldsymbol{x}) \geqq 0\,, \tag{1.3.8}$$

$$\int_{\mathrm{R}^n} p_{\boldsymbol{\mathfrak{X}}}(\boldsymbol{t})\, \mathrm{d}\boldsymbol{t} = \int_{\mathrm{R}^n} \mathrm{d}F_{\boldsymbol{\mathfrak{X}}}(\boldsymbol{t}) = 1\,. \tag{1.3.9}$$

Der Term $\int_{\mathrm{R}^n} \mathrm{d}F_{\boldsymbol{\mathfrak{X}}}(\boldsymbol{t})$ bezeichnet das Stieltjes-Integral von 1 nach $F_{\boldsymbol{\mathfrak{X}}}$.

Def. 1.3.5: Der n-dimensionale zufällige Vektor $\boldsymbol{\mathfrak{X}}$ heißt *diskret* $=_{\mathrm{df}}$ Es existiert ein diskretes Maß μ über $[\mathrm{R}^n, \mathcal{B}^n]$ und $P_{\boldsymbol{\mathfrak{X}}} \ll \mu$ •

Für den diskreten zufälligen Vektor $\boldsymbol{\mathfrak{X}}$ existiert gemäß Satz 1.2.5 eine Radon-Nikodym-Dichte $p_{\boldsymbol{\mathfrak{X}}} := \dfrac{\mathrm{d}\mu}{\mathrm{d}P_{\boldsymbol{\mathfrak{X}}}}$, für die gilt (vgl. Def. 1.2.7)

$$\forall \boldsymbol{x} \in \mathrm{R}^n: F_{\boldsymbol{\mathfrak{X}}}(\boldsymbol{x}) = \int_{Q_{\boldsymbol{x}}} p_{\boldsymbol{\mathfrak{X}}}(\boldsymbol{t})\, \mu(\mathrm{d}\boldsymbol{t}) = \sum_{\boldsymbol{t} \in Q_{\boldsymbol{x}} \cap \{\boldsymbol{x}_i : i \in \mathrm{N}\}} P(\boldsymbol{\mathfrak{X}} = \boldsymbol{t})\,. \tag{1.3.10}$$

Satz 1.3.1: Zur Wahrscheinlichkeitsverteilung $P_{\mathfrak{X}}$ existiere eine RADON-NIKODYM-Dichte $p_{\mathfrak{X}}$. Dann gilt

$$\operatorname{supp} P_{\mathfrak{X}} = \{x \in \mathrm{R}^n : p_{\mathfrak{X}}(x) > 0\} \bullet \tag{1.3.11}$$

Zu dem n-dimensionalen zufälligen Vektor $\mathfrak{X} = (\mathfrak{X}_1, \dots, \mathfrak{X}_n)'$ werde für die folgenden Definitionen ein Teilvektor

$$\mathfrak{X}^{(1)} = (\mathfrak{X}_{i_1}, \dots, \mathfrak{X}_{i_m})'; \quad \{i_1, \dots, i_m\} \subset \{1, \dots, n\}, \quad m < n;$$

ausgezeichnet. Der Teilvektor der restlichen Komponenten von $\mathfrak{X}$ sei

$$\mathfrak{X}^{(2)} = (\mathfrak{X}_{j_1}, \dots, \mathfrak{X}_{j_{n-m}})'. \tag{1.3.12}$$

Def. 1.3.6: Die Funktion $F_{\mathfrak{X}^{(1)}} \mid \mathrm{R}^m \to \mathrm{R}^1$ heißt *Randverteilungsfunktion* von $\mathfrak{X}^{(1)}$ des zufälligen Vektors $\mathfrak{X} =_{\mathrm{df}}$

$$\forall (x_{i_1}, \dots, x_{i_m})' \in \mathrm{R}^m : F_{\mathfrak{X}^{(1)}}(x_{i_1}, \dots, x_{i_m}) = P(\mathfrak{X}_{i_1} < x_{i_1} \wedge \dots \wedge \mathfrak{X}_{i_m} < x_{i_m})$$
$$= \lim_{x_{j_1} \to \infty} \cdots \lim_{x_{j_{n-m}} \to \infty} F_{\mathfrak{X}}(x_1, \dots, x_n) \bullet \tag{1.3.13}$$

Durch die Randverteilungsfunktion von $\mathfrak{X}^{(1)}$ ist gemäß (1.3.6) die *Randverteilung* von $\mathfrak{X}^{(1)}$ des zufälligen Vektors $\mathfrak{X}$ definiert; sie wird mit $P_{\mathfrak{X}^{(1)}}$ bezeichnet.

Ist der zufällige Vektor $\mathfrak{X}$ stetig, so heißt die Funktion $p_{\mathfrak{X}^{(1)}}$, die definiert ist durch

$$\forall (x_{i_1}, \dots, x_{i_m})' \in \mathrm{R}^m : p_{\mathfrak{X}^{(1)}}(x_{i_1}, \dots, x_{i_m}) := \int_{-\infty}^{\infty} \cdots \int_{-\infty}^{\infty} p_{\mathfrak{X}}(x_1, \dots, x_n) \, \mathrm{d}x_{j_1} \cdots \mathrm{d}x_{j_{n-m}} \tag{1.3.14}$$

die Randdichte von $\mathfrak{X}^{(1)}$ des zufälligen Vektors $\mathfrak{X}$.

Es sei $x^{(2)} = (x_{j_1}, \dots, x_{j_{n-m}})' \in \mathrm{R}^{n-m}$.

Def. 1.3.7: Die Funktion $F_{\mathfrak{X}^{(1)}|x^{(2)}} \mid \mathrm{R}^m \to \mathrm{R}^1$ heißt *bedingte Verteilungsfunktion von $\mathfrak{X}^{(1)}$ unter der Bedingung $\mathfrak{X}^{(2)} = x^{(2)}$* $=_{\mathrm{df}}$

$$\forall (x_{i_1}, \dots, x_{i_m})' \in \mathrm{R}^m : \lim_{t \to 0} P(\mathfrak{X}_{i_1} < x_{i_1} \wedge \dots \wedge \mathfrak{X}_{i_m} < x_{i_m} \mid x_{j_1} \leqq \mathfrak{X}_{j_1} \leqq x_{j_1} + t \wedge \dots \wedge x_{j_{n-m}}$$
$$\leqq \mathfrak{X}_{j_{n-m}} \leqq x_{j_{n-m}} + t) =: p \in [0, 1] \wedge F_{\mathfrak{X}^{(1)}|x^{(2)}}(x_{i_1}, \dots, x_{i_m}) = p \bullet \tag{1.3.15}$$

Durch die bedingte Verteilungsfunktion von $\mathfrak{X}^{(1)}$ unter der Bedingung $\mathfrak{X}^{(2)} = x^{(2)}$ ist gemäß (1.3.6) die *bedingte Verteilung von $\mathfrak{X}^{(1)}$ unter der Bedingung $\mathfrak{X}^{(2)} = x^{(2)}$* definiert; man schreibt dafür $P_{\mathfrak{X}^{(1)}|x^{(2)}}$.

Ist der zufällige Vektor $\mathfrak{X}$ stetig und gilt $p_{\mathfrak{X}^{(2)}}(x^{(2)}) > 0$, so heißt die durch

$$\forall (x_{i_1}, \dots, x_{i_m})' \in \mathrm{R}^m : p_{\mathfrak{X}^{(1)}|x^{(2)}}(x_{i_1}, \dots, x_{i_m}) := \frac{p_{\mathfrak{X}}(x_1, \dots, x_n)}{p_{\mathfrak{X}^{(2)}}(x^{(2)})} \tag{1.3.16}$$

definierte Funktion $p_{\mathfrak{X}^{(1)}|x^{(2)}}$ die *bedingte Dichte von $\mathfrak{X}^{(1)}$ unter der Bedingung $\mathfrak{X}^{(2)} = x^{(2)}$*. Wir schreiben auch $p_{\mathfrak{X}^{(1)}|x^{(2)}}(\cdot) =: p_{\mathfrak{X}^{(1)}}(\cdot \mid x^{(2)})$.

Es seien $\mathfrak{X}$ eine Zufallsgröße und $g \mid \mathrm{R}^1 \to \mathrm{R}^1$ eine $(\mathscr{B}^1, \mathscr{B}^1)$-meßbare Funktion.

Def. 1.3.8: Die reelle Zahl $\mathrm{E}_{\mathfrak{X}} g(\mathfrak{X})$ heißt *Erwartungswert der Zufallsgröße* $g(\mathfrak{X}) =_{\mathrm{df}}$

$$\int_{-\infty}^{\infty} |g(t)| \, P_{\mathfrak{X}}(\mathrm{d}t) \in \mathrm{R}^1, \tag{1.3.17}$$

$$\mathrm{E}_{\mathfrak{X}} g(\mathfrak{X}) = \int_{-\infty}^{\infty} g(t) \, P_{\mathfrak{X}}(\mathrm{d}t) \bullet \tag{1.3.18}$$

Gilt (1.3.17), so sagen wir, daß der Erwartungswert von $g(\mathfrak{X})$ *existiert*. Falls der Erwartungswert existiert, ist

$$\mathrm{E}_{\mathfrak{X}} g(\mathfrak{X}) = \int_{-\infty}^{\infty} g(t)\, \mathrm{d}F_{\mathfrak{X}}(t)\,. \tag{1.3.19}$$

Ist $\boldsymbol{\mathfrak{X}}$ ein n-dimensionaler zufälliger Vektor, für dessen Komponenten die Erwartungswerte existieren, dann ist

$$\mathrm{E}(\mathfrak{X}_1, \dots, \mathfrak{X}_n) := (\mathrm{E}\mathfrak{X}_1, \dots, \mathrm{E}\mathfrak{X}_n)$$

der *Erwartungswert des zufälligen Vektors* $\boldsymbol{\mathfrak{X}}$.

Es sei $\boldsymbol{\mathfrak{X}}$ ein n-dimensionaler zufälliger Vektor mit den Teilvektoren $\boldsymbol{\mathfrak{X}}^{(1)}$ und $\boldsymbol{\mathfrak{X}}^{(2)}$ gemäß (1.3.12), und es existiere der Erwartungswert von $\boldsymbol{\mathfrak{X}}^{(1)}$. Das Mengensystem $\mathscr{B}_1'$ bilde eine Teil-σ-Algebra von $\mathscr{B}_1$.

Es sei $g \mid \mathrm{R}^n \to \mathrm{R}^{n_1}$ eine $(\mathscr{B}^n, \mathscr{B}^{n_1})$-meßbare Funktion.

Def. 1.3.9: a) Der n_1-dimensionale zufällige Vektor $\mathrm{E}_{\boldsymbol{\mathfrak{X}}^{(1)}|\mathscr{B}_1'} g(\boldsymbol{\mathfrak{X}})$ heißt *bedingte Erwartung von g für* $\boldsymbol{\mathfrak{X}}^{(1)}$ *unter der Bedingung* $\mathscr{B}_1' =_{\mathrm{df}}$

$$\mathrm{E}_{\boldsymbol{\mathfrak{X}}^{(1)}|\mathscr{B}_1'} g(\boldsymbol{\mathfrak{X}}) \in \mathscr{F}(\mathscr{B}_1', \mathscr{B}^{n_1})\,, \tag{1.3.20}$$

$$\forall A \in \mathscr{B}_1' : \int_A \mathrm{E}_{\boldsymbol{\mathfrak{X}}^{(1)}|\mathscr{B}_1'} g(\boldsymbol{\mathfrak{X}})\, \mathrm{d}P = \int_A g(\boldsymbol{\mathfrak{X}})\, \mathrm{d}P\,. \tag{1.3.21}$$

b) Der zufällige Vektor $\mathrm{E}_{\boldsymbol{\mathfrak{X}}^{(1)}|\boldsymbol{\mathfrak{X}}^{(2)}} g(\boldsymbol{\mathfrak{X}})$ heißt *bedingte Erwartung von g für* $\boldsymbol{\mathfrak{X}}^{(1)}$ *unter der Bedingung* $\boldsymbol{\mathfrak{X}}^{(2)} =_{\mathrm{df}}$

$$\mathrm{E}_{\boldsymbol{\mathfrak{X}}^{(1)}|\boldsymbol{\mathfrak{X}}^{(2)}} g(\boldsymbol{\mathfrak{X}}) = \mathrm{E}_{\boldsymbol{\mathfrak{X}}^{(1)} \,\Big|\, \mathscr{B}\left[\bigcup_{l=1}^{n-m} X_{j_l}^{-1}(\mathscr{B}^1)\right]} g(\boldsymbol{\mathfrak{X}})\, \bullet \tag{1.3.22}$$

Es gilt für alle $(\mathscr{B}^n, \mathscr{B}^{n_1})$-meßbaren Funktionen g

$$\mathrm{E}_{\boldsymbol{\mathfrak{X}}} g(\boldsymbol{\mathfrak{X}}) = \mathrm{E}_{\boldsymbol{\mathfrak{X}}^{(2)}} \mathrm{E}_{\boldsymbol{\mathfrak{X}}^{(1)}|\boldsymbol{\mathfrak{X}}^{(2)}} g(\boldsymbol{\mathfrak{X}})\,. \tag{1.3.23}$$

Es sei $\boldsymbol{x}^{(2)} = (x_{j_1}, \dots, x_{j_{n-m}})' \in \mathrm{R}^{n-m}$.

Def. 1.3.10: Der Vektor $\mathrm{E}_{\boldsymbol{\mathfrak{X}}^{(1)}|\boldsymbol{\mathfrak{X}}^{(2)}=\boldsymbol{x}^{(2)}} g(\boldsymbol{\mathfrak{X}})$ heißt *bedingter Erwartungswert von g für* $\boldsymbol{\mathfrak{X}}^{(1)}$ *unter der Bedingung* $\boldsymbol{\mathfrak{X}}^{(2)} = \boldsymbol{x}^{(2)} =_{\mathrm{df}}$

$$\mathrm{E}_{\boldsymbol{\mathfrak{X}}^{(1)}|\boldsymbol{\mathfrak{X}}^{(2)}=\boldsymbol{x}^{(2)}} g(\boldsymbol{\mathfrak{X}}) = \int_{\mathrm{R}^m} g(\boldsymbol{t})\, \mathrm{d}F_{\boldsymbol{\mathfrak{X}}^{(1)}|\boldsymbol{x}^{(2)}}(\boldsymbol{t})\, \bullet \tag{1.3.24}$$

Für $\mathrm{E}_{\boldsymbol{\mathfrak{X}}^{(1)}|\boldsymbol{\mathfrak{X}}^{(2)}=\boldsymbol{x}^{(2)}} g(\boldsymbol{\mathfrak{X}})$ schreiben wir $\mathrm{E}_{\boldsymbol{\mathfrak{X}}^{(1)}|\boldsymbol{x}^{(2)}} g(\boldsymbol{\mathfrak{X}})$ und für $\mathrm{E}_{\boldsymbol{\mathfrak{X}}^{(1)}|\boldsymbol{x}^{(2)}} \boldsymbol{\mathfrak{X}}$ auch $\mathrm{E}(\boldsymbol{\mathfrak{X}}^{(1)} \mid \boldsymbol{x}^{(2)})$. Bedingte Erwartungswerte sind Realisierungen der bedingten Erwartung.

Ist der zufällige Vektor $\boldsymbol{\mathfrak{X}}$ stetig und gilt $p_{\boldsymbol{\mathfrak{X}}^{(2)}}(\boldsymbol{x}^{(2)}) > 0$, so gilt

$$\mathrm{E}_{\boldsymbol{\mathfrak{X}}^{(1)}|\boldsymbol{x}^{(2)}} g(\boldsymbol{\mathfrak{X}}) = \frac{\int_{-\infty}^{\infty} \cdots \int_{-\infty}^{\infty} g(\boldsymbol{x})\, p_{\boldsymbol{\mathfrak{X}}}(\boldsymbol{x})\, \mathrm{d}x_{i_1} \cdots \mathrm{d}x_{i_m}}{p_{\boldsymbol{\mathfrak{X}}^{(2)}}(\boldsymbol{x}^{(2)})}\,. \tag{1.3.25}$$

Es sei $\mathfrak{X}$ eine Zufallsgröße, für die der Erwartungswert $\mathrm{E}\mathfrak{X}$ existiert.

Def. 1.3.11: Die reelle Zahl $\mathrm{D}^2\mathfrak{X}$ heißt *Varianz von* $\mathfrak{X} =_{\mathrm{df}}$

$$\mathrm{D}^2\mathfrak{X} = \mathrm{E}(\mathfrak{X} - \mathrm{E}\mathfrak{X})^2\, \bullet \tag{1.3.26}$$

Es sei $\boldsymbol{\mathfrak{X}} = (\mathfrak{X}_1, \dots, \mathfrak{X}_n)'$ ein n-dimensionaler zufälliger Vektor, für dessen sämtliche Komponenten der Erwartungswert und die Varianz existieren. Es seien i_1 und i_2 Elemente von $\{1, \dots, n\}$.

Def. 1.3.12: a) Die reelle Zahl cov $(\mathfrak{X}_{i_1}, \mathfrak{X}_{i_2})$ heißt *Kovarianz von* $\mathfrak{X}_{i_1}$ *und* $\mathfrak{X}_{i_2}$ $=_{\text{df}}$

$$\operatorname{cov}(\mathfrak{X}_{i_1}, \mathfrak{X}_{i_2}) = \mathrm{E}\big((\mathfrak{X}_{i_1} - \mathrm{E}\mathfrak{X}_{i_1})(\mathfrak{X}_{i_2} - \mathrm{E}\mathfrak{X}_{i_2})\big). \tag{1.3.27}$$

b) Die reelle Zahl $\varrho(\mathfrak{X}_{i_1}, \mathfrak{X}_{i_2})$ heißt *Korrelationskoeffizient von* $\mathfrak{X}_{i_1}$ *und* $\mathfrak{X}_{i_2}$ $=_{\text{df}}$

$$\varrho(\mathfrak{X}_{i_1}, \mathfrak{X}_{i_2}) = \frac{\operatorname{cov}(\mathfrak{X}_{i_1}, \mathfrak{X}_{i_2})}{(\mathrm{D}^2\mathfrak{X}_{i_1} \cdot \mathrm{D}^2\mathfrak{X}_{i_2})^{1/2}} \bullet \tag{1.3.28}$$

Gilt $\varrho(\mathfrak{X}_{i_1}, \mathfrak{X}_{i_2}) = 0$, so heißen die Zufallsgrößen $\mathfrak{X}_{i_1}$ und $\mathfrak{X}_{i_2}$ *unkorreliert.*

Für natürliche Zahlen n_1 und n_2 bezeichnet $\mathcal{M}_{n_1 \times n_2}$ die Menge aller reellen Matrizen der Ordnung $n_1 \times n_2$; für $\mathcal{M}_{n_1 \times n_1}$ schreibt man $\mathcal{M}_{n_1}$; $\mathcal{M}^{(k)}_{n_1 \times n_2}$ die Menge aller Matrizen der Ordnung $n_1 \times n_2$ mit dem Rang k, $\mathcal{M}^{>}_{n_1}$ bzw. $\mathcal{M}^{\geqq}_{n_1}$ die Menge der positiv definiten bzw. positiv semidefiniten Matrizen derselben Ordnung.

Ist die Matrix $\boldsymbol{A}$ aus $\mathcal{M}_{n_1 \times n_2}$, so wird für $\boldsymbol{A} = \begin{pmatrix} a_{11} & \cdots & a_{1n_2} \\ \vdots & & \vdots \\ a_{n_1 1} & \cdots & a_{n_1 n_2} \end{pmatrix}$ auch $\boldsymbol{A} = \big((a_{i_1 i_2})\big)_{n_1 \times n_2}$ geschrieben.

Es sei $\mathfrak{X} = (\mathfrak{X}_1, \dots, \mathfrak{X}_n)'$ ein n-dimensionaler zufälliger Vektor, für dessen sämtliche Komponentenpaare die Kovarianz existiert. Dann heißt

$$\boldsymbol{B}_{\mathfrak{X}} := \big((\operatorname{cov}(\mathfrak{X}_{i_1}, \mathfrak{X}_{i_2}))\big)_{n \times n} \tag{1.3.29}$$

Kovarianzmatrix von $\mathfrak{X}$. Die Kovarianzmatrix ist symmetrisch und positiv semidefinit.

Def. 1.3.13: a) Die Zufallsgrößen $\mathfrak{X}_1, \dots, \mathfrak{X}_n$ heißen *paarweise unabhängig* $=_{\text{df}}$

$$\forall i_1 \in \{1, \dots, n\}\ \forall i_2 \in \{1, \dots, n\}: i_1 \neq i_2 \Rightarrow P_{(\mathfrak{X}_{i_1}, \mathfrak{X}_{i_2})} = P_{\mathfrak{X}_{i_1}} \times P_{\mathfrak{X}_{i_2}}. \tag{1.3.30}$$

b) Die Zufallsgrößen $\mathfrak{X}_1, \dots, \mathfrak{X}_n$ heißen *in Gesamtheit unabhängig* $=_{\text{df}}$

$$P_{(\mathfrak{X}_1, \dots, \mathfrak{X}_n)'} = \mathop{\times}_{i=1}^{n} P_{\mathfrak{X}_i} \bullet \tag{1.3.31}$$

Ist $\mathfrak{X}$ ein stetiger n-dimensionaler zufälliger Vektor mit in Gesamtheit unabhängigen Komponenten, so gilt

$$\forall \boldsymbol{x} \in \mathrm{R}^n: p_{\mathfrak{X}}(\boldsymbol{x}) = \prod_{i=1}^{n} p_{\mathfrak{X}_i}(x_i). \tag{1.3.32}$$

Eine Menge von Verteilungen heißt *stabil*, wenn mit den Verteilungen zweier unabhängiger Zufallsgrößen auch die Verteilung ihrer Summe zu dieser Menge gehört.

Es sei $\{\mathfrak{X}_i\}_{i \in \mathrm{N}}$ eine Folge von Zufallsgrößen, die alle dieselbe Wahrscheinlichkeitsverteilung besitzen; a sei eine reelle Zahl.

Satz 1.3.2 (*Starkes Gesetz der großen Zahlen*; Kolmogorov): Es seien für jede natürliche Zahl n die Zufallsgrößen $\mathfrak{X}_1, \dots, \mathfrak{X}_n$ in Gesamtheit unabhängig. Dann gilt

$\frac{1}{n} \sum_{i=1}^{n} \mathfrak{X}_i \xrightarrow[P\text{-}f.s.]{} a$ genau dann, wenn $\mathrm{E}\mathfrak{X}_1 = a \bullet$

Es sei $\mathfrak{X}$ eine Zufallsgröße.

Def. 1.3.14: Die komplexwertige Funktion $\varphi_{\mathfrak{X}}$ heißt *charakteristische Funktion von* $\mathfrak{X}$ $=_{\text{df}}$

$$\forall t \in \mathrm{R}^1: \varphi_{\mathfrak{X}}(t) = \mathrm{E}e^{it\mathfrak{X}} \bullet \tag{1.3.33}$$

Eine charakteristische Funktion existiert zu jeder Zufallsgröße; die Beziehung zwischen $F_{\mathfrak{X}}$ und $\varphi_{\mathfrak{X}}$ ist eineindeutig. Sind $\mathfrak{X}_1$ eine Zufallsgröße und $\mathfrak{X}_2 = \alpha_1 \mathfrak{X}_1 + \alpha_2$; $\alpha_1 \in \mathrm{R}^1, \alpha_2 \in \mathrm{R}^1$; so gilt

$$\forall t \in \mathrm{R}^1 \colon \varphi_{\mathfrak{X}_2}(t) = \mathrm{e}^{i\alpha_2 t} \cdot \varphi_{\mathfrak{X}_1}(\alpha_1 t) \,. \tag{1.3.34}$$

Es seien $\mathfrak{X}_1, \dots, \mathfrak{X}_n$ in Gesamtheit unabhängige Zufallsgrößen und $\mathfrak{X} = \sum_{j=1}^{n} \alpha_j \mathfrak{X}_j$; $\boldsymbol{\alpha} \in \mathrm{R}^n$. Dann gilt

$$\forall t \in \mathrm{R}^1 \colon \varphi_{\mathfrak{X}}(t) = \prod_{j=1}^{n} \varphi_{\mathfrak{X}_j}(\alpha_j t) \,. \tag{1.3.35}$$

Es seien ν ein σ-endliches Maß über $[\mathrm{R}^m, \mathscr{B}^m]$ und $\boldsymbol{\mathfrak{X}}$ ein m-dimensionaler zufälliger Vektor.

Auf einer Menge Θ seien reellwertige Funktionen q_i und auf R^m reellwertige Funktionen t_i; $i \in \{1, \dots, k\}$; definiert.

Def. 1.3.15: Die Familie $\{P_{\boldsymbol{\mathfrak{X}}|\vartheta}\}_{\vartheta \in \Theta}$ von Wahrscheinlichkeitsmaßen heißt *k-parametrige Exponentialfamilie* in $q_1, \dots, q_k$ und $t_1, \dots, t_k =_{\mathrm{df}}$

$$\forall \vartheta \in \Theta \colon P_{\boldsymbol{\mathfrak{X}}|\vartheta} \ll \nu \,, \tag{1.3.36}$$

$$\exists a \mid \mathrm{R}^m \to \mathrm{R}^1 \; \exists b \mid \Theta \to \mathrm{R}^1 \; \forall \vartheta \in \Theta \; \forall \boldsymbol{x} \in \mathrm{R}^m \colon$$

$$\frac{\mathrm{d}P_{\boldsymbol{\mathfrak{X}}|\vartheta}}{\mathrm{d}\nu}(\boldsymbol{x}) = \exp\left\{\sum_{i=1}^{k} q_i(\vartheta)\, t_i(\boldsymbol{x}) + a(\boldsymbol{x}) + b(\vartheta)\right\} \bullet \tag{1.3.37}$$

Nun werden einige Verteilungstypen von stetigen Zufallsgrößen $\mathfrak{X}$ bzw. Vektoren $\boldsymbol{\mathfrak{X}}$ angegeben. Die angegebenen Dichten $p_{\mathfrak{X}}$ bzw. $p_{\boldsymbol{\mathfrak{X}}}$ sind alle RADON-NIKODYM-Dichten bez. des LEBESGUE-Maßes •

Es seien $\boldsymbol{a}$ und $\boldsymbol{b}$ aus R^n und $\boldsymbol{a} \in Q_{\boldsymbol{b}}$. Es bezeichne $\lambda^{\otimes n}([\boldsymbol{a}, \boldsymbol{b}])$ den Wert des LEBESGUE-Maßes für das Parallelepiped $[\boldsymbol{a}, \boldsymbol{b}]$.

Def. 1.3.16: Der n-dimensionale zufällige Vektor $\boldsymbol{\mathfrak{X}}$ ist *gleichverteilt* auf $[\boldsymbol{a}, \boldsymbol{b}] =_{\mathrm{df}}$

$$\forall \boldsymbol{x} \in \mathrm{R}^n \colon p_{\boldsymbol{\mathfrak{X}}}(\boldsymbol{x}) = \frac{1}{\lambda^{\otimes n}([\boldsymbol{a}, \boldsymbol{b}])} \cdot I_{[\boldsymbol{a}, \boldsymbol{b}]}(\boldsymbol{x}) \bullet \tag{1.3.38}$$

Ist $\boldsymbol{\mathfrak{X}}$ gleichverteilt auf $[\boldsymbol{a}, \boldsymbol{b}]$, so schreibt man $\boldsymbol{\mathfrak{X}} \sim \mathrm{Gl}\,([\boldsymbol{a}, \boldsymbol{b}])$ oder $P_{\boldsymbol{\mathfrak{X}}} = \mathrm{Gl}\,([\boldsymbol{a}, \boldsymbol{b}])$.

Es seien μ und σ reelle Zahlen, $\sigma > 0$, $\boldsymbol{\mu} \in \mathrm{R}^n$ und $\boldsymbol{\Sigma} \in \mathscr{M}_n^{>}$.

Def. 1.3.17: a) Die Zufallsgröße $\mathfrak{X}$ ist *normalverteilt mit den Parametern* μ *und* $\sigma^2 =_{\mathrm{df}}$

$$\forall x \in \mathrm{R}^1 \colon p_{\mathfrak{X}}(x) = \frac{1}{\sqrt{2\pi}\,\sigma} \cdot \exp\left\{-\frac{(x-\mu)^2}{2\sigma^2}\right\}. \tag{1.3.39}$$

b) Der n-dimensionale zufällige Vektor $\boldsymbol{\mathfrak{X}}$ ist *normalverteilt mit den Parametern* $\boldsymbol{\mu}$ *und* $\boldsymbol{\Sigma} =_{\mathrm{df}}$

$$\forall \boldsymbol{x} \in \mathrm{R}^n \colon p_{\boldsymbol{\mathfrak{X}}}(\boldsymbol{x}) = \frac{1}{((2\pi)^n \det \boldsymbol{\Sigma})^{1/2}} \exp\left\{-\frac{1}{2}\left((\boldsymbol{x}-\boldsymbol{\mu})'\, \boldsymbol{\Sigma}^{-1}(\boldsymbol{x}-\boldsymbol{\mu})\right)\right\} \bullet \tag{1.3.40}$$

Ist $\mathfrak{X}$ normalverteilt mit den Parametern μ und σ^2, so schreibt man $\mathfrak{X} \sim \mathrm{N}(\mu, \sigma^2)$ oder $P_{\mathfrak{X}} = \mathrm{N}(\mu, \sigma^2)$. Es gilt dann $\mathrm{E}\mathfrak{X} = \mu$ und $\mathrm{D}^2\mathfrak{X} = \sigma^2$. Für $\mu = 0$ und $\sigma^2 = 1$ spricht man von einer *standardisierten Normalverteilung*. Ist der Vektor $\boldsymbol{\mathfrak{X}}$ normalverteilt mit den Parametern $\boldsymbol{\mu}$ und $\boldsymbol{\Sigma}$, so schreibt man $\mathfrak{X} \sim \mathrm{N}(\boldsymbol{\mu}, \boldsymbol{\Sigma})$ oder $P_{\mathfrak{X}} = \mathrm{N}(\boldsymbol{\mu}, \boldsymbol{\Sigma})$. Es gilt dann $\mathrm{E}\mathfrak{X} = \boldsymbol{\mu}$ und $\boldsymbol{B}_{\mathfrak{X}} = \boldsymbol{\Sigma}$.

Es seien n eine natürliche, λ eine reelle Zahl und $\lambda \geqq 0$. Es bezeichnet $\Gamma(\cdot)$ die Gamma-Funktion.

Def. 1.3.18: Die Zufallsgröße $\mathfrak{X}$ besitzt eine *nichtzentrale* χ^2-*Verteilung mit n Freiheitsgraden und dem Nichtzentralitätsparameter* $\lambda =_{\mathrm{df}}$

$$\forall x \in \mathrm{R}^1: p_{\mathfrak{X}}(x) = \mathrm{e}^{-\lambda} \sum_{i \in \mathsf{N}} \frac{\lambda^i}{i!} \frac{x^{(n/2)+i-1}\, \mathrm{e}^{-x/2}}{2^{(n/2)+i}\, \Gamma\left(\frac{n}{2} + i\right)} \cdot I_{[0,\infty)}(x) \bullet \tag{1.3.41}$$

Besitzt $\mathfrak{X}$ eine nichtzentrale χ^2-Verteilung mit den Parametern n und λ, so schreibt man $\mathfrak{X} \sim \chi^2(n, \lambda)$ oder $P_{\mathfrak{X}} = \chi^2(n, \lambda)$. Für $\lambda = 0$ spricht man von einer (*zentralen*) χ^2-*Verteilung mit n Freiheitsgraden.*

Die Einheitsmatrix der Ordnung n wird mit $\boldsymbol{I}_n$ bezeichnet.

Satz 1.3.3: Es sei $\mathfrak{X}$ ein n-dimensionaler zufälliger Vektor mit $\mathfrak{X} \sim \mathrm{N}(\boldsymbol{\mu}, \boldsymbol{I}_n)$. Dann gilt

$$\mathfrak{X}'\mathfrak{X} \sim \chi^2(n, \boldsymbol{\mu}'\boldsymbol{\mu}/2) \bullet$$

Es seien n_1 und n_2 natürliche Zahlen, λ eine reelle Zahl und $\lambda \geqq 0$.

Def. 1.3.19: Die Zufallsgröße $\mathfrak{X}$ besitzt eine *nichtzentrale* F-*Verteilung mit den Freiheitsgraden* n_1 *und* n_2 *und dem Nichtzentralitätsparameter* $\lambda =_{\mathrm{df}}$

$$\forall x \in \mathrm{R}^1: p_{\mathfrak{X}}(x) = \sum_{i \in \mathsf{N}} \frac{\mathrm{e}^{-\lambda} \lambda^i n_1^{(n_1/2)+i} \cdot n_2^{n_2/2}}{i!\,\Gamma\left(\frac{n_1}{2} + i\right) \Gamma\left(\frac{n_2}{2}\right)} \frac{\Gamma\left(\frac{n_1}{2} + \frac{n_2}{2} + i\right) \cdot x^{(n_1/2)+i-1}}{(n_2 + n_1 x)^{(n_1/2)+(n_2/2)+i}} I_{[0,\infty)}(x) \bullet \tag{1.3.42}$$

Besitzt $\mathfrak{X}$ eine nichtzentrale F-Verteilung mit den Parametern n_1, n_2 und λ, so schreibt man $\mathfrak{X} \sim \mathrm{F}(n_1, n_2, \lambda)$ oder $P_{\mathfrak{X}} = \mathrm{F}(n_1, n_2, \lambda)$. Für $\lambda = 0$ spricht man von einer (*zentralen*) F-*Verteilung mit den Freiheitsgraden* n_1 *und* n_2.

Satz 1.3.4: Es seien $\mathfrak{X}_1$ und $\mathfrak{X}_2$ unabhängige Zufallsgrößen und $\mathfrak{X}_1 \sim \chi^2(n_1, \lambda)$ und $\mathfrak{X}_2 \sim \chi^2(n_2, 0)$. Dann gilt

$$\frac{\mathfrak{X}_1/n_1}{\mathfrak{X}_2/n_2} \sim \mathrm{F}(n_1, n_2, \lambda) \bullet$$

Ist $\boldsymbol{A}$ eine Matrix, so bezeichnet die natürliche Zahl $\mathrm{Rg}\,\boldsymbol{A}$ den Rang von $\boldsymbol{A}$.

Satz 1.3.5: Es gelte für den n-dimensionalen zufälligen Vektor $\mathfrak{X} \sim \mathrm{N}(\boldsymbol{\mu}, \boldsymbol{\Sigma})$. Dann gilt

$$\forall \boldsymbol{A} \in \mathcal{M}_n: \mathfrak{X}'\boldsymbol{A}\mathfrak{X} \sim \chi^2(\mathrm{Rg}\,\boldsymbol{A}, \boldsymbol{\mu}'\boldsymbol{A}\boldsymbol{\mu}/2) \Leftrightarrow \boldsymbol{A}\boldsymbol{\Sigma} = (\boldsymbol{A}\boldsymbol{\Sigma})^2 \bullet$$

Satz 1.3.6: Für den n-dimensionalen zufälligen Vektor $\mathfrak{X}$ gelte $\mathfrak{X} \sim \mathrm{N}(\boldsymbol{\mu}, \boldsymbol{\Sigma})$. Für jedes $\boldsymbol{A}$ und jedes $\boldsymbol{B}$ aus $\mathcal{M}_n$ sind $\mathfrak{X}'\boldsymbol{A}\mathfrak{X}$ und $\mathfrak{X}'\boldsymbol{B}\mathfrak{X}$ genau dann unabhängig, wenn

$$\boldsymbol{A}\boldsymbol{\Sigma}\boldsymbol{B} = \boldsymbol{0} \text{ oder } \boldsymbol{B}\boldsymbol{\Sigma}\boldsymbol{A} = \boldsymbol{0} \bullet$$

Es seien $n \in \mathsf{N}$, $\boldsymbol{\mu} \in \mathrm{R}^m$, $\boldsymbol{\Sigma} \in \mathcal{M}_m^{\geq}$.

Def. 1.3.20: Der m-dimensionale zufällige Vektor $\mathfrak{X}$ besitzt eine t-*Verteilung mit n Freiheitsgraden und den Parametern* $\boldsymbol{\mu}, \boldsymbol{\Sigma}$ $=_{\mathrm{df}}$

$$\forall \boldsymbol{x} \in \mathrm{R}^m\colon p_{\mathfrak{X}}(\boldsymbol{x}) = c(n, \boldsymbol{\Sigma}) \left(n + (\boldsymbol{x} - \boldsymbol{\mu})' \boldsymbol{\Sigma}^{-1}(\boldsymbol{x} - \boldsymbol{\mu})\right)^{-(n+m)/2}; \tag{1.3.43}$$

$$c(n, \boldsymbol{\Sigma}) = \frac{n^{(n+m)/2}\, \Gamma\left(\dfrac{n+m}{2}\right)}{\Gamma\left(\dfrac{n}{2}\right) \cdot (n\pi)^{m/2} (\det \boldsymbol{\Sigma})^{1/2}} \bullet$$

Besitzt $\mathfrak{X}$ eine t-Verteilung mit n Freiheitsgraden und den Parametern $\boldsymbol{\mu}, \boldsymbol{\Sigma}$, so schreibt man $\mathfrak{X} \sim \mathrm{t}(n; \boldsymbol{\mu}, \boldsymbol{\Sigma})$ oder $P_{\mathfrak{X}} = \mathrm{t}(n; \boldsymbol{\mu}, \boldsymbol{\Sigma})$. Falls $\mathfrak{X} \sim \mathrm{t}(n; \boldsymbol{\mu}, \boldsymbol{\Sigma})$, so sind $\mathrm{E}\mathfrak{X} = \boldsymbol{\mu}$ und $\boldsymbol{B}_{\mathfrak{X}} = \dfrac{n}{n-2} \boldsymbol{\Sigma}$.

Es seien n eine natürliche und λ eine reelle Zahl mit $\lambda \geqq 0$.

Def. 1.3.21: Die Zufallsgröße $\mathfrak{X}$ besitzt eine *nichtzentrale* t-*Verteilung mit n Freiheitsgraden und dem Nichtzentralitätsparameter* λ $=_{\mathrm{df}}$

$$\forall x \in \mathrm{R}^1\colon p_{\mathfrak{X}}(x) = \frac{n^{n/2}}{\Gamma\left(\dfrac{n}{2}\right)} \frac{\mathrm{e}^{-\lambda^2/2}}{(n + x^2)^{(n+1)/2}} \sum_{i \in \mathsf{N}} \Gamma\left(\frac{n+i}{2}\right) \frac{\lambda^{i-1}}{(i-1)!} \left(\frac{2x^2}{n+x^2}\right)^{(i-1)/2} \bullet \tag{1.3.44}$$

Besitzt $\mathfrak{X}$ eine nichtzentrale t-Verteilung mit den Parametern n und λ, so schreibt man $\mathfrak{X} \sim \mathrm{t}(n, \lambda)$ oder $P_{\mathfrak{X}} = \mathrm{t}(n, \lambda)$. Für $\lambda = 0$ spricht man von einer (*zentralen*) t-*Verteilung* mit n Freiheitsgraden.

Satz 1.3.7: Die Zufallsgrößen $\mathfrak{X}, \mathfrak{X}_1, \ldots, \mathfrak{X}_n$ seien in Gesamtheit unabhängig und $\mathfrak{X} \sim \mathrm{N}(\mu, 1)$ und für jedes $i \in \{1, \ldots, n\}$ sei $\mathfrak{X}_i \sim \mathrm{N}(0, 1)$. Dann gilt

$$\frac{\mathfrak{X}}{\left(\dfrac{1}{n} \sum\limits_{i=1}^{n} \mathfrak{X}_i^2\right)^{1/2}} \sim \mathrm{t}(n, \mu) \bullet$$

Es seien α und β positive reelle Zahlen.

Def. 1.3.22: Die Zufallsgröße $\mathfrak{X}$ besitzt eine *Gammaverteilung mit den Parametern* α *und* β $=_{\mathrm{df}}$

$$\forall x \in \mathrm{R}^1\colon p_{\mathfrak{X}}(x) = \frac{\alpha^\beta}{\Gamma(\beta)} x^{\beta-1} \cdot \mathrm{e}^{-\alpha x} \cdot I_{[0,\infty)}(x) \bullet \tag{1.3.45}$$

Besitzt $\mathfrak{X}$ eine Gammaverteilung mit den Parametern α und β, so schreibt man $\mathfrak{X} \sim \mathrm{G}(\alpha, \beta)$ oder $P_{\mathfrak{X}} = \mathrm{G}(\alpha, \beta)$. Falls $\mathfrak{X} \sim \mathrm{G}(\alpha, \beta)$, so sind $\mathrm{E}\mathfrak{X} = \dfrac{\alpha}{\beta}$ und $\mathrm{D}^2\mathfrak{X} = \dfrac{\alpha}{\beta^2}$.

Es seien $\boldsymbol{\mu} \in \mathrm{R}^n$, $\boldsymbol{\Sigma} \in \mathcal{M}_n^{>}$, $\alpha \in \mathsf{N}$ und $\beta \in \mathrm{R}^+$. Es bezeichnen $p_{\mathrm{N}}(\cdot \mid \boldsymbol{\mu}, \boldsymbol{\Sigma})$ die Dichte der n-dimensionalen Normalverteilung mit den Parametern $\boldsymbol{\mu}$ und $\boldsymbol{\Sigma}$ und $p_{\mathrm{G}}(\cdot \mid \alpha, \beta)$ die Dichte der Gammaverteilung mit den Parametern α und β.

Def. 1.3.23: Der $(n + 1)$-dimensionale zufällige Vektor $\mathfrak{X} = (\mathfrak{X}_1, \ldots, \mathfrak{X}_{n+1})'$ besitzt eine *Normal-Gamma-Verteilung mit den Parametern* $\boldsymbol{\mu}, \boldsymbol{\Sigma}, \alpha, \beta =_{\mathrm{df}}$

$$\forall \boldsymbol{x} \in \mathrm{R}^{n+1}: p_{\mathfrak{X}}(\boldsymbol{x}) = \begin{cases} p_{\mathrm{N}}\left((x_1, \ldots, x_n)' \mid \boldsymbol{\mu}, x_{n+1}^{-1}\boldsymbol{\Sigma}\right) p_{\mathrm{G}}\left(x_{n+1} \middle| \frac{\alpha}{2}, \frac{\alpha\beta}{2}\right) & \text{für } x_{n+1} > 0 \\ 0 & \text{für } x_{n+1} \leqq 0 \bullet \end{cases} \quad (1.3.46)$$

Besitzt $\mathfrak{X}$ eine Normal-Gamma-Verteilung mit den Parametern $\boldsymbol{\mu}, \boldsymbol{\Sigma}, \alpha, \beta$, so schreibt man $\mathfrak{X} \sim \mathrm{NG}(\boldsymbol{\mu}, \boldsymbol{\Sigma}, \alpha, \beta)$ oder $P_{\mathfrak{X}} = \mathrm{NG}(\boldsymbol{\mu}, \boldsymbol{\Sigma}, \alpha, \beta)$.

1.4. Mathematische Statistik

Es seien $[\Omega_1, \mathscr{B}_1, P]$ ein Wahrscheinlichkeitsraum und $[\Omega_2, \mathscr{B}_2]$ und $[\Omega_3, \mathscr{B}_3]$ meßbare Räume. Für jedes n aus N seien die Funktionen $\mathfrak{X}_i \mid \Omega_1 \to \Omega_2$; $i \in \{1, \ldots, n\}$; zufällige Variable.

Def. 1.4.1: Die zufällige Variable $\mathfrak{X} = (\mathfrak{X}_1, \ldots, \mathfrak{X}_n)' \mid \Omega_1^n \to \Omega_2^n$ heißt (mathematische) *Stichprobe vom Umfang* $n =_{\mathrm{df}}$

Alle Komponenten von $\mathfrak{X}$ sind in Gesamtheit unabhängig, und es gilt

$$\forall (\omega^{(1)}, \ldots, \omega^{(n)}) \in \Omega_1^n: \mathfrak{X}(\omega^{(1)}, \ldots, \omega^{(n)}) = (\mathfrak{X}_1(\omega^{(1)}), \ldots, \mathfrak{X}_n(\omega^{(n)}))' \bullet$$

Jede Realisierung einer Stichprobe heißt *konkrete Stichprobe vom Umfang n.* Der Vektor $\mathfrak{X}$ wird auch *Beobachtungsvektor* genannt. In diesem Zusammenhang werden $[\Omega_1, \mathscr{B}_1, P]$ als *Grundgesamtheit* und $\left[\Omega_2^n, \bigotimes^n \mathscr{B}_2\right]$ als *Stichprobenraum* bezeichnet.

Def. 1.4.2: Die Funktion T_n heißt *Statistik* für den Stichprobenumfang $n =_{\mathrm{df}}$

$$T_n \mid \Omega_2^n \to \Omega_3 \wedge T_n \in \mathscr{F}\left(\bigotimes^n \mathscr{B}_2, \mathscr{B}_3\right) \bullet \quad (1.4.1)$$

Im folgenden seien Θ eine Menge und $\{P^{(\vartheta)}\}_{\vartheta \in \Theta}$ eine Familie von Wahrscheinlichkeitsmaßen über $[\Omega_1, \mathscr{B}_1]$. Das σ-endliche Maß ν dominiere $\{P^{(\vartheta)}\}_{\vartheta \in \Theta}$ und für alle ϑ aus Θ sei $p^{(\vartheta)} = \frac{\mathrm{d}P^{(\vartheta)}}{\mathrm{d}\nu}$. Die mathematische Stichprobe $(\mathfrak{X}_1, \ldots, \mathfrak{X}_n)$ induziert für jedes ϑ aus Θ über $\left[\Omega_2^n, \bigotimes^n \mathscr{B}_2\right]$ das Produktmaß $P_{\mathfrak{X}_1|\vartheta} \times \cdots \times P_{\mathfrak{X}_n|\vartheta}$. Zu jedem solchen Produktmaß existiert dann eine Radon-Nikodym-Dichte $p_{\mathfrak{X}_1|\vartheta} \times \cdots \times p_{\mathfrak{X}_n|\vartheta}$ bezüglich des Produktmaßes $\nu_{\mathfrak{X}_1} \times \cdots \times \nu_{\mathfrak{X}_n}$.

Def. 1.4.3: a) Die Statistik T_n heißt *suffiziente* oder hinreichende oder erschöpfende *Statistik* für $\Theta =_{\mathrm{df}}$

$$\forall A \in \bigotimes^n \mathscr{B}_2 \; \forall \vartheta \in \Theta \; \forall t \in \Omega_3: P_{\mathfrak{X}|\vartheta}\left(A \mid T_n(\mathfrak{X}) = t\right) = P_{\mathfrak{X}|T_n(\mathfrak{X})=t}(A). \quad (1.4.2)$$

b) Die Statistik T_n heißt *vollständig suffiziente Statistik* für $\Theta =_{\mathrm{df}}$

1. T_n ist suffizient für Θ.
2. $\forall f \in \mathscr{F}(\mathscr{B}_3, \mathscr{B}^1) \; \forall \vartheta \in \Theta: \mathrm{E}_{\mathfrak{X}|\vartheta} f(T_n(\mathfrak{X})) = 0 \Rightarrow P_{\mathfrak{X}|\vartheta}\left(f(T_n(\mathfrak{X})) = 0\right) = 1 \bullet \quad (1.4.3)$

Es sei $(x_1, \ldots, x_n)'$ aus Ω_2^n.

Def. 1.4.4: a) Die Funktion $l(\mathfrak{X}_1, \ldots, \mathfrak{X}_n; \cdot) \mid \Theta \to \mathcal{F}\left(\overset{n}{\bigotimes} \mathcal{B}_1, \mathcal{B}^1\right)$ heißt *Likelihood-Funktion der Stichprobe* $(\mathfrak{X}_1, \ldots, \mathfrak{X}_n)' =_{\mathrm{df}}$

$$\forall \vartheta \in \Theta: l(\mathfrak{X}_1, \ldots, \mathfrak{X}_n; \vartheta) = \prod_{i=1}^{n} p_{\mathfrak{X}_i|\vartheta}(\mathfrak{X}_i)\,. \tag{1.4.4}$$

b) Die Funktion $l(x_1, \ldots, x_n; \cdot) \mid \Omega \to \mathrm{R}^1$ heißt *Likelihood-Funktion der konkreten Stichprobe* $(x_1, \ldots, x_n)' =_{\mathrm{df}}$

$$\forall \vartheta \in \Theta: l(x_1, \ldots, x_n; \vartheta) = \prod_{i=1}^{n} p_{\mathfrak{X}_i|\vartheta}(x_i) \bullet \tag{1.4.5}$$

Satz 1.4.1: Es sei T_n eine Statistik.

$\langle\langle T_n$ ist suffizient für $\Theta\rangle\rangle \Leftrightarrow \exists g \mid \Omega_3 \times \Theta \to \mathrm{R}^1\, \exists h \mid \Omega_2^n \to \mathrm{R}^1\, \forall \vartheta \in \Theta\, \forall x \in \Omega_2^n$:

$$g(\cdot; \vartheta) \in \mathcal{F}(\mathcal{B}_3, \mathcal{B}^1) \wedge h \in \mathcal{F}(\overset{n}{\bigotimes} \mathcal{B}_2, \mathcal{B}^1) \wedge l(\boldsymbol{x}; \vartheta) = g(T_n(\boldsymbol{x}); \vartheta) \cdot h(\boldsymbol{x}) \bullet \tag{1.4.6}$$

Satz 1.4.2: Es sei $\{P_{\mathfrak{X}|\vartheta}\}_{\vartheta \in \Theta}$ eine k-parametrige Exponentialfamilie in $q_1, \ldots, q_k$ und $t_1, \ldots, t_k$. Dann ist die Statistik T_n, für die gilt

$$\forall (x_1, \ldots, x_n)' \in \mathrm{R}^n: T_n(\boldsymbol{x}) = \left(\sum_{i=1}^{n} t_1(x_i), \ldots, \sum_{i=1}^{n} t_k(x_i)\right) \tag{1.4.7}$$

suffizient für $(q_1, \ldots, q_k)(\Theta) \bullet$

Falls $(q_1, \ldots, q_k)(\Theta)$ ein nichtentartetes k-dimensionales Intervall enthält, ist diese Statistik vollständig suffizient für $(q_1, \ldots, q_k)(\Theta)$. Es seien $\Theta \subseteq \mathrm{R}^r$ und der Logarithmus der Likelihood-Funktion jeder konkreten Stichprobe $\boldsymbol{x}$ vom Umfang n einmal nach allen Komponenten von $\boldsymbol{\vartheta}$ differenzierbar. Dann heißt für jedes $\boldsymbol{\vartheta}_0 \in \Theta$ die Matrix

$$\mathbf{I}(\boldsymbol{\vartheta}_0) = \frac{1}{n}\left(\left(\mathrm{E}_{\mathfrak{X}|\boldsymbol{\vartheta}_0} \frac{\mathrm{d}}{\mathrm{d}\vartheta_i} \log l(\mathfrak{X}; \boldsymbol{\vartheta})\, \frac{\mathrm{d}}{\mathrm{d}\vartheta_j} \log l(\mathfrak{X}; \boldsymbol{\vartheta})\Big|_{\boldsymbol{\vartheta} = \boldsymbol{\vartheta}_0}\right)\right)_{r \times r} \tag{1.4.8}$$

FISHER-*Informationsmatrix* der Stichprobe $\mathfrak{X}$ für $\boldsymbol{\vartheta}_0$.

Der Raum $[\Theta, \mathcal{B}_\Theta]$ sei meßbar.

Def. 1.4.5: Die Statistik T_n heißt *Punktschätzung* für den Stichprobenumfang $n =_{\mathrm{df}}$

$$T_n \mid \Omega_2^n \to \Theta \bullet$$

Def. 1.4.6: a) Die Punktschätzung T_n heißt *erwartungstreu* für $\Theta =_{\mathrm{df}}$

$$\forall \vartheta \in \Theta: \mathrm{E}_{\mathfrak{X}|\vartheta}\big(T_n(\mathfrak{X})\big) = \vartheta\,. \tag{1.4.9}$$

b) Die Folge von Punktschätzungen $\{T_n\}_{n \in \mathrm{N}}$ heißt *asymptotisch erwartungstreu* für $\Theta =_{\mathrm{df}}$

$$\forall \vartheta \in \Theta: \mathrm{E}_{(\mathfrak{X}_1, \ldots, \mathfrak{X}_n)|\vartheta}\big(T_n(\mathfrak{X}_1, \ldots, \mathfrak{X}_n)\big) \xrightarrow[(n \to \infty)]{} \vartheta \bullet \tag{1.4.10}$$

Für $\Theta \subseteq \mathrm{R}^r$ heißt der Vektor $\boldsymbol{b}_n(\boldsymbol{\vartheta}) := \mathrm{E}_{\mathfrak{X}|\boldsymbol{\vartheta}}\big(T_n(\mathfrak{X})\big) - \boldsymbol{\vartheta}$ *Bias* oder systematischer Fehler der Statistik T_n für $\boldsymbol{\vartheta}$ beim Stichprobenumfang n.

Def. 1.4.7: a) Die Folge von Punktschätzungen $\{T_n\}_{n \in \mathrm{N}}$ heißt *schwach konsistent* für $\Theta =_{\mathrm{df}}$

$$\forall \vartheta \in \Theta: T_n(\mathfrak{X}_1, \ldots, \mathfrak{X}_n) \xrightarrow[P(\vartheta)]{} \vartheta\,. \tag{1.4.11}$$

b) Die Folge von Punktschätzungen $\{T_n\}_{n \in \mathrm{N}}$ heißt *stark konsistent* für $\Theta =_{\mathrm{df}}$

$$\forall \vartheta \in \Theta: T_n(\mathfrak{X}_1, \ldots, \mathfrak{X}_n) \xrightarrow[P(\vartheta)\text{-}f.s.]{} \vartheta \bullet \tag{1.4.12}$$

Def. 1.4.8: Die Punktschätzung T_n heißt *Maximum-Likelihoodschätzung* für $\Theta =_{df}$

$$\forall (x_1, \dots, x_n) \in \Omega_2^n : l(x_1, \dots, x_n; T_n(x_1, \dots, x_n)) = \max_{\vartheta \in \Theta} l(x_1, \dots, x_n; \vartheta) \bullet \quad (1.4.13)$$

Maximum-Likelihood-Schätzungen werden als ML-Schätzungen bezeichnet.

Es seien Θ_0 und Θ_1 nichtleere disjunkte Teilmengen der Parametermenge Θ der Verteilungsfamilie $\{P^{(\vartheta)}\}_{\vartheta \in \Theta}$. Die Annahme, daß für das Maß P der Grundgesamtheit $[\Omega_1, \mathcal{B}_1, P]$ gilt: $P = P^{(\vartheta^*)}$ und $\vartheta^* \in \Theta_0$, heißt *Nullhypothese.*

Die Annahme, daß $P = P^{(\vartheta^*)}$ und $\vartheta^* \in \Theta_1$ gelten, heißt *Alternativhypothese.* Man schreibt die beiden Hypothesen kurz als

$$H_0 : \vartheta^* \in \Theta_0 ; \qquad H_1 : \vartheta^* \in \Theta_1 . \quad (1.4.14)$$

Ist card $(\Theta_0) = 1$, so heißt H_0 einfach, sonst zusammengesetzt.

Def. 1.4.9: a) Die Statistik T_n heißt *randomisierter Test* $=_{df}$

$$T_n \mid \Omega_2^n \to [0, 1] . \quad (1.4.15)$$

b) Die Statistik T_n heißt *Test* $=_{df}$

$$T_n \mid \Omega_2^n \to \{0, 1\} \bullet \quad (1.4.16)$$

Der Wert eines (randomisierten) Tests für jede konkrete Stichprobe gibt an, mit welcher Wahrscheinlichkeit H_1 auf Grund der konkreten Stichprobe angenommen werden soll; die Differenz des Wertes zu 1 gibt an, mit welcher Wahrscheinlichkeit H_0 auf Grund der Stichprobe angenommen werden soll.

Im Falle der Ablehnung der wahren Hypothese H_0 spricht man vom Auftreten eines *Fehlers* 1. *Art,* bei Annahme der falschen Hypothese H_0 spricht man vom *Fehler* 2. *Art.*

Jeder Test ist ein spezieller randomisierter Test.

Es sei g eine Funktion über Θ mit Werten im Intervall $[0, 1]$.

Def. 1.4.10: a) Die Funktion g heißt *Gütefunktion* des randomisierten Tests $T_n =_{df}$

$$\forall \vartheta \in \Theta : g(\vartheta) = \mathrm{E}_{\mathfrak{X}|\vartheta}(T_n(\mathfrak{X})) . \quad (1.4.17)$$

b) Die Funktion g heißt *Gütefunktion* des Tests $T_n =_{df}$

$$\forall \vartheta \in \Theta : g(\vartheta) = P_{\mathfrak{X}|\vartheta}(T_n(\mathfrak{X}) = 1) \bullet \quad (1.4.18)$$

Es seien g_{T_n} die Gütefunktion des randomisierten Tests T_n, $\alpha \in (0, 1)$, $\Theta_2 \subseteq \Theta_0 \cup \Theta_1$.

Def. 1.4.11: a) Der randomisierte Test T_n heißt (*randomisierter*) *Test von* H_0 *zum Signifikanzniveau* $\alpha =_{df}$

$$\forall \vartheta \in \Theta_0 : g_{T_n}(\vartheta) \leqq \alpha . \quad (1.4.19)$$

b) Der randomisierte Test T_n heißt auf Θ_2 *ähnlich* zum Signifikanzniveau $\alpha =_{df}$

$$\forall \vartheta \in \Theta_2 : g_{T_n}(\vartheta) = \alpha \bullet \quad (1.4.20)$$

Def. 1.4.12: Der (randomisierte) Test T_n heißt *unverfälschter* (*randomisierter*) *Test* von H_0 gegen $H_1 =_{df}$

$$\forall \vartheta_1 \in \Theta_1 : g_{T_n}(\vartheta_1) \geqq \sup_{\vartheta \in \Theta_0} g_{T_n}(\vartheta) \bullet \quad (1.4.21)$$

Die Zahl $\alpha_{T_n} := \sup_{\vartheta \in \Theta_0} g_{T_n}(\vartheta)$ wird *Umfang des randomisierten Tests* T_n genannt.

Es seien $T_n^{(1)}$ und $T_n^{(2)}$ randomisierte Tests zum gleichen Signifikanzniveau α.

Def. 1.4.13: Der Test $T_n^{(1)}$ heißt *gleichmäßig besser* als $T_n^{(2)}$ $=_{\text{df}}$

$$\forall \vartheta \in \Theta_1 : g_{T_n^{(1)}}(\vartheta) \geqq g_{T_n^{(2)}}(\vartheta) \bullet \tag{1.4.22}$$

Es seien $\mathcal{T}$ eine Klasse von randomisierten Tests zum gleichen Signifikanzniveau α und $T_n^{(0)}$ ein Element von $\mathcal{T}$.

Def. 1.4.14: Der Test $T_n^{(0)}$ heißt *gleichmäßig bester Test in* $\mathcal{T}$ $=_{\text{df}}$

$$\forall T_n \in \mathcal{T}\ \forall \vartheta \in \Theta_1 : g_{T_n^{(0)}}(\vartheta) \geqq g_{T_n}(\vartheta) \bullet \tag{1.4.23}$$

Es sei T_n ein Test.

Def. 1.4.15: Die Menge $K \subseteq \Omega_2^n$ heißt *kritischer Bereich für* T_n $=_{\text{df}}$

$$K = \{\boldsymbol{x} \in \Omega_2^n : T_n(\boldsymbol{x}) = 1\} \bullet \tag{1.4.24}$$

Die Menge $\Omega_2^n \setminus K$ heißt *Annahmebereich* (der Hypothese H_0) für T_n.

Durch die Festlegung des kritischen Bereichs K für jeden Stichprobenumfang ist der Test eindeutig festgelegt. Man spricht deshalb auch vom Test K und schreibt die Gütefunktion als g_K.

Es seien $K \subseteq \Omega_2^n$ ein kritischer Bereich und $\hat{T}_n \mid \Omega_2^n \to \mathrm{R}^1$ eine $\left(\bigotimes^n \mathcal{B}_2, \mathcal{B}^1\right)$-meßbare Abbildung. Dann heißt $\hat{T}_n(K)$ kritischer Bereich der *Testgröße* $\hat{T}_n$.

Testverfahren, bei denen nach Erhalt einer Realisierung einer zufälligen Variablen entweder H_0 oder H_1 angenommen, oder eine Realisierung einer weiteren Zufallsgröße gewonnen wird, sind sequentielle Testverfahren.

Def. 1.4.16: Die Folge $\{T_i\}_{i \in \mathsf{N}}$ heißt *sequentieller Test* $=_{\text{df}}$

$$\forall i \in \mathsf{N} : T_i \mid \Omega_2^i \to \{0, 1, 2\} \wedge T_i \in \mathcal{F}\left(\bigotimes^i \mathcal{B}_2, \mathcal{P}(\{0, 1, 2\})\right) \bullet \tag{1.4.25}$$

Ist der Wert des Elements T_i eines sequentiellen Tests für die Realisierung $(x_1, \dots, x_i)'$ gleich 0, so wird die Hypothese H_0 angenommen, ist er gleich 1, so wird H_1 angenommen; in beiden Fällen sind keine weiteren Realisierungen notwendig. Für den Wert 2 wird das Testverfahren fortgesetzt, indem eine weitere Realisierung gewonnen wird. Die Gewinnung der i-ten Realisierung x_i und Bestimmung des Wertes $T_i(x_1, \dots, x_i)$ nennen wir *i-te Stufe* des sequentiellen Testverfahrens. Für jedes $i \in \mathsf{N}$ heißen die Mengen

$$K_i := \{\boldsymbol{x} \in \Omega_2^i : T_i(\boldsymbol{x}) = 1\} \quad \textit{kritischer Bereich,}$$

$$W_i := \{\boldsymbol{x} \in \Omega_2^i : T_i(\boldsymbol{x}) = 2\} \quad \textit{Fortsetzungsbereich} \text{ und}$$

$$\Omega_2^i \setminus \{K_i \cup W_i\} \quad \textit{Annahmebereich für } T_i\,.$$

Ein wichtiger Test ist der sequentielle Likelihood-Quotienten-Test (SLQT). Für jedes $i \in \mathsf{N}$ bezeichne l_i die Likelihood-Funktion für den Stichprobenumfang i gemäß Def. 1.4.4 b). Die Folge der *Testgrößen des* SLQT für H_0 gegen H_1 wird definiert durch

$$\forall i \in \mathsf{N}\ \forall \boldsymbol{x} \in \Omega_2^i : \hat{T}_i^{(l)}(\boldsymbol{x}) := \frac{\sup\limits_{\vartheta \in \Theta_0} l_i(\boldsymbol{x}; \vartheta)}{\sup\limits_{\vartheta \in \Theta_1} l_i(\boldsymbol{x}; \vartheta)} =: \frac{\sup l_i(\boldsymbol{x} \mid H_0)}{\sup l_i(\boldsymbol{x} \mid H_1)}\,. \tag{1.4.26}$$

Es seien a, b positive reelle Zahlen und $a > b$.

Def. 1.4.17: Der sequentielle Test $\{T_i^{(l)}\}_{i\in\mathsf{N}}$ heißt SLQT *mit den Schranken a, b* $=_{\text{df}}$

$$\forall i \in \mathsf{N}\ \forall \boldsymbol{x} \in \Omega_2^i\colon T_i^{(l)}(\boldsymbol{x}) = \begin{cases} 0 & \text{für } \hat{T}_i^{(l)}(\boldsymbol{x}) \geqq a, \\ 1 & \text{für } \hat{T}_i^{(l)}(\boldsymbol{x}) \leqq b, \\ 2 & \text{für } a > \hat{T}_i^{(l)}(\boldsymbol{x}) > b \bullet \end{cases} \qquad (1.4.27)$$

1.5. Statistische Entscheidungstheorie

Die statistische Entscheidungstheorie wird den Rahmen und die Grundlage für die Darlegungen in den folgenden Kapiteln bieten. Neben den erforderlichen Definitionen werden daher auch Bezeichnungen, Interpretationen und Sprechweisen eingeführt, die zur Beschreibung der verschiedenartigen Problemstellungen der optimalen Versuchsplanung verwendet werden sollen. Da dieser Zugang noch nicht allgemein üblich ist, wurde die Darstellung in diesem Abschnitt ausführlicher gehalten als in den vorangehenden. Den formalen Einführungen ist die später verwendete Interpretation beigefügt. Es seien $[Z, \mathcal{B}_Z]$, $[A, \mathcal{B}_A]$, $[\Omega_L, \mathcal{B}_L]$ meßbare Räume. Obwohl die meisten Aussagen auch für allgemeinere Räume gelten, benötigen wir in den folgenden Kapiteln nur den Fall $\Omega_L \subseteq \mathrm{R}^1$.

Def. 1.5.1: Das Tripel $[Z, A, L]$ heißt *Entscheidungsproblem* $=_{\text{df}}$

$$L \mid (Z \times A) \to \Omega_L \wedge L \in \mathcal{F}(\mathcal{B}_Z \otimes \mathcal{B}_A, \mathcal{B}_L) \bullet \qquad (1.5.1)$$

Das Untersuchungsobjekt des Statistikers, Natur genannt, nimmt einen *Zustand* z aus Z an. Dieser Zustand ist dem Statistiker unbekannt. Der Statistiker verfügt über eine Menge A von Aktionen, aus denen er eine Aktion auswählen kann. Wählt er die *Aktion* a, so entsteht für ihn der *Verlust* $L(z; a)$ aus Ω_L.

In diesem Zusammenhang werden $[Z, \mathcal{B}_Z]$ als *Zustandsraum*, $[A, \mathcal{B}_A]$ als *Entscheidungsraum* oder *Aktionenraum* und L als *Verlustfunktion* bezeichnet.

Im Sinne der Spieltheorie ist $[Z, A, L]$ die Normalform eines Zwei-Personen-Nullsummen-Spiels.

Die Menge Ω_L wird durch die Relation $\leqq$ geordnet. Im Sinne dieser Ordnung soll der Verlust minimiert werden. Im Hinblick darauf, daß der Statistiker mehrfach Aktionen in diesem Entscheidungsproblem wählen wird, geht er von einer Wahrscheinlichkeitsverteilung über dem Aktionenraum aus. Im einzelnen Fall wählt er dann seine Entscheidung durch Realisierung einer zufälligen Variablen, die diese Wahrscheinlichkeitsverteilung über dem Aktionenraum induziert. Werden die Aktionen selbst mit denjenigen Wahrscheinlichkeitsmaßen identifiziert, die ihnen die Wahrscheinlichkeit 1 zuordnen, ergibt sich eine Erweiterung der ursprünglichen Problemstellung.

Es sei $[Z, A, L]$ ein Entscheidungsproblem. Die σ-Algebra $\mathcal{B}_A$ enthalte alle einelementigen Teilmengen von A. Für jedes Wahrscheinlichkeitsmaß $P_\alpha \in A^*$ sei α eine zufällige Variable, die P_α über $[A, \mathcal{B}_A]$ induziert. Es sei

$$A_L^* := \{P_\alpha \in A^*\colon \exists f\colon f \mid Z \to \Omega_L \wedge \forall z \in Z\colon f(z) = \mathrm{E}_\alpha L(z; \alpha)\} \qquad (1.5.2)$$

die Menge aller der Verteilungen P_α, für die der Erwartungswert von L bez. α existiert. Der Raum $[A_L^*, \mathcal{B}_{A_L^*}]$ sei meßbar.

Def. 1.5.2: Das Tripel $[Z, A_L^*, L^{(*)}]$ heißt (bez. A) *randomisiertes Entscheidungsproblem* $=_{\text{df}}$

$$\forall z \in Z\ \forall P_\alpha \in A_L^*\colon L^{(*)}(z; P_\alpha) = \mathrm{E}_\alpha L(z; \alpha) \wedge L^{(*)} \in \mathcal{F}(\mathcal{B}_Z \otimes \mathcal{B}_{A_L^*}, \mathcal{B}_L) \bullet \qquad (1.5.3)$$

Der Statistiker wählt eine Wahrscheinlichkeitsverteilung P_α über $[A, \mathcal{B}_A]$. Demgemäß wird eine zufällige Variable α realisiert. Jede Realisierung liefert ein Element von A und bestimmt damit die Auswahl einer Aktion. Der Verlust, der bei der Wahl von P_α auftritt, wird als Erwartungswert bez. α des Verlustes im (nichtrandomisierten) Entscheidungsproblem definiert.

Es sei $[Z, A^*, L^{(*)}]$ ein randomisiertes Entscheidungsproblem. Der Raum $[\Omega, \mathcal{B}_\Omega, P]$ sei ein Wahrscheinlichkeitsraum, $[C, \mathcal{B}_C]$ ein meßbarer Raum und $\{\mathfrak{Y}_z\}_{z\in Z}$ eine Familie von zufälligen Variablen, für die gilt

$$\forall z \in Z: \mathfrak{Y}_z \mid \Omega \to C .$$

Diese Familie induziert gemäß Def. 1.2.8 eine Familie $\{P_{\mathfrak{Y}|z}\}_{z\in Z}$ von Maßen über $[C, \mathcal{B}_C]$. Wenn Mißverständnisse ausgeschlossen sind, wird für $\mathfrak{Y}_z$ auch $\mathfrak{Y}$ geschrieben.

Es soll im folgenden möglich sein, Realisierungen der zufälligen Variablen $\mathfrak{Y}$, deren Verteilung vom Zustand der Natur abhängt, bei der Wahl einer Aktion zu berücksichtigen.

Def. 1.5.3: Das Tripel $[Z, U^{(*)}, R^{(*)}]$ heißt *statistisches Verhaltensentscheidungsproblem* $=_{\text{df}}$

$$U^{(*)} \subseteq U_R^{(*)} := \{u^{(*)}: u^{(*)} \mid C \to A_L^* \wedge u^{(*)} \in \mathcal{F}(\mathcal{B}_C, \mathcal{B}_{A_L^*})$$
$$\wedge \exists f: f \mid Z \to \Omega_L \wedge \forall z \in Z: f(z) = \mathrm{E}_{\mathfrak{Y}|z} L^{(*)}(z; u^{(*)}(\mathfrak{Y}))\} \qquad (1.5.4)$$

$$R^{(*)} \mid Z \times U^{(*)} \to \Omega_L \wedge \forall z \in Z\ \forall u^{(*)} \in U^{(*)}: R^{(*)}(z; u^{(*)}) = \mathrm{E}_{\mathfrak{Y}|z} L^{(*)}(z; u^{(*)}(\mathfrak{Y})) \bullet \qquad (1.5.5)$$

Der Statistiker wählt eine Funktion $u^{(*)}$. Er erhält eine Realisierung y der zufälligen Variablen $\mathfrak{Y}$ und entscheidet sich dann für die Wahrscheinlichkeitsverteilung $u^{(*)}(y) \in A_L^*$. Durch Realisierung einer entsprechenden zufälligen Variablen wird eine Aktion $a \in A$ gefunden. Durch die Einbeziehung der zufälligen Variablen $\mathfrak{Y}$ wird $L^{(*)}(z, u^{(*)}(\mathfrak{Y}))$ eine zufällige Variable. Zur Bewertung der Funktion $u^{(*)}$ in Ω_L wird für jeden Naturzustand z der Erwartungswert des Verlustes $L^{(*)}$ bez. $\mathfrak{Y}$ verwendet.

In diesem Zusammenhang werden die Elemente von $U^{(*)}$ als *Verhaltensentscheidungsfunktionen* oder *Verhaltensstrategien* und $R^{(*)}$ als *Verhaltensrisikofunktion* bezeichnet.

Es sei $[Z, U^{(*)}, R^{(*)}]$ ein statistisches Verhaltensentscheidungsproblem. Sollen Realisierungen der zufälligen Variablen $\mathfrak{Y}$ bei der Auswahl einer Aktion *ohne* Randomisierung über A berücksichtigt werden, so erhält man ein statistisches Entscheidungsproblem.

Def. 1.5.4: Das Tripel $[Z, U, R]$ heißt *statistisches Entscheidungsproblem* $=_{\text{df}}$

$$U \subseteq U_R := \{u: u \mid C \to A \wedge u \in \mathcal{F}(\mathcal{B}_C, \mathcal{B}_A) \wedge \exists f: f \mid Z \to \Omega_L$$
$$\wedge \forall z \in Z: f(z) = \mathrm{E}_{\mathfrak{Y}|z} L(z; u(\mathfrak{Y}))\}, \qquad (1.5.6)$$

$$R \mid Z \times U \to \Omega_L \wedge \forall z \in Z\ \forall u \in U: R(z; u) = \mathrm{E}_{\mathfrak{Y}|z} L(z; u(\mathfrak{Y})) \bullet \qquad (1.5.7)$$

Der Statistiker wählt eine Funktion u, die vom Stichprobenraum in die Aktionenmenge abbildet. Er erhält eine Realisierung y der zufälligen Variablen $\mathfrak{Y}$ und entscheidet sich für die Aktion $u(y)$. Dabei verzichtet er auf eine Randomisierung über A. Da $L(z; u(\mathfrak{Y}))$ eine zufällige Variable ist, wird zur Bewertung von u in Ω_L der Erwartungwert des Verlustes L bez. $\mathfrak{Y}$ verwendet.

In diesem Zusammenhang werden die Elemente von U als *Entscheidungsfunktionen* oder *Strategien* und R als *Risikofunktion* bezeichnet.

Bemerkung: Ausgehend vom statistischen Entscheidungsproblem $[Z, U, R]$ ist es möglich, zum randomisierten Problem $[Z, U^*, R^{(**)}]$ überzugehen (analog dem Übergang von $[Z, A, L]$ zu $[Z, A^*, L^{(*)}]$). In WALD/WOLFOWITZ [1] ist ein Satz über die Äquivalenz von $[Z, U^*, R^{(**)}]$ und $[Z, U^{(*)}, R^{(*)}]$ zu finden.

Im folgenden beziehen wir uns stets auf das statistische Entscheidungsproblem $[Z, U, R]$.

Die Ausnutzung von Symmetrieeigenschaften des Stichprobenraumes $[C, \mathscr{B}_C]$ führt auf sogenannte invariante Entscheidungsprobleme. Wir erinnern daran, daß derartige Symmetrien gewöhnlich durch eine Gruppe von Transformationen ausgedrückt werden.

Es sei $\mathscr{G}_C$ eine Gruppe $(\mathscr{B}_C, \mathscr{B}_C)$-meßbarer Funktionen von C in C über dem Stichprobenraum $[C, \mathscr{B}_C]$ von $\mathfrak{Y}$. Die Gruppenoperation sei die Hintereinanderausführung der Abbildungen.

Def. 1.5.5: Das statistische Entscheidungsproblem $[Z, U, R]$ heißt *invariant unter* $\mathscr{G}_C =_{\text{df}}$

$$\forall g \in \mathscr{G}_C \,\exists \bar{g} \mid Z \to Z \;\forall z \in Z: P_{g(\mathfrak{Y})|z} = P_{\mathfrak{Y}|\bar{g}(z)}$$

$$\text{(Invarianz der Familie } \{P_{\mathfrak{Y}|z}\}_{z \in Z} \text{ unter } \mathscr{G}_C); \tag{1.5.8}$$

$$\forall g \in \mathscr{G}_C: \langle\!\langle \bar{g} \text{ ist eineindeutig} \rangle\!\rangle; \tag{1.5.9}$$

$$\forall g \in \mathscr{G}_C \,\exists \tilde{g} \mid U \to U \;\forall z \in Z \;\forall u \in U \;\forall y \in C:$$

$$L(\bar{g}(z); \tilde{g}(u(y))) = L(z; u(y)) \bullet \tag{1.5.10}$$

Def. 1.5.6: Die Entscheidungsfunktion $u \in U$ heißt *invariant unter* $\mathscr{G}_C =_{\text{df}}$

$$\forall g \in \mathscr{G}_C \,\exists \tilde{g} \mid U \to U \;\forall y \in C: u(g(y)) = \tilde{g}(u(y)) \bullet \tag{1.5.11}$$

Ziel des Statistikers ist es, Entscheidungsfunktionen so zu wählen, daß die Risikofunktion bez. der Ordnung über Ω_L minimiert wird.

Es seien u, u_1, u_2 aus U.

Def. 1.5.7: a) Die Entscheidungsfunktion u_1 heißt *äquivalent zu* $u_2 =_{\text{df}}$

$$\forall z \in Z: R(z; u_1) = R(z; u_2)\,. \tag{1.5.12}$$

b) Die Entscheidungsfunktion u_1 heißt *mindestens so gut wie* $u_2 =_{\text{df}}$

$$\forall z \in Z: R(z; u_1) \leqq R(z; u_2)\,. \tag{1.5.13}$$

c) Die Entscheidungsfunktion u_1 heißt *besser als* $u_2 =_{\text{df}}$

u_1 ist mindestens so gut wie u_2 und

$$\exists z_0 \in Z: R(z_0; u_1) \neq R(z_0; u_2) \bullet \tag{1.5.14}$$

Def. 1.5.8: Die Entscheidungsfunktion u heißt *zulässig* in $[Z, U, R] =_{\text{df}}$
Es existiert keine Entscheidungsfunktion $u' \in U$, die besser ist als u •

Falls u nicht zulässig ist, heißt u *nichtzulässig*. Es sei $U^{(1)}$ eine Teilmenge von U.

Def. 1.5.9: a) Die Klasse $U^{(1)}$ von Entscheidungsfunktionen heißt *vollständig* in $[Z, U, R] =_{\text{df}}$
Zu jedem $u \in U \setminus U^{(1)}$ existiert ein $u^{(1)} \in U^{(1)}$, so daß $u^{(1)}$ besser ist als u.

b) Die Klasse $U^{(1)}$ von Entscheidungsfunktionen heißt *schwach vollständig* in $[Z, U, R] =_{\mathrm{df}}$
Zu jedem $u \in U$ existiert ein $u^{(1)} \in U^{(1)}$, so daß $u^{(1)}$ mindestens so gut ist wie u •

Satz 1.5.1: Es sei $U^{(0)}$ die Menge aller in $[Z, U, R]$ zulässigen Entscheidungsfunktionen. Dann gilt für jede in $[Z, U, R]$ vollständige Klasse $U^{(1)}$:

$$U^{(0)} \subseteq U^{(1)}$$

(Ferguson [1]) •

Satz 1.5.2: Für jede in $[Z, U, R]$ schwach vollständige Klasse $U^{(1)}$ gilt: Zu jeder in $[Z, U, R]$ zulässigen Funktion $u^{(0)}$ existiert eine Funktion $u^{(1)} \in U^{(1)}$, so daß $u^{(0)}$ äquivalent ist zu $u^{(1)}$. (Ferguson [1]) •

Im folgenden sei die Risikofunktion R für jedes $z \in Z$ in u nach unten und für jedes $u \in U$ in z nach oben beschränkt, d. h. es gelten:

$$\forall z \in Z \; \exists \omega_z \in \Omega_L \; \forall u \in U: \omega_z \leqq R(z; u) \,, \tag{1.5.15}$$

$$\forall u \in U \; \exists \omega_u \in \Omega_L \; \forall z \in Z: R(z; u) \leqq \omega_u \,. \tag{1.5.16}$$

Es seien u_1, u_2 aus U und z_1, z_2 aus Z.

Def. 1.5.10: a) Die Strategie u_1 heißt in $[Z, U, R]$ *minimal bez.* $z_1 =_{\mathrm{df}}$

$$R(z_1; u_1) = \inf_{u \in U} R(z_1; u) \,. \tag{1.5.17}$$

b) Der Zustand z_2 heißt in $[Z, U, R]$ *maximal bez.* $u_2 =_{\mathrm{df}}$

$$R(z_2; u_2) = \sup_{z \in Z} R(z; u_2) \; \bullet \tag{1.5.18}$$

Def. 1.5.11: Die Funktion $u^* \in U$ heißt *gleichmäßig beste Entscheidungsfunktion* in $[Z, U, R] =_{\mathrm{df}}$

$$\forall z \in Z: R(z; u^*) = \inf_{u \in U} R(z; u) \; \bullet \tag{1.5.19}$$

Die Existenz einer gleichmäßig besten Entscheidungsfunktion ist nicht gesichert. Es werden daher Bewertungen der Entscheidungsfunktionen eingeführt, die zwar von der Risikofunktion ausgehen, jedoch nicht mehr explizit vom Zustand z abhängen, den die Natur angenommen hat. Diese durch Transformation der Risikofunktion erhaltenen Bewertungen können aber noch von der Menge Z abhängen.

Es sei Q ein Operator mit der Eigenschaft $Q \mid \Omega_L^{(Z \times U)} \to \Omega_L^U$.

Def. 1.5.12: Die Funktion R_Q heißt *Q-Risiko* für $[Z, U, R] =_{\mathrm{df}}$

$$R_Q \mid U \to \Omega_L \wedge Q(R) = R_Q \; \bullet \tag{1.5.20}$$

Jeder solche Operator Q induziert eine Ordnung über den Äquivalenzklassen von U. Mit Hilfe des Operators Q läßt sich der folgende Optimalitätsbegriff einführen.

Def. 1.5.13: Die Strategie u^* heißt *Q-optimal* in $[Z, U, R] =_{\mathrm{df}}$

$$R_Q(u^*) = \inf_{u \in U} R_Q(u) \; \bullet \tag{1.5.21}$$

Ein in den folgenden Kapiteln häufig verwendeter Operator ist $Q = \sup\limits_{z \in Z}$.

Def. 1.5.14: Die Funktion $R_{\sup}$ heißt *Maximalrisiko* für $[Z, U, R] =_{df}$

$$\forall u \in U: R_{\sup}(u) = \sup_{z \in Z} R(z; u) \bullet \tag{1.5.22}$$

Def. 1.5.15: Die Strategie u^* heißt *minimax* in $[Z, U, R] =_{df}$

$$R_{\sup}(u^*) = \inf_{u \in U} \sup_{z \in Z} R(z; u) \bullet \tag{1.5.23}$$

Von methodischer Bedeutung ist die zu Def. 1.5.15 duale Begriffsbildung.

Def. 1.5.16: Der Zustand z_1 heißt *maximin* in $[Z, U, R] =_{df}$

$$\inf_{u \in U} R(z_1; u) = \sup_{z \in Z} \inf_{u \in U} R(z; u) \bullet$$

Die folgenden beiden Sätze enthalten grundlegende Aussagen über Minimax-Entscheidungsfunktionen.

Satz 1.5.3 (*Ungleichung der Spieltheorie*): Es gilt

$$\sup_{z \in Z} \inf_{u \in U} R(z; u) \leqq \inf_{u \in U} \sup_{z \in Z} R(z; u) \tag{1.5.24}$$

(Wald [2]) •

Satz 1.5.4 (*Sattelpunktseigenschaft*): Für $u^* \in U$ und $z^* \in Z$ gelte

$$\forall u \in U \; \forall z \in Z: R(z; u^*) \leqq R(z^*, u^*) \leqq R(z^*, u)\,. \tag{1.5.25}$$

Dann sind u^* minimax und z^* maximin in $[Z, U, R]$ (Wald [2]) •

Beschreibung von Punktschätzungen als statistisches Entscheidungsproblem. Es sei $\mathcal{T}$ eine Menge von Punktschätzungen im Sinne von Def. 1.4.5. Auf $\Theta \times \Theta$ werde eine Funktion L mit Werten in Ω_L definiert. Für jeden Stichprobenumfang n erhält man dann für

$$Z = A := \Theta; \quad U := \mathcal{T};$$

$$\mathfrak{Y} := (\mathfrak{X}_1, \dots, \mathfrak{X}_n)' = \mathfrak{X}; \; C := \Omega_2^n$$

das Entscheidungsproblem $[Z, A, L]$ bzw. das statistische Entscheidungsproblem $[Z, U, R]$. Dazu müssen $\mathcal{B}_Z, \mathcal{B}_A, \mathcal{B}_L, \mathcal{B}_C$ so gewählt werden, daß für L und alle $u \in U$ die Meßbarkeitsbedingungen gemäß Def. 1.5.1 und Def. 1.5.4 erfüllt sind.

Def. 1.5.17: Die Strategie $u_{T_n} \in U$ *basiert auf der Statistik* $T_n =_{df}$

$$\forall x^{(1)} \in C \; \forall x^{(2)} \in C: T_n(x^{(1)}) = T_n(x^{(2)}) \Rightarrow u_{T_n}(x^{(1)}) = u_{T_n}(x^{(2)}) \bullet \tag{1.5.26}$$

Der folgende Satz gibt eine Eigenschaft von Entscheidungsfunktionen an, die auf suffizienten Statistiken (Def. 1.4.3) basieren. Dafür seien $\Theta \subseteq \mathrm{R}^r$; $r \in \mathrm{N}$.

Satz 1.5.5 (Rao-Blackwell): Es sei Θ eine konvexe Menge und für jedes $\vartheta \in \Theta$ sei $L(\vartheta; \cdot) \mid \Theta \to \mathrm{R}^1$ konvex. Für jede Statistik $T_n \in \mathcal{T}$, jedes $u \in U$ und jedes $\vartheta \in \Theta$ gilt: Sind T_n suffizient für Θ und u_{T_n} eine auf T_n basierende Entscheidungsfunktion mit der Eigenschaft

$$\forall x \in C: u_{T_n}(x) = E_{\mathfrak{X}|\vartheta}\big(u(\mathfrak{X}) \mid T_n(\mathfrak{X}) = T_n(x)\big)\,, \tag{1.5.27}$$

dann ist u_{T_n} eine mindestens so gute Entscheidungsfunktion wie u •

Beschreibung von Tests als statistisches Entscheidungsproblem. Es sei $\mathcal{T}$ eine Menge von Tests im Sinne von Def. 1.4.9b). Auf $\Theta \times \{0, 1\}$ werde eine Funktion L mit Werten in Ω_L definiert. Für jeden Stichprobenumfang n erhält man dann für

$$Z := \Theta; \quad A := \{0, 1\}; \quad \mathcal{B}_A = \mathcal{P}(\{0, 1\});$$
$$U := \mathcal{T}; \quad \mathfrak{Y} := (\mathfrak{X}_1, \dots, \mathfrak{X}_n)' = \mathfrak{X}; \quad C := \Omega_2^n$$

das Entscheidungsproblem $[Z, A, L]$ bzw. das statistische Entscheidungsproblem $[Z, U, R]$. Dazu müssen $\mathcal{B}_Z$, $\mathcal{B}_L$, $\mathcal{B}_C$ so gewählt werden, daß für L und alle $u \in U$ die Meßbarkeitsbedingungen gemäß Def. 1.5.1 bzw. 1.5.4 erfüllt sind. Eine spezielle Verlustfunktion für das Testproblem wird für ω_0, ω_1 aus $\Omega_L = \mathrm{R}^1$ definiert durch

$$L(\vartheta; 0) = \begin{cases} 0 & \text{für } \vartheta \in \Theta_0, \\ \omega_1 & \text{für } \vartheta \in \Theta_1, \end{cases}$$
$$L(\vartheta; 1) = \begin{cases} \omega_0 & \text{für } \vartheta \in \Theta_0, \\ 0 & \text{für } \vartheta \in \Theta_1. \end{cases} \tag{1.5.28}$$

Dabei geben ω_0 bzw. ω_1 den Verlust beim Auftreten des Fehlers 1. Art bzw. 2. Art an. Die Risikofunktion ist damit festgelegt durch

$$\forall u \in U: R(\vartheta; u) = \begin{cases} \int\limits_K \omega_0 \, \mathrm{d}P_{\mathfrak{X}|\vartheta} & \text{für } \vartheta \in \Theta_0, \\ \int\limits_{C \setminus K} \omega_1 \, \mathrm{d}P_{\mathfrak{X}|\vartheta} & \text{für } \vartheta \in \Theta_1, \end{cases} \tag{1.5.29}$$
$$K := \{\boldsymbol{x} \in C: u(\boldsymbol{x}) = 1\}.$$

Für $A = \{0, 1\}$ läßt sich die Menge aller Wahrscheinlichkeitsverteilungen über A als $A^* = [0, 1]$ schreiben. Für $P_\alpha \in A^*$ geben dann P_α die Wahrscheinlichkeit für 1 und $1 - P_\alpha$ die Wahrscheinlichkeit für 0 an. Damit wird jede Klasse randomisierter Tests gemäß Def. 1.4.9a) durch ein statistisches Verhaltensentscheidungsproblem $[Z, U^{(*)}, R^{(*)}]$ beschrieben.

Statistische bayessche Entscheidungsprobleme. Es sei $[Z, U, R]$ ein statistisches Entscheidungsproblem. Liegen Kenntnisse über den Zustand der Natur vor, die sich in Form der Wahrscheinlichkeitsverteilung P_ζ über dem Zustandsraum $[Z, \mathcal{B}_Z]$ ausdrücken lassen, so ist es möglich, auf die Risikofunktion R den Operator $Q = E_\zeta$ anzuwenden.

Es sei ζ eine zufällige Variable, die über $[Z, \mathcal{B}_Z]$ die Wahrscheinlichkeitsverteilung P_ζ induziert. Für jedes $u \in U$ existiere der Erwartungswert $\mathrm{E}_\zeta R(\zeta; u)$ in Ω_L.

Def. 1.5.18: Die Funktion $\varrho(P_\zeta; \cdot) \mid U \to \Omega_L$ heißt *bayessches Risiko* für $[Z, U, R]$ bez. $P_\zeta =_{\mathrm{df}}$

$$\forall u \in U: \varrho(P_\zeta; u) = \mathrm{E}_\zeta R(\zeta; u) \bullet \tag{1.5.30}$$

In diesem Zusammenhang wird P_ζ als *a-priori-Verteilung* über $[Z, \mathcal{B}_Z]$ bezeichnet.

Def. 1.5.19: Die Strategie u^* heißt *bayessch* in $[Z, U, R]$ bez. $P_\zeta =_{\mathrm{df}}$

$$\varrho(P_\zeta; u^*) = \inf_{u \in U} \varrho(P_\zeta; u) \bullet \tag{1.5.31}$$

Von methodischer Bedeutung ist die zu Def. 1.5.19 duale Begriffsbildung. Es sei

$$Z_\varrho^* := \{P_\zeta \in Z^* : \exists f \mid U \to \Omega_L \; \forall u \in U : f(u) = \varrho(P_\zeta; u)\} \tag{1.5.32}$$

die Menge aller der Verteilungen über $[Z, \mathscr{B}_Z]$, für die ϱ auf U existiert und Werte in Ω_L annimmt.

Def. 1.5.20: Die Verteilung $P_\zeta^* \in Z_\varrho^*$ heißt *ungünstigste a-priori-Verteilung* in $[Z, U, R] =_{\mathrm{df}}$

$$\inf_{u \in U} \varrho(P_\zeta^*; u) = \sup_{P_\zeta \in Z_\varrho^*} \inf_{u \in U} \varrho(P_\zeta; u) \bullet \tag{1.5.33}$$

Der Begriff der bayesschen Strategie kann im Fall $\Omega_L = \mathrm{R}^1$ noch verallgemeinert werden, um gelegentlich Existenzprobleme umgehen zu können.

Def. 1.5.21: Die Strategie u^* heißt *erweitert bayessch* in $[Z, U, R] =_{\mathrm{df}}$

$$\exists \{P_\zeta^{(j)}\}_{j \in \mathsf{N}} \in (Z_\varrho^*)^{\mathsf{N}} \; \exists \{u^{(j)}\}_{j \in \mathsf{N}} \in U^{\mathsf{N}} \; \forall i \in \mathsf{N}:$$

$$\varrho(P_\zeta^{(i)}; u^{(i)}) = \inf_{u \in U} \varrho(P_\zeta^{(i)}; u) \wedge \lim_{i \to \infty} \left(\varrho(P_\zeta^{(i)}; u^*) - \varrho(P_\zeta^{(i)}, u^{(i)})\right) = 0 \bullet \tag{1.5.34}$$

Ist u^* erweitert bayesch, so heißt jede Folge $\{P_\zeta^{(j)}\}_{j \in \mathsf{N}}$, die (1.5.34) erfüllt, eine zu u^* gehörende Folge von a-priori-Verteilungen.

Satz 1.5.6 (Wald): Es sei U kompakt und für alle $z \in Z$ sei $R(z; \cdot)$ eine unterhalb stetige Funktion über U. Dann ist die Menge aller Strategien aus U, die erweiter bayessch sind, schwach vollständig in $[Z, U, R]$ •

Es sei P_ζ eine a-priori-Verteilung über $[Z, \mathscr{B}_Z]$. Ist $y \in \operatorname{supp} P_\mathfrak{Y}$ eine Realisierung der zufälligen Variablen $\mathfrak{Y}$, so werden $P_{\zeta|y}$ als *a-posteriori-Verteilung* und

$$\mathrm{E}_{\zeta|y} L(\zeta; u(y)) = \int_Z L(z; u(y)) \, \mathrm{d}P_{\zeta|y} \tag{1.5.35}$$

als *a-posteriori-Verlust* von u für die a-priori-Verteilung P_ζ und die Realisierung y bezeichnet.

Wenn der Statistiker seinen Kenntnisstand über die Natur vor der Beobachtung der zufälligen Variablen $\mathfrak{Y}$ durch die a-priori-Verteilung P_ζ ausgedrückt hat und er die bedingten Verteilungen von $\mathfrak{Y}$ für jeden Naturzustand kennt, dann kann er nach der Beobachtung einer Realisierung y seinen neuen Kenntnisstand durch die a-posteriori-Verteilung $P_{\zeta|y}$ ausdrücken.

Die Familie $\{P_{\mathfrak{Y}|z}\}_{z \in Z}$ werde durch ein σ-endliches Maß über $[C, \mathscr{B}_C]$ dominiert, und es existiere ein σ-endliches Maß über $[Z, \mathscr{B}_Z]$, das P_ζ dominiert. Die Radon-Nikodym-Dichten bezüglich dieser Maße werden mit $\{p_{\mathfrak{Y}|z}\}_{z \in Z}$ und p_ζ bezeichnet. Dann ergibt sich als Dichte der a-posteriori-Verteilung nach der Formel von Bayes

$$\forall z_0 \in Z : p_{\zeta|y}(z_0) = \frac{p_{\mathfrak{Y}|z_0}(y) \cdot p_\zeta(z_0)}{\int_Z p_{\mathfrak{Y}|z}(y) \, \mathrm{d}P_\zeta}. \tag{1.5.36}$$

Satz 1.5.7: Die Funktion $u^* \mid C \to A$ ist genau dann eine bayessche Strategie in $[Z, U, R]$ bez. P_ζ, wenn gilt

$$\forall y \in C : \mathrm{E}_{\zeta|y} L(\zeta; u^*(y)) = \inf_{u \in U} \mathrm{E}_{\zeta|y} L(\zeta; u(y)) \tag{1.5.37}$$

(Ferguson [1]) •

Gemäß Satz 1.5.7 lassen sich also bayessche Entscheidungsfunktionen bestimmen, indem optimale Lösungen im bayesschen Entscheidungsproblem $[Z^*, A, L^*]$; $\forall P_\zeta \in Z^* \; \forall a \in A: L^*(P_\zeta; a) = \mathrm{E}_\zeta L(\zeta; a)$ (falls dieser Erwartungswert existiert und in Ω_L liegt) gesucht werden. Liegt die a-priori-Verteilung P_ζ vor, dann handelt der Statistiker so, als würde die Natur ihren Zustand durch Randomisierung gemäß P_ζ wählen.

Der folgende Satz gibt eine Beziehung zwischen bayesschen und Minimax-Strategien an.

Satz 1.5.8: Die Strategie $u^* \in U$ sei erweitert bayessch in $[Z, U, R]$, und es gelte

$$\exists \beta \in \mathrm{R}^1 \; \forall z \in Z: R(z; u^*) \leqq \beta\,. \tag{1.5.38}$$

Es existiere eine zu u^* gehörende Folge $\{P_\zeta^{(j)}\}_{j \in \mathsf{N}} \in (Z_\varrho^*)^{\mathsf{N}}$ mit der Eigenschaft

$$\forall i \in \mathsf{N}: \operatorname{supp} P_\zeta^{(i)} \subseteq \left\{z_0 \in Z: R(z_0; u^*) = \sup_{z \in Z} R(z; u^*)\right\}. \tag{1.5.39}$$

Dann ist u^* minimax in $[Z, U, R]$. (FERGUSON [1]) •

Sequentielle statistische Entscheidungsprobleme. Bisher wurde angenommen, daß der Statistiker nach der Realisierung einer zufälligen Variablen eine Aktion aus A wählen muß. Diese Problemstellung wird erweitert, indem der Statistiker die Möglichkeit erhält, vor der Wahl einer Aktion aus A noch weitere zufällige Variable nacheinander zu beobachten. Nach jeder Realisierung kann er sich entscheiden, ob er weiterbeobachtet oder eine Aktion aus A wählt. Dieser *sequentielle* Aspekt erfordert weitere Begriffsbildungen.

Es seien $[Z, A, L]$ ein Entscheidungsproblem und $[Z, U, R]$ ein statistisches Entscheidungsproblem. Die Menge $V^{(0)}$ sei nicht leer. Für jede vorgegebene Folge $\{V_i\}_{i \in \mathsf{N}}$ von Elementen aus $V^{(0)}$ sei für alle Elemente $z \in Z$ die Folge $\{\mathfrak{Y}_z(V_i)\}_{i \in \mathsf{N}} =: \mathfrak{Y}_z^\infty$ von zufälligen Variablen definiert. Es gelte $\forall z \in Z \; \forall i \in \mathsf{N}: \mathfrak{Y}_z(V_i) \mid \Omega \to C(V_i)$.

Jede solche Folge induziert für alle $n \in \mathsf{N}$ ein Maß $P_{\mathfrak{Y}^n|z}$ über $\left[\mathop{\times}\limits_{i=1}^{n} C(V_i), \bigotimes\limits_{i=1}^{n} \mathscr{B}_{C(V_i)}\right]$. Weiterhin seien eine Funktion $c \mid Z \times \bigcup\limits_{i \in \mathsf{N}} (V^{(0)})^i \to \Omega_L$ und auf Ω_L die zweistellige Operation $+$ definiert.

$$U_0^{(s)'} := \left\{\{(\varphi_i, u_i)\}_{i \in \mathsf{N}}: \forall i \in \mathsf{N}: u_i \,\Big|\, \mathop{\times}\limits_{j=1}^{i} C(V_j) \to A \wedge u_i \in \mathscr{F}\left(\bigotimes_{j=1}^{i} \mathscr{B}_{C(V_j)}, \mathscr{B}_A\right)\right.$$
$$\left. \wedge\, \varphi_i \,\Big|\, \mathop{\times}\limits_{j=1}^{i} C(V_j) \to \{0, 1\} \wedge \varphi_i \in \mathscr{F}\left(\bigotimes_{j=1}^{i} \mathscr{B}_{C(V_j)}, \mathscr{P}(\{0, 1\})\right)\right\}. \tag{1.5.40}$$

Auf $Z \times U_0^{(s)'} \times \bigcup\limits_{i \in \mathsf{N}} (C(V_i))$ wird die Funktion $L^{(s)'}$ mit Werten in $\Omega_L \cup \{\infty\}$ folgendermaßen definiert:

$$\forall z \in Z \; \forall u^{(s)} \in U_0^{(s)'} \; \forall y \in \mathop{\times}\limits_{i \in \mathsf{N}} C(V_i) \; \forall n \in \mathsf{N}:$$
$$\big((\forall i \in \{1, \dots, n-1\}: \varphi_i(y_1, \dots, y_i) = 1 \wedge \varphi_n(y_1, \dots, y_n) = 0\big)$$
$$\Rightarrow L^{(s)'}\big(z; u^{(s)}(y)\big) := L\big(z; u_n(y_1, \dots, y_n)\big) + c(z; V_1, \dots, V_n)\big)$$
$$\wedge \big((\forall i \in \mathsf{N}: \varphi_i(y_1, \dots, y_i) = 1) \Rightarrow L^{(s)'}(z; u^{(s)}(y)) := \infty\big)\,. \tag{1.5.41}$$

Die *Kostenfunktion* c gibt die Aufwendungen an, die für die Realisierung der zufälligen Variablen erforderlich sind. Sie wird der Verlustfunktion L des Entscheidungsproblems $[Z, A, L]$ überlagert.

Def. 1.5.22: Das Tripel $[Z, U^{(s)'}, R^{(s)'}]$ heißt *sequentielles statistisches Entscheidungsproblem* für die Folge $\{V_i\}_{i\in\mathsf{N}} =_{\mathrm{df}}$

$$U^{(s)'} \subseteq U_R^{(s)'} := \{u^{(s)} \in U_0^{(s)'} : \exists f \mid Z \to \Omega_L \; \forall z \in Z:$$

$$f(z) = \mathrm{E}_{\mathfrak{Y}^\infty|z} L^{(s)'}\big(z; u^{(s)}(\mathfrak{Y}^\infty)\big)\}\,, \tag{1.5.42}$$

$$R^{(s)'} \mid Z \times U^{(s)} \to \Omega_L \wedge \forall z \in Z \; \forall u^{(s)} \in U^{(s)'}:$$

$$R^{(s)'}(z; u^{(s)}) = \mathrm{E}_{\mathfrak{Y}^\infty|z} L^{(s)'}\big(z; u^{(s)}(\mathfrak{Y}^\infty)\big) \bullet \tag{1.5.43}$$

Nach jedem Beobachten einer Realisierung y_i entscheidet der Statistiker anhand von $y_1, \dots, y_i$ mittels der *Stoppregel* φ_i, ob die zufällige Variable $\mathfrak{Y}(V_{i+1})$ beobachtet werden soll oder nicht. Dabei bedeuten der Wert 1 Fortsetzung und 0 Stop. Falls nach n beobachteten Realisierungen $y_1, \dots, y_n$ gestoppt wird, wählt der Statistiker die Aktion $u_n(y_1, \dots, y_n)$. Für den Fall, daß der Statistiker für keine natürliche Zahl n stoppt und daher auch keine Aktion wählt, wird der Verlust als ∞ definiert. Das Beobachten einer i-ten Realisierung sowie die Anwendung der Funktionen φ_i und gegebenenfalls u_i wird *i-te Stufe des sequentiellen Entscheidungsverfahrens* genannt. Zur Unterscheidung von den φ_i, die ebenfalls gemäß Def. 1.5.4 Entscheidungsfunktionen sind, werden die u_i als *Endentscheidungsfunktionen* bezeichnet.

Ist für alle $n \in \mathsf{N}$

$$\mathcal{Z}_n := \Big\{y \in \mathop{\times}_{i\in\mathsf{N}} C(V_i): \varphi_1(y_1) = 1 \wedge \cdots \wedge \varphi_{n-1}(y_1, \dots, y_{n-1}) = 1 \wedge \varphi_n(y_1, \dots, y_n) = 0\Big\}\,, \tag{1.5.44}$$

so ergibt sich für das Risiko

$$\forall z \in Z \; \forall u^{(s)} \in U^{(s)'}: R^{(s)'}(z; u^{(s)}) = \sum_{n\in\mathsf{N}} \int_{\mathcal{Z}_n} L^{(s)'}\big(z; u^{(s)}(y)\big)\, \mathrm{d}P_{\mathfrak{Y}^\infty|z}\,. \tag{1.5.45}$$

Beschreibung von sequentiellen Tests als sequentielles statistisches Entscheidungsproblem. Es sei $\mathcal{T}$ eine Menge von sequentiellen Tests im Sinne von Def. 1.4.16. Wählt man

$$Z := \Theta;$$

$$A := \{0, 1\}; \qquad \mathcal{B}_A = \mathcal{P}(\{0, 1\});$$

$$U^{(s)'} := \{\{(\varphi_i, u_i)\}_{i\in\mathsf{N}} : \exists \{T_i\}_{i\in\mathsf{N}} \in \mathcal{T} \; \forall i \in \mathsf{N};$$

$$\forall y \in \mathop{\times}_{j=1}^{i} C(V_j): \big(u_i(y) = 0 \Leftrightarrow T_i(y) = 0\big) \wedge \big(u_i(y) = 1 \Leftrightarrow T_i(y) = 1\big)$$

$$\wedge \big(\varphi_i(y) = 0 \Leftrightarrow T_i(y) \in \{0, 1\}\big) \wedge \big(\varphi_i(y) = 1 \Leftrightarrow T_i(y) = 2\big)\,, \tag{1.5.46}$$

so erhält man nach Festlegung von L und c ein sequentielles statistisches Entscheidungsproblem $[Z, U^{(s)'}, R^{(s)'}]$. Dabei muß $\mathcal{B}_Z$ so gewählt werden, daß die notwendigen Meßbarkeitseigenschaften erfüllt sind.

1.A. Anhang: Formeln aus der Matrizentheorie

Es bezeichnen

$\mathcal{M}_{n_1 \times n_2}$ die Menge aller reellen Matrizen der Ordnung $(n_1 \times n_2)$,

$\mathcal{M}_n$ die Menge aller reellen quadratischen Matrizen der Ordnung n,

$\mathcal{M}_{n_1 \times n_2}^{(m)} := \{\boldsymbol{A} \in \mathcal{M}_{n_1 \times n_2} : \operatorname{Rg}(\boldsymbol{A}) = m\}$,

$\mathcal{M}_n^{\geqq} := \{\boldsymbol{A} \in \mathcal{M}_n : \boldsymbol{A} = \boldsymbol{A}' \wedge (\forall \boldsymbol{x} \in \mathrm{R}^n : \boldsymbol{x}'\boldsymbol{A}\boldsymbol{x} \geqq 0)\}$ (positiv semidefinite Matrizen),

$\mathcal{M}_n^{>} := \{\boldsymbol{A} \in \mathcal{M}_n : \boldsymbol{A} = \boldsymbol{A}' \wedge (\forall \boldsymbol{x} \in \mathrm{R}^n \setminus \{0\} : \boldsymbol{x}'\boldsymbol{A}\boldsymbol{x} > 0)\}$ (positiv definite Matrizen).

Ist $\boldsymbol{A} \in \mathcal{M}_{n_1 \times n_2}$, so schreiben wir $\boldsymbol{A} = \big((a_{ij})\big)_{n_1 \times n_2}$; die Transponierte zu $\boldsymbol{A}$ bezeichnen wir mit $\boldsymbol{A}'$.

Es sei $\boldsymbol{A} \in \mathcal{M}_n$. Dann bezeichnen $\lambda_1(\boldsymbol{A}), \dots, \lambda_n(\boldsymbol{A})$ die *Eigenwerte* von $\boldsymbol{A}$, sp $\boldsymbol{A}$ die *Spur* und det $\boldsymbol{A}$ die *Determinante* von $\boldsymbol{A}$. Wenn Mißverständnisse ausgeschlossen sind, schreiben wir $\lambda_1, \dots, \lambda_n$ und für sp $(\boldsymbol{AB})$ auch sp $\boldsymbol{AB}$.

$$\forall \boldsymbol{A} \in \mathcal{M}_n : \operatorname{sp} \boldsymbol{A} = \sum_{i=1}^{n} a_{ii} = \sum_{i=1}^{n} \lambda_i \,, \tag{1.A.1}$$

$$\forall \boldsymbol{A} \in \mathcal{M}_n \; \forall \boldsymbol{B} \in \mathcal{M}_n : \operatorname{sp}(\boldsymbol{A} + \boldsymbol{B}) = \operatorname{sp} \boldsymbol{A} + \operatorname{sp} \boldsymbol{B} \,, \tag{1.A.2}$$

$$\forall \boldsymbol{A} \in \mathcal{M}_n \; \forall \boldsymbol{B} \in \mathcal{M}_n : \operatorname{sp}(\boldsymbol{AB}) = \operatorname{sp}(\boldsymbol{BA}) \,, \tag{1.A.3}$$

$$\forall \boldsymbol{a} \in \mathrm{R}^n \; \forall \boldsymbol{b} \in \mathrm{R}^n : \operatorname{sp}(\boldsymbol{b}\boldsymbol{a}') = \boldsymbol{a}'\boldsymbol{b} \,, \tag{1.A.4}$$

$$\forall \boldsymbol{A} \in \mathcal{M}_n \; \forall \boldsymbol{b} \in \mathrm{R}^n : \operatorname{sp}(\boldsymbol{A}\boldsymbol{b}\boldsymbol{b}') = \boldsymbol{b}'\boldsymbol{A}\boldsymbol{b} = \operatorname{sp}(\boldsymbol{b}\boldsymbol{b}'\boldsymbol{A}) \,, \tag{1.A.5}$$

$$\forall \boldsymbol{A} \in \mathcal{M}_n : \det \boldsymbol{A} = \prod_{i=1}^{n} \lambda_i \,. \tag{1.A.6}$$

Ist $\boldsymbol{A}$ eine reguläre Matrix, so bezeichnet $\boldsymbol{A}^{-1}$ die *Inverse* dazu; ist $\boldsymbol{A} = \big((a_{ij})\big)_n$, so schreiben wir $\boldsymbol{A}^{-1} = \big((a^{ij})\big)_n$.

$$\forall \boldsymbol{A} \in \mathcal{M}_{n \times m} \; \forall \boldsymbol{B} \in \mathcal{M}_{m \times n} : (\boldsymbol{I}_n + \boldsymbol{AB})^{-1} = \boldsymbol{I}_n - \boldsymbol{A}(\boldsymbol{I}_m + \boldsymbol{B}'\boldsymbol{A})^{-1} \boldsymbol{B} \,, \tag{1.A.7}$$

$$\forall \boldsymbol{A} \in \mathcal{M}_n^{(n)} \; \forall \boldsymbol{B} \in \mathcal{M}_n^{(n)} : (\boldsymbol{A} + \boldsymbol{B})^{-1} = \boldsymbol{A}^{-1} - \boldsymbol{A}^{-1}(\boldsymbol{A}^{-1} + \boldsymbol{B}^{-1})^{-1} \boldsymbol{A}^{-1} \,, \tag{1.A.8}$$

$\forall \boldsymbol{A} \in \mathcal{M}_n^{(n)} \; \forall \boldsymbol{b} \in \mathrm{R}^n \; \forall \alpha \in [0, 1]$:

$$\big((1 - \alpha)\boldsymbol{A} + \alpha \boldsymbol{b}\boldsymbol{b}'\big)^{-1} = (1 - \alpha)^{-1} \left(\boldsymbol{A}^{-1} - \frac{\alpha \boldsymbol{A}^{-1}\boldsymbol{b}\boldsymbol{b}'\boldsymbol{A}^{-1}}{1 - \alpha + \alpha \boldsymbol{b}'\boldsymbol{A}^{-1}\boldsymbol{b}}\right), \tag{1.A.9}$$

$$\forall \boldsymbol{A} \in \mathcal{M}_n^{(n)} \; \forall \boldsymbol{a} \in \mathrm{R}^n \; \forall \boldsymbol{b} \in \mathrm{R}^n : (\boldsymbol{A} + \boldsymbol{a}\boldsymbol{b}')^{-1} = \boldsymbol{A}^{-1} - (1 + \boldsymbol{b}'\boldsymbol{A}^{-1}\boldsymbol{a})^{-1} \boldsymbol{A}^{-1}\boldsymbol{a}\boldsymbol{b}'\boldsymbol{A}^{-1} \,, \tag{1.A.10}$$

$$\forall \boldsymbol{A} = \mathcal{M}_n^{(n)} \; \forall \boldsymbol{B} \in \mathcal{M}_{n \times m} : \det(\boldsymbol{A} + \boldsymbol{B}\boldsymbol{B}') = \det \boldsymbol{A} \cdot \det(\boldsymbol{I}_m + \boldsymbol{B}'\boldsymbol{A}^{-1}\boldsymbol{B}) \,, \tag{1.A.11}$$

$\forall \boldsymbol{A} \in \mathcal{M}_n^{(n)} \; \forall \boldsymbol{b} \in \mathrm{R}^n \; \forall \alpha \in [0, 1]$:

$$\det\big((1 - \alpha)\boldsymbol{A} + \alpha \boldsymbol{b}\boldsymbol{b}'\big) = (1 - \alpha)^n \left(1 + \frac{\alpha}{1 - \alpha} \boldsymbol{b}'\boldsymbol{A}^{-1}\boldsymbol{b}\right) \det \boldsymbol{A} \,. \tag{1.A.12}$$

Sind die Elemente von $\boldsymbol{A}$ reelle, nach t differenzierbare Funktionen, so wird definiert

$$\frac{\mathrm{d}}{\mathrm{d}t}\boldsymbol{A} := \left(\left(\frac{\mathrm{d}}{\mathrm{d}t}a_{ij}\right)\right)_{n_1\times n_2}.$$

$$\forall \boldsymbol{A} \in \mathcal{M}_n^{(n)}: \frac{\mathrm{d}}{\mathrm{d}t}\boldsymbol{A}^{-1} = -\boldsymbol{A}^{-1}\left(\frac{\mathrm{d}}{\mathrm{d}t}\boldsymbol{A}\right)\boldsymbol{A}^{-1}, \tag{1.A.13}$$

$$\forall \boldsymbol{A} \in \mathcal{M}_n^{(n)}: \frac{\mathrm{d}}{\mathrm{d}t}\ln\det \boldsymbol{A} = \operatorname{sp}\left(\boldsymbol{A}^{-1}\frac{\mathrm{d}}{\mathrm{d}t}\boldsymbol{A}\right). \tag{1.A.14}$$

Ist $\boldsymbol{A} \in \mathcal{M}_{n\times m}$, so läßt sich $\boldsymbol{A}$ für jedes n_1; $0 \leqq n_1 \leqq n$; und jedes m_1; $0 \leqq m_1 \leqq m$; in *Blöcke* zerlegen:

$$\boldsymbol{A} = \begin{pmatrix} \boldsymbol{A}_{11} & \boldsymbol{A}_{12} \\ \boldsymbol{A}_{21} & \boldsymbol{A}_{22} \end{pmatrix}; \quad \boldsymbol{A}_{11} \in \mathcal{M}_{n_1\times m_1}, \quad \boldsymbol{A}_{12} \in \mathcal{M}_{n_1\times(m-m_1)},$$

$$\boldsymbol{A}_{21} \in \mathcal{M}_{(n-n_1)\times m_1}, \quad \boldsymbol{A}_{22} \in \mathcal{M}_{(n-n_1)\times(m-m_1)}.$$

$$\forall \boldsymbol{A} \in \mathcal{M}_n^{(n)}: \boldsymbol{A} = \begin{pmatrix} \boldsymbol{A}_{11} & \boldsymbol{A}_{12} \\ \boldsymbol{A}_{21} & \boldsymbol{A}_{22} \end{pmatrix} \wedge \boldsymbol{A}_{11} \in \mathcal{M}_{n_1}^{(n_1)} \wedge \boldsymbol{A}_{22} \in \mathcal{M}_{n-n_1}^{(n-n_1)}$$

$$\Rightarrow \boldsymbol{A}^{-1} = \begin{pmatrix} (\boldsymbol{A}_{11} - \boldsymbol{A}_{12}\boldsymbol{A}_{22}^{-1}\boldsymbol{A}_{21})^{-1}, & -\boldsymbol{A}_{11}^{-1}\boldsymbol{A}_{12}(\boldsymbol{A}_{22} - \boldsymbol{A}_{21}\boldsymbol{A}_{11}^{-1}\boldsymbol{A}_{12})^{-1} \\ -(\boldsymbol{A}_{22} - \boldsymbol{A}_{21}\boldsymbol{A}_{11}^{-1}\boldsymbol{A}_{12})^{-1}\boldsymbol{A}_{21}\boldsymbol{A}_{11}^{-1}, & (\boldsymbol{A}_{22} - \boldsymbol{A}_{21}\boldsymbol{A}_{11}^{-1}\boldsymbol{A}_{12})^{-1} \end{pmatrix}$$

$$= \begin{pmatrix} (\boldsymbol{A}_{11} - \boldsymbol{A}_{12}\boldsymbol{A}_{22}^{-1}\boldsymbol{A}_{21})^{-1}, & -(\boldsymbol{A}_{11} - \boldsymbol{A}_{12}\boldsymbol{A}_{22}^{-1}\boldsymbol{A}_{21})^{-1}\boldsymbol{A}_{12}\boldsymbol{A}_{22}^{-1} \\ -\boldsymbol{A}_{22}^{-1}\boldsymbol{A}_{21}(\boldsymbol{A}_{11} - \boldsymbol{A}_{12}\boldsymbol{A}_{22}^{-1}\boldsymbol{A}_{21})^{-1}, & (\boldsymbol{A}_{22} - \boldsymbol{A}_{21}\boldsymbol{A}_{11}^{-1}\boldsymbol{A}_{12})^{-1} \end{pmatrix}. \tag{1.A.15}$$

Ist $\boldsymbol{A} \in \mathcal{M}_n$ und gilt $\boldsymbol{A} = \boldsymbol{A}'$, so heißt $\boldsymbol{A}$ ***symmetrisch***. Für $\boldsymbol{x} \in \mathrm{R}^n$ bezeichnet $\operatorname{diag}((\boldsymbol{x}))$ die Matrix $((\delta_{ij}x_i))_n$; δ_{ij} ist das KRONECKER-Symbol.

$$\forall \boldsymbol{A} \in \mathcal{M}_n: \boldsymbol{A} = \boldsymbol{A}' \Rightarrow (\forall i \in \{1, \dots, n\}: \lambda_i \in \mathrm{R}^1), \tag{1.A.16}$$

$$\forall \boldsymbol{A} \in \mathcal{M}_n: \boldsymbol{A} = \boldsymbol{A}' \Rightarrow (\exists \boldsymbol{C} \in \mathcal{M}_n^{(n)}: \boldsymbol{C}'\boldsymbol{C} = \boldsymbol{I}_n \wedge \boldsymbol{A} = \boldsymbol{C}\operatorname{diag}(((\lambda_1, \dots, \lambda_n)'))\,\boldsymbol{C}')$$

$$\text{(Hauptachsentransformation)}, \tag{1.A.17}$$

$$\forall \boldsymbol{A} \in \mathcal{M}_n: \boldsymbol{A} = \boldsymbol{A}' \Rightarrow \min_{i\in\{1,\dots,n\}} \lambda_i \leqq \min_{i\in\{1,\dots,n\}} a_{ii} \wedge \max_{i\in\{1,\dots,n\}} a_{ii} \leqq \max_{i\in\{1,\dots,n\}} \lambda_i. \tag{1.A.18}$$

$$\forall \boldsymbol{A} \in \mathcal{M}_n^{>}\ \forall p \in \mathrm{R}^1: \min_{i\in\{1,\dots,n\}} \lambda_i \leqq \left(\frac{1}{n}\sum_{i=1}^{n}\lambda_i^p\right)^{1/p} \leqq \max_{i\in\{1,\dots,n\}} \lambda_i \tag{1.A.19}$$

Ist $\boldsymbol{A}$ eine quadratische Matrix und ist $\boldsymbol{A} = \boldsymbol{B}'\boldsymbol{B}$, so schreibt man $\boldsymbol{B} = \boldsymbol{A}^{1/2}$.

$$\forall \boldsymbol{A} \in \mathcal{M}_n^{\geqq}\ \exists \boldsymbol{B} \in \mathcal{M}_n: \boldsymbol{B} = \boldsymbol{A}^{1/2}, \tag{1.A.20}$$

$$\forall \boldsymbol{A} \in \mathcal{M}_n^{\geqq}\ \forall i \in \{1, \dots, n\}: \lambda_i \geqq 0, \tag{1.A.21}$$

$$\forall \boldsymbol{A} \in \mathcal{M}_n^{>}\ \forall i \in \{1, \dots, n\}: \lambda_i > 0, \tag{1.A.22}$$

$$\forall \boldsymbol{A} \in \mathcal{M}_n^{>}: \frac{1}{n}\operatorname{sp}\boldsymbol{A} \geqq (\det \boldsymbol{A})^{1/n} = \left(\prod_{i=1}^{n}\lambda_i\right)^{1/n}, \tag{1.A.23}$$

$$\forall \boldsymbol{A} \in \mathcal{M}_n^{>}: \det \boldsymbol{A} = \prod_{i=1}^{n}\lambda_i \leqq \prod_{i=1}^{n} a_{ii}, \tag{1.A.24}$$

$$\forall \boldsymbol{A} \in \mathcal{M}_n^{>}: \det \boldsymbol{A} = \prod_{i=1}^{n}\lambda_i = \prod_{i=1}^{n} a_{ii} \Leftrightarrow \boldsymbol{A} = \operatorname{diag}(((a_{11}, \dots, a_{nn})')). \tag{1.A.25}$$

$$\forall \boldsymbol{A} \in \mathcal{M}_n^> \ \forall i \in \{1, \dots, n\} \ \forall j \in \{1, \dots, n\}: |a_{ij}| < \sqrt{a_{ii}a_{jj}} \leqq \tfrac{1}{2}(a_{ii} + a_{jj}), \quad (1.A.26)$$

$$\forall \boldsymbol{A} \in \mathcal{M}_n^> \ \forall \boldsymbol{B} \in \mathcal{M}_n^>: \max_{i \in \{1, \dots, n\}} \lambda_i(\boldsymbol{A} + \boldsymbol{B}) \leqq \max_{i \in \{1, \dots, n\}} \lambda_i(\boldsymbol{A}) + \max_{i \in \{1, \dots, n\}} \lambda_i(\boldsymbol{B})$$

$$\wedge \min_{i \in \{1, \dots, n\}} \lambda_i(\boldsymbol{A} + \boldsymbol{B}) \geqq \min_{i \in \{1, \dots, n\}} \lambda_i(\boldsymbol{A}) + \min_{i \in \{1, \dots, n\}} \lambda_i(\boldsymbol{B}), \quad (1.A.27)$$

$$\forall \boldsymbol{A} \in \mathcal{M}_n^> \ \forall \boldsymbol{B} \in \mathcal{M}_n^> \ \forall \alpha \in [0, 1]: \det\big(\alpha \boldsymbol{A} + (1 - \alpha)\boldsymbol{B}\big) \geqq (\det \boldsymbol{A})^\alpha (\det \boldsymbol{B})^{1-\alpha}, \quad (1.A.28)$$

$$\forall \boldsymbol{A} \in \mathcal{M}_n^> \ \forall \boldsymbol{B} \in \mathcal{M}_n^> \ \forall \alpha \in (0, 1):$$

$$\det\big(\alpha \boldsymbol{A} + (1 - \alpha)\boldsymbol{B}\big) = (\det \boldsymbol{A})^\alpha (\det \boldsymbol{B})^{1-\alpha} \Leftrightarrow \boldsymbol{A} = \boldsymbol{B}, \quad (1.A.29)$$

$$\forall \boldsymbol{A} \in \mathcal{M}_n^> \ \forall \boldsymbol{B} \in \mathcal{M}_n^>: \big(\det(\boldsymbol{A} + \boldsymbol{B})\big)^{1/n} \geqq (\det \boldsymbol{A})^{1/n} + (\det \boldsymbol{B})^{1/n}, \quad (1.A.30)$$

$$\forall \boldsymbol{A} \in \mathcal{M}_n^>: \boldsymbol{A}^{-1} \in \mathcal{M}_n^>, \quad (1.A.31)$$

$$\forall \boldsymbol{A} \in \mathcal{M}_n^> \ \forall i \in \{1, \dots, n\}: a^{ii} \geqq \frac{1}{a_{ii}}, \quad (1.A.32)$$

$$\forall \boldsymbol{A} \in \mathcal{M}_n^>: \max_{i \in \{1, \dots, n\}} \lambda_i(\boldsymbol{A}^{-1}) = \Big(\min_{i \in \{1, \dots, n\}} \lambda_i(\boldsymbol{A})\Big)^{-1}, \quad (1.A.33)$$

$$\forall \boldsymbol{A} \in \mathcal{M}_n^> \ \forall \boldsymbol{B} \in \mathcal{M}_n^>: \boldsymbol{ABA} \in \mathcal{M}_n^>, \quad (1.A.34)$$

$$\forall \boldsymbol{A} \in \mathcal{M}_n: \boldsymbol{A} = \boldsymbol{A}' \Rightarrow \max_{i \in \{1, \dots, n\}} \lambda_i = \sup_{\boldsymbol{x} \in \mathrm{R}^n} \frac{\boldsymbol{x}'\boldsymbol{A}\boldsymbol{x}}{\boldsymbol{x}'\boldsymbol{x}} \wedge \min_{i \in \{1, \dots, n\}} \lambda_i = \inf_{\boldsymbol{x} \in \mathrm{R}^n} \frac{\boldsymbol{x}'\boldsymbol{A}\boldsymbol{x}}{\boldsymbol{x}'\boldsymbol{x}}. \quad (1.A.35)$$

Dabei wird $\frac{\boldsymbol{x}'\boldsymbol{A}\boldsymbol{x}}{\boldsymbol{x}'\boldsymbol{x}}$ als Rayleigh-Quotient bezeichnet.

$$\forall \boldsymbol{A} \in \mathcal{M}_n^> \ \forall \boldsymbol{x} \in \mathrm{R}^n \ \forall \boldsymbol{y} \in \mathrm{R}^n: (\boldsymbol{x}'\boldsymbol{A}^{-1}\boldsymbol{x})(\boldsymbol{y}'\boldsymbol{A}\boldsymbol{y}) \geqq (\boldsymbol{x}'\boldsymbol{y})^2, \quad (1.A.36)$$

$$\forall \boldsymbol{A} \in \mathcal{M}_n^> \ \forall \boldsymbol{x} \in \mathrm{R}^n \ \forall i \in \{1, \dots, n\}: \boldsymbol{x}'\boldsymbol{A}^{-1}\boldsymbol{x} \geqq \frac{x_i^2}{a_{ii}}. \quad (1.A.37)$$

Sind $\boldsymbol{A}$ und $\boldsymbol{B}$ quadratische Matrizen der Ordnung n, so wird die Gleichung $(\boldsymbol{A} - \lambda\boldsymbol{B})\boldsymbol{x} = \boldsymbol{0}$ *allgemeine Eigenwertaufgabe* genannt; die Lösungen bezeichnen wir mit $\lambda_i(\boldsymbol{A}, \boldsymbol{B})$; $i = 1, \dots, n$.

$$\forall \boldsymbol{A} \in \mathcal{M}_n \ \forall \boldsymbol{B} \in \mathcal{M}_n^>: \boldsymbol{A} = \boldsymbol{A}' \Rightarrow \big(\forall i \in \{1, \dots, n\}: \lambda_i(\boldsymbol{A}, \boldsymbol{B}) \in \mathrm{R}^1\big), \quad (1.A.38)$$

$$\forall \boldsymbol{A} \in \mathcal{M}_n \ \forall \boldsymbol{B} \in \mathcal{M}_n^> \ \exists \boldsymbol{C} \in \mathcal{M}_n^{(n)}:$$

$$\boldsymbol{A} = \boldsymbol{A}' \Rightarrow \boldsymbol{C}'\boldsymbol{A}\boldsymbol{C} = \operatorname{diag}\big(((\lambda_1(\boldsymbol{A}, \boldsymbol{B}), \dots, \lambda_n(\boldsymbol{A}, \boldsymbol{B})'))\big) \wedge \boldsymbol{C}'\boldsymbol{B}\boldsymbol{C} = \boldsymbol{I}_n. \quad (1.A.39)$$

Sind $\boldsymbol{A} \in \mathcal{M}_n^\geqq$ und $\boldsymbol{B} \in \mathcal{M}_n^\geqq$, so schreibt man für $(\boldsymbol{A} - \boldsymbol{B}) \in \mathcal{M}_n^\geqq$ auch $\boldsymbol{A} \geqq \boldsymbol{B}$ und für $(\boldsymbol{A} - \boldsymbol{B}) \in \mathcal{M}_n^>$ auch $\boldsymbol{A} > \boldsymbol{B}$.

$\geqq$ ist auf $\mathcal{M}_n^\geqq$ und auf $\mathcal{M}_n^>$ eine Halbordnung, (1.A.40)

$>$ ist auf $\mathcal{M}_n^\geqq$ und auf $\mathcal{M}_n^>$ eine transitive und antisymmetrische Relation, (1.A.41)

$$\forall \boldsymbol{A} \in \mathcal{M}_n^> \ \forall \boldsymbol{B} \in \mathcal{M}_n^> \ \forall \boldsymbol{C} \in \mathcal{M}_n^>: \boldsymbol{ACA} > \boldsymbol{BCB} \Rightarrow \boldsymbol{A} > \boldsymbol{B}, \quad (1.A.42)$$

$$\forall \boldsymbol{A} \in \mathcal{M}_n^> \ \forall \boldsymbol{B} \in \mathcal{M}_n^>: \boldsymbol{A}^2 > \boldsymbol{B}^2 \Rightarrow \boldsymbol{A} > \boldsymbol{B}, \quad (1.A.43)$$

$$\forall \boldsymbol{A} \in \mathcal{M}_n^> \ \forall \boldsymbol{B} \in \mathcal{M}_n^>: \boldsymbol{A} > \boldsymbol{B} \wedge \boldsymbol{AB} = \boldsymbol{BA} \Rightarrow (\forall m \in \mathsf{N}: \boldsymbol{A}^m > \boldsymbol{B}^m). \quad (1.A.44)$$

Für $A \in \mathcal{M}_n^{\geqq}$ sei $\lambda_1(A) \leqq \cdots \leqq \lambda_n(A)$.

$$\forall A \in \mathcal{M}_n^{\geqq}\ \forall B \in \mathcal{M}_n^{\geqq}: A \geqq B \Rightarrow \big(\forall i \in \{1, \dots, n\}: \lambda_i(A) \geqq \lambda_i(B)\big)\,, \tag{1.A.45}$$

$$\forall A \in \mathcal{M}_n^{>}\ \forall B \in \mathcal{M}_n^{>}: \det A > \det B\,, \tag{1.A.46}$$

$$\forall A \in \mathcal{M}_n^{>}\ \forall B \in \mathcal{M}_n^{>}: A \geqq B \Leftrightarrow A^{-1} \leqq B^{-1}\,, \tag{1.A.47}$$

$$\forall A \in \mathcal{M}_n^{>}\ \forall B \in \mathcal{M}_n^{>}: A > B \Leftrightarrow A^{-1} < B^{-1}\,, \tag{1.A.48}$$

$$\forall A \in \mathcal{M}_n^{>}: A + A^{-1} \geqq 2I_n\,, \tag{1.A.49}$$

$$\forall A \in \mathcal{M}_n^{>}\ \forall B \in \mathcal{M}_n^{>}\ \forall \alpha \in [0,1]: \alpha A^{-1} + (1-\alpha) B^{-1} \geqq \big(\alpha A + (1-\alpha) B\big)^{-1}\,, \tag{1.A.50}$$

$$\forall A \in \mathcal{M}_n^{>}\ \forall B \in \mathcal{M}_n^{>}\ \forall \alpha \in (0,1): \alpha A^{-1} + (1-\alpha) B^{-1} = \big(\alpha A + (1-\alpha) B\big)^{-1} \Leftrightarrow A = B\,. \tag{1.A.51}$$

Es seien $x \in \mathrm{R}^n$, $A \in \mathcal{M}_n$ und $m \in \mathsf{N}$.

Def. 1.A.1: Der Vektor $x^{[m]}$ heißt *Vektor m-ter Potenz zu* $x =_{\mathrm{df}}$

$$(x^{[m]})'\, x^{[m]} = (x'x)^m \bullet \tag{1.A.52}$$

$$\forall x \in \mathrm{R}^n\ \forall m \in \mathsf{N}\ \forall k \in \{1, \dots, n\}\ \forall i \in \{1, \dots, n\}\ \exists \alpha_i \in \{1, \dots, m\}$$

$$\exists c_{\alpha_1, \dots, \alpha_n} \in \mathrm{R}^1: \sum_{j=1}^{n} \alpha_j \leqq m \wedge x_k^{[m]} = c_{\alpha_1, \dots, \alpha_n} x_1^{\alpha_1} \cdot \cdots \cdot x_n^{\alpha_n}\,. \tag{1.A.53}$$

Def. 1.A.2: Die Matrix $A^{[m]}$ heißt SCHLÄFLI-*Matrix der Ordnung* $m =_{\mathrm{df}}$

$$\forall x \in \mathrm{R}^n\ \forall y \in \mathrm{R}^n: x = Ay \Rightarrow x^{[m]} = A^{[m]} y^{[m]} \bullet \tag{1.A.54}$$

$$\forall A \in \mathcal{M}_n\ \forall B \in \mathcal{M}_n\ \forall m \in \mathsf{N}: (AB)^{[m]} = A^{[m]} B^{[m]}\,, \tag{1.A.55}$$

$$\forall A \in \mathcal{M}_n^{(n)}: A' = A^{-1} \Rightarrow (A^{[m]})' = (A^{[m]})^{-1} \quad \text{(Erhaltung der Orthogonalität)}. \tag{1.A.56}$$

Sind $A \in \mathcal{M}_{n_1 \times n_2}$ und $B \in \mathcal{M}_{m_1 \times m_2}$, so heißt die Matrix $\big((a_{ij} \cdot B)\big)_{n_1 \times n_2} \in \mathcal{M}_{n_1 m_1 \times n_2 m_2}$ KRONECKER-Produkt von A und B.

$$\forall A \in \mathcal{M}_n^{(n)}\ \forall B \in \mathcal{M}_m^{(m)}: \big((a_{ij} \cdot B)\big)_n \in \mathcal{M}_{nm}^{(nm)}\,, \tag{1.A.57}$$

$$\forall A \in \mathcal{M}_n^{(n)}\ \forall B \in \mathcal{M}_m^{(m)}: \big(((a_{ij} B))_n\big)^{-1} = \big((a^{ij} B^{-1})\big)_n\,. \tag{1.A.58}$$

$$\forall A \in \mathcal{M}_n^{>}\ \forall x \in \mathrm{R}^n: 2x'(A^{-1}x) - (A^{-1}x)'\, A(A^{-1}x) = x'A^{-1}x = \sup_{y \in \mathrm{R}^n} (2x'y - y'Ay)\,. \tag{1.A.59}$$

Es seien $A \in \mathcal{M}_n$, λ_i; $i = 1, \dots, n$; die Eigenwerte von A und t_i die entsprechenden Eigenvektoren.

$$\forall i \in \{1, \dots, n\}: t_i' A t_i = \lambda_i\,. \tag{1.A.60}$$

2. ENTSCHEIDUNGSTHEORETISCHE FORMULIERUNG DER PROBLEMSTELLUNG DER OPTIMALEN VERSUCHSPLANUNG

Durch die Einbeziehung der Versuchsplanung in die Betrachtung statistischer Aufgabenstellungen werden die zugehörigen Entscheidungsprobleme in ihrer Struktur komplizierter. Daher werden allgemeine Aussagen über trennbare Entscheidungsprobleme vorausgeschickt.

2.1. Trennbare Entscheidungsprobleme

Es sei $[Z, U, R]$ ein Entscheidungsproblem. Die Menge Z von Zuständen der Natur bestehe aus Zustandspaaren (z_1, z_2) mit $z_1 \in Z_1'$, $z_2 \in Z_2'$, d. h., es ist $Z \subseteq Z_1' \times Z_2'$. Die Strategienmenge U des Statistikers habe eine analoge Struktur: $U \subseteq U_1' \times U_2'$. Das Risiko bei vorliegendem Zustand $(z_1, z_2) \in Z$ und gewählter Strategie $(u_1, u_2) \in U$ werde mit $R(z_1, z_2; u_1, u_2)$ bezeichnet.

Es werden gleichmäßig beste bzw. Q-optimale Strategien in $[Z, U, R]$ gesucht (vgl. Def. 1.5.11 und Def. 1.5.13). Die Idee der Trennung besteht darin, das Problem $[Z, U, R]$ in zwei einfacher strukturierte Entscheidungsprobleme aufzuspalten.

Für jedes $z_2 \in Z_2'$ und jedes $u_2 \in U_2'$ seien die folgenden Mengen definiert:

$$Z_1(z_2) = \{z_1 \in Z_1' : (z_1, z_2) \in Z\} ,$$

$$U_1(u_2) = \{u_1 \in U_1' : (u_1, u_2) \in U\} .$$

Bezeichnen weiter

$$Z_2 = \{z_2' \in Z_2' : \exists z_1' \in Z_1' : (z_1', z_2') \in Z\} ,$$

$$U_2 = \{u_2' \in U_2' : \exists u_1' \in U_1' : (u_1', u_2') \in U\} ,$$

dann gilt

$$Z = \bigcup_{z_2 \in Z_2} (Z_1(z_2) \times \{z_2\}) , \qquad U = \bigcup_{u_2 \in U_2} (U_1(u_2) \times \{u_2\}) . \tag{2.1.1}$$

Entsprechend dieser Zerlegung kann nun die Bestimmung optimaler Strategien in $[Z, U, R]$ komponentenweise erfolgen.

Satz 2.1.1 (*Trennsatz für gleichmäßig beste Strategien*): Für jedes $u_2 \in U_2$ und jedes $z_2 \in Z_2$ sei $u_1^*(z_2, u_2) \in U_1(u_2)$ eine gleichmäßig beste Strategie im Entscheidungsproblem

$$[Z_1(z_2), U_1(u_2), R_1]; \qquad R_1 = R . \tag{2.1.2}$$

Es existiere ein $R_2 \mid Z_2 \times U_2 \to \mathrm{R}^1$ mit

$$\forall z_2 \in Z_2\ \forall u_2 \in U_2\ \forall u_2' \in U_2\ \forall z_1 \in Z_1(z_2):$$

$$R_2(z_2, u_2) \geqq R_2(z_2, u_2') \Rightarrow R\big(z_1, z_2; u_1^*(z_2, u_2), u_2\big) \geqq R\big(z_1, z_2; u_1^*(z_2, u_2'), u_2'\big)\,, \quad (2.1.3)$$

so daß $u_2^* \in U_2$ eine gleichmäßig beste Strategie im Entscheidungsproblem $[Z_2, U_2, R_2]$ ist.

Dann ist $\big(u_1^*(z_2, u_2^*), u_2^*\big) \in U$ eine gleichmäßig beste Strategie in $[Z, U, R]$ •

Beweis: Da $u_1^*(z_2, u_2^*)$ eine gleichmäßig beste Strategie in $[Z_1(z_2), U_1(u_2), R_1]$ ist, gilt

$$\forall z_2 \in Z_2 \forall z_1 \in Z_1(z_2)\ \forall u_2 \in U_2 \forall u_1 \in U_1(u_2):\ R(z_1, z_2; u_1, u_2) \geqq R(z_1, z_2; u_1^*(z_2, u_2), u_2)\,.$$

Da u_2^* eine gleichmäßig beste Strategie in $[Z_2, U_2, R_2]$ ist, gilt

$$\forall z_2 \in Z_2 \forall u_2 \in U_2:\ R_2(z_2; u_2) \geqq R_2(z_2; u_2^*)\,.$$

Mit (2.1.3) erhält man

$$\forall z_2 \in Z_2 \forall z_1 \in Z_1(z_2)\ \forall u_2 \in U_2 \forall u_1 \in U_1(u_2):\ R(z_1, z_2; u_1; u_2) \geqq R(z_1, z_2; u_1^*(z_2; u_2^*), u_2^*)\,.$$

Bemerkung 2.1.1: Falls die Risikofunktion $R(\cdot, \cdot; u_1^*(\cdot, \cdot), \cdot)$ nicht von z_1 abhängt, schreiben wir grundsätzlich

$$R_2(z_2; u_2) := R(z_1, z_2; u_1^*(z_2, u_2), u_2)\,.$$

Wir betrachten nun die Trennung von Entscheidungsproblemen, in denen Q-optimale Strategien ermittelt werden sollen.

Es seien Q, Q_1, Q_2 Operatoren über Funktionenmengen. Ist Q für eine Funktion R definiert, so schreiben wir $R_Q := Q(R)$. Mit $Q_2 \circ Q_1$ werde die Hintereinanderausführung (Multiplikation) der Operatoren Q_1 und Q_2 bezeichnet; falls $Q = Q_2 \circ Q_1$ gilt, so ist $R_{Q_2 \circ Q_1} = Q_2\big(Q_1(R)\big)$. Für die Operatoren Q, Q_1, Q_2 gelte

$$Q \mid (\mathrm{R}^1)^{Z \times U} \to (\mathrm{R}^1)^U\,, \quad (2.1.4)$$

$$Q_1 \mid (\mathrm{R}^1)^{Z \times U} \to (\mathrm{R}^1)^{Z_2 \times U}\,, \quad (2.1.5)$$

$$Q_2 \mid (\mathrm{R}^1)^{Z_2 \times U} \to (\mathrm{R}^1)^U \quad (2.1.6)$$

Durch Anwendung der Operatoren Q bzw. Q_2 auf Risikofunktionen $R \in (\mathrm{R}^1)^{Z \times U}$ bzw. $R_{Q_1} \in (\mathrm{R}^1)^{Z_2 \times U}$ entstehen Risikofunktionen $R_Q \in (\mathrm{R}^1)^U$ bzw. $R_{Q_2 \circ Q_1} \in (\mathrm{R}^1)^U$, die über Z konstant sind; durch Anwendung von Q_1 auf R erhält man eine Risikofunktion R_{Q_1}, die konstant ist auf der Menge $\bigcup_{z_2 \in Z_2} Z_1(z_2)$. Damit ist die Möglichkeit gegeben, Q-optimale Strategien im Entscheidungsproblem $[Z, U, R]$ aus Q_1- bzw. Q_2-optimalen Teilstrategien in zwei Teilproblemen von $[Z, U, R]$ zusammenzusetzen.

Es bezeichnen

$$Z_1 = \bigcup_{z_2 \in Z_2} Z_1(z_2); \qquad U_1 = \bigcup_{u_2 \in U_2} U_1(u_2)\,.$$

Def. 2.1.1: Der Operator Q_2 heißt U_1-*monoton* $=_{\mathrm{df}}$

$$\forall R \in (\mathrm{R}^1)^{Z \times U}\ \forall z_2 \in Z_2\ \forall u_2 \in U_2\ \forall (u_1', u_1'') \in \big(U_1(u_2)\big)^2:$$

$$R_{Q_1}(z_2; u_1', u_2) \leqq R_{Q_1}(z_2; u_1'', u_2) \Rightarrow R_{Q_2 \circ Q_1}(u_1', u_2) \leqq R_{Q_2 \circ Q_1}(u_1'', u_2)$$ •

Satz 2.1.2 (*Trennsatz für Q-optimale Strategien*): Es seien Q, Q_1 und Q_2 die gemäß (2.1.4), (2.1.5) und (2.1.6) definierten Operatoren; Q_2 sei U_1-monoton, und es gelte $Q = Q_2 \circ Q_1$. Für jedes $z_2 \in Z_2$ und jedes $u_2 \in U_2$ sei $u_1^* = u_1^*(z_2, u_2) \in U_1(u_2)$ eine Q_1-

optimale Strategie im Entscheidungsproblem $[Z_1(z_2), U_1(u_2), R_1]$ aus (2.1.2) und u_2^* eine Q_2-optimale Strategie im Entscheidungsproblem

$$[Z_2, U_2, R_2]; \forall z_2 \in Z_2 \,\forall u_2 \in U_2: R_2(z_2; u_2) = Q_1 R_1(\cdot, z_2; u_1^*(z_2, u_2), u_2). \quad (2.1.7)$$

Dann ist für jedes $z_2 \in Z_2$ die Strategie

$$(u_1^*(z_2, u_2^*), u_2^*) \in U$$

Q-optimal in $[Z, U, R]$ •

Beweis: Zunächst gilt wegen der Q_1-Optimalität von u_1^*

$$\forall z_2 \in Z_2 \forall u_2 \in U_2 \forall u_1 \in U_1(u_2): R_{Q_1}(z_2; u_1, u_2) \geqq R_{Q_1}(z_2; u_1^*(z_2, u_2), u_2).$$

Mit der Monotonie von Q_2 und der Q_2-Optimalität von u_2^* folgt daraus

$$\forall u_2 \in U_2 \,\forall u_1 \in U_1(u_2): Q_2 R_{Q_1}(\cdot; u_1, u_2) \geqq Q_2 R_{Q_1}(\cdot; u_1^*(\cdot, u_2), u_2) =$$
$$= Q_2 R_2(\cdot; u_2) \geqq Q_2 R_2(\cdot; u_2^*) = Q_2 R_{Q_1}(\cdot; u_1^*(\cdot, u_2^*), u_2^*).$$

Also gilt unter Beachtung von (2.1.1)

$$\forall (u_1, u_2) \in U: R_{Q_2 \circ Q_1}(u_1, u_2) \geqq R_{Q_2 \circ Q_1}(u_1^*(\cdot, u_2^*), u_2^*).$$

Wegen $Q = Q_2 \circ Q_1$ folgt damit die Behauptung.

Eine Q-optimale Strategie in $[Z, U, R]$ kann daher aus Q_1- und Q_2-optimalen Strategien der i. allg. einfacheren Probleme $[Z_1(z_2), U_1(u_2), R_1]$ und $[Z_2, U_2, R_2]$ bestimmt werden. Man spricht in diesem Falle von der Trennbarkeit des Entscheidungsproblems $[Z, U, R]$ bez. der Q-Optimalität.

Def. 2.1.2: Das Entscheidungsproblem $[Z, U, R]$ heißt für jedes $z_2 \in Z_2$ und jedes $u_2 \in U_2$ *bez. Q trennbar in* $[Z_1(z_2), U_1(u_2), R_1]$ *und* $[Z_2, U_2, R_2] =_{\text{df}}$

$$\langle\!\langle \forall z_2 \in Z_2 \,\forall u_2 \in U_2: u_1^*(z_2, u_2) \text{ ist } Q_1\text{-optimal in } [Z_1(z_2), U_1(u_2), R_1]\rangle\!\rangle$$
$$\wedge \langle\!\langle u_2^* \text{ ist } Q_2\text{-optimal in } [Z_2, U_2, R_2]\rangle\!\rangle$$
$$\Rightarrow \langle\!\langle \forall z_2 \in Z_2: (u_1^*(z_2, u_2^*), u_2^*) \text{ ist } Q\text{-optimal in } [Z, U, R]\rangle\!\rangle \bullet$$

Mit anderen Worten besagt dann der Satz 2.1.2: Ist Q_2 ein U_1-monotoner Operator und gilt $Q = Q_2 \circ Q_1$, so ist $[Z, U, R]$ für alle $(z_2, u_2) \in Z_2 \times U_2$ bez. Q trennbar in $[Z_1(z_2), U_1(u_2), R_1 = R]$ und $[Z_2, U_2, R_2 = R_{Q_1}]$.

Die Q_1-optimalen (bzw. bez. Z_1 gleichmäßig besten) Strategien u_1^* hängen i. allg. vom unbekannten Zustand $z_2 \in Z_2$ ab. Die im folgenden behandelten speziellen statistischen Entscheidungsprobleme (s. Abschnitt 2.3.2, insbesondere die Schätzprobleme (2.3.18) bzw. (2.3.42), und Abschnitt 2.3.3) sind jedoch so strukturiert, daß in ihnen alle Q_1-optimalen (bzw. bez. Z_1 gleichmäßig besten) Strategien nicht von z_2 abhängen. Dies erleichtert ihre explizite Bestimmung.

Trennung von Minimaxstrategien. Es sei $Q = \sup\limits_{(z_1, z_2) \in Z}$, d. h. es werden Minimaxstrategien im Entscheidungsproblem $[Z, U, R]$ gesucht.

Vor. 2.1.1: $\exists a \in \mathrm{R}^1 \,\forall z \in Z \,\forall u \in U: R(z; u) \leqq a$ •

Das heißt, die Risikofunktion $R(\cdot; u)$ sei für jede Strategie $u \in U$ nach oben beschränkt.

Lemma 2.1.1 (Dieudonné): Es sei $\{A_i\}_{i\in I}$ eine nichtleere Familie nichtleerer, nach oben beschränkter Teilmengen des R^1. Ferner seien $A = \bigcup_{i\in I} A_i$ und $B = \{b_i : b_i = \sup_{x\in A_i} x \wedge i \in I\}$. Dann ist A nach oben beschränkt genau dann, wenn B nach oben beschränkt ist. In diesem Falle gilt

$$\sup_{x\in A} x = \sup_{x\in B} x \bullet$$

Das Lemma 2.1.1 erweist sich als nützlich für die Trennung von Minimaxstrategien. Es gilt nämlich

Lemma 2.1.2: Unter der Vor. 2.1.1 gilt

$$\forall (u_1, u_2) \in U: \sup_{(z_1, z_2)\in Z} R(z_1, z_2; u_1, u_2) = \sup_{z_2\in Z_2} \sup_{z_1\in Z_1(z_2)} R(z_1, z_2; u_1, u_2) \bullet$$

Beweis: Es seien $(u_1, u_2) \in U$ und $Z_0 \subseteq Z$. Es bezeichne $R(Z_0)$ das Bild von Z_0 bei der Abbildung $R(\cdot, \cdot; u_1, u_2) \mid Z \to R^1$, d. h.

$$R(Z_0) = \{a \in R^1 : \exists (z_1, z_2) \in Z_0 : R(z_1, z_2; u_1, u_2) = a\} .$$

Wegen (2.1.1) ist

$$R(Z) = \bigcup_{z_2\in Z_2} R(Z_1(z_2) \times \{z_2\}) ,$$

so daß unter der Vor. 2.1.1 die Behauptung sofort aus dem Lemma 2.1.1 folgt.

Unter der Vor. 2.1.1 gilt daher für $Q = \sup_{(z_1, z_2)\in Z}$ mit $Q_1 = \sup_{z_1\in Z_1(z_2)}$ und $Q_2 = \sup_{z_2\in Z_2}$ die Beziehung $Q = Q_2 \circ Q_1$. Der Operator $Q_2 = \sup_{z_2\in Z_2}$ ist U_1-monoton. Aus dem Satz 2.1.2 erhält man daher die Trennbarkeit von $[Z, U, R]$ bez. der Minimax-Optimalität.

Folgerung 2.1.1: Unter der Vor. 2.1.1 ist das Entscheidungsproblem $[Z, U, R]$ bez. $Q = \sup_{(z_1, z_2)\in Z}$ trennbar in

$$[Z_1(z_2), U_1(u_2), R_1] \quad \text{und} \quad [Z_2, U_2, R_2] \bullet$$

Eine Minimaxstrategie $(u_1^*(z_2, u_2^*), u_2^*)$ in $[Z, U, R]$ kann somit in folgender Weise bestimmt werden: Man ermittelt eine für jedes $z_2 \in Z_2$ und jedes $u_2 \in U_2$ Minimaxstrategie $u_1^*(z_2, u_2)$ im Entscheidungsproblem (2.1.2) und wählt daraufhin eine Minimaxstrategie u_2^* im Entscheidungsproblem (2.1.7) mit dem durch

$$\forall z_2 \in Z_2 \; \forall u_2 \in U_2 : R_2(z_2; u_2) = \sup_{z_1\in Z_1(z_2)} R(z_1, z_2; u_1^*(z_2, u_2), u_2)$$

definierten Risiko R_2 aus.

Bemerkung 2.1.2: Falls gilt

$$\exists b \in R^1 \; \exists u \in U : \sup_{z\in Z} R(z; u) \leqq b ,$$

so bedeutet die Vor. 2.1.1 keine Einschränkung des Problems. Dann gilt nämlich folgende Aussage: Die Strategie $u^* \in U$ ist minimax in $[Z, U, R]$ genau dann, wenn u^* minimax ist in $[Z, U_b, R]$ mit

$$U_b = \{u \in U : \sup_{z\in Z} R(z; u) \leqq b\} .$$

In diesem Falle kann man sich auf die Betrachtung des Entscheidungsproblems $[Z, U_b, R]$ beschränken.

Trennung von bayesschen Strategien. Auf dem meßbaren Raum $[Z, \mathcal{B}_Z]$ werde durch eine zufällige Variable (ζ_1, ζ_2) ein Wahrscheinlichkeitsmaß $P_{(\zeta_1, \zeta_2)}$ induziert. Weiterhin sei $Q = \mathrm{E}_{(\zeta_1, \zeta_2)}$, d. h., es werden bayessche Strategien in $[Z, U, R]$ bez. der (a-priori-) Verteilung $P_{(\zeta_1, \zeta_2)}$ gesucht.

Vor. 2.1.2: Für $P_{(\zeta_1, \zeta_2)}$ und für alle Strategien $(u_1, u_2) \in U$ existiere der Erwartungswert $\mathrm{E}_{(\zeta_1, \zeta_2)} R(\zeta_1, \zeta_2; u_1, u_2)$ •

Aus der Eigenschaft (1.3.23) für bedingte Erwartungswerte folgt für das bayessche Risiko bez. $P_{(\zeta_1, \zeta_2)}$ sofort

Lemma 2.1.3: Unter der Vor. 2.1.2 gilt

$$\forall (u_1, u_2) \in U: \varrho(P_{(\zeta_1, \zeta_2)}; u_1, u_2) := \mathrm{E}_{(\zeta_1, \zeta_2)} R(\zeta_1, \zeta_2; u_1, u_2)$$
$$= \int_{Z_2} \left[\int_{Z_1(z_2)} R(z_1, z_2; u_1, u_2) \, P_{\zeta_1 | z_2}(\mathrm{d}z_1) \right] P_{\zeta_2}(\mathrm{d}z_2) \bullet$$

Unter der Vor. 2.1.2 gilt daher für $Q = \mathrm{E}_{(\zeta_1, \zeta_2)}$ mit $Q_1 = \mathrm{E}_{\zeta_1 | \zeta_2 = z_2}$ und $Q_2 = \mathrm{E}_{\zeta_2}$ die Beziehung $Q = Q_2 \circ Q_1$. Der Operator $Q_2 = \mathrm{E}_{\zeta_2}$ ist U_1-monoton. Entsprechend Satz 2.1.2 kann daher das Entscheidungsproblem $[Z, U, R]$ auch zur Bestimmung von bayesschen Strategien getrennt werden.

Folgerung 2.1.2: Unter der Vor. 2.1.2 ist $[Z, U, R]$ bez. $Q = \mathrm{E}_{(\zeta_1, \zeta_2)}$ trennbar in $[Z_1(z_2), U_1(u_2), R_1]$ und $[Z_2, U_2, R_2]$.

Für jedes $z_2 \in Z_2$ und $u_2 \in U_2$ seien $u_1^*(z_2, u_2)$ bayessch in $[Z_1(z_2), U_1(u_2), R_1]$ bez. der bedingten a-priori-Verteilung $P_{\zeta_1 | \zeta_2 = z_2}$ und u_2^* bayessch in $[Z_2, U_2, R_2]$ bez. der Randverteilung P_{ζ_2} und dem durch

$$\forall z_2 \in Z_2 \; \forall u_2 \in U_2: R_2(z_2; u_2) = \mathrm{E}_{\zeta_1 | \zeta_2 = z_2} R\big(\zeta_1, \zeta_2; u_1^*(\zeta_2, u_2), u_2\big)$$

definierten Risiko R_2. Dann ist die Strategie $\big(u_1^*(z_2, u_2^*), u_2^*\big)$ für jedes $z_2 \in Z_2$ bayessch in $[Z, U, R]$ bez. $P_{(\zeta_1, \zeta_2)}$ •

Bemerkung 2.1.3: Falls gilt

$$\exists c \in \mathrm{R}^1 \; \exists u \in U: \mathrm{E}_{(\zeta_1, \zeta_2)} R(\zeta_1, \zeta_2; u_1, u_2) \leqq c ,$$

so bedeutet Vor. 2.1.2 keine Einschränkung des Problems der Ermittlung bayesscher Strategien, denn es gilt die Aussage: Die Strategie $u^* \in U$ ist bayessch in $[Z, U, R]$ bez. $P_{(\zeta_1, \zeta_2)}$ genau dann, wenn u^* bayessch ist in $[Z, U_c, R]$ mit $U_c = \{u \in U: \mathrm{E}_{(\zeta_1, \zeta_2)} R(\zeta_1, \zeta_2; u) \leqq c\}$.

2.2. Optimale Versuchsplanung im allgemeinen statistischen Entscheidungsmodell

2.2.1. Versuchsplanungsproblem

Gegeben seien ein Zustandsraum $[Z, \mathcal{B}_Z]$ der Natur, ein Entscheidungsraum (Aktionenraum) $[A, \mathcal{B}_A]$ für den Statistiker sowie ein meßbarer Raum $[\Omega_L, \mathcal{B}_{\Omega_L}]$; $\Omega_L \subseteq \mathrm{R}^1$; und eine $(\mathcal{B}_Z \otimes \mathcal{B}_A, \mathcal{B}_{\Omega_L})$-meßbare Verlustfunktion $L \mid Z \times A \to \Omega_L$.

In Erweiterung des im Abschnitt 1.5 betrachteten Problems sei es dem Statistiker vor der Festlegung einer Entscheidung möglich, aus einer Familie von Zufallsgrößen endlich viele auszuwählen und durch deren Beobachtung Informationen über den vorliegenden Zustand der Natur zu gewinnen. Es entsteht dadurch ein neues Entscheidungsproblem, das Problem der Versuchsplanung.

Es seien V eine nichtleere Menge und $\{\mathfrak{Y}(v)\}_{v \in V}$ eine Familie von beobachtbaren Zufallsgrößen, die alle über dem gleichen Wahrscheinlichkeitsraum $[\Omega, \mathcal{B}_\Omega, \mu]$ definiert sind. Die Verteilungen dieser Zufallsvariablen hängen vom Zustand $z \in Z$ der Natur ab, wir bezeichnen sie mit $P_{\mathfrak{Y}(v)|z}$; $v \in V$. Das Beobachten der zufälligen Variablen $\mathfrak{Y}(v)$; $v \in V$; wird als ein *Versuch in* v und die Realisierung $y(v)$ von $\mathfrak{Y}(v)$ als *Ergebnis eines Versuches in* v interpretiert. In diesem Zusammenhang wird die Menge V *Versuchsbereich* genannt.

Def. 2.2.1: Das n-Tupel $V_n = (v_1, \dots, v_n)$ heißt *konkreter Versuchsplan vom Umfang* $n =_{\text{df}}$

$$V_n \in V^n \bullet$$

Konkrete Versuchspläne vom Umfang $n = 1$ sollen *Einelementpläne* genannt werden. Im weiteren seien $V^{(n)} \subseteq V^n$; $n \in \mathsf{N}$; eine Menge von konkreten Versuchsplänen vom Umfang n und

$$V^{(0)} \subseteq \bigcup_{i \in \mathsf{N}} V^{(i)} . \tag{2.2.1}$$

Zu jedem konkreten Versuchsplan V_n gehört eine Menge von Elementen aus der Familie $\{\mathfrak{Y}(v)\}_{v \in V}$. Es sei $V_n = (v_1, \dots, v_n) \in V^{(n)}$.

Def. 2.2.2: Das n-Tupel

$$\boldsymbol{\mathfrak{Y}}(V_n) = (\mathfrak{Y}(v_1), \dots, \mathfrak{Y}(v_n))' \tag{2.2.2}$$

heißt *Beobachtung zum konkreten Versuchsplan* $V_n \bullet$

Das Zufallselement $\boldsymbol{\mathfrak{Y}}(V_n)$ wird realisiert, indem jeweils ein Versuch in jedem Element v_i; $i = 1, \dots, n$; erfolgt. Die Beobachtung $\boldsymbol{\mathfrak{Y}}(V_n)$; $n \in \mathsf{N}$; nehme Werte in einem Stichprobenraum $[C(V_n), \mathcal{B}_{C(V_n)}]$ an.

In einer anderen Sprechweise wird die Gewinnung einer Realisierung des Zufallselementes $\boldsymbol{\mathfrak{Y}}(V_n)$ auch als *Durchführung des konkreten Versuchsplanes* V_n und die Realisierung $\boldsymbol{y}(V_n)$ von $\boldsymbol{\mathfrak{Y}}(V_n)$ als *Ergebnis von* V_n bezeichnet.

Das Problem der Versuchsplanung wird nun entscheidungstheoretisch formuliert. Der Statistiker wählt zufällige Variable aus $\{\mathfrak{Y}(v)\}_{v \in V}$, d. h. einen Versuchsplan aus $V^{(0)}$, und Aktionen aus dem Aktionenraum A. Sein Entscheidungsraum ist damit durch die Menge $A \times V^{(0)}$ gegeben. Es sei $\mathcal{B}_{V^{(0)}}$ eine σ-Algebra über $V^{(0)}$. Die Entscheidungen werden durch eine Verlustfunktion

$$L \in \mathcal{F}(\mathcal{B}_Z \otimes \mathcal{B}_A \otimes \mathcal{B}_{V^{(0)}}, \mathcal{B}_{\Omega_L}) \tag{2.2.3}$$

bewertet. Durch die Verlustfunktion L aus (2.2.3) kann ebenfalls der Aufwand für die Durchführung des zur Entscheidung benutzten Versuchsplanes aus $V^{(0)}$ berücksichtigt werden. Dies kann z. B. in der Weise geschehen, daß L additiv gebildet wird aus einer Verlustfunktion aus $\mathcal{F}(\mathcal{B}_Z \otimes \mathcal{B}_A, \mathcal{B}_{\Omega_L})$, die nur die letztendlich getroffene Entscheidung aus A bewertet, und aus einer Funktion aus $\mathcal{F}(\mathcal{B}_Z \otimes \mathcal{B}_{V^{(0)}}, \mathcal{B}_{\Omega_L})$, welche nur die Kosten zur Durchführung der Versuche berücksichtigt (Kostenfunktion).

In Abhängigkeit vom Ergebnis $\boldsymbol{y} = \boldsymbol{y}(V_n)$ der Durchführung des konkreten Versuchsplanes $V_n \in V^{(0)}$ wird eine Aktion $a \in A$ entsprechend einer $(\mathcal{B}_{C(V_n)}, \mathcal{B}_A)$-meßbaren Entscheidungsfunktion

$$d(\cdot, V_n) \mid C(V_n) \to A$$

ausgewählt: $a = d(\boldsymbol{y}, V_n)$. Für jeden konkreten Versuchsplan $V_n \in V^{(0)}$ sei

$$D(V_n) \subseteq \mathcal{F}(\mathcal{B}_{C(V_n)}, \mathcal{B}_A) \tag{2.2.4}$$

die Menge der möglichen Entscheidungsfunktionen. Der Statistiker kann damit Strategien aus der Menge

$$U_0 := \{(d(\cdot, V_n), V_n) : V_n \in V^{(0)} \wedge d(\cdot, V_n) \in D(V_n)\}$$

wählen. Wir beschränken uns auf die Betrachtung der Teilmenge

$$U \subseteq U_R = \{(d(\cdot, V_n), V_n) \in U_0 : \exists f \mid Z \to \Omega_L \ \forall z \in Z : \\ f(z) = \mathrm{E}_{\mathfrak{Y}(V_n)|z} L(z; d(\mathfrak{Y}(V_n), V_n), V_n)\} \tag{2.2.5}$$

von U_0. Für alle Strategien $(d(\cdot, V_n), V_n) \in U$ und jeden Zustand $z \in Z$ ordnen wir der zufälligen Variablen $L(z; d(\mathfrak{Y}(V_n), V_n), V_n)$ ein nichtstochastisches Risiko $R(z; d(\cdot, V_n), V_n)$ gemäß der Vorschrift

$$\forall z \in Z : R(z; d(\cdot, V_n), V_n) = \mathrm{E}_{\mathfrak{Y}(V_n)|z} L(z; d(\mathfrak{Y}(V_n), V_n), V_n) \tag{2.2.6}$$

zu. Demnach ist das Entscheidungsproblem $[Z, U, R]$ zu behandeln, in dem die Natur ein Element aus Z, der Statistiker eine Strategie aus U wählt und diese Auswahl entsprechend $R \mid Z \times U \to \Omega_L$ bewertet wird.

Def. 2.2.3: Das Entscheidungsproblem $[Z, U, R]$ mit U aus (2.2.5) und R aus (2.2.6) heißt *allgemeines statistisches Versuchsplanungsproblem* •

Ein Vergleich der Wahl eines Elementes $u \in U$ durch den Statistiker mit der eines Elementes $u' \in U$ in $[Z, U, R]$ kann entsprechend Def. 1.5.7 b) vorgenommen werden:

Def. 2.2.4: Die Strategie $u = (d(\cdot, V_n), V_n) \in U$ heißt *mindestens so gut* in $[Z, U, R]$ wie die Strategie $u' = (d'(\cdot, V_k'), V_k') \in U =_{\mathrm{df}}$

$$\forall z \in Z : R(z; d(\cdot, V_n), V_n) \leqq R(z; d'(\cdot, V_k'), V_k') \ \bullet$$

Entsprechend den Def. 1.5.7 c) bzw. Def. 1.5.11 können dann die Gütekriterien „besser als“ bzw. der Begriff einer gleichmäßig besten Strategie $(d^*(\cdot, V_n^*), V_n^*) \in U$ im Entscheidungsproblem $[Z, U, R]$ übertragen werden.

Es sei Q ein Operator mit $Q \mid (\mathrm{R}^1)^{Z \times U} \to (\mathrm{R}^1)^U$ und mit R gemäß (2.2.6) sei

$$\forall (d(\cdot, V_n), V_n) \in U : R_Q(d(\cdot, V_n), V_n) := QR(\cdot; d(\cdot, V_n), V_n) \, . \tag{2.2.7}$$

Dann heißt $R_Q(d(\cdot, V_n), V_n)$ das *Q-Risiko von* $u = (d(\cdot, V_n), V_n) \in U$ *in* $[Z, U, R]$. Die Strategie $(d^*(\cdot, V_n^*), V_n^*) \in U$ heißt dann *Q-optimal in* $[Z, U, R]$, wenn gilt

$$R_Q(d^*(\cdot, V_n^*), V_n^*) = \inf_{(d(\cdot, V_n), V_n) \in U} R_Q(d(\cdot, V_n), V_n) \, . \tag{2.2.8}$$

Für die Spezialfälle $Q = \sup_{z \in Z}$ bzw. $Q = \mathrm{E}_\zeta$, wobei $\zeta \mid \Omega \to Z$ ein Zufallselement mit einer (a-priori-)Verteilung P_ζ über $[Z, \mathcal{B}_Z]$ darstellt, können unter den entsprechenden Voraussetzungen (s. Abschnitt 2.1) gemäß Def. 1.5.14 bzw. Def. 1.5.18 das Maximalrisiko bzw. das bayessche Risiko in $[Z, U, R]$ definiert werden. Entsprechend Def. 1.5.15 bzw. Def. 1.5.19 bzw. Def. 1.5.21 wird dann festgelegt, wann eine Strategie in $[Z, U, R]$ minimax bzw. bayessch bez. P_ξ bzw. erweitert bayessch heißen soll; demgemäß sind auch die Sätze 1.5.3 und 1.5.4 und die Sätze 1.5.6 bis 1.5.8 übertragbar.

Bemerkung 2.2.1: Es seien $Q_i \mid U_R \to \mathrm{R}^1$; $i = 1, \dots, s$; R_Q das Q-Risiko gemäß (2.2.7) in $[Z, U_R, R]$ und speziell

$$U = U(Q_1, \dots, Q_s) := \{(d(\cdot, V_n), V_n) \in U_R \colon \forall i \in \{1, \dots, s\} : Q_i(d(\cdot, V_n), V_n) \geqq 0\} . \quad (2.2.9)$$

Dann heißt das Tripel $[Z, U, R]$ *allgemeines statistisches Versuchsplanungsproblem mit Nebenbedingungen.* Mit Hilfe der durch die Funktionale $Q_1, \dots, Q_s$ vermittelten Einschränkung von U_R auf $U = U(Q_1, \dots, Q_s)$ können z. B. Kostenbeschränkungen o. ä. ausgedrückt werden. Wegen $U \subseteq U_R$ ist $[Z, U, R]$ ein Spezialfall des allgemeinen statistischen Versuchsplanungsproblems, und gemäß (2.2.8) können Q-optimale Strategien in $[Z, U, R]$ ermittelt werden.

Es wird jetzt allgemein eine Möglichkeit der Trennung des Entscheidungsproblems $[Z, U, R]$ bez. der Q-Optimalität angegeben. Dazu wird der Satz 2.1.2 herangezogen und die Tatsache ausgenutzt, daß mit der Menge

$$D = \{d(\cdot, V_n) \colon V_n \in V^{(0)} \wedge d(\cdot, V_n) \in D(V_n)\} = \bigcup_{V_n \in V^{(0)}} D(V_n) \quad (2.2.10)$$

für jede Menge $U \subseteq U_R$ von Strategien des Statistikers gilt: $U \subseteq D \times V^{(0)}$, d. h. die Strategienmenge U hat die zur Trennung benötigte Struktur. Für jedes $V_n \in V^{(0)}$ sei $d^*(\cdot, V_n) \in D(V_n)$ eine Q-optimale Strategie im Entscheidungsproblem $[Z, D(V_n), R_1 = R]$. Weiter seien Z' eine nichtleere Menge von fiktiven Naturzuständen und

$$[Z', V^{(0)}, R_2];\ \forall z' \in Z'\ \forall V_n \in V^{(0)} \colon R_2(z', V_n) := \overline{R}_2(V_n) := R_Q(d^*(\cdot, V_n), V_n) \quad (2.2.11)$$

ein Entscheidungsproblem mit der über Z' konstanten Risikofunktion R_2.

Bezeichnet $\tilde{\mathrm{I}} \mid (\mathrm{R}^1)^{Z' \times U} \to (\mathrm{R}^1)^U$ den Operator mit der Eigenschaft

$$\forall R_2 \in (\mathrm{R}^1)^{Z' \times U}\ \forall z' \in Z'\ \forall u \in U \colon R_2(z', u) = (\tilde{\mathrm{I}} R_2)(u) =: \overline{R}_2(u) \quad (2.2.12)$$

so ist $\tilde{\mathrm{I}}$ ein D-monotoner Operator. Durch $Q = \tilde{\mathrm{I}} \circ \tilde{Q}$ ist $\tilde{Q}$ eindeutig festgelegt, und es gilt nach Satz 2.1.2 folgende Aussage:

Satz 2.2.1: Das allgemeine statistische Versuchsplanungsproblem $[Z, U, R]$ ist für jedes $V_n \in V^{(0)}$ bez. $Q \mid (\mathrm{R}^1)^{Z \times U} \to (\mathrm{R}^1)^U$ trennbar in $[Z, D(V_n), R_1 = R]$ und $[Z', V^{(0)}, R_2]$ aus (2.2.11) •

Mit anderen Worten besagt der Satz 2.2.1: Sind $d^*(\cdot, V_n)$ für jedes $V_n \in V^{(0)}$ eine $\tilde{Q}$-optimale Strategie in $[Z, D(V_n), R]$ und V_n^* eine im Entscheidungsproblem (2.2.11) minimale Strategie, so ist $(d^*(\cdot, V_n^*), V_n^*)$ eine Q-optimale Strategie in $[Z, U, R]$.

Die Bestandteile V_n^* und $d^*(\cdot, V_n^*)$ der Q-optimalen Strategie $(d^*(\cdot, V_n^*), V_n^*)$ in $[Z, U, R]$ können somit gemäß den Forderungen

$$\forall V_n \in V^{(0)} \colon R_Q(d^*(\cdot, V_n), V_n) = \inf_{d \in D(V_n)} R_Q(d(\cdot, V_n), V_n) \quad (2.2.13)$$

und

$$R_Q(d^*(\cdot, V_n^*), V_n^*) = \inf_{V_n \in V^{(0)}} R_Q(d^*(\cdot, V_n), V_n)$$

bestimmt werden.

Die Menge Z' von fiktiven Naturzuständen wurde hierbei lediglich aus Gründen der Darstellung eingeführt, um ein Entscheidungsproblem in der gewohnten Weise zu erhalten. Insofern ist die angegebene Trennung auch künstlich, da keine Strukturaussagen über die Menge Z von Naturzuständen berücksichtigt werden.

Für die im weiteren behandelten Entscheidungsprobleme wird die Struktur der Zustandsmenge bei der Trennung entsprechend Satz 2.1.1 bzw. Satz 2.1.2 ausgenutzt.

2.2.2. Erweiterung des Versuchsplanungsproblems

Wir haben die Aufgabe der optimalen Versuchsplanung formuliert als die Bestimmung einer Q-optimalen Strategie in einem allgemeinen statistischen Entscheidungsproblem $[Z, U, R]$ (s. Def. 2.2.3). Falls man für Q eine Aufspaltung $Q = \tilde{I} \circ \tilde{Q}$; $\tilde{I}$ gemäß (2.2.12); wählt, ist $[Z, U, R]$ stets trennbar in ein statistisches Entscheidungsproblem $[Z, D(V_n), R_1 = R]$ und in ein (nichtstatistisches) Entscheidungsproblem $[Z', V^{(0)}, R_2]$ mit R_2 aus (2.2.11), das auf einer Q-optimalen Strategie $d^*(\cdot, V_n) \in D(V_n)$ in $[Z, D(V_n), R_1]$ basiert (s. Satz 2.2.1).

Falls es Mengen Z_1', Z_2' gibt, so daß $Z \subseteq Z_1' \times Z_2'$ gilt, wird i. allg. eine dementsprechende Aufspaltung von Q, nämlich $Q = Q_2 \circ Q_1$, bevorzugt. Dann ist $[Z, U, R]$ trennbar, falls Q_2 die Eigenschaft der D-Monotonie besitzt (s. Abschnitt 2.1, Satz 2.1.2).

Das Ziel dieses Abschnitts ist es, ein allgemeines methodisches Vorgehen bei der Bestimmung eines optimalen Planes $V_n^* \in V^{(0)}$ im Problem $[Z', V^{(0)}, R_2]$, d. h. bei der Behandlung der Aufgabe

$$R_Q(d^*(\cdot, V_n), V_n) = \bar{R}_2(V_n) \stackrel{!}{=} \inf_{V_n \in V^{(0)}} \tag{2.2.14}$$

anzugeben (zu den Bezeichnungen s. (2.2.11) und (2.2.13)). Das Wesentliche bei diesem Vorgehen besteht in folgendem: Da das Problem (2.2.14) eine derart komplizierte, vor allem stark von n abhängige Struktur besitzt, daß der Aufbau einer allgemeinen Theorie bislang nicht gelungen ist, *bettet man unter der Voraussetzung einer gewissen Invarianzeigenschaft das Problem* (2.2.14) *in ein allgemeineres Problem ein,* bei dem die Menge der Elemente, über die die Optimierung erstreckt wird, eine größere Mächtigkeit und eine vorteilhaftere Struktur (z. B. Konvexitätseigenschaften) besitzt. Dazu ist es nötig, vom Begriff des konkreten Versuchsplanes abzugehen. Man bestimmt eine Lösung des *erweiterten Problems.* Diese ist auf Grund der Erweiterung i. allg. kein konkreter Versuchsplan. Man hat daher anschließend noch eine Zuordnung der Lösungen des erweiterten Problems zu den Elementen von $V^{(0)}$ zu finden, d. h. einen (zumindest näherungsweise) optimalen konkreten Plan zu bestimmen.

Wir stellen die eben skizzierte Methode nun detailliert dar. Dazu wird im Entscheidungsproblem $[Z', V^{(0)}, \bar{R}_2]$ zunächst ein Invarianzbegriff eingeführt.

Es sei $\mathcal{G}_{V^{(0)}}$ eine Gruppe von Abbildungen $\bar{g} \mid V^{(0)} \to V^{(0)}$.

Def. 2.2.5: Das Entscheidungsproblem $[Z', V^{(0)}, \bar{R}_2]$ mit $\bar{R}_2$ aus (2.2.11) heißt *invariant unter* $\mathcal{G}_{V^{(0)}} =_{\mathrm{df}}$

$$\forall \bar{g} \in \mathcal{G}_{V^{(0)}}\ \forall V_n \in V^{(0)}: \bar{R}_2(\bar{g}(V_n)) = \bar{R}_2(V_n) \bullet$$

Dieser Invarianzbegriff unterscheidet sich von dem für ein statistisches Entscheidungsproblem (s. Def. 1.5.5) dadurch, daß hier keine Invarianz der Verlustfunktion und der Stichprobenverteilung gefordert wird.

Für jedes $n \in \mathsf{N}$ sei $\Pi^{(n)}$ die Gruppe aller Permutationen von n Elementen. Es bezeichnen

$$\Pi := \bigcup_{n \in \mathsf{N}} \Pi^{(n)} \tag{2.2.15}$$

und für jedes $V_n \in V^{(0)}$

$$[V_n] := \{V_n' \in V^{(0)} : \exists \pi \in \Pi : V_n' = \pi(V_n)\} \tag{2.2.16}$$

die Menge aller Versuchspläne, die sich nur durch Permutation der Komponenten von V_n unterscheiden.

Vor. 2.2.1: Das Entscheidungsproblem $[Z', V^{(0)}, \bar{R}_2]$ sei invariant unter Π •

Diese Voraussetzung ist z. B. erfüllt, wenn das statistische Entscheidungsproblem $[Z, D(V_n), R_1]$; $V_n \in V^{(0)}$; im Sinne von Def. 1.5.5 invariant unter Π ist. Hinreichend dafür ist z. B. die Invarianz der Verlustfunktion bez. Permutation der Komponenten eines $V_n \in V^{(0)}$ und die Unabhängigkeit (in Gesamtheit) der Komponenten der Beobachtung $\mathfrak{Y}(V_n)$.

Aus Vor. 2.2.1 ergibt sich

$$\forall V_n \in V^{(0)} \ \forall V_n' \in [V_n] : \bar{R}_2(V_n') = \bar{R}_2(V_n) . \tag{2.2.17}$$

Es sei $[V, \mathscr{B}_V]$ ein meßbarer Raum, $\mathscr{B}_V$ enthalte sämtliche einelementigen Teilmengen von V und Ξ bezeichne die Menge aller Wahrscheinlichkeitsmaße über $[V, \mathscr{B}_V]$.

Wir werden jetzt die Mengen $[V_n]$; $V_n \in V^{(0)}$; mit gewissen Wahrscheinlichkeitsmaßen über $[V, \mathscr{B}_V]$ identifizieren. Da entsprechend (2.2.17) das Risiko $\bar{R}_2$ auf $[V_n]$ konstant ist, eröffnet sich damit die Möglichkeit, $\bar{R}_2$ als eine Funktion dieser Maße darzustellen.

Es seien $V_n = (v_1, \ldots, v_n) \in V^{(0)}$ und $v_{j_1}, \ldots, v_{j_m}$; $m \leqq n$; die voneinander verschiedenen Komponenten von V_n. Die Menge

$$S(V_n) := \{v_{j_1}, \ldots, v_{j_m}\} \tag{2.2.18}$$

heißt *Spektrum* von V_n. Es seien $v_{j_i} \in S(V_n)$; $i \in \{1, \ldots, m\}$; und $J(v_{j_i}) := \{k \in \in \{1, \ldots, n\} : v_{j_i} = v_k\}$. Dann ist mit

$$n_{j_i} := \operatorname{card} J(v_{j_i}); \quad i \in \{1, \ldots, m\} \tag{2.2.19}$$

die Anzahl der Komponenten von V_n gegeben, die mit dem Spektrumelement v_{j_i} übereinstimmen. Die Mengen $[V_n]$ sind durch $S(V_n)$ und n_{j_i} eindeutig charakterisiert. Man kann daher jedem $[V_n] \in V_{[\,]}^{(n)} := \{[V_n] : V_n \in V^{(n)}\}$ ein Wahrscheinlichkeitsmaß $\xi_n \in \Xi$ zuordnen, das gegeben ist durch

$$\operatorname{supp} \xi_n = S(V_n) \wedge \left(\forall i \in \{1, \ldots, m\} \ \forall v_{j_i} \in S(V_n) : \xi_n(\{v_{j_i}\}) = \frac{n_{j_i}}{n}\right). \tag{2.2.20}$$

Diese Zuordnung kann durch eine Abbildung $h_n \mid V_{[\,]}^{(n)} \to \Xi$; $\forall [V_n] \in V_{[\,]}^{(n)} : h_n([V_n]) = \xi_n$; beschrieben werden: Es sei $\Xi^{(n)} := h_n(V_{[\,]}^{(n)})$ das Bild von $V_{[\,]}^{(n)}$ bei h_n. Die Abbildung $h_n \mid V_{[\,]}^{(n)} \to \Xi^{(n)}$ ist eineindeutig, so daß wir in Zukunft *die Mengen* $V_{[\,]}^{(n)}$ *und* $\Xi^{(n)}$ *miteinander identifizieren* werden. In diesem Zusammenhang wird auch ξ_n konkreter Versuchsplan vom Umfang n genannt.

In entsprechender Weise kann $V_{[\,]}^{(0)} := \{[V_n] : V_n \in V^{(0)}\} \subseteq \bigcup_{i \in \mathsf{N}} V_{[\,]}^{(i)}$ mit $\Xi^{(0)} := \, := \{\xi_n : \xi_n = h_n([V_n]) \wedge V_n \in V^{(0)}\} \subseteq \bigcup_{i \in \mathsf{N}} \Xi^{(i)}$ identifiziert werden.

Es sei nun $\psi \mid \Xi^{(0)} \to \mathrm{R}^1$ ein Funktional mit der Eigenschaft

$$\forall V_n \in V^{(0)}\ \forall V_n' \in [V_n]\ \forall \xi_n \in \Xi^{(0)}: \xi_n = h_n([V_n]) \Rightarrow \psi(\xi_n) = \overline{R}_2(V_n')\,. \quad (2.2.21)$$

Mit dieser Festlegung kann die Aufgabe (2.2.14) unter der Vor. 2.2.1 in das äquivalente Problem

$$\psi(\xi_n) \overset{!}{=} \inf_{\xi_n \in \Xi^{(0)}} \quad (2.2.22)$$

überführt werden. Damit sind die eingangs geschilderten Schwierigkeiten bei der Lösung von (2.2.14) noch nicht überwunden, jedoch bietet sich bei der durchgeführten *Einbettung von $V^{(0)}$ in die Menge Ξ aller Wahrscheinlichkeitsmaße über* $[V, \mathcal{B}_V]$ die folgende *Erweiterung* an:

Das Funktional ψ wird auf eine Menge $\tilde{\Xi}$ mit $\Xi^{(0)} \subseteq \tilde{\Xi} \subseteq \Xi$ *fortgesetzt* und die Optimierung über $\tilde{\Xi}$ erstreckt, d. h. mit einer Abbildung $\psi \mid \tilde{\Xi} \to \mathrm{R}^1$, die (2.2.21) erfüllt, untersucht man anstelle von (2.2.22) das Problem

$$\psi(\xi) \overset{!}{=} \inf_{\xi \in \tilde{\Xi}}\,. \quad (2.2.23)$$

Die Aufgabe (2.2.23) wird als *erweitertes Versuchsplanungsproblem* bezeichnet.

Die Elemente $\xi \in \tilde{\Xi}$ sind i. allg. nicht (wie die Elemente $\xi_n \in \Xi^{(0)}$) mit einem $[V_n] \in V_{[\,]}^{(0)}$ identifizierbar. Mit der Untersuchung von (2.2.23) löst man sich daher vom Begriff des konkreten Versuchsplanes im Versuchsplanungsproblem $[Z, U, R]$ aus Def. 2.2.3. Für $\xi \in \tilde{\Xi}$ ist z. B. eine Beobachtung im Sinne von Def. 2.2.2 nicht angebbar.

Die Elemente von Ξ heißen *stetige Versuchspläne*. Der Träger von $\xi \in \Xi$, supp ξ, wird auch mit $S(\xi)$ bezeichnet und *Spektrum von* ξ genannt. Gilt für ein $\xi \in \Xi$ die Beziehung card $S(\xi) \leq$ card N, dann heißt ξ ein *diskreter Versuchsplan*. Es bezeichne Ξ_d die Menge aller diskreten Versuchspläne. Jedes $\xi \in \Xi_d$ ist durch die Angabe des Spektrums $S(\xi)$ und der Maßwerte $p_i := \xi(\{v_i\})$; $v_i \in S(\xi)$, $i = 1, \ldots,$ card $S(\xi)$; charakterisiert. Man schreibt daher für $\xi \in \Xi_d$ mit card $S(\xi) = m$ auch

$$\left\{(v_i, p_i) \in V \times (0, 1]: \forall i \in \{1, \ldots, m\}: \xi(\{v_i\}) = p_i \wedge \sum_{i=1}^{m} p_i = 1\right\} \quad (2.2.24)$$

oder kurz $\xi = \{(v_i, p_i)\}_{i=1}^m$.

Die Zahlen p_i; $i = 1, \ldots, m$; heißen *Gewichte des diskreten Planes* ξ.

Die Idee einer solchen Erweiterung des Versuchsplanungsproblems und die Einführung stetiger und diskreter Versuchspläne geht auf KIEFER zurück (s. z. B. KIEFER [3], KIEFER/WOLFOWITZ [2]).

Wir definieren nun, was wir unter einem ψ-optimalen stetigen Versuchsplan verstehen wollen. Es sei $\psi \mid \tilde{\Xi} \to \mathrm{R}^1$.

Def. 2.2.6: Der stetige Versuchsplan $\xi^* \in \tilde{\Xi}$ heißt *ψ-optimal in* $\tilde{\Xi} =_{\mathrm{df}}$

$$\psi(\xi^*) = \inf_{\xi \in \tilde{\Xi}} \psi(\xi) \bullet$$

Die Menge aller ψ-optimalen ξ^* in $\tilde{\Xi}$ wird mit $\Xi^*_{\psi,\tilde{\Xi}}$ bezeichnet. Das Funktional ψ wird in diesem Zusammenhang auch *Optimalitätskriterium* genannt.

Das Funktional ψ ist nur auf der Menge $\Xi^{(0)}$ durch die Forderung (2.2.21) festgelegt. Der Fortsetzung von ψ auf $\tilde{\Xi}$ wohnt daher eine gewisse Willkür inne. Bedingungen, unter denen eine solche Fortsetzung in einem wohldefinierten Sinn eindeutig ist, werden bei der Behandlung spezieller Optimalitätskriterien angegeben (s. Abschnitt 5.2).

Das Ziel der (möglicherweise eindeutigen) Erweiterung des Problems (2.2.14) auf (2.2.23) ist es, eine möglichst einfache Struktur von $\tilde{\Xi}$ und $\psi \mid \tilde{\Xi} \to \mathrm{R}^1$ zu erreichen. Besonders wertvoll sind im Zusammenhang mit Optimierungsaufgaben der Form (2.2.23) konvexe Funktionale ψ auf konvexen Mengen $\tilde{\Xi}$. Tatsächlich sind viele Optimalitätskriterien auf konvexe Funktionale über konvexen Mengen erweiterbar (s. Kapitel 5). Es sei $\tilde{\Xi} \subseteq \Xi$ konvex.

Def. 2.2.7: Das Funktional $\psi \mid \tilde{\Xi} \to \mathrm{R}^1$ heißt

a) *konvex* $=_{\mathrm{df}}$

$$\forall (\xi_1, \xi_2) \in \tilde{\Xi} \times \tilde{\Xi}\ \forall \alpha \in (0, 1): \psi\big(\alpha\xi_1 + (1-\alpha)\,\xi_2\big) \leqq \alpha\psi(\xi_1) + (1-\alpha)\,\psi(\xi_2)\,,$$

b) *streng konvex* $=_{\mathrm{df}}$

$$\forall \xi_1 \in \tilde{\Xi}\ \forall \xi_2 \in \tilde{\Xi} \setminus \{\xi_1\}\ \forall \alpha \in (0, 1): \psi\big(\alpha\xi_1 + (1-\alpha)\,\xi_2\big) < \alpha\psi(\xi_1) + (1-\alpha)\,\psi(\xi_2)\ \bullet$$

Vor. 2.2.2: Die Menge $\tilde{\Xi}$ und das Funktional $\psi \mid \tilde{\Xi} \to \mathrm{R}^1$ seien konvex •

Beispiele für konvexe Mengen von Versuchsplänen liefert das folgende Lemma.

Lemma 2.2.1: Die Menge Ξ aller stetigen Versuchspläne und die Menge Ξ_d aller diskreten Versuchspläne sind konvex •

Zum *Beweis:* Man zeigt, daß mit $\xi_1 \in \Xi$, $\xi_2 \in \Xi$ auch $\alpha\xi_1 + (1-\alpha)\,\xi_2$; $\alpha \in (0, 1)$; ein Wahrscheinlichkeitsmaß ist. Damit ist Ξ konvex. Im Falle $\xi_3 \in \Xi_d$, $\xi_4 \in \Xi_d$ hat man zunächst auch $\tilde{\xi} := \alpha\xi_3 + (1-\alpha)\,\xi_4 \in \Xi$; $\alpha \in (0, 1)$; und wegen $S(\tilde{\xi}) = S(\xi_3) \cup S(\xi_4)$ und $\operatorname{card} S(\tilde{\xi}) \leqq \operatorname{card} S(\xi_3) + \operatorname{card} S(\xi_4) \leqq \operatorname{card} \mathsf{N}$ sogar $\tilde{\xi} \in \Xi_d$.

Es folgen zwei Aussagen über die Lösungsmengen bei konvexen Optimalitätskriterien.

Lemma 2.2.2: Es sei $\psi \mid \tilde{\Xi} \to \mathrm{R}^1$ streng konvex und die Lösungsmenge $\Xi^*_{\psi,\tilde{\Xi}}$ sei nichtleer. Dann gilt $\operatorname{card} \Xi^*_{\psi,\tilde{\Xi}} = 1$ •

Beweis: Es seien $\inf_{\xi \in \tilde{\Xi}} \psi(\xi) = b$ und ξ^* ein ψ-optimaler Plan. Es sei ξ^{**} ein weiterer ψ-optimaler Plan. Dann ergibt sich mit $\alpha \in (0, 1)$ und $\tilde{\xi} := \alpha\xi^* + (1-\alpha)\,\xi^{**} \in \tilde{\Xi}$ der Widerspruch

$$\psi(\tilde{\xi}) < \alpha\psi(\xi^*) + (1-\alpha)\,\psi(\xi^{**}) = b = \inf_{\xi \in \tilde{\Xi}} \psi(\xi)\,.$$

Lemma 2.2.3: Es sei $\psi \mid \tilde{\Xi} \to \mathrm{R}^1$ konvex. Dann ist $\Xi^*_{\psi,\tilde{\Xi}}$ konvex •

Beweis: Es seien $\xi^* \in \Xi^*_{\psi,\tilde{\Xi}}$, $\xi^{**} \in \Xi^*_{\psi,\tilde{\Xi}}$. Da ξ^* ein ψ-optimaler Plan ist, ergibt sich mit $\alpha \in (0, 1)$ und $\tilde{\xi} := \alpha\xi^* + (1-\alpha)\,\xi^{**}$ sofort $\psi(\tilde{\xi}) \geqq \psi(\xi^*)$. Aus der Konvexität von ψ folgt andererseits $\psi(\tilde{\xi}) \leqq \psi(\xi^*)$. Daher gilt $\psi(\tilde{\xi}) = \psi(\xi^*)$ und $\tilde{\xi} \in \Xi^*_{\psi,\tilde{\Xi}}$.

Wir wollen jetzt den *Äquivalenzsatz von* WHITTLE formulieren. Er gibt im Falle eines konvexen Optimalitätskriteriums äquivalente Bedingungen für die Optimalität eines Versuchsplanes $\xi^* \in \tilde{\Xi}$ und darüber hinaus Strukturaussagen über ξ^* an. Er ist für uns von besonderer Bedeutung, weil alle im weiteren behandelten speziellen Optimalitätskriterien die Voraussetzungen dieses Satzes erfüllen. Es ist dazu nötig, weitere Begriffe einzuführen und Voraussetzungen zu treffen.

Vor. 2.2.3: Es gelte $\forall \xi \in \tilde{\Xi}\ \forall \xi' \in \Xi\ \forall \alpha \in (0, 1): (1-\alpha)\,\xi + \alpha\xi' \in \tilde{\Xi}$ •

Diese Voraussetzung kann als eine „*Reichhaltigkeitsforderung*" an $\tilde{\Xi}$ interpretiert werden: Für jedes $\xi \in \tilde{\Xi}$ liege die konvexe Linearkombination mit einem beliebigen $\xi' \in \Xi$ nicht außerhalb von $\tilde{\Xi}$.

Vor. 2.2.4: Für jedes $\xi \in \tilde{\Xi}$ und jedes $\xi' \in \Xi$ existiere der Grenzwert

$$\Phi_\psi(\xi, \xi') := \lim_{\alpha \to 0} \frac{1}{\alpha} [\psi((1-\alpha)\,\xi + \alpha\xi') - \psi(\xi)]; \qquad \alpha \in (0, 1) \bullet \tag{2.2.25}$$

Die Größe $\Phi_\psi(\xi, \xi')$ kann als *Anstieg des Funktionals ψ an der Stelle ξ in Richtung ξ'* interpretiert werden.

Es sei $\psi((1-\alpha)\,\xi + \alpha\xi')$ bez. α differenzierbar (diese Differenzierbarkeit ist nicht im Sinne der Interpretation gemeint). Dann ergibt sich aus (2.2.25) über die L'HOSPITALsche Regel

$$\forall \xi \in \tilde{\Xi}\ \forall \xi' \in \Xi: \Phi_\psi(\xi, \xi') = \lim_{\alpha \to 0} \frac{\mathrm{d}}{\mathrm{d}\alpha} \psi((1-\alpha)\,\xi + \alpha\xi')\,. \tag{2.2.26}$$

Aus der Konvexität von $\psi \mid \tilde{\Xi} \to \mathrm{R}^1$ erhält man sofort, daß

$$\forall \xi \in \tilde{\Xi}\ \forall \xi' \in \tilde{\Xi}: \Phi_\psi(\xi, \xi') \leqq \psi(\xi') - \psi(\xi) \tag{2.2.27}$$

gilt. Es bezeichne

$$\forall \xi \in \tilde{\Xi}: D_\psi(\xi) := \inf_{\xi' \in \Xi} \Phi_\psi(\xi, \xi')\,. \tag{2.2.28}$$

Falls ein ψ-optimales $\xi^* \in \tilde{\Xi}$ existiert, ergibt sich aus (2.2.28)

$$\forall \xi \in \tilde{\Xi}: \Phi_\psi(\xi, \xi^*) \leqq \psi(\xi^*) - \psi(\xi) \leqq 0\,, \tag{2.2.29}$$

also auch

$$\forall \xi \in \tilde{\Xi}: D_\psi(\xi) \leqq \psi(\xi^*) - \psi(\xi) \leqq 0\,. \tag{2.2.30}$$

Es bezeichne $\xi_v \in \Xi$ das Maß, das dem Punkt $v \in V$ das Gewicht $p = 1$ zuordnet.

Def. 2.2.8: Die Funktion $\Phi_\psi \mid \tilde{\Xi} \times \Xi \to \mathrm{R}^1$ heißt *linear* $=_{\mathrm{df}}$

$$\forall \xi \in \tilde{\Xi}\ \forall \xi' \in \Xi: \Phi_\psi(\xi, \xi') = \int_V \Phi_\psi(\xi, \xi_v)\, \mathrm{d}\xi'(v) \bullet$$

Falls Φ_ψ linear ist, kann (2.2.28) vereinfacht werden:

Lemma 2.2.4: Es sei Φ_ψ linear. Dann gilt

$$\forall \xi \in \tilde{\Xi}: D_\psi(\xi) = \inf_{v \in V} \Phi_\psi(\xi, \xi_v) \bullet$$

Beweis: Zunächst hat man sofort

$$\forall \xi \in \tilde{\Xi}: \inf_{\xi' \in \Xi} \Phi_\psi(\xi, \xi') \leqq \inf_{v \in V} \Phi_\psi(\xi, \xi_v)\,.$$

Andererseits gilt für jedes $\xi \in \tilde{\Xi}$

$$\inf_{\xi' \in \Xi} \Phi_\psi(\xi, \xi') = \inf_{\xi' \in \Xi} \int_V \Phi_\psi(\xi, \xi_v)\, \mathrm{d}\xi'(v) \geqq \inf_{\xi' \in \Xi} \int_V \inf_{v \in V} \Phi_\psi(\xi, \xi_v)\, \mathrm{d}\xi'(v) = \inf_{v \in V} \Phi_\psi(\xi, \xi_v)\,,$$

woraus mit (2.2.27) die Behauptung folgt.

Es wird sich zeigen, daß die Aufgabe $\psi(\xi) \overset{!}{=} \inf\limits_{\xi \in \tilde{\Xi}}$ äquivalent ist zur Aufgabe

$$D_\psi(\xi) \overset{!}{=} \sup_{\xi \in \tilde{\Xi}} . \tag{2.2.31}$$

Mit $\Xi^*_{D\psi,\tilde{\Xi}}$ werde die Lösungsmenge dieser Aufgabe bezeichnet.

Wir formulieren in den nächsten drei Sätzen die Ergebnisse von WHITTLE (s. WHITTLE [2]).

Satz 2.2.2: Die Vor. 2.2.2 bis 2.2.4 seien erfüllt. Dann sind die folgenden Aussagen äquivalent:

1. $\xi^* \in \Xi^*_{\psi,\tilde{\Xi}}$,
2. $\xi^* \in \Xi^*_{D\psi,\tilde{\Xi}}$,
3. $D_\psi(\xi^*) = 0$ • (2.2.32)

Beweis: (1. ⇒ 3.)

Es sei $\xi^* \in \Xi^*_{\psi,\tilde{\Xi}}$. Dann folgt mit (2.2.30) zunächst $D_\psi(\xi^*) \leqq 0$. Andererseits gilt wegen der Optimalität von ξ^* für alle $\alpha \in (0, 1)$ und alle $\xi' \in \Xi$ die Beziehung $\psi((1-\alpha)\,\xi^* + \alpha\xi') - \psi(\xi^*) \geqq 0$, woraus sich

$$\forall \xi' \in \Xi \colon \Phi_\psi(\xi^*, \xi') \geqq 0 \tag{2.2.33}$$

ergibt. Daraus folgt $D_\psi(\xi^*) \geqq 0$, also insgesamt $D_\psi(\xi^*) = 0$.

(3. ⇒ 2.):

Es sei $D_\psi(\xi^*) = 0$. Nach (2.2.30) gilt: $\forall \xi \in \tilde{\Xi} \colon D_\psi(\xi) \leqq 0$. Damit ist $D_\psi(\xi^*) = \sup\limits_{\xi \in \tilde{\Xi}} D_\psi(\xi)$.

(2. ⇒ 1.):

Wir nehmen an, daß

$$D_\psi(\xi^*) = \sup_{\xi \in \tilde{\Xi}} D_\psi(\xi) \wedge \xi^* \notin \Xi^*_{\psi,\tilde{\Xi}}$$

gilt. Es sei $\xi^{**} \in \Xi^*_{\psi,\tilde{\Xi}}$. Dann gilt nach (2.2.30)

$$D_\psi(\xi^*) \leqq \psi(\xi^{**}) - \psi(\xi^*) < 0 .$$

Andererseits folgt für $\xi^{**} \in \Xi^*_{\psi,\tilde{\Xi}}$ nach (2.2.33)

$$\forall \xi' \in \Xi \colon \Phi_\psi(\xi^{**}, \xi') \geqq 0 ,$$

also $D_\psi(\xi^{**}) \geqq 0$. Damit ist $D_\psi(\xi^{**}) > D_\psi(\xi^*)$, im Widerspruch zur Annahme, daß ξ^* die Funktion $D_\psi(\cdot)$ über $\tilde{\Xi}$ maximiert.

Der folgende Satz zeigt eine Sattelpunktseigenschaft von Φ_ψ.

Satz 2.2.3: Unter den Vor. 2.2.2 bis 2.2.4 gilt

$$\forall \xi \in \tilde{\Xi}\ \forall \xi' \in \Xi\ \forall \xi^* \in \Xi^*_{\psi,\tilde{\Xi}} \colon \Phi_\psi(\xi, \xi^*) \leqq \Phi_\psi(\xi^*, \xi^*) \leqq \Phi(\xi^*, \xi') \bullet$$

Der *Beweis* ergibt sich unter Beachtung von $\Phi_\psi(\xi^*, \xi^*) = 0$ sofort aus den Beziehungen (2.2.29) und (2.2.33).

Falls Φ_ψ linear ist, lassen sich Aussagen über die Struktur des Spektrums eines ψ-optimalen Planes treffen.

Satz 2.2.4: Es gelten die Vor. 2.2.2 bis 2.2.4 und Φ_ψ sei linear. Dann gilt

$$\forall \xi^* \in \Xi^*_{\psi,\tilde{\Xi}} \colon S(\xi^*) \subseteq \{v \in V \colon \Phi_\psi(\xi^*, \xi_v) = 0\} \bullet \tag{2.2.34}$$

Beweis: Es sei $\xi^* \in \Xi^*_{\psi,\tilde{\Xi}}$. Nach (2.2.33) gilt dann

$$\forall v \in V: \Phi_\psi(\xi^*, \xi_v) \geqq 0 .$$

Außerdem hat man wegen der Linearität

$$0 = \Phi_\psi(\xi^*, \xi^*) = \int_V \Phi_\psi(\xi^*, \xi_v)\, d\xi^*(v) .$$

Aus dem Verschwinden des Integrals folgt (2.2.34).

Bemerkung 2.2.2: Die Vor. 2.2.3 ist nötig, um Φ_ψ auf $\tilde{\Xi} \times \Xi$ zu definieren. Die Tatsache, daß dann insbesondere $\Phi_\psi(\xi, \cdot)$; $\xi \in \tilde{\Xi}$; auf Ξ erklärt ist, wurde benötigt, um die eventuelle Linearität von Φ_ψ gemäß Lemma 2.2.4 ausnutzen zu können. Falls Vor. 2.2.3 nicht erfüllt ist, definiert man Φ_ψ nur auf $\tilde{\Xi} \times \tilde{\Xi}$ und setzt $D_\psi(\xi) = \inf_{\xi' \in \tilde{\Xi}} \Phi_\psi(\xi, \xi')$; $\xi \in \tilde{\Xi}$. Dann gelten die Sätze 2.2.2 und 2.2.3 ebenfalls. Auch die Aussage von Lemma 2.2.4 (und damit die Aussage von Satz 2.2.4) bleibt gültig, wenn man von der Menge $\tilde{\Xi}$ fordert, daß die Menge $\Xi_V := \{\xi \in \Xi: \exists v \in V: \xi = \xi_v\}$ aller Einpunktpläne in ihr enthalten ist.

Wir bemerken noch, daß aus der Beziehung (2.2.30) Ungleichungen der Form

$$\forall \xi \in \tilde{\Xi}: \psi(\xi) \geqq \psi(\xi^*) \geqq \psi(\xi) + D_\psi(\xi) \tag{2.2.35}$$

zur Abschätzung des Funktionalwertes eines optimalen Planes folgen.

Falls nun eine Lösung ξ^* der Aufgabe (2.2.23) vorliegt, hat man die Erweiterung der Problematik in gewissem Sinne rückgängig zu machen.

Man sucht in $\Xi^{(0)}$ eine *Approximation* ξ_n^* für ξ^*. Jedes $V_n' \in [V_n] := h_n^{-1}(\xi_n^*)$ ist dann ein *näherungsweise ψ-optimaler konkreter Versuchsplan* mit $\overline{R}_2(V_n') = \psi(\xi_n^*)$ (s. (2.2.21)). Die beste Approximation im Sinne des vorliegenden Optimalitätskriteriums ψ zu suchen, d. h.

$$\psi(\xi_n) - \psi(\xi^*) \stackrel{!}{=} \inf_{\xi_n \in \Xi^{(0)}} \tag{2.2.36}$$

zu lösen, ist dabei wenig erfolgversprechend, denn (2.2.36) ist äquivalent zur ursprünglichen Aufgabenstellung (2.2.14) bzw. (2.2.22), die uns wegen ihrer Kompliziertheit gerade zur Erweiterung veranlaßt hat.

Einige Vorschriften, wie man ξ^* ein geeignetes $\xi_n^* \in \Xi^{(0)}$ zuordnen kann, sind in Kapitel 6 zu finden.

2.3. Optimale Versuchsplanung im Regressionsmodell

2.3.1. Problemstellung

Über einem Wahrscheinlichkeitsraum $[\Omega, \mathscr{B}_\Omega, P]$ sei eine Familie $\{\mathfrak{Y}(\boldsymbol{x})\}_{\boldsymbol{x} \in B}$; $B \subseteq R^k$; von Zufallsgrößen definiert.

Vor. 2.3.1:

$$\exists \eta \in (\mathrm{R}^1)^B\ \forall \boldsymbol{x} \in B: \quad \mathrm{E}\mathfrak{Y}(\boldsymbol{x}) = \eta(\boldsymbol{x}) \bullet \tag{2.3.1}$$

Die Zufallsgrößen $\mathfrak{Y}(\boldsymbol{x})$; $\boldsymbol{x} \in B \subseteq \mathrm{R}^k$; werden *Regressand* bzw. *Wirkungsgröße* genannt und die nichtzufälligen Komponenten von $\boldsymbol{x} = (x_1, \dots, x_k)' \in B$ als *Regressoren* bzw. *Einflußgrößen, Einflußfaktoren* oder kurz *Faktoren* bezeichnet. Die gemäß (2.3.1) definierte nichtstochastische Funktion $\eta \mid B \to \mathrm{R}^1$ heißt *Wirkungsfläche* der Regressoren.

Vor. 2.3.2: Die Menge $B \subseteq \mathrm{R}^k$ sei beschränkt und abgeschlossen •

Wegen (2.3.1) existiert eine Familie $\{\varepsilon(\boldsymbol{x})\}_{\boldsymbol{x}\in B}$ von Zufallsgrößen, die über $[\Omega, \mathscr{B}_\Omega, P]$ definiert sind, mit

$$\forall \boldsymbol{x} \in B : \mathrm{E}\varepsilon(\boldsymbol{x}) = 0 \, , \tag{2.3.2}$$

so daß die Zufallsgrößen der Familie $\{\mathfrak{Y}(\boldsymbol{x})\}_{\boldsymbol{x}\in B}$ in folgender Form dargestellt werden können:

$$\forall \boldsymbol{x} \in B : \mathfrak{Y}(\boldsymbol{x}) = \eta(\boldsymbol{x}) + \varepsilon(\boldsymbol{x}) \, . \tag{2.3.3}$$

Es sei möglich, Realisierungen der Zufallsgrößen $\mathfrak{Y}(\boldsymbol{x})$ in jedem Punkt $\boldsymbol{x} \in V \subseteq B$ zu erhalten.

Vor. 2.3.3: Der Versuchsbereich $V \subseteq B$ sei abgeschlossen •

Das Regressionsproblem besteht darin, auf Grund einer Beobachtung der Zufallsgrößen $\mathfrak{Y}(\boldsymbol{x}_1), .., \mathfrak{Y}(\boldsymbol{x}_n)$ in den Punkten $\boldsymbol{x}_1, \ldots, \boldsymbol{x}_n$ aus dem Versuchsbereich V die unbekannte Wirkungsfläche η zu schätzen und/oder statistische Hypothesen über η zu prüfen.

Im Sinne von Abschnitt 2.2 sind dann

$$V_n := (\boldsymbol{x}_1, \ldots, \boldsymbol{x}_n) \in V^n$$

ein konkreter Versuchsplan vom Umfang n (vgl. Def. 2.2.1) und

$$\boldsymbol{\mathfrak{Y}}(V_n) := \left(\mathfrak{Y}(\boldsymbol{x}_1), \ldots, \mathfrak{Y}(\boldsymbol{x}_n)\right)' \tag{2.3.4}$$

eine Beobachtung zum Versuchsplan V_n. Es bezeichnen wieder $V^{(n)}$ eine Menge von konkreten Versuchsplänen vom Umfang n und $V^{(0)} \subseteq \bigcup_{i\in\mathbb{N}} V^{(i)}$ eine Menge von Versuchsplänen endlichen Umfangs. Der Stichprobenraum des Zufallsvektors $\boldsymbol{\mathfrak{Y}}(V_n)$ sei durch $[C(V_n), \mathscr{B}_{C(V_n)}]$ gegeben. Mit den Abkürzungen

$$\boldsymbol{\eta}(V_n) := \left(\eta(\boldsymbol{x}_1), \ldots, \eta(\boldsymbol{x}_n)\right)' \tag{2.3.5}$$

und

$$\boldsymbol{\varepsilon}(V_n) := \left(\varepsilon(\boldsymbol{x}_1), \ldots, \varepsilon(\boldsymbol{x}_n)\right)' \tag{2.3.6}$$

läßt sich (2.3.4) in der Form

$$\boldsymbol{\mathfrak{Y}}(V_n) = \boldsymbol{\eta}(V_n) + \boldsymbol{\varepsilon}(V_n) \tag{2.3.7}$$

schreiben. In diesem Zusammenhang heißt der Zufallsvektor $\boldsymbol{\varepsilon}(V_n)$ gemäß (2.3.6) *Fehlervektor* zur Beobachtung $\boldsymbol{\mathfrak{Y}}(V_n)$.

Die Menge aller der Punkte $\boldsymbol{x} \in B$, für die Angaben über $\eta(\boldsymbol{x})$, z. B. Schätzwerte, von Interesse sind, heißt *Prognosebereich*; dieser werde mit H bezeichnet, $H \subseteq B$.

Vor. 2.3.4: Der Prognosebereich $H \subseteq B$ sei abgeschlossen •

Gewöhnlich sind bei den in der Regressionstheorie behandelten Aufgabenstellungen noch zusätzliche Informationen über die Beobachtung (2.3.7) gegeben, z. B. über die Verteilung $P_{\boldsymbol{\varepsilon}(V_n)}$ des Fehlervektors $\boldsymbol{\varepsilon}(V_n)$.

2.3.2. Schätzung der Wirkungsfläche als statistisches Entscheidungsproblem

Ist über die Wirkungsfläche η nichts bekannt, so ist eine sinnvolle Schätzung i. allg. nicht möglich. Wir nehmen im folgenden stets an, daß η in einer Menge S von Funktionen liegt:

$$\eta \in S \subseteq (\mathrm{R}^1)^B ; \quad S \neq \emptyset \, . \tag{2.3.8}$$

Der Statistiker wähle seine Aktion $\tilde{\eta}$ aus einer (i. allg. von S verschiedenen) Funktionenmenge $\tilde{S}$:

$$\tilde{\eta} \in \tilde{S} \subseteq (\mathrm{R}^1)^B; \qquad \tilde{S} \neq \emptyset . \tag{2.3.9}$$

Die Festlegung von $\tilde{S}$ kann u. a. im Hinblick auf eine einfache mathematische Behandelbarkeit erfolgen. Zur Schätzung der Wirkungsfläche $\eta \in S$ trifft der Statistiker nach der Wahl eines Versuchsplanes $V_n \in V^{(0)}$ und der Gewinnung einer Realisierung $\boldsymbol{y}(V_n)$ von $\mathfrak{Y}(V_n)$ mit Hilfe einer Entscheidungsfunktion

$$d(\cdot, V_n) \mid C(V_n) \to \tilde{S} \tag{2.3.10}$$

die Entscheidung $\tilde{\eta} = d(\boldsymbol{y}(V_n), V_n) \in \tilde{S}$. Die Wirkung $\eta(\boldsymbol{x})$ wird dann an jeder Stelle $\boldsymbol{x} \in H$ durch $\tilde{\eta}(\boldsymbol{x})$ geschätzt. Der Aktionenraum des Statistikers hat damit die Gestalt

$$\tilde{S} \times V^{(0)} . \tag{2.3.11}$$

Es seien $\mathcal{B}_{\tilde{S}}$ eine σ-Algebra über $\tilde{S}$ und

$$D(V_n) \subseteq \mathcal{F}(\mathcal{B}_{C(V_n)}, \mathcal{B}_{\tilde{S}}) \tag{2.3.12}$$

eine Menge von Schätzfunktionen zur Schätzung der Wirkungsfläche η auf der Grundlage des Versuchsplanes V_n.

Die möglichst gute Schätzung der unbekannten Funktion $\eta \in S$ durch eine Funktion aus einer i. allg. von S verschiedenen Menge $\tilde{S}$ ist das Grundproblem der *Approgression*. Dieses wird im Kapitel 10 näher behandelt.

Im Zusammenhang mit den Überlegungen aus Abschnitt 2.3.1 kann der geschilderte Sachverhalt durch ein statistisches Entscheidungsproblem beschrieben werden. Die *Natur* wähle eine Wirkungsfläche $\eta \in S$, ein Element w aus einer Indexmenge K und einen Punkt $\boldsymbol{x} \in H$, für den die Schätzung von $\eta(\boldsymbol{x})$ verlangt wird. Damit ist der Zustandsraum Z der Natur gegeben durch

$$Z = S \times K \times H . \tag{2.3.13}$$

Der Statistiker wählt einen Versuchsplan $V_n \in V^{(0)}$ und in Abhängigkeit davon eine Entscheidungsfunktion $d(\cdot, V_n) \in D(V_n)$. Der Strategienraum des Statistikers ist also durch die Menge

$$U = \{(d(\cdot, V_n), V_n) : V_n \in V^{(0)} \wedge d(\cdot, V_n) \in D(V_n)\} \tag{2.3.14}$$

gegeben. Durch $w \in K$ und $V_n \in V^{(0)}$ sei die Verteilung $P^{(w)}_{\boldsymbol{\varepsilon}(V_n)}$ des Fehlervektors $\boldsymbol{\varepsilon}(V_n)$ (vgl. (2.3.6)) eineindeutig bestimmt. Für jeden Vektor $\boldsymbol{\eta}(V_n)$ gemäß (2.3.5) wird durch $P^{(w)}_{\boldsymbol{\varepsilon}(V_n)}$ eine Verteilung $P^{(w)}_{\mathfrak{Y}(V_n)|\eta}$ von $\mathfrak{Y}(V_n)$ über $[C(V_n), \mathcal{B}_{C(V_n)}]$ induziert. Die Familie der Verteilungen des Fehlervektors wird mit

$$\{P^{(w)}_{\boldsymbol{\varepsilon}(V_n)}\}_{w \in K;\, V_n \in V^{(0)}} \tag{2.3.15}$$

bezeichnet.

Es seien $[S, \mathcal{B}_S]$, $[K, \mathcal{B}_K]$, $[H, \mathcal{B}_H]$ und $[V^{(0)}, \mathcal{B}_{V^{(0)}}]$ meßbare Räume und $L \mid Z \times \tilde{S} \times V^{(0)} \to \mathrm{R}^1$ eine $(\mathcal{B}_S \otimes \mathcal{B}_K \otimes \mathcal{B}_H \otimes \mathcal{B}_{\tilde{S}} \otimes \mathcal{B}_{V^{(0)}}, \mathcal{B}^1)$-meßbare Verlustfunktion.

Vor. 2.3.5: Für alle Tupel $(\eta, w, \boldsymbol{x}; d(\cdot, V_n), V_n) \in Z \times U$ existiere der Erwartungswert von

$$L(\eta, w, \boldsymbol{x}; d(\mathfrak{Y}(V_n), V_n), V_n) \qquad \text{bez. } P^{(w)}_{\mathfrak{Y}(V_n)|\eta} \text{.}$$

Zur Bewertung der Strategien des Statistikers dient die durch L gemäß

$$\forall \eta \in S\ \forall w \in K\ \forall \boldsymbol{x} \in H\ \forall V_n \in V^{(0)}\ \forall d(\cdot, V_n) \in D(V_n):$$

$$R(\eta, w, \boldsymbol{x}; d(\cdot, V_n), V_n) = \mathrm{E}_{\mathfrak{Y}(V_n)|\eta} L(\eta, w, \boldsymbol{x}; d(\mathfrak{Y}(V_n), V_n), V_n) \quad (2.3.16)$$

erzeugte Risikofunktion $R \mid Z \times U \to \mathrm{R}^1$.

Damit kann das Approgressionsproblem unter Beachtung des Versuchsplanungsaspekts als statistisches Entscheidungsproblem dargestellt werden:

$$G = [Z, U, R]; \quad Z = S \times K \times H; \quad U = \bigcup_{V_n \in V^{(0)}} (D(V_n) \times \{V_n\}); \quad R \text{ gemäß } (2.3.16). \quad (2.3.17)$$

Wegen $Z = S \times K \times H$ und $U \subseteq \bigcup_{V_n \in V^{(0)}} D(V_n) \times V^{(0)}$ hat G eine solche Struktur, für die die Trennsätze anwendbar sind (vgl. Satz 2.1.1, Satz 2.1.2). Es seien

$$Q \mid (\mathrm{R}^1)^{Z \times U} \to (\mathrm{R}^1)^U, \quad Q_1 \mid (\mathrm{R}^1)^{Z \times U} \to (\mathrm{R}^1)^{H \times U}, \quad Q_2 \mid (\mathrm{R}^1)^{H \times U} \to (\mathrm{R}^1)^U$$

Operatoren mit der Eigenschaft $Q = Q_2 \circ Q_1$.

Das für jedes $V_n \in V^{(0)}$ durch

$$G_1 = [S \times K, D(V_n), R_1 = R] \quad (2.3.18)$$

definierte statistische Entscheidungsproblem heißt *Schätzproblem* für η. Es sei $d^*(\cdot, \cdot)$ eine Q_1-optimale Schätzfunktion für η in G_1. Dann heißt das Entscheidungsproblem

$$G_2 = [H, V^{(0)}, R_2]; \quad \forall \boldsymbol{x} \in H\ \forall V_n \in V^{(0)}: R_2(\boldsymbol{x}; V_n) = R_{Q_1}(\boldsymbol{x}; d^*(\cdot, V_n), V_n) \quad (2.3.19)$$

Planungsproblem für die Schätzfunktion $d^*(\cdot, \cdot)$.

Es sei

$$D = \bigcup_{V_n \in V^{(0)}} D(V_n), \quad (2.3.20)$$

dann gilt entsprechend Satz 2.1.2:

Folgerung 2.3.1: Der Operator Q_2 sei D-monoton. Dann ist das Approgressionsproblem $G = [Z, U, R]$ aus (2.3.17) für alle $V_n \in V^{(0)}$ bez. Q trennbar in das Schätzproblem $G_1 = [S \times K, D(V_n), R_1 = R]$ und das Planungsproblem $G_2 = [H, V^{(0)}, R_2 = R_{Q_1}]$ •

Ist dann $V_n^* \in V^{(0)}$ eine Q_2-optimale Strategie in G_2, so ist $(d^*(\cdot, V_n^*), V_n^*)$ eine Q-optimale Strategie in G.

An dieser Stelle wird offensichtlich, daß die im allgemeinen trennbaren statistischen Entscheidungsproblem (vgl. Abschnitt 2.1) auftretende Abhängigkeit der optimalen Strategie vom Naturzustand $z_2 \in Z_2$ (für das Approgressionsproblem $[Z, U, R]$ aus (2.3.17) ist $Z_2 = H$) hier nicht vorkommt. Dies ist dadurch bedingt, daß die Schätzung $\tilde{\eta}(\boldsymbol{x})$ der Wirkung $\eta(\boldsymbol{x})$ für jeden Prognosepunkt $\boldsymbol{x} \in H$ durch die gleiche Schätzfunktion $d(\cdot, V_n) \in D(V_n)$ vermittelt wird.

Wir bereiten nun einen wichtigen Spezialfall des Entscheidungsproblems $G = [Z, U, R]$ aus (2.3.17) vor, der in den Kapiteln 3 bis 8 ausführlich untersucht wird.

Schätzung bei wahrem Ansatz. Wir setzen voraus, daß die Funktionenmenge $\tilde{S}$ eine Familie von Funktionen mit einem vektoriellen Parameter ist:

Vor. 2.3.6: Es sei $r \in \mathsf{N}$ und

$$\tilde{S} = \{\tilde{\eta}(\cdot, \boldsymbol{\vartheta}) \in (\mathrm{R}^1)^B : \boldsymbol{\vartheta} \in \Theta \subseteq \mathrm{R}^r\} \bullet \tag{2.3.21}$$

Die Menge $\tilde{S}$ wird unter dieser Voraussetzung auch *Ansatz für die unbekannte Wirkungsfläche* $\eta \in S$ genannt.

Für den Spezialfall von G, den wir im folgenden angeben werden, nehmen wir an, daß $\tilde{S}$ die Menge S umfaßt.

Def. 2.3.1: Der Ansatz $\tilde{S}$ heißt *wahrer Regressionsansatz* $=_{\mathrm{df}}$

$$\forall \eta \in S\, \exists \boldsymbol{\vartheta} \in \Theta\, \forall \boldsymbol{x} \in B : \tilde{\eta}(\boldsymbol{x}, \boldsymbol{\vartheta}) = \eta(\boldsymbol{x}) \bullet$$

Vor. 2.3.7: Es sei $\tilde{S} = \{\tilde{\eta}(\cdot, \boldsymbol{\vartheta}) \in (\mathrm{R}^1)^B : \boldsymbol{\vartheta} \in \Theta \subseteq \mathrm{R}^r\}$ ein wahrer Regressionsansatz •

Unter dieser Voraussetzung wird die Wahl einer Wirkungsfläche $\eta \in S$ durch die Natur als die Wahl eines Parameters $\boldsymbol{\vartheta} \in \Theta$ charakterisiert. Die Natur wählt somit einen Zustand aus der Menge

$$Z_\Theta := \{(\boldsymbol{\vartheta}, w, \boldsymbol{x}) : \boldsymbol{\vartheta} \in \Theta \wedge w \in K \wedge \boldsymbol{x} \in H\} = \Theta \times K \times H \,. \tag{2.3.22}$$

In entsprechender Weise gilt dann für das Risiko

$$\forall \eta \in S\, \exists \boldsymbol{\vartheta} \in \Theta\, \forall w \in K\, \forall \boldsymbol{x} \in H\, \forall V_n \in V^{(0)}\, \forall d(\cdot, V_n) \in D(V_n):$$
$$R\big(\eta, w, \boldsymbol{x}; d(\cdot, V_n), V_n\big) = R\big(\tilde{\eta}(\cdot, \boldsymbol{\vartheta}), w, \boldsymbol{x}; d(\cdot, V_n), V_n\big) =: R^\eta\big(\boldsymbol{\vartheta}, w, \boldsymbol{x}; d(\cdot, V_n), V_n\big) \,. \tag{2.3.23}$$

Damit ist das statistische Entscheidungsproblem

$$[Z_\Theta, U, R^\eta]; \quad Z_\Theta = \Theta \times K \times H \,, \quad U = \bigcup_{V_n \in V^{(0)}} (D(V_n) \times \{V_n\}) \tag{2.3.24}$$

mit der durch (2.3.23) definierten Risikofunktion $R^\eta \mid Z_\Theta \times U \to \mathrm{R}^1$ zu behandeln; das Entscheidungsproblem (2.3.24) heißt *Versuchsplanungsproblem bei wahrem Ansatz*. Häufig werden zur Schätzung der Wirkungsfläche Regressionsansätze verwendet, die linear in den Regressionsparametern sind. Mit der Menge $B \subseteq \mathrm{R}^k$ aus (2.3.1) bezeichne $\mathcal{F}_r(B)$ die Menge aller stetigen Funktionen $\boldsymbol{f} = (f_1, \ldots, f_r)' \mid B \to \mathrm{R}^r$, deren Komponenten $f_i \in (\mathrm{R}^1)^B$; $i = 1, \ldots, r$; linear unabhängig sind.

Def. 2.3.2: Der Ansatz $\tilde{S} = \{\tilde{\eta}(\cdot, \boldsymbol{\vartheta}) \in (\mathrm{R}^1)^B : \boldsymbol{\vartheta} \in \Theta \subseteq \mathrm{R}^r\}$ heißt *linearer Regressionsansatz* $=_{\mathrm{df}}$

$$\exists \boldsymbol{f} \in \mathcal{F}_r(B)\, \forall \boldsymbol{\vartheta} \in \Theta\, \forall \boldsymbol{x} \in B : \tilde{\eta}(\boldsymbol{x}, \boldsymbol{\vartheta}) = \boldsymbol{f}(\boldsymbol{x})' \boldsymbol{\vartheta} \bullet \tag{2.3.25}$$

Vor. 2.3.8: Der Ansatz $\tilde{S}$ sei ein linearer Regressionsansatz •

Unter dieser Voraussetzung gilt mit (2.3.25) und Def. 2.3.1:

$$\forall \eta \in S\, \exists \boldsymbol{\vartheta} \in \Theta\, \forall \boldsymbol{x} \in B : \eta(\boldsymbol{x}) = \boldsymbol{f}(\boldsymbol{x})' \boldsymbol{\vartheta} \,. \tag{2.3.26}$$

Die mit dem konkreten Versuchsplan $V_n = (\boldsymbol{x}_1, \ldots, \boldsymbol{x}_n) \in V^{(0)}$ und dem zu $\tilde{S}$ gehörenden Funktionenvektor $\boldsymbol{f}$ gemäß (2.3.25) gebildete Matrix

$$\boldsymbol{F}(V_n) := \big(\boldsymbol{f}(\boldsymbol{x}_1), \ldots, \boldsymbol{f}(\boldsymbol{x}_n)\big)' \tag{2.3.27}$$

heißt *Versuchsplanmatrix* zum Beobachtungsvektor $\boldsymbol{\mathfrak{Y}}(V_n) = \big(\mathfrak{Y}(\boldsymbol{x}_1), \ldots, \mathfrak{Y}(\boldsymbol{x}_n)\big)'$. Mit

(2.3.26), (2.3.27) und dem über $[\Omega^n, \mathcal{B}^n]$ definierten Zufallsvektor $\boldsymbol{\varepsilon}(V_n) = (\varepsilon(\boldsymbol{x}_1), \ldots, \varepsilon(\boldsymbol{x}_n))'$ ergibt sich für den Beobachtungsvektor $\mathfrak{Y}(V_n)$ die Darstellung

$$\mathfrak{Y}(V_n) = \boldsymbol{F}(V_n)\,\boldsymbol{\vartheta} + \boldsymbol{\varepsilon}(V_n);\ \mathrm{E}\boldsymbol{\varepsilon}(V_n) = \boldsymbol{0}\,. \tag{2.3.28}$$

Das statistische Entscheidungsproblem

$$G^\eta = [\Theta \times K \times H,\ \bigcup_{V_n \in V^{(0)}} (D(V_n) \times \{V_n\}),\ R^\eta]$$

$$\forall (\boldsymbol{\vartheta}, w, \boldsymbol{x}, \boldsymbol{d}(\cdot, V_n), V_n) \in \Theta \times K \times H \times U:$$

$$R^\eta(\boldsymbol{\vartheta}, w, \boldsymbol{x}; \boldsymbol{d}(\cdot, V_n), V_n) = \mathrm{E}_{\boldsymbol{\varepsilon}(V_n)} L(\tilde{\eta}(\cdot, \boldsymbol{\vartheta}), \boldsymbol{x}; \boldsymbol{d}(\boldsymbol{F}(V_n)\,\boldsymbol{\vartheta} + \boldsymbol{\varepsilon}(V_n), V_n), V_n) \tag{2.3.29}$$

heißt *Versuchsplanungsproblem bei wahrem und linearem Ansatz*

$$\tilde{S} = \{\tilde{\eta}\,(\cdot, \boldsymbol{\vartheta}) \in (\mathrm{R}^1)^B : \boldsymbol{\vartheta} \in \Theta \subseteq \mathrm{R}^r\}\,.$$

Im folgenden wird für alle Fehlervektoren aus der Familie $\{\boldsymbol{\varepsilon}(V_n)\}_{V_n \in V^{(0)}}$ die Existenz der Kovarianzmatrix vorausgesetzt.

Vor. 2.3.9: $\forall n \in \mathrm{N}\ \exists \boldsymbol{h}_n \mid V^{(n)} \to \mathcal{M}_n\ \forall V_n \in V^{(n)}: \boldsymbol{h}_n(V_n) = \boldsymbol{B}_{\boldsymbol{\varepsilon}(V_n)}$ •

Def. 2.3.3: Das Tripel $(\mathfrak{Y}, \boldsymbol{F}\boldsymbol{\vartheta}, \boldsymbol{B}_{\boldsymbol{\varepsilon}})$ heißt *lineares Regressionsmodell* $=_{\mathrm{df}}$

$$\forall V_n \in V^{(0)}: \mathfrak{Y}(V_n) = \boldsymbol{F}(V_n)\,\boldsymbol{\vartheta} + \boldsymbol{\varepsilon}(V_n) \wedge \mathrm{E}\boldsymbol{\varepsilon}(V_n) = \boldsymbol{0} \wedge \boldsymbol{B}_{\boldsymbol{\varepsilon}(V_n)} = \mathrm{E}\boldsymbol{\varepsilon}(V_n)\,\boldsymbol{\varepsilon}(V_n)' \bullet \tag{2.3.30}$$

Werden zusätzliche Voraussetzungen über $\boldsymbol{F}$ bzw. $\boldsymbol{B}_{\boldsymbol{\varepsilon}}$ bzw. $\boldsymbol{\vartheta}$ getroffen (z. B. über $\mathrm{Rg}\,\boldsymbol{F}$, $\mathrm{Rg}\,\boldsymbol{B}_{\boldsymbol{\varepsilon}}$, Verteilungsannahmen für $\boldsymbol{\varepsilon}$, a-priori-Verteilungen für $\boldsymbol{\vartheta}$ u. ä.), so erhält man spezielle lineare Regressionsmodelle (s. Kapitel 3 und 4).

Es sei

$$\boldsymbol{A} \mid H \to \mathcal{M}^{(s)}_{m \times r}; \qquad 1 \leqq s \leqq m \leqq r\,. \tag{2.3.31}$$

Es wird jetzt in Verallgemeinerung des Versuchsplanungsproblems (2.3.29) zur Schätzung der Wirkungsfläche $\eta(\cdot) = \tilde{\eta}(\cdot, \boldsymbol{\vartheta}) \in \tilde{S};\ \boldsymbol{\vartheta} \in \Theta$; das Versuchsplanungsproblem zur Schätzung der in $\boldsymbol{\vartheta}$ linearen, vektorwertigen Funktion

$$\boldsymbol{\psi} = \boldsymbol{\psi}(\cdot, \boldsymbol{\vartheta}) \mid H \to \mathrm{R}^m; \qquad \forall \boldsymbol{x} \in H: \boldsymbol{\psi}(\boldsymbol{x}, \boldsymbol{\vartheta}) = \boldsymbol{A}(\boldsymbol{x})\,\boldsymbol{\vartheta}; \qquad \boldsymbol{\vartheta} \in \Theta \tag{2.3.32}$$

betrachtet. Für $\boldsymbol{A} = \boldsymbol{f}'$; $\boldsymbol{f}$ gemäß (2.3.25); ergibt sich mit (2.3.26) der Spezialfall $\boldsymbol{\psi}(\cdot, \boldsymbol{\vartheta}) = \tilde{\eta}(\cdot, \boldsymbol{\vartheta}) = \eta(\cdot)$ und für $\boldsymbol{A} \equiv \boldsymbol{I}_r$ erhält man das Schätzproblem für den (wahren) Regressionsparameter $\boldsymbol{\vartheta}$.

Es bezeichnen für jedes $H_0 \subseteq H$

$$\boldsymbol{\psi}(H_0 \times \Theta) = \{\boldsymbol{q} \in \mathrm{R}^m : \exists \boldsymbol{x} \in H_0\ \exists \boldsymbol{\vartheta} \in \Theta: \boldsymbol{q} = \boldsymbol{\psi}(\boldsymbol{x}, \boldsymbol{\vartheta})\}$$

sowie $\tilde{S}^{(\boldsymbol{\psi})}$ die Funktionenmenge

$$\tilde{S}^{(\boldsymbol{\psi})} = \{\boldsymbol{\psi}(\cdot, \boldsymbol{\vartheta}) : \boldsymbol{\vartheta} \in \Theta\}; \tag{2.3.33}$$

$\mathcal{B}_{\boldsymbol{\psi}(H \times \Theta)}$ und $\mathcal{B}_{\tilde{S}^{(\boldsymbol{\psi})}}$ seien σ-Algebren über $\boldsymbol{\psi}(H \times \Theta)$ bzw. $\tilde{S}^{(\boldsymbol{\psi})}$. Dann sei

$$L^{(\boldsymbol{\psi})} \mid \tilde{S}^{(\boldsymbol{\psi})} \times \bigcup_{\boldsymbol{x} \in H} (\{\boldsymbol{x}\} \times \boldsymbol{\psi}(\{\boldsymbol{x}\} \times \Theta)) \times V^{(0)} \to \mathrm{R}^1$$

$$\forall V_n \in V^{(0)}: L^{(\boldsymbol{\psi})}(\cdot, \cdot; \cdot, V_n) \in \mathcal{F}(\mathcal{B}_{\tilde{S}^{(\boldsymbol{\psi})}} \otimes \mathcal{B}_H \otimes \mathcal{B}_{\boldsymbol{\psi}(H \times \Theta)}, \mathcal{B}^1) \tag{2.3.34}$$

eine Verlustfunktion zur Schätzung der Werte $\psi(x, \vartheta)$ von $\psi(\cdot\,; \vartheta)$ in den Prognosepunkten $x \in H$. Für jedes $x \in H$ wird nach der Durchführung des Versuchsplanes $V_n \in V^{(0)}$ und erhaltener Realisierung $y = y(V_n)$ von $\mathfrak{Y}(V_n)$ mittels der Schätzfunktion

$$\hat{\psi} \mid H \times C(V_n) \times V^{(0)} \to \mathrm{R}^m \tag{2.3.35}$$

der Wert $\psi(x, \vartheta)$ durch $\hat{\psi}(x, y, V_n)$ geschätzt. Es sei für jedes $V_n \in V^{(0)}$

$$D_0^{(\psi)}(V_n) = \{\hat{\psi}(\cdot, \cdot, V_n) \in \mathcal{F}(\mathcal{B}_H \otimes \mathcal{B}_{C(V_n)}, \mathcal{B}^m) : \exists h \mid H \times \Theta \to \mathrm{R}^1\ \forall (x, \vartheta) \in H \times \Theta: \\ h(x, \vartheta) = \mathrm{E}_{\mathfrak{Y}(V_n)|\vartheta} L^{(\psi)}(\psi(\cdot, \vartheta), x; \hat{\psi}(x, \mathfrak{Y}(V_n), V_n), V_n)\} \tag{2.3.36}$$

eine Menge solcher Schätzfunktionen. Das Risiko $R^{(\psi)}$ hat dann die Gestalt

$$\forall (\vartheta, w, x) \in \Theta \times K \times H\ \forall V_n \in V^{(0)}\ \forall \hat{\psi}(\cdot, \cdot, V_n) \in D_0^{(\psi)}(V_n): \\ R^{(\psi)}(\vartheta, w, x; \hat{\psi}(x; \cdot, V_n), V_n) = \mathrm{E}_{\varepsilon(V_n)} L^{(\psi)}(\psi(\cdot, \vartheta), x; \hat{\psi}(x, F(V_n)\,\vartheta + \varepsilon(V_n), V_n), V_n)\,. \tag{2.3.37}$$

Def. 2.3.4: Das statistische Entscheidungsproblem $G^{(\psi)} = [Z_\Theta, U^{(\psi)}, R^{(\psi)}]$ heißt *Versuchsplanungsproblem zur Schätzung von* ψ $=_{\mathrm{df}}$
Es sind Z_Θ bzw. $R^{(\psi)}$ gemäß (2.3.22) bzw. (2.3.37) gebildet, und es gilt

$$\forall V_n \in V^{(0)}\ \exists D^{(\psi)}(V_n) \subseteq D_0^{(\psi)}(V_n): U^{(\psi)} = \bigcup_{V_n \in V^{(0)}} D^{(\psi)}(V_n) \times \{V_n\} \bullet \tag{2.3.38}$$

Das Entscheidungsproblem

$$G^{(\psi)} = [Z_\Theta, U^{(\psi)}, R^{(\psi)}]; \qquad U^{(\psi)} \text{ aus (2.3.38)}; \tag{2.3.39}$$

kann wegen $U^{(\psi)} \subseteq \big(\bigcup_{V_n \in V^{(0)}} D^{(\psi)}(V_n)\big) \times V^{(0)}$ in Teilprobleme getrennt werden, falls die Voraussetzungen der Trennbarkeit erfüllt sind (s. Abschnitt 2.1).

Ist $Q \mid (\mathrm{R}^1)^{Z_\Theta \times U^{(\psi)}} \to (\mathrm{R}^1)^{U^{(\psi)}}$, so kann für die Untersuchung der Trennbarkeit von $G^{(\psi)}$ bez. der Q-Optimalität wieder der Satz 2.1.2 herangezogen werden.

Ist $G^{(\psi)}$ trennbar bez. Q, bezeichnet

$$D^{(\psi)} := \bigcup_{V_n \in V^{(0)}} D^{(\psi)}(V_n) \tag{2.3.40}$$

und sind

$$Q_1 \mid (\mathrm{R}^1)^{Z_\Theta \times U^{(\psi)}} \to (\mathrm{R}^1)^{H \times U^{(\psi)}}; \qquad Q_2 \mid (\mathrm{R}^1)^{H \times U^{(\psi)}} \to (\mathrm{R}^1)^{U^{(\psi)}} \tag{2.3.41}$$

Operatoren, für die $Q = Q_2 \circ Q_1$ gilt und Q_2 außerdem $D^{(\psi)}$-monoton ist, so kann eine Q-optimale Strategie $(\hat{\psi}^*(\cdot, \cdot, V_n^*), V_n^*) \in U^{(\psi)}$ in $G^{(\psi)}$ wie folgt bestimmt werden:

Man bestimmt im Entscheidungsproblem

$$G_1^{(\psi)} = [\Theta \times K, D^{(\psi)}(V_n), R_1^{(\psi)} = R^{(\psi)}]; \qquad V_n \in V^{(0)} \tag{2.3.42}$$

$\hat{\psi}^*(x, \cdot, V_n)$ so, daß es für alle $x \in H$ und $V_n \in V^{(0)}$ eine Q_1-optimale Strategie in $G_1^{(\psi)}$ ist, und ermittelt dann V_n^* als Q_2-optimale Strategie im Entscheidungsproblem

$$G_2^{(\psi)} = [H, V^{(0)}, R_2^{(\psi)}]; \\ \forall x \in H\ \forall V_n \in V^{(0)}: \quad R_2^{(\psi)}(x; V_n) = R_{Q_1}^{(\psi)}(x; \hat{\psi}^*(x, \cdot, V_n), V_n)\,. \tag{2.3.43}$$

Das Entscheidungsproblem $G_1^{(\psi)}$ aus (2.3.42) heißt *Schätzproblem für* ψ, und das Entscheidungsproblem $G_2^{(\psi)}$ aus (2.3.43) heißt *Planungsproblem für die Schätzfunktion* $\hat{\psi}^*$

für ψ. Wählt man für Q, Q_1 bzw. Q_2 die Operatoren

$$Q = \sup_{(\vartheta, w, x) \in Z_\Theta} \; ; \qquad Q_1 = \sup_{(\vartheta, w) \in \Theta \in K} \; ; \qquad Q_2 = \sup_{x \in H} , \tag{2.3.44}$$

so erhält man entsprechend Folgerung 2.1.1 folgende Aussage zur Trennbarkeit von $G^{(\psi)}$ bez. der Minimax-Optimalität.

Satz 2.3.1: Ist die Risikofunktion $R^{(\psi)}(\cdot, \cdot, \cdot; \hat{\psi}(\cdot, \cdot, V_n), V_n)$ für jede Strategie $(\hat{\psi}(\cdot, \cdot, V_n), V_n) \in U^{(\psi)}$ nach oben beschränkt, so ist das Versuchsplanungsproblem $G^{(\psi)} = [Z_\Theta, U^{(\psi)}, R^{(\psi)}]$ bez. Q aus (2.3.44) trennbar in das Schätzproblem $G_1^{(\psi)}$ aus (2.3.42) und das Planungsproblem $G_2^{(\psi)}$ aus (2.3.43) •

Eine Minimaxstrategie $(\hat{\psi}^*(\cdot, \cdot, V_n^*), V_n^*) \in U^{(\psi)}$ kann also durch die Lösung der folgenden Optimierungsaufgaben in den Teilproblemen $G_1^{(\psi)}$ und $G_2^{(\psi)}$ von $G^{(\psi)}$ gewonnen werden:

$$\forall x \in H \; \forall V_n \in V^{(0)}: \sup_{(\vartheta, w) \in \Theta \times K} R^{(\psi)}(\vartheta, w, x; \hat{\psi}(x, \cdot, V_n), V_n)$$
$$= \inf_{\hat{\psi}(\cdot, \cdot, V_n) \in D^{(\psi)}(V_n)} \sup_{(\vartheta, w) \in \Theta \times K} R^{(\psi)}(\vartheta, w, x; \hat{\psi}(x, \cdot, V_n), V_n)$$

sowie

$$\sup_{x \in H} \sup_{(\vartheta, w) \in \Theta \times K} R^{(\psi)}(\vartheta, w, x; \hat{\psi}^*(x, \cdot, V_n^*), V_n^*)$$
$$= \inf_{V_n \in V^{(0)}} \sup_{x \in H} \sup_{(\vartheta, w) \in \Theta \times K} R^{(\psi)}(\vartheta, w, x; \hat{\psi}^*(x, \cdot, V_n), V_n) .$$

Bemerkung 2.3.1: Falls Q_2 aus (2.3.41) ein $D^{(\psi)}$-monotoner Operator ist und Q aus (2.3.41) als Produkt $Q = Q_2 \circ \sup_{(\vartheta, w) \in \Theta \times K}$ dargestellt werden kann, so ist $G^{(\psi)}$ nach Satz 2.1.2 auch bez. Q trennbar in $G_1^{(\psi)}$ und $G_2^{(\psi)}$. Diese Tatsache wird in Kapitel 5 bei der Behandlung des Planungsproblems $G_2^{(\psi)}$ ausgenutzt.

Durch eine entsprechende Wahl des Operators Q ergibt sich aus Folgerung 2.1.2, daß bei Existenz des bayesschen Risikos eine aus bayesschen Strategien in den Teilproblemen $G_1^{(\psi)}$ und $G_2^{(\psi)}$ von $G^{(\psi)}$ zusammengesetzte Strategie auch bayessch im Gesamtproblem $G^{(\psi)}$ ist.

Es seien $\zeta = (\boldsymbol{\theta}, \omega, \varkappa)$ eine zufällige Variable mit Werten in $Z_\Theta = \Theta \times K \times H$ und $\mathscr{B}_\Theta$ eine σ-Algebra über Θ. Die zufällige Variable $\zeta = (\boldsymbol{\theta}, \omega, \varkappa)$ habe die Verteilung P_ζ über dem meßbaren Raum $[Z_\Theta, \mathscr{B}_\Theta \otimes \mathscr{B}_K \otimes \mathscr{B}_H]$ und

$$Q = E_\zeta = E_{(\boldsymbol{\theta}, \omega, \varkappa)} \tag{2.3.45}$$

sei der Erwartungsoperator bez. P_ζ.

Vor. 2.3.10: Für alle $(\hat{\psi}(\cdot, \cdot, V_n), V_n) \in U^{(\psi)}$ existiere der Erwartungswert

$$R_Q^{(\psi)}(\hat{\psi}(\cdot, \cdot, V_n), V_n) = \mathrm{E}_{(\boldsymbol{\theta}, \omega, \varkappa)} R^{(\psi)}(\boldsymbol{\theta}, \omega, \varkappa; \hat{\psi}(\varkappa, \cdot, V_n), V_n) \; \bullet \tag{2.3.46}$$

Mit $P_{(\boldsymbol{\theta}, \omega)|x}$ werde die bedingte Verteilung von $(\boldsymbol{\theta}, \omega)$ über dem meßbaren Raum $[\Theta \times K, \mathscr{B}_\Theta \otimes \mathscr{B}_K]$ bei gegebener Realisierung $x \in H$ von $\varkappa$ und mit $P_\varkappa$ die Randverteilung von $\varkappa$ bez. P_ζ bezeichnet. Die Operatoren

$$Q_1 = \mathrm{E}_{(\boldsymbol{\theta}, \omega)|x} \; ; \qquad Q_2 = \mathrm{E}_\varkappa \tag{2.3.47}$$

seien die Erwartungsoperatoren bez. $P_{(\boldsymbol{\theta}, \omega)|x}$ bzw. $P_\varkappa$.

Satz 2.3.2: Unter Vor. 2.3.10 ist $G^{(\psi)} = [Z_\Theta, U^{(\psi)}, R^{(\psi)}]$ bez. Q aus (2.3.45) trennbar in $G_1^{(\psi)} = [\Theta \times K, D^{(\psi)}(V_n), R_1^{(\psi)} = R^{(\psi)}]$ und $G_2^{(\psi)} = [H, V^{(0)}, R_2^{(\psi)}]$ aus (2.3.43) •

Mit anderen Worten besagt Satz 2.3.2: Sind $\hat{\psi}^*(x, \cdot, V_n)$ für alle $(x, V_n) \in H \times V^{(0)}$ bayessch in $G_1^{(\psi)}$ bez. $P_{(\theta, \omega)|x}$ und V_n^* ein konkreter Versuchsplan gemäß

$$\mathrm{E}_\varkappa R_{Q_1}^{(\psi)}(\varkappa; \hat{\psi}^*(\varkappa, \cdot, V_n^*), V_n^*) = \inf_{V_n \in V^{(0)}} \mathrm{E}_\varkappa R_{Q_1}^{(\psi)}(\varkappa; \hat{\psi}^*(\varkappa, \cdot, V_n), V_n) ,$$

so ist $(\hat{\psi}^*(\cdot, \cdot, V_n^*), V_n^*)$ eine bayessche Strategie in $G^{(\psi)}$ bez. $P_\zeta = P_{(\theta, \omega, \varkappa)}$.

Für $Q_1 = \sup_{(\vartheta, w) \in \Theta \times K}$ bzw. $Q_1 = \mathrm{E}_{(\theta, \omega)|x}$ wird das statistische Entscheidungsproblem $G_1^{(\psi)}$ in den Kapiteln 3 bzw. 4 untersucht. Die Bestimmung Q_2-optimaler Strategien im verbleibenden Entscheidungsproblem $G_2^{(\psi)}$ wird in den Kapiteln 5 bis 7 behandelt.

2.3.3. Ansatzdiskrimination

Im Abschnitt 2.3.2 wurde der Fall ausführlicher betrachtet, daß der Statistiker zur Beschreibung der Wirkungsfläche einen (wahren) Ansatz zur Verfügung hat. Wenn es für ihn mehrere mögliche Ansätze gibt, kann er sich für einen von ihnen entscheiden. Der Fall, daß diese Auswahl des Ansatzes nur im Hinblick auf eine unmittelbar anschließende Schätzung der Wirkungsfläche erfolgt, wird im Kapitel 10 mitbehandelt. Im vorliegenden Abschnitt wird dieses Schätzproblem nicht in die Untersuchung einbezogen und aus dem Entscheidungsproblem ausgeblendet. Das so entstehende Problem der Ansatzdiskrimination unterscheidet sich vom Schätzproblem wesentlich.

Sei T eine Indexmenge und

$$S_T := \{\tilde{S}_t\}_{t \in T} \tag{2.3.48}$$

eine Menge von Ansätzen

$$\forall t \in T\ \exists r_t \in \mathbb{N}\ \exists \Theta_t \subseteq \mathrm{R}^{r_t}: \tilde{S}_t := \{\tilde{\eta}^{(t)}(\cdot, \vartheta^{(t)}): \tilde{\eta}^{(t)}(\cdot, \vartheta^{(t)}) \in (\mathrm{R}^1)^B \wedge \vartheta^{(t)} \in \Theta_t\} . \tag{2.3.49}$$

Im Interesse einer eindeutigen Auswahl seien die Ansätze $\tilde{S}_t$; $t \in T$; paarweise disjunkt:

Vor. 2.3.11: $\forall t_1 \in T\ \forall t_2 \in T: t_1 \neq t_2 \Rightarrow \tilde{S}_{t_1} \cap \tilde{S}_{t_2} = \emptyset$ •

Weiterhin wird angenommen, daß einer der Ansätze wahr ist:

Vor. 2.3.12: $\exists t_0 \in T: S \subseteq \tilde{S}_{t_0}$ •

Mit der Vor. 2.3.11 ist die Auswahl eines Ansatzes aus (2.3.48) äquivalent zur Auswahl eines t aus T. Der Statistiker trifft seine Entscheidung für ein t nach Wahl eines Versuchsplanes $V_n \in V^{(0)}$ und der Gewinnung einer Realisierung $\boldsymbol{y}(V_n)$ von $\mathfrak{Y}(V_n)$. Sein Aktionsraum A_T hat damit die Gestalt

$$A_T = T \times V^{(0)} . \tag{2.3.50}$$

Mit den Vor. 2.3.11 und Vor. 2.3.12 ist die Wahl der wahren Wirkungsfläche durch die Natur mit der Auswahl von $i \in T$ und $\vartheta^{(i)} \in \Theta_i$ festgelegt. Weiterhin wählt die Natur ein Element w aus einer Indexmenge K, so daß durch $w \in K$ und $V_n \in V^{(0)}$ die Verteilung $P_{\varepsilon(V_n)}^{(w)}$ des Fehlervektors $\varepsilon(V_n)$ eineindeutig bestimmt ist. Damit erhalten wir wie im Abschnitt 2.3.2 auch hier die Familie $\{P_{\varepsilon(V_n)}^{(w)}\}_{w \in K; V_n \in V^{(0)}}$ aus (2.3.15) der Verteilungen des Fehlervektors. Der Zustandsraum Z_T der Natur ist also durch

$$Z_T = \bigcup_{i \in T} (\{i\} \times \Theta_i) \times K \tag{2.3.51}$$

gegeben. Es sei $L_0 \mid Z_T \times A_T \to \mathrm{R}^1$ eine Verlustfunktion, dann haben wir das Entscheidungsproblem $[Z_T, A_T, L_0]$ zu betrachten. Da es nur auf die Auswahl des Ansatzes ankommt, wird eine spezielle Form der Verlustfunktion vorausgesetzt. Es sei $\mathcal{B}_T$ eine σ-Algebra über T, die auch alle einelementigen Mengen von T enthält.

Vor. 2.3.13: $\exists L \in \mathcal{F}(\mathcal{B}_T \otimes \mathcal{B}_T, \mathcal{B}^1)\ \forall i \in T\ \forall \vartheta^{(i)} \in \Theta_i\ \forall w \in K\ \forall t \in T\ \forall V_n \in V^{(0)}$:

$$L_0(i, \vartheta^{(i)}, w; t, V_n) = L(i; t) \bullet$$

In Vor. 2.3.13 wurde also insbesondere die Unabhängigkeit der Verlustfunktion vom Plan postuliert. Falls abweichend hiervon eine Abhängigkeit der Verlustfunktion vom Plan zugelassen oder verlangt wird (z. B. beim sequentiellen Problem in Abschnitt 9.3), so wird es dann ausdrücklich bemerkt werden.

Bezeichne T^* die Menge aller Wahrscheinlichkeitsmaße auf $[T, \mathcal{B}_T]$ und es sei $\mathcal{B}_{T^*}$ eine σ-Algebra über T^*, die alle einelementigen Mengen von T^* enthält.

Dann läßt sich gemäß Def. 1.5.3 ein statistisches Verhaltensentscheidungsproblem

$$G_T = [Z_T, U_T^{(*)}, R_T^{(*)}] \tag{2.3.52}$$

festlegen. Dazu führen wir für $V_n \in V^{(0)}$ die Mengen

$$\Delta_T(V_n) = \{\delta_T(\cdot, V_n) : \delta_T(\cdot, V_n) \in \mathcal{F}(\mathcal{B}_{C(V_n)}, \mathcal{B}_{T^*})\} \tag{2.3.53}$$

von Verhaltensentscheidungsfunktionen ein und betrachten diejenigen Teilmengen $\Delta_{TR}(V_n)$, für die jeweils das Risiko existiert:

$$\forall V_n \in V^{(0)} : \Delta_{TR}(V_n) := \{\delta_T(\cdot, V_n) : \delta_T(\cdot, V_n) \in \Delta_T(V_n) \wedge (\forall i \in T\ \forall \vartheta^{(i)} \in \Theta_i\ \forall w \in K : R_T^{(*)}(i, \vartheta^{(i)}, w; \delta_T(\cdot, V_n), V_n) \in R^1)\} . \tag{2.3.54}$$

Es sei für $\boldsymbol{y} \in C(V_n)$ auf $[T, \mathcal{B}_T]$ die Zufallsgröße $\tau(\boldsymbol{y})$ mit der Verteilung $\delta_T(\boldsymbol{y}, V_n)$ erklärt. Dann hat das Risiko $R_T^{(*)}$ aus (2.3.54) nach Vor. 2.3.13 die spezielle Gestalt

$$\forall V_n \in V^{(0)}\ \forall i \in T\ \forall \vartheta^{(i)} \in \Theta_i\ \forall w \in K\ \forall \delta_T(\cdot, V_n) \in \Delta_{TR}(V_n) :$$

$$R_T^{(*)}(i, \vartheta^{(i)}, w; \delta_T(\cdot, V_n), V_n) = \mathrm{E}_{\mathfrak{Y}(V_n)|i, \vartheta^{(i)}, w} \mathrm{E}_{\tau(\mathfrak{Y}(V_n))} L(i; \tau(\mathfrak{Y}(V_n))) . \tag{2.3.55}$$

Als Menge $U_T^{(*)}$ der Verhaltensstrategien des Statistikers ergibt sich aus (2.3.54)

$$U_T^{(*)} \subseteq \{(\delta_T(\cdot, V_n), V_n) : V_n \in V^{(0)} \wedge \delta_T(\cdot, V_n) \in \Delta_{TR}(V_n)\} . \tag{2.3.56}$$

Vielfach genügt es jedoch, im folgenden nichtrandomisierte Entscheidungsfunktionen $d_T(\cdot, V_n) \mid C(V_n) \to T$ zu betrachten. Die Einbettung der entsprechenden Menge $D_T(V_n)$ von nichtrandomisierten Entscheidungsfunktionen in $\Delta_T(V_n)$ gemäß (2.3.53) erhält man durch die Festlegung

$$D_T(V_n) := \{\delta_T(\cdot, V_n) \in \Delta_T(V_n) : \forall \boldsymbol{y} \in C(V_n)\ \exists t \in T : \delta_T(\boldsymbol{y}, V_n)\, H(\{t\}) = 1\} . \tag{2.3.57}$$

In diesen Fällen spezialisiert sich die Bildung des Risikos gemäß (2.3.55) zu

$$R_T^{(*)}(i, \vartheta^{(i)}, w; d_T(\cdot, V_n), V_n) = \mathrm{E}_{\mathfrak{Y}(V_n)|i, \vartheta^{(i)}, w} L(i; d_T(\mathfrak{Y}(V_n), V_n)) . \tag{2.3.58}$$

Jede Entscheidungsfunktion d_T induziert eine Zerlegung des Stichprobenraumes $C(V_n)$ in Teilmengen:

$$\forall t \in T : C_t(V_n, d_T) := \{\boldsymbol{y} \in C(V_n) : d_T(\boldsymbol{y}, V_n) = t\} . \tag{2.3.59}$$

Weiterhin sei die Endlichkeit von T verlangt.

Vor. 2.3.14: card $T = m \in \mathbb{N}$ •

Dann läßt sich z. B. das Risiko (2.3.58) in der Form

$$R_T^{(*)}(i, \vartheta^{(i)}, w; d_T(\cdot, V_n), V_n)$$
$$= \sum_{t=1}^{m} L(i; t)\, P(\mathfrak{Y}(V_n) \in C_t(V_n, d_T) \mid \eta(\cdot) = \tilde{\eta}(\cdot, \vartheta^{(i)}) \wedge \varepsilon \sim P_{\varepsilon(V_n)}^{(w)}) \quad (2.3.60)$$

schreiben, wobei entsprechend (2.3.1) $\eta(\cdot)$ die wahre Wirkungsfläche bezeichnet.

Das Entscheidungsproblem G_T gemäß (2.3.52) mit Z_T gemäß (2.3.51), $U_T^{(*)}$ gemäß (2.3.56) und $R_T^{(*)}$ gemäß (2.3.55) hat eine Struktur, für die die Trennsätze (Satz 2.1.1 und Satz 2.1.2) anwendbar sind. Sie werden im Kapitel 9 für die dort einzuführenden Operatoren spezialisiert, damit die entstehenden Teilprobleme der Ansatzdiskrimination und der Versuchsplanung nacheinander behandelt werden können.

Bemerkung 2.3.2: In diesem Abschnitt wurde angenommen, daß die Natur das Element w aus der Indexmenge K unabhängig von der wahren Wirkungsfläche, d. h. unabhängig von i und $\vartheta^{(i)}$, wählt. Prinzipiell ist es möglich, eine Abhängigkeit der Auswahl von w vom ausgewählten $i \in T$ zu betrachten. Die Menge K bekäme dann eine Struktur $K = \bigcup_{i \in T} K_i$, wobei also nun $w \in K_i$ gewählt werden müßte, falls $\eta \in \tilde{S}_i$ ist. Die vorstehenden Voraussetzungen lassen sich entsprechend modifizieren.

2.4. Sequentielle Entscheidungsprobleme mit Versuchsplanung

In Erweiterung der Problemstellung im sequentiellen statistischen Entscheidungsproblem, wie sie im Abschnitt 1.5 beschrieben wurde, sei es dem Statistiker möglich, auf jeder Stufe aus einer Menge von zufälligen Variablen diejenige auszuwählen, die er beobachten will. Dadurch entsteht das Problem der Versuchsplanung im sequentiellen statistischen Entscheidungsproblem.

Es seien $[Z, A, L]$ ein Entscheidungsproblem, V ein nichtleerer Versuchsbereich und $V^{(0)}$ wieder eine nichtleere Menge von konkreten Versuchsplänen. Gemäß Def. 2.2.3 ist dann durch $[Z, U, R]$ mit einer Menge $U \subseteq U_R$, bestehend aus Tupeln $(d(\cdot, V_n), V_n) \in \bigcup_{V_i \in V^{(0)}} D(V_i) \times \{V_i\}$, ein statistisches Versuchsplanungsproblem festgelegt.

Es seien $V_{n_1} = (v_1, \ldots, v_{n_1})$ und $V_{n_2} = (v_1', \ldots, v_{n_2}')$ aus $V^{(0)}$.

Def. 2.4.1: Der konkrete Versuchsplan V_n heißt *Summe* der konkreten Versuchspläne V_{n_1} und $V_{n_2} =_{\text{df}}$

$$n = n_1 + n_2 \wedge V_n = (v_1, \ldots, v_{n_1}, v_1', \ldots, v_{n_2}') \bullet$$

Ist V_n die Summe von $i \geqq 2$ Versuchsplänen V_{n_j}; $j = 1, \ldots, i$; so schreibt man

$$V_n = V_{n_1} + V_{n_2} + \cdots + V_{n_i} = \sum_{j=1}^{i} V_{n_j}\,.$$

Für jede Folge $\{V_{n_i}\}_{i \in \mathbb{N}} \in (V^{(0)})^{\mathbb{N}}$ von konkreten Versuchsplänen sei

$$U_0^{(s)'}(\{V_{n_i}\}_{i\in\mathbb{N}}) = \Big\{u^{(s)'} = (\{\varphi_i\}_{i\in\mathbb{N}}, \{d_i\}_{i\in\mathbb{N}}):$$
$$\forall i \in \mathbb{N}: \varphi_i \in \mathcal{F}\left(\bigotimes_{j=1}^{i} \mathcal{B}_{C(V_{n_j})}, \mathcal{P}(\{0, 1\})\right) \wedge d_i \in \mathcal{F}\left(\bigotimes_{j=1}^{i} \mathcal{B}_{C(V_{n_j})}, \mathcal{B}_A\right)\Big\} \quad (2.4.1)$$

eine Menge von Folgen, bestehend aus Stopp- und Endentscheidungsregeln. Für jede Folge $\{V_{ni}\}_{i\in\mathsf{N}}$ sei die Folge $\{\mathfrak{Y}(V_{ni})\}_{i\in\mathsf{N}}$ definiert. Für alle zufälligen Variablen dieser Folge gelte

$$\forall i \in \mathsf{N}: \mathfrak{Y}(V_{ni}) \mid \Omega \to C(V_{ni}) .$$

Für jedes $i \in \mathsf{N}$ seien $V_i^{(0)} \subseteq V^{(0)}$ Mengen von konkreten Versuchsplänen und $[V_i^{(0)}, \mathscr{B}_{V_i^{(0)}}]$ meßbare Räume.

Es seien $(\varphi, d) \in \bigcup_{v^{(s)} \in (V^{(0)})^{\mathsf{N}}} U_0^{(s)'}(v^{(s)})$; $\varphi = \{\varphi_i\}_{i\in\mathsf{N}}$, $d = \{d_i\}_{i\in\mathsf{N}}$; eine sequentielle Entscheidungsfunktion und $\gamma_1 = V_{n_1}$ ein konkreter Versuchsplan, der vom Statistiker vor dem Beginn des sequentiellen Entscheidungsverfahrens aus der Menge $V_1^{(0)} \subseteq V^{(0)}$ ausgewählt wird. Ein solcher Plan $V_{n_1} \in V_1^{(0)}$ heißt *Anfangsplan*. Die Auswahl eines Anfangsplanes kann z. B. gemäß eines für das statistische Versuchsplanungsproblem $[Z, U, R]$ vorgegebenen Entscheidungskriteriums erfolgen. Die erste Stufe des sequentiellen Entscheidungsverfahrens beginnt mit der Durchführung des Anfangsplanes V_{n_1}. Erhält der Statistiker dabei die Realisierung $\boldsymbol{y}_1 = \boldsymbol{y}(V_{n_1}) \in C(V_{n_1})$ von $\mathfrak{Y}(V_{n_1})$ und entsprechend der Stoppregel $\varphi_1 \in \mathscr{F}(\mathscr{B}_{C(V_{n_1})}, \mathscr{P}(\{0, 1\}))$ die Realisierung $\varphi_1(\boldsymbol{y}_1) = 0$, so wird gestoppt und entsprechend der Endentscheidungsregel $d_1 \in \mathscr{F}(\mathscr{B}_{C(V_{n_1})}, \mathscr{B}_A)$ die Aktion $d_1(\boldsymbol{y}_1) \in A$ gewählt. Erhält er dagegen auf Grund der Realisierung $\boldsymbol{y}_1$ den Wert $\varphi_1(\boldsymbol{y}_1) = 1$, so wird zur zweiten Stufe des sequentiellen Entscheidungsverfahrens übergegangen.

Es sei nun $i \in \mathsf{N}$; $i \geqq 2$. Auf der i-ten Stufe des sequentiellen Entscheidungsverfahrens wird gemäß der Entscheidungsfunktion

$$\gamma_i \mid C\left(\sum_{j=1}^{i-1} V_{nj}\right) \to V_i^{(0)} \subseteq V^{(0)}; \gamma_i \in \mathscr{F}\left(\bigotimes_{j=1}^{i-1} \mathscr{B}_{C(V_{nj})}, \mathscr{B}_{V_i^{(0)}}\right)$$

der Versuchsplan $V_{ni} = \gamma_i(\boldsymbol{y}_{i-1})$; $\boldsymbol{y}_{i-1} = \boldsymbol{y}\left(\sum_{j=1}^{i-1} V_{nj}\right)$; ausgewählt und durchgeführt, d. h. die zufällige Variable $\mathfrak{Y}(\gamma_i(\boldsymbol{y}_{i-1})) \mid \Omega \to C(\gamma_i(\boldsymbol{y}_{i-1}))$ beobachtet. Die Auswahl des Versuchsplanes auf der i-ten Stufe erfolgt also zufällig gemäß der $\left(\bigotimes_{j=1}^{i-1} \mathscr{B}_{C(V_{nj})}, \mathscr{B}_{V_i^{(0)}}\right)$-meßbaren Funktion γ_i.

Erhält man für die Realisierung $\boldsymbol{y}_i$ von $\mathfrak{Y}\left(\gamma_1 + \sum_{j=1}^{i-1} \gamma_{j+1}(\boldsymbol{y}_j)\right) = \mathfrak{Y}\left(\sum_{j=1}^{i} V_{nj}\right)$ in Anwendung der Stoppregel $\varphi_i \in \mathscr{F}\left(\bigotimes_{j=1}^{i} \mathscr{B}_{C(V_{nj})}, \mathscr{P}(\{0, 1\})\right)$ die Realisierung $\varphi_i(\boldsymbol{y}_i) = 0$, wird gestoppt und gemäß der Endentscheidungsregel $d_i \in \mathscr{F}\left(\bigotimes_{j=1}^{i} \mathscr{B}_{C(V_{nj})}, \mathscr{B}_A\right)$ auf der i-ten Stufe die Endentscheidung $d_i(\boldsymbol{y}_i) \in A$ getroffen. Falls nicht gestoppt werden soll, d. h. $\varphi_i(\boldsymbol{y}_i) = 1$, so wird auf der $(i + 1)$-ten Stufe entsprechend der Entscheidungsfunktion

$$\gamma_{i+1} \mid C\left(\sum_{j=1}^{i-1} V_{nj} + V_{ni}\right) \to V_{i+1}^{(0)} \subseteq V^{(0)}; \gamma_{i+1} \in \mathscr{F}\left(\bigotimes_{j=1}^{i} \mathscr{B}_{C(V_{nj})}, \mathscr{B}_{V_{i+1}^{(0)}}\right)$$

ein weiterer Versuchsplan $V_{n_{i+1}} \in V_{i+1}^{(0)}$ ausgewählt, die zufällige Variable $\mathfrak{Y}(V_{n_{i+1}})$ beobachtet sowie $\varphi_{i+1}\left(\boldsymbol{y}\left(\sum_{j=1}^{i} V_{nj}\right), \mathfrak{Y}(V_{n_{i+1}})\right)$ und evtl. $d_{i+1}\left(\boldsymbol{y}\left(\sum_{j=1}^{i} V_{nj}\right), \mathfrak{Y}(V_{n_{i+1}})\right)$ realisiert.

Für jede Folge $\{V_{n_i}\}_{i\in\mathsf{N}} \in \times_{i\in\mathsf{N}} V_i^{(0)}$ bezeichne $N_i = \sum_{j=1}^{i} n_j$ den *Gesamtstichprobenumfang bis zur Stufe i* und

$$\widetilde{V}_{N_i} = \sum_{j=1}^{i} V_{n_j}; \qquad N_i = \sum_{j=1}^{i} n_j \tag{2.4.2}$$

den *Gesamtplan bis zur Stufe i*. Die konkreten Versuchspläne V_{n_i} heißen *Stufenpläne* auf der Stufe $i \in \mathsf{N}$. Ist $\widetilde{V}_{N_i} = \sum_{j=1}^{i} V_{n_j}$ Gesamtplan bis zur Stufe $i \in \mathsf{N}$, so heißt

$$\mathfrak{Y}(\widetilde{V}_{N_i}) = \left(\mathfrak{Y}(V_{n_1})', \dots, \mathfrak{Y}(V_{n_i})'\right)' = \mathfrak{Y}\left(\sum_{j=1}^{i} V_{n_j}\right) \tag{2.4.3}$$

Beobachtung zum Gesamtplan $\widetilde{V}_{N_i}$; mit $\boldsymbol{y}(\widetilde{V}_{N_i}) = \left(\boldsymbol{y}(V_{n_1})', \dots, \boldsymbol{y}(V_{n_i})'\right)'$ werden Realisierungen dieser Beobachtung bezeichnet.

Es sei

$$V^{(s)} = \left\{\{V_{n_i}\}_{i\in\mathsf{N}} \in (V^{(0)})^{\mathsf{N}} : V_{n_1} \in V_1^{(0)} \wedge \forall i \in \mathsf{N} : \widetilde{V}_{N_{i+1}} \in \times_{j=1}^{i+1} V_j^{(0)}\right\}. \tag{2.4.4}$$

Def. 2.4.2: Die Folge $\gamma = \{\gamma_i\}_{i\in\mathsf{N}}$ heißt *Auswahlentscheidungsfunktion* des sequentiellen Entscheidungsverfahrens mit Versuchsplanung $=_{\mathrm{df}}$

$$\exists \{V_{n_i}\}_{i\in\mathsf{N}} \in V^{(s)}\ \forall j \in \mathsf{N} : \gamma_1 = V_{n_1} \wedge \gamma_{j+1} \in \mathcal{F}\left(\bigotimes_{i=1}^{j} \mathcal{B}_{C(V_{n_i})}, \mathcal{B}_{V_{j+1}^{(0)}}\right) \bullet$$

Es seien für jedes $\{V_{n_i}\}_{i\in\mathsf{N}} \in V^{(s)}$

$$\Gamma_0(\{V_{n_i}\}_{i\in\mathsf{N}}) := \left\{\{\gamma_i\}_{i\in\mathsf{N}} : \gamma_1 = V_{n_1} \wedge \left(\forall j \in \mathsf{N} : \gamma_{j+1} \in \mathcal{F}\left(\bigotimes_{i=1}^{j} \mathcal{B}_{C(V_{n_i})}, \mathcal{B}_{V_{j+1}^{(0)}}\right)\right)\right\} \tag{2.4.5}$$

und

$$\Gamma_0 := \bigcup_{v^{(s)} \in V^{(s)}} \Gamma_0(v^{(s)}) \tag{2.4.6}$$

bezeichne die Menge aller Auswahlentscheidungsfunktionen. Das sequentielle Entscheidungsverfahren, in dem gemäß einer Auswahlentscheidungsfunktion $\gamma \in \Gamma_0$ auf jeder Stufe $i \in \mathsf{N}$ ein Versuchsplan V_{n_i} aus der Menge $V_i^{(0)} \subseteq V^{(0)}$ ausgewählt und die entsprechende zufällige Variable $\mathfrak{Y}(V_{n_i})$ beobachtet werden kann, wird *sequentielles Entscheidungsverfahren mit sequentieller Versuchsplanung* (kurz: SESV) genannt. Die Hervorhebung des *sequentiellen* Aspektes der Versuchsplanung geschieht dabei zur Unterscheidung von einem solchen Vorgehen, bei dem von vornherein gemäß eines vorgegebenen Kriteriums eine Folge $\{V_{n_i}\}_{i\in\mathsf{N}}$ festgelegt wird, mit der dann das in Abschnitt 1.5 beschriebene sequentielle Entscheidungsverfahren durchgeführt wird. Ein solches Entscheidungsverfahren soll *sequentielles Entscheidungsverfahren mit Versuchsplanung* heißen; dieses wird hier jedoch nicht behandelt.

Das Glied γ_i; $i \in \mathsf{N}$; der Folge $\gamma = \{\gamma_i\}_{i\in\mathsf{N}} \in \Gamma_0$ heißt *Auswahlregel auf der Stufe i* des SESV. Der Statistiker wählt für das SESV Strategien aus der Menge

$$U_0^{(s)} := \bigcup_{v^{(s)} \in V^{(s)}} \left(\Gamma_0(v^{(s)}) \times U_0^{(s)'}(v^{(s)})\right); \tag{2.4.7}$$

sein Aktionenraum ist durch $V^{(s)} \times \{0, 1\}^{\mathsf{N}} \times A^{\mathsf{N}}$ gegeben. Für jede Folge $v^{(s)} = \{V_{n_i}\}_{i\in\mathsf{N}} \in V^{(s)}$, für alle $(\gamma, \varphi, d) \in \Gamma_0(v^{(s)}) \times U_0^{(s)'}(v^{(s)})$ und jede Folge $y \in \times_{i\in\mathsf{N}} C(V_{n_i})$

bezeichnen

$$\gamma(y) = \{\gamma_1, \gamma_{i+1}(\boldsymbol{y}(\widetilde{V}_{Ni}))\}_{i\in\mathsf{N}};\ \varphi(y) = \{\varphi_i(\boldsymbol{y}(\widetilde{V}_{Ni}))\}_{i\in\mathsf{N}};\ d(y) = \{d_i(\boldsymbol{y}(\widetilde{V}_{Ni}))\}_{i\in\mathsf{N}}\,.$$

Mit der Verlustfunktion L des Entscheidungsproblemes $[Z, A, L]$ und der Kostenfunktion

$$c \mid Z \times \bigcup_{i\in\mathsf{N}} (V^{(0)})^i \to \Omega_L \subseteq \mathrm{R}^1 \tag{2.4.8}$$

wird nun eine Verlustfunktion für das SESV definiert.

Def. 2.4.3: Die Funktion $L^{(s)} \mid Z \times V^{(s)} \times \{0, 1\}^{\mathsf{N}} \times A^{\mathsf{N}} \to \Omega_L \cup \{\infty\}$ heißt *Verlustfunktion für das SESV* $=_{\mathrm{df}}$

$$\forall z \in Z\ \forall \{V_{ni}\}_{i\in\mathsf{N}} \in V^{(s)}\ \forall(\gamma, \varphi, d) \in \Gamma_0(\{V_{ni}\}_{i\in\mathsf{N}}) \times U_0^{(s)\prime}(\{V_{ni}\}_{i\in\mathsf{N}})\ \forall y \in \mathop{\times}_{i\in\mathsf{N}} C(V_{ni}):$$
$$\Big((\forall k \in \mathsf{N}\setminus\{1\}\ \forall l \in \{1, \dots, k-1\}:$$
$$\varphi_l(\boldsymbol{y}(\widetilde{V}_{Nl})) = 1 \wedge \varphi_k(\boldsymbol{y}(\widetilde{V}_{Nk})) = 0 \wedge \gamma_{l+1}(\boldsymbol{y}(\widetilde{V}_{Nl})) = V_{nl+1})$$
$$\Rightarrow L^{(s)}(z; \gamma(y), \varphi(y), d(y)) = L(z; d_k(\boldsymbol{y}(\widetilde{V}_{Nk}))) + c(z; V_{n_1}, \dots, V_{nk})\big)$$
$$\wedge\ \big((\forall j \in \mathsf{N}: \varphi_j(\boldsymbol{y}(\widetilde{V}_{Nj})) = 1) \Rightarrow L^{(s)}(z; \gamma(y), \varphi(y), d(y)) = \infty\Big)\ \bullet$$

Es sei $(\gamma, \varphi, d) \in U_0^{(s)}$. Sind gemäß γ bereits die Versuchspläne $V_{n_1}, \dots, V_{nk}$; $k \in \mathsf{N}$; ausgewählt worden und soll entsprechend φ auf der k-ten Stufe gestoppt werden, so ergibt sich der Verlust für die Aktion $(\gamma(y), \varphi(y), d(y)) \in (V^{(0)})^{\mathsf{N}} \times \{0, 1\}^{\mathsf{N}} \times A^{\mathsf{N}}$; $y \in \bigcup_{\{V_{ni}\}_{i\in\mathsf{N}} \in V^{(s)}} \mathop{\times}_{i\in\mathsf{N}} C(V_{ni})$; durch Überlagerung des Verlustes, der durch die Endentscheidung $d_k(\boldsymbol{y}(\widetilde{V}_{Nk})) \in A$ im Entscheidungsproblem $[Z, A, L]$ entsteht, und der Kosten für die Durchführung der Stufenpläne V_{nj}; $j = 1, \dots, k$. Falls auf keiner Stufe gestoppt wird, ist der Verlust als ∞ erklärt.

Auf jeder Stufe $i \geqq 2$ ist der neu auszuwählende Versuchsplan also eine zufällige Variable $\gamma_i(\mathfrak{Y}(\widetilde{V}_{Ni-1}))$, die gemäß der $\left(\bigotimes_{j=1}^{i-1} \mathscr{B}_{C(V_{nj})}, \mathscr{B}_{V_i^{(0)}}\right)$-meßbaren Auswahlregel γ_i auf dieser Stufe realisiert wird.

Für alle Folgen $\{V_{ni}\}_{i\in\mathsf{N}} \in V^{(s)}$ bezeichnen $\mathfrak{Y}\left(\sum_{i\in\mathsf{N}} V_{ni}\right)$ die Folge $\{\mathfrak{Y}(V_{ni})\}_{i\in\mathsf{N}}$ von zufälligen Variablen und $\boldsymbol{y}\left(\sum_{i\in\mathsf{N}} V_{ni}\right)$ die Folge $\{\boldsymbol{y}(V_{ni})\}_{i\in\mathsf{N}}$ von Realisierungen dieser zufälligen Variablen.

Es werden im weiteren nur solche sequentielle Entscheidungsfunktionen aus $U_0^{(s)}$ betrachtet, für die das durch den Verlust $L^{(s)}$ aus Def. 2.4.3 erzeugte Risiko existiert. Die Problemstellung im SESV wird dann durch ein statistisches Entscheidungsproblem beschrieben.

Für jedes $\{V_{ni}\}_{i\in\mathsf{N}} \in V^{(s)}$ sei

$$U^{(s)}(\{V_{ni}\}_{i\in\mathsf{N}}) = \Big\{u^{(s)} \in U_0^{(s)\prime}(\{V_{ni}\}_{i\in\mathsf{N}}): \exists f \mid Z \to \Omega_L\ \forall z \in Z:$$

$$f(z) = \mathrm{E}_{\mathfrak{Y}\left(\sum_{i\in\mathsf{N}} V_{ni}\right)|z}\, L^{(s)}\Big(z; u^{(s)}\Big(\mathfrak{Y}\Big(\sum_{i\in\mathsf{N}} V_{ni}\Big)\Big)\Big)\Big\} =: \Gamma(\{V_{ni}\}_{i\in\mathsf{N}}) \times U^{(s)\prime}(\{V_{ni}\}_{i\in\mathsf{N}})\,. \tag{2.4.9}$$

Def. 2.4.4: Das Tripel $G^{(s)} = [Z, U^{(s)}, R^{(s)}]$ heißt *sequentielles statistisches Entscheidungsproblem mit sequentieller Versuchsplanung* $=_{\mathrm{df}}$

1. $$\exists V_U^{(s)} \subseteq V^{(s)}: U^{(s)} = \bigcup_{v^{(s)} \in V_U^{(s)}} U^{(s)}(v^{(s)}) \tag{2.4.10}$$

2. $R^{(s)} \mid Z \times U^{(s)} \to \Omega_L \wedge \forall z \in Z\ \forall (\gamma, \varphi, d) \in U^{(s)}$:
$$R^{(s)}(z; \gamma, \varphi, d) = \mathrm{E}_{\mathfrak{Y}|z} L^{(s)}(z; \gamma(\mathfrak{Y}), \varphi(\mathfrak{Y}), d(\mathfrak{Y}))\ . \tag{2.4.11}$$

Im sequentiellen statistischen Entscheidungsproblem mit sequentieller Versuchsplanung (kurz: SSESV) wählt die Natur einen Zustand z aus Z. Der Statistiker wählt eine sequentielle Entscheidungsfunktion (γ, φ, d) aus $U^{(s)}$. Die Bewertung dieser Wahlmöglichkeiten erfolgt mittels des Risikos $R^{(s)}(z; \gamma, \varphi, d)$. Es seien gemäß der Auswahlregel γ bereits die Versuchspläne $V_{n_1}, \ldots, V_{n_i}$; $i \in \mathsf{N}$; ausgewählt und die zufällige Variable $\mathfrak{Y}(\widetilde{V}_{N_i})$ realisiert worden, $\boldsymbol{y}(\widetilde{V}_{N_i})$ sei das Ergebnis dieser Realisierung. Im SSESV $G^{(s)}$ entscheidet dann der Statistiker auf der Stufe i entsprechend der Stoppregel φ_i der Stoppentscheidungsfunktion φ, ob eine weitere Beobachtung durchgeführt werden soll oder nicht. Falls gestoppt wird, d. h. $\varphi_i(\boldsymbol{y}(\widetilde{V}_{N_i})) = 0$, so wählt er gemäß der Endentscheidungsregel d_i von d auf der i-ten Stufe die Aktion $d_i(\boldsymbol{y}(\widetilde{V}_{N_i})) \in A$. Falls gemäß φ_i weiterbeobachtet werden soll, d. h. $\varphi_i(\boldsymbol{y}(\widetilde{V}_{N_i})) = 1$, so wählt der Statistiker auf der $(i+1)$-ten Stufe entsprechend γ_{i+1} den Versuchsplan $V_{n_{i+1}} = \gamma_{i+1}(\boldsymbol{y}(\widetilde{V}_{N_i}))$ aus. Daraufhin beobachtet er die zufällige Variable $\mathfrak{Y}(V_{n_{i+1}})$ und mit der Durchführung von $V_{n_{i+1}}$ realisiert er gemäß $\varphi_{i+1}(\boldsymbol{y}(\widetilde{V}_{N_i}), \mathfrak{Y}(V_{n_{i+1}}))$ eine Entscheidung über Stopp bzw. Fortsetzung des SSESV und evtl. noch gemäß $d_{i+1}(\boldsymbol{y}(\widetilde{V}_{N_i}), \mathfrak{Y}(V_{n_{i+1}}))$ eine Endentscheidung auf der $(i+1)$-ten Stufe.

Für jede Folge $\{V_{n_i}\}_{i \in \mathsf{N}} \in V^{(s)}$ und jede sequentielle Entscheidungsfunktion $(\{\gamma_i\}_{i \in \mathsf{N}}, \{\varphi_i\}_{i \in \mathsf{N}}, \{d_i\}_{i \in \mathsf{N}}) \in U^{(s)}(\{V_{n_i}\}_{i \in \mathsf{N}})$ wird das Tupel
$$(\widetilde{V}_{N_i}, \mathfrak{Y}(\widetilde{V}_{N_i}), \gamma_i, \varphi_i, d_i) \tag{2.4.12}$$
eine *i-te Stufe* des SSESV $G^{(s)} = [Z, U^{(s)}, R^{(s)}]$ genannt.

Der Übergang von einem SSESV zum randomisierten sequentiellen statistischen Entscheidungsproblem mit sequentieller Versuchsplanung (kurz: RSSESV) geschieht nun in der Weise, daß man auf jeder Stufe des SSESV zu randomisierten Stopp-, Endentscheidungs- und Auswahlregeln übergeht.

Es seien
$$[\{0, 1\}^*, \mathscr{B}_{\{0,1\}^*}];\ [A^*, \mathscr{B}_{A^*}];\ [V_i^{(0)*}, \mathscr{B}_{V_i^{(0)*}}]; \qquad i \in \mathsf{N} \tag{2.4.13}$$
meßbare Räume von Wahrscheinlichkeitsverteilungen über den meßbaren Räumen $[\{0, 1\}, \mathscr{P}(\{0, 1\})]$ bzw. $[A, \mathscr{B}_A]$ bzw. $[V_i^{(0)}, \mathscr{B}_{V_i^{(0)}}]$. Für jede Folge $\{V_{n_i}\}_{i \in \mathsf{N}} \in V^{(s)}$ seien
$$\widetilde{\Phi}_0(\{V_{n_i}\}_{i \in \mathsf{N}}) := \left\{\widetilde{\varphi} = \{\widetilde{\varphi}_i\}_{i \in \mathsf{N}}: \forall i \in \mathsf{N}: \widetilde{\varphi}_i \in \mathscr{F}\left(\bigotimes_{j=1}^{i} \mathscr{B}_{C(V_{n_j})}, \mathscr{B}_{\{0,1\}^*}\right)\right\} \tag{2.4.14}$$
$$\widetilde{D}_0(\{V_{n_i}\}_{i \in \mathsf{N}}) := \left\{\widetilde{d} = \{\widetilde{d}_i\}_{i \in \mathsf{N}}: \forall i \in \mathsf{N}: \widetilde{d}_i \in \mathscr{F}\left(\bigotimes_{j=1}^{i} \mathscr{B}_{C(V_{n_j})}, \mathscr{B}_{A^*}\right)\right\} \tag{2.4.15}$$
$$\widetilde{\Gamma}_0(\{V_{n_i}\}_{i \in \mathsf{N}}) := \left\{\widetilde{\gamma} = \{\widetilde{\gamma}_i\}_{i \in \mathsf{N}}: \widetilde{\gamma}_1 \in V_1^{(0)*} \wedge \forall i \in \mathsf{N}: \gamma_{i+1} \in \mathscr{F}\left(\bigotimes_{j=1}^{i} \mathscr{B}_{C(V_{n_j})}, \mathscr{B}_{V_i^{(0)*}}\right)\right\} \tag{2.4.16}$$

sowie

$$\widetilde{U}_0^{(s)}(\{V_{n_i}\}_{i\in\mathsf{N}}) = \widetilde{\Gamma}_0(\{V_{n_i}\}_{i\in\mathsf{N}}) \times \widetilde{\Phi}_0(\{V_{n_i}\}_{i\in\mathsf{N}}) \times \widetilde{D}_0(\{V_{n_i}\}_{i\in\mathsf{N}}) . \qquad (2.4.17)$$

Mittels der Verlustfunktion $L^{(s)}$ gemäß Def. 2.4.3 erklären wir über $Z \times (V^{(0)*})^{\mathsf{N}} \times (\{0, 1\}^*)^{\mathsf{N}} \times (A^*)^{\mathsf{N}}$ die Funktion $\widetilde{L}^{(s)}$ mit Werten in $\Omega_L \cup \{\infty\}$ durch

$$\forall z \in Z\ \forall \{V_{n_i}\}_{i\in\mathsf{N}} \in V^{(s)}\ \forall (\tilde{\gamma}, \tilde{\varphi}, \tilde{d}) \in \widetilde{U}_0^{(s)}(\{V_{n_i}\}_{i\in\mathsf{N}})\ \forall y \in \underset{i\in\mathsf{N}}{\times} C(V_{n_i}):$$

$$\widetilde{L}^{(s)}(z; \tilde{\gamma}(y), \tilde{\varphi}(y), \tilde{d}(y)) = \begin{cases} \mathrm{E}_{(\tilde{\gamma}, \tilde{\varphi}, \tilde{d})|y}\ L^{(s)}(z; \tilde{\gamma}(y), \tilde{\varphi}(y), \tilde{d}(y)) \\ \infty, \qquad \text{falls der Erwartungswert nicht existiert.} \end{cases} \qquad (2.4.18)$$

Für alle $\{V_{n_i}\}_{i\in\mathsf{N}} \in V^{(s)}$ sei

$$\widetilde{U}^{(s)}(\{V_{n_i}\}_{i\in\mathsf{N}}) = \Big\{\tilde{u}^{(s)} \in \widetilde{U}_0^{(s)}(\{V_{n_i}\}_{i\in\mathsf{N}}): \exists f \mid Z \to \Omega_L \forall z \in Z:$$

$$f(z) = \mathrm{E}_{\mathfrak{Y}\left(\sum\limits_{i\in\mathsf{N}} V_{n_i}\right)|z}\, \widetilde{L}^{(s)}\left(z; \tilde{u}^{(s)}\left(\mathfrak{Y}\left(\sum_{i\in\mathsf{N}} V_{n_i}\right)\right)\right)\Big\} . \qquad (2.4.19)$$

Def. 2.4.5: Das Tripel $\widetilde{G}^{(s)} = [Z, \widetilde{U}^{(s)}, \widetilde{R}^{(s)})]$ heißt *randomisiertes sequentielles statistisches Entscheidungsproblem mit sequentieller Versuchsplanung* (*RSSESV*) $=_{\mathrm{df}}$

1. $\widetilde{U}^{(s)} \subseteq \bigcup\limits_{v^{(s)} \in V^{(s)}} \widetilde{U}^{(s)}(v^{(s)})$,

2. $\widetilde{R}^{(s)} \mid Z \times \widetilde{U}^{(s)} \to \Omega_L \wedge \forall z \in Z\ \forall (\tilde{\gamma}, \tilde{\varphi}, \tilde{d}) \in \widetilde{U}^{(s)}:$

$$\widetilde{R}^{(s)}(z; \tilde{\gamma}, \tilde{\varphi}, \tilde{d}) = \mathrm{E}_{\mathfrak{Y}|z} \widetilde{L}^{(s)}(z; \tilde{\gamma}(\mathfrak{Y}), \tilde{\varphi}(\mathfrak{Y}), \tilde{d}(\mathfrak{Y})) \bullet \qquad (2.4.20)$$

Die Glieder $\tilde{\gamma}_i$ bzw. $\tilde{\varphi}_i$ bzw. $\tilde{d}_i$ von $(\tilde{\gamma}, \tilde{\varphi}, \tilde{d}) \in \widetilde{U}^{(s)}$ heißen *Verhaltensauswahlregel* bzw. *Verhaltensstoppregel* bzw. *Verhaltensendentscheidungsregel* auf der Stufe $i \in \mathsf{N}$.

Im RSSESV $\widetilde{G}^{(s)} = [Z, \widetilde{U}^{(s)}, \widetilde{R}^{(s)}]$ beginnt der Statistiker auf der ersten Stufe mit der Gewinnung eines Anfangsplanes V_{n_1}, indem er eine zufällige Variable $\mathfrak{X}_{\tilde{\gamma}_1}$ mit der Verteilung $\tilde{\gamma}_1$ realisiert. Mit V_{n_1} wird eine Realisierung $\boldsymbol{y}_1 = \boldsymbol{y}(V_{n_1})$ von $\mathfrak{Y}(V_{n_1})$ beobachtet. Daraufhin wird mit der Verhaltensstoppregel $\tilde{\varphi}_1$ von $\tilde{\varphi}$ eine zufällige Variable $\mathfrak{X}_{\tilde{\varphi}_1(\boldsymbol{y}_1)}$ mit der Verteilung $\tilde{\varphi}_1(\boldsymbol{y}_1) \in \{0, 1\}^*$ realisiert. Erhält der Statistiker dabei die Realisierung $x_{\tilde{\varphi}_1(\boldsymbol{y}_1)} = 0$, so wird mit der Verhaltensendentscheidungsregel $\tilde{d}_1$ von $\tilde{d}$ eine zufällige Variable $\mathfrak{X}_{\tilde{d}_1(\boldsymbol{y}_1)}$ mit der Verteilung $\tilde{d}_1(\boldsymbol{y}_1) \in A^*$ beobachtet. Die Realisierung $x_{\tilde{d}_1(\boldsymbol{y}_1)}$ von $\mathfrak{X}_{\tilde{d}_1(\boldsymbol{y}_1)}$ stellt dann die Endentscheidung dar. Erhält er dagegen als Realisierung von $\mathfrak{X}_{\tilde{\varphi}_1(\boldsymbol{y}_1)}$ den Wert $x_{\tilde{\varphi}_1(\boldsymbol{y}_1)} = 1$, so wird zur zweiten Stufe übergegangen.

Es sei nun $i \geqq 2$; $i \in \mathsf{N}$. Bis zur $(i-1)$-ten Stufe seien bereits gemäß den Verteilungen der zufälligen Variablen $\tilde{\gamma}_1, \dots, \tilde{\gamma}_{i-1}$ die Versuchspläne $V_{n_1}, \dots, V_{n_{i-1}}$ ausgewählt und die Realisierungen $\boldsymbol{y}(V_{n_1}), \dots, \boldsymbol{y}(V_{n_{i-1}})$ erhalten worden. Auf der $(i-1)$-ten Stufe sei entsprechend der Realisierung einer zufälligen Variablen $\mathfrak{X}_{\tilde{\varphi}_{i-1}(\boldsymbol{y}(\widetilde{V}_{N_{i-1}}))}$ mit der Verteilung $\tilde{\varphi}_{i-1}(\boldsymbol{y}(\widetilde{V}_{N_{i-1}}))$ nicht gestoppt worden. Auf der i-ten Stufe beobachtet dann der Statistiker die Realisierung $x_{\tilde{\gamma}_i(\boldsymbol{y}(\widetilde{V}_{N_{i-1}}))}$ einer zufälligen Variablen $\mathfrak{X}_{\tilde{\gamma}_i(\boldsymbol{y}(\widetilde{V}_{N_{i-1}}))}$, die die Verteilung $\tilde{\gamma}_i(\boldsymbol{y}(\widetilde{V}_{N_{i-1}})) \in V_i^{(0)*}$ besitzt. Er erhält dadurch den konkreten Versuchsplan $V_{n_i} = x_{\tilde{\gamma}_i(\boldsymbol{y}(\widetilde{V}_{N_{i-1}}))} \in V_i^{(0)}$. Der Plan V_{n_i} wird durchgeführt und mit der Realisierung $\boldsymbol{y}(\widetilde{V}_{N_i}) = (\boldsymbol{y}(\widetilde{V}_{N_{i-1}})', \boldsymbol{y}(V_{n_i})')'$ sowie der Verhaltensstoppregel $\tilde{\varphi}_i$ von $\tilde{\varphi}$ wird eine zufällige Variable $\mathfrak{X}_{\tilde{\varphi}_i(\boldsymbol{y}(\widetilde{V}_{N_i}))}$ mit der Verteilung $\tilde{\varphi}_i(\boldsymbol{y}(\widetilde{V}_{N_i})) \in \{0, 1\}^*$ beobachtet. Falls die Realisierung dieser zufälligen Variablen eine Stoppentscheidung ergibt, so wird eine zufällige Variable $\mathfrak{X}_{\tilde{d}_i(\boldsymbol{y}(\tilde{V}_{N_i}))}$ mit der Verteilung $\tilde{d}_i(\boldsymbol{y}(\tilde{V}_{N_i})) \in A^*$ beobachtet. Erhält der Statistiker dabei die Realisierung $x_{\tilde{d}_i(\boldsymbol{y}(\tilde{V}_{N_i}))} =: a_i$, so trifft er die Endentscheidung $a_i \in A$. Falls er dagegen bei der Beobachtung von $\mathfrak{X}_{\tilde{\varphi}_i(\boldsymbol{y}(\tilde{V}_{N_i}))}$ den Wert 1 erhält, so geht er zur $(i+1)$-ten Stufe über und realisiert auf dieser Stufe die Verhaltensauswahlregel $\tilde{\gamma}_{i+1}$ sowie die Verhaltensstoppregel $\tilde{\varphi}_{i+1}$ und ggf. die Endentscheidungsregel $\tilde{d}_{i+1}$.

Für jede Folge $\{V_{n_i}\}_{i\in\mathsf{N}} \in V^{(s)}$ und jede sequentielle Entscheidungsfunktion $\tilde{u}^{(s)} = (\{\tilde{\gamma}_i\}_{i\in\mathsf{N}}, \{\tilde{\varphi}_i\}_{i\in\mathsf{N}}, \{\tilde{d}_i\}_{i\in\mathsf{N}}) \in \tilde{U}^{(s)}(\{V_{n_i}\}_{i\in\mathsf{N}})$ wird das Tupel

$$[\tilde{V}_{N_i}, \mathfrak{Y}(\tilde{V}_{N_i}), \tilde{\gamma}_i, \tilde{\varphi}_i, \tilde{d}_i] \tag{2.4.21}$$

eine *i-te Stufe des RSSESV* $\tilde{G}^{(s)} = [Z, \tilde{U}^{(s)}, \tilde{R}^{(s)}]$ genannt. Die Verhaltensauswahlregel $\tilde{\gamma}_1 \in V_1^{(0)*}$ und die Bilder $\tilde{\gamma}_{i+1}(\boldsymbol{y}(\tilde{V}_{N_i})) \in V_{i+1}^{(0)*}$; $\boldsymbol{y}(\tilde{V}_{N_i}) \in \times_{j=1}^{i} C(V_{n_j})$; der Verhaltensauswahlregeln $\tilde{\gamma}_{i+1}$ heißen *randomisierte Versuchspläne* auf der Stufe $i \in \mathsf{N}$. Jeder randomisierte Versuchsplan auf der Stufe i ist ein Wahrscheinlichkeitsmaß über $[V_i^{(0)}, \mathscr{B}_{V_i^{(0)}}]$, gemäß dem konkrete Versuchspläne aus $V_i^{(0)}$ realisiert werden.

Es wird nun wieder das nichtrandomisierte SSESV $G^{(s)} = [Z, U^{(s)}, R^{(s)}]$ gemäß Def. 2.4.4 betrachtet. Es bezeichne für jede gemäß der Auswahlregel $\gamma \in \Gamma(\{V_{n_i}\}_{i\in\mathsf{N}})$ festgelegte Folge $\{V_{n_i}\}_{i\in\mathsf{N}} \in V_U^{(s)}$ von Versuchsplänen

$$\forall z \in Z \ \forall u^{(s)\prime} = (\varphi, d) \in U^{(s)\prime}(\{V_{n_i}\}_{i\in\mathsf{N}}):$$
$$R_\gamma^{(s)}(z; \varphi, d, \{V_{n_i}\}_{i\in\mathsf{N}}) = \mathrm{E}_{\mathfrak{Y}\left(\sum_{i\in\mathsf{N}} V_{n_i}\right)|z} L^{(s)}\left(z; u^{(s)\prime}\left(\mathfrak{Y}\left(\sum_{i\in\mathsf{N}} V_{n_i}\right)\right)\right) \tag{2.4.22}$$

das Risiko für die Entscheidungsfunktionen φ und d bei gegebenem γ. Für jede Realisierung $\{V_{n_i}\}_{i\in\mathsf{N}} \in V_U^{(s)}$ von γ bezeichne weiter ψ_i die Wahrscheinlichkeit, mit der auf der Stufe $i \in \mathsf{N}$ gemäß der Stoppentscheidungsfunktion φ gestoppt wird, d. h.

$$\forall j \in \mathsf{N} \ \forall \{V_{n_i}\}_{i\in\mathsf{N}} \in V_U^{(s)}: \psi_j(\mathfrak{Y}(\tilde{V}_{N_j})) = [1 - \varphi_j(\mathfrak{Y}(\tilde{V}_{N_j}))] \cdot \prod_{i=1}^{j-1} \varphi_i(\mathfrak{Y}(\tilde{V}_{N_i})) \,.$$

Bricht das SSESV gemäß φ nach k Stufen ab; $k \in \mathsf{N}$; so gilt nach Definition der Verlustfunktion $L^{(s)}$ (vgl. Def. 2.4.3):

$$\forall z \in Z \ \forall \{V_{n_i}\}_{i\in\mathsf{N}} \in V^{(s)} \ \forall u^{(s)} \in U^{(s)}(\{V_{n_i}\}_{i\in\mathsf{N}}) \ \forall y \in \times_{i\in\mathsf{N}} C(V_{n_i}):$$
$$L^{(s)}(z; u^{(s)}(y)) = L(z; d_k(\boldsymbol{y}(\tilde{V}_{N_k}))) + c(z; V_{n_1}, \dots, V_{n_k}) \,.$$

Entsprechend Def. 2.4.3 folgt somit

$$\forall z \in Z \ \forall \{V_{n_i}\}_{i\in\mathsf{N}} \in V_U^{(s)} \ \forall u^{(s)} = (\gamma, \varphi, d) \in U^{(s)}(\{V_{n_i}\}_{i\in\mathsf{N}}): R_\gamma^{(s)}(z; \varphi, d, \{V_{n_i}\}_{i\in\mathsf{N}})$$
$$= \sum_{i\in\mathsf{N}} \mathrm{E}_{\mathfrak{Y}(\tilde{V}_{N_i})|z}\, \psi_i(\mathfrak{Y}(\tilde{V}_{N_i})) \cdot [L(z; d_i(\mathfrak{Y}(\tilde{V}_{N_i}))) + c(z; V_{n_1}, \dots, V_{n_i})] \,. \tag{2.4.23}$$

Für eine umfangreiche Klasse von Verlustfunktionen $L^{(s)}$ gemäß Def. 2.4.3 genügt es, nur solche Auswahlregeln zu berücksichtigen, die auf jeder Stufe $i \in \mathsf{N}$ Einelementpläne auswählen.

Es sei die folgende Voraussetzung über die Kostenfunktion $c \mid Z \times \left(\bigcup_{i\in\mathsf{N}} (V^{(0)})^i\right) \to \Omega_L$ erfüllt.

Vor. 2.4.1:

$$\exists \bar{c} \mid Z \times \bigcup_{i \in \mathsf{N}} (V^{(0)})^i \to \Omega_L \; \forall z \in Z \; \forall \{V_{n_i}\}_{i \in \mathsf{N}} \in V_U^{(s)} \; \forall j \in \mathsf{N}:$$

$$c(z; V_{n_1}, \ldots, V_{n_j}) = \bar{c}\left(z; \sum_{i=1}^{j} V_{n_i}\right) \bullet$$

Damit sind die Kosten auf jeder Stufe $i \in \mathsf{N}$ nur abhängig von den Versuchskosten für die Durchführung des Gesamtplanes bis zu dieser Stufe; die Vor. 2.4.1 ist z. B. nicht erfüllt, wenn Kosten durch die Unterbrechung der Versuche auf den einzelnen Stufen entstehen.

Satz 2.4.1: Es gelte Vor. 2.4.1, und es sei $G^{(s)} = [Z, U^{(s)}, R^{(s)}]$ ein SSESV mit der Strategienmenge

$$U^{(s)} = \bigcup_{v^{(s)} \in V_U^{(s)}} \Gamma(v^{(s)}) \times U^{(s)'}(v^{(s)}); \qquad V_U^{(s)} \subseteq V^{(s)}.$$

Für die Menge $V_U^{(s)}$ gelte

$$V_U^{(s)} \supseteq V^{\mathsf{N}}. \tag{2.4.24}$$

Dann ist die Strategienmenge

$$U_1^{(s)} = \bigcup_{\{v_i\}_{i \in \mathsf{N}} \in V^{\mathsf{N}}} (\Gamma(\{v_i\}_{i \in \mathsf{N}}) \times U^{(s)'}(\{v_i\}_{i \in \mathsf{N}})) \tag{2.4.25}$$

schwach vollständig in $G^{(s)}$ •

Beweis: Es seien

$$\{V_{n_i}^*\}_{i \in \mathsf{N}} \in V_U^{(s)} \setminus V^{\mathsf{N}}; \; V_{n_i}^* = (v_1^{(i)}, \ldots, v_{n_i}^{(i)});$$

und

$$(\{\gamma_i^{(0)}\}_{i \in \mathsf{N}}, \{\varphi_i^{(0)}\}_{i \in \mathsf{N}}, \{d_i^{(0)}\}_{i \in \mathsf{N}}) \in U^{(s)} \setminus U_1^{(s)}.$$

Mit (2.4.23) gilt wegen Vor. 2.4.1

$$\forall z \in Z: R_{\gamma^0}^{(s)}(z; \varphi^0, d^0, \{V_{n_i}^*\}_{i \in \mathsf{N}}) = \sum_{i \in \mathsf{N}} \mathrm{E}_{\mathfrak{Y}(\tilde{V}_{N_i}^*)|z} \, \psi_i^{(0)}(\mathfrak{Y}(\tilde{V}_{N_i}^*)) \cdot [L(z; d_i^{(0)}(\mathfrak{Y}(\tilde{V}_{N_i}^*))) + c(z; \tilde{V}_{N_i}^*)],$$

wobei

$$\psi_i^{(0)} = [1 - \varphi_i^{(0)}] \cdot \prod_{j=1}^{i-1} \varphi_j^{(0)}; \quad i \in \mathsf{N}.$$

Mit V_{ij} seien die Einelement-Pläne $V_{ij} = (v_j^{(i)})$, mit $\tilde{V}_j^{(i)} := \sum_{l=1}^{i} \sum_{q=1}^{j} V_{lq}$ der Gesamtplan bis zur Stufe $i_j = \sum_{k=1}^{i-1} n_k + j$ bezeichnet und zur Abkürzung sei $\bar{v}^{(s)} := \{V_{ij}\}_{i \in \mathsf{N};\, j \in \{1, \ldots, n_i\}}$. Es sei $\bar{\gamma} = \{\gamma_j^{(i)}\}_{i \in \mathsf{N};\, j \in \{1, \ldots, n_i\}} \in \Gamma(\bar{v}^{(s)})$ die Auswahlentscheidungsfunktion, für die $\gamma_j^{(i)}$ auf jeder Stufe i_j den Einelementplan V_{ij} als Wert annimmt; $i \in \mathsf{N}$; $j = 1, \ldots, n_i$.

Weiter seien $\bar{d} = \{d_j^{(i)}\}_{i \in \mathsf{N};\, j \in \{1, \ldots, n_i\}}$ eine Endentscheidungsfunktion gemäß

$$\forall i \in \mathsf{N} \; \forall j \in \{1, \ldots, n_i - 1\}: d_{n_i}^{(i)} = d_i^{(0)} \wedge d_j^{(i)} \in \mathcal{F}\left(\bigotimes_{l=1}^{i} \bigotimes_{q=1}^{j} \mathcal{B}_{C(V_{lq})}, \mathcal{B}_A\right)$$

und $\bar{\varphi} = \{\varphi_j^{(i)}\}_{i \in \mathsf{N};\, j \in \{1, \ldots, n_i\}}$ die Stoppentscheidungsfunktion mit

$$\forall i \in \mathsf{N} \; \forall j \in \{1, \ldots, n_i - 1\}: \varphi_{n_i}^{(i)} = \varphi_i^{(0)} \wedge \varphi_j^{(i)} \equiv 1.$$

Bezeichnet $\bar{u}^{(s)} = (\bar{\gamma}, \bar{\varphi}, \bar{d})$, so erhält man als Risiko der Strategie $(\bar{\varphi}, \bar{d}) \in U^{(s)\prime}(\bar{v}^{(s)})$ für das gegebene $\bar{\gamma} \in \Gamma(\bar{v}^{(s)})$

$$\forall z \in Z:\ R_{\bar{\gamma}}^{(s)}(z; \bar{\varphi}, \bar{d}, \bar{v}^{(s)}) = \mathrm{E}_{\mathfrak{Y}\left(\sum\limits_{i \in \mathsf{N}} \sum\limits_{j=1}^{n_i} V_{ij}\right)|z}\, L^{(s)}\left(z; \bar{u}^{(s)}\left(\mathfrak{Y}\left(\sum_{i \in \mathsf{N}} \sum_{j=1}^{n_i} V_{ij}\right)\right)\right)$$

$$= \sum_{i \in \mathsf{N}} \sum_{j=1}^{n_i} \mathrm{E}_{\mathfrak{Y}(\widetilde{V}_j^{(i)})|z}\, \psi_j^{(i)}(\mathfrak{Y}(\widetilde{V}_j^{(i)})) \cdot [L(z; d_j^{(i)}(\mathfrak{Y}(\widetilde{V}_j^{(i)}))) + c(z; \widetilde{V}_j^{(i)})]\,.$$

Dabei gilt für die Stoppwahrscheinlichkeiten $\psi_j^{(i)}$

$$\forall i \in \mathsf{N}\ \forall j \in \{1, \dots, n_i - 1\}:$$

$$\psi_j^{(i)}(\mathfrak{Y}(\widetilde{V}_j^{(i)})) = [1 - \varphi_j^{(i)}(\mathfrak{Y}(\widetilde{V}_j^{(i)}))] \cdot \prod_{l=1}^{i} \prod_{q=1}^{j-1} \varphi_q^{(l)}(\mathfrak{Y}(\widetilde{V}_q^{(l)})) \equiv 0$$

$$\wedge\ \psi_{n_i}^{(i)}(\mathfrak{Y}(\widetilde{V}_{n_i}^{(i)})) = [1 - \varphi_{n_i}^{(i)}(\mathfrak{Y}(\widetilde{V}_{n_i}^{(i)}))] \cdot \prod_{k=1}^{n_i - 1} \varphi_{nk}^{(k)}(\mathfrak{Y}(\widetilde{V}_{nk}^{(k)}))$$

$$= [1 - \varphi_i^{(0)}(\mathfrak{Y}(\widetilde{V}_{n_i}^{(i)}))] \cdot \prod_{k=1}^{n_i - 1} \varphi_k^{(0)}(\mathfrak{Y}(\widetilde{V}_{nk}^{(k)})) = \psi_i^{(0)}(\mathfrak{Y}(\widetilde{V}_{n_i}^{(i)}))\,.$$

Damit folgt

$$\forall z \in Z:\ R_{\bar{\gamma}}^{(s)}(z; \bar{\varphi}, \bar{d}, \bar{v}^{(s)}) = \sum_{i \in \mathsf{N}} \mathrm{E}_{\mathfrak{Y}(\widetilde{V}_{n_i}^{(i)})|z}\, \psi_{n_i}^{(i)}(\mathfrak{Y}(\widetilde{V}_{n_i}^{(i)})) \cdot [L(z; d_{n_i}^{(i)}(\mathfrak{Y}(\widetilde{V}_{n_i}^{(i)}))) + c(z; \widetilde{V}_{n_i}^{(i)})]\,.$$

Wegen Vor. 2.4.1 sowie $\widetilde{V}_{n_i}^{(i)} = \sum\limits_{l=1}^{i} \sum\limits_{q=1}^{n_l} V_{lq} = \sum\limits_{l=1}^{i} V_{nl}^{*} = \widetilde{V}_{N_i}^{*}$ und $d_{n_i}^{(i)} = d_i^{(0)}$; $i \in \mathsf{N}$; gilt somit

$$\forall z \in Z:\ R_{\bar{\gamma}}^{(s)}(z; \bar{\varphi}, \bar{d}, \bar{v}^{(s)}) = \sum_{i \in \mathsf{N}} \mathrm{E}_{\mathfrak{Y}(\widetilde{V}_{N_i}^{*})|z}\, \psi_i^{(0)}(\mathfrak{Y}(\widetilde{V}_{N_i}^{*})) \cdot [L((z; d_i^{(0)}(\mathfrak{Y}(\widetilde{V}_{N_i}^{*}))) + c(z; \widetilde{V}_{N_i}^{*})]$$

$$= R_{\gamma^0}^{(s)}(z; \varphi^0, d^0, \{V_{ni}^{*}\}_{i \in \mathsf{N}})\,.$$

Zu jeder Folge $v_0^{(s)} = \{V_{ni}^{*}\}_{i \in \mathsf{N}} \in V_U^{(s)}$ und zu jeder sequentiellen Entscheidungsfunktion $(\gamma^0, \varphi^0, d^0) \in \Gamma(v_0^{(s)}) \times U^{(s)\prime}(v_0^{(s)})$ gibt es also eine Folge $\bar{v}^{(s)} \in V^{\mathsf{N}}$ und eine sequentielle Entscheidungsfunktion $(\bar{\gamma}, \bar{\varphi}, \bar{d}) \in \Gamma(\bar{v}^{(s)}) \times U^{(s)\prime}(\bar{v}^{(s)})$, wobei $\bar{\gamma}$ eine Auswahlentscheidungsfunktion ist, die auf jeder Stufe Einelementpläne auswählt, so daß

$$\forall z \in Z:\ R_{\bar{\gamma}}^{(s)}(z; \bar{\varphi}, \bar{d}, \bar{v}^{(s)}) = R_{\gamma_0}^{(s)}(z; \varphi^0, d^0, v_0^{(s)})\,.$$

Damit haben aber diese Strategien auch das gleiche sequentielle Risiko $R^{(s)}$:

$$\forall z \in Z:\ R^{(s)}(z; \bar{\gamma}\, \bar{\varphi}, \bar{d}) = R^{(s)}(z; \gamma^0, \varphi^0, d^0)\,.$$

Folglich existiert zu jedem $(\gamma^0, \varphi^0, d^0) \in U^{(s)} \setminus U_1^{(s)}$ eine äquivalente sequentielle Entscheidungsfunktion $(\bar{\gamma}, \bar{\varphi}, \bar{d}) \in U_1^{(s)}$.

Bei Gültigkeit der Vor. 2.4.1 kann man sich also von vornherein auf die Einelement-Planung beschränken.

Es sei $Q \mid (\Omega_L)^{Z \times U^{(s)}} \to (\Omega_L)^{U^{(s)}}$ ein Operator, dann heißt die durch

$$\forall (\gamma, \varphi, d) \in U^{(s)}:\ R_Q^{(s)}(\gamma, \varphi, d) := Q R^{(s)}(\cdot; \gamma, \varphi, d) \tag{2.4.26}$$

gegebene Funktion $R_Q^{(s)} \mid U^{(s)} \to \Omega_L$ das *Q-Risiko im SSESV* $G^{(s)} = [Z, U^{(s)}, R^{(s)}]$. Die Strategie $u^{(s)*} = (\gamma^*, \varphi^*, d^*) \in U^{(s)}$ heißt *Q-optimal im SSESV* $[Z, U^{(s)}, R^{(s)}]$, wenn gilt

$$R_Q^{(s)}(\gamma^*, \varphi^*, d^*) = \inf_{(\gamma, \varphi, d) \in U^{(s)}} R_Q^{(s)}(\gamma, \varphi, d)\,.$$

Es seien ζ eine zufällige Variable mit der Verteilung P_ζ über $[Z, \mathcal{B}_Z]$ und speziell

$$Q = \mathrm{E}_\zeta$$

der Erwartungsoperator bez. dieser Verteilung.

Def. 2.4.6: a) Die Funktion $\varrho^{(s)}(P_\zeta; \cdot, \cdot, \cdot) \mid U^{(s)} \to \Omega_L$ heißt *bayessches Risiko im SSESV* $G^{(s)} = [Z, U^{(s)}, R^{(s)}]$ *bez. der (a-priori-)Verteilung* $P_\zeta =_{\text{df}}$

$$\forall u^{(s)} = (\gamma, \varphi, d) \in U^{(s)}: \varrho^{(s)}(P_\zeta; \gamma, \varphi, d) := R_Q^{(s)}(u^{(s)}) = \mathrm{E}_\zeta R^{(s)}(\zeta; \gamma, \varphi, d)\,.$$

b) Das Tripel $(\gamma^*, \varphi^*, d^*) \in U^{(s)}$ heißt *sequentielle bayessche Entscheidungsfunktion in* $G^{(s)} = [Z, U^{(s)}, R^{(s)}]$ *bez.* $P_\zeta =_{\text{df}}$

$$\varrho^{(s)}(P_\zeta; \gamma^*, \varphi^*, d^*) = \inf_{(\gamma, \varphi, d) \in U^{(s)}} \varrho^{(s)}(P_\zeta; \gamma, \varphi, d) \bullet$$

Bayes-Lösungen für das allgemeine SSESV $G^{(s)} = [Z, U^{(s)}, R^{(s)}]$ sind in Wald [2] untersucht worden. Für das spezielle SSESV, in dem nur sequentielle Entscheidungsfunktionen aus der Menge $U_1^{(s)}$ gemäß (2.4.25) betrachtet werden, sind bayessche sequentielle Entscheidungsfunktionen in Wald [2], Arrow/Blackwell/Girshick [1], Ferguson [1] behandelt worden. Diese können jedoch, abgesehen von Fällen, in denen einschränkende Voraussetzungen an Z, A und c gestellt werden, nicht explizit angegeben werden.

Für sequentielle statistische Entscheidungsprobleme mit Versuchsplanung gilt in Analogie zur Aussage des Satzes 1.5.6 die folgende Aussage.

Satz 2.4.2 (Wald): In jedem SSESV $G^{(s)} = [Z, U^{(s)}, R^{(s)}]$ ist die Menge aller Strategien, die bayessch bez. einer a-priori-Verteilung aus Z^* sind, schwach vollständig $\bullet$

Es sei $G^{(s)} = [Z, U^{(s)}, R^{(s)}]$ ein SSESV mit

$$U^{(s)} = \bigcup_{v^{(s)} \in V_U^{(s)}} \Gamma_0(v^{(s)}) \times U_0^{(s)\prime}(v^{(s)}); \qquad V_U^{(s)} \subseteq V^{(s)}\,.$$

Für jedes $v^{(s)} \in V^{(s)}$ und jede Stoppentscheidungsfunktion φ in $G^{(s)}$ bezeichne

$$D(\varphi, v^{(s)}) = \{d: (\varphi, d) \in U_0^{(s)\prime}(v^{(s)})\}\,. \tag{2.4.27}$$

Die Entscheidungsfunktion $d^* = \{d_i^*\}_{i \in \mathsf{N}}$ einer sequentiellen bayesschen Entscheidungsfunktion $(\gamma^*, \varphi^*, d^*)$ in $G^{(s)}$ kann unabhängig von der Stopp- und Auswahlentscheidungsfunktion bestimmt werden. Insbesondere können die optimalen Endentscheidungsregeln d_i^* auf jeder Stufe $i \in \mathsf{N}$ als bayessche Entscheidungsfunktionen im entsprechenden nichtsequentiellen statistischen Entscheidungsproblem gewonnen werden.

Satz 2.4.3 (Wald): Es seien $[Z, U_R, R]$; U_R aus (2.2.5); ein statistisches Entscheidungsproblem (vgl. Def. 2.2.3). Für alle $V_n \in V^{(0)}$ sei die Entscheidungsfunktion $d^0(\cdot, V_n) \in D(V_n)$ bayessch in $[Z, U_R, R]$ bez. der a-priori-Verteilung $P_\zeta \in Z^*$. Dann gilt mit der Endentscheidungsfunktion

$$d^* = \{d_i^*\}_{i \in \mathsf{N}}; \qquad \forall i \in \mathsf{N}: d_i^* = d^0(\cdot, \widetilde{V}_{N_i})$$

für jedes $v^{(s)} = \{V_{n_i}\}_{i \in \mathsf{N}} \in V_U^{(s)}$ und jede Stoppregel φ, für die $(\varphi, d^*) \in U^{(s)\prime}(v^{(s)})$ ist,

$$\forall v^{(s)} \in V^{(s)}\ \forall \gamma \in \Gamma(v^{(s)}): \varrho^{(s)}(P_\zeta; \gamma, \varphi, d^*) = \inf_{d \in D(\varphi, v^{(s)})} \varrho^{(s)}(P_\zeta; \gamma, \varphi, d) \bullet$$

3. DAS SCHÄTZPROBLEM BEI WAHREM LINEAREM REGRESSIONSANSATZ (OHNE A-PRIORI-KENNTNISSE)

Nachdem im vorangegangenen Kapitel das Gesamtproblem der optimalen Versuchsplanung im Regressionsmodell entscheidungstheoretisch formuliert wurde, obliegt es den weiteren Kapiteln, wesentliche Spezialfälle genauer zu untersuchen. Am weitesten entwickelt ist die Theorie zum Schätz- und Planungsproblem bei wahrem linearem Regressionsansatz. Sie wird in den Kapiteln 3 bis 7 dargestellt. In diesem Kapitel wird zunächst das bereits in (2.3.42) formulierte Schätzproblem bei gegebenem wahrem und linearem Ansatz weiter verfolgt. Die Hauptaufgabe besteht dabei darin, die Verwendung von Schätzungen nach der Methode der kleinsten Quadrate als Grundlage für das Versuchsplanungsproblem zu rechtfertigen bzw. ihre Grenzen aufzuzeigen. Eine präzise Aufgabenstellung erfolgt im Laufe des folgenden Abschnittes.

Im gesamten Kapitel 3 haben Vor. 2.3.7 (wahrer Ansatz), Vor. 2.3.8 (linearer Ansatz) und außer im Abschnitt 3.5.3 Vor. 2.3.9 (Existenz von $\boldsymbol{B}_\varepsilon$) Gültigkeit.

3.1. Problemstellung, weitere Voraussetzungen, Definitionen und Bezeichnungen

Unter den Voraussetzungen dieses Kapitels wird das Schätz- und Planungsproblem bei wahrem linearem Ansatz durch das statistische Entscheidungsproblem

$$G^{(\psi)} = [\Theta \times K \times H, U^{(\psi)}, R^{(\psi)}] \tag{3.1.1}$$

mit

$$U^{(\psi)} = \bigcup_{V_n \in V^{(0)}} (D^{(\psi)}(V_n) \times \{V_n\})$$

und $R^{(\psi)}$ gemäß (2.3.37) beschrieben (vgl. Def. 2.3.4 und (2.3.39)).

Es sei wie in (2.3.31) und (2.3.32)

$$\forall \boldsymbol{x} \in H\ \exists \boldsymbol{A}(\boldsymbol{x}) \in \mathcal{M}^{(s)}_{s \times r}\ \forall \boldsymbol{\vartheta} \in \Theta : \boldsymbol{\psi}(\boldsymbol{x}, \boldsymbol{\vartheta}) = \boldsymbol{A}(\boldsymbol{x})\, \boldsymbol{\vartheta}\ . \tag{3.1.2}$$

Auf Grund von Beobachtungen der Form

$$\mathfrak{Y}(V_n) = \boldsymbol{F}(V_n)\, \boldsymbol{\vartheta} + \boldsymbol{\varepsilon}(V_n); \qquad \boldsymbol{\vartheta} \in \Theta, \quad V_n \in V^{(0)} \tag{3.1.3}$$

(s. (2.3.28)), d. h. auf der Grundlage eines linearen Regressionsmodells $(\mathfrak{Y}, \boldsymbol{F\vartheta}, \boldsymbol{B}_\varepsilon)$ (s. Def. 2.3.3) sollen Q-optimale Strategien $(\hat{\boldsymbol{\psi}}(\boldsymbol{x}, \cdot, V_n), V_n)^* \in U^{(\psi)}$ in $G^{(\psi)}$ zur Schätzung von $\boldsymbol{\psi}(\boldsymbol{x}, \boldsymbol{\vartheta})$ bestimmt werden. Wir betrachten in diesem Kapitel im wesentlichen die Minimaxoptimalität (d. h. $Q = \sup\limits_{(\boldsymbol{\vartheta}, w, \boldsymbol{x}) \in \Theta \times K \times H}$).

Vor. 3.1.1: $G^{(\psi)}$ sei bez. $Q = \sup\limits_{(\boldsymbol{\vartheta}, w, \boldsymbol{x}) \in \Theta \times K \times H}$ trennbar in $G_1^{(\psi)} = [\Theta \times K, D^{(\psi)}(V_n), R_1^{(\psi)} = R^{(\psi)}]$ und $G_2^{(\psi)} = [H, V^{(0)}, R_2^{(\psi)}]$ (vgl. Def. 2.1.2) •

Die Vor. 3.1.1 ist keine Einschränkung der Allgemeinheit, falls gilt

$$\exists b \in \mathrm{R}^1 \, \exists \big(\hat{\boldsymbol{\psi}}(\cdot, \cdot, V_n), V_n\big) \in U^{(\psi)}: \sup_{(\vartheta, w, \boldsymbol{x}) \in \Theta \times K \times H} R^{(\psi)}\big(\boldsymbol{\vartheta}, w, \boldsymbol{x}; \hat{\boldsymbol{\psi}}(\boldsymbol{x}, \cdot, V_n), V_n\big) \leqq b$$

(vgl. Bem. 2.1.2).

Im weiteren werden auch modifizierte Minimaxstrategien zu untersuchen sein, die bez. gewisser Komponenten von $\Theta \times K \times H$ gleichmäßig beste Strategien sind (z. B. für alle $\boldsymbol{\vartheta} \in \Theta$ bez. $Q = \sup\limits_{(w, \boldsymbol{x}) \in K \times H}$ optimale Strategien, s. dazu auch Def. 3.3.5). Derartige Strategien sind stets auch bez. $Q = \sup\limits_{(\vartheta, w, \boldsymbol{x}) \in \Theta \times K \times H}$ optimal, d. h. Vor. 3.1.1 garantiert auch die Trennbarkeit in diesem Falle.

Unter Vor. 3.1.1 zerfällt $G^{(\psi)}$ in das Schätzproblem

$$G_1^{(\psi)} = [\Theta \times K, D^{(\psi)}(V_n), R_1^{(\psi)} = R^{(\psi)}], \quad V_n \in V^{(0)} \tag{3.1.4}$$

und in das Planungsproblem

$$\left.\begin{aligned} &G_2^{(\psi)} = [H, V^{(0)}, R_2^{(\psi)}]; \\ &\forall \boldsymbol{x} \in H \; \forall V_n \in V^{(0)}: R_2^{(\psi)}(\boldsymbol{x}; V_n) = Q_1 R^{(\psi)}\big(\cdot, \cdot, \boldsymbol{x}; \hat{\boldsymbol{\psi}}^*(\boldsymbol{x}, \cdot, V_n), V_n\big); \end{aligned}\right\} \tag{3.1.5}$$

für eine Q_1-optimale Strategie $\hat{\boldsymbol{\psi}}^*(\cdot, \cdot, V_n) \in D^{(\psi)}(V_n)$ in $G_1^{(\psi)}$; $Q_1 = \sup\limits_{(\vartheta, w) \in \Theta \times K}$ (s. (2.3.42), (2.3.43)).

Bemerkung 3.1.1: Dem Schätzproblem $G_1^{(\psi)}$ liegt ein beliebiger, aber zunächst festgehaltener Versuchsplan $V_n \in V^{(0)}$ zugrunde (s. (3.1.4)). Durch diesen Plan V_n und $w \in K$ sei die Fehlerverteilung $P_{\varepsilon(V_n)}^{(w)}$ eindeutig bestimmt (s. auch (2.3.15)). Man kann daher die Menge K mit der Familie $\{P_{\varepsilon(V_n)}^{(w)}\}_{w \in K}$ der in $G_1^{(\psi)}$ möglichen Fehlerverteilungen identifizieren. Aus diesem Grunde wollen wir in Kapitel 3 unter K *eine Klasse von Fehlerverteilungen* verstehen und schreiben fortan stets $P_{\varepsilon(V_n)} \in K$, d. h. insbesondere, daß in $G_1^{(\psi)}$ die Natur u. a. eine Fehlerverteilung $P_{\varepsilon(V_n)}$ wählt.

In diesem Kapitel wird ausschließlich das Schätzproblem $G_1^{(\psi)}$ untersucht. Dabei spielen Schätzungen, die nach der Methode der kleinsten Quadrate (MKQ) gewonnen werden, eine besondere Rolle.

In Zukunft wird der Begriff lineares Regressionsmodell mit LR abgekürzt.

Es sei $\boldsymbol{W} \in \mathcal{M}_n^{\geqq}$ und $\forall \boldsymbol{t} \in \mathrm{R}^n: ||\boldsymbol{t}||_{\boldsymbol{W}}^2 := \boldsymbol{t}'\boldsymbol{W}\boldsymbol{t}$.

Def. 3.1.1: Es seien $V_n \in V^{(0)}$, $\boldsymbol{W} \in \mathcal{M}_n^{\geqq}$, $\boldsymbol{\vartheta} \in \Theta \subseteq \mathrm{R}^r$. Die Abbildung $\check{\boldsymbol{\vartheta}}(\cdot, V_n) \mid C(V_n) \to \mathrm{R}^r$ heißt *verallgemeinerte MKQ-Schätzung* für $\boldsymbol{\vartheta}$ im LR $(\mathfrak{Y}, \boldsymbol{F}\boldsymbol{\vartheta}, \boldsymbol{B}_\varepsilon) =_{\mathrm{df}}$

$$\forall \boldsymbol{y} \in C(V_n): ||\boldsymbol{y} - \boldsymbol{F}(V_n)\, \check{\boldsymbol{\vartheta}}(\boldsymbol{y}, V_n)||_{\boldsymbol{W}}^2 = \inf_{\boldsymbol{t} \in \Theta} ||\boldsymbol{y} - \boldsymbol{F}(V_n)\, \boldsymbol{t}||_{\boldsymbol{W}}^2 \bullet \tag{3.1.6}$$

Es sei $(\mathfrak{Y}, \boldsymbol{F}\boldsymbol{\vartheta}, \boldsymbol{B}_\varepsilon)$ ein LR und $V_n \in V^{(0)}$.

Def. 3.1.2: Das Tripel $\big(\mathfrak{Y}(V_n), \boldsymbol{F}(V_n)\,\boldsymbol{\vartheta}, \boldsymbol{B}_\varepsilon(V_n)\big)$ heißt *klassisches lineares Regressionsmodell* (KLR) $=_{\mathrm{df}}$

$$\mathrm{Rg}\, \boldsymbol{F}(V_n) = r \wedge \exists \sigma^2 \in (0, \infty): \boldsymbol{B}_\varepsilon(V_n) = \sigma^2 \boldsymbol{I}_n \bullet \tag{3.1.7}$$

Falls ein KLR vorliegt und $\boldsymbol{W} = \boldsymbol{I}_n$, $\Theta = \mathrm{R}^r$ gilt, heißt $\check{\boldsymbol{\vartheta}}(\cdot, V_n)$ aus Def. 3.1.1 *klassische MKQ-Schätzung* für $\boldsymbol{\vartheta}$.

Nun kann die Aufgabenstellung präzisiert werden:

In der Literatur wird dem im Anschluß an das Schätzproblem $G_1^{(\psi)}$ zu lösenden Planungsproblem $G_2^{(\psi)}$ fast ausschließlich die durch die klassische MKQ-Schätzung

$\check{\boldsymbol{\vartheta}}(\cdot, V_n)$ erzeugte Schätzung für $\boldsymbol{\psi}(\boldsymbol{x}, \boldsymbol{\vartheta}) = \boldsymbol{A}(\boldsymbol{x})\, \boldsymbol{\vartheta}$, nämlich

$$\forall \boldsymbol{x} \in H\ \forall V_n \in V^{(0)}\ \forall \boldsymbol{y} \in C(V_n): \check{\boldsymbol{\psi}}(\boldsymbol{x}, \boldsymbol{y}, V_n) = \boldsymbol{A}(\boldsymbol{x})\, \check{\boldsymbol{\vartheta}}(\boldsymbol{y}, V_n)$$

zugrunde gelegt, d. h., in $G_2^{(\psi)}$ wird das Risiko

$$\forall \boldsymbol{x} \in H\ \forall V_n \in V^{(0)}: R_2^{(\psi)}(\boldsymbol{x}; V_n) = Q_1 R^{(\psi)}\big(\cdot, \cdot, \boldsymbol{x}; \check{\boldsymbol{\psi}}(\boldsymbol{x}, \cdot, V_n), V_n\big)$$

betrachtet (vgl. (3.1.5)). Dies ist unter der Voraussetzung der Trennbarkeit (Vor. 3.1.1) im Sinne einer Gesamtoptimalität im Problem $G^{(\psi)}$ nur dann gerechtfertigt, wenn sich $\check{\boldsymbol{\psi}}(\boldsymbol{x}, \cdot, V_n)$ als Q_1-optimal in $G_1^{(\psi)}$ erweist. Das Feststellen von Optimalitätseigenschaften (vor allem von Minimaxeigenschaften) von $\check{\boldsymbol{\psi}}(\boldsymbol{x}, \cdot, V_n)$ in $G_1^{(\psi)}$ ist daher die Hauptaufgabe dieses Kapitels (Abschnitt 3.3). Dabei wird besonderer Wert gelegt auf Robustheit der Optimalitätseigenschaften gegenüber Abweichungen von sonst üblichen Voraussetzungen — insbesondere gegenüber Abweichungen von quadratischem Verlust und gegenüber der Voraussetzung normalverteilter Fehler.

Am Ende des Kapitels (Abschnitt 3.5) werden einige Alternativen zur MKQ-Schätzung betrachtet.

Es sei $V_n \in V^{(0)}$. Optimalitätseigenschaften der MKQ-Schätzung $\check{\boldsymbol{\psi}}(\boldsymbol{x}, \cdot, V_n)$ werden in folgenden Klassen von Schätzfunktionen untersucht:

a) *Klasse aller Schätzfunktionen* mit endlichem Risiko, d. h. $D_0^{(\psi)}(V_n)$ aus (2.3.36);

b) *Klasse aller erwartungstreuen Schätzfunktionen* mit endlichem Risiko, d. h.

$$D_E^{(\psi)}(V_n) := \{\hat{\boldsymbol{\psi}}(\cdot, \cdot, V_n) \in D_0^{(\psi)}(V_n): \forall \boldsymbol{\vartheta} \in \Theta\ \forall \boldsymbol{x} \in H: \\ \mathrm{E}_{\mathfrak{Y}(V_n)|\boldsymbol{\vartheta}} \hat{\boldsymbol{\psi}}\big(\boldsymbol{x}, \mathfrak{Y}(V_n), V_n\big) = \boldsymbol{\psi}(\boldsymbol{x}, \boldsymbol{\vartheta})\}\,; \tag{3.1.8}$$

c) *Klasse aller linearen erwartungstreuen Schätzfunktionen* mit endlichem Risiko, d. h.

$$D_{LE}^{(\psi)}(\cdot, \cdot, V_n) := \{\hat{\boldsymbol{\psi}}(\cdot, \cdot, V_n) \in D_E^{(\psi)}(V_n): \forall \boldsymbol{x} \in H\ \exists \boldsymbol{C}(\boldsymbol{x}, V_n) \in \mathcal{M}_{s\times n}\ \forall \boldsymbol{y} \in C(V_n): \\ \hat{\boldsymbol{\psi}}(\boldsymbol{x}, \boldsymbol{y}, V_n) = \boldsymbol{C}(\boldsymbol{x}, V_n)\, \boldsymbol{y}\}\ . \tag{3.1.9}$$

Falls für jedes $\boldsymbol{x} \in H$ die Beziehung $\boldsymbol{A}(\boldsymbol{x}) = \boldsymbol{f}(\boldsymbol{x})$ (d. h. $\boldsymbol{\psi}(\boldsymbol{x}, \boldsymbol{\vartheta}) = \boldsymbol{f}(\boldsymbol{x})'\, \boldsymbol{\vartheta} = \eta(\boldsymbol{x})$) gilt, werden die entsprechenden Klassen mit $D_0^{(\eta)}(V_n)$, $D_E^{(\eta)}(V_n)$ bzw. $D_{LE}^{(\eta)}(V_n)$ und falls $\boldsymbol{A}(\boldsymbol{x}) = \boldsymbol{I}_r$ (d. h. $\boldsymbol{\psi}(\boldsymbol{x}, \boldsymbol{\vartheta}) = \boldsymbol{\vartheta}$) gilt, mit $D_0(V_n)$, $D_E(V_n)$ bzw. $D_{LE}(V_n)$ bezeichnet.

Um zu sichern, daß $D_{LE}^{(\psi)}(V_n) \neq \emptyset$ gilt, benötigt man den Begriff der Schätzbarkeit. Es seien $\boldsymbol{x} \in H$, $\boldsymbol{A}(\boldsymbol{x}) \in \mathcal{M}_{s\times r}$, $V_n \in V^{(0)}$.

Def. 3.1.3: Der Vektor $\boldsymbol{\psi}(\boldsymbol{x}, \boldsymbol{\vartheta}) = \boldsymbol{A}(\boldsymbol{x})\boldsymbol{\vartheta}$ heißt *mit V_n schätzbar* im LR $(\mathfrak{Y}, \boldsymbol{F}\boldsymbol{\vartheta}, \boldsymbol{B}_\varepsilon) =_{\mathrm{df}}$

$$\exists \boldsymbol{C}(\boldsymbol{x}, V_n) \in \mathcal{M}_{s\times n}: \mathrm{E}_{\mathfrak{Y}(V_n)|\boldsymbol{\vartheta}} \boldsymbol{C}(\boldsymbol{x}, V_n)\, \mathfrak{Y}(V_n) = \boldsymbol{\psi}(\boldsymbol{x}, \boldsymbol{\vartheta})\ \bullet \tag{3.1.10}$$

Im gesamten Kapitel 3 sollen $V^{(0)}$ und H folgende Bedingung erfüllen:

Vor. 3.1.2: Für jedes $V_n \in V^{(0)}$ und jedes $\boldsymbol{x} \in H$ sei $\boldsymbol{\psi}(\boldsymbol{x}, \boldsymbol{\vartheta})$ mit V_n schätzbar im LR $(\mathfrak{Y}, \boldsymbol{F}\boldsymbol{\vartheta}, \boldsymbol{B}_\varepsilon)$ •

Wir führen nun einige Klassen von Verlustfunktionen ein, die bei Robustheitsuntersuchungen in $G_1^{(\psi)}$ eine Rolle spielen werden. Es sei $m \in \mathsf{N}$. Es bezeichnen

$$\mathcal{L}_q^m := \{L \in \mathcal{F}(\mathcal{B}^m, \mathcal{B}^1): \exists a \in (0, \infty)\ \exists c \in \mathrm{R}^1\ \exists \boldsymbol{U} \in \mathcal{M}_m^{\geqq}\ \forall \boldsymbol{t} \in \mathrm{R}^m: \\ L(\boldsymbol{t}) = a\, \|\boldsymbol{t}\|_{\boldsymbol{U}}^2 + c\}\,, \tag{3.1.11}$$

$$\mathcal{L}_k^m := \{L \in \mathcal{F}(\mathcal{B}^m, \mathcal{B}^1): \langle\!\langle L \text{ konvex}\rangle\!\rangle \wedge \langle\!\langle L \text{ stetig}\rangle\!\rangle\}\,, \tag{3.1.12}$$

$$\mathcal{G} := \{g : g \mid [0, \infty) \to \mathrm{R}^1 \wedge \langle\!\langle g \text{ stetig} \rangle\!\rangle \wedge \langle\!\langle g \text{ von unten beschränkt} \rangle\!\rangle \wedge \langle\!\langle g \text{ monoton nicht fallend} \rangle\!\rangle\} ,$$

$$\mathcal{L}_w^m := \{L \in \mathcal{F}(\mathcal{B}^m, \mathcal{B}^1) : \exists g \in \mathcal{G}\ \exists \boldsymbol{U} \in \mathcal{M}_m^{\geqq}\ \exists a \in (0, \infty)\ \exists c \in \mathrm{R}^1\ \forall \boldsymbol{t} \in \mathrm{R}^m : L(\boldsymbol{t}) = g(a\,||\boldsymbol{t}||_{\boldsymbol{U}}^2 + c)\} . \tag{3.1.13}$$

Es seien $t_0 \in \mathrm{R}^1$ und

$$\mathcal{L}_{t_0}^1 := \{L \in \mathcal{F}(\mathcal{B}^1, \mathcal{B}^1) : \langle\!\langle L \text{ von unten beschränkt} \rangle\!\rangle \wedge \langle\!\langle L \text{ für } t > t_0 \text{ monoton nicht fallend} \rangle\!\rangle \wedge \langle\!\langle L \text{ für } t < t_0 \text{ monoton nicht steigend} \rangle\!\rangle\} . \tag{3.1.14}$$

Mit Hilfe dieser Funktionenklassen können wichtige Typen von Verlustfunktionen definiert werden. Es sei s die Dimension von $\boldsymbol{\psi}(\boldsymbol{x}, \boldsymbol{\vartheta})$. Es gelte folgende generelle Einschränkung:

Vor. 3.1.3: $\forall V_n \in V^{(0)}\ \forall \boldsymbol{x} \in H\ \exists \tilde{L}(\cdot, \cdot, V_n, \boldsymbol{x}) \in \mathcal{F}(\mathcal{B}^s \otimes \mathcal{B}^s, \mathcal{B}^1)$
$\forall \boldsymbol{\vartheta} \in \Theta\ \forall P_\varepsilon \in K\ \forall \hat{\boldsymbol{\psi}}(\cdot, \cdot, V_n) \in D^{(\psi)}(V_n)\ \forall \boldsymbol{y} \in C(V_n)$:
$L(\boldsymbol{\vartheta}, P_\varepsilon, \boldsymbol{x}; \hat{\boldsymbol{\psi}}(\cdot, \boldsymbol{y}, V_n), V_n) = \tilde{L}(\boldsymbol{\psi}(\boldsymbol{x}, \boldsymbol{\vartheta}), \hat{\boldsymbol{\psi}}(\boldsymbol{x}, \boldsymbol{y}, V_n), \boldsymbol{x}, V_n)$ •

Wir werden in Zukunft $\tilde{L}$ wieder mit L bezeichnen.

Def. 3.1.4: Die Verlustfunktion L heißt

a) *quadratisch* $=_{\mathrm{df}}$
$\forall V_n \in V^{(0)}\ \forall \boldsymbol{x} \in H\ \exists \bar{L}(\cdot, \boldsymbol{x}, V_n) \in \mathcal{L}_q^s\ \forall \boldsymbol{\vartheta} \in \Theta\ \forall \hat{\boldsymbol{\psi}}(\cdot, \cdot, V_n) \in D^{(\psi)}(V_n)\ \forall \boldsymbol{y} \in C(V_n)$:
$L(\boldsymbol{\psi}(\boldsymbol{x}, \boldsymbol{\vartheta}), \hat{\boldsymbol{\psi}}(\boldsymbol{x}, \boldsymbol{y}, V_n), \boldsymbol{x}, V_n) = \bar{L}(\boldsymbol{\psi}(\boldsymbol{x}, \boldsymbol{\vartheta}) - \hat{\boldsymbol{\psi}}(\boldsymbol{x}, \boldsymbol{y}, V_n), \boldsymbol{x}, V_n)$;

b) *konvex* $=_{\mathrm{df}}$
$\forall \boldsymbol{\vartheta} \in \Theta\ \forall \boldsymbol{x} \in H\ \forall V_n \in V^{(0)} : L(\boldsymbol{\psi}(\boldsymbol{x}, \boldsymbol{\vartheta}), \cdot, \boldsymbol{x}, V_n) \in \mathcal{L}_k^s$;

c) *monoton bez.* $||\cdot||$ $=_{\mathrm{df}}$
$\forall V_n \in V^{(0)}\ \forall \boldsymbol{x} \in H\ \exists \bar{L}(\cdot, \boldsymbol{x}, V_n) \in \mathcal{L}_w^s\ \forall \boldsymbol{\vartheta} \in \Theta\ \forall \hat{\boldsymbol{\psi}}(\cdot, \cdot, V_n) \in D^{(\psi)}(V_n)\ \forall \boldsymbol{y} \in C(V_n)$:
$L(\boldsymbol{\psi}(\boldsymbol{x}, \boldsymbol{\vartheta}), \hat{\boldsymbol{\psi}}(\boldsymbol{x}, \boldsymbol{y}, V_n), \boldsymbol{x}, V_n) = \bar{L}(\boldsymbol{\psi}(\boldsymbol{x}, \boldsymbol{\vartheta}) - \hat{\boldsymbol{\psi}}(\boldsymbol{x}, \boldsymbol{y}, V_n), \boldsymbol{x}, V_n)$;

d) im Falle $s = 1$ *monoton bez.* $t_0 \in \mathrm{R}^1$ $=_{\mathrm{df}}$
$\forall \boldsymbol{\vartheta} \in \Theta\ \forall \boldsymbol{x} \in H\ \forall V_n \in V^{(0)} : L(\boldsymbol{\psi}(\boldsymbol{x}, \boldsymbol{\vartheta}), \cdot, \boldsymbol{x}, V_n) \in \mathcal{L}_{t_0}^1$ •

Wir vereinbaren, daß die Schreibweise $L \in \mathcal{L}_q^s$, $L \in \mathcal{L}_k^s$, $L \in \mathcal{L}_w^s$ bzw. $L \in \mathcal{L}_{t_0}^1$ bedeutet, daß eine quadratische, konvexe bzw. eine bez. $||\cdot||$ oder t_0 monotone Verlustfunktion vorliegt. Speziell $\mathcal{L}_q^1$, $\mathcal{L}_k^1$, $\mathcal{L}_w^1$ bzw. $\mathcal{L}_q^r$, $\mathcal{L}_k^r$, $\mathcal{L}_w^r$ bezeichnen die entsprechenden Klassen von Verlustfunktionen zur Schätzung von $\eta(\boldsymbol{x})$; $\boldsymbol{x} \in H$; bzw. von $\boldsymbol{\vartheta}$.

Wir schließen noch einige Bemerkungen über quadratischen Verlust an. Entsprechend (3.1.11) und Def. 3.1.4 a) hat eine allgemeine quadratische Verlustfunktion die Gestalt

$$\forall V_n \in V^{(0)}\ \forall \boldsymbol{x} \in H\ \exists \boldsymbol{U}(\boldsymbol{x}, V_n) \in \mathcal{M}_s^{\geqq}\ \exists a(\boldsymbol{x}, V_n) \in (0, \infty)\ \exists c(\boldsymbol{x}, V_n) \in \mathrm{R}^1\ \forall \boldsymbol{\vartheta} \in \Theta\ \forall \hat{\boldsymbol{\psi}}(\cdot, \cdot, V_n) \in D^{(\psi)}(V_n)\ \forall \boldsymbol{y} \in C(V_n) :$$
$$L(\boldsymbol{\psi}(\boldsymbol{x}, \boldsymbol{\vartheta}), \hat{\boldsymbol{\psi}}(\boldsymbol{x}, \boldsymbol{y}, V_n), \boldsymbol{x}, V_n) = a(\boldsymbol{x}, V_n)\,||\boldsymbol{\psi}(\boldsymbol{x}, \boldsymbol{\vartheta}) - \hat{\boldsymbol{\psi}}(\boldsymbol{x}, \boldsymbol{y}, V_n)||_{\boldsymbol{U}(\boldsymbol{x}, V_n)}^2 + c(\boldsymbol{x}, V_n) . \tag{3.1.15}$$

Die Größe $c(\boldsymbol{x}, V_n)$ kann als *Kostenfunktion* interpretiert werden (siehe Abschnitt 5.8.3). Die Größe $a(\boldsymbol{x}, V_n)$ kann zur *Normierung des Verlustes* im Vergleich zur Varianz der Beobachtungen benutzt werden (siehe Abschnitt 3.3.3).

Da in diesem Kapitel lediglich das Schätzproblem $G_1^{(\psi)}$ bei beliebigen (und zunächst festgehaltenen) $\boldsymbol{x} \in H$, $V_n \in V^{(0)}$ behandelt wird, schreiben wir im weiteren in den zu untersuchenden Ausdrücken die Abhängigkeit von $\boldsymbol{x}$ und V_n nicht mit. Beispielsweise wird eine quadratische Verlustfunktion durch

$$L(\boldsymbol{\psi}(\boldsymbol{\vartheta}); \hat{\boldsymbol{\psi}}(\boldsymbol{y})) = a\,\|\boldsymbol{\psi}(\boldsymbol{\vartheta}) - \hat{\boldsymbol{\psi}}(\boldsymbol{y})\|_U^2 \tag{3.1.16}$$

angegeben.

Wir bemerken, daß die in diesem Kapitel für lineare Regressionsmodelle entwickelte Schätztheorie verallgemeinert werden kann auf allgemeine (z. B. multivariate) lineare Modelle (s. Humak [1]).

3.2. Vereinfachung des Schätzproblems

Das Schätzproblem für $\boldsymbol{\psi} = \boldsymbol{A\vartheta}$ in einem LR $(\mathfrak{Y}, \boldsymbol{F\vartheta}, \boldsymbol{B}_\varepsilon)$ kann bei gegebenem $V_n \in V^{(0)}$ zurückgeführt werden auf das Schätzproblem für einen geeigneten Parameter $\boldsymbol{\vartheta}_0$ in einem KLR $(\mathfrak{Y}_0, \boldsymbol{F}_0\boldsymbol{\vartheta}_0, \sigma^2\boldsymbol{I}_{n_0})$ (Abschnitt 3.2.2). Daher genügt es, die weiteren Untersuchungen an der klassischen MKQ-Schätzung durchzuführen. Sie wird in Abschnitt 3.2.3 mit ihren bekanntesten Eigenschaften eingeführt. Ein unentbehrliches Hilfsmittel sind im folgenden verallgemeinerte Inversen von Matrizen.

3.2.1. Verallgemeinerte Inversen von Matrizen

Die folgenden Definitionen und Aussagen stützen sich auf die Arbeiten Rao/Mitra [1], Boullion/Odell [1] und Albert, A. [1]. Es sei im weiteren stets $\boldsymbol{Q} \in \mathcal{M}_{n\times m}$.

Def. 3.2.1: Die Matrix $\boldsymbol{Q}^-$ heißt *verallgemeinerte Inverse* (auch g-Inverse) *zu* $\boldsymbol{Q}$ $=_{\mathrm{df}}$

$$\boldsymbol{Q}\boldsymbol{Q}^-\boldsymbol{Q} = \boldsymbol{Q}\ \bullet \tag{3.2.1}$$

Die g-Inverse $\boldsymbol{Q}^-$ ist durch (3.2.1) i. allg. nicht eindeutig bestimmt. Es gilt

Lemma 3.2.1 (Rao/Mitra [1]): Es sei $\boldsymbol{Q}_0^-$ eine g-Inverse zu $\boldsymbol{Q}$. Die Menge aller g-Inversen zu $\boldsymbol{Q}$ ist gegeben durch

$$\mathcal{A}_{\boldsymbol{Q}} := \{\boldsymbol{Q}^- \in \mathcal{M}_{m\times n} \colon \exists \boldsymbol{W}_1 \in \mathcal{M}_{m\times n}\ \exists \boldsymbol{W}_2 \in \mathcal{M}_{m\times n}\colon$$
$$\boldsymbol{Q}^- = \boldsymbol{Q}_0^- + (\boldsymbol{I}_m - \boldsymbol{Q}_0^-\boldsymbol{Q})\,\boldsymbol{W}_1 + \boldsymbol{W}_2(\boldsymbol{I}_n - \boldsymbol{Q}\boldsymbol{Q}_0^-)\}\ \bullet$$

Es genügt daher prinzipiell die Kenntnis einer speziellen g-Inversen.

Verallgemeinerte Inversen sind bedeutungsvoll in der Theorie der linearen Gleichungssysteme.

Lemma 3.2.2 (Rao/Mitra [1]): Es seien $\boldsymbol{X} \in \mathcal{M}_{m\times s}$, $\boldsymbol{Z} \in \mathcal{M}_{n\times s}$ und $\boldsymbol{QX} = \boldsymbol{Z}$ eine lineare Matrixgleichung.

a) Es sei $\boldsymbol{Q}^- \in \mathcal{A}_{\boldsymbol{Q}}$. $\boldsymbol{QX} = \boldsymbol{Z}$ ist lösbar genau dann, wenn gilt

$$\boldsymbol{Q}\boldsymbol{Q}^-\boldsymbol{Z} = \boldsymbol{Z}\,. \tag{3.2.2}$$

b) Es sei $QX = Z$ lösbar, $W \in \mathcal{M}_{m \times s}$ und $Q^- \in \mathcal{A}_Q$. Dann ist

$$X = Q^-Z + (I_m - Q^-Q)\, W \tag{3.2.3}$$

die allgemeine Lösung von $QX = Z$ •

Wir geben nun spezielle g-Inversen an:

Def. 3.2.2: Die Matrix Q_r^- heißt *reflexive g-Inverse zu* $Q =_{\mathrm{df}}$

$$QQ_r^-Q = Q \wedge Q_r^-QQ_r^- = Q_r^- \;\bullet$$

Es gilt hierfür

Lemma 3.2.3 (Rao/Mitra [1]): Die Matrix Q_r^- ist genau dann reflexive g-Inverse zu Q, wenn sie g-Inverse und eine der folgenden Bedingungen erfüllt ist:

a) $\mathrm{Rg}\, Q_r^- = \mathrm{Rg}\, Q$,

b) $\forall Q^- \in \mathcal{A}_Q \colon Q_r^- = Q^-QQ^-$ •

Als eine Verallgemeinerung der Eigenschaft (1.A.13) für Matrizen, die nach einer Veränderlichen $t \in \mathrm{R}^1$ differenzierbar sind, ergibt sich

Lemma 3.2.4 (Boullion/Odell [1]): Es sei Q differenzierbar und Q_r^- eine reflexive g-Inverse zu Q. Dann gilt

$$Q_r^-Q \frac{\mathrm{d}Q_r^-}{\mathrm{d}t} QQ_r^- = -\, Q_r^- \frac{\mathrm{d}Q}{\mathrm{d}t} Q_r^- \;\bullet \tag{3.2.4}$$

Def. 3.2.3: Die Matrix Q^+ heißt Moore-Penrose-*Inverse* (MP-Inverse) *zu* $Q =_{\mathrm{df}}$

$$QQ^+Q = Q \wedge Q^+QQ^+ = Q^+ \wedge (Q^+Q)' = Q^+Q \wedge (QQ^+)' = QQ^+ \;\bullet \tag{3.2.5}$$

Die MP-Inverse ist durch (3.2.5) eindeutig bestimmt. Sie läßt sich durch einen (elementweisen) Grenzübergang aus regulären Matrizen erzeugen:

Lemma 3.2.5 (Albert, A. [1]): Q^+ ist genau dann MP-Inverse zu Q, wenn gilt:

$$Q^+ = \lim_{\delta \to 0} (Q'Q + \delta^2 I_m)^{-1}\, Q' \;\bullet \tag{3.2.6}$$

Die Matrix Q^+ läßt sich durch MP-Inversen von symmetrischen Matrizen folgendermaßen darstellen (vgl. Albert, A. [1]):

$$Q^+ = (Q'Q)^+\, Q' = Q'(QQ')^+ \,. \tag{3.2.7}$$

Im Zusammenhang mit dem MKQ-Prinzip ist eine weitere Definition wichtig:

Def. 3.2.4: Es seien $t \in \mathrm{R}^m$, $s \in \mathrm{R}^n$, $W \in \mathcal{M}_n^{\geqq}$ und $Qt = s$ ein (i. allg. nicht lösbares) Gleichungssystem. Die Matrix Q_W^- heißt *MKQ-Inverse zu* $Q =_{\mathrm{df}}$

$$\|QQ_W^- s - s\|_W^2 = \inf_{t \in \mathrm{R}^m} \|Qt - s\|_W^2 \;\bullet \tag{3.2.8}$$

MKQ-Inversen haben enge Beziehungen zu orthogonalen Projektionen bez. $\langle \cdot, \cdot \rangle_W$ (s. Def. 1.1.19). Es gilt die folgende Charakterisierung:

Lemma 3.2.6 (Rao/Mitra [1]):

a) Die Matrix Q_W^- ist genau dann MKQ-Inverse zu Q, wenn gilt:

$$WQQ_W^-Q = WQ \wedge (QQ_W^-)'\, W = WQQ_W^- \,. \tag{3.2.9}$$

b) Die Menge aller MKQ-Inversen zu Q ist gegeben durch

$$\{Q_W^- \in \mathcal{M}_{m\times n}: \exists U \in \mathcal{M}_{m\times n}\, \exists (Q'WQ)^- \in \mathcal{A}_{Q'WQ}:$$
$$Q_W^- = (Q'WQ)^- Q'W + [I_m - (Q'WQ)^- Q'WQ]\, U\}\,. \qquad (3.2.10)$$

c) $P := QQ_W^- = Q(Q'WQ)^- Q'W$ ist orthogonale Projektion bez. $\langle\cdot,\cdot\rangle_W$ von R^n auf den Spaltenraum $\mathcal{L}(Q)$ der Matrix Q •

Im Falle $W = I_n$ ist Q_W^- eine g-Inverse im Sinne von Def. 3.2.1. Dann ist z. B. die MP-Inverse Q^+ eine spezielle MKQ-Inverse.

Wir geben einige Beispiele von g-Inversen an, die im weiteren benötigt werden:

a) Es sei $Q \in \mathcal{M}^{(s)}_{n\times m}$. Nach eventueller Vertauschung von Zeilen und Spalten gibt es eine Darstellung

$$Q = \begin{pmatrix} Q_1 & Q_2 \\ Q_3 & Q_4 \end{pmatrix}$$

mit $Q_1 \in \mathcal{M}^{(s)}_s$. Dann ist

$$Q^- = \begin{pmatrix} Q_1^{-1} & 0 \\ 0 & 0 \end{pmatrix} \qquad (3.2.11)$$

eine spezielle reflexive g-Inverse zu Q (siehe Rao [3]).

b) Es bezeichne $\mathcal{L}(A)$ den Spaltenraum der Matrix A. Es seien $Q \in \mathcal{M}^{(s)}_{n\times m}$, $m \leqq n$ und $Q_0 \in \mathcal{M}^{(m-s)}_{(m-s)\times m}$ mit $\mathcal{L}(Q') \cap \mathcal{L}(Q_0') = \{0\}$. Dann ist

$$(Q'Q)^- = (Q'Q + Q_0'Q_0)^{-1} \qquad (3.2.12)$$

eine g-Inverse zu $Q'Q$ (siehe Rao [3]).

c) Es seien $U \in \mathcal{M}^{\geqq}_m$, $H \in \mathcal{M}_m$ und H idempotent. Dann ist

$$\forall U^- \in \mathcal{A}_U: (HUH')^- = H'U^-H \qquad (3.2.13)$$

eine g-Inverse zu HUH'.

d) Es seien $U \in \mathcal{M}^{\geqq}_m$, $H \in \mathcal{M}^{(m)}_m$. Dann ist

$$\forall U^- \in \mathcal{A}_U: (HUH')^- = (H')^{-1}\, U^-H^{-1} \qquad (3.2.14)$$

eine g-Inverse zu HUH'.

Die erste Anwendung von verallgemeinerten Inversen im linearen Regressionsmodell soll für uns darin bestehen, äquivalente Bedingungen für die Schätzbarkeit anzugeben.

Lemma 3.2.7: Es seien $\vartheta \in \Theta$, $\Theta = R^r$, $A \in \mathcal{M}_{s\times r}$, $(F'F)^- \in \mathcal{A}_{F'F}$. Die folgenden Aussagen sind äquivalent:

1. $\psi = A\vartheta$ ist schätzbar im LR $(\mathfrak{Y}, F\vartheta, B_\varepsilon)$,
2. $\exists C \in \mathcal{M}_{s\times n}: CF = A,$ (3.2.15)
3. $\mathcal{L}(A') \subseteq \mathcal{L}(F')\ (= \mathcal{L}(F'F)),$
4. $A(F'F)^- F'F = A$ • (3.2.16)

Beweis: a) (1. ⇔ 2.)

«$\psi = A\vartheta$ schätzbar»
$\Leftrightarrow \exists C \in \mathcal{M}_{s\times n}\ \forall \vartheta \in R^r: E_{\mathfrak{Y}|\vartheta} C\mathfrak{Y} = \psi$ (vgl. Def. 3.1.3)
$\Leftrightarrow \exists C \in \mathcal{M}_{s\times n}\ \forall \vartheta \in R^r: CF\vartheta = A\vartheta$
$\Leftrightarrow \exists C \in \mathcal{M}_{s\times n}: CF = A$

b) (2. $\Leftrightarrow$ 3.)
Die Gleichung $\boldsymbol{CF} = \boldsymbol{A}$ hat genau dann eine Lösung $\boldsymbol{C}$, wenn $\mathcal{L}(\boldsymbol{A}') \subseteq \mathcal{L}(\boldsymbol{F}')$ erfüllt ist.

c) (2. $\Leftrightarrow$ 4.)
Nach Lemma 3.2.2 ist $\boldsymbol{CF} = \boldsymbol{A}$ genau dann lösbar, wenn für eine beliebige g-Inverse zu $\boldsymbol{F}$

$$\boldsymbol{AF}^-\boldsymbol{F} = \boldsymbol{A}$$

gilt. Wegen $\boldsymbol{F}(\boldsymbol{F}'\boldsymbol{F})^- \boldsymbol{F}'\boldsymbol{F} = \boldsymbol{F}$ (siehe BOILLION/ODELL [1]) ist $(\boldsymbol{F}'\boldsymbol{F})^- \boldsymbol{F}'$ g-Inverse zu $\boldsymbol{F}$.

3.2.2. Zurückführung auf ein KLR

Es werden zunächst affine Transformationen in linearen Regressionsmodellen und ihre Auswirkungen auf die Optimalität von Schätzungen für $\boldsymbol{\psi} = \boldsymbol{A\vartheta}$ untersucht. Die Zurückführung des Schätzproblems für $\boldsymbol{\psi}$ im LR auf ein solches in einem KLR ergibt sich daraus als Spezialfall.

Es seien $\boldsymbol{\vartheta} \in \Theta \subseteq \mathrm{R}^r$, $M = (\mathfrak{Y}, \boldsymbol{F\vartheta}, \boldsymbol{B}_\varepsilon)$ ein LR und n die Dimension von $\mathfrak{Y}$. Es seien weiter $n_0 \in \mathrm{N}$, $\boldsymbol{t} \in \mathrm{R}^{n_0}$, $\boldsymbol{T} \in \mathcal{M}^{(n_0)}_{n_0 \times n}$ und $n_0 \geqq s$ (s Dimension von $\boldsymbol{\psi}$). Durch

$$\forall \boldsymbol{y} \in C: g(\boldsymbol{y}) = \boldsymbol{Ty} + \boldsymbol{t} \tag{3.2.17}$$

sei eine (borelmeßbare) affine Abbildung $g \mid \mathrm{R}^n \to \mathrm{R}^{n_0}$ definiert, die M in ein neues Modell M_0 überführen soll. In M_0 werde eine andere Parametrisierung mit $\boldsymbol{\vartheta}_0 \in \Theta_0 \subseteq \mathrm{R}^{r_0}$ als neuem Parameter betrachtet. Es seien $\boldsymbol{s} \in \mathrm{R}^r$ und $\boldsymbol{S} \in \mathcal{M}_{r \times r_0}$. Die Beziehung zwischen der Parametrisierung in M_0 und der in M sei dadurch gegeben, daß Θ das affine Bild von Θ_0 bei einer Abbildung $\bar{g} \mid \Theta_0 \to \Theta$ mit

$$\forall \boldsymbol{\vartheta}_0 \in \Theta_0; \quad \bar{g}(\boldsymbol{\vartheta}_0) = \boldsymbol{S\vartheta}_0 + \boldsymbol{s} \tag{3.2.18}$$

ist. Dann gilt zunächst:

Lemma 3.2.8: Gegeben seien ein LR $(\mathfrak{Y}, \boldsymbol{F\vartheta}, \boldsymbol{B}_\varepsilon)$ und die affinen Abbildungen g und $\bar{g}$ aus (3.2.17) und (3.2.18). Falls die Verträglichkeitsbedingung

$$\boldsymbol{TFs} + \boldsymbol{t} = \boldsymbol{0} \tag{3.2.19}$$

erfüllt ist, gilt mit

$$\mathfrak{Y}_0 := g(\mathfrak{Y}); \quad \boldsymbol{F}_0 := \boldsymbol{TFS}; \quad \bar{g}(\boldsymbol{\vartheta}_0) := \boldsymbol{\vartheta}; \quad \varepsilon_0 := \boldsymbol{T\varepsilon}; \quad \boldsymbol{B}_{\varepsilon_0} = \boldsymbol{TB}_\varepsilon\boldsymbol{T}' \tag{3.2.20}$$

die Beziehung $\mathfrak{Y}_0 = \boldsymbol{F}_0\boldsymbol{\vartheta}_0 + \varepsilon_0$, d. h.

$$M_0 = (\mathfrak{Y}_0, \boldsymbol{F}_0\boldsymbol{\vartheta}_0, \boldsymbol{B}_{\varepsilon_0}) \quad \text{ist ein LR} \bullet$$

Der Beweis wird durch direkte Berechnung von $\mathfrak{Y}_0$ erbracht. Das zu schätzende $\boldsymbol{\psi} = \boldsymbol{A\vartheta}$ hat im Modell M_0 die Darstellung

$$\boldsymbol{\psi} = \boldsymbol{A}\bar{g}(\boldsymbol{\vartheta}_0) = \boldsymbol{AS\vartheta}_0 + \boldsymbol{As}\,. \tag{3.2.21}$$

Lemma 3.2.9: Ist $\boldsymbol{\psi} = \boldsymbol{A\vartheta}$ schätzbar in M, dann ist $\boldsymbol{\psi}_0 := \boldsymbol{AS\vartheta}_0$ schätzbar in M_0 •

Beweis: Es sei $\boldsymbol{\psi} = \boldsymbol{A\vartheta}$ schätzbar in M, d. h. $\exists \boldsymbol{C} \in \mathcal{M}_{s \times n}$: $\boldsymbol{CF} = \boldsymbol{A}$ (s. Lemma 3.2.7). Wegen $\boldsymbol{T} \in \mathcal{M}^{(n_0)}_{n_0 \times n}$ und $n_0 \geqq s$ ist $\mathcal{L}(\boldsymbol{C}') \subseteq \mathcal{L}(\boldsymbol{T}')$, d. h. $\exists \boldsymbol{C}_0 \in \mathcal{M}_{s \times n_0}$: $\boldsymbol{C} = \boldsymbol{C}_0\boldsymbol{T}$. Mit $\boldsymbol{F}_0 = \boldsymbol{TFS}$ und $\boldsymbol{AS} = \boldsymbol{CFS} = \boldsymbol{C}_0\boldsymbol{TFS} = \boldsymbol{C}_0\boldsymbol{F}_0$ ergibt sich aus Lemma 3.2.7 die Schätzbarkeit von $\boldsymbol{\psi}_0$ in M_0.

Es sei D eine Klasse von Schätzfunktionen für $\boldsymbol{\vartheta}_0$ im Modell M_0. Mit

$$D^{(\boldsymbol{\psi})}(D) := \{\hat{\boldsymbol{\psi}} \in D_0^{(\boldsymbol{\psi})}: \exists \hat{\boldsymbol{\vartheta}}_0 \in D \; \forall \boldsymbol{y} \in C: \hat{\boldsymbol{\psi}}(\boldsymbol{y}) = \boldsymbol{A}\bar{g}[\hat{\boldsymbol{\vartheta}}_0(g(\boldsymbol{y}))]\} \tag{3.2.22}$$

werde die durch $g, \bar{g}$ und $\boldsymbol{A}$ induzierte Klasse von Schätzfunktionen für $\boldsymbol{\psi}$ im Modell M bezeichnet.

Der Schätzung von $\boldsymbol{\psi}$ in M liege die Verlustfunktion $L^{(\boldsymbol{\psi})}$ zugrunde. Dann ergibt sich

$$\forall \boldsymbol{\vartheta} \in \Theta \ \forall \hat{\boldsymbol{\psi}} \in D^{(\boldsymbol{\psi})}(D) \ \forall \boldsymbol{y} \in C:$$
$$L^{(\boldsymbol{\psi})}(\boldsymbol{\psi}(\boldsymbol{\vartheta}); \hat{\boldsymbol{\psi}}(\boldsymbol{y})) = L^{(\boldsymbol{\psi})}(A\bar{g}(\boldsymbol{\vartheta}_0); A\bar{g}[\hat{\boldsymbol{\vartheta}}_0(\boldsymbol{y}_0)]) =: L_{g,\bar{g},\boldsymbol{A}}(\boldsymbol{\vartheta}_0; \hat{\boldsymbol{\vartheta}}_0(\boldsymbol{y}_0)) \,. \quad (3.2.23)$$

Die Funktion $L_{g,\bar{g},\boldsymbol{A}}$ wird als die durch g, $\bar{g}$ und $\boldsymbol{A}$ induzierte Verlustfunktion zur Schätzung von $\boldsymbol{\vartheta}_0$ in M_0 bezeichnet. Für die entsprechenden Risiken ergibt sich dann

$$\forall \boldsymbol{\vartheta} \in \Theta \ \forall \hat{\boldsymbol{\psi}} \in D^{(\boldsymbol{\psi})}(D) \ \forall P_{\boldsymbol{\varepsilon}} \in K: R_1^{(\boldsymbol{\psi})}(\boldsymbol{\vartheta}, P_{\boldsymbol{\varepsilon}}; \hat{\boldsymbol{\psi}}) = \mathrm{E}_{\mathfrak{Y}|\boldsymbol{\vartheta}} L^{(\boldsymbol{\psi})}(\boldsymbol{\psi}(\boldsymbol{\vartheta}), \hat{\boldsymbol{\psi}}(\mathfrak{Y}))$$
$$= \mathrm{E}_{\mathfrak{Y}_0|\boldsymbol{\vartheta}_0} L_{g,\bar{g},\boldsymbol{A}}(\boldsymbol{\vartheta}_0; \hat{\boldsymbol{\vartheta}}_0(\mathfrak{Y}_0)) =: R_{g,\bar{g},\boldsymbol{A}}(\boldsymbol{\vartheta}_0, P_{\boldsymbol{\varepsilon}_0}; \hat{\boldsymbol{\vartheta}}_0) \,. \quad (3.2.24)$$

Mit

$$K_0 := \{P_{\boldsymbol{\varepsilon}_0} : \exists P_{\boldsymbol{\varepsilon}} \in K : P_{\boldsymbol{\varepsilon}_0} = P_{\boldsymbol{T}\boldsymbol{\varepsilon}}\} \quad (\text{vgl. } (3.2.20))$$

werde die durch g (über $\boldsymbol{T}$) induzierte Klasse von Fehlerverteilungen bezeichnet.

Es sei $Q_1 \mid (\mathrm{R}^1)^{\Theta \times K \times D^{(\boldsymbol{\psi})}(D)} \to (\mathrm{R}^1)^{D^{(\boldsymbol{\psi})}(D)}$ gegeben. Dann wird durch Q_1 ein Operator $Q_1^{(0)} \mid (\mathrm{R}^1)^{\Theta_0 \times K_0 \times D} \to (\mathrm{R}^1)^D$ gemäß

$$\forall \hat{\boldsymbol{\psi}} \in D^{(\boldsymbol{\psi})}(D): Q_1^{(0)} R_{g,\bar{g},\boldsymbol{A}}(\cdot, \cdot; \hat{\boldsymbol{\vartheta}}_0) = Q_1 R_1^{(\boldsymbol{\psi})}(\cdot, \cdot; \hat{\boldsymbol{\psi}}) \quad (3.2.25)$$

induziert. Mit den eingeführten Bezeichnungen ergibt sich die folgende Aussage:

Lemma 3.2.10: Die Schätzfunktion $\hat{\boldsymbol{\vartheta}}_0^* \in D$ sei $Q_1^{(0)}$-optimal im Entscheidungsproblem $G_1^{(0)} := [\Theta_0 \times K_0, D, R_{g,\bar{g},\boldsymbol{A}}]$. Dann ist $\hat{\boldsymbol{\psi}}^* \in D^{(\boldsymbol{\psi})}(D)$ mit

$$\forall \boldsymbol{y} \in C: \hat{\boldsymbol{\psi}}^*(\boldsymbol{y}) = \boldsymbol{A}\bar{g}[\hat{\boldsymbol{\vartheta}}_0^*(g(\boldsymbol{y}))] \quad (3.2.26)$$

Q_1-optimal im Entscheidungsproblem $G_1^{(\boldsymbol{\psi})} = [\Theta \times K, D^{(\boldsymbol{\psi})}(D), R_1^{(\boldsymbol{\psi})}]$ •

Der Beweis ergibt sich unmittelbar aus den Beziehungen (3.2.22) bis (3.2.25).

Wir verallgemeinern Lemma 3.2.10 auf den Fall, daß Optimalität bez. Klassen von Verlustfunktionen interessiert.

Lemma 3.2.11: Es sei $\mathcal{L}^{(\boldsymbol{\psi})}$ eine Klasse von Verlustfunktionen zur Schätzung von $\boldsymbol{\psi}$ in M und $\mathcal{L}^{(\boldsymbol{\vartheta}_0)}$ eine Klasse von Verlustfunktionen zur Schätzung von $\boldsymbol{\vartheta}_0$ in M_0. Es gelte

$$\forall L^{(\boldsymbol{\psi})} \in \mathcal{L}^{(\boldsymbol{\psi})}: L^{(\boldsymbol{\psi})} \in \mathcal{L}^{(\boldsymbol{\psi})} \Rightarrow L_{g,\bar{g},\boldsymbol{A}} \in \mathcal{L}^{(\boldsymbol{\vartheta}_0)} \,. \quad (3.2.27)$$

Für jedes $L \in \mathcal{L}^{(\boldsymbol{\vartheta}_0)}$ sei $\hat{\boldsymbol{\vartheta}}_0^*$ eine $Q_1^{(0)}$-optimale Strategie in $G_1^{(0)} = [\Theta_0 \times K_0, D, R_1]$. Dann ist $\hat{\boldsymbol{\psi}}^*$ aus (3.2.26) für jedes $L^{(\boldsymbol{\psi})} \in \mathcal{L}^{(\boldsymbol{\psi})}$ eine Q_1-optimale Strategie in $G_1^{(\boldsymbol{\psi})} = [\Theta \times K, D^{(\boldsymbol{\psi})}(D), R_1^{(\boldsymbol{\psi})}]$ •

Beweis: Wegen (3.2.27) ist für jedes $L^{(\boldsymbol{\psi})} \in \mathcal{L}^{(\boldsymbol{\psi})}$ Lemma 3.2.10 anwendbar.

Die Aussage von Lemma 3.2.11 gewinnt für unsere Untersuchungen an Wert, falls sich zeigen läßt, daß sich z. B. die in (2.3.36), (3.1.8) und (3.1.9) eingeführten Klassen $D_0^{(\boldsymbol{\psi})}$, $D_E^{(\boldsymbol{\psi})}$ bzw. $D_{LE}^{(\boldsymbol{\psi})}$ von Schätzfunktionen durch geeignete Klassen von Schätzfunktionen für $\boldsymbol{\vartheta}_0$ gemäß (3.2.22) erzeugen lassen.

Lemma 3.2.12: Es seien g und $\bar{g}$ die in (3.2.17) und (3.2.18) eingeführten Abbildungen und $\boldsymbol{\psi} = \boldsymbol{A\vartheta}$. Dann gilt

$$D^{(\boldsymbol{\psi})}(D_{LE}) = D_{LE}^{(\boldsymbol{\psi})}; \quad D^{(\boldsymbol{\psi})}(D_E) = D_E^{(\boldsymbol{\psi})}; \quad D^{(\boldsymbol{\psi})}(D_0) = D_0^{(\boldsymbol{\psi})} \text{ •}$$

Beweis: Es sei $\hat{\psi} \in D^{(\psi)}(D_{LE})$. Dann gilt wegen der Linearität von $\bar{g}$

$$\exists \hat{\boldsymbol{\vartheta}}_0 \in D_{LE}\ \forall \boldsymbol{\vartheta} \in \Theta\colon \mathrm{E}_{\mathfrak{Y}|\boldsymbol{\vartheta}}\hat{\psi}(\mathfrak{Y}) = \mathrm{E}_{\mathfrak{Y}|\boldsymbol{\vartheta}}A\bar{g}[\hat{\boldsymbol{\vartheta}}_0(g(\mathfrak{Y}))] = \mathrm{E}_{\mathfrak{Y}_0|\boldsymbol{\vartheta}_0}A\bar{g}[\hat{\boldsymbol{\vartheta}}_0(\mathfrak{Y}_0)]$$
$$= A\bar{g}[\mathrm{E}_{\mathfrak{Y}_0|\boldsymbol{\vartheta}_0}\hat{\boldsymbol{\vartheta}}_0(\mathfrak{Y}_0)] = A\bar{g}(\boldsymbol{\vartheta}_0) = \boldsymbol{\psi}\,.$$

D. h., es gilt $D^{(\psi)}(D_{LE}) \subseteq D_{LE}^{(\psi)}$. Entsprechend gilt $D^{(\psi)}(D_E) \subseteq D_E^{(\psi)}$. Es sei $\hat{\psi} \in D^{(\psi)}(D_0)$. Aus der Meßbarkeit des dann existierenden $\hat{\boldsymbol{\vartheta}}_0 \in D_0$ folgt wegen der Linearität von $\bar{g}$ und g die Meßbarkeit von $\hat{\psi}$, d. h., es ist $D^{(\psi)}(D_0) \subseteq D_0^{(\psi)}$.

Es ist noch die umgekehrte Inklusion zu zeigen. Es seien $\hat{\psi} \in D_{LE}^{(\psi)}$, $\boldsymbol{\vartheta}_1 \in D_{LE}$ und

$$\forall \boldsymbol{y} \in C\colon \hat{\boldsymbol{\vartheta}}_0(g(\boldsymbol{y})) := (\boldsymbol{AS})^- (\hat{\psi}(\boldsymbol{y}) - \boldsymbol{As}) + (\boldsymbol{I}_{r_0} - (\boldsymbol{AS})^- \boldsymbol{AS})\, \hat{\boldsymbol{\vartheta}}_1(g(\boldsymbol{y}))\,. \tag{3.2.28}$$

Wegen

$$\mathrm{E}_{\mathfrak{Y}_0|\boldsymbol{\vartheta}_0}\hat{\boldsymbol{\vartheta}}_0(\mathfrak{Y}_0) = (\boldsymbol{AS})^- (A\bar{g}(\boldsymbol{\vartheta}_0) - \boldsymbol{As}) + (\boldsymbol{I}_{r_0} - (\boldsymbol{AS})^- \boldsymbol{AS})\, \boldsymbol{\vartheta}_0$$
$$= (\boldsymbol{AS})^- \boldsymbol{AS}\boldsymbol{\vartheta}_0 + (\boldsymbol{I}_{r_0} - (\boldsymbol{AS})^- \boldsymbol{AS})\, \boldsymbol{\vartheta}_0 = \boldsymbol{\vartheta}_0$$

ist $\hat{\boldsymbol{\vartheta}}_0 \in D_{LE}$. Nach (3.2.3) ist $\hat{\boldsymbol{\vartheta}}_0(g(\boldsymbol{y}))$ für alle $\boldsymbol{y} \in C$ eine Lösung des linearen Gleichungssystems

$$\hat{\psi}(\boldsymbol{y}) = \boldsymbol{AS}\hat{\boldsymbol{\vartheta}}_0(g(\boldsymbol{y})) + \boldsymbol{As}\ \big(= A\bar{g}[\hat{\boldsymbol{\vartheta}}_0(g(\boldsymbol{y}))]\big)\,.$$

Daher ist $\hat{\psi} \in D^{(\psi)}(D_{LE})$, also auch $D_{LE}^{(\psi)} \subseteq D^{(\psi)}(D_{LE})$ gezeigt. Bei $D_E^{(\psi)}$ und $D_0^{(\psi)}$ wird analog vorgegangen (mit $\hat{\boldsymbol{\vartheta}}_1 \in D_E$ bzw. $\hat{\boldsymbol{\vartheta}}_1 \in D_0$).

Es folgen Untersuchungen, für welche Klassen von Verlustfunktionen die Beziehung (3.2.27) gilt. Es werden die Bezeichnungen (3.1.11) bis (3.1.13) benutzt.

Lemma 3.2.13:

a) Für $\mathscr{L}^{(\psi)} = \mathscr{L}_k^s$ und $\mathscr{L}^{(\vartheta_0)} = \mathscr{L}_k^{r_0}$ gilt (3.2.27).

b) Für $\mathscr{L}^{(\psi)} = \mathscr{L}_w^s$ und $\mathscr{L}^{(\vartheta_0)} = \mathscr{L}_w^{r_0}$ gilt (3.2.27) •

Beweis:

a) Es sei $L^{(\psi)} \in \mathscr{L}_k^s$. Dann folgt aufgrund der Linearität der Transformation $A\bar{g}(\boldsymbol{u})$; $\boldsymbol{u} \in \mathrm{R}^{r_0}$; aus der Konvexität und Stetigkeit von $L^{(\psi)}(\boldsymbol{\psi}(\boldsymbol{\vartheta}),\cdot)$ die Konvexität und Stetigkeit von $L_{g,\bar{g},A}(\boldsymbol{\vartheta}_0,\cdot)$, d. h. $L_{g,\bar{g},A} \in \mathscr{L}_k^r$ (vgl. auch (3.2.23)).

b) Der Beweis folgt aus der Tatsache, daß mit $\hat{\psi}(\boldsymbol{y}) = A\bar{g}[\hat{\boldsymbol{\vartheta}}_0(\boldsymbol{y}_0)] = \boldsymbol{AS}\hat{\boldsymbol{\vartheta}}_0(\boldsymbol{y}_0) + \boldsymbol{As}$, (3.2.21) und $\boldsymbol{U} \in \mathscr{M}_s^{\geqq}$

$$||\boldsymbol{\psi}(\boldsymbol{\vartheta}) - \hat{\psi}(\boldsymbol{y})||_{\boldsymbol{U}}^2 = ||\boldsymbol{AS}\boldsymbol{\vartheta}_0 - \boldsymbol{AS}\hat{\boldsymbol{\vartheta}}_0(\boldsymbol{y}_0)||_{\boldsymbol{U}}^2 = ||\boldsymbol{\vartheta}_0 - \hat{\boldsymbol{\vartheta}}_0(\boldsymbol{y}_0)||_{\boldsymbol{S'A'UAS}}^2$$

gilt und $\boldsymbol{S'A'UAS} \in \mathscr{M}_{r_0}^{\geqq}$ ist.

Aus Lemma 3.2.13 b) folgt insbesondere, daß (3.2.27) für quadratischen Verlust gilt. Wir fassen die bisherigen Ergebnisse dieses Abschnittes zusammen:

Satz 3.2.1: Es seien g und $\bar{g}$ die in (3.2.17) und (3.2.18) eingeführten Abbildungen. Die Operatoren Q_1 und $Q_1^{(0)}$ mögen (3.2.25) erfüllen. Die Schätzung $\hat{\boldsymbol{\vartheta}}_0^*$ sei für beliebiges $L \in \mathscr{L}_q^{r_0}$, $L \in \mathscr{L}_k^{r_0}$ oder $L \in \mathscr{L}_w^{r_0}$ eine $Q_1^{(0)}$-optimale Strategie in $G_1^{(0)} = [\Theta_0 \times K_0, D, R_1]$, wobei $D = D_{LE}$, $D = D_E$ oder $D = D_0$ gilt. Dann ist $\hat{\psi}^*$ aus (3.2.26) für beliebiges $L^{(\psi)} \in \mathscr{L}_q^s$, $L^{(\psi)} \in \mathscr{L}_k^s$ oder $L^{(\psi)} \in \mathscr{L}_w^s$ eine Q_1-optimale Strategie in $G_1^{(\psi)} = [\Theta \times K, D^{(\psi)}, R_1^{(\psi)}]$, wobei $D^{(\psi)} = D_{LE}^{(\psi)}$, $D^{(\psi)} = D_E^{(\psi)}$ oder $D^{(\psi)} = D_0^{(\psi)}$ gilt •

Die Bedingung (3.2.25) ist für die Minimaxoptimalität mit

$$Q_1 = \sup_{(\boldsymbol{\vartheta},P_{\boldsymbol{e}})\in\Theta\times K}\,,\quad Q_1^{(0)} = \sup_{(\boldsymbol{\vartheta}_0,P_{\boldsymbol{e}_0})\in\Theta_0\times K_0}$$

und für die BAYES-Optimalität mit

$Q_1 = \mathrm{E}_\zeta$, ζ zufällige Variable über $[\Theta \otimes K, \mathcal{B}_\Theta \otimes \mathcal{B}_K]$

$Q_1^{(0)} = \mathrm{E}_{\zeta_0}$, ζ_0 die durch ζ induzierte zufällige Variable über $[\Theta_0 \otimes K_0, \mathcal{B}_{\Theta_0} \otimes \mathcal{B}_{K_0}]$

erfüllt.

Wir transformieren nun das Schätzproblem für $\boldsymbol{\psi} = \boldsymbol{A\vartheta}$ im LR auf ein Schätzproblem für $\boldsymbol{\vartheta}_0$ in einem KLR. Es seien $\boldsymbol{B}_\varepsilon = \sigma^2\boldsymbol{\Sigma}$; $\boldsymbol{\Sigma} \in \mathcal{M}_n^{\geqq}$, $\sigma^2 \in (0, \infty)$.

Transformation von $M = (\mathfrak{Y}, \boldsymbol{F\vartheta}, \sigma^2\boldsymbol{\Sigma})$ auf ein LR mit unkorrelierten Fehlern: Es seien $\operatorname{Rg} \boldsymbol{\Sigma} = n_0 \leqq n$ und $\boldsymbol{H} = (\boldsymbol{H}_1 \vdots \boldsymbol{H}_0) \in \mathcal{M}_{n \times n}$ die Matrix der orthonormierten Eigenvektoren von $\boldsymbol{\Sigma}$, wobei $\boldsymbol{H}_1 \in \mathcal{M}_{n \times n_0}$ zu den $n_0 \geqq s$ positiven Eigenwerten λ_i; $i = 1, \ldots, n_0$; gehört. Es sei $\boldsymbol{\Lambda}_1 := ((\delta_{ij}\lambda_i))_{n_0 \times n_0}$. Dann gilt

$$\boldsymbol{\Sigma} = (\boldsymbol{H}_1 \vdots \boldsymbol{H}_0)\begin{pmatrix}\boldsymbol{\Lambda}_1 & \boldsymbol{0}\\ \boldsymbol{0} & \boldsymbol{0}\end{pmatrix}\begin{pmatrix}\boldsymbol{H}_1'\\ \boldsymbol{H}_0'\end{pmatrix} = \boldsymbol{H}_1\boldsymbol{\Lambda}_1\boldsymbol{H}_1';$$

$$\boldsymbol{H}_1'\boldsymbol{H}_1 = \boldsymbol{I}_{n_0}; \quad \boldsymbol{H}_0'\boldsymbol{H}_0 = \boldsymbol{I}_{n-n_0}; \quad \boldsymbol{H}_1'\boldsymbol{H}_0 = \boldsymbol{0}_{n_0 \times (n-n_0)}\,. \tag{3.2.29}$$

Wir setzen

$$\overline{\mathfrak{Y}}_1 := g_1(\mathfrak{Y}) = \begin{pmatrix}\boldsymbol{\Lambda}_1^{-1/2}\boldsymbol{H}_1'\\ \boldsymbol{H}_0'\end{pmatrix}\mathfrak{Y} =: \begin{pmatrix}\mathfrak{Y}_1\\ \mathfrak{Y}_l\end{pmatrix}; \qquad \boldsymbol{\vartheta} =: \bar{g}_1(\boldsymbol{\vartheta}_1) = \boldsymbol{\vartheta}_1\,. \tag{3.2.30}$$

Die Verträglichkeitsbedingung (3.2.19) ist für g_1 und $\bar{g}_1$ erfüllt. Daher ist $\overline{M}_1 = (\overline{\mathfrak{Y}}_1, \overline{\boldsymbol{F}}_1\boldsymbol{\vartheta}_1, \boldsymbol{B}_{\varepsilon_1})$ mit

$$\overline{\boldsymbol{F}}_1 = \begin{pmatrix}\boldsymbol{\Lambda}_1^{-1/2}\boldsymbol{H}_1'\\ \boldsymbol{H}_0'\end{pmatrix}\boldsymbol{F} =: \begin{pmatrix}\boldsymbol{F}_1\\ \boldsymbol{K}\end{pmatrix};$$

$$\boldsymbol{B}_{\varepsilon_1} = \sigma^2\begin{pmatrix}\boldsymbol{\Lambda}_1^{-1/2}\boldsymbol{H}_1'\\ \boldsymbol{H}_0'\end{pmatrix}\boldsymbol{\Sigma}(\boldsymbol{H}_1\boldsymbol{\Lambda}_1^{-1/2} \vdots \boldsymbol{H}_0) = \sigma^2\begin{pmatrix}\boldsymbol{I}_{n_0} & \boldsymbol{0}\\ \boldsymbol{0} & \boldsymbol{0}\end{pmatrix} \tag{3.2.31}$$

ein LR mit unkorrelierten Fehlern. Das Modell $\overline{M}_1$ kann als LR mit linearen Restriktionen an $\boldsymbol{\vartheta}_1$ interpretiert werden: Wegen $\boldsymbol{B}_{\mathfrak{Y}_l} = \sigma^2\boldsymbol{H}_0'\boldsymbol{\Sigma}\boldsymbol{H}_0 = \boldsymbol{0}$ ist $\mathfrak{Y}_l$ fast sicher konstant und gleich $\mathrm{E}_{\mathfrak{Y}|\vartheta}\mathfrak{Y}_l$, d. h. $\mathfrak{Y}_l =: \boldsymbol{l} = \boldsymbol{K\vartheta}_1$. Damit ergibt sich das LR

$$M_1 = (\mathfrak{Y}_1, \boldsymbol{F}_1\boldsymbol{\vartheta}_1, \sigma^2\boldsymbol{I}_{n_0}, \boldsymbol{K\vartheta}_1 = \boldsymbol{l})\,. \tag{3.2.32}$$

Transformation von M_1 auf ein LR mit unkorrelierten Fehlern und ohne lineare Restriktionen: Es sei $\boldsymbol{K}^-$ eine beliebige g-Inverse von $\boldsymbol{K}$. Wir setzen

$$\begin{aligned}\mathfrak{Y}_2 &:= g_2(\mathfrak{Y}_1) = \mathfrak{Y}_1 - \boldsymbol{F}_1\boldsymbol{K}^-\boldsymbol{l}\,,\\ \boldsymbol{\vartheta}_1 &:= \bar{g}_2(\boldsymbol{\vartheta}_2) = (\boldsymbol{I}_r - \boldsymbol{K}^-\boldsymbol{K})\,\boldsymbol{\vartheta}_2 + \boldsymbol{K}^-\boldsymbol{l}\,.\end{aligned} \tag{3.2.33}$$

Die Bedingung (3.2.19) ist für g_2 und $\bar{g}_2$ mit $\boldsymbol{T} := \boldsymbol{I}_{n_0}$, $\boldsymbol{t} := -\boldsymbol{F}_1\boldsymbol{K}^-\boldsymbol{l}$, $\boldsymbol{S} := \boldsymbol{I}_r - \boldsymbol{K}^-\boldsymbol{K}$, $\boldsymbol{s} = \boldsymbol{K}^-\boldsymbol{l}$ erfüllt. Daher ist $M_2 = (\mathfrak{Y}_2, \boldsymbol{F}_2\boldsymbol{\vartheta}_2, \boldsymbol{B}_{\varepsilon_2})$ mit $\boldsymbol{F}_2 := \boldsymbol{F}_1(\boldsymbol{I}_r - \boldsymbol{K}^-\boldsymbol{K})$ und $\boldsymbol{B}_{\varepsilon_2} = \boldsymbol{B}_{\varepsilon_1} = \sigma^2\boldsymbol{I}_{n_0}$ ein LR mit unkorrelierten Fehlern und ohne Parameterrestriktionen.

Transformation von M_2 auf ein KLR: Es sei $\operatorname{Rg} \boldsymbol{F}_2 = r_0 \leqq r$. Dann gilt

$$\exists \boldsymbol{Q} \in \mathcal{M}_{r \times r_0}^{(r_0)}\ \exists \boldsymbol{F}_0 \in \mathcal{M}_{n \times r_0}^{(r_0)}: \boldsymbol{F}_2\boldsymbol{Q} = \boldsymbol{F}_0\,.$$

Wir setzen

$$\begin{aligned}\mathfrak{Y}_0 &:= g_3(\mathfrak{Y}_2) = \mathfrak{Y}_2\,,\\ \boldsymbol{\vartheta}_2 &:= \bar{g}_3(\boldsymbol{\vartheta}_0) = \boldsymbol{Q\vartheta}_0\,.\end{aligned} \tag{3.2.34}$$

Dann ist $M_0 = (\mathfrak{Y}_0, \boldsymbol{F}_0\boldsymbol{\vartheta}_0, \boldsymbol{B}_{\varepsilon_0} = \sigma^2\boldsymbol{I}_{n_0})$ ein KLR.

Die Transformation des LR $(\mathfrak{Y}, \boldsymbol{F}\boldsymbol{\vartheta}, \boldsymbol{B}_\varepsilon)$ auf das KLR M_0 kann durch Hintereinanderausführung der Abbildungen g_1, g_2, g_3 bzw. $\bar{g}_1, \bar{g}_2, \bar{g}_3$ dargestellt werden:

$$\begin{aligned} \mathfrak{Y}_0 &= g(\mathfrak{Y}) = g_3 \circ g_2 \circ g_1(\mathfrak{Y}) = \Lambda_1^{-1/2}\boldsymbol{H}_1'(\mathfrak{Y} - \boldsymbol{F}\boldsymbol{K}^-\boldsymbol{l}) , \\ \boldsymbol{\vartheta} &= \bar{g}(\boldsymbol{\vartheta}_0) = \bar{g}_1 \circ \bar{g}_2 \circ \bar{g}_3(\boldsymbol{\vartheta}_0) = (\boldsymbol{I}_r - \boldsymbol{K}^-\boldsymbol{K})\,\boldsymbol{Q}\boldsymbol{\vartheta}_0 + \boldsymbol{K}^-\boldsymbol{l} , \\ \boldsymbol{F}_0 &= \Lambda_1^{-1/2}\boldsymbol{H}_1'\boldsymbol{F}(\boldsymbol{I}_r - \boldsymbol{K}^-\boldsymbol{K})\,\boldsymbol{Q} . \end{aligned} \tag{3.2.35}$$

Ist nun $\hat{\boldsymbol{\vartheta}}_0^*$ optimal für $\boldsymbol{\vartheta}_0$ aus M_0, dann ist $\hat{\boldsymbol{\psi}}^* = \boldsymbol{A}\bar{g}[\hat{\boldsymbol{\vartheta}}_0^*(g(\cdot))]$ unter den Bedingungen von Satz 3.2.1 optimal für $\boldsymbol{\psi} = \boldsymbol{A}\boldsymbol{\vartheta}$ in M. Wir setzen daher voraus:

Vor. 3.2.1: Es liege ein KLR $(\mathfrak{Y}, \boldsymbol{F}\boldsymbol{\vartheta}, \sigma^2\boldsymbol{I}_n)$ vor •

Es wird betont, daß die Zurückführung auf ein KLR aus beweistechnischen Gründen erfolgt ist. Sie ist nur durchführbar bei gegebenem V_n (dies ist im Problem $G_1^{(\psi)}$ der Fall). Falls $\boldsymbol{B}_\varepsilon$ explizit von $V_n \in V^{(0)}$ abhängt, ist es i. allg. nicht möglich, für alle $V_n \in V^{(0)}$ gleichzeitig eine Transformation auf ein KLR durchzuführen. Das Planungsproblem $G_2^{(\psi)}$ ist daher im Originalmodell zu lösen. Liegt jedoch der Fall vor, daß $\boldsymbol{B}_\varepsilon$ nicht von $V_n \in V^{(0)}$ abhängt, so kann o. B. d. A. für das Planungsproblem ein KLR vorausgesetzt werden. Dieser wichtige Fall wird in Kapitel 5 bis 7 behandelt. Wir bemerken bereits jetzt, daß in diesem Kapitel die Vor. 3.2.1 zum Teil wieder zurückgenommen wird: Wenn wir Robustheitsaussagen über optimale Schätzfunktionen bez. der Fehlerverteilung formulieren, werden wir auch $\boldsymbol{B}_\varepsilon \neq \sigma^2\boldsymbol{I}_n$ zulassen (s. Abschnitt 3.3).

3.2.3. MKQ-Schätzungen

Es sei $\boldsymbol{\vartheta} \in \Theta \subseteq \mathrm{R}^r$ im vorausgesetzten KLR $(\mathfrak{Y}, \boldsymbol{F}\boldsymbol{\vartheta}, \sigma^2\boldsymbol{I}_n)$, d. h. in einem Modell der Form

$$\mathfrak{Y} = \boldsymbol{F}\boldsymbol{\vartheta} + \boldsymbol{\varepsilon}; \quad \mathrm{E}\boldsymbol{\varepsilon} = \boldsymbol{0}; \quad \boldsymbol{B}_\varepsilon = \sigma^2\boldsymbol{I}_n; \quad \mathrm{Rg}\,\boldsymbol{F} = r \tag{3.2.36}$$

zu schätzen.

Vor. 3.2.2: Es sei $\Theta = \mathrm{R}^r$ •

Die klassische MKQ-Aufgabe im Modell (3.2.36)

$$\forall \boldsymbol{y} \in C: \|\boldsymbol{y} - \boldsymbol{F}\boldsymbol{t}\|_{\boldsymbol{I}_n}^2 \overset{!}{=} \inf_{\boldsymbol{t} \in \mathrm{R}^r} \quad (\text{vgl. } (3.1.6))$$

führt auf das lineare *Normalgleichungssystem*

$$\forall \boldsymbol{y} \in C: \boldsymbol{F}'\boldsymbol{F}\check{\boldsymbol{\vartheta}}(\boldsymbol{y}) = \boldsymbol{F}'\boldsymbol{y} \tag{3.2.37}$$

und hat wegen $\mathrm{Rg}\,\boldsymbol{F} = \mathrm{Rg}\,\boldsymbol{F}'\boldsymbol{F} = r$ die eindeutige Lösung

$$\forall \boldsymbol{y} \in C: \check{\boldsymbol{\vartheta}}(\boldsymbol{y}) = (\boldsymbol{F}'\boldsymbol{F})^{-1}\,\boldsymbol{F}'\boldsymbol{y} . \tag{3.2.38}$$

(Dieses Ergebnis ist auch aus (3.2.10) unter Beachtung von Def. 3.2.4 über die MKQ-Inverse $\boldsymbol{F}_{\boldsymbol{I}_n}^-$ zu $\boldsymbol{F}$ erhältlich.) Durch die mit (3.2.38) festgelegte Abbildung $\check{\boldsymbol{\vartheta}} \mid C \to \mathrm{R}^r$ ist die *klassische MKQ-Schätzfunktion* gegeben (zur Anwendung s. II/3). Wir schreiben sie gelegentlich auch als Zufallsvektor

$$\check{\boldsymbol{\vartheta}}(\mathfrak{Y}) = (\boldsymbol{F}'\boldsymbol{F})^{-1}\,\boldsymbol{F}'\mathfrak{Y} . \tag{3.2.39}$$

Es werden nun die beiden bekanntesten Eigenschaften von $\check{\boldsymbol{\vartheta}}$ angegeben: das Gauss-Markov-Theorem und die Maximum-Likelihood-Eigenschaft bei normalverteilten Beobachtungen.

Es sei D_{LE} die in (3.1.9) eingeführte Klasse aller linearen erwartungstreuen Schätzungen für $\boldsymbol{\vartheta}$ und $\boldsymbol{C} \in \mathcal{M}_{r\times n}$. Es sei weiter $\hat{\boldsymbol{\vartheta}}$ eine Schätzfunktion mit

$$\forall \boldsymbol{y} \in C : \hat{\boldsymbol{\vartheta}}(\boldsymbol{y}) = \boldsymbol{C}\boldsymbol{y} . \tag{3.2.40}$$

Dann überprüft man durch Berechnung von $\mathrm{E}_{\mathfrak{Y}|\vartheta}\hat{\boldsymbol{\vartheta}}(\mathfrak{Y})$:

$$\hat{\boldsymbol{\vartheta}} \in D_{LE} \Leftrightarrow \boldsymbol{C}\boldsymbol{F} = \boldsymbol{I}_r . \tag{3.2.41}$$

Insbesondere erhält man aus (3.2.41), daß $\check{\boldsymbol{\vartheta}} \in D_{LE}$ gilt. Es sei $\hat{\boldsymbol{\vartheta}} \in D_{LE}$ und habe die Struktur (3.2.40). Dann ergibt sich $\boldsymbol{B}_{\hat{\vartheta}} = \sigma^2\boldsymbol{C}\boldsymbol{C}'$ und insbesondere für $\check{\boldsymbol{\vartheta}}$

$$\boldsymbol{B}_{\check{\vartheta}} = \sigma^2(\boldsymbol{F}'\boldsymbol{F})^{-1} . \tag{3.2.42}$$

Unter Ausnutzung von (3.2.41) berechnet man

$$\begin{aligned}\boldsymbol{B}_{\hat{\vartheta}} - \boldsymbol{B}_{\check{\vartheta}} &= \sigma^2\big(\boldsymbol{C}\boldsymbol{C}' - (\boldsymbol{F}'\boldsymbol{F})^{-1}\big) = \sigma^2\big(\boldsymbol{C}\boldsymbol{C}' + \boldsymbol{C}\boldsymbol{F}(\boldsymbol{F}'\boldsymbol{F})^{-1}\boldsymbol{F}'\boldsymbol{C}'\big)\\ &= \sigma^2\boldsymbol{C}\big(\boldsymbol{I}_n - \boldsymbol{F}(\boldsymbol{F}'\boldsymbol{F})^{-1}\boldsymbol{F}'\big)\boldsymbol{C}' .\end{aligned}$$

Die Matrix $\boldsymbol{I}_n - \boldsymbol{F}(\boldsymbol{F}'\boldsymbol{F})^{-1}\boldsymbol{F}'$ ist idempotent und symmetrisch, also positiv semidefinit, also ist auch $\boldsymbol{B}_{\hat{\vartheta}} - \boldsymbol{B}_{\check{\vartheta}} \in \mathcal{M}_r^{\geqq}$. Damit ist bewiesen:

Satz 3.2.2 (Gauss-Markov-*Theorem*):

$$\forall \hat{\boldsymbol{\vartheta}} \in D_{LE} : \boldsymbol{B}_{\hat{\vartheta}} - \boldsymbol{B}_{\check{\vartheta}} \in \mathcal{M}_r^{\geqq} \bullet$$

Die klassische MKQ-Schätzung hat also unter allen linearen erwartungstreuen Schätzungen für $\boldsymbol{\vartheta}$ aus (3.2.36) die kleinste Kovarianzmatrix im Sinne der positiven Definitheit.

Satz 3.2.3: Es sei $P_\varepsilon = \mathrm{N}(\boldsymbol{0}, \sigma^2\boldsymbol{I}_n)$. Dann ist $\check{\boldsymbol{\vartheta}}$ Maximum-Likelihood-Schätzung für $\boldsymbol{\vartheta}$ •

Beweis: Wegen $P_\varepsilon = \mathrm{N}(\boldsymbol{0}, \sigma^2\boldsymbol{I}_n)$ hat die Likelihoodfunktion die Gestalt (vgl. Def. 1.4.4)

$$\forall \boldsymbol{y} \in C\ \forall \boldsymbol{\vartheta} \in \mathrm{R}^r : l(\boldsymbol{y}; \boldsymbol{\vartheta}) = (2\pi\sigma^2)^{-n/2} \exp\left\{-\frac{1}{2\sigma^2}\|\boldsymbol{y} - \boldsymbol{F}\boldsymbol{\vartheta}\|_{\boldsymbol{I}_n}^2\right\}.$$

Die Maximierung von $l(\boldsymbol{y}; \boldsymbol{\vartheta})$ bez. $\boldsymbol{\vartheta}$ ist äquivalent zur Minimierung von $\|\boldsymbol{y} - \boldsymbol{F}\boldsymbol{\vartheta}\|_{\boldsymbol{I}_n}^2$, die gerade auf $\check{\boldsymbol{\vartheta}}$ führt.

Eine etwas allgemeinere Aussage über den Zusammenhang zwischen MKQ-Schätzung und ML-Schätzungen ist in Bradley [1] zu finden:

MKQ-Schätzungen und ML-Schätzungen sind äquivalent, falls die Verteilung $P_{\mathfrak{Y}|\vartheta}$ einer speziellen Exponentialfamilie (s. Def. 1.3.15) angehört.

Falls das KLR (3.2.36) durch Transformation aus einem anderen LR entstanden ist, so interessiert die explizite Darstellung der gemäß (3.2.26) zurücktransformierten MKQ-Schätzung. Für einige spezielle LR sollen diese Darstellungen angegeben werden. Es werden die dort eingeführten Bezeichnungen benutzt. Wir gehen von der MKQ-Schätzung im KLR $M_0 = (\mathfrak{Y}_0, \boldsymbol{F}_0\boldsymbol{\vartheta}_0, \sigma^2\boldsymbol{I}_n)$

$$\check{\boldsymbol{\vartheta}}_0 = (\boldsymbol{F}_0'\boldsymbol{F}_0)^{-1}\boldsymbol{F}_0'\mathfrak{Y}_0$$

aus.

a) *MKQ-Schätzung für* $\boldsymbol{\psi}_2 = \boldsymbol{A}\boldsymbol{\vartheta}_2$ *im (singulären) Modell* $M_2 = (\mathfrak{Y}_2, \boldsymbol{F}_2\boldsymbol{\vartheta}_2, \sigma^2\boldsymbol{I}_n)$: Die Beziehungen zwischen M_0 und M_2 sind durch g_3 und $\bar{g}_3$ aus (3.2.34) gegeben. Es ist gemäß (3.2.26)

$$\begin{aligned}\check{\boldsymbol{\psi}}_2(\mathfrak{Y}_2) &= \boldsymbol{A}\bar{g}_3[\check{\boldsymbol{\vartheta}}_0(g_3(\mathfrak{Y}_2))] = \boldsymbol{A}\boldsymbol{Q}(\boldsymbol{F}_0'\boldsymbol{F}_0)^{-1}\boldsymbol{F}_0'\mathfrak{Y}_2\\ &= \boldsymbol{A}(\boldsymbol{F}_2'\boldsymbol{F}_2)^{-}\boldsymbol{F}_2'\boldsymbol{F}_2\boldsymbol{Q}\boldsymbol{F}_0^{+}\mathfrak{Y}_2 \qquad \text{(vgl. (3.2.7), (3.2.16))}\\ &= \boldsymbol{A}(\boldsymbol{F}_2'\boldsymbol{F}_2)^{-}\boldsymbol{F}_2'\boldsymbol{F}_0\boldsymbol{F}_0^{+}\mathfrak{Y}_2 .\end{aligned}$$

Es gilt außerdem

$$\begin{aligned}\boldsymbol{F}_2\boldsymbol{Q} = \boldsymbol{F}_0 &\Leftrightarrow \exists \boldsymbol{Q}^- \in \mathcal{A}_Q : \boldsymbol{F}_0\boldsymbol{Q}^- = \boldsymbol{F}_2 \qquad \text{(vgl. (3.2.3) mit } \boldsymbol{W} = \boldsymbol{0})\\ &\Leftrightarrow \boldsymbol{F}_0\boldsymbol{F}_0^{+}\boldsymbol{F}_2 = \boldsymbol{F}_2 \qquad \text{(vgl. (3.2.2))}.\end{aligned}$$

Daher hat man

$$\check{\boldsymbol{\psi}}_2(\mathfrak{Y}_2) = \boldsymbol{A}(\boldsymbol{F}_2'\boldsymbol{F}_2)^{-}\boldsymbol{F}_2'\mathfrak{Y}_2 . \tag{3.2.43}$$

b) *MKQ-Schätzung für* $\boldsymbol{\psi}_1 = \boldsymbol{A}\boldsymbol{\vartheta}_1$ *im restriktiven Modell* $M_1 = (\mathfrak{Y}_1, \boldsymbol{F}_1\boldsymbol{\vartheta}_1, \sigma^2\boldsymbol{I}_n, \boldsymbol{K}\boldsymbol{\vartheta}_1 = \boldsymbol{l})$ *mit* $\operatorname{Rg} \boldsymbol{F}_1 = r$: Die Beziehungen zwischen M_0 und M_1 sind durch

$$g = g_3 \circ g_2 \qquad \bar{g} = \bar{g}_2 \circ \bar{g}_3 \qquad \text{(vgl. (3.2.34), (3.2.33))}$$

gegeben. Als g-Inverse zu $\boldsymbol{K}$ benutzen wir

$$\boldsymbol{K}^- = (\boldsymbol{F}_1'\boldsymbol{F}_1)^{-1}\boldsymbol{K}'[\boldsymbol{K}(\boldsymbol{F}_1'\boldsymbol{F}_1)^{-1}\boldsymbol{K}']^{-1} . \tag{3.2.44}$$

Sie hat die Eigenschaften

$$\boldsymbol{K}^-\boldsymbol{K}(\boldsymbol{F}_1'\boldsymbol{F}_1)^{-1} = (\boldsymbol{F}_1'\boldsymbol{F}_1)^{-1}(\boldsymbol{K}^-\boldsymbol{K})'; \qquad \boldsymbol{F}_1'\boldsymbol{F}_1\boldsymbol{K}^-\boldsymbol{K} = (\boldsymbol{K}^-\boldsymbol{K})'\boldsymbol{F}_1'\boldsymbol{F}_1 . \tag{3.2.45}$$

Außerdem gilt

$$\boldsymbol{F}_0 = \boldsymbol{F}_1(\boldsymbol{I}_r - \boldsymbol{K}^-\boldsymbol{K})\boldsymbol{Q} , \qquad \boldsymbol{F}_1(\boldsymbol{I}_r - \boldsymbol{K}^-\boldsymbol{K}) = \boldsymbol{F}_2 .$$

Damit wird gemäß (3.2.26)

$$\begin{aligned}\check{\boldsymbol{\psi}}_1(\mathfrak{Y}_1) &= \boldsymbol{A}\bar{g}[\check{\boldsymbol{\vartheta}}_0(g(\mathfrak{Y}_1))]\\ &= \boldsymbol{A}\boldsymbol{K}^-\boldsymbol{l} + \boldsymbol{A}(\boldsymbol{I}_r - \boldsymbol{K}^-\boldsymbol{K})\boldsymbol{Q}(\boldsymbol{F}_0'\boldsymbol{F}_0)^{-1}\boldsymbol{F}_0'(\mathfrak{Y}_1 - \boldsymbol{F}_1\boldsymbol{K}^-\boldsymbol{l}) .\end{aligned}$$

Unter Beachtung von (3.2.45) ist

$$\boldsymbol{F}_0'\boldsymbol{F}_1\boldsymbol{K}^-\boldsymbol{l} = \boldsymbol{Q}'(\boldsymbol{I}_r - \boldsymbol{K}^-\boldsymbol{K})'\boldsymbol{F}_1'\boldsymbol{F}_1\boldsymbol{K}^-\boldsymbol{l} = \boldsymbol{0} , \tag{3.2.46}$$

so daß man vereinfachen kann:

$$\check{\boldsymbol{\psi}}_1(\mathfrak{Y}_1) = \boldsymbol{A}\boldsymbol{K}^-\boldsymbol{l} + \boldsymbol{A}(\boldsymbol{F}_1'\boldsymbol{F}_1)^{-1}\boldsymbol{F}_1'\boldsymbol{F}_0\boldsymbol{F}_0^{+}\mathfrak{Y}_1 .$$

Aus der unter a) benutzten Beziehung $\boldsymbol{F}_0\boldsymbol{F}_0^{+}\boldsymbol{F}_2 = \boldsymbol{F}_2$ ergibt sich

$$\boldsymbol{F}_0\boldsymbol{F}_0^{+}\boldsymbol{F}_1 = \boldsymbol{F}_1(\boldsymbol{I}_r - \boldsymbol{K}^-\boldsymbol{K}) + \boldsymbol{F}_0\boldsymbol{F}_0^{+}\boldsymbol{F}_1\boldsymbol{K}^-\boldsymbol{K} .$$

Analog wie unter (3.2.46) ist $\boldsymbol{F}_0\boldsymbol{F}_0^{+}\boldsymbol{F}_1\boldsymbol{K}^-\boldsymbol{K} = \boldsymbol{0}$. Damit wird

$$\begin{aligned}\check{\boldsymbol{\psi}}_1(\mathfrak{Y}_1) &= \boldsymbol{A}\boldsymbol{K}^-\boldsymbol{l} + \boldsymbol{A}(\boldsymbol{F}_1'\boldsymbol{F}_1)^{-1}(\boldsymbol{I}_r - \boldsymbol{K}^-\boldsymbol{K})'\boldsymbol{F}_1'\mathfrak{Y}_1\\ &= \boldsymbol{A}[\boldsymbol{K}^-\boldsymbol{l} + (\boldsymbol{I}_r - \boldsymbol{K}^-\boldsymbol{K})\check{\boldsymbol{\vartheta}}_1(\mathfrak{Y}_1)]\\ &= \boldsymbol{A}[\check{\boldsymbol{\vartheta}}_1(\mathfrak{Y}_1) + \boldsymbol{K}^-(\boldsymbol{l} - \boldsymbol{K}\check{\boldsymbol{\vartheta}}_1(\mathfrak{Y}_1))]; \qquad \check{\boldsymbol{\vartheta}}_1(\mathfrak{Y}_1) = (\boldsymbol{F}_1'\boldsymbol{F}_1)^{-1}\boldsymbol{F}_1'\mathfrak{Y}_1 .\end{aligned} \tag{3.2.47}$$

c) *MKQ-Schätzung für* $\boldsymbol{\psi} = \boldsymbol{A}\boldsymbol{\vartheta}$ *im Modell* $M = (\mathfrak{Y}, \boldsymbol{F}\boldsymbol{\vartheta}, \sigma^2\boldsymbol{\Sigma})$; $\operatorname{Rg} \boldsymbol{F} = r$, $\operatorname{Rg} \boldsymbol{\Sigma} = n$: Die Beziehungen zwischen M_0 und M sind durch g_1 und $\bar{g}_1$ aus (3.2.30) gegeben. Wegen $\boldsymbol{\Sigma} \in \mathcal{M}_n^{>}$ vereinfachen sie sich zu

$$g_1(\mathfrak{Y}) = \boldsymbol{\Lambda}_1^{-1/2}\boldsymbol{H}_1'\mathfrak{Y} = \mathfrak{Y}_0; \qquad \boldsymbol{\vartheta} = \bar{g}_1(\boldsymbol{\vartheta}_0) = \boldsymbol{\vartheta}_0; \qquad \boldsymbol{F}_0 = \boldsymbol{\Lambda}_1^{-1/2}\boldsymbol{H}_1'\boldsymbol{F} .$$

Damit ergibt sich

$$\check{\psi}_\Sigma(\mathfrak{Y}) = A(F_0'F_0)^{-1} F_0'\Lambda^{-1/2}H_1'\mathfrak{Y}$$
$$= A(F'H_1\Lambda_1^{-1}H_1'F)^{-1} F'H_1\Lambda^{-1}H'\mathfrak{Y}$$
$$= A(F'\Sigma^{-1}F)^{-1} F'\Sigma^{-1}\mathfrak{Y} \,. \tag{3.2.48}$$

Eine MKQ-Schätzung im allgemeinen LR (ohne Rangbedingungen an F und Σ, wie wir sie bisher stellten) wurde von Rao/Mitra [1] angegeben.

Satz 3.2.4 (Rao/Mitra [1]): Es seien $(\mathfrak{Y}, F\vartheta, \sigma^2\Sigma)$ ein LR, $\psi = A\vartheta$, $c > 0$ und $\check{\psi}(\mathfrak{Y}) = A\check{\vartheta}_\Sigma(\mathfrak{Y})$ mit

$$\check{\vartheta}_\Sigma(\mathfrak{Y}) = [F'(\Sigma + cFF')^- F]^- F'(\Sigma + cFF')^- \mathfrak{Y} \,. \tag{3.2.49}$$

Dann gilt:

a) $\forall \hat{\psi} \in D_{LE}^{(\psi)}: B_{\hat{\psi}} - B_{\check{\psi}} \in \mathcal{M}_s^{\geqq}$.

b) $\check{\vartheta}_\Sigma$ ist Lösung der MKQ-Aufgabe $\quad \forall y \in C: \|y - Ft\|^2_{\Sigma + cFF'} \overset{!}{=} \inf\limits_{t \in \mathrm{R}^r}$ •

Im Falle $\mathcal{L}(F) \subseteq \mathcal{L}(\Sigma)$ kann $c = 0$ gesetzt werden.
(Zur Anwendung von (3.2.43), (3.2.47) und (3.2.48) s. II/3.)

3.3. Optimalitäts- und Robustheitseigenschaften der MKQ-Schätzung

Dieser Abschnitt bildet den zentralen Teil des 3. Kapitels. Für die klassische MKQ-Schätzung werden Optimalitätseigenschaften (i. allg. Minimaxeigenschaften) in den Klassen D_{LE}, D_E und D_0 von Schätzfunktionen festgestellt. Diese Optimalitätseigenschaften gelten für umfangreiche Klassen von Verlustfunktionen und Fehlerverteilungen (Robustheit bez. Verlust und Fehlerverteilung). Aufgrund von Satz 3.2.1 sind die bewiesenen Aussagen auch für die entsprechenden MKQ-Schätzungen in allgemeinen linearen Regressionsmodellen (z. B. für die Schätzfunktionen (3.2.43), (3.2.47), (3.2.48)) gültig.

Als mathematisches Hilfsmittel zu Robustheitsuntersuchungen werden zunächst gewisse Relationen zwischen Verteilungen eingeführt.

3.3.1 Relationen zwischen Verteilungsgesetzen

Mit Hilfe der in (3.1.11) bis (3.1.14) eingeführten Funktionenklassen werden Relationen zwischen Verteilungen definiert. Es seien $P^{(1)}$ und $P^{(2)}$ zwei m-dimensionale Verteilungsgesetze mit gleichem Erwartungswertvektor und den Verteilungsfunktionen $F^{(1)}$ und $F^{(2)}$. Es sei $L \mid \mathrm{R}^m \to \mathrm{R}^1$, und es gelte

$$\int\limits_{\mathrm{R}^m} L(t)\, \mathrm{d}F^{(1)}(t) \geqq \int\limits_{\mathrm{R}^m} L(t)\, \mathrm{d}F^{(2)}(t) \,, \tag{3.3.1}$$

falls die Integrale existieren.

Es sei $j \in \{q, w, k, t_0\}$ und für $j = t_0$ gelte $m = 1$.

Def. 3.3.1: $P^{(1)} \underset{j}{>} P^{(2)} =_{\mathrm{df}}$

Die Beziehung (3.3.1) gilt für alle bez. $F^{(1)}$ und $F^{(2)}$ integrierbaren $L \in \mathcal{L}_j^m$ •

Bemerkung 3.3.1: Die eingeführten Relationen sind reflexiv und transitiv, aber i. allg. nicht antisymmetrisch. Sie sind daher i. allg. keine Halbordnungsrelationen, obwohl in der Literatur einige davon als solche bezeichnet werden (s. STOYAN [1], NÄTHER [3]). Sie werden zu Halbordnungsrelationen, wenn man die Gleichheit zweier Verteilungen geeignet definiert (z. B.: Es sei $j \in \{q, w, k, t_0\}$.

$$(P^{(1)} \underset{(j)}{=} P^{(2)}) =_{\mathrm{df}}$$

Für alle $L \in \mathcal{L}_j^m$ steht in (3.3.1) das Gleichheitszeichen.)

Wir geben jetzt Eigenschaften der Relationen an. Aufgrund von

$$\mathcal{L}_q^m \subset \mathcal{L}_w^m \subset \mathcal{L}_k^m \tag{3.3.2}$$

ergibt sich zunächst sofort

$$P^{(1)} \underset{k}{>} P^{(2)} \Rightarrow P^{(1)} \underset{w}{>} P^{(2)} \Rightarrow P^{(1)} \underset{q}{>} P^{(2)}. \tag{3.3.3}$$

Es wird nun $\underset{q}{>}$ genauer untersucht.

Lemma 3.3.1: Es seien $P^{(1)}$, $P^{(2)}$ zwei m-dimensionale Verteilungen mit gleichem Erwartungswertvektor $\boldsymbol{\mu}$, für die die Kovarianzmatrizen $\boldsymbol{B}^{(1)}$, $\boldsymbol{B}^{(2)}$ existieren. Dann gilt

$$P^{(1)} \underset{q}{>} P^{(2)} \Leftrightarrow \boldsymbol{B}^{(1)} - \boldsymbol{B}^{(2)} \in \mathcal{M}_m^{\geqq} \bullet$$

Beweis:

a) ($\Rightarrow$) Es sei

$$\forall \boldsymbol{t} \in \mathrm{R}^m: L_0(\boldsymbol{t}) := ||\boldsymbol{t} - \boldsymbol{\mu}||_{\boldsymbol{ss}'}^2; \qquad \boldsymbol{s} \in \mathrm{R}^m.$$

Es ist $L_0 \in \mathcal{L}_q^m$. Aus $P^{(1)} \underset{q}{>} P^{(2)}$ folgt daher mit

$$\forall \boldsymbol{s} \in \mathrm{R}^m: \boldsymbol{s}'\boldsymbol{B}^{(1)}\boldsymbol{s} = \int_{\mathrm{R}^m} L_0(\boldsymbol{t}) \,\mathrm{d}F^{(1)}(\boldsymbol{t}) \geqq \int_{\mathrm{R}^m} L_0(\boldsymbol{t}) \,\mathrm{d}F^{(2)}(\boldsymbol{t}) = \boldsymbol{s}'\boldsymbol{B}^{(2)}\boldsymbol{s},$$

daß $\boldsymbol{B}^{(1)} - \boldsymbol{B}^{(2)} \in \mathcal{M}_m^{\geqq}$ gilt.

b) ($\Leftarrow$) Es sei $L \in \mathcal{L}_q^m$, d. h. (vgl. (3.1.11))

$$\forall \boldsymbol{t} \in \mathrm{R}^m: L(\boldsymbol{t}) = a\, ||\boldsymbol{t}||_{\boldsymbol{U}}^2 + c = a \,\mathrm{sp}\, \boldsymbol{U}\boldsymbol{t}\boldsymbol{t}' + c; \qquad a \in (0, \infty), c \in \mathrm{R}^1, \boldsymbol{U} \in \mathcal{M}_m^{\geqq}.$$

Damit ergibt sich mit der Darstellung $\boldsymbol{U} = \boldsymbol{A}'\boldsymbol{A}$

$$\int_{\mathrm{R}^m} L(\boldsymbol{t}) \,\mathrm{d}F^{(i)}(\boldsymbol{t}) = a \,\mathrm{sp}\, \boldsymbol{U}(\boldsymbol{B}^{(i)} + \boldsymbol{\mu}\boldsymbol{\mu}') + c = a \,\mathrm{sp}\, \boldsymbol{A}\boldsymbol{B}^{(i)}\boldsymbol{A}' + a\, ||\boldsymbol{\mu}||_{\boldsymbol{U}}^2 + c; \qquad i = 1, 2.$$

Es sei nun $\boldsymbol{B}^{(1)} - \boldsymbol{B}^{(2)} \in \mathcal{M}_m^{\geqq}$. Dann folgt über $\mathrm{sp}\, \boldsymbol{A}\boldsymbol{B}^{(1)}\boldsymbol{A}' \geqq \mathrm{sp}\, \boldsymbol{A}\boldsymbol{B}^{(2)}\boldsymbol{A}'$ sofort (3.3.1), d. h. $P^{(1)} \underset{q}{>} P^{(2)}$.

Wir betrachten jetzt die Relation $\underset{k}{>}$. Sie wurde von STOYAN in [1], [2] intensiv untersucht. Insbesondere für eindimensionale Verteilungen (d. h. $m = 1$) sind eine Reihe von Vergleichbarkeitsbedingungen bekannt.

Lemma 3.3.2 (s. STOYAN/STOYAN [1], STOYAN [2]): $P^{(1)}$, $P^{(2)}$ seien eindimensionale Verteilungen mit gleichem Erwartungswert.

a) $P^{(1)} \underset{k}{>} P^{(2)} \Leftrightarrow \forall c \in \mathrm{R}^1: \int_{\mathrm{R}^1} \max\{c, t\} \,\mathrm{d}F^{(1)}(t) \geqq \int_{\mathrm{R}^1} \max\{c, t\} \,\mathrm{d}F^{(2)}(t)$.

b) $P^{(1)} \underset{k}{>} P^{(2)} \Leftrightarrow \forall c \in \mathrm{R}^1\colon \int\limits_{-\infty}^{c} \left(F^{(1)}(t) - F^{(2)}(t)\right) \mathrm{d}t \geqq 0$.

c) $\exists t_0 \in \mathrm{R}^1\colon F^{(1)}(t_0) = F^{(2)}(t_0) \wedge \left(\forall t < t_0\colon F^{(1)}(t) \geqq F^{(2)}(t)\right) \wedge \left(\forall t > t_0\colon F^{(1)}(t) \leqq F^{(2)}(t)\right)$

$$\Rightarrow P^{(1)} \underset{k}{>} P^{(2)} \bullet \tag{3.3.4}$$

Speziell in c) ist eine leicht handhabbare, allerdings nur hinreichende Vergleichbarkeitsbedingung gegeben. Sie ist von besonderer Bedeutung für die Relation $\underset{t_0}{>}$.

Lemma 3.3.3: Es seien $P^{(1)}$, $P^{(2)}$ eindimensionale Verteilungen mit gleichem Erwartungswert. Es ist $P^{(1)} \underset{t_0}{>} P^{(2)}$ genau dann, wenn die Vergleichbarkeitsbedingung in (3.3.4) erfüllt ist •

Beweis: Es sei $L \in \mathscr{L}^1_{t_0}$ derart, daß die Integrale in (3.3.1) existieren. O. B. d. A. führen wir den Beweis für $t_0 = 0$ und für alle $t \in \mathrm{R}^1$ gelte $L(t) \geqq 0$. Dann folgt auf Grund der Monotonie von L bez. t_0 mit $a > 0$, $b < 0$: (vgl. (3.1.14))

$$\int\limits_{a}^{\infty} L(t)\, \mathrm{d}F^{(i)}(t) \geqq L(a)\,(1 - F^{(i)}(a)) \geqq 0; \qquad i = 1, 2;$$

$$\int\limits_{-\infty}^{b} L(t)\, \mathrm{d}F^{(i)}(t) \geqq L(b)\, F^{(i)}(b) \geqq 0; \qquad i = 1, 2\,.$$

Wegen der vorausgesetzten Existenz der uneigentlichen Integrale in (3.3.1) ergibt sich daraus

$$\lim_{a\to\infty} L(a)\,(1 - F^{(i)}(a)) = 0\,, \qquad \lim_{b\to-\infty} L(b)\, F^{(i)}(b) = 0; \qquad i = 1, 2\,.$$

Mit der partiellen Integrationsformel für STIELTJES-Integrale (s. NATANSON [1]) erhält man nun

$$\begin{aligned}\int\limits_{-\infty}^{\infty} L(t)\, \mathrm{d}[F^{(1)}(t) - F^{(2)}(t)] &= \lim_{\substack{a\to\infty\\ b\to-\infty}} L(t)\,(F^{(1)}(t) - F^{(2)}(t))\,|_b^a - \int\limits_{-\infty}^{\infty} (F^{(1)}(t) - F^{(2)}(t))\, \mathrm{d}L(t)\\ &= \lim_{a\to\infty} L(a)\,[1 - F^{(2)}(a) - (1 - F^{(1)}(a))]\\ &\quad - \lim_{b\to-\infty} L(b)\,[F^{(1)}(b) - F^{(2)}(b)] + \int\limits_{-\infty}^{\infty} (F^{(2)}(t) - F^{(1)}(t))\, \mathrm{d}L(t)\\ &= \int\limits_{-\infty}^{\infty} (F^{(2)}(t) - F^{(1)}(t))\, \mathrm{d}L(t)\,.\end{aligned}$$

Damit gilt $P^{(1)} \underset{t_0}{>} P^{(2)}$ genau dann, wenn

$$\forall L \in \mathscr{L}^1_{t_0}\colon \int\limits_{-\infty}^{\infty} (F^{(2)}(t) - F^{(1)}(t))\, \mathrm{d}L(t) \geqq 0; \qquad t_0 = 0\,. \tag{3.3.5}$$

Es sei die Bedingung in (3.3.4) erfüllt für $t_0 = 0$. Dann gilt (3.3.5), d. h. $P^{(1)} \underset{t_0}{>} P^{(2)}$ für $t_0 = 0$.

Zum Beweis der Umkehrung nehmen wir an, daß $P^{(1)} \underset{t_0}{>} P^{(2)}$ für $t_0 = 0$ und (3.3.4) nicht erfüllt ist. Dann gibt es o. B. d. A. ein $t_1 > 0$, so daß $F^{(1)}(t_1) > F^{(2)}(t_1)$ gilt. Es sei

$$L_0(t) := \begin{cases} 0 & \text{für} \quad t < t_1\,,\\ 1 & \text{für} \quad t \geqq t_1\,. \end{cases}$$

Es ist $L_0 \in \mathcal{L}^1_{t_0}$ für $t_0 = 0$. Damit wird

$$\int_{-\infty}^{\infty} (F^{(2)}(t) - F^{(1)}(t))\, \mathrm{d}L_0(t) = F^{(2)}(t_1) - F^{(1)}(t_1) < 0\,,$$

d. h., (3.3.5) ist nicht erfüllt im Widerspruch zur Annahme $P^{(1)} \underset{t_0}{>} P^{(2)}$.

Aus den Lemmata 3.3.2 und 3.3.3 ergibt sich für eindimensionale Verteilungen die Folgerung

$$P^{(1)} \underset{t_0}{>} P^{(2)} \Rightarrow P^{(1)} \underset{k}{>} P^{(2)}\,. \tag{3.3.6}$$

Wir betrachten jetzt die Anwendung von $\underset{k}{>}$ und $\underset{t_0}{>}$ auf Verteilungsfamilien mit Skalenparameter. Es sei $\{P^{(\sigma)}\}_{\sigma \in (0,\infty)}$ eine Familie eindimensionaler Verteilungen und $\{F^{(\sigma)}\}_{\sigma \in (0,\infty)}$ die entsprechende Familie von Verteilungsfunktionen.

Def. 3.3.2: Der Parameter σ heißt *Skalenparameter der Familie* $\{P^{(\sigma)}\}_{\sigma \in (0,\infty)}$ bez. $t_0 \in \mathrm{R}^1 =_{\mathrm{df}}$

$$\forall t \in \mathrm{R}^1 : F^{(\sigma)}(t - t_0) = F^{(1)}\left(\frac{t - t_0}{\sigma}\right) \bullet$$

Lemma 3.3.4: Es sei σ Skalenparameter der Familie $\{P^{(\sigma)}\}_{\sigma \in (0,\infty)}$ bez. $t_0 \in \mathrm{R}^1$. Dann gilt

$$\forall \sigma_1 \in (0, \infty)\ \forall \sigma_2 \in (0, \infty) : \sigma_1 \geqq \sigma_2 \Rightarrow P^{(\sigma_1)} \underset{t_0}{>} P^{(\sigma_2)} \bullet$$

Zum Beweis prüft man die Bedingung in (3.3.4) nach.

Für die Relation $\underset{k}{>}$ im Falle $m > 1$ sind keine allgemeinen Vergleichbarkeitsbedingungen bekannt. Für die Verteilung zufälliger Vektoren mit in Gesamtheit unabhängigen Komponenten gilt

Lemma 3.3.5: Es seien $P^{(1)} = \mathop{\times}\limits_{i=1}^{m} P_i^{(1)}$, $P^{(2)} = \mathop{\times}\limits_{i=1}^{m} P_i^{(2)}$ zwei m-dimensionale Verteilungen mit gleichem Erwartungswertvektor. Dann gilt

$$(\forall i \in \{1, \dots, m\} : P_i^{(1)} \underset{k}{>} P_i^{(2)}) \Rightarrow P^{(1)} \underset{k}{>} P^{(2)} \bullet$$

Beweis: Es sei $L \in \mathcal{L}_k^m$. Dann ist $L(\boldsymbol{t})$; $\boldsymbol{t} = (t_1, \dots, t_m)' \in \mathrm{R}^m$; in jeder Komponente von $\boldsymbol{t}$ stetig und konvex. Daher folgt aus $P_i^{(1)} \underset{k}{>} P_i^{(2)}$; $i = 1, \dots, m$:

$$\begin{aligned}
\int_{\mathrm{R}^m} L(\boldsymbol{t})\, \mathrm{d}F^{(1)}(\boldsymbol{t}) &= \int_{\mathrm{R}^m} L(t_1, \dots, t_m)\, \mathrm{d}F_1^{(1)}(t_1) \cdots \mathrm{d}F_m^{(1)}(t_m) \\
&\geqq \int_{\mathrm{R}^m} L(t_1, \dots, t_m)\, \mathrm{d}F_1^{(2)}(t_1)\, \mathrm{d}F_2^{(1)}(t_2) \cdots \mathrm{d}F_m^{(1)}(t_m) \\
&\ \ \vdots \\
&\geqq \int_{\mathrm{R}^m} L(t_1, \dots, t_m)\, \mathrm{d}F_1^{(2)}(t_1) \cdots \mathrm{d}F_m^{(2)}(t_m) \\
&= \int_{\mathrm{R}^m} L(\boldsymbol{t})\, \mathrm{d}F^{(2)}(\boldsymbol{t})\,,
\end{aligned}$$

d. h. $P^{(1)} \underset{k}{>} P^{(2)}$.

Wir wenden uns nun der Frage zu, bei welchen Abbildungen sich die Relationen $\underset{k}{>}$, $\underset{w}{>}$ und $\underset{q}{>}$ auf die dadurch induzierten Verteilungen übertragen.

Lemma 3.3.6: Es seien $P^{(1)}$, $P^{(2)}$ zwei m-dimensionale Verteilungen mit gleichem Erwartungswertvektor und $g \mid \mathrm{R}^m \to \mathrm{R}^s$ eine lineare Abbildung. $P_g^{(1)}$, $P_g^{(2)}$ seien die dadurch induzierten Verteilungen. Dann gilt

$$P^{(1)} \underset{i}{>} P^{(2)} \Rightarrow P_g^{(1)} \underset{i}{>} P_g^{(2)}; \qquad i = q, w, k \bullet$$

Beweis (für $\underset{k}{>}$): Da g linear ist, haben auch $P_g^{(1)}$ und $P_g^{(2)}$ gleiche Erwartungswerte. Es sei $L \in \mathcal{L}_k^s$. Wegen der Linearität von g ist $L((g(\cdot)) \in \mathcal{L}_k^m$. Außerdem gilt

$$\int_{\mathrm{R}^s} L(\boldsymbol{u})\, \mathrm{d}F_g^{(i)}(\boldsymbol{u}) = \int_{\mathrm{R}^m} L(g(\boldsymbol{t}))\, \mathrm{d}F^{(i)}(\boldsymbol{t}); \qquad i = 1, 2\,.$$

Aus $P^{(1)} \underset{k}{>} P^{(2)}$ folgt daher

$$\int_{\mathrm{R}^s} L(\boldsymbol{u})\, \mathrm{d}F_g^{(1)}(\boldsymbol{u}) \geqq \int_{\mathrm{R}^s} L(\boldsymbol{u})\, \mathrm{d}F_g^{(2)}(\boldsymbol{u})\,,$$

also $P_g^{(1)} \underset{k}{>} P_g^{(2)}$. Für $\underset{q}{>}$ und $\underset{w}{>}$ wird der Beweis analog geführt.

Im Falle $\underset{k}{>}$ kann für reellwertige Abbildungen die Aussage von Lemma 3.3.6 verschärft werden:

Lemma 3.3.7: Es sei $g \mid \mathrm{R}^m \to \mathrm{R}^1$ stetig und konvex. Mit den Bezeichnungen von Lemma 3.3.6 gilt

$$P^{(1)} \underset{k}{>} P^{(2)} \wedge \int_{\mathrm{R}^m} g(\boldsymbol{t})\, \mathrm{d}F^{(1)}(\boldsymbol{t}) = \int_{\mathrm{R}^1} g(\boldsymbol{t})\, \mathrm{d}F^{(2)}(\boldsymbol{t}) \Rightarrow P_g^{(1)} \underset{k}{>} P_g^{(2)} \bullet$$

Beweis: $P_g^{(1)}$ und $P_g^{(2)}$ haben nach Voraussetzung gleiche Erwartungswerte. Es gilt:

$$\forall c \in \mathrm{R}^1\colon \int_{\mathrm{R}^1} \max\{c, u\}\, \mathrm{d}F_g^{(i)}(u) = \int_{\mathrm{R}^1} \max\{c, g(\boldsymbol{t})\}\, \mathrm{d}F^{(i)}(\boldsymbol{t}); \qquad i = 1, 2\,.$$

$\max\{c, g(\cdot)\}$ ist konvex und stetig, da $g(\cdot)$ diese Eigenschaft hat. Daher folgt aus $P^{(1)} \underset{k}{>} P^{(2)}$

$$\forall c \in \mathrm{R}^1\colon \int_{\mathrm{R}^1} \max\{c, u\}\, \mathrm{d}F_g^{(1)}(u) \geqq \int_{\mathrm{R}^1} \max\{c, u\}\, \mathrm{d}F_g^{(2)}(u)\,,$$

woraus unter Beachtung von Lemma 3.3.2a) die Behauptung folgt.

Für mehrdimensionale Normalverteilungen gilt die folgende Beziehung:

Lemma 3.3.8: Es seien $P^{(1)} = \mathrm{N}(\boldsymbol{\mu}, \boldsymbol{B}^{(1)})$, $P^{(2)} = \mathrm{N}(\boldsymbol{\mu}, \boldsymbol{B}^{(2)})$; $\boldsymbol{\mu} \in \mathrm{R}^m$. Dann gilt

$$P^{(1)} \underset{k}{>} P^{(2)} \Leftrightarrow \boldsymbol{B}^{(1)} - \boldsymbol{B}^{(2)} \in \mathcal{M}_m^{\geqq} \bullet$$

Beweis:

a) ($\Rightarrow$) Aus $P^{(1)} \underset{k}{>} P^{(2)}$ folgt $P^{(1)} \underset{q}{>} P^{(2)}$ (vgl. (3.3.3)) und mit Lemma 3.3.1 sofort $\boldsymbol{B}^{(1)} - \boldsymbol{B}^{(2)} \in \in \mathcal{M}_m^{\geqq}$.

b) ($\Leftarrow$) Entsprechend (1.A.39) gilt

$$\exists \boldsymbol{C} \in \mathcal{M}_m^{(m)}\ \forall i \in \{1, 2\}\ \exists \boldsymbol{\Lambda}_i = ((\delta_{kl}\lambda_k^{(i)}))_{m \times m} \in \mathcal{M}_m\colon \boldsymbol{C}\boldsymbol{B}^{(1)}\boldsymbol{C}' = \boldsymbol{\Lambda}_1 \wedge \boldsymbol{C}\boldsymbol{B}^{(2)}\boldsymbol{C}' = \boldsymbol{\Lambda}_2\,. \qquad (3.3.7)$$

Es seien $g \mid \mathrm{R}^m \to \mathrm{R}^m$ mit $g(\boldsymbol{t}) = \boldsymbol{C}\boldsymbol{t}$; $\boldsymbol{t} \in \mathrm{R}^m$; und $g(\boldsymbol{\mu}) =: \boldsymbol{\mu}_g = (\mu_g^{(1)}, \ldots, \mu_g^{(m)})'$. Dann gilt

$$P_g^{(i)} = \mathrm{N}(g(\boldsymbol{\mu},) \boldsymbol{\Lambda}_i) = \mathop{\times}_{j=1}^{m} \mathrm{N}(\mu_g^{(j)}, \lambda_j^{(i)}); \qquad i = 1, 2\,.$$

Nun kann folgendermaßen geschlossen werden:

$$\boldsymbol{B}^{(1)} - \boldsymbol{B}^{(2)} \in \mathcal{M}_m^{\geqq}$$

$$\Rightarrow \Lambda_1 - \Lambda_2 \in \mathcal{M}_m^{\geqq} \qquad \text{(nach 3.3.7)}$$

$$\Rightarrow \forall j \in \{1, \dots, m\} : \lambda_j^{(1)} \geqq \lambda_j^{(2)}$$

$$\Rightarrow \forall j \in \{1, \dots, m\} : \mathrm{N}(\mu_g^{(j)}, \lambda_j^{(1)}) \underset{k}{>} \mathrm{N}(\mu_g^{(j)}, \lambda_j^{(2)}) \qquad \text{(nach Lemma 3.3.4)}$$

$$\Rightarrow P_g^{(1)} \underset{k}{>} P_g^{(2)} \qquad \text{(nach Lemma 3.3.5)}$$

$$\Rightarrow P^{(1)} \underset{k}{>} P^{(2)} \qquad \text{(nach Lemma 3.3.6 mit der linearen Abbildung } g^{-1}\text{)}.$$

Das Lemma 3.3.8 zeigt zusammen mit Lemma 3.3.1 und (3.3.3), daß im Falle der Normalverteilung $\underset{k}{>}$, $\underset{w}{>}$ und $\underset{q}{>}$ äquivalent sind.

Die folgende Aussage ist für konvexe Linearkombinationen von Verteilungen von Interesse:

Lemma 3.3.9: Es seien $P^{(1)}$, $P^{(2)}$ zwei m-dimensionale Verteilungen mit gleichem Erwartungswert, $P^{(1)} \underset{j}{>} P^{(2)}$; $j \in \{q, w, k\}$; und $P(\alpha) := \alpha P^{(1)} + (1 - \alpha) P^{(2)}$; $0 \leqq \alpha \leqq 1$. Dann gilt

$$\forall \alpha_1 \in [0, 1] \; \forall \alpha_2 \in [0, 1] \; \forall j \in \{q, w, k\} : \alpha_1 \geqq \alpha_2 \Rightarrow P(\alpha_1) \underset{j}{>} P(\alpha_2) \bullet$$

Beweis: Es sei $L \in \mathcal{L}_j^m$; $j \in \{k, w, q\}$. Dann gilt

$$\begin{aligned}\int_{\mathrm{R}^m} L(\boldsymbol{t}) \,\mathrm{d}F_{\alpha_1}(\boldsymbol{t}) &= \alpha_1 \int_{\mathrm{R}^m} L(\boldsymbol{t}) \,\mathrm{d}F^{(1)}(\boldsymbol{t}) + (1 - \alpha_1) \int_{\mathrm{R}^m} L(\boldsymbol{t}) \,\mathrm{d}F^{(2)}(\boldsymbol{t}) \\ &= \int_{\mathrm{R}^m} L(\boldsymbol{t}) \,\mathrm{d}F_{\alpha_2}(\boldsymbol{t}) + (\alpha_1 - \alpha_2) \left[\int_{\mathrm{R}^m} L(\boldsymbol{t}) \,\mathrm{d}F^{(1)}(\boldsymbol{t}) - \int_{\mathrm{R}^m} L(\boldsymbol{t}) \,\mathrm{d}F^{(2)}(\boldsymbol{t})\right] \\ &\geqq \int_{\mathrm{R}^m} L(\boldsymbol{t}) \,\mathrm{d}F_{\alpha_2}(\boldsymbol{t}) .\end{aligned}$$

Wenn Klassen von Verteilungen betrachtet werden, so spielen gewisse extremale Elemente bez. der eingeführten Relationen eine Rolle.

Def. 3.3.3: Es sei K eine Klasse von Verteilungen mit gleichem Erwartungswert und $j \in \{q, w, k, t_0\}$. Die Verteilung $P^{(0)} \in K$ heißt *Maximum in K* bez. $\underset{j}{>}$ $=_{\mathrm{df}}$

$$\forall P \in K : P^{(0)} \underset{j}{>} P \bullet$$

Entsprechend definiert man das *Minimum in K.*

Die Beziehungen (3.3.4) und die Lemmata 3.3.4 und 3.3.8 vermitteln die Anschauung, daß von zwei Verteilungen diejenige die größere bez. $\underset{j}{>}$; $j \in \{q, w, k, t_0\}$; ist, die weniger um den (gemeinsamen) Erwartungswert konzentriert ist. Dies legt den Gedanken nahe, daß diese Verteilung auch die größere Entropie besitzt.

Es sei P eine m-dimensionale Verteilung, die eine Dichte p bez. des Lebesgue- oder des Zählmaßes μ besitzt.

Falls das Integral

$$H(P) := - \int_{\mathrm{R}^m} p(\boldsymbol{t}) \log p(\boldsymbol{t}) \,\mathrm{d}\mu(\boldsymbol{t}) \tag{3.3.8}$$

existiert, heißt $H(P)$ *Entropie* von P.

Lemma 3.3.10: Es sei K eine Klasse m-dimensionaler Verteilungen P mit gleichem Erwartungswert und mit Dichten p bez. des Lebesgue-Maßes. Es sei $P^{(0)} \in K$. Dann gilt

$$\forall j \in \{q, w, k, t_0\} \; \forall P \in K:$$
$$\left(P^{(0)} \underset{j}{>} P \wedge -\log p^{(0)}(\cdot) \in \mathcal{L}_j^m \wedge P \ll P^{(0)}\right) \Rightarrow H(P^{(0)}) \geqq H(P) \bullet$$

Beweis: Es sei $j \in \{q, w, k, t_0\}$. Aus $P^{(0)} \underset{j}{>} P$ und $-\log p^{(0)}(\cdot) \in \mathcal{L}_j^m$ folgt

$$\forall P \in K: S(p^{(0)}, p) := \int_{\mathrm{R}^m} -\log p^{(0)}(\boldsymbol{t}) \cdot p^{(0)}(\boldsymbol{t})\, \mathrm{d}\boldsymbol{t} - \int_{\mathrm{R}^m} -\log p^{(0)}(\boldsymbol{t}) \cdot p(\boldsymbol{t})\, \mathrm{d}\boldsymbol{t} \geqq 0 .$$

Außerdem folgt aus $P \ll P^{(0)}$:

$$\forall P \in K: \; I(p^{(0)}, p) := \int_{\mathrm{R}^m} p(\boldsymbol{t}) \log \frac{p(\boldsymbol{t})}{p^{(0)}(\boldsymbol{t})}\, \mathrm{d}\boldsymbol{t} \geqq 0 \quad \text{(s. Rao [3])} . \tag{3.3.9}$$

Man prüft nun nach, daß

$$H(P^{(0)}) - H(P) = S(p^{(0)}, p) + I(p^{(0)}, p)$$

gilt, woraus die Behauptung folgt.

3.3.2. Methodik der Robustheitsuntersuchungen

Es ist das statistische Entscheidungsproblem $G_1 = [\Theta \times K, D, R_1]$ zur Schätzung des Parameters $\boldsymbol{\vartheta} \in \Theta = \mathrm{R}^r$ eines KLR zu untersuchen. Es bezeichne $\overline{K}$ die Klasse aller n-dimensionalen Wahrscheinlichkeitsverteilungen mit dem Erwartungswertvektor Null. Zunächst werden nur solche Klassen $K^{(0)} \subset \overline{K}$ von Fehlerverteilungen betrachtet, auf denen das Risiko bez. $P_e^{(0)} \in K^{(0)}$ konstant ist.

Vor. 3.3.1: Für die Klasse $K^{(0)} \subset \overline{K}$ gelte

$$\exists R_1^{(0)} \mid \Theta \times D \to \mathrm{R}^1 \; \forall P_e^{(0)} \in K^{(0)}: R_1(\cdot, P_e^{(0)}; \cdot) = R_1^{(0)}(\cdot; \cdot) \bullet \tag{3.3.10}$$

Ein solches $K^{(0)}$ existiert stets; z. B. erfüllt jede einelementige Teilmenge von $\overline{K}$ die Vor. 3.3.1.

Wir suchen zuerst im Entscheidungsproblem

$$G_1^{(0)} := [\Theta \times K^{(0)}, D, R_1^{(0)}] \tag{3.3.11}$$

optimale Lösungen $\hat{\boldsymbol{\vartheta}}^* \in D$, die möglichst robust gegenüber der Verlustfunktion sind. Dann werden Klassen K von Verteilungen P_e so konstruiert, daß $K^{(0)} \subset K$ gilt und $\hat{\boldsymbol{\vartheta}}^*$ in gewissem Sinne optimal in $G_1 = [\Theta \times K, D, R_1]$ bleibt, wenn möglich unter Beibehaltung der Robustheit gegenüber dem Verlust; d. h., es wird nach der Analyse von $G_1^{(0)}$ eine Klasse $K \subset \overline{K}$ so bestimmt, daß die optimale Strategie $\hat{\boldsymbol{\vartheta}}^*$ von $G_1^{(0)}$ robust gegenüber $P_e \in K$ ist. Dazu werden die im Abschnitt 3.3.1 eingeführten Relationen zwischen Verteilungen herangezogen. Die folgende Aussage ist für den Nachweis der Robustheit einer Schätzfunktion bez. der Verlustfunktion von allgemeinem Interesse (s. Näther [3]).

Satz 3.3.1: Es seien $\boldsymbol{\vartheta} \in \Theta = \mathrm{R}^r$, $P_e^{(0)} \in K^{(0)}$, $\hat{\boldsymbol{\vartheta}} \in D$. Es bezeichne $P_{\hat{\boldsymbol{\vartheta}}|\boldsymbol{\vartheta}}$ die durch $P_e^{(0)}$ induzierte Verteilung von $\hat{\boldsymbol{\vartheta}}(\mathfrak{Y})$. Es sei $j \in \{q, w, k, t_0\}$; im Falle $j = t_0$ gelte $r = 1$.

Die Schätzfunktion $\hat{\boldsymbol{\vartheta}}^* \in D$ ist für jedes $L \in \mathcal{L}_j^r$ gleichmäßig beste Strategie in $G_1^{(0)} = [\Theta \times K^{(0)}, D, R_1^{(0)}]$ genau dann, wenn gilt

$$\forall(\boldsymbol{\vartheta}, \hat{\boldsymbol{\vartheta}}) \in \Theta \times D \colon P_{\hat{\vartheta}|\vartheta} \underset{j}{>} P_{\hat{\vartheta}^*|\vartheta} \bullet$$

Beweis: Es sei $j \in \{q, w, k, t_0\}$. Die Schätzung $\hat{\boldsymbol{\vartheta}}^*$ ist genau dann gleichmäßig beste Lösung in $G_1^{(0)}$ bez. jedes $L \in \mathcal{L}_j^r$, wenn gilt

$$\forall(\boldsymbol{\vartheta}, \hat{\boldsymbol{\vartheta}}) \in \Theta \times D \ \forall L \in \mathcal{L}_j^r\colon$$

$$R_1^{(0)}(\boldsymbol{\vartheta}; \hat{\boldsymbol{\vartheta}}) = \int_{\mathbf{R}^n} L(\boldsymbol{\vartheta}; \hat{\boldsymbol{\vartheta}}(\boldsymbol{t}))\, \mathrm{d}P^{(0)}_{\mathfrak{Y}|\vartheta}(\boldsymbol{t}) = \int_{\mathbf{R}^r} L(\boldsymbol{\vartheta}; \boldsymbol{s})\, \mathrm{d}P_{\hat{\vartheta}|\vartheta}(\boldsymbol{s})$$

$$\geqq \int_{\mathbf{R}^r} L(\boldsymbol{\vartheta}; \boldsymbol{s})\, \mathrm{d}P_{\hat{\vartheta}^*|\vartheta}(\boldsymbol{s}) = R_1^{(0)}(\boldsymbol{\vartheta}; \hat{\boldsymbol{\vartheta}}^*)\,.$$

Das ist nach Def. 3.3.1 äquivalent zu $\forall(\boldsymbol{\vartheta}, \hat{\boldsymbol{\vartheta}}) \in \Theta \times D\colon P_{\hat{\vartheta}|\vartheta} \underset{j}{>} P_{\hat{\vartheta}^*|\vartheta}$.

Die Relation $\underset{t_0}{>}$ ist von besonderem Interesse zur Schätzung von $\eta = \boldsymbol{f}'\boldsymbol{\vartheta}$. Da bei der Zurückführung der Schätzproblematik auf ein KLR die Klasse $\mathcal{L}_{t_0}^1$ nicht betrachtet wurde, sei hier ein Analogon zu Satz 3.3.1 für die Schätzung von η gegeben:

Folgerung 3.3.1: Die Schätzfunktion $\hat{\eta}^* \in D^{(\eta)}$ ist für jedes $L \in \mathcal{L}_{t_0}$ gleichmäßig beste Schätzung in $G_1^{(\eta)} = [\Theta \times K^{(0)}, D^{(\eta)}, R_1^{(\eta)}]$ genau dann, wenn gilt

$$\forall(\boldsymbol{\vartheta}, \hat{\eta}) \in \Theta \times D^{(\eta)}\colon P_{\hat{\eta}|\vartheta} \underset{t_0}{>} P_{\hat{\eta}^*|\vartheta} \bullet$$

In Analogie zu Def. 2.1.1 definieren wir

Def. 3.3.4: Der Operator $Q_1^{(0)} \mid (\mathbf{R}^1)^{\Theta \times K \times D} \to (\mathbf{R}^1)^{K \times D}$ heißt *K-monoton* $=_{\mathrm{df}}$

$$\forall \hat{\boldsymbol{\vartheta}} \in D \ \forall P_e^{(1)} \in K \ \forall P_e^{(2)} \in K\colon$$

$$(\forall \boldsymbol{\vartheta} \in \Theta\colon R_1(\boldsymbol{\vartheta}, P_e^{(1)}; \hat{\boldsymbol{\vartheta}}) \leqq R_1(\boldsymbol{\vartheta}, P_e^{(2)}; \hat{\boldsymbol{\vartheta}})) \Rightarrow Q_1^{(0)} R_1(\cdot, P_e^{(1)}; \cdot) \leqq Q_1^{(0)} R_1(\cdot, P_e^{(2)}; \cdot) \bullet$$

Es wird jetzt ein Satz formuliert, der Bedingungen angibt, unter denen eine in $G_1^{(0)}$ optimale Strategie robust gegenüber der Fehlerverteilung ist (s. Näther [3]). Er ist im wesentlichen eine Folgerung aus Lemma 3.3.6.

Satz 3.3.2: Es seien $\hat{\boldsymbol{\vartheta}}^* \in D$ eine lineare Schätzfunktion für $\boldsymbol{\vartheta} \in \Theta$,

$$K_0 \subseteq K_j;\ K_j \subseteq \{P_e \in \overline{K}\colon \exists P_e^{(0)} \in K^{(0)}\colon P_e^{(0)} \underset{j}{>} P_e\}; \qquad j \in \{q, w, k\}; \quad (3.3.12)$$

$Q_1^{(0)} \mid (\mathbf{R}^1)^{\Theta \times K \times D} \to (\mathbf{R}^1)^{K \times D}$ ein K_j-monotoner Operator, und $Q_1^{(j)} := \sup\limits_{P_e \in K_j} \circ\, Q_1^{(0)}$; $j \in \{q, w, k\}$.

Ist $\hat{\boldsymbol{\vartheta}}^*$ für jedes $L \in \mathcal{L}_j^r$ eine $Q_1^{(0)}$-optimale Strategie in $G_1^{(0)} = [\Theta \times K^{(0)}, D, R_1^{(0)}]$, so ist $\hat{\boldsymbol{\vartheta}}^*$ auch für jedes $L \in \mathcal{L}_j^r$ eine $Q_1^{(j)}$-optimale Strategie in $G_1 = [\Theta \times K_j, D, R_1] \bullet$

Beweis: Es gilt laut Voraussetzung und unter Beachtung von (3.3.10) und $K_0 \subseteq K_j$; $j \in \{q, w, k\}$

$$\forall(P_e^{(0)}, \hat{\boldsymbol{\vartheta}}) \in K^{(0)} \times D \ \forall j \in \{q, w, k\} \ \forall L \in \mathcal{L}_j^r\colon$$

$$Q_1^{(0)} R_1^{(0)}(\cdot; \hat{\boldsymbol{\vartheta}}^*) \leqq Q_1^{(0)} R_1^{(0)}(\cdot; \hat{\boldsymbol{\vartheta}}) = Q_1^{(0)} R_1(\cdot, P_e^{(0)}; \hat{\boldsymbol{\vartheta}}) \leqq \sup_{P_e \in K_j} Q_1^{(0)} R_1(\cdot, P_e; \hat{\boldsymbol{\vartheta}})\,. \quad (3.3.13)$$

Es bezeichne $P_{\hat{\vartheta}^*|\vartheta}(P_\varepsilon)$ die durch $P_\varepsilon \in K_j$ induzierte Verteilung von $\hat{\vartheta}^*(\mathfrak{Y})$. Es gilt nach (3.3.12)

$$\forall j \in \{q, w, k\}\ \forall P_\varepsilon \in K_j\ \exists P_\varepsilon^{(0)} \in K^{(0)}\colon P_\varepsilon^{(0)} \underset{j}{>} P_\varepsilon\,.$$

Da $\hat{\vartheta}^*$ linear ist, folgt mit Lemma 3.3.6

$$\forall j \in \{q, w, k\}\ \forall P_\varepsilon \in K_j\ \exists P_\varepsilon^{(0)} \in K^{(0)}\ \forall \vartheta \in \Theta\colon P_{\hat{\vartheta}^*|\vartheta}(P_\varepsilon^{(0)}) \underset{j}{>} P_{\hat{\vartheta}^*|\vartheta}(P_\varepsilon)\,,$$

d. h.

$$\forall j \in \{q, w, k\}\ \forall P_\varepsilon \in K_j\ \exists P_\varepsilon^{(0)} \in K^{(0)}\ \forall L \in \mathcal{L}_j^r\ \forall \vartheta \in \Theta\colon$$
$$R_1(\vartheta, P_\varepsilon; \hat{\vartheta}^*) \leqq R_1(\vartheta, P_\varepsilon^{(0)}; \hat{\vartheta}^*) = R_1^{(0)}(\vartheta; \hat{\vartheta}^*)\,.$$

Wegen der K_j-Monotonie von $Q_1^{(0)}$ folgt daraus

$$\forall P_\varepsilon \in K_j\colon Q_1^{(0)} R_1(\cdot, P_\varepsilon; \hat{\vartheta}^*) \leqq Q_1^{(0)} R_1^{(0)}(\cdot; \hat{\vartheta}^*)$$

und

$$\sup_{P_\varepsilon \in K_j} Q_1^{(0)} R_1(\cdot, P_\varepsilon; \hat{\vartheta}^*) \leqq Q_1^{(0)} R_1^{(0)}(\cdot; \hat{\vartheta}^*)\,.$$

Zusammen mit (3.3.13) ergibt sich nun

$$\forall \hat{\vartheta} \in D\colon \sup_{P_\varepsilon \in K_j} Q_1^{(0)} R_1(\cdot, P_\varepsilon; \hat{\vartheta}^*) \leqq \sup_{P_\varepsilon \in K_j} Q_1^{(0)} R_1(\cdot, P_\varepsilon; \hat{\vartheta})\,.$$

In diesem Kapitel werden wir Satz 3.3.2 auf die Minimaxoptimalität in $G_1^{(0)}$ anwenden (d. h. $Q_1^{(0)} = \sup\limits_{\vartheta \in \Theta}$ wählen). Unter den Voraussetzungen dieses Satzes wird man dann in G_1 auf die Optimalität bez. $Q_1 = \sup\limits_{P_\varepsilon \in K} \sup\limits_{\vartheta \in \Theta}$ geführt, die unter folgender Voraussetzung mit der Minimaxoptimalität in G_1 (d. h. $Q_1 = \sup\limits_{(\vartheta, P_\varepsilon) \in \Theta \times K}$) übereinstimmt:

Vor. 3.3.2: Für jedes $\hat{\vartheta} \in D$ sei $R_1(\cdot, \cdot; \hat{\vartheta}) \mid \Theta \times K \to \mathrm{R}^1$ nach oben beschränkt (vgl. Vor. 2.1.1 und Lemma 2.1.2) •

Die Voraussetzung ist erfüllt, falls die für die Trennbarkeit von Minimaxstrategien (Vor. 3.1.1) hinreichende Bedingung in Bemerkung 2.1.2 erfüllt ist.

Für gleichmäßig beste Strategien in $G_1^{(0)}$ läßt sich leicht ein Analogon zu Satz 3.3.2 angeben, wenn wir den Begriff einer Θ-gleichmäßigen Minimaxstrategie einführen.

Def. 3.3.5: Die Schätzung $\hat{\vartheta}^* \in D$ heißt *Θ-gleichmäßige Minimaxstrategie* in $G_1 = [\Theta \times K, D, R_1] =_{\mathrm{df}}$

$$\forall \vartheta \in \Theta\ \forall \hat{\vartheta} \in D\colon \sup_{P_\varepsilon \in K} R_1(\vartheta, P_\varepsilon; \hat{\vartheta}^*) \leqq \sup_{P_\varepsilon \in K} R_1(\vartheta, P_\varepsilon; \hat{\vartheta})\ \bullet$$

Man bestätigt sofort

Folgerung 3.3.2: Ist $\hat{\vartheta}^*$ eine Θ-gleichmäßige Minimaxstrategie in $G_1 = [\Theta \times K, D, R_1]$, dann ist $\hat{\vartheta}^*$ auch minimax •

Mit den gleichen Methoden wie bei Satz 3.3.2 kann bewiesen werden:

Satz 3.3.3: Es seien $j \in \{q, w, k\}$, $\hat{\vartheta}^*$ eine lineare Schätzfunktion und K_j aus (3.3.12). Für jedes $L \in \mathcal{L}_j^r$ sei $\hat{\vartheta}^*$ gleichmäßig beste Strategie in $G_1^{(0)} = [\Theta \times K^{(0)}, D, R_1^{(0)}]$. Dann ist $\hat{\vartheta}^*$ für jedes $L \in \mathcal{L}_j^r$ eine Θ-gleichmäßige Minimaxstrategie in $G_1 = [\Theta \times K_j, D, R_1]$ •

3.3.3. Lineare erwartungstreue Schätzungen

Zur Schätzung von $\boldsymbol{\vartheta} \in \Theta = \mathrm{R}^r$ aus einem KLR $(\mathfrak{Y}, \boldsymbol{F\vartheta}, \sigma^2\boldsymbol{I}_n)$ wird in diesem Abschnitt das statistische Entscheidungsproblem $G_1 = [\Theta \times K, D_{LE}, R_1]$ mit D_{LE} aus (3.1.9) betrachtet. Dazu untersuchen wir zunächst ein Problem $G_1^{(0)} = [\Theta \times K^{(0)}, D_{LE}, R_1^{(0)}]$ mit $K^{(0)}$ gemäß Vor. 3.3.1. Für die dafür zu betrachtenden verschiedenen Klassen $\mathcal{L}_j^r$ von Verlustfunktionen; $j \in \{q, w, k, t_0\}$; geben wir geeignete Klassen $K^{(0)}$ von Fehlerverteilungen mit der Eigenschaft (3.3.10) an und berücksichtigen dabei, ob σ^2 bekannt oder unbekannt ist.

Es seien $\hat{\boldsymbol{\vartheta}} \in D_{LE}$ mit $\hat{\boldsymbol{\vartheta}}(\mathfrak{Y}) = \boldsymbol{W}\mathfrak{Y}$; $\boldsymbol{W} \in \mathcal{M}_{r\times n}$; und $L \in \mathcal{L}_q^r$ mit

$$L(\boldsymbol{\vartheta}; \hat{\boldsymbol{\vartheta}}(\boldsymbol{y})) = a\,||\,(\boldsymbol{\vartheta} - \hat{\boldsymbol{\vartheta}}(\boldsymbol{y})||_{\boldsymbol{U}}^2; \quad \boldsymbol{\vartheta} \in \Theta\,, \quad \boldsymbol{y} \in C\,, \quad a \in (0, \infty)\,, \quad \boldsymbol{U} \in \mathcal{M}_r^{\geqq}\,.$$

Dann ergibt sich als Risiko

$$\forall (\boldsymbol{\vartheta}, P_\varepsilon, \hat{\boldsymbol{\vartheta}}) \in \Theta \times K \times D_{LE}\colon\; R_1(\boldsymbol{\vartheta}, P_\varepsilon; \hat{\boldsymbol{\vartheta}}) = a\sigma^2 \operatorname{sp} \boldsymbol{UWW}'\,. \tag{3.3.14}$$

Falls bekannt ist, daß $\sigma^2 \in (0, \sigma_0^2]$; $\sigma_0^2 \in \mathrm{R}^1$; gilt, wählen wir für $K^{(0)}$ die Klasse

$$K_1^{(0)} := \{P_\varepsilon^{(0)} \in \overline{K}\colon \boldsymbol{B}_\varepsilon = \sigma_0^2\boldsymbol{I}_n\}\,, \tag{3.3.15}$$

d. h., wir nehmen in $G_1^{(0)}$ an, daß $\sigma^2 = \sigma_0^2$ gilt.

Falls jedoch keine obere Schranke für σ^2 bekannt ist, d. h. $\sigma^2 \in (0, \infty)$ gilt, ist das Risiko (3.3.14) nicht nach oben beschränkt und damit Vor. 3.3.2 und gegebenenfalls auch die Voraussetzung der Trennbarkeit verletzt (Vor. 3.1.1; vgl. auch Vor. 2.1.1). In diesem Fall betrachten wir normierten quadratischen Verlust L aus

$$\mathcal{L}_{q,\sigma}^r := \{L \in \mathcal{L}_q^r\colon \exists \boldsymbol{U} \in \mathcal{M}_r^{\geqq}\; \forall \boldsymbol{t} \in \mathrm{R}^r\colon L(\boldsymbol{t}) = \sigma^{-2}\,||\boldsymbol{t}||_{\boldsymbol{U}}^2\} \tag{3.3.16}$$

(vgl. (3.1.11)) und

$$K_2^{(0)} := \{P_\varepsilon^{(0)} \in \overline{K}\colon \boldsymbol{B}_\varepsilon = \sigma^2\boldsymbol{I}_n \wedge \sigma^2 \in (0, \infty)\}\,. \tag{3.3.17}$$

Wir gehen zu allgemeinerem Verlust über. Es sei $L \in \mathcal{L}_j^r$; $j \in \{w, k, t_0\}$; im Falle $j = t_0$ sei $r = 1$. Falls $\sigma^2 \in (0, \sigma_0^2]$ gilt, so enthalte $K^{(0)}$ als einziges Element die Normalverteilung $\mathrm{N}(\boldsymbol{0}, \sigma_0^2\boldsymbol{I}_n)$, d. h.

$$K_3^{(0)} := \{\mathrm{N}(\boldsymbol{0}, \sigma_0^2\boldsymbol{I}_n)\}\,. \tag{3.3.18}$$

Im Falle $\sigma^2 \in (0, \infty)$ beschränkt man sich für $j = w$ auf normierten monotonen Verlust L aus

$$\mathcal{L}_{w,\sigma}^r := \{L \in \mathcal{L}_w^r\colon \exists g \in \mathcal{G}\; \exists \boldsymbol{U} \in \mathcal{M}_r^{\geqq}\; \forall \boldsymbol{t} \in \mathrm{R}^r\colon L(\boldsymbol{t}) = g(\sigma^{-2}\,||\boldsymbol{t}||_{\boldsymbol{U}}^2)\} \tag{3.3.19}$$

(vgl. (3.1.13)) und betrachtet

$$K_4^{(0)} := \{\mathrm{N}(\boldsymbol{0}, \sigma^2\boldsymbol{I}_n)\colon \sigma^2 \in (0, \infty)\}\,. \tag{3.3.20}$$

Für $\mathcal{L}_k^r$ und $\mathcal{L}_{t_0}^1$ ist eine analoge Normierung i. allg. nicht möglich. In diesen Fällen wird daher $\sigma^2 \in (0, \infty)$ nicht untersucht.

Wir kommen nun zu einer Aussage, die aus Satz 3.3.1 gefolgert werden kann.

Satz 3.3.4: Es seien $\boldsymbol{\vartheta} \in \Theta = \mathrm{R}^r$ und $(\mathfrak{Y}, \boldsymbol{F\vartheta}, \sigma^2\boldsymbol{I}_n)$ ein KLR.

a) Es seien $\sigma^2 = \sigma_0^2$ und $j \in \{q, w, k, t_0\}$. Für $j = t_0$ sei $r = 1$. Es sei weiter $K_j^{(0)} := \begin{cases} K_1^{(0)}, & j = q \\ K_3^{(0)}, & j \in \{w, k, t_0\} \end{cases}$. Dann ist die klassische MKQ-Schätzung $\check{\boldsymbol{\vartheta}}$ für jedes $L \in \mathcal{L}_j^r$ gleichmäßig beste Strategie in $G_1^{(0)} = [\Theta \times K_j^{(0)}, D_{LE}, R_1^{(0)}]$.

b) Es seien $\sigma^2 \in (0, \infty)$, $K^{(0)}_{q,\sigma} := K^{(0)}_2$, $K^{(0)}_{w,\sigma} := K^{(0)}_4$ und $j \in \{q, w\}$. Dann ist $\check{\boldsymbol{\vartheta}}$ für jedes $L \in \mathscr{L}^r_{j,\sigma}$ gleichmäßig beste Strategie in $G^{(0)}_1 = [\Theta \times K^{(0)}_{j,\sigma}, D_{LE}, R^{(0)}_1]$ •

Beweis: a) Es sei zunächst $j = q$. Aus dem GAUSS-MARKOV-Theorem (Satz 3.2.2) erhält man

$$\forall \hat{\boldsymbol{\vartheta}} \in D_{LE}: \boldsymbol{B}_{\hat{\boldsymbol{\vartheta}}} - \boldsymbol{B}_{\check{\boldsymbol{\vartheta}}} \in \mathscr{M}^{\geqq}_r .$$

Mit Lemma 3.3.1 folgt daraus für jedes $P^{(0)}_{\boldsymbol{\varepsilon}} \in K^{(0)}_1$

$$\forall \hat{\boldsymbol{\vartheta}} \in D_{LE} \forall \boldsymbol{\vartheta} \in \Theta: P_{\hat{\boldsymbol{\vartheta}}|\boldsymbol{\vartheta}} \underset{q}{>} P_{\check{\boldsymbol{\vartheta}}|\boldsymbol{\vartheta}} ,$$

so daß sich aus Satz 3.3.1 für $j = q$ die Behauptung ergibt. Es seien nun $j \in \{w, k, t_0\}$ und $K^{(0)}_j = \{\mathrm{N}(\boldsymbol{0}, \sigma_0^2 \boldsymbol{I}_n)\}$. Dann folgt aus $\boldsymbol{B}_{\hat{\boldsymbol{\vartheta}}} - \boldsymbol{B}_{\check{\boldsymbol{\vartheta}}} \in \mathscr{M}^{\geqq}_r$; $\hat{\boldsymbol{\vartheta}} \in D_{LE}$; unter Beachtung von $P_{\hat{\boldsymbol{\vartheta}}|\boldsymbol{\vartheta}} = \mathrm{N}(\boldsymbol{\vartheta}, \boldsymbol{B}_{\hat{\boldsymbol{\vartheta}}})$ und Lemma 3.3.8 (im Fall $j = t_0$ Lemma 3.3.4) für jedes $P^{(0)}_{\boldsymbol{\varepsilon}} \in K^{(0)}_j$ die Beziehung

$$\forall \hat{\boldsymbol{\vartheta}} \in D_{LE} \; \forall \boldsymbol{\vartheta} \in \Theta: P_{\hat{\boldsymbol{\vartheta}}|\boldsymbol{\vartheta}} \underset{j}{>} P_{\check{\boldsymbol{\vartheta}}|\boldsymbol{\vartheta}} ,$$

woraus sich ebenfalls über Satz 3.3.1 die Behauptung ergibt. Der Teil b) wird analog bewiesen.

Unter Ausnutzung von Folgerung 3.3.1 kann in analoger Weise bewiesen werden:

Folgerung 3.3.3: Die Schätzung $\check{\eta}(\mathfrak{Y}) = \boldsymbol{f}'\check{\boldsymbol{\vartheta}}(\mathfrak{Y})$ für $\eta = \boldsymbol{f}'\boldsymbol{\vartheta}$ ist für jedes $L \in \mathscr{L}^1_{t_0}$; $t_0 = \eta$; gleichmäßig beste Strategie in

$$G^{(\eta)}_1 = [\Theta \times K^{(0)}_{t_0}, D^{(\eta)}_{LE}, R^{(\eta)}_1]; \qquad K^{(0)}_{t_0} = \{\mathrm{N}(\boldsymbol{0}, \sigma_0^2 \boldsymbol{I}_n)\} \;•$$

Auf Grund von Satz 3.3.4 erweist sich die Optimalität der MKQ-Schätzung als robust gegenüber den dort betrachteten Klassen $\mathscr{L}^r_j$ von Verlustfunktionen und gegenüber den entsprechenden Klassen $K^{(0)}_j$ von Fehlerverteilungen; $j \in \{q, w, k, t_0\}$. Die Robustheit bez. der Fehlerverteilung kann noch erweitert werden, wenn wir $K^{(0)}$ gemäß (3.3.12) vergrößern und Satz 3.3.3 anwenden. Für die in (3.3.15), (3.3.17), (3.3.18) und (3.3.20) eingeführten Klassen von Fehlerverteilungen ergeben sich als Erweiterung gemäß (3.3.12) $K^{(0)}_i \subseteq K_{i,j}$ mit

$$K_{i,j} \subseteq \{P_{\boldsymbol{\varepsilon}} \in \bar{K}: \exists P^{(0)}_{\boldsymbol{\varepsilon}} \in K^{(0)}_i: P^{(0)}_{\boldsymbol{\varepsilon}} \underset{j}{>} P_{\boldsymbol{\varepsilon}}\}; \quad i \in \{1, \ldots, 4\}, \qquad j \in \{q, w, k\} .$$

Speziell erhält man unter Ausnutzung von Lemma 3.3.1:

$$\begin{aligned} K_{1,q} &\subseteq \{P_{\boldsymbol{\varepsilon}} \in \bar{K}: \exists P^{(0)}_{\boldsymbol{\varepsilon}} \in K^{(0)}_1: P^{(0)}_{\boldsymbol{\varepsilon}} \underset{q}{>} P_{\boldsymbol{\varepsilon}}\} \\ &= \{P_{\boldsymbol{\varepsilon}} \in \bar{K}: \sigma_0^2 \boldsymbol{I}_n - \boldsymbol{B}_{\boldsymbol{\varepsilon}} \in \mathscr{M}^{\geqq}_n\}; \qquad K_{3,q} = K_{1,q} \end{aligned} \tag{3.3.21}$$

$$\begin{aligned} K_{2,q} &\subseteq \{P_{\boldsymbol{\varepsilon}} \in \bar{K}: \exists P^{(0)}_{\boldsymbol{\varepsilon}} \in K^{(0)}_2: P^{(0)}_{\boldsymbol{\varepsilon}} \underset{q}{>} P_{\boldsymbol{\varepsilon}}\} \\ &= \{P_{\boldsymbol{\varepsilon}} \in \bar{K}: \exists \sigma^2 \in (0, \infty): \sigma^2 \boldsymbol{I}_n - \boldsymbol{B}_{\boldsymbol{\varepsilon}} \in \mathscr{M}^{\geqq}_n\}; \qquad K_{4,q} = K_{2,q} \end{aligned} \tag{3.3.22}$$

$$\begin{aligned} K_{3,j} &\subseteq \{P_{\boldsymbol{\varepsilon}} \in \bar{K}: \exists P^{(0)}_{\boldsymbol{\varepsilon}} \in K^{(0)}_3: P^{(0)}_{\boldsymbol{\varepsilon}} \underset{j}{>} P_{\boldsymbol{\varepsilon}}\} \\ &= \{P_{\boldsymbol{\varepsilon}} \in \bar{K}: \mathrm{N}(\boldsymbol{0}, \sigma_0^2 \boldsymbol{I}_n) \underset{j}{>} P_{\boldsymbol{\varepsilon}}\}; \qquad j \in \{w, k\}; \end{aligned} \tag{3.3.23}$$

$$\begin{aligned} K_{4,w} &\subseteq \{P_{\boldsymbol{\varepsilon}} \in \bar{K}: \exists P^{(0)}_{\boldsymbol{\varepsilon}} \in K^{(0)}_4: P^{(0)}_{\boldsymbol{\varepsilon}} \underset{w}{>} P_{\boldsymbol{\varepsilon}}\} \\ &= \{P_{\boldsymbol{\varepsilon}} \in \bar{K}: \exists \sigma^2 \in (0, \infty): \mathrm{N}(\boldsymbol{0}, \sigma^2 \boldsymbol{I}_n) \underset{w}{>} P_{\boldsymbol{\varepsilon}}\} . \end{aligned} \tag{3.3.24}$$

Bemerkung 3.3.2: Wir betonen, daß bei Zugrundelegung der in (3.3.21) bis (3.3.24) gegebenen Klassen von Fehlerverteilungen i. allg. kein KLR mehr vorliegt, sondern Fehlerverteilungen mit $\boldsymbol{B}_\varepsilon \neq \sigma^2 \boldsymbol{I}_n$ zugelassen sind. Damit behält im weiteren Vor. 3.2.1 lediglich bei der Untersuchung der verschiedenen Entscheidungsprobleme $G_1^{(0)}$ ihre Gültigkeit.

Wir bemerken außerdem, daß in $K_{3,j}$ aus (3.3.23) die Normalverteilung $\mathrm{N}(\boldsymbol{0}, \sigma_0^2 \boldsymbol{I}_n)$ Maximum bez. $\underset{j}{>}$ ist; $j \in \{w, k\}$.

Satz 3.3.5: Es seien $\boldsymbol{\vartheta} \in \Theta = \mathrm{R}^r$, $\boldsymbol{W} \in \mathscr{M}_n^{\geqq}$ und $(\mathfrak{Y}, \boldsymbol{F\vartheta}, \sigma^2 \boldsymbol{W})$ ein LR.

a) Es seien $\sigma^2 \in (0, \sigma_0^2]$, $j \in \{q, w, k\}$ und $K_{3,j}$ aus (3.3.21) bzw. (3.3.23). Dann ist die MKQ-Schätzung $\check{\boldsymbol{\vartheta}}$ für jedes $L \in \mathscr{L}_j^r$ eine Θ-gleichmäßige Minimaxstrategie in $G_1 = [\Theta \times K_{3,j}, D_{LE}, R_1]$.

b) Es seien $\sigma^2 \in (0, \infty)$, $j \in \{q, w\}$ und $K_{4,j}$ aus (3.3.22) bzw. (3.3.24). Dann ist $\check{\boldsymbol{\vartheta}}$ für jedes $L \in \mathscr{L}_{j,\sigma}^r$ eine Θ-gleichmäßige Minimaxstrategie in $G_1 = [\Theta \times K_{4,j}, D_{LE}, R_1]$ •

Beweis:

a) Nach Satz 3.3.4 ist $\check{\boldsymbol{\vartheta}}$ gleichmäßig beste Strategie in $G_1^{(0)} = [\Theta \times K_j^{(0)}, D_{LE}, R_1^{(0)}]$; $j \in \{q, w, k\}$. Die Schätzung $\check{\boldsymbol{\vartheta}}$ ist linear. Die Klassen $K_{3,j}$ sind gemäß (3.3.12) konstruiert. Daher folgt die Behauptung aus Satz 3.3.3.

Für b) schließt man analog.

Wenn man von quadratischem Verlust abgeht, spielt die Normalverteilung als Fehlerverteilung eine entscheidende Rolle (s. (3.3.18), (3.3.20), (3.3.23), (3.3.24)). Falls man sich auf die Schätzung der eindimensionalen Größe $\eta = \boldsymbol{f}'\boldsymbol{\vartheta}$ beschränkt, kommt man unter den folgenden Bedingungen ohne Normalverteilung aus. Wir folgen dabei einer Idee von LAYCOCK [1].

a) Es sei $\hat{\eta} \in D_{LE}^{(\eta)}$. Der Verlust habe die Gestalt

$$\exists \tilde{L} (\tilde{L} \in \mathscr{F}(\mathscr{B}^1, \mathscr{B}^1) \wedge \langle\!\langle \tilde{L} \text{ konvex} \rangle\!\rangle) \; \forall \boldsymbol{y} \in C: L(\eta; \hat{\eta}(\boldsymbol{y})) = \tilde{L}(\eta - \hat{\eta}(\boldsymbol{y})) \,. \qquad (3.3.25)$$

b) Es sei $K_s' := \{P_\varepsilon \in \overline{K}: \langle\!\langle P_\varepsilon$ invariant bez. Permutation der Komponenten von $\boldsymbol{\varepsilon} = (\varepsilon_1, \dots, \varepsilon_n)' \rangle\!\rangle \wedge (\forall i \in \{1, \dots, n\} \; \forall t \in \mathrm{R}^1: F_{\varepsilon_i}(t) = 1 - F_{\varepsilon_i}(-t))\}$.

Dann sei die Klasse der möglichen Fehlerverteilungen gegeben durch $K_s := K_s' \cap K_1^{(0)}$; $K_1^{(0)}$ aus (3.3.15).

c) Es sei $\check{\eta} = \boldsymbol{f}'\check{\boldsymbol{\vartheta}} =: \boldsymbol{a}'\mathfrak{Y}$ die MKQ-Schätzung für $\eta = \boldsymbol{f}'\boldsymbol{\vartheta}$, und es gelte für die Komponenten von $\boldsymbol{a} = (a_1, \dots, a_n)'$

$$|a_1| = |a_2| = \cdots = |a_n| > 0 \,.$$

Satz 3.3.6: Unter den Voraussetzungen a), b) und c) ist $\check{\eta}$ für jeden Verlust der Form (3.3.25) gleichmäßig beste Schätzung in $G_1^{(\eta)} = [\Theta \times K_s, D_{LE}^{(\eta)}, R_1^{(\eta)}]$ •

Zum Beweis siehe NÄTHER [2].

Es sollen nun einige Beispiele für die Klassen $K_{3,j}$; $j \in \{w, k\}$; und $K_{4,w}$ aus (3.3.23) und (3.3.24) gegeben werden. Wir beschränken uns dabei auf die Relation $\underset{k}{>}$, da diese $\underset{w}{>}$ impliziert (s. (3.3.3)).

Es seien $\alpha_0 > 0$ und eine Klasse $K'(\alpha_0)$ eindimensionaler Verteilungen $P(\alpha, \sigma)$ mit den Dichten $p(\cdot, \alpha, \sigma)$ gegeben durch

$$K'(\alpha_0) := \left\{ P(\alpha, \sigma) : \exists \alpha \in [\alpha_0, \infty)\ \exists \sigma \in (0, \infty)\ \forall t \in \mathrm{R}^1 : p(t, \alpha, \sigma) = w(\alpha, \sigma) \exp\left(-\frac{1}{2}\left|\frac{t}{\sigma}\right|^{\alpha}\right)\right\}.$$

Dabei bezeichne $w(\alpha, \sigma)$ den Normierungsfaktor der Dichte.

Lemma 3.3.11: Es sei $\sigma \in (0, \infty)$. Dann gilt:

$$\forall \alpha \in [\alpha_0, \infty) : P(\alpha_0, \sigma) \underset{k}{>} P(\alpha, \sigma) \bullet$$

Zum Beweis wird die für $\underset{k}{>}$ hinreichende Bedingung in (3.3.4) nachgeprüft (s. NÄTHER [2]).

Im Falle $\alpha_0 = 2$ ist $P(\alpha_0, \sigma) = \mathrm{N}(0, \sigma^2)$. Es sei nun

$$K(2) := \left\{ P_\varepsilon \in \overline{K} : \exists P \in K'(2) : P_\varepsilon = \overset{n}{\times} P \right\}. \tag{3.3.26}$$

Mit Lemma 3.3.11 und Lemma 3.3.5 hat man dann

$$\forall P_\varepsilon \in K(2)\ \exists \sigma^2 \in (0, \infty) : \mathrm{N}(\boldsymbol{0}, \sigma^2 \boldsymbol{I}_n) \underset{k}{>} P_\varepsilon ,$$

d. h. $K(2)$ hat eine Struktur, wie sie in (3.3.24) verlangt wird. Verwendet man anstatt $K'(\alpha_0)$ die Teilklasse

$$K'(\alpha_0, \sigma_0) := \{ P(\alpha, \sigma) \in K'(\alpha_0) : \sigma \in (0, \sigma_0] \} ,$$

so hat

$$K(2, \sigma_0) := \left\{ P_\varepsilon \in \overline{K} : \exists P \in K'(2, \sigma_0) : P_\varepsilon = \overset{n}{\times} P \right\} \tag{3.3.27}$$

eine Struktur, die der Forderung (3.3.23) entspricht, d. h. $\mathrm{N}(\boldsymbol{0}, \sigma_0^2 \boldsymbol{I}_n)$ ist Maximum in $K(2, \sigma_0)$ bez. $\underset{k}{>}$.

Die Klassen $K(2)$ bzw. $K(2, \sigma_0)$ haben über den hier abgesteckten Rahmen hinaus Bedeutung bei Robustheitsuntersuchungen von Schätzungen, die bei normaler Stichprobenverteilung optimal sind (s. BOX/TIAO [1]).

Ebenfalls häufig untersucht wird in der Literatur, wie sich eine bei einer Stichprobenverteilung $P^{(0)}$ optimale Schätzfunktion verhält, wenn $P^{(0)}$ durch eine zweite Verteilung $P^{(1)}$ gestört wird in der Weise, daß die Stichprobe nach

$$P = (1 - \lambda)\, P^{(0)} + \lambda P^{(1)}; \qquad \lambda \in [0, 1];$$

verteilt ist (s. z. B. TUKEY [1]). Es seien $\sigma^2 \in (0, \sigma_0^2]$ und $P^{(1)}$ eine n-dimensionale Verteilung mit Erwartungswert $\boldsymbol{0}$. Es sei $j \in \{q, w, k\}$, und es bezeichne

$$K_j(P^{(1)}) := \{ P_\varepsilon \in \overline{K} : \exists \lambda \in [0, 1] : P_\varepsilon = (1 - \lambda)\, \mathrm{N}(\boldsymbol{0}, \sigma_0^2 \boldsymbol{I}_n) + \lambda P^{(1)} \wedge \mathrm{N}(\boldsymbol{0}, \sigma_0^2 \boldsymbol{I}_n) \underset{j}{>} P^{(1)} \} . \tag{3.3.28}$$

Lemma 3.3.12: Die Verteilung $\mathrm{N}(\boldsymbol{0}, \sigma_0^2 \boldsymbol{I}_n)$ ist das Maximum in $K_j(P^{(1)})$ bez. $\underset{j}{>}$; $j \in \{q, w, k\} \bullet$

Den Beweis liefert Lemma 3.3.9.

Damit hat $K_j(P^{(1)})$ eine Struktur, die (3.3.23) entspricht. In Anwendung von Lemma 3.3.10 kann man zeigen, daß die Aussage ⟪$N(\boldsymbol{0}, \sigma_0^2 \boldsymbol{I}_n)$ ist Maximum in K bez. $\underset{j}{>}$⟫ gegebenenfalls auf die Aussage ⟪$N(\boldsymbol{0}, \sigma_0^2 \boldsymbol{I}_n)$ hat maximale Entropie in K⟫ führt.

Lemma 3.3.13: Es sei $j \in \{q, w, k\}$. Die Verteilung $N(\boldsymbol{0}, \sigma_0^2 \boldsymbol{I}_n)$ sei Maximum in K bez. $\underset{j}{>}$. Zu jedem $P_\varepsilon \in K$ existiere die Dichte p_ε bez. des LEBESGUE-Maßes, und es gelte

$$\forall P_\varepsilon \in K \; \forall \boldsymbol{t} \in R^n : p_\varepsilon(\boldsymbol{t}) > 0 .$$

Dann hat $N(\boldsymbol{0}, \sigma_0^2 \boldsymbol{I}_n)$ maximale Entropie in K •

Beweis: Wegen der Positivität der Dichten auf R^n gilt

$$\forall P_\varepsilon \in K : P_\varepsilon \ll N(\boldsymbol{0}, \sigma_0^2 \boldsymbol{I}_n) .$$

Es bezeichne p_N die Dichte von $N(\boldsymbol{0}, \sigma_0^2 \boldsymbol{I}_n)$. Wegen $-\ln p_N(\boldsymbol{t}) = \frac{1}{2\sigma_0^2} \boldsymbol{t}'\boldsymbol{t}$; $\boldsymbol{t} \in R^n$; ist $-\ln p_N(\cdot) \in \mathcal{L}_j^n$, so daß die Behauptung aus Lemma 3.3.10 folgt.

Insbesondere hat $N(\boldsymbol{0}, \sigma_0^2 \boldsymbol{I}_n)$ in der Klasse $K(2, \sigma_0)$ aus (3.3.27) maximale Entropie.

3.3.4. Erwartungstreue Schätzungen

Die Einschränkung auf lineare Schätzfunktionen wird nun aufgehoben. Wir betrachten das statistische Entscheidungsproblem $G_1 = [\Theta \times K, D_E, R_1]$ mit D_E aus (3.1.8). Dabei werden suffiziente Statistiken eine entscheidende Rolle spielen (s. Def. 1.4.3).

Es wird für das KLR $(\mathfrak{Y}, \boldsymbol{F}\boldsymbol{\vartheta}, \sigma^2 \boldsymbol{I}_n)$ zunächst wieder ein Entscheidungsproblem $G_1^{(0)} = [\Theta \times K^{(0)}, D_E, R_1^{(0)}]$ untersucht, wobei $K^{(0)}$ die Vor. 3.3.1 erfüllt. Die Ergebnisse werden dann durch Konstruktion von K gemäß (3.3.12) unter Beachtung von Bem. 3.3.2 auf $G_1 = [\Theta \times K, D_E, R_1]$ übertragen.

Satz 3.3.7: Es seien $\boldsymbol{\vartheta} \in \Theta = R^r$ und $(\mathfrak{Y}, \boldsymbol{F}\boldsymbol{\vartheta}, \sigma^2 \boldsymbol{I}_n)$ ein KLR.

a) Es seien $\sigma^2 = \sigma_0^2$, $j \in \{q, w, k\}$ und $K_3^{(0)}$ aus (3.3.18). Dann ist die MKQ-Schätzung $\check{\boldsymbol{\vartheta}}$ für jedes $L \in \mathcal{L}_j^r$ gleichmäßig beste Strategie in $G_1^{(0)} = [\Theta \times K_3^{(0)}, D_E, R_1^{(0)}]$.

b) Es seien $\sigma^2 \in (0, \infty)$, $j \in \{q, w\}$ und $K_4^{(0)}$ aus (3.3.20). Dann ist $\check{\boldsymbol{\vartheta}}$ für jedes $L \in \mathcal{L}_{j,\sigma}^r$ gleichmäßig beste Straregie in $G_1^{(0)} = [\Theta \times K_4^{(0)}, D_E, R_1^{(0)}]$ •

Beweis: a) Wegen $\mathcal{L}_q^r \subset \mathcal{L}_w^r \subset \mathcal{L}_k^r$ genügt es, den Beweis für $j = k$ zu führen. Wegen $K_3^{(0)} = \{N(\boldsymbol{0}, \sigma_0^2 \boldsymbol{I}_n)\}$ hat $P_{\mathfrak{Y}|\boldsymbol{\vartheta},\sigma_0}$ die Dichte

$$\begin{aligned} \forall y \in R^1 \; \forall \boldsymbol{x} \in B : p(y \mid \boldsymbol{\vartheta}, \sigma_0^2) &= \frac{1}{\sqrt{2\pi}\,\sigma_0^2} \exp\left(-\frac{1}{2\sigma_0^2}(y - \boldsymbol{f}(\boldsymbol{x})'\,\boldsymbol{\vartheta})^2\right) \\ &= \frac{1}{\sqrt{2\pi}\,\sigma_0^2} \exp\left(\sum_{j=1}^{r} \frac{\vartheta_j}{\sigma_0^2} f_j(\boldsymbol{x})\, y - \frac{y^2}{2\sigma_0^2} - \frac{(\boldsymbol{f}(\boldsymbol{x})'\,\boldsymbol{\vartheta})^2}{2\sigma_0^2}\right), \end{aligned} \tag{3.3.29}$$

d. h., es liegt eine r-parametrige Exponentialfamilie in $\frac{1}{\sigma_0^2}(\vartheta_1, \dots, \vartheta_r)' = \frac{1}{\sigma_0^2}\boldsymbol{\vartheta}$ und $(f_1(\boldsymbol{x})\, y, \dots$ $\dots, f_r(\boldsymbol{x})\, y)' = \boldsymbol{f}(\boldsymbol{x})\, y$ vor (s. Def. 1.3.15). Dann ist die Statistik $\left(\sum_{i=1}^{n} f_1(\boldsymbol{x}_i)\, \mathfrak{Y}_i, \dots, \sum_{i=1}^{n} f_r(\boldsymbol{x}_i)\, \mathfrak{Y}_i\right)' = \boldsymbol{F}'\mathfrak{Y} =: T(\mathfrak{Y})$ vollständig suffizient für Θ (s. Satz 1.4.2). Wegen $\check{\boldsymbol{\vartheta}}(\mathfrak{Y}) = (\boldsymbol{F}'\boldsymbol{F})^{-1}\, T(\mathfrak{Y})$ ist die MKQ-Schätzung eine Funktion von $T(\mathfrak{Y})$.

Angenommen, $\hat{\boldsymbol{\vartheta}} \in D_E$ ist bez. eines $L \in \mathscr{L}_k^r$ besser als $\check{\boldsymbol{\vartheta}}$, dann ist nach dem Satz von RAO/BLACKWELL (s. Satz 1.5.5) die Schätzfunktion

$$\hat{\boldsymbol{\vartheta}}^*(\mathfrak{Y}) := \mathrm{E}_{\mathfrak{Y}|\boldsymbol{\vartheta}}(\hat{\boldsymbol{\vartheta}}(\mathfrak{Y}) \mid T(\mathfrak{Y}) = \boldsymbol{t})$$

aus D_E und mindestens so gut wie $\hat{\boldsymbol{\vartheta}}$, also erst recht besser als $\check{\boldsymbol{\vartheta}}$. Daraus folgt

$$\exists \boldsymbol{\vartheta}_0 \in \Theta\colon R_1^{(0)}(\boldsymbol{\vartheta}_0; \hat{\boldsymbol{\vartheta}}^*) < R_1^{(0)}(\boldsymbol{\vartheta}_0; \check{\boldsymbol{\vartheta}}) . \tag{3.3.30}$$

Die Schätzung $\hat{\boldsymbol{\vartheta}}^*(\mathfrak{Y})$ ist ebenfalls eine Funktion von $T(\mathfrak{Y})$, und wegen $\hat{\boldsymbol{\vartheta}}^* \in D_E$, $\check{\boldsymbol{\vartheta}} \in D_E$ ergibt sich

$$\forall \boldsymbol{\vartheta} \in \Theta\colon \mathrm{E}_{\mathfrak{Y}|\boldsymbol{\vartheta}}(\check{\boldsymbol{\vartheta}}(\mathfrak{Y}) - \hat{\boldsymbol{\vartheta}}^*(\mathfrak{Y})) = \boldsymbol{0} ,$$

woraus für alle $\boldsymbol{\vartheta} \in \Theta$ wegen der Vollständigkeit von $T(\mathfrak{Y})$ (s. Def. 1.4.3) $P_{\mathfrak{Y}|\boldsymbol{\vartheta}}$ fast sicher $\check{\boldsymbol{\vartheta}}(\mathfrak{Y}) = \hat{\boldsymbol{\vartheta}}^*(\mathfrak{Y})$ folgt. Das ist ein Widerspruch zu (3.3.30).

b) In (3.3.29) ist σ_0^2 durch σ^2 zu ersetzen. Dann liegt eine $(r+1)$-parametrige Exponentialfamilie in $\frac{1}{\sigma^2}\left(\boldsymbol{\vartheta}', -\frac{1}{2}\right)'$ und $(\boldsymbol{f}(\boldsymbol{x})'\,y, y^2)'$ vor, und es ist $T(\mathfrak{Y}) := (\mathfrak{Y}'\boldsymbol{F}, \mathfrak{Y}'\mathfrak{Y})'$ ebenfalls vollständig suffizient. Da $\check{\boldsymbol{\vartheta}}(\mathfrak{Y})$ eine Funktion von $T(\mathfrak{Y})$ ist, verläuft der weitere Beweis wie unter a) (s. auch WITTING [1], WITTING/NÖLLE [1]).

Satz 3.3.8: Es seien $\boldsymbol{\vartheta} \in \Theta = \mathrm{R}^r$, $\boldsymbol{W} \in \mathscr{M}_n^{\geq}$ und $(\mathfrak{Y}, \boldsymbol{F}\boldsymbol{\vartheta}, \sigma^2\boldsymbol{W})$ ein LR.

a) Es seien $\sigma^2 \in (0, \sigma_0^2]$; $j \in \{q, w, k\}$; und $K_{3,j}$ aus (3.3.21) bzw. (3.3.23). Dann ist die MKQ-Schätzung $\check{\boldsymbol{\vartheta}}$ für jedes $L \in \mathscr{L}_j^r$ eine Θ-gleichmäßige Minimaxstrategie in $G_1 = [\Theta \times K_{3,j}, D_E, R_1]$.

b) Es seien $\sigma^2 \in (0, \infty)$, $j \in \{q, w\}$ und $K_{4,j}$ aus (3.3.22) bzw. (3.3.24). Dann ist $\check{\boldsymbol{\vartheta}}$ für jedes $L \in \mathscr{L}_{j,\sigma}^r$ eine Θ-gleichmäßige Minimaxstrategie in $G_1 = [\Theta \times K_{4,j}, D_E, R_1]$ •

Der Beweis wird wie bei Satz 3.3.5 mit Hilfe von Satz 3.3.3 erbracht.

3.3.5. Beliebige Schätzungen

Den folgenden Untersuchungen liegt das Entscheidungsproblem $G_1 = [\Theta \times K, D_0, R_1]$ mit D_0 aus (2.3.36) zugrunde. Wir betrachten zunächst wieder ein Entscheidungsproblem $G_1^{(0)} = [\Theta \times K^{(0)}, D_0, R_1^{(0)}]$, wo $K^{(0)}$ nur Normalverteilungen enthält. In $G_1^{(0)}$ werden für $\check{\boldsymbol{\vartheta}}$ Minimaxeigenschaften nachgewiesen. Dazu wird Satz 1.5.8 verwendet. Es ist daher zu zeigen, daß $\check{\boldsymbol{\vartheta}}$ in $G_1^{(0)}$ erweitert bayessch ist, also die Konstruktion geeigneter Folgen bayesscher Entscheidungsfunktionen nötig. Wir benutzen in diesem Abschnitt einige Resultate aus der bayesschen Theorie, die erst in Kapitel 4 bewiesen werden.

Lemma 3.3.14: Es seien $\boldsymbol{\vartheta} \in \Theta = \mathrm{R}^r$ und $(\mathfrak{Y}, \boldsymbol{F}\boldsymbol{\vartheta}, \sigma^2\boldsymbol{I}_n)$ ein KLR.

a) Es seien $\sigma^2 = \sigma_0^2$, $K_3^{(0)} = \{\mathrm{N}(\boldsymbol{0}, \sigma_0^2\boldsymbol{I}_n)\}$ (s. (3.3.18)) und $P_{\boldsymbol{\theta}} = \mathrm{N}(\boldsymbol{\mu}, \sigma_0^2\boldsymbol{\Lambda})$; $\boldsymbol{\Lambda} \in \mathscr{M}_r^{>}$, $\boldsymbol{\mu} \in \mathrm{R}^r$; eine a-priori-Verteilung über $[\Theta, \mathscr{B}_\Theta]$. Dann ist für jedes $L \in \mathscr{L}_w^r$

$$\hat{\boldsymbol{\vartheta}}^*(\mathfrak{Y}) = (\boldsymbol{F}'\boldsymbol{F} + \boldsymbol{\Lambda}^{-1})^{-1}\,(\boldsymbol{F}'\mathfrak{Y} + \boldsymbol{\Lambda}^{-1}\boldsymbol{\mu}) \tag{3.3.31}$$

eine bez. $P_{\boldsymbol{\theta}}$ bayessche Strategie in $G_1^{(0)} = [\Theta \times K_3^{(0)}, D_0, R_1^{(0)}]$.

b) Es seien $\sigma^2 \in (0, \infty)$, $K_4^{(0)}$ aus (3.3.20) und

$$P_{(\boldsymbol{\theta}, \boldsymbol{\Sigma}^{-2})} = \mathrm{NG}(\boldsymbol{\mu}, \boldsymbol{\Lambda}, \tau, \nu);\quad \boldsymbol{\mu} \in \mathrm{R}^r,\quad \boldsymbol{\Lambda} \in \mathscr{M}_r^{>},\quad \tau \in (0, \infty),\quad \nu \in \mathrm{N};$$

eine a-priori-Verteilung über $[\Theta \times (0, \infty), \mathscr{B}_{\Theta \times (0,\infty)}]$. Dann ist für jedes $L \in \mathscr{L}^r_{w,\sigma}$ die Schätzung $\hat{\vartheta}^*$ aus (3.3.31) eine bez. $P_{(\theta, \Sigma^{-1})}$ bayessche Strategie in $G_1^{(0)} = [\Theta \times K_4^{(0)}, D_0, R_1^{(0)}]$. (s. Satz 4.5.1 a) und Bem. 4.5.1) •

Wegen $\mathscr{L}^r_q \subset \mathscr{L}^r_w$ bzw. $\mathscr{L}^r_{q,\sigma} \subset \mathscr{L}^r_{w,\sigma}$ gilt Lemma 3.3.14 insbesondere auch für quadratischen Verlust.

Im weiteren werden einige Ungleichungen benötigt, die in den folgenden Lemmata bewiesen werden.

Lemma 3.3.15: Es sei P eine eindimensionale Verteilung mit der Dichte p_0 bez. des LEBESGUE-Maßes. Es sei p_0 unimodal und symmetrisch bez. $t^* \in \mathrm{R}^1$. Dann gilt

$$\forall L \in \mathscr{L}^1_w \ \forall t \in \mathrm{R}^1: \int_{\mathrm{R}^1} L(s - t^*)\, p_0(s)\, ds \leqq \int_{\mathrm{R}^1} L(s - t)\, p_0(s)\, ds \ \bullet$$

Beweis: Da p_0 unimodal und symmetrisch bez. t^* ist, gilt

$$\exists p \mid [0, \infty) \to [0, \infty) \ \forall s \in \mathrm{R}^1: p_0(s) = p(|s - t^*|)\,.$$

Es sei $L \in \mathscr{L}^1_w$. Dann hat L mit einem monoton nicht fallenden, stetigen und von unten beschränkten $g \mid [0, \infty) \to \mathrm{R}^1$ die Darstellung $\forall s \in \mathrm{R}^1: L(s) = g(|s|)$ (vgl. 3.1.13). O. B. d. A. sei außerdem $t > t^*$. Dann ist

$$\Delta := \int_{\mathrm{R}^1} [g(|s - t|) - g(|s - t^*|)]\, p(|s - t^*|)\, ds \geqq 0$$

zu zeigen. Mit der Substitution $s' = s - s_1$, $s_1 = \frac{1}{2}(t + t^*)$, $t' = \frac{t - t^*}{2}$ ergibt sich

$$\Delta = \int_{\mathrm{R}^1} [g(|s' - t'|) - g(|s' + t'|)]\, p(|s' + t'|)\, ds' =: \int_{\mathrm{R}^1} g^*(s')\, p(|s' + t'|)\, ds'\,.$$

Die Funktion g^* ist antisymmetrisch, d. h., es gilt

$$\forall s' \in \mathrm{R}^1: g^*(s') = -g^*(-s')\,.$$

Daher erhält man

$$\begin{aligned}
\Delta &= \int_{-\infty}^{0} g^*(s')\, p(|s' + t'|)\, ds' + \int_{0}^{\infty} g^*(s')\, p(|s' + t'|)\, ds' \\
&= \int_{-\infty}^{0} -g^*(-s')\, p(|s' + t'|)\, ds' + \int_{0}^{\infty} g^*(s')\, p(|s' + t'|)\, ds' \\
&= \int_{0}^{\infty} -g^*(s'')\, p(|-s'' + t'|)\, ds'' + \int_{0}^{\infty} g^*(s')\, p(|s' + t'|)\, ds' \\
&= \int_{0}^{\infty} g^*(s)\, [p(|s + t'|) - p(|-s + t'|)]\, ds\,.
\end{aligned}$$

Im Integrationsbereich gilt wegen $t > t^*$ und der Monotonie von g stets $g^*(s) \leqq 0$. Wegen $t' > 0$, der Unimodalität und Symmetrie von p ist

$$\forall s \in [0, \infty): p(|s + t'|) - p(|-s + t'|) \leqq 0\,,$$

so daß sich schließlich $\Delta \geqq 0$ ergibt.

Für den mehrdimensionalen Fall gilt analog zu Lemma 3.3.15:

Lemma 3.3.16: Es sei P eine r-dimensionale Verteilung mit der Dichte p_0 bez. des LEBESGUE-Maßes. Es sei p_0 unimodal, $\boldsymbol{t}^* \in \mathrm{R}^r$ sei der Modalwert, und es gelte

$$\exists p \mid [0, \infty) \to [0, \infty) \ \exists \boldsymbol{V} \in \mathscr{M}_r^{\geqq} \ \forall \mathbf{s} \in \mathrm{R}^r: p_0(\mathbf{s}) = p(\|\mathbf{s} - \boldsymbol{t}^*\|^2_{\boldsymbol{V}})\,.$$

Dann gilt $\forall L \in \mathscr{L}^r_w \ \forall \boldsymbol{t} \in \mathrm{R}^r$:

$$\int_{\mathrm{R}^r} L(\mathbf{s} - \boldsymbol{t}^*)\, p_0(\mathbf{s})\, d\mathbf{s} \leqq \int_{\mathrm{R}^r} L(\mathbf{s} - \boldsymbol{t})\, p_0(\mathbf{s})\, d\mathbf{s} \ \bullet \qquad (3.3.32)$$

Beweis: Es sei $L \in \mathcal{L}_w^r$. Dann hat L mit einer stetigen, monoton nicht fallenden und von unten beschränkten Funktion $g \mid [0, \infty) \to \mathrm{R}^1$ die Darstellung

$$\exists \boldsymbol{U} \in \mathcal{M}_r^{\geqq} \ \forall \boldsymbol{s} \in \mathrm{R}^r \colon L(\boldsymbol{s}) = g(||\boldsymbol{s}||_{\boldsymbol{U}}^2) \qquad (\text{s. } (3.1.13)) .$$

Weiter gilt

$$\exists \boldsymbol{C} \in \mathcal{M}_r^{(r)} \ \exists \boldsymbol{\Lambda}_{\boldsymbol{V}} = ((\delta_{ij}\lambda_i^{(\boldsymbol{V})}))_{r\times r} \in \mathcal{M}_r^{\geqq} \ \exists \boldsymbol{\Lambda}_{\boldsymbol{U}} = ((\delta_{ij}\lambda_i^{(\boldsymbol{U})}))_{r\times r} \in \mathcal{M}_r^{\geqq} \colon$$
$$\boldsymbol{U} = \boldsymbol{C}'\boldsymbol{\Lambda}_{\boldsymbol{U}}\boldsymbol{C} \wedge \boldsymbol{V} = \boldsymbol{C}'\boldsymbol{\Lambda}_{\boldsymbol{V}}\boldsymbol{C} .$$

Mit $\boldsymbol{s}^{(0)} := \boldsymbol{C}\boldsymbol{s}$, $\boldsymbol{t}^{(0)} := \boldsymbol{C}\boldsymbol{t}$ und $\boldsymbol{t}^{(0)*} := \boldsymbol{C}\boldsymbol{t}^*$ ergibt sich

$$\int_{\mathrm{R}^r} L(\boldsymbol{s} - \boldsymbol{t})\, p_0(\boldsymbol{s})\, \mathrm{d}\boldsymbol{s} = \int_{\mathrm{R}^r} g(||\boldsymbol{s} - \boldsymbol{t}||_{\boldsymbol{U}}^2)\, p(||\boldsymbol{s} - \boldsymbol{t}^*||_{\boldsymbol{V}}^2)\, \mathrm{d}\boldsymbol{s}$$
$$= (\det \boldsymbol{C})^{-1} \int_{\mathrm{R}^r} g(||\boldsymbol{s}^{(0)} - \boldsymbol{t}^{(0)}||_{\boldsymbol{\Lambda}_{\boldsymbol{U}}}^2)\, p(||\boldsymbol{s}^{(0)} - \boldsymbol{t}^{(0)*}||_{\boldsymbol{\Lambda}_{\boldsymbol{V}}}^2)\, \mathrm{d}\boldsymbol{s}^{(0)}$$
$$= (\det \boldsymbol{C})^{-1} \int_{\mathrm{R}^r} g\left(\sum_{i=1}^r \lambda_i^{(\boldsymbol{U})}(s_i^{(0)} - t_i^{(0)})^2\right) p\left(\sum_{i=1}^r \lambda_i^{(\boldsymbol{V})}(s_i^{(0)} - t_i^{(0)*})^2\right) \prod_{i=1}^r \mathrm{d}s_i^{(0)} .$$

Als Funktion einer Komponente $s_i^{(0)}$ von $\boldsymbol{s}^{(0)} = (s_1^{(0)}, \dots, s_r^{(0)})'$ bei festgehaltenen anderen Komponenten betrachtet, ist $g(s_1^{(0)}, \dots, s_{i-1}^{(0)}, \cdot, s_{i+1}^{(0)}, \dots, s_r^{(0)}) \in \mathcal{L}_w^1$ und $p(s_1^{(0)}, \dots, s_{i-1}^{(0)}, \cdot, s_{i+1}^{(0)}, \dots, s_r^{(0)})$ unimodal und symmetrisch bez. $t_i^{(0)*}$; $i = 1, \dots, r$. Die Behauptung ergibt sich aus r-maliger Anwendung der Aussage von Lemma 3.3.15.

Wir beweisen jetzt, daß die MKQ-Schätzung bei normalverteilten Fehlern und $L \in \mathcal{L}_w^r$ erweitert bayessch ist:

Lemma 3.3.17: Es seien $\boldsymbol{\vartheta} \in \Theta = \mathrm{R}^r$ und $(\mathfrak{Y}, \boldsymbol{F}\boldsymbol{\vartheta}, \sigma^2\boldsymbol{I}_n)$ ein KLR.

a) Es seien $\sigma^2 = \sigma_0^2$ und $K_3^{(0)} = \{N(\boldsymbol{0}, \sigma_0^2\boldsymbol{I}_n)\}$. Dann ist die MKQ-Schätzung $\check{\boldsymbol{\vartheta}}$ für jedes $L \in \mathcal{L}_w^r$ erweitert bayessch in $G_1^{(0)} = [\Theta \times K_3^{(0)}, D_0, R_1^{(0)}]$.

b) Es seien $\sigma^2 \in (0, \infty)$ und $K_4^{(0)}$ aus (3.3.20). Dann ist $\check{\boldsymbol{\vartheta}}$ für jedes $L \in \mathcal{L}_{w,\sigma}^r$ erweitert bayessch in $G_1^{(0)} = [\Theta \times K_4^{(0)}, D_0, R_1^{(0)}]$ •

Beweis:

a) Es seien $\{k_i\}_{i\in\mathsf{N}}$ eine monoton wachsende Folge positiver reeller Zahlen mit $\lim_{i\to\infty} k_i = \infty$ und

$$\{P_{\boldsymbol{\vartheta}}^{(i)}\}_{i\in\mathsf{N}} = \{\mathrm{N}(\boldsymbol{0}, \sigma_0^2 k_i^2(\boldsymbol{F}'\boldsymbol{F})^{-1})\}_{i\in\mathsf{N}} \tag{3.3.33}$$

eine Folge von a-priori-Verteilungen über $[\Theta, \mathcal{B}_\Theta]$. Wir zeigen, daß $\check{\boldsymbol{\vartheta}}$ erweitert bayessch ist bez. $\{P_{\boldsymbol{\vartheta}}^{(i)}\}_{i\in\mathsf{N}}$ aus (3.3.33) (vgl. Def. 1.5.21). Nach Lemma 3.3.14 ist die Folge $\{\hat{\boldsymbol{\vartheta}}_i\}_{i\in\mathsf{N}}$ der zu $\{P_{\boldsymbol{\vartheta}}^{(i)}\}_{i\in\mathsf{N}}$ gehörenden Bayes-Schätzungen gegeben durch

$$\forall i \in \mathsf{N} \colon \hat{\boldsymbol{\vartheta}}_i(\mathfrak{Y}) = (\boldsymbol{F}'\boldsymbol{F} + k_i^{-2}\boldsymbol{F}'\boldsymbol{F})^{-1}\boldsymbol{F}'\mathfrak{Y} = \frac{k_i^2}{1 + k_i^2}\check{\boldsymbol{\vartheta}}(\mathfrak{Y}) . \tag{3.3.34}$$

Es sei $L \in \mathcal{L}_w^r$. O. B. d. A. gelte mit $\mathcal{G}$ aus (3.1.13)

$$\exists g \in \mathcal{G} \ \exists \boldsymbol{U} \in \mathcal{M}_r^{\geqq} \ \forall \hat{\boldsymbol{\vartheta}} \in D_0 \ \forall \boldsymbol{y} \in C \colon L(\boldsymbol{\vartheta}; \hat{\boldsymbol{\vartheta}}(\boldsymbol{y})) = g(||\boldsymbol{\vartheta} - \hat{\boldsymbol{\vartheta}}(\boldsymbol{y})||_{\boldsymbol{U}}^2) .$$

Da $\check{\boldsymbol{\vartheta}}$ erwartungstreu ist, ergibt sich über

$$L(\boldsymbol{\vartheta}; \check{\boldsymbol{\vartheta}}(\boldsymbol{y})) = g(||(\boldsymbol{F}'\boldsymbol{F})^{-1}\boldsymbol{F}'\boldsymbol{\varepsilon}||_{\boldsymbol{U}}^2) ,$$

daß $R_1^{(0)}(\cdot; \check{\boldsymbol{\vartheta}})$ auf Θ konstant ist. Damit gilt

$$\forall i \in \mathsf{N} \colon \varrho(P_{\boldsymbol{\vartheta}}^{(i)}; \check{\boldsymbol{\vartheta}}) = R_1^{(0)}(\boldsymbol{\vartheta}; \hat{\boldsymbol{\vartheta}}) .$$

Entsprechend Def. 1.5.21 verbleibt damit

$$\lim_{i\to\infty} \varrho(P_{\boldsymbol{\vartheta}}^{(i)}; \hat{\boldsymbol{\vartheta}}_i) = R_1^{(0)}(\boldsymbol{\vartheta}; \check{\boldsymbol{\vartheta}}) \tag{3.3.35}$$

zu zeigen. Da $\hat{\vartheta}_i$ bayessch ist bez. $P_\theta^{(i)}$; $i \in \mathsf{N}$; hat man zunächst

$$\forall i \in \mathsf{N}: \varrho(P_\theta^{(i)}; \hat{\vartheta}_i) \leqq \varrho(P_\theta^{(i)}; \check{\vartheta}) = R_1^{(0)}(\vartheta; \check{\vartheta}),$$

also

$$\lim_{i\to\infty} \varrho(P_\theta^{(i)}; \hat{\vartheta}_i) \leqq R_1^{(0)}(\vartheta; \check{\vartheta}). \tag{3.3.36}$$

Wir zeigen noch die umgekehrte Relation und bemerken zunächst, daß wegen $P_\varepsilon = \mathrm{N}(\boldsymbol{0}, \sigma_0^2 \boldsymbol{I}_n)$ gilt

$$\forall i \in \mathsf{N}: P_{\hat{\vartheta}_i|\theta} = \mathrm{N}(\mathrm{E}_{\mathfrak{Y}|\theta}\hat{\vartheta}_i(\mathfrak{Y}), \boldsymbol{B}_{\hat{\vartheta}_i}).$$

Die Verteilungen $P_{\hat{\vartheta}_i|\theta}$ genügen also den Voraussetzungen von Lemma 3.3.16. Die Anwendung dieses Lemmas ergibt nun:

$$\begin{aligned}
\forall i \in \mathsf{N}: \varrho(P_\theta^{(i)}; \hat{\vartheta}_i) &= \int\limits_{\mathrm{R}^r}\int\limits_{\mathrm{R}^n} L(\boldsymbol{s}; \hat{\vartheta}_i(\boldsymbol{t}))\, \mathrm{d}P_{\mathfrak{Y}|\boldsymbol{s}}(\boldsymbol{t})\, \mathrm{d}P_\theta^{(i)}(\boldsymbol{s}) \\
&= \int\limits_{\mathrm{R}^r}\int\limits_{\mathrm{R}^r} g(\|\boldsymbol{s} - \boldsymbol{u}\|_U^2)\, \mathrm{d}P_{\hat{\vartheta}_i|\boldsymbol{s}}(\boldsymbol{u})\, \mathrm{d}P_\theta^{(i)}(\boldsymbol{s}) \\
&\geqq \int\limits_{\mathrm{R}^r}\int\limits_{\mathrm{R}^r} g(\|E_{\mathfrak{Y}|\boldsymbol{s}}\hat{\vartheta}_i(\mathfrak{Y}) - \boldsymbol{u}\|_U^2)\, \mathrm{d}P_{\hat{\vartheta}_i|\boldsymbol{s}}(\boldsymbol{u})\, \mathrm{d}P_\theta^{(i)}(\boldsymbol{s}) \\
&= \int\limits_{\mathrm{R}^r}\int\limits_{\mathrm{R}^n} g\left(\left\|\frac{k_i^2}{1+k_i^2}(\boldsymbol{F}'\boldsymbol{F})^{-1}\boldsymbol{F}'\boldsymbol{t}\right\|_U^2\right) \mathrm{d}P_\varepsilon(\boldsymbol{t})\, \mathrm{d}P_\theta^{(i)}(\boldsymbol{s}) \\
&= \int\limits_{\mathrm{R}^n} g\left(\left\|\frac{k_i^2}{1+k_i^2}(\boldsymbol{F}'\boldsymbol{F})^{-1}\boldsymbol{F}'\boldsymbol{t}\right\|_U^2\right) \mathrm{d}P_\varepsilon(\boldsymbol{t}) =: J_i.
\end{aligned} \tag{3.3.37}$$

Wir zeigen, daß $\lim\limits_{i\to\infty} J_i = R_1^{(0)}(\vartheta; \check{\vartheta})$ gilt. Wegen $\lim\limits_{i\to\infty} k_i = \infty$ und der Stetigkeit von g hat man zunächst

$$\forall \boldsymbol{t} \in \mathrm{R}^n: \lim_{i\to\infty} g\left(\left\|\frac{k_i^2}{k_i^2+1}(\boldsymbol{F}'\boldsymbol{F})^{-1}\boldsymbol{F}'\boldsymbol{t}\right\|_U^2\right) = g(\|(\boldsymbol{F}'\boldsymbol{F})^{-1}\boldsymbol{F}'\boldsymbol{t}\|_U^2) = L(\vartheta; \check{\vartheta}(\boldsymbol{y})).$$

Da g von unten beschränkt ist (vgl. (3.1.13)), können wir o. B. d. A. $g \geqq 0$ annehmen. Aufgrund der Monotonie von g und der Folge $\{k_i\}_{i\in\mathsf{N}}$ ist $\left\{g\left(\left\|\frac{k_i^2}{1+k_i^2}(\boldsymbol{F}'\boldsymbol{F})^{-1}\boldsymbol{F}'\boldsymbol{t}\right\|_U^2\right)\right\}_{i\in\mathsf{N}}$; $\boldsymbol{t} \in \mathrm{R}^n$; eine monoton wachsende Folge nichtnegativer Funktionen. Nach dem Satz von BEPPO/LEVI (s. Satz 1.2.3) gilt daher

$$\lim_{i\to\infty} J_i = \int\limits_{\mathrm{R}^n} L(\vartheta; \check{\vartheta}(\boldsymbol{t}))\, \mathrm{d}P_{\mathfrak{Y}|\theta}(\boldsymbol{t}) = R_1^{(0)}(\vartheta; \check{\vartheta}).$$

Damit schließt man aus (3.3.37)

$$\lim_{i\to\infty} \varrho(P_\theta^{(i)}; \hat{\vartheta}_i) \geqq R_1^{(0)}(\vartheta; \check{\vartheta}),$$

so daß sich zusammen mit (3.3.36) die zu beweisende Beziehung (3.3.35) ergibt.

b) Der Beweis verläuft analog, wenn man als Folge von a-priori-Verteilungen die Folge

$$\{\mathrm{NG}(\boldsymbol{0}, k_i^2(\boldsymbol{F}'\boldsymbol{F})^{-1}, \tau, \nu)\}_{i\in\mathsf{N}}, \quad \tau \in (0, \infty), \quad \nu \in \mathsf{N} \tag{3.3.38}$$

statt (3.3.33) verwendet.

Das Lemma 3.3.17 ist wesentlich für das folgende Ergebnis:

Satz 3.3.9: Es seien $\vartheta \in \Theta = \mathrm{R}^r$ und $(\mathfrak{Y}, \boldsymbol{F}\vartheta, \sigma^2\boldsymbol{I}_n)$ ein KLR.

a) Es seien $\sigma^2 = \sigma_0^2$ und $K_3^{(0)} = \{\mathrm{N}(\boldsymbol{0}, \sigma_0^2\boldsymbol{I}_n)\}$. Dann ist die MKQ-Schätzung $\check{\vartheta}$ für jedes $L \in \mathscr{L}_w^r$ minimax in $G_1^{(0)} = [\Theta \times K_3^{(0)}, D_0, R_1^{(0)}]$.

b) Es seien $\sigma^2 \in (0, \infty)$ und $K_4^{(0)}$ aus (3.3.20). Dann ist $\check{\boldsymbol{\vartheta}}$ für jedes $L \in \mathcal{L}_{w,\sigma}^r$ minimax in $G_1^{(0)} = [\Theta \times K_4^{(0)}, D_0, R_1^{(0)}]$ •

Beweis: Wegen der Erwartungstreue von $\check{\boldsymbol{\vartheta}}$ ist für $L \in \mathcal{L}_w^r$ das Risiko $R_1^{(0)}(\cdot;\, \check{\boldsymbol{\vartheta}})$ auf Θ konstant, d. h.

$$\exists \beta \in \mathrm{R}^1 \ \forall \boldsymbol{\vartheta} \in \Theta: R_1^{(0)}(\boldsymbol{\vartheta};\, \check{\boldsymbol{\vartheta}}) = \beta .$$

Außerdem ist $\check{\boldsymbol{\vartheta}}$ nach Lemma 3.3.17 erweitert bayessch, und die Folge (3.3.33) von a-priori-Verteilungen genügt der Bedingung (1.5.39). Daher folgt die Behauptung aus Satz 1.5.8.

Im Falle quadratischen Verlustes ist dieses Resultat bereits bei STEIN [3] zu finden.

In Analogie zu den vorigen Abschnitten wird nun die Optimalität von $\check{\boldsymbol{\vartheta}}$ in $G_1 = [\Theta \times K, D_0, R_1]$ betrachtet.

Satz 3.3.10: Es seien $\boldsymbol{\vartheta} \in \Theta = \mathrm{R}^r$, $\boldsymbol{W} \in \mathcal{M}_n^{\geqq}$ und $(\mathfrak{Y}, \boldsymbol{F\vartheta}, \sigma^2\boldsymbol{W})$ ein LR.

a) Es seien $\sigma^2 \in (0, \sigma_0^2]$, $j \in \{q, w\}$ und $K_{3,j}$ aus (3.3.21) bzw. (3.3.23). Dann ist $\check{\boldsymbol{\vartheta}}$ für jedes $L \in \mathcal{L}_j^r$ minimax in $G_1 = [\Theta \times K_{3,j}, D_0, R_1]$.

b) Es seien $\sigma^2 \in (0, \infty)$, $j \in \{q, w\}$ und $K_{4,j}$ aus (3.3.22) bzw. (3.3.24). Dann ist $\check{\boldsymbol{\vartheta}}$ für jedes $L \in \mathcal{L}_{j,\sigma}^r$ minimax in $G_1 = [\Theta \times K_{4,j}, D_0, R_1]$ •

Beweis: Die Schätzung $\check{\boldsymbol{\vartheta}}$ ist eine lineare Schätzfunktion, so daß die Behauptung mit Satz 3.3.9 und $Q_1^{(0)} = \sup\limits_{\boldsymbol{\vartheta} \in \Theta}$ sofort aus Satz 3.3.2 folgt.

Für quadratischen Verlust ist eine zu Satz 3.3.9 analoge Aussage in HODGES/LEHMANN [1] zu finden.

Beschränkt man sich in einem LR $(\mathfrak{Y}, \boldsymbol{F\vartheta}, \sigma^2\boldsymbol{W})$ auf die Schätzung einer eindimensionalen Größe $\eta = \boldsymbol{f}'\boldsymbol{\vartheta}$,so erweist sich die MKQ-Schätzung $\check{\eta} = \boldsymbol{f}'\check{\boldsymbol{\vartheta}}$ bei quadratischem Verlust als robust gegenüber noch umfangreicheren Klassen als $K_{3,q}$ aus (3.3.21). Wir geben im folgenden ein Ergebnis von RADNER [1] an:

Satz 3.3.11: Es seien $\boldsymbol{Q} \in \mathcal{M}_n^{\geqq}$, $\lambda_i(\boldsymbol{Q})$ die Eigenwerte von $\boldsymbol{Q}$; $i = 1, \ldots, n$; $p \in [1, \infty)$, $\sigma^2 \in (0, \sigma_0^2]$,

$$S(\sigma_0^2, p) := \left\{\boldsymbol{Q} \in \mathcal{M}_n^{\geqq}: \left(\sum_{i=1}^n [\lambda_i(\boldsymbol{Q})]^p\right)^{1/p} \leqq n^{1/p}\sigma_0^2\right\}$$

und

$$K(\sigma_0^2, p) := \{P_{\boldsymbol{\varepsilon}} \in \overline{K}: \boldsymbol{B}_{\boldsymbol{\varepsilon}} \in S(\sigma_0^2, p)\} .$$

Dann ist die MKQ-Schätzung $\check{\eta} = \boldsymbol{f}'\check{\boldsymbol{\vartheta}}$ für quadratischen Verlust minimax in

$$G_1^{(\eta)} = [\Theta \times K(\sigma_0^2, p), D_0^{(\eta)}, R_1^{(\eta)}] \bullet$$

Wir bemerken, daß $K_{3,q} \subseteq K(\sigma_0^2, p)$ für jedes $p \in [1, \infty)$ gilt, denn man kann schließen:

$$\begin{aligned} P_{\boldsymbol{\varepsilon}} \in K_{3,q} &\Rightarrow \sigma_0^2\boldsymbol{I}_n - \boldsymbol{B}_{\boldsymbol{\varepsilon}} \in \mathcal{M}_n^{\geqq} \\ &\Rightarrow \forall i \in \{1, \ldots, n\}: \sigma_0^2 = \lambda_i(\sigma_0^2\boldsymbol{I}_n) \geqq \lambda_i(\boldsymbol{B}_{\boldsymbol{\varepsilon}}) \\ &\Rightarrow n^{1/p}\sigma_0^2 \geqq \left(\sum_{i=1}^n [\lambda_i(\boldsymbol{B}_{\boldsymbol{\varepsilon}})]^p\right)^{1/p} \\ &\Rightarrow P_{\boldsymbol{\varepsilon}} \in K(\sigma_0^2, p) . \end{aligned}$$

3.3.6. Zulässigkeit der MKQ-Schätzung

Obwohl die MKQ-Schätzung unter den in Satz 3.3.9 angegebenen Bedingungen Minimaxschätzung ist in $G_1^{(0)} = [\Theta \times K^{(0)}, D_0, R_1^{(0)}]$, so ist sie jedoch i. allg. nicht zulässig in $G_1^{(0)}$ (s. Def. 1.5.8). Das ist ein schwerwiegender Einwand gegen die Benutzung des Minimaxprinzips im allgemeinen und der MKQ-Schätzung im besonderen.

Wir werden in diesem Abschnitt eine hinreichende Bedingung angeben, unter der die MKQ-Schätzung bei normalverteilten Fehlern zulässig in $G_1^{(0)}$ ist, und einige Fälle betrachten, in denen diese erfüllt ist.

Zunächst wird gezeigt, daß die Zulässigkeit einer Minimaxschätzung damit zusammenhängt, ob es weitere Minimaxlösungen des Problems gibt.

Lemma 3.3.18: Es sei $\hat{\boldsymbol{\vartheta}}^* \in D$ minimax in $G_1^{(0)} = [\Theta \times K^{(0)}, D, R_1^{(0)}]$ und nicht zulässig. Dann ist jedes $\hat{\boldsymbol{\vartheta}}_0 \in D$, das besser als $\hat{\boldsymbol{\vartheta}}^*$ ist, ebenfalls minimax in $G_1^{(0)}$ •

Beweis: Es sei $\hat{\boldsymbol{\vartheta}}_0$ besser als $\hat{\boldsymbol{\vartheta}}^*$. Daraus folgt (s. Def. 1.5.7)

$$\sup_{\boldsymbol{\vartheta} \in \Theta} R_1^{(0)}(\boldsymbol{\vartheta}; \hat{\boldsymbol{\vartheta}}_0) \leqq \sup_{\boldsymbol{\vartheta} \in \Theta} R_1^{(0)}(\boldsymbol{\vartheta}; \hat{\boldsymbol{\vartheta}}^*) .$$

Da $\hat{\boldsymbol{\vartheta}}^*$ minimax ist, gilt auch die umgekehrte Ungleichung, d. h. insgesamt

$$\sup_{\boldsymbol{\vartheta} \in \Theta} R_1^{(0)}(\boldsymbol{\vartheta}; \hat{\boldsymbol{\vartheta}}_0) = \sup_{\boldsymbol{\vartheta} \in \Theta} R_1^{(0)}(\boldsymbol{\vartheta}; \hat{\boldsymbol{\vartheta}}^*) .$$

Daraus folgt die Behauptung.

Den weiteren Betrachtungen werden wir eine Verlustfunktion $L \in \mathcal{L}_w^r$ zugrundelegen, die o. B. d. A. die folgende Gestalt habe (vgl. (3.1.13)):

$$\exists g \in \mathcal{G}\ \exists \boldsymbol{U} \in \mathcal{M}_r^{\geqq}\ \exists a \in (0, \infty)\ \forall \boldsymbol{\vartheta} \in \Theta\ \forall \hat{\boldsymbol{\vartheta}} \in D_0\ \forall \boldsymbol{y} \in C:$$

$$L(\boldsymbol{\vartheta}; \hat{\boldsymbol{\vartheta}}(\boldsymbol{y})) = g(a\, ||\boldsymbol{\vartheta} - \hat{\boldsymbol{\vartheta}}(\boldsymbol{y})||_{\boldsymbol{U}}^2) . \tag{3.3.39}$$

Im Fall $\sigma^2 = \sigma_0^2$ wird $a = 1$ und im Fall $\sigma^2 \in (0, \infty)$ $a = \sigma^{-2}$ gesetzt. Es sei Rg $\boldsymbol{U} = s \leqq r$ und $\boldsymbol{H} \in \mathcal{M}_{r \times s}^{(s)}$ die Matrix der orthonormierten Eigenvektoren von $\boldsymbol{U}$, die zu den s positiven Eigenwerten λ_i; $i = 1, \dots, s$; gehört. Dann gilt mit $\boldsymbol{\Lambda} = ((\delta_{ij}\lambda_i))_{s \times s}$

$$\boldsymbol{H\Lambda H'} = \boldsymbol{U} , \qquad \boldsymbol{H'H} = \boldsymbol{I}_s . \tag{3.3.40}$$

Für die folgenden Zulässigkeitsuntersuchungen werden wir wieder Folgen bayesscher Entscheidungsfunktionen benutzen und daher auch bayessche Risiken betrachten. Es sei P_θ eine a-priori-Verteilung über $[\Theta, \mathcal{B}_\Theta]$ und in (3.3.39) Rg $\boldsymbol{U} = s < r$. Wir bemerken, daß dann in das bayessche Risiko bez. P_θ und $\hat{\boldsymbol{\vartheta}} \in D_0$ nur die s-dimensionale Randverteilung von P_θ bez. des s-dimensionalen Unterraumes $\mathcal{L}(\boldsymbol{U}) = \mathcal{L}(\boldsymbol{H})$ eingeht, denn es ist mit $\boldsymbol{\psi} := \boldsymbol{H'\vartheta}$ und

$$R_1^{(0)}(\boldsymbol{\vartheta}; \hat{\boldsymbol{\vartheta}}) = \int_{\mathrm{R}^n} g(||\boldsymbol{\vartheta} - \hat{\boldsymbol{\vartheta}}(\boldsymbol{t})||_{\boldsymbol{U}}^2)\, \mathrm{d}P_{\mathfrak{Y}|\theta}(\boldsymbol{t}) = \int_{\mathrm{R}^n} g(||\boldsymbol{H'\vartheta} - \boldsymbol{H'}\hat{\boldsymbol{\vartheta}}(\boldsymbol{t})||_{\boldsymbol{\Lambda}}^2)\, \mathrm{d}P_{\mathfrak{Y}|\theta}(\boldsymbol{t})$$

$$=: R^{(\psi)}(\boldsymbol{\psi}; \boldsymbol{H'}\hat{\boldsymbol{\vartheta}}); \tag{3.3.41}$$

$$\varrho(P_\theta; \hat{\boldsymbol{\vartheta}}) = \int_{\mathrm{R}^n} R^{(\psi)}(\boldsymbol{H's}; \boldsymbol{H'}\hat{\boldsymbol{\vartheta}})\, \mathrm{d}P_\theta(\boldsymbol{s}) = \int_{\mathrm{R}^n} R^{(\psi)}(\boldsymbol{u}; \boldsymbol{H'}\hat{\boldsymbol{\vartheta}})\, \mathrm{d}P_{\boldsymbol{H'}\theta}(\boldsymbol{u}) . \tag{3.3.42}$$

Es wird jetzt eine hinreichende Bedingung für die Zulässigkeit einer Schätzfunktion $\hat{\boldsymbol{\vartheta}}$ in $G_1^{(0)}$ angegeben.

Satz 3.3.12: Es seien $\boldsymbol{\vartheta} \in \Theta = \mathrm{R}^r$ und $(\mathfrak{Y}, \boldsymbol{F}\boldsymbol{\vartheta}, \sigma^2 \boldsymbol{I}_n)$ ein KLR.

a) Es seien weiterhin $\sigma^2 = \sigma_0^2$, $K_3^{(0)} = \{\mathrm{N}(\boldsymbol{0}, \sigma_0^2 \boldsymbol{I}_n)\}$, $L \in \mathcal{L}_w^r$ gemäß (3.3.39) mit $\operatorname{Rg} \boldsymbol{U} = s$, $\{P_{\boldsymbol{\theta}}^{(i)}\}_{i \in \mathsf{N}}$ die Folge von a-priori-Verteilungen aus (3.3.33) und $\{\boldsymbol{\vartheta}_i\}_{i \in \mathsf{N}}$ die Folge der dazu gehörenden Bayes-Schätzungen aus (3.3.34). Dann ist die Bedingung

$$\lim_{i \to \infty} k_i^s\big(\varrho(P_{\boldsymbol{\theta}}^{(i)}; \hat{\boldsymbol{\vartheta}}^*) - \varrho(P_{\boldsymbol{\theta}}^{(i)}; \hat{\boldsymbol{\vartheta}}_i)\big) = 0 \tag{3.3.43}$$

hinreichend für die Zulässigkeit von $\hat{\boldsymbol{\vartheta}}^*$ in $G_1^{(0)} = [\Theta \times K_3^{(0)}, D_0, R_1^{(0)}]$.

b) Es seien $\sigma^2 \in (0, \infty)$, $K_4^{(0)}$ aus (3.3.20) und L aus (3.3.39) mit $a = \sigma^{-2}$. Wird $\{P_{\boldsymbol{\theta}}^{(i)}\}_{i \in \mathsf{N}}$ durch die Folge (3.3.38) von Normal-Gamma-Verteilungen ersetzt, dann ist (3.3.43) ebenfalls hinreichend für die Zulässigkeit von $\hat{\boldsymbol{\vartheta}}^*$ •

Beweis:

a) Wir führen die Annahme, daß $\hat{\boldsymbol{\vartheta}}^*$ nicht zulässig ist, zum Widerspruch. Es sei $\hat{\boldsymbol{\vartheta}}^*$ nicht zulässig. Dann gilt mit (3.3.41):

$$\exists \hat{\boldsymbol{\vartheta}}_0 \in D_0 \colon (\forall \boldsymbol{\vartheta} \in \Theta \colon R^{(\boldsymbol{\psi})}(\boldsymbol{H}'\boldsymbol{\vartheta}; \boldsymbol{H}'\hat{\boldsymbol{\vartheta}}^*) - R^{(\boldsymbol{\psi})}(\boldsymbol{H}'\boldsymbol{\vartheta}; \boldsymbol{H}'\hat{\boldsymbol{\vartheta}}_0) \geqq 0)$$
$$\wedge\ (\exists \boldsymbol{\vartheta}_0 \in \Theta \colon R^{(\boldsymbol{\psi})}(\boldsymbol{H}'\boldsymbol{\vartheta}_0; \boldsymbol{H}'\hat{\boldsymbol{\vartheta}}^*) - R^{(\boldsymbol{\psi})}(\boldsymbol{H}'\boldsymbol{\vartheta}_0; \boldsymbol{H}'\hat{\boldsymbol{\vartheta}}_0) > 0)\,.$$

Wegen $L \in \mathcal{L}_w^r$ ist $R^{(\boldsymbol{\psi})}(\cdot\,; \boldsymbol{H}'\hat{\boldsymbol{\vartheta}})$ für alle $\hat{\boldsymbol{\vartheta}} \in D_0$ stetig (s. (3.1.13) und (3.3.41)). Daher gilt mit $\boldsymbol{\psi} = \boldsymbol{H}'\boldsymbol{\vartheta}$:

$$\exists U \subset \mathrm{R}^s\, \exists \delta > 0\ \forall \boldsymbol{\psi} \in U \colon R^{(\boldsymbol{\psi})}(\boldsymbol{\psi}; \boldsymbol{H}'\hat{\boldsymbol{\vartheta}}^*) - R^{(\boldsymbol{\psi})}(\boldsymbol{\psi}; \boldsymbol{H}'\hat{\boldsymbol{\vartheta}}_0) \geqq \delta\,.$$

Für jedes $i \in \mathsf{N}$ ist $\hat{\boldsymbol{\vartheta}}_i$ bayessch bez. $P_{\boldsymbol{\theta}}^{(i)}$. Daher erhält man mit

$$\varrho_i := k_i^s[\varrho(P_{\boldsymbol{\theta}}^{(i)}; \hat{\boldsymbol{\vartheta}}^*) - \varrho(P_{\boldsymbol{\theta}}^{(i)}; \hat{\boldsymbol{\vartheta}}_i)]\colon$$

$$\begin{aligned}
0 &\leqq k_i^s[\varrho(P_{\boldsymbol{\theta}}^{(i)}; \hat{\boldsymbol{\vartheta}}_0) - \varrho(P_{\boldsymbol{\theta}}^{(i)}; \hat{\boldsymbol{\vartheta}}_i)] := k_i^s[\varrho(P_{\boldsymbol{\theta}}^{(i)}; \hat{\boldsymbol{\vartheta}}_0) - \varrho(P_{\boldsymbol{\theta}}^{(i)}; \hat{\boldsymbol{\vartheta}}^*)] + \varrho_i \\
&= k_i^s \int_{\mathrm{R}^s} [R^{(\boldsymbol{\psi})}(\boldsymbol{u}; \boldsymbol{H}'\hat{\boldsymbol{\vartheta}}_0) - R^{(\boldsymbol{\psi})}(\boldsymbol{u}; \boldsymbol{H}'\hat{\boldsymbol{\vartheta}}^*)\, \mathrm{d}P_{\boldsymbol{H}'\boldsymbol{\theta}}^{(i)}(\boldsymbol{u}) + \varrho_i \quad (\text{s. } (3.3.42)) \\
&\leqq k_i^s \int_U -\delta\, \mathrm{d}P_{\boldsymbol{H}'\boldsymbol{\theta}}^{(i)}(\boldsymbol{u}) + \varrho_i \\
&= -\delta(2\pi\sigma_0^2)^{-s/2} \det(\boldsymbol{\Sigma})^{-1/2} \int_U \exp\left(-\frac{\boldsymbol{u}'\boldsymbol{\Sigma}^{-1}\boldsymbol{u}}{2k_i^2\sigma_0^2}\right) \mathrm{d}\boldsymbol{u} + \varrho_i;
\end{aligned}$$

$$\boldsymbol{\Sigma} = \boldsymbol{H}'(\boldsymbol{F}'\boldsymbol{F})^{-1}\boldsymbol{H}\,.$$

Führt man nun den Grenzübergang $i \to \infty$ durch und beachtet (3.3.43), d. h. $\lim_{i \to \infty} \varrho_i = 0$, und $\lim_{\to \infty} k_i = \infty$, so ergibt sich mit

$$0 \leqq -\delta(2\pi\sigma_0^2)^{-s/2} \det(\boldsymbol{\Sigma})^{-1/2} \int_U \mathrm{d}\boldsymbol{u} < 0$$

ein Widerspruch.

b) Der Beweis wird analog geführt.

Dieser Beweis ist ein Analogon zum Beweis der Zulässigkeit des Stichprobenmittels für die Schätzung des Erwartungswertes einer Normalverteilung (s. Ferguson [1]).

Wir interessieren uns nun dafür, wann die Bedingung (3.3.43) für die MKQ-Schätzung $\check{\boldsymbol{\vartheta}}$ erfüllt ist. Wir nehmen dazu der Einfachheit halber an, daß eine orthonormale Versuchsplanmatrix $\boldsymbol{F}$ vorliegt, d. h. daß

$$\boldsymbol{F}'\boldsymbol{F} = \boldsymbol{I}_r \tag{3.3.44}$$

gilt. Das ist (bei gegebenem Versuchsplan) keine Einschränkung der Allgemeinheit. Ist nämlich $\boldsymbol{F}'\boldsymbol{F} \neq \boldsymbol{I}_r$, dann gilt:

$$\exists \boldsymbol{Q} \in \mathcal{M}_r^{(r)}: \boldsymbol{Q}'\boldsymbol{F}'\boldsymbol{F}\boldsymbol{Q} = \boldsymbol{I}_r .$$

Mit $\boldsymbol{F}_1 := \boldsymbol{F}\boldsymbol{Q}$ und $\boldsymbol{\vartheta}_1 := \boldsymbol{Q}^{-1}\boldsymbol{\vartheta}$ kann das KLR $(\mathfrak{Y}, \boldsymbol{F}\boldsymbol{\vartheta}, \sigma^2\boldsymbol{I}_n)$ in äquivalenter Weise durch das KLR $(\mathfrak{Y}, \boldsymbol{F}_1\boldsymbol{\vartheta}_1, \sigma^2\boldsymbol{I}_n)$ mit $\boldsymbol{F}_1'\boldsymbol{F}_1 = \boldsymbol{I}_r$ ausgedrückt werden.

Wir berechnen unter der Bedingung (3.3.44) die in (3.3.43) auftretenden Risiken. Mit

$$L(\boldsymbol{\vartheta}; \check{\boldsymbol{\vartheta}}(\mathfrak{Y})) = g(||\boldsymbol{\vartheta} - \check{\boldsymbol{\vartheta}}(\mathfrak{Y})||_U^2) = g(||\boldsymbol{F}'\boldsymbol{\varepsilon}||_U^2) = g(||\boldsymbol{\gamma}||_U^2);$$
$$\boldsymbol{\gamma} := \boldsymbol{F}'\boldsymbol{\varepsilon} \sim \mathrm{N}(\boldsymbol{0}, \sigma_0^2\boldsymbol{I}_r)$$

ergibt sich für alle $i \in \mathsf{N}$:

$$\varrho(P_{\boldsymbol{\vartheta}}^{(i)}; \check{\boldsymbol{\vartheta}}) = R_1^{(0)}(\boldsymbol{\vartheta}; \check{\boldsymbol{\vartheta}}) = \int_{\mathrm{R}^r} g(||\boldsymbol{t}||_U^2)\, \mathrm{d}P_{\boldsymbol{\gamma}}(\boldsymbol{t}) . \tag{3.3.45}$$

Mit $\hat{\boldsymbol{\vartheta}}_i$ aus (3.3.34) und $c_i := k_i^2(1 + k_i^2)^{-1}$; $i \in \mathsf{N}$; ist

$$L(\boldsymbol{\vartheta}; \hat{\boldsymbol{\vartheta}}_i(\mathfrak{Y})) = g(||c_i\boldsymbol{F}'\boldsymbol{\varepsilon} - (1 - c_i)\,\boldsymbol{\vartheta}||_U^2) = g(||\boldsymbol{\delta}||_U^2);$$
$$\boldsymbol{\delta} := [c_i\boldsymbol{F}'\boldsymbol{\varepsilon} + (1 - c_i)\,\boldsymbol{\vartheta}] \sim \mathrm{N}((1 - c_i)\,\boldsymbol{\vartheta}, c_i^2\sigma_0^2\boldsymbol{I}_r); \qquad i \in \mathsf{N};$$

und es ergibt sich für das Risiko: $\forall i \in \mathsf{N}$:

$$\begin{aligned}
\varrho(P_{\boldsymbol{\vartheta}}^{(i)}; \hat{\boldsymbol{\vartheta}}_i) &= \int_{\mathrm{R}^r}\int_{\mathrm{R}^r} g(||\boldsymbol{t}||_U^2)\, \mathrm{d}P_{\boldsymbol{\delta}|\boldsymbol{\vartheta}=\boldsymbol{s}}(\boldsymbol{t})\, \mathrm{d}P_{\boldsymbol{\vartheta}}^{(i)}(\boldsymbol{s}) \\
&= \frac{(2\pi)^{-r}\,\sigma_0^{-2r}}{c_i^r k_i^r} \int_{\mathrm{R}^r}\int_{\mathrm{R}^r} g(||\boldsymbol{t}||_U^2) \exp\left(-\frac{||\boldsymbol{t} - (1 - c_i)\,\boldsymbol{s}||_{I_r}^2}{2c_i^2\sigma_0^2} - \frac{||\boldsymbol{s}||_{I_r}^2}{2k_i^2\sigma_0^2}\right) \mathrm{d}\boldsymbol{t}\, \mathrm{d}\boldsymbol{s} \\
&= \frac{(2\pi)^{-r}\,\sigma_0^{-2r}}{c_i^r k_i^r} \int_{\mathrm{R}^r}\int_{\mathrm{R}^r} g(||\boldsymbol{t}||_U^2) \exp\left(-\frac{||\boldsymbol{t}||_{I_r}^2}{2c_i\sigma_0^2}\right) \exp\left(-\frac{||\boldsymbol{s} - \boldsymbol{t}||_{I_r}^2}{2c_ik_i^2\sigma_0^2}\right) \mathrm{d}\boldsymbol{s}\, \mathrm{d}\boldsymbol{t} \\
&= (2\pi)^{-r/2}\,\sigma_0^{-r} c_i^{-r/2} \int_{\mathrm{R}^r} g(||\boldsymbol{t}||_U^2) \exp\left(-\frac{\boldsymbol{t}'\boldsymbol{t}}{2c_i\sigma_0^2}\right) \mathrm{d}\boldsymbol{t} \\
&= (2\pi)^{-r/2}\,\sigma_0^{-r} \int_{\mathrm{R}^r} g(c_i\,||\boldsymbol{t}||_U^2) \exp\left(-\frac{\boldsymbol{t}'\boldsymbol{t}}{2\sigma_0^2}\right) \mathrm{d}\boldsymbol{t} ,
\end{aligned}$$

d. h., es gilt für alle $i \in \mathsf{N}$

$$\varrho(P_{\boldsymbol{\vartheta}}^{(i)}; \hat{\boldsymbol{\vartheta}}_i) = \int_{\mathrm{R}^r} g(c_i\,||\boldsymbol{t}||_U^2)\, \mathrm{d}P_{\boldsymbol{\gamma}}(\boldsymbol{t}) . \tag{3.3.46}$$

Wir setzen für den Beweis der folgenden Aussage über die Funktion g voraus:

$$\exists w \mid \mathrm{R}^1 \to \mathrm{R}^1\ \forall \boldsymbol{t} \in \mathrm{R}^r\ \forall c \in \mathrm{R}^1:$$
$$g(c\boldsymbol{t}) = w(c)\, g(\boldsymbol{t}) \wedge w(1) = 1 . \tag{3.3.47}$$

Satz 3.3.13: Es seien $\boldsymbol{\vartheta} \in \Theta = \mathrm{R}^r$ und $(\mathfrak{Y}, \boldsymbol{F}\boldsymbol{\vartheta}, \sigma^2\boldsymbol{I}_n)$ ein KLR. Es sei L von der Form (3.3.39), wobei g der Bedingung (3.3.47) genügt. Die Funktion w sei um $c = 1$ in eine Potenzreihe entwickelbar, die in einer offenen Umgebung von $c = 1$ gleichmäßig konvergiert.

a) Es seien $\sigma^2 = \sigma_0^2$ und $K_3^{(0)} = \{\mathrm{N}(\mathbf{0}, \sigma_0^2 \mathbf{I}_n)\}$. Wenn Rg $\mathbf{U} = 1$ gilt, ist die MKQ-Schätzung $\check{\boldsymbol{\vartheta}}$ zulässig in $G_1^{(0)} = [\Theta \times K_3^{(0)}, D_0, R_1^{(0)}]$.

b) Es seien $\sigma^2 \in (0, \infty)$, $K_4^{(0)}$ aus (3.3.20) und L aus (3.3.39) mit $a = \sigma^{-2}$. Dann ist $\check{\boldsymbol{\vartheta}}$ zulässig in $G_1^{(0)} = [\Theta \times K_4^{(0)}, D_0, R_1^{(0)}]$, falls Rg $\mathbf{U} = 1$ ist •

Beweis: Wir prüfen nach, daß für Rg $\mathbf{U} = s = 1$ die Bedingung (3.3.43) erfüllt ist. Unter Beachtung von (3.3.45) bis (3.3.47) ergibt sich

$$k_i[\varrho(P_{\boldsymbol{\theta}}^{(i)}; \hat{\boldsymbol{\vartheta}}_i) - \varrho(P_{\boldsymbol{\theta}}^{(i)}; \check{\boldsymbol{\vartheta}})] = k_i(1 - w(c_i))\, \varrho(P_{\boldsymbol{\theta}}^{(i)}; \check{\boldsymbol{\vartheta}})\,.$$

Da $w(c_i)$ um $c_i = 1$ in eine Potenzreihe $1 + \sum_{j=1}^{\infty} a_j(c_i - 1)^j$ entwickelbar ist, hat man mit $c_i = k_i^2(1 + k_i^2)^{-1}$; $i \in \mathsf{N}$;

$$k_i(1 - w(c_i)) = -\,k_i \sum_{j=1}^{\infty} a_j(c_i - 1)^j = -\,k_i \sum_{j=1}^{\infty} a_j \left(\frac{-1}{k_i^2 + 1}\right)^j. \tag{3.3.48}$$

Wegen $\lim_{i \to \infty} k_i^2 = \infty$ gibt es ein $i_0 \in \mathsf{N}$, so daß für alle $i > i_0$ die Größen c_i in der Umgebung von 1 liegen, in der die Potenzreihe (3.3.48) gleichmäßig konvergiert. Dann ist der Grenzübergang $i \to \infty$ gliedweise möglich. Alle Glieder der Reihe konvergieren gegen Null, so daß (3.3.43) erfüllt ist.

Folgerung 3.3.4: Die Voraussetzungen von Satz 3.3.13 seien erfüllt. Wenn $r = 1$ gilt, dann ist $\check{\boldsymbol{\vartheta}}$ zulässig in

$$G_1^{(0)} = [\Theta \times K_3^{(0)}, D_0, R_1^{(0)}] \quad \text{bzw.} \quad G_1^{(0)} = [\Theta \times K_4^{(0)}, D_0, R_1^{(0)}] \;\bullet$$

Beweis: Aus $r = 1$ folgt wegen $\mathbf{U} \in \mathscr{M}_r^{\geqq}$ stets Rg $\mathbf{U} = 1$.

Folgerung 3.3.5: Es seien $\boldsymbol{\vartheta} \in \Theta = \mathrm{R}^r$, $(\mathfrak{Y}, \boldsymbol{F\vartheta}, \sigma^2 \mathbf{I}_n)$ ein KLR, $\check{\eta} = \mathbf{f}'\check{\boldsymbol{\vartheta}}$; $\mathbf{f} \in \mathrm{R}^r$; die MKQ-Schätzung für $\eta = \mathbf{f}'\boldsymbol{\vartheta}$ und der Verlust von der Form

$$\exists g \in \mathscr{G}\; \exists a \in (0, \infty)\; \forall \hat{\eta} \in D_0^{(\eta)}\; \forall \mathbf{y} \in C:$$

$$L^{(\eta)}(\eta; \hat{\eta}(\mathbf{y})) = g\big(a(\eta - \hat{\eta}(\mathbf{y}))^2\big)\,. \tag{3.3.49}$$

Die Funktion g genüge den Voraussetzungen in Satz 3.3.13. Dann ist $\check{\eta}$ zulässig in $G_1^{(\eta)} = \{\Theta \times K_3^{(0)}, D_0^{(\eta)}, R_1^{(\eta)}]$ bzw. $G_1^{(\eta)} = [\Theta \times K_4^{(0)}, D_0^{(\eta)}, R_1^{(\eta)}]$ •

Beweis: Nach Lemma 3.2.12 gilt (man setze $\psi = \eta$)

$$\forall \hat{\eta} \in D_0^{(\eta)}\; \exists \hat{\boldsymbol{\vartheta}} \in D_0\; \forall \mathbf{y} \in C: \hat{\eta}(\mathbf{y}) = \mathbf{f}'\hat{\boldsymbol{\vartheta}}(\mathbf{y})\,.$$

Damit ergibt sich, daß wegen

$$g\big(a(\eta - \hat{\eta}(\mathbf{y}))^2\big) = g\big(a\, \|\boldsymbol{\vartheta} - \hat{\boldsymbol{\vartheta}}(\mathbf{y})\|_{\mathbf{ff}'}^2\big)$$

der Verlust (3.3.49) äquivalent ist zu einem Verlust (3.3.39) zur Schätzung von $\boldsymbol{\vartheta}$ mit $\mathbf{U} = \mathbf{ff}'$. Aus Rg $\mathbf{U}$ = Rg $\mathbf{ff}' = 1$ folgt die Behauptung.

Wir geben ein Beispiel für eine Verlustfunktion an, die den Voraussetzungen von Satz 3.3.13 genügt:

$$\forall \boldsymbol{\vartheta} \in \Theta\; \forall \hat{\boldsymbol{\vartheta}} \in D_0\; \forall \mathbf{y} \in C:$$

$$L(\boldsymbol{\vartheta}; \hat{\boldsymbol{\vartheta}}(\mathbf{y})) = \big(a\, \|\boldsymbol{\vartheta} - \hat{\boldsymbol{\vartheta}}(\mathbf{y})\|_{\mathbf{U}}^2\big)^{\alpha}; \quad (a, \alpha) \in (0, \infty)^2\,, \quad \mathbf{U} \in \mathscr{M}_r^{\geqq}\,. \tag{3.3.50}$$

Dann ergibt sich für die Funktion w aus (3.3.47)

$$\forall c \in \mathrm{R}^1: w(c) = c^{\alpha}\,.$$

Sie ist um $c = 1$ in eine gleichmäßig konvergente Potenzreihe entwickelbar.

Für den Fall Rg $U = 2$ ist mit der Bedingung (3.3.43) die Zulässigkeit von $\check{\vartheta}$ nicht nachweisbar. Es läßt sich jedoch mit anderen Methoden beweisen, daß für quadratischen Verlust $\|\vartheta - \hat{\vartheta}(y)\|_U^2$ mit $U \in \mathcal{M}_r^>$ die MKQ-Schätzung $\check{\vartheta}$ im Falle $r = 2$ zulässig und im Falle $r \geqq 3$ nicht zulässig ist (s. JAMES/STEIN [1], HUMAK [1]). Im letzteren Fall existieren folglich gleichmäßig bessere Schätzfunktionen als $\check{\vartheta}$; auf einige solche Alternativen zu $\check{\vartheta}$ wird in Abschnitt 3.5.1 eingegangen.

Es werden in der Literatur (s. z. B. FARRELL [1]) auch notwendige und hinreichende Bedingungen für die Zulässigkeit von Schätzfunktionen bez. konvexem Verlust (also speziell auch bez. Verlust der Form (3.3.39)) angegeben. Allerdings sind diese wegen ihrer komplizierten Forderungen an die Folge $\{P_\vartheta^{(i)}\}_{i \in \mathrm{N}}$ von a-priori-Verteilungen schwer nachprüfbar.

In der Literatur (s. z. B. KAGAN/SALAJEVSKIJ [1], BEDNAREK/KOZEK [1]) wird häufig auch die Zulässigkeit von Schätzfunktionen bez. der *matrixwertigen Verlustfunktion*

$$\forall \vartheta \in \Theta \ \forall \hat{\vartheta} \in D_0 \ \forall y \in C:$$

$$L_M(\vartheta; \hat{\vartheta}(y)) := (\vartheta - \hat{\vartheta}(y)) (\vartheta - \hat{\vartheta}(y))' \tag{3.3.51}$$

bzw. des dadurch induzierten matrixwertigen Risikos

$$R_M^{(0)}(\vartheta; \hat{\vartheta}) := \mathrm{E}_{\mathfrak{Y}|\vartheta} L_M(\vartheta; \hat{\vartheta}(\mathfrak{Y})) \tag{3.3.52}$$

betrachtet.

Def. 3.3.6: Es seien $\hat{\vartheta}_1 \in D_0$, $\hat{\vartheta}_2 \in D_0$. Die Schätzfunktion $\hat{\vartheta}_1$ heißt *besser als* $\hat{\vartheta}_2$ *bez. matrixwertigem Verlust* $=_{\mathrm{df}}$

$$(\forall \vartheta \in \Theta: R_M^{(0)}(\vartheta; \hat{\vartheta}_2) - R_M^{(0)}(\vartheta; \hat{\vartheta}_1) \in \mathcal{M}_r^{\geqq} \wedge (\exists \vartheta_0 \in \Theta: R_M^{(0)}(\vartheta_0; \hat{\vartheta}_2) \neq R_M^{(0)}(\vartheta_0; \hat{\vartheta}_1)) \bullet$$

Lemma 3.3.19: Es seien

$$\forall \vartheta \in \Theta = \mathrm{R}^r \ \forall \hat{\vartheta} \in D_0 \ \forall y \in C \ \forall t \in \mathrm{R}^r: \quad L_t(\vartheta; \hat{\vartheta}(y)) := \|\vartheta - \hat{\vartheta}(y)\|_{tt'}^2; \tag{3.3.53}$$

$R_t^{(0)}$ das durch L_t erzeugte Risiko und $\hat{\vartheta}^* \in D_0$ für jedes $t \in \mathrm{R}^r$ zulässig in $G_1^{(0)} = [\Theta \times K^{(0)}, D_0, R_t^{(0)}]$. Dann ist $\hat{\vartheta}^*$ auch zulässig in $G_1^{(0)} = [\Theta \times K^{(0)}, D_0, R_M^{(0)}]$ •

Beweis: Angenommen, $\hat{\vartheta}^*$ ist nicht zulässig in $G_1^{(0)} = [\Theta \times K^{(0)}, D_0, R_M^{(0)}]$. Dann gilt

$$\exists \hat{\vartheta}_0 \in D_0: (\forall \vartheta \in \Theta: R_M^{(0)}(\vartheta; \hat{\vartheta}^*) - R_M^{(0)}(\vartheta; \hat{\vartheta}_0) \in \mathcal{M}_r^{\geqq})$$
$$\wedge (\exists \vartheta_0 \in \Theta: R_M^{(0)}(\vartheta_0; \hat{\vartheta}^*) \neq R_M^{(0)}(\vartheta_0; \hat{\vartheta}_0)) .$$

Daraus folgt mit

$$\forall \vartheta \in \Theta \ \forall \hat{\vartheta} \in D_0 \ \forall t \in \mathrm{R}^r: R_t^{(0)}(\vartheta; \hat{\vartheta}) = \mathrm{E}_{\mathfrak{Y}|\vartheta} \|\vartheta - \hat{\vartheta}(\mathfrak{Y})\|_{tt'}^2 = t' R_M^{(0)}(\vartheta, \hat{\vartheta})\, t$$

die Beziehung

$$\exists \hat{\vartheta}_0 \in D_0: (\forall \vartheta \in \Theta \ \forall t \in \mathrm{R}^r: R_t^{(0)}(\vartheta; \hat{\vartheta}^*) \geqq R_t^{(0)}(\vartheta; \hat{\vartheta}_0))$$
$$\wedge (\exists \vartheta_0 \in \Theta \ \exists t_0 \in \mathrm{R}^r: R_{t_0}^{(0)}(\vartheta_0; \hat{\vartheta}^*) > R_{t_0}^{(0)}(\vartheta_0; \hat{\vartheta}_0)) .$$

Also ist $\hat{\vartheta}^*$ in $G_1^{(0)} = [\Theta \times K^{(0)}, D_0, R_{t_0}^{(0)}]$ nicht zulässig, im Widerspruch zur Annahme.

Aus der Zulässigkeit der MKQ-Schätzung kann man unter gewissen Bedingungen auf die Normalverteiltheit der Fehler schließen. Es reicht dazu sogar die Zulässigkeit von $\check{\vartheta}$ unter erwartungstreuen Schätzungen, d. h. in $G_1^{(0)} = [\Theta \times K^{(0)}, D_E, R_1^{(0)}]$ (s. KAGAN/LINNIK/RAO [1], KAGAN/SALAJEVSKIJ [1]). Wir geben folgendes Resultat an:

Satz 3.3.14: Es seien $\vartheta \in \Theta = \mathrm{R}^r$ und $(\mathfrak{Y}, \boldsymbol{F}\boldsymbol{\vartheta}, \sigma_0^2 \boldsymbol{I}_n)$ ein KLR. Es sei $K^{(0)} = \{P_\varepsilon\}$ und $n \geqq 2r + 1$. Die MKQ-Schätzung $\check{\vartheta}$ sei für jedes $\boldsymbol{t} \in \mathrm{R}^r$ bez. Verlust der Form (3.3.53) zulässig in $G_1^{(0)} = [\Theta \times K^{(0)}, D_E, R_t^{(0)}]$. Dann ist $P_\varepsilon = \mathrm{N}(\boldsymbol{0}, \sigma_0^2 \boldsymbol{I}_n)$ •

Zum Beweis: Mit Lemma 3.3.19 führt man die Problematik auf die Zulässigkeit bez. matrixwertigem Verlust zurück. Dann ist die Behauptung bei KAGAN/SALAJEVSKIJ [1] bewiesen.

Satz 3.3.14 erlaubt eine Reihe von Folgerungen, derart, daß gewisse Optimalitätseigenschaften der MKQ-Schätzung genau dann gelten, wenn die Fehler normalverteilt sind: Es seien $\vartheta \in \Theta = \mathrm{R}^r$, $(\mathfrak{Y}, \boldsymbol{F}\boldsymbol{\vartheta}, \sigma_0^2 \boldsymbol{I}_n)$ ein KLR, $K^{(0)} = \{P_\varepsilon\}$ und $n \geqq 2r + 1$.

Folgerung 3.3.6: Die MKQ-Schätzung $\check{\vartheta}$ ist für jedes $L \in \mathcal{L}_k^r$ gleichmäßig beste Strategie in $G_1^{(0)} = [\Theta \times K^{(0)}, D_E, R_1^{(0)}]$ genau dann, wenn $P_\varepsilon = \mathrm{N}(\boldsymbol{0}, \sigma_0^2 \boldsymbol{I}_n)$ gilt •

Beweis: Es sei $\check{\vartheta}$ für jedes $L \in \mathcal{L}_k^r$ gleichmäßig beste Strategie in $G_1^{(0)}$. Dann ist $\check{\vartheta}$ für jedes $\boldsymbol{t} \in \mathrm{R}^r$ bez. des speziellen konvexen Verlusts aus (3.3.53) zulässig in $G_1^{(0)}$. Nach Satz 3.3.14 gilt daher $P_\varepsilon = \mathrm{N}(\boldsymbol{0}, \sigma_0^2 \boldsymbol{I}_n)$.
Die Umkehrung sichert Satz 3.3.7.

Folgerung 3.3.7: Die MKQ-Schätzung $\check{\vartheta}$ ist für jeden Verlust, der den Bedingungen von Satz 3.3.13 mit Rg $\boldsymbol{U} = 1$ genügt, zulässig in $G_1^{(0)} = [\Theta \times K^{(0)}, D_0, R_1^{(0)}]$ genau dann, wenn $P_\varepsilon = \mathrm{N}(\boldsymbol{0}, \sigma_0^2 \boldsymbol{I}_n)$ gilt •

Beweis: Es sei $\check{\vartheta}$ zulässig in $G_1^{(0)}$. Für jedes $\boldsymbol{t} \in \mathrm{R}^r$ erfüllt der Verlust der Form (3.3.53) die Voraussetzungen von Satz 3.3.13. Daher ist $\check{\vartheta}$ speziell auch zulässig in $[\Theta \times K^{(0)}, D_E, R_t^{(0)}]$; $\boldsymbol{t} \in \mathrm{R}^r$. Nach Satz 3.3.14 ist dann $P_\varepsilon = \mathrm{N}(\boldsymbol{0}, \sigma_0^2 \boldsymbol{I}_n)$.
Mit Satz 3.3.13 ergibt sich die Umkehrung.

3.3.7. Zusammenfassung der bisherigen Ergebnisse

Die Resultate des Abschnittes 3.3 bilden eine Grundlage für die Kapitel 5 und 6, in denen das hier zunächst zurückgestellte Versuchsplanungsproblem $G_2^{(\psi)} = [H, V^{(0)}, R_2^{(\psi)}]$ (s. (3.1.5)) für die MKQ-Schätzung behandelt wird. Es ist daher günstig, die Fälle zusammenzufassen, in denen die MKQ-Schätzung optimal in $G_1 = [\Theta \times K, D, R_1]$ ist und damit im Sinne einer Gesamtoptimalität im komplexen Schätz- und Versuchsplanungsproblem als Grundlage für $G_2^{(\psi)}$ verwendet werden kann. Wir geben die Ergebnisse in der Tabelle 3.3.1 wieder, die die Optimalitätseigenschaften der MKQ-Schätzung bei verschiedenen Klassen von Schätzfunktionen, Verlustfunktionen und Fehlerverteilungen enthält.

Wir stellen fest, daß die Optimalität der MKQ-Schätzung, falls man umfangreichere Klassen von Schätzfunktionen als D_{LE} betrachtet, an eine bez. der Relationen $\underset{j}{>}$; $j \in \{q, w, k, t_0\}$; extremale Rolle der Normalverteilung in den entsprechenden Klassen K von Fehlerverteilungen gebunden ist. Verfolgt man die durch die Beziehung (3.3.4) und die Lemmata 3.3.4 und 3.3.8 von den Relationen $\underset{j}{>}$; $j \in \{q, w, k, t_0\}$; vermittelte Anschauung, so kann die MKQ-Schätzung als optimal angesehen werden, solange in

Tabelle 3.3.1

Klasse der Schätzfunktionen	Klasse der Verlustfunktionen	Klasse der Fehlerverteilungen	Optimalität in G_1	Satz
D_{LE}	$\mathcal{L}_q^r$; (3.1.11)	$K_1^{(0)}$; (3.3.15)	gleichmäßig beste	3.3.4
	$\mathcal{L}_j^r$; $j \in \{w, k, t_0\}$; (3.1.12)–(3.1.14)	$K_3^{(0)}$; (3.3.18)		
	$\mathcal{L}_{q,\sigma}^r$; (3.3.16)	$K_2^{(0)}$; (3.3.17)		
	$\mathcal{L}_{w,\sigma}^r$; (3.3.19)	$K_4^{(0)}$; (3.3.20)		
	$\mathcal{L}_j^r$; $j \in \{q, w, k\}$;	$K_{3,j}$; $j \in \{q, w, k\}$; (3.3.21), (3.3.23)	Θ-gleichmäßig minimax ($Q_1 = \sup\limits_{P_\varepsilon}$)	3.3.5
	$\mathcal{L}_{j,\sigma}^r$; $j \in \{q, w\}$	$K_{4,j}$; $j \in \{q, w\}$; (3.3.22), (3.3.24)		
$D_{LE}^{(\eta)}$	$\mathcal{L}_{t_0}^{(1)}$; $t_0 = \eta$	$K_3^{(0)}$	gleichmäßig beste	3.3.6
D_E	$\mathcal{L}_j^r$; $j \in \{q, w, k\}$;	$K_3^{(0)}$	gleichmäßig beste	3.3.7
	$\mathcal{L}_{j,\sigma}^r$; $j \in \{q, w\}$	$K_4^{(0)}$		
	$\mathcal{L}_j^r$; $j \in \{q, w, k\}$	$K_{3,j}$; $j \in \{q, w, k\}$	Θ-gleichmäßig minimax ($Q_1 = \sup\limits_{P_\varepsilon}$)	3.3.8
	$\mathcal{L}_{j,\sigma}^r$; $j \in \{q, w\}$	$K_{4,j}$; $j \in \{q, w\}$		
D_0	$\mathcal{L}_j^r$; $j \in \{q, w\}$	$K_3^{(0)}$	minimax ($Q_1 = \sup\limits_{\vartheta}$)	3.3.9
	$\mathcal{L}_{j,\sigma}^r$; $j \in \{q, w\}$	$K_4^{(0)}$		
	$\mathcal{L}_j^r$; $j \in \{q, w\}$	$K_{3,j}$; $j \in \{q, w\}$	minimax ($Q_1 = \sup\limits_{\vartheta, P_\varepsilon}$)	3.3.10
	$\mathcal{L}_{j,\sigma}^r$; $j \in \{q, w\}$	$K_{4,j}$; $j \in \{q, w\}$		
$D_0^{(\eta)}$	$\mathcal{L}_q^1$	$K(\sigma_0^2, p)$	minimax ($Q_1 = \sup\limits_{\vartheta, P_\varepsilon}$)	3.3.11

der Klasse K der als möglich erachteten Fehlerverteilungen die am wenigsten um Null konzentrierte Verteilung eine Normalverteilung ist. *Die Optimalität der MKQ-Schätzung läßt also Abweichungen von der Normalverteilung in Richtung konzentrierterer Verteilungen zu.*

Desweiteren ist die *MKQ-Schätzung* unter diesen Voraussetzungen an die Fehlerverteilung *optimal bez. Verlustfunktionen, von denen nur qualitative Eigenschaften wie Konvexität, Monotonie oder Stetigkeit bekannt sein müssen.*

Die MKQ-Schätzung $\check{\vartheta}$ sei Q_1-optimal in $G_1 = [\Theta \times K, D, R_1]$. Der Ausgangspunkt für die Behandlung des Versuchsplanungsproblems $G_2 = [H, V^{(0)}, R_2]$ ist die Angabe des Q_1-Risikos von $\check{\vartheta}$ in G_1, das definitionsgemäß mit dem Risiko R_2 in G_2 zusammenfällt, d. h. (s. (3.1.5))

$$\forall \boldsymbol{x} \in H \; \forall V_n \in V^{(0)}: R_2(\boldsymbol{x}; V_n) = Q_1 R(\cdot, \cdot, \boldsymbol{x}; \check{\vartheta}, V_n) . \qquad (3.3.54)$$

Benutzt man zur Schätzung von $\boldsymbol{\vartheta}$ quadratischen Verlust der Form (3.1.15), so ist das Risiko R für die MKQ-Schätzung $\check{\boldsymbol{\vartheta}}$ unabhängig von $\boldsymbol{\vartheta}$ und für alle Q_1 aus Tabelle 3.3.1, die im Falle $L \in \mathcal{L}_q^r$ verwendet wurden, ergibt sich aus (3.3.53) speziell

$$\forall \boldsymbol{x} \in H \ \forall V_n \in V^{(0)}:$$

$$R_2(\boldsymbol{x};\, V_n) = \sigma_0^2 a(\boldsymbol{x},\, V_n) \operatorname{sp} \boldsymbol{U}(\boldsymbol{x},\, V_n) \, [\boldsymbol{F}(V_n)' \, \boldsymbol{F}(V_n)]^{-1} + c(\boldsymbol{x},\, V_n)\,. \quad (3.3.55)$$

Das Risiko (3.3.54) wird als Ausgangspunkt für das in den Abschnitten 5.1 bis 5.5 behandelte Versuchsplanungsproblem verwendet.

Falls das in Abschnitt 3.3 in den verschiedenen Problemen $G_1^{(0)}$ untersuchte KLR durch Transformation aus einem allgemeinen linearen Regressionsmodell entstanden ist (s. Abschnitt 3.2.2), so hat nach Satz 3.2.1 die entsprechend zurücktransformierte MKQ-Schätzung die analogen Optimalitätseigenschaften wie die MKQ-Schätzung im KLR. Wie bereits im Anschluß an Vor. 3.2.1 bemerkt wurde, ist das Planungsproblem jedoch im Originalmodell auf der Grundlage des entsprechenden Risikos R_2 zu lösen.

Es sei speziell $(\mathfrak{Y}, \boldsymbol{F}\boldsymbol{\vartheta}, \sigma^2 \boldsymbol{I}_n)$ mit $\operatorname{Rg} \boldsymbol{F} \leqq r$ ein (singuläres) LR und $\boldsymbol{\psi}(\boldsymbol{x}, \boldsymbol{\vartheta}) = \boldsymbol{A}(\boldsymbol{x})\, \boldsymbol{\vartheta}$; $\boldsymbol{x} \in H$, $\boldsymbol{\vartheta} \in \Theta = \mathrm{R}^r$, $\boldsymbol{A}(\boldsymbol{x}) \in \mathcal{M}_{s \times r}^{(s)}$; schätzbar in diesem Modell. Bei Verwendung von quadratischem Verlust ergibt sich als Risiko für die MKQ-Schätzung $\check{\boldsymbol{\psi}}(\boldsymbol{x}, \mathfrak{Y}) = \boldsymbol{A}(\boldsymbol{x}) \left(\boldsymbol{F}(V_n)' \, \boldsymbol{F}(V_n)\right)^- \boldsymbol{F}(V_n)' \, \mathfrak{Y}$ (s. (3.2.43))

$$\forall \boldsymbol{x} \in H \ \forall V_n \in V^{(0)}:$$

$$R_2^{(\boldsymbol{\psi})}(\boldsymbol{x};\, V_n) = \sigma_0^2 a(\boldsymbol{x},\, V_n) \operatorname{sp} \boldsymbol{U}(\boldsymbol{x},\, V_n)\, \boldsymbol{A}(\boldsymbol{x}) \, [\boldsymbol{F}(V_n)' \, \boldsymbol{F}(V_n)]^- \boldsymbol{A}(\boldsymbol{x})' + c(\boldsymbol{x},\, V_n)\,. \quad (3.3.56)$$

Dieses Risiko dient als Ausgangspunkt des in Abschnitt 5.6 behandelten Versuchsplanungsproblems.

Für die Schätzung von $\boldsymbol{\vartheta}$ im LR $(\mathfrak{Y}, \boldsymbol{F}\boldsymbol{\vartheta}, \sigma_0^2 \boldsymbol{\Sigma})$; $\operatorname{Rg} \boldsymbol{F} = r$, $\operatorname{Rg} \boldsymbol{\Sigma} = n$; ergibt sich bei quadratischem Verlust als Risiko für die Schätzung $\check{\boldsymbol{\vartheta}}_{\boldsymbol{\Sigma}}(\mathfrak{Y}) = [\boldsymbol{F}(V_n)' \, \boldsymbol{\Sigma}(V_n)^{-1} \times \boldsymbol{F}(V_n)]^{-1} \, \boldsymbol{F}(V_n)' \, \boldsymbol{\Sigma}(V_n)^{-1} \, \mathfrak{Y}$ (s. (3.2.48))

$$\forall \boldsymbol{x} \in H \ \forall V_n \in V^{(0)}:$$

$$R_2(\boldsymbol{x};\, V_n) = \sigma_0^2 a(\boldsymbol{x},\, V_n) \operatorname{sp} \boldsymbol{U}(\boldsymbol{x},\, V_n) \, [\boldsymbol{F}(V_n)' \, \boldsymbol{\Sigma}(V_n)^{-1} \, \boldsymbol{F}(V_n)]^{-1} + c(\boldsymbol{x},\, V_n)\,. \quad (3.3.57)$$

Auf der Grundlage dieses Risikos werden die Versuchsplanungsprobleme bei Heteroskedastie (s. Abschnitt 5.7) und bei korrelierten Beobachtungen (s. Kapitel 13) behandelt.

3.4. Schätzung von σ^2

Es liege ein KLR $(\mathfrak{Y}, \boldsymbol{F}\boldsymbol{\vartheta}, \sigma^2 \boldsymbol{I}_n)$ mit $\boldsymbol{\vartheta} \in \Theta = \mathrm{R}^r$ und $\sigma^2 \in (0, \infty)$ vor. Der Abschnitt 3.3 zeigte, daß die Optimalität der MKQ-Schätzung $\check{\boldsymbol{\vartheta}}$ nicht beeinflußt wurde durch die Kenntnis oder Unkenntnis von σ^2. Insbesondere bei normiertem Verlust aus $\mathcal{L}_q^r$ bzw. $\mathcal{L}_w^r$ erreichte man, daß das Schätzproblem für $\boldsymbol{\vartheta}$ unabhängig von σ^2 ist. Im Fall $L \in \mathcal{L}_k^r$ genügte die Kenntnis einer oberen Schranke σ_0^2 für σ^2. Die Notwendigkeit, σ^2 zu schätzen, erwächst daher weniger aus dem Schätzproblem für $\boldsymbol{\vartheta}$, als vielmehr aus einer Reihe noch zu behandelnder Testprobleme.

Es sei $\mathrm{R}^+ := (0, \infty)$, und es bezeichne $D^{(\sigma)}$ eine Menge von Schätzfunktionen $\hat{\sigma}^2 \mid C \to \mathrm{R}^+$ für σ^2. Es sei $L_\sigma \mid (\mathrm{R}^+)^2 \to \mathrm{R}^1$ mit $L_\sigma \in \mathcal{F}(\mathcal{B}_{\mathrm{R}^+} \otimes \mathcal{B}_{\mathrm{R}^+}, \mathcal{B}^1)$ eine Verlustfunktion zur Schätzung von σ^2 mit den Funktionswerten

$$\forall \sigma^2 \in \mathrm{R}^+ \ \forall \hat{\sigma}^2 \in D^{(\sigma)} \ \forall \boldsymbol{y} \in C: L_\sigma(\sigma^2; \hat{\sigma}^2(\boldsymbol{y})) . \tag{3.4.1}$$

Es sei $K(\sigma)$ eine Klasse von Fehlerverteilungen P_ε mit $\boldsymbol{B}_\varepsilon = \sigma^2 \boldsymbol{I}_n$; $\sigma^2 \in \mathrm{R}^+$. Mit

$$\forall \boldsymbol{\vartheta} \in \Theta \ \forall \sigma^2 \in \mathrm{R}^+ \ \forall P_\varepsilon \in K(\sigma) \ \forall \hat{\sigma}^2 \in D^{(\sigma)}: R_\sigma(\boldsymbol{\vartheta}, \sigma^2, P_\varepsilon; \hat{\sigma}^2) \tag{3.4.2}$$

wird das durch den Verlust (3.4.1) beim Vorliegen einer Fehlerverteilung $P_\varepsilon \in K(\sigma)$ induzierte Risiko bezeichnet. Das Schätzproblem für σ^2 kann durch das statistische Entscheidungsproblem

$$G_\sigma := \left[\Theta \times \bigcup_{\sigma^2 \in \mathrm{R}^+} (\{\sigma^2\} \times K(\sigma)), D^{(\sigma)}, R_\sigma\right] \tag{3.4.3}$$

beschrieben werden.

Im allgemeinen beruhen Schätzungen für σ^2 auf der Restvarianz

$$\|\mathfrak{Y} - \boldsymbol{F}\check{\boldsymbol{\vartheta}}\|^2_{\boldsymbol{I}_n} = \mathfrak{Y}'(\boldsymbol{I}_n - \boldsymbol{F}(\boldsymbol{F}'\boldsymbol{F})^{-1} \boldsymbol{F}')\,\mathfrak{Y}, \tag{3.4.4}$$

und man verwendet

$$\check{\sigma}^2(\mathfrak{Y}) := \frac{1}{n-r} \mathfrak{Y}'(\boldsymbol{I}_n - \boldsymbol{F}(\boldsymbol{F}'\boldsymbol{F})^{-1} \boldsymbol{F}')\,\mathfrak{Y} \tag{3.4.5}$$

als Schätzung für σ^2 (s. auch II/3).

Es bezeichne $D_E^{(\sigma)}$ die Menge der erwartungstreuen Schätzungen für σ^2. Man überprüft sofort, daß $\check{\sigma}^2 \in D_E^{(\sigma)}$ gilt. Wir geben jetzt Optimalitätseigenschaften der Schätzung $\check{\sigma}^2$ an.

Satz 3.4.1: Es sei $\sigma^2 \in \mathrm{R}^+$ und $K^{(0)}(\sigma) := \{\mathrm{N}(\boldsymbol{0}, \sigma^2 \boldsymbol{I}_n)\}$. Dann ist $\check{\sigma}^2$ aus (3.4.5) für jede konvexe und stetige Verlustfunktion $L_\sigma(\sigma^2; \cdot)$ eine gleichmäßig beste Schätzung in

$$G_\sigma^{(0)} = \left[\Theta \times \bigcup_{\sigma^2 \in \mathrm{R}^+} (\{\sigma^2\} \times K^{(0)}(\sigma)), D_E^{(\sigma)}, R_\sigma\right] \bullet$$

Der Beweis läuft wie bei Satz 3.3.7, indem man ausnutzt, daß $(\mathfrak{Y}'\boldsymbol{F}, \mathfrak{Y}'\mathfrak{Y})'$ bei normalverteilten Fehlern eine vollständig suffiziente Statistik für $\Theta \times \mathrm{R}^+$ ist und

$$\check{\sigma}^2(\mathfrak{Y}) = \frac{1}{n-r} (\mathfrak{Y}'\mathfrak{Y} - \mathfrak{Y}'\boldsymbol{F}(\boldsymbol{F}'\boldsymbol{F})^{-1} \boldsymbol{F}'\mathfrak{Y})$$

als Funktion dieser dargestellt werden kann (s. auch Witting/Nölle [1]).

Da $\check{\sigma}^2(\cdot)$ eine konvexe und stetige Funktion auf dem Stichprobenraum ist, kann Lemma 3.3.7 ausgenutzt werden, um Robustheitseigenschaften von $\check{\sigma}^2$ bez. der Fehlerverteilung zu beweisen. Wir werden dabei den Begriff der R^+-*gleichmäßigen Minimaxoptimalität* analog zu der in Def. 3.3.5 eingeführten Θ-gleichmäßigen Minimaxoptimalität verwenden.

Satz 3.4.2: Es sei $(\mathfrak{Y}, \boldsymbol{F}\boldsymbol{\vartheta}, \sigma^2\boldsymbol{W})$; $\boldsymbol{W} \in \mathcal{M}_n^>$, $\boldsymbol{\vartheta} \in \Theta = \mathrm{R}^r$; ein LR und $K(\sigma) \subseteq \{P_\varepsilon \in \overline{K}: \mathrm{N}(\boldsymbol{0}, \sigma^2\boldsymbol{I}_n) \underset{k}{>} P_\varepsilon\}$. Dann ist $\check{\sigma}^2$ für jede konvexe und stetige Verlustfunktion $L_\sigma(\sigma^2; \cdot)$ eine R^+-gleichmäßige Minimaxstrategie in $G_\sigma = \left[\Theta \times \bigcup_{\sigma^2 \in \mathrm{R}^+} (\{\sigma^2\} \times K(\sigma)), D_E^{(\sigma)}, R_\sigma\right] \bullet$

Beweis: Nach Satz 3.4.1 gilt zunächst

$$\forall \boldsymbol{\vartheta} \in \Theta \ \forall \hat{\sigma}^2 \in D_E^{(\sigma)} \ \forall \sigma^2 \in \mathrm{R}^+ \ \forall P_\varepsilon^{(0)} \in K^{(0)}(\sigma): R_\sigma(\boldsymbol{\vartheta}, \sigma^2, P_\varepsilon^{(0)}; \check{\sigma}^2) \leq R_\sigma(\boldsymbol{\vartheta}, \sigma^2, P_\varepsilon^{(0)}; \hat{\sigma}^2)$$

und wegen $K^{(0)}(\sigma) \subset K(\sigma)$

$$\forall \boldsymbol{\vartheta} \in \Theta\ \forall \hat{\sigma}^2 \in D_E^{(\sigma)}\ \forall \sigma^2 \in \mathrm{R}^+\ \forall P_\varepsilon^{(0)} \in K^{(0)}(\sigma)\colon R_\sigma(\boldsymbol{\vartheta}, \sigma^2, P_\varepsilon^{(0)}; \check{\sigma}^2) \leqq \sup_{P_\varepsilon \in K(\sigma)} R_\sigma(\boldsymbol{\vartheta}, \sigma^2, P_\varepsilon; \hat{\sigma}^2)\,. \tag{3.4.6}$$

Andererseits folgt aufgrund der Konvexität von $\check{\sigma}^2(\cdot)$, der Konvexität und Stetigkeit von $L_\sigma(\sigma^2; \cdot)$ und der Erwartungstreue von $\check{\sigma}^2$ aus Lemma 3.3.7 mit $P_\varepsilon^{(0)} = \mathrm{N}(\boldsymbol{0}, \sigma^2\boldsymbol{I}_n)$:

$$\forall \boldsymbol{\vartheta} \in \Theta\ \forall \sigma^2 \in \mathrm{R}^+\ \forall P_\varepsilon \in K(\sigma)\colon P_\varepsilon^{(0)} \underset{k}{>} P_\varepsilon \Rightarrow R_\sigma(\boldsymbol{\vartheta}, \sigma^2, P_\varepsilon; \check{\sigma}^2) \leqq R_\sigma(\boldsymbol{\vartheta}, \sigma^2, P_\varepsilon^{(0)}; \check{\sigma}^2)\,.$$

Daraus ergibt sich

$$\forall \boldsymbol{\vartheta} \in \Theta\ \forall \sigma^2 \in \mathrm{R}^+\colon \sup_{P_\varepsilon \in K(\sigma)} R_\sigma(\boldsymbol{\vartheta}, \sigma^2, P_\varepsilon; \check{\sigma}^2) \leqq R_\sigma(\boldsymbol{\vartheta}, \sigma^2, P_\varepsilon^{(0)}; \check{\sigma}^2)\,. \tag{3.4.7}$$

Die Beziehungen (3.4.6) und (3.4.7) ergeben zusammen

$$\forall \boldsymbol{\vartheta} \in \Theta\ \forall \hat{\sigma}^2 \in D_E^{(\sigma)}\ \forall \sigma^2 \in \mathrm{R}^+\colon \sup_{P_\varepsilon \in K(\sigma)} R_\sigma(\boldsymbol{\vartheta}, \sigma^2, P_\varepsilon; \check{\sigma}^2) \leqq \sup_{P_\varepsilon \in K(\sigma)} R_\sigma(\boldsymbol{\vartheta}, \sigma^2, P_\varepsilon; \hat{\sigma}^2)\,,$$

woraus sich die Behauptung ergibt.

3.5. Einige Alternativen zur MKQ-Schätzung

In Fällen, in denen die MKQ-Schätzung nicht optimal ist, interessieren Alternativen zur MKQ-Schätzung. In diesem Abschnitt werden einige davon vorgestellt.

3.5.1. Steinsche Schätzungen

Es sei $(\mathfrak{Y}, \boldsymbol{F\vartheta}, \sigma_0^2\boldsymbol{I}_n)$ mit $\boldsymbol{\vartheta} \in \Theta = \mathrm{R}^r$ ein KLR. Falls $r > 2$ gilt, erweist sich die MKQ-Schätzung $\check{\boldsymbol{\vartheta}}$ für $\boldsymbol{\vartheta}$ selbst bei normalverteilten Fehlern als nicht zulässig in $G_1^{(0)} = [\Theta \times K_3^{(0)}, D_0, R_1^{(0)}]$; $K_3^{(0)} = \{\mathrm{N}(\boldsymbol{0}, \sigma_0^2\boldsymbol{I}_n)\}$ (s. Abschnitt 3.3.6). Es existieren daher in diesem Fall gleichmäßig bessere Schätzungen als $\check{\boldsymbol{\vartheta}}$.

Stein [1] gab zunächst für das spezielle KLR $(\mathfrak{Y}, \boldsymbol{\vartheta}, \sigma_0^2\boldsymbol{I}_n)$, d. h. für die Schätzung des Erwartungswertvektors einer r-dimensionalen Normalverteilung, eine derartige Verbesserung an. Die aus dieser Schätzung entstandenen Verallgemeinerungen werden Steinsche Schätzungen genannt.

Unter der Voraussetzung $\boldsymbol{F'F} = \boldsymbol{I}_r$ wurde von James/Stein [1] gezeigt, daß

$$\hat{\boldsymbol{\vartheta}}_s(\mathfrak{Y}) = \left(1 - \frac{c(\mathfrak{Y}'\mathfrak{Y} - \check{\boldsymbol{\vartheta}}(\mathfrak{Y})'\,\check{\boldsymbol{\vartheta}}(\mathfrak{Y}))}{\check{\boldsymbol{\vartheta}}(\mathfrak{Y})'\,\check{\boldsymbol{\vartheta}}(\mathfrak{Y})}\right)\check{\boldsymbol{\vartheta}}(\mathfrak{Y});\qquad c \in \left[0, \frac{2(r-2)}{n-r+2}\right] \tag{3.5.1}$$

für $r > 2$ bez. quadratischem Verlust $\|\boldsymbol{\vartheta} - \hat{\boldsymbol{\vartheta}}(\boldsymbol{y})\|_{\boldsymbol{I}_r}^2$ gleichmäßig besser als $\check{\boldsymbol{\vartheta}}$ ist. (Zur Anwendung s. II/3). In Baranchik [1] wurde mit

$$\tilde{\boldsymbol{\vartheta}}_s(\mathfrak{Y}) = \max\left\{0, 1 - \frac{c(\mathfrak{Y}'\mathfrak{Y} - \check{\boldsymbol{\vartheta}}(\mathfrak{Y})'\,\check{\boldsymbol{\vartheta}}(\mathfrak{Y}))}{\check{\boldsymbol{\vartheta}}(\mathfrak{Y})'\,\check{\boldsymbol{\vartheta}}(\mathfrak{Y})}\right\}\check{\boldsymbol{\vartheta}}(\mathfrak{Y});\qquad c \in \left[0, \frac{2(r-2)}{n-r+2}\right] \tag{3.5.2}$$

eine Schätzung angegeben, die gleichmäßig besser als $\hat{\boldsymbol{\vartheta}}_s$ aus (3.5.1) ist, also erst recht besser als $\check{\boldsymbol{\vartheta}}$ ist (s. auch Sclove [1]).

Für den allgemeinen Fall einer nichtorthonormalen Versuchsplanmatrix gab Baranchik [2] in einer weiteren Arbeit Verbesserungen gegenüber $\check{\boldsymbol{\vartheta}}$ bez. beliebigem $L \in \mathscr{L}_q^r$ an. Sie haben jedoch eine wesentlich kompliziertere Struktur als (3.5.1) bzw. (3.5.2).

Wir betonen, daß in den zitierten Arbeiten zwar Verbesserungen gegenüber $\check{\boldsymbol{\vartheta}}$, aber i. allg. noch keine zulässigen Schätzungen für $\boldsymbol{\vartheta}$ gefunden worden sind. Erst ALAM [1] hat für das spezielle KLR $(\mathfrak{Y}, \boldsymbol{\vartheta}, \sigma_0^2 \boldsymbol{I}_n)$ eine Familie zulässiger Schätzfunktionen für $\boldsymbol{\vartheta}$ angegeben, die besser als $\check{\boldsymbol{\vartheta}}$ sind. Eine ausführliche Behandlung der STEINschen Schätzungen findet man in HUMAK [1].

3.5.2. PITMAN-Schätzung

Es sei $(\mathfrak{Y}, \boldsymbol{F\vartheta}, \sigma_0^2 \boldsymbol{I}_n)$ ein KLR. In Abschnitt 3.3 wurde gezeigt, daß die Optimalität der MKQ-Schätzung $\check{\boldsymbol{\vartheta}}$ im Entscheidungsproblem $G_1^{(0)} = [\Theta \times K^{(0)}, D, R_1^{(0)}]$ bei $D = D_0$ bzw. $D = D_E$ an normalverteilte Fehler gebunden ist. Es entsteht die Frage, welche Schätzfunktion für $\boldsymbol{\vartheta}$ zu wählen ist, wenn $K^{(0)} = \{P_\varepsilon^{(0)}\}$ mit $P_\varepsilon^{(0)} \neq \mathrm{N}(\boldsymbol{0}, \sigma_0^2 \boldsymbol{I}_n)$ vorliegt.

Vor. 3.5.1: Die Verteilung $P_\varepsilon^{(0)}$ habe eine Dichte $p_\varepsilon^{(0)}$ bez. des LEBESGUE-Maßes im R^n •

Unter dieser Voraussetzung erfüllt die Likelihoodfunktion der Beobachtungen im KLR $(\mathfrak{Y}, \boldsymbol{F\vartheta}, \sigma_0^2 \boldsymbol{I}_n)$ die Beziehung

$$\forall \boldsymbol{\vartheta} \in \Theta \; \forall \boldsymbol{y} \in C: l(\boldsymbol{y}; \boldsymbol{\vartheta}) = p_\varepsilon^{(0)}(\boldsymbol{y} - \boldsymbol{F\vartheta}) \,. \tag{3.5.3}$$

Mit $\boldsymbol{t} = (t_1, \ldots, t_r)' \in \mathrm{R}^r$ gelte weiter

Vor. 3.5.2: Es gelte $P_{\mathfrak{Y}|\boldsymbol{\vartheta}}$ — fast überall

$$\int_{\mathrm{R}^r} l(\boldsymbol{y}; \boldsymbol{t}) \,\mathrm{d}\boldsymbol{t} \in \mathrm{R}^+ \wedge \forall i \in \{1, \ldots, r\}: \int_{\mathrm{R}^r} t_i \, l(\boldsymbol{y}; \boldsymbol{t}) \,\mathrm{d}\boldsymbol{t} \in \mathrm{R}^1 \; \bullet$$

Für den Vektor $\left(\int_{\mathrm{R}^r} t_1 l(\boldsymbol{y}; \boldsymbol{t}) \mathrm{d}\boldsymbol{t}, \ldots, \int_{\mathrm{R}^r} t_r l(\boldsymbol{y}; \boldsymbol{t}) \,\mathrm{d}\boldsymbol{t}\right)' \in \mathrm{R}^r$ schreiben wir auch kurz $\int_{\mathrm{R}^r} \boldsymbol{t} l(\boldsymbol{y}; \boldsymbol{t}) \,\mathrm{d}\boldsymbol{t} \in \mathrm{R}^r$. Unter dieser Voraussetzung läßt sich die Schätzfunktion $\hat{\boldsymbol{\vartheta}}_P \mid C \to \mathrm{R}^r$ mit

$$\forall \boldsymbol{y} \in C: \hat{\boldsymbol{\vartheta}}_P(\boldsymbol{y}) = \frac{\int_{\mathrm{R}^r} \boldsymbol{t} l(\boldsymbol{y}; \boldsymbol{t}) \,\mathrm{d}\boldsymbol{t}}{\int_{\mathrm{R}^r} l(\boldsymbol{y}; \boldsymbol{t}) \,\mathrm{d}\boldsymbol{t}} \tag{3.5.4}$$

$P_{\mathfrak{Y}|\boldsymbol{\vartheta}}$-fast überall bilden. Diese Schätzung hat eine analoge Struktur, wie die von PITMAN [1] im Jahre 1939 gefundene Schätzung eines eindimensionalen Lageparameters (s. auch FERGUSON [1]). Wir nennen $\hat{\boldsymbol{\vartheta}}_P$ aus (3.5.4) daher PITMAN-*Schätzung*. Wir untersuchen jetzt Eigenschaften von $\hat{\boldsymbol{\vartheta}}_P$.

Lemma 3.5.1: Es sei $P_\varepsilon^{(0)} = \mathrm{N}(\boldsymbol{0}, \sigma_0^2 \boldsymbol{I}_n)$. Dann gilt $P_{\mathfrak{Y}|\boldsymbol{\vartheta}}$-fast überall $\hat{\boldsymbol{\vartheta}}_P(\boldsymbol{y}) = \check{\boldsymbol{\vartheta}}(\boldsymbol{y})$ •

Beweis: Im Falle $P_\varepsilon^{(0)} = \mathrm{N}(\boldsymbol{0}, \sigma_0^2 \boldsymbol{I}_n)$ sind Vor. 3.5.1 und Vor. 3.5.2 erfüllt, und es ist

$$\forall \boldsymbol{y} \in C \; \forall \boldsymbol{\vartheta} \in \Theta: l(\boldsymbol{y}; \boldsymbol{\vartheta}) = (2\pi\sigma_0^2)^{-n/2} \exp\left\{-\frac{1}{2\sigma_0^2} \left(\|\boldsymbol{y} - \boldsymbol{F}\check{\boldsymbol{\vartheta}}(\boldsymbol{y})\|_{\boldsymbol{I}_n}^2 + \|\boldsymbol{\vartheta} - \check{\boldsymbol{\vartheta}}(\boldsymbol{y})\|_{\boldsymbol{F}'\boldsymbol{F}}^2\right)\right\}.$$

Die Likelihoodfunktion ist unimodal in $\boldsymbol{\vartheta}$ und symmetrisch bez. $\check{\boldsymbol{\vartheta}}(\boldsymbol{y})$. Daher ist für jedes $\boldsymbol{y} \in C$

$$\int_{\mathrm{R}^r} (\boldsymbol{t} - \check{\boldsymbol{\vartheta}}(\boldsymbol{y})) \, l(\boldsymbol{y}; \boldsymbol{t}) \,\mathrm{d}\boldsymbol{t} = \boldsymbol{0} \,,$$

und man erhält mit

$$\int_{R^r} t\, l(y; t)\, dt = \check{\vartheta}(y) \int_{R^r} l(y; t)\, dt$$

die Behauptung.

Wir werden Bedingungen herleiten, unter denen $\hat{\vartheta}_P$ Minimaxschätzung in $G_1^{(0)} = [\Theta \times K^{(0)}, D_0, R_1^{(0)}]$ ist. Es wird wie in Abschnitt 3.3.5 vorgegangen und zunächst untersucht, wann $\hat{\vartheta}_P$ erweitert bayessch ist. Es sei $\{\sigma_i^2\}_{i \in \mathsf{N}}$ eine Folge positiver reeller Zahlen mit $\lim_{i \to \infty} \sigma_i^2 = \infty$ und

$$\{P_\theta^{(i)}\}_{i \in \mathsf{N}} = \{\mathrm{N}(\boldsymbol{0}, \sigma_i^2 \boldsymbol{I}_r)\}_{i \in \mathsf{N}} \tag{3.5.5}$$

eine Folge von a-priori-Verteilungen über $[\Theta, \mathscr{B}_\Theta]$.

Lemma 3.5.2: Es seien $L \in \mathscr{L}_q^r$ und $\{\hat{\vartheta}_i\}_{i \in \mathsf{N}}$ die Folge der zu $\{P_\theta^{(i)}\}_{i \in \mathsf{N}}$ aus (3.5.5) gehörenden BAYES-Schätzungen für ϑ. Dann gilt $P_{\mathfrak{y}|\theta}$-fast überall

$$\lim_{i \to \infty} \hat{\vartheta}_i(y) = \hat{\vartheta}_P(y) \bullet$$

Beweis: Nach Lemma 4.3.1 ist $\hat{\vartheta}_i(y)$ bei $L \in \mathscr{L}_q^r$ gleich dem Erwartungswert von θ bez. der zu $P_\theta^{(i)}$ gehörenden a-posteriori-Verteilung $P_{\theta|y}^{(i)}$; $i \in \mathsf{N}$; d. h.

$$\forall y \in C: \hat{\vartheta}_i(y) = \frac{\int_{R^r} t\, l(y; t)\, dP_\theta^{(i)}(t)}{\int_{R^r} l(y; t)\, dP_\theta^{(i)}(t)} = \frac{\int_{R^r} t\, l(y; t) \exp\left\{-\frac{1}{2\sigma_i^2} t't\right\} dt}{\int_{R^r} l(y; t) \exp\left\{-\frac{1}{2\sigma_i^2} t't\right\} dt} =: \frac{J_i^{(1)}(y)}{J_i^{(2)}(y)}.$$

Wegen $\exp\left\{-\frac{1}{2\sigma_i^2} t't\right\} \leqq 1$ sind $t\, l(y; t)$ bzw. $l(y; t)$ nach Vor. 3.5.1 und Vor. 3.5.2 $P_{\mathfrak{y}|\theta}$-fast sicher integrierbare Majoranten der Integranden von $J_i^{(1)}(y)$ bzw. $J_i^{(2)}(y)$; $i \in \mathsf{N}$. Nach dem Satz von LEBESGUE (s. Satz 1.2.2) ergibt sich daher $P_{\mathfrak{y}|\theta}$-fast überall

$$\lim_{i \to \infty} J_i^{(1)}(y) = \int_{R^r} t\, l(y; t)\, dt,$$

$$\lim_{i \to \infty} J_i^{(2)}(y) = \int_{R^r} l(y; t)\, dt.$$

Da $\lim_{i \to \infty} J_i^{(2)}(y)$ nach Vor. 3.5.1 für $P_{\mathfrak{y}|\theta}$-fast alle $y \in C$ positiv ist, gilt $P_{\mathfrak{y}|\theta}$-fast überall

$$\lim_{i \to \infty} \frac{J_i^{(1)}(y)}{J_i^{(2)}(y)} = \frac{\lim_{i \to \infty} J_i^{(1)}(y)}{\lim_{i \to \infty} J_i^{(2)}(y)},$$

woraus sich die Behauptung ergibt.

Lemma 3.5.3: Zusätzlich zu den Voraussetzungen von Lemma 3.5.2 gelte

$$\forall \vartheta \in \Theta\ \exists g(\vartheta, \cdot) \mid R^n \to R^1\ \forall i \in \mathsf{N}\ \forall y \in C:$$

$$L(\vartheta; \hat{\vartheta}_i(y)) \leqq g(\vartheta, y) \wedge \int_{R^n} g(\vartheta, t)\, dP_{\mathfrak{y}|\theta}(t) \in R^1. \tag{3.5.6}$$

Außerdem sei eine der beiden folgenden Bedingungen erfüllt

a) Die Folge $\{R_1^{(0)}(\vartheta; \hat{\vartheta}_i)\}_{i \in \mathsf{N}}$ konvergiert gleichmäßig bez. ϑ.

b) $\exists h \mid \Theta \to R^1\ \forall \vartheta \in \Theta\ \forall i \in \mathsf{N}$:

$$|R_1^{(0)}(\vartheta; \hat{\vartheta}_i) - R_1^{(0)}(\vartheta; \hat{\vartheta}_P)|\, p_\theta^{(i)}(\vartheta) \leqq h(\vartheta) \wedge \int_\Theta h(s)\, ds \in R^1.$$

Dann ist $\hat{\vartheta}_P$ erweitert bayessch $\bullet$

Beweis: Wegen $L \in \mathcal{L}_q^r$ ist $L(\boldsymbol{\vartheta}; \cdot)$ für jedes $\boldsymbol{\vartheta} \in \Theta$ stetig. Nach Lemma 3.5.2 folgt daher $P_{\mathfrak{Y}|\boldsymbol{\vartheta}}$-fast überall

$$\forall \boldsymbol{\vartheta} \in \Theta: \lim_{i\to\infty} L(\boldsymbol{\vartheta}; \hat{\boldsymbol{\vartheta}}_i(\boldsymbol{y})) = L(\boldsymbol{\vartheta}; \hat{\boldsymbol{\vartheta}}_P(\boldsymbol{y}))\,.$$

Mit (3.5.6) sind die Voraussetzungen des Satzes von Lebesgue (s. Satz 1.2.2) erfüllt, und es ergibt sich daraus

$$\forall \boldsymbol{\vartheta} \in \Theta: \lim_{i\to\infty} R_1^{(0)}(\boldsymbol{\vartheta}; \hat{\boldsymbol{\vartheta}}_i) = R_1^{(0)}(\boldsymbol{\vartheta}; \hat{\boldsymbol{\vartheta}}_P)\,. \tag{3.5.7}$$

Falls b) erfüllt ist, folgt abermals aus dem Satz von Lebesgue

$$\lim_{i\to\infty} \left(\varrho(P_{\boldsymbol{\vartheta}}^{(i)}; \hat{\boldsymbol{\vartheta}}_i) - \varrho(P_{\boldsymbol{\vartheta}}^{(i)}; \hat{\boldsymbol{\vartheta}}_P)\right) = 0\,, \tag{3.5.8}$$

womit die Behauptung bewiesen ist (s. auch Def. 1.5.21). Die Bedingung a) ist ebenfalls hinreichend für den Schluß von (3.5.7) auf (3.5.8).

Zum Nachweis, daß $\hat{\boldsymbol{\vartheta}}_P$ Minimaxschätzung ist, wird wie in Abschnitt 3.3.5 der Satz 1.5.8 herangezogen. Es ist daher die Bedingung (1.5.38) nachzuprüfen.

Lemma 3.5.4: Es sei $L \in \mathcal{L}_q^r$. Dann ist $R_1^{(0)}(\cdot; \hat{\boldsymbol{\vartheta}}_P)$ auf Θ konstant •

Beweis: Es bezeichne $\hat{\boldsymbol{\vartheta}}_P^{(0)}$ die Schätzung aus (3.5.4), falls $\boldsymbol{\vartheta} = \boldsymbol{0}$ ist. Dann stimmt jedes $\boldsymbol{y} \in C$ mit der entsprechenden Realisierung $\boldsymbol{\varepsilon}$ des Fehlervektors überein, d. h. $\hat{\boldsymbol{\vartheta}}_P^{(0)}(\boldsymbol{y}) = \hat{\boldsymbol{\vartheta}}_P^{(0)}(\boldsymbol{\varepsilon})$. Man erhält für alle $\boldsymbol{y} \in C$

$$\begin{aligned}\hat{\boldsymbol{\vartheta}}_P(\boldsymbol{y}) &= \frac{\int_{\mathrm{R}^r} \boldsymbol{t}\, l(\boldsymbol{y}; \boldsymbol{t})\, \mathrm{d}\boldsymbol{t}}{\int_{\mathrm{R}^r} l(\boldsymbol{y}; \boldsymbol{t})\, \mathrm{d}\boldsymbol{t}} = \frac{\int_{\mathrm{R}^r} \boldsymbol{t}\, p_{\boldsymbol{\varepsilon}}^{(0)}(\boldsymbol{y} - \boldsymbol{F}\boldsymbol{t})\, \mathrm{d}\boldsymbol{t}}{\int_{\mathrm{R}^r} p_{\boldsymbol{\varepsilon}}^{(0)}(\boldsymbol{y} - \boldsymbol{F}\boldsymbol{t})\, \mathrm{d}\boldsymbol{t}}\\ &= \frac{\int_{\mathrm{R}^r} \boldsymbol{t}\, p_{\boldsymbol{\varepsilon}}^{(0)}(\boldsymbol{\varepsilon} - \boldsymbol{F}(\boldsymbol{t} - \boldsymbol{\vartheta}))\, \mathrm{d}\boldsymbol{t}}{\int_{\mathrm{R}^r} p_{\boldsymbol{\varepsilon}}^{(0)}(\boldsymbol{\varepsilon} - \boldsymbol{F}(\boldsymbol{t} - \boldsymbol{\vartheta}))\, \mathrm{d}\boldsymbol{t}} = \frac{\int_{\mathrm{R}^r} (\boldsymbol{s} + \boldsymbol{\vartheta})\, p_{\boldsymbol{\varepsilon}}^{(0)}(\boldsymbol{\varepsilon} - \boldsymbol{F}\boldsymbol{s})\, \mathrm{d}\boldsymbol{s}}{\int_{\mathrm{R}^r} p_{\boldsymbol{\varepsilon}}^{(0)}(\boldsymbol{\varepsilon} - \boldsymbol{F}\boldsymbol{s})\, \mathrm{d}\boldsymbol{s}}\,; \quad \boldsymbol{t} - \boldsymbol{\vartheta} =: \boldsymbol{s}\,;\\ &= \frac{\int_{\mathrm{R}^r} \boldsymbol{s}\, l(\boldsymbol{\varepsilon}; \boldsymbol{s})\, \mathrm{d}\boldsymbol{s}}{\int_{\mathrm{R}^r} l(\boldsymbol{\varepsilon}; \boldsymbol{s})\, \mathrm{d}\boldsymbol{s}} + \frac{\int_{\mathrm{R}^r} \boldsymbol{\vartheta}\, l(\boldsymbol{\varepsilon}; \boldsymbol{s})\, \mathrm{d}\boldsymbol{s}}{\int_{\mathrm{R}^r} l(\boldsymbol{\varepsilon}; \boldsymbol{s})\, \mathrm{d}\boldsymbol{s}} = \hat{\boldsymbol{\vartheta}}_P^{(0)}(\boldsymbol{\varepsilon}) + \boldsymbol{\vartheta}\,.\end{aligned}$$

Daraus ergibt sich, daß bei $L \in \mathcal{L}_q^r$ wegen

$$\forall \boldsymbol{\vartheta} \in \Theta\ \forall \boldsymbol{y} \in C: L(\boldsymbol{\vartheta}; \hat{\boldsymbol{\vartheta}}_P(\boldsymbol{y})) = \|\boldsymbol{\vartheta} - \hat{\boldsymbol{\vartheta}}_P(\boldsymbol{y})\|_U^2 = \|\hat{\boldsymbol{\vartheta}}_P^{(0)}(\boldsymbol{\varepsilon})\|_U^2; \qquad U \in \mathcal{M}_r^{\geqq};$$

der Verlust $L(\cdot\,; \hat{\boldsymbol{\vartheta}}_P(\boldsymbol{y}))$ auf Θ konstant ist. Daraus folgt die Behauptung.

Die Lemmata 3.5.3 und 3.5.4 ergeben nun zusammen mit Satz 1.5.8 das folgende Ergebnis:

Satz 3.5.1: Es liege ein KLR $(\mathfrak{Y}, \boldsymbol{F}\boldsymbol{\vartheta}, \sigma_0^2\boldsymbol{I}_n)$ vor, und es seien $L \in \mathcal{L}_q^r$, $K^{(0)} = \{P_{\boldsymbol{\varepsilon}}^{(0)}\}$. Es seien weiter die Voraussetzungen 3.5.1 und 3.5.2, die Bedingung (3.5.6) und eine der beiden Bedingungen a) und b) aus Lemma 3.5.3 erfüllt. Dann ist $\hat{\boldsymbol{\vartheta}}_P$ eine Minimaxstrategie in $G_1^{(0)} = [\Theta \times K^{(0)}, D_0, R_1^{(0)}]$ •

Für den Spezialfall eines eindimensionalen Lageparameters ist die Minimaxoptimalität bez. quadratischen Verlusts bereits in Savage/Girshick [1] bewiesen.

Die Schätzung $\hat{\boldsymbol{\vartheta}}_P$ ist i. allg. nicht zulässig in $G_1^{(0)}$. Dies bestätigt bereits der Spezialfall $P_{\boldsymbol{\varepsilon}}^{(0)} = \mathrm{N}(\boldsymbol{0}, \sigma_0^2\boldsymbol{I}_n)$, in dem $\hat{\boldsymbol{\vartheta}}_P = \check{\boldsymbol{\vartheta}}$ i. allg. nicht zulässig ist. Im Fall $r = 1$ ist $\hat{\boldsymbol{\vartheta}}_P$ jedoch zulässig (s. Stein [2]).

3.5.3. Alternativen zur MKQ-Schätzung bei Nichtexistenz der zweiten Momente der Fehlerverteilung

In diesem Abschnitt wird nicht gefordert, daß die Varianz der Fehlerverteilung existiert, d. h., es wird insbesondere die Vor. 2.3.9 nicht gestellt. Dann existiert i. allg. auch nicht das durch ein $L \in \mathcal{L}_q^r$ induzierte Risiko einer linearen Schätzfunktion des Regressionsparameters $\boldsymbol{\vartheta}$, d. h. die GAUSS-MARKOV-Theorie der linearen Schätzungen ist in diesem Fall nicht anwendbar. Andererseits entsprechen Fehlerverteilungen, die größeren Abweichungen größere Wahrscheinlichkeiten zuordnen, realen Situationen (s. HUBER [3]). Für spezielle stabile Fehlerverteilungen mit i. allg. nicht existierenden Varianzen konstruieren wir in diesem Abschnitt ein Analogon zur MKQ-Schätzung. Es sei

$$\{P(\mu, \sigma, \beta) : (\mu, \sigma, \beta) \in \mathrm{R}^1 \times \mathrm{R}^+ \times (1, 2]\} \tag{3.5.9}$$

eine Familie von Verteilungen, die durch ihre charakteristischen Funktionen (s. Def. 1.3.14)

$$\forall t \in \mathrm{R}^1 : \varphi(t) = \exp\{i\mu t - |\sigma t|^\beta\}; \qquad (\mu, \sigma, \beta) \in \mathrm{R}^1 \times \mathrm{R}^+ \times (1, 2]; \tag{3.5.10}$$

gegeben sind. Die Familie (3.5.9) ist stabil und für $P(\mu, \sigma, \beta)$; $1 < \beta < 2$; existieren nur Momente der Ordnung $\gamma < \beta$, also insbesondere keine zweiten Momente (s. RENYI [1]). Der Parameter σ ist Skalenparameter der Familie (3.5.9) bez. μ (s. Def. 3.3.2). Es gilt speziell

$$\forall (\mu, \sigma) \in \mathrm{R}^1 \times \mathrm{R}^+ : P(\mu, \sigma, 2) = \mathrm{N}(\mu, \sigma^2)\,. \tag{3.5.11}$$

Wir betrachten nun das lineare Regressionsmodell

$$\mathfrak{Y} = \boldsymbol{F\vartheta} + \boldsymbol{\varepsilon}; \qquad \mathrm{E}\boldsymbol{\varepsilon} = \boldsymbol{0}\,, \quad \boldsymbol{\vartheta} \in \Theta = \mathrm{R}^r\,, \quad \mathrm{Rg}\,\boldsymbol{F} = r; \tag{3.5.12}$$

mit

$$P_{\boldsymbol{\varepsilon}} = P_{\boldsymbol{\varepsilon}}(\sigma, \beta) = \mathop{\times}^{n} P(0, \sigma, \beta); \qquad (\sigma, \beta) \in \mathrm{R}^+ \times (1, 2]; \tag{3.5.13}$$

und konstruieren für $\eta = \boldsymbol{f}'\boldsymbol{\vartheta}$; $\boldsymbol{f} \in \mathrm{R}^r$; ein Analogon zur MKQ-Schätzung.

Zunächst wird gezeigt, daß die Verteilung von $\hat{\eta}(\mathfrak{Y})$; $\hat{\eta} \in D_{LE}^{(\eta)}$; wieder in der Familie (3.5.9) liegt.

Lemma 3.5.5: Es seien $\eta = \boldsymbol{f}'\boldsymbol{\vartheta}$, $\hat{\eta} \in D_{LE}^{(\eta)}$ mit $\hat{\eta}(\mathfrak{Y}) = \boldsymbol{a}'\mathfrak{Y}$ und $\boldsymbol{a} = (a_1, \dots, a_n)' \in \mathrm{R}^n$, $P_{\boldsymbol{\varepsilon}} = P_{\boldsymbol{\varepsilon}}(\sigma, \beta)$ aus (3.5.13). Dann gilt

$$\hat{\eta}(\mathfrak{Y}) \sim P(\eta, \sigma_{\hat{\eta}}, \beta); \qquad \sigma_{\hat{\eta}} = \sigma\left(\sum_{i=1}^{n} |a_i|^\beta\right)^{1/\beta}. \tag{3.5.14}$$

Beweis: Für $\hat{\eta} \in D_{LE}^{(\eta)}$ mit $\hat{\eta}(\mathfrak{Y}) = \boldsymbol{a}'\mathfrak{Y}$; $\boldsymbol{a} \in \mathrm{R}^n$; gilt

$$\boldsymbol{F}'\boldsymbol{a} = \boldsymbol{f} \tag{3.5.15}$$

und daher $\hat{\eta}(\mathfrak{Y}) = \eta + \boldsymbol{a}'\boldsymbol{\varepsilon}$. Durch Anwendung der Eigenschaften für charakteristische Funktionen (s. (1.3.35), (1.3.34)) erhält man aus (3.5.10) und (3.5.13)

$$\forall t \in \mathrm{R}^1 : \varphi_{\hat{\eta}}(t) = \exp\left\{i\eta t - \left|\sigma\left(\sum_{i=1}^{n} |a_i|^\beta\right)^{1/\beta} t\right|^\beta\right\},$$

woraus die Behauptung folgt.

Die Größe $\sigma_{\hat{\eta}}$ ist Skalenparameter von $P_{\hat{\eta}}$ bez. η. Wir beweisen jetzt, daß die Schätzung mit dem kleinsten Skalenparameter $\sigma_{\hat{\eta}}$ die beste in $D_{LE}^{(\eta)}$ ist.

Satz 3.5.2: Es sei $\eta = \boldsymbol{f}'\boldsymbol{\vartheta}$ im Modell (3.5.12) zu schätzen. Es sei weiter $K^{(0)} = \{P(\sigma_0, \beta)\}$; $\sigma_0 \in \mathrm{R}^+$, $\beta \in (1, 2]$; und $\boldsymbol{a}^* = (a_1^*, \ldots, a_n^*)' \in \mathrm{R}^n$ mit

$$\sum_{i=1}^{n} |a_i^*|^\beta = \inf_{\boldsymbol{a} \in \{\boldsymbol{t} \in \mathrm{R}^n: \boldsymbol{F}'\boldsymbol{t} = \boldsymbol{f}\}} \sum_{i=1}^{n} |a_i|^\beta . \tag{3.5.16}$$

Dann ist $\hat{\eta}^*(\mathfrak{Y}) = \boldsymbol{a}^{*\prime}\mathfrak{Y}$ für jedes $L \in \mathcal{L}_k^1$ (bzw. $L \in \mathcal{L}_{t_0}^1$; $t_0 = \eta$) gleichmäßig beste Schätzung in $G_1^{(\eta)} = [\Theta \times K^{(0)}, D_{LE}^{(\eta)}, R_1^{(\eta)}]$ •

Beweis: Aus Lemma 3.5.5 und den Beziehungen (3.5.14) bis (3.5.16) erhält man

$$\forall \hat{\eta} \in D_{LE}^{(\eta)}: \sigma_{\hat{\eta}} \geqq \sigma_{\hat{\eta}^*} .$$

Mit Lemma 3.3.4 ergibt sich daraus

$$\forall \hat{\eta} \in D_{LE}^{(\eta)}\ \forall \boldsymbol{\vartheta} \in \Theta: P_{\hat{\eta}|\boldsymbol{\vartheta}} \underset{t_0}{>} P_{\hat{\eta}^*|\boldsymbol{\vartheta}}; \quad t_0 = \eta .$$

Falls $L \in \mathcal{L}_{t_0}^1$ gilt, beweist Folgerung 3.3.1 die Behauptung. Bei $L \in \mathcal{L}_k^1$ ergibt sie sich aus (3.3.6) und Satz 3.3.1.

In Ausnutzung von Satz 3.3.3 und in Analogie zum Vorgehen in den Abschnitten 3.3.3 bis 3.3.5 kann man Robustheitseigenschaften von $\hat{\eta}^*$ bez. der Fehlerverteilung beweisen:

Satz 3.5.3: Es seien $j \in \{k, t_0\}$, $t_0 = \eta$ und $K \subseteq \{P_\varepsilon \in \overline{K}: P(\sigma_0, \beta) \underset{j}{>} P_\varepsilon\}$; $\sigma_0 \in \mathrm{R}^+$, $\beta \in (1, 2]$. Dann ist $\hat{\eta}^*$ für jedes $L \in \mathcal{L}_j^1$ eine Θ-gleichmäßige Minimaxstrategie in $G_1^{(\eta)} = [\Theta \times K, D_{LE}^{(\eta)}, R_1^{(\eta)}]$ •

Die Klasse $K' = \{P_\varepsilon \in \overline{K}: \exists \sigma \in (0, \sigma_0]: P_\varepsilon = P(\sigma, \beta)\}$; $\sigma_0 \in \mathrm{R}^+$, $\beta \in (1, 2]$; ist z. B. von der in Satz 3.5.3 geforderten Struktur. Dies folgt aus Lemma 3.3.4.

Eine Lösung $\boldsymbol{a}^*$ der Aufgabe

$$g(\boldsymbol{a}) := \sum_{i=1}^{n} |a_i|^\beta \stackrel{!}{=} \inf_{\boldsymbol{a} \in \{\boldsymbol{t} \in \mathrm{R}^n: \boldsymbol{F}'\boldsymbol{t} = \boldsymbol{f}\}} \tag{3.5.17}$$

existiert stets, da $g(\cdot)$ auf der abgeschlossenen Menge $\{\boldsymbol{t} \in \mathrm{R}^n: \boldsymbol{F}'\boldsymbol{t} = \boldsymbol{f}\}$ stetig, konvex und von unten beschränkt ist (zur Anwendung s. II/3). Man bestimmt $\boldsymbol{a}^*$ i. allg. mit Verfahren der konvexen Optimierung bei linearen Nebenbedingungen. Im Fall $r = 1$ läßt sich $\hat{\eta}^*$ leicht berechnen. Im Modell (3.5.12) ist dann $\boldsymbol{F} = (f_1, \ldots, f_n)'$ mit $f_i \in \mathrm{R}^1$; $i \in \{1, \ldots, n\}$; und es ergibt sich für $\eta = f\vartheta$; $f \in \mathrm{R}^1$;

$$\hat{\eta}^*(\mathfrak{Y}) = f \frac{\sum_{i=1}^{n} |f_i|^{1/(\beta-1)} \operatorname{sgn} f_i \cdot \mathfrak{Y}_i}{\sum_{i=1}^{n} |f_i|^{\beta/(\beta-1)}}$$

(s. Blattberg/Sargent [1]).

Im Fall $\beta = 2$ ist $\boldsymbol{a}^* = \boldsymbol{F}(\boldsymbol{F}'\boldsymbol{F})^{-1}\boldsymbol{f}$ eine Lösung von (3.5.17), d. h., es gilt $\hat{\eta}^*(\mathfrak{Y}) = \boldsymbol{f}'\check{\boldsymbol{\vartheta}}(\mathfrak{Y})$. In diesem Zusammenhang kann $\hat{\eta}^*$ als eine Verallgemeinerung der MKQ-Schätzung aufgefaßt werden.

Die Idee, im Falle einer Fehlerverteilung (3.5.13) Schätzungen für η durch Minimierung des Skalenparameters in (3.5.14) zu konstruieren, stammt von Wise [1]. Die Optimalität von $\hat{\eta}^*$ in $D_{LE}^{(\eta)}$ bez. der speziellen Verlustfunktion $L(\eta; \hat{\eta}(\boldsymbol{y})) = |\eta - \hat{\eta}(\boldsymbol{y})|$; $\hat{\eta} \in D_{LE}^{(\eta)}$, $\boldsymbol{y} \in C$; hat bereits Kadiyala [1] nachgewiesen.

Auf das Planungsproblem für $\hat{\eta}^*$ wird in Abschnitt 7.5 eingegangen.

3.5.4. Alternativen, die durch Modifikation des MKQ-Prinzips entstehen

Die MKQ-Schätzung $\check{\boldsymbol{\vartheta}}$ für $\boldsymbol{\vartheta} \in \Theta = \mathrm{R}^r$ in einem KLR $(\mathfrak{Y}, \boldsymbol{F\vartheta}, \sigma_0^2 \boldsymbol{I}_n)$ wurde nach dem klassischen MKQ-Prinzip

$$\forall \boldsymbol{y} \in C: \|\boldsymbol{y} - \boldsymbol{F\vartheta}\|_{\boldsymbol{I}_n}^2 \stackrel{!}{=} \inf_{\boldsymbol{\vartheta} \in \mathrm{R}^r} \tag{3.5.18}$$

gewonnen. Das MKQ-Prinzip ist ein Approximationsprinzip und hat zunächst nichts mit der Optimierung statistischer Eigenschaften von Schätzfunktionen (z. B. der Minimierung eines Risikos) zu tun. Die Lösung von (3.5.18) besitzt jedoch eine Reihe optimaler statistischer Eigenschaften. Die MKQ-Schätzung $\check{\boldsymbol{\vartheta}}$ ist z. B. gleichmäßig beste Schätzung in D_{LE} bez. Verlust der Form $\|\boldsymbol{\vartheta} - \hat{\boldsymbol{\vartheta}}(\boldsymbol{y})\|_{\boldsymbol{I}_n}^2$; $\boldsymbol{\vartheta} \in \Theta$, $\hat{\boldsymbol{\vartheta}} \in D_{LE}$, $\boldsymbol{y} \in C$. Es entsteht die Frage, ob durch Modifikation der Aufgabe (3.5.18) Alternativen zur MKQ-Schätzung gewonnen werden können, die ebenfalls (entsprechend modifizierte) optimale statistische Eigenschaften besitzen.

Es sei $\|\cdot\|^{(n)}$ eine Norm auf dem R^n. Dann ist

$$\forall \boldsymbol{y} \in C: \|\boldsymbol{y} - \boldsymbol{F\vartheta}\|^{(n)} \stackrel{!}{=} \inf_{\boldsymbol{\vartheta} \in \mathrm{R}^r} \tag{3.5.19}$$

eine Verallgemeinerung des MKQ-Prinzips (3.5.18). Es zeigt sich jedoch, daß die Lösung von (3.5.19) viele analoge Eigenschaften zur MKQ-Schätzung nicht besitzt.

Ist $\hat{\boldsymbol{\vartheta}}^*(\boldsymbol{y})$ Lösung von (3.5.19), dann ist $\boldsymbol{F}\hat{\boldsymbol{\vartheta}}^*(\boldsymbol{y})$ die beste Approximation von $\boldsymbol{y} \in C$ durch Elemente aus $\mathscr{L}(\boldsymbol{F})$ bez. der Norm $\|\cdot\|^{(n)}$. Diese Approximation läßt sich i. allg. nicht durch eine lineare Abbildung von R^n auf $\mathscr{L}(\boldsymbol{F})$ darstellen (s. SINGER [1]). Daher ist $\hat{\boldsymbol{\vartheta}}^*$ i. allg. kein Element von D_{LE} (also insbesondere nicht gleichmäßig beste Schätzung in D_{LE} bez. $\|\boldsymbol{\vartheta} - \hat{\boldsymbol{\vartheta}}(\boldsymbol{y})\|^{(r)}$). Ein Verlust der Form $\|\boldsymbol{\vartheta} - \hat{\boldsymbol{\vartheta}}(\boldsymbol{y})\|^{(r)}$; $\boldsymbol{\vartheta} \in \Theta$, $\hat{\boldsymbol{\vartheta}} \in D$, $\boldsymbol{y} \in C$; ist auf Grund der Normeigenschaften stets konvex. Daher ist bei $P_{\boldsymbol{\varepsilon}}^{(0)} = \mathrm{N}(\boldsymbol{0}, \sigma_0^2 \boldsymbol{I}_n)$ nach Satz 3.3.7 die (lineare) MKQ-Schätzung $\check{\boldsymbol{\vartheta}}$ bez. dieses Verlustes gleichmäßig beste Schätzung in D_E, so daß die (i. allg. nichtlineare) Lösung von (3.5.19) auch diese Eigenschaft nicht hat.

Die Lösung $\hat{\boldsymbol{\vartheta}}^*$ von (3.5.19) erweist sich jedoch für geeignete Fehlerverteilungen als ML-Schätzung:

Satz 3.5.4: Es sei $\int_{\mathrm{R}^n} \exp\{-\|\boldsymbol{t}\|^{(n)}\}\, d\boldsymbol{t} \in \mathrm{R}^1$, und die Fehlerverteilung $P_{\boldsymbol{\varepsilon}}$ habe die Dichte $\forall \boldsymbol{t} \in \mathrm{R}^n: p_{\boldsymbol{\varepsilon}}(\boldsymbol{t}) = c \exp\{-\|\boldsymbol{t}\|^{(n)}\}$; $c > 0$ Normierungskonstante. Dann ist die Lösung $\hat{\boldsymbol{\vartheta}}^* \mid C \to \mathrm{R}^r$ von (3.5.19) ML-Schätzung für $\boldsymbol{\vartheta}$ •

Dieser Satz wird wie Satz 3.2.3 bewiesen.

Obwohl die Aufgabe (3.5.19) weitgehend der statistischen Analogien zum MKQ-Prinzip entbehrt, wird sie für spezielle Normen zur Konstruktion von Schätzfunktionen benutzt.

Es seien $\boldsymbol{y} = (y_1, \ldots, y_n)' \in C$ und $\boldsymbol{F} = (\boldsymbol{f}_1, \ldots, \boldsymbol{f}_n)'$. Dann ist z. B.

$$\left(\sum_{i=1}^{n} |y_i - \boldsymbol{f}_i'\boldsymbol{\vartheta}|^\alpha\right)^{1/\alpha} \stackrel{!}{=} \inf_{\boldsymbol{\vartheta} \in \mathrm{R}^r}; \quad \alpha \in (0, \infty); \tag{3.5.20}$$

eine spezielle Aufgabe der Form (3.5.19). Numerische Lösungsverfahren und MONTE-CARLO-Studien über statistische Eigenschaften der Lösung wurden z. B. in FORSYTHE [1], EKBLOM [1] angegeben. Die Lösungen von (3.5.20) erweisen sich dabei im

Vergleich zur MKQ-Schätzung häufig als robuster gegenüber Abweichungen von $P_\varepsilon = N(\boldsymbol{0}, \sigma_0^2 \boldsymbol{I}_n)$ (zur Anwendung s. II/3).

Für den Spezialfall $\alpha = 1$ in der Aufgabe (3.5.20), d. h. für

$$\sum_{i=1}^{n} |y_i - \boldsymbol{f}_i' \boldsymbol{\vartheta}| \overset{!}{=} \inf_{\boldsymbol{\vartheta} \in \mathrm{R}^r} \tag{3.5.21}$$

gibt es weitere Untersuchungen (s. z. B. BLATTBERG/SARGENT [1]). Es zeigt sich, daß in die Lösung $\hat{\boldsymbol{\vartheta}}^*(\boldsymbol{y})$ von (3.5.21) nur r Komponenten von $\boldsymbol{y} \in C$ eingehen. Die Schätzfunktion $\hat{\boldsymbol{\vartheta}}^* \mid C \to \mathrm{R}^r$ ist daher günstig, wenn Ausreißer auftreten.

3.5.5. Asymptotisch robuste Alternativen zur MKQ

Es sei $(\mathfrak{Y}, \boldsymbol{F\vartheta}, \sigma^2 \boldsymbol{I}_n)$ ein KLR. In Abschnitt 3.3 wurde gezeigt, daß die Optimalität der MKQ-Schätzung robust ist bez. solchen Klassen K von Fehlerverteilungen, in denen die Normalverteilung $N(\boldsymbol{0}, \sigma_0^2 \boldsymbol{I}_n)$ die am wenigsten um Null konzentrierte Verteilung ist. Die Optimalität der MKQ-Schätzung läßt also Abweichungen von der Normalverteilung in Richtung konzentrierterer Verteilungen zu. Falls jedoch $N(\boldsymbol{0}, \sigma_0^2 \boldsymbol{I}_n)$ nicht diese Maximaleigenschaft in K besitzt, falls also auch Abweichungen von der Normalverteilung in Richtung breiterer Verteilungen vorliegen, kann die Verwendung der MKQ-Schätzung i. allg. nicht mehr gerechtfertigt werden. Speziell für stabile Fehlerverteilungen der Form (3.5.13) haben wir bereits Alternativen zur MKQ-Schätzung hergeleitet und ihre Robustheit bez. der Fehlerverteilung mit Hilfe von Relationen $\underset{j}{>}$; $j \in \{q, w, k, t_0\}$; untersucht (s. Satz 3.5.3).

Es gibt jedoch zahlreiche Untersuchungen zur Konstruktion von robusten Schätzfunktionen, die andere Methoden benutzen und zum Ziel haben, asymptotische Optimalitätseigenschaften (d. h. Optimalitätseigenschaften im Fall $n \to \infty$) robust gegenüber Abweichungen von der Normalverteilung zu machen (s. z. B. HUBER [1], [2], [3], BICKEL [1], [2], JAECKEL [1], HAMPEL [1]). Es wird also das Grenzverhalten gewisser Folgen $\{\hat{\boldsymbol{\vartheta}}(\cdot, V_n)\}_{n \in \mathrm{N}}$ von Schätzfunktionen für $\boldsymbol{\vartheta}$ untersucht. Wir setzen voraus, daß einer solchen Folge eine Folge $\{V_n\}_{n \in \mathrm{N}}$ von Versuchsplänen mit

$$\forall n \in \mathrm{N}: S(V_n) \subseteq S(V_{n+1})$$

zugrunde liegt (s. auch (8.2.4)).

Im Rahmen der optimalen Versuchsplanung sind asymptotische Optimalitätseigenschaften nur bedingt von Interesse, da eine Versuchsplanung vor allem bei kleinem Stichprobenumfang, wo jedem Versuch ein relativ großes Gewicht zukommt, sinnvoll ist. Trotzdem sind Aussagen über asymptotische Eigenschaften auch in der Versuchsplanung wichtig, da es häufig eine entsprechende Theorie bei endlichem Stichprobenumfang nicht gibt (s. dazu auch Abschnitt 8.2, wo ML-Schätzungen als Alternative zur MKQ-Schätzung betrachtet werden). Wir werden asymptotische Optimalitätseigenschaften in der Weise ausnutzen, daß wir die entsprechende Stichprobenfunktion im Fall $n < \infty$ als näherungsweise optimal ansehen.

Wir geben jetzt einige Ergebnisse aus der Literatur über asymptotisch robuste Schätzfunktionen an:

a) M-*Schätzungen*:

M-Schätzungen sind von HUBER [1], [2], [3] betrachtet worden. Es seien $(\mathfrak{Y}, \boldsymbol{F}\boldsymbol{\vartheta}, \sigma^2\boldsymbol{I}_n)$ ein KLR, $\boldsymbol{y} = (y_1, \ldots, y_n)' \in C$, $\boldsymbol{F} = (\boldsymbol{f}_1, \ldots, \boldsymbol{f}_n)'$ und $h \mid \mathrm{R}^1 \to \mathrm{R}^1$. In HUBER [2] wird eine Schätzung für $\boldsymbol{\vartheta}$ vorgeschlagen, die durch Lösung der Aufgabe

$$\sum_{i=1}^{n} h(y_i - \boldsymbol{f}_i'\boldsymbol{\vartheta}) \stackrel{!}{=} \inf_{\boldsymbol{\vartheta} \in \mathrm{R}^r} \tag{3.5.22}$$

erhalten wird. Falls der Fehlervektor $\boldsymbol{\varepsilon}$ in Gesamtheit unabhängige und identisch verteilte Komponenten mit der Dichte p_ε hat, ergibt sich mit $h = -\log p_\varepsilon$ aus (3.5.22) das ML-Prinzip. Daher wird die Lösung $\hat{\boldsymbol{\vartheta}}_h^*$ von (3.5.22) modifizierte ML-Schätzung oder kurz M-Schätzung genannt. Im Falle $h(t) = t^2$; $t \in \mathrm{R}^1$; führt (3.5.22) auf das klassische MKQ-Prinzip. Insofern ist durch (3.5.22) auch eine Modifikation des MKQ-Prinzips gegeben (s. auch Abschnitt 3.5.4).

Es seien $P_\varepsilon \in K$ und $\hat{\boldsymbol{\vartheta}}_h^*$ eine Lösung von (3.5.22). Für h aus einer umfangreichen Klasse $\mathcal{U}$ reeller Funktionen und unter gewissen Regularitätseigenschaften der Folge $\{V_n\}_{n \in \mathbb{N}}$ von Versuchsplänen ist $\hat{\boldsymbol{\vartheta}}_h^*$ asymptotisch nach $\mathrm{N}\left(\boldsymbol{\vartheta}, \sigma_M^2(h, P_\varepsilon)\,(\boldsymbol{F}'\boldsymbol{F})^{-1}\right)$ verteilt (s. HUBER [1], BICKEL [2]). Da h und P_ε nur in die asymptotische Varianz $\sigma_M^2(h, P_\varepsilon)$ eingehen, lassen sich die bekannten Ergebnisse für das spezielle Modell $(\mathfrak{Y}, \vartheta, \sigma^2\boldsymbol{I}_n)$; $\vartheta \in \mathrm{R}^1$, d. h. für die Schätzung des Erwartungswertes ϑ einer Verteilung, auf das KLR übertragen. Eine bez. $P_\varepsilon \in K$ asymptotisch robuste Schätzung für $\boldsymbol{\vartheta}$ ist z. B. durch $\hat{\boldsymbol{\vartheta}}_{h^*}^*$ mit $h^* \in \mathcal{U}$ gemäß

$$\inf_{h \in \mathcal{U}} \sup_{P_\varepsilon \in K} \sigma_M^2(h, P_\varepsilon) = \sup_{P_\varepsilon \in K} \sigma_M^2(h^*, P_\varepsilon) \tag{3.5.23}$$

gegeben. Es seien $\delta \in (0, 1)$, $P^{(s)}$ eine symmetrische Verteilung, $K = \{P_\varepsilon \in \bar{K} : P_\varepsilon = (1 - \delta)\,\mathrm{N}(\boldsymbol{O}, \sigma^2\boldsymbol{I}_n) + \delta P^{(s)}\}$ und $c(\delta) \in (0, \infty)$. Dann erfüllt die Funktion h^* mit

$$\forall t \in \mathrm{R}^1 : h^*(t) = \begin{cases} t^2/2 & \text{für } |t| < c(\delta) \\ c(\delta)\,|t| - c^2(\delta)/2 & \text{für } |t| \geqq c(\delta) \end{cases} \tag{3.5.24}$$

die Beziehung (3.5.23) (s. HUBER [2]).

Im Vergleich zum MKQ-Prinzip (d. h. $h(t) = t^2$; $t \in \mathrm{R}^1$) werden bei h^* aus (3.5.24) Stichprobenwerte y_i mit $|y_i - \boldsymbol{f}_i'\boldsymbol{\vartheta}| > c$; $i = 1, \ldots, n$; weniger stark berücksichtigt. Damit kann die Anschauung verbunden werden, daß die zu h^* gehörende Lösung $\hat{\boldsymbol{\vartheta}}_{h^*}^*$ von (3.5.22) robuster ist gegenüber Ausreißern als die MKQ-Schätzung $\check{\boldsymbol{\vartheta}}$.

b) L-*Schätzungen*:

Unter L-Schätzungen verstehen wir Schätzungen für $\boldsymbol{\vartheta}$, die lineare Funktionen der geordneten Stichprobe sind. Sie wurden hauptsächlich von BICKEL [1], [2] untersucht. Es sei $(\mathfrak{Y}, \boldsymbol{F}\boldsymbol{\vartheta}, \sigma^2\boldsymbol{I}_n)$ ein KLR. Unabhängig von P_ε ist die MKQ-Schätzung $\check{\boldsymbol{\vartheta}}$ für $L \in \mathcal{L}_q^r$ gleichmäßig beste Schätzung für $\boldsymbol{\vartheta}$ in D_{LE}. Um robustere Schätzungen als $\check{\boldsymbol{\vartheta}}$ zu erhalten, sind daher umfangreichere Klassen von Schätzfunktionen als D_{LE} zu betrachten.

Es sei $\boldsymbol{y} = (y_1, \ldots, y_n)' \in C$ und $y_{i_1} \leqq y_{i_2} \leqq \cdots \leqq y_{i_n}$. Dann wird die geordnete Stichprobe mit $\boldsymbol{y}_{\mathrm{ord}} = (y_{i_1}, \ldots, y_{i_n})'$ bezeichnet. Wir betrachten die Klasse

$$D_{L,\mathrm{ord}} := \{\hat{\boldsymbol{\vartheta}} \in D_0 : \exists \boldsymbol{C} \in \mathcal{M}_{r \times n}\ \forall \boldsymbol{y} \in C : \hat{\boldsymbol{\vartheta}}(\boldsymbol{y}) = \boldsymbol{C}\boldsymbol{y}_{\mathrm{ord}}\} \tag{3.5.25}$$

aller Schätzungen, die linear von $\boldsymbol{y}_{\text{ord}}$ abhängen. Unter gewissen Regularitätsvoraussetzungen (insbesondere an die Folge von Versuchsplänen) ist $\hat{\boldsymbol{\vartheta}} \in D_{L,\text{ord}}$ asymptotisch nach $\text{N}\left(\boldsymbol{\vartheta}, \sigma_L^2(\hat{\boldsymbol{\vartheta}}, P_\varepsilon)\,(\boldsymbol{F}'\boldsymbol{F})^{-1}\right)$ verteilt (s. BICKEL [2]). Ein bez. $P_\varepsilon \in K$ robustes $\hat{\boldsymbol{\vartheta}}^* \in D_{L,\text{ord}}$ erhält man z. B. durch Lösung der Aufgabe

$$\sup_{P_\varepsilon \in K} \sigma_L^2(\hat{\boldsymbol{\vartheta}}, P_\varepsilon) \overset{!}{=} \inf_{\hat{\boldsymbol{\vartheta}} \in D_{L,\text{ord}}} . \tag{3.5.26}$$

Eine Lösung dieser Aufgabe ist für das spezielle Modell $(\mathfrak{Y}, \vartheta, \sigma^2\boldsymbol{I}_n)$; $\vartheta \in \text{R}^1$; und für gewisse Teilklassen von $D_{L,\text{ord}}$ (z. B. getrimmte Mittelwerte) bekannt (s. z. B. CROW/SIDDIQUI [1], BICKEL [1]).

c) R-*Schätzungen*:

Rangtests sind robuster gegenüber Abweichungen von der Normalverteilung als t-, χ^2- und F-Tests. Daher leitet man von gewissen Rangtests Punktschätzungen — sog. R-Schätzungen — ab, in der Hoffnung, daß diese ebenfalls robust sind.

Dieses Vorgehen wurde zuerst in HODGES/LEHMANN [2] für das spezielle Modell $(\mathfrak{Y}, \vartheta, \sigma^2\boldsymbol{I}_n)$; $\vartheta \in \text{R}^1$; durchgeführt. Eine Übertragung dieser Methodik auf allgemeinere lineare Modelle ist bei ADICHIE [1], JURECKOVA [1] zu finden.

Vergleiche von M-, L- und R-Schätzungen, insbesondere Untersuchungen zu ihrer asymptotischen Äquivalenz, sind in JAECKEL [1] zu finden.

Es sei $(\mathfrak{Y}, \boldsymbol{F}\boldsymbol{\vartheta}, \sigma^2\boldsymbol{I}_n)$ mit $\boldsymbol{\vartheta} = (\vartheta_1, \vartheta_2)' \in \text{R}^2$, $\mathfrak{Y} = (\mathfrak{Y}_1, \dots, \mathfrak{Y}_n)'$ und

$$\mathfrak{Y}_i = \vartheta_1 + \vartheta_2 x_i + \varepsilon_i; \quad \text{E}\varepsilon_i = 0; \quad x_i \in V \subset \text{R}^1; \quad i = 1, \dots, n; \tag{3.5.27}$$

ein spezielles KLR. Wir wollen jetzt eine R-Schätzung für ϑ_2 aus (3.5.27) genauer betrachten:

Zunächst sei $\{t_j\}_{j \in \{1,\dots,m\}}$; $m \in \mathbb{N}$; eine endliche Folge voneinander verschiedener reeller Zahlen und $t_{i_1} < t_{i_2} < \dots < t_{i_m}$. Dann ist durch

$$\text{med}\,\{t_j\}_{j \in \{1,\dots,m\}} := \begin{cases} t_{i_{k+1}}, & \text{falls } m = 2k+1, \\ (t_{i_{k+1}} + t_{i_k})/2, & \text{falls } m = 2k, \end{cases}$$

der *Median* von $\{t_j\}_{j \in \{1,\dots,m\}}$ definiert.

Es seien nun alle x_i aus (3.5.27); $i = 1, \dots, n$; voneinander verschieden und o. B. d. A. sei $x_1 > x_2 > \dots > x_n$. Es bezeichne $S_1 := \{(i, j) \in \{1, \dots, n\} \times \{1, \dots, n\} : i < j\}$. Als Schätzung für ϑ_2 aus (3.5.27) wurde von THEIL [1]

$$\forall \boldsymbol{y} \in C: \hat{\vartheta}_2(\boldsymbol{y}) = \text{med}\left\{\frac{y_i - y_j}{x_i - x_j}\right\}_{(i,j) \in S_1} \tag{3.5.28}$$

vorgeschlagen. Sie wurde von SEN [1] als eine R-Schätzung klassifiziert, die vom KENDALLschen Rangkorrelationstest abgeleitet ist.

Wir nehmen an, daß die x_i; $i = 1, \dots, n$; durch eine stetige, streng monoton wachsende Funktion $s \mid [0, 1] \to V$ (*spacing function*) gemäß

$$\forall i \in \{1, \dots, n\}: x_i = s\left(1 - \frac{i}{n}\right) \tag{3.5.29}$$

erzeugt werden. Es gilt nun folgende Aussage:

Satz 3.5.5: Es liege das KLR aus (3.5.27) vor. Der Fehlervektor habe in Gesamtheit unabhängige und identisch verteilte Komponenten mit der stetigen, quadratisch integrierbaren Dichte p_ε. Dann ist $\hat{\vartheta}_2$ aus (3.5.28) asymptotisch nach $\mathrm{N}(\vartheta_2, \sigma^2_{\hat{\vartheta}_2})$ verteilt mit

$$\sigma^2_{\hat{\vartheta}_2} = \frac{1}{n}\left(6 \int_{\mathrm{R}^1} p_\varepsilon(t)^2 \,\mathrm{d}t \int_0^1 (2u-1)\, s(u)\,\mathrm{d}u\right)^{-2}. \tag{3.5.30}$$

Zum Beweis siehe Rao/Thornby [1].

Es soll nun auf die Forderung, daß alle x_i; $i = 1, \dots, n$; voneinander verschieden sind, verzichtet werden. Es sei o. B. d. A. $x_1 \geqq x_2 \geqq \cdots \geqq x_n$ und $S_2 := \{(i, j) \in \{1, \dots, n\} \times \{1, \dots, n\} : i < j \wedge x_i > x_j\}$. Dann ist

$$\forall \boldsymbol{y} \in C: \hat{\vartheta}_2(\boldsymbol{y}) = \operatorname{med}\left\{\frac{y_i - y_j}{x_i - x_j}\right\}_{(i,j)\in S_2} \tag{3.5.31}$$

eine Verallgemeinerung von $\hat{\vartheta}_2$ aus (3.5.28) (s. Sen [1]). Wir wollen auch für diesen Fall eine Aussage über die asymptotische Verteilung von $\vartheta_2(\boldsymbol{y})$ angeben.

Wir schreiben zunächst den zugrundeliegenden konkreten Versuchsplan $V_n = (x_1, \dots, x_n)$ als diskreten Plan $\{(x_l, p_l)\}_{l=1}^{m_n}$ (s. 2.2.24) und führen die folgenden Bezeichnungen ein:

$$\alpha_n^2 = \sum_{i=1}^n (x_i - \bar{x}_n)^2; \qquad \bar{x}_n = \frac{1}{n} \sum_{i=1}^n x_i\,,$$

$$\beta_n^2 = \frac{n}{12}\left[(n^2 - 1) - \sum_{l=1}^{m_n} p_l(n^2 p_l^2 - 1)\right],$$

$$\gamma_n = \sum_{i=1}^n \left(i - \frac{1}{2}(n+1)\right)(x_i - \bar{x}_n) \cdot \frac{1}{\alpha_n \beta_n}. \tag{3.5.32}$$

Dann gilt

Satz 3.5.6: Es liege das KLR aus (3.5.27) vor. Der Fehlervektor habe in Gesamtheit unabhängige und identisch verteilte Komponenten mit der stetigen und quadratisch integrierbaren Dichte p_ε. Für alle $n \in \mathbb{N}$ sei $\gamma_n > 0$, und es gelte $\lim_{n\to\infty} \alpha_n = \infty$. Dann ist $\hat{\vartheta}_2$ aus (3.5.31) asymptotisch nach $\mathrm{N}(\vartheta_2, \sigma^2_{\hat{\vartheta}_2})$ verteilt mit

$$\sigma^2_{\hat{\vartheta}_2} = \frac{1}{12}\left(\alpha_n \gamma_n \int_{\mathrm{R}^1} p_\varepsilon(t)^2 \,\mathrm{d}t\right)^{-2}. \tag{3.5.33}$$

Zum Beweis siehe Sen [1].

3.6. Weitere Probleme

1. Wir haben in 3.2.2 das Schätzproblem im allgemeinen linearen Regressionsmodell $(\mathfrak{Y}, \boldsymbol{F\vartheta}, \boldsymbol{B}_\varepsilon)$ zurückgeführt auf ein KLR und unsere Untersuchungen in diesem Modell durchgeführt. Es gibt jedoch eine Reihe von Arbeiten, in denen eine Theorie der linearen erwartungstreuen Schätzungen im Originalmodell $(\mathfrak{Y}, \boldsymbol{F\vartheta}, \boldsymbol{B}_\varepsilon)$ entwickelt wurde, etwa wie in Satz 3.2.4 (s. z. B. Schönfeld [1], Rao [4], [5], Mitra [1], Zyskind/Martin [1], Albert, A. [2]).
2. Im gesamten Kapitel haben wir die Schätzbarkeit von $\boldsymbol{\psi} = \boldsymbol{A\vartheta}$ vorausgesetzt. Zusammenhänge zwischen Schätzbarkeit und Identifizierbarkeit werden in Bunke, H./Bunke, O. [1] untersucht.
3. Im Kap. 13 wird kurz darauf eingegangen, daß für gewisse Fehlerkovarianzmatrizen $\boldsymbol{B}_\varepsilon \neq \sigma^2 \boldsymbol{I}_n$ die klassische MKQ-Schätzung (3.2.39) mit der besten linearen erwartungstreuen Schätzfunktion (3.2.48) übereinstimmt (s. (13.2.2)). Es gibt zu dieser Problematik eine umfangreiche Literatur

(s. z. B. ANDERSON [1], WATSON [1], MCELROY [1], KRUSKAL [1], ZYSKIND [1], [2], MITRA/RAO [1], BALESTRA [1], LÄUTER, H. [4]. Etwas allgemeiner wird in MITRA/MOORE [1] untersucht, wann die besten linearen erwartungstreuen Schätzungen für ϑ in den Modellen $(\mathfrak{Y}, \boldsymbol{F}\vartheta, \sigma^2\Sigma_1)$ und $(\mathfrak{Y}, \boldsymbol{F}\vartheta, \sigma^2\Sigma_2)$ identisch sind. Die Frage des Effizienzverlustes durch Verwendung der klassischen MKQ-Schätzung auch im Falle korrelierter Fehler wird u. a. in BLOMFIELD/WATSON [1] und HABERMAN [1] untersucht (s. auch (13.2.5) und (13.2.6)).

4. Ist ein lineares Modell mit korrelierten Fehlern nicht von der Struktur, daß die klassische MKQ-Schätzung genügend gute Eigenschaften hat, und ist $\boldsymbol{B}_\varepsilon$ überdies unbekannt, so wird in der Literatur ein zweistufiges Vorgehen vorgeschlagen. Man schätzt zuerst $\boldsymbol{B}_\varepsilon$ und setzt dann diese Schätzung in (3.2.48) ein (s. auch Bem. 13.2.1). Einige Eigenschaften dieser Schätzung sind in ZELLNER [1], RAO [4], BEMENT/WILLIAMS [1], GLESER/OLKIN [1], MADDALA [1], HARTLEY/YAYATILLAKE [1] untersucht worden. Zum Problem der Schätzung von $\boldsymbol{B}_\varepsilon$ allein s. z. B. CHEW [1], BALESTRA [2].

5. Die Theorie der linearen Schätzungen ist auf wesentlich allgemeinere Modelle bzw. in allgemeineren Räumen formuliert worden. Eine ausführliche Darstellung der Schätz- und Testproblematik in multivariaten linearen Modellen ist in HUMAK [1] zu finden. Mit linearer Regression im HILBERT-Raum beschäftigt man sich z. B. in TEMPEL'MAN [1], COURRÈGE/PHILOCHE/PRIOURET [1], PAZMAN [2]. DRYGAS [1], [2] untersucht lineare Modelle in lokalkonvexen topologischen Vektorräumen.

6. Eines unserer Hauptanliegen in diesem Kapitel war es, nach Möglichkeit allgemeineren als quadratischen Verlust zuzulassen. Lineare Schätzungen bei nichtquadratischem Verlust werden z. B. auch in BAMBERG/RAUHUT [1] und OL'MAN [1] untersucht.

7. Untersuchungen der asymptotischen Eigenschaften der MKQ-Schätzung, insbesondere die asymptotische Normalverteilung der MKQ-Schätzung sind u. a. bei EICKER [1], [2], SCHMIDT [1] und HUMAK [1] zu finden.

8. Die praktisch wichtige Frage nach geeigneten Schätzfunktionen im linearen Regressionsmodell, wenn die Stichprobeninformation nur unvollständig vorliegt bzw. nicht vollständig genutzt werden soll („abgeschnittene Stichproben“ bzw. „abgeschnittene Stichprobenverteilungen“) wird z. B. in HAHN/NELSON [1], [2], CHEN/DIXON [1], AMEMIYA [1] untersucht.

9. Falls die Stichprobeninformation in einem linearen Modell nur schrittweise erhalten wird bzw. nur schrittweise in einer (auch algorithmisch) günstigen Weise abgearbeitet werden soll, spricht man von rekursiver Regression. Einige Probleme dazu werden in ODELL/LEWIS [1], DUNCAN/HORN [1], RICHARDSON [1], GOLDBERGER [2] behandelt.

10. Ebenso wie im varianzanalytischen Modell II gibt es auch Untersuchungen im Regressionsmodell mit zufälligem Parameter ϑ, s. dazu z. B. RAO [5], SWAMY [1], FISK [1], ROSENBERG [1], RAY [1], SPJØTVOLL [1].

11. Weitere Alternativen zur MKQ-Schätzung sind beispielsweise von MANN [1] auf der Grundlage einer Schätztheorie für Lage- und Skalenparameter und von LEONE/MOUSSA-HAMOUDA [1] auf der Grundlage geordneter Stichproben angegeben worden.

4. DAS SCHÄTZPROBLEM BEI WAHREM LINEAREM REGRESSIONSANSATZ MIT A-PRIORI-KENNTNISSEN

Im vorangegangenen Kapitel wurde gezeigt, daß die Schätzung nach der Methode der kleinsten Quadrate unter bestimmten Voraussetzungen eine optimale Strategie im Schätzproblem (2.3.42) bei wahrem und linearem Ansatz darstellt (s. Tab. 3.3.1). Für allgemeine Klassen von Schätzfunktionen konnten dabei für die MKQ-Schätzung im wesentlichen Minimaxeigenschaften nachgewiesen werden. Unter der Voraussetzung der Trennbarkeit (s. Vor. 3.1.1) ist in diesem Fall die Verwendung der MKQ-Schätzung als Basis für die Planung im Sinne der Minimax-Optimalität gerechtfertigt.

In der Regel hat man jedoch zusätzliche Informationen über den Sachverhalt, der diesem Entscheidungsproblem zugrunde liegt. Die MKQ-Schätzung, wie überhaupt jede Minimax-Schätzung für die Parameter im KLR, berücksichtigt aber nicht die vorhandenen a-priori-Kenntnisse z. B. über den wahren Regressionsparameter $\boldsymbol{\vartheta}$, über die Verteilung des Fehlervektors sowie über Besonderheiten des Prognosebereiches H. Durch Verwendung solcher a-priori-Kenntnisse können bessere Schätzungen konstruiert werden als minimax-optimale, die ausschließlich auf Stichprobeninformationen beruhen. Auch führt das Minimaxkriterium, wie schon in den Abschnitten 3.3.6 bzw. 3.5.1 bemerkt wurde, i. allg. nicht zu zulässigen Strategien (s. STEIN [3], BARANCHIK [2]). Falls die mit der MKQ-Schätzung $\check{\boldsymbol{\vartheta}}$ und dem Versuchsplan $\check{V}_n \in V^{(0)}$ gebildete Strategie $(\check{\boldsymbol{\vartheta}}, \check{V}_n)$ minimax in $G^{(\boldsymbol{\psi})}$ ist, so ist sie nicht notwendig auch zulässig in $G^{(\boldsymbol{\psi})}$ (s. LÄUTER, H. [1]).

Der bayessche Zugang, dem wir uns nun als Alternative zuwenden werden, führt nicht auf derartige Unzulänglichkeiten. Die Formulierung und Behandlung des Versuchsplanungsproblems auf der Basis der bayesschen Entscheidungstheorie ist bisher nur in einigen wenigen Grundzügen entwickelt (s. z. B. LINDLEY [2], BROOKS [1], [2]).

Wir betrachten das bereits im Abschnitt 2.3 formulierte Versuchsplanungsproblem

$$G^{(\boldsymbol{\psi})} = [Z_\Theta, U^{(\boldsymbol{\psi})}, R^{(\boldsymbol{\psi})}]; \quad Z_\Theta = \Theta \times K \times H\,, \quad U^{(\boldsymbol{\psi})} = \bigcup_{V_n \in V^{(0)}} (D^{(\boldsymbol{\psi})}(V_n) \times \{V_n\})\,; \tag{4.1.1}$$

zur Schätzung des Parameters $\boldsymbol{\psi}$ aus (2.3.32) bei gegebenem wahrem und linearem Ansatz (vgl. Def. 2.3.4). Auf Grund von Ergebnissen aus früheren Experimenten bzw. aus allgemeinen theoretischen Überlegungen zum Problem seien a-priori-Kenntnisse über den Zustand $z = (\boldsymbol{\vartheta}, w, \boldsymbol{x}) \in Z_\Theta$ der Natur gegeben. Zunächst werden wir im Abschnitt 4.1 das Problem der Bestimmung optimaler Strategien im Entscheidungsproblem $G^{(\boldsymbol{\psi})}$ bei a-priori-Kenntnissen in einer bayesschen Terminologie formulieren und dann im weiteren ausschließlich das Schätzproblem behandeln. Im Abschnitt 4.2 werden spezielle a-priori-Verteilungen aus Θ^* bzw. $(\Theta \times K)^*$ betrachtet, die zu einer Vereinfachung des Schätzproblems beitragen. Das Hauptaugenmerk legen wir in diesem Kapitel auf eine spezielle BAYES-Schätzung für den Regressionsparameter $\boldsymbol{\vartheta}$, die im Abschnitt 4.3 abgeleitet wird und im wesentlichen eine zur MKQ-Schätzung analoge Behandlung des anschließenden Planungsproblems gestattet. Wir weisen eine Reihe (auch nicht bayesscher) Optimalitätseigenschaften dieser Schätzfunktion nach und rechtfertigen so ihre Zugrundelegung für das Planungsproblem, auf das in Kapitel 7 eingegangen wird.

4.1. Der bayessche Zugang zum Versuchsplanungsproblem

4.1.1. Vorbetrachtungen

Wir betrachten das Problem der Schätzung der Werte

$$\boldsymbol{\psi}(\boldsymbol{x}, \boldsymbol{\vartheta}) = \boldsymbol{A}(\boldsymbol{x})\, \boldsymbol{\vartheta}\,; \qquad \boldsymbol{x} \in H \subseteq \mathrm{R}^k\,, \quad \boldsymbol{\vartheta} \in \Theta \subseteq \mathrm{R}^r\,, \quad \boldsymbol{A}(\boldsymbol{x}) \in \mathcal{M}_{m\times r}\,;$$

der Parameterfunktion $\boldsymbol{\psi}(\cdot, \boldsymbol{\vartheta}) \mid H \to \mathrm{R}^m$; $1 \leqq m \leqq r$ (s. (2.3.32) bzw. (3.1.2)). Den Betrachtungen wird das lineare Regressionsmodell

$$\left.\begin{array}{c} \forall \boldsymbol{x} \in B\ \forall \boldsymbol{\vartheta} \in \Theta\colon \mathrm{E}\mathfrak{Y}(\boldsymbol{x}) = \boldsymbol{f}(\boldsymbol{x})'\, \boldsymbol{\vartheta} =: \tilde{\eta}(\boldsymbol{x}, \boldsymbol{\vartheta}) \\ \forall V_n \in V^{(0)}\colon \mathfrak{Y}(V_n) = \boldsymbol{F}(V_n)\, \boldsymbol{\vartheta} + \boldsymbol{\varepsilon}(V_n) \wedge \mathrm{E}\boldsymbol{\varepsilon}(V_n) = \boldsymbol{0} \end{array}\right\} \tag{4.1.2}$$

zugrundegelegt. Dabei sei $\tilde{S} = \{\tilde{\eta}(\cdot, \boldsymbol{\vartheta}) \in (\mathrm{R}^1)^B\colon \boldsymbol{\vartheta} \in \Theta\}$ ein wahrer Regressionsansatz, d. h., es gelten die Voraussetzungen 2.3.7 und 2.3.8. Das Versuchsplanungsproblem zur Schätzung der Parameterwerte $\boldsymbol{\psi}(\boldsymbol{x}, \boldsymbol{\vartheta})$ ist so durch das statistische Entscheidungsproblem $G^{(\boldsymbol{\psi})} = [\Theta \times K \times H, U^{(\boldsymbol{\psi})}, R^{(\boldsymbol{\psi})}]$ aus (4.1.1) charakterisiert. Wir setzen hier der Einfachheit halber voraus, daß die Menge K eine Parametermenge in einem euklidischen Raum ist.

Vor. 4.1.1: $\exists s \in \mathrm{N}\colon \emptyset \subset K \subseteq \mathrm{R}^s$ •

Es seien a-priori-Kenntnisse über den Zustand $(\boldsymbol{\vartheta}, \boldsymbol{w}, \boldsymbol{x}) \in Z_\Theta$ der Natur vorhanden. Zur Einbeziehung dieser zusätzlichen Informationen in die Schätzung für $\boldsymbol{\psi}(\boldsymbol{x}, \boldsymbol{\vartheta})$ bietet sich ein bayessches Vorgehen an. Dazu werden die a-priori-Kenntnisse über die interessierenden Parameter $\boldsymbol{\vartheta}$, $\boldsymbol{w}$ und $\boldsymbol{x}$ in Form einer Wahrscheinlichkeitsverteilung aus Z_Θ^*, der sog. *a-priori-Verteilung*, ausgedrückt. Die Auswahl einer solchen a-priori-Verteilung kann über eine entsprechende Häufigkeitsverteilung für die Parameter oder auch über eine subjektive Wahrscheinlichkeitsverteilung erfolgen (s. z. B. RAIFFA/SCHLAIFER [1], JEFFREYS [1], SAVAGE [1]).

Es seien $[\Omega, \mathcal{B}_\Omega, P]$ ein Wahrscheinlichkeitsraum und $\mathcal{B}_\Theta$ bzw. $\mathcal{B}_K$ bzw. $\mathcal{B}_H$ seien σ-Algebren über Θ bzw. K bzw. H, die alle einelementigen Teilmengen dieser Mengen enthalten. Weiterhin seien $\boldsymbol{\theta} \mid \Omega \to \Theta$, $\boldsymbol{\omega} \mid \Omega \to K$ sowie $\boldsymbol{\varkappa} \mid \Omega \to H$ Zufallsvektoren; mit $P_{\boldsymbol{\theta}}$, $P_{\boldsymbol{\omega}}$ bzw. $P_{\boldsymbol{\varkappa}}$ werden die zugehörigen Wahrscheinlichkeitsverteilungen über den meßbaren Räumen $[\Theta, \mathcal{B}_\Theta]$, $[K, \mathcal{B}_K]$ bzw. $[H, \mathcal{B}_H]$ bezeichnet. Es bezeichne $\boldsymbol{\zeta}$ den Zufallsvektor $\boldsymbol{\zeta} = (\boldsymbol{\theta}', \boldsymbol{\omega}', \boldsymbol{\varkappa}')' \mid \Omega \to Z_\Theta$ mit der durch P induzierten Verteilung $P_{\boldsymbol{\zeta}}$ über dem Zustandsraum $[Z_\Theta, \mathcal{B}_\Theta \otimes \mathcal{B}_K \otimes \mathcal{B}_H]$. Beim bayesschen Zugang zum Versuchsplanungsproblem $G^{(\boldsymbol{\psi})}$ werden die Parameter $\boldsymbol{\vartheta}$, $\boldsymbol{w}$ und $\boldsymbol{x}$ als Zufallsvektoren $\boldsymbol{\theta}$, $\boldsymbol{\omega}$ und $\boldsymbol{\varkappa}$ und damit auch der Zustand $\boldsymbol{z} = (\boldsymbol{\vartheta}', \boldsymbol{w}', \boldsymbol{x}')'$ der Natur als Zufallsvektor $\boldsymbol{\zeta} = (\boldsymbol{\theta}', \boldsymbol{\omega}', \boldsymbol{\varkappa}')'$ aufgefaßt, für den eine a-priori-Verteilung $P_{\boldsymbol{\zeta}}$ bekannt ist. So erhält man für die Beobachtungen im Regressionsmodell (4.1.2) das Modell

$$\forall \vartheta \in \Theta\ \forall w \in K\ \forall x \in H\ \forall V_n \in V^{(0)}: \mathrm{E}(\mathfrak{Y}(\varkappa) \mid \theta = \vartheta, \omega = w, \varkappa = x) = f(x)' \vartheta$$

$$\wedge\ \mathrm{E}(\mathfrak{Y}(V_n) \mid \theta = \vartheta, \omega = w, \varkappa = x) = F(V_n)\, \vartheta\,. \qquad (4.1.3)$$

Mit $P_{(\zeta, \mathfrak{Y}(V_n))}$ sei die gemeinsame Verteilung des Beobachtungsvektors $\mathfrak{Y}(V_n)$; $V_n \in V^{(0)}$; und des Zufallsvektors ζ bezeichnet. Das Risiko $R^{(\psi)}$ in $G^{(\psi)}$ wird von einer $(\mathscr{B}_\Theta \otimes \mathscr{B}_K \otimes \mathscr{B}_H \otimes \mathscr{B}_\Theta \otimes \mathscr{B}_{V^{(0)}}, \mathscr{B}^1)$-meßbaren Verlustfunktion $L^{(\psi)}$ erzeugt, wobei

$$L^{(\psi)}(\vartheta, w, x; \hat{\psi}(x, y, V_n), V_n)$$

den Verlust angibt, der entsteht, wenn $\psi(x, \vartheta)$ gemäß der Schätzfunktion $\hat{\psi} \in D(V_n)$ durch $\hat{\psi}(x, y, V_n)$ geschätzt wird; $(\vartheta, w, x) \in Z_\Theta$, $V_n \in V^{(0)}$, $y \in C(V_n)$. Wir setzen voraus, daß für alle Strategien aus $U^{(\psi)}$ das bayessche Risiko in $G^{(\psi)}$ existiert:

Vor. 4.1.2: $\forall(\hat{\psi}, V_n) \in U^{(\psi)}\ \exists \varrho^{(\psi)}(P_\zeta; \hat{\psi}(\cdot, \cdot, V_n), V_n) \in \mathrm{R}^1$:

$$\varrho^{(\psi)}(P_\zeta; \hat{\psi}(\cdot, \cdot, V_n), V_n) := \mathrm{E}_{(\zeta, \mathfrak{Y}(V_n))} L(\theta, \omega, \varkappa; \hat{\psi}(\varkappa, \mathfrak{Y}(V_n), V_n), V_n) \ \bullet$$

Wegen $\mathrm{E}_{(\zeta, \mathfrak{Y}(V_n))} = \mathrm{E}_\zeta \mathrm{E}_{\mathfrak{Y}(V_n)|\zeta}$ kann die bayessche Risikofunktion $\varrho^{(\psi)}(P_\zeta; \cdot, \cdot) \mid U^{(\psi)} \to \mathrm{R}^1$ in äquivalenter Weise in der Form

$$\forall(\hat{\psi}, V_n) \in U^{(\psi)}: \varrho^{(\psi)}(P_\zeta; \hat{\psi}(\cdot, \cdot, V_n), V_n) = \mathrm{E}_\zeta R^{(\psi)}(\theta, \omega, \varkappa; \hat{\psi}(\varkappa, \cdot, V_n), V_n)$$

$$= \int_{Z_\Theta} R^{(\psi)}(\vartheta, w, x; \hat{\psi}(x, \cdot, V_n), V_n)\, \mathrm{d}P_\zeta(\vartheta, w, x) \qquad (4.1.4)$$

dargestellt werden. Die Strategie $(\hat{\psi}^*, V_n^*)$ ist dann eine bayessche Strategie in $G^{(\psi)}$ bez. der a-priori-Verteilung P_ζ, wenn gilt

$$\varrho^{(\psi)}(P_\zeta; \hat{\psi}^*(\cdot, \cdot, V_n^*), V_n^*) = \inf_{(\hat{\psi}, V_n) \in U^{(\psi)}} \varrho^{(\psi)}(P_\zeta; \hat{\psi}(\cdot, \cdot, V_n), V_n)\,, \qquad (4.1.5)$$

(s. Def. 1.5.19), d. h. wenn $(\hat{\psi}^*, V_n^*)$ eine bez.

$$Q = \mathrm{E}_\zeta = \mathrm{E}_{(\theta, \omega, \varkappa)} \qquad (4.1.6)$$

optimale Strategie in $G^{(\psi)}$ ist.

Falls eine Strategie $u^{(0)} = (\hat{\psi}^{(0)}, V_n^{(0)}) \in U^{(\psi)}$ mit endlichem bayesschen Risiko bez. P_ζ existiert, bedeutet Vor. 4.1.2 keine Einschränkung der Allgemeinheit. Dann ist nämlich eine Strategie aus $U^{(\psi)}$ bayessch in $G^{(\psi)}$ bez. P_ζ genau dann, wenn sie bayessch in $\bar{G}^{(\psi)}$ bez. P_ζ ist, wobei $\bar{G}^{(\psi)}$ das Entscheidungsproblem

$$\bar{G}^{(\psi)} = [Z_\Theta, \bar{U}^{(\psi)}, R^{(\psi)}]; \qquad \bar{U}^{(\psi)} = \{u \in U^{(\psi)}: \varrho^{(\psi)}(P_\zeta; u) \leqq \varrho^{(\psi)}(P_\zeta; u^{(0)})\}$$

bezeichnet (s. Bemerkung 2.1.3).

Es sei $Z_0^* \subseteq Z_\Theta^*$ die Menge aller a-priori-Verteilungen, für die das bayessche Risiko in $G^{(\psi)}$ existiert. Auf Grund der Voraussetzung an die σ-Algebren $\mathscr{B}_\Theta$, $\mathscr{B}_K$, $\mathscr{B}_H$ enthält Z_0^* auch alle Einpunktverteilungen über $[Z_\Theta, \mathscr{B}_\Theta \otimes \mathscr{B}_K \otimes \mathscr{B}_H]$, d. h. mit dem statistischen Entscheidungsproblem

$$[Z_0^*, U^{(\psi)}, \varrho^{(\psi)}] \qquad (4.1.7)$$

ist eine Erweiterung des Versuchsplanungsproblems $G^{(\psi)}$ gegeben. Jede im Entscheidungsproblem (4.1.7) minimale Strategie bez. $P_\zeta \in Z_0^*$ (s. Def. 1.5.10 a)) ist dann eine bayessche Strategie in $G^{(\psi)}$ bez. P_ζ.

4.1.2. Trennung von $G^{(\psi)}$ und Reduktion auf das Schätzproblem für ϑ

Auf Grund der Vor. 4.1.2 ist das Entscheidungsproblem $G^{(\psi)}$ bez. $Q = \mathrm{E}_\zeta$ trennbar in ein Schätzproblem und ein Planungsproblem, die eine getrennte Bestimmung einer optimalen (bayesschen) Schätzfunktion und eines optimalen Planes ermöglichen (s. Abschnitt 2.3.2 *Schätzung bei wahrem Ansatz*, insbesondere Satz 2.3.2). Eine optimale Schätzfunktion $\hat{\psi}^*$ als Teilkomponente einer bayesschen Strategie $(\hat{\psi}^*, V_n^*)$ in $G^{(\psi)}$ bez. P_ζ kann bei fest vorgegebenen $V_n \in V^{(0)}$ und $x \in H$ im Schätzproblem

$$G_1^{(\psi)} = [\Theta \times K, D^{(\psi)}(V_n), R_1^{(\psi)}]$$

$$\forall \vartheta \in \Theta \, \forall w \in K \, \forall \hat{\psi} \in D^{(\psi)}(V_n): R_1^{(\psi)}(\vartheta, w; \hat{\psi}) = R^{(\psi)}(\vartheta, w, x; \hat{\psi}(x, \cdot, V_n), V_n) \quad (4.1.8)$$

bestimmt werden. Für die weitere Betrachtung des Schätzproblems $G_1^{(\psi)}$ nehmen wir der Einfachheit halber an, daß der Zufallsvektor $(\theta', \omega')'$ stochastisch unabhängig vom Zufallsvektor $\varkappa$ ist.

Vor. 4.1.3: $\forall x \in H: P_{(\theta, \omega)|x} = P_{(\theta, \omega)}$ •

Die optimale Teilkomponente $\hat{\psi}^*$ von $(\hat{\psi}^*, V_n^*)$ erhält man so durch die Minimierung der gemäß

$$\forall \hat{\psi} \in D^{(\psi)}(V_n): \varrho_1^{(\psi)}(P_{(\theta, \omega)}; \hat{\psi}) := \mathrm{E}_{(\theta, \omega)} R_1^{(\psi)}(\theta, \omega; \hat{\psi}) \quad (4.1.9)$$

definierten bayesschen Risikofunktion $\varrho_1^{(\psi)}(P_{(\theta, \omega)}; \cdot)$ bez. $P_{(\theta, \omega)}$ im Schätzproblem $G_1^{(\psi)}$. Ist $\hat{\psi}^*$ für alle $V_n \in V^{(0)}$ bayessch in $G_1^{(\psi)}$ bez. $P_{(\theta, \omega)}$, so kann auf der Grundlage dieser Schätzfunktion ein optimaler Plan im Planungsproblem

$$G_2^{(\psi)} = [H, V^{(0)}, R_2^{(\psi)}]$$

$$\forall x \in H \, \forall V_n \in V^{(0)}: R_2^{(\psi)}(x; V_n) = \mathrm{E}_{(\theta, \omega)} R^{(\psi)}(\theta, \omega, x; \hat{\psi}^*(x, \cdot, V_n), V_n) \quad (4.1.10)$$

ermittelt werden. Diesen erhält man als $\mathrm{E}_\varkappa$-optimale Strategie in $G_2^{(\psi)}$, d. h. durch Minimierung der mit

$$\forall V_n \in V^{(0)}: \varrho_2^{(\psi)}(P_\varkappa; V_n) = \mathrm{E}_\varkappa R_2^{(\psi)}(\varkappa; V_n) \quad (4.1.11)$$

gegebenen bayesschen Risikofunktion $\varrho_2^{(\psi)}(P_\varkappa; \cdot)$ im Planungsproblem $G_2^{(\psi)}$

Wir wenden uns im weiteren dem Schätzproblem $G_1^{(\psi)}$ zu, in dem bei festgehaltenen $x \in H$ und $V_n \in V^{(0)}$ bayessche Schätzfunktionen bez. $P_{(\theta, \omega)}$ gesucht sind. Das Problem der Schätzung des Parameters $\psi(x, \vartheta) = A(x)\,\vartheta$ wird nun auf das Problem der Schätzung des Regressionsparameters $\vartheta \in \Theta$ zurückgeführt. Dazu sei $D(V_n)$ eine Klasse von Schätzfunktionen für ϑ, welche die Klasse $D^{(\psi)}(V_n)$ von Schätzfunktionen für ψ erzeugt, d. h. mit $D_0^{(\psi)}(V_n)$ aus (2.3.36)

$$D^{(\psi)}(V_n) := D^{(\psi)}(D(V_n)) = \{\hat{\psi} \in D_0^{(\psi)}(V_n): \exists \hat{\vartheta} \in D(V_n) : \hat{\psi}(\cdot, \cdot, V_n) = A(\cdot)\,\hat{\vartheta}(\cdot, V_n) \quad (4.1.12)$$

(s. (3.2.22)). Es bezeichne $L_1^{(\psi)}$ mit

$$\forall \vartheta \in \Theta \, \forall w \in K \, \forall \hat{\psi} \in D^{(\psi)}(V_n) \, \forall y \in C(V_n):$$
$$L_1^{(\psi)}(\vartheta, w; \hat{\psi}(y)), := L^{(\psi)}(\vartheta, w, x; \hat{\psi}(x, y, V_n), V_n) \quad (4.1.13)$$

die Verlustfunktion, die das Risiko $R_1^{(\psi)}$ im Schätzproblem $G_1^{(\psi)}$ aus (4.1.8) erzeugt. Dieser wird durch die Vorschrift

$$\forall V_n \in V^{(0)} \, \forall \hat{\psi} \in D^{(\psi)}(V_n) \, \forall \hat{\vartheta}(\hat{\vartheta} \in D(V_n) \wedge \hat{\psi} = A\hat{\vartheta}) \, \forall (\vartheta, w) \in \Theta \times K \, \forall y \in C(V_n):$$
$$L_1(\vartheta, w; \hat{\vartheta}(y)) = L_1^{(\psi)}(\vartheta, w; \hat{\psi}(y)) \quad (4.1.14)$$

eine Verlustfunktion zur Schätzung von $\boldsymbol{\vartheta} \in \Theta$ zugeordnet. Die Funktion L_1 erzeugt die Risikofunktion $R_1 \mid \Theta \times K \times D(V_n) \to \mathrm{R}^1$ gemäß

$$\forall(\boldsymbol{\vartheta}, \boldsymbol{w}) \in \Theta \times K\ \forall\hat{\boldsymbol{\vartheta}} \in D(V_n)\colon R_1(\boldsymbol{\vartheta}, \boldsymbol{w}; \hat{\boldsymbol{\vartheta}}) = \mathrm{E}_{\mathfrak{Y}(V_n)|\boldsymbol{\vartheta},\boldsymbol{w}} L_1(\boldsymbol{\vartheta}, \boldsymbol{w}; \hat{\boldsymbol{\vartheta}}(\mathfrak{Y}(V_n))). \tag{4.1.15}$$

Auf diese Weise erhalten wir aus dem Entscheidungsproblem $G_1^{(\boldsymbol{\psi})}$ aus (4.1.8) das Entscheidungsproblem

$$G_1 = [\Theta \times K, D(V_n), R_1] \tag{4.1.16}$$

zur Schätzung von $\boldsymbol{\vartheta} \in \Theta$. Aus Lemma 3.2.10 ergibt sich nun die folgende Aussage.

Lemma 4.1.1: Es seien $G_1^{(\boldsymbol{\psi})}$ bzw. G_1 die Entscheidungsprobleme gemäß (4.1.8) bzw. (4.1.16) und $\hat{\boldsymbol{\vartheta}}^*$ eine bayessche Schätzfunktion für $\boldsymbol{\vartheta}$ in G_1 bez. der a-priori-Verteilung $P_{(\boldsymbol{\theta}, \boldsymbol{\omega})}$. Dann ist

$$\hat{\boldsymbol{\psi}}^*(\mathfrak{Y}(V_n)) = \boldsymbol{A}\, \hat{\boldsymbol{\vartheta}}^*(\mathfrak{Y}(V_n))$$

eine bayessche Schätzung für $\boldsymbol{\psi} = \boldsymbol{A}\, \boldsymbol{\vartheta}$ in $G_1^{(\boldsymbol{\psi})}$ bez. $P_{(\boldsymbol{\theta}, \boldsymbol{\omega})}$ •

Damit können wir uns auf die Betrachtung des Schätzproblems $G_1 = [\Theta \times K, D(V_n), R_1]$ für den Regressionsparameter $\boldsymbol{\vartheta} \in \Theta$ beschränken.

Eine bayessche Schätzfunktion $\hat{\boldsymbol{\vartheta}}^* \in D(V_n)$ in $G_1 = [\Theta \times K, D(V_n), R_1]$ bez. der a-priori-Verteilung $P_{(\boldsymbol{\theta}, \boldsymbol{\omega})} \in (\Theta \times K)^*$ kann man durch Minimierung des entsprechenden a-posteriori-Verlustes gewinnen (s. Abschnitt 1.5 *Statistische bayessche Entscheidungsprobleme*).

Bezeichnet $P_{(\boldsymbol{\theta}, \boldsymbol{\omega})|\boldsymbol{y}}$ die a-posteriori-Verteilung von $(\boldsymbol{\theta}', \boldsymbol{\omega}')'$ bei gegebener Beobachtung $\boldsymbol{y} \in C(V_n)$, so gilt nach Satz 1.5.7:

Lemma 4.1.2: $\varrho_1(P_{(\boldsymbol{\theta}, \boldsymbol{\omega})}; \hat{\boldsymbol{\vartheta}}^*) = \inf\limits_{\hat{\boldsymbol{\vartheta}} \in D(V_n)} \varrho_1(P_{(\boldsymbol{\theta}, \boldsymbol{\omega})}; \hat{\boldsymbol{\vartheta}})$

$$\Leftrightarrow \forall \boldsymbol{y} \in C(V_n)\colon \mathrm{E}_{(\boldsymbol{\theta}, \boldsymbol{\omega})|\boldsymbol{y}} L_1(\boldsymbol{\theta}, \boldsymbol{\omega}; \hat{\boldsymbol{\vartheta}}^*(\boldsymbol{y})) = \inf_{\hat{\boldsymbol{\vartheta}} \in D(V_n)} \mathrm{E}_{(\boldsymbol{\theta}, \boldsymbol{\omega})|\boldsymbol{y}} L_1(\boldsymbol{\theta}, \boldsymbol{\omega}; \hat{\boldsymbol{\vartheta}}(\boldsymbol{y}))\ \bullet$$

Wir werden das Schätzproblem G_1 bei a-priori-Kenntnissen über $(\boldsymbol{\vartheta}, \boldsymbol{w}) \in \Theta \times K$ im wesentlichen unter der Voraussetzung betrachten, daß die dem Risiko R_1 in G_1 zugrundeliegende Verlustfunktion L_1 unabhängig vom Zustand $\boldsymbol{w} \in K$ bzw. konstant über K ist:

Vor. 4.1.4: $\exists L \in \mathcal{F}(\mathcal{B}_\Theta \otimes \mathcal{B}_\Theta, \mathcal{B}^1)\ \forall \boldsymbol{\vartheta} \in \Theta\ \forall \boldsymbol{w} \in K\ \forall \hat{\boldsymbol{\vartheta}} \in D(V_n)\ \forall \boldsymbol{y} \in C(V_n)\colon$

$$L_1(\boldsymbol{\vartheta}, \boldsymbol{w}; \hat{\boldsymbol{\vartheta}}(\boldsymbol{y})) = L(\boldsymbol{\vartheta}; \hat{\boldsymbol{\vartheta}}(\boldsymbol{y}))\ \bullet$$

Mit $P_{\boldsymbol{\theta}|\boldsymbol{y}}$ sei die a-posteriori-Randverteilung von $\boldsymbol{\theta}$ bei gegebener Beobachtung $\boldsymbol{y} \in C(V_n)$ bezeichnet.

Lemma 4.1.3: Unter der Vor. 4.1.4 ist die Schätzfunktion $\hat{\boldsymbol{\vartheta}}^* \in D(V_n)$ genau dann bayessch in $G_1 = [\Theta \times K, D(V_n), R_1]$ bez. $P_{(\boldsymbol{\theta}, \boldsymbol{\omega})}$, wenn gilt

$$\forall \boldsymbol{y} \in C(V_n)\colon \mathrm{E}_{\boldsymbol{\theta}|\boldsymbol{y}} L(\boldsymbol{\theta}; \hat{\boldsymbol{\vartheta}}^*(\boldsymbol{y})) = \inf_{\hat{\boldsymbol{\vartheta}} \in D(V_n)} \mathrm{E}_{\boldsymbol{\theta}|\boldsymbol{y}} L(\boldsymbol{\theta}; \hat{\boldsymbol{\vartheta}}(\boldsymbol{y}))\ \bullet$$

Beweis: Für alle $\hat{\boldsymbol{\vartheta}} \in D(V_n)$ und $\boldsymbol{y} \in C(V_n)$ ist

$$\mathrm{E}_{(\boldsymbol{\theta}, \boldsymbol{\omega})|\boldsymbol{y}} L(\boldsymbol{\theta}; \hat{\boldsymbol{\vartheta}}(\boldsymbol{y})) = \mathrm{E}_{\boldsymbol{\theta}|\boldsymbol{y}} \mathrm{E}_{\boldsymbol{\omega}|\boldsymbol{\theta},\boldsymbol{y}} L(\boldsymbol{\theta}; \hat{\boldsymbol{\vartheta}}(\boldsymbol{y})) = \mathrm{E}_{\boldsymbol{\theta}|\boldsymbol{y}} L(\boldsymbol{\theta}; \hat{\boldsymbol{\vartheta}}(\boldsymbol{y})),$$

woraus mit Lemma 4.1.2 die Behauptung folgt.

Bei Gültigkeit von Vor. 4.1.4 ist die Schätzfunktion $\hat{\boldsymbol{\vartheta}}^* \in D(V_n)$ also genau dann bayessch in G_1 bez. $P_{(\boldsymbol{\theta}, \boldsymbol{\omega})}$, wenn sie für alle möglichen Versuchsergebnisse den mit der a-posteriori-Randverteilung von $\boldsymbol{\theta}$ gebildeten a-posteriori-Verlust minimiert.

Den Spezialfall des Schätzproblems G_1 bei vorgegebener Fehlerverteilung $P_{\boldsymbol{e}(V_n)}$, d. h. card $K = 1$, werden wir stets gesondert behandeln. In diesem Falle ist $K = \{\boldsymbol{w}_0\}$; $\boldsymbol{w}_0 \in \mathrm{R}^s$; und man erhält das spezielle Schätzproblem

$$G_1^{(0)} = [\Theta \times \{\boldsymbol{w}_0\}, D(V_n), R_1^{(0)}]$$

$$\forall \boldsymbol{\vartheta} \in \Theta \ \forall \hat{\boldsymbol{\vartheta}} \in D(V_n): R_1^{(0)}(\boldsymbol{\vartheta}; \hat{\boldsymbol{\vartheta}}) := R_1(\boldsymbol{\vartheta}, \boldsymbol{w}_0; \hat{\boldsymbol{\vartheta}}) \,. \tag{4.1.17}$$

In $G_1^{(0)}$ ist dann mit der die a-priori-Kenntnis über $\boldsymbol{\vartheta} \in \Theta$ widerspiegelnden a-priori-Verteilung $P_{\boldsymbol{\theta}}$ über $[\Theta, \mathscr{B}_\Theta]$ das durch

$$\forall \hat{\boldsymbol{\vartheta}} \in D(V_n): \varrho_1^{(0)}(P_{\boldsymbol{\theta}}; \hat{\boldsymbol{\vartheta}}) := \mathrm{E}_{\boldsymbol{\theta}} R_1^{(0)}(\boldsymbol{\theta}; \hat{\boldsymbol{\vartheta}}) \tag{4.1.18}$$

definierte bayessche Risiko $\varrho_1^{(0)}$ zu minimieren. Dies ist nach Lemma 4.1.2 äquivalent zur Lösung der Aufgabe

$$\forall \boldsymbol{y} \in C(V_n): \mathrm{E}_{\boldsymbol{\theta}|\boldsymbol{y}} L_1(\boldsymbol{\vartheta}, \boldsymbol{w}_0; \hat{\boldsymbol{\vartheta}}(\boldsymbol{y})) \stackrel{!}{=} \inf_{\hat{\boldsymbol{\vartheta}} \in D(V_n)} \,. \tag{4.1.19}$$

Zusammen mit den Aussagen der Lemmata 4.1.2 und 4.1.3 ist so das bayessche Schätzproblem bei a-priori-Kenntnissen über $(\boldsymbol{\vartheta}, \boldsymbol{w}) \in \Theta \times K$ auf die Minimierung des a-posteriori-Verlusts reduziert.

Wir werden im Abschnitt 4.3 die Schätzprobleme $G_1^{(0)}$ bzw. G_1 speziell bei normalverteilten Fehlern und quadratischem Verlust behandeln und im Abschnitt 4.6 untersuchen, inwieweit die erhaltene Schätzfunktion noch Optimalitätseigenschaften besitzt, falls die getroffenen Voraussetzungen nicht erfüllt sind.

Bayes-Schätzungen in allgemeineren Modellen als dem hier zugrundeliegenden Regressionsmodell, insbesondere multivariaten Modellen, kann man z. B. in HUMAK [1] finden.

4.2. Konjugierte a-priori-Verteilungen

Bei der Festlegung einer a-priori-Verteilung entsprechend den a-priori-Kenntnissen über $\boldsymbol{\vartheta} \in \Theta$ und $\boldsymbol{w} \in K$ wird man i. allg. nicht alle a-priori-Wahrscheinlichkeiten direkt spezifizieren können oder wollen, so daß ein gewisser Spielraum gegeben ist. Diesen kann man ausnutzen und geeignete a-priori-Verteilungen auswählen, die zu einer Vereinfachung der angegebenen Schätzprobleme beitragen.

Wir werden eine spezielle Klasse von a-priori-Verteilungen, sog. *konjugierte a-priori-Verteilungen*, konstruieren. Für diese haben die zugehörigen a-posteriori-Verteilungen die gleiche Struktur wie die a-priori-Verteilung, wodurch die mathematische Behandelbarkeit der Schätzprobleme erleichtert wird. Die konjugierten a-priori-Verteilungen wurden von Raiffa/Schlaifer [1] für ein allgemeines statistisches Entscheidungsproblem eingeführt.

Zunächst betrachten wir das Schätzproblem $G_1^{(0)} = [\Theta \times \{\boldsymbol{w}_0\}, D(V_n), R_1^{(0)}]$ aus (4.1.17) und konstruieren a-priori-Verteilungen für $\boldsymbol{\theta}$. Im Abschnitt 4.2.3 wenden wir uns dann dem Schätzproblem $G_1 = [\Theta \times K, D(V_n), R_1]$ mit card $K > 1$ zu und konstruieren a-priori-Verteilungen für $(\boldsymbol{\theta}, \boldsymbol{\omega})$.

4.2.1. Basierung der Bayes-Schätzung auf suffiziente Statistiken

Es seien $K = \{\boldsymbol{w}_0\}$; $\boldsymbol{w}_0 \in \mathrm{R}^s$; und $\mathscr{P} \subseteq \Theta^*$ eine Klasse von a-priori-Verteilungen über $[\Theta, \mathscr{B}_\Theta]$. Es bezeichne

$$K_p^{(0)} := \{P^{(\boldsymbol{w}_0)}_{\varepsilon(V_n)}\}_{V_n \in V^{(0)}} \tag{4.2.1}$$

die Klasse der induzierten Fehlerverteilungen. Diese erzeugt die Klasse $\{P_{\mathfrak{Y}(V_n)|\boldsymbol{\vartheta}}\}_{V_n \in V^{(0)}}$ der Verteilungen der Beobachtungsvektoren $\mathfrak{Y}(V_n)$; $V_n \in V^{(0)}$, $\boldsymbol{\vartheta} \in \Theta \subseteq \mathrm{R}^r$. Es seien weiter ν_θ ein σ-endliches Maß über $[\mathrm{R}^r, \mathscr{B}^r]$ und für jedes $n \in \mathsf{N}$ sei ein σ-endliches Maß $\nu^{(n)}$ über $[\mathrm{R}^n, \mathscr{B}^n]$ gegeben. Es wird vorausgesetzt, daß die Verteilungen der Beobachtungsvektoren sowie die a-priori-Verteilungen Dichten besitzen:

Vor. 4.2.1: a) $\forall n \in \mathsf{N}\ \forall V_n \in V^n \cap V^{(0)}\ \forall \boldsymbol{\vartheta} \in \Theta\ \exists p_{\mathfrak{Y}(V_n)|\boldsymbol{\vartheta}} \in [0, \infty)^{C(V_n)}$:

$$p_{\mathfrak{Y}(V_n)|\boldsymbol{\vartheta}} = \mathrm{d}P_{\mathfrak{Y}(V_n)|\boldsymbol{\vartheta}}/\mathrm{d}\nu^{(n)}\,.$$

b) $\forall P_\theta \in \mathscr{P}\ \exists p_\theta \in [0, \infty)^\Theta : p_\theta = \mathrm{d}P_\theta/\mathrm{d}\nu_\theta$ •

Es bezeichnen Π die Klasse der a-priori-Dichten, d. h.

$$\Pi := \{p_\theta = \mathrm{d}P_\theta/\mathrm{d}\nu_\theta\}_{P_\theta \in \mathscr{P}} \tag{4.2.2}$$

und $l(\cdot\,; \boldsymbol{y}, V_n)$ die Likelihoodfunktion der Beobachtung $\boldsymbol{y} \in C(V_n)$ zum Versuchsplan $V_n \in V^{(0)}$. (Diese Reihenfolge der Argumente der Likelihoodfunktion wurde gewählt, da sie hier nur als Funktion auf dem Parameterraum von Interesse ist). Die Likelihoodfunktionen, die gemäß

$$\forall \boldsymbol{\vartheta} \in \Theta : l(\boldsymbol{\vartheta}\,; \boldsymbol{y}, V_n) = p_{\mathfrak{Y}(V_n)|\boldsymbol{\vartheta}}(\boldsymbol{y}) \tag{4.2.3}$$

bestimmt sind, seien ν_θ-integrierbar über $\Theta \subseteq \mathrm{R}^r$:

Vor. 4.2.2: $\forall V_n \in V^{(0)}\ \forall \boldsymbol{y} \in C(V_n)\ \exists a(\boldsymbol{y}, V_n) \in \mathrm{R}^+ : a(\boldsymbol{y}, V_n) = \int_\Theta l(\boldsymbol{\vartheta}\,; \boldsymbol{y}, V_n)\,\mathrm{d}\nu_\theta(\boldsymbol{\vartheta})$ •

Für jede mit Vor. 4.2.1 existierende Randdichte $p_{\mathfrak{Y}(V_n)}$ von $\mathfrak{Y}(V_n)$; $V_n \in V^{(0)}$; bez. der a-priori-Verteilung $P_\theta \in \mathscr{P}$ gilt

$$\forall \boldsymbol{y} \in C(V_n) : p_{\mathfrak{Y}(V_n)}(\boldsymbol{y}) = \int_\Theta l(\boldsymbol{\vartheta}\,; \boldsymbol{y}, V_n)\,\mathrm{d}P_\theta(\boldsymbol{\vartheta})\,. \tag{4.2.4}$$

Zur Vereinfachung der Schreibweise führen wir eine abkürzende Darstellung ein. Es seien $J \subseteq \mathrm{R}^a$; $J \neq \emptyset$, $a \in \mathsf{N}$; und $g_i \mid J \to [0, \infty)$; $i = 1, 2$.

Def. 4.2.1: Die Funktion g_2 heißt *Kern von* $g_1 =_{\mathrm{df}}$

$$\exists b \in \mathrm{R}^+\ \forall \boldsymbol{c} \in J : g_1(\boldsymbol{c}) = b \cdot g_2(\boldsymbol{c})\ \bullet$$

Ist die Funktion g_2 ein Kern von g_1, so soll dies durch die Schreibweise $g_1 \propto g_2$ ausgedrückt werden. Anhand dieser Definition überprüft man sofort folgende Aussage:

Lemma 4.2.1: Die Relation $\propto$ ist eine Äquivalenzrelation auf der Menge $[0, \infty)^J$ •

Für jedes $P_\theta \in \mathscr{P}$ und $\boldsymbol{y} \in \operatorname{supp} P_{\mathfrak{Y}(V_n)} = \{\boldsymbol{y} \in C(V_n) : p_{\mathfrak{Y}(V_n)}(\boldsymbol{y}) > 0\}$ ergibt sich unter Beachtung von (4.2.3) und (4.2.4) aus der Formel von Bayes (s. (1.5.36)) die Dichte $p_{\theta|y}$ der a-posteriori-Verteilung $P_{\theta|y}$ von $\boldsymbol{\theta}$ bez. ν_θ zu

$$\forall \boldsymbol{\vartheta} \in \Theta : p_{\theta|y}(\boldsymbol{\vartheta}) = l(\boldsymbol{\vartheta}\,; \boldsymbol{y}, V_n) \cdot p_\theta(\boldsymbol{\vartheta})/p_{\mathfrak{Y}(V_n)}(\boldsymbol{y})\,, \tag{4.2.5}$$

d. h., es ist

$$\forall p_\theta \in \Pi\ \forall V_n \in V^{(0)}\ \forall \boldsymbol{y} \in C(V_n) : p_{\theta|y} \propto l(\cdot\,; \boldsymbol{y}, V_n) \cdot p_\theta\,. \tag{4.2.6}$$

Damit erhält man unmittelbar folgende Darstellung der a-posteriori-Dichte mittels

Kernen der Likelihoodfunktionen und a-priori-Dichte:

Lemma 4.2.2: Es seien $p_\theta \in \Pi$ und $k_0 \propto p_\theta$. Dann gilt

$$\forall V_n \in V^{(0)}\ \forall \boldsymbol{y} \in \operatorname{supp} P_{\mathfrak{Y}(V_n)}: l(\cdot; \boldsymbol{y}, V_n) \propto k(\cdot; \boldsymbol{y}, V_n) \Rightarrow p_{\theta|\boldsymbol{y}} \propto k_0\, k(\cdot; \boldsymbol{y}, V_n) \bullet$$

Das Problem der Bestimmung der a-posteriori-Verteilung und damit einer BAYES-Schätzung als Lösung der Aufgabe (4.1.19) kann weiter vereinfacht werden, wenn man von den Beobachtungen zu einer Stichprobenfunktion (i. allg. geringerer Dimension) übergeht. Für jedes $V_n \in V^{(0)}$ sei $\boldsymbol{T}(\cdot, V_n)$ eine Statistik, $\boldsymbol{T}(C(V_n))$ bezeichne den Bildraum bei der Abbildung $\boldsymbol{T}(\cdot, V_n)$ und

$$\boldsymbol{T}^{-1}(\boldsymbol{t}, V_n) := \{\boldsymbol{y} \in C(V_n): \boldsymbol{T}(\boldsymbol{y}, V_n) = \boldsymbol{t}\}; \qquad \boldsymbol{t} \in \boldsymbol{T}(C(V_n));$$

das Urbild von $\boldsymbol{t}$ bei gegebenem $V_n \in V^{(0)}$. Sind die Statistiken $\boldsymbol{T}(\cdot, V_n)$; $V_n \in V^{(0)}$; speziell suffiziente Statistiken, so wird sich zeigen, daß die bayessche Schätzfunktion auf $\boldsymbol{T}(\cdot, V_n)$ basiert.

Vor. 4.2.3: $\forall V_n \in V^{(0)}\ \exists \boldsymbol{T}(\cdot, V_n) \in \mathcal{F}(\mathcal{B}_{C(V_n)}, \mathcal{B}^r): \langle\!\langle \boldsymbol{T}(\cdot, V_n)$ ist suffizient für $\Theta \rangle\!\rangle \bullet$

Mit Satz 1.4.1 gilt somit

Folgerung 4.2.1: Es existiert eine Funktion $k \mid \Theta \times \bigcup_{V_n \in V^{(0)}} \left(\boldsymbol{T}(C(V_n)) \times \{V_n\}\right) \to \mathrm{R}^1$, die die Likelihoodfunktion faktorisiert, d. h.

$$\forall V_n \in V^{(0)}\ \forall \boldsymbol{y} \in C(V_n): l(\cdot; \boldsymbol{y}, V_n) \propto k(\cdot; \boldsymbol{T}(\boldsymbol{y}, V_n), V_n) \bullet \tag{4.2.7}$$

Es bezeichne $P_{\theta|\boldsymbol{t}}$ die Verteilung von $\boldsymbol{\theta}$ bei gegebener Realisierung $\boldsymbol{t} \in \boldsymbol{T}(C(V_n))$ von $\boldsymbol{T}(\cdot, V_n)$; $V_n \in V^{(0)}$. Dann läßt sich auf Grund der Faktorisierung (4.2.6) folgende Aussage über die a-posteriori-Verteilung von $\boldsymbol{\theta}$ treffen:

Lemma 4.2.3 (RAIFFA/SCHLAIFER): Es seien $P_\theta \in \mathcal{P}$ und $V_n \in V^{(0)}$. Dann gilt unter den Voraussetzungen 4.2.1 und 4.2.3:

$$\forall \boldsymbol{t} \in \boldsymbol{T}(C(V_n))\ \forall \boldsymbol{y} \in \boldsymbol{T}^{-1}(\boldsymbol{t}, V_n) \cap \operatorname{supp} P_{\mathfrak{Y}(V_n)}: P_{\theta|\boldsymbol{t}} = P_{\theta|\boldsymbol{y}} \bullet \tag{4.2.8}$$

Beweis: Es seien $\boldsymbol{t} \in \boldsymbol{T}(C(V_n))$ und $C_0 = \boldsymbol{T}^{-1}(\boldsymbol{t}, V_n) \cap \operatorname{supp} P_{\mathfrak{Y}(V_n)}$. Dann gilt für jede meßbare Menge $\Theta_0 \in \mathcal{B}_\Theta$

$$P_{\theta|\boldsymbol{t}}(\Theta_0) = \int_{C_0} P_{\theta|\boldsymbol{y}}(\Theta_0)\, \mathrm{d}P_{\mathfrak{Y}(V_n)|\boldsymbol{t}}(\boldsymbol{y}).$$

Mit der suffizienten Statistik $\boldsymbol{T}(\cdot, V_n)$ gilt wegen (4.2.5) und (4.2.7) für alle $\boldsymbol{y} \in \operatorname{supp} P_{\mathfrak{Y}(V_n)}$

$$P_{\theta|\boldsymbol{y}}(\Theta_0) = \int_{\Theta_0} k(\vartheta; \boldsymbol{T}(\boldsymbol{y}, V_n), V_n)\, \mathrm{d}P_\theta(\vartheta) \Big/ \int_{\Theta} k(\vartheta; \boldsymbol{T}(\boldsymbol{y}, V_n), V_n)\, \mathrm{d}P_\theta(\vartheta).$$

Für alle $\boldsymbol{y} \in \boldsymbol{T}^{-1}(\boldsymbol{t}, V_n)$ ist $\boldsymbol{T}(\boldsymbol{y}, V_n) = \boldsymbol{t}$ und somit $P_{\theta|\cdot}(\Theta_0)$ konstant über C_0. Daraus folgt

$$P_{\theta|\boldsymbol{t}}(\Theta_0) = P_{\theta|\boldsymbol{y}}(\Theta_0) \cdot P_{\mathfrak{Y}(V_n)|\boldsymbol{t}}(C_0) = P_{\theta|\boldsymbol{y}}(\Theta_0).$$

Bemerkung 4.2.1: Hat eine Statistik $\boldsymbol{T}(\cdot, V_n)$; $V_n \in V^{(0)}$; für jede a-priori-Verteilung P_θ über $[\Theta, \mathcal{B}_\Theta]$ mit den zugehörigen a-posteriori-Verteilungen die Eigenschaft (4.2.8), so nennt man $\boldsymbol{T}(\cdot, V_n)$ auch *bayessch suffizient*. Die Aussage von Lemma 4.2.3 ist umkehrbar: aus der bayesschen Suffizienz der Statistik $\boldsymbol{T}(\cdot, V_n)$ folgt auch ihre Suffizienz im Sinne von Def. 1.4.3, d. h. bei Existenz der entsprechenden Dichten folgt aus der Eigenschaft (4.2.8) eine Faktorisierung der Likelihoodfunktion in der Form (4.2.7). Damit sind die gewöhnliche und die bayessche Suffizienz äquivalent (s. RAIFFA/SCHLAIFER [1]).

Es sei

$$D_{\boldsymbol{T}}(V_n) = \{\hat{\boldsymbol{\vartheta}} \in D(V_n): \exists \boldsymbol{g} \in \mathcal{F}(\mathcal{B}^r, \mathcal{B}^r): \hat{\boldsymbol{\vartheta}} = \boldsymbol{g} \circ \boldsymbol{T}\}; \qquad V_n \in V^{(0)};$$

die Menge aller der Schätzfunktionen in $D(V_n)$, die auf der suffizienten Statistik $\boldsymbol{T}(\cdot, V_n)$ basieren. Nach Lemma 4.1.2 sind genau die Schätzfunktionen bayessch in $G_1^{(0)}$ bez. P_θ, die für jedes $\boldsymbol{y} \in C(V_n)$ den a-posteriori-Verlust $\mathrm{E}_{\theta|\boldsymbol{y}} L_1(\boldsymbol{\theta}, \boldsymbol{w}_0; \hat{\boldsymbol{\vartheta}}(\boldsymbol{y}))$ minimieren. Nach Lemma 4.2.3 führt diese Optimierung für jedes $\boldsymbol{y} \in \boldsymbol{T}^{-1}(\boldsymbol{t}, V_n)$; $\boldsymbol{t} \in \boldsymbol{T}(C(V_n))$; auf die gleiche optimale Entscheidung, und damit gilt:

Folgerung 4.2.2: Die Schätzfunktion $\hat{\boldsymbol{\vartheta}}^*$ ist bayessch in $G_1^{(0)} = [\Theta \times \{\boldsymbol{w}_0\}, D(V_n), R_1^{(0)}]$ bez. P_θ genau dann, wenn sie bayessch im Schätzproblem $[\Theta \times \{\boldsymbol{w}_0\}, D_{\boldsymbol{T}}(V_n), R_1^{(0)}]$ bez. P_θ ist •

Unter der Vor. 4.2.3 basieren also bayessche Schätzfunktionen in $G_1^{(0)} = [\Theta \times \{\boldsymbol{w}_0\}, D(V_n), R_1^{(0)}]$ auf der suffizienten Statistik $\boldsymbol{T}(\cdot, V_n)$, und man kann sich darauf beschränken, diese Schätzfunktionen in der Klasse $D_{\boldsymbol{T}}(V_n)$ zu suchen.

4.2.2. Konjugierte a-priori-Verteilungen für θ

Wir betrachten nun Klassen von a-priori-Verteilungen über $[\Theta, \mathscr{B}_\Theta]$, für die die zugehörigen a-posteriori-Verteilungen in der gleichen Klasse enthalten sind.

Def. 4.2.2: Die Klasse $\mathscr{P}$ von Verteilungen über $[\Theta, \mathscr{B}_\Theta]$ heißt *abgeschlossen bez. der Beobachtung* $=_{\mathrm{df}}$

$$\forall P_\theta \in \mathscr{P}\ \forall V_n \in V^{(0)}\ \forall \boldsymbol{y} \in C(V_n): P_{\theta|\boldsymbol{y}} \in \mathscr{P}\ \bullet$$

Mit Hilfe der folgenden Charakterisierung kann eine hinreichende Bedingung für die Abgeschlossenheit von $\mathscr{P}$ bez. der Beobachtung formuliert werden.

Def. 4.2.3: Die Klasse $\mathscr{P} \subseteq \Theta^*$ heißt *abgeschlossen bez. der Multiplikation* $=_{\mathrm{df}}$

$$\forall (p_\theta^{(1)}, p_\theta^{(2)}) \in \Pi \times \Pi\ \exists p_\theta^{(3)} \in \Pi: p_\theta^{(3)} \propto p_\theta^{(1)} \cdot p_\theta^{(2)}\ \bullet$$

Lemma 4.2.4: Ist die Klasse $\mathscr{P}$ von Verteilungen über $[\Theta, \mathscr{B}_\Theta]$ abgeschlossen bez. der Multiplikation und gilt

$$\forall V_n \in V^{(0)}\ \forall \boldsymbol{y} \in C(V_n)\ \exists p_\theta \in \Pi: l(\cdot; \boldsymbol{y}, V_n) \propto p_\theta\,, \tag{4.2.9}$$

so ist $\mathscr{P}$ abgeschlossen bez. der Beobachtung •

Beweis: Es seien $P_\theta \in \mathscr{P}$, $p_\theta \in \Pi$ die Dichte von P_θ, $V_n \in V^{(0)}$ und $\boldsymbol{y} \in C(V_n)$. Für die Dichte der a-posteriori-Verteilung $P_{\theta|\boldsymbol{y}}$ gilt: $p_{\theta|\boldsymbol{y}} \propto p_\theta \cdot l(\cdot; \boldsymbol{y}, V_n)$ (s. (4.2.5)). Wegen (4.2.9) gibt es eine Verteilung $\bar{P}_\theta \in \mathscr{P}$ mit der Dichte $\bar{p}_\theta$, so daß $l(\cdot; \boldsymbol{y}, V_n) \propto \bar{p}_\theta$ und damit $p_{\theta|\boldsymbol{y}} \propto p_\theta \cdot \bar{p}_\theta$ ist. Wegen der Abgeschlossenheit von $\mathscr{P}$ bez. der Multiplikation existiert ein $\tilde{P}_\theta \in \mathscr{P}$, dessen Dichte $\tilde{p}_\theta$ durch $\tilde{p}_\theta \propto p_\theta \cdot \bar{p}_\theta$ gegeben ist, womit $p_{\theta|\boldsymbol{y}} \propto \tilde{p}_\theta$ gilt. Da $p_{\theta|\boldsymbol{y}}$ und $\tilde{p}_\theta$ Wahrscheinlichkeitsdichten über Θ sind, folgt notwendig $p_{\theta|\boldsymbol{y}} \equiv \tilde{p}_\theta$ und damit $\tilde{P}_\theta = P_{\theta|\boldsymbol{y}} \in \mathscr{P}$.

Wir konstruieren nun eine Klasse $\mathscr{P} \subset \Theta^*$, die zumindest im Falle unabhängiger Fehlerkomponenten abgeschlossen bez. der Beobachtung ist und deren Verteilungen die Eigenschaft (4.2.8) garantieren. Wir gehen wieder von einer suffizienten Statistik $\boldsymbol{T}$ und einem die Likelihoodfunktion faktorisierenden Kern k entsprechend (4.2.7) aus.

Vor. 4.2.4: $\exists a \in \mathrm{N}\ \exists \tilde{\boldsymbol{U}} \in (\mathrm{R}^a)^{V^{(0)}}\ \exists \tilde{k} \mid \Theta \times \bigcup_{V_n \in V^{(0)}} \left(\boldsymbol{T}(C(V_n) \times \{\tilde{\boldsymbol{U}}(V_n)\}\right) \to [0, \infty)$

$$\forall V_n \in V^{(0)}\ \forall \boldsymbol{y} \in C(V_n): k(\cdot; \boldsymbol{T}(\boldsymbol{y}, V_n), V_n) = \tilde{k}(\cdot; \boldsymbol{T}(\boldsymbol{y}, V_n), \tilde{\boldsymbol{U}}(V_n))\ \bullet$$

Damit ist der Kern der Likelihoodfunktion bei gegebenen $V_n \in V^{(0)}$ und $\boldsymbol{y} \in C(V_n)$ eindeutig durch die Werte $\tilde{\boldsymbol{U}}(V_n)$ und $\boldsymbol{T}(\boldsymbol{y}, V_n)$ bestimmt:

$$\forall V_n \in V^{(0)}\ \forall \boldsymbol{y} \in C(V_n): l(\cdot; \boldsymbol{y}, V_n) \propto \tilde{k}(\cdot; \boldsymbol{T}(\boldsymbol{y}, V_n), \tilde{\boldsymbol{U}}(V_n))\,. \tag{4.2.10}$$

Es seien

$$\boldsymbol{T}_{\tilde{U}} = \bigcup_{V_n \in V^{(0)}} \left(\boldsymbol{T}(C(V_n)) \times \{\tilde{\boldsymbol{U}}(V_n)\}\right) \tag{4.2.11}$$

und $K_p^{(0)}$ die gemäß (4.2.1) gegebene Klasse von Fehlerverteilungen. Auf Grund der Vor. 4.2.2 ist $\tilde{k}(\cdot\,; \boldsymbol{t}, \boldsymbol{u})$ für alle Parameter $(\boldsymbol{t}, \boldsymbol{u}) \in \boldsymbol{T}_{\tilde{U}}$ eine ν_θ-integrierbare Funktion über Θ, und es können die folgenden Wahrscheinlichkeitsdichten definiert werden.

Def. 4.2.4: Die Funktion $p_\theta \mid \Theta \to [0, \infty)$ heißt *$K_p^{(0)}$-konjugierte Dichte* des Kerns $\tilde{k} =_{\text{df}}$

$$\exists (\boldsymbol{t}, \boldsymbol{u}) \in \boldsymbol{T}_{\tilde{U}} : p_\theta = \tilde{k}(\cdot\,; \boldsymbol{t}, \boldsymbol{u}) / \int_\Theta \tilde{k}(\boldsymbol{\vartheta}; \boldsymbol{t}, \boldsymbol{u})\, d\nu_\theta(\boldsymbol{\vartheta}) \, .$$

Die Verteilung $P_\theta \in \Theta^*$ nennen wir eine *$K_p^{(0)}$-konjugierte a-priori-Verteilung*, wenn P_θ eine $K_p^{(0)}$-konjugierte Dichte besitzt. Wir bezeichnen mit

$$\Pi(K_p^{(0)}) = \{p_\theta \in [0, \infty)^\Theta : p_\theta = \tilde{k}(\cdot\,; \boldsymbol{t}, \boldsymbol{u}) / \int_\Theta \tilde{k}(\boldsymbol{\vartheta}; \boldsymbol{t}, \boldsymbol{u})\, d\nu_\theta(\boldsymbol{\vartheta})\}_{(\boldsymbol{t},\boldsymbol{u}) \in \boldsymbol{T}_{\tilde{U}}} \tag{4.2.12}$$

die Klasse der $K_p^{(0)}$-konjugierten Dichten des Kerns $\tilde{k}$ der Likelihoodfunktion. Auf Grund der Vor. 4.2.2 sind diese ebenfalls Dichten bez. ν_θ. Die Klasse der $K_p^{(0)}$-konjugierten a-priori-Verteilungen sei mit $\mathscr{P}(K_p^{(0)})$ bezeichnet.

$K_p^{(0)}$-konjugierte a-priori-Verteilungen im KLR mit normalverteilten Fehlern:
Es seien $\sigma^2 = \sigma_0^2 \in \mathrm{R}^+$, $K = \{\sigma_0^2\}$ und

$$V^{(0)} \subseteq \{V_n \in \bigcup_{n \in \mathrm{N}} V^n : \operatorname{Rg} \boldsymbol{F}(V_n) = r\} =: V_{\text{reg}} \, . \tag{4.2.13}$$

Für jedes $V_n \in V^{(0)}$ sei $(\mathfrak{Y}(V_n), \boldsymbol{F}(V_n)\, \boldsymbol{\vartheta}, \sigma_0^2 \boldsymbol{I}_n)$ ein KLR mit normalverteilten Beobachtungen, d. h., es ist

$$K_p^{(0)} = \{P_{e(V_n)} = \mathrm{N}(\boldsymbol{0}, \sigma_0^2 \boldsymbol{I}_n)\}_{V_n \in V^{(0)}} \, .$$

Zur Bestimmung der Klasse der $K_p^{(0)}$-konjugierten a-priori-Verteilungen gehen wir aus von der suffizienten Statistik

$$\boldsymbol{T}(\mathfrak{Y}, V_n) = (\boldsymbol{F}(V_n)' \boldsymbol{F}(V_n))^{-1} \boldsymbol{F}(V_n)' \mathfrak{Y}(V_n) = \check{\boldsymbol{\vartheta}}(\mathfrak{Y}(V_n)); \qquad V_n \in V^{(0)} \, . \tag{4.2.14}$$

Die Likelihoodfunktion

$$l(\boldsymbol{\vartheta}; \boldsymbol{y}, V_n) = c \cdot \exp\left\{-\frac{1}{2\sigma_0^2} \|\boldsymbol{y} - \boldsymbol{F}(V_n)\, \boldsymbol{\vartheta}\|_{\boldsymbol{I}_n}^2\right\}; \qquad c = (2\pi\sigma_0^2)^{-n/2};$$

der Beobachtung $\boldsymbol{y} \in C(V_n)$; $V_n \in V^{(0)}$; kann in der Form

$$l(\boldsymbol{\vartheta}; \boldsymbol{y}, V_n) = c \cdot \exp\left\{-\frac{1}{2\sigma_0^2} [\|\boldsymbol{y} - \boldsymbol{F}(V_n)\, \boldsymbol{T}(\boldsymbol{y}, V_n)\|_{\boldsymbol{I}_n}^2 + \|\boldsymbol{\vartheta} - \boldsymbol{T}(\boldsymbol{y}, V_n)\|_{\boldsymbol{F}(V_n)'\boldsymbol{F}(V_n)}^2]\right\} \tag{4.2.15}$$

geschrieben werden. Dieser Ausdruck hängt nur im zweiten Summanden des Exponenten vom unbekannten Parameter $\boldsymbol{\vartheta}$ ab. Mit der Funktion $\tilde{\boldsymbol{U}} \mid V^{(0)} \to \mathscr{M}_r^{>}$ gemäß

$$\forall V_n \in V^{(0)} : \tilde{\boldsymbol{U}}(V_n) = \sigma_0^2 (\boldsymbol{F}(V_n)' \boldsymbol{F}(V_n))^{-1} \tag{4.2.16}$$

ist $\tilde{k}$ mit

$$\forall \boldsymbol{\vartheta} \in \Theta : \tilde{k}(\boldsymbol{\vartheta}; \boldsymbol{T}(\boldsymbol{y}, V_n), \tilde{\boldsymbol{U}}(V_n)) = \exp\left\{-\frac{1}{2} \|\boldsymbol{\vartheta} - \boldsymbol{T}(\boldsymbol{y}, V_n)\|_{\tilde{\boldsymbol{U}}(V_n)^{-1}}^2\right\} \tag{4.2.17}$$

ein Kern der Likelihoodfunktion: $\tilde{k}(\cdot\,; \boldsymbol{T}(\boldsymbol{y}, V_n), \tilde{\boldsymbol{U}}(V_n)) \propto l(\cdot\,; \boldsymbol{y}, V_n)$. Die Abbildung $\tilde{\boldsymbol{U}}$ von (4.2.16) kann als Abbildung in den R^{r^2} gedeutet werden, denn für jedes

$V_n \in V^{(0)}$ kann der Matrix $\tilde{U}(V_n) =: \left((\tilde{u}_{ij}(V_n))\right)_{r\times r}$ in eineindeutiger Weise der Vektor $\tilde{u}(V_n) := \left(\tilde{u}_{11}(V_n), \dots, \tilde{u}_{1r}(V_n), \dots, \tilde{u}_{r1}(V_n), \dots, \tilde{u}_{rr}(V_n)\right)'$ zugeordnet werden. Damit ist die Vor. 4.2.4 erfüllt und entsprechend Def. 4.2.4 ist p_θ mit $p_\theta \propto \tilde{k}(\cdot; \boldsymbol{T}(\boldsymbol{y}, V_n), \tilde{\boldsymbol{U}}(V_n))$ eine $K_p^{(0)}$-konjugierte Dichte des Kerns $\tilde{k}$ mit den Parametern $\boldsymbol{T}(\boldsymbol{y}, V_n) \in \boldsymbol{T}(C(V_n))$ bzw. $\tilde{U}(V_n) \in \tilde{\boldsymbol{U}}(V^{(0)})$; p_θ ist Dichte der Normalverteilung $\mathrm{N}(\boldsymbol{T}(\boldsymbol{y}, V_n), \tilde{\boldsymbol{U}}(V_n))$ über $[\mathrm{R}^r, \mathscr{B}^r]$.

Für jedes $V_n \in V^{(0)}$ ist $\mathrm{Rg}\left(\boldsymbol{F}(V_n)'\boldsymbol{F}(V_n)\right)^{-1}\boldsymbol{F}(V_n)' = r$ und $C(V_n) = \mathrm{R}^n$, so daß die Beziehung

$$\forall V_n \in V^{(0)}: \boldsymbol{T}(C(V_n)) = \boldsymbol{T}(\mathrm{R}^n) = \mathscr{L}\left(\boldsymbol{F}(V_n)\,(\boldsymbol{F}(V_n)'\boldsymbol{F}(V_n))^{-1}\right) = \mathrm{R}^r$$

gilt. Die Parameter der $K_p^{(0)}$-konjugierten Dichten können also im Bereich $\boldsymbol{T}_{\tilde{U}} = \mathrm{R}^r \times \tilde{\boldsymbol{U}}_0$ variieren, wobei $\tilde{\boldsymbol{U}}_0 \subseteq \mathscr{M}_r^>$ der Bildbereich

$$\tilde{\boldsymbol{U}}_0 = \{\boldsymbol{A} \in \mathscr{M}_r^> : \exists V_n \in V^{(0)}: \boldsymbol{A} = \sigma_0^2\left(\boldsymbol{F}(V_n)'\boldsymbol{F}(V_n)\right)^{-1}\} \tag{4.2.18}$$

von $\tilde{\boldsymbol{U}}$ ist. Zusammenfassend erhalten wir also das folgende Ergebnis:

Lemma 4.2.5: Es seien $\sigma^2 = \sigma_0^2 \in \mathrm{R}^+$, $K = \{\sigma_0^2\}$, $V^{(0)}$ entsprechend (4.2.13) und $\tilde{\boldsymbol{U}}_0$ gemäß (4.2.18). Die Klasse der Fehlerverteilungen sei $K_p^{(0)} = \{P_{\boldsymbol{e}(V_n)} = \mathrm{N}(\boldsymbol{0}, \sigma_0^2\boldsymbol{I}_n)\}_{V_n \in V^{(0)}}$. Dann ist die Klasse der $K_p^{(0)}$-konjugierten a-priori-Verteilungen die Menge $\mathscr{P}(K_p^{(0)}) = \{P_\theta = \mathrm{N}(\boldsymbol{\mu}, \boldsymbol{\Lambda})\}_{(\boldsymbol{\mu},\boldsymbol{\Lambda})\in\mathrm{R}^r\times\tilde{U}_0}$ von regulären Normalverteilungen über $[\mathrm{R}^r, \mathscr{B}^r]$ •

A-posteriori-Verteilungen bei unabhängigen Fehlern: Wir führen nun in den Bildbereichen der suffizienten Statistik $\boldsymbol{T}$ und der Funktion $\tilde{\boldsymbol{U}}$, die den Kern $\tilde{k}$ der Likelihoodfunktion charakterisieren (s. (4.2.10)), binäre algebraische Operationen ein. Dadurch wird die Berechnung der zu konjugierten a-priori-Verteilungen gehörigen a-posteriori-Verteilungen erleichtert. Diese Operationen ermöglichen die Bestimmung der Parameter der a-posteriori-Verteilung aus den Parametern der Likelihoodfunktion und der konjugierten Dichte. Der Einfachheit halber betrachten wir nur den Fall, daß die Beobachtungen in Gesamtheit unabhängig sind:

Vor. 4.2.5: $\forall n \in \mathsf{N}\ \forall V_n = (\boldsymbol{x}_1, \dots, \boldsymbol{x}_n) \in V^n \cap V^{(0)}\ \forall \boldsymbol{\vartheta} \in \Theta$:

$$p_{\mathfrak{Y}(V_n)|\theta} = \prod_{i=1}^{n} p_{\mathfrak{Y}(\boldsymbol{x}_i)|\theta} \ \bullet$$

Desweiteren soll noch folgende Bedingung an die Menge $V^{(0)}$ der betrachteten Versuchspläne gestellt werden.

Vor. 4.2.6: Die Menge $V^{(0)}$ sei bez. der in Def. 2.4.1 eingeführten Addition abgeschlossen, d. h., es gelte: $\forall V_n \in V^{(0)}\ \forall V_m \in V^{(0)}: V_n + V_m \in V^{(0)}$ •

Es sei $\boldsymbol{h}(\cdot,\cdot)$ eine Funktion über $\boldsymbol{Z} = \bigcup_{V_n \in V^{(0)}} \left(C(V_n) \times \{V_n\}\right)$ mit der Eigenschaft: $\forall V_n \in V^{(0)}$: $\boldsymbol{h}(\cdot, V_n) \in \mathscr{F}(\mathscr{B}_{C(V_n)}, \mathscr{B}^a)$; $a \in \mathsf{N}$. Weiter sei $\boldsymbol{H}_{\tilde{U}} = \bigcup_{V_n \in V^{(0)}} \left(\boldsymbol{h}(C(V_n)) \times \{\tilde{\boldsymbol{U}}(V_n)\}\right)$, wobei $\boldsymbol{h}(C(V_n))$ den Bildbereich von $\boldsymbol{h}(\cdot, V_n)$; $V_n \in V^{(0)}$; bezeichnet.

Def. 4.2.5: a) $\forall (V_n, V_m) \in V^{(0)} \times V^{(0)}\ \forall (\boldsymbol{y}_1, \boldsymbol{y}_2) \in C(V_n) \times C(V_m)$:

$$\boldsymbol{h}(\boldsymbol{y}_1, V_n) \oplus \boldsymbol{h}(\boldsymbol{y}_2, V_m) := \boldsymbol{h}\left((\boldsymbol{y}_1', \boldsymbol{y}_2')', V_n + V_m\right).$$

b) $\forall (V_n, V_m) \in V^{(0)} \times V^{(0)}: \tilde{\boldsymbol{U}}(V_n) * \tilde{\boldsymbol{U}}(V_m) := \tilde{\boldsymbol{U}}(V_n + V_m)$.

c) Die binäre algebraische Operation $\odot$ heißt *Komposition in* $\boldsymbol{H}_{\tilde{U}} =_{\text{df}}$

$$\forall(\boldsymbol{h}_1, \boldsymbol{u}_1) \in \boldsymbol{H}_{\tilde{U}}\ \forall(\boldsymbol{h}_2, \boldsymbol{u}_2) \in \boldsymbol{H}_{\tilde{U}}: (\boldsymbol{h}_1, \boldsymbol{u}_1) \odot (\boldsymbol{h}_2, \boldsymbol{u}_2) := (\boldsymbol{h}_1 \oplus \boldsymbol{h}_2, \boldsymbol{u}_1 * \boldsymbol{u}_2) \bullet$$

Wir betrachten nun die Komposition $\odot$ in der Menge $\boldsymbol{T}_{\tilde{U}}$ gemäß (4.2.11), d. h. im Parameterbereich der Klasse $\mathcal{P}(K_p^{(0)})$ der konjugierten a-priori-Verteilungen.

Die Menge $\boldsymbol{T}_{\tilde{U}}$ ist auf Grund der Vor. 4.2.6 abgeschlossen bez. der Komposition $\odot$, denn es gilt

$$\forall(V_n, V_m) \in V^{(0)} \times V^{(0)} \qquad \forall(\boldsymbol{y}_1, \boldsymbol{y}_2) \in C(V_n) \times C(V_m):$$

$$(\boldsymbol{T}(\boldsymbol{y}_1, V_n), \tilde{\boldsymbol{U}}(V_n)) \odot (\boldsymbol{T}(\boldsymbol{y}_2, V_m), \tilde{\boldsymbol{U}}(V_m)) \in \boldsymbol{T}(C(V_n + V_m)) \times \{\tilde{\boldsymbol{U}}(V_n + V_m)\} \subset \boldsymbol{T}_{\tilde{U}}. \quad (4.2.19)$$

Lemma 4.2.6: Es seien $\tilde{k}$ Kern von l und $\boldsymbol{T}$ und $\tilde{\boldsymbol{U}}$ gemäß (4.2.10). Weiter seien $V_{n_i}^{(i)} \in V^{(0)}$, $\boldsymbol{y}_i \in C(V_{n_i}^{(i)})$ und $\boldsymbol{t}_i = \boldsymbol{T}(\boldsymbol{y}_i, V_{n_i}^{(i)})$, $\boldsymbol{u}_i = \tilde{\boldsymbol{U}}(V_{n_i}^{(i)})$; $i = 1, 2$. Dann gilt

$$l(\cdot; (\boldsymbol{y}_1', \boldsymbol{y}_2')', V_{n_1}^{(1)} + V_{n_2}^{(2)}) \propto \tilde{k}(\cdot; \boldsymbol{t}_1, \boldsymbol{u}_1)\, \tilde{k}(\cdot; \boldsymbol{t}_2, \boldsymbol{u}_2) \propto \tilde{k}(\cdot; \boldsymbol{t}_1 \oplus \boldsymbol{t}_2, \boldsymbol{u}_1 * \boldsymbol{u}_2) \bullet$$

Beweis: Es seien $\boldsymbol{y} = (\boldsymbol{y}_1', \boldsymbol{y}_2')'$, $V_n = V_{n_1}^{(1)} + V_{n_2}^{(2)}$, $n = n_1 + n_2$ und $\boldsymbol{t} := \boldsymbol{T}(\boldsymbol{y}, V_n)$, $\boldsymbol{u} := \tilde{\boldsymbol{U}}(V_n)$. Nach Vor. 4.2.6 ist dann $(\boldsymbol{t}, \boldsymbol{u}) \in \boldsymbol{T}_{\tilde{U}}$ und mit den in Def. 4.2.5 erklärten Operationen $\oplus$ und $*$ gilt $\boldsymbol{t} = \boldsymbol{t}_1 \oplus \boldsymbol{t}_2$, $\boldsymbol{u} = \boldsymbol{u}_1 * \boldsymbol{u}_2$. Auf Grund der Vor. 4.2.5 hat man $l(\cdot; \boldsymbol{y}, V_n) = l(\cdot; \boldsymbol{y}_1, V_{n_1}^{(1)})\, l(\cdot; \boldsymbol{y}_2, V_{n_2}^{(2)})$. Da $\tilde{k}$ Kern von l ist, folgt hieraus

$$l(\cdot; \boldsymbol{y}, V_n) \propto \tilde{k}(\cdot; \boldsymbol{t}_1, \boldsymbol{u}_1)\, \tilde{k}(\cdot; \boldsymbol{t}_2, \boldsymbol{u}_2);$$

andererseits aber auch

$$l(\cdot; \boldsymbol{y}, V_n) \propto \tilde{k}(\cdot; \boldsymbol{t}, \boldsymbol{u}) = \tilde{k}(\cdot; \boldsymbol{t}_1 \oplus \boldsymbol{t}_2, \boldsymbol{u}_1 * \boldsymbol{u}_2).$$

Damit kann die Abgeschlossenheit von $\mathcal{P}(K_p^{(0)})$ bez. der Beobachtung bewiesen werden.

Satz 4.2.1: Es sei $K_p^{(0)}$ eine Klasse von Fehlerverteilungen, für welche die entsprechenden Verteilungen der Beobachtungsvektoren die Voraussetzungen 4.2.1 bis 4.2.5 erfüllen, und es gelte Vor. 4.2.6. Dann ist die Klasse der $K_p^{(0)}$-konjugierten a-priori-Verteilungen abgeschlossen bez. der Beobachtung $\bullet$

Beweis: Für jedes $V_n \in V^{(0)}$ und $\boldsymbol{y} \in C(V_n)$ sei $\tilde{k}(\cdot; \boldsymbol{T}(\boldsymbol{y}, V_n), \tilde{\boldsymbol{U}}(V_n))$ Kern der Likelihoodfunktion: $l(\cdot; \boldsymbol{y}, V_n) \propto \tilde{k}(\cdot; \boldsymbol{T}(\boldsymbol{y}, V_n), \tilde{U}(V_n))$. Seien weiter $p_{\boldsymbol{\theta}}^{(1)} \in \Pi(K_p^{(0)})$ und $p_{\boldsymbol{\theta}}^{(2)} \in \Pi(K_p^{(0)})$ entsprechende Dichten zweier $K_p^{(0)}$-konjugierter a-priori-Verteilungen. Dann gibt es Parameter $(\boldsymbol{t}_1, \boldsymbol{u}_1) \in \boldsymbol{T}_{\tilde{U}}$ und $(\boldsymbol{t}_2, \boldsymbol{u}_2) \in \boldsymbol{T}_{\tilde{U}}$, so daß gilt

$$p_{\boldsymbol{\theta}}^{(i)} \propto \tilde{k}(\cdot; \boldsymbol{t}_i, \boldsymbol{u}_i); \qquad i = 1, 2.$$

Also ist $p_{\boldsymbol{\theta}}^{(1)} \cdot p_{\boldsymbol{\theta}}^{(2)} \propto \tilde{k}(\cdot; \boldsymbol{t}_1, \boldsymbol{u}_1)\, \tilde{k}(\cdot; \boldsymbol{t}_2, \boldsymbol{u}_2)$, woraus mit Lemma 4.2.6 folgt

$$p_{\boldsymbol{\theta}}^{(1)} p_{\boldsymbol{\theta}}^{(2)} \propto \tilde{k}(\cdot; \boldsymbol{t}_1 \oplus \boldsymbol{t}_2, \boldsymbol{u}_1 * \boldsymbol{u}_2).$$

Wegen der Abgeschlossenheit von $\boldsymbol{T}_{\tilde{U}}$ bez. der Operation $\odot$ gilt $(\boldsymbol{t}_0, \boldsymbol{u}_0) := (\boldsymbol{t}_1 \oplus \boldsymbol{t}_2, \boldsymbol{u}_1 * \boldsymbol{u}_2) \in \boldsymbol{T}_{\tilde{U}}$. Damit ist die durch $p_{\boldsymbol{\theta}}^{(0)} \propto \tilde{k}(\cdot; \boldsymbol{t}_0, \boldsymbol{u}_0)$ festgelegte Dichte $p^{(0)}$ eine $K_p^{(0)}$-konjugierte Dichte, und es ist $p_{\boldsymbol{\theta}}^{(0)} \propto p_{\boldsymbol{\theta}}^{(1)} \cdot p_{\boldsymbol{\theta}}^{(2)}$. Folglich ist $\mathcal{P}(K_p^{(0)})$ abgeschlossen bez. der Multiplikation. Auf Grund der Konstruktionsvorschrift für die $K_p^{(0)}$-konjugierten Dichten (s. Def. 4.2.4) erfüllt $\mathcal{P}(K_p^{(0)})$ die Bedingung (4.2.9) mit $\Pi = \Pi(K_p^{(0)})$ gemäß (4.2.12). Nach Lemma 4.2.4 ist somit $\mathcal{P}(K_p^{(0)})$ auch abgeschlossen bez. der Beobachtung.

Die Berechnung der a-posteriori-Verteilung bei konjugierten a-priori-Verteilungen kann nun ausgehend von der Likelihoodfunktion der Beobachtungen unter Benutzung der in Def. 4.2.5 erklärten Operationen $\oplus$ und $*$ erfolgen.

Satz 4.2.2: Die Voraussetzungen 4.2.1 bis 4.2.6 seien erfüllt. Für alle $V_n \in V^{(0)}$ und $\boldsymbol{y} \in C(V_n)$ sei $l(\cdot; \boldsymbol{y}, V_n) \propto \tilde{k}(\cdot; \boldsymbol{T}(\boldsymbol{y}, V_n), \tilde{\boldsymbol{U}}(V_n))$. Weiter sei $p_{\boldsymbol{\theta}}$ eine $K_p^{(0)}$-konjugierte

Dichte mit dem Parameter $(\boldsymbol{t}_0, \boldsymbol{u}_0) \in \boldsymbol{T}_{\tilde{U}}$, d. h. $p_\theta \propto \tilde{k}(\cdot; \boldsymbol{t}_0, \boldsymbol{u}_0)$. Dann gilt

$$\forall V_n \in V^{(0)}\ \forall \boldsymbol{y} \in C(V_n) \cap \operatorname{supp} P_{\mathfrak{Y}(V_n)}: p_{\theta|\boldsymbol{y}} \propto \tilde{k}(\cdot; \boldsymbol{t}_0 \oplus \boldsymbol{T}(\boldsymbol{y}, V_n), \boldsymbol{u}_0 * \tilde{\boldsymbol{U}}(V_n)) \bullet \tag{4.2.20}$$

Beweis: Es seien $V_n \in V^{(0)}$, $\boldsymbol{y} \in C(V_n) \cap \operatorname{supp} P_{\mathfrak{Y}(V_n)}$. Nach Lemma 4.2.2 gilt dann wegen $p_\theta \propto \tilde{k}(\cdot; \boldsymbol{t}_0, \boldsymbol{u}_0)$ und $l(\cdot; \boldsymbol{y}, V_n) \propto \tilde{k}(\cdot; \boldsymbol{T}(\boldsymbol{y}, V_n), \tilde{\boldsymbol{U}}(V_n))$ für die a-posteriori-Dichte

$$p_{\theta|\boldsymbol{y}} \propto \tilde{k}(\cdot; \boldsymbol{t}_0, \boldsymbol{u}_0)\, \tilde{k}(\cdot; \boldsymbol{T}(\boldsymbol{y}, V_n), \tilde{\boldsymbol{U}}(V_n)) .$$

Die Behauptung folgt so unmittelbar aus Lemma 4.2.6.

Für konjugierte a-priori-Verteilungen haben demnach die entsprechenden a-posteriori-Verteilungen die gleiche Struktur. Bei gegebenen Parametern $(\boldsymbol{t}_0, \boldsymbol{u}_0) \in \boldsymbol{T}_{\tilde{U}}$ der a-priori-Verteilung ist die a-posteriori-Verteilung eindeutig durch die Werte der suffizienten Statistik $\boldsymbol{T}$ und der Funktion $\tilde{\boldsymbol{U}}$ über $V^{(0)}$ charakterisiert.

4.2.3. Konjugierte a-priori-Verteilungen für $(\boldsymbol{\theta}, \boldsymbol{\omega})$

Im vorangegangenen Abschnitt wurde gezeigt, wie bei gegebener Fehlerverteilung, d. h. im Falle card $K = 1$, a-priori-Verteilungen konstruiert werden konnten, die zu einer Vereinfachung der bayesschen Behandlung des Schätzproblems $G_1^{(0)}$ aus (4.1.17) führten. Wir wollen nun in analoger Weise den Fall behandeln, daß die Fehlerverteilung noch vom Zustand $\boldsymbol{w} \in K$ der Natur abhängt, d. h. card $K > 1$ gilt, und entsprechende a-priori-Verteilungen für das Schätzproblem

$$G_1 = [\Theta \times K, D(V_n), R_1]$$

$$\forall \boldsymbol{\vartheta} \in \Theta\ \forall \boldsymbol{w} \in K\ \forall \hat{\boldsymbol{\vartheta}} \in D(V_n): R_1(\boldsymbol{\vartheta}, \boldsymbol{w}; \hat{\boldsymbol{\vartheta}}) = \mathrm{E}_{\mathfrak{Y}(V_n)|\vartheta, w} L(\boldsymbol{\vartheta}; \hat{\boldsymbol{\vartheta}}(\mathfrak{Y}(V_n)))$$

(s. (4.1.16)) bei a-priori-Kenntnissen über die Parameter $(\boldsymbol{\vartheta}, \boldsymbol{w}) \in \Theta \times K$ betrachten.

Es sei ν_ω ein σ-endliches Maß über $[\mathrm{R}^s, \mathscr{B}^s]$; $K \subseteq \mathrm{R}^s$; für jedes $n \in \mathsf{N}$ seien $\nu^{(n)}$ wie in Abschnitt 4.2.1 σ-endliche Maße über $[\mathrm{R}^n, \mathscr{B}^n]$ und ν_θ ein σ-endliches Maß über $[\mathrm{R}^r, \mathscr{B}^r]$.

Vor. 4.2.7: a) $\forall n \in \mathsf{N}\ \forall V_n \in V^n \cap V^{(0)}\ \forall \boldsymbol{\vartheta} \in \Theta\ \forall \boldsymbol{w} \in K\ \exists p_{\mathfrak{Y}(V_n)|\vartheta, w} \in [0, \infty)^{C(V_n)}$:

$$p_{\mathfrak{Y}(V_n)|\vartheta, w} = \mathrm{d}P_{\mathfrak{Y}(V_n)|\vartheta, w}/\mathrm{d}\nu^{(n)}$$

b) $\forall V_n \in V^{(0)}\ \forall \boldsymbol{y} \in C(V_n)\ \exists a(\boldsymbol{y}, V_n) \in \mathrm{R}^+: a(\boldsymbol{y}, V_n) = \int\limits_\Theta \int\limits_K p_{\mathfrak{Y}(V_n)|\vartheta, w}(\boldsymbol{y})\, \mathrm{d}\nu_\omega(\boldsymbol{w})\, \mathrm{d}\nu_\theta(\boldsymbol{\vartheta})$

c) $\forall V_n \in V^{(0)}\ \exists \boldsymbol{T}_1(\cdot, V_n) \in \mathscr{F}(\mathscr{B}_{C(V_n)}, \mathscr{B}^r)\ \exists \boldsymbol{T}_2(\cdot, V_n) \in \mathscr{F}(\mathscr{B}_{C(V_n)}, \mathscr{B}^s)$:

$\langle\!\langle \tilde{\boldsymbol{T}}(\cdot, V_n) := (\boldsymbol{T}_1(\cdot, V_n)', \boldsymbol{T}_2(\cdot, V_n)')'$ ist suffizient für $\Theta \times K \rangle\!\rangle \bullet$

Mit den suffizienten Statistiken $\tilde{\boldsymbol{T}}(\cdot, V_n) = (\boldsymbol{T}_1(\cdot, V_n)', \boldsymbol{T}_2(\cdot, V_n)')'$; $V_n \in V^{(0)}$; gilt dann in Analogie zu Lemma 4.2.3 für jede a-priori-Verteilung $P_{(\theta, \omega)}$ über $[\Theta \times K, \mathscr{B}_\Theta \otimes \mathscr{B}_K]$, die eine Dichte bez. $\nu_\theta \times \nu_\omega$ besitzt:

$$\forall V_n \in V^{(0)}\ \forall (\boldsymbol{t}_1, \boldsymbol{t}_2) \in \boldsymbol{T}_1(C(V_n)) \times \boldsymbol{T}_2(C(V_n))$$

$$\forall \boldsymbol{y} \in \boldsymbol{T}_1^{-1}(\boldsymbol{t}_1, V_n) \cap \boldsymbol{T}_2^{-1}(\boldsymbol{t}_2, V_n) \cap \operatorname{supp} P_{\mathfrak{Y}(V_n)}: P_{(\theta, \omega)|t_1, t_2} = P_{(\theta, \omega)|y} .$$

Zusammen mit Lemma 4.1.3 folgt daraus unter Vor. 4.1.4, daß die Schätzfunktion $\hat{\boldsymbol{\vartheta}}^* \in D(V_n)$ genau dann bayessch in G_1 bez. $P_{(\theta, \omega)}$ ist, wenn sie für alle Realisierungen $(\boldsymbol{t}_1, \boldsymbol{t}_2) \in \boldsymbol{T}_1(C(V_n)) \times \boldsymbol{T}_2(C(V_n))$ den mit der a-posteriori-Randverteilung $P_{\theta|t_1, t_2}$ von $\boldsymbol{\theta}$ gebildeten a-posteriori-Verlust in der Teilklasse $D_{\tilde{T}}(V_n) \subseteq D(V_n)$ der auf $\tilde{\boldsymbol{T}}(\cdot, V_n)$ basierenden Schätzfunktionen minimiert.

Es sei $l(\cdot, \cdot; \boldsymbol{y}, V_n) \mid \Theta \times K \to [0, \infty)$ die Likelihoodfunktion der Beobachtung $\boldsymbol{y} \in C(V_n)$; $V_n \in V^{(0)}$.

Vor. 4.2.8:

$$\exists a \in \mathrm{N} \, \exists \tilde{\boldsymbol{U}} \in (\mathrm{R}^a)^{V^{(0)}} \, \exists k \mid \Theta \times K \times \bigcup_{V_n \in V^{(0)}} \left(\boldsymbol{T}_1(C(V_n)) \times \boldsymbol{T}_2(C(V_n)) \times \{\tilde{\boldsymbol{U}}(V_n)\}\right) \to [0, \infty)$$
$$\forall V_n \in V^{(0)} \, \forall \boldsymbol{y} \in C(V_n):$$
$$l(\cdot, \cdot; \boldsymbol{y}, V_n) \propto k\left(\cdot, \cdot; \boldsymbol{T}_1(\boldsymbol{y}, V_n), \boldsymbol{T}_2(\boldsymbol{y}, V_n), \tilde{\boldsymbol{U}}(V_n)\right) \bullet$$

Der Familie

$$K_p = \{P^{(\boldsymbol{w})}_{\boldsymbol{\varepsilon}(V_n)}\}_{\boldsymbol{w} \in K, \, V_n \in V^{(0)}} \tag{4.2.21}$$

der durch K und $V^{(0)}$ erzeugten Fehlerverteilungen (s. Abschnitt 2.3.1, insbesondere (2.3.15)) ordnen wir, analog zu Def. 4.2.4, mittels des Kernes k der Likelihoodfunktion eine spezielle Klasse von Wahrscheinlichkeitsdichten über $\Theta \times K$ zu, deren Parameter im Bereich

$$\tilde{\boldsymbol{T}}_{\tilde{U}} := \bigcup_{V_n \in V^{(0)}} \left(\boldsymbol{T}_1(C(V_n)) \times \boldsymbol{T}_2(C(V_n)) \times \{\tilde{\boldsymbol{U}}(V_n)\}\right) \tag{4.2.22}$$

variieren können.

Def. 4.2.6: Die Wahrscheinlichkeitsdichte $p_{(\theta, \omega)}$ über $\Theta \times K$ heißt *K_p-konjugierte Dichte* $=_{\mathrm{df}}$

$$\exists(\boldsymbol{t}_1, \boldsymbol{t}_2, \boldsymbol{u}) \in \tilde{\boldsymbol{T}}_{\tilde{U}}: p_{(\theta, \omega)} = k(\cdot, \cdot; \boldsymbol{t}_1, \boldsymbol{t}_2, \boldsymbol{u}) / \int_\Theta \int_K k(\boldsymbol{\vartheta}, \boldsymbol{w}; \boldsymbol{t}_1, \boldsymbol{t}_2, \boldsymbol{u}) \, \mathrm{d}\nu_\omega(\boldsymbol{w}) \, \mathrm{d}\nu_\theta(\boldsymbol{\vartheta}) \bullet$$

Es bezeichne

$$\Pi(K_p) = \left\{p_{(\theta, \omega)} = k(\cdot, \cdot; \boldsymbol{t}_1, \boldsymbol{t}_2, \boldsymbol{u}) / \int_\Theta \int_K k(\boldsymbol{\vartheta}, \boldsymbol{w}; \boldsymbol{t}_1, \boldsymbol{t}_2, \boldsymbol{u}) \, \mathrm{d}\nu_\omega(\boldsymbol{w}) \, \mathrm{d}\nu_\theta(\boldsymbol{\vartheta})\right\}_{(\boldsymbol{t}_1, \boldsymbol{t}_2, \boldsymbol{u}) \in \tilde{\boldsymbol{T}}_{\tilde{U}}} \tag{4.2.23}$$

die Klasse der K_p-konjugierten Dichten. Jede Verteilung $P_{(\theta, \omega)}$ mit einer in $\Pi(K_p)$ gelegenen Dichte heiße *K_p-konjugierte Verteilung.* Die Klasse der K_p-konjugierten a-priori-Verteilungen sei mit $\mathcal{P}(K_p)$ bezeichnet. Die in Def. 4.2.5 erklärte Operation $\odot$ der Komposition kann dann in der Menge $\tilde{\boldsymbol{T}}_{\tilde{U}}$, in der die Parameter der K_p-konjugierten Verteilungen variieren, mit den Operationen $\oplus$ und $*$ in folgender Weise ausgeführt werden:

Lemma 4.2.7:

$$\forall (V_n, V_m) \in V^{(0)} \times V^{(0)} \, \forall (\boldsymbol{t}_{11}, \boldsymbol{t}_{21}, \boldsymbol{u}_1) \in \tilde{\boldsymbol{T}}(C(V_n)) \times \{\tilde{\boldsymbol{U}}(V_n)\}$$
$$\forall (\boldsymbol{t}_{12}, \boldsymbol{t}_{22}, \boldsymbol{u}_2) \in \tilde{\boldsymbol{T}}(C(V_m)) \times \{\tilde{\boldsymbol{U}}(V_m)\}:$$
$$((\boldsymbol{t}_{11}, \boldsymbol{t}_{21}), \boldsymbol{u}_1) \odot ((\boldsymbol{t}_{12}, \boldsymbol{t}_{22}), \boldsymbol{u}_2) = ((\boldsymbol{t}_{11} \oplus \boldsymbol{t}_{12}, \boldsymbol{t}_{21} \oplus \boldsymbol{t}_{22}), \boldsymbol{u}_1 * \boldsymbol{u}_2) \bullet$$

Beweis: Es seien $V^{(i)}_{n_i} \in V^{(0)}$, $\boldsymbol{y}_i \in C(V^{(i)}_{n_i})$, $\boldsymbol{u}_i = \tilde{\boldsymbol{U}}(V^{(i)}_{n_i})$ und $\boldsymbol{t}_{ji} = \boldsymbol{T}_j(\boldsymbol{y}_i, V^{(i)}_n)$; $i = 1, 2$; $j = 1, 2$. Dann gilt nach Def. 4.2.5 für die Komposition in $\tilde{\boldsymbol{T}}_{\tilde{U}}$:

$$((\boldsymbol{t}_{11}, \boldsymbol{t}_{21}), \boldsymbol{u}_1) \odot ((\boldsymbol{t}_{12}, \boldsymbol{t}_{22}), \boldsymbol{u}_2) = ((\boldsymbol{t}_{11}, \boldsymbol{t}_{21}) \oplus (\boldsymbol{t}_{12}, \boldsymbol{t}_{22}), \boldsymbol{u}_1 * \boldsymbol{u}_2) .$$

Die Behauptung folgt so wegen

$$(\boldsymbol{t}_{11}, \boldsymbol{t}_{21}) \oplus (\boldsymbol{t}_{12}, \boldsymbol{t}_{22}) = \tilde{\boldsymbol{T}}((\boldsymbol{y}_1', \boldsymbol{y}_2')', V^{(1)}_{n_1} + V^{(2)}_{n_2})$$
$$= (\boldsymbol{T}_1((\boldsymbol{y}_1', \boldsymbol{y}_2')', V^{(1)}_{n_1} + V^{(2)}_{n_2}), \boldsymbol{T}_2((\boldsymbol{y}_1', \boldsymbol{y}_2')', V^{(1)}_{n_1} + V^{(2)}_{n_2}))$$
$$= (\boldsymbol{T}_1(\boldsymbol{y}_1, V^{(1)}_{n_1}) \oplus \boldsymbol{T}_1(\boldsymbol{y}_2, V^{(2)}_{n_2}), \boldsymbol{T}_2(\boldsymbol{y}_1, V^{(1)}_{n_1}) \oplus \boldsymbol{T}_2(\boldsymbol{y}_2, V^{(2)}_{n_2})) = (\boldsymbol{t}_{11} \oplus \boldsymbol{t}_{12}, \boldsymbol{t}_{21} \oplus \boldsymbol{t}_{22}) .$$

Vor 4.2.9: Für jedes $V_n \in V^{(0)}$ seien die Komponenten von $\boldsymbol{\varepsilon}(V_n)$ in Gesamtheit unabhängig $\bullet$

Mit Lemma 4.2.7 kann man analog zum Beweis von Satz 4.2.1 die Abgeschlossenheit von $\mathcal{P}(K_p)$ bez. der Beobachtung zeigen.

Satz 4.2.3: Es gelte die Vor. 4.2.6, und es sei $K_p = \{P^{(w)}_{\varepsilon(V_n)}\}_{w \in K, V_n \in V^{(0)}}$ eine parametrische Klasse von Fehlerverteilungen, die den Voraussetzungen 4.2.7 bis 4.2.9 genügt. Dann ist die Klasse der K_p-konjugierten a-priori-Verteilungen abgeschlossen bez. der Beobachtung, d. h.

$$\forall P_{(\theta,\omega)} \in \mathcal{P}(K_p)\ \forall \boldsymbol{y} \in \bigcup_{V_n \in V^{(0)}} C(V_n) : P_{(\theta,\omega)|\boldsymbol{y}} \in \mathcal{P}(K_p) \bullet$$

Für die K_p-konjugierten a-priori-Verteilungen ist also die Struktur der zugehörigen a-posteriori-Verteilungen durch den Kern k der Likelihoodfunktion festgelegt. Die Parameter der a-posteriori-Verteilung kann man mittels der durch die Operationen $\oplus$ und $*$ gegebenen Komposition in $\tilde{\boldsymbol{T}}_{\tilde{U}}$ angeben.

Satz 4.2.4: Es gelten die Voraussetzungen 4.2.6, bis 4.2.9 und es sei $P_{(\theta,\omega)}$ eine K_p-konjugierte a-priori-Verteilung mit dem Parameter $(\boldsymbol{t}_1, \boldsymbol{t}_2, \boldsymbol{u}) \in \tilde{\boldsymbol{T}}_{\tilde{U}}$, d. h. $p_{(\theta,\omega)} \propto k(\cdot, \cdot; \boldsymbol{t}_1, \boldsymbol{t}_2, \boldsymbol{u})$. Dann gilt

$$\forall V_n \in V^{(0)}\ \forall \boldsymbol{y} \in C(V_n) \cap \operatorname{supp} P_{\mathfrak{Y}(V_n)}:$$

$$p_{(\theta,\omega)|\boldsymbol{y}} \propto k\big(\cdot, \cdot; \boldsymbol{t}_1 \oplus \boldsymbol{T}_1(\boldsymbol{y}, V_n), \boldsymbol{t}_2 \oplus \boldsymbol{T}_2(\boldsymbol{y}, V_n), \boldsymbol{u} * \tilde{\boldsymbol{U}}(V_n)\big) \bullet$$

Beweis: Es kann unter den Voraussetzungen 4.2.7 und 4.2.8 gezeigt werden, daß für alle $V_n \in V^{(0)}$ und $\boldsymbol{y} \in C(V_n) \cap \operatorname{supp} P_{\mathfrak{Y}(V_n)}$ die Beziehung

$$p_{(\theta,\omega)|\boldsymbol{y}} \propto k(\cdot, \cdot; \boldsymbol{t}_1, \boldsymbol{t}_2, \boldsymbol{u}) \cdot k(\cdot, \cdot; \boldsymbol{T}_1(\boldsymbol{y}, V_n), \boldsymbol{T}_2(\boldsymbol{y}, V_n), \tilde{U}(V_n))$$

gilt. Wegen Vor. 4.2.9 erhält man so

$$p_{(\theta,\omega)|\boldsymbol{y}} \propto k\big(\cdot, \cdot; ((\boldsymbol{t}_1, \boldsymbol{t}_2), \boldsymbol{u}) \odot ((\boldsymbol{T}_1(\boldsymbol{y}, V_n), \boldsymbol{T}_2(\boldsymbol{y}, V_n)), \tilde{U}(V_n))\big),$$

woraus unter Beachtung von Vor. 4.2.6 die Behauptung mit Lemma 4.2.7 folgt.

Wir bemerken an dieser Stelle noch, daß die Mächtigkeit der Klasse der K_p-konjugierten a-priori-Verteilungen vergrößert werden kann, indem man z. B. zusätzliche Parameter in die konjugierten Dichten einführt, ohne dabei deren analytische Eigenschaften zu verändern (s. Raiffa/Schlaifer [1]). Wegen der Abgeschlossenheit von $\mathcal{P}(K_p)$ bez. der Beobachtung können die konjugierten a-priori-Verteilungen auch sehr vorteilhaft für sequentielle Vorgehensweisen angewandt werden (s. z. B. Kapitel 8 und 9).

K_p-konjugierte a-priori-Verteilungen im KLR mit normalverteilten Fehlern: Es sei $V^{(0)} \subseteq V^{(0)}_{\text{reg}}$ (s.(4.2.13)). Für jedes $V_n \in V^{(0)}$ sei $(\mathfrak{Y}(V_n), \boldsymbol{F}(V_n)\,\boldsymbol{\vartheta}, \sigma^2\boldsymbol{I}_n)$ ein KLR mit $P_{\mathfrak{Y}(V_n)|\theta,\sigma^2} = \mathrm{N}(\boldsymbol{F}(V_n)\,\boldsymbol{\vartheta}, \sigma^2\boldsymbol{I}_n)$, wobei $\sigma^2 \in \mathrm{R}^+$ die (unbekannte) Fehlervarianz ist. Mit der Transformation $w := 1/\sigma^2$, die aus Gründen einer besseren analytischen Behandelbarkeit vorgenommen wird, ist der Parameterbereich K ebenfalls durch $K = \mathrm{R}^+$ gegeben, und die Klasse K_p der durch $w = \sigma^{-2}$ induzierten Fehlerverteilungen hat die Gestalt

$$K_p = \left\{P^{(w)}_{\varepsilon(V_n)} = \mathrm{N}\left(\boldsymbol{0}, \frac{1}{w}\boldsymbol{I}_n\right)\right\}_{w \in \mathrm{R}^+, V_n \in V^{(0)}}. \tag{4.2.24}$$

Für diese sind die Voraussetzungen 4.2.7 und 4.2.9 erfüllt. Mit Σ^2 bzw. $\omega = 1/\Sigma^2$ seien die entsprechenden Zufallsgrößen zu σ^2 bzw. w mit Werten in $K = \mathrm{R}^+$ bezeichnet. Wir suchen nun K_p-konjugierte a-priori-Verteilungen $P_{(\theta,\omega)} \in (\Theta \times K)^*$.

Die Statistiken $\tilde{T}(\cdot, V_n) := (\boldsymbol{T}_1(\cdot, V_n)', T_2(\cdot, V_n)')'$ mit

$$\forall V_n \in V^{(0)}: \boldsymbol{T}_1(\mathfrak{Y}(V_n), V_n) = \check{\boldsymbol{\vartheta}}(\mathfrak{Y}(V_n)) = (\boldsymbol{F}(V_n)'\boldsymbol{F}(V_n))^{-1}\boldsymbol{F}(V_n)'\mathfrak{Y}(V_n)$$

$$\wedge T_2(\mathfrak{Y}(V_n), V_n) = \frac{1}{n-r+2}\|\mathfrak{Y}(V_n) - \boldsymbol{F}(V_n)\boldsymbol{T}_1(\mathfrak{Y}(V_n), V_n)\|^2_{\boldsymbol{I}_n} \quad (4.2.25)$$

sind suffizient für $\Theta \times K = \mathrm{R}^r \times \mathrm{R}^+$. Für gegebene $V_n \in V^{(0)}$, $\boldsymbol{y} \in C(V_n)$ kann die Likelihoodfunktion entsprechend

$$\forall \boldsymbol{\vartheta} \in \Theta\ \forall w \in K: l(\boldsymbol{\vartheta}, w; \boldsymbol{y}, V_n) = (2\pi)^{-n/2} w^{n/2} \exp\left\{-\frac{w}{2}\|\boldsymbol{y} - \boldsymbol{F}(V_n)\boldsymbol{\vartheta}\|^2_{\boldsymbol{I}_n}\right\}$$

unter Beachtung von (4.2.15) in der Form

$$l(\boldsymbol{\vartheta}, w; \boldsymbol{y}, V_n) = (2\pi)^{-n/2} w^{n/2} \exp\left\{-\frac{w}{2}[(n-r+2)\,T_2(\boldsymbol{y}, V_n) + \|\boldsymbol{\vartheta} - \boldsymbol{T}_1(\boldsymbol{y}, V_n)\|^2_{\boldsymbol{F}(V_n)'\boldsymbol{F}(V_n)}]\right\}$$

geschrieben werden. Sei weiter

$$\tilde{\boldsymbol{U}} \mid V^{(0)} \to \mathcal{M}_r^{>} \times \mathsf{N};$$

$$\forall V_n \in V^{(0)}: \tilde{\boldsymbol{U}}(V_n) := (\boldsymbol{U}_1(V_n), U_2(V_n)) := ([\boldsymbol{F}(V_n)'\boldsymbol{F}(V_n)]^{-1}, n-r+2)\,. \quad (4.2.26)$$

Dann ist k gemäß

$$\forall \boldsymbol{\vartheta} \in \mathrm{R}^r\ \forall w \in \mathrm{R}^+: k(\boldsymbol{\vartheta}, w; \boldsymbol{T}_1(\boldsymbol{y}, V_n), T_2(\boldsymbol{y}, V_n), (\boldsymbol{U}_1(V_n), U_2(V_n)))$$

$$= w^{(U_2(V_n)+r-2)/2} \exp\left\{-\frac{w}{2}[U_2(V_n)\,T_2(\boldsymbol{y}, V_n) + \|\boldsymbol{\vartheta} - \boldsymbol{T}_1(\boldsymbol{y}, V_n)\|^2_{\boldsymbol{U}_1(V_n)^{-1}}]\right\} \quad (4.2.27)$$

ein Kern der Likelihoodfunktion $l(\cdot, \cdot; \boldsymbol{y}, V_n)$. Die Abbildung $\tilde{\boldsymbol{U}}$ aus (4.2.26) kann als eine Abbildung in den R^a; $a = r^2 + 1$; gedeutet werden, indem man für jedes $V_n \in V^{(0)}$ dem Bild $\tilde{\boldsymbol{U}}(V_n) =: (((u_{ij}(V_n)))_{r \times r}, n-r+2) \in \mathcal{M}_r^{>} \times \mathsf{N}$ den Vektor $\tilde{\boldsymbol{u}}(V_n) = (u_{11}(V_n), \ldots, u_{1r}(V_n), \ldots, u_{r1}(V_n), \ldots, u_{rr}(V_n), n-r+2)'$ zuordnet. Somit ist auch Vor. 4.2.8 erfüllt.

Es seien

$$\forall n \in \mathsf{N}: \mathcal{M}^{(n)} := \{\boldsymbol{A} \in \mathcal{M}_r^{>}: \exists V_n \in V^n \cap V^{(0)}: \boldsymbol{A} = (\boldsymbol{F}(V_n)'\boldsymbol{F}(V_n))^{-1}\}\,. \quad (4.2.28)$$

Für alle $V_n \in V^{(0)}$ ist $C(V_n) = \mathrm{R}^n$. Der entsprechend (4.2.22) gebildete Parameterbereich der Klasse der K_p-konjugierten Dichten hat so die Struktur

$$\tilde{\boldsymbol{T}}_{\tilde{U}} = \bigcup_{V_n \in V^{(0)}} (\boldsymbol{T}_1(C(V_n)) \times T_2(C(V_n)) \times \{\boldsymbol{U}_1(V_n)\} \times \{U_2(V_n)\})$$

$$= \mathrm{R}^r \times \mathrm{R}^+ \times \bigcup_{n \in \mathsf{N}} (\mathcal{M}^{(n)} \times \{n-r+2\}) =: \mathrm{R}^r \times \mathrm{R}^+ \times \bar{\boldsymbol{U}}\,. \quad (4.2.29)$$

Als Klasse der K_p-konjugierten Dichten erhält man gemäß Def. 4.2.6 die Klasse

$$\Pi(K_p) = \{g(\cdot, \cdot; \boldsymbol{\mu}, \boldsymbol{\Phi}, \alpha, \beta) := c(\boldsymbol{\mu}, \beta, \boldsymbol{\Phi}, \alpha)\,k(\cdot, \cdot; \boldsymbol{\mu}, \beta, \boldsymbol{\Phi}, \alpha)\}_{(\boldsymbol{\mu}, \beta, \boldsymbol{\Phi}, \alpha) \in \tilde{\boldsymbol{T}}_{\tilde{U}}}$$

mit

$$\forall (\boldsymbol{\mu}, \beta, \boldsymbol{\Phi}, \alpha) \in \tilde{\boldsymbol{T}}_{\tilde{U}}: c(\boldsymbol{\mu}, \beta, \boldsymbol{\Phi}, \alpha) := \left(\int_{\mathrm{R}^r}\int_{\mathrm{R}^+} k(\boldsymbol{\vartheta}, w; \boldsymbol{\mu}, \beta, \boldsymbol{\Phi}, \alpha)\,\mathrm{d}w\,\mathrm{d}\boldsymbol{\vartheta}\right)^{-1}.$$

Jede K_p-konjugierte Dichte $g(\cdot, \cdot; \boldsymbol{\mu}, \boldsymbol{\Phi}, \alpha, \beta)$ mit $(\boldsymbol{\mu}, \beta, \boldsymbol{\Phi}, \alpha) \in \tilde{\boldsymbol{T}}_{\tilde{U}}$ ist also von der Form

$$\forall \boldsymbol{\vartheta} \in \mathrm{R}^r\ \forall w \in \mathrm{R}^+: g(\boldsymbol{\vartheta}, w; \boldsymbol{\mu}, \boldsymbol{\Phi}, \alpha, \beta)$$

$$= c(\boldsymbol{\mu}, \beta, \boldsymbol{\Phi}, \alpha)\,w^{(\alpha/2)-1} \cdot \mathrm{e}^{-\alpha\beta/2} \cdot w^{r/2} \cdot \exp\left\{-\frac{w}{2}\|\boldsymbol{\vartheta} - \boldsymbol{\mu}\|^2_{\boldsymbol{\Phi}^{-1}}\right\}.$$

Dies ist die Dichte der Normal-Gamma-Verteilung NG $(\boldsymbol{\mu}, \boldsymbol{\Phi}, \alpha, \beta)$ (s. Def. 1.3.23). Damit ist folgende Aussage bewiesen:

Lemma 4.2.8: Es seien $V^{(0)}$ entsprechend (4.2.13) und

$$K_p = \left\{ P^{(w)}_{\varepsilon(V_n)} = \mathrm{N}\left(\boldsymbol{0}, \frac{1}{w} \boldsymbol{I}_n\right) \right\}_{w \in \mathrm{R}^+, V_n \in V^{(0)}}$$

sowie $\bar{\boldsymbol{U}}$ aus (4.2.29). Dann ist die Menge

$$\mathscr{P}(K_p) = \{ P_{(\theta,\omega)} = \mathrm{NG}\,(\boldsymbol{\mu}, \boldsymbol{\Phi}, \alpha, \beta) : \boldsymbol{\mu} \in \mathrm{R}^r, \beta \in \mathrm{R}^+, (\boldsymbol{\Phi}, \alpha) \in \bar{\boldsymbol{U}} \} \tag{4.2.30}$$

von Normal-Gamma-Verteilungen eine K_p-konjugierte Klasse von a-priori-Verteilungen für $(\boldsymbol{\theta}, \omega) = (\boldsymbol{\theta}, \Sigma^{-2})$ •

4.3. BAYES-Schätzung im KLR bei normalverteilten Beobachtungen und quadratischem Verlust

Wir betrachten nun die Schätzprobleme G_1 bzw. $G_1^{(0)}$ aus (4.1.16) bzw. (4.1.17) und wollen, unter Ausnutzung der Ergebnisse des Abschnitts 4.2, für den Fall normalverteilter Beobachtungen und quadratischen Verlustes, bayessche Schätzungen bez. der entsprechenden konjugierten a-priori-Verteilungen explizit angeben.

4.3.1. Vorbetrachtungen

Es sei $V_n \in V^{(0)}$ im folgenden ein fest gewählter Versuchsplan und

$$K_p^{(1)} = \{ P^{(\boldsymbol{w})}_{\varepsilon(V_n)} \}_{\boldsymbol{w} \in K} \tag{4.3.1}$$

bezeichne die Klasse aller in $K_p = \{ P^{(\boldsymbol{w})}_{\varepsilon(V_n)} \}_{\boldsymbol{w} \in K; V_n \in V^{(0)}}$ enthaltenen Fehlerverteilungen für $\varepsilon(V_n)$. Die Schätzprobleme G_1 bzw. $G_1^{(0)}$ schreiben wir im folgenden in der äquivalenten Form

$$G_1 = [\Theta \times K_p^{(1)}, D(V_n), R_1]; \quad G_1^{(0)} = [\Theta \times \{P_\varepsilon\}, D(V_n), R_1^{(0)}]; \quad P_\varepsilon \in K_p^{(1)}; \tag{4.3.2}$$

(s. Abschnitt 3.1). Desweiteren werden wir in den entsprechenden Ausdrücken (Schätzfunktionen, Verlust, Risiko usw.) häufig die explizite Abhängigkeit vom (festen) Plan V_n nicht mehr mitschreiben.

Im Schätzproblem $G_1 = [\Theta \times K_p^{(1)}, D(V_n), R_1]$ mit dem Risiko

$$\forall \boldsymbol{\vartheta} \in \Theta \; \forall \boldsymbol{w} \in K \; \forall \hat{\boldsymbol{\vartheta}} \in D(V_n) : R_1(\boldsymbol{\vartheta}, \boldsymbol{w}; \hat{\boldsymbol{\vartheta}}) = \mathrm{E}_{\mathfrak{Y}|\boldsymbol{\vartheta},\boldsymbol{w}} L(\boldsymbol{\vartheta}; \hat{\boldsymbol{\vartheta}}(\mathfrak{Y})) \tag{4.3.3}$$

ist das bayessche Risiko bez. der a-priori-Verteilung $P_{(\theta,\omega)} \in (\Theta \times K)^*$ durch

$$\forall \hat{\boldsymbol{\vartheta}} \in D(V_n) : \varrho_1(P_{(\theta,\omega)}; \hat{\boldsymbol{\vartheta}}) = \mathrm{E}_{(\theta,\omega)} R_1(\boldsymbol{\theta}, \boldsymbol{\omega}; \hat{\boldsymbol{\vartheta}}) \tag{4.3.4}$$

gegeben. Unter der Vor. 4.1.4 (Unabhängigkeit des Verlustes vom Zustand $\boldsymbol{w} \in K$ der Natur) nehmen wir speziell an, daß dem Schätzproblem für $\boldsymbol{\vartheta}$ eine quadratische Verlustfunktion zugrundegelegt werden kann:

Vor. 4.3.1: $\exists \boldsymbol{U} \in \mathscr{M}_r^{\geqq} \; \forall \boldsymbol{y} \in C(V_n) \; \forall \boldsymbol{\vartheta} \in \Theta \; \forall \hat{\boldsymbol{\vartheta}} \in D(V_n) : L(\boldsymbol{\vartheta}; \hat{\boldsymbol{\vartheta}}(\boldsymbol{y})) = \|\boldsymbol{\vartheta} - \hat{\boldsymbol{\vartheta}}(\boldsymbol{y})\|_U^2$ •

Eine allgemeinere Klasse von Verlustfunktionen wird im Abschnitt 4.5 betrachtet.

Vor. 4.3.2: Es seien $P_{(\theta,\omega)} \in (\Theta \times K)^*$ eine a-priori-Verteilung und die Klasse $K_p^{(1)}$ derart, daß gilt

$$\forall \boldsymbol{y} \in C(V_n)\ \exists c(\boldsymbol{y}) \in \mathrm{R}^1 : c(\boldsymbol{y}) = \mathrm{E}_{\theta|y} \|\boldsymbol{\theta} - \mathrm{E}_{\theta|y}\boldsymbol{\theta}\|_U^2 \bullet$$

In der Klasse $D_0(V_n)$ aller Schätzfunktionen, für die das Risiko R_1 existiert, liefert der Erwartungswert der a-posteriori-Verteilung von $\boldsymbol{\theta}$ einen bayesschen Schätzwert:

Lemma 4.3.1: Unter den Voraussetzungen 4.3.1 und 4.3.2 ist

$$\hat{\boldsymbol{\vartheta}}^*(\mathfrak{Y}) = \mathrm{E}(\boldsymbol{\theta} \mid \mathfrak{Y})$$

eine bayessche Schätzung in $G_1 = [\Theta \times K_p^{(1)}, D_0(V_n), R_1]$ bez. $P_{(\theta,\omega)} \bullet$

Beweis: Die Schätzfunktion $\hat{\boldsymbol{\vartheta}}^*(\mathfrak{Y}) = \mathrm{E}(\boldsymbol{\theta} \mid \mathfrak{Y})$ ist $(\mathscr{B}_{C(V_n)}, \mathscr{B}_\Theta)$-meßbar und mit Voraussetzung 4.3.2 ist $\hat{\boldsymbol{\vartheta}}^* \in D_0(V_n)$. Wegen Vor. 4.3.1 ist so $\hat{\boldsymbol{\vartheta}}^*$ nach Lemma 4.1.3 bayessch in G_1 bez. $P_{(\theta,\omega)}$, wenn $\hat{\boldsymbol{\vartheta}}^*$ Lösung der Aufgabe

$$\forall \boldsymbol{y} \in C(V_n) : \mathrm{E}_{\theta|y} L(\boldsymbol{\theta}; \hat{\boldsymbol{\vartheta}}(\boldsymbol{y})) \stackrel{!}{=} \inf_{\hat{\boldsymbol{\vartheta}} \in D_0(V_n)}$$

ist.

Es seien $\boldsymbol{y} \in C(V_n)$ und $c(\boldsymbol{y}) = \mathrm{E}_{\theta|y} \|\boldsymbol{\theta} - \hat{\boldsymbol{\vartheta}}^*(\boldsymbol{y})\|_U^2$ mit $\hat{\boldsymbol{\vartheta}}^*(\boldsymbol{y}) = \mathrm{E}_{\theta|y}\boldsymbol{\theta}$. Dann gilt: $\forall \hat{\boldsymbol{\vartheta}} \in D_0(V_n)$:

$$\begin{aligned}
\mathrm{E}_{\theta|y} L(\boldsymbol{\theta}; \hat{\boldsymbol{\vartheta}}(\boldsymbol{y})) &= \mathrm{E}_{\theta|y} \|\boldsymbol{\theta} - \hat{\boldsymbol{\vartheta}}(\boldsymbol{y})\|_U^2 \\
&= \mathrm{E}_{\theta|y} \|(\boldsymbol{\theta} - \hat{\boldsymbol{\vartheta}}^*(\boldsymbol{y})) + (\hat{\boldsymbol{\vartheta}}^*(\boldsymbol{y}) - \hat{\boldsymbol{\vartheta}}(\boldsymbol{y}))\|_U^2 \\
&= \mathrm{E}_{\theta|y} \|\boldsymbol{\theta} - \hat{\boldsymbol{\vartheta}}^*(\boldsymbol{y})\|_U^2 + \mathrm{E}_{\theta|y} \|\hat{\boldsymbol{\vartheta}}^*(\boldsymbol{y}) - \hat{\boldsymbol{\vartheta}}(\boldsymbol{y})\|_U^2 \\
&= c(\boldsymbol{y}) + \|\hat{\boldsymbol{\vartheta}}^*(\boldsymbol{y}) - \hat{\boldsymbol{\vartheta}}(\boldsymbol{y})\|_U^2 \\
&\geqq c(\boldsymbol{y}) = \mathrm{E}_{\theta|y} L(\boldsymbol{\theta}; \hat{\boldsymbol{\vartheta}}^*(\boldsymbol{y})) .
\end{aligned}$$

Folgerung 4.3.1: Es seien die Voraussetzungen 4.3.1 und 4.3.2 erfüllt. Dann gilt für jede Schätzfunktion $\hat{\boldsymbol{\vartheta}}$, die bayessch in $G_1 = [\Theta \times K_p^{(1)}, D(V_n), R_1]$ bez. $P_{(\theta,\omega)}$ ist,

$$\varrho_1(P_{(\theta,\omega)}; \hat{\boldsymbol{\vartheta}}) = \mathrm{sp}\, \boldsymbol{U} \mathrm{E}_{\mathfrak{Y}} \boldsymbol{B}_{\theta|\mathfrak{Y}}$$

$$\boldsymbol{B}_{\theta|\mathfrak{Y}} := \mathrm{E}_{\theta|\mathfrak{Y}} (\boldsymbol{\theta} - \mathrm{E}(\boldsymbol{\theta} \mid \mathfrak{Y}))\, (\boldsymbol{\theta} - \mathrm{E}(\boldsymbol{\theta} \mid \mathfrak{Y}))' \bullet \tag{4.3.5}$$

Beweis: Nach Lemma 4.3.1 ist $\hat{\boldsymbol{\vartheta}}^*(\mathfrak{Y}) = \mathrm{E}(\boldsymbol{\theta} \mid \mathfrak{Y})$ unter den getroffenen Voraussetzungen bayessch in G_1 bez. $P_{(\theta,\omega)}$. Deshalb gilt für jede Bayes-Schätzung $\hat{\boldsymbol{\vartheta}}$ in G_1 bez. $P_{(\theta,\omega)}$:

$$\begin{aligned}
\varrho_1(P_{(\theta,\omega)}; \hat{\boldsymbol{\vartheta}}) &= \varrho_1(P_{(\theta,\omega)}; \hat{\boldsymbol{\vartheta}}^*) = \mathrm{E}_{(\theta,\omega)} \mathrm{E}_{\mathfrak{Y}|\theta,\omega} L(\boldsymbol{\theta}; \hat{\boldsymbol{\vartheta}}^*(\mathfrak{Y})) \\
&= \mathrm{E}_{(\theta,\omega)} \mathrm{E}_{\mathfrak{Y}|\theta,\omega} \|\boldsymbol{\theta} - \mathrm{E}(\boldsymbol{\theta} \mid \mathfrak{Y})\|_U^2 \\
&= \mathrm{E}_{\mathfrak{Y}} \mathrm{E}_{(\theta,\omega)|\mathfrak{Y}} \|\boldsymbol{\theta} - \mathrm{E}(\boldsymbol{\theta} \mid \mathfrak{Y})\|_U^2 \\
&= \mathrm{E}_{\mathfrak{Y}} \mathrm{E}_{\theta|\mathfrak{Y}} \|\boldsymbol{\theta} - \mathrm{E}(\boldsymbol{\theta} \mid \mathfrak{Y})\|_U^2 \\
&= \mathrm{E}_{\mathfrak{Y}} \mathrm{E}_{\theta|\mathfrak{Y}}\, \mathrm{sp}\, \boldsymbol{U}(\boldsymbol{\theta} - \mathrm{E}(\boldsymbol{\theta} \mid \mathfrak{Y}))\, (\boldsymbol{\theta} - \mathrm{E}(\boldsymbol{\theta} \mid \mathfrak{Y}))' \\
&= \mathrm{sp}\, \boldsymbol{U} \mathrm{E}_{\mathfrak{Y}} \boldsymbol{B}_{\theta|\mathfrak{Y}} .
\end{aligned}$$

Für jede Realisierung $\boldsymbol{y} \in C(V_n)$ von $\mathfrak{Y}$ stellt die Realisierung $\boldsymbol{B}_{\theta|y}$ der gemäß (4.3.5) definierten zufälligen Matrix $\boldsymbol{B}_{\theta|\mathfrak{Y}}$ die Kovarianzmatrix der a-posteriori-Randverteilung $P_{\theta|y}$ von $\boldsymbol{\theta}$ dar. Die Folgerung 4.3.1 bietet so eine einfach handhabbare Vorschrift zur Berechnung des bayesschen Schätzrisikos, das bei der Behandlung des anschließenden Planungsproblems benötigt wird (s. Abschnitt 2.3 und Kapitel 7). Wir werden dieses Ergebnis im Zusammenhang mit dem folgenden Lemma auch ausnutzen, um Aussagen über die Zulässigkeit von Bayes-Schätzungen in G_1 bzw. $G_1^{(0)}$ zu treffen.

Lemma 4.3.2: a) Es seien $\boldsymbol{w}_0 \in K$, $P_\varepsilon = P_{\varepsilon(V_n)}^{(\boldsymbol{w}_0)} \in K_p^{(1)}$ und $P_\theta \in \Theta^*$ mit supp $P_\theta = \Theta$. Für alle $\hat{\boldsymbol{\vartheta}} \in D(V_n)$ sei $R_1^{(0)}(\cdot; \hat{\boldsymbol{\vartheta}})$ stetig über Θ. Dann ist jedes $\hat{\boldsymbol{\vartheta}}^{(0)} \in D(V_n)$ mit $\varrho_1^{(0)}(P_\theta; \hat{\boldsymbol{\vartheta}}^{(0)}) \in \mathrm{R}^1$, das bayessch in $G_1^{(0)}$ bez. P_θ ist, auch zulässig in $G_1^{(0)}$.

b) Es seien $P_{(\theta,\omega)} \in (\Theta \times K)^*$ mit supp $P_{(\theta,\omega)} = \Theta \times K$. Für alle $\hat{\boldsymbol{\vartheta}} \in D(V_n)$ sei $R_1(\cdot, \cdot; \hat{\boldsymbol{\vartheta}})$ stetig über $\Theta \times K$. Dann ist jedes $\hat{\boldsymbol{\vartheta}}^* \in D(V_n)$ mit $\varrho_1(P_{(\theta,\omega)}; \hat{\boldsymbol{\vartheta}}^*) \in \mathrm{R}^1$, das bayessch in G_1 bez. $P_{(\theta,\omega)}$ ist, auch zulässig in G_1 •

Zum Beweis: Die Aussage von Lemma 4.3.2 läßt sich ganz analog wie in FERGUSON [1] (S. 62) beweisen, wo eine entsprechende Aussage für ein allgemeines statistisches Entscheidungsproblem mit eindimensionalem Parameterraum angegeben ist.

Zur Ermittlung einer BAYES-Schätzung sind Angaben über die Verteilung des Fehlervektors $\boldsymbol{\varepsilon}(V_n)$ nötig. Es sei $\sigma \in \mathrm{R}^+$.

Def. 4.3.1: Das Tripel $(\mathfrak{Y}(V_n), \boldsymbol{F}(V_n)\,\boldsymbol{\vartheta}, \sigma^2\boldsymbol{I}_n)$ heißt *normales klassisches lineares Regressionsmodell* (NKLR) $=_{\mathrm{df}}$

$$\langle\!\langle (\mathfrak{Y}(V_n), \boldsymbol{F}(V_n)\,\boldsymbol{\vartheta}, \sigma^2\boldsymbol{I}_n) \text{ ist KLR} \rangle\!\rangle \wedge \forall \boldsymbol{\vartheta} \in \Theta: P_{\mathfrak{Y}(V_n)|\theta} = \mathrm{N}(\boldsymbol{F}(V_n)\,\boldsymbol{\vartheta}, \sigma^2\boldsymbol{I}_n) \;\bullet$$

Es sei V_{reg} die Menge der regulären Pläne (s. (4.2.13)).

Vor. 4.3.3: Es seien $V^{(0)} \subseteq V_{\mathrm{reg}}$, $V_n \in V^{(0)}$ und $(\mathfrak{Y}(V_n), \boldsymbol{F}(V_n)\,\boldsymbol{\vartheta}, \sigma^2\boldsymbol{I}_n)$ ein NKLR •

Wir betrachten zunächst das Schätzproblem bei bekannter Fehlervarianz, d. h. $G_1^{(0)} = [\Theta \times \{\mathrm{N}(\boldsymbol{0}, \sigma^2\boldsymbol{I}_n)\}, D_0(V_n), R_1^{(0)}]$ und anschließend das Schätzproblem bei unbekanntem σ^2. Dabei gehen wir davon aus, daß die a-priori-Kenntnisse über $\boldsymbol{\vartheta} \in \Theta$ bzw. $(\boldsymbol{\vartheta}, \sigma^2) \in \Theta \times \mathrm{R}^+$ durch eine entsprechende konjugierte a-priori-Verteilung ausgedrückt werden können. Später werden wir dann untersuchen, inwieweit die erhaltene Schätzung noch Optimalitätseigenschaften besitzt, wenn diese Annahme sowie die hier gestellten Voraussetzungen an die Verlustfunktion und die Fehlerverteilung nicht erfüllt sind (s. Abschnitt 4.5).

In diesem Abschnitt gelte weiter die Vor. 3.2.2 ($\Theta = \mathrm{R}^r$).

4.3.2. BAYES-Schätzung in $G_1^{(0)}$

Es seien $\sigma_0 \in \mathrm{R}^+$ und $K = \{\sigma_0^2\}$. Wir betrachten das Schätzproblem

$$G_1^{(0)} = [\Theta \times \{\mathrm{N}(\boldsymbol{0}, \sigma_0^2\boldsymbol{I}_n)\}, D_0(V_n), R_1^{(0)}] \tag{4.3.6}$$

und verwenden die im Abschnitt 4.2.2, *$K_p^{(0)}$-konjugierte a-priori-Verteilungen im KLR mit normalverteilten Fehlern* eingeführten Größen und Bezeichnungen. Die Klasse $\mathcal{P}(K_p^{(0)})$ der $K_p^{(0)}$-konjugierten a-priori-Verteilungen ist im vorliegenden Falle eine Menge von Normalverteilungen über $[\mathrm{R}^r, \mathcal{B}^r]$ (s. Lemma 4.2.5). Die a-priori-Kenntnis über $\boldsymbol{\vartheta} \in \Theta = \mathrm{R}^r$ sei durch die a-priori-Verteilung $P_\theta = \mathrm{N}(\boldsymbol{\mu}, \boldsymbol{\Lambda}) \in \mathcal{P}(K_p^{(0)})$ mit $(\boldsymbol{\mu}, \boldsymbol{\Lambda}) \in \mathrm{R}^r \times \tilde{\boldsymbol{U}}_0$ dargestellt, wobei $\tilde{\boldsymbol{U}}_0 \subseteq \mathcal{M}_r^{>}$ gemäß (4.2.18) gegeben ist. Wegen $\mathrm{N}(\boldsymbol{\mu}, \boldsymbol{\Lambda}) \in \mathcal{P}(K_p^{(0)})$ gilt

$$\exists a \in \mathrm{N}\; \exists V_a (V_a \in V^a \wedge \mathrm{Rg}\, \boldsymbol{F}(V_a) = r)\; \exists \tilde{\boldsymbol{y}} \in C(V_a):$$

$$\boldsymbol{\Lambda} = \tilde{\boldsymbol{U}}(V_a) = \sigma_0^2(\boldsymbol{F}(V_a)'\,\boldsymbol{F}(V_a))^{-1} \wedge \boldsymbol{\mu} = \boldsymbol{T}(\tilde{\boldsymbol{y}}, V_a) = (\boldsymbol{F}(V_a)'\,\boldsymbol{F}(V_a))^{-1}\,\boldsymbol{F}(V_a)'\,\tilde{\boldsymbol{y}}\,.$$

Die a-posteriori-Verteilung $P_{\theta|\boldsymbol{y}}$; $\boldsymbol{y} \in C(V_n)$; ist auf Grund von Satz 4.2.1 ebenfalls eine Normalverteilung: $P_{\theta|\boldsymbol{y}} \in \mathcal{P}(K_p^{(0)})$. Deren Parameter erhält man entsprechend der

Aussage des Satzes 4.2.2:

$$\forall \boldsymbol{y} \in C(V_n): P_{\theta|y} = \mathrm{N}(\boldsymbol{\mu}_1(\boldsymbol{y}), \boldsymbol{\Lambda}_1),$$
$$\boldsymbol{\mu}_1(\boldsymbol{y}) = \boldsymbol{\mu} \oplus \boldsymbol{T}(\boldsymbol{y}, V_n) = \boldsymbol{\mu} \oplus (\boldsymbol{F}(V_n)' \boldsymbol{F}(V_n))^{-1} \boldsymbol{F}(V_n)' \boldsymbol{y},$$
$$\boldsymbol{\Lambda}_1 = \boldsymbol{\Lambda} * \tilde{\boldsymbol{U}}(V_n) = \boldsymbol{\Lambda} * \sigma_0^2(\boldsymbol{F}(V_n)' \boldsymbol{F}(V_n))^{-1}.$$

Die Ausführung der Operationen $\oplus$ und $*$ ergibt zunächst (s. Def. 4.2.5)

$$\boldsymbol{\Lambda}_1 = \boldsymbol{\Lambda} * \tilde{\boldsymbol{U}}(V_n) = \tilde{\boldsymbol{U}}(V_a) * \tilde{\boldsymbol{U}}(V_n) = \tilde{\boldsymbol{U}}(V_a + V_n) = \sigma_0^2(\boldsymbol{F}(V_a + V_n)' \boldsymbol{F}(V_a + V_n))^{-1};$$
$$\boldsymbol{\mu}_1(\boldsymbol{y}) = \boldsymbol{\mu} \oplus \boldsymbol{T}(\boldsymbol{y}, V_n) = \boldsymbol{T}(\tilde{\boldsymbol{y}}, V_a) \oplus \boldsymbol{T}(\boldsymbol{y}, V_n) = \boldsymbol{T}((\tilde{\boldsymbol{y}}', \boldsymbol{y}')', V_a + V_n)$$
$$= (\boldsymbol{F}(V_a + V_n)' \boldsymbol{F}(V_a + V_n))^{-1} \boldsymbol{F}(V_a + V_n)' \begin{pmatrix} \tilde{\boldsymbol{y}} \\ \boldsymbol{y} \end{pmatrix} = \sigma_0^{-2} \boldsymbol{\Lambda}_1 \boldsymbol{F}(V_a + V_n)' \begin{pmatrix} \tilde{\boldsymbol{y}} \\ \boldsymbol{y} \end{pmatrix}.$$

Wegen $\boldsymbol{F}(V_a + V_n) = (\boldsymbol{F}(V_a)', \boldsymbol{F}(V_n)')'$ folgt hieraus

$$\boldsymbol{\Lambda}_1 = \sigma_0^2(\boldsymbol{F}(V_a)' \boldsymbol{F}(V_a) + \boldsymbol{F}(V_n)' \boldsymbol{F}(V_n))^{-1} = \sigma_0^2(\sigma_0^2 \tilde{\boldsymbol{U}}(V_a)^{-1} + \boldsymbol{F}(V_n)' \boldsymbol{F}(V_n))^{-1}$$
$$= (\sigma_0^{-2} \boldsymbol{F}(V_n)' \boldsymbol{F}(V_n) + \boldsymbol{\Lambda}^{-1})^{-1};$$
$$\boldsymbol{\mu}_1(\boldsymbol{y}) = \sigma_0^{-2} \boldsymbol{\Lambda}_1 (\boldsymbol{F}(V_a)' \tilde{\boldsymbol{y}} + \boldsymbol{F}(V_n)' \boldsymbol{y}) = \boldsymbol{\Lambda}_1(\sigma_0^{-2} \boldsymbol{F}(V_a)' \boldsymbol{F}(V_a) \boldsymbol{T}(\tilde{\boldsymbol{y}}, V_a) + \sigma_0^{-2} \boldsymbol{F}(V_n)' \boldsymbol{y})$$
$$= \boldsymbol{\Lambda}_1(\sigma_0^{-2} \boldsymbol{F}(V_n)' \boldsymbol{y} + \boldsymbol{\Lambda}^{-1} \boldsymbol{\mu}).$$

Zusammenfassend gilt somit

Lemma 4.3.3: $P_\theta = \mathrm{N}(\boldsymbol{\mu}, \boldsymbol{\Lambda}) \wedge P_{\mathfrak{Y}|\vartheta} = \mathrm{N}(\boldsymbol{F}\boldsymbol{\vartheta}, \sigma_0^2 \boldsymbol{I}_n)$
$\Rightarrow \forall \boldsymbol{y} \in C(V_n): P_{\theta|y} = \mathrm{N}([\sigma_0^{-2} \boldsymbol{F}'\boldsymbol{F} + \boldsymbol{\Lambda}^{-1}]^{-1} [\sigma_0^{-2} \boldsymbol{F}' \boldsymbol{y} + \boldsymbol{\Lambda}^{-1} \boldsymbol{\mu}], [\sigma_0^{-2} \boldsymbol{F}'\boldsymbol{F} + \boldsymbol{\Lambda}^{-1}]^{-1})$ •

Im vorliegenden Spezialfall $K = \{\sigma_0^2\}$ ist mit $K_p^{(1)} = \{\mathrm{N}(\boldsymbol{0}, \sigma_0^2 \boldsymbol{I}_n)\}$ sowie $P_{(\theta, \omega)} = P_\theta = \mathrm{N}(\boldsymbol{\mu}, \boldsymbol{\Lambda})$ die Vor. 4.3.2 erfüllt. Aus Lemma 4.3.1 folgt so unmittelbar

Satz 4.3.1: Es seien $L \in \mathscr{L}_q^r$, $P_\theta = \mathrm{N}(\boldsymbol{\mu}, \boldsymbol{\Lambda})$ und $P_\varepsilon = P_{\varepsilon(V_n)} = \mathrm{N}(\boldsymbol{0}, \sigma_0^2 \boldsymbol{I}_n)$. Dann ist

$$\hat{\boldsymbol{\vartheta}}^{(0)}(\mathfrak{Y}(V_n)) = [\sigma_0^{-2} \boldsymbol{F}(V_n)' \boldsymbol{F}(V_n) + \boldsymbol{\Lambda}^{-1}]^{-1} [\sigma_0^{-2} \boldsymbol{F}(V_n)' \mathfrak{Y}(V_n) + \boldsymbol{\Lambda}^{-1} \boldsymbol{\mu}] \quad (4.3.7)$$

eine bayessche Schätzung in $G_1^{(0)} = [\Theta \times \{P_\varepsilon\}, D_0(V_n), R_1^{(0)}]$ bez. P_θ •

Folgerung 4.3.2: Die bayessche Schätzung $\hat{\boldsymbol{\vartheta}}^{(0)}$ von (4.3.7) ist für jedes $L \in \mathscr{L}_q^r$ eine zulässige Schätzung für $\boldsymbol{\vartheta}$ in $G_1^{(0)} = [\mathrm{R}^r \times \{\mathrm{N}(\boldsymbol{0}, \sigma_0^2 \boldsymbol{I}_n)\}, D_0(V_n), R_1^{(0)}]$ •

Beweis: Mit Folgerung 4.3.1, Lemma 4.3.3 und Satz 4.3.1 weist man nach, daß für $\hat{\boldsymbol{\vartheta}}^{(0)}$, $P_\theta = \mathrm{N}(\boldsymbol{\mu}, \boldsymbol{\Lambda})$, $P_\varepsilon = \mathrm{N}(\boldsymbol{0}, \sigma_0^2 \boldsymbol{I}_n)$ und das durch $L \in \mathscr{L}_q^r$ erzeugte Risiko $R_1^{(0)}$ die Voraussetzungen von Lemma 4.3.2 erfüllt sind.

Die bayessche Schätzung (4.3.7) läßt sich in der Form

$$\hat{\boldsymbol{\vartheta}}^{(0)} = [\boldsymbol{B}_{\check{\vartheta}}^{-1} + \boldsymbol{\Lambda}^{-1}]^{-1} [\boldsymbol{B}_{\check{\vartheta}}^{-1} \check{\boldsymbol{\vartheta}} + \boldsymbol{\Lambda}^{-1} \boldsymbol{\mu}]$$

mit der Kovarianzmatrix $\boldsymbol{B}_{\check{\vartheta}} = \sigma_0^2(\boldsymbol{F}'\boldsymbol{F})^{-1}$ von $\check{\boldsymbol{\vartheta}}$ darstellen. Daraus wird ersichtlich, daß $\hat{\boldsymbol{\vartheta}}^{(0)}$ ein gewichtetes Mittel der MKQ-Schätzung $\check{\boldsymbol{\vartheta}}$ und des a-priori-Erwartungswertes $\boldsymbol{\mu}$ ist. Weiter kann man $\hat{\boldsymbol{\vartheta}}^{(0)}$ umformen zu

$$\hat{\boldsymbol{\vartheta}}^{(0)} = \check{\boldsymbol{\vartheta}} + \boldsymbol{\Lambda}_1 \boldsymbol{\Lambda}^{-1}(\boldsymbol{\mu} - \check{\boldsymbol{\vartheta}}); \quad \boldsymbol{\Lambda}_1 = (\sigma_0^{-2} \boldsymbol{F}'\boldsymbol{F} + \boldsymbol{\Lambda}^{-1})^{-1}; \quad (4.3.8)$$

wobei $\boldsymbol{\Lambda}_1$ die (nicht vom Versuchsergebnis $\boldsymbol{y} \in C(V_n)$ abhängige) Kovarianzmatrix der a-posteriori-Verteilung von $\boldsymbol{\theta}$ ist (vgl. Lemma 4.3.3). Die Schätzfunktion $\hat{\boldsymbol{\vartheta}}^{(0)}$ wird also i. allg. nicht erwartungstreu sein, sie hat den Bias

$$\boldsymbol{b}(\boldsymbol{\vartheta}) = \boldsymbol{\Lambda}_1\boldsymbol{\Lambda}^{-1}(\boldsymbol{\mu} - \boldsymbol{\vartheta}) .$$

Der in (4.3.8) auftretende Term $\boldsymbol{\Lambda}_1\boldsymbol{\Lambda}^{-1}(\boldsymbol{\mu} - \check{\boldsymbol{\vartheta}})$ kann als Korrekturterm interpretiert werden, um den die MKQ-Schätzung durch die a-priori-Kenntnis $P_\theta = \mathrm{N}(\boldsymbol{\mu}, \boldsymbol{\Lambda})$ korrigiert wird (zur Anwendung von (4.3.7) s. II/3).

Bemerkung 4.3.1: Für den Fall, daß die Fehlerverteilung von der Form $P_{\varepsilon(V_n)} = \mathrm{N}(\boldsymbol{0}, \boldsymbol{B}_\varepsilon)$ mit $\boldsymbol{B}_\varepsilon \neq \sigma_0^2\boldsymbol{I}_n$ und $\operatorname{Rg} \boldsymbol{B}_\varepsilon = n$ ist, ergibt sich unter den gleichen übrigen Voraussetzungen wie in Satz 4.3.1 eine BAYES-Schätzung für $\boldsymbol{\vartheta}$ in Verallgemeinerung von (4.3.7) gemäß

$$\hat{\boldsymbol{\vartheta}}^{(0)}_{\boldsymbol{B}_\varepsilon}(\mathfrak{Y}) = [\boldsymbol{F}'\boldsymbol{B}_\varepsilon^{-1}\boldsymbol{F} + \boldsymbol{\Lambda}^{-1}]^{-1}\,[\boldsymbol{F}'\boldsymbol{B}_\varepsilon^{-1}\mathfrak{Y} + \boldsymbol{\Lambda}^{-1}\boldsymbol{\mu}] .$$

Dies kann z. B. über die bayessche Formel überprüft werden (s. LINDLEY/SMITH [1]).

4.3.3. BAYES-Schätzung in G_1

Es sei nun $K = \mathrm{R}^+$, und es wird angenommen, daß auch über die Varianz $\sigma^2 \in K$ der Beobachtungen im NKLR $\big(\mathfrak{Y}(V_n), \boldsymbol{F}(V_n)\,\boldsymbol{\vartheta}, \sigma^2\boldsymbol{I}_n\big)$ a-priori-Kenntnisse vorliegen. Wie in Abschnitt 4.2.3 seien $w = \sigma^{-2}$ und $\omega = \Sigma^{-2}$ die entsprechende Zufallsgröße mit Werten in $K = \mathrm{R}^+$. Wir betrachten so das Schätzproblem

$$G_1 = [\Theta \times K_p^{(1)}, D_0(V_n), R_1]; \qquad K_p^{(1)} = \left\{\mathrm{N}\left(\boldsymbol{0}, \frac{1}{w}\,\boldsymbol{I}_n\right)\right\}_{w\in\mathrm{R}^+};$$

$$\forall \boldsymbol{\vartheta} \in \Theta = \mathrm{R}^r\ \forall w \in \mathrm{R}^+\ \forall \hat{\boldsymbol{\vartheta}} \in D(V_n): R_1(\boldsymbol{\vartheta}, w; \hat{\boldsymbol{\vartheta}}) = \mathrm{E}_{\mathfrak{Y}|\theta,w}\, \|\boldsymbol{\vartheta} - \hat{\boldsymbol{\vartheta}}(\mathfrak{Y})\|_U^2 . \quad (4.3.9)$$

Die Klasse $\mathscr{P}(K_p)$ der K_p-konjugierten a-priori-Verteilungen $\big(K_p$ entsprechend (4.2.24)$\big)$ ist nach Lemma 4.2.8 die gemäß (4.2.30) gegebene Klasse von Normal-Gamma-Verteilungen. Die a-priori-Kenntnis über $(\boldsymbol{\vartheta}, \sigma^{-2}) \in \Theta \times K = \mathrm{R}^r \times \mathrm{R}^+$ sei durch die a-priori-Verteilung

$$P_{(\theta,\Sigma^{-2})} = \mathrm{NG}\,(\boldsymbol{\mu}, \boldsymbol{\Phi}, \alpha, \beta) \in \mathscr{P}(K_p); \qquad (\boldsymbol{\mu}, \boldsymbol{\Phi}, \alpha, \beta) \in \mathrm{R}^r \times \mathscr{M}_r^> \times \mathsf{N} \times \mathrm{R}^+;$$

dargestellt. Wir berechnen über die a-posteriori-Verteilung von $(\boldsymbol{\theta}, \omega) = (\boldsymbol{\theta}, \Sigma^{-2})$ die a-posteriori-Randverteilung von $\boldsymbol{\theta}$. Mit dem Erwartungswert dieser Verteilung können wir dann entsprechend Lemma 4.3.1 eine bayessche Schätzung für $\boldsymbol{\vartheta}$ in G_1 angeben.

Mit $P_{(\theta,\Sigma^{-2})} = \mathrm{NG}\,(\boldsymbol{\mu}, \boldsymbol{\Phi}, \alpha, \beta) \in \mathscr{P}(K_p)$ ist die a-posteriori-Verteilung $P_{(\theta,\Sigma^{-2})|\boldsymbol{y}}$; $\boldsymbol{y} \in C(V_n)$; auf Grund der Abgeschlossenheit von $\mathscr{P}(K_p)$ bez. der Beobachtung ebenfalls eine Normal-Gamma-Verteilung aus $\mathscr{P}(K_p)$. Deren Parameter erhalten wir mittels der für $\Theta \times K = \mathrm{R}^r \times \mathrm{R}^+$ suffizienten Statistik $\tilde{\boldsymbol{T}} = (\boldsymbol{T}_1', T_2)'$ gemäß (4.2.25) und der Funktion $\tilde{\boldsymbol{U}} = (\boldsymbol{U}_1, U_2)$ gemäß (4.2.26) durch die Komposition $\odot$ in dem durch (4.2.29) gegebenen Parameterbereich $\tilde{\boldsymbol{T}}_{\tilde{U}}$ von $\mathscr{P}(K_p)$. Nach Lemma 4.2.7 bzw. Satz 4.2.4 gilt nämlich

$$\forall \boldsymbol{y} \in C(V_n): P_{(\theta,\Sigma^{-2})|\boldsymbol{y}} = \mathrm{NG}\,\big(\boldsymbol{\mu}_1(\boldsymbol{y}), \boldsymbol{\Phi}_1, \alpha_1, \beta_1(\boldsymbol{y})\big)$$

$$\wedge\ \big(\boldsymbol{\mu}_1(\boldsymbol{y}), \beta_1(\boldsymbol{y}), (\boldsymbol{\Phi}_1, \alpha_1)\big) := \big(\boldsymbol{\mu}, \beta, (\boldsymbol{\Phi}, \alpha)\big) \odot \big(\boldsymbol{T}_1(\boldsymbol{y}, V_n), T_2(\boldsymbol{y}, V_n), (\boldsymbol{U}_1(V_n), U_2(V_n))\big)$$

$$= \big(\boldsymbol{\mu} \oplus \boldsymbol{T}_1(\boldsymbol{y}, V_n), \beta \oplus T_2(\boldsymbol{y}, V_n), (\boldsymbol{\Phi}, \alpha) * (\boldsymbol{U}_1(V_n), U_2(V_n))\big) .$$

Auf Grund der Konstruktionsvorschrift für die K_p-konjugierten Verteilungen $\big($s. (4.2.23)$\big)$ existieren eine natürliche Zahl $a \geqq r$, ein Plan $V_a \in V^{(0)}$ und ein $\tilde{\boldsymbol{y}} \in C(V_a)$, so daß für die Parameter der a-priori-Verteilung $P_{(\boldsymbol{\theta}, \Sigma^{-2})}$ gilt

$$\boldsymbol{\mu} := \boldsymbol{T}_1(\tilde{\boldsymbol{y}}, V_a) = \left(\boldsymbol{F}(V_a)' \boldsymbol{F}(V_a)\right)^{-1} \boldsymbol{F}(V_a)' \tilde{\boldsymbol{y}};$$

$$\beta := T_2(\tilde{\boldsymbol{y}}, V_a) = \frac{1}{a - r + 2} ||\tilde{\boldsymbol{y}} - \boldsymbol{F}(V_a) \boldsymbol{T}_1(\tilde{\boldsymbol{y}}, V_a)||^2_{\boldsymbol{I}_a};$$

$$\boldsymbol{\Phi} := \boldsymbol{U}_1(V_a) = \left(\boldsymbol{F}(V_a)' \boldsymbol{F}(V_a)\right)^{-1}; \quad \alpha := U_2(V_a) = a - r + 2 .$$

Die Berechnung der Parameter $\boldsymbol{\mu}_1 = \boldsymbol{\mu}_1(\boldsymbol{y}) = \boldsymbol{\mu} \oplus \boldsymbol{T}_1(\boldsymbol{y}, V_n)$; $\boldsymbol{y} \in C(V_n)$; und $\boldsymbol{\Phi}_1 = \boldsymbol{\Phi} * \boldsymbol{U}_1(V_n) = \boldsymbol{\Phi} * \left(\boldsymbol{F}(V_n)' \boldsymbol{F}(V_n)\right)^{-1}$ verläuft genauso wie die Berechnung der Größen $\boldsymbol{\mu}_1(\boldsymbol{y})$ und $\boldsymbol{\Lambda}_1$ im Abschnitt 4.3.2 für den Fall bekannter Varianz $\sigma^2 = \sigma_0^2$. Anstelle der dort verwendeten Ausdrücke $\tilde{\boldsymbol{U}}(V_n) = \sigma_0^2\left(\boldsymbol{F}(V_n)' \boldsymbol{F}(V_n)\right)^{-1}$ bzw. $\boldsymbol{\Lambda}$ braucht man nur die hier entsprechenden Ausdrücke $\boldsymbol{U}_1(V_n) = \left(\boldsymbol{F}(V_n)' \boldsymbol{F}(V_n)\right)^{-1}$ bzw. $\boldsymbol{\Phi}$ einzusetzen, und es ergibt sich

$$\boldsymbol{\Phi}_1 = \boldsymbol{\Phi} * \boldsymbol{U}_1(V_n) = \left(\boldsymbol{\Phi}^{-1} + \boldsymbol{F}(V_n)' \boldsymbol{F}(V_n)\right)^{-1},$$

$$\boldsymbol{\mu}_1(\boldsymbol{y}) = \boldsymbol{\mu} \oplus \boldsymbol{T}_1(\boldsymbol{y}, V_n) = \boldsymbol{\Phi}_1\left(\boldsymbol{\Phi}^{-1}\boldsymbol{\mu} + \boldsymbol{F}(V_n)' \boldsymbol{y}\right).$$

Für α_1 erhalten wir

$$\alpha_1 = U_2(V_a) * U_2(V_n) = U_2(V_a + V_n) = a + n - r + 2 = \alpha + n .$$

Bezeichnen kurz $\boldsymbol{F}_a = \boldsymbol{F}(V_a)$, $\boldsymbol{F}_n = \boldsymbol{F}(V_n)$ und $\breve{\boldsymbol{\vartheta}}_a = \boldsymbol{T}_1(\tilde{\boldsymbol{y}}, V_a) = (\boldsymbol{F}_a'\boldsymbol{F}_a)^{-1} \boldsymbol{F}_a'\tilde{\boldsymbol{y}}$, dann ergibt sich für den Parameter $\beta_1(\boldsymbol{y})$ von $P_{(\boldsymbol{\theta}, \Sigma^{-2})|\boldsymbol{y}} = \mathrm{NG}\left(\boldsymbol{\mu}_1(\boldsymbol{y}), \boldsymbol{\Phi}_1, \alpha_1, \beta_1(\boldsymbol{y})\right)$

$$\begin{aligned}\beta_1(\boldsymbol{y}) &= \beta \oplus T_2(\boldsymbol{y}, V_n) = T_2(\tilde{\boldsymbol{y}}, V_a) \oplus T_2(\boldsymbol{y}, V_n) = T_2\left((\tilde{\boldsymbol{y}}', \boldsymbol{y}')', V_a + V_n\right) \\ &= \frac{1}{a + n - r + 2} ||(\tilde{\boldsymbol{y}}', \boldsymbol{y}')' - \boldsymbol{F}(V_a + V_n) \boldsymbol{T}_1\left((\tilde{\boldsymbol{y}}', \boldsymbol{y}')', V_a + V_n\right)||^2_{\boldsymbol{I}_{a+n}} \\ &= \frac{1}{\alpha + n} ||(\tilde{\boldsymbol{y}}', \boldsymbol{y}')' - (\boldsymbol{F}_a', \boldsymbol{F}_n')' \boldsymbol{\mu}_1(\boldsymbol{y})||^2_{\boldsymbol{I}_{a+n}} \\ &= \frac{1}{\alpha + n} ||\tilde{\boldsymbol{y}} - \boldsymbol{F}_a\boldsymbol{\mu}_1(\boldsymbol{y})||^2_{\boldsymbol{I}_a} + \frac{1}{\alpha + n} ||\boldsymbol{y} - \boldsymbol{F}_n\boldsymbol{\mu}_1(\boldsymbol{y})||^2_{\boldsymbol{I}_n}.\end{aligned}$$

Wegen $(\tilde{\boldsymbol{y}} - \boldsymbol{F}_a\breve{\boldsymbol{\vartheta}}_a)' \boldsymbol{F}_a\left(\breve{\boldsymbol{\vartheta}}_a - \boldsymbol{\mu}_1(\boldsymbol{y})\right) = \left(\breve{\boldsymbol{\vartheta}}_a - \boldsymbol{\mu}_1(\boldsymbol{y})\right)' (\boldsymbol{F}_a'\tilde{\boldsymbol{y}} - \boldsymbol{F}_a'\boldsymbol{F}_a\breve{\boldsymbol{\vartheta}}_a) = 0$ gilt

$$\begin{aligned}||\tilde{\boldsymbol{y}} - \boldsymbol{F}_a\boldsymbol{\mu}_1(\boldsymbol{y})||^2_{\boldsymbol{I}_a} &= ||(\tilde{\boldsymbol{y}} - \boldsymbol{F}_a\breve{\boldsymbol{\vartheta}}_a) + \boldsymbol{F}_a\left(\breve{\boldsymbol{\vartheta}}_a - \boldsymbol{\mu}_1(\boldsymbol{y})\right)||^2_{\boldsymbol{I}_a} \\ &= ||\tilde{\boldsymbol{y}} - \boldsymbol{F}_a\breve{\boldsymbol{\vartheta}}_a||^2_{\boldsymbol{I}_a} + ||\breve{\boldsymbol{\vartheta}}_a - \boldsymbol{\mu}_1(\boldsymbol{y})||^2_{\boldsymbol{F}_a'\boldsymbol{F}_a} = \alpha\beta + ||\boldsymbol{\mu} - \boldsymbol{\mu}_1(\boldsymbol{y})||^2_{\boldsymbol{\Phi}^{-1}}.\end{aligned}$$

Daraus folgt $\beta_1(\boldsymbol{y}) = \dfrac{1}{\alpha + n} [\alpha\beta + ||\boldsymbol{\mu} - \boldsymbol{\mu}_1(\boldsymbol{y})||^2_{\boldsymbol{\Phi}^{-1}} + ||\boldsymbol{y} - \boldsymbol{F}(V_n) \boldsymbol{\mu}_1(\boldsymbol{y})||^2_{\boldsymbol{I}_n}]$.

Zusammenfassend können wir formulieren:

Lemma 4.3.4: Es sei $P_{(\boldsymbol{\theta}, \Sigma^{-2})} = \mathrm{NG}(\boldsymbol{\mu}, \boldsymbol{\Phi}, \alpha, \beta)$, und für alle $\boldsymbol{\vartheta} \in \Theta = \mathrm{R}^r$ und $\sigma^2 \in K = \mathrm{R}^+$ gelte $P_{\mathfrak{y}(V_n)|\boldsymbol{\vartheta},\sigma^2} = \mathrm{N}\left(\boldsymbol{F}(V_n) \boldsymbol{\vartheta}, \sigma^2\boldsymbol{I}_n\right)$. Dann ist für jedes $\boldsymbol{y} \in C(V_n)$

$$P_{(\boldsymbol{\theta}, \Sigma^{-2})|\boldsymbol{y}} = \mathrm{NG}\left(\boldsymbol{\mu}_1(\boldsymbol{y}), \boldsymbol{\Phi}_1, \alpha_1, \beta_1(\boldsymbol{y})\right)$$

die a-posteriori-Verteilung von $(\boldsymbol{\theta}, \Sigma^{-2})$ mit den Parametern

$$\boldsymbol{\Phi}_1 = \left(\boldsymbol{F}(V_n)' \boldsymbol{F}(V_n) + \boldsymbol{\Phi}^{-1}\right)^{-1}; \quad \boldsymbol{\mu}_1(\boldsymbol{y}) = \boldsymbol{\Phi}_1\left(\boldsymbol{F}(V_n)' \boldsymbol{y} + \boldsymbol{\Phi}^{-1}\boldsymbol{\mu}\right);$$

$$\beta_1(\boldsymbol{y}) = \frac{1}{\alpha + n} [\alpha\beta + ||\boldsymbol{\mu} - \boldsymbol{\mu}_1(\boldsymbol{y})||^2_{\boldsymbol{\Phi}^{-1}} + ||\boldsymbol{y} - \boldsymbol{F}(V_n) \boldsymbol{\mu}_1(\boldsymbol{y})||^2_{\boldsymbol{I}_n}]; \quad \alpha_1 = \alpha + n \bullet$$

Damit kann die a-posteriori-Randverteilung von $\boldsymbol{\theta}$ bestimmt werden.

Lemma 4.3.5: Es seien $\boldsymbol{y} \in C(V_n)$ und $P_{(\theta, \Sigma^{-2})|\boldsymbol{y}} = \mathrm{NG}(\boldsymbol{\mu}_1, \boldsymbol{\Phi}_1, \alpha_1, \beta_1)$; $\boldsymbol{\mu}_1 \in \mathrm{R}^r$, $\boldsymbol{\Phi}_1 \in \mathcal{M}_r^>$, $\alpha_1 \in \mathrm{N}$, $\beta_1 \in \mathrm{R}^+$. Dann gilt $P_{\theta|\boldsymbol{y}} = \mathrm{t}(\alpha_1; \boldsymbol{\mu}_1, \beta_1\boldsymbol{\Phi}_1)$ •

Beweis: Für die Dichte $p_{(\theta,\omega)|\boldsymbol{y}}$ von $P_{(\theta,\omega)|\boldsymbol{y}} = P_{(\theta,\Sigma^{-2})|\boldsymbol{y}} = \mathrm{NG}(\boldsymbol{\mu}_1, \boldsymbol{\Phi}_1, \alpha_1, \beta_1)$ gilt nach Definition der Normal-Gamma-Verteilung (s. Def. 1.3.23)

$$\forall (\boldsymbol{\vartheta}, w) \in \mathrm{R}^r \times \mathrm{R}^+ : p_{(\theta,\omega)|\boldsymbol{y}}(\boldsymbol{\vartheta}, w) = c(\boldsymbol{y})\, w^{(\alpha_1+r-2)/2} \exp\left\{-\frac{w}{2}[\alpha_1\beta_1 + \|\boldsymbol{\vartheta} - \boldsymbol{\mu}_1\|^2_{\boldsymbol{\Phi}_1^{-1}}]\right\}$$

mit

$$c(\boldsymbol{y}) = (\alpha_1\beta_1/2)^{\alpha_1/2}/(2\pi)^{r/2}\, \Gamma\left(\frac{\alpha_1}{2}\right)(\det \boldsymbol{\Phi}_1)^{1/2}.$$

Sei $b(\boldsymbol{y}, \boldsymbol{\vartheta}) = \frac{1}{2}(\alpha_1\beta_1 + \|\boldsymbol{\vartheta} - \boldsymbol{\mu}_1\|^2_{\boldsymbol{\Phi}_1^{-1}})$; $\boldsymbol{\vartheta} \in \Theta = \mathrm{R}^r$; so folgt für die a-posteriori-Dichte $p_{\theta|\boldsymbol{y}}$ von $P_{\theta|\boldsymbol{y}}$

$$\begin{aligned} p_{\theta|\boldsymbol{y}}(\boldsymbol{\vartheta}) &= c(\boldsymbol{y}) \cdot \int_0^\infty w^{(r+\alpha_1-2)/2} \exp(-b(\boldsymbol{y}, \boldsymbol{\vartheta}) \cdot w)\, dw \\ &= c(\boldsymbol{y}) \cdot \Gamma\left(\frac{\alpha_1 + r}{2}\right) \cdot (b(\boldsymbol{y}, \boldsymbol{\vartheta}))^{-(\alpha_1+r)/2} \\ &= \frac{\alpha_1^{(\alpha_1+r)/2} \cdot \Gamma\left(\frac{\alpha_1 + r}{2}\right)}{\Gamma\left(\frac{\alpha_1}{2}\right)(\alpha_1\pi)^{r/2}(\det \beta_1\boldsymbol{\Phi}_1)^{1/2}} \cdot \left[\alpha_1 + \frac{1}{\beta_1}\|\boldsymbol{\vartheta} - \boldsymbol{\mu}_1\|^2_{\boldsymbol{\Phi}_1^{-1}}\right]^{-(\alpha_1+r)/2}. \end{aligned}$$

Dies ist die Dichte der Verteilung $\mathrm{t}(\alpha_1; \boldsymbol{\mu}_1, \beta_1\boldsymbol{\Phi}_1)$ (s. Def. 1.3.20).

Die zur a-posteriori-Verteilung $P_{(\theta,\Sigma^{-2})|\boldsymbol{y}} = \mathrm{NG}(\boldsymbol{\mu}_1(\boldsymbol{y}), \boldsymbol{\Phi}_1, \alpha_1, \beta_1(\boldsymbol{y}))$; $\boldsymbol{y} \in C(V_n)$; aus Lemma 4.3.4 gehörige a-posteriori-Randverteilung $P_{\theta|\boldsymbol{y}} = \mathrm{t}(\alpha_1; \boldsymbol{\mu}_1(\boldsymbol{y}), \beta_1(\boldsymbol{y})\,\boldsymbol{\Phi}_1)$ besitzt den Erwartungswert $\mathrm{E}_{\theta|\boldsymbol{y}}\boldsymbol{\theta} = \boldsymbol{\mu}_1(\boldsymbol{y})$ (s. Abschnitt 1.3). Für die zugehörige Stichprobenfunktion $\hat{\boldsymbol{\vartheta}}^* = \mathrm{E}(\boldsymbol{\theta} \mid \mathfrak{Y}) = \boldsymbol{\mu}_1(\cdot)$ hat so nach Lemma 4.3.1 folgende Aussage Gültigkeit.

Satz 4.3.2: Es seien $K_p^{(1)} = \left\{\mathrm{N}\left(\boldsymbol{0}, \frac{1}{w}\boldsymbol{I}_n\right)\right\}_{w\in\mathrm{R}^+}$, L gemäß Vor. 4.3.1 aus $\mathcal{L}_q^r$ und $P_{(\theta,\Sigma^{-2})} = \mathrm{NG}(\boldsymbol{\mu}, \boldsymbol{\Phi}, \alpha, \beta)$. Dann ist

$$\hat{\boldsymbol{\vartheta}}^*(\mathfrak{Y}) = [\boldsymbol{F}(V_n)'\boldsymbol{F}(V_n) + \boldsymbol{\Phi}^{-1}]^{-1}[\boldsymbol{F}(V_n)'\mathfrak{Y}(V_n) + \boldsymbol{\Phi}^{-1}\boldsymbol{\mu}] \tag{4.3.10}$$

eine bayessche Schätzung in $G_1 = [\Theta \times K_p^{(1)}, D_0(V_n), R_1]$ bez. $P_{(\theta,\Sigma^{-2})}$ •

Folgerung 4.3.3: Die BAYES-Schätzung $\hat{\boldsymbol{\vartheta}}^*$ gemäß (4.3.10) ist für jede Verlustfunktion $L \in \mathcal{L}_q^r$ eine zulässige Schätzung für $\boldsymbol{\vartheta}$ in $G_1 = [\Theta \times K_p^{(1)}, D_0(V_n), R_1]$ •

Beweis: Mit der Aussage von Satz 4.3.2 sind die Voraussetzungen von Lemma 4.3.2 erfüllt.

Die BAYES-Schätzung $\hat{\boldsymbol{\vartheta}}^*$ im Falle unbekannter Fehlervarianz σ^2 hat die gleiche Struktur wie die bayessche Schätzfunktion $\hat{\boldsymbol{\vartheta}}^{(0)}$ bei gegebenem $\sigma^2 = \sigma_0^2$. Die Analogie zwischen $\hat{\boldsymbol{\vartheta}}^{(0)}$ und $\hat{\boldsymbol{\vartheta}}^*$ wird klar, wenn man folgende Aussage über Normal-Gamma-Verteilungen beachtet, die unmittelbar aus der Definition 1.3.23 dieser Verteilungen folgt.

Lemma 4.3.6: Es seien $\boldsymbol{\mathfrak{X}} = (\mathfrak{X}_1, \ldots, \mathfrak{X}_r)'$ und $\boldsymbol{\mathfrak{X}}^{(0)} = (\boldsymbol{\mathfrak{X}}', \mathfrak{X}_{r+1})'$ zufällige Vektoren. Weiter seien $(\boldsymbol{\mu}, \boldsymbol{\Phi}, \alpha, \beta) \in \mathrm{R}^r \times \mathcal{M}_r^> \times \mathrm{N} \times \mathrm{R}^+$ und $P_{\boldsymbol{\mathfrak{X}}^{(0)}} = \mathrm{NG}(\boldsymbol{\mu}, \boldsymbol{\Phi}, \alpha, \beta)$. Dann gilt

$$P_{\boldsymbol{\mathfrak{X}}|x_{r+1}} = \mathrm{N}(\boldsymbol{\mu}, x_{r+1}^{-1}\boldsymbol{\Phi}); \qquad P_{\mathfrak{X}_{r+1}} = \mathrm{G}\left(\frac{\alpha}{2}, \frac{\alpha\beta}{2}\right) •$$

Für die a-priori-Verteilung $P_{(\theta, \Sigma^{-2})} = \mathrm{NG}(\boldsymbol{\mu}, \boldsymbol{\Phi}, \alpha, \beta)$ gilt also

$$P_{\theta|\Sigma^{-2}=w} = \mathrm{N}\left(\boldsymbol{\mu}, \frac{1}{w}\boldsymbol{\Phi}\right); \qquad P_{\Sigma^{-2}} = \mathrm{G}\left(\frac{\alpha}{2}, \frac{\alpha\beta}{2}\right). \tag{4.3.11}$$

Folglich hat Σ^{-2} den Erwartungswert

$$\mathrm{E}\Sigma^{-2} = (\alpha/2)/(\alpha\beta/2) = 1/\beta$$

(s. Abschnitt 1.3). Setzt man $\boldsymbol{\Lambda} := \beta\boldsymbol{\Phi}$, so ist nach (4.3.11) $P_{\theta|\Sigma^{-2}=1/\beta} = \mathrm{N}(\boldsymbol{\mu}, \boldsymbol{\Lambda})$, und man erhält in (4.3.10)

$$\hat{\boldsymbol{\vartheta}}^*(\mathfrak{Y}) = \left(\frac{1}{\beta}\boldsymbol{F}(V_n)'\boldsymbol{F}(V_n) + \boldsymbol{\Lambda}^{-1}\right)^{-1}\left(\frac{1}{\beta}\boldsymbol{F}(V_n)'\mathfrak{Y}(V_n) + \boldsymbol{\Lambda}^{-1}\boldsymbol{\mu}\right).$$

Diese Schätzung ist bayessch im Schätzproblem $G_1^{(0)} = [\Theta \times \{\mathrm{N}(\boldsymbol{0}, \beta\boldsymbol{I}_n)\}, D_0(V_n), R_1^{(0)}]$ bez. der a-priori-Verteilung $P_\theta^{(0)} := P_{\theta|\Sigma^{-2}=1/\beta} = \mathrm{N}(\boldsymbol{\mu}, \boldsymbol{\Lambda})$. An die Stelle von $\sigma^{-2} = \sigma_0^{-2}$ in $\hat{\boldsymbol{\vartheta}}^{(0)}$ gemäß (4.3.7) tritt also bei der bayesschen Schätzung $\hat{\boldsymbol{\vartheta}}^*$ im Falle unbekannter Varianz der a-priori-Erwartungswert $1/\beta$ für σ^{-2} (zur Anwendung von (4.3.10) s. II/3).

Bemerkung 4.3.2: Es liege die Klasse $K_p^{(1)} = \left\{\mathrm{N}\left(\boldsymbol{0}, \frac{1}{w}\boldsymbol{W}\right)\right\}_{w\in\mathrm{R}^+}$ von Fehlerverteilungen mit $\boldsymbol{W} \in \mathcal{M}_n^>$, $\boldsymbol{W} \neq \boldsymbol{I}_n$ vor, d. h., die Beobachtungen seien heteroskedastisch bzw. korreliert und die Varianzen bzw. Kovarianzen bis auf einen gemeinsamen Faktor bekannt. Durch die Transformation

$$\tilde{\mathfrak{Y}} := \boldsymbol{g}(\mathfrak{Y}) := \boldsymbol{W}^{-1/2}\mathfrak{Y}$$

entsteht aus dem $\mathrm{LR}(\mathfrak{Y}, \boldsymbol{F}\boldsymbol{\vartheta}, \boldsymbol{B}_\varepsilon)$ mit normalverteilten Beobachtungen das $\mathrm{NKLR}(\tilde{\mathfrak{Y}}, \tilde{\boldsymbol{F}}\boldsymbol{\vartheta}, \sigma^2\boldsymbol{I}_n)$ mit $\tilde{\boldsymbol{F}} = \boldsymbol{W}^{-1/2}\boldsymbol{F}$ und dem Fehlervektor $\tilde{\boldsymbol{\varepsilon}} = \boldsymbol{W}^{-1/2}\boldsymbol{\varepsilon}$. Die in diesem Modell gebildete Schätzfunktion

$$\hat{\boldsymbol{\vartheta}}^*(\tilde{\mathfrak{Y}}) = (\tilde{\boldsymbol{F}}'\tilde{\boldsymbol{F}} + \boldsymbol{\Phi}^{-1})^{-1}(\tilde{\boldsymbol{F}}'\tilde{\mathfrak{Y}} + \boldsymbol{\Phi}^{-1}\boldsymbol{\mu})$$

ist nach Satz 4.3.2 bayessch in $[\Theta \times K_p^{(g)}, D_0, R_1]$ bez. $P_{(\theta,\omega)} = \mathrm{NG}(\boldsymbol{\mu}, \boldsymbol{\Phi}, \alpha, \beta)$, wobei $K_p^{(g)} = \{P_{g(\varepsilon)}: P_\varepsilon \in K_p^{(1)}\} = \left\{\mathrm{N}\left(\boldsymbol{0}, \frac{1}{w}\boldsymbol{I}_n\right)\right\}_{w\in\mathrm{R}^+}$ die durch $\boldsymbol{g}$ induzierte Klasse von Fehlerverteilungen bezeichnet. Aufgrund des Satzes 3.2.1 ist dann in Verallgemeinerung von (4.3.10)

$$\begin{aligned}\tilde{\boldsymbol{\vartheta}}_{\boldsymbol{W}}^*(\mathfrak{Y}) &:= \hat{\boldsymbol{\vartheta}}^*(\boldsymbol{g}(\mathfrak{Y})) = (\tilde{\boldsymbol{F}}'\tilde{\boldsymbol{F}} + \boldsymbol{\Phi}^{-1})^{-1}(\tilde{\boldsymbol{F}}'\boldsymbol{W}^{-1/2}\mathfrak{Y} + \boldsymbol{\Phi}^{-1}\boldsymbol{\mu}) \\ &= (\boldsymbol{F}'\boldsymbol{W}^{-1}\boldsymbol{F} + \boldsymbol{\Phi}^{-1})^{-1}(\boldsymbol{F}'\boldsymbol{W}^{-1}\mathfrak{Y} + \boldsymbol{\Phi}^{-1}\boldsymbol{\mu})\end{aligned}$$

unter den gleichen übrigen Voraussetzungen wie in Satz 4.3.2 eine bayessche Schätzfunktion in $G_1 = [\Theta \times K_p^{(1)}, D_0, R_1]$ bez. $P_{(\theta,\omega)}$.

Bemerkung 4.3.3.: Für den Fall, daß die Klasse der Fehlerverteilungen von der Form $K_p^{(1)} = \{P_\varepsilon = \mathrm{N}(\boldsymbol{0}, \boldsymbol{B}_\varepsilon)\}_{\boldsymbol{B}_\varepsilon\in\mathcal{M}_n^>}$ ist, über die Kovarianzstruktur also nichts bekannt ist, erhält man als (gemeinsame) konjugierte a-priori-Verteilung für den Regressionsparameter und die Kovarianzmatrix eine sog. Normal-Wishart-Verteilung. Für diese ist die bedingte Verteilung von $\boldsymbol{\theta}$ bei gegebenem $\boldsymbol{B}_\varepsilon$ eine Normalverteilung und die Randverteilung der Kovarianzmatrix eine Wishart-Verteilung. Für die a-posteriori-Randverteilung von $\boldsymbol{\theta}$ erhält man über die bayessche Formel, wie im Spezialfall $\boldsymbol{B}_\varepsilon = \sigma^2\boldsymbol{I}_n$, eine t-Verteilung. Die zum Erwartungswert dieser Verteilung gehörige Stichprobenfunktion ist dann im Falle quadratischen Verlusts eine Bayes-Schätzung für $\boldsymbol{\vartheta}$ (s. de Groot [1], Humak [1], Ando/Kaufman [1]).

Für den Fall, daß man sehr geringe a-priori-Kenntnisse über σ^2 bzw. $(\boldsymbol{\vartheta}, \sigma^2)$ hat, kann man auf sog. nichtinformative a-priori-Verteilungen zurückgreifen. Einige Grundzüge dieses Konzepts werden im Abschnitt 4.6 dargelegt.

Bemerkung 4.3.4: Ersetzt man $\sigma^2 = \sigma_0^2$ in der bayesschen Schätzung $\hat{\boldsymbol{\vartheta}}^{(0)}$ von (4.3.7) durch die Schätzfunktion

$$\breve{\sigma}^2(\mathfrak{Y}) = \frac{1}{n-r}\,\|\mathfrak{Y} - \boldsymbol{F}\breve{\boldsymbol{\vartheta}}(\mathfrak{Y})\|_{\boldsymbol{I}_n}^2$$

für σ^2 (s. Abschnitt 3.4), dann hat die so entstehende Schätzung

$$\hat{\boldsymbol{\vartheta}}^{(0)}_{\breve{\sigma}^2}(\mathfrak{Y}) = (\boldsymbol{F}'\boldsymbol{F}/\breve{\sigma}^2(\mathfrak{Y}) + \boldsymbol{\Lambda}^{-1})^{-1}(\boldsymbol{F}'\mathfrak{Y}/\breve{\sigma}^2(\mathfrak{Y}) + \boldsymbol{\Lambda}^{-1}\boldsymbol{\mu})$$

asymptotisch die gleiche Kovarianzmatrix wie $\hat{\boldsymbol{\vartheta}}^{(0)}$ (s. THEIL [1]).

Weitere Betrachtungen zum bayesschen Schätzproblem bei unbekannter Kovarianzstruktur kann man z. B. in DE GROOT [1], ZELLNER [2], LINDLEY/SMITH [1] und HUMAK [1] finden.

4.3.4. BAYES-Schätzung für σ^2

Wir wollen nun noch für die Varianz σ^2 der Beobachtungen eine bayessche Schätzung angeben, die a-priori-Kenntnisse über $(\boldsymbol{\vartheta}, \sigma^2) \in \Theta \times K$ in Form einer K_p-konjugierten a-priori-Verteilung berücksichtigt.

Wir verwenden die in Abschnitt 3.4 eingeführten Größen und Bezeichnungen. Es sei $L_0^{(\sigma)}$ die Menge aller Schätzfunktionen $\hat{\sigma}^2$ für σ^2, für welche die durch die Verlustfunktion $L_\sigma \in \mathcal{F}(\mathcal{B}_{\mathrm{R}^+} \otimes \mathcal{B}_{\mathrm{R}^+}, \mathcal{B}^1)$ (s. (3.4.1)) erzeugte Risikofunktion $R_\sigma(\cdot, \cdot, \cdot; \hat{\sigma}^2) \mid \Theta \times \times \bigcup_{\sigma \in \mathrm{R}^+} (\{\sigma^2\} \times K(\sigma)) \to \mathrm{R}^1$ (s. (3.4.2)) existiert. Das statistische Entscheidungsproblem zur Schätzung von σ^2 kann durch das Tripel

$$G_\sigma = [\Theta \times \bigcup_{\sigma \in \mathrm{R}^+} (\{\sigma^2\} \times K(\sigma)); D^{(\sigma)}, R_\sigma]; \qquad D^{(\sigma)} \subseteq D_0^{(\sigma)}; \tag{4.3.12}$$

dargestellt werden (s. (3.4.3)).

Es seien Σ^2 eine Zufallsgröße mit Werten in $K = \mathrm{R}^+$ und $P_{(\boldsymbol{\theta}, \Sigma^2)}$ eine a-priori-Verteilung über $[\Theta \otimes K, \mathcal{B}_\Theta \otimes \mathcal{B}_K]$. Nach Satz 1.5.7 minimiert eine bayessche Schätzung in G_σ bez. $P_{(\boldsymbol{\theta}, \Sigma^2)}$ den a-posteriori-Verlust über $D^{(\sigma)}$. Für diesen ergibt sich

$$\forall \hat{\sigma}^2 \in D^{(\sigma)}\ \forall \boldsymbol{y} \in C(V_n): \mathrm{E}_{(\boldsymbol{\theta}, \Sigma^2)|\boldsymbol{y}} L_\sigma(\Sigma^2; \hat{\sigma}^2(\boldsymbol{y})) = \mathrm{E}_{\Sigma^2|\boldsymbol{y}} L_\sigma(\Sigma^2; \hat{\sigma}^2(\boldsymbol{y}))\,. \tag{4.3.13}$$

Es seien $a \in \mathrm{R}^+$ und speziell $L_\sigma = L_\sigma^{\mathrm{q}}$ die quadratische Verlustfunktion

$$\forall \sigma^2 \in \mathrm{R}^+\ \forall \hat{\sigma}^2 \in D^{(\sigma)}\ \forall \boldsymbol{y} \in C(V_n): L_\sigma^{\mathrm{q}}(\sigma^2; \hat{\sigma}^2(\boldsymbol{y})) = a \cdot (\sigma^2 - \hat{\sigma}^2(\boldsymbol{y}))^2\,. \tag{4.3.14}$$

Analog zu Lemma 4.3.1 läßt sich mit (4.3.13) beweisen:

Lemma 4.3.7: Es sei $L_\sigma = L_\sigma^{\mathrm{q}}$ gemäß (4.3.14), und für alle $\boldsymbol{y} \in C(V_n)$ sei die Existenz der Momente $m(\boldsymbol{y}) = \mathrm{E}_{\Sigma^2|\boldsymbol{y}}(\Sigma^2 - \mathrm{E}_{\Sigma^2|\boldsymbol{y}}\Sigma^2)^2$ vorausgesetzt. Dann ist

$$\tilde{\sigma}^2(\mathfrak{Y}) = \mathrm{E}(\Sigma^2 \mid \mathfrak{Y})$$

eine bayessche Schätzfunktion für σ^2 in $G_\sigma = [\Theta \times \bigcup_{\sigma \in \mathrm{R}^+} (\{\sigma^2\} \times K(\sigma)), D^{(\sigma)}, R_\sigma]$ bez. $P_{(\boldsymbol{\theta}, \Sigma^2)}$ •

Wir geben entsprechend Vor. 4.3.3, d. h. $K(\sigma) = \{\mathrm{N}(\boldsymbol{0}, \sigma^2\boldsymbol{I}_n)\}$, $K_p^{(1)} = \bigcup_{\sigma \in \mathrm{R}^+} K(\sigma)$; eine bayessche Schätzung in

$$G_\sigma = [\Theta \times \bigcup_{\sigma \in \mathrm{R}^+} (\{\sigma^2\} \times \{\mathrm{N}(\boldsymbol{0}, \sigma^2\boldsymbol{I}_n)\}), D_0^{(\sigma)}, R_\sigma] \tag{4.3.15}$$

an, wobei R_σ durch L_σ^{q} erzeugt wird. Wie im vorigen Abschnitt sei $w = \sigma^{-2}$, und wir nehmen an, daß die a-priori-Kenntnis über $(\boldsymbol{\vartheta}, w) \in \Theta \times K = \mathrm{R}^r \times \mathrm{R}^+$ in Form einer entsprechenden K_p-konjugierten a-priori-Verteilung

$$P_{(\boldsymbol{\theta}, \Sigma^{-2})} = \mathrm{NG}(\boldsymbol{\mu}, \boldsymbol{\Phi}, \alpha, \beta); \qquad \boldsymbol{\mu} \in \mathrm{R}^r, \boldsymbol{\Phi} \in \mathcal{M}_r^{>}, \alpha \in \mathsf{N}, \beta \in \mathrm{R}^+;$$

ausgedrückt werden kann. Entsprechend Lemma 4.3.7 läßt sich dann eine bayessche Schätzung für σ^2 durch eine einfache Transformation aus der a-posteriori-Randverteilung von Σ^{-2} bestimmen.

Satz 4.3.3: Es seien $L_\sigma = L_\sigma^q$ aus (4.3.14), $P_{(\theta, \Sigma^{-2})} = \mathrm{NG}(\boldsymbol{\mu}, \boldsymbol{\Phi}, \alpha, \beta)$, $K_p^{(1)} = \{\mathrm{N}(\boldsymbol{0}, \sigma^2 \boldsymbol{I}_n)\}_{\sigma \in \mathrm{R}^+}$ und $\hat{\boldsymbol{\vartheta}}^*$ die gemäß (4.3.10) gebildete BAYES-Schätzung für $\boldsymbol{\vartheta}$ in $G_1 = [\Theta \times K_p^{(1)}, D_0(V_n), R_1]$ bez. $P_{(\theta, \Sigma^{-2})}$. Dann ist die Schätzfunktion

$$\tilde{\sigma}^2(\mathfrak{Y}) = \frac{\Gamma\left(\frac{\alpha+n}{2} - 1\right)}{2\Gamma\left(\frac{\alpha+n}{2}\right)} \cdot \left(\alpha\beta + ||\hat{\boldsymbol{\vartheta}}^*(\mathfrak{Y}) - \boldsymbol{\mu}||^2_{\boldsymbol{\Phi}^{-1}} + ||\mathfrak{Y} - \boldsymbol{F}(V_n)\hat{\boldsymbol{\vartheta}}^*(\mathfrak{Y})||^2_{\boldsymbol{I}_n}\right)$$

bayessch für σ^2 in G_σ aus (4.3.15) bez. $P_{(\theta, \Sigma^{-2})}$ •

Beweis: Es seien $\boldsymbol{y} \in C(V_n)$, $\omega = \Sigma^{-2}$ und $P_{(\theta,\omega)} = \mathrm{NG}(\boldsymbol{\mu}, \boldsymbol{\Phi}, \alpha, \beta)$. Nach Lemma 4.3.4 und Lemma 4.3.6 gilt dann $P_{\omega|\boldsymbol{y}} = \mathrm{G}(\alpha_1/2, \alpha_1\beta_1(\boldsymbol{y})/2)$, wobei α_1 und $\beta_1(\boldsymbol{y})$ die in Lemma 4.3.4 definierten Größen sind. Mit $a = \alpha_1/2$, $b = \alpha_1\beta_1(\boldsymbol{y})/2$ hat also $P_{\omega|\boldsymbol{y}}$ die Dichte

$$p_{\omega|\boldsymbol{y}}(w) = \frac{b^a}{\Gamma(a)} w^{a-1} \mathrm{e}^{-bw}; \qquad w = \sigma^{-2} \in \mathrm{R}^+ .$$

Damit hat $p_{\Sigma^2|\boldsymbol{y}}$ die Dichte

$$p_{\Sigma^2|\boldsymbol{y}}(\sigma^2) = p_{\omega|\boldsymbol{y}}(\sigma^{-2}) \cdot \left|\frac{\mathrm{d}w}{\mathrm{d}\sigma^2}\right| = \frac{b^a}{\Gamma(a)} \sigma^{-2(a+1)} \mathrm{e}^{-b/\sigma^2} .$$

Als Erwartungswert von $P_{\Sigma^2|\boldsymbol{y}}$ ergibt sich so

$$\mathrm{E}(\Sigma^2 \mid \mathfrak{Y} = \boldsymbol{y}) = \int_0^\infty \sigma^2 \frac{b^a}{\Gamma(a)} \sigma^{-2(a+1)} \mathrm{e}^{-b/\sigma^2} \mathrm{d}\sigma^2$$

$$= \int_0^\infty \frac{b^a}{\Gamma(a)} w^{a-2} \mathrm{e}^{-bw} \mathrm{d}w = \frac{b^a}{\Gamma(a)} \frac{\Gamma(a-1)}{b^{a-1}} \int_0^\infty \frac{b^{a-1}}{\Gamma(a-1)} w^{a-2} \mathrm{e}^{-bw} \mathrm{d}w .$$

Der Integrand ist die Dichte der Gammaverteilung $\mathrm{G}(a-1, b)$, folglich ist

$$\mathrm{E}(\Sigma^2 \mid \mathfrak{Y} = \boldsymbol{y}) = b\Gamma(a-1)/\Gamma(a) = \frac{1}{2} \alpha_1 \Gamma\left(\frac{\alpha_1}{2} - 1\right) \beta_1(\boldsymbol{y}) / \Gamma\left(\frac{\alpha_1}{2}\right).$$

Setzt man für α_1 und $\beta_1(\boldsymbol{y})$ die in Lemma 4.3.4 gegebenen Ausdrücke ein, so gilt die Behauptung auf Grund von Lemma 4.3.7.

4.4. Bayessche Interpretation einiger Schätzungen bei nichtbayesschen a-priori-Kenntnissen

In den vorangegangenen Abschnitten wurden optimale Schätzungen für den Fall betrachtet, daß die Zusatzinformation über die unbekannten Parameter der Natur in Form einer a-priori-Verteilung vorliegt. Es sollen nun einige aus der Literatur bekannte Schätzfunktionen vorgestellt werden, welche a-priori-Kenntnisse berücksichtigen, die nicht in Form von a-priori-Verteilungen vorliegen. Die entsprechenden Schätzverfahren stellen in der Regel eine Modifizierung der Methode der kleinsten Quadrate dar, wobei die a-priori-Kenntnisse als Restriktionen in die Optimierung eingehen.

Wir betrachten insbesondere solche Schätzfunktionen, die die gleiche Struktur wie die bayesschen Schätzungen (4.3.7) bzw. (4.3.10) haben: Schätzfunktionen bei linearen und quadratischen Restriktionen und bei gegebener a-priori-Schätzung. Damit ergibt sich einerseits für diese Schätzungen eine bayessche Interpretation, und andererseits erhält man für die bayesschen Schätzungen $\hat{\boldsymbol{\vartheta}}^{(0)}$ bzw. $\hat{\boldsymbol{\vartheta}}^*$ aus (4.3.7) bzw. (4.3.10) weitere Optimalitätseigenschaften.

Eine ausführliche Behandlung des Schätzproblems für eine Reihe von a-priori-Kenntnissen und weitere Ergebnisse findet man in HUMAK [1] bzw. TOUTENBURG [1].

Den Betrachtungen dieses Abschnittes liegt das KLR $(\mathfrak{Y}, \boldsymbol{F\vartheta}, \sigma^2 \boldsymbol{I}_n)$ zugrunde, d. h., es gelte Vor. 3.2.1. Verallgemeinerungen auf den Fall korrelierter Beobachtungen gegebener Kovarianzstruktur sind ohne weiteres möglich und werden deshalb nicht explizit betrachtet.

4.4.1. Lineare Restriktionen

Es seien a-priori-Kenntnisse über den Regressionsparameter $\boldsymbol{\vartheta} \in \mathrm{R}^r$ in Form von linearen Restriktionen gegeben:

$$\exists s (s \in \mathsf{N} \wedge s \leqq r)\, \exists \boldsymbol{K} \in \mathcal{M}^{(s)}_{s \times r}\, \exists \boldsymbol{l} \in \mathrm{R}^s : \boldsymbol{K\vartheta} = \boldsymbol{l} \,. \tag{4.4.1}$$

In diesem Falle ist der Parameterbereich Θ der $(r - s)$-dimensionale affine Teilraum

$$\Theta = \{\boldsymbol{t} \in \mathrm{R}^r : \boldsymbol{Kt} = \boldsymbol{l}\} =: \Theta(\boldsymbol{K}, \boldsymbol{l}) \tag{4.4.2}$$

des R^r.

Def. 4.4.1: Das Tupel $(\mathfrak{Y}, \boldsymbol{F\vartheta}, \sigma^2 \boldsymbol{I}_n, \boldsymbol{K}, \boldsymbol{l})$ heißt *KLR mit linearen Restriktionen* $=_{\mathrm{df}}$

$$\langle\!\langle (\mathfrak{Y}, \boldsymbol{F\vartheta}, \sigma^2 \boldsymbol{I}_n) \text{ ist ein KLR} \rangle\!\rangle \wedge \boldsymbol{\vartheta} \in \Theta(\boldsymbol{K}, \boldsymbol{l}) \bullet$$

Wir wollen für das bereits im Abschnitt 3.2.2 formulierte KLR mit linearen Restriktionen zunächst eine MKQ-Schätzung angeben und für diese einige Optimalitätseigenschaften nachweisen.

Die Schätzfunktion $\check{\boldsymbol{\vartheta}}_{\boldsymbol{K},\boldsymbol{l}} \in D_0(V_n)$ ist MKQ-Schätzung im KLR $(\mathfrak{Y}, \boldsymbol{F\vartheta}, \sigma^2 \boldsymbol{I}_n, \boldsymbol{K}, \boldsymbol{l})$, wenn gilt

$$\forall \boldsymbol{y} \in C(V_n) : \|\boldsymbol{y} - \boldsymbol{F}(V_n)\, \check{\boldsymbol{\vartheta}}_{\boldsymbol{K},\boldsymbol{l}}(\boldsymbol{y})\|^2_{\boldsymbol{I}_n} = \inf_{\boldsymbol{t} \in \Theta(\boldsymbol{K},\boldsymbol{l})} \|\boldsymbol{y} - \boldsymbol{F}(V_n)\, \boldsymbol{t}\|^2_{\boldsymbol{I}_n} \tag{4.4.3}$$

(s. Def. 3.1.1) (zur Anwendung s. II/3).

Satz 4.4.1: Es sei $\check{\boldsymbol{\vartheta}}(\mathfrak{Y}) = (\boldsymbol{F}'\boldsymbol{F})^{-1} \boldsymbol{F}'\mathfrak{Y}$ die MKQ-Schätzung für $\boldsymbol{\vartheta}$ im KLR $(\mathfrak{Y}, \boldsymbol{F\vartheta}, \sigma^2 \boldsymbol{I}_n)$. Dann ist

$$\check{\boldsymbol{\vartheta}}_{\boldsymbol{K},\boldsymbol{l}}(\mathfrak{Y}) = \check{\boldsymbol{\vartheta}}(\mathfrak{Y}) + (\boldsymbol{F}'\boldsymbol{F})^{-1} \boldsymbol{K}'[\boldsymbol{K}(\boldsymbol{F}'\boldsymbol{F})^{-1} \boldsymbol{K}']^{-1} \left(\boldsymbol{l} - \boldsymbol{K}\check{\boldsymbol{\vartheta}}(\mathfrak{Y})\right) \tag{4.4.4}$$

MKQ-Schätzung im Modell $(\mathfrak{Y}, \boldsymbol{F\vartheta}, \sigma^2 \boldsymbol{I}_n, \boldsymbol{K}, \boldsymbol{l}) \bullet$

Zum Beweis: Man zeigt (z. B. mit der Methode der Lagrangeschen Multiplikatoren), daß $\check{\boldsymbol{\vartheta}}_{\boldsymbol{K},\boldsymbol{l}}$ Lösung des (4.4.3) entsprechenden quadratischen Optimierungsproblems mit linearen Nebenbedingungen ist (s. z. B. GOLDBERGER [1]).

Mit der speziellen g-Inversen

$$\boldsymbol{K}^- = (\boldsymbol{F}'\boldsymbol{F})^{-1} \boldsymbol{K}'[\boldsymbol{K}(\boldsymbol{F}'\boldsymbol{F})^{-1} \boldsymbol{K}']^{-1} \tag{4.4.5}$$

von $\boldsymbol{K}$ unterscheidet sich die MKQ-Schätzung $\check{\boldsymbol{\vartheta}}_{\boldsymbol{K},\boldsymbol{l}}$ im KLR mit linearen Restriktionen $\boldsymbol{K\vartheta} = \boldsymbol{l}$ von der nichtrestriktiven MKQ-Schätzung $\check{\boldsymbol{\vartheta}}$ um die Linearkombination

$K^-(l - K\breve{\vartheta})$ des Terms $l - K\breve{\vartheta}$, um den $\breve{\vartheta}$ von den Restriktionen abweicht. Als Kovarianzmatrix von $\breve{\vartheta}_{K,l}$ erhält man

$$\begin{aligned} B_{\breve{\vartheta}_{K,l}} &= (I_r - K^-K)\, B_{\breve{\vartheta}}(I_r - K^-K)' \\ &= B_{\breve{\vartheta}} - K^-KB_{\breve{\vartheta}} - B_{\breve{\vartheta}}(K^-K)' + K^-KB_{\breve{\vartheta}}(K^-K)' \\ &= B_{\breve{\vartheta}} - K^-KB_{\breve{\vartheta}} \\ &= B_{\breve{\vartheta}} - B_{\breve{\vartheta}}\, K'[KB_{\breve{\vartheta}}K']^{-1}\, KB_{\breve{\vartheta}} \leqq B_{\breve{\vartheta}}\,. \end{aligned}$$

Das Schätzproblem für ϑ im KLR $(\mathfrak{Y}, F\vartheta, \sigma^2 I_n, K, l)$ mit linearen Restriktionen kann mit den Transformationen

$$\begin{aligned} \mathfrak{Y}_0 &:= g(\mathfrak{Y}) = \mathfrak{Y} - FK^-l \\ \vartheta &=: \bar{g}(\vartheta_0) = (I_r - K^-K)\, \vartheta_0 + K^-l \\ F_0 &:= F(I_r - K^-K) \end{aligned} \tag{4.4.6}$$

auf das Schätzproblem für den Parameter $\vartheta_0 \in \Theta_0 = \mathrm{R}^r$ im LR $(\mathfrak{Y}_0, F_0\vartheta_0, \sigma^2 I_n)$ zurückgeführt werden (s. Abschnitt 3.2.2, insbesondere (3.2.33)). Auf der Grundlage des Satzes 3.2.1 können so die Optimalitätseigenschaften der nichtrestriktiven MKQ-Schätzung $\breve{\vartheta}$ in entsprechender Weise auf die MKQ-Schätzung $\breve{\vartheta}_{K,l}$ von (4.4.4) im KLR mit linearen Restriktionen übertragen werden. Es sei dazu $D_0(K, l)$ die Klasse aller Schätzfunktionen aus D_0, für die die Schätzwerte den Restriktionen (4.4.1) genügen, d. h.

$$D_0(K, l) = \{\breve{\vartheta} \in D_0(V_n) : \breve{\vartheta} \mid C(V_n) \to \Theta(K, l)\} = D_0(V_n) \cap \Theta(K, l)^{C(V_n)}\,. \tag{4.4.7}$$

Weiter seien $D_E(K, l) \subset D_0(K, l)$ die Teilklasse aller bez. $\Theta(K, l)$ erwartungstreuen Schätzungen, d. h.

$$D_E(K, l) = \{\breve{\vartheta} \in D_0(K, l) : \forall \vartheta \in \Theta(K, l) : \mathrm{E}_{\mathfrak{Y}|\vartheta}\breve{\vartheta}(\mathfrak{Y}) = \vartheta\} \tag{4.4.8}$$

und $D_{LE}(K, l) \subset D_E(K, l)$ die Teilklasse der linearen, bez. $\Theta(K, l)$ erwartungstreuen Schätzungen für ϑ.

Satz 4.4.2: Es seien $\sigma_0 \in \mathrm{R}^+$, $K_1^{(0)} = \{P_\varepsilon \in \bar{K} : B_\varepsilon = \sigma_0^2 I_n\}$, $K_p^{(0)} = \{\mathrm{N}(0, \sigma_0^2 I_n)\}$ und $K_2^{(0)} = \{P_\varepsilon \in \bar{K} : \exists \sigma^2 \in \mathrm{R}^+ : B_\varepsilon = \sigma^2 I_n\}$, $K_p^{(1)} = \{\mathrm{N}(0, \sigma^2 I_n)\}_{\sigma \in \mathrm{R}^+}$. Weiter seien $\mathcal{L}_{q,\sigma}^r$ bzw. $\mathcal{L}_{w,\sigma}^r$ die Klassen der normierten quadratischen bzw. monotonen Verlustfunktionen aus (3.3.16) bzw. (3.3.19) und $\mathcal{L}_k^r$ die Menge der stetigen, konvexen Verlustfunktionen.

Die MKQ-Schätzung $\breve{\vartheta}_{K,l}$ im KLR $(\mathfrak{Y}, F\vartheta, \sigma^2 I_n, K, l)$ mit linearen Restriktionen ist

a) im Falle $D = D_{LE}(K, l)$ für jedes L und jedes $\tilde{K}$ mit $(\tilde{K}, L) \in \{K_1^{(0)} \times \mathcal{L}_q^r, K_p^{(0)} \times \mathcal{L}_k^r, K_2^{(0)} \times \mathcal{L}_{q,\sigma}^r, K_p^{(1)} \times \mathcal{L}_{w,\sigma}^r\}$ gleichmäßig beste Schätzung in $[\Theta(K, l) \times \tilde{K}, D, R_1]$;

b) im Falle $D = D_E(K, l)$ für jedes L und jedes $\tilde{K}$ mit $(\tilde{K}, L) \in \{K_p^{(0)} \times \mathcal{L}_k^r, K_p^{(1)} \times \mathcal{L}_{w,\sigma}^r\}$ gleichmäßig beste Schätzung in $[\Theta(K, l) \times \tilde{K}, D, R_1]$ und $\Theta(K, l)$-gleichmäßig minimax in $[\Theta(K, l) \times K_2^{(0)}, D, R_1]$ bez. $L \in \mathcal{L}_{q,\sigma}^r$;

c) im Falle $D = D_0(K, l)$ für alle L und $\tilde{K}$ mit $(\tilde{K}, L) \in \{K_p^{(1)} \times \mathcal{L}_{w,\sigma}^r, K_2^{(0)} \times \mathcal{L}_{q,\sigma}^r\}$ minimax in $[\Theta(K, l) \times \tilde{K}, D, R_1]$ •

Beweis: 1. Für jede Klasse $D \in \{D_{LE}, D_E, D_0\}$ von Schätzfunktionen für $\boldsymbol{\vartheta}_0 \in \Theta_0 = \mathrm{R}^r$ im $\mathrm{LR}(\mathfrak{Y}_0, \boldsymbol{F}_0\boldsymbol{\vartheta}_0, \sigma^2\boldsymbol{I}_n)$ entsprechend (4.4.6) ist die durch die Transformationen $\boldsymbol{g}$ und $\bar{\boldsymbol{g}}$ aus (4.4.6) induzierte Klasse $D^{(\boldsymbol{\vartheta})}(D)$ von Schätzfunktionen für $\boldsymbol{\vartheta} \in \Theta(\boldsymbol{K}, \boldsymbol{l})$ im $\mathrm{KLR}(\mathfrak{Y}, \boldsymbol{F}\boldsymbol{\vartheta}, \sigma^2\boldsymbol{I}_n, \boldsymbol{K}, \boldsymbol{l})$ durch

$$D^{(\boldsymbol{\vartheta})}(D) = \{\hat{\boldsymbol{\vartheta}} \in \mathcal{F}(\mathcal{B}_{C(V_n)}, \mathcal{B}^r): \exists \hat{\boldsymbol{\vartheta}}_0 \in D: \hat{\boldsymbol{\vartheta}}(\mathfrak{Y}) = (\boldsymbol{I}_r - \boldsymbol{K}^-\boldsymbol{K})\, \hat{\boldsymbol{\vartheta}}_0(\mathfrak{Y} - \boldsymbol{F}\boldsymbol{K}^-\boldsymbol{l}) + \boldsymbol{K}^-\boldsymbol{l}\}$$

gegeben. Als g-Inverse von $\boldsymbol{K}$ kann hierbei z. B. $\boldsymbol{K}^-$ gemäß (4.4.5) gewählt werden. Man verifiziert mit Lemma 3.2.12 die Gültigkeit der Beziehungen:

$$D_0(\boldsymbol{K}, \boldsymbol{l}) = D^{(\boldsymbol{\vartheta})}(D_0); \qquad D_E(\boldsymbol{K}, \boldsymbol{l}) = D^{(\boldsymbol{\vartheta})}(D_E); \qquad D_{LE}(\boldsymbol{K}, \boldsymbol{l}) = D^{(\boldsymbol{\vartheta})}(D_{LE}).$$

2. Nach Lemma 3.2.13 erfüllt für jede Klasse $\mathcal{L}^{(\psi)} \in \{\mathcal{L}_q^r, \mathcal{L}_{q,\sigma}^r, \mathcal{L}_{w,\sigma}^r, \mathcal{L}_k^r\}$ von Verlustfunktionen zur Schätzung von $\psi(\boldsymbol{\vartheta}) = \boldsymbol{\vartheta} \in \Theta(\boldsymbol{K}, \boldsymbol{l})$ die gemäß (3.2.23) induzierte Klasse $\mathcal{L}^{(\boldsymbol{\vartheta}_0)}$ von Verlustfunktionen zur Schätzung von $\boldsymbol{\vartheta}_0 \in \Theta_0 = \mathrm{R}^r$ die Bedingung (3.2.27).

3. Die gemäß (3.2.26) mit $\hat{\boldsymbol{\vartheta}}^* = \check{\boldsymbol{\vartheta}}$ und $\boldsymbol{A} = \boldsymbol{I}_r$ zu bildende Schätzfunktion

$$\begin{aligned}\hat{\psi}^*(\mathfrak{Y}) &= \boldsymbol{A}\bar{\boldsymbol{g}}\big(\hat{\boldsymbol{\vartheta}}^*(\boldsymbol{g}(\mathfrak{Y}))\big) = (\boldsymbol{I}_r - \boldsymbol{K}^-\boldsymbol{K}) \cdot \check{\boldsymbol{\vartheta}}_0(\mathfrak{Y} - \boldsymbol{F}\boldsymbol{K}^-\boldsymbol{l}) + \boldsymbol{K}^-\boldsymbol{l} \\ &= (\boldsymbol{I}_r - \boldsymbol{K}^-\boldsymbol{K})\,(\boldsymbol{F}_0'\boldsymbol{F}_0)^{-1}\,\boldsymbol{F}_0'(\mathfrak{Y} - \boldsymbol{F}\boldsymbol{K}^-\boldsymbol{l}) + \boldsymbol{K}^-\boldsymbol{l} = (\boldsymbol{I}_r - \boldsymbol{K}^-\boldsymbol{K}) \cdot \check{\boldsymbol{\vartheta}}(\mathfrak{Y}) + \boldsymbol{K}^-\boldsymbol{l}\end{aligned}$$

ist mit $\boldsymbol{K}^-$ gemäß (4.4.5) gerade die MKQ-Schätzung $\check{\boldsymbol{\vartheta}}_{\boldsymbol{K},\boldsymbol{l}}$ von (4.4.4) im KLR mit linearen Restriktionen und für alle $D \in \{D_{LE}, D_E, D_0\}$ ist $\hat{\psi}^* = \check{\boldsymbol{\vartheta}}_{\boldsymbol{K},\boldsymbol{l}} \in D(\boldsymbol{K}, \boldsymbol{l})$.

Mit den unter 1., 2. und 3. getroffenen Feststellungen sind die Voraussetzungen von Lemma 3.2.11 erfüllt. Die Aussage dieses Lemmas hat auch für gleichmäßig beste Strategien und $\Theta = \Theta(\boldsymbol{K}, \boldsymbol{l})$-gleichmäßige Minimax-Strategien als Spezialfälle von Q_1-optimalen Strategien Gültigkeit. Damit folgen die Behauptungen des Satzes unmittelbar aus den entsprechenden Optimalitätseigenschaften der MKQ-Schätzung $\check{\boldsymbol{\vartheta}}$: Behauptung a) aus Satz 3.3.4, Behauptung b) aus Satz 3.3.7 und Satz 3.3.8 b) und Behauptung c) aus Satz 3.3.9b) und Satz 3.3.10b).

Bemerkung 4.4.1: Die erhaltenen Ergebnisse können auf den Fall eines $\mathrm{LR}(\mathfrak{Y}, \boldsymbol{F}\boldsymbol{\vartheta}, \sigma^2\boldsymbol{W})$; $\boldsymbol{\vartheta} \in \Theta(\boldsymbol{K}, \boldsymbol{l})$; $\boldsymbol{W} \in \mathcal{M}_n^>$; verallgemeinert werden. Für die mit

$$\boldsymbol{K}_{\boldsymbol{W}}^- = (\boldsymbol{F}'\boldsymbol{W}^{-1}\boldsymbol{F})^{-1}\,\boldsymbol{K}'[\boldsymbol{K}(\boldsymbol{F}'\boldsymbol{W}^{-1}\boldsymbol{F})^{-1}\,\boldsymbol{K}']^{-1}$$

gebildete MKQ-Schätzung

$$\check{\boldsymbol{\vartheta}}_{\boldsymbol{K},\boldsymbol{l}}^{(\boldsymbol{W})} = (\boldsymbol{I}_r - \boldsymbol{K}_{\boldsymbol{W}}^-\boldsymbol{K})\,\check{\boldsymbol{\vartheta}}_{\boldsymbol{W}}(\mathfrak{Y}) + \boldsymbol{K}^-\boldsymbol{l}; \qquad \check{\boldsymbol{\vartheta}}_{\boldsymbol{W}}(\mathfrak{Y}) = (\boldsymbol{F}'\boldsymbol{W}^{-1}\boldsymbol{F})^{-1}\,\boldsymbol{F}'\boldsymbol{W}^{-1}\mathfrak{Y};$$

in diesem LR lassen sich dann weitere Optimalitätseigenschaften, ausgehend von den in den Sätzen 3.3.5, 3.3.8 und 3.3.10 angegebenen Eigenschaften von $\check{\boldsymbol{\vartheta}}_{\boldsymbol{W}}$, ableiten.

Wir wollen nun die MKQ-Schätzung $\check{\boldsymbol{\vartheta}}_{\boldsymbol{K},\boldsymbol{l}}$ im KLR mit linearen Restriktionen in einer bayesschen Terminologie deuten. Es wird sich zeigen, daß $\check{\boldsymbol{\vartheta}}_{\boldsymbol{K},\boldsymbol{l}}$ erweitert bayessch ist.

Es seien $\Theta \subseteq \mathrm{R}^r$, $D \subseteq D_0$ eine Menge von Schätzfunktionen für $\boldsymbol{\vartheta} \in \Theta$ und $K_p^{(1)} = \{P_e^{(\boldsymbol{w})}\}_{\boldsymbol{w} \in K}$; $K \subseteq \mathrm{R}^s$.

Def. 4.4.2: Die Schätzung $\hat{\boldsymbol{\vartheta}} \in D$ heißt *fast-bayessch in* $G_1 = [\Theta \times K_p^{(1)}, D, R_1] =_{\mathrm{df}}$ Es existieren eine Folge $\{P_{(\theta,\omega)}^{(i)}\}_{i \in \mathrm{N}} \subseteq [(\Theta \times K)^*]^{\mathrm{N}}$ von a-priori-Verteilungen und eine zugehörige Folge $\{\hat{\boldsymbol{\vartheta}}_i^*\}_{i \in \mathrm{N}}$ von bayesschen Schätzungen in G_1 mit der Eigenschaft

$$\forall \boldsymbol{\vartheta} \in \Theta\ \forall \boldsymbol{w} \in K: \hat{\boldsymbol{\vartheta}}_i^* \xrightarrow[P_{\mathfrak{Y}|\boldsymbol{\vartheta},\boldsymbol{w}}\text{-f.ü.}]{} \hat{\boldsymbol{\vartheta}} \quad \bullet$$

Entsprechend nennen wir $\hat{\boldsymbol{\vartheta}} \in D$ fast-bayessch in $G_1^{(0)} = [\Theta \times K_p^{(0)}, D, R_1^{(0)}]$; $K_p^{(0)} = \{P_e^{(\boldsymbol{w}_0)}\}$ mit $\boldsymbol{w}_0 \in K$; wenn eine Folge $\{P_{\boldsymbol{\theta}}^{(i)}\}_{i \in \mathrm{N}}$ von Verteilungen über $[\Theta, \mathcal{B}_\Theta]$ existiert, so daß die Folge $\{\hat{\boldsymbol{\vartheta}}_i^*\}_{i \in \mathrm{N}}$ von bayesschen Schätzungen in $G_1^{(0)}$ für alle $\boldsymbol{\vartheta} \in \Theta$ eine $P_{\mathfrak{Y}|\boldsymbol{\vartheta}}$-f. ü. gegen $\hat{\boldsymbol{\vartheta}}$ konvergierende Folge ist.

Unter der folgenden hinreichenden Bedingung ist eine fast-bayessche Schätzung zugleich auch erweitert bayessch (vgl. auch Lemma 3.5.3).

Lemma 4.4.1: Es seien $\{P^{(i)}_{(\theta,\omega)}\}_{i\in\mathsf{N}}$ eine Folge von a-priori-Verteilungen über $[\Theta \otimes K, \mathscr{B}_\Theta \otimes \mathscr{B}_K]$, die Dichten $p^{(i)}_{(\theta,\omega)}$; $i = 1, 2, \ldots$; bez. des LEBESGUEschen Maßes auf dem R^{r+s} besitzen und für jedes $i \in \mathsf{N}$ sei $\hat{\boldsymbol{\vartheta}}_i^*$ bayessche Schätzung in $G_1 = [\Theta \times K_p^{(1)}, D, R_1]$ bez. $P^{(i)}_{(\theta,\omega)}$. Die Schätzung $\hat{\boldsymbol{\vartheta}} \in D$ sei fast-bayessch in G_1 bez. $\{P^{(i)}_{(\theta,\omega)}\}_{i\in\mathsf{N}}$ und $\{\hat{\boldsymbol{\vartheta}}_i^*\}_{i\in\mathsf{N}}$. Desweiteren seien folgende Bedingungen erfüllt:

1. Für alle $\boldsymbol{\vartheta} \in \Theta$ und $\boldsymbol{w} \in K$ sei $L_1(\boldsymbol{\vartheta}, \boldsymbol{w}; \cdot)$ stetig über D und existiere eine $P_{\mathfrak{Y}|\boldsymbol{\vartheta},\boldsymbol{w}}$-integrierbare Funktion $g_1 \mid C \to \mathrm{R}^1$ mit $\forall \boldsymbol{y} \in C\ \forall i \in \mathsf{N}: |L_1(\boldsymbol{\vartheta}, \boldsymbol{w}; \hat{\boldsymbol{\vartheta}}_i^*(\boldsymbol{y}))| \leqq g_1(\boldsymbol{y})$.
2. Es existiere eine LEBESGUE-integrierbare Funktion $g_2 \mid \Theta \times K \to \mathrm{R}^1$ mit $\forall \boldsymbol{\vartheta} \in \Theta\ \forall \boldsymbol{w} \in K\ \forall i \in \mathsf{N}: |R_1(\boldsymbol{\vartheta}, \boldsymbol{w}; \hat{\boldsymbol{\vartheta}}_i^*) - R_1(\boldsymbol{\vartheta}, \boldsymbol{w}; \hat{\boldsymbol{\vartheta}})|\ p^{(i)}_{(\theta,\omega)}(\boldsymbol{\vartheta}, \boldsymbol{w}) \leqq g_2(\boldsymbol{\vartheta}, \boldsymbol{w})$.
3. $\exists a \in \mathrm{R}^+\ \forall \boldsymbol{\vartheta} \in \Theta\ \forall \boldsymbol{w} \in K\ \forall i \in \mathsf{N}: p^{(i)}_{(\theta,\omega)}(\boldsymbol{\vartheta}, \boldsymbol{w}) \leqq a$.

Dann ist $\hat{\boldsymbol{\vartheta}}$ erweitert bayessch in $G_1 = [\Theta \times K_p^{(1)}, D, R_1]$ •

Beweis: Ist $\hat{\boldsymbol{\vartheta}}$ fast-bayessch, so gilt auf Grund der Stetigkeit von L_1:

$$\forall \boldsymbol{\vartheta} \in \Theta\ \forall \boldsymbol{w} \in K: L_1(\boldsymbol{\vartheta}, \boldsymbol{w}; \hat{\boldsymbol{\vartheta}}_i^*(\cdot)) \xrightarrow[P_{\mathfrak{Y}|\boldsymbol{\vartheta},\boldsymbol{w}}\text{-f.ü.}]{} L_1(\boldsymbol{\vartheta}, \boldsymbol{w}; \hat{\boldsymbol{\vartheta}}(\cdot)).$$

Mit der Existenz der integrierbaren Majorante g_1 folgt aus dem Satz von LEBESGUE (s. Satz 1.2.2) und auf Grund der Bedingung 3

$$\forall \boldsymbol{\vartheta} \in \Theta\ \forall \boldsymbol{w} \in K: \lim_{i\to\infty} [R_1(\boldsymbol{\vartheta}, \boldsymbol{w}; \hat{\boldsymbol{\vartheta}}_i^*) - R_1(\boldsymbol{\vartheta}, \boldsymbol{w}; \hat{\boldsymbol{\vartheta}})]\ p^{(i)}_{(\theta,\omega)}(\boldsymbol{\vartheta}, \boldsymbol{w}) = 0\,.$$

Wegen der Bedingung 2 gilt dann nach Satz 1.2.2

$$\lim_{i\to\infty} \left(\varrho_1(P^{(i)}_{(\theta,\omega)}; \hat{\boldsymbol{\vartheta}}_i^*) - \varrho_1\left(P^{(i)}_{(\theta,\omega)}; \hat{\boldsymbol{\vartheta}}\right)\right) = 0\,.$$

Damit kann der folgende Satz bewiesen werden.

Satz 4.3.3: Es seien $\Theta = \mathrm{R}^r$, $w = \sigma^{-2} \in K = \mathrm{R}^+$, $K_p^{(1)} = \left\{\mathrm{N}\left(\boldsymbol{0}, \frac{1}{w}\boldsymbol{I}_n\right)\right\}_{w\in\mathrm{R}^+}$ und R_1 das durch quadratischen Verlust $L_1 = L \in \mathscr{L}_q^r$ erzeugte Risiko. Dann ist die MKQ-Schätzung $\check{\boldsymbol{\vartheta}}_{\boldsymbol{K},\boldsymbol{l}}$ im KLR mit linearen Restriktionen fast-bayessch und erweitert bayessch für $\boldsymbol{\vartheta}$ in $G_1 = [\Theta \times K_p^{(1)}, D_0, R_1]$ •

Beweis: a) Es wird gezeigt, daß $\check{\boldsymbol{\vartheta}}_{\boldsymbol{K},\boldsymbol{l}}$ fast-bayessch in G_1 ist. Mit der speziellen g-Inversen $\boldsymbol{K}^-$ von $\boldsymbol{K}$ gemäß (4.4.5) sei $\boldsymbol{G} = \boldsymbol{K}^-\boldsymbol{K}(\boldsymbol{F}'\boldsymbol{F})^{-1} = (\boldsymbol{F}'\boldsymbol{F})^{-1}\boldsymbol{K}'[\boldsymbol{K}(\boldsymbol{F}'\boldsymbol{F})^{-1}\boldsymbol{K}']^{-1}\boldsymbol{K}(\boldsymbol{F}'\boldsymbol{F})^{-1}$. Durch Ausmultiplizieren bestätigt man

$$(\boldsymbol{F}'\boldsymbol{F})^{-1} - \boldsymbol{G} = (\boldsymbol{I} - \boldsymbol{K}^-\boldsymbol{K})(\boldsymbol{F}'\boldsymbol{F})^{-1} = (\boldsymbol{I} - \boldsymbol{K}^-\boldsymbol{K})(\boldsymbol{F}'\boldsymbol{F})^{-1}(\boldsymbol{I} - \boldsymbol{K}^-\boldsymbol{K})' \in \mathscr{M}_r^{\geqq}\,.$$

Es seien $\{k_i\}_{i\in\mathsf{N}}$ eine Folge positiver reeller Zahlen mit $\lim_{i\to\infty} k_i = \infty$ und $\{P^{(i)}_{(\theta,\omega)}\}_{i\in\mathsf{N}}$; $\omega = \Sigma^{-2}$; die Folge von a-priori-Verteilungen über $[\mathrm{R}^r \times \mathrm{R}^+, \mathscr{B}^r \otimes \mathscr{B}_{\mathrm{R}^+}]$ mit

$$P^{(i)}_{(\theta,\omega)} = \mathrm{NG}(\boldsymbol{K}^-\boldsymbol{l}, \boldsymbol{\Phi}_i, \alpha, \beta);$$

$$\alpha \in \mathsf{N}; \quad \beta \in \mathrm{R}^+; \quad \boldsymbol{\Phi}_i = k_i[(\boldsymbol{F}'\boldsymbol{F})^{-1} - (1 - k_i^{-2})\,\boldsymbol{G}]\,. \tag{4.4.9}$$

Für die Kovarianzmatrizen $\boldsymbol{\Phi}_i$ sind

$$\boldsymbol{\Phi}_i^{-1} = k_i^{-1}\boldsymbol{F}'\boldsymbol{F}[\boldsymbol{I} + (k_i^2 - 1)\,\boldsymbol{K}^-\boldsymbol{K}]$$

die entsprechenden Inversen. Wegen $\boldsymbol{G} \in \mathscr{M}_r^{\geqq}$ und $(\boldsymbol{F}'\boldsymbol{F})^{-1} - \boldsymbol{G} \in \mathscr{M}_r^{\geqq}$ sind also $\boldsymbol{\Phi}_i \in \mathscr{M}_r^{>}$; $i = 1, 2, \ldots$ Nach Satz 4.3.2 sind die bayesschen Schätzungen in $G_1 = [\Theta \times K_p^{(1)}, D_0, R_1]$ bez.

$P^{(i)}_{(\theta,\omega)}$ durch

$$\begin{aligned}\hat{\boldsymbol{\vartheta}}_i^*(\mathfrak{Y}) &= (\boldsymbol{F}'\boldsymbol{F} + \boldsymbol{\Phi}_i^{-1})^{-1}(\boldsymbol{F}'\mathfrak{Y} + \boldsymbol{\Phi}_i^{-1}\boldsymbol{K}^-\boldsymbol{l})\\ &= [k_i^{-1}\boldsymbol{F}'\boldsymbol{F}((1+k_i)\boldsymbol{I} + (k_i^2-1)\boldsymbol{K}^-\boldsymbol{K})]^{-1}(\boldsymbol{F}'\mathfrak{Y} + \boldsymbol{\Phi}_i^{-1}\boldsymbol{K}^-\boldsymbol{l})\\ &= \frac{1}{k_i+1}(k_i\boldsymbol{I} - (k_i-1)\boldsymbol{K}^-\boldsymbol{K})(\boldsymbol{F}'\boldsymbol{F})^{-1}(\boldsymbol{F}'\mathfrak{Y} + \boldsymbol{\Phi}_i^{-1}\boldsymbol{K}^-\boldsymbol{l})\\ &= \frac{1}{k_i+1}(k_i\boldsymbol{I} - (k_i-1)\boldsymbol{K}^-\boldsymbol{K})\check{\boldsymbol{\vartheta}}(\mathfrak{Y}) + \frac{k_i}{k_i+1}\boldsymbol{K}^-\boldsymbol{l}\end{aligned}$$

gegeben. Folglich gilt

$$\forall \boldsymbol{y} \in C: \lim \hat{\boldsymbol{\vartheta}}_i^*(\boldsymbol{y}) = (\boldsymbol{I} - \boldsymbol{K}^-\boldsymbol{K})\,\check{\boldsymbol{\vartheta}}(\boldsymbol{y}) + \boldsymbol{K}^-\boldsymbol{l} = \check{\boldsymbol{\vartheta}}_{\boldsymbol{K},\boldsymbol{l}}(\boldsymbol{y}),$$

womit $\check{\boldsymbol{\vartheta}}_{\boldsymbol{K},\boldsymbol{l}}$ fast-bayessch in G_1 ist.

b) Die Behauptung, daß $\check{\boldsymbol{\vartheta}}_{\boldsymbol{K},\boldsymbol{l}}$ erweitert bayessch in G_1 ist, ergibt sich daraus, daß mit $K_p^{(1)} =: \left\{\mathrm{N}\left(\boldsymbol{0}, \frac{1}{w}\boldsymbol{I}_n\right)\right\}_{w\in\mathrm{R}^+}$, $L_1 = L \in \mathcal{L}_q^r$ und $\{P^{(i)}_{(\theta,\omega)}\}_{i\in\mathrm{N}} = \{\mathrm{NG}(\boldsymbol{K}^-\boldsymbol{l}, \boldsymbol{\Phi}_i, \alpha, \beta)\}_{i\in\mathrm{N}}$ die Voraussetzungen von Lemma 4.4.1 erfüllt sind.

In analoger Weise kann für den Spezialfall $K_p^{(0)} = \{\mathrm{N}(\boldsymbol{0}, \sigma_0^2\boldsymbol{I}_n)\}$; $\sigma_0^2 \in \mathrm{R}^+$; gezeigt werden, daß $\check{\boldsymbol{\vartheta}}_{\boldsymbol{K},\boldsymbol{l}}$ fast-bayessch sowie erweitert bayessch in $G_1^{(0)} = [\Theta \times K_p^{(0)}, D_0, R_1^{(0)}]$ bez. quadratischem Verlust ist, wenn man z. B. die Folge $\{P_\theta^{(i)}\}_{i\in\mathrm{N}} = \{\mathrm{N}(\boldsymbol{K}^-\boldsymbol{l}, \sigma_0^2\boldsymbol{\Phi}_i)\}_{i\in\mathrm{N}}$ von a-priori-Verteilungen über $[\mathrm{R}^r, \mathcal{B}^r]$ mit $\boldsymbol{\Phi}_i$ aus (4.4.9) zugrunde legt.

Darüber hinaus kann auf Grund des in Abschnitt 4.5.1 bewiesenen Satzes 4.5.2 aus dem Satz 4.4.3 gefolgert werden, daß $\check{\boldsymbol{\vartheta}}_{\boldsymbol{K},\boldsymbol{l}}$ auch fast-bayessch sowie erweitert bayessch in $G_1 = [\Theta \times K_p^{(1)}, D_0, R_1]$ bez. (normierten) monotonen Verlusts ist.

4.4.2. A-priori-Schätzungen

Bei den eben behandelten Restriktionen (4.4.1) handelte es sich um eine determinierte a-priori-Kenntnis. Wir betrachten jetzt einen Spezialfall, in dem die a-priori-Kenntnis stochastischen Charakter trägt. Sie bestehe darin, daß a-priori eine Schätzung für einen Teil der Koeffizienten des Regressionsparameters $\boldsymbol{\vartheta} \in \Theta$ bekannt sei. Diese kann z. B. aus Vorversuchen oder einem gleichzeitig zum Hauptversuch durchgeführten Zusatzexperiment stammen. Formuliert man die Kenntnis einer solchen *a-priori-Schätzung* ebenfalls in der Form eines linearen Regressionsmodells und kombiniert diese mit den Beobachtungen im aktuellen Regressionsmodell, dann lassen sich wiederum ausgehend vom MKQ-Schätzprinzip geeignete Schätzfunktionen ableiten, die entsprechende Optimalitätseigenschaften besitzen.

Es seien $s \in \mathrm{N}$, $s \leqq r$; $\boldsymbol{\vartheta} = (\boldsymbol{\vartheta}_1', \boldsymbol{\vartheta}_2')' := ((\vartheta_1, \ldots, \vartheta_s), (\vartheta_{s+1}, \ldots, \vartheta_r))' \in \Theta \subseteq \mathrm{R}^r$ und $(\mathfrak{Y}, \boldsymbol{F}\boldsymbol{\vartheta}, \sigma^2\boldsymbol{I}_n)$ ein KLR. Auf dem Wahrscheinlichkeitsraum $[\Omega, \mathcal{B}_\Omega, P]$, auf dem der Beobachtungsvektor $\mathfrak{Y}$ definiert ist, sei durch den Zufallsvektor $\mathfrak{d}_1 \in \mathcal{F}(\mathcal{B}_\Omega, \mathcal{B}^s)$ eine a-priori-Schätzung für den Teilvektor $\boldsymbol{\vartheta}_1$ von $\boldsymbol{\vartheta}$ gegeben. Wir stellen die Kenntnis dieser a-priori-Schätzung in der Form

$$\mathfrak{d}_1 = \boldsymbol{\vartheta}_1 + \boldsymbol{\delta} \tag{4.4.10}$$

mit einem Zufallsvektor $\boldsymbol{\delta} \in \mathcal{F}(\mathcal{B}_\Omega, \mathcal{B}^s)$ dar und nehmen an, daß $\mathfrak{d}_1$ eine erwartungstreue Schätzfunktion für $\boldsymbol{\vartheta}_1$ ist und daß deren Kovarianzmatrix existiert.

Vor. 4.4.1: $\mathrm{E}\boldsymbol{\delta} = \boldsymbol{0} \wedge (\exists \boldsymbol{B}_\delta \in \mathcal{M}_s^{>}: \boldsymbol{B}_\delta = \mathrm{E}\boldsymbol{\delta}\boldsymbol{\delta}')$ •

Mit dieser Voraussetzung erhält man durch Kombination von (4.4.10) mit dem KLR $(\mathfrak{Y}, \boldsymbol{F\vartheta}, \sigma^2 \boldsymbol{I}_n)$ das lineare Regressionsmodell

$$\tilde{\mathfrak{Y}} = \tilde{\boldsymbol{F}}\boldsymbol{\vartheta} + \tilde{\varepsilon}; \quad \mathrm{E}\tilde{\varepsilon} = \boldsymbol{0},$$

$$\tilde{\mathfrak{Y}} = \begin{pmatrix} \mathfrak{Y} \\ \mathfrak{d}_1 \end{pmatrix}; \quad \tilde{\boldsymbol{F}} = \begin{pmatrix} \boldsymbol{F} \\ \boldsymbol{N} \end{pmatrix}, \quad \boldsymbol{N} = (\boldsymbol{I}_s \vdots \boldsymbol{0}_{s \times (r-s)}); \quad \tilde{\varepsilon} = \begin{pmatrix} \varepsilon \\ \delta \end{pmatrix}. \tag{4.4.11}$$

Das LR $(\tilde{\mathfrak{Y}}, \tilde{\boldsymbol{F}}\boldsymbol{\vartheta}, \boldsymbol{B}_{\tilde{\varepsilon}})$ wird *LR mit a-priori-Schätzung* $\mathfrak{d}_1$ für $\boldsymbol{\vartheta}_1$ genannt. Bezeichnet $[C(\mathfrak{d}_1), \mathscr{B}_{C(\mathfrak{d}_1)}]$; $C(\mathfrak{d}_1) \subseteq \mathrm{R}^s$; den meßbaren Stichprobenraum von $\mathfrak{d}_1$, so nennen wir die Schätzfunktion $\check{\boldsymbol{\vartheta}}(\mathfrak{Y}, \mathfrak{d}_1) \in \mathscr{F}(\mathscr{B}_{C(V_n)} \otimes \mathscr{B}_{C(\mathfrak{d}_1)}, \mathscr{B}_\Theta)$ *MKQ-Schätzung* für $\boldsymbol{\vartheta}$ *bez. der a-priori-Schätzung* $\mathfrak{d}_1$, wenn $\check{\boldsymbol{\vartheta}}(\mathfrak{Y}, \mathfrak{d}_1)$ MKQ-Schätzung im LR $(\tilde{\mathfrak{Y}}, \tilde{\boldsymbol{F}}\boldsymbol{\vartheta}, \boldsymbol{B}_{\tilde{\varepsilon}})$ ist.

Es wird vorausgesetzt, daß die a-priori-Schätzung $\mathfrak{d}_1$ und die aktuellen Beobachtungen $\mathfrak{Y}(V_n)$ unkorreliert sind.

Vor. 4.4.2: $\mathrm{E}\varepsilon\boldsymbol{\delta}' = \boldsymbol{0}_{n \times s}$ •

Satz 4.4.4: Es seien $\sigma^2 = \sigma_0^2 \in \mathrm{R}^+$ und $\boldsymbol{N}$ aus (4.4.11). Unter der Vor. 4.4.2 ist

$$\check{\boldsymbol{\vartheta}}(\mathfrak{Y}, \mathfrak{d}_1) = (\sigma_0^{-2}\boldsymbol{F}'\boldsymbol{F} + \boldsymbol{N}'\boldsymbol{B}_\delta^{-1}\boldsymbol{N})^{-1}\,(\sigma_0^{-2}\boldsymbol{F}'\mathfrak{Y} + \boldsymbol{N}'\boldsymbol{B}_\delta^{-1}\mathfrak{d}_1) \tag{4.4.12}$$

MKQ-Schätzung für $\boldsymbol{\vartheta}$ bez. der a-priori-Schätzung $\mathfrak{d}_1$ für $\boldsymbol{\vartheta}_1$ •

Beweis: Unter Vor. 4.4.2 erhält man für die Kovarianzmatrix $\boldsymbol{B}_{\tilde{\varepsilon}}$ des Fehlervektors $\tilde{\varepsilon}$ aus (4.4.11)

$$\boldsymbol{B}_{\tilde{\varepsilon}} = \begin{pmatrix} \sigma^2\boldsymbol{I}_n & \boldsymbol{0}_{n \times s} \\ \boldsymbol{0}_{s \times n} & \boldsymbol{B}_\delta \end{pmatrix}. \tag{4.4.13}$$

Diese ist ebenso wie die Versuchsplanmatrix $\tilde{\boldsymbol{F}}$ aus (4.4.11) von vollem Rang: $\mathrm{Rg}\,\boldsymbol{B}_{\tilde{\varepsilon}} = n + s$, $\mathrm{Rg}\,\tilde{\boldsymbol{F}} = r$. Damit ist

$$\check{\boldsymbol{\vartheta}}(\mathfrak{Y}, \mathfrak{d}_1) = (\tilde{\boldsymbol{F}}'\boldsymbol{B}_{\tilde{\varepsilon}}^{-1}\tilde{\boldsymbol{F}})^{-1}\,\tilde{\boldsymbol{F}}'\boldsymbol{B}_{\tilde{\varepsilon}}^{-1}\tilde{\mathfrak{Y}} = (\sigma_0^{-2}\boldsymbol{F}'\boldsymbol{F} + \boldsymbol{N}'\boldsymbol{B}_\delta^{-1}\boldsymbol{N})^{-1}\,(\sigma_0^{-2}\boldsymbol{F}'\mathfrak{Y} + \boldsymbol{N}'\boldsymbol{B}_\delta^{-1}\,\check{\mathfrak{d}}_1)$$

MKQ-Schätzung im LR$(\tilde{\mathfrak{Y}}, \tilde{\boldsymbol{F}}\boldsymbol{\vartheta}, \boldsymbol{B}_{\tilde{\varepsilon}})$ (s. Abschnitt 3.2.3c).

Def. 4.4.3: Die Schätzfunktion $\tilde{\boldsymbol{\vartheta}}(\mathfrak{Y}, \mathfrak{d}_1) \in \mathscr{F}(\mathscr{B}_{C(V_n)} \otimes \mathscr{B}_{C(\mathfrak{d}_1)}, \mathscr{B}_\Theta)$ heißt *erwartungstreu bez. der a-priori-Schätzung* $\mathfrak{d}_1$ für $\boldsymbol{\vartheta}_1 =_{\mathrm{df}}$

$$\forall \boldsymbol{\vartheta} \in \Theta : \mathrm{E}_{\tilde{\mathfrak{Y}}|\boldsymbol{\vartheta}}\tilde{\boldsymbol{\vartheta}}(\mathfrak{Y}, \mathfrak{d}_1) = \boldsymbol{\vartheta} \;\bullet$$

Es bezeichne

$$D_0(\mathfrak{d}_1) = \{\tilde{\boldsymbol{\vartheta}} \in \mathscr{F}(\mathscr{B}_{C(V_n)} \otimes \mathscr{B}_{C(\mathfrak{d}_1)}, \mathscr{B}_\Theta) : \forall \boldsymbol{\vartheta} \in \Theta\; \exists c \in \mathrm{R}^1 : \mathrm{E}_{\tilde{\mathfrak{Y}}|\boldsymbol{\vartheta}} L(\boldsymbol{\vartheta}; \tilde{\boldsymbol{\vartheta}}(\mathfrak{Y}, \mathfrak{d}_1)) = c\}$$

die Menge aller Schätzfunktionen für $\boldsymbol{\vartheta}$ im LR mit a-priori-Schätzung.

Weiter bezeichnen $D_E(\mathfrak{d}_1) \subset D_0(\mathfrak{d}_1)$ die Menge aller bez. $\mathfrak{d}_1$ erwartungstreuen Schätzungen und $D_{LE}(\mathfrak{d}_1)$ die Teilklasse

$$D_{LE}(\mathfrak{d}_1) = \{\tilde{\boldsymbol{\vartheta}} \in D_E(\mathfrak{d}_1) : \exists \boldsymbol{A}_1 \in \mathscr{M}_{r \times n}\; \exists \boldsymbol{A}_2 \in \mathscr{M}_{r \times s} : \tilde{\boldsymbol{\vartheta}}(\mathfrak{Y}, \mathfrak{d}_1) = \boldsymbol{A}_1\mathfrak{Y} + \boldsymbol{A}_2\mathfrak{d}_1\}$$

der in $\mathfrak{Y}$ und $\mathfrak{d}_1$ linearen, bez. $\mathfrak{d}_1$ erwartungstreuen Schätzungen. Für die MKQ-Schätzung bez. der a-priori-Schätzung $\mathfrak{d}_1$ gelten nun die analogen Optimalitätseigenschaften wie für die klassische MKQ-Schätzung ohne a-priori-Kenntnisse. Dabei ist klar, daß diese Optimalitätseigenschaften, solange keine a-priori-Kenntnisse über die Varianz vorliegen, an die Kenntnis von σ^2 gebunden sind.

Satz 4.4.5: Es seien $\sigma_0 \in \mathrm{R}^+$, $K_p^{(0)} = \{\mathrm{N}(\boldsymbol{0}, \sigma_0^2 \boldsymbol{I}_n)\}$, $K_1^{(0)} = \{P_\varepsilon \in \overline{K}: \boldsymbol{B}_\varepsilon = \sigma_0^2 \boldsymbol{I}_n\}$ und $\Theta = \mathrm{R}^r$. Dann ist die MKQ-Schätzung $\check{\boldsymbol{\vartheta}}(\mathfrak{Y}, \mathfrak{d}_1)$ von (4.4.12) bez. der erwartungstreuen a-priori-Schätzung $\mathfrak{d}_1$ für $\boldsymbol{\vartheta}_1$ gleichmäßig beste Schätzung in $G_1 = [\Theta \times K_1^{(0)}, D_{LE}(\mathfrak{d}_1), R_1]$ bez. $L \in \mathscr{L}_q^r$. Falls die a-priori-Schätzung einer Normalverteilung genügt, d. h. $P_\delta = \mathrm{N}(\boldsymbol{0}, \boldsymbol{B}_\delta)$ gilt, ist $\check{\boldsymbol{\vartheta}}(\mathfrak{Y}, \mathfrak{d}_1)$ außerdem gleichmäßig beste Schätzung in $G_1^{(0)} = [\Theta \times K_p^{(0)}, D_E(\mathfrak{d}_1), R_1^{(0)}]$ bez. $L \in \mathscr{L}_k^r$ und minimax in $G_1^{(0)} = [\Theta \times K_p^{(0)}, D_0(\mathfrak{d}_1), R_1^{(0)}]$ bez. $L \in \mathscr{L}_w^r$ •

Beweis: Die Schätzung $\check{\boldsymbol{\vartheta}}(\mathfrak{Y}, \mathfrak{d}_1)$ besitzt als MKQ-Schätzung im $\mathrm{LR}(\tilde{\mathfrak{Y}}, \tilde{\boldsymbol{F}}\boldsymbol{\vartheta}, \boldsymbol{B}_{\tilde{\varepsilon}})$ die erste im Satz genannte Eigenschaft auf Grund von Satz 3.3.4a) und die anderen beiden Eigenschaften auf Grund von Satz 3.3.7a) bzw. Satz 3.3.9a).

Die vorangegangenen Ergebnisse können für den Fall verallgemeinert werden, daß als a-priori-Kenntnis erwartungstreue a-priori-Schätzungen $\tilde{\mathfrak{d}}_1$ einer Linearkombination $\boldsymbol{N}_1\boldsymbol{\vartheta}_1$ des Teilvektors $\boldsymbol{\vartheta}_1$ von $\boldsymbol{\vartheta} = (\boldsymbol{\vartheta}_1', \boldsymbol{\vartheta}_2')'$ vorliegen; $\boldsymbol{N}_1 \in \mathscr{M}_{p \times s}^{(p)}$, $p \leqq s$. Man braucht dann anstelle von $\boldsymbol{N} = (\boldsymbol{I}_s \vdots \boldsymbol{0}_{s \times (r-s)})$ in (4.4.11) lediglich $\tilde{\boldsymbol{N}} = (\boldsymbol{N}_1 \vdots \boldsymbol{0}_{p \times (r-s)})$ zu setzen und erhält so eine MKQ-Schätzung im LR $(\tilde{\mathfrak{Y}}, \tilde{\boldsymbol{F}}_1\boldsymbol{\vartheta}, \boldsymbol{B}_{\tilde{\varepsilon}_1})$; $\tilde{\boldsymbol{F}}_1 = (\boldsymbol{F}' \vdots \tilde{\boldsymbol{N}}')'$, $\tilde{\varepsilon}_1 = (\boldsymbol{\varepsilon}', \tilde{\mathfrak{d}}_1')'$; mit a-priori-Schätzung $\tilde{\mathfrak{d}}_1$ für $\boldsymbol{N}_1\boldsymbol{\vartheta}_1$, die die entsprechenden Optimalitätseigenschaften besitzt. Für beste lineare, bez. $\tilde{\mathfrak{d}}_1$ erwartungstreue Schätzungen ist dies z. B. von THEIL [1] betrachtet worden (zur Anwendung von (4.4.12) s. II/3).

Bemerkung 4.4.2: Es seien die Varianz σ^2 der Beobachtungen unbekannt und die Kovarianzmatrix der a-priori-Schätzung habe die Gestalt $\boldsymbol{B}_{\mathfrak{d}_1} = \boldsymbol{B}_\delta = \sigma^2 \boldsymbol{\Delta}$ mit bekanntem $\boldsymbol{\Delta} \in \mathscr{M}_s^{>}$. Dann erhält man als MKQ-Schätzung bez. der a-priori-Schätzung $\mathfrak{d}_1$ für $\boldsymbol{\vartheta}_1$ die von der Varianz unabhängige Schätzfunktion

$$\check{\boldsymbol{\vartheta}}(\mathfrak{Y}, \mathfrak{d}_1) = (\boldsymbol{F}'\boldsymbol{F} + \boldsymbol{N}'\boldsymbol{\Delta}^{-1}\boldsymbol{N})^{-1} (\boldsymbol{F}'\mathfrak{Y} + \boldsymbol{N}'\boldsymbol{\Delta}^{-1}\mathfrak{d}_1) .$$

Dieser Fall ist z. B. gegeben, wenn die a-priori-Schätzung $\mathfrak{d}_1$ für $\boldsymbol{\vartheta}_1$ eine MKQ-Schätzung auf der Grundlage von vorhergehenden oder zusätzlichen Beobachtungen in einem KLR mit gleicher Fehlervarianz ist.

Die Schätzfunktion $\check{\boldsymbol{\vartheta}}(\mathfrak{Y}, \mathfrak{d}_1)$ besitzt dann zusätzlich zu den in Satz 4.4.5 angegebenen Eigenschaften auch bei unbekanntem σ^2 die analogen Optimalitätseigenschaften im $\mathrm{LR}(\tilde{\mathfrak{Y}}, \tilde{\boldsymbol{F}}\boldsymbol{\vartheta}, \boldsymbol{B}_{\tilde{\varepsilon}})$, wie sie die klassische MKQ-Schätzung $\check{\boldsymbol{\vartheta}}$ im $\mathrm{KLR}(\mathfrak{Y}, \boldsymbol{F}\boldsymbol{\vartheta}, \sigma^2\boldsymbol{I}_n)$ hat (s. Satz 3.3.4b), Satz 3.3.7b), Satz 3.3.9b)).

Falls eine a-priori-Schätzung $\mathfrak{d}_1 = \mathfrak{d}$ für den gesamten Parametervektor $\boldsymbol{\vartheta}_1 = \boldsymbol{\vartheta}$ bekannt ist, d. h., falls in (4.4.11) $\boldsymbol{N} = \boldsymbol{I}_r$ gilt, so kann die MKQ-Schätzung bez. $\mathfrak{d}$ als bayessche Schätzung charakterisiert werden.

Satz 4.4.6: Es seien $\sigma^2 = \sigma_0^2 \in \mathrm{R}^+$, $L \in \mathscr{L}_q^r$, $s = r$ und $(\tilde{\mathfrak{Y}}, \tilde{\boldsymbol{F}}\boldsymbol{\vartheta}, \boldsymbol{B}_{\tilde{\varepsilon}})$ ein LR mit a-priori-Schätzung $\mathfrak{d}$ für $\boldsymbol{\vartheta} \in \Theta = \mathrm{R}^r$. Dann ist die MKQ-Schätzung $\check{\boldsymbol{\vartheta}}(\mathfrak{Y}, \mathfrak{d}) = (\sigma_0^{-2}\boldsymbol{F}'\boldsymbol{F} + \boldsymbol{B}_\delta^{-1})^{-1} (\sigma_0^{-2}\boldsymbol{F}'\mathfrak{Y} + \boldsymbol{B}_\delta^{-1}\mathfrak{d})$ in diesem Modell für jede Realisierung $\boldsymbol{d}^{(0)} \in C(\mathfrak{d}) \subseteq \mathrm{R}^r$ von $\mathfrak{d}$ eine bayessche Schätzung für $\boldsymbol{\vartheta}$ in $G_1^{(0)} = [\Theta \times \{\mathrm{N}(\boldsymbol{0}, \sigma_0^2\boldsymbol{I}_n\}, D_0, R_1^{(0)}]$ bez. der a-priori-Verteilung $P_\theta = \mathrm{N}(\boldsymbol{d}^{(0)}, \boldsymbol{B}_\delta)$ •

Beweis: Es sei $\boldsymbol{d}^{(0)} \in C(\mathfrak{d})$. Mit $P_\varepsilon^{(0)} = \mathrm{N}(\boldsymbol{0}, \sigma_0^2\boldsymbol{I}_n)$ und $P_\theta = \mathrm{N}(\boldsymbol{d}^{(0)}, \boldsymbol{B}_\delta)$ ist $\hat{\boldsymbol{\vartheta}}^{(0)}(\mathfrak{Y}) = (\sigma_0^{-2}\boldsymbol{F}'\boldsymbol{F} + \boldsymbol{B}_\delta^{-1})^{-1} (\sigma_0^{-2}\boldsymbol{F}'\mathfrak{Y} + \boldsymbol{B}_\delta^{-1}\boldsymbol{d}^{(0)}) = \check{\boldsymbol{\vartheta}}(\mathfrak{Y}, \mathfrak{d})$ nach Satz 4.3.1 bayessch in $G_1^{(0)} = [\Theta \times \{P_\varepsilon^{(0)}\}, D_0, R_1^{(0)}]$ bez. P_θ.

Ersetzt man in (4.4.12) die Varianz $\sigma^2 = \sigma_0^2$ durch einen beliebigen (a-priori-) Schätzwert $\hat{\sigma}^2$, dann gilt für die so gebildete Schätzfunktion folgende Aussage:

Satz 4.4.7: Es seien $\hat{\sigma}^2 \in \mathrm{R}^+$ und $K_p^{(1)} = \{\mathrm{N}(\boldsymbol{0}, \sigma^2 \boldsymbol{I}_n)\}_{\sigma \in \mathrm{R}^+}$. Die Schätzfunktion

$$\check{\boldsymbol{\vartheta}}_{\mathfrak{d}, \hat{\sigma}}(\mathfrak{Y}) = (\hat{\sigma}^{-2}\boldsymbol{F}'\boldsymbol{F} + \boldsymbol{B}_\delta^{-1})^{-1} (\hat{\sigma}^{-2}\boldsymbol{F}'\mathfrak{Y} + \boldsymbol{B}_\delta^{-1}\boldsymbol{d}^{(0)}) \tag{4.4.14}$$

ist für alle $\boldsymbol{d}^{(0)} \in C(\mathfrak{d})$ bayessch für $\boldsymbol{\vartheta}$ in $G_1 = [\Theta \times K_p^{(1)}, D_0, R_1]$ bez. jeder a-priori-Verteilung $P_{(\boldsymbol{\theta}, \Sigma^{-2})} = \mathrm{NG}\,(\boldsymbol{d}^{(0)}, \hat{\sigma}^{-2}\boldsymbol{B}_\delta, \alpha, \hat{\sigma}^2)$; $\alpha \in \mathsf{N}$ •

Beweis: Mit $P_{(\boldsymbol{\theta}, \Sigma^{-2})} = \mathrm{NG}\,(\boldsymbol{d}^{(0)}, \hat{\sigma}^{-2}\boldsymbol{B}_\delta, \alpha, \hat{\sigma}^2)$; $\boldsymbol{d}^{(0)} \in C(\mathfrak{d})$; und $L \in \mathscr{L}_q^r$ ist

$$\hat{\boldsymbol{\vartheta}}^*(\mathfrak{Y}) = (\boldsymbol{F}'\boldsymbol{F} + \hat{\sigma}^2\boldsymbol{B}_\delta^{-1})^{-1} (\boldsymbol{F}'\mathfrak{Y} + \hat{\sigma}^2\boldsymbol{B}_\delta^{-1}\boldsymbol{d}^{(0)}) = (\hat{\sigma}^{-2}\boldsymbol{F}'\boldsymbol{F} + \boldsymbol{B}_\delta^{-1})^{-1} (\hat{\sigma}^{-2}\boldsymbol{F}'\mathfrak{Y} + \boldsymbol{B}_\delta^{-1}\boldsymbol{d}^{(0)}) = \check{\boldsymbol{\vartheta}}_{\mathfrak{d}, \hat{\sigma}}(\mathfrak{Y})$$

nach Satz 4.3.2 bayessch in G_1 bez. $P_{(\boldsymbol{\theta}, \Sigma^{-2})}$.

Für den Fall jedoch, daß nur für den Teilvektor $\boldsymbol{\vartheta}_1 = (\vartheta_1, \ldots, \vartheta_s)'$; $s < r$; von $\boldsymbol{\vartheta} = (\boldsymbol{\vartheta}_1', \boldsymbol{\vartheta}_2')'$ eine erwartungstreue a-priori-Schätzung $\mathfrak{d}_1 = (\mathfrak{d}_1, \ldots, \mathfrak{d}_s)'$ gegeben ist, kann man zeigen, daß die MKQ-Schätzung $\check{\boldsymbol{\vartheta}}(\mathfrak{Y}, \mathfrak{d}_1)$ aus (4.4.12) für jede Realisierung $\boldsymbol{d}_1^{(0)} \in C(\mathfrak{d}_1) \subseteq \mathrm{R}^s$ von $\mathfrak{d}_1$ erweitert bayessch ist.

Satz 4.4.8: Es seien $\Theta = \mathrm{R}^r$, $\sigma^2 = \sigma_0^2 \in \mathrm{R}^+$, $L \in \mathscr{L}_q^r$ und $(\tilde{\mathfrak{Y}}, \tilde{\boldsymbol{F}}\boldsymbol{\vartheta}, \boldsymbol{B}_{\tilde{\varepsilon}})$ ein LR mit a-priori-Schätzung $\mathfrak{d}_1$ für $\boldsymbol{\vartheta}_1$. Dann ist für jedes $\boldsymbol{d}_1^{(0)} \in C(\mathfrak{d}_1)$ die Schätzfunktion $\check{\boldsymbol{\vartheta}}(\cdot, \boldsymbol{d}_1^{(0)})$ fast-bayessch und erweitert bayessch in $G_1^{(0)} = [\Theta \times \{\mathrm{N}(\boldsymbol{0}, \sigma_0^2\boldsymbol{I}_n\}, D_0, R_1^{(0)}]$ •

Beweis: Es seien $\{k_i\}_{i \in \mathsf{N}} \subset \mathrm{R}^+$ eine Zahlenfolge mit $\lim_{i\to\infty} k_i = \infty$, $\boldsymbol{d}_1^{(0)} \in C(\mathfrak{d}_1)$ und $\{P_{\boldsymbol{\theta}}^{(i)}\}_{i \in \mathsf{N}} \subset \Theta^*$ eine Folge von a-priori-Verteilungen mit

$$P_{\boldsymbol{\theta}}^{(i)} = \mathrm{N}(\boldsymbol{a}, \boldsymbol{A}_i); \quad \boldsymbol{a} = (\boldsymbol{d}_1^{(0)\prime}, \boldsymbol{0}')';$$

$$\boldsymbol{A}_i = \begin{pmatrix} \boldsymbol{B}_\delta & \boldsymbol{0}_{s\times(r-s)} \\ \boldsymbol{0}_{(r-s)\times s} & k_i \boldsymbol{I}_{r-s} \end{pmatrix} \tag{4.4.15}$$

Nach Satz 4.3.1 sind

$$\hat{\boldsymbol{\vartheta}}_i^{(0)}(\mathfrak{Y}) = (\sigma_0^{-2}\boldsymbol{F}'\boldsymbol{F} + \boldsymbol{A}_i^{-1})^{-1} (\sigma_0^{-2}\boldsymbol{F}'\mathfrak{Y} + \boldsymbol{A}_i^{-1}\boldsymbol{a})$$

bayessche Schätzungen für $\boldsymbol{\vartheta}$ in $G_1^{(0)} = [\Theta \times \{\mathrm{N}(\boldsymbol{0}, \sigma_0^2\boldsymbol{I}_n)\}, D_0, R_1^{(0)}]$ bez. $P_{\boldsymbol{\theta}}^{(i)}$; $i = 1, 2, \ldots$ Für alle $i \in \mathsf{N}$ ist

$$\boldsymbol{A}_i^{-1}\boldsymbol{a} = (\boldsymbol{d}_1^{(0)\prime}\boldsymbol{B}_\delta^{-1}, \boldsymbol{0}')' = \boldsymbol{N}'\boldsymbol{B}_\delta^{-1}\boldsymbol{d}_1^{(0)}; \qquad \boldsymbol{N} = (\boldsymbol{I}_s \,\vdots\, \boldsymbol{0}_{s\times(r-s)});$$

so daß mit $\lim_{i\to\infty} \boldsymbol{A}_i^{-1} = \boldsymbol{N}'\boldsymbol{B}_\delta^{-1}\boldsymbol{N}$ gilt:

$$\forall \boldsymbol{y} \in C(\boldsymbol{V}_n): \lim_{i\to\infty} \hat{\boldsymbol{\vartheta}}_i^{(0)}(\boldsymbol{y}) = (\sigma_0^{-2}\boldsymbol{F}'\boldsymbol{F} + \lim_{i\to\infty} \boldsymbol{A}_i^{-1})^{-1} (\sigma_0^{-2}\boldsymbol{F}'\boldsymbol{y} + \boldsymbol{N}'\boldsymbol{B}_\delta^{-1}\boldsymbol{d}_1^{(0)}) = \check{\boldsymbol{\vartheta}}(\boldsymbol{y}, \boldsymbol{d}_1^{(0)}).$$

Nach Def. 4.4.2 ist also $\check{\boldsymbol{\vartheta}}(\mathfrak{Y}, \boldsymbol{d}_1^{(0)})$ fast-bayessch für $\boldsymbol{\vartheta}$ in $G_1^{(0)}$. Durch Überprüfung der Bedingungen von Lemma 4.4.1 bestätigt man, daß $\check{\boldsymbol{\vartheta}}(\mathfrak{Y}, \boldsymbol{d}_1^{(0)})$ auch erweitert bayessch in $G_1^{(0)} = [\Theta \times \{\mathrm{N}(\boldsymbol{0}, \sigma_0^2\boldsymbol{I}_n)\}, D_0, R_1^{(0)}]$ ist.

Eine analoge Aussage kann man bei unbekannter Varianz treffen, wenn man in der Schätzfunktion $\check{\boldsymbol{\vartheta}}(\mathfrak{Y}, \mathfrak{d}_1)$ von (4.4.12) σ_0^2 durch einen (a-priori-)Schätzwert $\hat{\sigma}^2$ ersetzt.

Satz 4.4.9: Es seien $\Theta = \mathrm{R}^r$, $L \in \mathscr{L}_q^r$, $\hat{\sigma}^2 \in \mathrm{R}^+$, $K_p^{(1)} = \{\mathrm{N}(\boldsymbol{0}, \sigma^2\boldsymbol{I}_n)\}_{\sigma \in \mathrm{R}^+}$ und $(\tilde{\mathfrak{Y}}, \tilde{\boldsymbol{F}}\boldsymbol{\vartheta}, \boldsymbol{B}_{\tilde{\varepsilon}})$ ein LR mit a-priori-Schätzung $\mathfrak{d}_1$ für $\boldsymbol{\vartheta}_1$. Dann ist für jede Realisierung $\boldsymbol{d}_1^{(0)} \in C(\mathfrak{d}_1)$ von $\mathfrak{d}_1$ die Schätzfunktion

$$\check{\boldsymbol{\vartheta}}_{\mathfrak{d}_1, \hat{\sigma}}(\mathfrak{Y}) = (\hat{\sigma}^{-2}\boldsymbol{F}'\boldsymbol{F} + \boldsymbol{N}'\boldsymbol{B}_\delta^{-1}\boldsymbol{N})^{-1} (\hat{\sigma}^{-2}\boldsymbol{F}'\mathfrak{Y} + \boldsymbol{N}'\boldsymbol{B}_\delta^{-1}\boldsymbol{d}_1^{(0)})$$

fast-bayessch und erweitert bayessch in $G_1 = [\Theta \times K_p^{(1)}, D_0, R_1]$ •

Der Beweis verläuft analog zum obigen, indem man die Folge $\{P_{(\boldsymbol{\theta}, \Sigma^{-2})} = \mathrm{NG}\,(\boldsymbol{a}, \hat{\sigma}^{-2}\boldsymbol{A}_i, \alpha, \hat{\sigma}^2)\}_{i \in \mathsf{N}}$ von a-priori-Verteilungen mit $\boldsymbol{a}$ sowie $\boldsymbol{A}_i$ aus (4.4.15) und $\alpha \in \mathsf{N}$ zugrundelegt und Satz 4.3.2 beachtet.

Darüber hinaus folgt aus dem Satz 4.5.2, daß $\check{\boldsymbol{\vartheta}}_{\hat{\mathfrak{b}}_1,\sigma}(\mathfrak{Y})$ auch fast-bayessch und erweitert bayessch und im Falle $s = r$ (vgl. Bem. 4.5.1) bayessch im Schätzproblem $G_1 = [\Theta \times K_p^{(1)}, D_0, R_1]$; $K_p^{(1)} = \{\mathrm{N}(\boldsymbol{0}, \sigma^2 \boldsymbol{I}_n)\}_{\sigma \in \mathrm{R}^+}$; ist, wenn das Risiko R_1 durch (normierten) monotonen Verlust erzeugt wird.

4.4.3. Quadratische Restriktionen

Abschließend behandeln wir noch kurz einen Spezialfall nichtstochastischer a-priori-Kenntnisse in Form von nichtlinearen Restriktionen an den Regressionsparameter $\boldsymbol{\vartheta}$. Wir geben eine lineare Minimax-Schätzung an, die in Spezialfällen auf die bekannte Ridge-Schätzung bzw. auf gestauchte Schätzungen führt und die wir ebenfalls als eine bayessche Schätzung der Form (4.3.7) bzw. (4.3.10) interpretieren können.

Es seien $\boldsymbol{J} \in \mathcal{M}_r^{>}$ und $\Theta(\boldsymbol{J})$ die Parametermenge

$$\Theta(\boldsymbol{J}) = \{\boldsymbol{\vartheta} \in \mathrm{R}^r : \boldsymbol{\vartheta}'\boldsymbol{J}\boldsymbol{\vartheta} \leqq 1\} . \tag{4.4.16}$$

Def. 4.4.4: Das Tupel $(\mathfrak{Y}, \boldsymbol{F\vartheta}, \sigma^2\boldsymbol{I}_n, \boldsymbol{J})$ heißt *KLR mit quadratischen Restriktionen* $=_{\mathrm{df}}$

$$\langle\!\langle (\mathfrak{Y}, \boldsymbol{F\vartheta}, \sigma^2\boldsymbol{I}_n) \text{ ist ein KLR} \rangle\!\rangle \wedge \boldsymbol{\vartheta} \in \Theta(\boldsymbol{J}) \bullet$$

Betrachtet man quadratischen Verlust der Form

$$\exists \boldsymbol{a} \in \mathrm{R}^r \; \forall \boldsymbol{\vartheta} \in \Theta \; \forall \hat{\boldsymbol{\vartheta}} \in D_0 \; \forall \boldsymbol{y} \in C : L(\boldsymbol{\vartheta}; \hat{\boldsymbol{\vartheta}}(\boldsymbol{y})) = \|\boldsymbol{\vartheta} - \hat{\boldsymbol{\vartheta}}(\boldsymbol{y})\|^2_{\boldsymbol{aa}'} , \tag{4.4.17}$$

d. h. Verlustfunktionen der in Vor. 4.3.1 angegebenen Gestalt mit $\operatorname{Rg} \boldsymbol{U} = 1$, so kann in der Klasse D_L aller linearen Schätzfunktionen eine Minimax-Schätzung angegeben werden.

Satz 4.4.10 (KUKS/OL'MAN): Es seien $\sigma_0 \in \mathrm{R}^+$, $(\mathfrak{Y}, \boldsymbol{F\vartheta}, \sigma_0^2\boldsymbol{I}_n, \boldsymbol{J})$ ein KLR mit quadratischen Restriktionen und $K_1^{(0)} = \{P_\varepsilon \in \overline{K} : \boldsymbol{B}_\varepsilon = \sigma_0^2 \boldsymbol{I}_n\}$. Dann ist die Schätzfunktion

$$\hat{\boldsymbol{\vartheta}}_{\boldsymbol{J}}(\mathfrak{Y}) := (\boldsymbol{F}'\boldsymbol{F} + \sigma_0^2 \boldsymbol{J})^{-1} \boldsymbol{F}'\mathfrak{Y} \tag{4.4.18}$$

minimax für $\boldsymbol{\vartheta}$ in $G_1 = [\Theta(\boldsymbol{J}) \times K_1^{(0)}, D_L, R_1]$, wobei R_1 durch quadratischen Verlust L gemäß (4.4.17) erzeugt wird. Die Schätzung $\hat{\boldsymbol{\vartheta}}_{\boldsymbol{J}}$ besitzt das Maximalrisiko

$$\sup_{(\boldsymbol{\vartheta}, P_\varepsilon) \in \Theta(\boldsymbol{J}) \times K_1^{(0)}} R_1(\boldsymbol{\vartheta}, P_\varepsilon; \hat{\boldsymbol{\vartheta}}_{\boldsymbol{J}}) = \sigma_0^2 \boldsymbol{a}'(\boldsymbol{F}'\boldsymbol{F} + \sigma_0^2 \boldsymbol{J})^{-1} \boldsymbol{a} \tag{4.4.19}$$

(s. KUKS/OL'MAN [1]) •

Beweis: Zunächst kann auf Grund der Symmetrie von $\Theta(\boldsymbol{J})$ bez. $\boldsymbol{\vartheta} = \boldsymbol{0}$ gezeigt werden, daß es genügt, eine Minimax-Schätzung in der Teilklasse $D_L^{(0)} = \{\hat{\boldsymbol{\vartheta}} \in D_0 : \exists \boldsymbol{C} \in \mathcal{M}_{r \times n} : \hat{\boldsymbol{\vartheta}} = \boldsymbol{C}\mathfrak{Y}\} \subset D_L$ der homogenen linearen Schätzfunktionen zu bestimmen; es gilt

$$\inf_{\check{\boldsymbol{\vartheta}} \in D_L} \sup_{(\boldsymbol{\vartheta}, P_\varepsilon) \in \Theta(\boldsymbol{J}) \times K_1^{(0)}} R_1(\boldsymbol{\vartheta}, P_\varepsilon; \hat{\boldsymbol{\vartheta}}) = \inf_{\hat{\boldsymbol{\vartheta}} \in D_L} \sup_{\boldsymbol{\vartheta} \in \Theta(\boldsymbol{J})} R_1^{(0)}(\boldsymbol{\vartheta}; \hat{\boldsymbol{\vartheta}}) = \inf_{\boldsymbol{C} \in \mathcal{M}_{r \times n}} \{\sigma_0^2 \boldsymbol{a}'\boldsymbol{C}\boldsymbol{C}'\boldsymbol{a} + \sup_{\boldsymbol{\vartheta} \in \Theta(\boldsymbol{J})} [\boldsymbol{\vartheta}'(\boldsymbol{I}_r - \boldsymbol{CF})'\boldsymbol{a}]^2\} . \tag{4.4.20}$$

Mit der Ungleichung von CAUCHY-SCHWARZ erhält man die Beziehung $\sup_{\boldsymbol{\vartheta} \in \Theta(\boldsymbol{J})} [\boldsymbol{\vartheta}'(\boldsymbol{I}_r - \boldsymbol{CF})'\boldsymbol{a}]^2 = \boldsymbol{a}'(\boldsymbol{I}_r - \boldsymbol{CF})\boldsymbol{J}^{-1}(\boldsymbol{I}_r - \boldsymbol{CF})'\boldsymbol{a}$, woraus sich mit (4.4.20) ergibt

$$\begin{aligned} &\inf_{\boldsymbol{\vartheta} \in D_L} \sup_{\boldsymbol{\vartheta} \in \Theta(\boldsymbol{J})} R_1^{(0(}(\boldsymbol{\vartheta}; \hat{\boldsymbol{\vartheta}}) \\ &= \inf_{\boldsymbol{C} \in \mathcal{M}_{r \times n}} \{(\boldsymbol{C}'\boldsymbol{a})'[\sigma_0^2 \boldsymbol{I}_n + \boldsymbol{F}\boldsymbol{J}^{-1}\boldsymbol{F}'](\boldsymbol{C}'\boldsymbol{a}) - 2\boldsymbol{a}'\boldsymbol{J}^{-1}\boldsymbol{F}'(\boldsymbol{C}'\boldsymbol{a})\} + \boldsymbol{a}'\boldsymbol{J}^{-1}\boldsymbol{a} =: \inf_{\boldsymbol{C} \in \mathcal{M}_{r \times n}} g(\boldsymbol{C}'\boldsymbol{a}) + \boldsymbol{a}'\boldsymbol{J}^{-1}\boldsymbol{a} . \end{aligned} \tag{4.4.21}$$

Für $C^* = J^{-1}F'(\sigma_0^2 I_n + FJ^{-1}F')^{-1} = (F'F + \sigma_0^2 J)^{-1} F'$ bestätigt man (z. B. mit (1.A.59)) die Gültigkeit von $g(C^{*\prime}a) = \inf_{C \in \mathcal{M}_{r\times n}} g(C'a)$, womit $\hat{\vartheta}_J = C^*\mathfrak{Y}$ nach (4.4.21) minimax in $[\Theta(J) \times K_1^{(0)}, D_L, R_1]$ ist. Das Maximalrisiko von ϑ_J erhält man durch Einsetzen von C^* in (4.4.21).

Die Aussage von Satz 4.4.10 kann auch für matrixwertigen Verlust (s. (3.3.51)) bewiesen werden (s. Bunke, O. [2]). Eine Minimax-Schätzung in $G_1 = [\Theta(J) \times K_1^{(0)}, D_L, R_1]$ bez. allgemeinerem quadratischen Verlust $\|\vartheta - \hat{\vartheta}(y)\|_U^2$, wobei $U \in \mathcal{M}_r^{\geqq}$ gewissen Bedingungen genügen muß, ist in Läuter, H. [2] angegeben. Diese führt im Spezialfall $U = aa'$ auf die Schätzfunktion $\hat{\vartheta}_J$ (zur Anwendung von (4.4.18) s. II/3)

Bemerkung 4.4.3: Es sei allgemeiner der Parameterbereich ein Ellipsoid $\Theta = \Theta(J, t) := \{\vartheta \in \mathrm{R}^r : \|\vartheta - t\|_J^2 \leqq 1\}$ mit dem Zentrum $t \in \mathrm{R}^r$. Dann ist

$$\hat{\vartheta}_{J,t}(\mathfrak{Y}) = (\sigma_0^2 J + F'F)^{-1} F'(\mathfrak{Y} - Ft) + t = \hat{\vartheta}_J(\mathfrak{Y}) + [I_r - (\sigma_0^2 J + F'F)^{-1} F'F]\, t$$

eine Minimax-Schätzung in $[\Theta(J, t) \times K_1^{(0)}, D_L, R_1]$ bez. L aus (4.4.17). Dies kann ganz analog zum Beweis von Satz 4.4.10 gezeigt werden (s. Kuks/Ol'man [1]).

Ersetzt man in (4.4.18) σ_0^2 durch einen Schätzwert $\hat{\sigma}^2$, so hat die entsprechende Schätzfunktion

$$\hat{\vartheta}_J^{(\hat{\sigma})}(\mathfrak{Y}) = (F'F + \hat{\sigma}^2 J)^{-1} F'\mathfrak{Y} \tag{4.4.22}$$

die folgende gleichmäßige Minimax-Eigenschaft:

Folgerung 4.4.1: Es seien $\hat{\sigma}^2 \in \mathrm{R}^+$ und L gemäß (4.4.17). Für jedes $\sigma \in \mathrm{R}^+$ seien $\Theta(J, \sigma) = \{\vartheta \in \mathrm{R}^r : \vartheta' J \vartheta \leqq \sigma^2/\hat{\sigma}^2\}$ und $K(\sigma) = \{P_\varepsilon \in \overline{K} : B_\varepsilon = \sigma^2 I_n\}$. Dann gilt

$$\forall \sigma \in \mathrm{R}^+ \ \forall P_\varepsilon \in K(\sigma):\ \sup_{\vartheta \in \Theta(J,\sigma)} R_1(\vartheta, P_\varepsilon; \hat{\vartheta}_J^{(\hat{\sigma})}) = \inf_{\hat{\vartheta} \in D_L} \sup_{\vartheta \in \Theta(J,\sigma)} R_1(\vartheta, P_\varepsilon; \hat{\vartheta}) \ \bullet$$

Beweis: Die Behauptung folgt aus Satz 4.4.10, wonach die Schätzung

$$\hat{\vartheta}^*(\mathfrak{Y}) = (F'F + \sigma^2(\hat{\sigma}^2\sigma^{-2}J))^{-1} F'\mathfrak{Y} = \hat{\vartheta}_J^{(\hat{\sigma})}(\mathfrak{Y})$$

wegen $\Theta(J, \sigma) = \{\vartheta \in \mathrm{R}^r : \vartheta'(\hat{\sigma}^2\sigma^{-2}J)\,\vartheta \leqq 1\}$ für jedes $\sigma \in \mathrm{R}^+$ minimax in $G_1 = [\Theta(J, \sigma) \times K(\sigma), D_L, R_1]$ ist.

Es zeigt sich, daß die Schätzfunktion $\hat{\vartheta}_J$ von (4.4.18) zugleich eine Minimax-Schätzung ist, wenn anstelle von σ_0^2 eine obere (a-priori-)Schranke σ_u^2 für die Varianz eingesetzt wird.

Folgerung 4.4.2: Es seien $a \in \mathrm{R}^r$ und $L \in \mathcal{L}_{q,\sigma}^r$ eine normierte quadratische Verlustfunktion mit $U = aa'$. Weiter seien $\sigma_u \in \mathrm{R}^+$ und $K_{\sigma_u} = \{P_\varepsilon \in \overline{K} : \exists \sigma^2 \in (0, \sigma_u^2] : B_\varepsilon = \sigma^2 I_n\}$. Dann ist $\hat{\vartheta}_J^{(\sigma_u)}(\mathfrak{Y}) = (F'F + \sigma_u^2 J)^{-1} F'\mathfrak{Y}$ minimax in $G_1 = [\Theta(J) \times K_{\sigma_u}, D_L, R_1]$ •

Beweis: Für jedes $\hat{\vartheta}(\mathfrak{Y}) = C\mathfrak{Y} + c \in D_L$ mit $C \in \mathcal{M}_{r\times n}$ und $c \in \mathrm{R}^r$ und jedes $P_\varepsilon \in K_{\sigma_u}$ ist $R_1(\cdot, P_\varepsilon; \hat{\vartheta})$ nach oben beschränkt; denn entsprechend dem Beweis von Satz 4.4.10 (s. insbesondere (4.4.21)) gilt

$$\forall P_\varepsilon \in K_{\sigma_u}:\ \sup_{\vartheta \in \Theta(J)} R_1(\vartheta, P_\varepsilon; \hat{\vartheta}) \leqq a'CC'a + \sigma_u^{-2} a'(I - CF)\, J^{-1}(I - CF)'\, a\,.$$

Nach Lemma 2.1.2 ist dann $\sup_{(\vartheta, P_\varepsilon) \in \Theta(J) \times K_{\sigma_u}} R_1(\vartheta, P_\varepsilon; \hat{\vartheta}) = \sup_{\vartheta \in \Theta(J)} \sup_{P_\varepsilon \in K_{\sigma_u}} R_1(\vartheta, P_\varepsilon; \hat{\vartheta})$, so daß man mit Satz 4.4.10 erhält

$$\forall \hat{\vartheta} \in D_L:\ \sup_{(\vartheta, P_\varepsilon) \in \Theta(J) \times K_{\sigma_u}} R_1(\vartheta, P_\varepsilon; \hat{\vartheta}) \geqq \sigma_u^2\, a'(F'F + \sigma_u^2 J)^{-1} a\,. \tag{4.4.23}$$

Andererseits berechnet man unter Berücksichtigung von (4.4.20) und (4.4.21)

$$\sup_{(\boldsymbol{\vartheta}, P_e) \in \Theta(\boldsymbol{J}) \times K_{\sigma_u}} R_1(\boldsymbol{\vartheta}, P_e; \hat{\boldsymbol{\vartheta}}_J^{(\sigma_u)}) = \sup_{\sigma \in (0, \sigma_u^2]} \{\sigma^2 \boldsymbol{a}'(\boldsymbol{F}'\boldsymbol{F} + \sigma_u^2 \boldsymbol{J})^{-1} \boldsymbol{a}\} = \sigma_u^2 \boldsymbol{a}'(\boldsymbol{F}'\boldsymbol{F} + \sigma_u^2 \boldsymbol{J})^{-1} \boldsymbol{a},$$

woraus zusammen mit (4.4.23) die Behauptung folgt.

Gemäß den Sätzen 4.3.1 und 4.3.2 sind die Minimax-Schätzungen $\hat{\boldsymbol{\vartheta}}_J$ und $\hat{\boldsymbol{\vartheta}}_J^{(\hat{\sigma})}$ bzw. $\hat{\boldsymbol{\vartheta}}_J^{(\sigma_u)}$ auch bayessche Schätzungen:

Satz 4.4.11: Es seien $\Theta = \mathrm{R}^r$ und $L \in \mathscr{L}_q^r$.

a) Es seien $\sigma_0 \in \mathrm{R}^+$ und $K_p^{(0)} = \{\mathrm{N}(\boldsymbol{0}, \sigma_0^2 \boldsymbol{I}_n)\}$. Dann ist $\hat{\boldsymbol{\vartheta}}_J$ aus (4.4.18) bayessch in $[\Theta \times K_p^{(0)}, D_0, R_1^{(0)}]$ bez. $P_\theta = \mathrm{N}(\boldsymbol{0}, \boldsymbol{J}^{-1})$.

b) Es sei $K_p^{(1)} = \{\mathrm{N}(\boldsymbol{0}, \sigma^2 \boldsymbol{I}_n)\}_{\sigma \in \mathrm{R}^+}$. Dann ist $\hat{\boldsymbol{\vartheta}}_J^{(\hat{\sigma})}$ aus (4.4.22) bayessch in $[\Theta \times K_p^{(1)}, D_0, R_1]$ bez. jeder a-priori-Verteilung $P_{(\theta, \Sigma^{-2})} = \mathrm{NG}\,(\boldsymbol{0}, (\hat{\sigma}^2 \boldsymbol{J})^{-1}, \alpha, \beta)$ mit $\alpha \in \mathsf{N}$, $\beta \in \mathrm{R}^+$ •

Für spezielle Matrizen $\boldsymbol{J} \in \mathscr{M}_r^>$ erhält man die aus der Literatur bekannten Ridge-Schätzungen und gestauchten Schätzungen.

Ridge-Schätzung:

Es seien $k \in \mathrm{R}^+$ und $\boldsymbol{J}_k = \sigma_0^{-2} k \cdot \boldsymbol{I}_r$. Für $\boldsymbol{J} = \boldsymbol{J}_k$ entsteht aus (4.4.18)

$$\hat{\boldsymbol{\vartheta}}_{J_k}(\mathfrak{Y}) = (\boldsymbol{F}'\boldsymbol{F} + k \cdot \boldsymbol{I}_r)^{-1} \boldsymbol{F}'\mathfrak{Y} =: \hat{\boldsymbol{\vartheta}}_R(\mathfrak{Y}) \,. \tag{4.4.24}$$

Dies ist die sog. *Ridge-Schätzung*, die von HOERL und KENNARD zur Stabilisierung der MKQ-Schätzung $\check{\boldsymbol{\vartheta}}(\mathfrak{Y}) = (\boldsymbol{F}'\boldsymbol{F})^{-1} \boldsymbol{F}'\mathfrak{Y}$ für den Fall, daß die Matrix $\boldsymbol{F}'\boldsymbol{F}$ schlecht konditioniert ist, vorgeschlagen wurde (zur Anwendung s. II/3).

Für gewisse k ist $\hat{\boldsymbol{\vartheta}}_R$ bez. jeder quadratischen Verlustfunktion besser als die MKQ-Schätzung (s. HOERL/KENNARD [1], MARQUARDT [1], THEOBALD [1], LOWERRE [1]).

Folgerung 4.4.3: Unter den Voraussetzungen von Satz 4.4.11 gilt:

a) $\hat{\boldsymbol{\vartheta}}_R$ ist bayessch für $\boldsymbol{\vartheta}$ in $[\Theta \times K_p^{(0)}, D_0, R_1^{(0)}]$ bez. $P_\theta = \mathrm{N}\left(\boldsymbol{0}, \frac{\sigma_0^2}{k} \boldsymbol{I}_r\right)$.

b) $\hat{\boldsymbol{\vartheta}}_R$ ist bayessch für $\boldsymbol{\vartheta}$ in $[\Theta \times K_p^{(1)}, D_0, R_1]$ bez. jeder a-priori-Verteilung $P_{(\theta, \Sigma^{-2})} = \mathrm{NG}\,(\boldsymbol{0}, k\boldsymbol{I}_r, \alpha, \beta)$ mit $\alpha \in \mathsf{N}$ und $\beta \in \mathrm{R}^+$ •

Mit der Folgerung 4.4.3 und der Folgerung 4.4.2 erhält die von HOERL und KENNARD ursprünglich heuristisch eingeführte Ridge-Schätzung eine entscheidungstheoretische Begründung: sie ist bayessche Schätzung bzw. Minimax-Schätzung in $[\Theta_R \times K_{\sigma_u}, D_L, R_1]$ mit $\Theta_R = \{\boldsymbol{\vartheta} \in \mathrm{R}^r \colon \boldsymbol{\vartheta}'\boldsymbol{\vartheta} \leqq \sigma_0^2/k\}$ und K_{σ_u} wie in Folgerung 4.4.2.

Gestauchte Schätzungen:

Es seien $\sigma_0 \in \mathrm{R}^+$, $g \in (0, 1)$ und $\boldsymbol{J}_g = \frac{1-g}{g\sigma_0^2} \boldsymbol{F}'\boldsymbol{F}$. Für $\boldsymbol{J} = \boldsymbol{J}_g$ erhält man aus (4.4.18)

$$\hat{\boldsymbol{\vartheta}}_{J_g}(\mathfrak{Y}) = g \cdot \check{\boldsymbol{\vartheta}}(\mathfrak{Y}) =: \hat{\boldsymbol{\vartheta}}_g(\mathfrak{Y}) \,. \tag{4.4.25}$$

Schätzungen dieses Typs nennt man *gestauchte Schätzungen* (*shrunken estimators*). Diese sind von MAYER/WILLKE [1] betrachtet worden und stellen eine Modifizierung der von JAMES und STEIN konstruierten Schätzfunktionen dar, mit denen diese die Nichtzulässigkeit der MKQ-Schätzung nachwiesen (vgl. Abschnitt 3.5.1).

Für genügend kleines $\varepsilon > 0$ gilt für die Komponenten von $\hat{\boldsymbol{\vartheta}}_g = (\hat{\vartheta}_g^{(1)}, \ldots, \hat{\vartheta}_g^{(r)})'$ und die Komponenten der MKQ-Schätzung $\check{\boldsymbol{\vartheta}} = (\check{\vartheta}^{(1)}, \ldots, \check{\vartheta}^{(r)})'$:

$$\forall g \in (1-\varepsilon, 1)\ \forall \boldsymbol{\vartheta} = (\vartheta_1, \ldots, \vartheta_r)' \in \Theta \subseteq \mathrm{R}^r\ \forall i \in \{1, \ldots, r\}:$$
$$\mathrm{E}_{\mathfrak{Y}|\boldsymbol{\vartheta}}(\hat{\vartheta}_g^{(i)}(\mathfrak{Y}) - \vartheta_i)^2 < \mathrm{E}_{\mathfrak{Y}|\boldsymbol{\vartheta}}(\check{\vartheta}^{(i)}(\mathfrak{Y}) - \vartheta_i)^2$$

(s. LOWERRE [1]). Eine entscheidungstheoretische Begründung erfahren die gestauchten Schätzungen durch die folgenden Charakterisierungen:

Folgerung 4.4.4: a) Es seien L gemäß (4.4.17), $K_1^{(0)} = \{P_\varepsilon \in \bar{K}: \boldsymbol{B}_\varepsilon = \sigma_0^2 \boldsymbol{I}_n\}$ und $\Theta_g = \{\boldsymbol{\vartheta} \in \mathrm{R}^r: \boldsymbol{\vartheta}'\boldsymbol{F}'\boldsymbol{F}\boldsymbol{\vartheta} \leqq g\sigma_0^2/(1-g)\}$. Dann ist $\hat{\boldsymbol{\vartheta}}_g$ minimax in $[\Theta_g \times K_1^{(0)}, D_L, R_1]$.

b) Es seien $L \in \mathscr{L}_q^r$, $\Theta = \mathrm{R}^r$, $K_p^{(0)} = \{\mathrm{N}(\boldsymbol{0}, \sigma_0^2 \boldsymbol{I}_n)\}$ und $K_p^{(1)} = \{\mathrm{N}(\boldsymbol{0}, \sigma^2 \boldsymbol{I}_n)\}_{\sigma \in \mathrm{R}^+}$. Dann ist $\hat{\boldsymbol{\vartheta}}_g$ bayessch in $G_1^{(0)} = [\Theta \times K_p^{(0)}, D_0, R_1^{(0)}]$ bez. $P_{\boldsymbol{\theta}} = \mathrm{N}\left(\boldsymbol{0}, \dfrac{g\sigma_0^2}{1-g} (\boldsymbol{F}'\boldsymbol{F})^{-1}\right)$ und bayessch in $G_1 = [\Theta \times K_p^{(1)}, D_0, R_1]$ bez. $P_{(\boldsymbol{\theta}, \Sigma^{-2})} = \mathrm{NG}\left(\boldsymbol{0}, \dfrac{g}{1-g} (\boldsymbol{F}'\boldsymbol{F})^{-1}, \alpha, \beta\right)$ mit $\alpha \in \mathsf{N}, \beta \in \mathrm{R}^+$ •

Die Behauptung in a) folgt aus Satz 4.4.10 und die Behauptung in b) aus Satz 4.3.1 bzw. Satz 4.3.2.

Speziell für $g = k/\left(k + \sigma_0^2 \operatorname{sp} (\boldsymbol{F}'\boldsymbol{F})^{-1}\right)$; $k \in \mathrm{R}^+$; ist die entsprechende gestauchte Schätzung

$$\hat{\boldsymbol{\vartheta}}_g(\mathfrak{Y}) = \frac{k}{k + \sigma_0^2 \operatorname{sp} (\boldsymbol{F}'\boldsymbol{F})^{-1}} \check{\boldsymbol{\vartheta}}(\mathfrak{Y})$$

auch eine Minimax-Schätzung in $G_1 = [\Theta^{(k)} \times K_1^{(0)}, D_L, R_1]$ bez. L gemäß Vor. 4.3.1 mit $\boldsymbol{U} = \boldsymbol{I}_r$ und $\Theta^{(k)} = \{\boldsymbol{\vartheta} \in \mathrm{R}^r: \boldsymbol{\vartheta}'\boldsymbol{\vartheta} \leqq k\}$ (s. LÄUTER, H. [2]).

4.5. Robustheitseigenschaften der bayesschen Schätzungen $\hat{\boldsymbol{\vartheta}}^{(0)}$ und $\hat{\boldsymbol{\vartheta}}^*$

Wir geben nun weitere Eigenschaften der bayesschen Schätzfunktionen $\hat{\boldsymbol{\vartheta}}^{(0)}$ bzw. $\hat{\boldsymbol{\vartheta}}^*$ gemäß (4.3.7) bzw. (4.3.10) an und formulieren so weitere Kriterien, unter denen diese Schätzungen eine Teilkomponente einer optimalen Strategie im Versuchsplanungsproblem G bilden. Dazu wird untersucht, inwieweit die Optimalität von $\hat{\boldsymbol{\vartheta}}^{(0)}$ bzw. $\hat{\boldsymbol{\vartheta}}^*$ im Schätzproblem bei quadratischem Verlust und normalverteilten Fehlern robust ist gegenüber umfangreicheren Klassen von Verlustfunktionen und a-priori- bzw. Fehlerverteilungen.

4.5.1. Robustheit gegenüber der Verlustfunktion

Bei der Ableitung der bayesschen Schätzfunktionen $\hat{\boldsymbol{\vartheta}}^{(0)}$ bzw. $\hat{\boldsymbol{\vartheta}}^*$ sind wir von quadratischem Verlust ausgegangen (s. Abschnitt 4.3.2 und 4.3.3). Es zeigt sich, daß diese Schätzfunktionen, bei gleichen Fehler- bzw. a-priori-Verteilungen, auch noch bayessch sind, wenn die Verlustfunktion in der Klasse $\mathscr{L}_w^r$ der stetigen, von unten beschränkten und monoton wachsenden Funktionen dieses quadratischen Verlusts (s. (3.1.13)) liegt.

Satz 4.5.1: Es seien $\Theta = \mathrm{R}^r$ und $L \in \mathscr{L}^r_w$.

a) Es seien $\sigma_0 \in \mathrm{R}^+$ und $K_p^{(0)} = \{\mathrm{N}(0, \sigma_0^2 \boldsymbol{I}_n)\}$. Dann ist

$$\hat{\boldsymbol{\vartheta}}^{(0)}(\mathfrak{Y}) = (\sigma_0^{-2}\boldsymbol{F}'\boldsymbol{F} + \boldsymbol{\Lambda}^{-1})^{-1}\,(\sigma_0^{-2}\boldsymbol{F}'\mathfrak{Y} + \boldsymbol{\Lambda}^{-1}\boldsymbol{\mu})$$

bayessch in $G_1^{(0)} = [\Theta \times K_p^{(0)}, D_0, R_1^{(0)}]$ bez. $P_\theta = \mathrm{N}(\boldsymbol{\mu}, \boldsymbol{\Lambda})$.

b) Es sei $K_p^{(1)} = \{\mathrm{N}(\boldsymbol{0}, \sigma^2 \boldsymbol{I}_n)\}_{\sigma \in \mathrm{R}^+}$. Dann ist

$$\hat{\boldsymbol{\vartheta}}^*(\mathfrak{Y}) = (\boldsymbol{F}'\boldsymbol{F} + \boldsymbol{\Phi}^{-1})^{-1}\,(\boldsymbol{F}'\mathfrak{Y} + \boldsymbol{\Phi}^{-1}\boldsymbol{\mu})$$

bayessch in $G_1 = [\Theta \times K_p^{(1)}, D_0, R_1]$ bez. jeder a-priori-Verteilung $P_{(\theta, \Sigma^{-2})} = \mathrm{NG}\,(\boldsymbol{\mu}, \boldsymbol{\Phi}, \alpha, \beta)$ mit $\alpha \in \mathbb{N}$ und $\beta \in \mathrm{R}^+$ •

Beweis: Es sei $\boldsymbol{y} \in C(V_n)$.

a) Mit $P_\theta = \mathrm{N}(\boldsymbol{\mu}, \boldsymbol{\Lambda})$ und $P_\varepsilon = \mathrm{N}(\boldsymbol{0}, \sigma_0^2 \boldsymbol{I}_n)$ hat die a-posteriori-Dichte $p_{\theta|y}$ nach Lemma 4.3.3 die Gestalt

$$\forall \boldsymbol{\vartheta} \in \Theta: p_{\theta|y}(\boldsymbol{\vartheta}) = (2\pi)^{-r/2}\,(\det \widetilde{\boldsymbol{W}})^{-1/2} \exp\{-\tfrac{1}{2}\,\|\boldsymbol{\vartheta} - \hat{\boldsymbol{\vartheta}}^{(0)}(\boldsymbol{y})\|^2_{\widetilde{\boldsymbol{W}}}\}$$
$$=: \tilde{p}(\|\boldsymbol{\vartheta} - \hat{\boldsymbol{\vartheta}}^{(0)}(\boldsymbol{y})\|^2_{\widetilde{\boldsymbol{W}}}); \quad \widetilde{\boldsymbol{W}} = \sigma_0^{-2}\boldsymbol{F}'\boldsymbol{F} + \boldsymbol{\Lambda}^{-1};$$

und $\hat{\boldsymbol{\vartheta}}^{(0)}(\boldsymbol{y})$ ist Modalwert von $P_{\theta|y}$. Nach Lemma 3.3.16 gilt mit $L \in \mathscr{L}^r_w$

$$\forall \hat{\boldsymbol{\vartheta}} \in D_0: \mathrm{E}_{\theta|y} L(\|\boldsymbol{\theta} - \hat{\boldsymbol{\vartheta}}(\boldsymbol{y})\|^2_U) = \int_{\mathrm{R}^r} L(\|\boldsymbol{\vartheta} - \hat{\boldsymbol{\vartheta}}(\boldsymbol{y})\|^2_U)\tilde{p}(\|\boldsymbol{\vartheta} - \hat{\boldsymbol{\vartheta}}^{(0)}(\boldsymbol{y})\|^2_{\widetilde{\boldsymbol{W}}})\,\mathrm{d}\boldsymbol{\vartheta}$$
$$\geqq \int_{\mathrm{R}^r} L(\|\boldsymbol{\vartheta} - \hat{\boldsymbol{\vartheta}}^{(0)}(\boldsymbol{y})\|^2_U) \cdot \tilde{p}(\|\boldsymbol{\vartheta} - \hat{\boldsymbol{\vartheta}}^{(0)}(\boldsymbol{y})\|^2_{\widetilde{\boldsymbol{W}}})\,\mathrm{d}\boldsymbol{\vartheta} = \mathrm{E}_{\theta|y} L(\|\boldsymbol{\theta} - \hat{\boldsymbol{\vartheta}}^{(0)}(\boldsymbol{y})\|^2_U),$$

d. h., $\hat{\boldsymbol{\vartheta}}^{(0)}$ minimiert den a-posteriori-Verlust.

b) Mit $P_{(\theta, \Sigma^{-2})} = \mathrm{NG}(\boldsymbol{\mu}, \boldsymbol{\Phi}, \alpha, \beta)$ und $P_\varepsilon \in K_p^{(1)}$ ergibt sich nach Lemma 4.3.4 und Lemma 4.3.5 $P_{\theta|y} = \mathrm{t}(\alpha + n, \hat{\boldsymbol{\vartheta}}^*(\boldsymbol{y}), \beta_1 \overline{\boldsymbol{W}}^{-1})$ mit $\overline{\boldsymbol{W}} = \boldsymbol{F}'\boldsymbol{F} + \boldsymbol{\Phi}^{-1}$. Die a-posteriori-Dichte hat also die Form

$$\forall \boldsymbol{\vartheta} \in \Theta: p_{\theta|y}(\boldsymbol{\vartheta}) = c\,(\alpha + n + \beta_1^{-1}\,\|\boldsymbol{\vartheta} - \hat{\boldsymbol{\vartheta}}^*(\boldsymbol{y})\|^2_{\overline{\boldsymbol{W}}})^{-(\alpha+n+r)/2} =: \bar{p}(\|\boldsymbol{\vartheta} - \hat{\boldsymbol{\vartheta}}^*(\boldsymbol{y})\|^2_{\overline{\boldsymbol{W}}})$$

(s. Def. 1.3.20) und $\hat{\boldsymbol{\vartheta}}^*(\boldsymbol{y})$ ist Modalwert von $P_{\theta|y}$. Für die Schätzfunktion $\hat{\boldsymbol{\vartheta}}^*$ gilt dann mit $\bar{p}$ und $\overline{\boldsymbol{W}}$ anstelle von $\tilde{p}$ und $\widetilde{\boldsymbol{W}}$ die obige Ungleichung in entsprechender Weise und so die Behauptung auf Grund von Lemma 4.1.3.

Diese Robustheitsaussage kann für die Schätzfunktion $\hat{\boldsymbol{\vartheta}}^*$ noch in der Hinsicht erweitert werden, daß $\hat{\boldsymbol{\vartheta}}^*$ optimal bleibt, wenn der Verlust auch vom unbekannten Parameter $w = \sigma^{-2}$ abhängt, d. h. Vor. 4.1.4 nicht erfüllt sein muß. Dazu seien $K = \mathrm{R}^+$ und $L_1 \in \mathscr{F}(\mathscr{B}_\Theta \otimes \mathscr{B}_K \otimes \mathscr{B}_\Theta, \mathscr{B}^1)$ eine Verlustfunktion gemäß

$$\forall(\boldsymbol{\vartheta}, w, \hat{\boldsymbol{\vartheta}}, \boldsymbol{y}) \in \Theta \times K \times D_0 \times C(V_n): L_1(\boldsymbol{\vartheta}, w; \hat{\boldsymbol{\vartheta}}(\boldsymbol{y})) = h(w) \cdot L(\|\boldsymbol{\vartheta} - \hat{\boldsymbol{\vartheta}}(\boldsymbol{y})\|^2_U);$$
$$h \mid K \to [0, \infty); \quad L \in \mathscr{L}^r_w. \tag{4.5.1}$$

Satz 4.5.2: Es seien L_1 entsprechend (4.5.1), $\Theta = \mathrm{R}^r$, $K_p^{(1)} = \left\{\mathrm{N}\left(\boldsymbol{0}, \frac{1}{w}\boldsymbol{I}_n\right)\right\}_{w \in K}$ und $P_{(\theta, \Sigma^{-2})} = \mathrm{NG}\,(\boldsymbol{\mu}, \boldsymbol{\Phi}, \alpha, \beta)$. Für alle $\hat{\boldsymbol{\vartheta}} \in D_0$ existiere das bayessche Risiko $\varrho_1(P_{(\theta, \Sigma^{-2})}; \hat{\boldsymbol{\vartheta}})$. Dann ist $\hat{\boldsymbol{\vartheta}}^*(\mathfrak{Y}) = (\boldsymbol{F}'\boldsymbol{F} + \boldsymbol{\Phi}^{-1})^{-1}\,(\boldsymbol{F}'\mathfrak{Y} + \boldsymbol{\Phi}^{-1}\boldsymbol{\mu})$ bayessch in $G_1 = [\Theta \times K_p^{(1)}, D_0, R_1]$ bez. $P_{(\theta, \Sigma^{-2})}$ •

Beweis: Es sei $\boldsymbol{y} \in C(V_n)$. Wegen der Normalverteiltheit der Fehler und der a-priori-Normal-Gamma-Verteilung gilt nach Lemma 4.3.4 und Lemma 4.3.6

$$\forall w \in K: \mathrm{E}(\boldsymbol{\theta} \mid \Sigma^{-2} = w, \mathfrak{Y}(V_n) = \boldsymbol{y}) = \hat{\boldsymbol{\vartheta}}^*(\boldsymbol{y}).$$

Daraus folgt auf Grund von Lemma 3.3.16

$$\forall \hat{\vartheta} \in D_0\colon \mathrm{E}_{(\theta,\Sigma^{-2})|y} L_1(\theta, \Sigma^{-2}; \hat{\vartheta}(y)) = \int_K h(w) \left\{ \int_\Theta L(\|\vartheta - \hat{\vartheta}(y)\|_U^2)\, \mathrm{d}P_{\theta|w,y}(\vartheta) \right\} \mathrm{d}P_{\Sigma^{-2}|y}(w)$$

$$\geqq \int_K h(w) \left\{ \int_\Theta L(\|\vartheta - \hat{\vartheta}^*(y)\|_U^2)\, \mathrm{d}P_{\theta|w,y}(\vartheta) \right\} \mathrm{d}P_{\Sigma^{-2}|y}(w) = \mathrm{E}_{(\theta,\Sigma^{-2})} L_1(\theta, \Sigma^{-2}; \hat{\vartheta}^*(y)) .$$

Bemerkung 4.5.1: Analog zum vorangehenden Beweis kann gezeigt werden, daß die Schätzfunktion $\hat{\vartheta}^*$ unter den gleichen übrigen Voraussetzungen von Satz 4.5.2 auch bayessch in $G_1 = [\Theta \times K_p^{(1)}, D_0, R_1]$ bez. $P_{(\theta,\Sigma^{-2})} = \mathrm{NG}(\boldsymbol{\mu}, \boldsymbol{\Phi}, \alpha, \beta)$ ist, wenn R_1 durch normierten monotonen Verlust $L_1 \in \mathcal{L}_{w,\sigma}^r$ (s. (3.3.19)) erzeugt wird.

Zugleich erhält man unter diesen Voraussetzungen mit Lemma 4.3.2 das folgende Ergebnis, das eine Erweiterung der Aussage von Folgerung 4.3.3 ist: Die Schätzung $\hat{\vartheta}^*$ ist zulässig in $G_1 = [\Theta \times K_p^{(1)}, D_0, R_1]$ bez. $L_1 \in \mathcal{L}_{w,\sigma}^r$ und im Falle der Stetigkeit von h auch zulässig in G_1 bez. L_1 aus (4.5.1).

4.5.2. Robustheit gegenüber a-priori- und Fehlerverteilung

Wir weisen nun Optimalitätseigenschaften von $\hat{\vartheta}^{(0)}$ und $\hat{\vartheta}^*$ nach, wenn nicht mehr notwendig normale Fehlerverteilungen und als a-priori-Verteilungen die entsprechenden konjugierten Normal- bzw. Normal-Gammaverteilungen vorliegen. Geht man zu allgemeineren Klassen von Fehler- und a-priori-Verteilungen über, so haben die Schätzfunktionen $\hat{\vartheta}^{(0)}$ und $\hat{\vartheta}^*$ häufig noch gewisse Minimaxeigenschaften.

Wir betrachten zunächst parametrische Klassen

$$K_p^{(1)} := \{P_{\varepsilon(V_n)}^{(w)} \in \overline{K} : \boldsymbol{B}_\varepsilon = \sigma^2 \boldsymbol{I}_n \wedge \boldsymbol{w} = (\boldsymbol{w}_1', \sigma^{-2})' \in K\}; \quad K := K_1 \times K_2 \subseteq \mathrm{R}^{s-1} \times \mathrm{R}^+ \tag{4.5.2}$$

von Fehlerverteilungen mit unkorrelierten Fehlerkomponenten gleicher Varianz σ^2. Mit $\boldsymbol{\omega} = (\boldsymbol{\omega}_1', \Sigma^{-2})'$ sei der entsprechende Zufallsvektor mit Werten in $K_1 \times K_2$ bezeichnet. Es sei $\mathcal{P}_{(\theta,\Sigma^{-2})} \subset (\Theta \times K_2)^*$ eine Klasse von a-priori-Verteilungen. Wir untersuchen die Robustheit der Schätzfunktionen $\hat{\vartheta}^{(0)}$ und $\hat{\vartheta}^*$ im Sinne der Optimalität im Schätzproblem $G_1 = [\Theta \times K_p^{(1)}, D, R_1]$ bez. des Operators

$$Q_1 = \sup_{\boldsymbol{w}_1 \in K_1} \sup_{P_{(\theta,\Sigma^{-2})} \in \mathcal{P}_{(\theta,\Sigma^{-2})}} \mathrm{E}_{(\theta,\Sigma^{-2})} . \tag{4.5.3}$$

Mit der Risikofunktion $R_1 \mid \Theta \times K_1 \times K_2 \times D \to \mathrm{R}^1$ im Schätzproblem $G_1 = [\Theta \times K_p^{(1)}, D, R_1]$ definieren wir das *partielle bayessche Risiko* $\varrho_1^{(p)} \mid \mathcal{P}_{(\theta,\Sigma^{-2})} \times K_1 \times D \to \mathrm{R}^1$ gemäß

$$\forall P_{(\theta,\Sigma^{-2})} \in \mathcal{P}_{(\theta,\Sigma^{-2})}\ \forall \boldsymbol{w}_1 \in K_1\ \forall \hat{\vartheta} \in D\colon \varrho_1^{(p)}(P_{(\theta,\Sigma^{-2})}, \boldsymbol{w}_1,; \hat{\vartheta}) = \mathrm{E}_{(\theta,\Sigma^{-2})} R_1(\theta, \boldsymbol{w}_1, \Sigma^{-2}; \hat{\vartheta}) . \tag{4.5.4}$$

Folgerung 4.5.1: Für alle $\hat{\vartheta} \in D$ sei $\varrho_1^{(p)}(\cdot, \cdot; \hat{\vartheta})$ eine nach oben beschränkte Funktion über $\mathcal{P}_{(\theta,\Sigma^{-2})} \times K_1$. Dann ist $\tilde{\vartheta} \in D$ eine Q_1-optimale Schätzung in $G_1 = [\Theta \times K_p^{(1)}, D, R_1]$ genau dann, wenn $\tilde{\vartheta}$ minimax ist im Entscheidungsproblem

$$\Gamma_1 = [\mathcal{P}_{(\theta,\Sigma^{-2})} \times K_1, D, \varrho_1^{(p)}] \bullet$$

Beweis: Sei $\hat{\vartheta} \in D$, so gilt unter der Voraussetzung der Beschränktheit von $\varrho_1^{(p)}(\cdot, \cdot; \hat{\vartheta})$ nach Lemma 2.1.2

$$\sup_{(P_{(\theta,\Sigma^{-2})}, \boldsymbol{w}_1) \in \mathcal{P}_{(\theta,\Sigma^{-2})} \times K_1} \varrho_1^{(p)}(P_{(\theta,\Sigma^{-2})}, \boldsymbol{w}_1; \hat{\vartheta}) = \sup_{\boldsymbol{w}_1 \in K_1} \sup_{P_{(\theta,\Sigma^{-2})} \in \mathcal{P}_{(\theta,\Sigma^{-2})}} \varrho_1^{(p)}(P_{(\theta,\Sigma^{-2})}, \boldsymbol{w}_1; \hat{\vartheta}) = Q_1 R_1(\cdot, \cdot; \hat{\vartheta}).$$

Speziell für solche Klassen, deren Fehlerverteilungen nur von der Varianz abhängen, d. h. $K_1 = K_1^{(0)} = \{\boldsymbol{w}_1^{(0)}\}$ mit $\boldsymbol{w}_1^{(0)} \in \mathrm{R}^{s-1}$, bezeichnen wir die parametrische Klasse mit

$$\widetilde{K}_p^{(1)} = \left\{P_{\varepsilon(V_n)}^{(\sigma^{-2})} := P_{\varepsilon(V_n)}^{(\boldsymbol{w}_1^{(0)},\, \sigma^{-2})} \in \bar{K} : \boldsymbol{B}_\varepsilon = \sigma^2 \boldsymbol{I}_n\right\}_{\sigma^{-2} \in K_2} . \tag{4.5.5}$$

Im Falle $K_p^{(1)} = \widetilde{K}_p^{(1)}$ erhalten wir aus (4.5.3) den Operator

$$Q_1^{(0)} = \sup_{P_{(\boldsymbol{\theta},\, \Sigma^{-2})} \in \mathscr{P}_{(\boldsymbol{\theta},\, \Sigma^{-2})}} \mathrm{E}_{(\boldsymbol{\theta},\, \Sigma^{-2})} \tag{4.5.6}$$

und aus (4.5.4) das partielle bayessche Risiko $\tilde{\varrho}_1^{(p)} \mid \mathscr{P}_{(\boldsymbol{\theta},\, \Sigma^{-2})} \times D \to \mathrm{R}^1$ mit

$$\tilde{\varrho}_1^{(p)}(\cdot\,; \cdot) := \varrho_1^{(p)}(\cdot, \boldsymbol{w}_1^{(0)}; \cdot) . \tag{4.5.7}$$

Folgerung 4.5.2: Im Falle $K_1 = K_1^{(0)} = \{\boldsymbol{w}_1^{(0)}\}$ ist $\tilde{\boldsymbol{\vartheta}} \in D$ eine $Q_1^{(0)}$-optimale Strategie in $[\Theta \times \widetilde{K}_p^{(1)}, D, R_1]$ genau dann, wenn $\tilde{\boldsymbol{\vartheta}}$ minimax ist im Entscheidungsproblem

$$\Gamma_1^{(0)} = [\mathscr{P}_{(\boldsymbol{\theta},\, \Sigma^{-2})}, D, \tilde{\varrho}_1^{(p)}] \bullet$$

Die Q_1- bzw. $Q_1^{(0)}$-optimalen Strategien sind in der Literatur auch unter der Bezeichnung „*eingeschränkt minimax*" (*restricted minimax*) bekannt (s. z. B. Bunke, O. [1], Cogburn [1], Wind [1]); die $Q_1^{(0)}$-optimalen Strategien werden teilweise auch als „*$\mathscr{G}$-Minimax-*" bzw. „*Λ-Minimax*"-*Schätzungen* bezeichnet (s. z. B. Jackson/O'Donovan/Zimmer/Deely [1], Shulman [1], Solomon [1], Watson [1]).

Das folgende Lemma gibt eine hinreichende Bedingung an, unter der eine Schätzung $Q_1^{(0)}$-optimal ist, und liefert zugleich eine Aussage darüber, wann eine $Q_1^{(0)}$-optimale Strategie auch Q_1-optimal bez. einer umfangreicheren Klasse von Fehlerverteilungen ist.

Lemma 4.5.1: Es seien $\widetilde{P}_{(\boldsymbol{\theta},\, \Sigma^{-2})} \in \mathscr{P}_{(\boldsymbol{\theta},\, \Sigma^{-2})}$, $\tilde{\boldsymbol{\vartheta}} \in D$, $\boldsymbol{w}_1^{(0)} \in \mathrm{R}^{s-1}$ und $K_1^{(0)} = \{\boldsymbol{w}_1^{(0)}\}$.

a) Es gelte

$$\tilde{\varrho}_1^{(p)}(\widetilde{P}_{(\boldsymbol{\theta},\, \Sigma^{-2})}; \tilde{\boldsymbol{\vartheta}}) = \inf_{\hat{\boldsymbol{\vartheta}} \in D} \tilde{\varrho}_1^{(p)}(\widetilde{P}_{(\boldsymbol{\theta},\, \Sigma^{-2})}; \hat{\boldsymbol{\vartheta}}); \tag{4.5.8}$$

$$\exists c \in \mathrm{R}^1\ \forall P_{(\boldsymbol{\theta},\, \Sigma^{-2})} \in \mathscr{P}_{(\boldsymbol{\theta},\, \Sigma^{-2})}: \tilde{\varrho}_1^{(p)}(P_{(\boldsymbol{\theta},\, \Sigma^{-2})}; \tilde{\boldsymbol{\vartheta}}) = c . \tag{4.5.9}$$

Dann ist $\tilde{\boldsymbol{\vartheta}}$ eine $Q_1^{(0)}$-optimale Schätzung in $G_1 = [\Theta \times \widetilde{K}_p^{(1)}, D, R_1]$.

b) Es sei $K_1 \supset K_1^{(0)}$. Zusätzlich zu den Bedingungen (4.5.8) und (4.5.9) gelte die Beziehung

$$\forall \boldsymbol{w}_1 \in K_1: Q_1^{(0)} R_1(\cdot, \boldsymbol{w}_1, \cdot\,; \tilde{\boldsymbol{\vartheta}}) = Q_1^{(0)} R_1(\cdot, \boldsymbol{w}_1^{(0)}, \cdot\,; \tilde{\boldsymbol{\vartheta}}) . \tag{4.5.10}$$

Dann ist $\tilde{\boldsymbol{\vartheta}}$ eine Q_1-optimale Schätzung in $G_1 = [\Theta \times K_p^{(1)}, D, R_1] \bullet$

Beweis: a) Mit (4.5.8) und (4.5.9) gilt:

$$\forall \hat{\boldsymbol{\vartheta}} \in D\ \forall P_{(\boldsymbol{\theta},\, \Sigma^{-2})} \in \mathscr{P}_{(\boldsymbol{\theta},\, \Sigma^{-2})}: \tilde{\varrho}_1^{(p)}(P_{(\boldsymbol{\theta},\, \Sigma^{-2})}; \tilde{\boldsymbol{\vartheta}}) = \tilde{\varrho}_1^{(p)}(\widetilde{P}_{(\boldsymbol{\theta},\, \Sigma^{-2})}; \tilde{\boldsymbol{\vartheta}}) \leqq \tilde{\varrho}_1^{(p)}(\widetilde{P}_{(\boldsymbol{\theta},\, \Sigma^{-2})}; \hat{\boldsymbol{\vartheta}}) .$$

Folglich ist das Paar $(\widetilde{P}_{(\boldsymbol{\theta},\, \Sigma^{-2})}, \tilde{\boldsymbol{\vartheta}})$ ein Sattelpunkt im Entscheidungsproblem $\Gamma_1^{(0)} = [\mathscr{P}_{(\boldsymbol{\theta},\, \Sigma^{-2})}, D, \tilde{\varrho}_1^{(p)}]$, womit $\tilde{\boldsymbol{\vartheta}}$ nach Satz 1.5.4 minimax in $\Gamma_1^{(0)}$ ist. Die Behauptung gilt so auf Grund von Folgerung 4.5.2.

b) Wegen $K_1^{(0)} \subset K_1$ und der $Q_1^{(0)}$-Optimalität von $\tilde{\boldsymbol{\vartheta}}$ gilt

$$\forall \hat{\boldsymbol{\vartheta}} \in D: Q_1^{(0)} R_1(\cdot, \boldsymbol{w}_1^{(0)}, \cdot\,; \tilde{\boldsymbol{\vartheta}}) \leqq Q_1^{(0)} R_1(\cdot, \boldsymbol{w}_1^{(0)}, \cdot\,; \hat{\boldsymbol{\vartheta}}) \leqq \sup_{\boldsymbol{w}_1 \in K_1} Q_1^{(0)} R_1(\cdot, \boldsymbol{w}_1, \cdot\,; \hat{\boldsymbol{\vartheta}}) = Q_1 R_1(\cdot, \cdot, \cdot\,; \hat{\boldsymbol{\vartheta}}) . \tag{4.5.11}$$

Andererseits folgt aus (4.5.10)

$$Q_1^{(0)} R_1(\cdot, \boldsymbol{w}_1^{(0)}, \cdot; \tilde{\boldsymbol{\vartheta}}) = \sup_{\boldsymbol{w}_1 \in K_1} Q_1^{(0)} R_1(\cdot, \boldsymbol{w}_1, \cdot; \tilde{\boldsymbol{\vartheta}}) = Q_1 R_1(\cdot, \cdot, \cdot; \tilde{\boldsymbol{\vartheta}}),$$

woraus man zusammen mit (4.5.11) die Behauptung erhält:

$$\forall \hat{\boldsymbol{\vartheta}} \in D: Q_1 R_1(\cdot, \cdot, \cdot; \tilde{\boldsymbol{\vartheta}}) \leqq Q_1 R_1(\cdot, \cdot, \cdot; \hat{\boldsymbol{\vartheta}}).$$

Bemerkung 4.5.2: Da $(\tilde{P}_{(\theta, \Sigma^{-2})}, \tilde{\boldsymbol{\vartheta}})$ ein Sattelpunkt in $\Gamma_1^{(0)} = [\mathcal{P}_{(\theta, \Sigma^{-2})}, D, \tilde{\varrho}_1^{(p)}]$ ist (s. Beweis von Lemma 4.5.1 a)), ist die a-priori-Verteilung $\tilde{P}_{(\theta, \Sigma^{-2})}$ unter den Voraussetzungen von Lemma 4.5.1 a) zugleich eine ungünstigste a-priori-Verteilung in $\mathcal{P}_{(\theta, \Sigma^{-2})}$, d. h., $\tilde{P}_{(\theta, \Sigma^{-2})}$ ist Maximin-Strategie in $\Gamma_1^{(0)}$.

Im Spezialfall card $K_2 = 1$, d. h. $K_2 = \{\sigma_0^{-2}\}$, hat man Klassen $\mathcal{P}_\theta$ von a-priori-Verteilungen über $[\Theta, \mathcal{B}_\Theta]$ zu betrachten und kann gemäß Lemma 4.5.1 evtl. Schätzfunktionen erhalten, die bez. $Q_1 = \sup_{\boldsymbol{w}_1 \in K_1} \sup_{P_\theta \in \mathcal{P}_\theta} \mathrm{E}_\theta$ optimal sind im Schätzproblem

$$G_1 = [\Theta \times K_p^{(1)}, D, R_1] \text{ mit } K_p^{(1)} = \{P_\varepsilon^{(\boldsymbol{w})}: \boldsymbol{B}_\varepsilon = \sigma_0^2 \boldsymbol{I}_n \wedge \boldsymbol{w}_1 \in K_1\}.$$

Wir zeigen nun mit Lemma 4.5.1, daß bei (normiertem) quadratischem Verlust die bez. normalverteilten Fehlern und a-priori-Normal- bzw. Normal-Gamma-Verteilung bayesschen Schätzfunktionen $\hat{\boldsymbol{\vartheta}}^{(0)}$ bzw. $\hat{\boldsymbol{\vartheta}}^*$ robust sind, sowohl gegenüber allen Fehlerverteilungen aus $K_p^{(1)}$ als auch gegenüber allen a-priori-Verteilungen, die die gleichen ersten und zweiten Momente wie die Normal- bzw. Normal-Gamma-Verteilung haben.

Es seien $\boldsymbol{\mu} \in \mathrm{R}^r$, $\boldsymbol{\Lambda} \in \mathcal{M}_r^>$, $\beta \in \mathrm{R}^+$, und es bezeichnen

$$\mathcal{P}_\theta(\boldsymbol{\mu}, \boldsymbol{\Lambda}) = \{P_\theta \in \Theta^*: \mathrm{E}\boldsymbol{\theta} = \boldsymbol{\mu} \wedge \boldsymbol{B}_\theta = \boldsymbol{\Lambda}\} \tag{4.5.12}$$

sowie

$$\mathcal{P}_{(\theta, \Sigma^{-2})}(\boldsymbol{\mu}, \boldsymbol{\Lambda}, \beta) = \Big\{P_{(\theta, \Sigma^{-2})} \in (\Theta \times K_2)^*: \mathrm{E}\Sigma^{-2} = 1/\beta \wedge \wedge \left(\forall \sigma^{-2} \in K_2: \mathrm{E}_{\theta|\sigma^{-2}} \boldsymbol{\theta} = \boldsymbol{\mu} \wedge \boldsymbol{B}_{\theta|\sigma^{-2}} = \frac{\sigma^2}{\beta} \boldsymbol{\Lambda}\right)\Big\}. \tag{4.5.13}$$

Satz 4.5.3: Es seien $\Theta = \mathrm{R}^r$, $L_1 \in \mathcal{L}_{q,\sigma}^r$ und $K_p^{(1)} \supseteqq \{\mathrm{N}(\boldsymbol{0}, \sigma^2 \boldsymbol{I}_n)\}_{\sigma \in R^+}$.

a) Es seien $\sigma_0 \in \mathrm{R}^+$, $K_2 = \{\sigma_0^{-2}\}$ und $\mathcal{P} = \mathcal{P}_\theta(\boldsymbol{\mu}, \boldsymbol{\Lambda})$. Dann ist $\hat{\boldsymbol{\vartheta}}^{(0)}(\mathfrak{Y}) = (\sigma_0^{-2} \boldsymbol{F}'\boldsymbol{F} + \boldsymbol{\Lambda}^{-1})^{-1} (\sigma_0^{-2} \boldsymbol{F}'\mathfrak{Y} + \boldsymbol{\Lambda}^{-1}\boldsymbol{\mu})$ optimal in $G_1 = [\Theta \times K_p^{(1)}, D_0, R_1]$ bez. $Q_1 = \sup_{\boldsymbol{w}_1 \in K_1} \sup_{P_\theta \in \mathcal{P}_\theta} \mathrm{E}_\theta$.

b) Es seien $K_2 = \mathrm{R}^+$, $\mathcal{P} = \mathcal{P}_{(\theta, \Sigma^{-2})}(\boldsymbol{\mu}, \boldsymbol{\Lambda}, \beta)$ und $\boldsymbol{\Phi} = \frac{1}{\beta} \boldsymbol{\Lambda}$. Dann ist $\hat{\boldsymbol{\vartheta}}^*(\mathfrak{Y}) = (\boldsymbol{F}'\boldsymbol{F} + \boldsymbol{\Phi}^{-1})^{-1} (\boldsymbol{F}'\mathfrak{Y} + \boldsymbol{\Phi}^{-1}\boldsymbol{\mu})$ optimal in $G_1 = [\Theta \times K_p^{(1)}, D_0, R_1]$ bez. $Q_1 = \sup_{\boldsymbol{w}_1 \in K_1} \sup_{P_{(\theta, \Sigma^{-2})} \in \mathcal{P}} \mathrm{E}_{(\theta, \Sigma^{-2})}$.

Beweis: Wir beweisen Teil b), indem wir zeigen, daß die Voraussetzungen von Lemma 4.5.1 erfüllt sind; der Teil a) kann analog bewiesen werden. Es ist $\tilde{K}_p^{(1)} = \{\mathrm{N}(\boldsymbol{0}, \sigma^2 \boldsymbol{I}_n)\}_{\sigma^{-2} \in K_2} \subset K_p^{(1)}$, d. h. es existiert ein $\boldsymbol{w}_1^{(0)} \in \mathrm{R}^{s-1}$ mit $\boldsymbol{w}_1^{(0)} \in K_1$. Seien $\alpha \in \mathsf{N}$ und $\tilde{P}_{(\theta, \Sigma^{-2})} = \mathrm{NG}(\boldsymbol{\mu}, \boldsymbol{\Phi}, \alpha, \beta)$. Dann gilt $\tilde{P}_{(\theta, \Sigma^{-2})} \in \mathcal{P}_{(\theta, \Sigma^{-2})}(\boldsymbol{\mu}, \boldsymbol{\Lambda}, \beta)$ (s. Lemma 4.3.6; (4.3.11)) und mit $\tilde{\boldsymbol{\vartheta}} = \hat{\boldsymbol{\vartheta}}^*$ ist nach Satz 4.5.2 die Bedingung (4.5.8) erfüllt. Für $\hat{\boldsymbol{\vartheta}}^*(\mathfrak{Y}) = (\boldsymbol{F}'\boldsymbol{F} + \boldsymbol{\Phi}^{-1})^{-1} \boldsymbol{F}'\mathfrak{Y} + (\boldsymbol{F}'\boldsymbol{F} + \boldsymbol{\Phi}^{-1})^{-1}\boldsymbol{\Phi}^{-1}\boldsymbol{\mu} =: \boldsymbol{G}\mathfrak{Y} + \boldsymbol{g}$ ergibt sich das Risiko

$$R_1(\boldsymbol{\vartheta}, \boldsymbol{w}_1, \sigma^{-2}; \hat{\boldsymbol{\vartheta}}^*) = \mathrm{E}_{\mathfrak{Y}|\boldsymbol{\vartheta}, \boldsymbol{w}_1, \sigma^{-2}} \sigma^{-2} \|\boldsymbol{\vartheta} - \hat{\boldsymbol{\vartheta}}^*(\mathfrak{Y})\|_U^2 = \mathrm{sp}\, \boldsymbol{G}'U\boldsymbol{G} + \sigma^{-2} \|\boldsymbol{g} + (\boldsymbol{GF} - \boldsymbol{I}_r)\, \boldsymbol{\vartheta}\|_U^2 . \tag{4.5.14}$$

Mithin ist $R_1(\boldsymbol{\vartheta}, \cdot, \sigma^{-2}; \hat{\boldsymbol{\vartheta}}^*)$ für alle $(\boldsymbol{\vartheta}, \sigma^{-2}) \in \Theta \times K_2$ konstant über K_1, womit (4.5.10) erfüllt ist. Weiterhin folgt aus (4.5.14)

$$\forall P_{(\boldsymbol{\theta}, \Sigma^{-2})} \in \mathcal{P}_{(\boldsymbol{\theta}, \Sigma^{-2})}(\boldsymbol{\mu}, \boldsymbol{\Lambda}, \beta)\ \forall \boldsymbol{w}_1 \in K_1 : \varrho_1^{(p)}(P_{(\boldsymbol{\theta}, \Sigma^{-2})}, \boldsymbol{w}_1; \hat{\boldsymbol{\vartheta}}^*)$$
$$= \mathrm{sp}\, \boldsymbol{G}'U\boldsymbol{G} + \frac{1}{\beta} [\boldsymbol{g}'U\boldsymbol{g} + 2\boldsymbol{g}'U(\boldsymbol{GF} - \boldsymbol{I})\, \boldsymbol{\mu} + \mathrm{sp}\, (\boldsymbol{GF} - \boldsymbol{I})'\, U(\boldsymbol{GF} - \boldsymbol{I})\, (\boldsymbol{\Lambda} + \boldsymbol{\mu}\boldsymbol{\mu}')] ,$$

womit auch (4.5.9) erfüllt ist.

Folgerung 4.5.3: Es seien $\Theta = \mathrm{R}^r$ und $L_1 \in \mathcal{L}^r_{q,\sigma}$.

a) Es seien $\sigma_0 \in \mathrm{R}^+$, $K_2 = \{\sigma_0^{-2}\}$, $\widetilde{K}_p^{(1)} = \{\mathrm{N}(\boldsymbol{0}, \sigma_0^2 \boldsymbol{I}_n)\}$ und $\mathcal{P} = \mathcal{P}_{\boldsymbol{\theta}}(\boldsymbol{\mu}, \boldsymbol{\Lambda})$. Dann ist $\hat{\boldsymbol{\vartheta}}^{(0)}$ optimal in $G_1^{(0)} = [\Theta \times \widetilde{K}_p^{(1)}, D_0, R_1]$ bez. $Q_1^{(0)} = \sup_{P_{\boldsymbol{\theta}} \in \mathcal{P}} \mathrm{E}_{\boldsymbol{\theta}}$.

b) Es seien $K_2 = \mathrm{R}^+$, $\widetilde{K}_p^{(1)} = \{\mathrm{N}(\boldsymbol{0}, \sigma^2 \boldsymbol{I}_n)\}_{\sigma^{-2} \in K_2}$, $\mathcal{P} = \mathcal{P}_{(\boldsymbol{\theta}, \Sigma^{-2})}(\boldsymbol{\mu}, \boldsymbol{\Lambda}, \beta)$ und $\boldsymbol{\Phi} = \frac{1}{\beta} \boldsymbol{\Lambda}$. Dann ist $\hat{\boldsymbol{\vartheta}}^*$ optimal in $G_1 = [\Theta \times \widetilde{K}_p^{(1)}, D_0, R_1]$ bez. $Q_1^{(0)} = \sup_{P_{(\boldsymbol{\theta}, \Sigma^{-2})} \in \mathcal{P}} \mathrm{E}_{(\boldsymbol{\theta}, \Sigma^{-2})}$.

(vgl. auch Wind [1]) •

Bemerkung 4.5.3: Für die Schätzfunktion $\hat{\boldsymbol{\vartheta}}^*$, die Klasse $\widetilde{K}_p^{(1)} = \{\mathrm{N}(\boldsymbol{0}, \sigma^2 \boldsymbol{I}_n)\}_{\sigma^{-2} \in K_2 = \mathrm{R}^+}$ und die in $\mathcal{P}_{(\boldsymbol{\theta}, \Sigma^{-2})} = \mathcal{P}_{(\boldsymbol{\theta}, \Sigma^{-2})}(\boldsymbol{\mu}, \boldsymbol{\Lambda}, \beta)$ gelegene a-priori-Verteilung $\widetilde{P}_{(\boldsymbol{\theta}, \Sigma^{-2})} = \mathrm{NG}(\boldsymbol{\mu}, \boldsymbol{\Phi}, \alpha, \beta)$ mit $\boldsymbol{\Phi} = \frac{1}{\beta} \boldsymbol{\Lambda}$ und $\alpha \in \mathrm{N}$ sind die Voraussetzungen von Lemma 4.5.1 erfüllt (s. Beweis von Satz 4.5.3). Auf Grund der Bemerkung 4.5.2 ist somit jede Normal-Gamma-Verteilung $\mathrm{NG}(\boldsymbol{\mu}, \frac{1}{\beta} \boldsymbol{\Lambda}, \alpha, \beta)$ mit $\alpha \in \mathrm{N}$ eine ungünstigste a-priori-Verteilung in $\mathcal{P}_{(\boldsymbol{\theta}, \Sigma^{-2})}(\boldsymbol{\mu}, \boldsymbol{\Lambda}, \beta)$. Entsprechend ist $P_{\boldsymbol{\theta}} = \mathrm{N}(\boldsymbol{\mu}, \boldsymbol{\Lambda})$ im Falle bekannter Varianz eine ungünstigste a-priori-Verteilung in der Klasse $\mathcal{P}_{\boldsymbol{\theta}}(\boldsymbol{\mu}, \boldsymbol{\Lambda})$.

Folgerung 4.5.4: Es seien $\Theta = \mathrm{R}^r$ und $L_1 \in \mathcal{L}^r_{q,\sigma}$.

a) Es seien $K_2 = \{\sigma_0^{-2}\}$ und $P_{\boldsymbol{\theta}} = \mathrm{N}(\boldsymbol{\mu}, \boldsymbol{\Lambda})$. Dann ist $\hat{\boldsymbol{\vartheta}}^{(0)}$ optimal in $G_1 = [\Theta \times K_p^{(1)}, D_0, R_1]$ bez. $Q_1 = \sup_{\boldsymbol{w}_1 \in K_1} \mathrm{E}_{\boldsymbol{\theta}}$.

b) Es seien $K_2 = \mathrm{R}^+$, $\alpha \in \mathrm{N}$ und $P_{(\boldsymbol{\theta}, \Sigma^{-2})} = \mathrm{NG}\,(\boldsymbol{\mu}, \boldsymbol{\Phi}, \alpha, \beta)$. Dann ist $\hat{\boldsymbol{\vartheta}}^*$ optimal in $G_1 = [\Theta \times K_p^{(1)}, D_0, R_1]$ bez. $Q_1 = \sup_{\boldsymbol{w}_1 \in K_1} \mathrm{E}_{(\boldsymbol{\theta}, \Sigma^{-2})}$ •

Für die Schätzfunktion $\hat{\boldsymbol{\vartheta}}^{(0)}(\mathfrak{Y}) = (\sigma_0^{-2} \boldsymbol{F}'\boldsymbol{F} + \boldsymbol{\Lambda}^{-1})^{-1} (\sigma_0^{-2} \boldsymbol{F}'\mathfrak{Y} + \boldsymbol{\Lambda}^{-1}\boldsymbol{\mu})$ kann die Robustheitsaussage von Satz 4.5.3a) noch erweitert werden: anstelle von $K_p^{(1)}$ aus (4.5.2) kann man noch umfangreichere Klassen von Fehlerverteilungen zulassen, die auch nicht notwendig parametrisch sein und unkorrelierte Fehlerkomponenten haben müssen.

Satz 4.5.4: Es seien $\sigma_0 \in \mathrm{R}^+$, $\overline{K}_1 \subseteq \{P_{\boldsymbol{e}} \in \overline{K} : \sigma_0^2 \boldsymbol{I}_n - \boldsymbol{B}_{\boldsymbol{e}} \in \mathcal{M}_n^{\geqq}\}$, $\Theta = \mathrm{R}^r$, $L_1 = L \in \mathcal{L}^r_q$ und $\mathcal{P}_{\boldsymbol{\theta}} = \mathcal{P}_{\boldsymbol{\theta}}(\boldsymbol{\mu}, \boldsymbol{\Lambda})$ gemäß (4.5.12). Dann ist $\hat{\boldsymbol{\vartheta}}^{(0)}$ optimal in $G_1 = [\Theta \times \overline{K}_1, D_0, R_1]$ bez. des Operators $\overline{Q}_1 = \sup_{P_{\boldsymbol{e}} \in \overline{K}_1} \sup_{P_{\boldsymbol{\theta}} \in \mathcal{P}_{\boldsymbol{\theta}}} \mathrm{E}_{\boldsymbol{\theta}}$ •

Beweis: Es gilt: 1. $\hat{\boldsymbol{\vartheta}}^{(0)} \in D_L$.

2. $\hat{\boldsymbol{\vartheta}}^{(0)}$ ist in $G_1^{(0)} = [\Theta \times \widetilde{K}_p^{(1)}, D_0, R_1^{(0)}]$ mit $\widetilde{K}_p^{(1)} = \{\mathrm{N}(\boldsymbol{0}, \sigma_0^2 \boldsymbol{I}_n)\}$ optimal bez. $Q_1^{(0)} = \sup_{P_{\boldsymbol{\theta}} \in \mathcal{P}_{\boldsymbol{\theta}}} \mathrm{E}_{\boldsymbol{\theta}}$ (s. Folgerung 4.5.3 a)).

3. Der Operator $Q_1^{(0)}$ ist $\overline{K}_1$-monoton (s. Def. 3.3.4), und es ist $\overline{Q}_1 = \sup_{P_{\boldsymbol{e}} \in \overline{K}_1} \circ\, Q_1^{(0)}$.

4. Die Klasse $\overline{K}_1$ ist gemäß (3.3.12) konstruiert:

$$\overline{K}_1 \subseteq \{P_\varepsilon \in \overline{K}: \exists P_\varepsilon^{(0)} \in \widetilde{K}_p^{(1)}: P_\varepsilon^{(0)} \underset{q}{>} P_\varepsilon\} = \{P_\varepsilon \in \overline{K}: \mathrm{N}(\boldsymbol{0}, \sigma_0^2 \boldsymbol{I}_n) \underset{q}{>} P_\varepsilon\}$$
$$= \{P_\varepsilon \in \overline{K}: \sigma_0^2 \boldsymbol{I}_n - \boldsymbol{B}_\varepsilon \in \mathcal{M}_n^{\geq}\}$$

(s. Lemma 3.3.1).
Die Behauptung gilt nun nach Satz 3.3.2, dessen Voraussetzungen auf Grund der Aussagen 1.–4. erfüllt sind.

Indem im Satz 4.5.4 Fehlerverteilungen aus $\overline{K}_1$ zugelassen werden, ist es nicht mehr erforderlich, deren Kovarianzstruktur zu kennen. Es muß lediglich gesichert sein, daß die Varianzen bzw. Kovarianzen beschränkt sind.

Beschränkt man sich auf die Klasse $D = D_L$ aller linearen Schätzfunktionen, so sind $\hat{\boldsymbol{\vartheta}}^{(0)}$ bzw. $\hat{\boldsymbol{\vartheta}}^*$ überdies auch bayessch bez. jeder Fehlerverteilung aus $K_p^{(1)}$ und bez. jeder a-priori-Verteilung $P_{(\theta,\omega)} = P_{(\theta,\omega_1,\Sigma^{-2})} \in (\Theta \times K)^*$, für die die Randverteilung von $\boldsymbol{\theta}$ bzw. $(\boldsymbol{\theta}, \Sigma^{-2})$ in der Äquivalenzklasse $\mathcal{P}_\theta(\boldsymbol{\mu}, \Lambda)$ von (4.5.12) bzw. $\mathcal{P}_{(\theta,\Sigma^{-2})}(\boldsymbol{\mu}, \Lambda, \beta)$ von (4.5.13) der Verteilungen mit festgelegten ersten und zweiten Momenten liegt.

Satz 4.5.5: Es seien $\Theta = \mathrm{R}^r$ und $L_1 \in \mathcal{L}_{q,\sigma}^r$.

a) Es seien $\sigma_0 \in \mathrm{R}^+$ und $K_2 = \{\sigma_0^{-2}\}$. Dann ist $\hat{\boldsymbol{\vartheta}}^{(0)}$ bayessch in $G_1 = [\Theta \times K_p^{(1)}, D_L, R_1]$ bez. jeder a-priori-Verteilung $P_{(\theta,\omega)}$ mit $P_\theta \in \mathcal{P}_\theta(\boldsymbol{\mu}, \Lambda)$.

b) Es sei $K_2 = \mathrm{R}^+$ und $\boldsymbol{\Phi} = \frac{1}{\beta}\Lambda$. Dann ist $\hat{\boldsymbol{\vartheta}}^*(\mathfrak{Y}) = (\boldsymbol{F}'\boldsymbol{F} + \boldsymbol{\Phi}^{-1})^{-1}(\boldsymbol{F}'\mathfrak{Y} + \boldsymbol{\Phi}^{-1}\boldsymbol{\mu})$ bayessch in $G_1 = [\Theta \times K_p^{(1)}, D_L, R_1]$ bez. jeder a-priori-Verteilung $P_{(\theta,\omega)}$ mit $P_{(\theta,\Sigma^{-2})} \in \mathcal{P}_{(\theta,\Sigma^{-2})}(\boldsymbol{\mu}, \Lambda, \beta)$ •

Beweis: Wir beweisen die Behauptung b); der Beweis von a) kann völlig analog erfolgen. Es sei $P_{(\theta,\omega)} = P_{(\theta,\omega_1,\Sigma^{-2})} \in (\Theta \times K)^*$ eine a-priori-Verteilung, für die $P_{(\theta,\Sigma^{-2})} \in \mathcal{P}_{(\theta,\Sigma^{-2})}(\boldsymbol{\mu}, \Lambda, \beta)$ ist. Mit $L_1 \in \mathcal{L}_{q,\sigma}^r$ ist für jedes $\hat{\boldsymbol{\vartheta}}(\mathfrak{Y}) = \boldsymbol{G}\mathfrak{Y} + \boldsymbol{g} \in D_L$; $\boldsymbol{G} \in \mathcal{M}_{r\times n}$, $\boldsymbol{g} \in \mathrm{R}^r$; das bayessche Risiko $\varrho_1(P_{(\theta,\omega)}; \hat{\boldsymbol{\vartheta}})$ in $G_1 = [\Theta \times K_p^{(1)}, D_L, R_1]$ durch

$$\varrho_1(P_{(\theta,\omega)}; \hat{\boldsymbol{\vartheta}}) = \mathrm{E}_{(\theta,\omega)}\mathrm{E}_{\mathfrak{Y}|\theta,\omega}L_1(\boldsymbol{\theta}, \omega; \hat{\boldsymbol{\vartheta}}(\mathfrak{Y})) = \mathrm{E}_{(\theta,\Sigma^{-2})}\mathrm{E}_{\mathfrak{Y}|\theta,\Sigma^{-2}}\Sigma^{-2}\,||\boldsymbol{\theta} - \hat{\boldsymbol{\vartheta}}(\mathfrak{Y})||_U^2$$
$$= \mathrm{sp}\,\boldsymbol{G}'\boldsymbol{U}\boldsymbol{G} + \frac{1}{\beta}\{\boldsymbol{g}'\boldsymbol{U}\boldsymbol{g} + 2\boldsymbol{g}'\boldsymbol{U}(\boldsymbol{G}\boldsymbol{F} - \boldsymbol{I})\,\boldsymbol{\mu} + \mathrm{sp}\,(\boldsymbol{G}\boldsymbol{F} - \boldsymbol{I})'\,\boldsymbol{U}(\boldsymbol{G}\boldsymbol{F} - \boldsymbol{I})\,(\Lambda + \boldsymbol{\mu}\boldsymbol{\mu}')\}$$
$$=: \bar{\varrho}_1(\boldsymbol{\mu}, \Lambda, \beta; \hat{\boldsymbol{\vartheta}})$$

gegeben. Es seien $\widetilde{K}_p^{(1)} = \{\mathrm{N}(\boldsymbol{0}, \sigma^2\boldsymbol{I}_n)\}_{\sigma^{-2}\in\mathrm{R}^+}$, $\widetilde{G}_1 = [\Theta \times \widetilde{K}_p^{(1)}, D_L, R_1]$, $\alpha \in \mathsf{N}$ und $\widetilde{P}_{(\theta,\Sigma^{-2})} = \mathrm{NG}\left(\boldsymbol{\mu}, \frac{1}{\beta}\Lambda, \alpha, \beta\right)$ sowie $\tilde{\varrho}_1(\widetilde{P}_{(\theta,\Sigma^{-2})}; \cdot)$ das bayessche Risiko in $\widetilde{G}_1$ bez. $\widetilde{P}_{(\theta,\Sigma^{-2})}$. Dann gilt unter Beachtung von Satz 4.5.2 und wegen $\hat{\boldsymbol{\vartheta}}^* \in D_L$ die Ungleichung:

$$\forall \hat{\boldsymbol{\vartheta}} \in D_L: \varrho_1(P_{(\theta,\omega)}; \hat{\boldsymbol{\vartheta}}) = \bar{\varrho}_1(\boldsymbol{\mu}, \Lambda, \beta; \hat{\boldsymbol{\vartheta}}) = \tilde{\varrho}_1(\widetilde{P}_{(\theta,\Sigma^{-2})}; \hat{\boldsymbol{\vartheta}})$$
$$\geq \tilde{\varrho}_1(\widetilde{P}_{(\theta,\Sigma^{-2})}; \hat{\boldsymbol{\vartheta}}^*) = \bar{\varrho}_1(\boldsymbol{\mu}, \Lambda, \beta; \hat{\boldsymbol{\vartheta}}^*) = \varrho_1(P_{(\theta,\omega)}; \hat{\boldsymbol{\vartheta}}^*)\,.$$

4.6. Zum Schätzproblem bei nichtinformativen a-priori-Kenntnissen

Wir betrachten nun das Problem der Konstruktion geeigneter Schätzfunktionen für den Fall, daß die a-priori-Kenntnis über die unbekannten Parameter aus $\Theta \times K$ sehr gering bzw. unbestimmt ist im Vergleich mit den Kenntnissen, die man im Ergebnis der Durchführung von Beobachtungen gewinnen kann.

Es sind in der Literatur verschiedene Zugänge zu dieser Problemstellung bekannt (s. z. B. JEFFREYS [1], SAVAGE [2], ZELLNER [2], HUMAK [1], TIAO/ZELLNER [1], BOX/TIAO [2]). Wir wollen im folgenden kurz einen formalen Zugang zum Schätzproblem bei unbestimmten a-priori-Kenntnissen entwickeln, der eine bayessche Behandlung in der gewohnten Weise ermöglicht. Es zeigt sich, daß dann die MKQ-Schätzung bzw. die ML-Schätzung in bestimmten Spezialfällen optimale Schätzfunktionen sind.

4.6.1. BAYES-Schätzung bei nichtinformativen a-priori-Kenntnissen

Wir betrachten das Schätzproblem $G_1 = [\Theta \times K_p^{(1)}, D, R_1]$ (s. (4.3.2)). Es bezeichnen $\lambda^{\otimes m}$ das LEBESGUEsche Maß über $[\mathrm{R}^m, \mathscr{B}^m]$; $m \in \mathbb{N}$; und $l(\cdot, \cdot; \boldsymbol{y}) \mid \Theta \times K \to [0, \infty)$ die zu den entsprechenden Verteilungen aus $K_p^{(1)}$ gehörende Likelihoodfunktion der Beobachtung $\boldsymbol{y} \in C(V_n)$.

Vor. 4.6.1:

a) $\forall \boldsymbol{w} \in K: P_{\boldsymbol{e}}^{(\boldsymbol{w})} \ll \lambda^{\otimes n}$.

b) $\forall \boldsymbol{\vartheta} \in \Theta\ \forall \boldsymbol{w} \in K: P_{\mathfrak{Y}|\boldsymbol{\vartheta}, \boldsymbol{w}}\left(\{\boldsymbol{y} \in C(V_n): \int\limits_\Theta \int\limits_K l(\boldsymbol{t}, \boldsymbol{s}; \boldsymbol{y})\, \mathrm{d}\boldsymbol{s}\, \mathrm{d}\boldsymbol{t} \in \mathrm{R}^+\}\right) = 1$

$\wedge\ P_{\mathfrak{Y}|\boldsymbol{\vartheta}, \boldsymbol{w}}(\{\boldsymbol{y} \in C(V_n): \int\limits_\Theta \boldsymbol{t} \int\limits_K l(\boldsymbol{t}, \boldsymbol{s}; \boldsymbol{y})\, \mathrm{d}\boldsymbol{s}\, \mathrm{d}\boldsymbol{t} \in \mathrm{R}^r\}) = 1$ •

Unter dieser Voraussetzung ist durch

$$p_{(\boldsymbol{\theta}, \boldsymbol{\omega})|\boldsymbol{y}}^{(l)} := l(\cdot, \cdot; \boldsymbol{y}) / \int\limits_\Theta \int\limits_K l(\boldsymbol{\vartheta}, \boldsymbol{w}; \boldsymbol{y})\, \mathrm{d}\boldsymbol{w}\, \mathrm{d}\boldsymbol{\vartheta} \tag{4.6.1}$$

die Dichte einer a-posteriori-Wahrscheinlichkeitsverteilung $P_{(\boldsymbol{\theta}, \boldsymbol{\omega})|\boldsymbol{y}}^{(l)} \ll \lambda^{\otimes(r+s)}$ über $[\Theta \times K, \mathscr{B}_\Theta \otimes \mathscr{B}_K]$ gegeben. Die mit der Verlustfunktion $L_1 \in \mathscr{F}(\mathscr{B}_\Theta \otimes \mathscr{B}_K \otimes \mathscr{B}_\Theta, \mathscr{B}^1)$, die das Risko R_1 in G_1 erzeugt, gebildete Größe

$$\mathrm{E}_{(\boldsymbol{\theta}, \boldsymbol{\omega})|\boldsymbol{y}}^{(l)} L_1(\boldsymbol{\theta}, \boldsymbol{\omega}; \hat{\boldsymbol{\vartheta}}(\boldsymbol{y})) := \int\limits_\Theta \int\limits_K L_1(\boldsymbol{\vartheta}, \boldsymbol{w}; \hat{\boldsymbol{\vartheta}}(\boldsymbol{y}))\, p_{(\boldsymbol{\theta}, \boldsymbol{\omega})|\boldsymbol{y}}^{(l)}(\boldsymbol{\vartheta}, \boldsymbol{w})\, \mathrm{d}\boldsymbol{w}\, \mathrm{d}\boldsymbol{\vartheta} \tag{4.6.2}$$

nennen wir *a-posteriori-Verlust* von $\hat{\boldsymbol{\vartheta}} \in D$ *bez. einer nichtinformativen a-priori-Verteilung* (kurz: a-posteriori-Verlust von $\hat{\boldsymbol{\vartheta}}$ bez. n. i. a. V.). In diesen a-posteriori-Verlust geht lediglich das Beobachtungsergebnis $\boldsymbol{y} \in C(V_n)$ ein, jedoch keinerlei a-priori-Kenntnis über die Parameter $\boldsymbol{\vartheta}, \boldsymbol{w}$.

Def. 4.6.1: Die Schätzfunktion $\hat{\boldsymbol{\vartheta}}^* \in D$ heißt *bayessche Schätzung in* $[\Theta \times K_p^{(1)}, D, R_1]$ *bez. n. i. a. V.* $=_{\mathrm{df}}$

$$\forall \boldsymbol{y} \in C(V_n): \mathrm{E}_{(\boldsymbol{\theta}, \boldsymbol{\omega})|\boldsymbol{y}}^{(l)} L_1(\boldsymbol{\theta}, \boldsymbol{\omega}; \hat{\boldsymbol{\vartheta}}^*(\boldsymbol{y})) = \inf_{\hat{\boldsymbol{\vartheta}} \in D} \mathrm{E}_{(\boldsymbol{\theta}, \boldsymbol{\omega})|\boldsymbol{y}}^{(l)} L_1(\boldsymbol{\theta}, \boldsymbol{\omega}; \hat{\boldsymbol{\vartheta}}(\boldsymbol{y})) \ \bullet$$

Wir betrachten wieder monotone, nicht von $\boldsymbol{w} \in K$ abhängige Verlustfunktionen $L_1 = L$ (s. (3.1.13)) und zeigen, daß die PITMAN-Schätzung (s. Abschnitt 3.5.2) unter einer gewissen (Symmetrie-)Voraussetzung an die Likelihoodfunktion eine bayessche Schätzung bez. n. i. a. V. ist.

Satz 4.6.1: Es seien $L \in \mathscr{L}_w^r$ und $K_p^{(1)}$ eine Klasse von Fehlerverteilungen, deren Likelihoodfunktion die Vor. 4.6.1 sowie die folgende Bedingung erfüllt:

$$\forall \boldsymbol{y} \in C(V_n)\ \exists \tilde{l}(\cdot, \cdot; \boldsymbol{y}) \mid [0, \infty) \times K \to \mathrm{R}^+\ \exists \boldsymbol{t}(\boldsymbol{y}) \in \mathrm{R}^r\ \exists \boldsymbol{Z} \in \mathscr{M}_r^>$$

$$\forall \boldsymbol{\vartheta} \in \Theta \setminus \{\boldsymbol{t}(\boldsymbol{y})\}\ \forall \boldsymbol{w} \in K: l(\boldsymbol{\vartheta}, \boldsymbol{w}; \boldsymbol{y}) =: \tilde{l}(\|\boldsymbol{\vartheta} - \boldsymbol{t}(\boldsymbol{y})\|_{\boldsymbol{Z}}^2, \boldsymbol{w}; \boldsymbol{y}) < \tilde{l}(0, \boldsymbol{w}; \boldsymbol{y})\,. \tag{4.6.3}$$

Dann ist die PITMAN-Schätzung $\hat{\vartheta}_P \mid C(V_n) \to \Theta$ gemäß

$$\forall y \in C(V_n): \hat{\vartheta}_P(y) = \frac{\int\limits_{\Theta} \vartheta \int\limits_{K} l(\vartheta, w; y)\, dw\, d\vartheta}{\int\limits_{\Theta}\int\limits_{K} l(\vartheta, w; y)\, dw\, d\vartheta} \tag{4.6.4}$$

bayessch in $[\Theta \times K_p^{(1)}, D_0, R_1]$ bez. n. i. a. V. und für alle $y \in C(V_n)$ ist $\hat{\vartheta}_P(y) = t(y)$ •

Beweis: Es sei $y \in C(V_n)$. Wegen (4.6.3) hat die durch die Dichte

$$\begin{aligned}\forall \vartheta \in \Theta: p^{(l)}_{\theta|y}(\vartheta) &= \int\limits_K l(\vartheta, w; y)\, dw \Big/ \int\limits_{\Theta}\int\limits_K l(\vartheta, w; y)\, dw\, d\vartheta \\ &= \int\limits_K \tilde{l}(\|\vartheta - t(y)\|_Z^2, w; y)\, dw \Big/ \int\limits_{\Theta}\int\limits_K \tilde{l}(\|\vartheta - t(y)\|_Z^2, w; y)\, dw\, d\vartheta \\ &=: \tilde{p}^{(l)}_{\theta|y}(\|\vartheta - t(y)\|_Z^2)\end{aligned}$$

gegebene Verteilung $P^{(l)}_{\theta|y}$ den Modalwert $t(y)$. Auf Grund der Symmetrie von $p^{(l)}_{\theta|y}$ bez. $\vartheta = t(y)$ ist $t(y)$ auch Erwartungswert von $P^{(l)}_{\theta|y}$:

$$t(y) = \int\limits_{\Theta} \vartheta p^{(l)}_{\theta|y}(\vartheta)\, d\vartheta = \int\limits_{\Theta} \vartheta \tilde{p}^{(l)}_{\theta|y}(\|\vartheta - t(y)\|_Z^2)\, d\vartheta = \hat{\vartheta}_P(y)\,.$$

Nach Lemma 3.3.16 gilt nun

$$\forall \hat{\vartheta} \in D: \int\limits_{\Theta} L(\|\vartheta - \hat{\vartheta}(y)\|_U^2)\, \tilde{p}^{(l)}_{\theta|y}(\|\vartheta - \hat{\vartheta}_P(y)\|_Z^2)\, d\vartheta \geqq \int\limits_{\Theta} L(\|\vartheta - \hat{\vartheta}_P(y)\|_U^2)\, \tilde{p}^{(l)}_{\theta|y}(\|\vartheta - \hat{\vartheta}_P(y)\|_Z^2)\, d\vartheta\,,$$

so daß $\hat{\vartheta}_P$ den a-posteriori-Verlust bez. n. i. a. V. minimiert.

Folgerung 4.6.1: Für $L \in \mathcal{L}_w^r$ und $K_p^{(1)}$ wie in Satz 4.6.1 ist die ML-Schätzung für ϑ bayessch in $[\Theta \times K_p^{(1)}, D_0, R_1]$ bez. n. i. a. V •

Beweis: Unter den Voraussetzungen von Satz 4.6.1 ist $\hat{\vartheta}_P$ gerade ML-Schätzung:

$$\forall \vartheta \in \Theta\ \forall w \in K\ \forall y \in C: l(\vartheta, w; y) \leqq l(t(y), w; y) = l(\hat{\vartheta}_P(y), w; y)\,.$$

Folgerung 4.6.2: Für $\Theta = \mathrm{R}^r$, $L \in \mathcal{L}_w^r$ und $K_p^{(1)} = \{\mathrm{N}(\mathbf{0}, \sigma^2 I_n)\}_{\sigma \in \mathrm{R}^+}$ ist die MKQ-Schätzung $\check{\vartheta}(\mathfrak{Y}) = (F'F)^{-1} F'\mathfrak{Y}$ bayessch in $[\Theta \times K_p^{(1)}, D_0, R_1]$ bez. n. i. a. V •

Beweis: Für normalverteilte Fehler ist $\check{\vartheta}$ ML-Schätzung (s. Satz 3.2.3) und die Likelihoodfunktion erfüllt die Vor. 4.6.1 sowie die Bedingung (4.6.3) (mit $Z = F'F$ und $t(y) = \check{\vartheta}(y)$), so daß die Behauptung mit Folgerung 4.6.1 gilt.

4.6.2. Nichtinformative a-priori-Verteilungen

Wir haben bisher nur implizit definiert, was wir unter einer n. i. a. V. verstehen wollen, indem wir den Begriff des a-posteriori-Verlusts bez. n. i. a. V. bzw. der bayesschen Schätzung bez. n. i. a. V. einführten. Es gibt verschiedene Versuche, direkt n. i. a. V. zu definieren und mit diesen bayessche Schätzungen in der üblichen Weise zu bilden (s. z. B. JEFFREYS [1], ZELLNER [2]). Dabei verwendet man in der Regel neben a-priori-Wahrscheinlichkeitsverteilungen auch infinite Maße über dem Parameterraum der Natur. Wir wollen einen solchen Zugang, bei dem die Verteilungen nach ihrer Information bewertet werden und der auf ZELLNER [2] zurückgeht, kurz angeben.

Es sei $\mathcal{B}_\lambda = \{\Theta_0 \times K_0 \in \mathcal{B}_\Theta \otimes \mathcal{B}_K : \lambda^{\otimes(r+s)}(\Theta_0 \times K_0) \in \mathrm{R}^+\}$ und für jede Menge $\Theta_0 \times K_0 \in \mathcal{B}_\lambda$ sei $\mathcal{P}_\lambda(\Theta_0 \times K_0) = \{P_{(\theta,\omega)} \in (\Theta_0 \times K_0)^* : P_{(\theta,\omega)} \ll \lambda^{\otimes(r+s)}\}$. Die Größe

$$\begin{aligned} H_e(P_{(\theta,\omega)}; \Theta_0 \times K_0, K_p^{(1)}) &:= \int\limits_{\Theta_0}\int\limits_{K_0} H(P_\varepsilon^{(w)})\, dP_{(\theta,\omega)}(\vartheta, w) \\ &= \int\limits_{\Theta_0}\int\limits_{K_0} \{- \int\limits_{C(V_n)} p_{\mathfrak{Y}|\vartheta,w}(y) \ln p_{\mathfrak{Y}|\vartheta,w}(y)\, dy\}\, p_{(\theta,\omega)}(\vartheta, w)\, dw\, d\vartheta \end{aligned} \tag{4.6.5}$$

stellt die bez. $P_{(\theta,\omega)} \in \mathcal{P}_\lambda(\Theta_0 \times K_0)$ erwartete Entropie der Fehlerverteilung $P_e^{(w)} \in K_p^{(1)}$ dar und

$$\Delta H_e(P_{(\theta,\omega)}; \Theta_0 \times K_0, K_p^{(1)}) := H_e(P_{(\theta,\omega)}; \Theta_0 \times K_0, K_p^{(1)}) - H(P_{(\theta,\omega)}) \quad (4.6.6)$$

mißt die Differenz zwischen dieser und der Entropie von $P_{(\theta,\omega)} \in \mathcal{P}_\lambda(\Theta_0 \times K_0)$. Es sei $A(\Theta \times K)$ die Menge aller positiven stetigen Funktionen über $\Theta \times K$ und für jedes $a(\cdot,\cdot) \in A(\Theta \times K)$ bezeichnen $p^{(a)}_{\Theta_0 \times K_0} = a/\int\limits_{\Theta_0}\int\limits_{K_0} a(\boldsymbol{\vartheta}, \boldsymbol{w})\, d\boldsymbol{w}\, d\boldsymbol{\vartheta}$ die durch Normierung von a gebildete Wahrscheinlichkeitsdichte über $\Theta_0 \times K_0 \in \mathcal{B}_\lambda$ und $P_{\Theta_0 \times K_0}(a) \in \mathcal{P}_\lambda(\Theta_0 \times K_0)$ die zugehörige Verteilung.

Def. 4.6.2: Die Funktion $p^*_{(\theta,\omega)} \in A(\Theta \times K)$ heißt *nichtinformative a-priori-Dichte bez.* $K_p^{(1)} =_{\mathrm{df}}$

$$\forall \Theta_0 \times K_0 \in \mathcal{B}_\lambda : \Delta H_e\big(P_{\Theta_0 \times K_0}(p^*_{(\theta,\omega)}); \Theta_0 \times K_0, K_p^{(1)}\big) =$$
$$= \inf_{a \in A(\Theta \times K)} \Delta H_e\big(P_{\Theta_0 \times K_0}(a); \Theta_0 \times K_0, K_p^{(1)}\big) \bullet$$

Wir nennen das Maß $P^*_{(\theta,\omega)} \ll \lambda^{\otimes(r+s)}$ über $[\Theta \times K, \mathcal{B}_\Theta \otimes \mathcal{B}_K]$ *nichtinformative a-priori-Verteilung* (n. i. a. V.) bez. $K_p^{(1)}$, falls $p^*_{(\theta,\omega)} = dP^*_{(\theta,\omega)}/d\lambda^{\otimes(r+s)}$ nichtinformative a-priori-Dichte (kurz: n. i. a. D.) bez. $K_p^{(1)}$ ist. Im Falle $K = \{\boldsymbol{w}_0\}$, d. h. card $K = 1$, betrachtet man entsprechend Wahrscheinlichkeitsdichten $p^{(a)}_{\Theta_0}$ bzw. Verteilungen $P_{\Theta_0}(a)$ über $[\Theta_0, \mathcal{B}_{\Theta_0}]$ mit $\lambda^{\otimes r}(\Theta_0) \in \mathrm{R}^+$ und $\Theta_0 \subseteq \Theta$ die durch Normierung von stetigen Funktionen $a \mid \Theta \to \mathrm{R}^+$ entstehen und erhält n. i. a. D. p^*_θ bzw. n. i. a. V. P^*_θ bez. $K_p^{(0)} = \{P_e^{(w_0)}\}$.

Wir geben nun n. i. a. D. bez. der Klasse der normalverteilten Fehler an.

Satz 4.6.2: Es sei $\Theta = \mathrm{R}^r$.

a) Es seien $K = \{\sigma_0\}$ und $K_p^{(0)} = \{\mathrm{N}(\boldsymbol{0}, \sigma_0^2 \boldsymbol{I}_n)\}$. Dann ist

$$p^*_\theta = \text{const} \quad (4.6.7)$$

n. i. a. D. bez. $K_p^{(0)}$.

b) Es seien $K = \mathrm{R}^+$ und $K_p^{(1)} = \{\mathrm{N}(\boldsymbol{0}, \sigma^2 \boldsymbol{I}_n)\}_{\sigma \in K}$. Dann ist $p^*_{(\theta,\Sigma)}$ mit

$$\forall \boldsymbol{\vartheta} \in \Theta\ \forall \sigma \in K : p^*_{(\theta,\Sigma)}(\boldsymbol{\vartheta}, \sigma) = 1/\sigma \quad (4.6.8)$$

n. i. a. D. bez. $K_p^{(1)}$ $\bullet$

Beweis: Man erhält zunächst für die Entropie der normalen Fehlerverteilung:

$$\forall \sigma \in \mathrm{R}^+ : H(\mathrm{N}(\boldsymbol{0}, \sigma^2 \boldsymbol{I}_n)) = n\left[\ln(\sqrt{2\pi}\,\sigma) + \frac{1}{2}\right]$$

(s. z. B. RAO [3]).

a) Es sei $\Theta_0 \subset \mathrm{R}^r$ mit $\lambda^{\otimes r}(\Theta_0) \in \mathrm{R}^+$. Dann gilt für $K_p^{(0)} = \{\mathrm{N}(\boldsymbol{0}, \sigma_0^2 \boldsymbol{I}_n)\}$:

$$\Delta H_e(P_{\Theta_0}(a); \Theta_0, K_p^{(0)}) = H_e(P_{\Theta_0}(a); \Theta_0, K_p^{(0)}) - H(P_{\Theta_0}(a)) = \int\limits_{\Theta_0} p^{(a)}_{\Theta_0}(\boldsymbol{\vartheta})\, \{\ln p^{(a)}_{\Theta_0}(\boldsymbol{\vartheta}) + c\}\, d\boldsymbol{\vartheta}$$

mit $c = n\left[\ln(\sqrt{2\pi}\,\sigma_0) + \frac{1}{2}\right]$. Bezeichnet $p^{(0)}$ die Dichte der Gleichverteilung über Θ_0, d. h.

$$\forall \boldsymbol{\vartheta} \in \Theta_0 : p^{(0)}(\boldsymbol{\vartheta}) = 1/\lambda^{\otimes r}(\Theta_0),$$

so ergibt sich mit $I(p^{(a)}_{\Theta_0}, p^{(0)}) := \int\limits_{\Theta_0} p^{(a)}_{\Theta_0}(\boldsymbol{\vartheta}) \ln \dfrac{p^{(a)}_{\Theta_0}(\boldsymbol{\vartheta})}{p^{(0)}(\boldsymbol{\vartheta})}\, d\boldsymbol{\vartheta}$:

$$\Delta H_e(P_{\Theta_0}(a); \Theta_0, K_p^{(0)}) = I(p^{(a)}_{\Theta_0}, p^{(0)}) + c - \ln \lambda^{\otimes r}(\Theta_0).$$

Wegen $I(p^{(a)}_{\Theta_0}, p^{(0)}) \geqq 0$ (s. RAO [3]) und $I(p^{(a)}_{\Theta_0}, p^{(a)}_{\Theta_0}) = 0$ wird $\Delta H_e(P_{\Theta_0}(a); \Theta_0, K_p^{(0)})$ minimal für $p^{(a)}_{\Theta_0} = p^{(0)}$. Die Behauptung folgt nun daraus, daß $p^{(0)}$ gerade die zu $a^* = p^*_\theta = \text{const}$ gehörige Wahrscheinlichkeitsdichte ist: $p^{(0)} = p^{(a^*)}_{\Theta_0}$.

Analog beweist man die Behauptung b), indem man nachprüft, daß die durch Normierung von $a^* = p^*_{(\theta, \Sigma)}$ über den entsprechenden Mengen $\Theta_0 \times K_0 = \Theta_0 \times (a, b) \subset \Theta \times K = \mathrm{R}^r \times \mathrm{R}^+$ mit $\lambda^{\otimes(r+1)}(\Theta_0 \times K_0) \in \mathrm{R}^+$ entstehenden Wahrscheinlichkeitsdichten $p^{(1)} = p^{(a^*)}_{\Theta_0 \times K_0}$ gemäß

$$\forall \boldsymbol{\vartheta} \in \Theta_0 \ \forall \sigma \in K_0 = (a, b): p^{(1)}(\boldsymbol{\vartheta}, \sigma) = \left[\lambda^{\otimes r}(\Theta_0) \ln \frac{b}{a}\right] \cdot \sigma^{-1}$$

den Ausdruck $\Delta H_e(P^{(a)}_{\Theta_0 \times K_0}; \Theta_0 \times K_0, \{\mathrm{N}(\boldsymbol{0}, \sigma^2 \boldsymbol{I}_n)\}_{\sigma \in K})$ minimieren.

Für den Spezialfall eines eindimensionalen Regressionsparameters, d. h. $r = 1$, ist das Ergebnis von Satz 4.6.2 aus ZELLNER [2] bekannt.

Es seien $\boldsymbol{y} \in C(V_n)$ und $p^*_{(\theta, \omega)}$ eine n. i. a. D. mit $\int_\Theta \int_K l(\boldsymbol{\vartheta}, \boldsymbol{w}; \boldsymbol{y})\, p^*_{(\theta, \omega)}(\boldsymbol{\vartheta}, \boldsymbol{w})\, \mathrm{d}\boldsymbol{w}\, \mathrm{d}\boldsymbol{\vartheta} \in \mathrm{R}^+$. Dann nennen wir $p^*_{(\theta, \omega)|\boldsymbol{y}}$ gemäß

$$p^*_{(\theta, \omega)|\boldsymbol{y}} := l(\cdot, \cdot; \boldsymbol{y})\, p^*_{(\theta, \omega)} / \int_\Theta \int_K l(\boldsymbol{\vartheta}, \boldsymbol{w}; \boldsymbol{y})\, p^*_{(\theta, \omega)}(\boldsymbol{\vartheta}, \boldsymbol{w})\, \mathrm{d}\boldsymbol{w}\, \mathrm{d}\boldsymbol{\vartheta} \tag{4.6.9}$$

a-posteriori-Dichte bez. der n. i. a. D. $p^*_{(\theta, \omega)}$ und $P^*_{(\theta, \omega)|\boldsymbol{y}}$ mit $p^*_{(\theta, \omega)|\boldsymbol{y}} = \mathrm{d}P^*_{(\theta, \omega)|\boldsymbol{y}} / \mathrm{d}\lambda^{\otimes(r+s)}$ heißt *a-posteriori-Verteilung bez. der n. i. a. V.* $P^*_{(\theta, \omega)}$. Wir weisen darauf hin, daß $p^*_{(\theta, \omega)|\boldsymbol{y}}$ gemäß (4.6.9) stets Dichte einer Wahrscheinlichkeitsverteilung ist, während eine n. i. a. D. nicht notwendig eine Wahrscheinlichkeitsdichte sein muß.

Für normalverteilte Beobachtungen und monotonen Verlust minimiert die MKQ-Schätzung $\check{\boldsymbol{\vartheta}}$, die in diesem Falle bayessche Schätzung bez. n. i. a. V. ist (s. Folgerung 4.6.2), auch den a-posteriori-Verlust, der mit der a-posteriori-Verteilung bez. der durch (4.6.7) bzw. (4.6.8) gegebenen n. i. a. V. gebildet wird:

Satz 4.6.3: Es seien $\Theta = \mathrm{R}^r$ und $L \in \mathscr{L}^r_w$.

a) Es seien $K^{(0)}_p = \{\mathrm{N}(\boldsymbol{0}, \sigma_0^2 \boldsymbol{I}_n)\}$, $P^*_{\theta|\boldsymbol{y}}$ die a-posteriori-Verteilung bez. der durch die Dichte $p^*_\theta = \mathrm{const}$ gegebenen n. i. a. V. $P^*_\theta = \lambda^{\otimes r}$ und $\mathrm{E}^*_{\theta|\boldsymbol{y}} L(\boldsymbol{\theta}; \cdot)$ der entsprechende a-posteriori-Verlust bei gegebenem $\boldsymbol{y} \in C(V_n)$. Dann gilt

$$\forall \boldsymbol{y} \in C(V_n): \mathrm{E}^*_{\theta|\boldsymbol{y}} L(\boldsymbol{\theta}; \check{\boldsymbol{\vartheta}}(\boldsymbol{y})) = \inf_{\hat{\boldsymbol{\vartheta}} \in D} \mathrm{E}^*_{\theta|\boldsymbol{y}} L(\boldsymbol{\theta}; \hat{\boldsymbol{\vartheta}}(\boldsymbol{y})) .$$

b) Es seien $K^{(1)}_p = \{\mathrm{N}(\boldsymbol{0}, \sigma^2 \boldsymbol{I}_n)\}_{\sigma \in \mathrm{R}^+}$, $P^*_{(\theta, \Sigma)|\boldsymbol{y}}$ die a-posteriori-Verteilung bez. der durch die Dichte $p^*_{(\theta, \Sigma)}$ aus (4.6.8) gegebenen n. i. a. V. und $\mathrm{E}^*_{(\theta, \Sigma)|\boldsymbol{y}} L(\boldsymbol{\theta}; .)$ der entsprechende a-posteriori-Verlust bei gegebenem $\boldsymbol{y} \in C(V_n)$. Dann gilt

$$\forall \boldsymbol{y} \in C(V_n): \mathrm{E}^*_{(\theta, \Sigma)|\boldsymbol{y}} L(\boldsymbol{\theta}; \check{\boldsymbol{\vartheta}}(\boldsymbol{y})) = \inf_{\hat{\boldsymbol{\vartheta}} \in D} \mathrm{E}^*_{(\theta, \Sigma)|\boldsymbol{y}} L(\boldsymbol{\theta}; \hat{\boldsymbol{\vartheta}}(\boldsymbol{y})) \bullet$$

Beweis: a) Als a-posteriori-Dichte $p^*_{\theta|\boldsymbol{y}}$ bez. der n. i. a. D. $p^*_\theta = \mathrm{const}$ ergibt sich

$$p^*_{\theta|\boldsymbol{y}} = l(\cdot, \sigma_0; \boldsymbol{y}) \,/ \int_\Theta l(\boldsymbol{\vartheta}, \sigma_0; \boldsymbol{y})\, \mathrm{d}\boldsymbol{\vartheta} .$$

Damit stimmt $\mathrm{E}^*_{\theta|\boldsymbol{y}} L(\boldsymbol{\theta}; \hat{\boldsymbol{\vartheta}}(\boldsymbol{y})$ für jedes $\hat{\boldsymbol{\vartheta}} \in D$ mit dem a-posteriori-Verlust bez. n. i. a. V. (s. (4.6.2)) überein und die Behauptung gilt mit Folgerung 4.6.2.

b) Mit $p^*_{(\theta, \Sigma)}$ gemäß (4.6.8) erhält man als a-posteriori-Randdichte

$$p^*_{\theta|\boldsymbol{y}} = \int_{\mathrm{R}^+} l(\cdot, \sigma; \boldsymbol{y})\, p^*_{(\theta, \Sigma)}(\cdot, \sigma)\, \mathrm{d}\sigma \,/ \int_{\mathrm{R}^r} \int_{\mathrm{R}^+} l(\boldsymbol{\vartheta}, \sigma; \boldsymbol{y})\, p^*_{(\theta, \Sigma)}(\boldsymbol{\vartheta}, \sigma)\, \mathrm{d}\sigma\, \mathrm{d}\boldsymbol{\vartheta}$$

die Dichte einer t-Verteilung mit dem Erwartungswert $\check{\boldsymbol{\vartheta}}(\boldsymbol{y})$. Deswegen gilt mit Lemma 3.3.16:

$$\begin{aligned} \forall \hat{\boldsymbol{\vartheta}} \in D: \mathrm{E}^*_{(\theta, \Sigma)|\boldsymbol{y}} L(\boldsymbol{\theta}; \hat{\boldsymbol{\vartheta}}(\boldsymbol{y})) &= \int_\Theta L(\|\boldsymbol{\vartheta} - \hat{\boldsymbol{\vartheta}}(\boldsymbol{y})\|^2_U)\, p^*_{\theta|\boldsymbol{y}}(\boldsymbol{\vartheta})\, \mathrm{d}\boldsymbol{\vartheta} \geqq \int_\Theta L(\|\boldsymbol{\vartheta} - \check{\boldsymbol{\vartheta}}(\boldsymbol{y})\|^2_U)\, p^*_{\theta|\boldsymbol{y}}(\boldsymbol{\vartheta})\, \mathrm{d}\boldsymbol{\vartheta} \\ &= \mathrm{E}^*_{(\theta, \Sigma)|\boldsymbol{y}} L(\boldsymbol{\theta}; \check{\boldsymbol{\vartheta}}(\boldsymbol{y})) . \end{aligned}$$

Die Nichtinformativität von $P^*_{(\theta, \Sigma)}$ gemäß (4.6.8) bez. $K^{(1)}_p = \{\mathrm{N}(\boldsymbol{0}, \sigma^2 \boldsymbol{I}_n)\}_{\sigma \in \mathrm{R}^+}$ ist invariant gegenüber den Transformationen φ_q entsprechend

$$\forall \sigma \in \mathrm{R}^+: \varphi_q(\sigma) = \sigma^q , \tag{4.6.10}$$

mit ganzzahligem $q \neq 0$. Wegen $d\varphi_q = q\sigma^{q-1}\, d\sigma$ gilt nämlich

$$dP^*_{(\theta, \varphi_q(\Sigma))}(\vartheta, \varphi_q(\sigma)) = \sigma^{-q} \cdot q \cdot \sigma^{q-1}\, d\vartheta\, d\sigma \propto dP^*_{(\theta, \Sigma)}(\vartheta, \sigma) .$$

Damit ist es im Falle normalverteilter Beobachtungen unerheblich, ob man den Betrachtungen die Größe $w = \sigma^{-2}$, die Standardabweichung $w = \sigma$, die Varianz $w = \sigma^2$ oder eine beliebige andere ganzzahlige Potenz von σ zugrunde legt. Insbesondere überzeugt man sich anhand der bayesschen Formel, daß auch die zu $p^*_{(\theta, \varphi_q(\Sigma))}$ gehörigen a-posteriori-Verteilungen $P^*_{(\theta,\varphi_q(\Sigma))|y}$; $y \in C(V_n)$; invariant gegenüber den Transformationen φ_q sind:

$$dP^*_{(\theta, \varphi_q(\Sigma))|y}(\vartheta, \varphi_q(\sigma)) \propto dP^*_{(\theta, \Sigma)|y}(\vartheta, \sigma) .$$

Allgemeinere Betrachtungen zu Invarianzeigenschaften von a-priori- bzw. a-posteriori-Verteilungen kann man z. B. in Hartigan [1] oder Jeffreys [1] finden.

4.7. Weitere Probleme

1. In Lindley/Smith [1] wird das Schätzproblem für ϑ in Modellen mit einer hierarchischen a-priori-Struktur behandelt. Hierbei haben die a-priori-Parameter selbst wieder eine lineare Struktur und werden ebenfalls, wie $\mathfrak{Y}(V_n)$ und θ, als normalverteilt angesehen. Dieses 3-stufige Modell wird unter der Voraussetzung betrachtet, daß die Verteilungen der Komponenten von $\theta = (\theta_1, \ldots, \theta_r)$ permutationsinvariant sind (sog. austauschbare a-priori-Verteilungen). In Smith [1] werden einige allgemeine Eigenschaften der Bayes-Schätzungen in einem solchen Modell angegeben.
2. In Lindley [4] und Leonard [1] werden Schätzungen für ϑ und die Varianzen im heteroskedastischen LR $(\mathfrak{Y}, F\vartheta, B_\varepsilon = \text{diag}\,((\sigma_1, \ldots, \sigma_n)'))$ vorgeschlagen, wobei für die Varianzparameter $\sigma_1, \ldots, \sigma_n$ eine hierarchische a-priori-Struktur mit austauschbarer a-priori-Verteilung angesetzt wird. In Lindley [4] wird der Fall betrachtet, daß die Varianzen eine inverse χ^2-Verteilung besitzen, während in Leonard [1] der Fall behandelt wird, daß eine hierarchische a-priori-Struktur für die transformierten Parameter $\alpha_i = \log \sigma_i$; $i = 1, \ldots, n$; vorliegt, in der diese a-priori als normalverteilt angesehen werden.
3. Bayessche Konfidenzschätzungen und Konfidenzschätzungen, die verschiedene weitere a-priori-Kenntnisse berücksichtigen, kann man z. B. in Humak [1] finden (s. auch Bunke, O. [4]). In Box/Tiao [3] werden Konfidenzbereiche eingeführt, die den Regressionsparameter mit einer vorgegebenen a-posteriori-Wahrscheinlichkeit enthalten und unter allen solchen Bereichen $\Theta_0 \subset \Theta$ das geringste Volumen besitzen, die sog. Bereiche größter a-posteriori-Dichte (s. auch Rudolph [1]).
4. In der Arbeit von Theil [1] (s. auch Bem. 4.3.4) wird ein Test für die Verträglichkeit der a-priori-Kenntnisse (a-priori-Verteilungen, a-priori-Schätzungen usw.) mit den Beobachtungsergebnissen entwickelt; die Verteilung der Teststatistik bei unbekanntem σ^2 ist in Mehta/Swamy [1] angegeben. Desweiteren wird von Theil [1] ein Maß eingeführt, welches den Anteil von a-priori- und Stichprobenkenntnis an der a-posteriori-Varianz der Regressionsparameter mißt.
5. Weitere Betrachtungen zum Schätzproblem bei linearen Restriktionen $K\vartheta = l$ (s. 4.4.1) kann man in Chipman/Rao [1] und Atiqullah [1] finden, wo auch der Fall $\text{Rg}\, F < r$ und ein Test der Hypothese, daß ϑ den linearen Restriktionen genügt, behandelt werden.
6. In Schönfeld [1] werden Schätzungen für ϑ im linearen Regressionsmodell (ohne Rangvoraussetzungen) mit linearen Restriktionen $K\vartheta = l$ konstruiert, die optimal in dem Sinne sind, daß sie unter allen Schätzungen, die nicht erwartungstreu bez. $\Theta(K, l)$ aus (4.4.2) sind, einen minimalen Bias und kleinste Kovarianzmatrix besitzen (sog. BLIMBE).
7. In Toutenburg [5] werden Bedingungen angegeben, unter denen die Schätzfunktion $\check{\vartheta}_c(\mathfrak{Y}, \mathfrak{d}_1)$ im LR (4.4.11) mit a-priori-Schätzung $\mathfrak{d}_1$, wobei $\check{\vartheta}_c(\mathfrak{Y}, \mathfrak{d}_1)$ durch Ersetzung von σ_0^{-2} durch $c \in R^+$ in der MKQ-Schätzung $\check{\vartheta}(\mathfrak{Y}, \mathfrak{d}_1)$ aus (4.4.12) in diesem Modell entsteht, mindestens so gut wie die MKQ-Schätzung $\check{\vartheta}$ im LR ohne a-priori-Schätzung ist. Für den Fall, daß die

a-priori-Kenntnis $0 < \sigma_1^2 < \sigma^2 < \sigma_2^2 < \infty$ über σ^2 gegeben ist, werden Schätzungen $\check{\boldsymbol{\vartheta}}_{c*}(\mathfrak{Y}, \mathfrak{d}_1)$ abgeleitet, die den „Abstand" zur optimalen Schätzung $\check{\boldsymbol{\vartheta}}(\mathfrak{Y}, \boldsymbol{d}_1)$ im Sinne des Risikos minimieren.

8. In Suzuki [1] wird der Spezialfall behandelt, in dem als erwartungstreue a-priori-Schätzung (s. Abschnitt 4.4.2) eine MKQ-Schätzung aus vorangegangenen oder zusätzlichen Beobachtungen in einem NKLR vorliegt. Die resultierende Schätzung ist von der Form (4.4.12). Schätzverfahren, die solche a-priori-Kenntnisse in die Schätzung einbeziehen, kann man auch in Raiffa/Schlaifer [1] und Tiao/Zellner [1] finden.

9. Für a-priori-Kenntnisse in Form von a-priori-Schätzungen werden in der Literatur auch Zwei-Stufen-Schätzverfahren vorgeschlagen, die auf Katti [1] und Katti/Waikar [1] basieren. In Mayer/Singh/Willke [1] werden Eigenschaften solcher Schätzungen für das LR mit $\eta(\boldsymbol{x}, \boldsymbol{\vartheta}) = \vartheta_0 + \sum_{i=1}^{k} \vartheta_i x_i$ betrachtet; diese sind bei hinreichend genauer a-priori-Schätzung besser als $\check{\boldsymbol{\vartheta}}$. Für den Fall $k = 1$ werden in Al-Bayyati/Arnold [1] Zwei-Stufen-Schätzungen in Form einer Linearkombination von $\check{\boldsymbol{\vartheta}}$ und der a-priori-Schätzung behandelt. Hinweise zur Wahl des Stichprobenumfangs, der Stoppgebiete und zur Schätzung bei unbekanntem σ^2 sind in Arnold/Al-Bayyati [1] gegeben. Weitere Schätzfunktionen, die a-priori-Schätzungen ausnutzen, kann man bei Mehta/Srinivasan [1], Stein [1] und Thompson [1] finden.

10. Unter Ausnutzung von a-priori-Kenntnissen in Form von quadratischen Restriktionen $\boldsymbol{\vartheta}'\boldsymbol{F}'\boldsymbol{F}\boldsymbol{\vartheta} \leqq k\sigma$ werden in Läuter, H. [4] für das allgemeine LR (ohne Rangvoraussetzungen) Schätzungen konstruiert, die gleichmäßig besser als die MKQ-Schätzung in diesem Modell sind. Mit diesen a-priori-Kenntnissen werden dort auch Verbesserungen der besten linearen Vorhersage für eine zukünftige Beobachtung angegeben (s. auch Toutenburg [1], [3], [4]).

11. Die Schätzung $\hat{\boldsymbol{\vartheta}}_J$ von (4.4.18) im KLR mit quadratischen Restriktionen $\boldsymbol{\vartheta} \in \Theta(\boldsymbol{J})$ (s. Def. 4.4.4) maximiert auch die durch $g(\hat{\boldsymbol{\vartheta}}) = \inf_{\boldsymbol{\vartheta} \in \Theta(\boldsymbol{J})} [R_1(\boldsymbol{\vartheta}; \hat{\boldsymbol{\vartheta}}) - R_1(\boldsymbol{\vartheta}; \check{\boldsymbol{\vartheta}})]$; $\hat{\boldsymbol{\vartheta}} \in D_L$; definierte Mindestverbesserung von $\hat{\boldsymbol{\vartheta}}$ gegenüber $\check{\boldsymbol{\vartheta}}$ in der Klasse D_L der linearen Schätzungen, d. h. $g(\hat{\boldsymbol{\vartheta}}_J) = \sup_{\hat{\boldsymbol{\vartheta}} \in D_L} g(\hat{\boldsymbol{\vartheta}})$ (s. Bunke, O. [5], [2]). Eine Minimaxschätzung im LR $(\mathfrak{Y}, \boldsymbol{F}\boldsymbol{\vartheta}, \sigma^2\boldsymbol{I}_n)$ mit quadratischen Ristriktionen $\boldsymbol{\vartheta} \in \Theta(\boldsymbol{J})$ für den Fall Rg $\boldsymbol{F} < r$ ist in Kuks/Ol'man [1] angegeben.

12. In Humak [1] kann man Bayes-Schätzungen für $\boldsymbol{\vartheta}$ finden, die den Nebenbedingungen $\boldsymbol{K}\boldsymbol{\vartheta} = \boldsymbol{0}$ bzw. $\boldsymbol{K}\boldsymbol{\vartheta} \geqq \boldsymbol{l}$ (komponentenweise) bzw. $\boldsymbol{\vartheta} \in \Theta(\boldsymbol{J})$ genügen (s. auch Rudolph [1]). Von O'Hagan [1] wurde eine bayessche Schätzung im LR mit $\eta(x, \boldsymbol{\vartheta}) = \vartheta_0 + \vartheta_1 x + \vartheta_2 x^2$ unter der Restriktion $\vartheta_2 \geqq 0$ (d. h. $\Theta = \mathrm{R}^2 \times [0, \infty)$) abgeleitet, indem als a-priori-Verteilung für $(\boldsymbol{\theta}, \Sigma^{-2})$ eine abgeschnittene Normal-Gamma-Verteilung verwendet wurde. Eine Minimaxschätzung in $G_1 = [\tilde{\Theta} \times K_1^{(0)}, D_L, R_1]$, wobei $\tilde{\Theta} \subset \mathrm{R}^r$ eine beliebige kompakte Menge ist und R_1 durch quadratischen Verlust (4.4.17) erzeugt wird, wurde näherungsweise in Kuks [1] bestimmt.

13. Andere Varianten der Ableitung der in 4.4.3 erwähnten Ridge-Schätzung werden u. a. von Goldstein/Smith [1] und Farebrother [2] gegeben. Eine Modifikation der Ridge-Schätzung (gerichtete Ridge-Regression) wird in Guilkey/Murphy [1] vorgeschlagen. Methoden zur Wahl der Größe k in der Ridge-Schätzung $\hat{\boldsymbol{\vartheta}}_R$ von (4.4.24) werden in Allen [1] und McDonald/Galarneau [1] behandelt; in der letztgenannten Arbeit und in Newhouse/Oman [1] sind Monte-Carlo-Studien zur Bewertung von $\hat{\boldsymbol{\vartheta}}_R$ angegeben. Unter gewissen Konvergenzbedingungen ist eine explizite (nichtiterative) Bestimmung eines optimalen k möglich (s. Hemmerle [1]).

14. In Dempster [1] wird eine Simulationsstudie angegeben, die zeigt, daß mit der Ridge-Schätzung und der gestauchten (Steinschen) Schätzung $\hat{\boldsymbol{\vartheta}}_g$ (s. (4.4.25)) beträchtliche Verbesserungen gegenüber $\check{\boldsymbol{\vartheta}}$ erwartet werden können. Einen Überblick über die Theorie der Steinschen Schätzung in Hinblick auf die Verbesserung der MKQ-Schätzung kann man in Bunke, O. [4] finden.

15. Betrachtungen zum Problem der Bayes-Schätzung bei allgemeinen (z. B. konvexen bzw. monotonen) Verlustfunktionen werden z. B. in de Groot/Rao, M. M. [1], [N1] und in Britney/

WINKLER [1] geführt; diese lassen sich in entsprechender Weise für das Regressionsproblem modifizieren.

16. Erörterungen des Schätzproblems für den Fall, daß die a-priori-Verteilung nur unvollständig spezifiziert werden kann (z. B. nur gewisse Momente, s. 4.5.2) findet man z. B. bei WIND [1], SHULMAN [1], SOLOMON [1], WATSON [1] und GOLDSTEIN [1].
17. Für den Fall, daß die a-priori-Verteilung unvollständig bzw. nicht bekannt ist, bietet sich auch ein empirisch-bayessches Schätzverfahren an. In BUNKE, H./GLADITZ [1] werden für die BAYES-Schätzung $\hat{\boldsymbol{\vartheta}}^{(0)}$ von (4.3.7) Schätzungen für die a-priori-Momente $\boldsymbol{\mu}$ und Λ konstruiert. Die genannte Arbeit und BUNKE, O. [4] geben einen Überblick über die Theorie der empirisch-bayesschen Schätzungen.
18. Von HARTIGAN [2] wurden unter Benutzung des Konzepts der sog. linearen Erwartung Schätzfunktionen entwickelt, die nur auf die ersten und zweiten Momente der a-priori- und der Fehlerverteilung zurückgreifen. Im Spezialfall der Normalverteilung ergeben sich daraus die in 4.3.2. und 4.3.3. abgeleiteten BAYES-Schätzungen $\hat{\boldsymbol{\vartheta}}^{(0)}$ und $\hat{\boldsymbol{\vartheta}}^*$. Weitere Ansätze zur Behandlung des Problems der Robustheit von Schätzungen gegenüber Fehlerverteilungen vom bayesschen Standpunkt bieten die Arbeiten von BIRNBAUM/LASKA [1] und, besonders gegenüber Abweichungen von der Normalverteilung, von BOX/TIAO [1].
19. In NÄTHER/PILZ [1] wird unter gewissen Bedingungen an die Norm von $\Lambda^{-1}(\boldsymbol{F}'\boldsymbol{F})^{-1}$ eine Reihendarstellung für die BAYES-Schätzung $\hat{\boldsymbol{\psi}}^* = \boldsymbol{A}\hat{\boldsymbol{\vartheta}}^*$ (s. (7.1.9)) angegeben. Diese Darstellung kann zur Approximation von $\hat{\boldsymbol{\psi}}^*$ ausgehend von der MKQ-Schätzung $\check{\boldsymbol{\psi}} = \boldsymbol{A}\check{\boldsymbol{\vartheta}}$ für $\boldsymbol{\psi} = \boldsymbol{A}\boldsymbol{\vartheta}$ benutzt werden.
20. Über die in 4.6. angegebene Literatur hinaus findet man Untersuchungen zur a-posteriori-Verteilung bez. nichtinformativen a-priori-Verteilungen z. B. auch in LINDLEY [3], STEIN [4] und GEISSER/CORNFIELD [1]. In der letztgenannten Arbeit wird der Fall normalverteilter Beobachtungen mit unbekannter Kovarianzmatrix betrachtet.
21. Bayessche Schätzungen bez. n. i. a. V. werden weiter in SACKS [1], FARRELL [1] und Vorhersagen in ZELLNER/CHETTY [1] betrachtet. In dieser Arbeit sowie in TIAO/ZELLNER [2], ZELLNER [2] und BOX/TIAO [2] werden bayessche Schätzungen bez. n. i. a. V. für das multivariate Regressionsmodell abgeleitet.
22. In IBRAGIMOV/HAS'MINSKIJ [1], [2], [3], [4] und STRASSER [1] wird gezeigt, daß im asymptotischen Falle ($n \to \infty$) die BAYES-Schätzung mit der ML-Schätzung zusammenfällt.
23. Mit Hilfe der Ergebnisse in RAO [N2] kann man Klassen von a-priori-Verteilungen charakterisieren, für die die Schätzungen $\hat{\boldsymbol{\vartheta}}^{(0)}$ aus (4.3.7) bzw. $\hat{\boldsymbol{\vartheta}}^*$ aus (4.3.10) bayessch in $G_1^{(0)}$ bzw. G_1 sind.

5. OPTIMALE VERSUCHSPLANUNG FÜR DIE MKQ-SCHÄTZUNG

Dieses Kapitel behandelt das Versuchsplanungsproblem für die MKQ-Schätzung bei wahrem linearen Regressionsansatz. Dafür existiert eine vor allem durch Arbeiten von KIEFER (s. KIEFER [3], [5]) gut entwickelte mathematische Theorie. Es ist weit verbreitet, unter optimaler Versuchsplanung im linearen Regressionsmodell ausschließlich die Versuchsplanung für die MKQ-Schätzung zu verstehen (s. FEDOROV [6]). Unter diesem Aspekt ist dieses Kapitel im gesamten Buch von zentraler Bedeutung.

Aus unserer Sicht erweist sich die optimale Versuchsplanung für die MKQ-Schätzung bei wahrem linearen Regressionsansatz als konsequente Fortsetzung der in Kapitel 3 begonnenen Untersuchungen: Es ist das Teilproblem $G_2^{(\boldsymbol{\psi})}$ von $G^{(\boldsymbol{\psi})}$ unter der Voraussetzung zu lösen, daß die MKQ-Schätzung in $G_1^{(\boldsymbol{\psi})}$ optimal ist (s. (3.1.1), (3.1.4) und (3.1.5)).

In den Abschnitten 5.1 bis 5.5 wird zunächst ausführlich die Versuchsplanung unter der Voraussetzung eines KLR behandelt. In Abschnitt 5.6 wird vom KLR abgegangen und die Versuchsplanung für die MKQ-Schätzung einer schätzbaren Funktion $\boldsymbol{\psi} = \boldsymbol{A\vartheta}$ untersucht. Spezielle Nebenbedingungen bei der Versuchsplanung werden in Abschnitt 5.8 dargestellt.

Für das gesamte Kapitel ist der Äquivalenzsatz von WHITTLE (s. Satz 2.2.2) von grundlegender Bedeutung.

Probleme, die bei der Konstruktion von optimalen Plänen wichtig sind, werden in Kapitel 6 behandelt.

Im Kapitel 5 gelten die Vor. 2.3.7 (wahrer Regressionsansatz), Vor. 2.3.8 (linearer Regressionsansatz), Vor. 2.3.9 (Existenz der Kovarianzmatrix), Vor. 3.1.1 (Trennbarkeit von $G^{(\boldsymbol{\psi})}$), Vor. 3.1.2 ($V^{(0)}$ und H garantieren Schätzbarkeit von $\boldsymbol{\psi} = \boldsymbol{A\vartheta}$) und Vor. 3.1.3 (Struktur der Verlustfunktion).

5.1. Erweiterung des Versuchsplanungsproblems und Informationsmatrix

Zunächst wird die Problemstellung dieses Abschnittes formuliert und das zu behandelnde Versuchsplanungsproblem entsprechend der Vorgehensweise in Abschnitt 2.2.2 erweitert (Abschnitt 5.1.1). Abschnitt 5.1.2 behandelt die Informationsmatrix und ihre Eigenschaften.

5.1.1. Aufgabenstellung und Erweiterung des Versuchsplanungsproblems

Der Ausgangspunkt ist wie in Kapitel 3 das Schätz- und Planungsproblem zur Schätzung von $\boldsymbol{\psi}(\boldsymbol{x}, \boldsymbol{\vartheta}) = \boldsymbol{A}(\boldsymbol{x})\, \boldsymbol{\vartheta}$; $\boldsymbol{x} \in H$, $\boldsymbol{\vartheta} \in \Theta \subseteq \mathrm{R}^r$, $\boldsymbol{A}(\boldsymbol{x}) \in \mathcal{M}^{(s)}_{s \times r}$; bei gegebenem wahren und linearen Regressionsansatz $\tilde{S}$ mit

$$\tilde{\eta}(\boldsymbol{x}, \boldsymbol{\vartheta}) = \boldsymbol{f}(\boldsymbol{x})'\, \boldsymbol{\vartheta},\ \boldsymbol{x} \in B \subseteq \mathrm{R}^k, \qquad \boldsymbol{f}(\cdot) \in (\mathrm{R}^r)^B, \qquad \boldsymbol{\vartheta} \in \Theta = \mathrm{R}^r, \tag{5.1.1}$$

d. h. das statistische Entscheidungsproblem

$$G^{(\boldsymbol{\psi})} = [\Theta \times K \times H,\ U^{(\boldsymbol{\psi})},\ R^{(\boldsymbol{\psi})}] \tag{5.1.2}$$

(s. (2.3.39), (3.1.1)). Es gelte

Vor. 5.1.1: Für jedes $V_n \in V^{(0)}$ liege ein KLR $(\mathfrak{Y}, \boldsymbol{F}\boldsymbol{\vartheta}, \sigma^2 \boldsymbol{I}_n)$ vor •

Man beachte den Unterschied zu Vor. 3.2.1, wo lediglich für ein (für das Teilproblem $G_1^{(\boldsymbol{\psi})}$) gegebenes $V_n \in V^{(0)}$ ein KLR verlangt wird. Unter Vor. 5.1.1 ist $\boldsymbol{\vartheta}$ stets schätzbar. Wir wollen zunächst auch nur $\boldsymbol{\vartheta}$ schätzen.

Vor. 5.1.2: $\forall \boldsymbol{x} \in H : \boldsymbol{A}(\boldsymbol{x}) = \boldsymbol{I}_r$ •

Unter dieser Voraussetzung schreiben wir für (5.1.2) einfach $G = [\Theta \times K \times H,\ U,\ R]$. Aus Vor. 5.1.1 ergibt sich

$$V^{(0)} \subseteq \left\{V_n \in \bigcup_{i \in \mathrm{N}} V^i : \det\left(\boldsymbol{F}(V_n)'\, \boldsymbol{F}(V_n)\right) > 0\right\} =: V_{\mathrm{reg}}\,. \tag{5.1.3}$$

Ein Element V_n aus V_{reg} heißt *regulärer konkreter Versuchsplan.* Wir setzen weiter voraus, daß das auf Grund der Trennbarkeit (Vor. 3.1.1) abgespaltene Problem $G_1 = [\Theta \times K,\ D(V_n),\ R_1]$ durch die MKQ-Schätzung $\check{\boldsymbol{\vartheta}}$ aus (3.2.39) gelöst wird.

Vor. 5.1.3: Für jedes $(\boldsymbol{x}, V_n) \in H \times V^{(0)}$ sei die MKQ-Schätzung $\check{\boldsymbol{\vartheta}}$ in $G_1 = [\Theta \times K,$ $D(V_n),\ R_1]$ eine Q_1-optimale Strategie •

Die Operatoren Q_1, für die $\check{\boldsymbol{\vartheta}}$ diese Voraussetzung erfüllt, sind aus Kapitel 3, z. B. insbesondere aus Tabelle 3.3.1 zu entnehmen. Als Aufgabenstellung für den Abschnitt 5.1 ergibt sich unter diesen Voraussetzungen die Untersuchung des Entscheidungsproblems

$$G_2 = [H,\ V^{(0)},\ R_2]$$

$$\forall \boldsymbol{x} \in H\ \forall V_n \in V^{(0)}:\ R_2(\boldsymbol{x};\ V_n) = Q_1 R(\cdot, \cdot, \boldsymbol{x};\ \check{\boldsymbol{\vartheta}}(\cdot, V_n),\ V_n)\,, \tag{5.1.4}$$

insbesondere die Bestimmung eines Q_2-optimalen Versuchsplanes V_n^*; $Q_2 \mid (\mathrm{R}^1)^{H \times V^{(0)}} \to (\mathrm{R}^1)^{V^{(0)}}$; d. h. die Lösung der Aufgabe

$$R_Q(V_n) := QR(\cdot, \cdot, \cdot;\ \check{\boldsymbol{\vartheta}}(\cdot, V_n),\ V_n) \overset{!}{=} \inf_{V_n \in V^{(0)}}\ ; \qquad Q = Q_2 \circ Q_1\,. \tag{5.1.5}$$

Wegen der vorausgesetzten Trennbarkeit ist damit $(\check{\boldsymbol{\vartheta}}(\cdot, V_n^*),\ V_n^*)$ eine Q-optimale Lösung des Gesamtproblems $G = [\Theta \times K \times H,\ U,\ R]$. Zur weiteren Konkretisierung der Aufgabenstellung setzen wir voraus, daß dem Gesamtproblem G eine spezielle quadratische Verlustfunktion zugrunde liegt (vgl. auch (3.1.15)).

Vor. 5.1.4: $\forall \boldsymbol{x} \in H\ \forall V_n \in V^{(0)}\ \exists \boldsymbol{U}(\boldsymbol{x}, V_n) \in \mathcal{M}_r^{\geq}\ \forall \boldsymbol{\vartheta} \in \Theta\ \forall \hat{\boldsymbol{\vartheta}} \in D(V_n)\ \forall \boldsymbol{y} \in C(V_n)$:

$$L(\boldsymbol{\vartheta}, \boldsymbol{x};\ \hat{\boldsymbol{\vartheta}}(\boldsymbol{y}, V_n),\ V_n) = \frac{1}{\sigma^2}\, a(n)\, \|\boldsymbol{\vartheta} - \hat{\boldsymbol{\vartheta}}(\boldsymbol{y}, V_n)\|^2_{\boldsymbol{U}(\boldsymbol{x}, V_n)}\ \bullet$$

Unter dieser Voraussetzung erweist sich die MKQ-Schätzung bei geeigneten Forderungen an die Fehlerverteilung als Q_1-optimal in G_1 (s. Abschnitt 3.3.7). Insofern korrespondiert Vor. 5.1.4 mit Vor. 5.1.3. Unter den bisherigen Voraussetzungen erhält man für das Risiko im Versuchsplanungsproblem G_2 aus (5.1.4) (s. auch (3.3.54))

$$\forall \boldsymbol{x} \in H \ \forall V_n \in V^{(0)}: R_2(\boldsymbol{x}, V_n) = a(n) \operatorname{sp} \boldsymbol{U}(\boldsymbol{x}, V_n) \left(\boldsymbol{F}(V_n)' \boldsymbol{F}(V_n)\right)^{-1}. \tag{5.1.6}$$

Es seien $V_n \in V^{(0)}$ und $V_n = (\boldsymbol{x}_1, \dots, \boldsymbol{x}_n)$. Die Matrix

$$\overline{\boldsymbol{M}}(V_n) := \frac{1}{n} \boldsymbol{F}(V_n)' \boldsymbol{F}(V_n) = \frac{1}{n} \sum_{i=1}^{n} \boldsymbol{f}(\boldsymbol{x}_i) \boldsymbol{f}(\boldsymbol{x}_i)' \tag{5.1.7}$$

wird in der Theorie der optimalen Versuchsplanung als *Informationsmatrix zum konkreten Versuchsplan* V_n bezeichnet. Im Falle normalverteilter Beobachtungen stimmt sie bis auf einen Faktor mit der FISHERschen Informationsmatrix überein. Mit (5.1.6) und (5.1.7) ist der Anschluß an den üblichen Ausgangspunkt der optimalen Versuchsplanung im linearen Regressionsmodell gefunden (s. KIEFER [3], FEDOROV [6]).

Vor. 5.1.5: a) $\forall \boldsymbol{x} \in H \ \exists \tilde{\boldsymbol{U}}(\boldsymbol{x}, \cdot) \mid \mathcal{M}_r^{\geqq} \to \mathcal{M}_r^{\geqq} \ \forall V_n \in V^{(0)}: \boldsymbol{U}(\boldsymbol{x}, V_n) = \tilde{\boldsymbol{U}}(\boldsymbol{x}, \overline{\boldsymbol{M}}(V_n))$

b) $\forall n \in \mathbb{N}: a(n) = n$ •

Unter den Voraussetzungen 5.1.4 und 5.1.5 geht das Risiko (5.1.6) in

$$\forall \boldsymbol{x} \in H \ \forall V_n \in V^{(0)}: R_2(\boldsymbol{x}, V_n) = \operatorname{sp} \tilde{\boldsymbol{U}}(\boldsymbol{x}, \overline{\boldsymbol{M}}(V_n)) \overline{\boldsymbol{M}}(V_n)^{-1} \tag{5.1.8}$$

und die Aufgabe (5.1.5) in

$$R_Q(V_n) = Q_2 \operatorname{sp} \tilde{\boldsymbol{U}}(\cdot, \overline{\boldsymbol{M}}(V_n)) \overline{\boldsymbol{M}}(V_n)^{-1} \overset{!}{=} \inf_{V_n \in V^{(0)}} \tag{5.1.9}$$

über. Vor. 5.1.5 bewirkt, daß das Risiko nur über $\boldsymbol{M}(V_n)$ vom Versuchsplan abhängt. Damit hat es gerade solche Invarianzeigenschaften bez. der Gruppe Π aller Permutationen der Komponenten eines $V_n \in V^{(0)}$, daß eine Erweiterung des Versuchsplanungsproblems im Sinne von Abschnitt 2.2.2 möglich ist.

Bemerkung 5.1.1: Es kann praktisch sinnvoll sein, das Risiko auch explizit vom Stichprobenumfang n abhängen zu lassen, also z. B. $a(n) = 1$ zu wählen. Für $a(n) \neq n$ stimmt dann das Originalrisiko nicht mit (5.1.8) überein. Die Lösungen von (5.1.9) lassen sich jedoch auch für das Risiko (5.1.6) interpretieren (s. Abschnitt 6.4.1).

Lemma 5.1.1: Das Entscheidungsproblem $[H, V^{(0)}, R_2]$ mit R_2 aus (5.1.8) ist invariant unter Π (s. (2.2.15)) •

Der Beweis ergibt sich unter Beachtung von Def. 2.2.5 aus der Invarianz von $\overline{\boldsymbol{M}}(V_n)$ bez. Permutation der Komponenten von $V_n \in V^{(0)}$.

Es seien $V_n = (\boldsymbol{x}_1, \dots, \boldsymbol{x}_n) \in V^{(0)}$, $S(V_n) = \{\boldsymbol{x}_{i_1}, \dots, \boldsymbol{x}_{i_m}\}$ und n_{i_j} die Anzahl der Komponenten von V_n, die mit $\boldsymbol{x}_{i_j}$ übereinstimmen; $i_j \in \{1, \dots, n\}$, $j = 1, \dots, m \leqq n$. Es bezeichne weiter $[V_n]$ die Menge aller Versuchspläne, die sich nur durch Permutation der Komponenten von V_n unterscheiden, und $V_{[\,]}^{(n)} := \{[V_n]: V_n \in V^{(n)}\}$. Mit Ξ werde die Menge aller Wahrscheinlichkeitsmaße über $[V, \mathcal{B}_V]$ bezeichnet, wobei $\mathcal{B}_V$ auch alle einelementigen Teilmengen von V enthalte. Dann kann in gleicher Weise wie in (2.2.20) durch eine Abbildung $h_n \mid V_{[\,]}^{(n)} \to \Xi$ jedes $V_n' \in [V_n] \subset V_{[\,]}^{(n)}$ mit einem

$\xi_n := h_n([V_n])$ identifiziert werden, das durch

$$\operatorname{supp} \xi_n = S(V_n) \wedge \forall j \in \{1, \dots, m\} \; \forall \boldsymbol{x}_{ij} \in S(V_n): \xi_n(\{\boldsymbol{x}_{ij}\}) = n_{ij}/n \qquad (5.1.10)$$

gegeben ist, d. h., man identifiziert $V^{(n)}$ mit dem Bild $h_n(V^{(n)}_{[\,]}) =: \Xi^{(n)}$ von $V^{(n)}_{[\,]}$ bei h_n.

Entsprechend kann $\Xi^{(0)} := \{\xi \in \Xi : \exists n \in \mathsf{N} \; \forall V_n \in V^{(0)} : \xi = h_n([V_n])\}$ mit $V^{(0)}$ und $\bigcup_{i \in \mathsf{N}} \Xi^{(i)}$ mit $\bigcup_{i \in \mathsf{N}} V^{(i)}$ identifiziert werden. Wie in (2.2.21) sei $\psi \mid \Xi^{(0)} \to \mathrm{R}^1$ ein Funktional mit der Eigenschaft

$$\forall V_n \in V^{(0)} \; \forall V_n' \in [V_n] \; \forall \xi_n \in \Xi^{(0)} : \xi_n = h_n([V_n])$$

$$\Rightarrow \psi(\xi_n) = Q_2 \operatorname{sp} \tilde{\boldsymbol{U}}(\cdot, \overline{\boldsymbol{M}}(V_n)) \, \overline{\boldsymbol{M}}(V_n)^{-1} = R_Q(V_n)\,. \qquad (5.1.11)$$

Ebenso kann man durch $\boldsymbol{M} \mid \Xi^{(0)} \to \mathcal{M}_r^{\geq}$ mit

$$\forall V_n \in V^{(0)} \; \forall V_n' \in [V_n] \; \forall \xi_n \in \Xi^{(0)} : \xi_n = h_n([V_n]) \Rightarrow \boldsymbol{M}(\xi_n) = \overline{\boldsymbol{M}}(V_n) \qquad (5.1.12)$$

die Informationsmatrix in Abhängigkeit von $\xi_n \in \Xi^{(0)}$ schreiben. Wegen (5.1.7) ergibt sich für den diskreten Plan $\xi_n = \left\{\left(\boldsymbol{x}_i, \frac{n_i}{n}\right)\right\}_{i=1}^{m} \in \Xi^{(0)}$ die Darstellung

$$\boldsymbol{M}(\xi_n) = \frac{1}{n} \sum_{i=1}^{m} n_i \boldsymbol{f}(\boldsymbol{x}_i) \, \boldsymbol{f}(\boldsymbol{x}_i)'\,, \qquad (5.1.13)$$

die unter Beachtung von (5.1.11) für $\psi \mid \Xi^{(0)} \to \mathrm{R}^1$ die Darstellung

$$\forall \xi_n \in \Xi^{(0)} : \psi(\xi_n) = Q_2 \operatorname{sp} \tilde{\boldsymbol{U}}(\cdot, \boldsymbol{M}(\xi_n)) \, \boldsymbol{M}(\xi_n)^{-1} \qquad (5.1.14)$$

liefert. Damit kann die Aufgabe (5.1.9) in das äquivalente Problem

$$Q_2 \operatorname{sp} \tilde{\boldsymbol{U}}(\cdot, \boldsymbol{M}(\xi_n)) \, \boldsymbol{M}(\xi_n)^{-1} \overset{!}{=} \inf_{\xi_n \in \Xi^{(0)}} \qquad (5.1.15)$$

überführt werden. Wir erweitern nun dieses Problem.

Es seien

$$\forall \xi \in \Xi : \boldsymbol{M}(\xi) := \int_V \boldsymbol{f}(\boldsymbol{x}) \, \boldsymbol{f}(\boldsymbol{x})' \, \mathrm{d}\xi(\boldsymbol{x}) \qquad (5.1.16)$$

und

$$\Xi_{\text{reg}} := \{\xi \in \Xi : \det \boldsymbol{M}(\xi) > 0\}\,. \qquad (5.1.17)$$

Dann ist das Funktional $\psi \mid \tilde{\Xi} \to \mathrm{R}^1$; $\tilde{\Xi} \subseteq \Xi_{\text{reg}}$; mit

$$\forall \xi \in \tilde{\Xi} : \psi(\xi) = Q_2 \operatorname{sp} \tilde{\boldsymbol{U}}(\cdot, \boldsymbol{M}(\xi)) \, \boldsymbol{M}(\xi)^{-1} \qquad (5.1.18)$$

eine Fortsetzung des Funktionals $\psi \mid \Xi^{(0)} \to \mathrm{R}^1$ aus (5.1.14) auf die Menge $\tilde{\Xi}$.

Anstelle der Aufgabe (5.1.15) wird nun das erweiterte Problem

$$\psi(\xi) = Q_2 \operatorname{sp} \tilde{\boldsymbol{U}}(\cdot, \boldsymbol{M}(\xi)) \, \boldsymbol{M}(\xi)^{-1} = \inf_{\xi \in \tilde{\Xi}} \qquad (5.1.19)$$

betrachtet. Die Aufgabe (5.1.19) heißt *erweitertes Versuchsplanungsproblem für die MKQ-Schätzung* im KLR. Die Matrix $\boldsymbol{M}(\xi)$ aus (5.1.16) wird *Informationsmatrix des stetigen Versuchsplanes* $\xi \in \Xi$ und jedes Element von Ξ_{reg} *regulärer stetiger Versuchsplan* genannt.

Wir hatten bereits in Abschnitt 2.2.2 bemerkt, daß die Fortsetzung des Funktionals $\psi \mid \Xi^{(0)} \to \mathrm{R}^1$ auf $\tilde{\Xi}$ mit $\Xi^{(0)} \subseteq \tilde{\Xi} \subseteq \Xi$ vorerst willkürlich erscheint. Wir geben jetzt Bedingungen an, unter denen speziell ψ aus (5.1.18) eine eindeutige Fortsetzung von ψ aus (5.1.14) ist. Da $\psi(\xi_n)$; $\xi_n \in \Xi^{(0)}$; nur über die Informationsmatrix $\boldsymbol{M}(\xi_n)$ von ξ_n abhängt, interessiert vorerst die Fortsetzung von $\boldsymbol{M} \mid \Xi^{(0)} \to \mathcal{M}_r^{\geqq}$ auf Ξ_1 mit $\Xi^{(0)} \subseteq \Xi_1 \subseteq \Xi$.

Auf Ξ sei eine Semimetrik s gegeben durch

$$\forall (\xi, \eta) \in \Xi \times \Xi : s(\xi, \eta) = \left[\sum_{i,j=1}^{r} \left(\int_V f_i(\boldsymbol{x}) f_j(\boldsymbol{x}) \, \mathrm{d}\xi(\boldsymbol{x}) - \int_V f_i(\boldsymbol{x}) f_j(\boldsymbol{x}) \, \mathrm{d}\eta(\boldsymbol{x}) \right)^2 \right]^{1/2} \quad (5.1.20)$$

(s. Def. 1.1.7).

Die Menge $\mathcal{M}_r^{\geqq}$ sei mit der durch die Quadratsummennorm erzeugten Metrik q versehen, d. h.

$$\forall \boldsymbol{A} = ((a_{ij}))_{r \times r} \in \mathcal{M}_r^{\geqq} \; \forall \boldsymbol{B} = ((b_{ij}))_{r \times r} \in \mathcal{M}_r^{\geqq} : q(\boldsymbol{A}, \boldsymbol{B}) = \left[\sum_{i,j=1}^{r} (a_{ij} - b_{ij})^2 \right]^{1/2} \quad (5.1.21)$$

Es sei $\Xi^{(0)} \subseteq \Xi_1 \subseteq \Xi$. Wir beweisen zunächst, daß $\boldsymbol{M} \mid \Xi_1 \to \mathcal{M}_r^{\geqq}$ mit

$$\forall \xi \in \Xi^{(1)} : \boldsymbol{M}(\xi) = \int_V \boldsymbol{f}(\boldsymbol{x}) \boldsymbol{f}(\boldsymbol{x})' \, \mathrm{d}\xi(\boldsymbol{x}) \quad (5.1.22)$$

eine stetige Fortsetzung von $\boldsymbol{M} \mid \Xi^{(0)} \to \mathcal{M}_r^{\geqq}$ aus (5.1.13) ist.

Lemma 5.1.2: Es seien $[\Xi, s]$ ein semimetrischer Raum mit s aus (5.1.20) und $[\mathcal{M}_r^{\geqq}, q]$ ein metrischer Raum mit q aus (5.1.21). Dann ist $\boldsymbol{M} \mid \Xi_1 \to \mathcal{M}_r^{\geqq}$ aus (5.1.22) eine stetige Fortsetzung von $\boldsymbol{M} \mid \Xi^{(0)} \to \mathcal{M}_r^{\geqq}$ aus (5.1.13) •

Der Beweis folgt sofort aus der Tatsache, daß

$$\forall (\xi_1, \xi_2) \in \Xi_1 \times \Xi_1 : q(\boldsymbol{M}(\xi_1), \boldsymbol{M}(\xi_2)) = s(\xi_1, \xi_2)$$

gilt, also aus $s(\xi_1, \xi_2) \leqq \delta$ stets $q(\boldsymbol{M}(\xi_1), \boldsymbol{M}(\xi_2)) \leqq \varepsilon = \delta$ folgt.

Wir interessieren uns nun dafür, unter welchen Bedingungen an Ξ_1 es eine einzige stetige Fortsetzung von $\boldsymbol{M}$ auf Ξ_1 gibt. Es sei $\Xi' \subseteq \Xi$. Durch

$$\Xi_a' := \left\{ \xi \in \Xi : \exists \{\xi_i\}_{i \in \mathsf{N}} \in (\Xi')^{\mathsf{N}} : \lim_{i \to \infty} s(\xi_i, \xi) = 0 \right\} \quad (5.1.23)$$

ist die abgeschlossene Hülle von Ξ' definiert. Die Menge Ξ' heißt *dicht* in $\Xi'' \subseteq \Xi$, wenn $\Xi'' \subseteq \Xi_a'$ gilt.

Satz 5.1.1: Es seien $[\Xi, s]$ ein semimetrischer Raum mit s aus (5.1.20) und $[\mathcal{M}_r^{\geqq}, q]$ ein metrischer Raum mit q aus (5.1.21). Die Menge $\Xi^{(0)}$ liege dicht in $\Xi_1 \subseteq \Xi$. Dann ist $\boldsymbol{M} \mid \Xi_1 \to \mathcal{M}_r^{\geqq}$ aus (5.1.22) die einzige stetige Fortsetzung von $\boldsymbol{M} \mid \Xi^{(0)} \to \mathcal{M}_r^{\geqq}$ auf Ξ_1 aus (5.1.13) •

Beweis: Es sei $\xi \in \Xi_1$. Wegen $\Xi_1 \subseteq \Xi_a^{(0)}$ existiert eine Folge $\{\xi_i\}_{i \in \mathsf{N}}$ von Elementen aus $\Xi^{(0)}$ mit $\lim_{i \to \infty} s(\xi_i, \xi) = 0$. Es sei $\tilde{\boldsymbol{M}} \mid \Xi_1 \to \mathcal{M}_r^{\geqq}$ eine weitere stetige Fortsetzung von $\boldsymbol{M}$ aus (5.1.13). Dann gilt auf Grund der Stetigkeit

$$\lim_{i \to \infty} q(\boldsymbol{M}(\xi_i), \boldsymbol{M}(\xi)) = 0; \qquad \lim_{i \to \infty} q(\tilde{\boldsymbol{M}}(\xi_i), \tilde{\boldsymbol{M}}(\xi)) = 0 \,. \quad (5.1.24)$$

Da $\boldsymbol{M}$ und $\tilde{\boldsymbol{M}}$ Fortsetzungen sind, stimmen sie auf $\Xi^{(0)}$ überein, d. h. $\forall i \in \mathsf{N} : \boldsymbol{M}(\xi_i) = \tilde{\boldsymbol{M}}(\xi_i)$. Aus der Dreiecksungleichung

$$\forall i \in \mathsf{N} : q(\boldsymbol{M}(\xi), \tilde{\boldsymbol{M}}(\xi)) \leqq q(\boldsymbol{M}(\xi), \boldsymbol{M}(\xi_i)) + q(\tilde{\boldsymbol{M}}(\xi_i), \tilde{\boldsymbol{M}}(\xi))$$

erhält man unter Beachtung von (5.1.24), daß $\boldsymbol{M}(\xi) = \tilde{\boldsymbol{M}}(\xi)$ gilt.

Aus Satz 5.1.1 kann nun gefolgert werden, wann das Funktional $\psi \mid \Xi^{(0)} \to \mathrm{R}^1$ aus (5.1.14) eine eindeutige stetige Fortsetzung auf $\tilde{\Xi}$ besitzt. Mit der Abbildung $Z \mid \mathcal{M}_r^{>} \to \mathrm{R}^1$, die durch

$$\forall A \in \mathcal{M}_r^{>} : Z(A) = Q_2 \operatorname{sp} \tilde{U}(\cdot, A)\, A^{-1} \tag{5.1.25}$$

gegeben ist, kann ψ aus (5.1.14) geschrieben werden als

$$\forall \xi_n \in \Xi^{(0)} : \psi(\xi_n) = Z(M(\xi_n))\,. \tag{5.1.26}$$

Folgerung 5.1.1: Die Abbildung $M \mid \Xi_1 \to \mathcal{M}_r^{\geqq}$ aus (5.1.22) sei die einzige stetige Fortsetzung von $M \mid \Xi^{(0)} \to \mathcal{M}_r^{\geqq}$ aus (5.1.13). Es bezeichne $M(\Xi_1)$ das Bild von Ξ_1 bei M und $\tilde{\Xi} := M^{-1}(\mathcal{M}_r^{>} \cap M(\Xi_1))$ das Urbild von $\mathcal{M}_r^{>} \cap M(\Xi_1)$ bei M. Es sei Z aus (5.1.25) stetig bez. q aus (5.1.21). Dann ist $\psi \mid \tilde{\Xi} \to \mathrm{R}^1$ mit

$$\forall \xi \in \tilde{\Xi} : \psi(\xi) = Z(M(\xi))$$

die einzige stetige Fortsetzung von ψ aus (5.1.26) auf $\tilde{\Xi}$ •

Beweis: Es ist $\tilde{\Xi} \subseteq \Xi_1$. Daher gibt es auch nur eine einzige stetige Fortsetzung von M aus (5.1.13) auf $\tilde{\Xi}$. Das Bild von $\tilde{\Xi}$ bei M, d. h. die Menge $\mathcal{M}_r^{>} \cap M(\Xi_1)$ liegt im Definitionsbereich von Z. Da Z als stetig vorausgesetzt war, ist $\psi(\xi) = Z(M(\xi))$; $\xi \in \tilde{\Xi}$; die einzige stetige Fortsetzung von ψ aus (5.1.26) auf $\tilde{\Xi}$.

Wir geben jetzt spezielle Mengen $\Xi^{(0)}$, Ξ_1 und $\tilde{\Xi}$ an, die auf eindeutige stetige Fortsetzungen von ψ bzw. M führen. Gemäß Satz 5.1.1 ist dazu zu zeigen, daß $\Xi^{(0)}$ in Ξ_1 dicht liegt. Es bezeichne $\Xi^{(\infty)} := \bigcup_{i \in \mathrm{N}} \Xi^i$.

Lemma 5.1.3: Es sei $\Xi^{(0)} = \bigcup_{i \in \mathrm{N}} \Xi^i$ und $\Xi_1 = \Xi$. Dann liegt $\Xi^{(0)}$ dicht in Ξ_1 bez. der Semimetrik s aus (5.1.21) •

Der Beweis wird erbracht, indem man zu beliebigem $\xi \in \Xi$ eine Folge $\{\xi_i\}_{i \in \mathrm{N}}$ konkreter Versuchsplanmaße mit $\lim_{i \to \infty} s(\xi_i, \xi) = 0$ konstruiert.

Aus Lemma 5.1.3 erhält man mit Satz 5.1.1

Folgerung 5.1.2: Die Abbildung $M \mid \Xi \to \mathcal{M}_r^{\geqq}$ aus (5.1.16) ist die einzige stetige Fortsetzung von $M \mid \Xi^{(\infty)} \to \mathcal{M}_r^{\geqq}$ aus (5.1.13) •

Lemma 5.1.3 wird jetzt benutzt, um auch die Dichtheit gewisser Teilmengen $\Xi^{(0)}$ von $\Xi^{(\infty)}$ in $\Xi_1 \subseteq \Xi$ zu zeigen.

Lemma 5.1.4: Es sei $g \mid \Xi \to \mathrm{R}^1$ stetig. Es sei weiter $g_0 \in \mathrm{R}^1$. Dann liegt die Menge $\Xi^{(0)} := \{\xi_n \in \Xi^{(\infty)} : g(\xi_n) < g_0\}$ dicht in der Menge $\Xi_1 := \{\xi \in \Xi : g(\xi) < g_0\}$ bez. q aus (5.1.21) •

Beweis: Es sei $\xi \in \Xi_1$. Dann existiert nach Lemma 5.1.3 eine Folge $\{\xi_i\}_{i \in \mathrm{N}}$ von Elementen aus $\Xi^{(\infty)}$ mit $\lim_{i \to \infty} s(\xi_i, \xi) = 0$. Wegen der Stetigkeit von g ergibt sich

$$q > g(\xi) = \lim_{i \to \infty} g(\xi_i)\,,$$

woraus folgt

$$\exists i_0 \in \mathrm{N}\ \forall i > i_0 : g(\xi_i) < g_0\,.$$

Damit existiert mit $\{\xi_{j+i_0}\}_{j \in \mathrm{N}}$ eine Folge von Elementen aus $\Xi^{(0)}$, die im Sinne der Seminorm s gegen ξ konvergiert. Also liegt $\Xi^{(0)}$ dicht in Ξ_1.

Die folgende Aussage gibt einen für das Weitere wichtigen Fall an, in dem das Funktional $\psi \mid \tilde{\Xi} \to \mathrm{R}^1$ die eindeutig bestimmte stetige Fortsetzung des Funktionals $\psi \mid \Xi^{(0)} \to \mathrm{R}^1$ ist.

Satz 5.1.2: Es seien $[\Xi, s]$ ein semimetrischer Raum mit s aus (5.1.20) und $Z \mid \mathcal{M}_r^{>} \to \mathrm{R}^1$ aus (5.1.25) stetig bez. q aus (5.1.21). Es sei weiter $\Xi^{(0)} = \{\xi_n \in \Xi^{(\infty)} : \det \boldsymbol{M}(\xi_n) > 0\} =: \Xi^{(0)}_{\text{reg}}$ und $\tilde{\Xi} = \{\xi \in \Xi : \det \boldsymbol{M}(\xi) > 0\} = \Xi_{\text{reg}}$. Dann ist das Funktional ψ aus (5.1.18) die einzige stetige Fortsetzung des Funktionals ψ aus (5.1.14) •

Beweis: Da $g \mid \Xi \to \mathrm{R}^1$ mit $g(\cdot) = \det \boldsymbol{M}(\cdot)$ stetig bez. q aus (5.1.21) ist, folgt aus Lemma 5.1.4, daß $\Xi^{(0)}_{\text{reg}}$ in Ξ_{reg} dicht liegt. Aus Satz 5.1.1 ergibt sich daher, daß $\boldsymbol{M} \mid \Xi_{\text{reg}} \to \mathcal{M}_r^{\geqq}$ die einzige stetige Fortsetzung von $\boldsymbol{M} \mid \Xi^{(0)}_{\text{reg}} \to \mathcal{M}_r^{\geqq}$ ist. Wegen $\boldsymbol{M}(\Xi_{\text{reg}}) \subseteq \mathcal{M}_r^{>}$ erhält man aus Folgerung 5.1.1, daß $\psi \mid \Xi_{\text{reg}} \to \mathrm{R}^1$ mit

$$\forall \xi \in \Xi_{\text{reg}} : \psi(\xi) = Z(\boldsymbol{M}(\xi))$$

die einzige stetige Fortsetzung von $\psi \mid \Xi^{(0)}_{\text{reg}} \to \mathrm{R}^1$ ist.

5.1.2. Eigenschaften der Informationsmatrizen

In den Abschnitten 5.2. bis 5.5 soll das erweiterte Versuchsplanungsproblem aus (5.1.19), d. h.

$$\psi(\xi) = Q_2 \operatorname{sp} \tilde{\boldsymbol{U}}(\cdot, \boldsymbol{M}(\xi))\, \boldsymbol{M}(\xi)^{-1} \overset{!}{=} \inf_{\xi \in \tilde{\Xi}}$$

behandelt werden. Da $\psi(\xi)$ nur über die Informationsmatrix $\boldsymbol{M}(\xi)$ von $\xi \in \tilde{\Xi}$ abhängt, werden wir im vorliegenden Abschnitt zunächst Eigenschaften von $\boldsymbol{M}(\xi)$ untersuchen.

Wir verwenden für Informationsmatrizen bzw. ihre Inversen oft die Bezeichnung

$$\forall \xi \in \Xi : \boldsymbol{M}(\xi) = ((m_{ij}(\xi)))_{r \times r},$$
$$\forall \xi \in \Xi_{\text{reg}} : \boldsymbol{M}(\xi)^{-1} = ((m^{ij}(\xi)))_{r \times r}.$$

In den folgenden Lemmata werden algebraische und analytische Eigenschaften der Informationsmatrix $\boldsymbol{M}(\xi)$ angegeben.

Lemma 5.1.5: Es gilt $\forall \xi \in \Xi : \boldsymbol{M}(\xi) \in \mathcal{M}_r^{\geqq}$ •

Beweis: Die Symmetrie von $\boldsymbol{M}(\xi)$ folgt für jedes $\xi \in \Xi$ aus

$$m_{ij}(\xi) = \int_V f_i(\boldsymbol{x}) f_j(\boldsymbol{x})\, \mathrm{d}\xi(\boldsymbol{x}) = m_{ji}(\xi); \quad i = 1, \dots, r; j = 1, \dots, r.$$

Somit ist $\boldsymbol{M}(\xi)$ wegen

$$\forall \xi \in \Xi\ \forall \boldsymbol{u} \in \mathrm{R}^r : \boldsymbol{u}'\boldsymbol{M}(\xi)\, \boldsymbol{u} = \int_V (\boldsymbol{u}'\boldsymbol{f}(\boldsymbol{x}))^2\, \mathrm{d}\xi(\boldsymbol{x}) \geqq 0$$

für jedes $\xi \in \Xi$ positiv semidefinit.

Das folgende Lemma zeigt, daß ein regulärer Versuchsplan mindestens r Punkte im Spektrum haben muß.

Lemma 5.1.6: Es gelten

1. $\forall \xi \in \Xi : \operatorname{card} S(\xi) < r \Rightarrow \operatorname{Rg} \boldsymbol{M}(\xi) < r$,
2. $\forall \xi \in \Xi : \operatorname{Rg} \boldsymbol{M}(\xi) = r \Leftrightarrow \boldsymbol{M}(\xi) \in \mathcal{M}_r^{>}$ •

Beweis: Zu 1: Sei $S(\xi) = \{\boldsymbol{x}_i \in V\colon\ i = 1, \dots, m \wedge m < r\}$; $\xi \in \Xi$; und $\mathscr{L}[\{\boldsymbol{f}(\boldsymbol{x}_1), \dots, \boldsymbol{f}(\boldsymbol{x}_m)\}]$ der von $\boldsymbol{f}(\boldsymbol{x}_1), \dots, \boldsymbol{f}(\boldsymbol{x}_m)$ aufgespannte lineare Unterraum des R^r. Da $\dim \mathscr{L}[\{\boldsymbol{f}(\boldsymbol{x}_1), \dots, \boldsymbol{f}(\boldsymbol{x}_m)\}] < r$ ist, gilt

$$\exists \boldsymbol{c} \in \mathrm{R}^r\colon \boldsymbol{c} \neq \boldsymbol{0} \wedge \forall i \in \{1, \dots, m\}\colon \boldsymbol{f}(\boldsymbol{x}_i)'\,\boldsymbol{c} = 0\,.$$

Damit folgt

$$\boldsymbol{M}(\xi)\,\boldsymbol{c} = \sum_{i=1}^{m} \xi(\{\boldsymbol{x}_i\})\,\boldsymbol{f}(\boldsymbol{x}_i)\,\boldsymbol{f}(\boldsymbol{x}_i)'\,\boldsymbol{c} = 0\,,$$

d. h., die Spalten von $\boldsymbol{M}(\xi)$ sind linear abhängig, und somit ist $\operatorname{Rg} \boldsymbol{M}(\xi) < r$.

Zu 2: Teil 2 der Behauptung ergibt sich sofort aus der Tatsache

$$\forall \xi \in \Xi\colon \operatorname{Rg} \boldsymbol{M}(\xi) = r \wedge \boldsymbol{M}(\xi) \in \mathscr{M}_r^{\geqq} \Leftrightarrow \boldsymbol{M}(\xi) \in \mathscr{M}_r^{>}\,.$$

Lemma 5.1.7: Es sei $\tilde{\Xi} \subseteq \Xi$ konvex. Dann ist das Bild $\boldsymbol{M}(\tilde{\Xi})$ von $\tilde{\Xi}$ bei $\boldsymbol{M}$ konvex •

Beweis: Auf Grund der Konvexität von $\tilde{\Xi}$ gilt: $\forall (\xi, \xi') \in \tilde{\Xi} \times \tilde{\Xi}\ \forall \alpha \in [0, 1]$:

$$\tilde{\xi} := (1 - \alpha)\,\xi + \alpha\xi' \in \tilde{\Xi} \wedge$$
$$\wedge\ (1 - \alpha)\,\boldsymbol{M}(\xi) + \alpha\boldsymbol{M}(\xi') = \int_V \boldsymbol{f}(\boldsymbol{x})\,\boldsymbol{f}(\boldsymbol{x})'\,\mathrm{d}\tilde{\xi}(\boldsymbol{x}) = \boldsymbol{M}(\tilde{\xi}) \in \boldsymbol{M}(\tilde{\Xi})\,.$$

Folgerung 5.1.3: Die Mengen $\boldsymbol{M}(\Xi)$, $\boldsymbol{M}(\Xi_d)$ und $\boldsymbol{M}(\Xi_{\mathrm{reg}})$ sind konvex •

Beweis: Die Mengen Ξ und Ξ_d sind nach Lemma 2.2.1 konvex. Mit Lemma 5.1.7 folgt die Konvexität von $\boldsymbol{M}(\Xi)$ und $\boldsymbol{M}(\Xi_d)$. Es bleibt noch zu zeigen, daß Ξ_{reg} konvex ist. Für $\xi \in \Xi_{\mathrm{reg}}$ und $\xi' \in \Xi_{\mathrm{reg}}$ ist $\det \boldsymbol{M}(\xi) > 0$ und $\det \boldsymbol{M}(\xi') > 0$. Damit folgt für $\bar{\xi} := (1 - \alpha)\,\xi + \alpha\xi'$; $\alpha \in [0, 1]$; nach (1.A.28): $\det \boldsymbol{M}(\bar{\xi}) \geqq (\det \boldsymbol{M}(\xi))^{1-\alpha}\,(\det \boldsymbol{M}(\xi'))^{\alpha} > 0$. Folglich sind Ξ_{reg} und nach Lemma 5.1.7 auch $\boldsymbol{M}(\Xi_{\mathrm{reg}})$ konvex.

Jetzt wird eine wichtige Aussage vorbereitet, die es uns gestattet, in erweiterten Versuchsplanungsproblemen der Form (5.1.19) nur diskrete Versuchspläne zu betrachten.

Es seien $[\mathscr{M}_r^{\geqq}, q]$ und $[\mathrm{R}^m, q_m']$; $m \in \mathsf{N}$; metrische Räume mit den Metriken q aus (5.1.21) und q_m' gemäß

$$q_m'(\boldsymbol{x}, \boldsymbol{y}) = \left(\sum_{i=1}^{m} (x_i - y_i)^2\right)^{1/2} \tag{5.1.27}$$

mit $\boldsymbol{x} = (x_1, x_2, \dots, x_m)' \in \mathrm{R}^m$ und $\boldsymbol{y} = (y_1, y_2, \dots, y_m)' \in \mathrm{R}^m$.

Lemma 5.1.8: Seien $V \subset \mathrm{R}^k$ kompakt bez. q_k' und die Funktionen $f_i \mid V \to \mathrm{R}^1$; $i = 1, \dots, r$; stetig. Dann ist $\boldsymbol{M}(\Xi)$ kompakt bez. q •

Beweis: Die Abbildung $\tilde{\boldsymbol{M}} \mid V \to \mathscr{M}_r^{\geqq}$ sei durch

$$\forall \boldsymbol{x} \in V\colon \tilde{\boldsymbol{M}}(\boldsymbol{x}) = \boldsymbol{f}(\boldsymbol{x})\,\boldsymbol{f}(\boldsymbol{x})' = \big((f_i(\boldsymbol{x})\,f_j(\boldsymbol{x}))\big)_{r\times r}$$

definiert. Auf Grund der Stetigkeit von $f_i \mid V \to \mathrm{R}^1$; $i = 1, \dots, r$; bez. q_k' ist $\tilde{\boldsymbol{M}}$ stetig bez. q. Da V kompakt ist, ist auch das Bild $\tilde{\boldsymbol{M}}(V)$ von V kompakt bez. q.

Es ist $\boldsymbol{b} \mid \mathscr{M}_r^{\geqq} \to \mathrm{R}^{r^2}$ gemäß

$$\forall \boldsymbol{A} = ((a_{ij}))_{r\times r} \in \mathscr{M}_r^{\geqq}\colon \boldsymbol{b}(\boldsymbol{A}) = (a_{11}, a_{12}, \dots, a_{1r}, a_{21}, a_{22}, \dots, a_{2r}, \dots, a_{r1}, a_{r2}, \dots, a_{rr})' \tag{5.1.28}$$

eine eindeutige, bez. q_{r^2}' stetige Abbildung.

Folglich sind das Bild $\boldsymbol{b}(\tilde{\boldsymbol{M}}(V))$ von $\tilde{\boldsymbol{M}}(V)$ bei $\boldsymbol{b}$ und die konvexe Hülle $\mathscr{H}[\boldsymbol{b}(\tilde{\boldsymbol{M}}(V))]$ kompakt in R^{r^2} (vgl. Mangoldt/Knopp [1], Stoer/Witzgall [1], Abschnitt 1.1). Somit ist $\mathscr{H}[\boldsymbol{b}(\tilde{\boldsymbol{M}}(V))]$ abgeschlossen, und es gilt

$$\forall \xi \in \Xi\colon \boldsymbol{b}(\boldsymbol{M}(\xi)) = \left(\int_V f_1(\boldsymbol{x})\,f_1(\boldsymbol{x})\,\mathrm{d}\xi(\boldsymbol{x}), \dots, \int_V f_r(\boldsymbol{x})\,f_r(\boldsymbol{x})\,\mathrm{d}\xi(\boldsymbol{x})\right)' \in \mathscr{H}[\boldsymbol{b}(\tilde{\boldsymbol{M}}(V))]\,,$$

da sich die Integrale, also auch $\boldsymbol{b}(\boldsymbol{M}(\xi))$, als Grenzwert einer Folge konvexer Linearkombinationen aus Elementen von $\boldsymbol{b}(\widetilde{\boldsymbol{M}}(V))$ darstellen lassen. Also ist

$$\boldsymbol{b}(\boldsymbol{M}(\Xi)) \subseteq \mathscr{H}[\boldsymbol{b}(\widetilde{\boldsymbol{M}}(V))] .$$

Es sei $\boldsymbol{m} \in \mathscr{H}[\boldsymbol{b}(\widetilde{\boldsymbol{M}}(V))]$. Dann gilt nach Satz 1.1.1

$$\exists m_0 \in \mathsf{N}\ \exists(\boldsymbol{x}_1, \dots, \boldsymbol{x}_{m_0}) \in V^{m_0}\ \exists(\alpha_1, \dots, \alpha_{m_0}) \in (0, 1)^{m_0}:$$

$$\sum_{i=1}^{m_0} \alpha_i = 1 \wedge \boldsymbol{m} = \sum_{i=1}^{m_0} \alpha_i \boldsymbol{b}(\boldsymbol{M}(\boldsymbol{x}_i)) = \boldsymbol{b}\left(\sum_{i=1}^{m_0} \alpha_i \boldsymbol{M}(\xi_{\boldsymbol{x}_i})\right) \in \boldsymbol{b}(\boldsymbol{M}(\Xi))$$

Somit ist

$$\boldsymbol{b}(\boldsymbol{M}(\Xi)) = \mathscr{H}[\boldsymbol{b}(\widetilde{\boldsymbol{M}}(V))] . \tag{5.1.29}$$

Die Anwendung der stetigen Umkehrabbildung $\boldsymbol{b}^{-1} \mid \mathrm{R}^{r^2} \to \mathscr{M}_r^{\geqq}$ gemäß

$$\forall \boldsymbol{a} = (a_{11}, a_{12}, \dots, a_{1r}, a_{21}, a_{22}, \dots, a_{2r}, \dots, a_{r1}, a_{r2}, \dots, a_{rr})' \in \mathrm{R}^{r^2}: \boldsymbol{b}^{-1}(\boldsymbol{a}) = ((a_{ij}))_{r\times r} \tag{5.1.30}$$

liefert wegen der Kompaktheit von $\mathscr{H}[\boldsymbol{b}(\widetilde{\boldsymbol{M}}(V))]$ die Behauptung.

Durch die Bildung der Informationsmatrizen wird in der Menge Ξ der stetigen Versuchspläne eine Äquivalenzklassenstruktur der Art

$$\forall \boldsymbol{A} \in \mathscr{M}_r^{\geqq}: [\Xi]_{\boldsymbol{A}} := \{\xi \in \Xi: \boldsymbol{M}(\xi) = \boldsymbol{A}\}$$

induziert. In jeder dieser Äquivalenzklassen gibt es einen diskreten Versuchsplan, dessen Spektrum beschränkt ist.

Der folgende Satz (vgl. KIEFER [3], KARLIN/STUDDEN [1]) liefert eine von der Äquivalenzklasse unabhängige Schranke für den Umfang des Spektrums.

Satz 5.1.3 (KIEFER [3]): Es sei $h = \dim \mathscr{L}[\{f_i \cdot f_j: (i, j) \in \{1, \dots, r\}^2\}]$. Dann gilt

$$\forall \xi \in \Xi\ \exists \tilde{\xi} \in \Xi_d: \boldsymbol{M}(\xi) = \boldsymbol{M}(\tilde{\xi})$$
$$\wedge \operatorname{card} S(\tilde{\xi}) \leqq h + 1 \leqq r(r + 1)/2 + 1 \bullet \tag{5.1.31}$$

Beweis: Mit den im Beweis zu Lemma 5.1.8 eingeführten Bezeichnungen gilt

$$\dim \mathscr{L}[\boldsymbol{b}(\widetilde{\boldsymbol{M}}(V))] = h .$$

Auf Grund der Darstellung von $\widetilde{\boldsymbol{M}}$ ist $h \leqq r(r + 1)/2$. Wegen (5.1.29) liefert die Anwendung von Satz 1.1.1

$$\forall \xi \in \Xi\ \widetilde{\exists}\{\boldsymbol{b}(\boldsymbol{M}(\boldsymbol{x}_1)), \dots, \boldsymbol{b}(\boldsymbol{M}(\boldsymbol{x}_{h+1}))\} = \{\boldsymbol{b}(\boldsymbol{M}(\xi_{\boldsymbol{x}_1})), \dots, \boldsymbol{b}(\boldsymbol{M}(\xi_{\boldsymbol{x}_{h+1}}))\} \subseteq \boldsymbol{b}(\widetilde{\boldsymbol{M}}(V)):$$

$$\boldsymbol{b}(\boldsymbol{M}(\xi)) \in \mathscr{H}[\{\boldsymbol{b}(\widetilde{\boldsymbol{M}}(\boldsymbol{x}_1)), \dots, \boldsymbol{b}(\widetilde{\boldsymbol{M}}(\boldsymbol{x}_{h+1}))\}] .$$

Somit gibt es für jedes $\xi \in \Xi$ eine Darstellung

$$\boldsymbol{b}(\boldsymbol{M}(\xi)) = \sum_{i=1}^{h+1} \alpha_i \boldsymbol{b}(\boldsymbol{M}(\xi_{\boldsymbol{x}_i})) = \boldsymbol{b}(\boldsymbol{M}(\tilde{\xi}))$$

mit $\alpha_i \in [0, 1)$, $\sum_{i=1}^{h+1} \alpha_i = 1$ und $\tilde{\xi} = \{(\boldsymbol{x}_i, \alpha_i)\}_{i=1}^{h+1}$. Die Anwendung der Umkehrabbildung $\boldsymbol{b}^{-1}$ gemäß (5.1.30) liefert die Behauptung.

Aus Satz 5.1.3 folgt sofort die folgende Aussage.

Folgerung 5.1.4: Es gilt $\boldsymbol{M}(\Xi) = \boldsymbol{M}(\Xi_d) \bullet$

Spezielle Nebenbedingungen an die betrachteten Versuchspläne berücksichtigt die nachstehende Folgerung aus Satz 5.1.3.

Folgerung 5.1.5: Es seien $g \mid M(\Xi) \to \mathrm{R}^1$, $g_0 \in \mathrm{R}^1$, $\tilde{\Xi} = \{\xi \in \Xi: g(M(\xi)) < g_0\}$ und $h = \dim \mathscr{L}[\{f_i \cdot f_j: (i, j) \in \{1, \dots, r\}^2\}]$. Dann gilt

$$\forall \xi \in \tilde{\Xi}\ \exists \tilde{\xi} \in \Xi_d \cap \tilde{\Xi}: M(\xi) = M(\tilde{\xi})$$
$$\wedge \operatorname{card} S(\tilde{\xi}) \leqq h + 1 \leqq r(r+1)/2 + 1 \bullet$$

Beweis: Es gilt nach Satz 5.1.3 mit der speziellen Darstellung von $\tilde{\Xi}$

$$\forall \xi \in \tilde{\Xi}\ \exists \tilde{\xi} \in \Xi_d: M(\xi) = M(\tilde{\xi}) \wedge \operatorname{card} S(\tilde{\xi}) \leqq h + 1 \leqq r(r+1)/2 + 1 \wedge g(M(\xi)) = g(M(\tilde{\xi})) < g_0 .$$

Für die Menge der regulären Versuchspläne erhalten wir die folgende Aussage.

Folgerung 5.1.6: Es sei $h = \dim \mathscr{L}[\{f_i \cdot f_j: (i, j) \in \{1, \dots, r\}^2\}]$. Dann gilt

$$\forall \xi \in \Xi_{\text{reg}}\ \exists \tilde{\xi} \in \Xi_d \cap \Xi_{\text{reg}}: M(\xi) = M(\tilde{\xi}) \wedge \operatorname{card} S(\tilde{\xi}) \leqq h + 1 \leqq r(r+1)/2 + 1 \bullet$$

Die Behauptung ergibt sich mit Folgerung 5.1.5 wegen der Darstellung $\Xi_{\text{reg}} = \{\xi \in \Xi: \det M(\xi) > 0\}$.

Die zentrale Bedeutung von Satz 5.1.3 für Kapitel 5 besteht darin, daß man sich bei der Untersuchung von Versuchsplanungsproblemen, die nur über $M(\xi)$ von $\xi \in \Xi$ abhängen, auf diskrete Pläne mit höchstens $r(r+1)/2 + 1$ Punkten im Spektrum beschränken kann.

5.2. Spezielle Versuchsplanungsprobleme — Optimalitätskriterien

Wir gehen vom erweiterten Versuchsplanungsproblem (5.1.19) aus, d. h., es sei die Aufgabe

$$\psi(\xi) = Z(M(\xi)) = Q_2 \operatorname{sp} \tilde{U}(\cdot, M(\xi))\, M(\xi)^{-1} \stackrel{!}{=} \inf_{\xi \in \tilde{\Xi}} \tag{5.2.1}$$

mit $\tilde{\Xi} \subseteq \Xi_{\text{reg}}$ und Z aus (5.1.25) zu lösen. Durch spezielle Wahl von Q_2 und $\tilde{U}(x, M(\xi))$; $x \in H$, $\xi \in \tilde{\Xi}$; in (5.2.1) erhalten wir spezielle Optimalitätskriterien, die wir in diesem Abschnitt definieren. Es wird sich zeigen, daß die von uns auf diese Weise (in konsequenter Fortsetzung der in Abschnitt 5.1.1 begonnenen Untersuchungen) abgeleiteten Kriterien mit den z. B. von Kiefer und Fedorov teilweise auf andere Art gewonnenen Optimalitätskriterien übereinstimmen (s. z. B. Kiefer [10], Fedorov [6]).

Es sei $\mathrm{I} \mid (\mathrm{R}^1)^{\tilde{\Xi}} \to (\mathrm{R}^1)^{\tilde{\Xi}}$ der identische Operator über $(\mathrm{R}^1)^{\tilde{\Xi}}$.

Def. 5.2.1: Der stetige Versuchsplan $\xi^* \in \tilde{\Xi}$ heißt *L-optimal in* $\tilde{\Xi}$ $=_{\text{df}}$
Der stetige Versuchsplan $\xi^* \in \tilde{\Xi}$ löst (5.2.1) mit $Q_2 = \mathrm{I}$ und

$$\exists U_L \in \mathscr{M}_r^{\geqq}\ \forall \xi \in \tilde{\Xi}\ \forall x \in H: \tilde{U}(x, M(\xi)) = U_L \bullet$$

Def. 5.2.2: Der stetige Versuchsplan $\xi^* \in \tilde{\Xi}$ heißt *A-optimal in* $\tilde{\Xi}$ $=_{\text{df}}$
Der stetige Versuchsplan $\xi^* \in \tilde{\Xi}$ löst (5.2.1) mit $Q_2 = \mathrm{I}$ und

$$\forall \xi \in \tilde{\Xi}\ \forall x \in H: \tilde{U}(x, M(\xi)) = I_r \bullet$$

Es sei $c \in \mathrm{R}^r$.

Def. 5.2.3: Der stetige Versuchsplan $\xi^* \in \tilde{\Xi}$ heißt *C-optimal bez.* $\boldsymbol{c}$ *in* $\tilde{\Xi}$ $=_{\mathrm{df}}$
Der stetige Versuchsplan $\xi^* \in \tilde{\Xi}$ löst (5.2.1) mit $Q_2 = \mathrm{I}$ und

$$\forall \xi \in \tilde{\Xi}\ \forall \boldsymbol{x} \in H: \tilde{\boldsymbol{U}}(\boldsymbol{x}, \boldsymbol{M}(\xi)) = \boldsymbol{c}\boldsymbol{c}' \bullet$$

Das Kriterium der C-Optimalität wird auch im Rahmen einer etwas geänderten Fragestellung in Abschnitt 5.6 behandelt.

Es sei $p \in (\mathrm{R}^+)^H$ mit $\int_H p(\boldsymbol{x})\, \mathrm{d}\boldsymbol{x} = 1$.

Def. 5.2.4: Der stetige Versuchsplan $\xi^* \in \tilde{\Xi}$ heißt *I-optimal bez.* p *in* $\tilde{\Xi}$ $=_{\mathrm{df}}$
Der stetige Versuchsplan $\xi^* \in \tilde{\Xi}$ löst (5.2.1) mit $Q_2 = \mathrm{I}$ und

$$\forall \xi \in \tilde{\Xi}\ \forall \boldsymbol{x} \in H: \tilde{\boldsymbol{U}}(\boldsymbol{x}, \boldsymbol{M}(\xi)) = \int_H \boldsymbol{f}(\boldsymbol{x})\, \boldsymbol{f}(\boldsymbol{x})'\, p(\boldsymbol{x})\, \mathrm{d}\boldsymbol{x} \bullet$$

Damit sind A-, I- und C-optimale Versuchspläne spezielle L-optimale Pläne.

Die folgenden Lemmata zeigen die Äquivalenz unserer Definitionen der Optimalitätskriterien zu den in der Literatur üblichen Definitionen (s. KIEFER [10], [7], FEDOROV [6]).

Lemma 5.2.1: Der stetige Versuchsplan $\xi^* \in \tilde{\Xi}$ ist genau dann L-optimal in $\tilde{\Xi}$, wenn er das Funktional $Z_L(\boldsymbol{M}(\cdot)) := \mathrm{sp}\, \boldsymbol{U}_L \boldsymbol{M}(\cdot)^{-1}$ über $\tilde{\Xi}$ minimiert •

Lemma 5.2.2:

1. Der Versuchsplan $\xi^* \in \tilde{\Xi}$ ist genau dann A-optimal in $\tilde{\Xi}$, wenn er das Funktional $Z_A(\boldsymbol{M}(\cdot)) := \mathrm{sp}\, \boldsymbol{M}(\cdot)^{-1}$ über $\tilde{\Xi}$ minimiert.
2. Der Versuchsplan $\xi^* \in \tilde{\Xi}$ ist genau dann C-optimal bez. $\boldsymbol{c}$ in $\tilde{\Xi}$, wenn er das Funktional $Z_{\boldsymbol{c}}(\boldsymbol{M}(\cdot)) := \boldsymbol{c}'\boldsymbol{M}(\cdot)^{-1}\, \boldsymbol{c}$ über $\tilde{\Xi}$ minimiert.
3. Der Versuchsplan $\xi^* \in \tilde{\Xi}$ ist genau dann I-optimal bez. p in $\tilde{\Xi}$, wenn er das Funktional $Z_{I,p}(\boldsymbol{M}(\cdot)) := \int_H \boldsymbol{f}(\boldsymbol{x})'\, \boldsymbol{M}(\cdot)^{-1} \boldsymbol{f}(\boldsymbol{x})\, p(\boldsymbol{x})\, \mathrm{d}\boldsymbol{x}$ über $\tilde{\Xi}$ minimiert •

Der Beweis von Lemma 5.2.1 und Teil 1 von Lemma 5.2.2 folgt unmittelbar aus Def. 5.2.1 bzw. Def. 5.2.2. Sowohl Teil 2 als auch Aussage 3 von Lemma 5.2.2 beweist man unter Ausnutzung der Beziehung (vgl. (1.A.5))

$$\forall \boldsymbol{u} \in \mathrm{R}^r\ \forall \xi \in \tilde{\Xi}: \mathrm{sp}\, \boldsymbol{u}\boldsymbol{u}'\boldsymbol{M}(\xi)^{-1} = \boldsymbol{u}'\boldsymbol{M}(\xi)^{-1}\, \boldsymbol{u}\,. \tag{5.2.2}$$

In Anlehnung an die Bezeichnung in Abschnitt 2.2.2 bezeichnen wir mit $\Xi^*_{L,\tilde{\Xi}}$ die Menge aller L-optimalen Versuchspläne in $\tilde{\Xi}$, mit $\Xi^*_{A,\tilde{\Xi}}$ die Menge aller A-optimalen Versuchspläne in $\tilde{\Xi}$ usw.

Durch die Erweiterung des ursprünglichen Versuchsplanungsproblems (mit konkreten Plänen) ging der unmittelbare Bezug zum statistischen Entscheidungsproblem $G = [\Theta \times K \times H, U, R]$ verloren. Schränkt man die bisher eingeführten, auf $\tilde{\Xi}$ definierten Funktionale $Z \circ \boldsymbol{M}$ auf die Menge $\Xi^{(0)}$ ein (die mit der Menge $V^{(0)}$ der zur Auswahl stehenden Pläne identifiziert wurde), so ist eine statistische Interpretation der Optimalitätskriterien wieder möglich.

Wir geben vorerst derartige Interpretationen für die Kriterien der A-, C- und I-Optimalität. Es sei im weiteren $\xi_n \in \Xi^{(0)}$ und $\xi_n = h_n([V_n])$; $V_n \in V^{(0)}$ (s. (5.1.10)).

1. A-Optimalität: Unter Beachtung von (5.1.14) ergibt sich

$$Z_A(\boldsymbol{M}(\xi_n)) \doteq \frac{n}{\sigma^2} \operatorname{sp} \boldsymbol{B}_{\check{\vartheta}(V_n)} = \frac{n}{\sigma^2} \sum_{i=1}^{r} \mathrm{D}^2 \check{\vartheta}_i(V_n) .$$

Ein A-optimaler Versuchsplan in $\Xi^{(0)}$ minimiert daher die mittlere Varianz der Komponenten der MKQ-Schätzung $\check{\boldsymbol{\vartheta}}$ für $\boldsymbol{\vartheta}$.

2. C-Optimalität bez. $\boldsymbol{c}$: Wegen

$$Z_c(\boldsymbol{M}(\xi_n)) = \frac{n}{\sigma^2} \boldsymbol{c}' \boldsymbol{B}_{\check{\vartheta}(V_n)} \boldsymbol{c} = \frac{n}{\sigma^2} \mathrm{D}^2(\boldsymbol{c}' \check{\boldsymbol{\vartheta}}(V_n))$$

minimiert ein C-optimaler Versuchsplan bez. $\boldsymbol{c}$ in $\Xi^{(0)}$ die Varianz der MKQ-Schätzung für $\boldsymbol{c}'\boldsymbol{\vartheta}$.

3. I-Optimalität bez. p: Es ist

$$Z_{I,p}(\boldsymbol{M}(\xi_n)) = \frac{n}{\sigma^2} \int_H \boldsymbol{f}(\boldsymbol{x})' \boldsymbol{B}_{\check{\vartheta}(V_n)} \boldsymbol{f}(\boldsymbol{x})\, p(\boldsymbol{x})\, \mathrm{d}\boldsymbol{x} = \frac{n}{\sigma^2} \int_H \mathrm{D}^2[\boldsymbol{f}(\boldsymbol{x})' \check{\boldsymbol{\vartheta}}(V_n)]\, p(\boldsymbol{x})\, \mathrm{d}\boldsymbol{x} .$$

Auf Grund dieser Beziehung minimiert ein I-optimaler Versuchsplan bez. p in $\Xi^{(0)}$ die mit p gewichtete und über H gemittelte Varianz der MKQ-Schätzung für $\boldsymbol{f}(\boldsymbol{x})' \boldsymbol{\vartheta} = \eta(\boldsymbol{x})$; $\boldsymbol{x} \in H$.

Bemerkung 5.2.1: Die I-Optimalität bez. p kann auch wie folgt interpretiert werden: Man deutet p als Dichte einer Zufallsgröße ζ über dem Prognosebereich H und erhält in (5.2.1) mit $Q_2 = \mathrm{E}_\zeta$ und

$$\forall \xi \in \tilde{\Xi}\ \forall \boldsymbol{x} \in H: \tilde{\boldsymbol{U}}(\boldsymbol{x}, \boldsymbol{M}(\xi)) = \boldsymbol{f}(\boldsymbol{x}) \boldsymbol{f}(\boldsymbol{x})'$$

ebenfalls die I-Optimalität bez. p. Daher kann ein I-optimaler Versuchsplan im erweiterten Entscheidungsproblem $G_2' = [H, \tilde{\Xi}, R_2']$ (s. Bem. 5.1.1) als bayessche Strategie bez. p aufgefaßt werden (s. auch Kapitel 4).

Durch die folgende Definition wird eine weitere Gruppe von Optimalitätskriterien erfaßt. Es sei $\boldsymbol{t} \in (\mathrm{R}^r)^H$.

Def. 5.2.5: Der stetige Versuchsplan $\xi^* \in \tilde{\Xi}$ heißt *T-optimal bez. $\boldsymbol{t}$ in* $\tilde{\Xi}$ $=_{\mathrm{df}}$
Der stetige Versuchsplan $\xi^* \in \tilde{\Xi}$ löst (5.2.1) mit $Q_2 = \sup_{\boldsymbol{x} \in H}$ und

$$\forall \xi \in \tilde{\Xi}\ \forall \boldsymbol{x} \in H: \tilde{\boldsymbol{U}}(\boldsymbol{x}, \boldsymbol{M}(\xi)) = \boldsymbol{t}(\boldsymbol{x})\, \boldsymbol{t}(\boldsymbol{x})' \bullet$$

Def. 5.2.6: Der stetige Versuchsplan $\xi^* \in \tilde{\Xi}$ heißt *G-optimal in* $\tilde{\Xi}$ $=_{\mathrm{df}}$
Der Versuchsplan $\xi^* \in \tilde{\Xi}$ löst (5.2.1) mit $Q_2 = \sup_{\boldsymbol{x} \in H}$ und

$$\forall \xi \in \tilde{\Xi}\ \forall \boldsymbol{x} \in H: \tilde{\boldsymbol{U}}(\boldsymbol{x}, \boldsymbol{M}(\xi)) = \boldsymbol{f}(\boldsymbol{x})\, \boldsymbol{f}(\boldsymbol{x})' \bullet$$

Def. 5.2.7: Der stetige Versuchsplan $\xi^* \in \tilde{\Xi}$ heißt *MR-optimal in* $\tilde{\Xi}$ $=_{\mathrm{df}}$
Der Versuchsplan $\xi^* \in \tilde{\Xi}$ löst (5.2.1) mit $Q_2 = \sup_{\boldsymbol{x} \in H}$ und

$$\forall \xi \in \tilde{\Xi}\ \forall \boldsymbol{x} \in H: \tilde{\boldsymbol{U}}(\boldsymbol{x}, \boldsymbol{M}(\xi)) = \frac{\boldsymbol{f}(\boldsymbol{x})\, \boldsymbol{f}(\boldsymbol{x})'}{\inf\limits_{\tilde{\xi} \in \tilde{\Xi}} \boldsymbol{f}(\boldsymbol{x})' \boldsymbol{M}(\tilde{\xi})^{-1} \boldsymbol{f}(\boldsymbol{x})} \wedge \inf_{\tilde{\xi} \in \tilde{\Xi}} \boldsymbol{f}(\boldsymbol{x})' \boldsymbol{M}(\tilde{\xi})^{-1} \boldsymbol{f}(\boldsymbol{x}) > 0 \bullet$$

Mit Hilfe des folgenden Lemmas stellen wir den Zusammenhang zu den in der Literatur gegebenen Kriterien der G- und MR-Optimalität von Plänen her (s. KIEFER [10], [7]).

Lemma 5.2.3: Der stetige Versuchsplan ist genau dann T-optimal bez. $\boldsymbol{t}$, wenn er das Funktional $Z_{\boldsymbol{t}}(\boldsymbol{M}(\cdot)) := \sup_{\boldsymbol{x} \in H} \boldsymbol{t}(\boldsymbol{x})' \boldsymbol{M}(\cdot)^{-1} \boldsymbol{t}(\boldsymbol{x})$ über $\tilde{\Xi}$ minimiert •

Das Lemma 5.2.3 beweist man unter Ausnutzung der Beziehung (5.2.2).

Lemma 5.2.4:

1. Der stetige Versuchsplan $\xi^* \in \tilde{\Xi}$ ist genau dann G-optimal in $\tilde{\Xi}$, wenn er das Funktional $Z_G(\boldsymbol{M}(\cdot)) := \sup_{\boldsymbol{x} \in H} \boldsymbol{f}(\boldsymbol{x})' \boldsymbol{M}(\cdot)^{-1} \boldsymbol{f}(\boldsymbol{x})$ über $\tilde{\Xi}$ minimiert.
2. Der stetige Versuchsplan $\xi^* \in \tilde{\Xi}$ ist genau dann MR-optimal in $\tilde{\Xi}$, wenn er das Funktional

$$Z_{MR}(\boldsymbol{M}(\cdot)) := \sup_{\boldsymbol{x} \in H} \frac{\boldsymbol{f}(\boldsymbol{x})' \boldsymbol{M}(\cdot)^{-1} \boldsymbol{f}(\boldsymbol{x})}{\inf_{\tilde{\xi} \in \tilde{\Xi}} \boldsymbol{f}(\boldsymbol{x})' \boldsymbol{M}(\tilde{\xi})^{-1} \boldsymbol{f}(\boldsymbol{x})}$$

über $\tilde{\Xi}$ minimiert •

Entsprechend Abschnitt 2.2.2 bezeichnen wir mit $\Xi^*_{\boldsymbol{t}, \tilde{\Xi}}$ die Menge aller T-optimalen Versuchspläne bez. $\boldsymbol{t}$ in $\tilde{\Xi}$, mit $\Xi^*_{G, \tilde{\Xi}}$ die Menge aller G-optimalen Versuchspläne in $\tilde{\Xi}$ und mit $\Xi^*_{MR, \tilde{\Xi}}$ die Menge aller MR-optimalen Versuchspläne in $\tilde{\Xi}$.

Für G-optimale Versuchspläne in $\Xi^{(0)}$ geben wir folgende statistische Interpretation: Es sei $\xi_n \in \Xi^{(0)}$ und $\xi_n = \boldsymbol{h}_n([V_n])$; $V_n \in V^{(0)}$ (s. (5.1.10)). Wegen

$$Z_G(\boldsymbol{M}(\xi_n)) = \frac{n}{\sigma^2} \sup_{\boldsymbol{x} \in H} \boldsymbol{f}(\boldsymbol{x})' \boldsymbol{B}_{\check{\boldsymbol{\vartheta}}(V_n)} \boldsymbol{f}(\boldsymbol{x}) = \frac{n}{\sigma^2} \sup_{\boldsymbol{x} \in H} \mathrm{D}^2[\boldsymbol{f}(\boldsymbol{x})' \check{\boldsymbol{\vartheta}}(V_n)]$$

minimieren G-optimale Versuchspläne in $\Xi^{(0)}$ die über H maximale Varianz der MKQ-Schätzung für $\boldsymbol{f}(\boldsymbol{x})' \boldsymbol{\vartheta} = \eta(\boldsymbol{x})$; $\boldsymbol{x} \in H$.

Es seien $\xi \in \tilde{\Xi}$, $\lambda_i(\boldsymbol{M}(\xi)^{-1})$; $i = 1, \ldots, r$; die Eigenwerte von $\boldsymbol{M}(\xi)^{-1}$, $\lambda_r(\boldsymbol{M}(\xi)^{-1}) = \lambda_{\max}(\boldsymbol{M}(\xi)^{-1})$ der maximale Eigenwert von $\boldsymbol{M}(\xi)^{-1}$ und $\boldsymbol{t}_{\max}(\boldsymbol{M}(\xi)^{-1})$ der zugehörige normierte Eigenvektor.

Def. 5.2.8: Der stetige Versuchsplan $\xi^* \in \tilde{\Xi}$ heißt *D-optimal in* $\tilde{\Xi} =_{\mathrm{df}}$
Der Versuchsplan löst (5.2.1) mit $Q_2 = \mathrm{I}$ und

$$\forall \xi \in \tilde{\Xi}\ \forall \boldsymbol{x} \in H\colon \tilde{\boldsymbol{U}}(\boldsymbol{x}, \boldsymbol{M}(\xi)) = \prod_{i=1}^{r-1} \lambda_i(\boldsymbol{M}(\xi)^{-1})\, \boldsymbol{t}_{\max}(\boldsymbol{M}(\xi)^{-1})\, \boldsymbol{t}_{\max}(\boldsymbol{M}(\xi)^{-1})' \bullet$$

Diese Definition der D-Optimalität entspricht der üblichen Darstellung des Kriteriums der D-Optimalität, wie das folgende Lemma zeigt.

Lemma 5.2.5: Die folgenden drei Aussagen sind äquivalent:

1. Der stetige Versuchsplan $\xi^* \in \tilde{\Xi}$ ist D-optimal in $\tilde{\Xi}$.
2. Der Versuchsplan $\xi^* \in \tilde{\Xi}$ minimiert das Funktional $Z_D(\boldsymbol{M}(\cdot)) := \det \boldsymbol{M}(\cdot)^{-1}$ über $\tilde{\Xi}$.
3. Der Versuchsplan $\xi^* \in \tilde{\Xi}$ minimiert das Funktional $Z_{D'}(\boldsymbol{M}(\cdot)) := \ln \det \boldsymbol{M}(\cdot)^{-1}$ über $\tilde{\Xi}$ •

Die Äquivalenz von 1. und 2. ergibt sich mit

$$\forall \xi \in \tilde{\Xi}: \operatorname{sp} \boldsymbol{t}_{\max}(\boldsymbol{M}(\xi)^{-1})\, \boldsymbol{t}_{\max}(\boldsymbol{M}(\xi)^{-1})'\, \boldsymbol{M}(\xi)^{-1}$$
$$= \boldsymbol{t}_{\max}(\boldsymbol{M}(\xi)^{-1})'\, \boldsymbol{M}(\xi)^{-1}\, \boldsymbol{t}_{\max}(\boldsymbol{M}(\xi)^{-1}) = \lambda_{\max}(\boldsymbol{M}(\xi)^{-1}) \tag{5.2.3}$$

(s. (5.2.2), (1.A.60)) und

$$\forall \xi \in \tilde{\Xi}: \prod_{i=1}^{r} \lambda_i(\boldsymbol{M}(\xi)^{-1}) = \det \boldsymbol{M}(\xi)^{-1}\,. \tag{5.2.4}$$

Aus der Monotonie der Logarithmusfunktion folgt sofort die Äquivalenz zwischen 2. und 3.

Mit $\Xi^*_{D,\tilde{\Xi}}$ bezeichnen wir die Menge der D-optimalen Versuchspläne in $\tilde{\Xi}$.

Für $\xi_n \in \Xi^{(0)}$ und $\xi_n = \boldsymbol{h}_n([V_n])$; $V_n \in V^{(0)}$; gilt

$$Z_D(\boldsymbol{M}(\xi_n)) = \left(\frac{n}{\sigma^2}\right)^r \det \boldsymbol{B}_{\check{\boldsymbol{\vartheta}}(V_n)}\,.$$

Die Determinante der Kovarianzmatrix der MKQ-Schätzung für $\boldsymbol{\vartheta}$ wird also durch D-optimale Versuchspläne in $\Xi^{(0)}$ minimiert.

Bemerkung 5.2.2: Die D-Optimalität erhält man auch dann als Kriterium für die Optimalität von Versuchsplänen, wenn dem Entscheidungsproblem G matrixwertiger Verlust $\frac{1}{\sigma^2}(\boldsymbol{\vartheta} - \check{\boldsymbol{\vartheta}})(\boldsymbol{\vartheta} - \check{\boldsymbol{\vartheta}})'$ (s. (3.3.51)) zugrunde liegt. Für Q_1 entsprechend Tab. 3.3.1 ergibt sich ein matrixwertiges Risiko $R_M(\boldsymbol{\vartheta}, \check{\boldsymbol{\vartheta}}) = \frac{n}{\sigma^2} \overline{\boldsymbol{M}}(V_n)^{-1}$.

Mit $Q_2 = \det$ erhält man durch Erweiterung ein Versuchsplanungsproblem, das zur D-Optimalität führt.

Def. 5.2.9: Der stetige Versuchsplan $\xi^* \in \tilde{\Xi}$ heißt *E-optimal in* $\tilde{\Xi}$ $=_{\text{df}}$
Der Versuchsplan $\xi^* \in \tilde{\Xi}$ löst (5.2.1) mit $Q_2 = \mathrm{I}$ und

$$\forall \xi \in \tilde{\Xi}\ \forall \boldsymbol{x} \in H: \tilde{\boldsymbol{U}}(\boldsymbol{x}, \boldsymbol{M}(\xi)) = \boldsymbol{t}_{\max}(\boldsymbol{M}(\xi)^{-1})\, \boldsymbol{t}_{\max}(\boldsymbol{M}(\xi)^{-1})' \bullet$$

Es sei $\lambda_{\min}(\boldsymbol{M}(\xi))$; $\xi \in \tilde{\Xi}$; der kleinste Eigenwert von $\boldsymbol{M}(\xi)$.

Lemma 5.2.6: Die folgenden drei Aussagen sind äquivalent:

1. Der Versuchsplan $\xi^* \in \tilde{\Xi}$ ist E-optimal in $\tilde{\Xi}$.
2. Der Versuchsplan $\xi^* \in \tilde{\Xi}$ minimiert das Funktional $Z_E(\boldsymbol{M}(\cdot)) := \lambda_{\max}(\boldsymbol{M}(\cdot)^{-1})$ über $\tilde{\Xi}$.
3. Der Versuchsplan $\xi^* \in \tilde{\Xi}$ minimiert das Funktional $Z_{E'}(\boldsymbol{M}(\cdot)) := -\lambda_{\min}(\boldsymbol{M}(\cdot))$ •

Die Äquivalenz von 1. und 2. erhält man unter Benutzung von (5.2.3). Mit der Beziehung

$$\forall \xi \in \tilde{\Xi}: \lambda_{\max}(\boldsymbol{M}(\xi)^{-1}) = (\lambda_{\min}(\boldsymbol{M}(\xi)))^{-1} \tag{5.2.5}$$

(s. (1.A.33)) erbringt man den Nachweis für die Äquivalenz von Aussage 2. und 3.

Durch $\Xi^*_{E,\tilde{\Xi}}$ kennzeichnen wir die Menge der E-optimalen Versuchspläne in $\tilde{\Xi}$.

Mit dem Rayleigh-Quotienten (s. (1.A.35)) ergibt sich für $\xi_n \in \Xi^{(0)}$

$$Z_E(\boldsymbol{M}(\xi_n)) = \lambda_{\max}(\overline{\boldsymbol{M}}(V_n)^{-1}) = \sup_{\boldsymbol{c} \in \mathbb{R}^r} \frac{\boldsymbol{c}'\overline{\boldsymbol{M}}(V_n)^{-1}\boldsymbol{c}}{\boldsymbol{c}'\boldsymbol{c}} = \frac{n}{\sigma^2} \sup_{\boldsymbol{c} \in \mathbb{R}^r} \frac{\mathrm{D}^2(\boldsymbol{c}'\check{\boldsymbol{\vartheta}}(V_n))}{\boldsymbol{c}'\boldsymbol{c}}\,.$$

Daraus ist zu ersehen, daß E-optimale Versuchspläne in $\Xi^{(0)}$ die für die MKQ-Schätzung einer beliebigen schätzbaren Funktion $\boldsymbol{c}'\boldsymbol{\vartheta}$ maximal mögliche Varianz minimieren.

Es sei $\boldsymbol{s}_{\max}(\boldsymbol{M}(\xi)^{-1}) \in \mathrm{R}^r$; $\xi \in \tilde{\Xi}$; ein Vektor mit der Eigenschaft

$$\boldsymbol{s}_{\max}(\boldsymbol{M}(\xi)^{-1})' \boldsymbol{M}(\xi)^{-1} \boldsymbol{s}_{\max}(\boldsymbol{M}(\xi)^{-1}) = \max_{i \in \{1, \ldots, r\}} m^{ii}(\xi) .$$

Def. 5.2.10: Der stetige Versuchsplan $\xi^* \in \tilde{\Xi}$ heißt *M-optimal in* $\tilde{\Xi}$ $=_{\mathrm{df}}$
Der Versuchsplan $\xi^* \in \tilde{\Xi}$ löst (5.2.1) mit $Q_2 = \mathrm{I}$ und

$$\forall \xi \in \tilde{\Xi}\ \forall \boldsymbol{x} \in H: \tilde{\boldsymbol{U}}(\boldsymbol{x}, \boldsymbol{M}(\xi)) = \boldsymbol{s}_{\max}(\boldsymbol{M}(\xi)^{-1})\, \boldsymbol{s}_{\max}(\boldsymbol{M}(\xi)^{-1})' \bullet \tag{5.2.6}$$

Lemma 5.2.7: Der Versuchsplan $\xi^* \in \tilde{\Xi}$ ist genau dann M-optimal in $\tilde{\Xi}$, wenn er das Funktional $Z_M(\boldsymbol{M}(\cdot)) := \max_{i \in \{1, \ldots, r\}} m^{ii}(\cdot)$ über $\tilde{\Xi}$ minimiert •

Den Beweis für dieses Lemma erhält man mit (5.2.2).

Die Menge $\Xi^*_{M, \tilde{\Xi}}$ bezeichne alle M-optimalen Versuchspläne in $\tilde{\Xi}$. Mit $\xi_n \in \Xi^{(0)}$ und $\xi_n = h_n([V_n])$; $V_n \in V^{(0)}$; gilt

$$Z_M(\boldsymbol{M}(\xi_n)) = \frac{n}{\sigma^2} \max_{i \in \{1, \ldots, r\}} \mathrm{D}^2 \check{\vartheta}_i(V_n) .$$

Ein M-optimaler Versuchsplan in $\Xi^{(0)}$ minimiert also die maximale Varianz der Komponenten der MKQ-Schätzung $\check{\boldsymbol{\vartheta}}$ für $\boldsymbol{\vartheta}$.

Def. 5.2.11: Der stetige Versuchsplan $\xi^* \in \tilde{\Xi}$ heißt *AR-optimal in* $\tilde{\Xi}$ $=_{\mathrm{df}}$
Der Versuchsplan $\xi^* \in \tilde{\Xi}$ löst (5.2.1) mit $Q_2 = \sup_{\boldsymbol{x} \in H}$ und

$$\forall \xi \in \tilde{\Xi}\ \forall \boldsymbol{x} \in H: \tilde{\boldsymbol{U}}(\boldsymbol{x}, \boldsymbol{M}(\xi)) = \boldsymbol{f}(\boldsymbol{x})\, \boldsymbol{f}(\boldsymbol{x})' - r^{-1} \left[\inf_{\tilde{\xi} \in \tilde{\Xi}} \boldsymbol{f}(\boldsymbol{x})' \boldsymbol{M}(\tilde{\xi})^{-1} \boldsymbol{f}(\boldsymbol{x})\right] \boldsymbol{M}(\xi) \bullet$$

Lemma 5.2.8: Der Versuchsplan $\xi^* \in \tilde{\Xi}$ ist genau dann AR-optimal in $\tilde{\Xi}$, wenn er das Funktional $Z_{AR}(\boldsymbol{M}(\cdot)) := \sup_{\boldsymbol{x} \in H} \left[\boldsymbol{f}(\boldsymbol{x})' \boldsymbol{M}(\cdot)^{-1} \boldsymbol{f}(\boldsymbol{x}) - \inf_{\tilde{\xi} \in \tilde{\Xi}} \boldsymbol{f}(\boldsymbol{x})' \boldsymbol{M}(\tilde{\xi})^{-1} \boldsymbol{f}(\boldsymbol{x})\right]$ über $\tilde{\Xi}$ minimiert •

Mit $\Xi^*_{AR, \tilde{\Xi}}$ sei die Menge der AR-optimalen Versuchspläne in $\tilde{\Xi}$ bezeichnet.

5.3. Eigenschaften der Funktionale und der optimalen Versuchspläne

Für die Bestimmung optimaler Versuchspläne und die Struktur der Menge der optimalen Pläne spielen die Eigenschaften der Funktionale (s. Abschnitt 5.2) eine entscheidende Rolle. In Abschnitt 5.3.1 werden wir insbesondere Konvexitätseigenschaften der in Abschnitt 5.2 eingeführten Funktionale feststellen. Der folgende Abschnitt 5.3.2 beschäftigt sich mit grundlegenden Eigenschaften der Mengen optimaler Versuchspläne.

5.3.1 Eigenschaften der Funktionale

Wir wenden uns nun der Untersuchung einiger Eigenschaften für die in Abschnitt 5.2 eingeführten speziellen Funktionale zu.

Anfangs weisen wir Konvexitätseigenschaften nach. Dazu sei jetzt schon bemerkt, daß dadurch u. a. die Anwendung des Satzes von WHITTLE (s. Satz 2.2.2) vorbereitet werden soll.

Lemma 5.3.1: Es sei $\tilde{\Xi} \subseteq \Xi_{\text{reg}}$ konvex. Dann ist das Funktional $Z_L \circ \boldsymbol{M}$ konvex auf $\tilde{\Xi}$ •

Beweis: Es seien $\xi \in \tilde{\Xi}$, $\xi' \in \tilde{\Xi}$, $\alpha \in [0, 1]$ und $\bar{\xi} = (1 - \alpha)\,\xi + \alpha\xi'$. Nach (1.A.50) gilt

$$\boldsymbol{M}(\bar{\xi})^{-1} \leqq (1 - \alpha)\,\boldsymbol{M}(\xi)^{-1} + \alpha \boldsymbol{M}(\xi')^{-1}\,. \tag{5.3.1}$$

In $Z_L(\boldsymbol{M}(\cdot)) = \operatorname{sp} \boldsymbol{U}_L \boldsymbol{M}(\cdot)^{-1}$ läßt sich $\boldsymbol{U}_L \in \mathcal{M}_r^{\geqq}$ durch

$$\boldsymbol{U}_L = \sum_{i=1}^{r} \lambda_i(\boldsymbol{U}_L)\,\boldsymbol{t}_i(\boldsymbol{U}_L)\,\boldsymbol{t}_i(\boldsymbol{U}_L)' \tag{5.3.2}$$

darstellen, wobei $\lambda_i(\boldsymbol{U}_L)$; $i = 1, \dots, r$; die Eigenwerte von $\boldsymbol{U}_L$ und $\boldsymbol{t}_i(\boldsymbol{U}_L)$ die zugehörigen normierten Eigenvektoren sind. Wegen (5.3.1) erhalten wir mit (5.3.2)

$$Z_L(\boldsymbol{M}(\bar{\xi})) = \operatorname{sp} \boldsymbol{U}_L \boldsymbol{M}(\bar{\xi})^{-1} = \operatorname{sp}\left(\sum_{i=1}^{r} \lambda_i(\boldsymbol{U}_L)\,\boldsymbol{t}_i(\boldsymbol{U}_L)\,\boldsymbol{t}_i(\boldsymbol{U}_L)'\right)\boldsymbol{M}(\bar{\xi})^{-1} \leqq (1-\alpha)\,Z_L(\boldsymbol{M}(\xi)) + \alpha Z_L(\boldsymbol{M}(\xi'))\,.$$

Folgerung 5.3.1: Es sei $\tilde{\Xi} \subseteq \Xi_{\text{reg}}$ konvex. Dann sind die folgenden Funktionale konvex auf $\tilde{\Xi}$: $Z_A \circ \boldsymbol{M}$, $Z_{I,p} \circ \boldsymbol{M}$, $Z_c \circ \boldsymbol{M}$ •

Es sei $\boldsymbol{t} \in (\mathrm{R}^r)^H$.

Lemma 5.3.2: Es sei $\tilde{\Xi} \subseteq \Xi_{\text{reg}}$ konvex. Dann ist das Funktional $Z_{\boldsymbol{t}} \circ \boldsymbol{M}$ konvex auf $\tilde{\Xi}$ •

Beweis: Es seien $\xi \in \tilde{\Xi}$, $\xi' \in \tilde{\Xi}$, $\alpha \in [0, 1]$ und $\bar{\xi} = (1 - \alpha)\,\xi + \alpha\xi'$. Wegen (5.3.1) gilt

$$\forall \boldsymbol{x} \in H: \boldsymbol{t}(\boldsymbol{x})'\,\boldsymbol{M}(\bar{\xi})^{-1}\,\boldsymbol{t}(\boldsymbol{x}) \leqq (1 - \alpha)\,\boldsymbol{t}(\boldsymbol{x})'\,\boldsymbol{M}(\xi)^{-1}\,\boldsymbol{t}(\boldsymbol{x}) + \alpha \boldsymbol{t}(\boldsymbol{x})'\,\boldsymbol{M}(\xi')^{-1}\,\boldsymbol{t}(\boldsymbol{x}) \tag{5.3.3}$$

und damit

$$\sup_{\boldsymbol{x}\in H} \boldsymbol{t}(\boldsymbol{x})'\,\boldsymbol{M}(\bar{\xi})^{-1}\,\boldsymbol{t}(\boldsymbol{x}) \leqq (1 - \alpha) \sup_{\boldsymbol{x}\in H} \boldsymbol{t}(\boldsymbol{x})'\,\boldsymbol{M}(\xi)^{-1}\,\boldsymbol{t}(\boldsymbol{x}) + \alpha \sup_{\boldsymbol{x}\in H} \boldsymbol{t}(\boldsymbol{x})'\,\boldsymbol{M}(\xi')^{-1}\,\boldsymbol{t}(\boldsymbol{x})\,.$$

Folgerung 5.3.2: Es sei $\tilde{\Xi} \subseteq \Xi_{\text{reg}}$ konvex. Dann sind die Funktionale $Z_G \circ \boldsymbol{M}$ und $Z_{MR} \circ \boldsymbol{M}$ konvex auf $\tilde{\Xi}$ •

Lemma 5.3.3: Es sei $\tilde{\Xi} \subseteq \Xi_{\text{reg}}$ konvex. Dann ist das Funktional $Z_{D'} \circ \boldsymbol{M}$ konvex auf $\tilde{\Xi}$ •

Beweis: Es seien $\xi \in \tilde{\Xi}$, $\xi' \in \tilde{\Xi}$, $\alpha \in [0, 1]$ und $\bar{\xi} = (1 - \alpha)\,\xi + \alpha\xi'$. Mit (5.3.1) gilt wegen (1.A.28)

$$Z_D(\boldsymbol{M}(\bar{\xi})) \leqq Z_D(\boldsymbol{M}(\xi))^{1-\alpha}\,Z_D(\boldsymbol{M}(\xi'))^{\alpha}\,. \tag{5.3.4}$$

Aus der Monotonie der Logarithmusfunktion folgt damit die Behauptung.

Lemma 5.3.4: Es sei $\tilde{\Xi} \subseteq \Xi_{\text{reg}}$ konvex. Dann ist das Funktional $Z_{E'} \circ \boldsymbol{M}$ konvex auf $\tilde{\Xi}$ •

Den Beweis führt man unter Benutzung von (1.A.27).

Lemma 5.3.5: Es sei $\tilde{\Xi} \subseteq \Xi_{\text{reg}}$ konvex. Dann ist das Funktional $Z_M \circ \boldsymbol{M}$ konvex auf $\tilde{\Xi}$ •

Der Beweisgedanke entspricht dem zu Lemma 5.3.2.

Lemma 5.3.6: Es sei $\tilde{\Xi} \subseteq \Xi_{\text{reg}}$ konvex. Dann ist das Funktional $Z_{AR} \circ \boldsymbol{M}$ konvex auf $\tilde{\Xi}$ •

Der Beweis folgt unmittelbar aus (5.3.3) durch Subtraktion von $\inf_{\tilde{\xi} \in \tilde{\Xi}} \boldsymbol{f}(\boldsymbol{x})' \boldsymbol{M}(\tilde{\xi})^{-1} \boldsymbol{f}(\boldsymbol{x})$ auf beiden Seiten der Ungleichung und Anwendung von $\sup_{\boldsymbol{x} \in H}$. Es sei $\tilde{\mathcal{M}}_r \subseteq \mathcal{M}_r^{\geqq}$ und $\tilde{Z} \mid \tilde{\mathcal{M}}_r \to \mathrm{R}^1$.

Def. 5.3.1: Es sei $\tilde{\mathcal{M}}_r$ konvex. Das Funktional $\tilde{Z}$ heißt

1. *konvex auf* $\tilde{\mathcal{M}}_r =_{\text{df}}$

$$\forall \boldsymbol{A} \in \tilde{\mathcal{M}}_r \; \forall \boldsymbol{B} \in \tilde{\mathcal{M}}_r \; \forall \alpha \in [0, 1]: \tilde{Z}((1 - \alpha) \boldsymbol{A} + \alpha \boldsymbol{B}) \leqq (1 - \alpha) \tilde{Z}(\boldsymbol{A}) + \alpha \tilde{Z}(\boldsymbol{B}) .$$

2. *streng konvex auf* $\tilde{\mathcal{M}}_r =_{\text{df}}$

$$\forall \boldsymbol{A} \in \tilde{\mathcal{M}}_r \; \forall \boldsymbol{B} \in \tilde{\mathcal{M}}_r \setminus \{\boldsymbol{A}\} \; \forall \alpha \in (0, 1): \tilde{Z}((1 - \alpha) \boldsymbol{A} + \alpha \boldsymbol{B}) < (1 - \alpha) \tilde{Z}(\boldsymbol{A}) + \alpha \tilde{Z}(\boldsymbol{B}) \; •$$

Lemma 5.3.7: Es sei $\tilde{\Xi} \subseteq \Xi_{\text{reg}}$ konvex und $\tilde{Z} \circ \boldsymbol{M}$ konvex auf $\tilde{\Xi}$. Dann ist $\tilde{Z}$ konvex auf $\boldsymbol{M}(\tilde{\Xi})$ •

Beweis: Es seien $\xi \in \tilde{\Xi}$, $\xi' \in \tilde{\Xi}$, $\alpha \in [0, 1]$ und $\bar{\xi} = (1 - \alpha) \xi + \alpha \xi'$. Aus der Konvexität von $\tilde{Z} \circ \boldsymbol{M}$ auf $\tilde{\Xi}$ folgt wegen $\boldsymbol{M}(\xi) \in \boldsymbol{M}(\tilde{\Xi})$, $\boldsymbol{M}(\xi') \in \boldsymbol{M}(\tilde{\Xi})$ und $\boldsymbol{M}(\bar{\xi}) \in \boldsymbol{M}(\tilde{\Xi})$

$$\tilde{Z}(\boldsymbol{M}(\bar{\xi})) = \tilde{Z}((1 - \alpha) \boldsymbol{M}(\xi) + \alpha \boldsymbol{M}(\xi')) \leqq (1 - \alpha) \tilde{Z}(\boldsymbol{M}(\xi)) + \alpha \tilde{Z}(\boldsymbol{M}(\xi')) .$$

Da für die in Abschnitt 5.2 eingeführten Funktionale Konvexität auf $\tilde{\Xi}$ nachgewiesen wurde, erhalten wir damit aus Lemma 5.3.7 die folgende Aussage.

Folgerung 5.3.3: Es sei $\tilde{\Xi} \subseteq \Xi_{\text{reg}}$ konvex. Dann sind die folgenden Funktionale konvex auf $\boldsymbol{M}(\tilde{\Xi})$:

$$Z_L, Z_{\boldsymbol{t}}, Z_A, Z_{I,p}, Z_{\boldsymbol{c}}, Z_G, Z_{MR}, Z_{D'}, Z_{E'}, Z_M, Z_{AR} \; •$$

Lemma 5.3.8 (Fedorov [6]): Es sei $\tilde{\Xi} \subseteq \Xi_{\text{reg}}$ konvex und

$$\forall \boldsymbol{A} \in \mathcal{M}_r^{\geqq} \setminus \{\boldsymbol{0}_r\}: Z_L(\boldsymbol{A}) > 0 .$$

Dann ist das Funktional Z_L streng konvex auf $\boldsymbol{M}(\tilde{\Xi})$ •

Beweis: Es seien $\boldsymbol{M}(\xi) \in \boldsymbol{M}(\tilde{\Xi})$, $\boldsymbol{M}(\xi') \in \boldsymbol{M}(\tilde{\Xi}) \setminus \{\boldsymbol{M}(\xi)\}$, $\alpha \in (0, 1)$ und $\boldsymbol{M}(\bar{\xi}) := (1 - \alpha) \boldsymbol{M}(\xi) + \alpha \boldsymbol{M}(\xi')$. Dann gilt wegen (5.3.1)

$$\exists \boldsymbol{A} \in \mathcal{M}_r^{\geqq}: ((1 - \alpha) \boldsymbol{M}(\xi)^{-1} + \alpha \boldsymbol{M}(\xi')^{-1}) - ((1 - \alpha) \boldsymbol{M}(\xi) + \alpha \boldsymbol{M}(\xi'))^{-1} = \boldsymbol{A} \wedge \boldsymbol{A} \neq \boldsymbol{0}_r$$

und damit

$$(1 - \alpha) Z_L(\boldsymbol{M}(\xi)) + \alpha Z_L(\boldsymbol{M}(\xi')) - Z_L(\boldsymbol{M}(\bar{\xi})) = Z_L(\boldsymbol{A}) > 0 .$$

Folgerung 5.3.4: Es sei $\tilde{\Xi} \subseteq \Xi_{\text{reg}}$. Dann ist das Funktional Z_A streng konvex auf $\boldsymbol{M}(\tilde{\Xi})$ •

Beweis: Es gilt mit (1.A.21)

$$\forall \boldsymbol{A} \in \mathcal{M}_r^{\geqq} \; \forall i \in \{1, \ldots, r\}: \lambda_i(\boldsymbol{A}) \geqq 0 .$$

Wenn $\boldsymbol{A} \neq \boldsymbol{0}_r$ ist, dann tritt wegen $\operatorname{Rg} \boldsymbol{A} \geqq 1$ der Eigenwert $\lambda_{i'}(\boldsymbol{A}) = 0$; $i' \in \{1, \ldots, r\}$; höchstens mit der Vielfachheit $(r - 1)$ auf (s. Rao [3]). Also ist $\operatorname{sp} \boldsymbol{A} = \sum_{i=1}^{r} \lambda_i(\boldsymbol{A}) > 0$. Aus Lemma 5.3.8 folgt die Behauptung.

Lemma 5.3.9: Es sei $\widetilde{\Xi} \subseteq \Xi_{\text{reg}}$ konvex. Dann ist das Funktional $Z_{D'}$ streng konvex auf $\boldsymbol{M}(\widetilde{\Xi})$ •

Beweis: Für $\boldsymbol{M}(\xi) \in \boldsymbol{M}(\widetilde{\Xi})$, $\boldsymbol{M}(\xi') \in \boldsymbol{M}(\widetilde{\Xi}) \setminus \{\boldsymbol{M}(\xi)\}$, $\alpha \in (0, 1)$ und $\boldsymbol{M}(\bar{\xi}) := (1 - \alpha)\, \boldsymbol{M}(\xi) + \alpha \boldsymbol{M}(\xi')$ gilt (1.A.28) in der Form

$$Z_D(\boldsymbol{M}(\bar{\xi})) < Z_D(\boldsymbol{M}(\xi))^{1-\alpha}\, Z_D(\boldsymbol{M}(\xi'))^{\alpha}\,. \tag{5.3.5}$$

Die Anwendung von ln auf beide Seiten der Ungleichung liefert wegen der Monotonie der Log-arithmusfunktion die Behauptung.

Eine weitere Eigenschaft, die hier untersucht werden soll, ist die Linearität der Funktionale. Sei $\widetilde{\mathcal{M}}_r \subseteq \mathcal{M}_r^{\geqq}$ und $\widetilde{Z} \mid \widetilde{\mathcal{M}}_r \to \mathrm{R}^1$.

Def. 5.3.2: Das Funktional $\widetilde{Z}$ heißt *linear auf* $\widetilde{\mathcal{M}}_r =_{\text{df}}$

1. $\forall \boldsymbol{A} \in \widetilde{\mathcal{M}}_r\ \forall \boldsymbol{B} \in \widetilde{\mathcal{M}}_r : (\boldsymbol{A} + \boldsymbol{B}) \in \widetilde{\mathcal{M}}_r \Rightarrow \widetilde{Z}(\boldsymbol{A}) + \widetilde{Z}(\boldsymbol{B}) = \widetilde{Z}(\boldsymbol{A} + \boldsymbol{B})$.
2. $\forall \boldsymbol{A} \in \widetilde{\mathcal{M}}_r\ \forall \alpha \in R^1 : \alpha \boldsymbol{A} \in \widetilde{\mathcal{M}}_r \Rightarrow \widetilde{Z}(\alpha \boldsymbol{A}) = \alpha \widetilde{Z}(\boldsymbol{A})$ •

Lemma 5.3.10: Das Funktional $\widetilde{Z}$ ist genau dann linear auf $\widetilde{\mathcal{M}}_r$, wenn gilt

$$\exists \widetilde{\boldsymbol{U}} \in \mathcal{M}_r\ \forall \boldsymbol{A} \in \widetilde{\mathcal{M}}_r : \widetilde{Z}(\boldsymbol{A}) = \operatorname{sp} \widetilde{\boldsymbol{U}} \boldsymbol{A} \ \bullet \tag{5.3.6}$$

Beweis: ($\Rightarrow$): Es seien $\widetilde{Z} \mid \widetilde{\mathcal{M}}_r \to \mathrm{R}^1$ linear auf $\widetilde{\mathcal{M}}_r$ und $\boldsymbol{b} \mid \mathcal{M}_r^{\geqq} \to \mathrm{R}^{r^2}$ durch

$$\forall \boldsymbol{A} = ((a_{ij}))_{r \times r} : \boldsymbol{b}(\boldsymbol{A}) = (a_{11}, a_{12}, \dots, a_{1r}, a_{21}, a_{22}, \dots, a_{2r}, \dots, a_{r1}, a_{r2}, \dots, a_{rr})'$$

definiert.
Das Funktional $\bar{Z} \mid \mathrm{R}^{r^2} \to \mathrm{R}^1$ gemäß

$$\forall \boldsymbol{A} \in \widetilde{\mathcal{M}}_r : \bar{Z}(\boldsymbol{b}(\boldsymbol{A})) = \widetilde{Z}(\boldsymbol{A})$$

ist linear auf $\boldsymbol{b}(\widetilde{\mathcal{M}}_r)$. Dann existiert ein eindeutig bestimmter Vektor $\widetilde{\boldsymbol{u}} \in \mathrm{R}^{r^2}$, so daß

$$\forall \boldsymbol{A} \in \widetilde{\mathcal{M}}_r : \bar{Z}(\boldsymbol{b}(\boldsymbol{A})) = \boldsymbol{b}(\boldsymbol{A})'\, \widetilde{\boldsymbol{u}} = \operatorname{sp} \widetilde{\boldsymbol{u}} \boldsymbol{b}(\boldsymbol{A})' = \widetilde{Z}(\boldsymbol{A}) \tag{5.3.7}$$

ist.
Setzt man nun $\widetilde{\boldsymbol{U}} := \boldsymbol{b}^{-1}(\widetilde{\boldsymbol{u}})$ mit $\widetilde{\boldsymbol{u}}$ aus (5.3.7), so gilt (5.3.6).
($\Leftarrow$): Wenn $\widetilde{Z} \mid \widetilde{\mathcal{M}}_r \to \mathrm{R}^1$ die Form

$$\exists \widetilde{\boldsymbol{U}} \in \mathcal{M}_r\ \forall \boldsymbol{A} \in \widetilde{\mathcal{M}}_r : \widetilde{Z}(\boldsymbol{A}) = \operatorname{sp} \widetilde{\boldsymbol{U}} \boldsymbol{A}$$

besitzt, erfüllt $\widetilde{Z}$ die Bedingungen 1 und 2 aus Def. 5.3.2.

Es sei $\widetilde{\Xi} \subseteq \Xi_{\text{reg}}$ und

$$\boldsymbol{M}_{\text{inv}}(\widetilde{\Xi}) := \{\boldsymbol{M}(\xi)^{-1} \in \mathcal{M}_r^{>} : \xi \in \widetilde{\Xi}\}\,.$$

Das Funktional $\widetilde{Z}_L \mid \boldsymbol{M}_{\text{inv}}(\widetilde{\Xi}) \to \mathrm{R}^1$ habe die Gestalt $\widetilde{Z}_L(\boldsymbol{M}(\cdot)^{-1}) := \operatorname{sp} \boldsymbol{U}_L \boldsymbol{M}(\cdot)^{-1}$; $\xi \in \widetilde{\Xi}$.

Folgerung 5.3.5: Es sei $\widetilde{\Xi} \subseteq \Xi_{\text{reg}}$. Dann ist das Funktional $\widetilde{Z_L}$ linear auf $\boldsymbol{M}_{\text{inv}}(\widetilde{\Xi})$ •

Somit sind also auch die Funktionale Z_A, $Z_{I,p}$ und Z_c, aufgefaßt als Funktionale von $\boldsymbol{M}(\cdot)^{-1}$ (analog zur Definition von Z_L), linear auf $\boldsymbol{M}_{\text{inv}}(\widetilde{\Xi})$.

Für den Nachweis der Existenz optimaler Versuchspläne in $\tilde{\Xi}$ sind die Kompaktheit von $\tilde{\Xi}$ und Stetigkeitseigenschaften des Funktionals $Z \mid \boldsymbol{M}(\tilde{\Xi}) \to \mathrm{R}^1$ günstige Voraussetzungen.

Wir geben jetzt eine Stetigkeitsaussage für die in Abschnitt 5.2 eingeführten Funktionale an.

Lemma 5.3.11: Die folgenden Funktionale sind stetig in allen inneren Punkten von $\boldsymbol{M}(\Xi_{\text{reg}})$ (bez. q aus (5.1.21)):

$$Z_L, Z_A, Z_{I,p}, Z_c, Z_t, Z_G, Z_{AR}, Z_{MR}, Z_{D'}, Z_{E'}, Z_M \bullet$$

Das Lemma gilt, da konvexe Funktionale, die auf einer konvexen Teilmenge des R^n definiert sind, in allen inneren Punkten des Definitionsgebietes stetig sind und wir mit der Abbildung $\boldsymbol{b}$ den aufgeführten Funktionalen äquivalente Funktionale im R^{r^2} zuordnen können.

5.3.2. Eigenschaften von Mengen optimaler Versuchspläne

In diesem Abschnitt untersuchen wir die Struktur der Lösungsmengen $\Xi^*_{\psi,\tilde{\Xi}}$ für die in Abschnitt 5.2 eingeführten Funktionale. Wir werden insbesondere Konvexitätseigenschaften von $\Xi^*_{\psi,\tilde{\Xi}}$, Eindeutigkeitsaussagen und Randpunkteigenschaften der zugehörigen Informationsmatrizen angeben.

Zunächst wird jedoch die Frage der Existenz optimaler Versuchspläne behandelt. Sie wird durch bekannte Sätze aus der Analysis beantwortet, die die Existenz des Minimums einer stetigen Funktion über einer kompakten Menge garantieren (s. z. B. Mangoldt/Knopp [1]).

Lemma 5.3.12: Es seien $\tilde{\Xi} \subseteq \Xi$, $\boldsymbol{M}(\tilde{\Xi})$ kompakt bez. q aus (5.1.21) und $\tilde{Z}$ stetig auf $\boldsymbol{M}(\tilde{\Xi})$. Dann gilt

$$\exists \xi^* \in \tilde{\Xi} : \tilde{Z}(\boldsymbol{M}(\xi^*)) = \inf_{\xi \in \tilde{\Xi}} \tilde{Z}(\boldsymbol{M}(\xi)) \bullet$$

Es seien $g \mid \boldsymbol{M}(\Xi) \to \mathrm{R}^1$, $g_0 \in \mathrm{R}^1$ und

$$\tilde{\Xi} = \{\xi \in \Xi : g(\boldsymbol{M}(\xi)) < g_0\} \tag{5.3.8}$$

(vgl. Abschnitt 5.1.1).

Lemma 5.3.13: Unter den Voraussetzungen von Lemma 5.3.12 gilt

$$\exists \xi^{**} \in \Xi_d \cap \tilde{\Xi} : \tilde{Z}(\boldsymbol{M}(\xi^{**})) = \inf_{\xi \in \tilde{\Xi}} \tilde{Z}(\boldsymbol{M}(\xi)) \wedge \operatorname{card} S(\xi^{**}) \leqq r(r+1)/2 + 1 \bullet$$

Beweis: Die Existenz von $\xi^* \in \tilde{\Xi}$ mit $\tilde{Z}(\boldsymbol{M}(\xi^*)) = \inf_{\xi \in \tilde{\Xi}} \tilde{Z}(\boldsymbol{M}(\xi))$ folgt mit Lemma 5.3.12. Mit Folgerung 5.1.5 ergibt sich

$$\exists \xi^{**} \in \Xi_d \cap \tilde{\Xi} : \tilde{Z}(\boldsymbol{M}(\xi^*)) = \tilde{Z}(\boldsymbol{M}(\xi^{**})) \wedge \operatorname{card} S(\xi^{**}) \leqq r(r+1)/2 + 1 .$$

In Lemma 5.1.8 wurde die Kompaktheit der Menge $\boldsymbol{M}(\Xi)$ bez. q nachgewiesen.

Aus der Tatsache, daß $\Xi_d \subset \Xi$ ist, erhalten wir in Anwendung der Ergebnisse von Lemma 5.3.14 und Lemma 5.3.15 die nachstehende Folgerung.

Folgerung 5.3.6: Es sei $\widetilde{Z} \mid \boldsymbol{M}(\Xi) \to \mathrm{R}^1$ stetig auf $\boldsymbol{M}(\Xi)$ bez. q aus (5.1.21). Dann gelten die beiden Aussagen:

1. $\exists \xi^* \in \Xi : \widetilde{Z}(\boldsymbol{M}(\xi^*)) = \inf\limits_{\xi \in \Xi} \widetilde{Z}(\boldsymbol{M}(\xi))$,
2. $\exists \xi^{**} \in \Xi_d : \widetilde{Z}(\boldsymbol{M}(\xi^{**})) = \inf\limits_{\xi \in \Xi} \widetilde{Z}(\boldsymbol{M}(\xi)) \wedge \operatorname{card} S(\xi^{**}) \leqq r(r+1)/2 + 1$ •

In Abschnitt 2.2.2 (s. Lemma 2.2.3) wurde die in der Optimierungstheorie bedeutsame Tatsache formuliert, daß für konvexe Funktionale die Mengen der optimalen Versuchspläne konvex sind.

Aus Lemma 2.2.3 und den in Abschnitt 5.3.1 bereitgestellten Konvexitätsaussagen ergibt sich:

Folgerung 5.3.7: Es sei $\widetilde{\Xi} \subseteq \Xi_{\mathrm{reg}}$ konvex. Dann sind die folgenden Mengen konvex:

$$\Xi^*_{L,\widetilde{\Xi}},\ \Xi^*_{A,\widetilde{\Xi}},\ \Xi^*_{I,p,\widetilde{\Xi}},\ \Xi^*_{\boldsymbol{c},\widetilde{\Xi}},\ \Xi^*_{\boldsymbol{t},\widetilde{\Xi}},\ \Xi^*_{G,\widetilde{\Xi}},\ \Xi^*_{AR,\widetilde{\Xi}},\ \Xi^*_{MR,\widetilde{\Xi}},\ \Xi^*_{D,\widetilde{\Xi}},\ \Xi^*_{E,\widetilde{\Xi}},\ \Xi^*_{M,\widetilde{\Xi}} \ \bullet$$

Daraus erhält man mit Lemma 5.1.7 sofort eine analoge Konvexitätsaussage für die Mengen der Informationsmatrizen optimaler Versuchspläne.

Folgerung 5.3.8: Es sei $\widetilde{\Xi} \subseteq \Xi_{\mathrm{reg}}$ konvex. Dann sind die folgenden Mengen konvex:

$$\boldsymbol{M}(\Xi^*_{L,\widetilde{\Xi}}),\ \boldsymbol{M}(\Xi^*_{A,\widetilde{\Xi}}),\ \boldsymbol{M}(\Xi^*_{I,p,\widetilde{\Xi}}),\ \boldsymbol{M}(\Xi^*_{\boldsymbol{c},\widetilde{\Xi}}),\ \boldsymbol{M}(\Xi^*_{\boldsymbol{t},\widetilde{\Xi}}),\ \boldsymbol{M}(\Xi^*_{G,\widetilde{\Xi}}),\ \boldsymbol{M}(\Xi^*_{AR,\widetilde{\Xi}}),$$
$$\boldsymbol{M}(\Xi^*_{MR,\widetilde{\Xi}}),\ \boldsymbol{M}(\Xi^*_{D,\widetilde{\Xi}}),\ \boldsymbol{M}(\Xi^*_{E,\widetilde{\Xi}}),\ \boldsymbol{M}(\Xi^*_{M,\widetilde{\Xi}}) \ \bullet$$

Wir stellen nun fest, für welche Optimalitätskriterien die Informationsmatrizen aller optimalen Versuchspläne identisch sind.

Lemma 5.3.14: Es seien $\widetilde{\Xi} \subseteq \Xi$ konvex, $\widetilde{Z} \mid \boldsymbol{M}(\widetilde{\Xi}) \to \mathrm{R}^1$ streng konvex auf $\boldsymbol{M}(\widetilde{\Xi})$ und $\Xi^*_{\widetilde{Z},\widetilde{\Xi}} \neq \emptyset$. Dann gilt

$$\operatorname{card} \boldsymbol{M}(\Xi^*_{\widetilde{Z},\widetilde{\Xi}}) = 1 \ \bullet$$

Beweis: Es seien $\boldsymbol{M}(\xi^*) \in \boldsymbol{M}(\Xi^*_{\widetilde{Z},\widetilde{\Xi}})$, $\boldsymbol{M}(\xi^{**}) \in \boldsymbol{M}(\Xi^*_{\widetilde{Z},\widetilde{\Xi}}) \setminus \{\boldsymbol{M}(\xi^*)\}$, $\alpha \in (0, 1)$ und $\boldsymbol{M}(\bar{\xi}) = (1-\alpha)\,\boldsymbol{M}(\xi^*) + \alpha \boldsymbol{M}(\xi^{**})$. Wegen der strengen Konvexität von $\widetilde{Z}$ gilt damit: $\widetilde{Z}(\boldsymbol{M}(\bar{\xi})) < (1-\alpha)\,\widetilde{Z}(\boldsymbol{M}(\xi^*)) + \alpha \widetilde{Z}(\boldsymbol{M}(\xi^{**})) = \widetilde{Z}(\boldsymbol{M}(\xi^*))$ im Widerspruch zur Voraussetzung $\boldsymbol{M}(\xi^*) \in \boldsymbol{M}(\Xi^*_{\widetilde{Z},\widetilde{\Xi}})$.

Mit den Lemmata 5.3.8 bis 5.3.11 erhalten wir spezielle Funktionale, für die die Mengen der Informationsmatrizen aller zugehörigen optimalen Versuchspläne aus einem Element bestehen.

Folgerung 5.3.9: Es sei $\widetilde{\Xi} \subseteq \Xi_{\mathrm{reg}}$ konvex, Z_L besitze die Eigenschaft

$$\forall \boldsymbol{A} \in \mathcal{M}_r^{\geqq} \setminus \{\boldsymbol{0}_r\} : Z_L(\boldsymbol{A}) > 0 \, .$$

Dann gelten die Aussagen:

1. $\Xi^*_{Z_L,\widetilde{\Xi}} \neq \emptyset \Rightarrow \operatorname{card} \boldsymbol{M}(\Xi^*_{Z_L,\widetilde{\Xi}}) = 1$,
2. $\Xi^*_{A,\widetilde{\Xi}} \neq \emptyset \Rightarrow \operatorname{card} \boldsymbol{M}(\Xi^*_{A,\widetilde{\Xi}}) = 1$,
3. $\Xi^*_{D,\widetilde{\Xi}} \neq \emptyset \Rightarrow \operatorname{card} \boldsymbol{M}(\Xi^*_{D,\widetilde{\Xi}}) = 1$ •

Mit dem folgenden Satz wird eine Aussage darüber gegeben, wann die Informationsmatrizen ψ-optimaler Versuchspläne in $\tilde{\Xi}$ Randpunkte von $M(\tilde{\Xi})$ sind.

Satz 5.3.1 (FEDOROV [6]): Es seien $\tilde{\Xi} \subseteq \Xi$ konvex, $\tilde{Z} \mid M(\tilde{\Xi}) \to \mathrm{R}^1$, q aus (5.1.21) und es existiere eine streng monoton fallende Funktion $\tilde{g} \in (\mathrm{R}^1)^{\mathrm{R}^+}$, so daß

$$\forall \xi \in \tilde{\Xi}\ \forall \alpha \in \mathrm{R}^+ : \alpha M(\xi) \in M(\tilde{\Xi}) \Rightarrow \tilde{Z}(\alpha M(\xi)) = \tilde{g}(\alpha)\, \tilde{Z}(M(\xi)) . \tag{5.3.9}$$

Dann ist die Informationsmatrix $M(\xi^*)$ für alle $\xi^* \in \Xi^*_{\tilde{Z}, \tilde{\Xi}}$ Randpunkt von $M(\tilde{\Xi})$ (bez. q) •

Beweis: Wegen der Konvexität der Menge $\tilde{\Xi}$ ist auch $M(\tilde{\Xi})$ konvex. Angenommen, $M(\xi^*)$; $\xi^* \in \Xi^*_{\tilde{Z}, \tilde{\Xi}}$; ist innerer Punkt von $M(\tilde{\Xi})$. Dann gilt

$$\exists \varepsilon > 0\ \forall A \in \{A \in \mathcal{M}_r^{\geqq} : q(M(\xi^*), A) < \varepsilon\} : A \in M(\tilde{\Xi}) . \tag{5.3.10}$$

Wegen der Stetigkeit von $f_i \in (\mathrm{R}^1)^V$; $i = 1, \dots, r$; und der Kompaktheit von V gibt es eine Konstante $c_0 \in \mathrm{R}^+$, so daß

$$\forall \xi \in \tilde{\Xi}: \left(\sum_{i=1}^{r} \sum_{j=1}^{r} (m_{ij}(\xi))^2 \right)^{1/2} \leqq c_0$$

ist, und es gilt speziell für $\alpha > 1$

$$\lim_{\alpha \to 1} q(M(\xi^*), \alpha M(\xi^*)) = \lim_{\alpha \to 1} |1 - \alpha| \left(\sum_{i=1}^{r} \sum_{j=1}^{r} (m_{ij}(\xi^*))^2 \right)^{1/2} \leqq \lim_{\alpha \to 1} |1 - \alpha|\, c_0 = 0 .$$

Unter Benutzung dieser Beziehung und (5.3.9) ergibt sich

$$\exists \varepsilon > 0\ \exists \alpha > 1 : q(M(\xi^*), \alpha M(\xi^*)) < \varepsilon \wedge$$
$$\wedge\ \tilde{Z}(\alpha M(\xi^*)) = \tilde{g}(\alpha)\, \tilde{Z}(M(\xi^*)) < \tilde{Z}(M(\xi^*) \wedge \alpha M(\xi^*) \in M(\tilde{\Xi}) .$$

Für dieses α gilt weiterhin:

$$\exists \tilde{\xi} \in \tilde{\Xi}: \alpha M(\xi^*) = M(\tilde{\xi}) \wedge \tilde{Z}(M(\tilde{\xi})) < \tilde{Z}(M(\xi^*))$$

im Widerspruch zur Voraussetzung $\xi^* \in \Xi^*_{\tilde{Z}, \tilde{\Xi}}$. Also ist $M(\xi^*)$ Randpunkt von $M(\tilde{\Xi})$.

Auf der Grundlage dieses Satzes können wir eine schärfere obere Schranke für die notwendige Anzahl von Punkten im Spektrum optimaler Versuchspläne als in Satz 5.1.3 angeben.

Es seien

$$g \mid M(\Xi) \to \mathrm{R}^1 , \quad g_0 \in \mathrm{R}^1 , \quad \tilde{\Xi} = \{\xi \in \Xi : g(M(\xi)) < g_0\} \tag{5.3.11}$$

und

$$h := \dim \mathcal{L}[\{f_i \cdot f_j : (i, j) \in \{1, \dots, r\}^2\}] . \tag{5.3.12}$$

Satz 5.3.2 (FEDOROV [6]): Es sei $\tilde{\Xi} \subseteq \Xi$ konvex und $\tilde{Z} \mid M(\tilde{\Xi}) \to \mathrm{R}^1$ besitze die Darstellung (5.3.9). Dann gilt

$$\forall \xi^* \in \Xi^*_{\tilde{Z}, \tilde{\Xi}}\ \exists \xi^{**} \in \Xi_d \cap \tilde{\Xi} : M(\xi^*) = M(\xi^{**}) \wedge \operatorname{card} S(\xi^{**}) \leqq h \leqq r(r + 1)/2 \ \bullet$$

Beweis: Aus Satz 5.3.1 folgt, daß alle $M^* \in M(\Xi^*_{\tilde{Z}, \tilde{\Xi}})$ Randpunkte von $M(\tilde{\Xi})$ sind. Mit $b \mid \mathcal{M}_r^{\geqq} \to \mathrm{R}^{r^2}$ aus dem Beweis von Lemma 5.3.12 erhalten wir, daß $b(M^*) \in b(M(\Xi^*_{\tilde{Z}, \tilde{\Xi}}))$ Randpunkt von $b(M(\tilde{\Xi}))$ (bez. q'_{r^2} gemäß (5.1.27)) ist. Es gilt

$$\dim \mathcal{L}[f_i \cdot f_j : (i, j) \in \{1, \dots, r\}^2\}] = h \leqq r(r + 1)/2 .$$

Wegen Satz 5.1.3 und Satz 1.1.3 läßt sich $b(M^*)$ auf Grund der Randpunkteigenschaft in der folgenden Weise darstellen:

$$b(M^*) = \sum_{i=1}^{h'} \alpha_i b(M(\xi_{x_i})) = b(M(\xi^{**})) ,$$

wobei $h' \leqq h, \alpha_i \in (0, 1], i \in \{1, \ldots, h'\}, \sum_{i=1}^{h'} \alpha_i = 1$ und $\xi^{**} = \{(\boldsymbol{x}_i, \alpha_i)\}_{i=1}^{h'}$.

Mit Anwendung der Umkehrabbildung $\boldsymbol{b}^{-1}$ auf $\boldsymbol{b}(\boldsymbol{M}(\xi^{**}))$ erhält man wegen Folgerung 5.1.5, daß $\xi^{**} \in \tilde{\Xi}$ ist.

Mit dem folgenden Lemma wird nachgewiesen, daß die in Abschnitt 5.2 eingeführten Funktionale eine Darstellung der Art (5.3.9) besitzen.

Lemma 5.3.15: Es sei $\tilde{\Xi} \subseteq \Xi_{\text{reg}}$. Alle Funktionale

$$\tilde{Z} \in \{Z_L, Z_A, Z_{I,p}, Z_c, Z_t, Z_G, Z_E, Z_{AR}, Z_{MR}, Z_M\}$$

erfüllen (5.3.9) mit

$$\forall \alpha \in \mathrm{R}^+ : \tilde{g}(\alpha) := \alpha^{-1} .$$

Das Funktional Z_D erfüllt (5.3.9) mit

$$\forall \alpha \in \mathrm{R}^+ : \tilde{g}(\alpha) := \alpha^{-r} \bullet$$

Aus Lemma 5.3.14 und Satz 5.3.2 erhalten wir die nachstehenden Folgerungen.

Folgerung 5.3.11: Es sei $\tilde{\Xi} \subseteq \Xi_{\text{reg}}$ konvex und gemäß (5.3.11) darstellbar, $\tilde{Z} \mid \boldsymbol{M}(\tilde{\Xi}) \to \mathrm{R}^1$ sei streng konvex auf $\boldsymbol{M}(\tilde{\Xi})$ und erfülle (5.3.9).
Dann gelten die Aussagen

1. $\exists \boldsymbol{M}^* \in \mathcal{M}_r^> : \boldsymbol{M}(\Xi^*_{\tilde{Z}, \tilde{\Xi}}) = \{\boldsymbol{M}^*\}$,

2. $\exists \xi^{**} \in \Xi_d \cap \tilde{\Xi} : \boldsymbol{M}(\xi^{**}) = \boldsymbol{M}^* \wedge \operatorname{card} S(\xi^{**}) \leqq h \leqq r(r+1)/2 \bullet$

Da Ξ_{reg} konvex ist und die Darstellung (5.3.11) besitzt, gilt die Folgerung 5.3.11 insbesondere für $\tilde{\Xi} = \Xi_{\text{reg}}$.
Folgerung 5.3.11 besitzt speziell für die Funktionale Z_A und Z_D Gültigkeit.

5.4. Zulässigkeit von Versuchsplänen

Der Begriff der Zulässigkeit von Versuchsplänen kann ähnlich wie in der allgemeinen statistischen Entscheidungstheorie dazu benutzt werden, die Menge $\tilde{\Xi}$ der für die Optimierung zu Auswahl stehenden Pläne einzuschränken und vollständige bzw. schwach vollständige Klassen zu bilden.

Wir zeigen zunächst, daß der Zulässigkeitsbegriff, den wir für Versuchspläne einführen, nicht direkt mit dem streng entscheidungstheoretischen Begriff übereinstimmt.

Das erweiterte Versuchsplanungsproblem (5.1.19) kann als Entscheidungsproblem

$$G_2' = [H, \tilde{\Xi}, R_2'] \tag{5.4.1}$$

mit

$$\forall \boldsymbol{x} \in H \; \forall \xi \in \tilde{\Xi} : R_2'(\boldsymbol{x}, \xi) = \operatorname{sp} \tilde{\boldsymbol{U}}(\boldsymbol{x}, \boldsymbol{M}(\xi)) \, \boldsymbol{M}(\xi)^{-1} \tag{5.4.2}$$

interpretiert werden. Dabei gilt

$$\forall \xi \in \tilde{\Xi} : \psi(\xi) = Z(\boldsymbol{M}(\xi)) = Q_2 R_2'(\cdot, \xi) , \tag{5.4.3}$$

und jeder ψ-optimale Versuchsplan kann als Q_2-optimale Strategie in G_2' dargestellt werden. In diesem Entscheidungsproblem können die Begriffe „*besser*", „*zulässig*", „*vollständige Klasse*" usw. entsprechend Def. 1.5.7 bis 1.5.9 eingeführt werden.

Dieser an das Entscheidungsproblem G_2' geknüpfte Zulässigkeitsbegriff hat also für jedes spezielle Funktional Z bzw. die jeweils zugehörige Darstellung von R_2' aus (5.4.1) eine andere Gestalt.

In der Theorie der optimalen Versuchsplanung ist es jedoch üblich, einen globaleren Zulässigkeitsbegriff einzuführen, der nicht an das konkrete Risiko R_2' (bzw. das Funktional Z) gebunden ist, sondern lediglich auf den Informationsmatrizen basiert.

Def. 5.4.1: Der stetige Versuchsplan $\xi_1 \in \tilde{\Xi}$ heißt *M-mindestens so gut wie* $\xi_2 \in \tilde{\Xi}$ *in* $\tilde{\Xi} =_{\text{df}}$

$$\boldsymbol{M}(\xi_1) - \boldsymbol{M}(\xi_2) \in \mathcal{M}_r^{\geqq} \; \bullet$$

Def. 5.4.2: Der stetige Versuchsplan $\xi_1 \in \tilde{\Xi}$ heißt *M-besser als* $\xi_2 \in \tilde{\Xi}$ *in* $\tilde{\Xi} =_{\text{df}}$

$$\boldsymbol{M}(\xi_1) - \boldsymbol{M}(\xi_2) \in \mathcal{M}_r^{\geqq} \wedge \boldsymbol{M}(\xi_1) \neq \boldsymbol{M}(\xi_2) \; \bullet$$

Def. 5.4.3: Der stetige Versuchsplan $\xi \in \tilde{\Xi}$ heißt *M-zulässig in* $\tilde{\Xi} =_{\text{df}}$
Es existiert kein $\xi' \in \tilde{\Xi}$, das M-besser ist als ξ •

Es sei $\Xi^{(1)} \subseteq \tilde{\Xi}$.

Def. 5.4.4: Die Klasse Ξ_1 heißt *M-vollständig* in $\tilde{\Xi} =_{\text{df}}$

$$\forall \xi \in \tilde{\Xi} \setminus \Xi_1 \; \exists \xi^{(1)} \in \Xi_1 : \boldsymbol{M}(\xi^{(1)}) - \boldsymbol{M}(\xi) \in \mathcal{M}_r^{\geqq} \wedge \boldsymbol{M}(\xi^{(1)}) \neq \boldsymbol{M}(\xi) \; \bullet$$

Def. 5.4.5: Die Klasse Ξ_1 heißt *schwach M-vollständig in* $\tilde{\Xi} =_{\text{df}}$

$$\forall \xi \in \tilde{\Xi} \; \exists \xi^{(1)} \in \Xi_1 : \boldsymbol{M}(\xi^{(1)}) - \boldsymbol{M}(\xi) \in \mathcal{M}_r^{\geqq} \; \bullet$$

Wir bemerken nochmals, daß diese in Def. 5.4.1 bis 5.4.5 eingeführten Begriffe i. allg. nicht mit den entsprechenden Begriffen für das Entscheidungsproblem G_2' übereinstimmen, zeigen jedoch jetzt, daß sie in einem *anderen* Entscheidungsproblem der streng entscheidungstheoretischen Begriffsbildung entsprechen.

Es seien $\tilde{\Xi} \subseteq \Xi_{\text{reg}}$ und $G_2'' := [\mathcal{M}_r^{\geqq}, \tilde{\Xi}, R_2'']$ mit

$$\forall \boldsymbol{U} \in \mathcal{M}_r^{\geqq} \; \forall \xi \in \tilde{\Xi} : R_2''(\boldsymbol{U}, \xi) = \operatorname{sp} \boldsymbol{U}\boldsymbol{M}(\xi)^{-1} \,. \tag{5.4.4}$$

Satz 5.4.1: Es gelten die Aussagen:

1. Der stetige Versuchsplan $\xi_1 \in \tilde{\Xi}$ ist genau dann M-mindestens so gut wie $\xi_2 \in \tilde{\Xi}$, wenn $\xi_1 \in \tilde{\Xi}$ mindestens so gut wie $\xi_2 \in \tilde{\Xi}$ in G_2'' ist.
2. Der stetige Versuchsplan $\xi_1 \in \tilde{\Xi}$ ist genau dann M-besser als $\xi_2 \in \tilde{\Xi}$, wenn $\xi_1 \in \tilde{\Xi}$ besser als $\xi_2 \in \tilde{\Xi}$ in G_2'' ist •

Beweis: 1. ($\Rightarrow$):

Es sei $\xi_1 \in \tilde{\Xi}$ M-mindestens so gut wie $\xi_2 \in \tilde{\Xi}$ in $\tilde{\Xi}$, d. h., es ist

$$\boldsymbol{M}(\xi_1) - \boldsymbol{M}(\xi_2) \in \mathcal{M}_r^{\geqq} .$$

Mit (1.A.47) gilt

$$\boldsymbol{M}(\xi_2)^{-1} - \boldsymbol{M}(\xi_1)^{-1} \in \mathcal{M}_r^{\geqq} .$$

Damit erhält man

$$\forall U \in \mathcal{M}_r^{\geqq}: \operatorname{sp} UM(\xi_1)^{-1} = \sum_{i=1}^{r} \lambda_i(U)\, t_i'(U)\, M(\xi_1)^{-1}\, t_i(U) \leqq \sum_{i=1}^{r} \lambda_i(U)\, t_i'(U)\, M(\xi_2)^{-1}\, t_i(U)$$
$$= \operatorname{sp} UM(\xi_2)^{-1}.$$

(⇐):
Es sei $\xi_1 \in \tilde{\Xi}$ mindestens so gut wie $\xi_2 \in \tilde{\Xi}$ in $\tilde{\Xi}$, d. h., es gilt

$$\forall U \in \mathcal{M}_r^{\geqq}: \operatorname{sp} UM(\xi_1)^{-1} \leqq \operatorname{sp} UM(\xi_2)^{-1}.$$

Damit hat auch die folgende Beziehung Gültigkeit:

$$\forall u \in \mathrm{R}^r: \operatorname{sp} uu'M(\xi_1)^{-1} \leqq \operatorname{sp} uu'M(\xi_2)^{-1},$$

aus der unter Benutzung von (1.A.5)

$$\forall u \in \mathrm{R}^r: u'M(\xi_1)^{-1}\, u \leqq u'M(\xi_2)^{-1}\, u$$

folgt.

2. (⇒):

Es sei $\xi_1 \in \tilde{\Xi}$ M-besser als $\xi_2 \in \tilde{\Xi}$ in $\tilde{\Xi}$, damit ist also

$$M(\xi_1) - M(\xi_2) \in \mathcal{M}_r^{\geqq} \wedge M(\xi_1) \neq M(\xi_2).$$

Nach Teil 1 dieses Satzes ist $\xi_1 \in \tilde{\Xi}$ mindestens so gut wie $\xi_2 \in \tilde{\Xi}$ in G_2''.
Da $M(\xi_1) \neq M(\xi_2)$ ist, gilt

$$\exists u_0 \in \mathrm{R}^r \setminus \{0\}: u_0'M(\xi_1)u_0 > u_0'M(\xi_2)\, u_0,$$

Mit $U_0 = u_0u_0'$ ergibt sich unter Benutzung von (1.A.5)

$$\operatorname{sp} U_0M(\xi_1)^{-1} < \operatorname{sp} U_0M(\xi_2)^{-1}.$$

(⇐):

Es sei $\xi_1 \in \tilde{\Xi}$ besser als $\xi_2 \in \tilde{\Xi}$ in G_2'', dann ist ξ_1 mindestens so gut wie ξ_2 in G_2'' und

$$\exists U_0 \in \mathcal{M}_r^{\geqq}: \operatorname{sp} U_0M(\xi_1)^{-1} < \operatorname{sp} U_0M(\xi_2)^{-1}. \tag{5.4.5}$$

Dann ist nach Teil 1 des Satzes $M(\xi_1) - M(\xi_2) \in \mathcal{M}_r^{\geqq}$. Angenommen, es gelte $M(\xi_1) = M(\xi_2)$, dann würde in (5.4.5) das Gleichheitszeichen gelten. Also ist $M(\xi_1) \neq M(\xi_2)$.

Wir zeigen jetzt, daß die in Def. 5.4.1 bis Def. 5.4.5 eingeführten Begriffe in gewissem Sinne allgemeiner sind als die entsprechenden Begriffe im Entscheidungsproblem G_2'.

Lemma 5.4.1: Es seien $\tilde{\Xi} \subseteq \Xi_{\text{reg}}$, $Z \in \{Z_L, Z_A, Z_{I,p}, Z_c, Z_t, Z_G, Z_{MR}, Z_{AR}, Z_E, Z_D, Z_M\}$ und $G_{2,Z}'$ das zugehörige Entscheidungsproblem vom Typ (5.4.1).
Dann gelten die Aussagen:

1. Wenn $\Xi_1 \subseteq \tilde{\Xi}$ eine M-vollständige Klasse in $\tilde{\Xi}$ ist, dann ist Ξ_1 schwach vollständig in $G_{2,Z'}'$.
2. Wenn $\Xi_1 \subseteq \tilde{\Xi}$ eine schwach M-vollständige Klasse in $\tilde{\Xi}$ ist, dann ist Ξ_1 schwach vollständig in $G_{2,Z'}'$ •

Beweis:

1. Es sei $\Xi_1 \subseteq \tilde{\Xi}$ eine M-vollständige Klasse in $\tilde{\Xi}$, d. h.

$$\forall \xi \in \tilde{\Xi} \setminus \Xi_1\ \exists \xi^{(1)} \in \Xi_1: M(\xi^{(1)}) - M(\xi) \in \mathcal{M}_r^{\geqq} \wedge M(\xi^{(1)}) \neq M(\xi). \tag{5.4.6}$$

a) Dann folgt mit Satz 5.4.1 aus

$$\forall \boldsymbol{x} \in H \ \forall \boldsymbol{U}_L \in \mathcal{M}_r^{\geqq}: \operatorname{sp} \boldsymbol{U}_L \boldsymbol{M}(\xi^{(1)})^{-1} \leqq \operatorname{sp} \boldsymbol{U}_L \boldsymbol{M}(\xi)^{-1}$$

die Behauptung für Z_L, Z_A, $Z_{I,p}$ und Z_c.

b) Für $\xi^{(1)}$ und ξ gemäß (5.4.6) gilt

$$\forall \boldsymbol{x} \in H: \boldsymbol{t}(\boldsymbol{x})' \boldsymbol{M}(\xi^{(1)})^{-1} \boldsymbol{t}(\boldsymbol{x}) \leqq \boldsymbol{t}(\boldsymbol{x})' \boldsymbol{M}(\xi)^{-1} \boldsymbol{t}(\boldsymbol{x})$$

und somit die Behauptung für Z_t, Z_G, Z_{MR} und (nach Subtraktion von $\inf\limits_{\tilde{\xi} \in \tilde{\Xi}} \boldsymbol{f}(\boldsymbol{x})' \tilde{\boldsymbol{M}}(\xi)^{-1} \boldsymbol{f}(\boldsymbol{x})$ auf beiden Seiten der Ungleichung) Z_{AR}.

c) Aus (5.4.6) erhält man unter Benutzung von (1.A.45)

$$\forall \boldsymbol{x} \in H: \det \boldsymbol{M}(\xi^{(1)})^{-1} \leqq \det \boldsymbol{M}(\xi)^{-1},$$

woraus sich die Behauptung für Z_D ergibt.

d) Wegen (1.A.45) und (5.4.6) gilt

$$\lambda_{\max}(\boldsymbol{M}(\xi^{(1)})^{-1}) \leqq \lambda_{\max}(\boldsymbol{M}(\xi)^{-1})$$

und damit die Behauptung für Z_E.

e) Aus (5.4.6) ergibt sich unter Benutzung von (5.2.6)

$$\begin{aligned}\forall \boldsymbol{x} \in H: \boldsymbol{s}_{\max}(\boldsymbol{M}(\xi^{(1)})^{-1})' \boldsymbol{M}(\xi^{(1)})^{-1} \boldsymbol{s}_{\max}(\boldsymbol{M}(\xi^{(1)})^{-1}) &\leqq \boldsymbol{s}_{\max}(\boldsymbol{M}(\xi^{(1)})^{-1})' \boldsymbol{M}(\xi)^{-1} \boldsymbol{s}_{\max}(\boldsymbol{M}(\xi^{(1)})^{-1}) \\ &\leqq \boldsymbol{s}_{\max}(\boldsymbol{M}(\xi)^{-1})' \boldsymbol{M}(\xi)^{-1} \boldsymbol{s}_{\max}(\boldsymbol{M}(\xi)^{-1})\end{aligned}$$

und damit die Behauptung für Z_M.

Der Beweis zu Teil 2 des Lemmas entspricht den angegebenen Beweisschritten zum ersten Teil.

Mit Lemma 5.4.1 folgert man aus Satz 1.5.2:

Folgerung 5.4.1: Es seien $\tilde{\Xi} \subseteq \Xi_{\text{reg}}$, $Z \in \{Z_L, Z_A, Z_{I,p}, Z_c, Z_{AR}, Z_{MR}, Z_t, Z_G, Z_D, Z_M, Z_E\}$, und $\Xi_1 \subseteq \tilde{\Xi}$ eine M-vollständige (bzw. schwach M-vollständige) Klasse von Versuchsplänen in $\tilde{\Xi}$. Dann gibt es zu jedem Versuchsplan $\xi^{(0)} \in \tilde{\Xi}$, der zulässig in $G'_{2,Z}$, ist, einen äquivalenten Versuchsplan $\xi^{(1)} \in \Xi_1$ •

Aus Folgerung 5.4.1 ergibt sich weiter: Falls es überhaupt einen optimalen Versuchsplan in $\tilde{\Xi}$ gibt, dann enthält jede M-vollständige (bzw. schwach M-vollständige) Klasse mindestens einen optimalen Plan, wie wir im folgenden nachweisen.

Es seien $\Xi_1 \subseteq \tilde{\Xi}$ eine schwach M-vollständige Klasse von Plänen, Z aus (5.4.3) und $\xi^* \in \Xi^*_{Z,\tilde{\Xi}}$. Dann gilt

$$\exists \xi^{(1)} \in \Xi_1: \boldsymbol{M}(\xi^*) - \boldsymbol{M}(\xi^{(1)}) \in \mathcal{M}_r^{\geqq}.$$

Da ξ^* optimal ist, muß $\xi^{(1)}$ äquivalent zu ξ^* in $G'_{2,Z}$ sein. Also gibt es in jeder schwach M-vollständigen Klasse Ξ_1 mindestens einen optimalen Versuchsplan.

Bei der Suche nach einem optimalen Plan kann man sich also auf schwach vollständige Klassen beschränken. Es müssen aber nicht notwendig alle optimalen Versuchspläne in der gewählten Klasse enthalten sein.

Wir geben nun eine Bedingung an, unter der die Menge der M-zulässigen Pläne alle optimalen Versuchspläne enthält.

Es sei $\tilde{\Xi} \subseteq \Xi_{\text{reg}}$, und in G'_2 gelte

$$\forall \boldsymbol{x} \in H \ \forall \xi \in \tilde{\Xi}: R'_2(\boldsymbol{x}, \xi) = \operatorname{sp} \boldsymbol{U}(\boldsymbol{x}) \boldsymbol{M}(\xi)^{-1}$$

und

$$\forall \xi \in \tilde{\Xi}: Z(\boldsymbol{M}(\xi)) = \sup_{\boldsymbol{x} \in H} \boldsymbol{U}(\boldsymbol{x}) \boldsymbol{M}(\xi)^{-1}.$$

Satz 5.4.2: Es sei card $M(\Xi^*_{Z,\tilde{\Xi}}) = 1$. Dann enthält die Menge der M-zulässigen Versuchspläne die Menge $\Xi^*_{Z,\tilde{\Xi}}$ •

Beweis: Angenommen, es gäbe ein $\xi^* \in \Xi^*_{Z,\tilde{\Xi}}$, das nicht M-zulässig in $\tilde{\Xi}$ ist. Dann gibt es ein $\xi' \in \tilde{\Xi}$, das M-besser ist als ξ^*, d. h., es gilt

$$\exists \xi' \in \tilde{\Xi}: \boldsymbol{M}(\xi') - \boldsymbol{M}(\xi^*) \in \mathcal{M}_r^{\geqq} \wedge \boldsymbol{M}(\xi') \neq \boldsymbol{M}(\xi^*) , \tag{5.4.7}$$

was nach Satz 5.4.1 äquivalent zu

$$\exists \xi' \in \tilde{\Xi}\ \forall \boldsymbol{U} \in \mathcal{M}_r^{\geqq}: \operatorname{sp} \boldsymbol{U}\boldsymbol{M}(\xi')^{-1} \leqq \operatorname{sp} \boldsymbol{U}\boldsymbol{M}(\xi^*)^{-1} \wedge (\exists \boldsymbol{U}_0 \in \mathcal{M}_r^{\geqq}: \operatorname{sp} \boldsymbol{U}_0\boldsymbol{M}(\xi')^{-1} < \operatorname{sp} \boldsymbol{U}_0\boldsymbol{M}(\xi^*)^{-1})$$

ist. Also gilt

$$\forall \boldsymbol{x} \in H: \operatorname{sp} \boldsymbol{U}(\boldsymbol{x})\, \boldsymbol{M}(\xi')^{-1} \leqq \operatorname{sp} \boldsymbol{U}(\boldsymbol{x})\, \boldsymbol{M}(\xi^*)^{-1} ,$$

und damit ist $\xi' \in \Xi^*_{Z,\tilde{\Xi}}$ und $\boldsymbol{M}(\xi') \neq \boldsymbol{M}(\xi^*)$ im Widerspruch zur Voraussetzung card $M(\Xi^*_{Z,\tilde{\Xi}}) = 1$. Folglich ist jeder Z-optimale Plan M-zulässig in $\tilde{\Xi}$.

Der Satz gilt speziell für Funktionale Z, die streng konvex auf $\boldsymbol{M}(\tilde{\Xi})$ sind. Falls die Voraussetzungen zu Satz 5.4.2 erfüllt sind, kann man sich bei der Suche nach optimalen Versuchsplänen auf die Menge der M-zulässigen Versuchspläne beschränken.

Da, wie wir im Anschluß an Lemma 5.4.1 feststellen konnten, schwach M-vollständige (bzw. M-vollständige) Klassen von Versuchsplänen mindestens einen optimalen Versuchsplan enthalten (falls überhaupt ein optimaler Plan existiert), stellt sich die Frage nach Bedingungen, die diese Klassen von Versuchsplänen charakterisieren.

Dazu definieren wir eine Menge $V_f \subseteq V$ gemäß

$$V_f := \{\boldsymbol{x} \in V: \boldsymbol{f}(\boldsymbol{x}) \neq \boldsymbol{0} \wedge \neg\, (\exists \tilde{\boldsymbol{x}} \in V\ \exists a \in \mathrm{R}^1 \setminus [-1, +1]: \boldsymbol{f}(\tilde{\boldsymbol{x}}) = a\boldsymbol{f}(\boldsymbol{x}))\} .$$

Weiterhin sei $\Xi(V_f) := \{\xi \in \Xi: S(\xi) \subseteq V_f\}$. Wir geben nun hinreichende Bedingungen für schwach M-vollständige Klassen von Versuchsplänen an.

Satz 5.4.3 (Kiefer [3]): Die Menge $\Xi(V_f)$ ist eine schwach M-vollständige Klasse von stetigen Versuchsplänen in Ξ_{reg} •

Beweis: Es ist also nachzuweisen, daß

$$\forall \xi \in \Xi_{\text{reg}}\ \exists \xi^{(1)} \in \Xi(V_f): \boldsymbol{M}(\xi^{(1)}) - \boldsymbol{M}(\xi) \in \mathcal{M}_r^{\geqq} .$$

Wir betrachten $\xi \in \Xi_{\text{reg}}$. Dabei sei o. B. d. A. $\xi \in \Xi_{\text{reg}} \cap \Xi_d$, d. h., ξ hat eine Darstellung der Art

$$\xi = \{(\boldsymbol{x}_i, p_i)\}_{i=1}^m$$

mit $\{\boldsymbol{x}_1, \dots, \boldsymbol{x}_s\} \cap V_f = \emptyset$; $s \leqq m$ (s. Satz 5.1.3). Dann erhalten wir

$$\forall \boldsymbol{x} \in \{\boldsymbol{x}_1, \dots, \boldsymbol{x}_s\} \cap \{\boldsymbol{x} \in V: \boldsymbol{f}(\boldsymbol{x}) \neq \boldsymbol{0}\}\ \exists \tilde{\boldsymbol{x}} \in V_f\ \exists a \in \mathrm{R}^1: \boldsymbol{f}(\tilde{\boldsymbol{x}}) = a\boldsymbol{f}(\boldsymbol{x}) \wedge |a| > 1 . \tag{5.4.8}$$

Damit folgt:

$$\boldsymbol{f}(\tilde{\boldsymbol{x}})\, \boldsymbol{f}(\tilde{\boldsymbol{x}})' \geqq \boldsymbol{f}(\boldsymbol{x})\, \boldsymbol{f}(\boldsymbol{x})' \geqq \boldsymbol{0} . \tag{5.4.9}$$

Für $\boldsymbol{x} \in \{\boldsymbol{x}_1, \dots, \boldsymbol{x}_s\}$ mit $\boldsymbol{f}(\boldsymbol{x}) = \boldsymbol{0}$ folgt für alle $\tilde{\boldsymbol{x}} \in V_f$ ebenfalls die Ungleichung (5.4.9).

Wir konstruieren nun einen Versuchsplan $\xi^{(1)} \in \Xi(V_f)$, der besser ist als ξ.

Es sei $S(\xi^{(1)}) = \{\tilde{\boldsymbol{x}}_1, \dots, \tilde{\boldsymbol{x}}_s, \boldsymbol{x}_{s+1}, \dots, \boldsymbol{x}_m\} \subseteq V_f$, wobei die $\tilde{\boldsymbol{x}}_1, \dots, \tilde{\boldsymbol{x}}_s$ jeweils für $\boldsymbol{x}_1, \dots, \boldsymbol{x}_s$ aus $S(\xi)$ gemäß (5.4.8) gewählt seien. Die Punkte $\tilde{\boldsymbol{x}}_1, \dots, \tilde{\boldsymbol{x}}_s, \boldsymbol{x}_{s+1}, \dots, \boldsymbol{x}_m$ erhalten die Gewichte $p_1, \dots, p_m$ aus ξ. Dann gilt

$$\begin{aligned}\boldsymbol{M}(\xi^{(1)}) - \boldsymbol{M}(\xi) = {} & \sum_{j=1}^{s} p_j \boldsymbol{f}(\tilde{\boldsymbol{x}}_j)\, \boldsymbol{f}(\tilde{\boldsymbol{x}}_j)' + \sum_{j=s+1}^{m} p_j \boldsymbol{f}(\boldsymbol{x}_j)\, \boldsymbol{f}(\boldsymbol{x}_j)' \\ & - \sum_{j=1}^{s} p_j \boldsymbol{f}(\boldsymbol{x}_j)\, \boldsymbol{f}(\boldsymbol{x}_j)' - \sum_{j=s+1}^{m} p_j \boldsymbol{f}(\boldsymbol{x}_j)\, \boldsymbol{f}(\boldsymbol{x}_j)' \in \mathcal{M}_r^{\geqq} .\end{aligned}$$

Wenn $f \in (\mathrm{R}^1)^V$ eine konstante Komponente besitzt, ist $V = V_f$. Der Satz 5.4.3 besagt dann, daß Ξ_{reg} eine schwach M-vollständige Klasse von Versuchsplänen ist.

Es sei $f(V) := \{f(x) : x \in V\}$, wenn $f(V)$ konvex ist, bezeichne G_f die Menge aller Extremalpunkte von $f(V)$.

EHRENFELD [2] gab die folgende Charakterisierung einer schwach M-vollständigen Klasse von Versuchsplänen. Es sei

$$\Xi(G_f) := \{\xi \in \Xi_{\mathrm{reg}} : S(\xi) \subseteq \{x \in V : f(x) \in G_f^1\}\} .$$

Satz 5.4.4 (EHRENFELD [2]): Es sei $f(V)$ konvex. Dann ist $\Xi(G_f)$ eine schwach M-vollständige Klasse von Versuchsplänen in Ξ_{reg} •

Beweis: Wir zeigen, daß

$$\forall \xi \in \Xi_{\mathrm{reg}} \, \exists \xi^{(1)} \in \Xi(G_f) : M(\xi^{(1)}) - M(\xi) \in \mathcal{M}_r^{\geqq}$$

gilt.

Da $f(V)$ konvex und $\dim \mathscr{L}[f(V)] = r$ ist, lassen sich alle Elemente von $f(V)$ nach Satz 1.1.1 in der folgenden Weise darstellen:

$$\forall x \in V \, \exists m' \in \{1, \dots, r+1\} \, \exists (f(x_1), \dots, f(x_{m'})) \in \mathop{\times}_{i=1}^{m'} G_f \, \exists (\lambda_1, \dots, \lambda_{m'})' \in \mathrm{R}^{m'} :$$

$$\left(\forall i \in \{1, \dots, m'\} : \lambda_i > 0 \wedge \sum_{i=1}^{m'} \lambda_i = 1\right) \wedge f(x) = \sum_{i=1}^{m'} \lambda_i f(x_i) . \tag{5.4.10}$$

Für $x \in \{x \in V : f(x) \in G_f\}$ ist $m' = 1$.

Wegen der Gültigkeit der Beziehung

$$(\lambda f(x) + (1-\lambda) f(\tilde{x}))\,(\lambda f(x) + (1-\lambda) f(\tilde{x}))' \leqq \lambda f(x) f(x)' + (1-\lambda) f(\tilde{x}) f(\tilde{x})'$$

für $\lambda \in [0, 1]$, $x \in V$ und $\tilde{x} \in V$ können wir die Abschätzung

$$f(x) f(x)' = \left(\sum_{i=1}^{m'} \lambda_i f(x_i)\right)\left(\sum_{i=1}^{m'} \lambda_i f(x_i)\right)' \leqq \sum_{i=1}^{m'} \lambda_i f(x_i) f(x_i)' \tag{5.4.11}$$

benutzen.

Es sei o. B. d. A. $\xi \in \Xi_{\mathrm{reg}} \cap \Xi_d$, dann gilt

$$M(\xi) = \sum_{l=1}^{m} p_l f(x_l) f(x_l)' \tag{5.4.12}$$

mit $p_l > 0$, $x_l \in V$, $l \in \{1, \dots, m\}$ und $\sum_{l=1}^{m} p_l = 1$. In (5.4.12) stellen wir $f(x_l)$ für $l \in \{1, \dots, m\}$ gemäß (5.4.10) durch

$$f(x_l) = \sum_{i(l)=1}^{m(l)} \lambda_{i(l)} f(x_{i(l)})$$

dar. Wir erhalten somit unter Benutzung von (5.4.11)

$$M(\xi) \leqq \sum_{l=1}^{m} p_l \sum_{i(l)=1}^{m(l)} \lambda_{i(l)} f(x_{i(l)}) f(x_{i(l)})' =: M(\xi^{(1)}) ,$$

wobei

$$\xi^{(1)} = \{(x_{i(l)}, \lambda_{i(l)} p_l) : l \in \{1, \dots, m\} \wedge i(l) \in \{1, \dots, m(l)\} \wedge x_{i(l)} \in \{x \in V : f(x) \in G_f\}\}$$

ist.

Mit Lemma 5.4.1, Satz 5.4.3 und Satz 5.4.4 ergibt sich die nachstehende Aussage.

Folgerung 5.4.2: Es seien $f(V)$ konvex, $Z \in \{Z_L, Z_A, Z_{I,p}, Z_c, Z_t, Z_G, Z_{MR}, Z_{AR}, Z_E, Z_D, Z_M\}$ und $G'_{2,Z'}$ das zugehörige Entscheidungsproblem vom Typ (5.4.1). Dann sind die Mengen $\Xi(V_f)$ und $\Xi(G_f)$ schwach vollständige Klassen von Versuchsplänen in $G'_{2,Z'}$ •

Der folgende Satz liefert ein wichtiges Charakteristikum zulässiger Versuchspläne, das die wesentliche Abhängigkeit der Zulässigkeit eines stetigen Versuchsplanes von dessen Spektrum verdeutlicht.

Satz 5.4.5 (KARLIN/STUDDEN [1]): Es seien $\varphi \mid V \to [0, c_0]$; $c_0 \in \mathrm{R}^+$; und $\xi^{(0)} \in \Xi_{\mathrm{reg}}$ ein M-zulässiger stetiger Versuchsplan in Ξ_{reg}. Dann ist jeder stetige Versuchsplan $\xi \in \Xi_{\mathrm{reg}}$ mit $\forall \boldsymbol{x} \in V: \mathrm{d}\xi(\boldsymbol{x}) = \varphi(\boldsymbol{x})\, \mathrm{d}\xi^{(0)}(\boldsymbol{x})$ ebenfalls M-zulässig in Ξ_{reg} •

Beweis (KARLIN/STUDDEN [1]): Angenommen, ξ sei nicht M-zulässig in Ξ_{reg}. Dann gilt

$$\exists \xi' \in \Xi_{\mathrm{reg}}: \boldsymbol{M}(\xi') - \boldsymbol{M}(\xi) \in \mathcal{M}_r^{\geqq} \wedge \boldsymbol{M}(\xi') \neq \boldsymbol{M}(\xi)\,.$$

Es sei $\xi_\alpha := (1 - \alpha)\, \xi + \alpha \xi'$; $\alpha > 0$. Damit ist $\boldsymbol{M}(\xi_\alpha) - \boldsymbol{M}(\xi) = \alpha[\boldsymbol{M}(\xi') - \boldsymbol{M}(\xi)] \in \mathcal{M}_r^{\geqq}$ gültig, woraus folgt

$$[\boldsymbol{M}(\xi_\alpha) - \boldsymbol{M}(\xi) + \boldsymbol{M}(\xi^{(0)}) - \boldsymbol{M}(\xi^{(0)})] \in \mathcal{M}_r^{\geqq}\,. \tag{5.4.13}$$

Da nach Voraussetzung $\varphi(\boldsymbol{x}) \leqq c_0$; $\boldsymbol{x} \in V$; ist, gilt

$$\forall \alpha \in (0, c_0^{-1})\ \forall \boldsymbol{x} \in V: \mathrm{d}(\xi_\alpha - \xi + \xi^{(0)})\,(\boldsymbol{x}) = \alpha\, \mathrm{d}\xi'(\boldsymbol{x}) + \mathrm{d}\xi^{(0)}(\boldsymbol{x}) - \alpha\varphi(\boldsymbol{x})\, \mathrm{d}\xi^{(0)}(\boldsymbol{x}) \geqq 0$$
$$\wedge \int_V \mathrm{d}(\xi_\alpha - \xi + \xi^{(0)})\,(\boldsymbol{x}) = 1 \wedge (\xi_\alpha - \xi + \xi^{(0)}) \in \Xi_{\mathrm{reg}}\,.$$

Somit ist $(\xi_\alpha - \xi + \xi^{(0)})$; $\alpha \in (0, c_0^{-1})$; wegen (5.4.13) und $\boldsymbol{M}(\xi_\alpha - \xi + \xi^{(0)}) \neq \boldsymbol{M}(\xi^{(0)})$ im Widerspruch zur Voraussetzung M-besser als $\xi^{(0)}$ in Ξ_{reg}.

Es ergibt sich die Folgerung, daß die M-Zulässigkeit eines diskreten Versuchsplanes nur von seinem Spektrum, nicht aber von den Gewichten abhängt.

Ebenfalls von KARLIN/STUDDEN [1] wurden sowohl eine notwendige als auch eine hinreichende Bedingung für die M-Zulässigkeit eines stetigen Versuchsplanes bewiesen.

Satz 5.4.6 (KARLIN/STUDDEN [1]):

1. Es gelte für $\xi \in \Xi_{\mathrm{reg}}$

   $$\exists \boldsymbol{T} \in \mathcal{M}_r^{>}\ \forall \boldsymbol{x} \in V: \boldsymbol{f}(\boldsymbol{x})'\, \boldsymbol{T}\boldsymbol{f}(\boldsymbol{x}) \leqq 1 \wedge \left(\forall \boldsymbol{x} \in S(\xi): \boldsymbol{f}(\boldsymbol{x})'\, \boldsymbol{T}\boldsymbol{f}(\boldsymbol{x}) = 1\right).$$

   Der Versuchsplan ξ ist dann M-zulässig in Ξ_{reg}.

2. Es sei $\xi \in \Xi_{\mathrm{reg}}$ ein M-zulässiger Versuchsplan in Ξ_{reg}. Dann gilt

   $$\exists \widetilde{\boldsymbol{T}} \in \mathcal{M}_r^{\geqq}\ \forall \boldsymbol{x} \in V: \boldsymbol{f}(\boldsymbol{x})'\, \widetilde{\boldsymbol{T}}\boldsymbol{f}(\boldsymbol{x}) \leqq 1 \wedge (\forall \boldsymbol{x} \in S(\xi): \boldsymbol{f}(\boldsymbol{x})'\, \widetilde{\boldsymbol{T}}\boldsymbol{f}(\boldsymbol{x}) = 1)\ \bullet$$

5.5. Äquivalenzsätze

In diesem Abschnitt wird der für allgemeine konvexe Funktionale formulierte Äquivalenzsatz von WHITTLE auf die in Abschnitt 5.2 definierten speziellen Funktionale $Z(\boldsymbol{M}(\cdot))$ konkretisiert. Die folgenden Aussagen sind aus mehreren Gründen sehr bedeutungsvoll.

Man erhält damit z. B. (als Folgerung aus Satz 2.2.2) für die entsprechenden Optimalitätskriterien äquivalente Bedingungen zur Optimalität eines stetigen Versuchsplanes, die insbesondere eine einfache Überprüfung bereits vorliegender Versuchspläne auf Optimalität gestatten. Des weiteren können (als Folgerung aus Satz 2.2.4) Strukturaussagen über die Spektren optimaler Pläne angegeben werden. Außerdem bilden die folgenden Äquivalenzsätze oft die Grundlage spezieller Iterationsverfahren zur Konstruktion optimaler Pläne und liefern auf natürliche Weise Ungleichungen zur Beurteilung der Güte beliebiger Versuchspläne (s. Abschnitt 6.3, zur Anwendung s. II/4). Der historisch erste Äquivalenzsatz wurde von KIEFER und WOLFOWITZ [2] im Jahre 1959 für die D-Optimalität formuliert. Es folgten weitere Äquivalenzsätze für spezielle Funktionale, so z. B. in FEDOROV [6] für lineare Optimalitätskriterien, bis WHITTLE [2] 1973 einen Äquivalenzsatz für allgemeine konvexe Funktionale formuliert hat (den wir in den Sätzen 2.2.2 bis 2.2.4 wiedergegeben haben), der die Vorläufer als Spezialfälle enthält. Wir beginnen nun mit der Ableitung spezieller Äquivalenzsätze aus dem Satz von WHITTLE. Es gelte folgende Voraussetzung:

Vor. 5.5.1: Es sei $\tilde{\Xi} \subseteq \Xi_{\text{reg}}$ •

Wir betrachten wieder Funktionale der Gestalt

$$Z(\boldsymbol{M}(\xi)) = Q_2 \operatorname{sp} \boldsymbol{U}(\cdot, \boldsymbol{M}(\xi))\, \boldsymbol{M}(\xi)^{-1}; \qquad \xi \in \tilde{\Xi}.$$

Um mit diesem auf $\tilde{\Xi}$ definierten Funktional $\psi = Z \circ \boldsymbol{M}$ das Funktional Φ_ψ aus (2.2.25) bilden zu können, wurde an $\tilde{\Xi}$ die Vor. 2.2.3, d. h.

$$\forall \xi \in \tilde{\Xi}\ \forall \xi' \in \Xi\ \forall \alpha \in [0, 1): ((1 - \alpha)\, \xi + \alpha \xi') \in \tilde{\Xi} \tag{5.5.1}$$

gestellt. Wir zeigen, daß diese für $\tilde{\Xi} = \Xi_{\text{reg}}$ erfüllt ist.

Lemma 5.5.1: Es gilt

$$\forall \xi \in \Xi_{\text{reg}}\ \forall \xi' \in \Xi\ \forall \alpha \in [0, 1): ((1 - \alpha)\, \xi + \alpha \xi') \in \Xi_{\text{reg}}\ \bullet$$

Beweis: Mit $\alpha \in [0, 1)$ ist wegen $\boldsymbol{M}(\xi) \in \mathcal{M}_r^{>}$ auch $(1 - \alpha)\, \boldsymbol{M}(\xi) \in \mathcal{M}_r^{>}$, so daß sich mit $\alpha \boldsymbol{M}(\xi') \in \mathcal{M}_r^{\geq}$ aus $(1 - \alpha)\, \boldsymbol{M}(\xi) + \alpha \boldsymbol{M}(\xi') = \boldsymbol{M}((1 - \alpha)\, \xi + \alpha \xi') \in \mathcal{M}_r^{>}$ die Behauptung ergibt.

In diesem Abschnitt setzen wir stets die Gültigkeit von (5.5.1) voraus, d. h. von Vor. 2.2.3. Zur Formulierung des Äquivalenzsatzes wurde in Abschnitt 2.2.2 die Funktion Φ_ψ benötigt. Diese ist für $\psi = Z \circ \boldsymbol{M}$ speziell durch

$$\forall \xi \in \tilde{\Xi}\ \forall \xi' \in \Xi: \Phi_Z(\xi, \xi') = \lim_{\alpha \to 0} \frac{1}{\alpha} [Z(\boldsymbol{M}((1 - \alpha)\, \xi + \alpha \xi')) - Z(\boldsymbol{M}(\xi))] \tag{5.5.2}$$

gegeben.

Falls $Z((1 - \alpha)\, \boldsymbol{M}(\xi) + \alpha \boldsymbol{M}(\xi'))$ für alle $(\xi, \xi') \in \tilde{\Xi} \times \Xi$; $\alpha \in (0, 1)$; bez. α differenzierbar ist, ist (5.5.2) gleichbedeutend mit

$$\forall \xi \in \tilde{\Xi}\ \forall \xi' \in \Xi: \Phi_Z(\xi, \xi') = \lim_{\alpha \to 0} \frac{\mathrm{d}}{\mathrm{d}\alpha} Z((1 - \alpha)\, \boldsymbol{M}(\xi) + \alpha \boldsymbol{M}(\xi')) \tag{5.5.3}$$

(vgl. (2.2.26)).

Weiterhin wurde mit (2.2.28) das Funktional D_Z gemäß

$$\forall \xi \in \tilde{\Xi}: D_Z(\xi) := \inf_{\xi' \in \Xi} \Phi_Z(\xi, \xi')$$

eingeführt. Diese Beziehung nutzen wir zur Spezialisierung des Äquivalenzsatzes 2.2.2 von WHITTLE für Funktionale Z_L der Darstellung

$$\exists \boldsymbol{U}_L \in \mathcal{M}_r^{\geqq}\ \forall \xi \in \tilde{\Xi}: Z_L(\boldsymbol{M}(\xi)) = \operatorname{sp} \boldsymbol{U}_L \boldsymbol{M}(\xi)^{-1} \tag{5.5.4}$$

(s. Def. 5.2.1).

Es seien $\Phi_L \mid \tilde{\Xi} \times \Xi \to \mathrm{R}^1$ gemäß

$$\forall (\xi, \xi') \in \tilde{\Xi} \times \Xi: \Phi_L(\xi, \xi') = \operatorname{sp} \boldsymbol{U}_L \boldsymbol{M}(\xi)^{-1} - \operatorname{sp} \boldsymbol{M}(\xi')\, \boldsymbol{M}(\xi)^{-1}\, \boldsymbol{U}_L \boldsymbol{M}(\xi)^{-1} \tag{5.5.5}$$

und $D_L \mid \tilde{\Xi} \to \mathrm{R}^1$ durch

$$\forall \xi \in \tilde{\Xi}: D_L(\xi) = \inf_{x \in V} \Phi_L(\xi, \xi_x) \tag{5.5.6}$$

erklärt.

Satz 5.5.1: Die folgenden Aussagen sind äquivalent:

1. $\xi^* \in \Xi^*_{L,\tilde{\Xi}}$.
2. $D_L(\xi^*) = \sup_{\xi \in \tilde{\Xi}} D_L(\xi)$.
3. $\operatorname{sp} \boldsymbol{U}_L \boldsymbol{M}(\xi^*)^{-1} = \sup_{x \in V} \boldsymbol{f}(\boldsymbol{x})' \boldsymbol{M}(\xi^*)^{-1} \boldsymbol{U}_L \boldsymbol{M}(\xi^*)^{-1} \boldsymbol{f}(\boldsymbol{x})$ •

Beweis: Wir folgern die Behauptungen aus Satz 2.2.2 und prüfen die dafür nötigen Voraussetzungen nach. Mit (5.5.1) ist Vor. 2.2.3 erfüllt und nach Lemma 5.3.1 ist Z_L konvex auf $\tilde{\Xi}$. Es bleibt noch die Bestimmung von Φ_{Z_L}.

Es seien $\xi \in \tilde{\Xi}$, $\xi' \in \Xi$, $\alpha \in (0, 1)$, $\tilde{\xi}(\alpha) := (1 - \alpha)\, \xi + \alpha \xi'$. Wegen der Differenzierbarkeit von $[\operatorname{sp} \boldsymbol{U}_L \boldsymbol{M}((1 - \alpha)\, \xi + \alpha \xi')^{-1}]$ nach α erhalten wir

$$\Phi_{Z_L}(\xi, \xi') = \lim_{\alpha \to 0} \frac{d}{d\alpha} \operatorname{sp} \boldsymbol{U}_L[\boldsymbol{M}(\tilde{\xi}(\alpha))]^{-1} = \lim_{\alpha \to 0} \frac{d}{d\alpha} \operatorname{sp} [\boldsymbol{M}(\tilde{\xi}(\alpha))]^{-1} \boldsymbol{U}_L = \lim_{\alpha \to 0} \operatorname{sp} \frac{d}{d\alpha} [\boldsymbol{M}(\tilde{\xi}(\alpha))]^{-1} \boldsymbol{U}_L$$

$$= \lim_{\alpha \to 0} \operatorname{sp} \{ - [\boldsymbol{M}(\tilde{\xi}(\alpha))]^{-1} [-\boldsymbol{M}(\xi) + \boldsymbol{M}(\xi')] [\boldsymbol{M}(\tilde{\xi}(\alpha))]^{-1} \boldsymbol{U}_L \} \qquad \text{(s. (1.A.13))}$$

$$= \operatorname{sp} \boldsymbol{U}_L \boldsymbol{M}(\xi)^{-1} - \operatorname{sp} \boldsymbol{M}(\xi')\, \boldsymbol{M}(\xi)^{-1} \boldsymbol{U}_L \boldsymbol{M}(\xi)^{-1} = \Phi_L(\xi, \xi') .$$

Mit (5.1.22) ergibt sich

$$\Phi_L(\xi, \xi') = \operatorname{sp} \boldsymbol{U}_L \boldsymbol{M}(\xi)^{-1} - \operatorname{sp} \int_V \boldsymbol{f}(\boldsymbol{x})\, \boldsymbol{f}(\boldsymbol{x})'\, d\xi'(\boldsymbol{x})\, \boldsymbol{M}(\xi)^{-1} \boldsymbol{U}_L \boldsymbol{M}(\xi)^{-1}$$

$$= \operatorname{sp} \boldsymbol{U}_L \boldsymbol{M}(\xi)^{-1} - \int_V \boldsymbol{f}(\boldsymbol{x})' \boldsymbol{M}(\xi)^{-1} \boldsymbol{U}_L \boldsymbol{M}(\xi)^{-1} \boldsymbol{f}(\boldsymbol{x})\, d\xi'(\boldsymbol{x}) .$$

Also ist Φ_L linear (s. Def. 2.2.8) und nach Lemma 2.2.4 gilt

$$D_{Z_L}(\xi) = D_L(\xi) = \inf_{x \in V} (\operatorname{sp} \boldsymbol{U}_L \boldsymbol{M}(\xi)^{-1} - \boldsymbol{f}(\boldsymbol{x})' \boldsymbol{M}(\xi)^{-1} \boldsymbol{U}_L \boldsymbol{M}(\xi)^{-1} \boldsymbol{f}(\boldsymbol{x})) .$$

Die Behauptung folgt nun mit Satz 2.2.2.

Mit Hilfe der Bedingung 3 läßt sich ein vorliegender Versuchsplan als optimal bzw. nicht optimal klassifizieren, ohne die Existenz eines optimalen Planes vorauszusetzen

Wir übertragen aus Satz 2.2.3 die folgende Sattelpunktseigenschaft des Funktionals Φ_L.

Satz 5.5.2: Es gilt

$$\forall \xi^* \in \Xi^*_{L,\tilde{\Xi}}\ \forall \xi \in \tilde{\Xi}\ \forall \xi' \in \Xi: \Phi_L(\xi, \xi^*) \leqq \Phi_L(\xi^*, \xi^*) \leqq \Phi_L(\xi^*, \xi') \text{ •}$$

Da Z_L die Vor. 2.2.2 bis 2.2.4 erfüllt, folgt diese Sattelpunktseigenschaft aus Satz 2.2.3.

Unter Benutzung der speziellen Darstellung (5.5.5) von Φ_L entspricht die Aussage von Satz 5.5.2 der folgenden Beziehung:

$$\forall \xi^* \in \Xi^*_{L,\tilde{\Xi}}\ \forall \xi \in \tilde{\Xi}\ \forall \xi' \in \Xi: \operatorname{sp} \boldsymbol{U}_L \boldsymbol{M}(\xi)^{-1} - \operatorname{sp} \boldsymbol{M}(\xi^*)\, \boldsymbol{M}(\xi)^{-1} \boldsymbol{U}_L \boldsymbol{M}(\xi)^{-1} \leqq 0$$

$$\leqq \operatorname{sp} \boldsymbol{U}_L \boldsymbol{M}(\xi^*)^{-1} - \operatorname{sp} \boldsymbol{M}(\xi')\, \boldsymbol{M}(\xi^*)^{-1} \boldsymbol{U}_L \boldsymbol{M}(\xi^*)^{-1} . \tag{5.5.7}$$

Weil Φ_L linear ist, erhalten wir aus Satz 2.2.4 eine Aussage über das Spektrum L-optimaler Versuchspläne in $\tilde{\Xi}$.

Satz 5.5.3: Es gilt

$$\forall \xi^* \in \Xi^*_{L,\tilde{\Xi}}: \quad S(\xi^*) \subseteq \{x \in V: \operatorname{sp} U_L M(\xi^*)^{-1} = f(x)' M(\xi^*)^{-1} U_L M(\xi^*)^{-1} f(x)\} \bullet \tag{5.5.8}$$

Im Äquivalenzsatz von FEDOROV [6] wird die Bedingung 2 in Satz 5.5.1 für $\xi^* \in \Xi^*_{L,\tilde{\Xi}}$ durch

$$\sup_{x \in V} f(x)' M(\xi^*)^{-1} U_L M(\xi^*)^{-1} f(x) = \inf_{\xi \in \tilde{\Xi}} \sup_{x \in V} f(x)' M(\xi)^{-1} U_L M(\xi)^{-1} f(x) \tag{5.5.9}$$

ersetzt.

Wir zeigen nun, daß diese Charakterisierung für L-optimale Versuchspläne zu der Aussage 2 von Satz 5.5.1 äquivalent ist.

Lemma 5.5.2: Es sei $\xi^* \in \Xi^*_{L,\tilde{\Xi}}$. Dann ist die Bedingung $D_L(\xi^*) = \sup_{\xi \in \tilde{\Xi}} D_L(\xi)$ äquivalent zu (5.5.9) •

Beweis: Es gilt mit (5.5.5), der Linearität von Φ_L, (2.2.30) und Bedingung 3 aus Satz 5.5.1

$$\forall \xi \in \tilde{\Xi} \setminus \Xi^*_{L,\tilde{\Xi}}\ \forall \xi^* \in \Xi^*_{L,\tilde{\Xi}}: \operatorname{sp} U_L M(\xi)^{-1} < \sup_{x \in V} f(x)' M(\xi)^{-1} U_L M(\xi)^{-1} f(x)$$

$$\wedge \operatorname{sp} U_L M(\xi^*)^{-1} = \sup_{x \in V} f(x)' M(\xi^*)^{-1} U_L M(\xi^*)^{-1} f(x) \wedge \operatorname{sp} U_L M(\xi^*)^{-1} < \operatorname{sp} U_L M(\xi)^{-1} .$$

Also wird $\sup_{x \in V} f(x) M(\cdot)^{-1} U_L M(\cdot)^{-1} f(x)$ genau dann von $\xi^* \in \tilde{\Xi}$ minimiert, wenn $\xi^* \in \Xi^*_{L,\tilde{\Xi}}$ ist.

Wir konkretisieren nun die Sätze 5.5.1 und 5.5.3 für die Funktionale Z_A, $Z_{I,p}$ und Z_c (s. Abschnitt 5.2). Es ist

$$\forall \xi \in \tilde{\Xi}: D_A(\xi) = \operatorname{sp} M(\xi)^{-1} - \sup_{x \in V} f(x)' M(\xi)^{-1} M(\xi)^{-1} f(x) . \tag{5.5.10}$$

Folgerung 5.5.1: a) Die folgenden drei Aussagen sind äquivalent:

1. $\xi^* \in \Xi^*_{A,\tilde{\Xi}}$.
2. $D_A(\xi^*) = \sup_{\xi \in \tilde{\Xi}} D_A(\xi)$.
3. $D_A(\xi^*) = 0$.

b) Es gilt

$$\forall \xi^* \in \Xi^*_{A,\tilde{\Xi}}: S(\xi^*) \subseteq \{x \in V: \operatorname{sp} M(\xi^*)^{-1} = f(x)' M(\xi^*)^{-1} M(\xi^*)^{-1} f(x)\} \bullet \tag{5.5.11}$$

Es ist für $p \in (\mathrm{R}^+)^H$ mit $\int_H p(\tilde{x})\, d\tilde{x} = 1$:

$$\forall \xi \in \tilde{\Xi}: D_{I,p}(\xi) = \int_H f(\tilde{x})' M(\xi)^{-1} f(\tilde{x})\, p(\tilde{x})\, d\tilde{x} - \sup_{x \in V} \int_H f(\tilde{x})' M(\xi)^{-1} M(\xi_x) M(\xi)^{-1} f(\tilde{x})\, p(\tilde{x})\, d\tilde{x} . \tag{5.5.12}$$

Folgerung 5.5.2: a) Die folgenden drei Aussagen sind äquivalent:

1. $\xi^* \in \Xi^*_{I,p,\tilde{\Xi}}$.
2. $D_{I,p}(\xi^*) = \sup_{\xi \in \tilde{\Xi}} D_{I,p}(\xi)$.
3. $D_{I,p}(\xi^*) = 0$.

b) Es gilt

$$\forall \xi^* \in \Xi^*_{I,p,\tilde{\Xi}}: S(\xi^*) \subseteq \Big\{\boldsymbol{x} \in V: \int_H \boldsymbol{f}(\tilde{\boldsymbol{x}})' \boldsymbol{M}(\xi^*)^{-1} \boldsymbol{f}(\tilde{\boldsymbol{x}})\, p(\tilde{\boldsymbol{x}})\, \mathrm{d}\tilde{\boldsymbol{x}}$$

$$= \int_H \boldsymbol{f}(\tilde{\boldsymbol{x}})' \boldsymbol{M}(\xi^*)^{-1} \boldsymbol{M}(\boldsymbol{x})\, \boldsymbol{M}(\xi^*)^{-1} \boldsymbol{f}(\tilde{\boldsymbol{x}})\, p(\tilde{\boldsymbol{x}})\, \mathrm{d}\tilde{\boldsymbol{x}}\Big\} \bullet \qquad (5.5.13)$$

Es ist für $\boldsymbol{c} \in \mathrm{R}^r$

$$\forall \xi \in \tilde{\Xi}: D_{\boldsymbol{c}}(\xi) = \boldsymbol{c}'\boldsymbol{M}(\xi)^{-1}\, \boldsymbol{c} - \sup_{\boldsymbol{x} \in V} \left(\boldsymbol{f}(\boldsymbol{x})' \boldsymbol{M}(\xi)^{-1}\, \boldsymbol{c}\right)^2 . \qquad (5.5.14)$$

Folgerung 5.5.3: a) Die folgenden drei Aussagen sind äquivalent:

1. $\xi^* \in \Xi^*_{\boldsymbol{c},\tilde{\Xi}}$.
2. $D_{\boldsymbol{c}}(\xi^*) = \sup_{\xi \in \tilde{\Xi}} D_{\boldsymbol{c}}(\xi)$.
3. $D_{\boldsymbol{c}}(\xi^*) = 0$.

b) Es gilt

$$\forall \xi^* \in \Xi^*_{\boldsymbol{c},\tilde{\Xi}}: S(\xi^*) \subseteq \{\boldsymbol{x} \in V: \boldsymbol{c}'\boldsymbol{M}(\xi^*)^{-1}\, \boldsymbol{c} = \left(\boldsymbol{f}(\boldsymbol{x})' \boldsymbol{M}(\xi^*)^{-1}\, \boldsymbol{c}\right)^2\} \bullet \qquad (5.5.15)$$

Falls $\eta(\boldsymbol{x}_0) = \boldsymbol{f}(\boldsymbol{x}_0)\, \boldsymbol{\vartheta}$ zu schätzen, also $H = \{\boldsymbol{x}_0\}$ ist, läßt sich ein G-optimaler Versuchsplan durch die in Folgerung 5.5.3 angeführten Bedingungen charakterisieren, wobei $\boldsymbol{c} := \boldsymbol{f}(\boldsymbol{x}_0)$ zu setzen ist. Das gilt, da in diesem Fall die Minimierung von

$$Z_G(\boldsymbol{M}(\cdot)) = \sup_{\boldsymbol{x} \in H} \boldsymbol{f}(\boldsymbol{x})' \boldsymbol{M}(\cdot)^{-1} \boldsymbol{f}(\boldsymbol{x}) = \boldsymbol{f}(\boldsymbol{x}_0)' \boldsymbol{M}(\cdot)^{-1} \boldsymbol{f}(\boldsymbol{x}_0)$$

auf $\tilde{\Xi}$ der Bestimmung C-optimaler Versuchspläne bez. $\boldsymbol{f}(\boldsymbol{x}_0)$ entspricht.

Als nächste Konkretisierung des Satzes von Whittle geben wir den Äquivalenzsatz von Kiefer und Wolfowitz [2] für die D-Optimalität an. Wir formulieren den Satz für das Funktional

$$Z_{D'}\boldsymbol{M}(\cdot) = \ln \det \boldsymbol{M}(\cdot)^{-1}; \qquad \xi \in \tilde{\Xi} .$$

Es seien

$$\forall (\xi, \xi') \in \tilde{\Xi} \times \Xi: \Phi_{D'}(\xi, \xi') = r - \operatorname{sp} \boldsymbol{M}(\xi')\, \boldsymbol{M}(\xi)^{-1} \qquad (5.5.16)$$

und

$$\forall \xi \in \tilde{\Xi}: D_{D'}(\xi) = \inf_{\boldsymbol{x} \in V} \Phi_{D'}(\xi, \xi_{\boldsymbol{x}}) . \qquad (5.5.17)$$

Satz 5.5.4 (Kiefer/Wolfowitz [2]): a) Die folgenden drei Aussagen sind äquivalent:

1. $\xi^* \in \Xi^*_{D,\tilde{\Xi}}$.
2. $D_{D'}(\xi^*) = \sup_{\xi \in \tilde{\Xi}} D_{D'}(\xi)$.
3. $\sup_{\boldsymbol{x} \in V} \boldsymbol{f}(\boldsymbol{x})' \boldsymbol{M}(\xi^*)^{-1} \boldsymbol{f}(\boldsymbol{x}) = r$.

b) Es gilt

$$\forall \xi^* \in \Xi^*_{D,\tilde{\Xi}}: S(\xi^*) \subseteq \{\boldsymbol{x} \in V: \boldsymbol{f}(\boldsymbol{x})' \boldsymbol{M}(\xi^*)^{-1} \boldsymbol{f}(\boldsymbol{x}) = r\} \bullet$$

Beweis: Da $Z_{D'}$ konvex auf der konvexen Menge $\tilde{\Xi}$ ist (s. (5.5.1), Lemma 5.3.3), genügt zum Beweis des vorliegenden Satzes die Berechnung von $\Phi_{Z_{D'}}$.

Es seien $\xi \in \tilde{\Xi}$, $\xi' \in \Xi$, $\alpha \in (0, 1)$ und $\tilde{\xi}(\alpha) := (1 - \alpha)\,\xi + \alpha\xi'$. Da $\ln \det \boldsymbol{M}(\tilde{\xi}(\alpha))^{-1}$ bez. α differenzierbar ist, berechnen wir $\Phi_{Z_{D'}}(\xi, \xi')$ gemäß (2.2.26) mit (1.A.13) und (1.A.14)

$$\begin{aligned}\Phi_{Z_{D'}}(\xi, \xi') &= \lim_{\alpha \to 0} \frac{\mathrm{d}}{\mathrm{d}\alpha} \ln \det \boldsymbol{M}(\tilde{\xi}(\alpha))^{-1} \\ &= \lim_{\alpha \to 0} \operatorname{sp} \boldsymbol{M}(\tilde{\xi}(\alpha)) \{ - [\boldsymbol{M}(\tilde{\xi}(\alpha))]^{-1} [-\boldsymbol{M}(\xi) + \boldsymbol{M}(\xi')] [\boldsymbol{M}(\tilde{\xi}(\alpha))]^{-1} \} \\ &= \operatorname{sp} \boldsymbol{M}(\xi)^{-1} \boldsymbol{M}(\xi) - \operatorname{sp} \boldsymbol{M}(\xi') \boldsymbol{M}(\xi)^{-1} \\ &= r - \operatorname{sp} \boldsymbol{M}(\xi') \boldsymbol{M}(\xi)^{-1} = \Phi_{D'}(\xi, \xi') \,.\end{aligned}$$

Wegen $\boldsymbol{M}(\xi') = \int\limits_V \boldsymbol{f}(\boldsymbol{x}) \boldsymbol{f}(\boldsymbol{x})' \,\mathrm{d}\xi'(\boldsymbol{x})$ gilt

$$\begin{aligned}\Phi_{D'}(\xi, \xi') &= r - \operatorname{sp} \int\limits_V \boldsymbol{f}(\boldsymbol{x}) \boldsymbol{f}(\boldsymbol{x})' \boldsymbol{M}(\xi)^{-1} \,\mathrm{d}\xi'(\boldsymbol{x}) \\ &= \int\limits_V [r - \boldsymbol{f}(\boldsymbol{x})' \boldsymbol{M}(\xi)^{-1} \boldsymbol{f}(\boldsymbol{x})] \,\mathrm{d}\xi'(\boldsymbol{x}) \\ &= \int\limits_V \Phi_{D'}(\xi, \xi_{\boldsymbol{x}}) \,\mathrm{d}\xi'(\boldsymbol{x}) \,.\end{aligned}$$

Also ist $\Phi_{D'}$ linear.

Die Behauptung des Satzes folgt damit aus Satz 2.2.2 und Satz 2.2.4.

Völlig analog kann man für $\Phi_{D'}$ die Sattelpunktseigenschaft aus Satz 2.2.3 übertragen.

Mit Satz 5.5.4 (insbesondere Teil 2) wird deutlich, daß bei $V = H$ ein stetiger Versuchsplan genau dann D-optimal in $\tilde{\Xi}$ ist, wenn er das Funktional

$$Z_G(\boldsymbol{M}(\cdot)) = \sup_{\boldsymbol{x} \in H} \boldsymbol{f}(\boldsymbol{x})' \boldsymbol{M}(\cdot)^{-1} \boldsymbol{f}(\boldsymbol{x}) = -D_{D'}(\cdot) + r$$

über $\tilde{\Xi}$ minimiert. Dieser Zusammenhang ist u. a. für die Beurteilung und die Konstruktion D-optimaler Versuchspläne bedeutsam, und er wird in Kapitel 6 ausführlich behandelt. Die Bedingung 3 des Äquivalenzsatzes für die D-Optimalität ist auf Grund ihrer einfachen Struktur ein gut handhabbares Mittel zur Überprüfung der Optimalität gegebener Versuchspläne (zur Anwendung s. II/4).

Für E-optimale Versuchspläne wurde von Kiefer [10] ein Äquivalenzsatz angegeben, den wir hier ebenfalls aus Satz 2.2.2 ableiten werden.

Es seien $\lambda_{\min}(\boldsymbol{M}(\xi))$ der kleinste Eigenwert von $\boldsymbol{M}(\xi)$ und $\boldsymbol{t}_{\min}(\boldsymbol{M}(\xi))$ der zugehörige normierte Eigenvektor; $\xi \in \tilde{\Xi}$; und es bezeichnen

$$\forall (\xi, \xi') \in \tilde{\Xi} \times \Xi: \Phi_{E'}(\xi, \xi') = \lambda_{\min}(\boldsymbol{M}(\xi)) - \boldsymbol{t}'_{\min}(\boldsymbol{M}(\xi))\, \boldsymbol{M}(\xi')\, \boldsymbol{t}_{\min}(\boldsymbol{M}(\xi)) \quad (5.5.18)$$

und

$$\forall \xi \in \tilde{\Xi}: D_{E'}(\xi) = \inf_{\boldsymbol{x} \in V} \Phi_{E'}(\xi, \xi_{\boldsymbol{x}}) \,.$$

Satz 5.5.5 (Kiefer [10]): Es sei für $\xi^* \in \Xi^*_{E, \tilde{\Xi}}$ der Eigenwert $\lambda_{\min}(\boldsymbol{M}(\xi^*))$ einfach.

a) Dann sind die folgenden Aussagen äquivalent:

1. $\xi^* \in \Xi^*_{E, \tilde{\Xi}}$.
2. $D_{E'}(\xi^*) = \sup\limits_{\xi \in \tilde{\Xi}} D_{E'}(\xi)$.
3. $\lambda_{\min}(\boldsymbol{M}(\xi^*) = \sup\limits_{\boldsymbol{x} \in V} [\boldsymbol{t}'_{\min}(\boldsymbol{M}(\xi^*))\, \boldsymbol{f}(\boldsymbol{x})]^2$.

b) Es gilt

$$\forall \xi^* \in \Xi^*_{E,\tilde{\Xi}}: S(\xi^*) \subseteq \{x \in V: [t'_{\min}(M(\xi^*))\, f(x)]^2 = \lambda_{\min}(M(\xi^*))\} \bullet$$

Beweis: Wir formulieren Satz 2.2.2 und Satz 2.2.4 für $\psi = Z_{E'} \circ M$, indem wir $\Phi_{Z_{E'}}$ gemäß (2.2.26) berechnen und zeigen, daß $\Phi_{Z_{E'}}$ linear ist. Es seien $\xi \in \tilde{\Xi}$, $\xi' \in \Xi$, $\alpha \in (0, 1)$ und $\tilde{\xi}(\alpha) := (1 - \alpha)\, \xi + \alpha \xi'$. Dann ist wegen der Differenzierbarkeit von $\lambda_{\min}(M(\tilde{\xi}(\alpha))$ bez. α zu bestimmen:

$$\Phi_{Z_{E'}}(\xi, \xi') = -\lim_{\alpha \to 0} \frac{d}{d\alpha} \lambda_{\min}(M(\tilde{\xi}(\alpha)))\,.$$

Wenn $\lambda_{\min}(M(\xi))$ einfacher Eigenwert von $M(\xi)$ ist, gilt nach KIEFER [10]

$$\begin{aligned}\Phi_{Z_{E'}}(\xi, \xi') &= -\lim_{\alpha \to 0} \frac{d}{d\alpha} \lambda_{\min}(M(\tilde{\xi}(\alpha))) = -[t_{\min}(M(\xi))'\,\{M(\xi') - M(\xi)\}\, t_{\min}(M(\xi))] \\ &= \lambda_{\min}(M(\xi)) - t_{\min}(M(\xi))'\, M(\xi')\, t_{\min}(M(\xi)) = \Phi_{E'}(\xi, \xi')\,.\end{aligned}$$

Mit $M(\xi') = \int_V f(x)\, f(x)'\, d\xi'(x)$ erhält man dafür die Darstellung

$$\Phi_{E'}(\xi, \xi') = \lambda_{\min}(M(\xi)) - \int_V t_{\min}(M(\xi))'\, M(\xi_x)\, t_{\min}(M(\xi))\, d\xi'(x) = \int_V \Phi_{E'}(\xi, \xi_x)\, d\xi'(x)\,.$$

Folglich ist $\Phi_{E'}$ linear.

Auch für $\Phi_{E'}$ kann die in Satz 2.2.3 angegebene Sattelpunktseigenschaft übertragen werden.

Wie wir in Abschnitt 6.1.1 sehen werden, ist die Voraussetzung über die Einfachheit des kleinsten Eigenwertes zu $M(\xi^*)$; $\xi^* \in \Xi_{E,\tilde{\Xi}}$; oft sehr einschränkend.

Wir formulieren nun einen Äquivalenzsatz für Funktionale Z_t (s. Abschnitt 5.2).

Es seien $t \in (R^r)^H$,

$$\forall (\xi, \xi') \in \tilde{\Xi} \times \Xi:$$

$$\Phi_t(\xi, \xi') = \inf_{x \in H} [t(x)'\, M(\xi)^{-1}\, M(\xi')\, M(\xi)^{-1}\, t(x) - t(x)'\, M(\xi)^{-1}\, t(x)] \qquad (5.5.19)$$

und

$$\forall \xi \in \tilde{\Xi}: D_t(\xi) = \inf_{\xi' \in \Xi} \Phi_t(\xi, \xi')\,. \qquad (5.5.20)$$

Satz 5.5.6: Es seien H kompakt und $t(\cdot)$ stetig auf H. Dann sind die folgenden Aussagen äquivalent:

1. $\xi^* \in \Xi^*_{t,\tilde{\Xi}}$.
2. $D_t(\xi^*) = \sup_{\xi \in \tilde{\Xi}} D_t(\xi)$.
3. $\inf_{\xi' \in \Xi} \inf_{x \in H} [t(x)'\, M(\xi^*)^{-1}\, M(\xi')\, M(\xi^*)^{-1}\, t(x) - t(x)'\, M(\xi^*)^{-1}\, t(x)] = 0 \bullet$

Beweis: Es seien $\xi \in \tilde{\Xi}$, $\xi' \in \Xi$, $\alpha \in (0, 1)$ und $\tilde{\xi}(\alpha) := (1 - \alpha)\, \xi + \alpha \xi'$. Wir berechnen Φ_{Z_t} gemäß (2.2.25):

$$\Phi_{Z_t}(\xi, \xi') = \lim_{\alpha \to 0} \left[\frac{1}{\alpha} \sup_{x \in H} t(x)'\, [M(\tilde{\xi}(\alpha))]^{-1}\, t(x) - \sup_{x \in H} t(x)'\, M(\xi)^{-1}\, t(x)\right]. \qquad (5.5.21)$$

Wir geben vorerst eine Darstellung von

$$[M(\tilde{\xi}(\alpha))]^{-1} = M(\xi)^{-1}[I_r + \alpha\{M(\xi') - M(\xi)\}\, M(\xi)^{-1}]^{-1}\,. \qquad (5.5.22)$$

Es bezeichne $\|\cdot\|_{\mathcal{M}_r^{\geqq}} \mid \mathcal{M}_r^{\geqq} \to R^1$ die durch q aus (1.5.21) induzierte Quadratsummennorm

$$\forall A = ((a_{ij}))_{r \times r} \in \mathcal{M}_r^{\geqq}: \|A\|_{\mathcal{M}_r^{\geqq}} = \left(\sum_{i=1}^{r} \sum_{j=1}^{r} a_{ij}^2\right)^{1/2}.$$

Nach Satz 1.1.4 gilt damit für (5.5.22) die folgende Reihendarstellung:

$$\exists \alpha_0 \in (0, 1)\ \forall \alpha \in [0, \alpha_0):$$

$$[\boldsymbol{I}_r + \alpha\{\boldsymbol{M}(\xi') - \boldsymbol{M}(\xi)\}\ \boldsymbol{M}(\xi)^{-1}]^{-1} = \sum_{\gamma=0}^{\infty} (-\alpha)^\gamma\ [\{\boldsymbol{M}(\xi') - \boldsymbol{M}(\xi)\}\ \boldsymbol{M}(\xi)^{-1}]^\gamma . \tag{5.5.23}$$

Damit läßt sich Φ_{Z_t} wie folgt darstellen:

$$\begin{aligned}\Phi_{Z_t}(\xi, \xi') = \lim_{\alpha\to 0} \frac{1}{\alpha} \sup_{\boldsymbol{x}\in H} [&\boldsymbol{t}(\boldsymbol{x})'\ \boldsymbol{M}(\xi)^{-1}\ \boldsymbol{t}(\boldsymbol{x}) \\ &+ \sum_{\gamma=1}^{\infty} (-\alpha)^\gamma\ \boldsymbol{t}(\boldsymbol{x})'\ \boldsymbol{M}(\xi)^{-1} [(\boldsymbol{M}(\xi') - \boldsymbol{M}(\xi))\ \boldsymbol{M}(\xi)^{-1}]^\gamma\ \boldsymbol{t}(\boldsymbol{x})] \\ &- \sup_{\boldsymbol{x}\in H} \boldsymbol{t}(\boldsymbol{x})'\ \boldsymbol{M}(\xi)^{-1}\ \boldsymbol{t}(\boldsymbol{x})\}\ ,\end{aligned} \tag{5.5.24}$$

wobei $\alpha \in (0, \alpha_0)$ ist.

Den folgenden Überlegungen liegt die Beziehung

$$\sup_{\boldsymbol{x}\in H} (g_1(\boldsymbol{x}) + g_2(\boldsymbol{x})) \leqq \sup_{\boldsymbol{x}\in H} g_1(\boldsymbol{x}) + \sup_{\boldsymbol{x}\in H} g_2(\boldsymbol{x}) \tag{5.5.25}$$

für stetige Funktionen $g_1 \mid \mathrm{R}^k \to \mathrm{R}^1$ und $g_2 \mid \mathrm{R}^k \to \mathrm{R}^1$ zugrunde. Es bezeichne

$$\begin{aligned}\forall (\xi, \xi') \in \tilde{\Xi} \times \Xi\ \forall \alpha \in [0, \alpha_0)\colon H_t(\alpha, \xi, \xi') = \Big\{&\boldsymbol{z} \in H\colon \sup_{\boldsymbol{x}\in H} [\boldsymbol{t}(\boldsymbol{x})'\ \boldsymbol{M}(\xi)^{-1}\ \boldsymbol{t}(\boldsymbol{x}) \\ + \sum_{\gamma=1}^{\infty} (-\alpha)^\gamma\ \boldsymbol{t}(\boldsymbol{x})'\ \boldsymbol{M}(\xi)^{-1} [(\boldsymbol{M}(\xi') - \boldsymbol{M}(\xi))\ &\boldsymbol{M}(\xi)^{-1}]^\gamma\ \boldsymbol{t}(\boldsymbol{x})] - \sup_{\boldsymbol{x}\in H} \boldsymbol{t}(\boldsymbol{x})'\ \boldsymbol{M}(\xi)^{-1}\ \boldsymbol{t}(\boldsymbol{x}) \\ \leqq \sum_{\gamma=1}^{\infty} (-\alpha)^\gamma\ \boldsymbol{t}(\boldsymbol{z})'\ \boldsymbol{M}(\xi)^{-1}\ [(\boldsymbol{M}(\xi') - \boldsymbol{M}(\xi))\ &\boldsymbol{M}(\xi)^{-1}]^\gamma\ \boldsymbol{t}(\boldsymbol{z})\Big\}\ ,\end{aligned}$$

wobei $H_t(0, \xi, \xi') = H$ ist.

Mit dieser Bezeichnung erhalten wir aus (5.5.24)

$$\begin{aligned}\Phi_{Z_t}(\xi, \xi') &= \lim_{\alpha\to 0} \inf_{\boldsymbol{x}\in H_t(\alpha, \xi, \xi')} \left[\sum_{\gamma=1}^{\infty} (-\alpha)^{\gamma-1}\ \boldsymbol{t}(\boldsymbol{x})'\ \boldsymbol{M}(\xi)^{-1} [(\boldsymbol{M}(\xi') - \boldsymbol{M}(\xi))\ \boldsymbol{M}(\xi)^{-1}]^\gamma\ \boldsymbol{t}(\boldsymbol{x})\right. \\ &= \left.\inf_{\boldsymbol{x}\in H} [\boldsymbol{t}(\boldsymbol{x})'\ \boldsymbol{M}(\xi)^{-1}\ (\boldsymbol{M}(\xi') - \boldsymbol{M}(\xi))\ \boldsymbol{M}(\xi)^{-1}\ \boldsymbol{t}(\boldsymbol{x})\right] = \Phi_t(\xi, \xi')\ .\end{aligned} \tag{5.5.26}$$

Aus Satz 2.2.2 folgt damit die Behauptung des Satzes.

Das Funktional Φ_t ist i. allg. nicht linear, da gilt

$$\begin{aligned}\Phi_t(\xi, \xi') &= \inf_{\boldsymbol{x}\in H} [\boldsymbol{t}(\boldsymbol{x})'\ \boldsymbol{M}(\xi)^{-1}\ (\boldsymbol{M}(\xi') - \boldsymbol{M}(\xi))\ \boldsymbol{M}(\xi)^{-1}\ \boldsymbol{t}(\boldsymbol{x})] \\ &= \inf_{\boldsymbol{x}\in H} [\boldsymbol{t}(\boldsymbol{x})'\ \boldsymbol{M}(\xi)^{-1} \Big(\int_V \boldsymbol{M}(\xi_{\tilde{\boldsymbol{x}}})\ \mathrm{d}\xi'(\tilde{\boldsymbol{x}}) - \boldsymbol{M}(\xi)\Big) \boldsymbol{M}(\xi)^{-1}\ \boldsymbol{t}(\boldsymbol{x})] \\ &\geqq \int_V \inf_{\boldsymbol{x}\in H} \boldsymbol{t}(\boldsymbol{x})'\ \boldsymbol{M}(\xi)^{-1}\ (\boldsymbol{M}(\xi_{\tilde{\boldsymbol{x}}}) - \boldsymbol{M}(\xi))\ \boldsymbol{M}(\xi)^{-1}\ \boldsymbol{t}(\boldsymbol{x})\ \mathrm{d}\xi'(\tilde{\boldsymbol{x}}) \\ &= \int_V \Phi_t(\xi, \xi_{\tilde{\boldsymbol{x}}})\ \mathrm{d}\xi'(\tilde{\boldsymbol{x}})\ .\end{aligned}$$

Mit der Menge

$$\begin{aligned}\forall (\xi, \xi') \in \tilde{\Xi} \times \Xi\colon H_t(\xi, \xi') := \Big\{&\boldsymbol{z} \in H\colon \inf_{\boldsymbol{x}\in H} [\boldsymbol{t}(\boldsymbol{x})'\ \boldsymbol{M}(\xi)^{-1}\ \boldsymbol{M}(\xi')\ \boldsymbol{M}(\xi)^{-1}\ \boldsymbol{t}(\boldsymbol{x}) \\ - \boldsymbol{t}(\boldsymbol{x})'\ \boldsymbol{M}(\xi)^{-1}\ \boldsymbol{t}(\boldsymbol{x})] \geqq \boldsymbol{t}(\boldsymbol{z})'\ &\boldsymbol{M}(\xi)^{-1}\ \boldsymbol{M}(\xi')\ \boldsymbol{M}(\xi)^{-1}\ \boldsymbol{t}(\boldsymbol{z}) - \sup_{\boldsymbol{x}\in H} \boldsymbol{t}(\boldsymbol{x})'\ \boldsymbol{M}(\xi)^{-1}\ \boldsymbol{t}(\boldsymbol{x})\Big\}\end{aligned} \tag{5.5.27}$$

kann die Aussage 3 des Satzes 5.5.6 wie folgt geschrieben werden:

$$\sup_{\xi' \in \Xi} \inf_{x \in H_t(\xi^*, \xi')} [\boldsymbol{t}(\boldsymbol{x})' \boldsymbol{M}(\xi^*)^{-1} \boldsymbol{M}(\xi') \boldsymbol{M}(\xi^*)^{-1} \boldsymbol{t}(\boldsymbol{x})] = \sup_{x \in H} \boldsymbol{t}(\boldsymbol{x}) \boldsymbol{M}(\xi^*)^{-1} \boldsymbol{t}(\boldsymbol{x}) . \quad (5.5.28)$$

Wir können analog zu Satz 2.2.3 die dort angegebene Sattelpunktseigenschaft für Φ_t übertragen, aber wegen der Nichtlinearität von Φ_t aus Satz 2.2.4 keine Folgerung über das Spektrum T-optimaler Versuchspläne ziehen.

Für $\boldsymbol{t} = \boldsymbol{f}$ erhalten wir die folgende Konkretisierung von Satz 5.5.6 für G-optimale Versuchspläne. Es seien

$$\forall (\xi, \xi') \in \tilde{\Xi} \times \Xi : \Phi_G(\xi, \xi') := \Phi_f(\xi, \xi')$$

und

$$\forall \xi \in \tilde{\Xi} : D_G(\xi) = D_f(\xi) .$$

Folgerung 5.5.4: Es sei H kompakt. Dann sind die folgenden Aussagen äquivalent:

1. $\xi^* \in \Xi^*_{G, \tilde{\Xi}}$.
2. $D_G(\xi^*) = \sup_{\xi \in \tilde{\Xi}} D_G(\xi)$.
3. $\inf_{\xi' \in \Xi} \inf_{x \in H} [\boldsymbol{f}(\boldsymbol{x})' \boldsymbol{M}(\xi^*)^{-1} \boldsymbol{M}(\xi') \boldsymbol{M}(\xi^*)^{-1} \boldsymbol{f}(\boldsymbol{x}) - \boldsymbol{f}(\boldsymbol{x})' \boldsymbol{M}(\xi^*)^{-1} \boldsymbol{f}(\boldsymbol{x})] = 0$ •

Für MR-optimale Versuchspläne erhalten wir eine weitere Konkretisierung von Satz 5.5.6. Es bezeichne

$$\forall \boldsymbol{x} \in H : \boldsymbol{g}(\boldsymbol{x}) := \frac{\boldsymbol{f}(\boldsymbol{x})}{\left(\inf_{\xi \in \tilde{\Xi}} \boldsymbol{f}(\boldsymbol{x})' \boldsymbol{M}(\xi)^{-1} \boldsymbol{f}(\boldsymbol{x})\right)^{1/2}} , \quad (5.5.29)$$

und es sei $\boldsymbol{t} = \boldsymbol{g}$. Weiterhin seien

$$\forall (\xi, \xi') \in \tilde{\Xi} \times \Xi : \Phi_{MR}(\xi, \xi') := \Phi_g(\xi, \xi')$$

und

$$\forall \xi \in \tilde{\Xi} : D_{MR}(\xi) = D_g(\xi) .$$

Folgerung 5.5.5: Es sei H kompakt. Dann sind die folgenden Aussagen äquivalent:

1. $\xi^* \in \Xi^*_{MR, \tilde{\Xi}}$.
2. $D_{MR}(\xi^*) = \sup_{\xi \in \tilde{\Xi}} D_{MR}(\xi)$.
3. $\inf_{\xi' \in \Xi} \inf_{x \in H} \dfrac{\boldsymbol{f}(\boldsymbol{x})' \boldsymbol{M}(\xi^*)^{-1} [\boldsymbol{M}(\xi') - \boldsymbol{M}(\xi^*)] \boldsymbol{M}(\xi^*)^{-1} \boldsymbol{f}(\boldsymbol{x})}{\inf_{\tilde{\xi} \in \tilde{\Xi}} \boldsymbol{f}(\boldsymbol{x})' \boldsymbol{M}(\tilde{\xi})^{-1} \boldsymbol{f}(\boldsymbol{x})} = 0$ •

Es sei $g \mid H \to \mathrm{R}^1$ wie folgt definiert: $\forall \boldsymbol{x} \in H : g(\boldsymbol{x}) := \inf_{\tilde{\xi} \in \tilde{\Xi}} \boldsymbol{f}(\boldsymbol{x})' \boldsymbol{M}(\tilde{\xi})^{-1} \boldsymbol{f}(\boldsymbol{x})$.

Für AR-optimale Versuchspläne geben wir den folgenden Äquivalenzsatz an:

Satz 5.5.7: Es sei H kompakt. Dann sind die folgenden Aussagen äquivalent:

1. $\xi^* \in \Xi^*_{AR, \tilde{\Xi}}$.
2. $D_G(\xi^*) = \sup_{\tilde{\xi} \in \tilde{\Xi}} D_G(\tilde{\xi})$.
3. $\inf_{\xi' \in \tilde{\Xi}} \inf_{x \in H} [\boldsymbol{f}(\boldsymbol{x})' \boldsymbol{M}(\xi^*)^{-1} \boldsymbol{M}(\xi') \boldsymbol{M}(\xi^*)^{-1} \boldsymbol{f}(\boldsymbol{x}) - \boldsymbol{f}(\boldsymbol{x})' \boldsymbol{M}(\xi^*)^{-1} \boldsymbol{f}(\boldsymbol{x})] = 0$ •

Beweis: Es seien $\xi \in \tilde{\Xi}$, $\xi' \in \Xi$, $\alpha \in (0, 1)$ und $\tilde{\xi}(\alpha) := (1 - \alpha)\,\xi + \alpha\xi'$. Wir berechnen $\Phi_{Z_{AR}}$ entsprechend (2.2.25) wie folgt:

$$\Phi_{Z_{AR}}(\xi, \xi') = \lim_{\alpha \to 0} \frac{1}{\alpha} \left\{ \sup_{x \in H} [f(x)' [M(\tilde{\xi}(\alpha))]^{-1} f(x) - g(x)] - \sup_{x \in H} [f(x)' M(\xi)^{-1} f(x) - g(x)] \right\}. \tag{5.5.30}$$

Unter Benutzung der Darstellung von $M(\tilde{\xi}(\alpha))^{-1}$ aus (5.5.23) gilt für $\alpha \in (0, \alpha_0)$:

$$\begin{aligned} Z_{AR}(\xi, \xi') = \lim_{\alpha \to 0} \frac{1}{\alpha} \Bigg\{ &\sup_{x \in H} \Bigg[f(x)' M(\xi)^{-1} f(x) - g(x) \\ &+ \sum_{\gamma=1}^{\infty} (-\alpha)^{\gamma} f(x)' M(\xi)^{-1} [(M(\xi') - M(\xi))\, M(\xi)^{-1}]^{\gamma} f(x) \Bigg] \\ &- \sup_{x \in H} [f(x)' M(\xi)^{-1} f(x) - g(x)] \Bigg\}. \end{aligned} \tag{5.5.31}$$

Analog zu dem Beweisgedanken zu Satz 5.5.6 führen wir die folgende Menge ein:

$$\begin{aligned} &\forall \alpha \in (0, \alpha_0)\ \forall (\xi, \xi') \in \tilde{\Xi} \times \Xi\colon \hat{H}(\alpha, \xi, \xi') \\ &= \Bigg\{ z \in H\colon \sup_{x \in H} \Bigg[f(x)' M(\xi)^{-1} f(x) - g(x) + \sum_{\gamma=1}^{\infty} (-\alpha)^{\gamma} f(x)' M(\xi)^{-1} [(M(\xi') - M(\xi))\, M(\xi)^{-1}]^{\gamma} f(x) \Bigg] \\ &\quad - \sup_{\tilde{x} \in H} [f(\tilde{x})' M(\xi)^{-1} f(\tilde{x}) - g(\tilde{x})] \leqq \sum_{\gamma=1}^{\infty} (-\alpha)^{\gamma} f(z)' M(\xi)^{-1} [(M(\xi') - M(\xi))\, M(\xi)^{-1}]^{\gamma} f(z) \Bigg\}, \end{aligned}$$

wobei $\hat{H}(0, \xi, \xi') = H$ ist. Damit erhalten wir für $\Phi_{Z_{AR}}$ die Darstellung

$$\begin{aligned} \Phi_{Z_{AR}}(\xi, \xi') &= \lim_{\alpha \to 0} \inf_{x \in \hat{H}(\alpha, \xi, \xi')} \left[\sum_{\gamma=1}^{\infty} (-\alpha)^{\gamma-1} f(x)' M(\xi)^{-1} [(M(\xi) - M(\xi'))\, M(\xi)^{-1}]^{\gamma} f(x) \right] \\ &= \Phi_{AR}(\xi, \xi') = \Phi_G(\xi, \xi'). \end{aligned}$$

Aus Folgerung 5.5.4 folgt die Behauptung.

Auf die in diesem Abschnitt formulierten Äquivalenzsätze werden wir bei der Konstruktion von optimalen Versuchsplänen in Kapitel 6 Bezug nehmen (zur Anwendung s. II/4).

5.6. Optimale Versuchsplanung für $\psi = A\vartheta$

In diesem Abschnitt wird das Planungsproblem für die MKQ-Schätzung eine schätzbaren Größe $\psi(x, \vartheta) = A(x)\,\vartheta$ untersucht; $x \in H$, $A(x) \in \mathcal{M}^{(s)}_{s \times r}$, $\vartheta \in \Theta = \mathrm{R}^r$ Dafür ist es nicht mehr nötig, im linearen Regressionsmodell $(\mathfrak{Y}, F\vartheta, \sigma^2 I_n)$ für jedes $V_n \in V^{(0)}$ die Gültigkeit von $\operatorname{Rg} F(V_n) = r$ zu fordern, d. h., wir werden in diesem Abschnitt auch singuläre Regressionsmodelle zulassen. Wir gehen dabei im wesentlichen wie in den Abschnitten 5.1 bis 5.5 vor, formulieren zunächst die Aufgabe, betrachten dann einige Optimalitätskriterien, die auf konvexen Funktionalen beruhen, und wenden den Satz von Whittle (s. Sätze 2.2.2 bis 2.2.4) an.

5.6.1. Aufgabenstellung und einige Eigenschaften von $AM(\xi)^- A'$

Ausgangspunkt ist wie in Abschnitt 5.1.1 ein wahrer, linearer Regressionsansatz $\tilde{S}$ mit

$$\exists f \in \mathcal{F}_r(B)\ \forall x \in B \subseteq \mathrm{R}^k\ \forall \vartheta \in \Theta = \mathrm{R}^r\colon \tilde{\eta}(x, \vartheta) = f(x)'\,\vartheta\,. \tag{5.6.1}$$

Im dazu gehörigen LR $(\mathfrak{Y}, \boldsymbol{F}\boldsymbol{\vartheta}, \boldsymbol{B}_\varepsilon)$ soll $\boldsymbol{\psi}(\boldsymbol{x}, \boldsymbol{\vartheta}) = \boldsymbol{A}(\boldsymbol{x})\,\boldsymbol{\vartheta};\ \boldsymbol{x} \in H \subseteq B,\ \boldsymbol{A}(\boldsymbol{x}) \in \mathcal{M}^{(s)}_{s\times r}$; geschätzt werden.

Vor. 5.6.1: Für jedes $\boldsymbol{x} \in H$ sei $\boldsymbol{\psi}(\boldsymbol{x}, \boldsymbol{\vartheta})$ schätzbar im LR $(\mathfrak{Y}, \boldsymbol{F}\boldsymbol{\vartheta}, \boldsymbol{B}_\varepsilon)$, und es gelte $\forall V_n \in V^{(0)}: \boldsymbol{B}_\varepsilon(V_n) = \sigma^2 \boldsymbol{I}_n$ •

Aus dieser Voraussetzung ergibt sich mit Lemma 3.2.7, daß

$$V^{(0)} \subseteq \left\{V_n \in \bigcup_{i\in\mathbb{N}} V^{(i)}: \forall \boldsymbol{x} \in H: \boldsymbol{A}(\boldsymbol{x})\,(\boldsymbol{F}(V_n)'\,\boldsymbol{F}(V_n))^-\,\boldsymbol{F}(V_n)'\,\boldsymbol{F}(V_n) = \boldsymbol{A}(\boldsymbol{x})\right\} =: V^{(A)} \tag{5.6.2}$$

gelten muß. Die MKQ-Schätzung für $\boldsymbol{\psi}(\boldsymbol{x}, \boldsymbol{\vartheta})$ hat nach (3.2.43) die Form

$$\forall \boldsymbol{x} \in H\ \forall V_n \in V^{(0)}: \check{\boldsymbol{\psi}}(\boldsymbol{x}, \mathfrak{Y}, V_n) = \boldsymbol{A}(\boldsymbol{x})\,(\boldsymbol{F}(V_n)'\,\boldsymbol{F}(V_n))^-\,\boldsymbol{F}(V_n)\,\mathfrak{Y}\,. \tag{5.6.3}$$

Es gelte weiter:

Vor. 5.6.2: Für jedes $(\boldsymbol{x}, V_n) \in H \times V^{(0)}$ sei die MKQ-Schätzung $\check{\boldsymbol{\psi}}$ eine Q_1-optimale Strategie in $G_1^{(\nu)} = [\Theta \times K, D^{(\nu)}(V_n), R_1^{(\nu)}]$ •

Dies gilt unter den Voraussetzungen von Satz 3.2.1 für alle Q_1 aus Tabelle 3.3.1.
Analog zu Vor. 5.1.4 wird auch hier von quadratischem Verlust ausgegangen:

Vor. 5.6.3: $\forall \boldsymbol{x} \in H\ \forall V_n \in V^{(0)}\ \exists \boldsymbol{U}(\boldsymbol{x}, V_n) \in \mathcal{M}_s^{\geq}\ \forall \boldsymbol{\vartheta} \in \Theta\ \forall \hat{\boldsymbol{\psi}} \in D^{(\nu)}(V_n)\ \forall \boldsymbol{y} \in C(V_n)$:

$$L^{(\nu)}(\boldsymbol{\vartheta}, \boldsymbol{x}; \hat{\boldsymbol{\psi}}(\boldsymbol{x}, \boldsymbol{y}, V_n), V_n) = \frac{1}{\sigma^2}\, n\, \|\boldsymbol{\psi}(\boldsymbol{x}, \boldsymbol{\vartheta}) - \hat{\boldsymbol{\psi}}(\boldsymbol{x}, \boldsymbol{y}, V_n)\|^2_{U(\boldsymbol{x}, V_n)}\ \bullet$$

Unter den Voraussetzungen 5.6.2 und 5.6.3 erhält man (bei Beachtung der vorausgesetzten Trennbarkeit; s. Vor. 3.1.1) im Planungsproblem $G_2^{(\nu)} = [H, V^{(0)}, R_2^{(\nu)}]$ für alle Q_1 aus Tabelle 3.3.1 das Risiko

$$\forall \boldsymbol{x} \in H\ \forall V_n \in V^{(0)}: R_2^{(\nu)}(\boldsymbol{x}; V_n) = n \operatorname{sp} \boldsymbol{U}(\boldsymbol{x}, V_n)\,\boldsymbol{A}(\boldsymbol{x})\,(\boldsymbol{F}(V_n)'\,\boldsymbol{F}(V_n))^-\,\boldsymbol{A}(\boldsymbol{x})' \tag{5.6.4}$$

(s. auch (3.3.55)). Wegen der vorausgesetzten Schätzbarkeit von $\boldsymbol{\psi}(\boldsymbol{x}, \boldsymbol{\vartheta})$ ergibt sich mit (3.2.16) aus Lemma 3.2.1, daß das Risiko unabhängig von der speziellen Wahl $(\boldsymbol{F}(V_n)'\,\boldsymbol{F}(V_n))^- \in \mathcal{A}_{\boldsymbol{F}(V_n)'\boldsymbol{F}(V_n)}$ ist.

Es gelte Vor. 5.1.5, d. h. $\boldsymbol{U}(\boldsymbol{x}, V_n)$ hänge nur über $\overline{\boldsymbol{M}}(V_n)$ von V_n ab. Dann kann das Risiko in der Form

$$\forall \boldsymbol{x} \in H\ \forall V_n \in V^{(0)}: R_2^{(\nu)}(\boldsymbol{x}; V_n) = \operatorname{sp} \widetilde{\boldsymbol{U}}(\boldsymbol{x}, \overline{\boldsymbol{M}}(V_n))\,\boldsymbol{A}(\boldsymbol{x})\,\overline{\boldsymbol{M}}(V_n)^-\,\boldsymbol{A}(\boldsymbol{x})' \tag{5.6.5}$$

geschrieben werden. Das Problem besteht nun darin, im Entscheidungsproblem $G_2^{(\nu)} = [H, V^{(0)}, R_2^{(\nu)}]$ einen Versuchsplan als Q_2-optimale Strategie zu bestimmen, d. h. mit $Q_2 \mid (\mathrm{R}^1)^{H\times V^{(0)}} \to (\mathrm{R}^1)^{V^{(0)}}$ die Aufgabe

$$Q_2 \operatorname{sp} \widetilde{\boldsymbol{U}}(\cdot, \overline{\boldsymbol{M}}(V_n))\,\boldsymbol{A}(\cdot)\,\overline{\boldsymbol{M}}(V_n)^-\,\boldsymbol{A}(\cdot)' \overset{!}{=} \inf_{V_n \in V^{(0)}} \tag{5.6.6}$$

zu lösen. Diese Aufgabe kann wie in Abschnitt 5.1.1 durch Identifizierung von $V^{(0)}$ mit einer Menge $\Xi^{(0)}$ von Versuchsplanmaßen in äquivalenter Weise als

$$Q_2 \operatorname{sp} \widetilde{\boldsymbol{U}}(\cdot, \boldsymbol{M}(\xi_n))\,\boldsymbol{A}(\cdot)\,\boldsymbol{M}(\xi_n)^-\,\boldsymbol{A}(\cdot)' \overset{!}{=} \inf_{\xi_n \in \Xi^{(0)}} \tag{5.6.7}$$

geschrieben werden (s. auch (5.1.15)).

Auch hier werden wir anstelle von (5.6.7) ein auf $\widetilde{\Xi} \subseteq \Xi$ erweitertes Problem

$$Q_2 \operatorname{sp} \widetilde{\boldsymbol{U}}(\cdot, \boldsymbol{M}(\xi))\,\boldsymbol{A}(\cdot)\,\boldsymbol{M}(\xi)^-\,\boldsymbol{A}(\cdot)' \overset{!}{=} \inf_{\xi \in \widetilde{\Xi}} \tag{5.6.8}$$

betrachten.

Wir klären zunächst, wann das Problem (5.6.8) unabhängig von der speziellen Wahl von $M(\xi)^-$ ist. Es sei

$$\Xi_A := \{\xi \in \Xi: \forall x \in H: A(x)\, M^-(\xi)\, M(\xi) = A(x)\}\,. \tag{5.6.9}$$

Lemma 5.6.1: Es seien $\xi \in \Xi_A$ und $x \in H$. Dann ist $A(x)\, M(\xi)^-\, A(x)'$ unabhängig von der speziellen Wahl von $M(\xi)^-$ •

Den Beweis liefert Lemma 3.2.1.

Für $\xi \in \Xi \setminus \Xi_A$ gilt diese Unabhängigkeit von der speziellen Wahl von $M(\xi)^-$ nicht. Wir setzen daher für das Problem (5.6.8) stets voraus, daß $\tilde{\Xi} \subseteq \Xi_A$ gilt.

Wir geben eine weitere Charakterisierung von Ξ_A an.

Lemma 5.6.2: Es gilt: $\forall \xi \in \Xi: \xi \in \Xi_A \Leftrightarrow (\forall x \in H: A(x)\, M(\xi)^-\, A(x)' \in \mathcal{M}_s^>)$ •

Beweis: Es sei $\xi \in \Xi$. Dann gilt:

$$\xi \in \Xi_A \Leftrightarrow \forall x \in H\ \forall M(\xi)^- \in \mathcal{A}_{M(\xi)}: A(x)\, M(\xi)^-\, M(\xi) = A(x) \qquad \text{(s. (5.6.9))}$$

$$\Leftrightarrow \forall x \in H\ \forall M(\xi)^- \in \mathcal{A}_{M(\xi)}: \mathcal{L}(A(x)') \subseteq \mathcal{L}(M(\xi)) = \mathcal{L}(M(\xi)^+) \subseteq \mathcal{L}(M(\xi)^{--})$$

(s. Lemma 3.2.7, (3.2.5) und (3.2.1))

$$\Leftrightarrow \forall x \in H\ \forall M(\xi)^- \in \mathcal{A}_{M(\xi)}: A(x)\, M(\xi)^-\, A(x) \in \mathcal{M}_s^>\,.$$

Es sei $\mathcal{M}_A := \{C \in \mathcal{M}_r^{\geqq}: \forall x \in H\ \forall C^- \in \mathcal{A}_C: A(x) C^- C = A(x)\}$. Mit $Z \mid \mathcal{M}_A \to \mathrm{R}^1$ gemäß

$$\forall C \in \mathcal{M}_A: Z(C) = Q_2 \operatorname{sp} \tilde{U}(\cdot, C) A(\cdot)\, C^- A(\cdot)' \tag{5.6.10}$$

kann (5.6.8) auch als

$$Z(M(\xi)) \stackrel{!}{=} \inf_{\xi \in \tilde{\Xi}} \tag{5.6.11}$$

geschrieben werden. Es sei

$$\Xi_A^{(0)} := \{\xi_n \in \Xi^{(\infty)}: \forall x \in H: A(x)\, M(\xi_n)^-\, M(\xi_n) = A(x)\}\,.$$

Wir bemerken, daß $\Xi_A^{(0)}$ die Menge von Versuchsplanmaßen ist, die mit $V^{(A)}$ aus (5.6.2) identifiziert werden kann. Es gilt nun analog zu Satz 5.1.2:

Satz 5.6.1: Es seien $[\Xi, s]$ ein semimetrischer Raum mit s aus (5.1.20) und $Z \mid \mathcal{M}_A \to \mathrm{R}^1$ aus (5.6.10) stetig bez. q aus (5.1.21). Dann ist das Funktional $Z(M(\cdot)) \mid \Xi_A \to \mathrm{R}^1$ die einzige stetige Fortsetzung des Funktionales $Z(M(\cdot)) \mid \Xi_A^{(0)} \to \mathrm{R}^1$ •

Der Beweis wird wie bei Satz 5.1.2 unter Ausnutzung von Lemma 5.1.4 und Folgerung 5.1.1 geführt, indem man beachtet, daß mit $g(x, \xi) = \det(A(x)\, M(\xi)^-\, A(x)')$; $x \in H$, $\xi \in \Xi_A$; und Lemma 5.6.2 die Darstellung $\Xi_A = \{\xi \in \Xi: \forall x \in H: g(x, \xi) > 0\}$ gilt.

Das Optimalitätskriterium (5.6.8) hängt von der Matrix $A(x)\, M(\xi)^-\, A(x)'$ ab. Wir untersuchen daher zunächst Eigenschaften dieser Matrix. Wegen Lemma 5.6.1 können wir dazu jeweils günstige g-Inverse zu $M(\xi)$ benutzen.

Das folgende Lemma liefert eine Darstellung von $A(x)\, M(\xi)^-\, A(x)'$, die vorteilhaft ist für die Übertragung von Eigenschaften, wie sie für $M(\xi)^{-1}$ bekannt sind.

Lemma 5.6.3: Es gilt $\forall \xi \in \Xi_A\ \forall x \in H$:

$$A(x)\, M(\xi)^-\, A(x)' = \lim_{\delta \to 0} A(x)\, (M(\xi) + \delta^2 I_r)^{-1}\, A(x)' \;\bullet$$

Beweis: Da $\boldsymbol{M}(\xi) \in \mathcal{M}_r^{\geqq}$ ist, hat man zunächst

$$\exists \boldsymbol{Q} \in \mathcal{M}_r: \boldsymbol{M}(\xi) = \boldsymbol{Q}'\boldsymbol{Q} .$$

Mit (3.2.5) und (3.2.7) ergibt sich daraus

$$\boldsymbol{M}(\xi)^+ = (\boldsymbol{Q}'\boldsymbol{Q})^+ = (\boldsymbol{Q}'\boldsymbol{Q})^+ \boldsymbol{Q}'\boldsymbol{Q}(\boldsymbol{Q}'\boldsymbol{Q})^+ = \boldsymbol{Q}^+\boldsymbol{Q}^{+\prime} .$$

Unter Ausnutzung von Lemma 5.6.1, Lemma 3.2.5 und der Tatsache, daß $\xi \in \Xi_A$ die Beziehung $\boldsymbol{A}(\boldsymbol{x})\, \boldsymbol{M}(\xi)^+\boldsymbol{M}(\xi) = \boldsymbol{A}(\boldsymbol{x})$ erfüllt, erhält man schließlich

$$\begin{aligned}\boldsymbol{A}(\boldsymbol{x})\, \boldsymbol{M}(\xi)^-\, \boldsymbol{A}(\boldsymbol{x}') &= \boldsymbol{A}(\boldsymbol{x})\, \boldsymbol{M}(\xi)^+\, \boldsymbol{A}(\boldsymbol{x})' = \boldsymbol{A}(\boldsymbol{x})\, \boldsymbol{Q}^+\boldsymbol{Q}^{+\prime}\boldsymbol{A}(\boldsymbol{x})' \\ &= \lim_{\delta\to 0} \boldsymbol{A}(\boldsymbol{x})\, [\boldsymbol{Q}'\boldsymbol{Q} + \delta^2\boldsymbol{I}_r]^{-1}\, \boldsymbol{Q}'\boldsymbol{Q}^{+\prime}\boldsymbol{A}(\boldsymbol{x})' \\ &= \lim_{\delta\to 0} \boldsymbol{A}(\boldsymbol{x})\, [\boldsymbol{M}(\xi) + \delta^2\boldsymbol{I}_r]^{-1}\, \boldsymbol{Q}'\boldsymbol{Q}(\boldsymbol{Q}'\boldsymbol{Q})^+\, \boldsymbol{A}(\boldsymbol{x})' \\ &= \lim_{\delta\to 0} \boldsymbol{A}(\boldsymbol{x})\, [\boldsymbol{M}(\xi) + \delta^2\boldsymbol{I}_r]^{-1}\, \boldsymbol{M}(\xi)\, \boldsymbol{M}(\xi)^+\, \boldsymbol{A}(\boldsymbol{x})' \\ &= \lim_{\delta\to 0} \boldsymbol{A}(\boldsymbol{x})\, [\boldsymbol{M}(\xi) + \delta^2\boldsymbol{I}_r)]^{-1}\, \boldsymbol{A}(\boldsymbol{x})' .\end{aligned}$$

Mit diesem Lemma läßt sich die folgende Eigenschaft nachweisen, die bei Konvexitätsuntersuchungen der Funktionale Z aus (5.6.10) nützlich ist.

Lemma 5.6.4: Ist $\tilde{\Xi} \subseteq \Xi_A$ konvex, so gilt: $\forall (\xi_1, \xi_2) \in \tilde{\Xi} \times \tilde{\Xi}\ \forall \alpha \in (0, 1)\ \forall \boldsymbol{x} \in H$:
$\boldsymbol{A}(\boldsymbol{x})\, \boldsymbol{M}^-(\alpha\xi_1 + (1-\alpha)\,\xi_2)\, \boldsymbol{A}(\boldsymbol{x})' \leqq \alpha \boldsymbol{A}(\boldsymbol{x})\, \boldsymbol{M}(\xi_1)^-\, \boldsymbol{A}(\boldsymbol{x})' + (1-\alpha)\, \boldsymbol{A}(\boldsymbol{x})\, \boldsymbol{M}(\xi_2)^-\, \boldsymbol{A}(\boldsymbol{x})'$ •

Beweis: Seien $\xi_1 \in \tilde{\Xi}$, $\xi_2 \in \tilde{\Xi}$, $\alpha \in (0, 1)$, $\boldsymbol{x} \in H$ und $\tilde{\xi} = \alpha\xi_1 + (1-\alpha)\,\xi_2$. Dann erhält man

$$\begin{aligned}\boldsymbol{A}(\boldsymbol{x})\, \boldsymbol{M}(\tilde{\xi})^-\boldsymbol{A}(\boldsymbol{x})' &= \lim_{\delta\to 0} \boldsymbol{A}(\boldsymbol{x})\, [\boldsymbol{M}(\tilde{\xi}) + \delta^2\boldsymbol{I}_r]^{-1}\, \boldsymbol{A}(\boldsymbol{x})' \qquad \text{(s. Lemma 5.6.3)} \\ &= \lim_{\delta\to 0} \boldsymbol{A}(\boldsymbol{x})\, [\alpha(\boldsymbol{M}(\xi_1) + \delta^2\boldsymbol{I}_r) + (1-\alpha)\, (\boldsymbol{M}(\xi_2) + \delta^2\boldsymbol{I}_r)]^{-1}\, \boldsymbol{A}(\boldsymbol{x})' \\ &\leqq \lim_{\delta\to 0} \boldsymbol{A}(\boldsymbol{x})\, [\alpha(\boldsymbol{M}(\xi_1) + \delta^2\boldsymbol{I}_r)^{-1} + (1-\alpha)\, (\boldsymbol{M}(\xi_2) + \delta^2\boldsymbol{I}_r)^{-1}]\, \boldsymbol{A}(\boldsymbol{x})' \qquad \text{(s. (1.A.50)} \\ &= \alpha \lim_{\delta\to 0} \boldsymbol{A}(\boldsymbol{x})\, [\boldsymbol{M}(\xi_1) + \delta^2\boldsymbol{I}_r]^{-1}\, \boldsymbol{A}(\boldsymbol{x})' + (1-\alpha) \lim_{\delta\to 0} \boldsymbol{A}(\boldsymbol{x})\, [\boldsymbol{M}(\xi_2) + \delta^2\boldsymbol{I}_r]^{-1}\, \boldsymbol{A}(\boldsymbol{x})' \\ &= \alpha\boldsymbol{A}(\boldsymbol{x})\, \boldsymbol{M}(\xi_1)^-\, \boldsymbol{A}(\boldsymbol{x})' + (1-\alpha)\, \boldsymbol{A}(\boldsymbol{x})\, \boldsymbol{M}(\xi_2)^-\, \boldsymbol{A}(\boldsymbol{x})' \qquad \text{(s. Lemma 5.6.3).}\end{aligned}$$

Wir geben jetzt im Spezialfall

$$\forall \boldsymbol{x} \in H: \boldsymbol{A}(\boldsymbol{x}) = (\boldsymbol{I}_s \,\vdots\, \boldsymbol{O}_{s,r-s}) , \tag{5.6.12}$$

d. h. wenn die ersten s Komponenten von $\boldsymbol{\vartheta} \in \mathrm{R}^r$ geschätzt werden sollen, eine Darstellung von $\boldsymbol{A}(\boldsymbol{x})\, \boldsymbol{M}(\xi)^-\, \boldsymbol{A}(\boldsymbol{x})'$ an.

Wir werden im weiteren mit $s \leqq k \leqq r$ für eine Matrix $\boldsymbol{Q} \in \mathcal{M}_r$ die Blockdarstellung

$$\boldsymbol{Q} = \begin{pmatrix} \boldsymbol{Q}_s & \boldsymbol{Q}_{s,k-s} & \boldsymbol{Q}_{s,r-k} \\ \boldsymbol{Q}_{k-s,s} & \boldsymbol{Q}_{k-s} & \boldsymbol{Q}_{k-s,r-k} \\ \boldsymbol{Q}_{r-k,s} & \boldsymbol{Q}_{r-k,k-s} & \boldsymbol{Q}_{r-k} \end{pmatrix} \tag{5.6.13}$$

verwenden.

Lemma 5.6.5: Es gelte (5.6.12), und es sei $\boldsymbol{Q} \in \mathcal{M}_r^{\geqq}$ mit $\operatorname{Rg} \boldsymbol{Q} = k$ und $s \leqq k \leqq r$. Für jedes $\boldsymbol{x} \in H$ gelte $\mathcal{L}(\boldsymbol{A}(\boldsymbol{x})') \subseteq \mathcal{L}(\boldsymbol{Q})$. Dann gibt es eine Untermatrix

$$\tilde{\boldsymbol{Q}}_k = \begin{pmatrix} \boldsymbol{Q}_s & \tilde{\boldsymbol{Q}}_{s,k-s} \\ \tilde{\boldsymbol{Q}}_{k-s,s} & \tilde{\boldsymbol{Q}}_{k-s} \end{pmatrix} \in \mathcal{M}_k^{>}$$

von Q, so daß gilt

$$\forall x \in H \; \forall Q \in \mathcal{A}_Q: A(x)\, Q^- A(x)' = (Q_s - \widetilde{Q}_{s,k-s}\widetilde{Q}_{k-s}^{-1}\widetilde{Q}_{k-s,s})^{-1} \bullet \quad (5.6.14)$$

Beweis: Wegen $\mathcal{L}(A(x)') \subseteq \mathcal{L}(Q)$ ist $A(x)\, Q^- A(x)'$ unabhängig von der speziellen Wahl von $Q^- \in \mathcal{A}_Q$. Wir berechnen eine spezielle g-Inverse zu Q.

Mit $\mathcal{L}(A(x)') = \{t \in \mathrm{R}^r : \exists t_s \in \mathrm{R}^s : t = (t_s', 0')'\}$ folgt aus $\mathcal{L}(A(x)') \subseteq \mathcal{L}(Q)$, daß $Q_s \in \mathcal{M}_s^{(s)}$ ist. Wegen $\mathrm{Rg}\, Q = k$; $s \leqq k \leqq r$; existiert eine Matrix

$$\widetilde{Q}_k = \begin{pmatrix} Q_s & \widetilde{Q}_{s,k-s} \\ \widetilde{Q}_{k-s,s} & \widetilde{Q}_{k-s} \end{pmatrix} \in \mathcal{M}_k^>$$

mit $\mathrm{Rg}\, \widetilde{Q}_k = k$. Dann gibt es eine Matrix $J = \begin{pmatrix} I_s & Q_{s,r-s} \\ Q_{r-s,s} & J_{r-s} \end{pmatrix} \in \mathcal{M}_r^{(r)}$ (die durch Rechtsmultiplikation mit einer beliebigen Matrix gewisse Zeilen dieser Matrix und durch Linksmultiplikation die entsprechenden Spalten dieser Matrix vertauscht), so daß

$$JJ = I_r \wedge JQJ = \begin{pmatrix} \widetilde{Q}_k & \widetilde{Q}_{k,r-k} \\ \widetilde{Q}_{r-k,k} & \widetilde{Q}_{r-k} \end{pmatrix} =: \widetilde{Q}$$

gilt. Unter Ausnutzung von (3.2.11) ist

$$(JQJ)^- = JQ^-J = \widetilde{Q}^- = \begin{pmatrix} \widetilde{Q}_k^{-1} & 0 \\ 0 & 0 \end{pmatrix}$$

eine spezielle g-Inverse zu $\widetilde{Q}$ und damit $Q^- = J\widetilde{Q}^-J$ eine spezielle g-Inverse zu Q. Unter Beachtung von (1.A.15) folgt aus

$$(Q^-)_s = I_s(\widetilde{Q}^-)_s I_s = (Q_s - \widetilde{Q}_{s,k-s}\widetilde{Q}_{k-s}^{-1}\widetilde{Q}_{k-s,s})^{-1}$$

die Behauptung.

Folgerung 5.6.1: Es sei $\xi \in \Xi_A$ mit $\mathrm{Rg}\, M(\xi) = k$ und $s \leqq k \leqq r$. Es gelte (5.6.12). Dann existiert eine Untermatrix

$$\widetilde{M}_k(\xi) = \begin{pmatrix} M_s(\xi) & \widetilde{M}_{s,k-s}(\xi) \\ \widetilde{M}_{k-s,s}(\xi) & \widetilde{M}_{k-s}(\xi) \end{pmatrix} \in \mathcal{M}_k^>$$

von $M(\xi)$, so daß gilt $\forall x \in H \; \forall M(\xi)^- \in \mathcal{A}_{M(\xi)}$:

$$A(x)\, M(\xi)^-\, A(x)' = \big(M_s(\xi) - \widetilde{M}_{s,k-s}(\xi)\, \widetilde{M}_{k-s}^{-1}(\xi)\, \widetilde{M}_{k-s,s}(\xi)\big)^{-1} =: M_k^{(s)}(\xi) \bullet \quad (5.6.15)$$

5.6.2 Optimalitätskriterien und Eigenschaften der Funktionale

In Analogie zum Abschnitt 5.2 definieren wir jetzt einige Optimalitätskriterien, die sich als Spezialfälle aus dem erweiterten Versuchsplanungsproblem

$$Z(M(\xi)) = Q_2 \,\mathrm{sp}\, \widetilde{U}(\cdot, M(\xi))\, A(\cdot)\, M(\xi)^-\, A(\cdot)' \overset{!}{=} \inf_{\xi \in \widetilde{\Xi}} \quad (5.6.16)$$

ergeben (s. auch (5.6.10), (5.6.11)).

Es seien $U \in \mathcal{M}_r^{\geqq}$, $A \in \mathcal{M}_{s \times r}^{(s)}$, $\widetilde{\Xi} \subseteq \Xi_A$ und

$$\forall \xi \in \widetilde{\Xi}: Z_{L_A}(M(\xi)) := \mathrm{sp}\, UAM(\xi)^-\, A'\,. \quad (5.6.17)$$

Def. 5.6.1: Der stetige Versuchsplan $\xi^* \in \widetilde{\Xi}$ heißt L_A-optimal in $\widetilde{\Xi} =_{\mathrm{df}}$

$$Z_{L_A}(M(\xi^*)) = \inf_{\xi \in \widetilde{\Xi}} Z_{L_A}(M(\xi)) \bullet$$

Die L_A-Optimalität ergibt sich aus (5.6.16) mit $Q_2 = \mathrm{I}$ und

$$\forall \boldsymbol{x} \in H \ \forall \xi \in \tilde{\Xi}: \boldsymbol{A}(\boldsymbol{x}) = \boldsymbol{A} \wedge \tilde{\boldsymbol{U}}(\boldsymbol{x}, \boldsymbol{M}(\xi)) = \boldsymbol{U} .$$

Dabei ist I der identische Operator auf $(\mathrm{R}^1)^{\tilde{\Xi}}$. Es sei wiederum $\boldsymbol{A} \in \mathcal{M}^{(s)}_{s \times r}$ und

$$\forall \xi \in \tilde{\Xi}: Z_{D_A}(\boldsymbol{M}(\xi)) = \det (\boldsymbol{A}\boldsymbol{M}(\xi)^- \boldsymbol{A}') . \qquad (5.6.18)$$

Def. 5.6.2: Der stetige Versuchsplan $\xi^* \in \tilde{\Xi}$ heißt D_A-optimal in $\tilde{\Xi} =_{\mathrm{df}}$

$$Z_{D_A}(\boldsymbol{M}(\xi^*)) = \inf_{\xi \in \tilde{\Xi}} Z_{D_A}(\boldsymbol{M}(\xi)) \bullet$$

Für jedes $\xi \in \tilde{\Xi}$ bezeichnen $\boldsymbol{t}_i(\xi)$ die normierten Eigenvektoren zu den Eigenwerten $\lambda_i(\xi)$ der Matrix $\boldsymbol{A}\boldsymbol{M}(\xi)^- \boldsymbol{A}'$; $i = 1, \ldots, s$. Die D_A-Optimalität ergibt sich in Analogie zur (gewöhnlichen) D-Optimalität aus (5.6.16) durch $Q_2 = \mathrm{I}$ und

$$\forall \boldsymbol{x} \in H \ \forall \xi \in \tilde{\Xi}: \boldsymbol{A}(\boldsymbol{x}) = \boldsymbol{A} \wedge \tilde{\boldsymbol{U}}(\boldsymbol{x}, \boldsymbol{M}(\xi)) = \prod_{i=1}^{s-1} \lambda_i(\xi)\, \boldsymbol{t}_s(\xi)\, \boldsymbol{A}\boldsymbol{M}^-(\xi)\, \boldsymbol{A}'\boldsymbol{t}_s(\xi)' .$$

Es lassen sich ähnlich wie in Abschnitt 5.2 weitere spezielle Optimalitätskriterien aus (5.6.16) gewinnen. Wir verzichten hier darauf und erwähnen lediglich noch die C-Optimalität, die sich sowohl als Spezialfall der L_A-Optimalität als auch aus der D_A-Optimalität ergibt.

Es sei $\boldsymbol{c} \in \mathrm{R}^r$ und

$$\forall \xi \in \tilde{\Xi}: Z_{\boldsymbol{c}}(\boldsymbol{M}(\xi)) = \boldsymbol{c}'\boldsymbol{M}(\xi)^- \boldsymbol{c} . \qquad (5.6.19)$$

Def. 5.6.3: Der stetige Versuchsplan ξ^* heißt C-optimal bez. $\boldsymbol{c}$ in $\tilde{\Xi} =_{\mathrm{df}}$

$$Z_{\boldsymbol{c}}(\boldsymbol{M}(\xi^*)) = \inf_{\xi \in \tilde{\Xi}} Z_{\boldsymbol{c}}(\boldsymbol{M}(\xi)) \bullet$$

Die C-Optimalität ergibt sich aus der D_A-Optimalität, indem man dort $\boldsymbol{A} = \boldsymbol{c}'$ setzt und aus der L_A-Optimalität durch $\boldsymbol{A} = \boldsymbol{c}'$ und $\boldsymbol{U} = 1$.

In Analogie zu Abschnitt 5.2 bezeichnen wir die Mengen L_A-, D_A- bzw. C-optimaler Pläne mit $\Xi^*_{L_A, \tilde{\Xi}}$, $\Xi^*_{D_A, \tilde{\Xi}}$ bzw. $\Xi^*_{\boldsymbol{c}, \tilde{\Xi}}$.

Eine statistische Interpretation dieser Optimalitätskriterien ist möglich, falls man sich auf Versuchspläne $\xi_n \in \Xi^{(0)}$ beschränkt, die mit einem konkreten Versuchsplan $V_n \in V^{(0)}$ identifiziert werden können. Dann ist im Falle $\boldsymbol{U} = \boldsymbol{I}_r$

$$Z_{L_A}(\boldsymbol{M}(\xi_n)) = \mathrm{sp}\, \boldsymbol{A}\boldsymbol{M}(\xi_n)^- \boldsymbol{A}' = n\, \mathrm{sp}\, \boldsymbol{A}(\boldsymbol{F}(V_n)'\boldsymbol{F}(V_n))^- \boldsymbol{A}' = \frac{n}{\sigma^2}\, \mathrm{sp}\, \boldsymbol{B}_{\check{\boldsymbol{\psi}}}$$

und ein L_A-optimaler Plan in $\Xi^{(0)}$ minimiert die mittlere Varianz der Komponenten der MKQ-Schätzung für $\boldsymbol{\psi} = \boldsymbol{A}\boldsymbol{\vartheta}$.

Im Falle der D_A-Optimalität ergibt sich eine Minimierung von $\det \boldsymbol{B}_{\check{\boldsymbol{\psi}}}$ und bei der C-Optimalität eine Minimierung der Varianz der MKQ-Schätzung für $\boldsymbol{c}'\boldsymbol{\vartheta}$.

Es gelte im folgenden:

Vor. 5.6.4: $\tilde{\Xi} = \Xi_A \bullet$

Wir bemerken, daß Ξ_A die Menge von Plänen ist, die in natürlicher Weise der Schätzbarkeitsbedingung in Vor. 5.6.1 entspricht (vgl. (5.6.2) und (5.6.9)).

In der Literatur hat man sich häufig auf die Menge $\tilde{\Xi} = \Xi_{\mathrm{reg}}$ beschränkt (s. Kiefer [10], [5], Fedorov [6]). Wir zeigen, daß dies wenigstens zwei Nachteile hat:

Erstens haben optimale Pläne in Ξ_{reg} mindestens r Punkte im Spektrum (s. Lemma 5.1.6), während man bei optimalen Plänen in Ξ_A oft mit s Punkten im Spektrum auskommt (s. Beispiel 5.6.2) .Diese Möglichkeit eröffnet das folgende Lemma:

Lemma 5.6.6: Es sei $\xi \in \Xi_A$ und für jedes $x \in H$ sei $A(x) \in \mathscr{M}^{(s)}_{s \times r}$. Dann gilt card $S(\xi) \geqq s$ •

Beweis: Angenommen, es sei card $S(\xi) < s$. Dann ist Rg $M(\xi) < s$. Wegen Rg $A(x)\, M^-(\xi)\, M(\xi) \leqq \min\{\text{Rg}\, A(x), \text{Rg}\, M^-(\xi), \text{Rg}\, M(\xi)\} < s$ kann daher die Beziehung $A(x)\, M^-(\xi)\, M(\xi) = A(x)$ für kein $x \in H$ erfüllt sein, d. h. im Widerspruch zur Annahme ist ξ kein Element von Ξ_A.

Ein zweiter Nachteil bei der Beschränkung auf Ξ_{reg} ist, daß optimale Pläne oft nur in Ξ_A existieren. Wir geben ein Beispiel für die C-Optimalität:

Beispiel 5.6.1: Es seien $\forall x \in B \subset \mathrm{R}^1\ \forall \vartheta = (\vartheta_1, \vartheta_2)' \in \mathrm{R}^2$: $\tilde{\eta}(x, \vartheta) = \vartheta_1 + \vartheta_2 x$; und $V = [-1, 1]$; $c = (1, 1)'$, $\xi = \{(x_i, p_i)\}_{i=1}^m \in \Xi_{\text{reg}}$. Dann ergibt sich mit

$$M(\xi) = \sum_{i=1}^m p_i f(x_i)\, f(x_i)' = \begin{pmatrix} 1 & \sum_{i=1}^m p_i x_i \\ \sum_{i=1}^m p_i x_i & \sum_{i=1}^m p_i x_i^2 \end{pmatrix}$$

und

$$M(\xi)^{-1} = \frac{1}{\sum_{i=1}^m p_i \left(x_i - \sum_{j=1}^m p_j x_j\right)^2} \begin{pmatrix} \sum_{i=1}^m p_i x_i^2 & -\sum_{i=1}^m p_i x_i \\ -\sum_{i=1}^m p_i x_i & 1 \end{pmatrix}$$

die Beziehung

$$c' M(\xi)^{-1} c = \frac{\sum_{i=1}^m p_i (x_i - 1)^2}{\sum_{i=1}^m p_i \left(x_i - \sum_{j=1}^m p_j x_j\right)^2}. \tag{5.6.20}$$

Es gilt

$$\sum_{i=1}^m p_i (x_i - 1)^2 \geqq \sum_{i=1}^m p_i \left(x_i - \sum_{j=1}^m p_j x_j\right)^2$$

und das Gleichheitszeichen (d. h. das Minimum von (5.6.20)) wird nur bei $\sum_{j=1}^m p_j x_j = 1$ angenommen. Bei $V = [-1, 1]$ erfüllt lediglich der Plan ξ_x; $x = 1$; diese Beziehung. Für ξ_x mit $x = 1$ ist $\xi_x \in \Xi_A$; $A = c'$; aber ξ_x ist nicht regulär.

Auf die in den Definitionen 5.6.1 bis 5.6.3 eingeführten Optimalitätskriterien soll der Äquivalenzsatz von Whittle angewendet werden. Daher untersuchen wir die entsprechenden Funktionale $Z(M(\cdot))$ auf Konvexität. Zunächst wird gezeigt, daß Ξ_A konvex ist. Dazu beweisen wir die allgemeinere Tatsache, daß Ξ_A die Vor. 2.2.3 (Reichhaltigkeitsforderung) erfüllt.

Lemma 5.6.7: Es gilt

$$\forall \xi_1 \in \Xi_A\ \forall \xi_2 \in \Xi\ \forall \alpha \in [0, 1): ((1 - \alpha)\, \xi_1 + \alpha \xi_2) \in \Xi_A \bullet$$

Beweis: Es seien $\xi_1 \in \Xi_A$, $\xi_2 \in \Xi$, $\alpha \in [0, 1)$, $\tilde{\xi} := (1 - \alpha)\, \xi_1 + \alpha \xi_2$ und $x \in H$. Wegen $\xi_1 \in \Xi_A$ gilt (in Analogie zu Lemma 3.2.7):

$$A(x)\, M(\xi_1)^- A(x)' = A(x) \Leftrightarrow \mathscr{L}(A(x)') \subseteq \mathscr{L}(M(\xi_1)). \tag{5.6.21}$$

Mit $\mathcal{L}(M(\xi_1)) = \mathcal{L}((1-\alpha) M(\xi_1))$ und $(1-\alpha) M(\xi_2) \leqq M(\tilde{\xi})$ ergibt sich $\mathcal{L}((1-\alpha) M(\xi_1)) \subseteq \mathcal{L}(M(\tilde{\xi}))$, also insbesondere $\mathcal{L}(A(x)') \subseteq \mathcal{L}(M(\tilde{\xi}))$. Analog zu (5.6.21) erhält man daraus $A(x) M(\tilde{\xi})^- M(\tilde{\xi}) = A(x)$, also $\tilde{\xi} \in \Xi_A$.

Aus Lemma 5.6.7 erhält man sofort:

Folgerung 5.6.2: Die Menge Ξ_A ist konvex •

Lemma 5.6.8: Das Funktional $Z_{L_A}(M(\cdot))$ aus (5.6.17) ist konvex auf Ξ_A •

Diese Behauptung folgt direkt aus Lemma 5.6.4. Für die D_A-Optimalität formuliert man (s. Lemma 5.2.5) das äquivalente Kriterium

$$Z_{D'_A}(M(\xi)) := \ln \det (AM(\xi)^- A') \overset{!}{=} \inf_{\xi \in \Xi} \tag{5.6.22}$$

und weist die Konvexität von $Z_{D'_A}(M(\cdot))$ nach. Dazu sind zunächst einige Vorbereitungen nötig.

Lemma 5.6.9 (Kiefer [5]): Es seien $j \in \{1, 2\}$, $C_j \in \mathcal{M}_{m \times l}$, $D_j \in \mathcal{M}_l^>$ und $\alpha \in (0, 1)$. Dann gilt:

a) $$(\alpha C_1 + (1-\alpha) C_2)(\alpha D_1 + (1-\alpha) D_2)^{-1} (\alpha C_1 + (1-\alpha) C_2)' \leqq \alpha C_1 D_1^{-1} C_1' + (1-\alpha) C_2 D_2^{-1} C_2' . \tag{5.6.23}$$

b) In (5.6.23) gilt das Gleichheitszeichen genau dann, wenn $C_1 D_1^{-1} = C_2 D_2^{-1}$ ist •

Beweis: Nach (1.A.39) gilt

$$\exists Q \in \mathcal{M}_l^{(l)}\, \exists \Lambda = (\delta_{ij}\lambda_i)_{l \times l} \in \mathcal{M}_l^>: QD_1Q' = I_l \wedge QD_2Q' = \Lambda . \tag{5.6.24}$$

Es seien $E_j = C_j Q'$; $j = 1, 2$. Dann gilt

$$-\alpha(1-\alpha)(E_1 - E_2\Lambda^{-1})(\alpha\Lambda^{-1} + (1-\alpha) I_l)^{-1} (E_1 - E_2\Lambda^{-1})' \in \mathcal{M}_m^{\leqq},$$

wobei das Gleichheitszeichen nur bei $E_1 = E_2\Lambda^{-1}$ steht. Daraus ergibt sich durch Anwendung von 1.A.8) auf $(\alpha\Lambda^{-1} + (1-\alpha) I_l)^{-1}$ und Umordnen

$$(\alpha E_1 + (1-\alpha) E_2)(\alpha I_l + (1-\alpha)\Lambda)^{-1} (\alpha E_1 + (1-\alpha) E_2)' \leqq \alpha E_1 E_1' + (1-\alpha) E_2 \Lambda^{-1} E_2' ,$$

woraus sich unter Beachtung von $E_j = C_j Q'$; $j = 1, 2$; und (5.6.24) die Behauptung ergibt.

Lemma 5.6.10: Es seien $A \in \mathcal{M}_{s \times r}^{(s)}$, $Q_1 \in \mathcal{M}_r^>$, $Q_2 \in \mathcal{M}_r^>$, $\alpha \in (0, 1)$ und $Q := \alpha Q_1 + (1-\alpha) Q_2$. Dann gilt

$$(AQ^{-1}A')^{-1} \geqq \alpha(AQ_1^{-1}A')^{-1} + (1-\alpha)(AQ_2^{-1}A')^{-1} \bullet$$

Beweis: Es sei $A_0 \in \mathcal{M}_{(r-s) \times r}^{(r-s)}$ so, daß $A_1 := \begin{pmatrix} A \\ A_0 \end{pmatrix} \in \mathcal{M}_r^{(r)}$ gilt. Mit $\tilde{Q}^{-1} := A_1 Q^{-1} A_1'$ ergibt sich

$$AQ^{-1}A' = (I_s \,\vdots\, O_{s, r-s})\, \tilde{Q}^{-1} (I_s \,\vdots\, O_{s, r-s})' .$$

Wegen $\operatorname{Rg} \tilde{Q} = r$ erhält man mit Lemma 5.6.5 die Darstellung

$$AQ^{-1}A' = \tilde{Q}^{(s)} = (\tilde{Q}_s - \tilde{Q}_{s, r-s} \tilde{Q}_{r-s}^{-1} \tilde{Q}_{r-s, s})^{-1} .$$

Unter Beachtung von

$$\tilde{Q} = (A_1')^{-1} Q A_1^{-1} = \alpha (A_1')^{-1} Q_1 A_1^{-1} + (1-\alpha)(A_1')^{-1} Q_2 A_1^{-1} =: \alpha \tilde{Q}^{(1)} + (1-\alpha) \tilde{Q}^{(2)}$$

folgert man nun aus Lemma 5.6.9:

$$\begin{aligned}
(AQ^{-1}A')^{-1} &= \alpha \tilde{Q}_s^{(1)} + (1-\alpha) \tilde{Q}_s^{(2)} - \left(\alpha \tilde{Q}_{s, r-s}^{(1)} + (1-\alpha) \tilde{Q}_{s, r-s}^{(2)}\right) \\
&\quad \times \left(\alpha \tilde{Q}_{r-s}^{(1)} + (1-\alpha) \tilde{Q}_{r-s}^{(2)}\right)^{-1} \left(\alpha \tilde{Q}_{r-s, s}^{(1)} + (1-\alpha) \tilde{Q}_{r-s, s}^{(2)}\right) \\
&\geqq \alpha\left(\tilde{Q}_s^{(1)} - \tilde{Q}_{s, r-s}^{(1)} (\tilde{Q}_{r-s}^{(1)})^{-1} \tilde{Q}_{r-s, s}^{(1)}\right) + (1-\alpha)\left(\tilde{Q}_s^{(2)} - \tilde{Q}_{s, r-s}^{(2)} (\tilde{Q}_{r-s}^{(2)})^{-1} \tilde{Q}_{r-s, s}^{(2)}\right) \\
&= \alpha(AQ_1^{-1}A')^{-1} + (1-\alpha)(AQ_2^{-1}A')^{-1} .
\end{aligned}$$

Nun kann die Konvexität von $Z_{D'_A}(\boldsymbol{M}(\cdot))$ aus (5.6.22) gezeigt werden:

Lemma 5.6.11: Das Funktional $Z_{D'_A}(\boldsymbol{M}(\cdot))$ aus (5.6.22) ist konvex auf Ξ_A •

Beweis: Es ist mit $\xi_1 \in \Xi_A$, $\xi_2 \in \Xi_A$, $\alpha \in [0, 1)$, $\tilde{\xi} = \alpha\xi_1 + (1-\alpha)\,\xi_2$:

$$\begin{aligned}
&\ln\det(\boldsymbol{AM}(\tilde{\xi})^-\boldsymbol{A}') = -\ln\det(\boldsymbol{AM}(\tilde{\xi})^-\boldsymbol{A}')^{-1} \qquad \text{(s. Lemma 5.6.2)}\\
&= -\ln\det\Big(\lim_{\delta\to 0}\boldsymbol{A}\big(\boldsymbol{M}(\tilde{\xi}) + \delta^2\boldsymbol{I}_r\big)^{-1}\boldsymbol{A}'\Big)^{-1} \qquad \text{(s. Lemma 5.6.3)}\\
&= -\lim_{\delta\to 0}\ln\det\big(\boldsymbol{A}(\boldsymbol{M}(\tilde{\xi}) + \delta^2\boldsymbol{I}_r)^{-1}\boldsymbol{A}'\big)^{-1} \qquad \text{(Stetigkeit von } \ln\det(\cdot)^{-1} \text{ auf } \mathcal{M}_s^{>})\\
&= -\lim_{\delta\to 0}\ln\det\big(\boldsymbol{A}[\alpha(\boldsymbol{M}(\xi_1) + \delta^2\boldsymbol{I}_r)\big) + (1-\alpha)\,(\boldsymbol{M}(\xi_2) + \delta^2\boldsymbol{I}_r)]^{-1}\boldsymbol{A}')^{-1}\\
&\leqq -\lim_{\delta\to 0}\ln\det[\alpha(\boldsymbol{A}[\boldsymbol{M}(\xi_1) + \delta^2\boldsymbol{I}_r]^{-1}\boldsymbol{A}')^{-1}] + (1-\alpha)\,(\boldsymbol{A}[\boldsymbol{M}(\xi_2) + \delta^2\boldsymbol{I}_r]^{-1}\boldsymbol{A}')^{-1} \quad \text{(s. Lemma 5.6.10)}\\
&\leqq -\lim_{\delta\to 0}\ln[\det(\boldsymbol{A}[\boldsymbol{M}(\xi_1) + \delta^2\boldsymbol{I}_r]^{-1}\boldsymbol{A}')^{-1}]^{\alpha}[\det(\boldsymbol{A}[\boldsymbol{M}(\xi_2) + \delta^2\boldsymbol{I}_r]^{-1}\boldsymbol{A}')^{-1}]^{1-\alpha}\\
&= \alpha\lim_{\delta\to 0}\ln\det(\boldsymbol{A}[\boldsymbol{M}(\xi_1) + \delta^2\boldsymbol{I}_r]^{-1}\boldsymbol{A}') + (1-\alpha)\lim_{\delta\to 0}\ln\det(\boldsymbol{A}[\boldsymbol{M}(\xi_2) + \delta^2\boldsymbol{I}_r]^{-1}\boldsymbol{A}')\\
&= \alpha\ln\det(\boldsymbol{AM}(\xi_1)^-\boldsymbol{A}') + (1-\alpha)\ln\det(\boldsymbol{AM}(\xi_2)^-\boldsymbol{A}')\,.
\end{aligned}$$

Wir benötigen zur Anwendung des Satzes von Whittle u. a. Matrizen der Form $\boldsymbol{AM}\big(\tilde{\xi}(\alpha)\big)^-\boldsymbol{A}'$ mit $\tilde{\xi}(\alpha) = (1-\alpha)\,\xi + \alpha\xi'$. Die folgenden beiden Lemmata können zur Berechnung derartiger Matrizen herangezogen werden.

Lemma 5.6.12 (Läuter, E.): Es sei $\boldsymbol{M} \in \mathcal{M}_r^{\geqq}$, $\boldsymbol{A} \in \mathcal{M}_{s\times r}^{(s)}$, $\boldsymbol{a} \in \mathrm{R}^r$, $\mathcal{L}(\boldsymbol{A}) \subseteq \mathcal{L}(\boldsymbol{M})$, $\alpha \in (0, 1)$ und $\tilde{\boldsymbol{M}} = (1-\alpha)\,\boldsymbol{M} + \alpha\boldsymbol{aa}'$. Dann gilt

$$\boldsymbol{A}\tilde{\boldsymbol{M}}^-\boldsymbol{A}' = \begin{cases} \dfrac{1}{1-\alpha}\boldsymbol{AM}^-\boldsymbol{A}' & \text{für } \boldsymbol{a} \notin \mathcal{L}(\boldsymbol{M})\,,\\[2ex] \dfrac{1}{1-\alpha}\boldsymbol{AM}^-\boldsymbol{A}' - \dfrac{1}{1-\alpha}\,\dfrac{\alpha\boldsymbol{AM}^-\boldsymbol{aa}'\boldsymbol{M}^-\boldsymbol{A}'}{1-\alpha+\alpha\boldsymbol{a}'\boldsymbol{M}^-\boldsymbol{a}} & \text{für } \boldsymbol{a} \in \mathcal{L}(\boldsymbol{M}) \bullet \end{cases}$$

Zum Beweis s. Läuter, E. [3].

Es sei $\xi \in \Xi_A$,

$$\chi(\xi, \boldsymbol{x}) = \begin{cases} 1 & \text{für } \boldsymbol{f}(\boldsymbol{x}) \in \mathcal{L}\big(\boldsymbol{M}(\xi)\big)\,,\\ 0 & \text{für } \boldsymbol{f}(\boldsymbol{x}) \notin \mathcal{L}\big(\boldsymbol{M}(\xi)\big) \end{cases}$$

und

$$V_\xi = \{\boldsymbol{x} \in V : \chi(\xi, \boldsymbol{x}) = 1\} = \big\{\boldsymbol{x} \in V : \boldsymbol{f}(\boldsymbol{x}) \in \mathcal{L}\big(\boldsymbol{M}(\xi)\big)\big\}\,.$$

Für $\xi' \in \Xi$ bezeichnen wir die Einschränkung von ξ' auf V_ξ mit ξ'_ξ und die Einschränkung auf $V \setminus V_\xi$ mit $\bar{\xi}'_\xi$. Dann ist

$$\boldsymbol{M}(\xi') = \boldsymbol{M}(\xi'_\xi) + \boldsymbol{M}(\bar{\xi}'_\xi)\,;\; \boldsymbol{M}(\xi'_\xi) = \int_V \boldsymbol{f}(\boldsymbol{x})\,\boldsymbol{f}(\boldsymbol{x})'\,\mathrm{d}\xi'(\boldsymbol{x})\,;$$

$$\boldsymbol{M}(\bar{\xi}'_\xi) = \int_{V\setminus V_\xi} \boldsymbol{f}(\boldsymbol{x})\,\boldsymbol{f}(\boldsymbol{x})'\,\mathrm{d}\xi'(\boldsymbol{x})\,.$$

Wir bemerken, daß aus Lemma 5.6.12 für jedes $\boldsymbol{a} \in \mathrm{R}^r$ folgt:

$$\lim_{\alpha\to 0} \boldsymbol{A}\tilde{\boldsymbol{M}}^- \boldsymbol{A}' = \boldsymbol{A}\boldsymbol{M}^- \boldsymbol{A}'$$

Als Verallgemeinerung dieser Tatsache erhält man (s. NÄTHER [N1]):

Lemma 5.6.13: Es sei $\xi \in \Xi_A$, $\xi' \in \Xi$, $\alpha \in (0, 1)$, $\bar{\xi}(\alpha) = (1-\alpha)\,\xi + \alpha\xi'$, $\boldsymbol{A} \in \mathcal{M}_{s\times r}$, $\mathcal{L}(\boldsymbol{A}) \subseteq \mathcal{L}(\boldsymbol{M}(\xi))$. Dann gilt

$$\lim_{\alpha\to 0} \boldsymbol{A}\boldsymbol{M}(\bar{\xi}(\alpha))^- \boldsymbol{A}' = \boldsymbol{A}\boldsymbol{M}(\xi)^- \boldsymbol{A}' \bullet$$

Die folgende Eigenschaft ist ebenfalls eine Konsequenz aus Lemma 5.6.12. Es gilt $\boldsymbol{a} \in \mathcal{L}(\boldsymbol{M})$ genau dann, wenn für $\alpha \in (0, 1)$

$$\boldsymbol{M}[(1-\alpha)\,\boldsymbol{M} + \alpha\boldsymbol{a}\boldsymbol{a}']^- \boldsymbol{a} \neq \boldsymbol{0}$$

(s. LÄUTER, E. [3]). Diese Eigenschaft ist wichtig für das folgende Lemma.

Lemma 5.6.14: Es sei $\xi \in \Xi_A$, $\xi' \in \Xi$, $\alpha \in (0, 1)$, $\bar{\xi}(\alpha) = (1-\alpha)\,\xi + \alpha\xi'$. Dann gilt

$$\forall \boldsymbol{x} \in \operatorname{supp} \xi' \cap (V \setminus V_\xi): \quad \lim_{\alpha\to 0} \boldsymbol{M}(\xi)\ \boldsymbol{M}(\bar{\xi}(\alpha))^- \boldsymbol{f}(\boldsymbol{x}) = \boldsymbol{0} \bullet$$

Wir bemerken, daß man zum Beweis o. B. d. A. von einem diskreten Plan $\xi' \in \Xi$ ausgehen kann (s. NÄTHER, [N 1]).

5.6.3. Äquivalenzsätze

Da die in Abschnitt 5.6.2 definierten Funktionale konvex sind, können wir aus dem Satz von WHITTLE Äquivalenzsätze zur L_A-, D_A- und C-Optimalität ableiten. Zur generellen Bedeutung solcher Äquivalenzsätze für die optimale Versuchsplanung wird auf die einleitenden Bemerkungen zu Abschnitt 5.5 verwiesen. Wir bemerken, daß Äquivalenzsätze zur L_A-, D_A- und C-Optimalität ohne Bezug auf den Satz von WHITTLE auch direkt bewiesen worden sind (s. LÄUTER, E. [1]).

Es wird zunächst ein Äquivalenzsatz zur L_A-Optimalität formuliert.

Satz 5.6.2: Es sei $Z_{L_A}(\boldsymbol{M}(\cdot)) \mid \Xi_A \to \mathrm{R}^1$ das Funktional aus (5.6.17). Dann sind die folgenden Aussagen äquivalent:

1. $\xi^* \in \Xi^*_{L_A,\Xi}$.
2. $D_{L_A}(\xi^*) = \inf_{\xi\in\Xi_A} D_{L_A}(\xi)$ mit $\forall \xi \in \Xi_A: D_{L_A}(\xi) = \sup_{\boldsymbol{x}\in V_\xi} \boldsymbol{f}(\boldsymbol{x})'\,\boldsymbol{M}(\xi)^- \boldsymbol{A}'\boldsymbol{U}\boldsymbol{A}\boldsymbol{M}(\xi)^- \boldsymbol{f}(\boldsymbol{x})$.
3. $D_{L_A}(\xi^*) = \operatorname{sp} \boldsymbol{U}\boldsymbol{A}\boldsymbol{M}(\xi^*)^- \boldsymbol{A}' \bullet$

Beweis: Wir wollen die Behauptung aus Satz 2.2.2 folgern und prüfen dazu die Voraussetzungen dieses Satzes. Das Funktional $Z_{L_A}(\boldsymbol{M}(\cdot))$ und Ξ_A sind konvex (s. Lemma 5.6.8 und Folgerung 5.6.2). Ξ_A erfüllt Vor. 2.2.3 (s. Lemma 5.6.7). Wir berechnen nun für $\psi = Z_{L_A} \circ \boldsymbol{M}$ die Größe Φ_ψ.

Es seien $(\xi, \xi') \in \Xi_A \times \Xi$, $\alpha \in (0, 1)$, $\tilde{\xi}(\alpha) := (1 - \alpha)\,\xi + \alpha\xi'$, und o. B. d. A. $M(\tilde{\xi}(\alpha))^-$ eine reflexive g-Inverse. Dann ergibt sich

$$\begin{aligned}
\Phi_\psi(\xi, \xi') &= \lim_{\alpha\to 0} \frac{\mathrm{d}}{\mathrm{d}\alpha} Z_{L_A}\big(M(\tilde{\xi}(\alpha))\big) = \lim_{\alpha\to 0} \frac{\mathrm{d}}{\mathrm{d}\alpha} \operatorname{sp} AM(\tilde{\xi}(\alpha))^- A'U \\
&= \lim_{\alpha\to 0} \operatorname{sp} A \frac{\mathrm{d}}{\mathrm{d}\alpha} M(\tilde{\xi}(\alpha))^- A'U \qquad \text{(s. (3.2.4))} \\
&= \lim_{\alpha\to 0} \operatorname{sp} AM(\tilde{\xi}(\alpha))^- M(\tilde{\xi}(\alpha)) \left[\frac{\mathrm{d}}{\mathrm{d}\alpha} M(\tilde{\xi}(\alpha))^-\right] M(\tilde{\xi}(\alpha))\, M(\tilde{\xi}(\alpha))^- A'U \qquad \text{(s. (5.6.9))} \\
&= -\lim_{\alpha\to 0} \operatorname{sp} AM(\tilde{\xi}(\alpha))^- \left[\frac{\mathrm{d}}{\mathrm{d}\alpha} M(\tilde{\xi}(\alpha))\right] M(\tilde{\xi}(\alpha))^- A'U \qquad \text{(s. (3.2.4))} \\
&= \lim_{\alpha\to 0} \operatorname{sp} AM(\tilde{\xi}(\alpha))^- [M(\xi) - M(\xi)]\, M(\tilde{\xi}(\alpha))^- A'U \\
&= \operatorname{sp} AM(\xi)^- A' - \lim_{\alpha\to 0} \operatorname{sp} AM\big(\tilde{\xi}(\alpha)\big)^- [M(\xi'_\xi) + M(\bar{\xi}'_\xi)]\, M\big(\tilde{\xi}(\alpha)\big)^- A' \\
&\hspace{20em} \text{(mit Lemma 5.6.13)} \\
&= \operatorname{sp} AM(\xi)^- A'U - \operatorname{sp} AM(\xi)^- M(\xi'_\xi)\, M(\xi)^- A'U\,. \qquad \text{(s. Lemma 5.6.14)}
\end{aligned}$$

Wegen $M(\xi'_\xi) = \int_{V_\xi} M(\xi_x)\, \mathrm{d}\xi'(x)$ ist Φ_ψ linear und es gilt

$$\begin{aligned}
D_\psi(\xi) &= \inf_{x\in V_\xi} \Phi_\psi(\xi, \xi_x) = \operatorname{sp} AM(\xi)^- A'U - \sup_{x\in V_\xi} f(x)'\, M(\xi)^- A'UAM(\xi)^- f(x) \\
&= \operatorname{sp} AM(\xi)^- A'U - D_{L_A}(\xi)\,.
\end{aligned}$$

Die Behauptung folgt nun aus Satz 2.2.2, wenn man beachtet, daß die Maximierung von $D_\psi(\xi)$ äquivalent ist zur Minimierung von $D_{L_A}(\xi)$ (s. dazu auch Lemma 5.5.1).

Da für $\psi = Z_{L_A} \circ M$ die Größe Φ_ψ linear ist, kann man aus Satz 2.2.4 die folgende Aussage über das Spektrum eines L_A-optimalen Planes gewinnen

Satz 5.6.3: Es sei ξ^* ein L_A-optimaler Plan. Dann gilt:

$$S(\xi^*) \subseteq \{x \in V: f(x)'\, M(\xi^*)^- A'UAM(\xi^*)^- f(x) = \operatorname{sp} AM(\xi^*)^- A'U\} \bullet$$

Da die C-Optimalität eine spezielle L_A-Optimalität ist, erhält man mit $A = c'$ und $U = 1$ aus den Sätzen 5.6.2 und 5.6.3:

Folgerung 5.6.3: Es sei $Z_c(M(\cdot)) \mid \Xi_A \to \mathrm{R}^1$ das Funktional aus (5.5.19). Dann sind die folgenden Aussagen äquivalent:

1. $\xi^* \in \Xi^*_{c, \Xi_A}$.
2. $D_c(\xi^*) = \inf_{\xi\in\Xi_A} D_c(\xi)$ mit $\forall \xi \in \Xi_A: D_c(\xi) = \sup_{x\in V_\xi} \big(f(x)'\, M(\xi)^- c\big)^2$.
3. $D_c(\xi^*) = c'M(\xi^*)^- c\,.$ (5.6.25)

Außerdem ist $S(\xi^*) \subseteq \{x \in V: \big(f(x)'\, M(\xi^*)^- c\big)^2 = c'M(\xi^*)^- c\} \bullet$

Beispiel 5.6.2: Mit Folgerung 5.6.3 kann man nachweisen, daß in Beispiel 5.6.1 der Plan $\xi^* = \xi_x$; $x = 1$; C-optimal ist bez. $c = (1, 1)'$. Es ist nämlich mit den dortigen Bezeichnungen

$$M(\xi^*) = f(1)\, f(1') = \begin{pmatrix}1\\1\end{pmatrix}(1, 1)\,, \qquad M(\xi^*)^- = \frac{1}{4}\begin{pmatrix}1\\1\end{pmatrix}(1, 1),$$

$$c'M(\xi^*)^- c = \frac{1}{4}(1, 1)\begin{pmatrix}1\\1\end{pmatrix}(1, 1)\begin{pmatrix}1\\1\end{pmatrix} = 1\,, \qquad V_{\xi^*} = \{1\}\,,$$

$$D_c(\xi^*) = \sup_{x\in V_{\xi^*}} \left[(1, x)\,\frac{1}{4}\begin{pmatrix}1\\1\end{pmatrix}(1, 1)\begin{pmatrix}1\\1\end{pmatrix}\right]^2 = \sup_{x\in V_{\xi^*}} \frac{1}{4}(1 + x)^2 = 1\,,$$

so daß die Optimalität von ξ^* aus (5.6.25) folgt.

Wir wenden uns nun der D_A-Optimalität zu:

Satz 5.6.4: Es sei $Z_{D_A}(\boldsymbol{M}(\cdot)) \mid \Xi_A \to \mathrm{R}^1$ das Funktional aus (5.6.18). Dann sind die folgenden Aussagen äquivalent:

1. $\xi^* \in \Xi^*_{D_A, \Xi_A}$.

2. $D_{D_A}(\xi^*) = \inf_{\xi \in \Xi_A} D_{D_A}(\xi)$ mit

$$\forall \xi \in \Xi_A : D_{D_A}(\xi) = \sup_{\boldsymbol{x} \in V_\xi} \boldsymbol{f}(\boldsymbol{x})' \boldsymbol{M}(\xi)^- \boldsymbol{A}'[\boldsymbol{A}\boldsymbol{M}(\xi)^- \boldsymbol{A}']^{-1} \boldsymbol{A}\boldsymbol{M}(\xi)^- \boldsymbol{f}(\boldsymbol{x}) .$$

3. $D_{D_A}(\xi^*) = s$ •

Beweis: Wir folgern die Behauptungen wiederum aus Satz 2.2.2.

Es seien $(\xi, \xi') \in \Xi_A \times \Xi$, $\alpha \in (0, 1)$, $\tilde{\xi}(\alpha) := (1 - \alpha)\, \xi + \alpha\xi'$. Dann ergibt sich für $\psi = Z_{D_A}'(\boldsymbol{M}(\cdot))$ aus (5.5.22) mit der reflexiven g-Inversen $\boldsymbol{M}(\tilde{\xi}(\alpha))^-$:

$$\Phi_\psi(\xi, \xi') = \lim_{\alpha \to 0} \frac{\mathrm{d}}{\mathrm{d}\alpha} \ln \det \left(\boldsymbol{A}\boldsymbol{M}(\tilde{\xi}(\alpha))^- \boldsymbol{A}'\right) = \lim_{\alpha \to 0} \operatorname{sp} \left(\boldsymbol{A}\boldsymbol{M}(\tilde{\xi}(\alpha))^- \boldsymbol{A}'\right)^{-1} \boldsymbol{A} \left[\frac{\mathrm{d}}{\mathrm{d}\alpha} \boldsymbol{M}(\tilde{\xi}(\alpha))^-\right] \boldsymbol{A}' \quad \text{(s. (3.2.4))}$$

$$= \lim_{\alpha \to 0} \operatorname{sp} \left(\boldsymbol{A}\boldsymbol{M}(\tilde{\xi}(\alpha))^- \boldsymbol{A}'\right)^{-1} \boldsymbol{A}\boldsymbol{M}(\tilde{\xi}(\alpha))^- [\boldsymbol{M}(\xi) - \boldsymbol{M}(\xi')]\, \boldsymbol{M}(\tilde{\xi}(\alpha))^- \boldsymbol{A}' \quad \text{(s. Bew. v. Satz 5.6.2)}$$

$$= \operatorname{sp} (\boldsymbol{A}\boldsymbol{M}(\xi)^- \boldsymbol{A}')^{-1} \boldsymbol{A}\boldsymbol{M}(\xi)^- \boldsymbol{A}' - \operatorname{sp} (\boldsymbol{A}\boldsymbol{M}(\xi)^- \boldsymbol{A}')^{-1} \boldsymbol{A}\boldsymbol{M}(\xi)^- \boldsymbol{M}(\xi_\xi')\, \boldsymbol{M}(\xi)^- \boldsymbol{A}'$$

$$= s - \operatorname{sp} (\boldsymbol{A}\boldsymbol{M}(\xi)^- \boldsymbol{A}')^{-1} \boldsymbol{A}\boldsymbol{M}(\xi)^- \boldsymbol{M}(\xi_\xi')\, \boldsymbol{M}(\xi)^- \boldsymbol{A}' .$$

Die Größe Φ_ψ ist linear, und es gilt daher

$$D_\psi(\xi) = \inf_{\boldsymbol{x} \in V_\xi} \Phi_\psi(\xi, \xi_{\boldsymbol{x}}) = s - \sup_{\boldsymbol{x} \in V_\xi} \boldsymbol{f}(\boldsymbol{x})' \boldsymbol{M}(\xi)^- \boldsymbol{A}'(\boldsymbol{A}\boldsymbol{M}(\xi)^- \boldsymbol{A}')^{-1} \boldsymbol{A}\boldsymbol{M}(\xi)^- \boldsymbol{f}(\boldsymbol{x}) = s - D_{D_A}(\xi) .$$

Die Behauptung folgt nun aus Satz 2.2.2.

Als Aussage über das Spektrum eines D_A-optimalen Planes erhält man aus Satz 2.2.4:

Satz 5.6.5: Es sei ξ^* ein D_A-optimaler Plan. Dann gilt

$$S(\xi^*) \subseteq \{\boldsymbol{x} \in V : \boldsymbol{f}(\boldsymbol{x})' \boldsymbol{M}(\xi^*)^- \boldsymbol{A}'(\boldsymbol{A}\boldsymbol{M}(\xi^*)^- \boldsymbol{A}')\, \boldsymbol{A}\boldsymbol{M}(\xi^*)^- \boldsymbol{f}(\boldsymbol{x}) = s\} \bullet$$

Wir spezialisieren die Sätze 5.6.4 und 5.6.5 jetzt für den Fall $\boldsymbol{A} = (\boldsymbol{I}_s \mid \boldsymbol{O}_{s, r-s})$ (s. auch (5.6.12)).

Es sei $\xi \in \Xi_A$ mit $\operatorname{Rg} \boldsymbol{M}(\xi) = k$ und $s \leqq k \leqq r$. Es bezeichne $\tilde{\boldsymbol{M}}_k(\xi) \in \mathcal{M}_k^>$ die dann existierende reguläre Untermatrix von $\boldsymbol{M}(\xi)$, die mit

$$\boldsymbol{f} = (f_1, \dots, f_r)', \qquad \boldsymbol{f}_s = (f_1, \dots, f_s)', \qquad \tilde{\boldsymbol{f}}_{k-s} = (f_{i_1}, \dots, f_{i_{k-s}})$$
$$\text{mit} \quad f_{i_j} \in \{f_{s+1}, \dots, f_r\}; \quad j = 1, \dots, k - s; \quad \tilde{\boldsymbol{f}}_k = (\boldsymbol{f}_s', \tilde{\boldsymbol{f}}_{k-s}')' \tag{5.6.26}$$

die folgende Darstellung hat (vgl. auch Folgerung 5.6.1):

$$\tilde{\boldsymbol{M}}_k(\xi) = \int_V \tilde{\boldsymbol{f}}_k(\boldsymbol{x})\, \tilde{\boldsymbol{f}}_k'(\boldsymbol{x})\, \xi(\mathrm{d}\boldsymbol{x}) = \begin{pmatrix} \boldsymbol{M}_s(\xi) & \tilde{\boldsymbol{M}}_{s, k-s}(\xi) \\ \tilde{\boldsymbol{M}}_{k-s, s}(\xi) & \tilde{\boldsymbol{M}}_{k-s}(\xi) \end{pmatrix}. \tag{5.6.27}$$

Folgerung 5.6.4: Es seien $\boldsymbol{A} = (\boldsymbol{I}_s \mid \boldsymbol{O}_{s, r-s})$, $\xi \in \Xi_A : \operatorname{Rg} \boldsymbol{M}(\xi) = k$, $s \leqq k \leqq r$. Dann sind die folgenden Bedingungen äquivalent (zu den Bezeichnungen s. (5.6.26) und (5.6.27)):

1. $\xi^* \in \Xi^*_{D_A, \Xi_A}$.

2. $D_s(\xi^*) = \inf_{\xi \in \Xi_A} D_s(\xi)$ mit $\forall \xi \in \Xi_A$:

$$D_s(\xi) = \sup_{x \in V_\xi} \left(\tilde{f}_k'(x)\, \widetilde{M}_k^{-1}(\xi)\, \tilde{f}_k(x) - \tilde{f}_{k-s}'(x)\, \widetilde{M}_{k-s}^{-1}(\xi)\, \tilde{f}_{k-s}(x)\right).$$

3. $D_s(\xi^*) = s$.

Außerdem gilt mit $\operatorname{Rg} M(\xi^*) = k^*$:

$$S(\xi^*) \subseteq \{x \in V : \tilde{f}_{k^*}'(x)\, \widetilde{M}_{k^*}^{-1}(\xi^*)\, \tilde{f}_{k^*}(x) - \tilde{f}_{k^*-s}'(x)\, \widetilde{M}_{k-s}^{-1}(\xi^*)\, \tilde{f}_{k^*-s}(x) = s\} \bullet$$

Beweis: Wir zeigen, daß bei $A = (I_s \vdots O_{s,r-s})$ die Größe $D_{D_A}(\xi)$ aus Satz 5.6.4 mit $D_s(\xi)$ übereinstimmt und berechnen dazu für $\xi \in \Xi_A$ den Ausdruck $M(\xi)^- A'(AM(\xi)^- A')^{-1} AM(\xi)^-$. Mit Folgerung 5.6.1 hat man zunächst

$$(AM^-(\xi)\, A')^{-1} = M_s(\xi) - \widetilde{M}_{s,k-s}(\xi)\, M_{k-s}^{-1}(\xi)\, \widetilde{M}_{k-s,s}(\xi) = (M_k^{(s)}(\xi))^{-1}.$$

Es sei $J = \begin{pmatrix} I_s & O_{s,r-s} \\ O_{r-s,s} & J_{r-s} \end{pmatrix} \in \mathcal{M}_r^{(r)}$ mit $JJ = I_r$ (wie im Beweis von Lemma 5.6.5) die Matrix, die die Zeilen und die entsprechenden Spalten von $M(\xi)$ derart vertauscht, daß

$$JM(\xi)\, J = \begin{pmatrix} \widetilde{M}_k(\xi) & \widetilde{M}_{k,r-k}(\xi) \\ \widetilde{M}_{r-k,k}(\xi) & \widetilde{M}_{r-k}(\xi) \end{pmatrix} =: \widetilde{M}(\xi)$$

gilt. Wir verwenden als spezielle g-Inverse zu $M(\xi)$ die Matrix

$$M(\xi)^- = J\widetilde{M}^-(\xi)\, J; \quad \widetilde{M}(\xi)^- = \begin{pmatrix} \widetilde{M}_k^{-1}(\xi) & O_{k,r-k} \\ O_{r-k,k} & O_{r-k} \end{pmatrix}$$

Aus (1.A.15) erhält man mit

$$\widetilde{M}_k^{(k-s)}(\xi) = \left(\widetilde{M}_{k-s}(\xi) - \widetilde{M}_{k-s,s}(\xi)\, \widetilde{M}_s^{-1}(\xi)\, \widetilde{M}_{s,k-s}(\xi)\right)^{-1}$$

$$\widetilde{M}_k^{-1}(\xi) = \begin{pmatrix} M_k^{(s)}(\xi) & -M_k^{(s)}(\xi)\, \widetilde{M}_{s,k-s}(\xi)\, \widetilde{M}_{k-s}^{-1}(\xi) \\ -\widetilde{M}_{k-s}^{-1}(\xi)\, \widetilde{M}_{k-s,s}(\xi)\, M_k^{(s)}(\xi) & \widetilde{M}_k^{(k-s)}(\xi) \end{pmatrix}.$$

Es ergibt sich weiter

$$A\widetilde{M}^-(\xi) = (M_k^{(s)}(\xi) \vdots -M_k^{(s)}(\xi)\, \widetilde{M}_{s,k-s}(\xi)\, \widetilde{M}_{k-s}^{-1}(\xi) \vdots O_{k,r-k}),$$

woraus man unter Ausnutzung von $AJ = A$ erhält:

$$M(\xi)^- A'(AM(\xi)^- A')^{-1} AM(\xi)^- = J\widetilde{M}(\xi)^- A'(AM(\xi)^- A')^{-1} A\widetilde{M}(\xi)\, J$$

$$= J\begin{pmatrix} \widetilde{M}_k^{-1}(\xi) & O_{k,r-k} \\ O_{r-k,k} & O_{r-k} \end{pmatrix} J - J\begin{pmatrix} O_s & O_{s,k-s} & O_{s,r-k} \\ O_{k-s,s} & \widetilde{M}_{k-s}^{-1}(\xi) & O_{k-s,r-k} \\ O_{r-k,s} & O_{r-k,k-s} & O_{r-k} \end{pmatrix} J.$$

Daraus folgt mit Satz 5.6.4 und Satz 5.6.5 die Behauptung.

Weitere Anwendungen und Folgerungen aus den in diesem Abschnitt bewiesenen Sätzen sind in Abschnitt 6.1 und in II/4 zu finden.

Falls man sich auf reguläre stetige Pläne beschränkt (d. h. $\widetilde{\Xi} = \Xi_{\text{reg}}$), sind die Aussagen dieses Abschnittes bereits in der Literatur bewiesen (zu den Sätzen 5.6.2 bis 5.6.5 s. Kiefer [10], zu Folgerung 5.6.4 s. Kiefer [5], Atwood [1], Fedorov [6]).

5.7. Optimale Versuchsplanung bei variabler Varianz

Bisher wurde in Kapitel 5 stets vorausgesetzt, daß ein klassisches lineares Regressionsmodell vorliegt. Wir werden diese Voraussetzung jetzt abschwächen und nur fordern, daß die Beobachtungsfehler unkorreliert sind.

FEDOROV ([6], [7]) verallgemeinerte einen Teil der Aussagen, die in den Abschnitten 5.3 bis 5.5 unter der Voraussetzung eines KLR gewonnen wurden, für unkorrelierte Beobachtungsfehler mit variabler Varianz.

Es liege ein wahrer linearer Regressionsansatz $\tilde{S}$ mit

$$\exists \boldsymbol{f} \in \mathcal{F}_r(B)\ \forall \boldsymbol{x} \in B \subseteq \mathrm{R}^k\ \forall \boldsymbol{\vartheta} \in \Theta = \mathrm{R}^r : \tilde{\eta}(\boldsymbol{x}, \boldsymbol{\vartheta}) = \boldsymbol{f}(\boldsymbol{x})' \boldsymbol{\vartheta}$$

vor und im zugehörigen LR $(\mathfrak{Y}, \boldsymbol{F\vartheta}, \boldsymbol{B}_\varepsilon)$ soll $\boldsymbol{\vartheta}$ geschätzt werden.

Vor. 5.7.1: Für jedes $V_n \in V^{(0)}$; $V^{(0)} \subseteq V_{\text{reg}}$; sei ein LR $(\mathfrak{Y}, \boldsymbol{F\vartheta}, \boldsymbol{B}_\varepsilon)$ gegeben und es existiere eine stetige Funktion $\lambda \in (\mathrm{R}^+)^V$, so daß

$$\forall V_n = (\boldsymbol{x}_1, \dots, \boldsymbol{x}_n) \in V^{(0)}\ \exists \boldsymbol{\Lambda}(V_n) \in \mathcal{M}_n^> : \boldsymbol{\Lambda}(V_n) := \boldsymbol{B}_{\varepsilon(V_n)} \wedge \boldsymbol{\Lambda}(V_n) = ((\lambda(\boldsymbol{x}_i)\, \delta_{ij}))_{n \times n} \bullet$$

Die Trennbarkeit des Versuchsplanungsproblems $G = [H \times \Theta \times K, U, R]$ in das Schätzproblem $G_1 = [\Theta \times K, D(V_n), R_1]$ und in $G_2 = [H, V^{(0)}, R_2]$ wird vorausgesetzt und die verallgemeinerte MKQ-Schätzung $\check{\boldsymbol{\vartheta}}_\Lambda$ für $\boldsymbol{\vartheta}$ (s. (3.2.48)) sei eine Q_1-optimale Strategie in G_1 (vgl. Vor. 5.1.3).

Bei Gültigkeit von Vor. 5.1.4 über quadratischen Verlust und weiteren in Abschnitt 3.3 gestellten Voraussetzungen (s. Tabelle 3.3.1) bleibt als Aufgabe (s. (3.3.57))

$$Q_2 R_2(\cdot, V_n) = n\, Q_2 \operatorname{sp} \boldsymbol{U}(\cdot, V_n)\, (\boldsymbol{F}(V_n)\, \boldsymbol{\Lambda}(V_n)^{-1}\, \boldsymbol{F}(V_n)')^{-1} \stackrel{!}{=} \inf_{V_n \in V^{(0)}} . \tag{5.7.1}$$

Analog zur Definition der Informationsmatrix eines konkreten Versuchsplanes (s. (5.1.7)) sei $\forall V_n = (\boldsymbol{x}_1, \dots, \boldsymbol{x}_n) \in V^{(0)}$:

$$\overline{\boldsymbol{M}}_\lambda(V_n) := \frac{1}{n} \boldsymbol{F}(V_n)\, \boldsymbol{\Lambda}(V_n)^{-1}\, \boldsymbol{F}(V_n)' = \frac{1}{n} \sum_{i=1}^{n} \lambda(\boldsymbol{x}_i)^{-1} \boldsymbol{f}(\boldsymbol{x}_i)\, \boldsymbol{f}(\boldsymbol{x}_i)' . \tag{5.7.2}$$

Analog zu Vor. 5.1.5. gelte

Vor. 5.7.2: $\forall \boldsymbol{x} \in H\ \exists \tilde{\boldsymbol{U}}(\boldsymbol{x}, \cdot) \mid \mathcal{M}_r^{\geqq} \to \mathcal{M}_r^{\geqq}\ \forall V_n \in V^{(0)}: \boldsymbol{U}(\boldsymbol{x}, V_n) = \tilde{\boldsymbol{U}}(\boldsymbol{x}, \overline{\boldsymbol{M}}_\lambda(V_n)) \bullet$

Unter dieser Voraussetzung und bei Beachtung von (5.7.2) ist das Entscheidungsproblem G_2 invariant gegenüber der Gruppe Π aller Permutationen von Komponenten von $V_n \in V^{(0)}$. Daher ist (wie in Abschnitt 5.1.1) auch hier eine Identifizierung von $[V_n]$ mit einem Wahrscheinlichkeitsmaß $\xi_n \in \Xi^{(0)}$ möglich.

Es seien $\boldsymbol{M}_\lambda \mid \Xi \to \mathcal{M}_r^{\geqq}$ durch

$$\forall \xi \in \Xi: \boldsymbol{M}_\lambda(\xi) = \int_V \lambda(\boldsymbol{x})^{-1} \boldsymbol{f}(\boldsymbol{x})\, \boldsymbol{f}(\boldsymbol{x})'\, \mathrm{d}\xi(\boldsymbol{x}) \tag{5.7.3}$$

definiert und $\boldsymbol{M}_\lambda(\tilde{\Xi})$ das Bild von $\tilde{\Xi} \subseteq \Xi$ bei $\boldsymbol{M}_\lambda$.

Dann kann die Aufgabe (5.7.1) in äquivalenter Weise durch

$$Q_2 \operatorname{sp} \tilde{\boldsymbol{U}}(\cdot, \boldsymbol{M}_\lambda(\xi_n))\, \boldsymbol{M}_\lambda(\xi_n)^{-1} \stackrel{!}{=} \inf_{\xi_n \in \Xi^{(0)}} \tag{5.7.4}$$

ausgedrückt werden. Mit Z aus (5.1.25) entspricht diese Fragestellung dem Problem

$$Z(\boldsymbol{M}_\lambda(\xi_n)) \stackrel{!}{=} \inf_{\xi_n \in \Xi^{(0)}} . \tag{5.7.5}$$

Wir betrachten nun ein durch Fortsetzung des Funktionals $Z \circ \boldsymbol{M}_\lambda$ von $\Xi^{(0)}$ auf $\tilde{\Xi} \subseteq \Xi$ entstehendes erweitertes Versuchsplanungsproblem

$$Z(\boldsymbol{M}_\lambda(\xi)) = Q_2 \operatorname{sp} \tilde{\boldsymbol{U}}(\cdot, \boldsymbol{M}_\lambda(\xi))\, \boldsymbol{M}_\lambda(\xi)^{-1} \stackrel{!}{=} \inf_{\xi \in \tilde{\Xi}} . \tag{5.7.6}$$

Wir erhalten aus (5.7.6) die analogen Optimalitätskriterien, wie in Abschnitt 5.2, wenn wir für $Z \in \{Z_L, Z_A, Z_{I,p}, Z_c, Z_G, Z_t, Z_{AR}, Z_D, Z_M, Z_{MR}, Z_E\}$ anstelle $Z \circ \boldsymbol{M}$ das Funktional $Z \circ \boldsymbol{M}_\lambda$ betrachten (s. FEDOROV [6], [7]).

Für die Funktionale Z_L, Z_D und Z_t geben wir die Optimalitätskriterien an.

Def. 5.7.1: Der stetige Versuchsplan $\xi^* \in \tilde{\Xi}$ heißt L_λ-optimal in $\tilde{\Xi} =_{\mathrm{df}}$

$$Z_L(\boldsymbol{M}_\lambda(\xi^*)) = \inf_{\xi \in \tilde{\Xi}} Z_L(\boldsymbol{M}_\lambda(\xi)) \bullet$$

Def. 5.7.2: Der stetige Versuchsplan $\xi^* \in \tilde{\Xi}$ heißt D_λ-optimal in $\tilde{\Xi} =_{\mathrm{df}}$

$$Z_D(\boldsymbol{M}_\lambda(\xi^*)) = \inf_{\xi \in \tilde{\Xi}} Z_D(\boldsymbol{M}_\lambda(\xi)) \bullet$$

Def. 5.7.3: Der stetige Versuchsplan $\xi^* \in \tilde{\Xi}$ heißt T_λ-optimal bez. $\boldsymbol{t} \in (\mathrm{R}^r)^H$ in $\tilde{\Xi} =_{\mathrm{df}}$

$$Z_t(\boldsymbol{M}_\lambda(\xi^*)) = \inf_{\xi \in \tilde{\Xi}} Z_t(\boldsymbol{M}_\lambda(\xi)) \bullet$$

Für $\boldsymbol{t} = \boldsymbol{f}$ bezeichnen wir entsprechend der Bezeichnung in Abschnitt 5.2 den T_λ-optimalen Versuchsplan als G_λ-optimal in $\tilde{\Xi}$.

Die Eigenschaften von Z, $\boldsymbol{M}_\lambda$ und $Z \circ \boldsymbol{M}_\lambda$ entsprechen den in Abschnitt 5.1.2 bzw. 5.3 bewiesenen Eigenschaften von Z, $\boldsymbol{M}$ und $Z \circ \boldsymbol{M}$.

Wir geben das folgende Lemma im Hinblick auf die anschließende Formulierung des Satzes von WHITTLE für die Funktionale $Z_L \circ \boldsymbol{M}_\lambda$ und $Z_{D'} \circ \boldsymbol{M}_\lambda$ an.

Lemma 5.7.1: Es sei $\tilde{\Xi} \subseteq \Xi_{\mathrm{reg}}$ konvex. Dann sind die Funktionale $Z_L \circ \boldsymbol{M}_\lambda$ und $Z_{D'} \circ \boldsymbol{M}_\lambda$ konvex auf $\tilde{\Xi}$ •

Es sei

$$\forall \xi \in \tilde{\Xi}: D_{L_\lambda}(\xi) := \mathrm{sp}\, \boldsymbol{U}_L \boldsymbol{M}_\lambda(\xi)^{-1} - \sup_{\boldsymbol{x} \in V} \lambda(\boldsymbol{x}) \boldsymbol{f}(\boldsymbol{x})' \boldsymbol{M}_\lambda(\xi)^{-1} \boldsymbol{f}(\boldsymbol{x}) . \tag{5.7.7}$$

Satz 5.7.1 (FEDOROV [6]): Die Menge $\tilde{\Xi} \subseteq \Xi_{\mathrm{reg}}$ genüge Vor. 2.2.3. Die folgenden Aussagen sind äquivalent:

1. $\xi^* \in \Xi^*_{Z_L \circ \boldsymbol{M}_\lambda, \tilde{\Xi}}$.
2. $D_{L_\lambda}(\xi^*) = \sup_{\xi \in \tilde{\Xi}} D_{L_\lambda}(\xi)$.
3. $\mathrm{sp}\, U_L \boldsymbol{M}_\lambda(\xi^*)^{-1} = \sup_{\boldsymbol{x} \in V} \lambda(\boldsymbol{x}) \boldsymbol{f}(\boldsymbol{x})' \boldsymbol{M}_\lambda(\xi^*)^{-1} \boldsymbol{U}_L \boldsymbol{M}_\lambda(\xi^*)^{-1} \boldsymbol{f}(\boldsymbol{x})$ •

Den Beweis erhält man aus dem Beweis zu Satz 5.5.1, indem man $\boldsymbol{M}(\xi)$ durch $\tilde{\boldsymbol{M}}(\xi)$ ersetzt gemäß

$$\forall \xi \in \tilde{\Xi}\ \forall \boldsymbol{x} \in V: \tilde{\boldsymbol{M}}(\xi) = \int_V \boldsymbol{h}(\boldsymbol{x}) \boldsymbol{h}(\boldsymbol{x})' \,\mathrm{d}\xi(\boldsymbol{x}) \wedge \boldsymbol{h}(\boldsymbol{x}) := \boldsymbol{f}(\boldsymbol{x}) \lambda(\boldsymbol{x})^{-1/2} . \tag{5.7.8}$$

Eine statistische Interpretation dieser Transformation wird in Abschnitt 6.1.1 gegeben.

Der folgende Satz 5.7.2 wird ebenfalls durch Ersetzen von $\boldsymbol{M}(\xi)$ durch $\tilde{\boldsymbol{M}}(\xi)$ im Beweis zu Satz 5.5.4 bewiesen. Es sei

$$\forall \xi \in \tilde{\Xi}: D_{D_\lambda}(\xi) := r - \sup_{\boldsymbol{x} \in V} \lambda(\boldsymbol{x}) \boldsymbol{f}(\boldsymbol{x})' \boldsymbol{M}_\lambda(\xi)^{-1} \boldsymbol{f}(\boldsymbol{x}) . \tag{5.7.9}$$

Satz 5.7.2: Die Menge $\tilde{\Xi} \subseteq \Xi_{\text{reg}}$ genüge Vor. 2.2.3. Dann sind die folgenden Aussagen äquivalent:

1. $\xi^* \in \Xi^*_{Z_D \circ M_\lambda, \tilde{\Xi}}$.
2. $D_{D_\lambda}(\xi^*) = \sup_{\xi \in \tilde{\Xi}} D_{D_\lambda}(\xi)$.
3. $\sup_{x \in V} \lambda(x) f(x)' M_\lambda(\xi^*)^{-1} f(x) = r$ •

Wie im Anschluß an den Satz von KIEFER/WOLFOWITZ (s. Satz 5.5.4) können wir feststellen, daß bei $V = H$ die Maximierung von $D_{D_\lambda}(\cdot)$ über $\tilde{\Xi}$ äquivalent zur Bestimmung T-optimaler Versuchspläne bez. $\boldsymbol{t} = \boldsymbol{h}$ mit $\boldsymbol{h}$ aus (5.7.8), also der Lösung der Aufgabe

$$\sup_{x \in H} \boldsymbol{h}(x)' M_\lambda(\xi)^{-1} \boldsymbol{h}(x) \stackrel{!}{=} \inf_{\xi \in \tilde{\Xi}} \tag{5.7.10}$$

ist, i. allg. aber nicht der Bestimmung G_λ-optimaler Pläne entspricht (s. Abschnitt 6.1.1). Für die Funktionale $Z_A \circ M_\lambda$, $Z_{I,p} \circ M_\lambda$, $Z_c \circ M_\lambda$, $Z_G \circ M_\lambda$, $Z_M \circ M_\lambda$, $Z_{AR} \circ M_\lambda$, $Z_{MR} \circ M_\lambda$ und $Z_{E'} \circ M_\lambda$ können die entsprechenden Äquivalenzsätze aus Abschnitt 5.5 ebenfalls übertragen werden.

Die in diesem Abschnitt durchgeführten Untersuchungen zeigen, daß die für die Versuchsplanung zur MKQ-Schätzung für $\boldsymbol{\vartheta}$ unter der Voraussetzung eines KLR aufgebaute Theorie auf den Fall der Heteroskedastie verallgemeinert werden kann.

Wie wir in Kapitel 13 sehen werden, bereitet jedoch eine weitere Verallgemeinerung auf den Fall korrelierter Beobachtungen große Schwierigkeiten.

5.8. Berücksichtigung weiterer Funktionale bei der Festlegung der Planmenge

In den Abschnitten 5.1 bis 5.7 wurden explizit nur solche Nebenbedingungen an die Versuchspläne gestellt, die die Schätzbarkeit des Parametervektors oder einer linearen Funktion desselben ermöglichten. Vielfach ist es notwendig oder günstig, die betrachtete Klasse von Versuchsplänen weiter einzuschränken.

Die Berücksichtigung bestimmter Nebenbedingungen bei der Festlegung von $V^{(0)}$ im Versuchsplanungsproblem $[H, V^{(0)}, R_2]$ (s. Abschnitt 5.1) führt bei der Erweiterung auf spezielle Strukturen der Menge $\tilde{\Xi}$ in einem zugehörigen erweiterten Versuchsplanungsproblem $\psi(\xi) \stackrel{!}{=} \inf_{\xi \in \tilde{\Xi}}$ (vgl. (2.2.23)).

Wir werden in Abschnitt 5.8.1 orthogonale und drehbare Versuchspläne einführen, in 5.8.2 spezielle Nebenbedingungen durch Funktionale und in 5.8.3 Versuchskosten berücksichtigen. Dabei werden wir Spezialfälle im Hinblick auf die Anwendbarkeit des Satzes von WHITTLE untersuchen. Wir gehen davon aus, daß $\tilde{\Xi} \subseteq \Xi_{\text{reg}}$ (vgl. Abschnitte 5.1 bis 5.5 und 5.7) bzw. $\tilde{\Xi} \subseteq \Xi_A$ (vgl. Abschnitt 5.6) ist und geben Darstellungsmöglichkeiten weiterer Nebenbedingungen für $\xi \in \tilde{\Xi}$ an.

5.8.1. Orthogonalität und Drehbarkeit

Wir betrachten zunächst den Fall, daß die Nebenbedingungen an $\xi \in \tilde{\Xi}$ mit $\boldsymbol{g}_0 \mid H \to \mathrm{R}^s$; $s \in \mathsf{N}$ und $\forall \boldsymbol{x} \in H: \boldsymbol{g}(\boldsymbol{x}, \cdot) \mid \tilde{\Xi} \to R^s$ darstellbar sind in der Form

$$\tilde{\Xi}_{\boldsymbol{g}} := \{\xi \in \tilde{\Xi}: \forall \boldsymbol{x} \in H: \boldsymbol{g}(\boldsymbol{x}, \xi) = \boldsymbol{g}_0(\boldsymbol{x})\} . \tag{5.8.1}$$

Lemma 5.8.1: Die Funktion $\boldsymbol{g}(\boldsymbol{x}, \cdot)$ besitze die Eigenschaft

$$\forall (\xi, \xi') \in \tilde{\Xi} \times \tilde{\Xi}\ \forall \alpha \in [0, 1]\ \forall \boldsymbol{x} \in H: \boldsymbol{g}(\boldsymbol{x}, (1 - \alpha)\, \xi + \alpha \xi') = (1 - \alpha)\, \boldsymbol{g}(\boldsymbol{x}, \xi) + \alpha \boldsymbol{g}(\boldsymbol{x}, \xi') .$$

Dann ist $\tilde{\Xi}_{\boldsymbol{g}}$ konvex •

Beweis: Mit $\xi \in \tilde{\Xi}_{\boldsymbol{g}}$, $\xi' \in \tilde{\Xi}_{\boldsymbol{g}}$, $\alpha \in [0, 1]$ und $\tilde{\xi}(\alpha) := (1 - \alpha)\, \xi + \alpha \xi'$ gilt die Behauptung

$$\forall \boldsymbol{x} \in H: \boldsymbol{g}(\boldsymbol{x}, \tilde{\xi}(\alpha)) = \boldsymbol{g}_0(\boldsymbol{x}) .$$

Wenn $\tilde{\Xi}_{\boldsymbol{g}}$ konvex und ψ ein konvexes Funktional auf $\tilde{\Xi}_{\boldsymbol{g}}$ ist, kann die Aussage des Satzes von Whittle für ψ-optimale Versuchspläne formuliert werden (s. Abschnitt 2.2.2).

Wir betrachten jetzt Spezialfälle von (5.8.1).

Es bezeichne

$$\mathcal{M}_r^d := \{\boldsymbol{A} \in \mathcal{M}_r^{\geqq} : \exists \boldsymbol{a} \in [0, \infty)^r : \boldsymbol{A} = \operatorname{diag}\left((\boldsymbol{a}')\right)\}$$

die Menge aller positiv semidefiniten Diagonalmatrizen der Ordnung r.

Def. 5.8.1: Der stetige Versuchsplan $\xi \in \Xi$ heißt *orthogonal* $=_{\mathrm{df}}$

$$\boldsymbol{M}(\xi) \in \mathcal{M}_r^d \ \bullet$$

Mit $s = r(r - 1)/2$ und

$$\forall \boldsymbol{x} \in H\ \forall \xi \in \Xi: \boldsymbol{g}(\boldsymbol{x}, \xi) = \left(m_{12}(\xi), \ldots, m_{1r}(\xi), m_{23}(\xi), \ldots, m_{2r}(\xi), \ldots, m_{r-1,r}(\xi)\right)'$$

und

$$\tilde{\Xi}_{\boldsymbol{g}} = \{\xi \in \tilde{\Xi}: \boldsymbol{g}(\boldsymbol{x}, \xi) = \boldsymbol{0}\} = \{\xi \in \tilde{\Xi}: \boldsymbol{M}(\xi) \in \mathcal{M}_r^d\} =: \tilde{\Xi}_{\mathrm{orth}}$$

ist die Menge aller orthogonalen Versuchspläne in $\tilde{\Xi}$ ein Spezialfall von (5.8.1).

Lemma 5.8.2: Es sei $\tilde{\Xi}$ konvex. Dann ist die Menge $\tilde{\Xi}_{\mathrm{orth}}$ konvex •

Den Beweis liefert

$$\begin{aligned} &\forall (\xi, \xi') \in \tilde{\Xi}_{\mathrm{orth}} \times \tilde{\Xi}_{\mathrm{orth}}\ \forall \alpha \in [0, 1]\ \forall \boldsymbol{x} \in H: \boldsymbol{g}(\boldsymbol{x}, [(1 - \alpha)\, \xi + \alpha \xi']) \\ &= \left(m_{12}((1 - \alpha)\, \xi + \alpha \xi'), \ldots, m_{r-1,r}((1 - \alpha)\, \xi + \alpha \xi')\right)' \\ &= (1 - \alpha)\, \boldsymbol{g}(\boldsymbol{x}, \xi) + \alpha \boldsymbol{g}(\boldsymbol{x}, \xi') = \boldsymbol{0} . \end{aligned}$$

Def. 5.8.2: Der stetige Versuchsplan $\xi \in \Xi_{\mathrm{reg}}$ heißt *drehbar* $=_{\mathrm{df}}$

$$\exists \tilde{g} \in (\mathrm{R}^+)^{\mathrm{R}^+}\ \forall \boldsymbol{x} \in H: \boldsymbol{f}(\boldsymbol{x})'\, \boldsymbol{M}(\xi)^{-1} \boldsymbol{f}(\boldsymbol{x}) = \tilde{g}(||\boldsymbol{x}||^2_{\boldsymbol{I}_k}) \ \bullet$$

Mit $s = 1$,

$$\forall \boldsymbol{x} \in H\ \forall \xi \in \tilde{\Xi}: \boldsymbol{g}(\boldsymbol{x}, \xi) = \boldsymbol{f}(\boldsymbol{x})'\, \boldsymbol{M}(\xi)^{-1} \boldsymbol{f}(\boldsymbol{x})$$

und

$$\tilde{\Xi}_{\boldsymbol{g}} = \{\xi \in \tilde{\Xi}: \forall \boldsymbol{x} \in H: \boldsymbol{g}(\boldsymbol{x}, \xi) = \tilde{g}(||\boldsymbol{x}||^2_{\boldsymbol{I}_k})\} =: \tilde{\Xi}_{\mathrm{dreh}}$$

ist die Menge aller drehbaren Versuchspläne in $\tilde{\Xi}$ ebenfalls ein Spezialfall von (5.8.1).

Die Menge $\tilde{\Xi}_{\mathrm{dreh}}$ ist i. allg. nicht konvex.

Die Orthogonalität und die Drehbarkeit von Versuchsplänen lassen sich wie folgt interpretieren.

Es sei $\xi_n \in \Xi^{(0)}$, $\xi_n = h_n([V_n])$ und $V_n \in V^{(0)}$ (s. (5.1.10)). Wenn ξ_n orthogonal ist, sind wegen

$$\boldsymbol{B}_{\check{\vartheta}(V_n)} = \frac{\sigma^2}{n} \boldsymbol{M}(\xi_n)^{-1} = \frac{\sigma^2}{n} \overline{\boldsymbol{M}}(V_n)^{-1} \in \mathcal{M}_r^d$$

die Komponenten der MKQ-Schätzung für ϑ unkorreliert.

Für einen drehbaren Versuchsplan $\xi_n \in \Xi^{(0)}$ ist die Varianzfunktion

$$\mathrm{D}^2\check{\eta}(\boldsymbol{x}) = \frac{\sigma^2}{n} \boldsymbol{f}(\boldsymbol{x})' \boldsymbol{M}(\xi_n)^{-1} \boldsymbol{f}(\boldsymbol{x}) = \frac{\sigma^2}{n} \boldsymbol{f}(\boldsymbol{x})' \overline{\boldsymbol{M}}(V_n)^{-1} \boldsymbol{f}(\boldsymbol{x})$$

für alle $\boldsymbol{x} \in H$ mit derselben Norm $\|\cdot\|_{I_k}$ gleich.

In Kapitel 11 werden sowohl die Orthogonalität als auch die Drehbarkeit zur Konstruktion von Versuchsplänen benutzt.

5.8.2. Nebenbedingungen durch Funktionalbeschränkungen

In diesem Abschnitt seien die Nebenbedingungen an $\xi \in \tilde{\Xi}$ mit $\tilde{\psi} \mid \tilde{\Xi} \to \mathrm{R}^s$; $s \in \mathbb{N}$; und $G_0 \subset R^s$ durch

$$\tilde{\Xi}_{\tilde{\psi}} := \{\xi \in \tilde{\Xi} \colon \tilde{\psi}(\xi) \in G_0\} \tag{5.8.2}$$

gegeben.

Wir betrachten die folgenden Spezialfälle für Nebenbedingungen der Form (5.8.2):

1. Es sei $s = 1$, $\tilde{\psi} \mid \tilde{\Xi} \to \mathrm{R}^1$ und $G_0 = (-\infty, g_0]$; $g_0 \in \mathrm{R}^1$. Dann kann $\tilde{\Xi}_{\tilde{\psi}}$ interpretiert werden als eine Menge von Versuchsplänen, die bez. eines Funktionals $\tilde{\psi}$ schon gewissen Gütevorgaben genügen.

Lemma 5.8.3: Es seien $\tilde{\Xi}$ konvex und $\tilde{\psi}$ konvex auf $\tilde{\Xi}$. Dann ist $\tilde{\Xi}_{\tilde{\psi}}$ konvex •

2. Es sei $s = 1$, $C \mid \tilde{\Xi} \to \mathrm{R}^1$, $G_0 = [0, c_0]$, $c_0 \in \mathrm{R}^+$ und $(\forall \xi \in \tilde{\Xi} \colon \tilde{\psi}(\xi) = C(\xi))$. Dabei kann $C(\xi)$ als ein durch Fortsetzung entstandener Ausdruck für die bei der Realisierung konkreter Versuchspläne auftretenden Kosten aufgefaßt werden.

Es seien z. B. $k \mid V \to \mathrm{R}^1$ eine Funktion, die den Punkten $\boldsymbol{x} \in V$ die Versuchskosten bei der Realisierung von $\mathfrak{Y}(\boldsymbol{x})$ zuordnet, C speziell durch

$$\forall \xi \in \tilde{\Xi} \colon C(\xi) = \int_V k(\boldsymbol{x}) \, \mathrm{d}\xi(\boldsymbol{x}) \tag{5.8.3}$$

definiert und $\tilde{\Xi}_C := \{\xi \in \tilde{\Xi} \colon C(\xi) \in [0, c_0]\}$.

Lemma 5.8.4: Es sei $\tilde{\Xi}$ konvex. Dann ist $\tilde{\Xi}_C$ konvex •

Mit $\xi \in \tilde{\Xi}_C$, $\xi' \in \tilde{\Xi}_C$, $\alpha \in [0, 1]$ und $\tilde{\xi}_\alpha := (1 - \alpha)\, \xi + \alpha \xi'$ ergibt sich

$$C(\tilde{\xi}_\alpha) = \int_V k(\boldsymbol{x}) \, \mathrm{d}[\tilde{\xi}_\alpha(\boldsymbol{x})] = \left\{(1 - \alpha) \int_V k(\boldsymbol{x}) \, \mathrm{d}\xi(\boldsymbol{x}) + \alpha \int_V k(\boldsymbol{x}) \, \mathrm{d}\xi'(\boldsymbol{x})\right\} \in [0, c_0] \,.$$

Mit der Darstellung (5.8.2) von $\tilde{\Xi}_{\tilde{\psi}}$ lassen sich gleichzeitig z. B. Nebenbedingungen, wie sie in den Spezialfällen 1 und 2 angegeben wurden, berücksichtigen.

5.8.3. Einbeziehung der Versuchskosten durch Änderung des zu minimierenden Funktionals

In Abschnitt 5.8.2 berücksichtigten wir Versuchskosten in Form von Nebenbedingungen an die Versuchspläne.

Wir betrachten nun Fälle, wo die Kosten direkt im zu minimierenden Funktional auftreten. Es sei $\tilde{\Xi} \subseteq \Xi$, $\psi \mid \tilde{\Xi} \to R^1$, $\psi_C \mid \tilde{\Xi} \to R^1$ und

$$\forall \xi \in \tilde{\Xi}: \psi_C(\xi) = \psi(\xi) + C(\xi) . \tag{5.8.4}$$

Im folgenden beschränken wir uns auf den Fall, daß C die Darstellung (5.8.3) besitzt, d. h.

$$\forall \xi \in \tilde{\Xi}: \psi_C(\xi) = \psi(\xi) + \int_V k(x) \, d\xi(x) \tag{5.8.5}$$

ist. Dann erhält man sofort

Lemma 5.8.5: Es sei $\tilde{\Xi}$ konvex und ψ konvex auf $\tilde{\Xi}$. Dann ist das Funktional ψ_C konvex auf $\tilde{\Xi}$ •

Wir konkretisieren den Satz von WHITTLE (Satz 2.2.2) für das Funktional ψ_C.

Satz 5.8.1: Es sei $\tilde{\Xi}$ konvex, Vor. 2.2.3 erfüllt, ψ konvex auf $\tilde{\Xi}$ und Φ_ψ linear. Dann sind die folgenden Aussagen äquivalent:

1. $\xi^* \in \Xi^*_{\psi_C, \tilde{\Xi}}$.
2. $\inf\limits_{x \in V} [\Phi_\psi(\xi^*, \xi_x) + k(x) - C(\xi^*)] = \sup\limits_{\xi \in \tilde{\Xi}} \inf\limits_{x \in V} [\Phi_\psi(\xi, \xi_x) + k(x) - C(\xi)]$.
3. $\inf\limits_{x \in V} [\Phi_\psi(\xi^*, \xi_x) + k(x)] = C(\xi^*)$ •

Beweis: Wir berechnen Φ_{ψ_C} für $\xi \in \tilde{\Xi}$, $\xi' \in \Xi$ und $\alpha \in (0, 1)$ gemäß

$$\Phi_{\psi_C}(\xi, \xi') = \lim_{\alpha \to 0} \frac{1}{\alpha} \{\psi((1-\alpha)\xi + \alpha\xi') - \psi(\xi) + C((1-\alpha)\xi + \alpha\xi') - C(\xi)\}$$
$$= \Phi_\psi(\xi, \xi') + C(\xi') - C(\xi) .$$

Unter den Voraussetzungen des Satzes ist Φ_{ψ_C} linear, d. h., es gilt

$$\Phi_{\psi_C}(\xi, \xi') = \int_V [\Phi_\psi(\xi, \xi_x) + k(x) - C(\xi)] \, d\xi'(x) = \int_V \Phi_{\psi_C}(\xi, \xi_x) \, d\xi'(x) .$$

Mit Satz 2.2.2 folgt die Behauptung.

Indem man z. B. die in Abschnitt 5.5 behandelten speziellen Äquivalenzsätze verwendet, kann man Satz 5.8.1 für spezielle Funktionale ψ konkretisieren.

Kostenoptimale Versuchspläne erhält man im Falle $\psi_C(\xi) = C(\xi)$; $\xi \in \tilde{\Xi}$.

Folgerung 5.8.1: Es sei $\tilde{\Xi}$ konvex und Vor. 2.2.3 erfüllt. Dann sind die folgenden Bedingungen äquivalent:

1. $\xi^* \in \Xi^*_{C, \tilde{\Xi}}$.
2. $\inf\limits_{x \in V} k(x) = C(\xi^*)$ •

Für den Spezialfall $\psi_C(\xi) = C(\xi)$; $\xi \in \tilde{\Xi}$; ist die Bedingung 2 aus Satz 5.8.1 in trivialer Weise mit Bedingung 1 äquivalent. Sie ist deshalb in Folgerung 5.8.1 weggelassen.

Funktionale der Form (5.8.4) sind z. B. dann zu minimieren, wenn ausgehend von quadratischem Verlust der Form

$$L(\boldsymbol{\vartheta}, \hat{\boldsymbol{\vartheta}}(V_n)) = \|\boldsymbol{\vartheta} - \hat{\boldsymbol{\vartheta}}(\boldsymbol{y}, V_n)\|^2_{\boldsymbol{U}(\boldsymbol{x}, V_n)} + \frac{1}{n} \sum_{i=1}^{n} k(\boldsymbol{x}_i); \qquad V_n = (\boldsymbol{x}_1, \dots, \boldsymbol{x}_n) \in V^{(0)};$$

(s. (3.1.15)) das entsprechende Risiko

$$\forall V_n \in V^{(0)}: \bar{R}(V_n) = Q_2 \operatorname{sp} \boldsymbol{U}(\cdot, V_n)\, \overline{\boldsymbol{M}}(V_n)^{-1} + \frac{1}{n} \sum_{i=1}^{n} k(\boldsymbol{x}_i)$$

von $V^{(0)}$ auf $\tilde{\Xi}$ durch

$$\forall \xi \in \tilde{\Xi}: \psi_C(\xi) = Q_2 \operatorname{sp} \boldsymbol{U}(\cdot, \xi)\, \boldsymbol{M}(\xi)^{-1} + \int_V k(\boldsymbol{x})\, \mathrm{d}\xi(\boldsymbol{x})$$

fortgesetzt wird.

5.9. Weitere Probleme

1. In diesem Kapitel wurden äquivalente Bedingungen für die ψ-Optimalität stetiger Versuchspläne mit Hilfe des Satzes von Whittle hergeleitet. Für die D-Optimalität (bzw. D_A-Optimalität) konnte weiterhin die Dualität zu einem Problem der Lagrangeschen Approximationstheorie u. a. in Sibson [1], Silvey/Titterington [1] und Titterington [1] nachgewiesen werden, die im Hinblick auf die Konstruktion D-optimaler diskreter Versuchspläne bedeutungsvoll ist.
   Eine Verallgemeinerung dieser Dualitätsaussagen für konkave Funktionale $\psi = \boldsymbol{Z} \cdot \boldsymbol{M}$ auf $\mathcal{M}_r^{\geqq}$ entspricht den Aussagen des Satzes von Whittle für ψ (s. Silvey/Titterington [2]).
2. Die Robustheit von ψ-optimalen stetigen Versuchsplänen gegenüber Veränderungen des Funktionals ψ wird in Kiefer [11] für spezielle Regressionsansätze und eine Klasse von Funktionalen ψ, die insbesondere auch $Z_A \circ \boldsymbol{M}$, $Z_D \circ \boldsymbol{M}$ und $Z_E \circ \boldsymbol{M}$ als Spezialfälle enthält, untersucht.
3. In Fedorov [6] wird die in Kapitel 5 dargestellte Theorie auf den Fall verallgemeinert, daß an Stelle der bisher untersuchten univariaten Zielgröße $\{\mathfrak{Y}(\boldsymbol{x}): \boldsymbol{x} \in B\}$ eine Familie $\{\mathfrak{Y}_1(\boldsymbol{x}), \dots, \mathfrak{Y}_m(\boldsymbol{x}): \boldsymbol{x} \in B\}$; $m \in \mathsf{N}$; von Zufallsvektoren vorliegt.
4. Für spezielle Polynomansätze und Optimalitätskriterien werden mit Hilfe der Approximationstheorie u. a. in Hoel [5], Hoel/Levine [1], Kono [1] und Studden [1] optimale diskrete Versuchspläne explizit angegeben.
5. Für den Fall, daß der Regressionsansatz als Spline-Funktion über einem Versuchsbereich $V = [a, b] \subset \mathrm{R}^1$ zu beschreiben ist, werden in Studden/VanArman [1] Zulässigkeitsuntersuchungen von Versuchsplänen durchgeführt.
   D-optimale und L-optimale diskrete Versuchspläne für spezielle Spline-Funktionen sind in Studden [4] und C-optimale diskrete Pläne in Murty [1] zu finden.
6. Probleme der Suche nach dem Maximum einer reellwertigen Funktion lassen sich mit Methoden der stochastischen Approximation lösen. Dazu sei auf die Überblicksarbeiten Fabian [1], Wasan [1] und Zielinski [2] verwiesen. Ergebnisse zur Versuchsplanung werden u. a. in Fabian [2], Sacks/Ylvisacker [4] und Wahba [1] formuliert.
7. In Pazman [2] wird eine Verallgemeinerung des Regressionsmodells auf den Fall betrachtet, daß weder die Menge der zu schätzenden Parameter noch die Menge der Beobachtungen endlich sein muß. Mit Hilfe der Theorie der Hilbert-Räume werden Bedingungen für die Existenz von besten linearen erwartungstreuen Schätzungen bewiesen. Davon ausgehend werden als Optimalitätskriterien eine Verallgemeinerung der Kriterien der D-Optimalität vorgeschlagen und hierfür einige maßtheoretische Ergebnisse für stetige Versuchspläne angegeben.

6. ZUR KONSTRUKTION OPTIMALER VERSUCHSPLÄNE

Nachdem wir in Kapitel 5 verschiedene Versuchsplanungsprobleme formuliert und ihre wichtigsten Eigenschaften angegeben haben, wenden wir uns in diesem Kapitel der Konstruktion optimaler Pläne zu.

Da es bisher noch keine exakten Konstruktionsmethoden für optimale Pläne bei allgemeinem konvexem Funktional ψ gibt, untersuchen wir im folgenden besonders Iterationsverfahren zur Konstruktion näherungsweise optimaler Pläne (s. Abschnitt 6.2, Abschnitt 6.5).

Im Zusammenhang mit den Iterationsverfahren interessieren Abschätzungen für die Effektivität näherungsweise optimaler Pläne (s. Abschnitt 6.3, Abschnitt 6.4.2).

In Abschnitt 6.4.1 wird kurz auf die Probleme bei der Approximation stetiger Pläne durch konkrete Pläne eingegangen.

In Abschnitt 6.1 werden wir jedoch zunächst einige Strukturaussagen über optimale Pläne treffen, die deren Konstruktion möglicherweise vereinfachen.

6.1. Eigenschaften optimaler stetiger Pläne als Hilfsmittel zu ihrer Konstruktion

In diesem Abschnitt werden zunächst Möglichkeiten vorgestellt, wie z. B. aus den Versuchsplanungsproblemen abgeleitete Strukturaussagen oder vom Experimentator geforderte Eigenschaften der Versuchspläne (Invarianz, Symmetrie u. a.) die Konstruktion eines optimalen Planes vereinfachen können. So beinhaltet Abschnitt 6.1.1 Aussagen über Pläne, die gleichzeitig im Sinne mehrerer Optimalitätskriterien optimal sind und daher die Möglichkeit eröffnen, einen optimalen Plan bez. eines mathematisch leichter handhabbaren Kriteriums zu bestimmen bzw. einen gegebenen Plan als optimalen für ein weiteres Optimalitätskriterium zu benutzen. Der Abschnitt 6.1.2 behandelt das Problem, ob und wie ein gegebener optimaler Plan auf andere Versuchsbereiche übertragen werden kann. Dann ist es möglich, optimale Pläne nur für spezielle (z. B. mathematisch einfache) Versuchsbereiche zu konstruieren.

In Abschnitt 6.1.3 wird untersucht, ob optimale Pläne existieren, die z. B. Symmetrieeigenschaften des Versuchsbereiches berücksichtigen.

Die weiteren Abschnitte enthalten einige für die Konstruktion wichtige Eigenschaften optimaler Pläne bei speziellen Optimalitätskriterien (D-, D_A- und C-Optimalität). Für den Nachweis dieser Eigenschaften erweisen sich die in Abschnitt 5.5 bzw. 5.6 formulierten Äquivalenzsätze als nützlich.

6.1.1. Optimalität von stetigen Versuchsplänen im Sinne mehrerer Kriterien

Wir betrachten Funktionale $\psi = Z \circ M$ (s. Abschnitt 5.2) bzw. $\psi = Z \circ M_\lambda$ (s. Abschnitt 5.7) auf $\tilde{\Xi} \subseteq \Xi_{\text{reg}}$ und geben Bedingungen an, unter denen Versuchspläne bezüglich mehrerer Optimalitätskriterien optimal sind. Dabei setzen wir voraus, daß $\tilde{\Xi}$ die Reichhaltigkeitseigenschaft (s. Vor. 2.2.3) besitzt.

Im Anschluß an Satz 5.5.4 wurde bereits auf den folgenden Zusammenhang zwischen D- und G-optimalen Plänen hingewiesen.

Satz 6.1.1 (Kiefer [10]): Es sei $V = H$. Dann gilt $\Xi^*_{D,\tilde{\Xi}} = \Xi^*_{\tilde{\Xi},G}$ •

Den Beweis liefert Teil 2 von Satz 5.5.4.

Für AR-, MR- und G-optimale Pläne beweisen wir einen analogen Äquivalenzsatz.

Satz 6.1.2 (Kiefer [7]): Es gilt

$$\Xi^*_{G,\tilde{\Xi}} = \Xi^*_{MR,\tilde{\Xi}} = \Xi^*_{AR,\tilde{\Xi}} \bullet$$

Beweis: Aus Satz 5.5.7 folgt: $\Xi^*_{AR,\tilde{\Xi}} = \Xi^*_{G,\tilde{\Xi}}$. Mit Folgerung 5.5.5 und

$$\forall x \in H: \inf_{\tilde{\xi} \in \tilde{\Xi}} f(x)'\, M(\tilde{\xi})^{-1} f(x) > 0$$

erhält man

$$\forall \xi \in \tilde{\Xi}: D_{MR}(\xi) = \inf_{\xi' \in \Xi} \inf_{x \in H} \Big\{\Big(\inf_{\tilde{\xi} \in \tilde{\Xi}} f(x)'\, M(\tilde{\xi})^{-1} f(x)\Big)^{-1} \times [f(x)'\, M(\xi)^{-1} M(\xi')\, M(\xi)^{-1} f(x) - f(x)'\, M(\xi)^{-1} f(x)]\Big\} = 0$$

$$\Leftrightarrow D_G(\xi) = \inf_{\xi' \in \Xi} \inf_{x \in H} \{f(x)'\, M(\xi)^{-1} M(\xi')\, M(\xi)^{-1} f(x) - f(x)'\, M(\xi)^{-1} f(x)\} = 0\,. \tag{6.1.1}$$

Die Folgerung 5.5.4 und der Satz 5.5.7 liefern die Behauptung.

Aus den beiden vorangehenden Sätzen erhält man

Folgerung 6.1.1: Es sei $V = H$. Dann gilt

$$\Xi^*_{D,\tilde{\Xi}} = \Xi^*_{G,\tilde{\Xi}} = \Xi^*_{AR,\tilde{\Xi}} = \Xi^*_{MR,\tilde{\Xi}} \bullet$$

Mit dem folgenden Satz wird unter gewissen Voraussetzungen an die Informationsmatrix die Äquivalenz der D-, G- und A-Optimalität und eine Beziehung zwischen E- und A-Optimalität bewiesen.

Satz 6.1.3 (Kiefer [2]): Es seien $V = H$, $\xi^* \in \tilde{\Xi}$ und

$$\exists a \in \mathrm{R}^+: M(\xi^*) = a I_r\,. \tag{6.1.2}$$

Dann gelten die beiden Aussagen:

1. $\xi^* \in \Xi^*_{D,\tilde{\Xi}} \Leftrightarrow \xi^* \in \Xi^*_{G,\tilde{\Xi}} \Leftrightarrow \xi^* \in \Xi^*_{A,\tilde{\Xi}}$.
2. $\xi^* \in \Xi^*_{A,\tilde{\Xi}} \Rightarrow \xi^* \in \Xi^*_{E,\tilde{\Xi}}$ •

Beweis: Zu 1. Die Informationsmatrix $M(\xi^*)$; $\xi^* \in \tilde{\Xi}$; lasse sich entsprechend (6.1.2) darstellen und ξ^* sei D-optimal in $\tilde{\Xi}$. Dann folgt aus Satz 5.5.4:

$$\sup_{x \in V} f(x)'\, M(\xi^*)^{-1} f(x) = r\,.$$

Damit ist

$$D_A(\xi^*) = \operatorname{sp} M(\xi^*)^{-1} - \sup_{x \in V} f(x)'\, M(\xi^*)^{-1} M(\xi^*)^{-1} f(x) = 0\,,$$

also ist ξ^* nach Folgerung 5.5.1 ein A-optimaler Plan in $\tilde{\Xi}$. Wenn nun ξ^* ein A-optimaler Versuchsplan in $\tilde{\Xi}$ ist, ergibt sich mit Folgerung 5.5.1 die Beziehung

$$D_A(\xi^*) = a^{-1}(r - \sup_{x \in V} f(x)' M(\xi^*)^{-1} f(x)) = a^{-1} D_{D'}(\xi^*) = 0 .$$

Zusammen mit Satz 6.1.1 erhält man die Gültigkeit von Teil 1 der Aussage.

Zu 2. Es sei $\xi^* \in \Xi^*_{A, \tilde{\Xi}}$, und ξ^* erfülle (6.1.2). Mit (1.A.19) gilt

$$\begin{aligned} \forall \xi \in \tilde{\Xi}: \lambda_{\max}(M(\xi)^{-1}) &\geq r^{-1} \operatorname{sp} M(\xi)^{-1} \\ &\geq r^{-1} \operatorname{sp} M(\xi^*)^{-1} \geq a^{-1} \\ &= \inf_{\xi \in \tilde{\Xi}} (r^{-1} \operatorname{sp} M(\xi)^{-1}) \\ \wedge \lambda_{\max} (M(\xi^*)^{-1}) = a^{-1} &= \inf_{\xi \in \tilde{\Xi}} (r^{-1} \operatorname{sp} M(\xi)^{-1}) . \end{aligned}$$

Damit ist die Behauptung bewiesen.

Wir zeigen jetzt die Äquivalenz von Versuchsplanungsproblemen bei variabler Varianz (s. Abschnitt 5.7) und Versuchsplanungsproblemen bei entsprechend abgeändertem Regressionsansatz (zur Anwendung s. II/4).

Wir betrachten einen Regressionsansatz $\tilde{S}_1$ mit

$$\exists f \in \mathcal{F}_r(B) \ \forall \vartheta \in \Theta \ \forall x \in B: \tilde{\eta}_1(x, \vartheta) = f(x)' \vartheta \tag{6.1.3}$$

(s. Abschnitt 5.7), und im zugehörigen LR $(\mathfrak{Y}, F\vartheta, B_\varepsilon)$ sei

$$\exists \lambda \in (\mathrm{R}^+)^B \ \forall V_n = (x_1, \ldots, x_n) \in V^{(0)}: B_{\varepsilon(V_n)} = \sigma^2\big((\lambda(x_i)\, \delta_{ij})\big)_{n \times n} \tag{6.1.4}$$

(s. Vor. 5.7.1).

Es sei

$$\forall \xi \in \Xi: M_\lambda(\xi) = \int_V \lambda(x)^{-1} f(x) f(x)' \, \mathrm{d}\xi(x)$$

(s. (5.7.3)) die Informationsmatrix für $\tilde{S}_1$.

Für einen weiteren Regressionsansatz $\tilde{S}_2$ gelte

$$\exists h \in \mathcal{F}_r(B) \ \forall \vartheta \in \Theta \ \forall x \in B: \tilde{\eta}_2(x, \vartheta) = h(x)' \vartheta , \tag{6.1.5}$$

und im entsprechenden linearen Regressionsmodell setzen wir voraus

$$\forall V_n \in V^{(0)}: B_{\varepsilon(V_n)} = \sigma^2 I_n . \tag{6.1.6}$$

Dem Ansatz $\tilde{S}_2$ entspricht die Informationsmatrix

$$\forall \xi \in \Xi: \tilde{M}(\xi) = \int_V h(x)\, h(x)' \, \mathrm{d}\xi(x) . \tag{6.1.7}$$

Setzt man in $\tilde{S}_2$ speziell

$$\forall x \in B: h(x) = \lambda(x)^{-1/2} f(x) , \tag{6.1.8}$$

so ist

$$\forall \xi \in \tilde{\Xi}: \tilde{M}(\xi) = M_\lambda(\xi) . \tag{6.1.9}$$

Damit erhält man die folgende Aussage:

Satz 6.1.4: Es sei (6.1.8) erfüllt. Dann gilt: $\Xi^*_{Z \circ M, \tilde{\Xi}} = \Xi^*_{Z \circ M_\lambda, \tilde{\Xi}}$ •

Dieser Satz gilt speziell für Funktionale $Z \in \{Z_L, Z_{I,p}, Z_A, Z_c, Z_t, Z_G, Z_{AR}, Z_{MR}, Z_M, Z_D, Z_E\}$.

Wir bemerken, daß ein Funktional Z möglicherweise für die beiden Ansätze $\tilde{S}_1$ und $\tilde{S}_2$ unterschiedlich interpretiert werden muß. Z. B. entspricht das Funktional $Z_G \circ \boldsymbol{M}_\lambda$ nicht der G-Optimalität in $\tilde{S}_2$, sondern einer speziellen T-Optimalität (s. Def. 5.2.4) mit $\boldsymbol{t} = \boldsymbol{f}$. Die G-Optimalität in $\tilde{S}_2$ wird durch $Z_{\boldsymbol{t}} \circ \boldsymbol{M}_\lambda$ mit $\boldsymbol{t} = \boldsymbol{h}$ beschrieben.

6.1.2. Invarianz von Plänen bei Transformation von V

Im folgenden untersuchen wir Versuchsplanungsprobleme, die durch Transformation von V, H, $\boldsymbol{f}$ und ψ aus einem gegebenen Problem erhalten werden. Dabei interessiert vor allem, ob ein optimaler Plan im Ausgangsmodell in einen optimalen Plan im transformierten Modell überführt werden kann.

Es sei $\boldsymbol{t} \mid B \to \mathrm{R}^k$ eine meßbare Abbildung.

Wir bezeichnen mit $\boldsymbol{t}(V) =: \tilde{V}$ das Bild von V, mit $\boldsymbol{t}(H) =: \tilde{H}$ das Bild von H und mit $\boldsymbol{t}(B) =: \tilde{B}$ das Bild von B bei $\boldsymbol{t}$. Es sei $\tilde{\Xi} \subseteq \Xi$. Dann induziert die meßbare Abbildung $\boldsymbol{t}$ die Menge

$$\tilde{\Xi}_{\boldsymbol{t}} := \{\xi_{\boldsymbol{t}} \colon \exists \xi \in \tilde{\Xi}\ \forall B_{\tilde{V}} \in \mathscr{B}_{\tilde{V}} \colon \xi_{\boldsymbol{t}}(B_{\tilde{V}}) = \xi(\boldsymbol{t}^{-1}(B_{\tilde{V}}))\} \tag{6.1.10}$$

von Versuchsplänen über $[\tilde{V}, \mathscr{B}_{\tilde{V}}]$.

Def. 6.1.1: Ein stetiger Versuchsplan $\xi^* \in \Xi^*_{\psi,\tilde{\Xi}}$ heißt *invariant bez.* ψ, $\tilde{\psi}$ und $\boldsymbol{t} =_{\mathrm{df}}$

$$\xi^*_{\boldsymbol{t}} \in \Xi^*_{\tilde{\psi},\tilde{\Xi}_{\boldsymbol{t}}} \bullet$$

Wir geben jetzt eine Aussage für die Invarianz von Plänen bei $\boldsymbol{t}$, die einen gewissen Zusammenhang der Funktionale ψ und $\tilde{\psi}$ voraussetzt.

Satz 6.1.5: Es gelte

$$\exists w \in (\mathrm{R}^1)^{\mathrm{R}^1}\ \forall (\xi, \xi') \in \tilde{\Xi} \times \tilde{\Xi} \colon$$
$$\tilde{\psi}(\xi_{\boldsymbol{t}}) = w(\psi(\xi)) \wedge (\tilde{\psi}(\xi_{\boldsymbol{t}}) < \tilde{\psi}(\xi'_{\boldsymbol{t}}) \Rightarrow w(\psi(\xi)) < w(\psi(\xi'))) \,. \tag{6.1.11}$$

Dann sind alle ψ-optimalen stetigen Versuchspläne in $\tilde{\Xi}$ invariant bei $\boldsymbol{t}$ bez. ψ und $\tilde{\psi}$ •

Beweis: Es sei $\xi^* \in \Xi^*_{\psi,\tilde{\Xi}}$. Dann gilt wegen (6.1.11)

$$\tilde{\psi}(\xi^*) = w(\psi(\xi^*)) = w\Big(\inf_{\xi \in \tilde{\Xi}} \psi(\xi)\Big) = \inf_{\xi_{\boldsymbol{t}} \in \tilde{\Xi}_{\boldsymbol{t}}} \tilde{\psi}(\xi_{\boldsymbol{t}})$$

und damit die Behauptung.

Aus Satz 6.1.5 erhält man speziell

Folgerung 6.1.2: Es sei: $\forall \xi \in \tilde{\Xi} \colon \psi(\xi) = \tilde{\psi}(\xi_{\boldsymbol{t}})$.
Dann sind alle ψ-optimalen stetigen Versuchspläne in $\tilde{\Xi}$ invariant bei $\boldsymbol{t}$ bez. ψ und $\tilde{\psi}$ •

Wir gehen nun davon aus, daß für einen Regressionsansatz S_1 mit

$$\exists \tilde{\boldsymbol{f}} \in \mathscr{F}_r(B)\ \forall \boldsymbol{\vartheta} \in \Theta\ \forall \boldsymbol{x} \in B \colon \tilde{\eta}(\boldsymbol{x}, \boldsymbol{\vartheta}) = \tilde{\boldsymbol{f}}(\boldsymbol{x})' \boldsymbol{\vartheta} \tag{6.1.12}$$

und

$$\forall \xi_{\boldsymbol{t}} \in \tilde{\Xi}_{\boldsymbol{t}} \colon \tilde{\boldsymbol{M}}(\xi_{\boldsymbol{t}}) = \int_{\tilde{V}} \tilde{\boldsymbol{f}}(\tilde{\boldsymbol{x}})\, \tilde{\boldsymbol{f}}(\tilde{\boldsymbol{x}})'\, \mathrm{d}\xi_{\boldsymbol{t}}(\tilde{\boldsymbol{x}}) \tag{6.1.13}$$

ein $\tilde{Z} \circ \tilde{\boldsymbol{M}}$-optimaler Plan in $\tilde{\Xi}_{\boldsymbol{t}}$ gesucht ist. Unter bestimmten Voraussetzungen an $\boldsymbol{t}$ läßt sich diese Aufgabe auf die Suche nach $Z \circ \boldsymbol{M}$-optimalen Plänen in $\tilde{\Xi}$ zurückführen. Für $\boldsymbol{t}$ gelte

$$\exists \boldsymbol{A} \in \mathcal{M}^{(r)}_{r\times r}\ \forall \tilde{\boldsymbol{x}} \in \tilde{B}\ \forall \boldsymbol{x} \in B: \tilde{\boldsymbol{f}}(\tilde{\boldsymbol{x}}) = \tilde{\boldsymbol{f}}(\boldsymbol{t}(\boldsymbol{x})) = \boldsymbol{A}\boldsymbol{f}(\boldsymbol{x})\,. \tag{6.1.14}$$

Satz 6.1.6: Mit (6.1.12), (6.1.13) und (6.1.14) gilt: Jeder D-optimale stetige Versuchsplan in $\tilde{\Xi}$ ist invariant bei $\boldsymbol{t}$ bez. $Z_D \circ \boldsymbol{M}$ und $Z_D \circ \tilde{\boldsymbol{M}}$ •

Beweis: Es gilt

$$\forall \xi \in \tilde{\Xi}: Z_D(\tilde{\boldsymbol{M}}(\xi_t)) = \det\Big[\int_{\tilde{V}} \tilde{\boldsymbol{f}}(\tilde{\boldsymbol{x}})\,\tilde{\boldsymbol{f}}(\tilde{\boldsymbol{x}})'\,\mathrm{d}\xi_t(\boldsymbol{x})\Big]^{-1}$$
$$= \det\Big[\int_V \boldsymbol{A}\boldsymbol{f}(\boldsymbol{x})\,(\boldsymbol{A}\boldsymbol{f}(\boldsymbol{x}))'\,\mathrm{d}\xi(\boldsymbol{x})\Big]^{-1} = \det[\boldsymbol{A}\boldsymbol{M}(\xi)\,\boldsymbol{A}']^{-1} = (\det \boldsymbol{A})^{-2}\, Z_D(\boldsymbol{M}(\xi))\,.$$

Mit

$$\forall s \in \mathrm{R}^1: w(s) = (\det \boldsymbol{A})^{-2}\, s$$

gilt also

$$\forall \xi \in \tilde{\Xi}: Z_D(\tilde{\boldsymbol{M}}(\xi_t)) = w(Z_D(\boldsymbol{M}(\xi)))\,.$$

Da w streng monoton wachsend ist, ergibt sich mit Satz 6.1.5 die Behauptung.

Für den Ansatz $\tilde{S}_1$ hat das Funktional zur G-Optimalität die Darstellung

$$\tilde{Z}_G(\tilde{\boldsymbol{M}}(\cdot)) = \sup_{\boldsymbol{x}\in\tilde{H}} \tilde{\boldsymbol{f}}(\boldsymbol{x})'\,\tilde{\boldsymbol{M}}(\cdot)^{-1}\,\tilde{\boldsymbol{f}}(\boldsymbol{x})\,.$$

Satz 6.1.7: Mit (6.1.12), (6.1.13) und (6.1.14) gilt: Jeder G-optimale stetige Versuchsplan in $\tilde{\Xi}$ ist invariant bei $\boldsymbol{t}$ bez. $Z_G \circ \boldsymbol{M}$ und $\tilde{Z}_G \circ \tilde{\boldsymbol{M}}$ •

Beweis: Wegen

$$\forall \xi \in \tilde{\Xi}: \sup_{\tilde{\boldsymbol{x}}\in\tilde{H}} \tilde{\boldsymbol{f}}(\tilde{\boldsymbol{x}})'\,\tilde{\boldsymbol{M}}(\xi_t)^{-1}\,\tilde{\boldsymbol{f}}(\tilde{\boldsymbol{x}}) = \sup_{\boldsymbol{x}\in H} \boldsymbol{f}(\boldsymbol{x})'\,\boldsymbol{A}'(\boldsymbol{A}\boldsymbol{M}(\xi)^{-1}\boldsymbol{A}')^{-1}\,\boldsymbol{A}\boldsymbol{f}(\boldsymbol{x})$$
$$= \sup_{\boldsymbol{x}\in H} \boldsymbol{f}(\boldsymbol{x})'\,\boldsymbol{M}(\xi)^{-1}\,\boldsymbol{f}(\boldsymbol{x})$$

und Folgerung 6.1.2 gilt die Behauptung.

Es bezeichne

$$J(\boldsymbol{t};\boldsymbol{x}) := \det\left(\left(\frac{\partial t_i}{\partial x_j}\right)\right)_{k\times k}$$

die Funktionaldeterminante von $\boldsymbol{t}$. Für $p \in (\mathrm{R}^+)^H$ mit $\int_H p(\boldsymbol{x})\,\mathrm{d}\boldsymbol{x} = 1$ und $\tilde{p} \in (\mathrm{R}^+)^{\tilde{H}}$ sei

$$\forall \boldsymbol{x} \in H: \tilde{p}(\boldsymbol{t}(\boldsymbol{x})) = p(\boldsymbol{x})\,. \tag{6.1.15}$$

Für den Ansatz $\tilde{S}_1$ hat das Funktional zur I-Optimalität die Darstellung

$$\tilde{Z}_{I,\tilde{p}}(\tilde{\boldsymbol{M}}(\cdot)) = \int_{\tilde{H}} \tilde{\boldsymbol{f}}(\boldsymbol{x})'\,\tilde{\boldsymbol{M}}(\cdot)^{-1}\,\tilde{\boldsymbol{f}}(\boldsymbol{x})\,\tilde{p}(\boldsymbol{x})\,\mathrm{d}\boldsymbol{x}\,.$$

Satz 6.1.8: Es gelten (6.1.12), (6.1.13), (6.1.14), (6.1.15), $\boldsymbol{t}$ besitze stetige partielle Ableitungen und

$$\exists a \in \mathrm{R}^1 \setminus \{0\}\ \forall \boldsymbol{x} \in H: J(\boldsymbol{t};\boldsymbol{x}) = a\,. \tag{6.1.16}$$

Unter diesen Voraussetzungen ist jeder I-optimale stetige Versuchsplan in $\tilde{\Xi}$ bez. p invariant bei $\boldsymbol{t}$ bez. $Z_{I,p} \circ \boldsymbol{M}$ und $\tilde{Z}_{I,\tilde{p}} \circ \tilde{\boldsymbol{M}}$ •

Beweis: Es gilt unter Berücksichtigung der Voraussetzungen des Satzes

$$\forall \xi \in \tilde{\Xi}: \tilde{Z}_{I,p}(\tilde{\boldsymbol{M}}(\xi_t)) = \int_{\tilde{H}} \tilde{\boldsymbol{f}}(\tilde{\boldsymbol{x}})'\,\tilde{\boldsymbol{M}}(\xi_t)^{-1}\,\tilde{\boldsymbol{f}}(\tilde{\boldsymbol{x}})\,\tilde{p}(\tilde{\boldsymbol{x}})\,\mathrm{d}\tilde{\boldsymbol{x}}$$
$$= \int_H \boldsymbol{f}(\boldsymbol{x})'\,\boldsymbol{A}'(\boldsymbol{A}\boldsymbol{M}(\xi)\,\boldsymbol{A}')^{-1}\,\boldsymbol{A}\boldsymbol{f}(\boldsymbol{x})\,p(\boldsymbol{x})\,|J(\boldsymbol{t};\boldsymbol{x})|\,\mathrm{d}\boldsymbol{x}$$
$$= \int_H \boldsymbol{f}(\boldsymbol{x})'\,\boldsymbol{M}(\xi)^{-1}\,\boldsymbol{f}(\boldsymbol{x})\,p(\boldsymbol{x})\,|J(\boldsymbol{t};\boldsymbol{x})|\,\mathrm{d}\boldsymbol{x} = |a|\,Z_{I,p}(\boldsymbol{M}(\xi))\,.$$

Mit

$$\forall s \in \mathrm{R}^1: w(s) = |a|\, s$$

folgt daraus

$$\forall \xi \in \tilde{\Xi}: \tilde{Z}_{I,\tilde{p}}(\tilde{M}(\xi_t)) = w\big(Z_{I,p}(M(\xi))\big)\,.$$

Da wegen (6.1.16) die Funktion w streng monoton wachsend ist, folgt mit Satz 6.1.5 die Behauptung.

Die Voraussetzungen aus Satz 6.1.8 über $\boldsymbol{t}$ sind z. B. erfüllt, wenn $\boldsymbol{t}$ eine affine Transformation ist. In diesem Falle hat $\boldsymbol{t}$ die Darstellung

$$\exists \tilde{\boldsymbol{A}} \in \mathcal{M}_{r\times r}^{(r)}\; \exists \boldsymbol{a} \in \mathrm{R}^k\; \forall \boldsymbol{x} \in B: \boldsymbol{t}(\boldsymbol{x}) = \tilde{\boldsymbol{A}}\boldsymbol{x} + \boldsymbol{a}\,, \tag{6.1.17}$$

und es gilt (6.1.16) mit

$$\forall \boldsymbol{x} \in H: J(\boldsymbol{t}; \boldsymbol{x}) = \det \tilde{\boldsymbol{A}} \neq 0\,.$$

Das folgende Beispiel zeigt, wie die Invarianz ψ-optimaler Pläne bez. $\boldsymbol{t}$ zur Konstruktion $\tilde{\psi}$-optimaler Pläne benutzt werden kann.

Beispiel 6.1.1: Für den Regressionsansatz $\tilde{S}_1$ mit $\tilde{V} = \tilde{H} = [0, 10]$ und

$$\forall \boldsymbol{\vartheta} \in \Theta\; \forall\, \tilde{x} \in \tilde{V}: \tilde{\eta}(\tilde{x}, \boldsymbol{\vartheta}) = \vartheta_V + \vartheta_1\, \mathrm{e}^{-\tilde{x}}$$

ist ein D-optimaler Versuchsplan in der Menge der stetigen regulären Pläne zu bestimmen.
Durch die Transformation $t \in (\mathrm{R}^1)^V$ gemäß

$$\forall x \in V: t(x) = -\ln x$$

kann diese Aufgabe auf die Bestimmung D-optimaler Pläne für den Ansatz $\tilde{S}_2$ mit $V = H = [\mathrm{e}^{-10}, 1]$ und

$$\forall \boldsymbol{\vartheta} \in \Theta\; \forall x \in V: \tilde{\eta}_2(x, \boldsymbol{\vartheta}) = \vartheta_0 + \vartheta_1 x$$

zurückgeführt werden, da t wegen

$$\forall x \in V: (1, \mathrm{e}^{-\tilde{x}})' = (1, x)' = I_2(1, x)'$$

die Darstellung (6.1.14) hat.
Für $\tilde{S}_2$ ist $\xi^* = \{(\mathrm{e}^{-10}, \frac{1}{2}), (1, \frac{1}{2})\}$ ein D-optimaler Plan in Ξ_{reg}. Der Plan $\xi_t^* = \{(0, \frac{1}{2}), (10, \frac{1}{2})\}$ ist dann D-optimal für $\tilde{S}_1$ in der Menge der regulären stetigen Pläne.

6.1.3. Invarianz optimaler Pläne bei Transformationen von V auf sich

Wir wollen nun untersuchen, unter welchen Bedingungen unter den ψ-optimalen Plänen solche existieren, die gewisse Symmetrieeigenschaften, z. B. des Versuchsbereiches, widerspiegeln. Solche Symmetrieeigenschaften werden wir durch Gruppen von Abbildungen des Versuchsbereiches auf sich beschreiben.

Es sei $\mathcal{G}_V \subset \mathcal{F}(\mathcal{B}_V, \mathcal{B}_V)$ eine Gruppe von Abbildungen von V auf sich. Analog zur Def. 2.2.5 definieren wir einen Invarianzbegriff für die Pläne.

Def. 6.1.2: Der stetige Versuchsplan $\xi \in \Xi$ heißt *invariant unter* $\mathcal{G}_V =_{\text{df}}$

$$\forall \boldsymbol{g} \in \mathcal{G}_V\; \forall B \in \mathcal{B}_V: \xi(B) = \xi\big(\boldsymbol{g}(B)\big)\; \bullet$$

Es bezeichne

$$\forall \xi \in \Xi\; \forall B \in \mathcal{B}_V\; \forall \boldsymbol{g} \in \mathcal{G}_V: \xi_{\boldsymbol{g}}(B) := \xi\big(\boldsymbol{g}(B)\big) \tag{6.1.18}$$

und für $\tilde{\Xi} \subseteq \Xi$ sei

$$\tilde{\Xi}_{\mathcal{G}_V} := \{\xi \in \tilde{\Xi}: \forall \boldsymbol{g} \in \mathcal{G}_V: \xi_{\boldsymbol{g}} = \xi\} \tag{6.1.19}$$

die Menge der unter $\mathcal{G}_V$ invarianten Pläne aus $\tilde{\Xi}$.

Satz 6.1.9 (KIEFER [2]): Es seien $\psi \mid \tilde{\Xi} \to \mathrm{R}^1$ konvex auf der konvexen Menge $\tilde{\Xi}$, $\Xi^*_{\psi,\tilde{\Xi}} \neq \emptyset$, $\mathcal{G}_V$ eine *bikompakte topologische Gruppe*[1]) und

$$\forall \boldsymbol{g} \in \mathcal{G}_V \ \forall \xi \in \tilde{\Xi}: \psi(\xi_{\boldsymbol{g}}) = \psi(\xi) \,. \tag{6.1.20}$$

Dann gibt es mindestens einen unter $\mathcal{G}_V$ invarianten ψ-optimalen stetigen Versuchsplan in $\tilde{\Xi}$ •

Zum Beweis wird die Existenz des HAARschen Maßes über bikompakten topologischen Gruppen ausgenutzt (s. KIEFER [2]).

Wir beweisen Satz 6.1.9 für den Spezialfall endlicher Gruppen $\mathcal{G}_V = \{\boldsymbol{g}_1, \dots, \boldsymbol{g}_s\}$.

Lemma 6.1.1: Es seien $\psi \mid \tilde{\Xi} \to \mathrm{R}^1$ konvex auf der konvexen Menge $\tilde{\Xi}$, $\Xi^*_{\psi,\tilde{\Xi}} \neq \emptyset$ und (6.1.20) erfüllt. Dann gibt es mindestens einen unter $\mathcal{G}_V$ invarianten ψ-optimalen stetigen Versuchsplan in $\tilde{\Xi}$ •

Beweis: Es sei $\xi^* \in \Xi^*_{\psi,\tilde{\Xi}}$. Dann gilt

$$\xi^{**} := \left(\frac{1}{s} \sum_{i=1}^{s} \xi^*_{\boldsymbol{g}}\right) \in \tilde{\Xi}.$$

Wir erhalten weiterhin

$$\forall j \in \{1, \dots, s\}: \xi^{**}_{\boldsymbol{g}_j} = \frac{1}{s} \sum_{i=1}^{s} \xi^*_{\boldsymbol{g}_i \circ \boldsymbol{g}_j} = \frac{1}{s} \sum_{k=1}^{s} \xi^*_{\boldsymbol{g}_k} = \xi^{**},$$

d. h. ξ^{**} ist invariant unter $\mathcal{G}_V$. Wegen der Konvexität von ψ und (6.1.20) ergibt sich:

$$\forall j \in \{1, \dots, s\}: \psi(\xi^{**}_{\boldsymbol{g}_j}) \leqq \frac{1}{s} \sum_{i=1}^{s} \psi(\xi^*_{\boldsymbol{g}_i}) = \psi(\xi^*) \,.$$

Damit ist ξ^{**} ein ψ-optimaler, unter $\mathcal{G}_V$ invarianter stetiger Plan in $\tilde{\Xi}$.

Die Aussage von Satz 6.1.9 bzw. Lemma 6.1.1 kann auch so interpretiert werden, daß bei Gültigkeit der entsprechenden Voraussetzungen ein ψ-optimaler Plan in $\tilde{\Xi}_{\mathcal{G}_V} \subset \tilde{\Xi}$ existiert. Falls man einen ψ-optimalen Plan in $\tilde{\Xi}$ sucht, kann man sich also auf die Menge $\tilde{\Xi}_{\mathcal{G}_V}$ beschränken.

Folgerung 6.1.3: Gibt es nur einen ψ-optimalen Plan in $\tilde{\Xi}$ und sind die Voraussetzungen von Satz 6.1.9 erfüllt, dann ist dieser Plan invariant unter $\mathcal{G}_V$ •

Wir betrachten nun speziell Funktionale der Form $\psi = Z \circ \boldsymbol{M}$.

Satz 6.1.10: Es seien $Z(\boldsymbol{M}(\cdot))$ konvex auf der konvexen Menge $\tilde{\Xi}$, $\mathcal{G}_V$ eine bikompakte topologische Gruppe, $\Xi^*_{\psi,\tilde{\Xi}} \neq \emptyset$,

$$\forall \boldsymbol{g} \in \mathcal{G}_V \ \exists \boldsymbol{U}_{\boldsymbol{g}} \in \mathcal{M}_r \ \forall \boldsymbol{x} \in V: \boldsymbol{f}(\boldsymbol{x})' = \boldsymbol{f}(\boldsymbol{g}(\boldsymbol{x}))' \, \boldsymbol{U}_{\boldsymbol{g}} \tag{6.1.21}$$

und

$$\forall \boldsymbol{g} \in \mathcal{G}_V \ \forall \xi \in \tilde{\Xi}: Z(\boldsymbol{M}(\xi)) = Z(\boldsymbol{U}'_{\boldsymbol{g}} \boldsymbol{M}(\xi) \, \boldsymbol{U}_{\boldsymbol{g}}) \tag{6.1.22}$$

erfüllt. Dann gibt es mindestens einen unter $\mathcal{G}_V$ invarianten $Z \circ \boldsymbol{M}$-optimalen stetigen Versuchsplan in $\tilde{\Xi}$ •

---

[1]) Die Gruppe $\mathcal{G}_V \subset \mathcal{F}(\mathcal{B}_V, \mathcal{B}_V)$ ist eine bikompakte topologische Gruppe, wenn 1. $\mathcal{G}_V$ ein bikompakter topologischer Raum ist, 2. die in $\mathcal{G}_V$ definierte Gruppenoperation im topologischen Raum $\mathcal{G}_V$ stetig ist (vgl. PONTRJAGIN [1], [2]).

Beweis: Wegen Satz 6.1.9 genügt es, die Bedingung (6.1.20) nachzuweisen. Diese ergibt sich mit (6.1.21) und (6.1.22) aus

$$\forall \boldsymbol{g} \in \mathcal{G}_V\ \forall \xi \in \tilde{\Xi}: \boldsymbol{M}(\xi_{\boldsymbol{g}}) = \int_V \boldsymbol{U}_{\boldsymbol{g}}' \boldsymbol{f}(\boldsymbol{g}(\boldsymbol{x}))\, \boldsymbol{f}(\boldsymbol{g}(\boldsymbol{x}))'\, \boldsymbol{U}_{\boldsymbol{g}}\, \mathrm{d}\xi_{\boldsymbol{g}}(\boldsymbol{x})$$
$$= \boldsymbol{U}_{\boldsymbol{g}}'\Big[\int_V \boldsymbol{f}(\boldsymbol{g}(\boldsymbol{x}))\, \boldsymbol{f}(\boldsymbol{g}(\boldsymbol{x}))'\, \mathrm{d}\xi(\boldsymbol{g}(\boldsymbol{x}))\Big]\, \boldsymbol{U}_{\boldsymbol{g}} = \boldsymbol{U}_{\boldsymbol{g}}'\Big[\int_V \boldsymbol{f}(\boldsymbol{x})\, \boldsymbol{f}(\boldsymbol{x})'\, \mathrm{d}\xi(\boldsymbol{x})\Big]\, \boldsymbol{U}_{\boldsymbol{g}}$$
$$= \boldsymbol{U}_{\boldsymbol{g}}' \boldsymbol{M}(\xi)\, \boldsymbol{U}_{\boldsymbol{g}}\,. \tag{6.1.23}$$

Wir geben nun hinreichende Bedingungen dafür an, daß (6.1.22) für spezielle Funktionale Z erfüllt ist.

Folgerung 6.1.4: Es seien $\tilde{\Xi} \subseteq \Xi_{\text{reg}}$ konvex, $\mathcal{G}_V$ eine bikompakte topologische Gruppe, $\Xi^*_{D,\tilde{\Xi}} \neq \emptyset$ und (6.1.21) mit

$$\forall \boldsymbol{g} \in \mathcal{G}_V: |\det \boldsymbol{U}_{\boldsymbol{g}}| = 1 \tag{6.1.24}$$

erfüllt.

Dann gibt es mindestens einen D-optimalen, unter $\mathcal{G}_V$ invarianten stetigen Versuchsplan in $\tilde{\Xi}$ •

Beweis: Wegen (6.1.23), (6.1.24) und

$$\forall \xi \in \tilde{\Xi}\ \forall \boldsymbol{g} \in \mathcal{G}_V\ \exists \boldsymbol{U}_{\boldsymbol{g}} \in \mathcal{M}_r:$$
$$Z_{D'}(\boldsymbol{M}(\xi_{\boldsymbol{g}})) = \ln \det [\boldsymbol{U}_{\boldsymbol{g}}' \boldsymbol{M}(\xi)\, \boldsymbol{U}_{\boldsymbol{g}}]^{-1} = \ln (\det \boldsymbol{U}_{\boldsymbol{g}})^{-2} \det \boldsymbol{M}(\xi)^{-1} = Z_{D'}(\boldsymbol{M}(\xi))$$

gilt (6.1.22). Mit der Konvexität von $Z_{D'}(\boldsymbol{M}(\cdot))$ auf $\tilde{\Xi}$ folgt aus Satz 6.1.10 die Behauptung (s. Lemma 5.3.3).

Folgerung 6.1.5: Es seien $\tilde{\Xi} \subseteq \Xi_{\text{reg}}$ konvex, $\mathcal{G}_V$ eine bikompakte topologische Gruppe, $V = H$, $\Xi^*_{G,\tilde{\Xi}} \neq \emptyset$ und (6.1.21) mit

$$\forall \boldsymbol{g} \in \mathcal{G}_V: \det \boldsymbol{U}_{\boldsymbol{g}} \neq 0 \tag{6.1.25}$$

erfüllt. Dann gibt es mindestens eine G-optimalen, unter $\mathcal{G}_V$ invarianten stetigen Versuchsplan in $\tilde{\Xi}$ •

Beweis: Mit (6.1.23) und (6.1.25) gilt

$$\forall \xi \in \tilde{\Xi}\ \forall \boldsymbol{g} \in \mathcal{G}_V\ \exists\ \boldsymbol{U}_{\boldsymbol{g}} \in \mathcal{M}_r^{(r)}:$$
$$Z_G(\boldsymbol{M}(\xi_{\boldsymbol{g}})) = \sup_{\boldsymbol{x} \in H} \boldsymbol{f}(\boldsymbol{g}(\boldsymbol{x}))'\, \boldsymbol{U}_{\boldsymbol{g}}[\boldsymbol{U}_{\boldsymbol{g}}' \boldsymbol{M}(\xi)\, \boldsymbol{U}_{\boldsymbol{g}}]^{-1}\, \boldsymbol{U}_{\boldsymbol{g}}' \boldsymbol{f}(\boldsymbol{g}(\boldsymbol{x})) = \sup_{\boldsymbol{x} \in H} \boldsymbol{f}(\boldsymbol{g}(\boldsymbol{x}))'\, \boldsymbol{M}(\xi)^{-1} \boldsymbol{f}(\boldsymbol{g}(\boldsymbol{x}))$$
$$= \sup_{\boldsymbol{x} \in H} \boldsymbol{f}(\boldsymbol{x})'\, \boldsymbol{M}(\xi)^{-1} \boldsymbol{f}(\boldsymbol{x}) = Z_G(\boldsymbol{M}(\xi))\,.$$

Damit ist (6.1.22) erfüllt.

Wegen der Konvexität von $Z_G(\boldsymbol{M}(\cdot))$ auf $\tilde{\Xi}$ folgt die Behauptung aus Satz 6.1.10 (s. Folgerung 5.3.2).

Beispiel 6.1.2: Wir betrachten einen Regressionsansatz $\tilde{S}$ mit

$$\forall \boldsymbol{\vartheta} \in \Theta \subseteq R^3\ \forall x \in V: \tilde{\eta}(x, \boldsymbol{\vartheta}) = \vartheta_0 + \vartheta_1 x + \vartheta_2 x^2 \wedge V = H = [-1, +1]\,. \tag{6.1.26}$$

Weiter sei $\mathcal{G}_V = \{g_0, g_1\}$ mit

$$\forall x \in V: g_0(x) = x \wedge g_1(x) = -x$$

eine Gruppe von Abbildungen von V auf sich. Dann entspricht der Symmetrie von V bez. $x = 0$ die Invarianz der Pläne unter $\mathcal{G}_V$ mit

$$\forall \xi \in \tilde{\Xi}_{\mathcal{G}_V}\ \forall x \in V: \xi(\{x\}) = \xi(\{-x\})\,.$$

Wir untersuchen nun, ob D- bzw. G-optimale, unter $\mathcal{G}_V$ invariante Pläne in $\tilde{\Xi}$ existieren. Dazu benutzen wir Folgerung 6.1.5, deren Voraussetzungen wir zuerst für das vorliegende Beispiel verifizieren. Die Beziehung (6.1.21) ist mit

$$\forall x \in V: \boldsymbol{f}(x)' = \boldsymbol{f}(g_0(x))' \, \boldsymbol{U}_0 = \boldsymbol{f}(g_1(x))' \, \boldsymbol{U}_1$$

$$\wedge \, \boldsymbol{U}_0 = \boldsymbol{I}_3 \wedge \boldsymbol{U}_1 = \begin{pmatrix} 1 & 0 & 0 \\ 0 & -1 & 0 \\ 0 & 0 & 1 \end{pmatrix} \quad (6.1.27)$$

erfüllt.

Wegen $\det \boldsymbol{U}_0 = 1$ und $\det \boldsymbol{U}_1 = -1$ gilt auch (6.1.25). Falls $\tilde{\Xi} \subseteq \Xi_{\text{reg}}$ konvex ist und G-optimale Pläne in $\tilde{\Xi}$ existieren, gibt es mit Folgerung 6.1.5 auch einen G-optimalen Plan, der invariant unter $\mathcal{G}_V$ ist.

Mit Folgerung 6.1.4 erhält man auch die Existenz D-optimaler, unter $\mathcal{G}_V$ invarianter Pläne in $\tilde{\Xi}$.

Wir bemerken noch, daß invariante Pläne nicht notwendig weniger als $\left(r(r+1)/2 + 1\right)$ Punkte im Spektrum enthalten müssen, sie können wesentlich mehr Punkte enthalten. Dies ist zu berücksichtigen, wenn man die Bestimmung optimaler Pläne nur auf invariante Pläne erstreckt.

6.1.4. Einige Eigenschaften *D*-optimaler Pläne

In diesem Abschnitt geben wir sowohl notwendige, als auch hinreichende Bedingungen für die D-Optimalität stetiger Pläne an, die wir später zur Vereinfachung von Konstruktionsmethoden anwenden können.

Satz 6.1.11 (Hoel [3]): Es seien $\tilde{\Xi} \subseteq \Xi_{\text{reg}}$, Vor. 2.2.3 erfüllt und

$$\exists \xi^* \in \tilde{\Xi} \; \exists a \in \mathrm{R}^+ \; \forall \boldsymbol{x} \in V: \boldsymbol{f}(\boldsymbol{x})' \, \boldsymbol{M}(\xi^*)^{-1} \boldsymbol{f}(\boldsymbol{x}) = a \,. \quad (6.1.28)$$

Dann gilt $\xi^* \in \Xi^*_{D, \tilde{\Xi}}$ •

Beweis: Nach Satz 5.5.4 gilt

$$\forall \xi \in \tilde{\Xi}: \Phi_{D'}(\xi, \xi) = r - \operatorname{sp} \boldsymbol{M}(\xi) \, \boldsymbol{M}(\xi)^{-1} = 0 \wedge \inf_{\boldsymbol{x} \in V} \Phi_{D'}(\xi, \xi_{\boldsymbol{x}}) \leqq 0 \,. \quad (6.1.29)$$

Mit (6.1.28) und Satz 5.5.4 erhalten wir

$$\forall \xi' \in \Xi: \Phi_{D'}(\xi^*, \xi') = r - \operatorname{sp} \left[\int_V \boldsymbol{f}(\boldsymbol{x}) \, \boldsymbol{f}(\boldsymbol{x})' \, \mathrm{d}\xi'(\boldsymbol{x}) \right] \boldsymbol{M}(\xi^*)^{-1}$$

$$= r - \int_V \boldsymbol{f}(\boldsymbol{x})' \, \boldsymbol{M}(\xi^*)^{-1} \boldsymbol{f}(\boldsymbol{x}) \, \mathrm{d}\xi'(\boldsymbol{x}) = r - a \,.$$

Unter Benutzung von (6.1.29) ergibt sich für $\xi' = \xi^*$

$$\Phi_{D'}(\xi^*, \xi^*) = r - a = 0 \,.$$

Wegen

$$D_{D'}(\xi^*) = r - \sup_{\boldsymbol{x} \in V} \boldsymbol{f}(\boldsymbol{x})' \, \boldsymbol{M}(\xi^*)^{-1} \boldsymbol{f}(\boldsymbol{x}) = 0$$

gilt nach Satz 5.5.4 die Behauptung.

Der folgende Satz gibt Schranken für die Gewichte D-optimaler Pläne an.

Satz 6.1.12 (Atwood [3]): Es gelten die Aussagen

1. $\forall \xi^* \in \Xi^*_{D, \Xi_{\text{reg}}} \; \forall \boldsymbol{x} \in S(\xi^*): \xi^*(\{\boldsymbol{x}\}) \leqq r^{-1}$. (6.1.30)
2. $\forall \xi^* \in \{\xi \in \Xi^*_{D, \Xi_{\text{reg}}}: \operatorname{card} S(\xi) = r\} \; \forall \boldsymbol{x} \in S(\xi^*): \xi^*(\{\boldsymbol{x}\}) = r^{-1}$ • (6.1.31)

Beweis (Atwood [3]): 1. Wir zeigen zuerst, daß

$$\forall \xi \in \Xi_{\text{reg}} \; \forall \boldsymbol{x} \in S(\xi): \xi(\{\boldsymbol{x}\}) \, \boldsymbol{f}(\boldsymbol{x})' \, \boldsymbol{M}(\xi)^{-1} \boldsymbol{f}(\boldsymbol{x}) \leqq 1 \quad (6.1.32)$$

gilt. Für reguläre Pläne $\xi \in \Xi_{\text{reg}}$ gibt es eine Darstellung der Art

$$\xi = (1 - \alpha)\, \xi_0 + \alpha \xi_x \tag{6.1.33}$$

mit $S(\xi) = S(\xi_0)$, $x \in S(\xi)$, $\alpha = \xi(\{x\}) - \varepsilon$, $\varepsilon \in (0, \xi(\{x\}, \xi_0(\{x\}))) = \varepsilon(1 - \alpha)^{-1}$ und $\xi_0(\{\tilde{x}\}) = \xi(\{\tilde{x}\})\,(1 - \alpha)^{-1}$ für $\tilde{x} \in S(\xi) \setminus \{x\}$. Mit (1.A.9) und (6.1.33) ist

$$\begin{aligned} \alpha f(x)'\, M(\xi)^{-1} f(x) &= \frac{\alpha}{(1-\alpha)} f(x)'\, M(\xi_0)^{-1} f(x) - \frac{\alpha[f(x)'\, M(\xi_0)^{-1} f(x)]^2}{1 - \alpha + \alpha f(x)'\, M(\xi_0)^{-1} f(x)} \\ &= \frac{\alpha f(x)'\, M(\xi_0)^{-1} f(x)}{1 - \alpha + \alpha f(x)'\, M(\xi_0)^{-1} f(x)} < 1\,. \end{aligned} \tag{6.1.34}$$

Hiermit erhält man

$$\lim_{\varepsilon \to 0}\, [\xi(\{x\}) - \varepsilon]\, f(x)'\, M(\xi)^{-1} f(x) \leqq 1 \tag{6.1.35}$$

und damit die Gültigkeit von (6.1.33).

Da nach Satz 5.5.4 gilt

$$\forall \xi^* \in \Xi^*_{D,\,\Xi_{\text{reg}}}\ \forall x \in S(\xi^*)\colon f(x)'\, M(\xi^*)^{-1} f(x) = r\,,$$

ergibt sich mit (6.1.35) die Behauptung 1.

2. Aus Teil 1 des Satzes folgt

$$\forall \xi^* \in \{\xi \in \Xi^*_{D,\,\Xi_{\text{reg}}}\colon \operatorname{card} S(\xi) = r\}\ \forall x \in S(\xi^*)\colon \xi^*(\{x\}) \leqq r^{-1}\,.$$

Angenommen, für $\xi^* \in \{\xi \in \Xi^*_{D,\,\Xi_{\text{reg}}}\colon \operatorname{card} S(\xi) = r\}$ gilt

$$\exists \tilde{x} \in S(\xi^*)\colon \xi^*(\{\tilde{x}\}) < r^{-1}\,,$$

dann ergibt sich mit $\int_V d\xi^*(x) < 1$ ein Widerspruch.

Wir wenden uns nun dem Problem zu, D-optimale Pläne für bestimmte Regressionsansätze aus D-optimalen Plänen für Regressionsansätze geringerer Dimensionen zu konstruieren.

Dazu betrachten wir die Regressionsansätze

$$\begin{aligned} \tilde{S}_1 = \{&\tilde{\eta}^{(1)}(\cdot, \vartheta) \in (\mathrm{R}^1)^{B_1}\colon \\ &\exists f \in \mathcal{F}_{r_1}(B_1)\ \forall \vartheta \in \Theta_1 \subseteq \mathrm{R}^{r_1}\ \forall x \in B_1 \subseteq \mathrm{R}^{k_1}\colon \tilde{\eta}^{(1)}(x, \vartheta) = f(x)'\, \vartheta\} \end{aligned} \tag{6.1.36}$$

und

$$\begin{aligned} \tilde{S}_2 = \{&\tilde{\eta}^{(2)}(\cdot, \beta) \in (\mathrm{R}^1)^{B_2}\colon \\ &\exists h \in \mathcal{F}_{r_2}(B_2)\ \forall \beta \in \Theta_2 \subseteq \mathrm{R}^{r_2}\ \forall z \in B_2 \subseteq \mathrm{R}^{k_2}\colon \tilde{\eta}^{(2)}(z, \beta) = h(z)'\, \beta\} \end{aligned} \tag{6.1.37}$$

mit den Versuchs- bzw. Prognosebereichen $V_{(1)}, H_1$ bzw. $V_{(2)}, H_2$. Wir kombinieren diese Ansätze zu einem Ansatz

$$\tilde{S}_3 = \{\tilde{\eta}^{(3)}(\cdot, \gamma) \in (\mathrm{R}^1)^{B_3}\colon \forall \gamma \in \Theta_3 \subseteq \mathrm{R}^{r_1 r_2}\ \forall w \in B_3 \subseteq \mathrm{R}^{k_1+k_2}\ \tilde{\eta}^{(3)}(w, \gamma) = g(w)'\, \gamma\}\,, \tag{6.1.38}$$

wobei $w = (x', z')'$, $B_3 \supseteq B_1 \times B_2$, $V_{(3)} = V_{(1)} \times V_{(2)}$ und

$$\begin{aligned} g(w) = \big(&f_1(x)\, h_1(z), f_1(x)\, h_2(z), \ldots, f_1(x)\, h_{r_2}(z), f_2(x)\, h_1(z), \\ &f_2(x)\, h_2(z), \ldots, f_2(x)\, h_{r_2}(z), \ldots, f_{r_1}(x)\, h_1(z), f_{r_1}(x)\, h_2(z), \ldots, f_{r_1}(x)\, h_{r_2}(z)\big)'\,. \end{aligned} \tag{6.1.39}$$

Wir bezeichnen mit $\Xi_{\text{reg},1}$, $\Xi_{\text{reg},2}$ bzw. $\Xi_{\text{reg},3}$ die Mengen der regulären stetigen Versuchspläne über den meßbaren Räumen $[V_{(1)}, \mathcal{B}_{V_{(1)}}]$, $[V_{(2)}, \mathcal{B}_{V_{(2)}}]$ bzw. $[V_{(3)}, \mathcal{B}_{V_{(3)}}]$.

Weiterhin seien $M^{(1)}$, $M^{(2)}$ bzw. $M^{(3)}$ die Informationsmatrizen zu den Ansätzen $\tilde{S}_1$, $\tilde{S}_2$ bzw. $\tilde{S}_3$.

Satz 6.1.13 (Hoel [3]): Es seien $\xi_1^* \in \Xi_{D,\,\Xi_{\text{reg},1}}^*$, $\xi_2^* \in \Xi_{D,\,\Xi_{\text{reg},2}}^*$ und $\xi^* = \xi_1^* \times \xi_2^*$ das Produktmaß über $[V_{(3)}, \mathscr{B}_{V_{(3)}}]$. Dann gilt: $\xi^* \in \Xi_{D,\,\Xi_{\text{reg},3}}^*$ •

Beweis: Mit den eingeführten Bezeichnungen erhält man durch Einsetzen von $\boldsymbol{g}(\boldsymbol{w})$ aus (6.1.39)

$$\begin{aligned} \boldsymbol{M}^{(3)}(\xi^*) &= \int_{V_{(3)}} \boldsymbol{g}(\boldsymbol{w})\,\boldsymbol{g}(\boldsymbol{w})'\,\mathrm{d}\xi^*(\boldsymbol{w}) = \int_{V_{(1)}}\Big[\int_{V_{(2)}} \boldsymbol{g}((\boldsymbol{x}',\boldsymbol{z}')')\,\boldsymbol{g}((\boldsymbol{x}',\boldsymbol{z}')')'\,\mathrm{d}\xi_2^*(\boldsymbol{z})\Big]\,\mathrm{d}\xi_1^*(\boldsymbol{x}) \\ &= \Big(\big(m_{ij}^{(1)}(\xi_1^*)\,\boldsymbol{M}^{(2)}(\xi_2^*)\big)\Big)_{(r_1r_2)\times(r_1r_2)} \end{aligned}$$

das Kronecker-Produkt von $\boldsymbol{M}^{(1)}(\xi_1^*)$ und $\boldsymbol{M}^{(2)}(\xi_2^*)$ (s. (1.A.57)). Wegen der Regularität von ξ_1^* und ξ_2^* gilt mit (1.A.58)

$$\boldsymbol{M}^{(3)}(\xi^*)^{-1} = \Big(\big(m^{(1)ij}(\xi_1^*)\,\boldsymbol{M}^{(2)}(\xi_2^*)^{-1}\big)\Big)_{(r_1r_2)\times(r_1r_2)},$$

wobei $\boldsymbol{M}^{(1)}(\xi_1^*)^{-1} = \big((m^{(1)ij}(\xi_1^*))\big)_{r_1\times r_1}$ ist. Damit erhalten wir durch Umformung

$$\begin{aligned} \forall \boldsymbol{w} = (\boldsymbol{x}',\boldsymbol{z}')' \in V_1 \times V_2 \colon &\boldsymbol{g}(\boldsymbol{w})'\,\boldsymbol{M}^{(3)}(\xi^*)^{-1}\,\boldsymbol{g}(\boldsymbol{w}) \\ &= \boldsymbol{f}(\boldsymbol{x})'\,\boldsymbol{M}^{(1)}(\xi_1^*)^{-1}\,\boldsymbol{f}(\boldsymbol{x})\,\boldsymbol{h}(\boldsymbol{z})'\,\boldsymbol{M}^{(2)}(\xi_2^*)^{-1}\,\boldsymbol{h}(\boldsymbol{z}). \end{aligned}$$

Mit Satz 5.5.4 gilt weiter

$$\begin{aligned} \sup_{\boldsymbol{w}\in V_3}\big(\boldsymbol{g}(\boldsymbol{w})'\,\boldsymbol{M}^{(3)}(\xi^*)^{-1}\,\boldsymbol{g}(\boldsymbol{w})\big) &= \sup_{(\boldsymbol{x}',\boldsymbol{z}')\in V_1\times V_2} \boldsymbol{f}(\boldsymbol{x})'\,\boldsymbol{M}^{(1)}(\xi_2^*)^{-1}\,\boldsymbol{f}(\boldsymbol{x})\,\boldsymbol{h}(\boldsymbol{z})'\,\boldsymbol{M}^{(2)}(\xi_2^*)^{-1}\,\boldsymbol{h}(\boldsymbol{z}) \\ &= \sup_{\boldsymbol{x}\in V_1}\boldsymbol{f}(\boldsymbol{x})'\,\boldsymbol{M}^{(1)}(\xi_1^*)^{-1}\,\boldsymbol{f}(\boldsymbol{x})\,\sup_{\boldsymbol{z}\in V_2}\boldsymbol{h}(\boldsymbol{z})'\,\boldsymbol{M}^{(2)}(\xi_2^*)^{-1}\,\boldsymbol{h}(\boldsymbol{z}) = r_1 \cdot r_2\,. \end{aligned}$$

Ebenfalls mit Satz 5.5.4 folgt damit die Behauptung.

6.1.5. Einige Eigenschaften D_A-optimaler Pläne

Wir geben jetzt einige für die Konstruktion D_A-optimaler Pläne wichtige Struktureigenschaften an. Dazu wird häufig auf die Äquivalenzsätze des Abschnittes 5.6 Bezug genommen. Speziell betrachten wir den Fall, daß die ersten s Komponenten des Regressionsparameters geschätzt werden sollen:

Vor. 6.1.1: $\exists s \leqq r \colon \boldsymbol{A} = (\boldsymbol{I}_s \,\vdots\, \boldsymbol{0}_{s,r-s})$ •

Zunächst formulieren wir ein Ergebnis, das ein Analogon zu Teil 2 des Satzes 6.1.12 ist (s. auch Atwood [1]).

Satz 6.1.14: Es sei $\xi^* = \{(\boldsymbol{x}_i, p_i^*)\}_{i=1}^s \in \Xi_{\boldsymbol{A}}$. Dann gilt

$$\xi^* \in \Xi_{D_{\boldsymbol{A}},\,\Xi_{\boldsymbol{A}}}^* \Rightarrow \forall i \in \{1,\dots,s\} \colon p_i^* = s^{-1} \;\bullet$$

Beweis: Es sei $\xi = \{(\boldsymbol{x}_i, p_i)\}_{i=1}^s \in \Xi_{\boldsymbol{A}}$ ein diskreter Plan mit dem gleichen Spektrum wie ξ^*. Es bezeichne

$$\begin{aligned} &\boldsymbol{g}_i(\xi) := (f_i(\boldsymbol{x}_1),\dots,f_i(\boldsymbol{x}_s))'; \qquad i = 1,\dots,r; \\ &\boldsymbol{G}(\xi) := (\boldsymbol{g}_1(\xi),\dots,\boldsymbol{g}_r(\xi)), \qquad \boldsymbol{G}_s(\xi) := (\boldsymbol{g}_1(\xi),\dots,\boldsymbol{g}_s(\xi)); \\ &\boldsymbol{W} := \operatorname{diag}\big(((p_1,\dots,p_s)')\big) \in \mathscr{M}_s^{>}. \end{aligned}$$

Damit ergibt sich $\boldsymbol{M}(\xi) = \boldsymbol{G}(\xi)'\,\boldsymbol{W}\boldsymbol{G}(\xi)$, insbesondere $\operatorname{Rg}\boldsymbol{M}(\xi) = s$ und daher unter Beachtung von Folgerung 5.6.1

$$\det(\boldsymbol{A}\boldsymbol{M}(\xi)^-\boldsymbol{A}') = \det(\boldsymbol{M}_s(\xi)^{-1}) = \Big[\prod_{i=1}^s p_i \det \boldsymbol{G}_s(\xi)\Big]^{-1}.$$

Dieser Ausdruck wird (bei festem Spektrum) minimal, wenn $\prod_{i=1}^s p_i$ sein Maximum annimmt. Dies ist genau dann der Fall, wenn für alle $i \in \{1,\dots,s\}$ gilt $p_i = s^{-1}$.

Es folgt eine Aussage, die es gestattet, aus D-optimalen Plänen D_A-optimale Pläne für geeignet erweiterte Regressionsansätze zu erhalten. Wir betrachten die Ansätze

$$\tilde{S}_s = \{\tilde{\eta}_s(\cdot, \boldsymbol{\vartheta}_s) \in (\mathrm{R}^1)^B : \exists \boldsymbol{f}_s \in \mathcal{F}_s(B)\ \forall \boldsymbol{x} \in B\ \forall \boldsymbol{\vartheta}_s \in \mathrm{R}^s : \tilde{\eta}_s(\boldsymbol{x}, \boldsymbol{\vartheta}_s) = \boldsymbol{f}_s(\boldsymbol{x})' \boldsymbol{\vartheta}_s\} \quad (6.1.40)$$

und mit $r \geqq s$ und

$$\tilde{S} = \{\tilde{\eta}(\cdot, \boldsymbol{\vartheta}) \in (\mathrm{R}^1)^B : \exists \boldsymbol{f} = (\boldsymbol{f}_s', \boldsymbol{f}_{r-s}') \in \mathcal{F}_r(B)\ \forall \boldsymbol{x} \in B$$
$$\forall \boldsymbol{\vartheta} = (\boldsymbol{\vartheta}_s', \boldsymbol{\vartheta}_{r-s}')' \in \mathrm{R}^r : \tilde{\eta}(\boldsymbol{x}, \boldsymbol{\vartheta}) = \boldsymbol{f}(\boldsymbol{x})' \boldsymbol{\vartheta} = \boldsymbol{f}_s(\boldsymbol{x})' \boldsymbol{\vartheta}_s + \boldsymbol{f}_{r-s}(\boldsymbol{x})' \boldsymbol{\vartheta}_{r-s}\} . \quad (6.1.41)$$

Satz 6.1.15: Der Plan ξ^* sei im Ansatz $\tilde{S}_s$ aus (6.1.40) D-optimal in Ξ_{reg}. Es gelte

$$\forall \boldsymbol{x} \in S(\xi^*) : \boldsymbol{f}_{r-s}(\boldsymbol{x}) = 0 . \quad (6.1.42)$$

Dann ist ξ^* im Ansatz $\tilde{S}$ aus (6.1.41) D_A-optimal in Ξ_A bez. $\boldsymbol{A} = (\boldsymbol{I}_s \mid \boldsymbol{O}_{s,r-s})$ •

Beweis: Es bezeichne $\boldsymbol{M}_s$ die Informationsmatrix im Ansatz $\tilde{S}_s$. Aus der D-Optimalität von ξ^* in $\tilde{S}_s$ folgt mit Satz 5.5.4

$$\sup_{\boldsymbol{x} \in V} \boldsymbol{f}_s(\boldsymbol{x})' \boldsymbol{M}_s(\xi^*)^{-1} \boldsymbol{f}_s(\boldsymbol{x}) = s . \quad (6.1.43)$$

Wegen (6.1.42) hat die Informationsmatrix für $\tilde{S}$ die Gestalt

$$\boldsymbol{M}(\xi^*) = \begin{pmatrix} \boldsymbol{M}_s(\xi^*) & \boldsymbol{O}_{s,r-s} \\ \boldsymbol{O}_{r-s,s} & \boldsymbol{O}_{r-s} \end{pmatrix},$$

d. h., es ist insbesondere Rg $\boldsymbol{M}(\xi^*) = s$. Daher ist (6.1.43) wegen $k = s$ mit Bedingung 3 aus Folgerung 5.6.4 äquivalent, so daß diese Folgerung die Behauptung beweist.

Beispiel 6.1.3: Es sei $V = H = B = [-1, 1]$ und $\tilde{S}_2$ durch

$$\forall x \in B\ \forall \boldsymbol{\vartheta} = (\vartheta_1, \vartheta_2) \in \mathrm{R}^2 : \tilde{\eta}_2(x, \boldsymbol{\vartheta}) = \vartheta_1 + \vartheta_2 x$$

gegeben. In $\tilde{S}_2$ ist $\xi^* = \{(-1, \frac{1}{2}), (1, \frac{1}{2})\}$ D-optimal in Ξ_{reg}. Nach Satz 6.1.15 ist dieser Plan mit $\boldsymbol{A} = (\boldsymbol{I}_2 \mid \boldsymbol{O}_{2,3})$ auch D_A-optimal in einem Ansatz $\tilde{S}$ mit

$$\forall x \in B\ \forall \boldsymbol{\vartheta} = (\vartheta_1, \dots, \vartheta_5)' \in \mathrm{R}^5 : \tilde{\eta}(x, \boldsymbol{\vartheta}) = \vartheta_1 + \vartheta_2 x + \vartheta_3(1 - x^2) + \vartheta_4 \ln |x| + \vartheta_5 \cos\left(\frac{\pi}{4} x\right).$$

Die nächste Aussage zeigt, daß in linearen Regressionsansätzen, die ein absolutes Glied enthalten, D-optimale Pläne gleichzeitig D_A-optimal sind zur Schätzung aller anderen Komponenten von $\boldsymbol{\vartheta}$. Es liege der Regressionsansatz $\tilde{S}$ aus (6.1.41) vor mit

$$\forall \boldsymbol{x} \in B\ \forall \boldsymbol{\vartheta} = (\vartheta_1, \dots, \vartheta_r)' \in \mathrm{R}^r : \tilde{\eta}(\boldsymbol{x}, \boldsymbol{\vartheta}) = \boldsymbol{f}(\boldsymbol{x})' \boldsymbol{\vartheta} = \sum_{i=1}^{r} f_i(\boldsymbol{x}) \vartheta_i . \quad (6.1.44)$$

Satz 6.1.16: Es sei $\xi^* \in \Xi^*_{D, \Xi_{\text{reg}}}$. Im Ansatz $\tilde{S}$ aus (6.1.44) gelte: $\forall \boldsymbol{x} \in V : f_r(\boldsymbol{x}) = 1$ und die Vor. 6.1.1 sei erfüllt mit $s = r - 1$. Dann ist $\xi^* \in \Xi_{D_A, \Xi_A}$ •

Beweis: Die Behauptung wird mit Folgerung 5.6.4 Teil 3 bewiesen. Dazu berechnen wir unter Beachtung der Regularität von ξ^* und der Beziehung $s = r - 1$ die Größe

$$D_s(\xi^*) = \sup_{\boldsymbol{x} \in V} \left(\boldsymbol{f}(\boldsymbol{x})' \boldsymbol{M}(\xi^*)^{-1} \boldsymbol{f}(\boldsymbol{x}) - f_r(\boldsymbol{x})\, m_{rr}^{-1}(\xi^*) f_r(\boldsymbol{x})\right) .$$

Aus $f_r(\boldsymbol{x}) = 1$ für $\boldsymbol{x} \in V$ ergibt sich $m_{rr}(\xi^*) = \int_V f_r^2(\boldsymbol{x})\, \mathrm{d}\xi^*(\boldsymbol{x}) = 1$ und damit

$$D_s(\xi^*) = \sup_{\boldsymbol{x} \in V} \boldsymbol{f}(\boldsymbol{x})' \boldsymbol{M}(\xi^*)^{-1} \boldsymbol{f}(\boldsymbol{x}) - 1 .$$

Wegen $\xi^* \in \Xi^*_{D, \Xi_{\text{reg}}}$ folgt mit Satz 5.4.4 Teil 3, daß $D_s(\xi^*) = r - 1$ gilt. Also beweist Folgerung 5.6.4 die Behauptung.

Wir zeigen nun noch, daß unter Vor. 6.1.1 für die D_A-Optimalität eines Planes ξ^* oft Informationsmatrizen der Gestalt

$$M(\xi^*) = \begin{pmatrix} I_s & 0_{s,r-s} \\ 0_{r-s,s} & 0_{r-s} \end{pmatrix} \tag{6.1.45}$$

besondere Bedeutung haben.

Satz 6.1.17: Für $\tilde{S}$ aus (6.1.44) gelte mit $f_s = (f_1, \ldots, f_s)'$; $s \leqq r$, $A = (I_s \mid 0_{s,r-s})$; die Beziehung

$$\sup_{x \in V_{\xi^*}} f_s(x)' f_s(x) = s\,. \tag{6.1.46}$$

Dann gilt für $\xi^* \in \Xi_A$ mit (6.1.45): $\xi^* \in \Xi^*_{D_A, \Xi_A}$ •

Beweis: Wegen Rg $M(\xi^*) = s$ ergibt sich aus Folgerung 5.6.4 Teil 3 mit

$$D_s(\xi^*) = \sup_{x \in V_{\xi^*}} f_s(x)' M_s^{-1}(\xi^*) f_s(x) = \sup_{x \in V_{\xi^*}} f_s(x)' f_s(x) = s$$

die Behauptung.

Beispiel 6.1.4: Es liege ein Ansatz $\tilde{S}$ mit

$$\forall x \in B\ \forall \vartheta = (\vartheta_1, \ldots, \vartheta_r)' \in \mathrm{R}^r : \tilde{\eta}(x, \vartheta) = \vartheta_1 + \vartheta_2 x_1 + \cdots + \vartheta_r x_{r-1}$$

vor, und es sei $V = [-1, 1]^{r-1}$. Dann ist wegen

$$\forall s \in \{1, \ldots, r\} : \sup_{x \in V_{\xi^*}} f_s(x)' f_s(x) = \sup_{x \in V_{\xi^*}} \left(1 + \sum_{i=1}^{s-1} x_i^2\right) = s$$

die Beziehung (6.1.46) erfüllt, also die Aussage von Satz 6.1.17 anwendbar.

6.1.6. Einige Eigenschaften C-optimaler Pläne

Neben der D-Optimalität wird der C-Optimalität in der Literatur große Aufmerksamkeit geschenkt. Während die Bedeutung der D-Optimalität in der historischen Entwicklung der Versuchsplanung im (klassischen) Äquivalenzsatz von Kiefer und Wolfowitz (Satz 5.5.4) begründet ist, sind für die C-Optimalität i. allg. andere Wege beschritten worden. Man hat z. B. Hilfsmittel und Methoden aus der Geometrie (Elfving [2], [1]), der Spieltheorie (Kiefer/Wolfowitz [2]) und der Approximationstheorie (Kiefer/Wolfowitz [2], Karlin/Studden [1]) benutzt.

Wir zeigen jetzt, daß sich ein Hauptresultat von Elfving als Folgerung aus dem Äquivalenzsatz für C-optimale Pläne (s. Folgerung 5.6.3) erhalten läßt.

Satz 6.1.18 (Elfving [2], [1], Karlin/Studden [1]): Es sei $Z_c^* := \inf_{\xi \in \Xi_c} c' M(\xi)^- c$. Dann sind die folgenden Aussagen äquivalent:

1. $\xi^* \in \Xi^*_{C, \Xi_c}$,
2. $\exists \varphi \in (\mathrm{R}^1)^V : (\forall x \in V : |\varphi(x)| = 1) \wedge \int_V \varphi(x) f(x)\, d\xi^*(x) = Z_c^{*-1/2} c$ •

Beweis:

a) Es sei $\xi^* \in \Xi^*_{C, \Xi_c}$, d. h. $c' M(\xi^*)^- c = Z_c^*$ und

$$\varphi(x) := \begin{cases} Z_c^{*-1/2} c' M(\xi^*)^- f(x) & \text{für } x \in S(\xi^*) \\ 1 & \text{für } x \in V \setminus S(\xi^*)\,. \end{cases}$$

Aus Folgerung 5.6.3 ergibt sich

$$\forall x \in S(\xi^*) : (c' M(\xi^*)^- f(x))^2 = c' M(\xi^*)^- c = Z_c^*,$$

d. h., es gilt $\forall x \in V: |\varphi(x)| = 1$. Außerdem ist

$$\int_V \varphi(x) f(x) \, d\xi^*(x) = Z_c^{*-1/2} \int_V f(x) f(x)' M(\xi^*)^- c \, d\xi^*(x) = Z_c^{*-1/2} M(\xi^*) M(\xi^*)^- c$$
$$= Z_c^{*-1/2} c \qquad \text{(s. (5.6.9) mit } A = c'\text{)}.$$

b) Es gelte nun Teil 2. Mit der SCHWARZschen Ungleichung erhält man

$$Z_c^{*-1}(c'M(\xi^*)^- c)^2 = \left(\int_V \varphi(x) f(x) M(\xi^*)^- c \, d\xi^*(x)\right)^2$$
$$\leqq \int_V (f(x)' M(\xi^*)^- c)^2 \, d\xi^*(x) \int_V \varphi^2(x) \, d\xi^*(x)$$
$$= c'M(\xi^*)^- \int_V f(x) f(x)' \, d\xi^*(x) \, M(\xi^*)^- c = c'M(\xi^*)^- c .$$

Daraus folgt $c'M(\xi^*)^- c \leqq \inf_{\xi \in \Xi_c} c'M(\xi)^- c$, d. h. $\xi^* \in \Xi^*_{C,\Xi_c}$.

Wir untersuchen nun den Spezialfall der Schätzung eines einzigen Regressionsparameters. Es wird ein Ansatz $\tilde{S}$ der Form (6.1.44) zugrundegelegt und o. B. d. A. angenommen (eventuell nach Umordnung), daß ϑ_1 zu schätzen ist.

Vor. 6.1.2: Es sei $c = (1, 0'_{r-1})'$ •

Wir formulieren zunächst ein zur C-Optimalität äquivalentes Kriterium. Es bezeichne

$$\forall \alpha = (\alpha_2, \ldots, \alpha_r)' \in \mathrm{R}^{r-1} \; \forall x \in V: h(\alpha, x) := f_1(x) - \sum_{i=2}^{r} \alpha_i f_i(x) . \tag{6.1.47}$$

Lemma 6.1.2: Es seien $\xi \in \Xi_c$ und Vor. 6.1.2 erfüllt. Dann ist

$$\left(c'M(\xi)^- c\right)^{-1} = \inf_{\alpha \in \mathrm{R}^{r-1}} \int_V h^2(\alpha, x) \, d\xi(x) \; • \tag{6.1.48}$$

Beweis: Es sei $\xi \in \Xi_c$ o. B. d. A. ein diskreter Plan der Gestalt

$$\xi = \{(x_i, p_i)\}_{i=1}^{m}; \qquad m \geqq \mathrm{Rg}\, M(\xi) = k .$$

Es bezeichne

$$g_i(\xi) := (f_i(x_1), \ldots, f_i(x_m))'; \qquad i = 1, \ldots, r;$$
$$G(\xi) := (g_1(\xi), \ldots, g_r(\xi)); \qquad G_{k-1}(\xi) := (g_2(\xi), \ldots, g_k(\xi)); \; W = \mathrm{diag}\left(((p_1, \ldots, p_m)')\right).$$

Damit ist $M(\xi) = G(\xi)' W G(\xi)$. Wegen $\mathrm{Rg}\, M(\xi) = k$ und $\mathrm{Rg}\, W = m \geqq k$ ist $\mathrm{Rg}\, G(\xi) = k$. Es seien o. B. d. A. $\{g_1(\xi), \ldots, g_k(\xi)\}$ linear unabhängig. Dann ergibt sich, ausgehend von Folgerung 5.6.1,

$$(c'M(\xi)^- c)^{-1} = m_{11}(\xi) - M_{1,k-1}(\xi) M_{k-1}^{-1}(\xi) M_{k-1,1}(\xi)$$
$$= g_1(\xi)' W g_1(\xi) - g_1(\xi) W G_{k-1}(\xi) [G'_{k-1}(\xi) W G_{k-1}(\xi)]^{-1} G'_{k-1}(\xi) W g_1(\xi)$$
$$= g_1(\xi)' W [I_m - G_{k-1}(\xi) [G'_{k-1}(\xi) W G_{k-1}(\xi)]^{-1} G'_{k-1}(\xi) W] g_1(\xi)$$
$$= ||g_1(\xi) - P g_1(\xi)||_W^2; \qquad P := G_{k-1}(\xi) [G'_{k-1}(\xi) W G_{k-1}(\xi)]^{-1} G'_{k-1}(\xi) W .$$

Dabei ist P orthogonale Projektion von R^m auf $\mathscr{L}(G_{r-1}(\xi)) = \mathscr{L}(g_2(\xi), \ldots, g_r(\xi))$. Daher folgt aus (10.1.12)

$$||g_1(\xi) - P g_1(\xi)||_W^2 = \inf_{\alpha \in \mathrm{R}^{r-1}} ||g_1(\xi) - \sum_{i=2}^{r} \alpha_i g_i(\xi)||_W^2 , \tag{6.1.49}$$

woraus sich durch Ausschreiben der Norm die Behauptung ergibt.

Folgerung 6.1.6: Der Plan ξ^* ist genau dann C-optimal, wenn er (6.1.48) maximiert •

Das gemäß Lemma 6.1.2 und Folgerung 6.1.6 umformulierte Problem ist von KIEFER/WOLFOWITZ [2] mit spieltheoretischen Methoden behandelt worden.

Es bezeichne

$$\forall \alpha \in \mathrm{R}^{r-1}\ \forall \xi \in \Xi_c\colon L(\alpha, \xi) := \int_V h^2(\alpha, x)\, \mathrm{d}\xi(x)\,. \tag{6.1.50}$$

Die Funktion $L \mid \mathrm{R}^{r-1} \times \Xi_c \to \mathrm{R}^1$ kann als Verlustfunktion im (nichtstatistischen) Entscheidungsproblem

$$[\mathrm{R}^{r-1}, \Xi_c, L] \tag{6.1.51}$$

interpretiert werden. Ein C-optimaler Plan ist dann eine Maximin-Entscheidung in diesem Problem.

Die Darstellungen (6.1.48) und (6.1.49) erweisen sich als günstig für den Einsatz von Methoden der Approximationstheorie.

Def. 6.1.3: Der Vektor $\alpha^* \in \mathrm{R}^{r-1}$ heißt TSCHEBYSCHEFF-Vektor $=_{\mathrm{df}}$

$$\sup_{x \in V} |h(\alpha^*, x)| = \inf_{\alpha \in \mathrm{R}^{r-1}} \sup_{x \in V} |h(\alpha, x)| \bullet$$

Es bezeichne

$$\forall \alpha \in \mathrm{R}^{r-1}\colon m(\alpha) := \sup_{x \in V} |h(\alpha, x)| \wedge B(\alpha) := \{x \in V\colon |h(\alpha, x)| = m(\alpha)\}\,.$$

Wir wollen nun Satz 6.1.18 auf den durch Vor. 6.1.2 charakterisierten Fall der C-Optimalität spezialisieren. Dazu geben wir zunächst eine Darstellung für Z_c^* aus Satz 6.1.18 an.

Lemma 6.1.3: Es sei $\alpha^* \in \mathrm{R}^{r-1}$ TSCHEBYSCHEFF-Vektor. Dann gilt

$$Z_c^* = \inf_{\xi \in \Xi_c} c' M(\xi)^- c = m(\alpha^*)^{-2} \bullet$$

Beweis: Für jedes $\alpha \in \mathrm{R}^{r-1}$ bezeichne $\xi_\alpha \in \Xi_c$ einen Plan, für den $S(\xi_\alpha) \subseteq B(\alpha)$ gilt. Dann erhält man mit der Bezeichnung aus (6.1.50)

$$\forall \xi \in \Xi_c\colon m(\alpha^*)^2 = L(\alpha^*, \xi_{\alpha^*}) \geqq L(\alpha^*, \xi)\,,$$

d. h.

$$m(\alpha^*)^2 = \sup_{\xi \in \Xi_c} L(\alpha^*, \xi) \geqq \inf_{\alpha \in R^{r-1}} \sup_{\xi \in \Xi_c} L(\alpha, \xi)\,. \tag{6.1.52}$$

Andererseits gilt

$$\forall \alpha \in \mathrm{R}^{r-1}\colon L(\alpha^*, \xi_{\alpha^*}) = m(\alpha^*)^2 \leqq m(\alpha)^2 = L(\alpha, \xi_\alpha)\,,$$

d. h.

$$m(\alpha^*)^2 \leqq \inf_{\alpha \in \mathrm{R}^{r-1}} L(\alpha, \xi_\alpha) \leqq \sup_{\xi \in \Xi_c} \inf_{\alpha \in \mathrm{R}^{r-1}} L(\alpha, \xi)\,. \tag{6.1.53}$$

Aus (6.1.52) und (6.1.53) ergibt sich mit Satz 1.5.3

$$\sup_{\xi \in \Xi_c} \inf_{\alpha \in \mathrm{R}^{r-1}} L(\alpha, \xi) = m(\alpha^*) = \inf_{\alpha \in \mathrm{R}^{r-1}} \sup_{\xi \in \Xi_c} L(\alpha, \xi)\,. \tag{6.1.54}$$

Mit Lemma 6.1.2 ist daher $m(\alpha^*)^2 = \sup\limits_{\xi \in \Xi_c} (c' M(\xi)^- c)^{-1}$, woraus die Behauptung folgt.

Satz 6.1.19 (KIEFER/WOLFOWITZ [2]): Es gelte Vor. 6.1.2. Es sei $\alpha^* \in \mathrm{R}^{r-1}$ TSCHEBYSCHEFF-Vektor. Dann gilt

$$\forall \xi^* \in \Xi_c\colon S(\xi^*) \subseteq B(\alpha^*) \wedge \left(\forall i \in \{2, \ldots, r\}\colon \int_V h(\alpha^*, x) f_i(x)\, \mathrm{d}\xi^*(x) = 0\right)$$
$$\Rightarrow \xi^* \in \Xi^*_{C, \Xi_c} \bullet$$

Beweis: Wir folgern die Behauptung aus Satz 6.1.18 und prüfen daher dessen Voraussetzungen. Es sei

$$\varphi(x) := \begin{cases} m(\alpha^*)^{-1} h(\alpha^*, x) & \text{für } x \in B(\alpha^*)\,, \\ 1 & \text{für } x \in V \setminus B(\alpha^*)\,. \end{cases}$$

Es gilt $|\varphi(\boldsymbol{x})| = 1$ für alle $\boldsymbol{x} \in V$, und man erhält wegen

$$\int_V h(\boldsymbol{\alpha}^*, \boldsymbol{x}) f_i(\boldsymbol{x})\, \mathrm{d}\xi^*(\boldsymbol{x}) = 0; \qquad i \in \{2, \dots, r\}$$

die Beziehung

$$\forall i \in \{2, \dots, r\}: \int_V \varphi(\boldsymbol{x}) f_1(\boldsymbol{x})\, \mathrm{d}\xi^*(\boldsymbol{x}) = m(\boldsymbol{\alpha}^*)^{-1} \int_V h(\boldsymbol{\alpha}^*, \boldsymbol{x})^2\, \mathrm{d}\xi^*(\boldsymbol{x}) = m(\boldsymbol{\alpha}^*)$$

$$\wedge \int_V \varphi(\boldsymbol{x}) f_i(\boldsymbol{x})\, \mathrm{d}\xi^*(\boldsymbol{x}) = 0 \quad \text{(s. auch (6.1.47))}.$$

Damit ergibt sich

$$\int_V \varphi(\boldsymbol{x}) \boldsymbol{f}(\boldsymbol{x})\, \mathrm{d}\xi^*(\boldsymbol{x}) = m(\boldsymbol{\alpha}^*) \begin{pmatrix} 1 \\ \boldsymbol{0}_{r-1} \end{pmatrix} = Z_{\mathbf{c}}^{*-1/2}\, \mathbf{c}\,,$$

so daß aus Satz 6.1.18 die Behauptung folgt.

Im Falle der Polynomialregression, d. h. bei einem Ansatz $\tilde{S}$ mit

$$\forall x \in B\ \forall \boldsymbol{\vartheta} = (\vartheta_1, \dots, \vartheta_r)' \in \mathrm{R}^r: \tilde{\eta}(x, \boldsymbol{\vartheta}) = \sum_{i=1}^{r} \vartheta_i x^{r-i}$$

und $V = [a, b]$, erhält man aus

$$\sup_{x \in V} \left| x^{r-1} - \sum_{i=0}^{r-2} \alpha_i x^i \right| \overset{!}{=} \inf_{\alpha \in \mathrm{R}^{r-1}}$$

gerade das Tschebyscheff-Polynom der Ordnung $(r - 1)$, d. h., der Tschebyscheff-Vektor $\boldsymbol{\alpha}^*$ ist in diesem Fall bekannt. Dann ist die konkrete Angabe optimaler Pläne möglich (s. Kiefer/Wolfowitz [2]).

Wir erwähnen noch, daß optimale Pläne zur Extrapolation der Wirkungsfläche ebenfalls spezielle C-optimale Pläne sind: man setzt $\mathbf{c} = \boldsymbol{f}(\boldsymbol{x})$; $\boldsymbol{x} \in H$. In der Literatur sind für den Fall, daß $\boldsymbol{f} = (f_1, \dots, f_r)'$ ein Tschebyscheff-System bildet (d. h. jede Linearkombination $\sum_{i=1}^{r} a_i f_i$ hat höchstens $r - 1$ Nullstellen), Extrapolationspläne angegeben (s. Hoel/Levine [1], Kiefer/Wolfowitz [5], Karlin/Studden [1] und auch II/4).

6.2. Iterationsverfahren zur Konstruktion optimaler stetiger Versuchspläne

In diesem Abschnitt werden iterative Methoden zur Konstruktion optimaler Versuchspläne angegeben und deren Konvergenz unter Benutzung des Satzes von Whittle (s. Satz 2.2.2) nachgewiesen. Mit diesen Iterationsverfahren erhält man zwar i. allg. nur Näherungen für optimale Pläne, aber sie stellen die bislang einzige Möglichkeit zur Konstruktion optimaler Pläne dar. Spezielle Iterationsverfahren wurden u. a. von Wynn [2], [1], Ermuratskij/Krug/Leckij/Nikiforova/Vučkov [1], Fedorov [6], Läuter, E. [3] und Atwood [3] formuliert.

Wir geben in Abschnitt 6.2.1 ein allgemeines Iterationsverfahren für konvexe Funktionale an, aus dem wir durch Einschränkungen weitere Verfahren ableiten.

Für spezielle Funktionale entsprechen einige dieser Verfahren den Iterationsverfahren von Wynn [2], Fedorov [6] und Atwood [3] (s. Abschnitte 6.2.2 und 6.2.3, zur Anwendung s. II/4).

6.2.1. Iterationsverfahren für ψ-optimale stetige Pläne

Wir werden zuerst ein allgemeines Iterationsverfahren für konvexe Funktionale formulieren. Dazu setzen wir unter Benutzung der Bezeichnungen aus Abschnitt 2.2.2 voraus:

Vor. 6.2.1: Es seien das Funktional ψ konvex auf der konvexen Menge $\tilde{\Xi} \subseteq \Xi$, Φ_ψ gemäß (2.2.25) linear und

$$\forall \xi \in \tilde{\Xi}\ \forall \xi' \in \Xi\ \forall \alpha \in [0, 1): [(1 - \alpha)\, \xi + \alpha \xi'] \in \tilde{\Xi} \tag{6.2.1}$$

erfüllt (s. Vor. 2.2.2) •

Vor. 6.2.2: Für alle Pläne $\xi \in \tilde{\Xi}$ sei $\Phi_\psi(\xi, \xi_x)$ stetig auf V, und es gelte

$$\forall \xi \in \tilde{\Xi}\ \exists \delta_0 < 0\ \forall \delta \in (\delta_0, 0)\ \exists \alpha_0(\xi, \delta) \in (0, 1)\ \forall \alpha \in [0, \alpha_0(\xi, \delta)]: D_\psi(\xi) = \inf_{x \in V} \Phi_\psi(\xi, \xi_x)$$

$$= \Phi_\psi(\xi, \xi_{x^*}) \leqq \delta \Rightarrow \Phi_\psi\big((1 - \alpha)\, \xi + \alpha \xi_{x^*}, \xi\big) \geqq -\alpha \frac{\delta}{2}$$

$$\wedge \quad \tilde{\alpha}_0(\delta) := \inf_{\xi \in \{\xi \in \tilde{\Xi}: D_\psi(\xi) \leqq \delta\}} \alpha_0(\xi, \delta) > 0 \bullet \tag{6.2.2}$$

Die Eigenschaft (6.2.2) ist z. B. für $\psi = Z_{D'} \circ \boldsymbol{M}$ und $\psi = Z_L \circ \boldsymbol{M}$ erfüllt und kann wie folgt interpretiert werden:

Wenn ξ nicht optimal ist $\big(D_\psi(\xi) \leqq \delta < 0\big)$, dann soll in einer gewissen Umgebung $[(1 - \alpha)\, \xi + \alpha \xi_{x^*}]$ von ξ die Richtung ξ im Sinne der Minimierung von Φ_ψ gegenüber anderen Plänen aus $\tilde{\Xi}$ nicht die beste sein.

Ein allgemeines Iterationsprinzip, aus dem wir ein als *Verfahren I* bezeichnetes Iterationsverfahren ableiten werden, besteht in folgendem:

Es wird ein diskreter Versuchsplan aus $\tilde{\Xi}$ gewählt und durch Hinzunahme von Punkten in das Spektrum bei gleichzeitiger Neubestimmung aller Gewichte ein neuer diskreter Plan konstruiert. Dabei werden Punkte und Gewichte so bestimmt, daß die Abnahme des Funktionalwertes des konstruierten Planes gegenüber dem des Ausgangsplanes maximal wird.

Wir formulieren *Verfahren I*:

$$\forall s \in \mathbb{N}: \xi_0 \in \tilde{\Xi} \wedge n_s \in \mathbb{N}$$

$$\wedge\ \xi_s \in \tilde{\Xi}(s, n_s) := \{\xi \in \tilde{\Xi}: S(\xi) \subseteq S(\xi_{s-1}) \cup \{x_1, \dots, x_{n_s}\} \wedge (\forall i \in \{1, \dots, n_s\}: x_i \in V)\}$$

$$\wedge \sup_{\xi \in \tilde{\Xi}(s, n_s)} [\psi(\xi_{s-1}) - \psi(\xi)] = \psi(\xi_{s-1}) - \psi(\xi_s)\,. \tag{6.2.3}$$

Es bezeichne

$$\forall \xi^* \in \Xi^*_{\psi, \tilde{\Xi}}: \psi^* := \psi(\xi^*)\,. \tag{6.2.4}$$

Satz 6.2.1: Es seien $\Xi^*_{\psi, \tilde{\Xi}} \neq \emptyset$ und die Voraussetzungen 6.2.1 und 6.2.2 erfüllt. Dann konvergiert jede gemäß (6.2.3) erzeugte Folge $\{\psi(\xi_s)\}_{s \in \mathbb{N}}$ und es ist $\lim_{s \to \infty} \psi(\xi_s) = \psi^*$ •

Beweis: 1. Wir zeigen zuerst, daß

$$\lim_{s \to \infty} \psi(\xi_s) = \tilde{\psi} \geqq \psi^* \tag{6.2.5}$$

gilt. Da $\forall s \in \mathbb{N}: \xi_{s-1} \in \tilde{\Xi}(s, n_s)$ ist, folgt aus (6.2.3)

$$\forall s \in \mathbb{N}: \psi(\xi_{s-1}) \geqq \psi(\xi_s) \geqq \psi^*\,.$$

Die monoton fallende, durch ψ^* nach unten beschränkte Folge $\{\psi(\xi_s)\}_{s \in \mathbb{N}}$ ist konvergent. Damit gilt (6.2.5).

2. Zu zeigen ist weiterhin

$$\lim_{s \to \infty} \psi(\xi_s) = \psi^*\,. \tag{6.2.6}$$

Angenommen, in (6.2.5) gilt

$$\tilde{\psi} > \psi^*\,. \tag{6.2.7}$$

Es sei (gemäß Vor. 6.2.2) $\delta \in (\delta_0, 0)$, so daß $\delta \geqq \psi^* - \tilde{\psi}$. Damit gilt wegen (2.2.35) und der Stetigkeit von $\Phi_\psi(\xi, \xi_x)$ auf V

$$\forall s \in \mathsf{N}\ \exists x^* \in V: D_\psi(\xi_s) = \Phi_\psi(\xi_s, \xi_{x^*}) \leqq \psi^* - \psi(\xi_s) \leqq \psi^* - \tilde{\psi} \leqq \delta < 0\,. \tag{6.2.8}$$

Daraus folgt $\sup\limits_{s \in \mathsf{N}} D_\psi(\xi_s) \leqq \delta < 0$. Wegen Vor. 6.2.2 ergibt sich

$$\forall s \in \mathsf{N}\ \exists \tilde{\alpha}_0(\delta) \in (0, 1)\ \forall \alpha \in [0, \tilde{\alpha}_0(\delta)]: D_\psi(\xi_s) = \Phi_\psi(\xi_s, \xi_{x^*}) \leqq \delta$$

$$\Rightarrow \Phi_\psi((1 - \alpha)\, \xi_s + \alpha \xi_{x^*}, \xi_s) \geqq -\tilde{\alpha}_0(\delta) \frac{\delta}{2} > 0\,. \tag{6.2.9}$$

Da $[(1 - \alpha)\, \xi_{s-1} + \alpha \xi_{x^*}] \in \tilde{\Xi}(s, n_s)$; $s \in \mathsf{N}$; α und x^* aus (6.2.9) sind, gilt mit der Konvexität von $\psi(\cdot)$ auf $\tilde{\Xi}$

$$\forall s \in \mathsf{N}\ \forall \alpha \in [0, \tilde{\alpha}_0(\delta)]: [\psi(\xi_s) - \psi(\xi_{s-1}) \leqq \psi((1 - \alpha)\, \xi_{s-1} + \alpha \xi_{x^*}) - \psi(\xi_{s-1})$$

$$\leqq -\Phi_\psi((1 - \alpha)\xi_{s-1} + \alpha \xi_{x^*}, \xi_{s-1}) \leqq \tilde{\alpha}_0(\delta)\, \frac{\delta}{2} < 0\,. \tag{6.2.10}$$

Im Widerspruch dazu folgt aber aus der Konvergenz der Folge $\{\psi(\xi_s)\}_{s \in \mathsf{N}}$

$$\exists s' \in \mathsf{N}\ \forall s \geqq s': \tilde{\alpha}_0(\delta) \frac{\delta}{2} < \psi(\xi_s) - \psi(\xi_{s-1}) \leqq 0\,.$$

Damit gilt (6.2.6).

Da Iterationsverfahren die numerische Berechnung optimaler Versuchspläne ermöglichen sollen, sind nur solche Modifikationen des beschriebenen Verfahrens sinnvoll, die gegenüber der nichtiterativen Lösung des erweiterten Versuchsplanungsproblems weniger aufwendig sind.

Unter diesem Aspekt sind auch die folgenden Einschränkungen des Verfahrens I zu verstehen:

Wir betrachten nun in jedem Iterationsschritt nur eine Teilmenge von $\tilde{\Xi}(s, n_s)$; $s \in \mathsf{N}$.

Ausgehend von einem gegebenen Plan konstruiert man einen neuen Versuchsplan durch Hinzunahme nur eines Punktes zum Spektrum und Bestimmung eines Gewichtes für diesen Punkt.

Wir beschreiben *Verfahren II*:

$$\forall s \in \mathsf{N}: \xi_0 \in \tilde{\Xi} \wedge \xi_s \in \tilde{\tilde{\Xi}}(s) := \{\xi \in \tilde{\Xi}: \xi = (1 - \pi)\, \xi_{s-1} + \pi \xi_x \wedge x \in V \wedge \pi \in [0, 1]\}$$

$$\wedge \sup_{\xi \in \tilde{\tilde{\Xi}}(s)} [\psi(\xi_{s-1}) - \psi(\xi)] = \psi(\xi_{s-1}) - \psi(\xi_s)\,. \tag{6.2.11}$$

Dabei ist $\tilde{\tilde{\Xi}}(s) \subseteq \tilde{\Xi}(s, 1)$ (s. (6.2.3)).

Satz 6.2.2: Es seien $\Xi^*_{\psi, \tilde{\Xi}} \neq \emptyset$ und die Voraussetzungen 6.2.1 und 6.2.2 erfüllt. Dann konvergiert jede gemäß (6.2.11) erzeugte Folge $\{\psi(\xi_s)\}_{s \in \mathsf{N}}$, und es ist $\lim\limits_{s \to \infty} \psi(\xi_s) = \psi^*$ •

Beweis:

1. Analog zum Beweis von Satz 6.2.1 ist die Folge $\{\psi(\xi_s)\}_{s \in \mathsf{N}}$ wegen $\forall s \in \mathsf{N}: \xi_{s-1} \in \tilde{\tilde{\Xi}}(s)$ konvergent, und es gilt
$$\lim_{s \to \infty} \psi(\xi_s) = \tilde{\psi} \geqq \psi^*\,. \tag{6.2.12}$$

2. Angenommen, es gelte mit $\delta \in (\delta_0, 0)$: $\psi^* - \tilde{\psi} \leqq \delta < 0$. Dann folgt mit der Bezeichnung $\xi_s = (1 - \pi^*_s)\, \xi_{s-1} + \pi^*_s \xi_{x^*_s}$; $s \in \mathsf{N}$ und $\Phi_\psi(\xi_{s-1}, \xi_{x^*}) = D_\psi(\xi_{s-1})$ analog zu (6.2.9) und (6.2.10)
$$\forall s \in \mathsf{N}\ \forall \alpha \in [0, \tilde{\alpha}_0(\delta)]: \psi((1 - \pi^*_s)\, \xi_{s-1} + \pi^*_s \xi_{x^*_s}) - \psi(\xi_{s-1})$$
$$\leqq \psi((1 - \alpha)\, \xi_{s-1} + \alpha \xi_{x^*}) - \psi(\xi_{s-1}) \leqq -\Phi_\psi((1 - \alpha)\, \xi_{s-1} + \alpha \xi_{x^*}, \xi_{s-1}) \leqq \tilde{\alpha}_0(\delta) \frac{\delta}{2} < 0\,. \tag{6.2.13}$$

Damit ergibt sich ein Widerspruch zur Konvergenz der Folge $\{\psi(\xi_s)\}_{s \in \mathsf{N}}$.

Wir schränken nun die Mengen $\widetilde{\Xi}(s)$; $s \in \mathsf{N}$; weiter ein, indem wir in jedem Iterationsschritt einen Punkt zum Spektrum hinzufügen und diesem ein vorher festgelegtes Gewicht in Abhängigkeit von $s \in \mathsf{N}$ zuordnen.

Wir formulieren *Verfahren III*:

$$\forall s \in \mathsf{N}: \xi_0 \in \widetilde{\widetilde{\Xi}} \wedge \varepsilon_s \in [0, 1] \wedge \xi_s \in \widetilde{\widetilde{\Xi}}(s, \varepsilon_s) := \{\xi \in \widetilde{\widetilde{\Xi}}: \xi = (1 - \varepsilon_s)\, \xi_{s-1} + \varepsilon_s \xi_{x_s} \wedge x_s \in V\}$$
$$\wedge \sup_{\xi \in \widetilde{\widetilde{\Xi}}(s, \varepsilon_s)} [\psi(\xi_{s-1}) - \psi(\xi)] = \psi(\xi_{s-1}) - \psi(\xi_s)\,. \qquad (6.2.14)$$

Für die bei den Verfahren in jedem Iterationsschritt zur Auswahl stehende Menge von Plänen gilt

$$\forall s \in \mathsf{N}: \widetilde{\widetilde{\Xi}}(s, \varepsilon_s) \subset \widetilde{\widetilde{\Xi}}(s) \subseteqq \widetilde{\widetilde{\Xi}}(s, 1)\,.$$

Satz 6.2.3: Es seien $\Xi^*_{\psi, \widetilde{\widetilde{\Xi}}} \neq \emptyset$, die Voraussetzungen 6.2.1 und 6.2.2 erfüllt, und es gelte

$$\forall s \in \mathsf{N}: \psi(\xi_{s-1}) - \psi(\xi_s) \geqq 0 \wedge \lim_{s \to \infty} \varepsilon_s = 0 \; \bullet \qquad (6.2.15)$$

Dann konvergiert jede gemäß (6.2.14) erzeugte Folge $\{\psi(\xi_s)\}_{s \in \mathsf{N}}$, und es ist

$$\lim_{s \to \infty} \psi(\xi_s) = \psi^*\,.$$

Beweis: Da $\{\psi(\xi_s)\}_{s \in \mathsf{N}}$ nach (6.2.15) monoton fallend und durch ψ^* nach unten beschränkt ist, gilt

$$\lim_{s \to \infty} \psi(\xi_s) = \tilde{\psi} \geqq \psi^*\,. \qquad (6.2.16)$$

Es bleibt zu zeigen

$$\lim_{s \to \infty} \psi(\xi_s) = \psi^*\,. \qquad (6.2.17)$$

Angenommen, es gelte mit $\delta \in (\delta_0, 0)$: $\psi^* - \tilde{\psi} \leqq \delta < 0$. Wegen (2.2.35) ist dann

$$\forall s \in \mathsf{N}: D_\psi(\xi_{s-1}) \leqq \psi^* - \psi(\xi_{s-1}) \leqq \psi^* - \tilde{\psi} = \delta < 0\,.$$

Analog zu (6.2.9) und (6.2.10) gilt mit $\Phi_\psi(\xi_{s-1}, \xi_{x_s^*}) = D_\psi(\xi_{s-1})$ und $\xi_s = (1 - \varepsilon_s)\, \xi_{s-1} + \varepsilon_s \xi_{\tilde{x}_s}$; $x_s^* \in V$; wegen der Konvergenz von $\{\varepsilon_s\}_{s \in \mathsf{N}}$

$$\exists s' \in \mathsf{N}\; \forall s \geqq s': \psi((1 - \varepsilon_s)\, \xi_{s-1} + \varepsilon_s \xi_{\tilde{x}_s}) - \psi(\xi_{s-1}) \leqq \psi((1 - \varepsilon_s)\, \xi_{s-1} + \varepsilon_s \xi_{x_s^*}) - \psi(\xi_{s-1})$$
$$\leqq \tilde{\alpha}_0(\delta)\, \frac{\delta}{2} < 0\,. \qquad (6.2.18)$$

Aus der Konvergenz der Folge $\{\psi(\xi_s)\}_{s \in \mathsf{N}}$ ergibt sich

$$\exists s_0 \in \mathsf{N}\; \forall s \geqq s_0: 0 \geqq \psi(\xi_s) - \psi(\xi_{s-1}) > \tilde{\alpha}_0(\delta)\, \frac{\delta}{2}$$

im Widerspruch zur Annahme $\delta < 0$. Somit gilt (6.2.17).

Das Verfahren III läßt sich modifizieren, indem als Auswahlkriterium für den in das Spektrum aufzunehmenden Punkt $x_s^* \in V$ die Funktion $\Phi_\psi(\xi_{s-1}, \xi_{x_s})$ über V zu maximieren ist. Dies entspricht dann einem von FEDOROV [6] angegebenen Verfahren.

Wir formulieren *Verfahren IV*:

$$\forall s \in \mathsf{N}: \xi_0 \in \widetilde{\widetilde{\Xi}} \wedge \varepsilon_s \in [0, 1] \wedge \xi_s = (1 - \varepsilon_s)\, \xi_{s-1} + \varepsilon_s \xi_{x_s^*}$$
$$\wedge \inf_{x_s \in V} \Phi_\psi(\xi_{s-1}, \xi_{x_s}) = \Phi_\psi(\xi_{s-1}, \xi_{x_s^*})\,. \qquad (6.2.19)$$

Satz 6.2.4: Es seien $\Xi^*_{\psi, \widetilde{\widetilde{\Xi}}} \neq \emptyset$, die Voraussetzungen 6.2.1 und 6.2.2 erfüllt, und es gelte (6.2.15). Dann konvergiert jede gemäß (6.2.19) erzeugte Folge $\{\psi(\xi_s)\}_{s \in \mathsf{N}}$, und es ist $\lim_{s \to \infty} \psi(\xi_s) = \psi^*$ •

Der *Beweis* kann analog dem zu Satz 6.2.3 geführt werden.

Die Stufe, auf der das Iterationsverfahren abgebrochen werden kann, hängt von den Anforderungen an die Güte des als Näherung für ψ-optimale Pläne zu bestimmenden Planes ab. Ist z. B. für eine Näherung $\tilde{\xi}$ gefordert, daß $\psi(\tilde{\xi}) - \psi^* \leqq \varepsilon$ ist, so beendet man das Verfahren, wenn $D_\psi(\xi_{s'}) \geqq -\varepsilon$ für $s' \in \mathsf{N}$ gilt. Dann folgt nämlich aus (2.2.35) mit $-\varepsilon \leqq D_\psi(\xi_{s'}) \leqq \psi^* - \psi(\xi_{s'}) \leqq 0$, daß $\psi(\xi_{s'}) - \psi^* \leqq \varepsilon$ ist (s. Abschnitt 6.3).

6.2.2. Iterationsverfahren für L-optimale stetige Pläne

Wir konkretisieren jetzt die Verfahren I, II und IV aus Abschnitt 6.2.1 für das Funktional $\psi(\cdot) = Z_L(\boldsymbol{M}(\cdot)) = \operatorname{sp} \boldsymbol{U}_L \boldsymbol{M}(\cdot)^{-1}$, $\xi \in \tilde{\Xi} \subseteq \Xi_{\text{reg}}$; $\boldsymbol{U}_L \in \mathcal{M}_r^{\geqq}$. Dabei entspricht Verfahren IV für $\psi = Z_L \circ \boldsymbol{M}$ einem Verfahren von FEDOROV [6] zur Konstruktion L-optimaler Pläne.

Vor. 6.2.3: Es sei $\tilde{\Xi} \subseteq \Xi_{\text{reg}}$ konvex •

Das Iterationsverfahren I für L-optimale stetige Pläne erhält man, indem man in (6.2.3) das Funktional $\psi = Z_L \circ \boldsymbol{M}$ einsetzt. Es bezeichne

$$\forall \xi^* \in \Xi^*_{L,\tilde{\Xi}}: Z_L(\boldsymbol{M}(\xi^*)) =: Z_L^* .$$

Aus Satz 6.2.1 folgt speziell für $\psi = Z_L \circ \boldsymbol{M}$:

Folgerung 6.2.1: Es seien $\Xi^*_{L,\tilde{\Xi}} \neq \emptyset$ und die Voraussetzungen 6.2.3 und 6.2.1 erfüllt. Dann konvergiert jede gemäß (6.2.3) erzeugte Folge $\{Z_L(\boldsymbol{M}(\xi_s))\}_{s \in \mathsf{N}}$ und es ist $\lim\limits_{s \to \infty} Z_L(\boldsymbol{M}(\xi_s)) = Z_L^*$ •

Beweis: Wir prüfen die Voraussetzungen von Satz 6.2.1 nach. Da $Z_L \circ \boldsymbol{M}$ konvex auf $\tilde{\Xi}$ und Φ_L linear ist (s. Lemma 5.3.1, Satz 5.5.1), bleibt noch die Gültigkeit von Vor. 6.2.2 nachzuweisen.

Wegen der Kompaktheit von V und der Stetigkeit von $\boldsymbol{f}$ nimmt $\Phi_L(\xi, \xi_x) = Z_L(\boldsymbol{M}(\xi)^{-1}) - \boldsymbol{f}(\boldsymbol{x})' \boldsymbol{M}(\xi)^{-1} \boldsymbol{U}_L \boldsymbol{M}(\xi)^{-1} \boldsymbol{f}(\boldsymbol{x})$ für alle $\xi \in \tilde{\Xi}$ über V sein Minimum $D_L(\xi) = \Phi_L(\xi, \xi_{x^*})$ an. Zum Nachweis von (6.2.2) benötigen wir für $\alpha \in [0, 1]$, $\xi \in \tilde{\Xi}$ und $\boldsymbol{x} \in V$ die folgende Umrechnung:

$$\begin{aligned}\Phi_L((1-\alpha)\,\xi + \alpha\xi_x, \xi) &= \operatorname{sp} \boldsymbol{U}_L[(1-\alpha)\,\boldsymbol{M}(\xi) + \alpha \boldsymbol{M}(\xi_x)]^{-1} \\ &\quad - \operatorname{sp} \boldsymbol{U}_L[(1-\alpha)\,\boldsymbol{M}(\xi) + \alpha \boldsymbol{M}(\xi_x)]^{-1} \boldsymbol{M}(\xi)\,[(1-\alpha)\,\boldsymbol{M}(\xi) + \alpha \boldsymbol{M}(\xi_x)]^{-1} \\ &= \frac{\alpha}{(1-\alpha)^2}\left[\frac{1-\alpha^2+\alpha^2 \boldsymbol{f}(\boldsymbol{x})' \boldsymbol{M}(\xi)^{-1} \boldsymbol{f}(\boldsymbol{x})}{(1-\alpha+\alpha \boldsymbol{f}(\boldsymbol{x})' \boldsymbol{M}(\xi)^{-1} \boldsymbol{f}(\boldsymbol{x}))^2} \operatorname{sp} \boldsymbol{U}_L \boldsymbol{M}(\xi)^{-1} \boldsymbol{M}(\xi_x)\,\boldsymbol{M}(\xi)^{-1}\right. \\ &\quad \left. - \operatorname{sp} \boldsymbol{U}_L \boldsymbol{M}(\xi)^{-1}\right], \end{aligned} \tag{6.2.20}$$

die wir mit (1.A.9) erhalten. Es gelte für $\xi \in \tilde{\Xi}$

$$D_L(\xi) = \inf_{x \in V} \Phi_L(\xi, \xi_x) = \Phi_L(\xi, \xi_{x^*}) \leq \delta < 0 , \tag{6.2.21}$$

d. h., es ist

$$\operatorname{sp} \boldsymbol{U}_L \boldsymbol{M}(\xi)^{-1} \boldsymbol{M}(\xi_{x^*})\,\boldsymbol{M}(\xi)^{-1} \geqq \operatorname{sp} \boldsymbol{U}_L \boldsymbol{M}(\xi)^{-1} - \delta . \tag{6.2.22}$$

Damit kann man für (6.2.20) folgende Abschätzung angeben:

$$\begin{aligned}\Phi_L((1-\alpha)\,\xi + \alpha\xi_{x^*}, \xi) &\geqq \frac{\alpha}{(1-\alpha)^2}\left[\frac{1+\alpha^2 \boldsymbol{f}(\boldsymbol{x}^*)' \boldsymbol{M}(\xi)^{-1} \boldsymbol{f}(\boldsymbol{x}^*) - 1}{[1+\alpha(\boldsymbol{f}(\boldsymbol{x}^*)' \boldsymbol{M}(\xi)^{-1} \boldsymbol{f}(\boldsymbol{x}^*) - 1)]^2}\{Z_L(\boldsymbol{M}(\xi)) - \delta\} - Z_L(\boldsymbol{M}(\xi))\right] \\ &\geqq -\alpha \cdot \frac{\delta}{2} . \end{aligned} \tag{6.2.23}$$

Diese gilt wegen der Monotonie des mittleren Quotienten aus (6.2.23) in α für alle $\alpha \in [0, \alpha_0(\xi, \delta)]$, wobei $\alpha_0(\xi, \delta) =: \alpha_0$ als Lösung von

$$\left[\frac{1 + \alpha_0^2[\boldsymbol{f}(\boldsymbol{x}^*)' \boldsymbol{M}(\xi)^{-1} \boldsymbol{f}(\boldsymbol{x}^*) - 1]}{[1 + \alpha_0(\boldsymbol{f}(\boldsymbol{x}^*)' \boldsymbol{M}(\xi)^{-1} \boldsymbol{f}(\boldsymbol{x}^*) - 1)]^2} \{Z_L(\boldsymbol{M}(\xi)) - \delta\} - Z_L(\boldsymbol{M}(\xi))\right] = -\frac{\delta}{2} \tag{6.2.24}$$

zu gewinnen ist.

Für Lösungen von (6.2.24) kann man durch Abschätzung nachprüfen:

$$\forall \xi \in \tilde{\Xi}\, \exists \delta_0 < 0\; \forall \delta \in (\delta_0, 0)\; \exists c_0(\delta) \in \mathrm{R}^+ : \alpha_0(\xi, \delta) \geqq c_0(\delta) > 0 .$$

Also folgt mit

$$\forall \delta \in (\delta_0, 0) : \tilde{\alpha}_0(\delta) := \inf_{\xi \in \{\xi \in \tilde{\Xi} : D_L(\xi) \leqq \delta\}} \alpha_0(\xi, \delta) > 0$$

die Gültigkeit von (6.2.2).

Für das Funktional $\psi = Z_L \circ \boldsymbol{M}$ hat Verfahren II die Form:

$$\forall s \in \mathsf{N} : \xi_0 \in \tilde{\Xi} \wedge \xi_s \in \tilde{\Xi}(s) \wedge \sup_{\xi \in \tilde{\Xi}(s)} [Z_L(\boldsymbol{M}(\xi_{s-1})) - Z_L(\boldsymbol{M}(\xi))]$$
$$= \sup_{\pi \in [0,1)} \sup_{\boldsymbol{x} \in V} \frac{\pi}{1 - \pi} \operatorname{sp} \boldsymbol{U}_L \left[-\boldsymbol{M}(\xi_{s-1})^{-1} + \frac{\boldsymbol{M}(\xi_{s-1})^{-1} \boldsymbol{M}(\xi_{\boldsymbol{x}}) \boldsymbol{M}(\xi_{s-1})^{-1}}{1 + \pi[\boldsymbol{f}(\boldsymbol{x})' \boldsymbol{M}(\xi_{s-1})^{-1} \boldsymbol{f}(\boldsymbol{x}) - 1]}\right]$$
$$= Z_L(\boldsymbol{M}(\xi_{s-1})) - Z_L(\boldsymbol{M}((1 - \pi_s^*)\, \xi_{s-1} + \pi_s^* \xi_{\boldsymbol{x}_s^*})) = Z_L(\boldsymbol{M}(\xi_{s-1})) - Z_L(\boldsymbol{M}(\xi_s)) . \tag{6.2.25}$$

Die spezielle Darstellung von Verfahren II erhält man durch Anwendung von (1.A.9) auf $\boldsymbol{M}(\xi)$; $\xi \in \tilde{\Xi}(s)$; und Lemma 2.1.1.

Aus Satz 6.2.2 folgt unmittelbar

Folgerung 6.2.2: Es seien $\Xi^*_{L,\tilde{\Xi}} \neq \emptyset$ und die Voraussetzungen 6.2.3 und 6.2.1 erfüllt. Dann konvergiert jede gemäß (6.2.25) erzeugte Folge $\{Z_L(\boldsymbol{M}(\xi_s))\}_{s \in \mathsf{N}}$ und es ist $\lim_{s \to \infty} Z_L(\boldsymbol{M}(\xi_s)) = Z_L^*$ •

Dies beweist man analog zu Folgerung 6.2.1.

Wir formulieren einen Spezialfall von Verfahren IV (Fedorov [6]):

$$\forall s \in \mathsf{N} : \xi_0 \in \tilde{\Xi} \wedge \xi_s = (1 - \varepsilon_s)\, \xi_{s-1} + \varepsilon_s \xi_{\boldsymbol{x}_s^*} \wedge \sup_{\boldsymbol{x} \in V} \Phi_L(\xi_{s-1}, \xi_{\boldsymbol{x}}) = \Phi_L(\xi_{s-1}, \xi_{\boldsymbol{x}_s^*})$$
$$\wedge\, a \in (1, \infty) \wedge \varepsilon_s = \frac{-\Phi_L(\xi_{s-1}, \xi_{\boldsymbol{x}_s^*})}{a \operatorname{sp} \boldsymbol{U}_L \boldsymbol{M}(\xi_{s-1})^{-1} \boldsymbol{M}(\xi_{\boldsymbol{x}_s^*}) \boldsymbol{M}(\xi_{s-1})^{-1} \{\boldsymbol{f}(\boldsymbol{x}_s^*)' \boldsymbol{M}(\xi_{s-1})^{-1} \boldsymbol{f}(\boldsymbol{x}_s^*) - 1\}} . \tag{6.2.26}$$

Satz 6.2.5 (Fedorov [6]): Es seien $\Xi^*_{L,\tilde{\Xi}} \neq \emptyset$ und die Voraussetzungen 6.2.3 und 6.2.1 erfüllt. Dann konvergiert jede gemäß (6.2.26) erzeugte Folge $\{Z_L(\boldsymbol{M}(\xi_s))\}_{s \in \mathsf{N}}$, und es ist $\lim_{s \to \infty} Z_L(\boldsymbol{M}(\xi_s)) = Z_L^*$ •

Beweis: Wir zeigen (6.2.15). Mit (1.A.9) erhält man durch Einsetzen von ε_s aus (6.2.26):

$$\forall s \in \mathsf{N} : Z_L(\boldsymbol{M}(\xi_{s-1})) - Z_L(\boldsymbol{M}(\xi_s))$$
$$= \frac{\varepsilon_s}{1 - \varepsilon_s} \left[\frac{\operatorname{sp} \boldsymbol{U}_L \boldsymbol{M}(\xi_{s-1})^{-1} \boldsymbol{M}(\xi_{\boldsymbol{x}_s^*}) \boldsymbol{M}(\xi_{s-1})^{-1}}{1 + \varepsilon_s[\boldsymbol{f}(\boldsymbol{x}_s^*)' \boldsymbol{M}(\xi_{s-1})^{-1} \boldsymbol{f}(\boldsymbol{x}_s^*) - 1]} - Z_L(\boldsymbol{M}(\xi_{s-1}))\right] \geqq 0 .$$

Da die monoton fallende Folge $\{Z_L(\boldsymbol{M}(\xi_s))\}_{s \in \mathsf{N}}$ konvergiert, gilt

$$\lim_{s \to \infty} [Z_L(\boldsymbol{M}(\xi_{s-1})) - Z_L(\boldsymbol{M}(\xi_s))] = 0 .$$

Weiterhin erhält man mit ε_s aus (6.2.26)

$$\lim_{s\to\infty} [Z_L(\boldsymbol{M}(\xi_{s-1})) - Z_L(\boldsymbol{M}(\xi_s))] = 0 \Leftrightarrow \lim_{s\to\infty} \varepsilon_s = 0 .$$

6.2.3. Iterationsverfahren für D-optimale stetige Pläne

In diesem Abschnitt konkretisieren wir die Verfahren I, II und IV für das Funktional $\psi(\cdot) = Z_{D'}(\boldsymbol{M}(\cdot)) = \ln \det \boldsymbol{M}(\cdot)^{-1}$ für $\xi \in \tilde{\Xi} \subseteq \Xi_{\text{reg}}$. Dabei gewinnen wir u. a. Verfahren, wie sie von Wynn [2], [1], Fedorov [6] und Atwood [3] angegeben wurden.

Für $\tilde{\Xi}$ sei Vor. 6.2.3 erfüllt.

Setzt man in (6.2.3) speziell das Funktional $\psi = Z_{D'} \circ \boldsymbol{M}$ ein, so erhält man Verfahren I für $Z_{D'} \circ \boldsymbol{M}$. Es bezeichne

$$\forall \xi^* \in \Xi^*_{D,\tilde{\Xi}} : Z^*_{D'} := Z_{D'}(\boldsymbol{M}(\xi^*)) .$$

Folgerung 6.2.3: Es seien $\Xi^*_{D,\tilde{\Xi}} \neq \emptyset$ und die Voraussetzungen 6.2.3 und 6.2.1 erfüllt. Dann konvergiert jede gemäß (6.2.3) erzeugte Folge $\{Z_{D'}(\boldsymbol{M}(\xi_s))\}_{s\in\mathbb{N}}$, und es ist $\lim_{\to\infty} Z_{D'}(\boldsymbol{M}(\xi_s)) = Z^*_{D'}$ •

Beweis: Wir zeigen die Voraussetzungen von Satz 6.2.1. Das Funktional $Z_{D'} \circ \boldsymbol{M}$ ist konvex auf $\tilde{\Xi}$ (s. Lemma 5.3.3), $\Phi_{D'}$ ist linear und wegen der Kompaktheit von V und der Stetigkeit von $\boldsymbol{f}$ ist $\Phi_{D'}(\xi, \xi_{\boldsymbol{x}}) = r - \boldsymbol{f}(\boldsymbol{x})' \boldsymbol{M}(\xi)^{-1} \boldsymbol{f}(\boldsymbol{x})$ stetig auf V für alle $\xi \in \tilde{\Xi}$ (s. (5.5.16)), und es existiert $D_{D'}(\xi) = \inf_{\boldsymbol{x}\in V} \Phi_{D'}(\xi, \xi_{\boldsymbol{x}}) = \Phi_{D'}(\xi, \xi_{\boldsymbol{x}^*})$. Es bleibt noch (6.2.2) nachzuprüfen.

Dazu benötigen wir für $\xi \in \tilde{\Xi}$, $\boldsymbol{x} \in V$ und $\alpha \in [0, 1)$ die folgende Darstellung:

$$\begin{aligned}\Phi_{D'}((1-\alpha)\,\xi + \alpha\xi_{\boldsymbol{x}}, \xi) &= r - \operatorname{sp} \boldsymbol{M}(\xi)\,[(1-\alpha)\,\boldsymbol{M}(\xi) + \alpha \boldsymbol{M}(\xi_{\boldsymbol{x}})]^{-1} \\ &= r - \frac{r}{1-\alpha} + \frac{\alpha \boldsymbol{f}(\boldsymbol{x})' \boldsymbol{M}(\xi)^{-1} \boldsymbol{f}(\boldsymbol{x})}{(1-\alpha)\big(1 + \alpha(\boldsymbol{f}(\boldsymbol{x})' \boldsymbol{M}(\xi)^{-1} \boldsymbol{f}(\boldsymbol{x}) - 1)\big)} ,\end{aligned} \tag{6.2.27}$$

die wir unter Benutzung von (1.A.9) erhalten.

Es sei für $\xi \in \tilde{\Xi}$

$$D_{D'}(\xi) = \Phi_{D'}(\xi, \xi_{\boldsymbol{x}^*}) = r - \boldsymbol{f}(\boldsymbol{x}^*)' \boldsymbol{M}(\xi)^{-1} \boldsymbol{f}(\boldsymbol{x}^*) \leqq \delta < 0 .$$

Da $\Phi_{D'}((1-\alpha)\,\xi + \alpha\xi_{\boldsymbol{x}^*}, \xi)$ aus (6.2.27) in $\boldsymbol{f}(\boldsymbol{x}^*)' \boldsymbol{M}(\xi)^{-1} \boldsymbol{f}(\boldsymbol{x}^*)$ monoton wächst, kann man folgende Abschätzung für $\alpha \in [0, \alpha_0(\xi, \delta)]$ ableiten:

$$\Phi_{D'}((1-\alpha)\,\xi + \alpha\xi_{\boldsymbol{x}^*}, \xi) \geqq \frac{\alpha[\alpha r(1 - r + \delta) - \delta]}{[1 + \alpha(r - \delta - 1)]} \geqq -\alpha \frac{\delta}{2} . \tag{6.2.28}$$

Dabei wird $\alpha_0(\xi, \delta) = \dfrac{\delta}{(2r + \delta)(1 - r + \delta)} =: \alpha_0$ als Lösung von

$$\frac{[\alpha_0 r(1 - r + \delta) - \delta]}{[1 + \alpha_0(r - \delta - 1)]} = -\frac{\delta}{2} \tag{6.2.29}$$

erhalten. Daraus folgt mit $\delta_0 = -2r$

$$\forall \delta \in (-2r, 0) : \tilde{\alpha}_0(\delta) := \inf_{\xi \in \{\xi \in \tilde{\Xi} : D_{D'}(\xi) \leq \delta\}} \alpha_0(\xi, \delta) = \alpha_0 > 0$$

und damit die Gültigkeit von (6.2.2).

Das Iterationsverfahren II für $\psi = Z_{D'} \circ \boldsymbol{M}$ lautet

$$\begin{aligned}\forall s \in \mathbb{N} : \xi_0 \in \tilde{\Xi} \wedge \xi_s \in \tilde{\Xi}(s) \wedge &\sup_{\xi\in\tilde{\Xi}(s)} [Z_{D'}(\boldsymbol{M}(\xi_{s-1})) - Z_{D'}(\boldsymbol{M}(\xi))] \\ &= Z_{D'}(\boldsymbol{M}(\xi_{s-1})) - Z_{D'}(\boldsymbol{M}(\xi_s)) .\end{aligned} \tag{6.2.30}$$

Das Verfahren II aus (6.2.30) läßt sich wie folgt darstellen(FEDOROV [6]):

Lemma 6.2.1: Das folgende Verfahren ist äquivalent zu (6.2.30).

$$\forall s \in \mathsf{N}: \xi_0 \in \tilde{\Xi} \wedge \xi_s = (1 - \pi_s^*)\, \xi_{s-1} + \pi_s^* \xi_{x_s^*} \wedge x_s^* \in V$$
$$\wedge \sup_{x \in V} f(x)'\, M(\xi_{s-1})^{-1} f(x) = f(x_s^*)'\, M(\xi_{s-1})^{-1} f(x_s^*)$$
$$\wedge \pi_s^* = \frac{f(x_s^*)'\, M(\xi_{s-1})^{-1} f(x_s^*) - r}{r\left(f(x_s^*)'\, M(\xi_{s-1})^{-1} f(x_s^*) - 1\right)} \bullet \tag{6.2.31}$$

Beweis: Aus (6.2.30) erhält man wegen der Monotonie von ln (·) und (1.A.12):

$$\forall s \in \mathsf{N}: \frac{Z_D(M(\xi_{s-1}))}{Z_D(M(\xi_s))} = \frac{Z_D(M(\xi_{s-1}))}{Z_D(M((1 - \pi_s^*)\, \xi_{s-1} + \pi_s^* \xi_{x_s^*}))}$$
$$= \sup_{(x,\pi) \in V \times [0,1)} \frac{\det [(1 - \pi)\, M(\xi_{s-1}) + \pi M(\xi_x)]}{\det M(\xi_{s-1})}$$
$$= \sup_{\pi \in [0,1)} \sup_{x \in V} \left[(1 - \pi)^r \left\{ 1 + \frac{\pi}{1 - \pi} f(x)'\, M(\xi_{s-1})^{-1} f(x) \right\} \right] \qquad \text{(Lemma 2.1.1)}$$
$$= \sup_{\pi \in [0,1)} (1 - \pi)^r \left\{ 1 + \frac{\pi}{1 - \pi} \left[\sup_{x \in V} f(x)'\, M(\xi_{s-1})^{-1} f(x) \right] \right\}.$$

Daraus folgt, daß $x_s^* \in V$ Lösung ist von $\forall s \in \mathsf{N}: f(x)'\, M(\xi_{s-1})^{-1} f(x) \overset{!}{=} \sup_{x \in V}$ und $\pi_s^* \in [0, 1)$ aus (6.2.31) Lösung ist von

$$\forall s \in \mathsf{N}: (1 - \pi)^r \left\{ 1 + \frac{\pi}{1 - \pi} f(x_s^*)'\, M(\xi_{s-1})^{-1} f(x_s^*) \right\} \overset{!}{=} \sup_{\pi \in [0,1)}.$$

Aus Satz 6.2.2 ergibt sich unmittelbar:

Folgerung 6.2.4: Es seien $\Xi^*_{D, \tilde{\Xi}} \neq \emptyset$ und die Voraussetzungen 6.2.3 und 6.2.1 erfüllt. Dann konvergiert jede gemäß (6.2.30) bzw. (6.2.31) erzeugte Folge $\{Z_{D'}(M(\xi_s))\}_{s \in \mathsf{N}}$, und es ist $\lim_{s \to \infty} Z_{D'}(M(\xi_s)) = Z_{D'}^*$ •

Eine nicht so starke Einschränkung von Verfahren I, wie sie Verfahren II zur Konstruktion D-optimaler Pläne darstellt, wurde von ATWOOD [3] vorgeschlagen. Dieses Verfahren, das wir als Verfahren V bezeichnen wollen, entstand aus Verfahren II für die D-Optimalität durch Zusätze, die auf der in Satz 6.1.12 dargestellten Eigenschaft D-optimaler Pläne und der Konvexität von $Z_{D'}$ auf $M(\tilde{\Xi})$ (s. Lemma 5.3.3) beruhen.

Wir formulieren *Verfahren V* (ATWOOD [3]):

1. $\forall s \in \mathsf{N}: \xi_0 \in \tilde{\Xi}$

$$\wedge [\exists k \in \mathsf{N}\, \exists \{x_{s,1}^*, \dots, x_{s,k}^*\} \in \{x \subseteq V: \sup_{\tilde{x} \in \tilde{V}} f(\tilde{x})'\, M(\xi_{s-1})^{-1} f(\tilde{x}) = f(x)'\, M(\xi_{s-1})\, f(x)\}]$$
$$\wedge [\forall i \in \{1, \dots, k\}: \xi_{s,i} := (1 - \pi_s^*)\, \xi_{s-1} + \pi_s^* \xi_{x_{s,i}^*}]$$
$$\wedge \pi_s^* = \frac{f(x_{s,1}^*)'\, M(\xi_{s-1})^{-1} f(x_{s,1}^*) - r}{r(f(x_{s,1}^*)'\, M(\xi_{s-1})^{-1} f(x_{s,1}^*) - 1)} \wedge \xi_s' := \frac{1}{k} \sum_{i=1}^{k} \xi_{s,i}. \tag{6.2.32}$$

2. $\forall s \in \bar{N} := \{s \in \mathsf{N}: (\exists x \in S(\xi_s'): \xi_s'(\{x\}) > r^{-1})\}$

$$\forall s' \in \mathsf{N} \setminus \bar{N}: \xi_s := (1 - \pi_s')\, \xi_s' + \pi_s' \xi_x \wedge \pi_s' = \frac{1 - r\xi_s'(\{x\})}{r(1 - \xi_s'(\{x\}))} \wedge \xi_{s'} := \xi_{s'}'. \tag{6.2.33}$$

Im ersten Teil eines Iterationsschrittes werden k Punkte, die $\boldsymbol{f}(\cdot)'\, \boldsymbol{M}(\xi_{s-1})^{-1} \boldsymbol{f}(\cdot)$ über V maximieren, zum Spektrum von ξ_{s-1} hinzugefügt, das für $k = 1$ dem Verfahren II aus (6.2.31) entspricht. Falls ein $\boldsymbol{x} \in S(\xi_s')$ mit einem Gewicht $\xi_s'(\{\boldsymbol{x}\}) > r^{-1}$ existiert, ist ξ_s nach Satz 6.1.12 sicher nicht optimal. Deshalb wird in diesem Falle im zweiten Teil des Iterationsschrittes ein neuer Plan konstruiert, der dem Punkt $\boldsymbol{x}$ nun das Gewicht $\xi_s(\{\boldsymbol{x}\}) = r^{-1}$ zuordnet.

Satz 6.2.6 (Atwood [3]): Es seien $\Xi^*_{D,\tilde{\Xi}} \neq \emptyset$ und die Voraussetzungen 6.2.3 und 6.2.1 erfüllt. Dann konvergiert jede gemäß (6.2.32) und (6.2.33) erzeugte Folge $\{Z_{D'}(\boldsymbol{M}(\xi_s))\}_{s \in \mathbb{N}}$ und es ist $\lim_{s\to\infty} Z_{D'}(\boldsymbol{M}(\xi_s)) = Z^*_{D'}$ •

Beweis: a) Wir zeigen für die gemäß (6.2.32) und (6.2.33) konstruierte Folge $\{Z_{D'}(\boldsymbol{M}(\xi_s))\}_{s\in\mathbb{N}}$:

$$\begin{aligned}\forall s \in \mathbb{N}: Z_{D'}(\boldsymbol{M}(\xi_s)) - Z_{D'}(\boldsymbol{M}(\xi_{s-1})) &\leqq Z_{D'}(\boldsymbol{M}(\xi_s')) - Z_{D'}(\boldsymbol{M}(\xi_{s-1})) \\ &\leqq Z_{D'}(\boldsymbol{M}((1-\pi_s^*)\,\xi_{s-1} + \pi_s^* \xi_{\boldsymbol{x}^*_{s,1}})) - Z_{D'}(\boldsymbol{M}(\xi_{s-1})) \leqq 0 \end{aligned} \tag{6.2.34}$$

Wegen der Konvexität von $Z_{D'} \circ \boldsymbol{M}$ auf $\tilde{\Xi}$ gilt:

$$\begin{aligned}\forall s \in \mathbb{N}: Z_{D'}(\boldsymbol{M}(\xi_s')) - Z_{D'}(\boldsymbol{M}(\xi_{s-1})) &\leqq k^{-1} \sum_{i=1}^{k} Z_{D'}(\boldsymbol{M}(\xi_{s,i})) - Z_{D'}(\boldsymbol{M}(\xi_{s-1})) \\ &= Z_{D'}(\boldsymbol{M}((1-\pi_s^*)\,\xi_{s-1} + \pi_s^* \xi_{\boldsymbol{x}^*_{s,1}})) - Z_{D'}(\boldsymbol{M}(\xi_{s-1})) \leqq 0\,, \end{aligned} \tag{6.2.35}$$

da $Z_{D'}(\boldsymbol{M}(\xi_{s,i})) = Z_{D'}(\boldsymbol{M}(\xi_{s,j}))$ für alle $(i,j) \in \{1, \ldots, k\}^2$ (k aus (6.2.32)) ist. Mit (1.A.12) und (6.2.33) ist (6.2.34) für $s \in \mathbb{N} \setminus \overline{N}$ erfüllt, und für $s \in \overline{N}$ erhalten wir

$$\begin{aligned}\forall s \in \overline{N}: & Z_{D'}(\boldsymbol{M}(\xi_s)) - Z_{D'}(\boldsymbol{M}(\xi_{s-1})) = Z_{D'}(\boldsymbol{M}((1-\pi_s')\,\xi_s' + \pi_s'\xi_{\boldsymbol{x}})) - Z_{D'}(\boldsymbol{M}(\xi_{s-1})) \\ &= Z_{D'}(\boldsymbol{M}(\xi_s')) - \ln\left[(1-\pi_s')^r\, \{1 + (\pi_s'/(1-\pi_s'))\, \boldsymbol{f}(\boldsymbol{x})'\, \boldsymbol{M}(\xi_s')^{-1} \boldsymbol{f}(\boldsymbol{x})\}\right] - Z_{D'}(\boldsymbol{M}(\xi_{s-1})) \\ &= Z_{D'}(\boldsymbol{M}(\xi_s')) - \ln\left[\left(\frac{r-1}{r}\right)^r \left\{\frac{1 - 1/r - \boldsymbol{f}(\boldsymbol{x})'\,\boldsymbol{M}(\xi_s')^{-1}\boldsymbol{f}(\boldsymbol{x})/r - \xi_s'(\{\boldsymbol{x}\})\, \boldsymbol{f}(\boldsymbol{x})'\,\boldsymbol{M}(\xi_s')^{-1}\boldsymbol{f}(\boldsymbol{x})}{(1-\xi_s'(\{\boldsymbol{x}\}))^r}\right\}\right] \\ &\quad - Z_{D'}(\boldsymbol{M}(\xi_{s-1})) \\ &\leqq Z_{D'}(\boldsymbol{M}(\xi_s')) - \ln\left[\left(\frac{1-1/r}{1-\xi_s'(\{\boldsymbol{x}\})}\right)^{r-1} \left\{\frac{\boldsymbol{f}(\boldsymbol{x})'\,\boldsymbol{M}(\xi_s')^{-1}\boldsymbol{f}(\boldsymbol{x})}{1-\xi_s'(\{\boldsymbol{x}\})}\right\}\right] - Z_{D'}(\boldsymbol{M}(\xi_{s-1})) \quad \text{(s. Satz 6.1.12)} \\ &\leqq Z_{D'}(\boldsymbol{M}(\xi_s')) - Z_{D'}(\boldsymbol{M}(\xi_{s-1}))\,, \end{aligned}$$

woraus mit (6.2.35) die Gültigkeit von (6.2.34) folgt.

b) Die monoton wachsende, nach unten beschränkte Folge $\{Z_{D'}(\boldsymbol{M}(\xi_s))\}_{s\in\mathbb{N}}$ (s. (6.2.35)) ist konvergent. Der Beweis von Satz 6.2.6 kann nun analog zu dem von Satz 6.2.1 weitergeführt werden, indem insbesondere in (6.2.10) die Beziehung (6.2.34) benutzt wird.

Als weiteres Beispiel für Verfahren IV geben wir jetzt ein Verfahren zur Konstruktion D-optimaler Pläne an, das von Wynn [2], [1] für $\tilde{\Xi} = \Xi_{\text{reg}}$ formuliert wurde.

Das Verfahren IV hat die Darstellung (Wynn [2]):

$$\begin{aligned}&\forall s \in \mathbb{N}: \xi_0 \in \Xi_{\text{reg}} \wedge \operatorname{card} S(\xi_0) = m_0 \wedge \varepsilon_s = (m_0 + s)^{-1} \\ &\wedge \xi_s = (1-\varepsilon_s)\,\xi_{s-1} + \varepsilon_s \xi_{\boldsymbol{x}_s^*} \wedge \boldsymbol{f}(\boldsymbol{x}_s^*)'\,\boldsymbol{M}(\xi_{s-1})^{-1}\boldsymbol{f}(\boldsymbol{x}_s^*) = \sup_{\boldsymbol{x}\in V} \boldsymbol{f}(\boldsymbol{x})'\,\boldsymbol{M}(\xi_{s-1})^{-1}\boldsymbol{f}(\boldsymbol{x})\,. \end{aligned} \tag{6.2.36}$$

Satz 6.2.7 (Wynn [1]): Es sei $\Xi^*_{D,\Xi_{\text{reg}}} \neq \emptyset$. Dann konvergiert jede gemäß (6.2.36) erzeugte Folge $\{Z_{D'}(\boldsymbol{M}(\xi_s))\}_{s\in\mathbb{N}}$, und es ist $\lim_{s\to\infty} Z_{D'}(\boldsymbol{M}(\xi_s)) = Z^*_{D'}$ •

Der Beweis wird von Wynn [1] geführt.

6.3. Ungleichungen zur Beurteilung der Güte stetiger Pläne

Mit dem Satz von WHITTLE und den daraus abgeleiteten Äquivalenzsätzen (s. Abschnitte 5.5 und 5.6), insbesondere mit der Bedingung 3 dieser Sätze, kann man die ψ-Optimalität eines gegebenen Planes prüfen. Falls der Plan nicht optimal ist, interessiert aber (z. B. beim Abbruch eines Iterationsverfahrens — s. Abschnitt 6.2) ein Vergleich mit dem Funktionalwert ψ-optimaler Pläne.

Für derartige Vergleiche werden wir im folgenden einige Ungleichungen angeben.

Für $\tilde{\Xi} \subseteq \Xi$ gelte die Reichhaltigkeitseigenschaft (s. Vor. 2.2.3):

$$\forall(\xi, \xi') \in \tilde{\Xi} \times \Xi \; \forall\alpha \in [0, 1): \big((1-\alpha)\,\xi + \alpha\xi'\big) \in \tilde{\Xi}\,. \tag{6.3.1}$$

Vor. 6.3.1: Es sei $\Xi^*_{\psi,\tilde{\Xi}} \neq \emptyset$ •

Es bezeichne

$$\forall\xi^* \in \Xi^*_{\psi,\tilde{\Xi}}: \psi^* := \psi(\xi^*)\,.$$

Wir definieren zunächst ein Gütekriterium zum Vergleich eines beliebigen Planes mit dem optimalen Plan.

Def. 6.3.1: Die Größe $e_\psi(\xi)$ heißt *ψ-Effektivität von* $\xi \in \tilde{\Xi} =_{\mathrm{df}}$

$$\psi(\xi) \neq 0 \wedge e_\psi(\xi) = \frac{\psi^*}{\psi(\xi)} \; \bullet$$

Es gilt für die ψ-Effektivität von $\xi \in \tilde{\Xi}$

$$e_\psi(\xi) = 1 \Leftrightarrow \xi \in \Xi^*_{\psi,\tilde{\Xi}}\,. \tag{6.3.2}$$

Mit (2.2.30) wurde für konvexe Funktionale

$$\forall\xi \in \tilde{\Xi} \; \forall\xi^* \in \Xi^*_{\psi,\tilde{\Xi}}: \psi(\xi) \geqq \psi^* \geqq \psi(\xi) + D_\psi(\xi) \tag{6.3.3}$$

angegeben.

Wir erhalten daraus Ungleichungen für die ψ-Effektivität von Plänen:

Lemma 6.3.1: Es sei ψ konvex auf $\tilde{\Xi}$. Dann gelten die Aussagen:

$$1.\quad \forall\xi \in \tilde{\Xi}: \psi(\xi) > 0 \Rightarrow 1 + \frac{D_\psi(\xi)}{\psi(\xi)} \leqq e_\psi(\xi) \leqq 1\,, \tag{6.3.4}$$

$$2.\quad \forall\xi \in \tilde{\Xi}: \psi(\xi) < 0 \Rightarrow 1 \leqq e_\psi(\xi) \leqq 1 + \frac{D_\psi(\xi)}{\psi(\xi)} \; \bullet \tag{6.3.5}$$

Zum *Beweis*: Die Aussagen 1 und 2 erhält man, wenn (6.3.3) unter Berücksichtigung des Vorzeichens von $\psi(\xi)$; $\xi \in \tilde{\Xi}$; durch $\psi(\xi)$ dividiert wird.

Die Ungleichungen (6.3.3), (6.3.4) bzw. (6.3.5) für die ψ-Effektivität konkretisieren wir im folgenden für die Funktionale $\psi = Z_L \circ \boldsymbol{M}$, $\psi = Z_{D'} \circ \boldsymbol{M}$, $\psi = Z_{E'} \circ \boldsymbol{M}$ aus Abschnitt 5.2 und $\psi = Z_{L_A} \circ \boldsymbol{M}$, $\psi = Z_{D_A} \circ \boldsymbol{M}$ aus Abschnitt 5.6. Die dazu nötigen Ausdrücke für D_ψ sind in den Abschnitten 5.5 bzw. 5.6 im Zusammenhang mit den entsprechenden Äquivalenzsätzen zu finden (zur Anwendung s. II/4).

Wir geben zuerst Spezialisierungen von (6.3.3) an:

Folgerung 6.3.1: Es seien $\tilde{\Xi} \subseteq \Xi_{\mathrm{reg}}$, (6.3.1) und Vor. 6.3.1 erfüllt. Dann gelten die Aussagen:

$$\text{a)}\quad \forall\xi \in \tilde{\Xi}: Z_L\big(\boldsymbol{M}(\xi)\big) \geqq Z_L^* \geqq 2Z_L\big(\boldsymbol{M}(\xi)\big) - \sup_{\boldsymbol{x} \in V} \boldsymbol{f}(\boldsymbol{x})'\,\boldsymbol{M}(\xi)^{-1}\,\boldsymbol{U}_L\boldsymbol{M}(\xi)^{-1}\boldsymbol{f}(\boldsymbol{x})\,, \tag{6.3.6}$$

b) $\forall \xi \in \tilde{\Xi}: -\lambda_{\min}(M(\xi)) \geqq Z^*_{E'} \geqq - \sup_{x \in V} [t'_{\min}(M(\xi))\, f(x)]^2$, (6.3.7)

c) $\forall \xi \in \tilde{\Xi}: Z_D(M(\xi)) \exp\left[r - \sup_{x \in V} f(x)'\, M(\xi)^{-1} f(x)\right] \leqq Z^*_D \leqq Z_D(M(\xi))$ • (6.3.8)

Folgerung 6.3.2: Es seien $\tilde{\Xi} \subseteq \Xi_A$, (6.3.1) und Vor. 6.3.1 erfüllt. Dann gelten die Aussagen:

a) $\forall \xi \in \tilde{\Xi}: Z_{L_A}(M(\xi)) \geqq Z^*_{L_A} \geqq 2 Z_{L_A}(M(\xi)) - \sup_{x \in V_\xi} f(x)'\, M(\xi)^- A' U A M(\xi)^- f(x)$, (6.3.9)

b) $\forall \xi \in \tilde{\Xi}: Z_{D_A}(M(\xi)) \exp\left[s - \sup_{x \in V_\xi} f(x)'\, M(\xi)^- A' (A M(\xi)^- A')^{-1} M(\xi)^- f(x)\right]$

$\leqq Z^*_{D_A} \leqq Z_{D_A}(M(\xi))$ • (6.3.10)

Wir erhalten daraus mit Lemma 6.3.1 die folgenden Ungleichungen für die ψ-Effektivität von Plänen:

Folgerung 6.3.3: Es seien $\tilde{\Xi} \subseteq \Xi_{\text{reg}}$, (6.3.1) und Vor. 6.3.1 erfüllt. Dann gelten die Aussagen:

a) $\forall \xi \in \tilde{\Xi} \setminus \{\tilde{\xi} \in \tilde{\Xi}: Z_L(M(\tilde{\xi})) > 0\}: 2 - \dfrac{\sup_{x \in V} f(x)'\, M(\xi)^{-1} U_L M(\xi)^{-1} f(x)}{Z_L(M(\xi))} \leqq e_{Z_L}(\xi) \leqq 1$, (6.3.11)

b) $\forall \xi \in \tilde{\Xi}: 1 \leqq e_{Z_{E'}}(\xi) \leqq \dfrac{\sup_{x \in V} [t'_{\min}(M(\xi))\, f(x)]^2}{\lambda_{\min}(M(\xi))}$, (6.3.12)

c) $\forall \xi \in \tilde{\Xi}: \exp\left\{r - \sup_{x \in V} f(x)'\, M(\xi)^{-1} f(x)\right\} \leqq e_{Z_D}(M(\xi)) \leqq 1$ (6.3.13)

(Kiefer [4]) •

Zum *Beweis*: Da $-\lambda_{\min}(M(\xi)) < 0$ ist für alle $\xi \in \Xi_{\text{reg}}$, ergibt sich (6.3.12) aus (6.3.5).
Die Ungleichung (6.3.13) erhält man mit $\det M(\xi) > 0$; $\xi \in \Xi_{\text{reg}}$; aus (6.3.4) und (6.3.8).
Wegen $Z_A(M(\xi)) = \text{sp}\, M(\xi)^{-1} > 0$; $\xi \in \Xi_{\text{reg}}$; gilt die Ungleichung (6.3.11) speziell für $Z_A \circ M$ und alle $\xi \in \tilde{\Xi} \subseteq \Xi_{\text{reg}}$.

Folgerung 6.3.4: Es seien $\tilde{\Xi} \subseteq \Xi_A$, (6.3.1) und Vor. 6.3.1 erfüllt. Dann gelten die Aussagen:

a) $\forall \xi \in \tilde{\Xi} \setminus \{\tilde{\xi} \in \tilde{\Xi}: Z_{L_A}(M(\xi)) > 0\}$:

$$2 - \frac{\sup_{x \in V_\xi} f(x)'\, M(\xi)^- A' U A M(\xi)^- f(x)}{Z_{L_A}(M(\xi))} \leqq e_{Z_{L_A}}(\xi) \leqq 1, \quad (6.3.14)$$

b) $\forall \xi \in \tilde{\Xi}: \exp\left\{s - \sup_{x \in V_\xi} f(x)'\, M(\xi)^- A' (A M(\xi)^- A')^{-1} A M(\xi)^- f(x)\right\}$

$\leqq e_{D_A}(\xi) \leqq 1$ • (6.3.15)

Die Ungleichung (6.3.15) erhält man wegen $\det A M(\xi)^- A' > 0$; $\xi \in \Xi_A$; aus (6.3.4) und (6.3.10).

Im Falle der D- bzw. D_A-Optimalität sind von Wynn [1] und Atwood [1] weitere Ungleichungen angegeben worden.

Lemma 6.3.2 (ATWOOD [1], WYNN [1]): Es gilt

$$\forall \xi \in \Xi_{\mathrm{reg}}: \left[\frac{r}{\sup\limits_{x \in V} f(x)' M(\xi)^{-1} f(x)}\right]^r \leqq e_{Z_D}(\xi)$$

$$\leqq \left[\frac{r}{\sup\limits_{x \in V} f(x)' M(\xi)^{-1} f(x)}\right]^r \left[\frac{\sup\limits_{x \in V} f(x)' M(\xi)^{-1} f(x)}{r-1}\right]^{r-1}. \tag{6.3.16}$$

Lemma 6.3.3 (ATWOOD [1]): Es seien $\xi \in \Xi_{\mathrm{reg}}$,

$$c_0 \in \left\{c \in \mathrm{R}^1 : c > 3/2 \wedge c \geqq \sup_{x \in V} f(x)' M(\xi)^{-1} f(x)\right\}$$

und

$$d_0 = \max\left\{\left(r - 1 + (c_0 - 1)^2\right);\ \left(4(c_0 - 1)^2\left[\frac{r-1}{(2c_0 - 3)^2} + \frac{1}{9}\right]\right);\ \left(2(c_0 - 1)(c_0 - r)\right)\right\}.$$

Dann gilt

$$\forall \xi \in \Xi_{\mathrm{reg}}: \left[\frac{r}{\sup\limits_{x \in V} f(x)' M(\xi)^{-1} f(x)}\right]^r \leqq e_{Z_D}(\xi) \leqq \exp\left[-\frac{\left(\sup\limits_{x \in V} f(x)' M(\xi)^{-1} f(x) - r\right)^2}{2d_0}\right]. \tag{6.3.17}$$

Lemma 6.3.4 (ATWOOD [1]): Es seien $A = [I_s \,\vdots\, O_{s,r-s}]$, $\xi \in \Xi_A$,

$$c_0 \in \left\{c \in \mathrm{R}^1 : c > 3/2 \wedge c \geqq \sup_{x \in V_\xi} f(x)' M(\xi)^- A' \left(AM(\xi)^- A'\right)^{-1} AM(\xi)^- f(x)\right\}$$

und

$$d_0 = \max\left\{\left(r - 1 + (c_0 - 1)^2\right);\ \left(4(c_0 - 1)^2\left[\frac{r-1}{(2c_0 - 3)^2} + \frac{1}{9}\right]\right);\ \left(2(c_0 - 1)(c_0 - s)\right)\right\}.$$

Dann gilt

$$\forall \xi \in \Xi_A: \left[\frac{s}{\sup\limits_{x \in V_\xi} f(x)' M(\xi)^- A' \left(AM(\xi)^- A'\right)^{-1} AM(\xi)^- f(x)}\right]^s \leqq e_{D_A}(\xi)$$

$$\leqq \exp\left[-\frac{\left(\sup\limits_{x \in V_\xi} f(x)' M(\xi)^- A'(AM(\xi)^- A')^{-1} AM(\xi)^- f(x) - s\right)^2}{2d_0}\right]. \tag{6.3.18}$$

Die *Beweise* für die Lemmata 6.3.3 und 6.3.4 sind bei ATWOOD [1] zu finden.

6.4. Zum Übergang von stetigen zu konkreten Plänen

Ein ψ-optimaler stetiger Plan ist i. allg. kein ψ-optimaler konkreter Plan. Der ψ-optimale stetige Plan bzw. eine Näherung für denselben dient jedoch als Ausgangspunkt für die Konstruktion eines konkreten Planes, der im Sinne der ψ-Effektivität als Näherung für den ψ-optimalen konkreten Plan angesehen werden kann.

Wir untersuchen in Abschnitt 6.4.1 das Problem des Überganges von stetigen zu konkreten Plänen und geben in Abschnitt 6.4.2 Ungleichungen zur Beurteilung der Güte der erhaltenen konkreten Pläne an.

6.4.1. Konstruktion konkreter Pläne aus stetigen Plänen

Falls ein ψ-optimaler Plan $\xi^* \in \tilde{\Xi}$ (bzw. ein näherungsweise ψ-optimaler Plan $\tilde{\xi} \in \tilde{\Xi}$) gegeben und nicht mit einem konkreten Plan $V_n \in V^{(0)}$ bzw. $\xi_n \in \Xi^{(0)}$ identifiziert werden kann, entsteht die Aufgabe, die Kenntnis von ξ^* (bzw. $\tilde{\xi}$) zur Bestimmung näherungsweise ψ-optimaler konkreter Pläne auszunutzen.

Wir wollen Vorschriften für den Übergang von stetigen zu konkreten Plänen durch Abbildungen beschreiben. Diese sollen auf einer Menge $\hat{\Xi} \subseteq \tilde{\Xi}$ definiert werden, die z. B. den Plan ξ^* (bzw. $\tilde{\xi}$) enthält.

Vor. 6.4.1: Es seien $\hat{\Xi} \subseteq \tilde{\Xi} \subseteq \Xi$ und $\Xi^{(0)} \subseteq \Xi$ •

Es bezeichne $\mathcal{H}$ eine Menge von Abbildungen $\tilde{h} \mid \hat{\Xi} \to \mathcal{B}_{\Xi^{(0)}}$. Für die weiteren Betrachtungen in diesem Abschnitt sei $\tilde{\xi} \in \hat{\Xi}$ gegeben.

Es gilt

$$\forall \tilde{h} \in \mathcal{H}\ \forall \xi^* \in \Xi^*_{\psi,\tilde{\Xi}}\ \forall \tilde{\xi} \in \hat{\Xi}\ \forall \xi_n^* \in \Xi^*_{\psi,\Xi^{(0)}}: \psi(\xi^*) \leqq \psi(\xi_n^*) \leqq \psi(\tilde{h}(\tilde{\xi}))\,. \tag{6.4.1}$$

Wir formulieren das Problem der Konstruktion näherungsweise ψ-optimaler konkreter Pläne in Form der Aufgabe

$$\psi(\tilde{h}(\tilde{\xi})) \overset{!}{=} \inf_{\tilde{h} \in H}\,. \tag{6.4.2}$$

Mit

$$\hat{\Xi}^{(0)} := \{\xi_n \in \Xi^{(0)}: [\exists \tilde{h} \in \mathcal{H}: \xi_n = \tilde{h}(\tilde{\xi})]\} \tag{6.4.3}$$

ist (6.4.2) äquivalent zu

$$\psi(\xi_n) \overset{!}{=} \inf_{\xi_n \in \hat{\Xi}^{(0)}}\,. \tag{6.4.4}$$

Dabei geht in die Festlegung von $\mathcal{H}$ und $\hat{\Xi}^{(0)}$ die Kenntnis von $\tilde{\xi}$ ein. Insbesondere im Fall $\tilde{\xi} = \xi^* \in \Xi^{(0)} \cap \Xi^*_{\psi,\tilde{\Xi}}$ soll ξ^* auch Lösung von (6.4.2) sein.

Wir geben im folgenden ein Beispiel für Aufgaben der Form (6.4.2) bzw. (6.4.4) an:

Vor. 6.4.2: $\exists n \in \mathsf{N}: \Xi^{(n)} \cap \Xi^{(0)} \neq \emptyset \wedge \hat{\Xi} = \{\xi \in \tilde{\Xi}: \exists m \in \mathsf{N}: \operatorname{card} S(\xi) = m\}$ •

Die Beschränkung auf den Fall, daß $\tilde{\xi} \in \hat{\Xi}$ nur endlich viele Punkte im Spektrum hat, ist insbesondere dann erfüllt, wenn $\tilde{\xi}$ mit Iterationsverfahren gewonnen worden ist (s. Abschnitt 6.2). Es sei $H = \{\tilde{h}_i: i \in I \subseteq \mathsf{N}\}$ eine Menge abzählbar vieler Abbildungen von $\hat{\Xi}$ in $\Xi^{(0)}$, die durch

$$\forall i \in I\ \forall \tilde{\xi} \in \hat{\Xi}: \tilde{h}_i(\tilde{\xi}) = \Big\{\xi \in \Xi^{(0)}: S(\xi) \subseteq S(\tilde{\xi}) = \{\boldsymbol{x}_1, \ldots, \boldsymbol{x}_m\}$$
$$\wedge \left(\forall j \in \{1, \ldots, m\}: \xi(\{\boldsymbol{x}_j\})\right) = \frac{n_j^{(i)}}{n} \wedge n_j^{(i)} \in \mathsf{N} \cup \{0\} \wedge \sum_{j=1}^{m} n_j^{(i)} = n\Big\} \tag{6.4.5}$$

gegeben sind. Mit

$$\tilde{N} := \Big\{(n_1, \ldots, n_m) \in (\mathsf{N} \cup \{0\})^m: \sum_{i=1}^{m} n_i = n$$
$$\wedge \left(\forall i \in \tilde{I} := \{j \in \{1, \ldots, m\}: n_j > 0\}: \xi = \left\{\left(\boldsymbol{x}_i, \frac{n_i}{n}\right)\right\}_{i \in \tilde{I}} \in \Xi^{(0)}\right)\Big\} \tag{6.4.6}$$

geht dann die Aufgabe (6.4.2) bzw. (6.4.4) in

$$\psi\left(\sum_{i=1}^{m} \frac{n_i}{n} \xi_{x_i}\right) \stackrel{!}{=} \inf_{(n_1, \ldots, n_m) \in \tilde{N}} \tag{6.4.7}$$

über.

Für Spezialfälle von (6.4.7) gibt Fedorov [6] Näherungslösungen an.

Bem. 6.4.1: Falls in der Verlustfunktion (s. Vor. 5.1.4) $a(n) \neq n$ ist, muß dieser Übergang von den gemäß (5.1.9) näherungsweise optimalen stetigen Plänen modifiziert werden. Jeder gemäß (6.4.4) bzw. (6.4.7) konstruierte Plan ist für die in Frage kommenden n mit dem Risiko (5.1.6) einzuschätzen (s. Bem. 5.1.1).

6.4.2. Zur Güte konkreter Pläne

Falls der Funktionalwert ψ-optimaler diskreter Pläne in $\tilde{\Xi}$ bekannt ist, lassen sich für die ψ-Effektivitäten konkreter Pläne in $\Xi^{(0)}$ (s. Def. 6.3.1) Ungleichungen angeben, die wir in diesem Abschnitt herleiten wollen (zur Anwendung s. II/4).

Vor. 6.4.3: Für $\psi = Z \circ \boldsymbol{M} \mid \tilde{\Xi} \to \mathrm{R}^1$ und $\xi^* \in \Xi^*_{\psi, \tilde{\Xi}}$ gelten

1. $\exists m \in \mathsf{N}: \operatorname{card} S(\xi^*) = m$,
2. $\exists g \in (\mathrm{R}^1)^{\mathrm{R}^+}\ \forall \xi \in \tilde{\Xi}\ \forall \alpha \in \mathrm{R}^+ : \alpha \boldsymbol{M}(\xi) \in \boldsymbol{M}(\tilde{\Xi}) \Rightarrow Z(\alpha \boldsymbol{M}(\xi)) = g(\alpha)\, Z(\boldsymbol{M}(\xi))$,
3. $\Xi^{(0)} = \{\xi_n \in \Xi^{(n)} : \det \boldsymbol{M}(\xi_n) > 0 \land n > m\}$ •

Es bezeichne $\forall \xi^* \in \Xi^*_{Z \circ \boldsymbol{M}, \tilde{\Xi}} : Z^* := Z(\boldsymbol{M}(\xi^*))$. Unter dieser Voraussetzung geben wir zuerst eine Ungleichung von Fedorov [6] für die Funktionalwerte ψ-optimaler konkreter Pläne in $\Xi^{(0)}$ an.

Satz 6.4.1 (Fedorov [6]): Es sei Vor. 6.4.3 erfüllt. Dann gilt

$$\forall \xi_n^* \in \Xi^*_{\psi, \Xi^{(0)}} : Z^* \leqq Z(\boldsymbol{M}(\xi_n^*)) \leqq g\left(\frac{n-m}{n}\right) Z^* \bullet \tag{6.4.8}$$

Beweis: Es gilt

$$\forall \xi_n \in \Xi^{(0)}\ \forall \xi_n^* \in \Xi^*_{\psi, \Xi^{(0)}} : Z^* \leqq Z(\boldsymbol{M}(\xi_n^*)) \leqq Z(\boldsymbol{M}(\xi_n)) . \tag{6.4.9}$$

Wir zeigen nun

$$\exists \tilde{\xi}_n \in \Xi^{(0)}\ \forall \xi_n^* \in \Xi^*_{\psi, \Xi^{(0)}} : Z^* \leqq Z(\boldsymbol{M}(\xi_n^*)) \leqq Z(\boldsymbol{M}(\tilde{\xi}_n)) \leqq g\left(\frac{n-m}{n}\right) Z^* . \tag{6.4.10}$$

Dazu konstruieren wir eine Informationsmatrix $\boldsymbol{M}(\tilde{\xi}_n)$:

$$\boldsymbol{M}(\tilde{\xi}_n) \geqq \frac{n-m}{n} \boldsymbol{M}(\xi^*) .$$

Auf Grund der Vor. 6.4.3 hat ξ^* die Darstellung $\xi^* = \{(\boldsymbol{x}_i, p_i)\}_{i=1}^{m}$. Also ist wegen $m < n$

$$\frac{n-m}{n} \sum_{i=1}^{m} p_i \boldsymbol{M}(\xi_{\boldsymbol{x}_i}) = \frac{1}{n} \sum_{i=1}^{m} (n-m)\, p_i \boldsymbol{M}(\xi_{\boldsymbol{x}_i}) \leqq \frac{1}{n} \sum_{i=1}^{m} [(n-m)\, p_i + \varepsilon_i]\, \boldsymbol{M}(\xi_{\boldsymbol{x}_i})$$

mit

$$\forall i \in \{1, \ldots, m\} : \varepsilon_i \in [0, 1) \land [(n-m)\, p_i + \varepsilon_i] \in \mathsf{N} .$$

Weiter erhalten wir

$$\frac{n-m}{n} \boldsymbol{M}(\xi^*) \leqq \frac{1}{n} \sum_{i=1}^{m} [(n-m)\, p_i + \varepsilon_i]\, \boldsymbol{M}(\xi_{\boldsymbol{x}_i}) + \frac{1}{n} \sum_{j=1}^{n_0} \boldsymbol{M}(\xi_{\boldsymbol{x}_j}) =: \boldsymbol{M}(\tilde{\xi}_n) , \tag{6.4.11}$$

wobei $n_0 := n - \sum_{i=1}^{m} [(n-m)\, p_i + \varepsilon_i]$ und $\boldsymbol{x}_j \in V$; $j = 1, \ldots, n - n_0$. Wegen (6.4.11) und $\left(\frac{n-m}{n}\right) \boldsymbol{M}(\xi^*) \in \mathcal{M}_r^{>}$ gilt: $\boldsymbol{M}(\tilde{\xi}_n) \in \mathcal{M}_r^{>}$, also ist $\tilde{\xi}_n \in \Xi^{(0)}$ (s. Lemma 5.1.6).

Bem. 6.4.2: Die Aussage des Satzes 6.4.1 gilt auch, wenn in Vor. 6.4.3 die dritte Forderung durch

$$\Xi^{(0)} = \Xi_A = \{\xi \in \Xi\colon \det \boldsymbol{A}\boldsymbol{M}(\xi)^- \boldsymbol{A}' > 0 \wedge \boldsymbol{A} = (\boldsymbol{I}_s \,\vdots\, \boldsymbol{O}_{s,r-s}) \wedge s \leqq r\}$$

(s. Abschnitt 5.6) ersetzt wird. Der Beweis ist entsprechend dem zu Satz 6.4.3 zu führen (zur Anwendung s. II/4).

Bemerkung 6.4.3: Falls $\Xi^{(0)} = \left(\bigcup_{n_i \in \{n_0, \dots, n_l\}} \Xi^{(n_i)} \cap \Xi^{(0)}_{\text{reg}}\right)$; $n_i \in \mathrm{N}$, $i \in \{0, \dots, l\}$; ist, läßt sich die Aussage von Satz 6.4.1 analog übertragen. Es sei $\xi^{**} \in \Xi^*_{\psi, \Xi^{(0)}}$. Dann gilt

$$Z^* \leqq Z(\boldsymbol{M}(\xi^{**})) \leqq \inf_{n_i \in \{n_0, \dots, n_l\}} g\left(\frac{n_i - m}{n_i}\right) Z^*. \tag{6.4.12}$$

Wir geben nun die Ungleichung (6.4.8) für die Funktionale $Z_L \circ \boldsymbol{M}$, $Z_D \circ \boldsymbol{M}$ und $Z_t \circ \boldsymbol{M}$ aus Abschnitt 5.2 an, da diese Teil 2 der Vor. 6.4.3 erfüllen (s. Lemma 5.3.17, zur Anwendung s. II/4).

Es sei $\boldsymbol{t} \in (\mathrm{R}^r)^H$.

Folgerung 6.4.1: Für ξ^* sei Vor. 6.4.3 (Teil 1 und 3) erfüllt. Dann gilt

a) $$\forall \xi_n^* \in \Xi^*_{L, \Xi^{(0)}}\colon Z_L^* \leqq Z_L(\boldsymbol{M}(\xi_n^*)) \leqq \frac{n}{n-m} Z_L^*, \tag{6.4.13}$$

b) $$\forall \xi_n^* \in \Xi^*_{D, \Xi^{(0)}}\colon Z_D^* \leqq Z_D^*(\boldsymbol{M}(\xi_n^*)) \leqq \left(\frac{n}{n-m}\right)^r Z_D^*, \tag{6.4.14}$$

c) $$\forall \xi_n^* \in \Xi^*_{t, \Xi^{(0)}}\colon Z_t^* \leqq Z_t(\boldsymbol{M}(\xi_n^*)) \leqq \frac{n}{n-m} Z_t^* \,\bullet \tag{6.4.15}$$

Entsprechend Def. 6.3.1 ist die *ψ-Effektivität in $\Xi^{(0)}$* für $\psi = Z \circ \boldsymbol{M}$ durch

$$\forall \xi_n \in \Xi^{(0)} \forall \xi_n^* \in \Xi^*_{\psi, \Xi^{(0)}}\colon Z_n^* := Z(\boldsymbol{M}(\xi_n^*)) \wedge Z(\boldsymbol{M}(\xi_n)) \neq 0 \Rightarrow e_Z(\xi_n) = \frac{Z_n^*}{Z(\boldsymbol{M}(\xi_n))} \tag{6.4.16}$$

gegeben. Aus Satz 6.4.1 erhält man für die ψ-Effektivität in $\Xi^{(0)}$:

Lemma 6.4.1: Es sei Vor. 6.4.3 erfüllt. Dann gelten die Aussagen

1. $$\forall \xi_n \in \Xi^{(0)}\colon Z(\boldsymbol{M}(\xi_n)) > 0 \Rightarrow \frac{Z^*}{Z(\boldsymbol{M}(\xi_n))} \leqq e_Z(\xi_n) \leqq g\left(\frac{n-m}{n}\right) \frac{Z^*}{Z(\boldsymbol{M}(\xi_n))}, \tag{6.4.17}$$

2. $$\forall \xi_n \in \Xi^{(0)}\colon Z(\boldsymbol{M}(\xi_n)) < 0 \Rightarrow g\left(\frac{n-m}{n}\right) \frac{Z^*}{Z(\boldsymbol{M}(\xi_n))} \leqq e_Z(\xi_n) \leqq \frac{Z^*}{Z(\boldsymbol{M}(\xi_n))} \,\bullet \tag{6.4.18}$$

Beweis: Die Ungleichungen (6.4.17) und (6.4.18) erhält man aus (6.4.8) unter Beachtung des Vorzeichens von $Z(\boldsymbol{M}(\xi_n))$ nach Division durch $Z(\boldsymbol{M}(\xi_n))$.

Wir spezialisieren Lemma 6.4.2 für die Z_L-, Z_D- und Z_t-Effektivität in $\Xi^{(0)}$:

Folgerung 6.4.2: Für ξ^* sei Vor. 6.4.3 (Teil 1 und 3) erfüllt. Dann gilt

a) $$\forall \xi_n \in \Xi^{(0)}\colon Z_L(\boldsymbol{M}(\xi_n)) > 0 \Rightarrow \frac{Z_L^*}{Z_L(\boldsymbol{M}(\xi_n))} \leqq e_{Z_L}(\xi_n) \leqq \left[\frac{n}{n-m}\right] \frac{Z_L^*}{Z_L(\boldsymbol{M}(\xi_n))}, \tag{6.4.19}$$

b) $$\forall \xi_n \in \Xi^{(0)}\colon \frac{Z_D^*}{Z_D(\boldsymbol{M}(\xi_n))} \leqq e_{Z_D}(\xi_n) \leqq \left(\frac{n}{n-m}\right)^r \frac{Z_D^*}{Z_D(\boldsymbol{M}(\xi_n))}, \tag{6.4.20}$$

c) $$\forall \xi_n \in \Xi^{(0)}\colon Z_t(\boldsymbol{M}(\xi_n)) \neq 0 \Rightarrow \frac{Z_t^*}{Z_t(\boldsymbol{M}(\xi_n))} \leqq e_{Z_t}(\xi_n) \leqq \left[\frac{n}{n-m}\right] \frac{Z_t^*}{Z_t(\boldsymbol{M}(\xi_n))} \,\bullet \tag{6.4.21}$$

Die Anwendung dieser Ungleichungen ist günstig, falls ein Plan $\xi_n \in \Xi^{(0)}$ aus einem ψ-optimalen diskreten Plan konstruiert wurde (s. Abschnitt 6.4.1).

6.5. Iterationsverfahren zur Konstruktion näherungsweise ψ-optimaler konkreter Pläne

Wie wir in Abschnitt 2.2.2 bereits erwähnten, ist die Bestimmung optimaler konkreter Versuchspläne wegen der i. allg. fehlenden Konvexitätseigenschaften sehr schwierig. In diesem Abschnitt werden Iterationsverfahren zur Bestimmung näherungsweise optimaler konkreter Pläne vorgestellt, die vor allem auf Ergebnissen von FEDOROV [6] und WYNN [2] beruhen.

Im Unterschied zu den Iterationsverfahren zur Bestimmung stetiger optimaler Pläne läßt sich hier jedoch i. allg. keine Konvergenz gegen den Funktionalwert des optimalen konkreten Planes nachweisen; es kann lediglich eine schrittweise Verbesserung (Monotonie der Folge von Funktionalwerten) gezeigt werden.

Wir werden die Iterationsverfahren zur Bestimmung konkreter Pläne für Versuchspläne aus $\Xi^{(0)}$ formulieren. Durch Identifizierung mit Elementen aus $V^{(0)}$ erhält man dann die als Versuchsgrundlage dienenden konkreten Pläne.

Wir geben im Abschnitt 6.5.1 allgemeine Iterationsverfahren an, die wir in den Abschnitten 6.5.2 und 6.5.3 auf die L- und D-Optimalität anwenden (zur Anwendung s. auch II/4).

6.5.1. Iterationsverfahren zur Konstruktion näherungsweise ψ-optimaler konkreter Pläne

Wir geben zwei Iterationsverfahren zur Bestimmung näherungsweiser Lösungen der Aufgabe

$$\psi(\xi_n) \overset{!}{=} \inf_{\xi_n \in \Xi^{(0)}} \tag{6.5.1}$$

an.

Vor. 6.5.1: Es sei $\Xi^{(0)} \subseteq \Xi^{(n)}$ •

Es bezeichne

$$\forall \xi_n^* \in \Xi^*_{\psi, \Xi^{(0)}}: \psi_n^* := \psi(\xi_n^*) .$$

Im ersten Verfahren wird ein Punkt aus einem konkreten Plan vom Umfang n durch einen anderen Punkt des Versuchsbereiches ersetzt, so daß eine maximale Abnahme der Funktionalwerte beider Pläne erreicht wird.

Wir formulieren *Verfahren I* zur Konstruktion näherungsweise optimaler konkreter Versuchspläne:

$$\forall s \in \mathsf{N}: \xi_{n,0} \in \Xi^{(0)}$$
$$\wedge\ \xi_{n,s} \in \Xi^{(0)}(s) := \left\{\xi \in \Xi^{(0)}: \xi = \xi_{n,s-1} - \frac{1}{n}\xi_x + \frac{1}{n}\xi_{x_s} \wedge x \in S(\xi_{n,s-1}) \wedge x_s \in V\right\}$$
$$\wedge \sup_{\xi \in \Xi^{(0)}(s)} [\psi(\xi_{n,s-1}) - \psi(\xi)] = \psi(\xi_{n,s-1}) - \psi(\xi_{n,s}) . \tag{6.5.2}$$

Satz 6.5.1 (FEDOROV [6]): Für jede gemäß (6.5.2) erzeugte Folge $\{\xi_{n,s}\}_{s\in\mathsf{N}}$ ist die Folge $\{\psi(\xi_{n,s})\}_{s\in\mathsf{N}}$ monoton fallend, und es ist

$$\lim_{s\to\infty} \psi(\xi_{n,s}) \geqq \psi_n^* \text{ •} \tag{6.5.3}$$

Beweis: Wegen $\forall s \in \mathsf{N}: \xi_{n,s-1} \in \Xi^{(0)}(s)$ gilt

$$\forall s \in \mathsf{N}: \psi(\xi_{n,s-1}) \geqq \psi(\xi_{n,s}) \geqq \psi_n^* .$$

Die monoton fallende, durch ψ_n^* nach unten beschränkte Folge $\{\psi(\xi_{n,s})\}_{s\in\mathbb{N}}$ ist konvergent, und es gilt (6.5.3).

Ein zweites Verfahren ist das folgende: Zu einem gegebenen konkreten Plan vom Umfang n wird ein weiterer Punkt des Versuchsbereiches hinzugefügt. Dann wird ein Punkt aus diesem konkreten Plan vom Umfang $(n+1)$ entfernt, so daß wieder ein konkreter Plan vom Umfang n entsteht. Die Auswahl der jeweiligen Punkte geschieht so, daß eine maximale Abnahme der Funktionalwerte erreicht wird.

Bei Verfahren I wurden zwei Punkte gleichzeitig bestimmt, hier wählt man nacheinander zwei Punkte aus.

Es bezeichne

$$\tilde{\Xi}^{(n+1)} := \Bigg\{\xi \in \Xi^{(n+1)}: \forall \xi_n \in \Xi^{(0)}:$$
$$[\psi(\xi_n) - \psi(\xi)] = \sup_{x\in V}\left[\psi(\xi_n) - \psi\left(\left(1 - \frac{1}{n+1}\right)\xi_n + \frac{1}{n+1}\xi_x\right)\right]\Bigg\}. \tag{6.5.4}$$

Vor. 6.5.2: Das Funktional ψ sei auf $\Xi^{(0)} \cup \tilde{\Xi}^{(n+1)}$ definiert •

Wir formulieren *Verfahren II* zur Konstruktion näherungsweise ψ-optimaler konkreter Pläne:

$$\forall s \in \mathbb{N}: \xi_{n,0} \in \Xi^{(0)} \wedge \xi_{n+1,s} = \left(1 - \frac{1}{n+1}\right)\xi_{n,s-1} + \frac{1}{n+1}\xi_{x^*} \wedge x^* \in V$$
$$\wedge \sup_{x\in V}\left[\psi(\xi_{n,s-1}) - \psi\left(\left(1 - \frac{1}{n+1}\right)\xi_{n,s-1} + \frac{1}{n+1}\xi_x\right)\right]$$
$$= \psi(\xi_{n,s-1}) - \psi\left(\left(1 - \frac{1}{n+1}\right)\xi_{n,s-1} + \frac{1}{n+1}\xi_{x^*}\right)$$
$$\wedge \xi_{n,s} = \left(1 + \frac{1}{n}\right)\xi_{n+1,s} - \frac{1}{n}\xi_{x_s^*}$$
$$\wedge x_s^* \in V(s) := \left\{x_s \in S(\xi_{n+1,s}): \left[\left(1 + \frac{1}{n}\right)\xi_{n+1,s} - \frac{1}{n}\xi_{x_s}\right] \in \Xi^{(0)}\right\}$$
$$\wedge \sup_{x_s\in V(s)}\left[\psi(\xi_{n+1,s}) - \psi\left(\left(1 + \frac{1}{n}\right)\xi_{n+1,s} - \frac{1}{n}\xi_{x_s}\right)\right]$$
$$= \left[\psi(\xi_{n+1,s}) - \psi\left(\left(1 + \frac{1}{n}\right)\xi_{n+1,s} - \frac{1}{n}\xi_{x_s^*}\right)\right]. \tag{6.5.5}$$

Satz 6.5.2: Es gelte Vor. 6.5.2 für ψ. Dann ist jede gemäß (6.5.5) erzeugte Folge $\{\psi(\xi_{n,s})\}_{s\in\mathbb{N}}$ monoton fallend, und es ist

$$\lim_{s\to\infty} \psi(\xi_{n,s}) \geqq \psi_n^* \; \bullet \tag{6.5.6}$$

Beweis: Die Aussage folgt in analoger Beweisführung wie für Satz 6.5.1 aus der Beziehung

$$\forall s \in \mathbb{N}: \psi(\xi_{n,s-1}) \geqq \psi(\xi_{n+1,s}) \geqq \psi(\xi_{n,s}).$$

Bemerkung 6.5.1: Die Aussagen dieses Abschnittes können prinzipiell übertragen werden, falls Vor. 6.5.1 für $\Xi^{(0)}$ durch

$$\Xi^{(0)} \subseteq \bigcup_{i\in\{n_1,\ldots,n_l\}} \Xi^{(n_i)}$$

ersetzt wird. Man hat dann i. allg. l Optimierungsprobleme der Art

$$\psi(\xi_{n_i}) \overset{!}{=} \inf_{\xi_{n_i}\in\Xi^{(0)}\cap\Xi^{(n_i)}} \tag{6.5.7}$$

mit einem Iterationsverfahren zu lösen und anschließend von den l erhaltenen näherungsweise optimalen konkreten Plänen den mit dem kleinsten Funktionalwert zu bestimmen.

Da die in diesem Abschnitt angegebenen Iterationsverfahren i. allg. nicht gegen den Funktionalwert der ψ-optimalen konkreten Pläne konvergieren, sind nach Abbruch der Verfahren Betrachtungen über die ψ-Effektivität in $\Xi^{(0)}$ der erhaltenen Näherungen für ψ-optimale konkrete Pläne von Bedeutung. Wir verweisen dazu auf Abschnitt 6.4.2.

6.5.2. Iterationsverfahren zur Konstruktion näherungsweise L-optimaler konkreter Pläne

Wir konkretisieren in diesem Abschnitt die Verfahren I und II zur Konstruktion von Näherungen für L-optimale Pläne (s. Abschnitt 5.2).

Es gelte

Vor. 6.5.3: $\Xi^{(0)} = \{\xi_n \in \Xi^{(n)}: \det \boldsymbol{M}(\xi_n) > 0\}$ •

Durch spezielle Wahl von $\psi = Z_L \circ \boldsymbol{M}$ erhält man mit (6.5.2) das Verfahren I für die Konstruktion näherungsweise L-optimaler Pläne in $\Xi^{(0)}$. Bevor wir Verfahren II formulieren, zeigen wir die Gültigkeit von Vor. 6.5.2.

Es ist

$$\tilde{\Xi}^{(n+1)} = \left\{\xi \in \Xi_{(n+1)}: \left(\forall \xi \in \Xi^{(0)}: Z_L(\boldsymbol{M}(\xi_n)) - Z_L(\boldsymbol{M}(\xi))\right.\right.$$
$$\left.\left. = \sup_{\boldsymbol{x}\in V}\left[Z_L(\boldsymbol{M}(\xi_n)) - Z_L\left(\left(1 - \frac{1}{n+1}\right)\boldsymbol{M}(\xi_n) + \frac{1}{n+1}\boldsymbol{M}(\xi_{\boldsymbol{x}})\right)\right]\right)\right\}. \quad (6.5.8)$$

Lemma 6.5.1: Das Funktional $Z_L(\boldsymbol{M}(\cdot))$ ist auf $\Xi^{(0)} \cup \tilde{\Xi}^{(n+1)}$ definiert •

Beweis: Es gilt $\forall \xi_n \in \Xi^{(0)}: \boldsymbol{M}(\xi_n) \in \mathcal{M}_r^>$. Daraus folgt wegen

$$\forall \boldsymbol{x} \in V\ \forall \xi_n \in \Xi^{(0)}: \left[\left(1 - \frac{1}{n+1}\right)\boldsymbol{M}(\xi_n) + \frac{1}{n+1}\boldsymbol{M}(\xi_{\boldsymbol{x}})\right] = \frac{n}{n+1}\boldsymbol{M}(\xi_n) + \frac{1}{n+1}\boldsymbol{M}(\xi_{\boldsymbol{x}}) \in \mathcal{M}_r^>,$$

daß speziell $\Xi^{(n+1)} \subset \Xi_{\text{reg}}$ und damit $Z_L(\boldsymbol{M}(\cdot))$ auf $\Xi^{(0)} \cup \Xi^{(n+1)}$ definiert ist.

Für das Verfahren II gemäß (6.5.5) erhält man unter Benutzung von (1.A.9) die spezielle Form

$$\forall s \in \mathrm{N}: \xi_{n,0} \in \Xi^{(0)} \wedge \xi_{n+1,s} = \left(1 - \frac{1}{n+1}\right)\xi_{n,s-1} + \frac{1}{n+1}\xi_{\boldsymbol{x}^*} \wedge \boldsymbol{x}^* \in V$$
$$\wedge \sup_{\boldsymbol{x}\in V} \operatorname{sp} \boldsymbol{U}_L \frac{\boldsymbol{M}(\xi_{n,s-1})^{-1}\boldsymbol{M}(\xi_{\boldsymbol{x}})\boldsymbol{M}(\xi_{n,s-1})^{-1}}{n + \boldsymbol{f}(\boldsymbol{x})'\boldsymbol{M}(\xi_{n,s-1})^{-1}\boldsymbol{f}(\boldsymbol{x})} = \operatorname{sp} \boldsymbol{U}_L \frac{\boldsymbol{M}(\xi_{n,s-1})^{-1}\boldsymbol{M}(\xi_{\boldsymbol{x}^*})\boldsymbol{M}(\xi_{n,s-1})^{-1}}{n + \boldsymbol{f}(\boldsymbol{x}^*)'\boldsymbol{M}(\xi_{n,s-1})^{-1}\boldsymbol{f}(\boldsymbol{x}^*)}$$
$$\wedge \xi_{n,s} = \left(1 + \frac{1}{n}\right)\xi_{n+1,s} - \frac{1}{n}\xi_{\boldsymbol{x}_s^*}$$
$$\wedge \boldsymbol{x}_s^* \in V(s) = \left\{\boldsymbol{x}_s \in S(\xi_{n+1,s}): \left[\left(1 + \frac{1}{n}\right)\xi_{n+1,s} - \frac{1}{n}\xi_{\boldsymbol{x}_s}\right] \in \Xi^{(0)}\right\}$$
$$\wedge \inf_{\boldsymbol{x}_s\in V(s)} \operatorname{sp} \boldsymbol{U}_L \frac{\boldsymbol{M}(\xi_{n+1,s})^{-1}\boldsymbol{M}(\xi_{\boldsymbol{x}_s})\boldsymbol{M}(\xi_{n+1,s})^{-1}}{n + 1 - \boldsymbol{f}(\boldsymbol{x}_s)'\boldsymbol{M}(\xi_{n+1,s})^{-1}\boldsymbol{f}(\boldsymbol{x}_s)} = \operatorname{sp} \boldsymbol{U}_L \frac{\boldsymbol{M}(\xi_{n+1,s})^{-1}\boldsymbol{M}(\xi_{\boldsymbol{x}_s^*})\boldsymbol{M}(\xi_{n+1,s})^{-1}}{n + 1 - \boldsymbol{f}(\boldsymbol{x}_s^*)'\boldsymbol{M}(\xi_{n+1,s})^{-1}\boldsymbol{f}(\boldsymbol{x}_s^*)}. \quad (6.5.9)$$

Wir weisen darauf hin, daß in (6.5.9) gegenüber (6.5.5) konstante Größen vernachlässigt wurden.

6.5.3. Iterationsverfahren zur Konstruktion näherungsweise D-optimaler konkreter Pläne

Wir spezialisieren jetzt Verfahren II für die D-Optimalität, d. h. für das Funktional $Z_{D'}(M(\cdot)) = \ln \det M(\cdot)^{-1}$ (s. Abschnitt 5.2) und $\Xi^{(0)} = \{\xi_n \in \Xi^{(n)}: \det M(\xi_n) > 0\}$ (s. Vor. 6.5.3). Das Verfahren I erhält man mit $\psi = Z_{D'} \circ M$ unmittelbar aus (6.5.2).

Wir zeigen zunächst, daß für

$$\tilde{\Xi}^{(n+1)} = \Bigl\{\xi \in \Xi^{(n+1)}: (\forall \xi_n \in \Xi^{(0)}: Z_{D'}(M(\xi_n)) - Z_{D'}(M(\xi)) = \sup_{x \in V}\Bigl[Z_{D'}(M(\xi_n)) - Z_{D'}\Bigl(M\Bigl(1 - \frac{1}{n+1}\Bigr)\xi + \frac{1}{n+1}\xi_x\Bigr)\Bigr]\Bigr\} \tag{6.5.10}$$

die Vor. 6.5.2 erfüllt ist.

Lemma 6.5.2: Die Menge $\Xi^{(0)}$ genüge Vor. 6.5.3. Dann ist das Funktional $Z_{D'}(M(\cdot))$ auf $\Xi^{(0)} \cup \tilde{\Xi}^{(n+1)}$ mit $\tilde{\Xi}^{(n+1)}$ aus (6.5.10) definiert •

Der Beweis entspricht dem Beweis von Lemma 6.5.1. Dann erhält Verfahren II gemäß (6.5.5) für $\psi = Z_{D'} \circ M$ unter Benutzung von (1.A.12) die Form

$$\begin{aligned}
&\forall s \in \mathrm{N}: \xi_{n,0} \in \Xi^{(0)} \wedge \xi_{n+1,s} = \Bigl(1 - \frac{1}{n+1}\Bigr)\xi_{n,s-1} + \frac{1}{n+1}\xi_{x^*}\\
&\wedge x^* \in V \wedge \sup_{x \in V} f(x)'\, M(\xi_{n,s-1})^{-1} f(x) = f(x^*)'\, M(\xi_{n,s-1})^{-1} f(x^*)\\
&\wedge \xi_{n,s} = \Bigl(1 + \frac{1}{n}\Bigr)\xi_{n+1,s} - \frac{1}{n}\xi_{x_s^*}\\
&\wedge x_s^* \in V(s) = \Bigl\{x_s \in S(\xi_{n+1,s}): \Bigl[\Bigl(1 + \frac{1}{n}\Bigr)\xi_{n+1,s} - \frac{1}{n}\xi_{x_s}\Bigr] \in \Xi^{(0)}\Bigr\}\\
&\wedge \inf_{x_s \in V(s)} f(x_s)'\, M(\xi_{n+1,s})^{-1} f(x_s) = f(x_s^*)'\, M(\xi_{n+1,s})^{-1} f(x_s^*)\,.
\end{aligned} \tag{6.5.11}$$

Von Wynn [2] wurde eine Aussage angegeben, die eine Abschätzung für die Funktionalwertabnahme bei Verfahren II ermöglicht.

Satz 6.5.3 (Wynn [2]): Die Menge $\Xi^{(0)}$ genüge Vor. 6.5.3. Es seien $n > r - 1$ und $\{\xi_{n,s}\}_{s \in \mathrm{N}}$ gemäß (6.5.11) konstruiert. Dann gilt

$$\begin{aligned}
\forall s \in \mathrm{N}: &\Bigl(\exists \delta_0 < 0\ \forall \delta \in [0, \delta_0]: \sup_{x \in V} f(x)'\, M(\xi_{n,s-1})^{-1} f(x) \geqq \frac{nr}{n-r+1} + \delta\Bigr)\\
&\Rightarrow \Bigl[Z_{D'}(M(\xi_{n,s-1})) - Z_{D'}(M(\xi_{n,s})) \geqq \ln\Bigl\{1 + \frac{\delta(n-r+1)}{n(n+1)}\Bigr\}\Bigr] \bullet
\end{aligned} \tag{6.5.12}$$

Beweis: Es gilt mit (1.A.12) für $\{\xi_{n,s}\}_{s\in\mathbb{N}}$ gemäß (6.5.11)

$$\forall s \in \mathbb{N}: Z_{D'}(\boldsymbol{M}(\xi_{n,s-1})) - Z_{D'}(\boldsymbol{M}(\xi_{n,s})) = \ln \frac{\det \boldsymbol{M}(\xi_{n,s})}{\det \boldsymbol{M}(\xi_{n,s-1})}$$

$$= \ln \left[\left(\frac{n+1}{n}\right)^r \frac{\det \boldsymbol{M}(\xi_{n+1,s})}{\det \boldsymbol{M}(\xi_{n,s-1})} \left\{1 - \frac{\inf\limits_{\boldsymbol{x}_s \in V(s)} \boldsymbol{f}(\boldsymbol{x}_s)' \boldsymbol{M}(\xi_{n+1,s})^{-1} \boldsymbol{f}(\boldsymbol{x}_s)}{n+1}\right\}\right]$$

$$= \ln \left[\left\{1 - \frac{\inf\limits_{\boldsymbol{x}_s \in V(s)} \boldsymbol{f}(\boldsymbol{x}_s)' \boldsymbol{M}(\xi_{n+1,s})^{-1} \boldsymbol{f}(\boldsymbol{x}_s)}{n+1}\right\} \left\{1 + \frac{\sup\limits_{\boldsymbol{x} \in V} \boldsymbol{f}(\boldsymbol{x})' \boldsymbol{M}(\xi_{n,s-1})^{-1} \boldsymbol{f}(\boldsymbol{x})}{n}\right\}\right]. \qquad (6.5.13)$$

Mit (1.A.12) und $\sup\limits_{\boldsymbol{x}\in V} \boldsymbol{f}(\boldsymbol{x})' \boldsymbol{M}(\xi_{n,s-1})^{-1} \boldsymbol{f}(\boldsymbol{x}) = \boldsymbol{f}(\boldsymbol{x}^*)' \boldsymbol{M}(\xi_{n,s-1})^{-1} \boldsymbol{f}(\boldsymbol{x}^*)$ erhält man

$$\forall s \in \mathbb{N}: \inf_{\boldsymbol{x}_s \in V(s)} \boldsymbol{f}(\boldsymbol{x}_s)' \boldsymbol{M}(\xi_{n+1,s})^{-1} \boldsymbol{f}(\boldsymbol{x}_s) \leqq \boldsymbol{f}(\boldsymbol{x}^*)' \boldsymbol{M}(\xi_{n+1,s})^{-1} \boldsymbol{f}(\boldsymbol{x}^*)$$

$$= (n+1) \left[\frac{\boldsymbol{f}(\boldsymbol{x}^*)' \boldsymbol{M}(\xi_{n,s-1})^{-1} \boldsymbol{f}(\boldsymbol{x}^*)}{n + \boldsymbol{f}(\boldsymbol{x}^*)' \boldsymbol{M}(\xi_{n,s-1})^{-1} \boldsymbol{f}(\boldsymbol{x}^*)} \right] < r, \qquad (6.5.14)$$

da der Ausdruck

$$(n+1) \left[\frac{\boldsymbol{f}(\boldsymbol{x}^*)' \boldsymbol{M}(\xi_{n,s-1})^{-1} \boldsymbol{f}(\boldsymbol{x}^*)}{n + \boldsymbol{f}(\boldsymbol{x}^*)' \boldsymbol{M}(\xi_{n,s-1})^{-1} \boldsymbol{f}(\boldsymbol{x}^*)} \right]$$

monoton fallend in $\boldsymbol{f}(\boldsymbol{x}^*)' \boldsymbol{M}(\xi_{n,s-1})^{-1} \boldsymbol{f}(\boldsymbol{x}^*) > \frac{nr}{n-r+1}$ ist. Mit (6.5.13) und (6.5.14) können wir abschätzen

$$\forall s \in \mathbb{N}: \left(\exists \delta_0 > 0\ \forall \delta \in [0, \delta_0]: \boldsymbol{f}(\boldsymbol{x}^*)' \boldsymbol{M}(\xi_{n,s-1})^{-1} \boldsymbol{f}(\boldsymbol{x}^*) \geqq \frac{nr}{n-r+1} + \delta\right)$$

$$\Rightarrow \ln \frac{\det \boldsymbol{M}(\xi_{n,s})}{\det \boldsymbol{M}(\xi_{n,s-1})} \geqq \ln \left[\left\{1 - \frac{r}{n+1}\right\} \left\{1 + \frac{\frac{nr}{n-r+1} + \delta}{n}\right\}\right] \geqq \ln \left\{1 + \frac{\delta(n-r+1)}{n(n+1)}\right\}.$$

Wir können aus diesem Satz eine Aussage darüber ableiten, wann ein gegebener konkreter Plan nicht D-optimal in $\Xi^{(0)}$ ist.

Folgerung 6.5.1: Für $\xi_n \in \Xi^{(0)}$; $n > r - 1$; sei

$$\sup_{\boldsymbol{x}\in V} \boldsymbol{f}(\boldsymbol{x})' \boldsymbol{M}(\xi_n)^{-1} \boldsymbol{f}(\boldsymbol{x}) > \frac{nr}{n-r+1} \qquad (6.5.15)$$

erfüllt. Dann gilt

$$\xi_n \in \Xi^{(0)} \setminus \Xi^*_{D,\Xi^{(0)}} \bullet$$

Beweis: Wenn (6.5.15) für $\xi_n \in \Xi^{(0)}$ erfüllt ist, gilt

$$\exists \delta_0 > 0\ \forall \delta \in [0, \delta_0]: \sup_{\boldsymbol{x}\in V} \boldsymbol{f}(\boldsymbol{x})' \boldsymbol{M}(\xi_n)^{-1} \boldsymbol{f}(\boldsymbol{x}) \geqq \frac{nr}{n-r+1} + \delta,$$

woraus mit Satz 6.5.3 folgt

$$\exists \xi_n' \in \Xi^{(0)}: Z_{D'}(\boldsymbol{M}(\xi_n)) - Z_{D'}(\boldsymbol{M}(\xi_n')) \geqq \ln \left\{1 + \frac{\delta_0(n-r+1)}{n(n+1)}\right\} > 0.$$

Also kann ξ_n nicht D-optimal in $\Xi^{(0)}$ sein.

6.6. Weitere Probleme

1. Die Konvergenz der in 6.2 angegebenen Iterationsverfahren II, III bzw. IV wurde von verschiedenen Autoren mit Mitteln bewiesen, die sich von den in 6.2 angewendeten unterscheiden. Zu erwähnen sind hierbei u. a. Arbeiten von Fedorov [2], [11], [12], Wynn [3] und Atwood

[4], in denen Differenzierbarkeitsvoraussetzungen an ψ und Bedingungen an die Gewichte $\{\varepsilon_s\}_{s\in\mathbb{N}}$ gestellt werden.
In Pazman [1] wird eine Konvergenzaussage bewiesen, die ebenfalls zu Konvergenzbeweisen von Iterationsverfahren II (bzw. III oder IV) für die D-Optimalität führt.

2. In Silvey/Titterington [1] wird, basierend auf der Dualität zwischen der Aufgabe, D-optimale Pläne zu bestimmen und einem Problem der Lagrangeschen Approximationstheorie (s. auch Silvey/Titterington [2], Sibson [1]), ein weiteres Iterationsverfahren angegeben. Dieses Verfahren besitzt, wie auch Verfahren I, die Eigenschaft, falls in einem Iterationsschritt die Punkte des Spektrums eines D-optimalen diskreten Versuchsplanes aufgenommen sind, in einem Schritt einen D-optimalen diskreten Plan zu liefern.
3. In Conslink [1] wird ein iteratives Verfahren zur Bestimmung einer zu einem L-optimalen konkreten Plan gehörenden Informationsmatrix, das auf der Lösung von Differenzengleichungen basiert, vorgeschlagen.

7. VERSUCHSPLANUNG FÜR ALTERNATIVEN ZUR MKQ-SCHÄTZUNG

In diesem Kapitel behandeln wir das Versuchsplanungsproblem bei gegebenem wahren und linearen Regressionsansatz, wenn die Schätzung nach den in den Abschnitten 3.5.3 und 4.3 angegebenen Alternativen zur MKQ-Schätzung erfolgt.

Den Schwerpunkt dieses Kapitels (Abschnitte 7.1 bis 7.4) bildet das bayessche Planungsproblem bei a-priori-Kenntnissen auf der Grundlage der bayesschen Schätzung. Dabei führen wir ein bayessches Analogon zur Informationsmatrix ein, mit dem eine im wesentlichen zum Fall der MKQ-Schätzung analoge Behandlung des Planungsproblems möglich wird.

In 7.5 behandeln wir kurz das Planungsproblem für die durch (3.5.16) gegebene Schätzung der Wirkungsfläche auf der Grundlage des Skalenparameters.

In Kapitel 7 sollen die Vor. 2.3.7 und 2.3.8 (wahrer, linearer Regressionsansatz) gelten. Zusätzlich wird in den Abschnitten 7.1 bis 7.4 die Gültigkeit von Vor. 4.1.1 ($K \subseteq \mathrm{R}^s$), Vor. 4.1.3 (Unabhängigkeit der Zufallsvektoren $(\boldsymbol{\theta}', \boldsymbol{\omega}')'$ und $\boldsymbol{\varkappa}$) sowie von Vor. 5.1.1 (Vorliegen eines KLR für jedes $V_n \in V^{(0)}$) angenommen.

7.1. Das Versuchsplanungsproblem für die Bayes-Schätzung

Wir gehen vom Versuchsplanungsproblem

$$G^{(\psi)} = [\Theta \times K \times H,\ U^{(\psi)},\ R^{(\psi)}] \qquad (7.1.1)$$

(s. (2.3.39) und (4.1.1)) zur Schätzung der Parameterfunktion

$$\boldsymbol{\psi}(\cdot, \boldsymbol{\vartheta}) = \boldsymbol{A}(\cdot)\, \boldsymbol{\vartheta}; \qquad \boldsymbol{A}(\cdot) \mid H \to \mathcal{M}^{(m)}_{m \times r}, \qquad \boldsymbol{\vartheta} \in \Theta \subseteq \mathrm{R}^r \qquad (7.1.2)$$

(s. (2.3.32)) bei wahrem und linearem Regressionsansatz $\widetilde{S} = \{\tilde{\eta}(\cdot, \boldsymbol{\vartheta}) \in (\mathrm{R}^1)^B : \tilde{\eta}(\cdot, \boldsymbol{\vartheta}) = \boldsymbol{f}(\cdot)'\, \boldsymbol{\vartheta} \wedge \boldsymbol{\vartheta} \in \Theta\}$ aus.

In Fortsetzung des in Kapitel 4 behandelten bayesschen Zugangs zum Teilproblem

$$G_1^{(\psi)} = [\Theta \times K,\ D^{(\psi)}(V_n),\ R_1^{(\psi)}]; \qquad V_n \in V^{(0)} \qquad (7.1.3)$$

(Schätzproblem für $\boldsymbol{\psi}(\cdot, \boldsymbol{\vartheta})$, s. (4.1.8)) betrachten wir das Planungsproblem

$$G_2^{(\psi)} = [H,\ V^{(0)},\ R_2^{(\psi)}] \qquad (7.1.4)$$

(s. (4.1.10)) auf der Grundlage einer in $G_1^{(\psi)}$ optimalen Schätzfunktion.

Wie in 2.2.2 wird dieses Planungsproblem zunächst erweitert, und es werden einige Optimalitätskriterien eingeführt (7.1.1 und 7.1.2). Daraufhin werden (in 7.2) die Zulässigkeit von Versuchsplänen und (in 7.3) Eigenschaften der Funktionale der Optimalitätskriterien untersucht. Schließlich werden Versuchspläne betrachtet, die die (Shannonsche) Information über die Parameter optimieren.

7.1.1. Aufgabenstellung und Erweiterung des Planungsproblems

Es sei $V^{(0)} \subseteq V_{\text{reg}}$ (s. (5.1.3)), und für jedes $V_n \in V^{(0)}$ liege ein KLR $(\mathfrak{Y}, \boldsymbol{F}\boldsymbol{\vartheta}, \sigma^2\boldsymbol{I}_n)$ vor (s. Vor. 5.1.1). Wie in 4.5.2 betrachten wir parameterische Klassen $K_p^{(1)}$ von Fehlerverteilungen der Gestalt

$$K_p^{(1)} = \{P_{\varepsilon(V_n)}^{(\boldsymbol{w})} \in \overline{K} : \boldsymbol{B}_\varepsilon = \sigma^2\boldsymbol{I}_n \wedge \boldsymbol{w} = (\boldsymbol{w}_1', \sigma^{-2})' \in K\}\,;\; V_n \in V^{(0)}$$

$$K := K_1 \times K_2 \subseteq \mathrm{R}^{s-1} \times \mathrm{R}^+\,. \tag{7.1.5}$$

Es sollen a-priori-Kenntnisse in Form einer a-priori-Verteilung

$$P_{(\boldsymbol{\theta}, \Sigma^{-2})} \in \mathscr{P} \subseteq \mathscr{P}_{(\boldsymbol{\theta}, \Sigma^{-2})}(\boldsymbol{\mu}, \boldsymbol{\Lambda}, \beta) \tag{7.1.6}$$

über $\Theta \times K_2$ mit $\mathscr{P}_{(\boldsymbol{\theta}, \Sigma^{-2})}(\boldsymbol{\mu}, \boldsymbol{\Lambda}, \beta)$ gemäß (4.5.13) gegeben sein.
Weiter sei $Q_1 \mid (\mathrm{R}^1)^{\Theta \times K \times H \times U^{(\boldsymbol{\psi})}} \to (\mathrm{R}^1)^{H \times U^{(\boldsymbol{\psi})}}$ ein Operator der Struktur

$$Q_1 = \overline{Q}_1 \circ \sup_{P_{(\boldsymbol{\theta}, \Sigma^{-2})} \in \mathscr{P}} \mathrm{E}_{(\boldsymbol{\theta}, \Sigma^{-2})}\,, \tag{7.1.7}$$

wobei

$$\overline{Q}_1 \mid (\mathrm{R}^1)^{K_1 \times H \times U^{(\boldsymbol{\psi})}} \to (\mathrm{R}^1)^{H \times U^{(\boldsymbol{\psi})}}\,.$$

Die in 4.5 geführten Untersuchungen zeigten, daß die Schätzfunktionen $\hat{\boldsymbol{\vartheta}}^{(0)}$ aus (4.3.7) (im Falle $K_2 = \{\sigma_0^{-2}\}$) bzw. $\hat{\boldsymbol{\vartheta}}^*$ aus (4.3.10) (im Falle $K_2 = \mathrm{R}^+$) unter gewissen Bedingungen Q_1-optimale Schätzungen für $\boldsymbol{\vartheta}$ sind. Aufgrund von Lemma 3.2.10 (s. auch 4.1) haben dann

$$\begin{aligned}\hat{\boldsymbol{\psi}}^{(0)}(\boldsymbol{x}, \mathfrak{Y}(V_n), V_n) &= \boldsymbol{A}(\boldsymbol{x})\, \hat{\boldsymbol{\vartheta}}^{(0)}(\mathfrak{Y}(V_n), V_n)\\ &= \boldsymbol{A}(\boldsymbol{x})\, (\sigma_0^{-2}\boldsymbol{F}(V_n)'\, \boldsymbol{F}(V_n) + \boldsymbol{\Lambda}^{-1}))^{-1}\, (\sigma_0^{-2}\boldsymbol{F}(V_n)'\, \mathfrak{Y}(V_n) + \boldsymbol{\Lambda}^{-1}\boldsymbol{\mu})\end{aligned} \tag{7.1.8}$$

für $K_2 = \{\sigma_0^{-2}\}$ und

$$\begin{aligned}\hat{\boldsymbol{\psi}}^*(\boldsymbol{x}, \mathfrak{Y}(V_n), V_n) &= \boldsymbol{A}(\boldsymbol{x})\, \hat{\boldsymbol{\vartheta}}^*(\mathfrak{Y}(V_n), V_n)\\ &= \boldsymbol{A}(\boldsymbol{x}) \left(\frac{1}{\beta}\, \boldsymbol{F}(V_n)'\, \boldsymbol{F}(V_n) + \boldsymbol{\Lambda}^{-1}\right)^{-1} \left(\frac{1}{\beta}\, \boldsymbol{F}(V_n)'\, \mathfrak{Y}(V_n) + \boldsymbol{\Lambda}^{-1}\boldsymbol{\mu}\right)\end{aligned} \tag{7.1.9}$$

für $K_2 = \mathrm{R}^+$ die entsprechenden Optimalitätseigenschaften im Schätzproblem $G_1^{(\boldsymbol{\psi})}$ von (7.1.3) für $\boldsymbol{\psi}(\boldsymbol{x}, \boldsymbol{\vartheta})$; $\boldsymbol{x} \in H$.

Es soll im folgenden das Planungsproblem (7.1.4) mit

$$\forall \boldsymbol{x} \in H\ \forall V_n \in V^{(0)}:\ R_2^{(\boldsymbol{\psi})}(\boldsymbol{x}; V_n) = Q_1 R^{(\boldsymbol{\psi})}(\cdot, \cdot, \boldsymbol{x}; \hat{\boldsymbol{\psi}}^*(\boldsymbol{x}, \cdot, V_n), V_n) \tag{7.1.10}$$

für die bayessche Schätzung $\hat{\boldsymbol{\psi}}^*$ untersucht werden. Die Untersuchungen und Ergebnisse können, im Falle $K_2 = \{\sigma_0^{-2}\}$, für das Planungsproblem mit $\hat{\boldsymbol{\psi}}^{(0)}$ anstelle von $\hat{\boldsymbol{\psi}}^*$ entsprechend modifiziert werden.

Vor. 7.1.1: Für jedes $(\boldsymbol{x}, V_n) \in H \times V^{(0)}$ sei $\hat{\boldsymbol{\psi}}^*(\boldsymbol{x}, \mathfrak{Y}(V_n), V_n)$ eine Q_1-optimale Schätzung in $G_1^{(\boldsymbol{\psi})} = [\Theta \times K, D^{(\boldsymbol{\psi})}(V_n), R_1^{(\boldsymbol{\psi})}]$ •

Es sei $Q_2 \mid (\mathrm{R}^1)^{H \times V^{(0)}} \to (\mathrm{R}^1)^{V^{(0)}}$ ein monotoner Operator. Die Aufgabe besteht nun darin, einen Q_2-optimalen Versuchsplan V_n^* im Entscheidungsproblem $G_2^{(\boldsymbol{\psi})} = [H, V^{(0)}, R_2^{(\boldsymbol{\psi})}]$ zu bestimmen. Die Vor. 7.1.1 sichert dann, daß $(\hat{\boldsymbol{\psi}}^*, V_n^*)$ eine $Q = Q_2 \circ Q_1$-optimale Strategie im Gesamtproblem $G^{(\boldsymbol{\psi})}$ gemäß (7.1.1) ist (s. Satz 2.1.2).

Wir gehen davon aus, daß dem Versuchsplanungsproblem $G^{(\boldsymbol{\psi})}$ eine quadratische Verlustfunktion $L^{(\boldsymbol{\psi})}$ zugrunde liegt.

Vor. 7.1.2: $\forall \boldsymbol{x} \in H \ \forall V_n \in V^{(0)} \ \exists \boldsymbol{U}_0(\boldsymbol{x}, V_n) \in \mathcal{M}_m^{\geqq} \ \forall \boldsymbol{\vartheta} \in \Theta$

$$\forall \boldsymbol{w}_1 \in K_1 \ \forall \sigma^{-2} \in K_2 \ \forall \hat{\boldsymbol{\psi}} \in D^{(\psi)}(V_n) \ \forall \boldsymbol{y} \in C(V_n):$$

$$L^{(\psi)}(\boldsymbol{\vartheta}, (\boldsymbol{w}_1', \sigma^{-2})', \boldsymbol{x}; \hat{\boldsymbol{\psi}}(\boldsymbol{x}, \boldsymbol{y}, V_n), V_n) = \sigma^{-2} \, ||\boldsymbol{\psi}(\boldsymbol{x}, \boldsymbol{\vartheta}) - \hat{\boldsymbol{\psi}}(\boldsymbol{x}, \boldsymbol{y}, V_n)||^2_{\boldsymbol{U}_0(\boldsymbol{x}, V_n)} \bullet$$

Es bezeichne

$$\overline{\boldsymbol{U}}(\boldsymbol{x}, V_n) := \boldsymbol{A}(\boldsymbol{x})' \, \boldsymbol{U}_0(\boldsymbol{x}, V_n) \, \boldsymbol{A}(\boldsymbol{x}); \qquad \boldsymbol{x} \in H, \ V_n \in V^{(0)} . \tag{7.1.11}$$

Lemma 7.1.1: Unter Vor. 7.1.1 gilt für das gemäß (7.1.10) gebildete Q_1-Risiko von $\hat{\boldsymbol{\psi}}^*$

$$\forall \boldsymbol{x} \in H \ \forall V_n \in V^{(0)}: R_2^{(\psi)}(\boldsymbol{x}, V_n) = \frac{1}{\beta} \operatorname{sp} \overline{\boldsymbol{U}}(\boldsymbol{x}, V_n) \left[\frac{1}{\beta} \boldsymbol{F}(V_n)' \, \boldsymbol{F}(V_n) + \Lambda^{-1}\right]^{-1} \bullet$$

Beweis: Seien $\boldsymbol{x} \in H$, $V_n \in V^{(0)}$, $\boldsymbol{F} = \boldsymbol{F}(V_n)$ und $\mathfrak{Y} = \mathfrak{Y}(V_n)$. Entsprechend (7.1.10) ergibt sich mit $\hat{\boldsymbol{\psi}}^*(\boldsymbol{x}, \mathfrak{Y}) = \boldsymbol{A}(\boldsymbol{x}) \, \hat{\boldsymbol{\vartheta}}^*(\mathfrak{Y}) = \boldsymbol{A}(\boldsymbol{x}) \left(\frac{1}{\beta} \boldsymbol{F}'\boldsymbol{F} + \Lambda^{-1}\right)^{-1} \left(\frac{1}{\beta} \boldsymbol{F}'\mathfrak{Y} + \Lambda^{-1}\boldsymbol{\mu}\right)$ und Q_1 gemäß (7.1.7)

$$R_2^{(\psi)}(\boldsymbol{x}; V_n) = \overline{Q}_1 \sup_{P_{(\theta, \Sigma^{-2})} \in \mathcal{P}} \mathrm{E}_{(\theta, \Sigma^{-2})} \mathrm{E}_{\mathfrak{Y}|\theta, \Sigma^{-2}} \Sigma^{-2} \, ||\boldsymbol{\psi}(\boldsymbol{x}, \boldsymbol{\theta}) - \hat{\boldsymbol{\psi}}^*(\boldsymbol{x}, \mathfrak{Y})||^2_{\boldsymbol{U}_0(\boldsymbol{x}, V_n)}$$

$$= \overline{Q}_1 \sup_{P_{(\theta, \Sigma^{-2})} \in \mathcal{P}} \mathrm{E}_{(\theta, \Sigma^{-2})} \mathrm{E}_{\mathfrak{Y}|\theta, \Sigma^{-2}} \Sigma^{-2} \, ||\boldsymbol{\theta} - \hat{\boldsymbol{\vartheta}}^*(\mathfrak{Y})||^2_{\overline{\boldsymbol{U}}(\boldsymbol{x}, V_n)} .$$

Da der Verlust quadratisch ist und nicht von $\boldsymbol{w}_1 \in K_1$ abhängt, gehen in dieses Risiko lediglich die (nicht von $\boldsymbol{w}_1$ abhängigen) ersten beiden Momente der Fehlerverteilung und der a-priori-Verteilung aus $\mathcal{P}$ gemäß (7.1.6) ein, so daß

$$R_2^{(\psi)}(\boldsymbol{x}; V_n) = \mathrm{E}_{(\theta, \Sigma^{-2})} \mathrm{E}_{\mathfrak{Y}|\theta, \Sigma^{-2}} \Sigma^{-2} \, ||\boldsymbol{\theta} - \hat{\boldsymbol{\vartheta}}^*(\mathfrak{Y})||^2_{\overline{\boldsymbol{U}}(\boldsymbol{x}, V_n)}$$

ist. Man prüft nach, daß mit $\Lambda_1 = \left(\frac{1}{\beta} \boldsymbol{F}'\boldsymbol{F} + \Lambda^{-1}\right)^{-1}$ gilt

$$\forall \boldsymbol{\vartheta} \in \Theta \ \forall \sigma^{-2} \in K_2: \mathrm{E}_{\mathfrak{Y}|\vartheta, \sigma^{-2}} \, ||\boldsymbol{\vartheta} - \hat{\boldsymbol{\vartheta}}^*(\mathfrak{Y})||^2_{\overline{\boldsymbol{U}}(\boldsymbol{x}, V_n)}$$

$$= (\boldsymbol{\vartheta} - \boldsymbol{\mu})' \, \Lambda^{-1}\Lambda_1 \overline{\boldsymbol{U}}(\boldsymbol{x}, V_n) \, \Lambda_1 \Lambda^{-1}(\boldsymbol{\vartheta} - \boldsymbol{\mu}) + \left(\frac{\sigma}{\beta}\right)^2 \operatorname{sp} \overline{\boldsymbol{U}}(\boldsymbol{x}, V_n) \, \Lambda_1 \boldsymbol{F}'\boldsymbol{F}\Lambda_1 .$$

Daraus folgt mit

$$\boldsymbol{B}_{\theta|\Sigma^{-2}} := \mathrm{E}_{\theta|\Sigma^{-2}}(\boldsymbol{\theta} - \mathrm{E}(\boldsymbol{\theta} \mid \Sigma^{-2})) \, (\boldsymbol{\theta} - \mathrm{E}(\boldsymbol{\theta} \mid \Sigma^{-2}))' = \mathrm{E}_{\theta|\Sigma^{-2}}(\boldsymbol{\theta} - \boldsymbol{\mu}) \, (\boldsymbol{\theta} - \boldsymbol{\mu})' = \frac{\Sigma^2}{\beta} \Lambda:$$

$$R_2^{(\psi)}(\boldsymbol{x}; V_n) = \mathrm{E}_{\Sigma^{-2}} \Sigma^{-2} \mathrm{E}_{\theta|\Sigma^{-2}} \mathrm{E}_{\mathfrak{Y}|\theta, \Sigma^{-2}} \, ||\boldsymbol{\theta} - \hat{\boldsymbol{\vartheta}}^*(\mathfrak{Y})||^2_{\overline{\boldsymbol{U}}(\boldsymbol{x}, V_n)}$$

$$= \mathrm{E}_{\Sigma^{-2}}\{\Sigma^{-2} \operatorname{sp} \Lambda^{-1}\Lambda_1 \overline{\boldsymbol{U}}(\boldsymbol{x}, V_n) \, \Lambda_1 \Lambda^{-1} \boldsymbol{B}_{\theta|\Sigma^{-2}}\} + \beta^{-2} \operatorname{sp} \overline{\boldsymbol{U}}(\boldsymbol{x}, V_n) \, \Lambda_1 \boldsymbol{F}'\boldsymbol{F}\Lambda_1$$

$$= \frac{1}{\beta} \cdot \operatorname{sp} \overline{\boldsymbol{U}}(\boldsymbol{x}, V_n) \, \Lambda_1 (\Lambda^{-1} + \frac{1}{\beta} \boldsymbol{F}'\boldsymbol{F}) \, \Lambda_1 = \frac{1}{\beta} \operatorname{sp} \overline{\boldsymbol{U}}(\boldsymbol{x}, V_n) \, \Lambda_1 .$$

Das mit Lemma 7.1.1 gegebene Q_1-Risiko von $\hat{\boldsymbol{\psi}}^*$ hat die gleiche Struktur wie das Q_1-Risiko der MKQ-Schätzung gemäß (5.1.7). An die Stelle der Informationsmatrix

$$\overline{\boldsymbol{M}}(V_n) = \frac{1}{n} \boldsymbol{F}(V_n)' \, \boldsymbol{F}(V_n); \qquad V_n \in V^{(0)}$$

in (5.1.6) tritt hier die Matrix

$$\overline{\boldsymbol{M}}_{\mathrm{b}}(V_n) := \boldsymbol{M}(V_n) + \frac{\beta}{n} \Lambda^{-1} . \tag{7.1.12}$$

Die Inverse dieser Matrix stimmt bis auf einen konstanten Faktor mit der bez. der Randverteilung von $\mathfrak{Y}(V_n)$ erwarteten a-posteriori-Kovarianzmatrix

$$\boldsymbol{B}_{\boldsymbol{\theta}|\mathfrak{Y}(V_n)} := \mathrm{E}_{\boldsymbol{\theta}|\mathfrak{Y}(V_n)}[(\boldsymbol{\theta} - \mathrm{E}(\boldsymbol{\theta} \mid \mathfrak{Y}(V_n))] [\boldsymbol{\theta} - \mathrm{E}(\boldsymbol{\theta} \mid \mathfrak{Y}(V_n))]'$$

von $\boldsymbol{\theta}$ überein.

Lemma 7.1.2: Ist $\hat{\boldsymbol{\vartheta}}^*$ bayessch in $G_1 = [\Theta \times K_p^{(1)}, D(V_n), R_1]$ bez. $P_{(\boldsymbol{\theta}, \Sigma^{-2})} \in \mathcal{P} \subset \mathcal{P}_{(\boldsymbol{\theta}, \Sigma^{-2})}(\boldsymbol{\mu}, \boldsymbol{\Lambda}, \beta)$ und L gemäß Vor. 7.1.2, so gilt

$$\forall V_n \in V^{(0)}: \mathrm{E}_{\mathfrak{Y}(V_n)} \boldsymbol{B}_{\boldsymbol{\theta}|\mathfrak{Y}(V_n)} = \left(\frac{1}{\beta} \boldsymbol{F}(V_n)' \boldsymbol{F}(V_n) + \boldsymbol{\Lambda}^{-1}\right)^{-1} = \frac{\beta}{n} \overline{\boldsymbol{M}}_{\mathrm{b}}(V_n)^{-1} \bullet$$

Beweis: Aus dem Beweis von Lemma 7.1.1 folgt, daß das Q_1-Risiko von $\hat{\boldsymbol{\psi}}^*$ mit dem bayesschen Risiko $\varrho_1^{(\boldsymbol{\psi})}(P_{(\boldsymbol{\theta}, \Sigma^{-2})}; \hat{\boldsymbol{\psi}}^*)$ von $\hat{\boldsymbol{\psi}}^*$ übereinstimmt: $\forall P_{(\boldsymbol{\theta}, \Sigma^{-2})} \in \mathcal{P}$:

$$\varrho_1^{(\boldsymbol{\psi})}(P_{(\boldsymbol{\theta}, \Sigma^{-2})}; \hat{\boldsymbol{\psi}}^*(\boldsymbol{x}, \cdot, V_n)) = \frac{1}{\beta} \operatorname{sp} \overline{\boldsymbol{U}}(\boldsymbol{x}, V_n) \left(\frac{1}{\beta} \boldsymbol{F}(V_n)' \boldsymbol{F}(V_n) + \boldsymbol{\Lambda}^{-1}\right)^{-1} = \frac{1}{n} \operatorname{sp} \overline{\boldsymbol{U}}(\boldsymbol{x}, V_n) \overline{\boldsymbol{M}}_{\mathrm{b}}(V_n)^{-1}$$

und mit normiertem quadratischen Verlust gilt auf Grund von Folgerung 4.3.1

$$\varrho_1^{(\boldsymbol{\psi})}(P_{(\boldsymbol{\theta}, \Sigma^{-2})}; \hat{\boldsymbol{\psi}}^*(\boldsymbol{x}, \cdot, V_n)) = \mathrm{E}(\Sigma^{-2}) \operatorname{sp} \overline{\boldsymbol{U}}(\boldsymbol{x}, V_n) \mathrm{E}_{\mathfrak{Y}(V_n)} \boldsymbol{B}_{\boldsymbol{\theta}|\mathfrak{Y}(V_n)} = \frac{1}{\beta} \operatorname{sp} \overline{\boldsymbol{U}}(\boldsymbol{x}, V_n) \mathrm{E}_{\mathfrak{Y}(V_n)} \boldsymbol{B}_{\boldsymbol{\theta}|\mathfrak{Y}(V_n)} \cdot$$

In Anlehnung an den Begriff der Informationsmatrix $\overline{\boldsymbol{M}}(V_n)$ auf der Basis der MKQ-Schätzung nennen wir die Matrix $\overline{\boldsymbol{M}}_{\mathrm{b}}(V_n)$ von (7.1.12) *bayessche Informationsmatrix* zum konkreten Versuchsplan V_n. Wir setzen voraus, daß die Matrizen $\boldsymbol{U}_0(\boldsymbol{x}, V_n)$ und damit die Matrizen $\overline{\boldsymbol{U}}(\boldsymbol{x}, V_n)$; $\boldsymbol{x} \in H$, $V_n \in V^{(0)}$; aus (7.1.11) nur über die bayessche Informationsmatrix vom Versuchsplan V_n abhängen.

Vor. 7.1.3: $\forall \boldsymbol{x} \in H \; \exists \boldsymbol{U}_{\mathrm{b}}(\boldsymbol{x}, \cdot) \mid \mathcal{M}_r^{\geqq} \to \mathcal{M}_r^{\geqq} \; \forall V_n \in V^{(0)}$:

$$\overline{\boldsymbol{U}}(\boldsymbol{x}, V_n) = \boldsymbol{U}_{\mathrm{b}}(\boldsymbol{x}, \overline{\boldsymbol{M}}_{\mathrm{b}}(V_n)) \bullet$$

Damit geht das Risiko $R_2^{(\boldsymbol{\psi})}$ aus Lemma 7.1.1 in das Risiko

$$\forall \boldsymbol{x} \in H \; \forall V_n \in V^{(0)}: R_2^{(\boldsymbol{\psi})}(\boldsymbol{x}; V_n) = \frac{1}{n} \operatorname{sp} \boldsymbol{U}_{\mathrm{b}}(\boldsymbol{x}, \overline{\boldsymbol{M}}_{\mathrm{b}}(V_n)) \overline{\boldsymbol{M}}_{\mathrm{b}}(V_n)^{-1} \quad (7.1.13)$$

über und die Bestimmung eines Q_2-optimalen Versuchsplanes in $G_2^{(\boldsymbol{\psi})}$ erfordert die Lösung der Aufgabe

$$R_Q(V_n) = \frac{1}{n} Q_2 \operatorname{sp} \boldsymbol{U}_{\mathrm{b}}(\cdot, \overline{\boldsymbol{M}}_{\mathrm{b}}(V_n)) \overline{\boldsymbol{M}}_{\mathrm{b}}(V_n)^{-1} \overset{!}{=} \inf_{V_n \in V^{(0)}} . \quad (7.1.14)$$

Da diese Aufgabe die gleiche Struktur wie die in Abschnitt 5.1 formulierte Aufgabe (5.1.9) hat, kann die Behandlung des Planungsproblems für die bayessche Schätzung $\hat{\boldsymbol{\psi}}^*$ im wesentlichen analog zu dem im Kapitel 5 untersuchten Planungsproblem für die MKQ-Schätzung $\check{\boldsymbol{\vartheta}}$ für $\boldsymbol{\vartheta}$ erfolgen.

Lemma 7.1.3: Das Entscheidungsproblem $G_2^{(\boldsymbol{\psi})} = [H, V^{(0)}, R_2^{(\boldsymbol{\psi})}]$ mit $R_2^{(\boldsymbol{\psi})}$ aus (7.1.10) ist invariant unter $\Pi^{(n)} \bullet$

Dies gilt auf Grund der Invarianz von $\overline{\boldsymbol{M}}_{\mathrm{b}}(V_n) = \frac{1}{n} \boldsymbol{F}(V_n)' \boldsymbol{F}(V_n) + \frac{\beta}{n} \boldsymbol{\Lambda}^{-1}$ bez. Permutationen $\pi_n \in \Pi^{(n)}$ der Komponenten von $V_n \in V^{(0)}$.

Damit ist das durch die Aufgabe (7.1.14) gegebene Planungsproblem im Sinne von 2.2.2 erweiterbar und jedes V'_n aus der Äquivalenzklasse $[V_n]$ kann mit einem $\xi_n := h_n([V_n])$ und entsprechend kann

$$\Xi^{(0)} = \{\xi \in \Xi : \exists n \in \mathsf{N}\ \exists V_n \in V^{(0)} : \xi = h_n([V_n])\}$$

mit $V^{(0)}$ identifiziert werden (s. auch Abschnitt 5.1.1). Mit der gemäß (5.1.16) über $\Xi^{(0)}$ erklärten Informationsmatrix $\boldsymbol{M}(\cdot)$ definieren wir durch $\boldsymbol{M}_{\text{b}} \mid \Xi^{(0)} \to \mathcal{M}_r^{>}$ mit

$$\forall n \in \mathsf{N}\ \forall V_n \in V^{(0)}\ \forall \xi_n \in \Xi^{(0)} : \xi_n = h_n([V_n]) \Rightarrow \boldsymbol{M}_{\text{b}}(\xi_n) = \boldsymbol{M}(\xi_n) + \frac{\beta}{n}\boldsymbol{\Lambda}^{-1} \tag{7.1.15}$$

die bayessche Informationsmatrix für die diskreten Pläne aus $\Xi^{(0)}$. Bezeichnet $N_0 = \{n \in \mathsf{N} : V^n \cap V^{(0)} \neq \emptyset\}$, so ordnen wir jedem stetigen Plan ξ aus der Menge Ξ der Wahrscheinlichkeitsmaße über $[V, \mathcal{B}_V]$ die Familie

$$\mathcal{M}(\xi) = \{\boldsymbol{M}_{\text{b}n}(\xi)\}_{n \in N_0}; \qquad \boldsymbol{M}_{\text{b}n}(\xi) = \boldsymbol{M}(\xi) + \frac{\beta}{n}\boldsymbol{\Lambda}^{-1}$$

zu. Die Matrix $\boldsymbol{M}_{\text{b}n}(\xi) \in \mathcal{M}(\xi)$ heißt *bayessche Informationsmatrix des stetigen Planes* ξ zum Umfang $n \in N_0$.

Aus dem zu (7.1.14) äquivalenten Problem

$$\psi_{\text{b}}(\xi_n) := \frac{1}{n} Q_2 \operatorname{sp} \boldsymbol{U}_{\text{b}}(\cdot, \boldsymbol{M}_{\text{b}}(\xi_n))\, \boldsymbol{M}_{\text{b}}(\xi_n)^{-1} \overset{!}{=} \inf_{\xi_n \in \Xi^{(0)}}$$

erhält man durch den Übergang zu stetigen Plänen aus $\tilde{\Xi} \subseteq \Xi_{\text{reg}} \subseteq \Xi$ und die Fortsetzung des Funktionals $\psi_{\text{b}} = Q_2 R_2^{(\psi)}$ von $\Xi^{(0)}$ auf $\tilde{\Xi}$ für jedes $n \in N_0$ ein erweitertes Problem

$$\psi_{\text{b}n}(\xi) := \frac{1}{n} Q_2 \operatorname{sp} \boldsymbol{U}_{\text{b}}(\cdot, \boldsymbol{M}_{\text{b}n}(\xi))\, \boldsymbol{M}_{\text{b}n}(\xi)^{-1} \overset{!}{=} \inf_{\xi \in \tilde{\Xi}}. \tag{7.1.16}$$

Die Aufgabe (7.1.16) heißt *n-erweitertes Planungsproblem* für die bayessche Schätzung $\hat{\boldsymbol{\psi}}^*$. Im Unterschied zum Planungsproblem für die MKQ-Schätzung muß man bei der Erweiterung des Planungsproblems für die bayessche Schätzung $\hat{\boldsymbol{\psi}}^*$ auf stetige Pläne den Umfang n des konkreten Planes berücksichtigen.

Da die Mengen $\Xi^{(n)} = \{\xi_n \in \Xi^{(0)} : \exists V_n \in V^n \cap V^{(0)} : \xi_n = h_n([V_n])\}$; $n \in N_0$; i. allg. nicht dicht liegen in $\tilde{\Xi}$, ist die Fortsetzung des Funktionals $\psi_{\text{b}n}(\cdot) = Z_{\text{b}}(\boldsymbol{M}_{\text{b}n}(\cdot)) \mid \Xi^{(n)} \to \mathrm{R}^1$ von $\Xi^{(n)}$ auf $\tilde{\Xi}$ i. allg. nicht die einzig mögliche Fortsetzung, wie das bei der Erweiterung des entsprechenden Planungsproblems für die MKQ-Schätzung der Fall ist (s. Abschnitt 5.1.1, insbesondere Satz 5.1.2).

Im folgenden betrachten wir das erweiterte Planungsproblem für einen festgelegten Planumfang n_0.

Vor. 7.1.4: $\exists n_0 \in \mathsf{N} : V^{(0)} \subseteq V^{n_0}$ •

Diese Voraussetzung bedeutet insofern keine Einschränkung, als daß im Falle der Endlichkeit der Teilmenge $N_0 \subset \mathsf{N}$ das Planungsproblem (7.1.16) für jedes $n \in N_0$ einzeln betrachtet und ein optimaler Plan durch eine anschließende Optimierung über diese endlich vielen $n \in N_0$ bestimmt werden kann. Im folgenden werden der in $\psi_{\text{b}n_0}$ auftretende (konstante) Faktor $\frac{1}{n_0}$ und der Index n_0 bei $\psi_{\text{b}n_0}$ bzw. $\boldsymbol{M}_{\text{b}n_0}$ weggelassen.

Wir schreiben

$$\psi_b(\xi) := Q_2 \operatorname{sp} \boldsymbol{U}_b(\cdot, \boldsymbol{M}_b(\xi))\, \boldsymbol{M}_b(\xi)^{-1} \; ; \qquad \xi \in \Xi \tag{7.1.17}$$

Da die bayessche Informationsmatrix $\boldsymbol{M}_b(\cdot)$ nur über die Informationsmatrix $\boldsymbol{M}(\cdot)$ vom Plan abhängt,

$$\forall \xi \in \Xi: \boldsymbol{M}_b(\xi) = \boldsymbol{M}(\xi) + \frac{\beta}{n_0} \boldsymbol{\Lambda}^{-1}, \tag{7.1.18}$$

erhält man aus Lemma 5.1.7 unmittelbar die folgende Aussage.

Lemma 7.1.4: Ist $\tilde{\Xi} \subseteq \Xi$ konvex, so ist auch die Bildmenge $\boldsymbol{M}_b(\tilde{\Xi})$ konvex •

Auf Grund der speziellen Struktur $\psi_b = Z_b \circ \boldsymbol{M}_b$ von ψ_b (s. (7.1.17)) genügt es, wie im Falle der Planung für die MKQ-Schätzung, bei der Behandlung des Planungsproblems nur diskrete Pläne $\xi \in \Xi_d$ mit einem beschränkten Spektrum zu betrachten.

Satz 7.1.1: Mit $h = \dim \mathcal{L}[\{f_i \cdot f_j \in (\mathrm{R}^1)^V : (i, j) \in \{1, \dots, r\}^2\}]$ gilt

$$\forall \xi \in \Xi\; \exists \tilde{\xi} \in \Xi_d: \boldsymbol{M}_b(\xi) = \boldsymbol{M}_b(\tilde{\xi}) \wedge \operatorname{card} S(\tilde{\xi}) \leqq h + 1 \leqq r(r + 1)/2 + 1 \; \bullet$$

Beweis: Die Behauptung gilt wegen (7.1.18) mit Satz 5.1.3.

Lemma 7.1.5: $\forall \xi \in \Xi: \boldsymbol{M}_b(\xi) \in \mathcal{M}_r^{>}$ •

Im Unterschied zu $\boldsymbol{M}(\xi)$ ist also die bayessche Informationsmatrix $\boldsymbol{M}_b(\xi)$ stets von vollem Rang, auch wenn ξ weniger als r Punkte im Spektrum enthält (vgl. Lemma 5.1.6).

7.1.2. Spezielle Optimalitätskriterien

Das erweiterte Planungsproblem

$$\psi_b(\xi) = Z_b(\boldsymbol{M}_b(\xi)) = Q_2 \operatorname{sp} \boldsymbol{U}_b(\cdot, \boldsymbol{M}_b(\xi))\, \boldsymbol{M}_b(\xi)^{-1} \overset{!}{=} \inf_{\xi \in \tilde{\Xi}} \tag{7.1.19}$$

für die BAYES-Schätzung $\hat{\boldsymbol{\psi}}^*$ wird nun durch spezielle Wahl von Q_2 und $\boldsymbol{U}_b$ konkretisiert; wir verfolgen insbesondere den bayesschen Zugang. Man erhält dabei Optimalitätskriterien, die analog zu denen für das Planungsproblem (5.1.19) auf der Basis der MKQ-Schätzung sind (s. 5.2).

Es seien $\varkappa$ ein Zufallsvektor mit der Verteilung $P_\varkappa \in H^*$ über dem Prognosebereich. Dabei gilt unter Beachtung von (4.1.3)

$$\forall \boldsymbol{x} \in H\; \forall \boldsymbol{\vartheta} \in \Theta: \mathrm{E}(\mathrm{Y}(\varkappa) \mid \boldsymbol{\theta} = \boldsymbol{\vartheta}, \varkappa = \boldsymbol{x}) = \boldsymbol{f}(\boldsymbol{x})'\, \boldsymbol{\vartheta} = \tilde{\eta}(\boldsymbol{x}, \boldsymbol{\vartheta})$$

(s. (4.1.3)). Wählt man für Q_2 speziell den Erwartungsoperator $Q_2 = \mathrm{E}_\varkappa$ bez. $P_\varkappa$, so erhält man als Lösung von

$$\mathrm{E}_\varkappa R_2^{(\psi)}(\varkappa; V_{n_0}) = \mathrm{E}_\varkappa \operatorname{sp} \boldsymbol{U}_b(\varkappa, \overline{\boldsymbol{M}}_b(V_{n_0}))\, \overline{\boldsymbol{M}}_b(V_{n_0})^{-1} \overset{!}{=} \inf_{V_{n_0} \in V^{(0)}} \tag{7.1.20}$$

eine bayessche Strategie $V_{n_0}^*$ in $G_2^{(\psi)}$. Das entsprechende erweiterte Problem erhält man mit $Q_2 = \mathrm{E}_\varkappa$ als Spezialfall von (7.1.19).

Def. 7.1.1: Der stetige Versuchsplan $\xi^* \in \tilde{\Xi}$ heißt *bayessch* in $\tilde{\Xi}$ $=_{\mathrm{df}}$

$$\mathrm{E}_\varkappa \operatorname{sp} \boldsymbol{U}_b(\varkappa, \boldsymbol{M}_b(\xi^*))\, \boldsymbol{M}_b(\xi^*)^{-1} = \inf_{\xi \in \tilde{\Xi}} \mathrm{E}_\varkappa \operatorname{sp} \boldsymbol{U}_b(\varkappa, \boldsymbol{M}_b(\xi))\, \boldsymbol{M}_b(\xi)^{-1} \; \bullet$$

Ein stetiger bayesscher Plan in $\tilde{\Xi}$ ist also eine bayessche Strategie im erweiterten Entscheidungsproblem

$$\tilde{G}_2^{(\psi)} = [H, \tilde{\Xi}, \tilde{R}_2^{(\psi)}];$$
$$\forall \boldsymbol{x} \in H \; \forall \xi \in \tilde{\Xi}: \tilde{R}_2^{(\psi)}(\boldsymbol{x}; \xi) = \mathrm{sp}\, \boldsymbol{U}_\mathrm{b}(\boldsymbol{x}, \boldsymbol{M}_\mathrm{b}(\xi))\, \boldsymbol{M}_\mathrm{b}(\xi)^{-1}$$

bez. der a-priori-Verteilung $P_\varkappa$.

Wir definieren nun spezielle Funktionale Z_b der bayesschen Informationsmatrix $\boldsymbol{M}_\mathrm{b}(\cdot) = \boldsymbol{M}(\cdot) + \frac{\beta}{n_0} \boldsymbol{\Lambda}^{-1}$. Dazu seien $\boldsymbol{U}_L \in \mathscr{M}_r^{\geqq}$ und $\boldsymbol{c} \in \mathrm{R}^r$.

Def. 7.1.2: Der stetige Versuchsplan $\xi^* \in \tilde{\Xi}$ heißt

a) L_b-*optimal* bez. $\boldsymbol{U}_L$ in $\tilde{\Xi} =_{\mathrm{df}}$

$$\forall \xi \in \tilde{\Xi}: Z_{L_\mathrm{b}}(\boldsymbol{M}_\mathrm{b}(\xi)) := \mathrm{sp}\, \boldsymbol{U}_L \boldsymbol{M}_\mathrm{b}(\xi)^{-1} \geqq Z_{L_\mathrm{b}}(\boldsymbol{M}_\mathrm{b}(\xi^*))\,,$$

b) A_b-*optimal* in $\tilde{\Xi} =_{\mathrm{df}}$

$$\forall \xi \in \tilde{\Xi}: Z_{A_\mathrm{b}}(\boldsymbol{M}_\mathrm{b}(\xi)) := \mathrm{sp}\, \boldsymbol{M}_\mathrm{b}(\xi)^{-1} \geqq Z_{A_\mathrm{b}}(\boldsymbol{M}_\mathrm{b}(\xi^*))\,,$$

c) C_b-*optimal* bez. $\boldsymbol{c}$ in $\tilde{\Xi} =_{\mathrm{df}}$

$$\forall \xi \in \tilde{\Xi}: Z_{C_\mathrm{b}}(\boldsymbol{M}_\mathrm{b}(\xi)) := \boldsymbol{c}' \boldsymbol{M}_\mathrm{b}(\xi)^{-1} \boldsymbol{c} \geqq Z_{C_\mathrm{b}}(\boldsymbol{M}_\mathrm{b}(\xi^*))\,,$$

d) I_b-*optimal* bez. $P_\varkappa$ in $\tilde{\Xi} =_{\mathrm{df}}$

$$\forall \xi \in \tilde{\Xi}: Z_{I_\mathrm{b}}(\boldsymbol{M}_\mathrm{b}(\xi)) := \int_H \mathrm{sp}\, \boldsymbol{A}(\boldsymbol{x})\, \boldsymbol{M}_\mathrm{b}(\xi)^{-1} \boldsymbol{A}(\boldsymbol{x})'\, \mathrm{d}P_\varkappa(\boldsymbol{x}) \geqq Z_{I_\mathrm{b}}(\boldsymbol{M}_\mathrm{b}(\xi^*)) \bullet$$

Diese Kriterien lassen sich durch entsprechende Wahl von $\boldsymbol{U}_\mathrm{b}(\cdot, \cdot)$ bzw. $\boldsymbol{U}_0(\cdot, \cdot)$ (s. (7.1.11), Vor. 7.1.2 und Vor. 7.1.3) als Spezialfälle des bayesschen Optimalitätskriteriums von Def. 7.1.1 charakterisieren. Bezeichnen

$$\forall \xi \in \tilde{\Xi}: \boldsymbol{T}(\xi) := \mathrm{E}_\varkappa \boldsymbol{U}_\mathrm{b}(\boldsymbol{\varkappa}, \boldsymbol{M}_\mathrm{b}(\xi)) = \int_H \boldsymbol{U}_\mathrm{b}(\boldsymbol{x}, \boldsymbol{M}_\mathrm{b}(\xi))\, \mathrm{d}P_\varkappa(\boldsymbol{x})\,, \tag{7.1.21}$$

so gilt wegen

$$\mathrm{E}_\varkappa\, \mathrm{sp}\, \boldsymbol{U}_\mathrm{b}(\boldsymbol{\varkappa}, \boldsymbol{M}_\mathrm{b}(\cdot))\, \boldsymbol{M}_\mathrm{b}(\cdot)^{-1} = \mathrm{sp}\, \{\boldsymbol{M}_\mathrm{b}(\cdot)^{-1} \cdot \mathrm{E}_\varkappa \boldsymbol{U}_\mathrm{b}(\boldsymbol{\varkappa}, \boldsymbol{M}_\mathrm{b}(\cdot))\} = \mathrm{sp}\, \boldsymbol{T}(\cdot)\, \boldsymbol{M}_\mathrm{b}(\cdot)^{-1}$$

das folgende Lemma.

Lemma 7.1.6: Der Plan $\xi^* \in \tilde{\Xi}$ ist genau dann bayessch, wenn gilt

$$\mathrm{sp}\, \boldsymbol{T}(\xi^*)\, \boldsymbol{M}_\mathrm{b}(\xi^*)^{-1} = \inf_{\xi \in \tilde{\Xi}} \mathrm{sp}\, \boldsymbol{T}(\xi)\, \boldsymbol{M}_\mathrm{b}(\xi)^{-1} \bullet$$

Es bezeichnen $\Xi^*_{B, \tilde{\Xi}}$ die Menge der bayesschen Pläne in $\tilde{\Xi}$, $\Xi^*_{A_\mathrm{b}, \tilde{\Xi}}$ die Menge der A_b-optimalen Pläne und $\Xi^*_{Z_\mathrm{b}, \tilde{\Xi}}(a)$ die Menge der Z_b-optimalen Pläne bez. a in $\tilde{\Xi}$, wobei $(Z_\mathrm{b}, a) \in \{(L_\mathrm{b}, \boldsymbol{U}_L), (C_\mathrm{b}, \boldsymbol{c}), (I_\mathrm{b}, P_\varkappa)\}$. Dann gilt folgende äquivalente Beziehung zwischen bayesschen und L_b-optimalen Plänen.

Satz 7.1.2: Für alle $\xi^* \in \tilde{\Xi}$ gilt

$$(\exists a \in \mathrm{R}^+ \; \forall \xi \in \tilde{\Xi}: \boldsymbol{T}(\xi) = a \cdot \boldsymbol{U}_L) \Rightarrow (\xi^* \in \Xi^*_{B, \tilde{\Xi}} \Leftrightarrow \xi^* \in \Xi^*_{L_\mathrm{b}, \tilde{\Xi}}(\boldsymbol{U}_L)) \bullet$$

Die A_b-, C_b- und I_b-optimalen Pläne sind spezielle L_b-optimale Pläne und damit auch spezielle bayessche Pläne.

Satz 7.1.3: Für alle $\xi^* \in \tilde{\Xi}$ gilt

a) $(\exists a \in \mathrm{R}^+ \ \forall \xi \in \tilde{\Xi}: \boldsymbol{T}(\xi) = a \cdot \boldsymbol{I}_r) \Rightarrow$

$$\xi^* \in \Xi^*_{B,\tilde{\Xi}} \Leftrightarrow \xi^* \in \Xi^*_{A_\mathrm{b},\tilde{\Xi}} \Leftrightarrow \xi^* \in \Xi^*_{L_\mathrm{b},\tilde{\Xi}}(\boldsymbol{I}_r)\,,$$

b) $(\exists a \in \mathrm{R}^+ \ \forall \xi \in \tilde{\Xi}: \boldsymbol{T}(\xi) = a\boldsymbol{c}\boldsymbol{c}') \Rightarrow$

$$\xi^* \in \Xi^*_{B,\tilde{\Xi}} \Leftrightarrow \xi^* \in \Xi^*_{C_\mathrm{b},\tilde{\Xi}}(\boldsymbol{c}) \Leftrightarrow \xi^* \in \Xi^*_{L_\mathrm{b},\tilde{\Xi}}(\boldsymbol{c}\boldsymbol{c}')\,,$$

c) $\left(\exists a \in \mathrm{R}^+ \ \forall \xi \in \tilde{\Xi}: \boldsymbol{T}(\xi) = a \cdot \int_H \boldsymbol{A}(\boldsymbol{x})' \boldsymbol{A}(\boldsymbol{x}) \,\mathrm{d}P_*(\boldsymbol{x})\right) \Rightarrow$

$$\xi^* \in \Xi^*_{B,\tilde{\Xi}} \Leftrightarrow \xi^* \in \Xi^*_{I_\mathrm{b},\tilde{\Xi}}(P_*) \Leftrightarrow \xi^* \in \Xi^*_{L_\mathrm{b},\tilde{\Xi}}\left(\int_H \boldsymbol{A}(\boldsymbol{x})' \boldsymbol{A}(\boldsymbol{x}) \,\mathrm{d}P_*(\boldsymbol{x})\right) \bullet$$

Die Ergebnisse der Sätze 7.1.2 und 7.1.3 verifiziert man mit Lemma 7.1.6.

Für jedes $\xi \in \tilde{\Xi}$ seien $\lambda_i(\xi) = \lambda_i(\boldsymbol{M}_\mathrm{b}(\xi)^{-1})$; $i = 1, \dots, r$; mit $\lambda_1(\xi) \leqq \lambda_2(\xi) \leqq \cdots \leqq \lambda_r(\xi)$ die r geordneten Eigenwerte von $\boldsymbol{M}_\mathrm{b}(\xi)^{-1}$ und $\boldsymbol{t}_r(\xi) = \boldsymbol{t}_r(\boldsymbol{M}_\mathrm{b}(\xi)^{-1})$ der zum maximalen Eigenwert gehörige normierte Eigenvektor.

Def. 7.1.3: Der stetige Versuchsplan $\xi^* \in \tilde{\Xi}$ heißt

a) D_b-*optimal* in $\tilde{\Xi} =_{\mathrm{df}}$

$$\forall \xi \in \tilde{\Xi}: Z_{D_\mathrm{b}}(\boldsymbol{M}_\mathrm{b}(\xi)) := \det \boldsymbol{M}_\mathrm{b}(\xi)^{-1} \geqq Z_{D_\mathrm{b}}(\boldsymbol{M}_\mathrm{b}(\xi^*))\,,$$

b) E_b-*optimal* in $\tilde{\Xi} =_{\mathrm{df}}$

$$\forall \xi \in \tilde{\Xi}: Z_{E_\mathrm{b}}(\boldsymbol{M}_\mathrm{b}(\xi)) := \lambda_r(\xi) \geqq Z_{E_\mathrm{b}}(\boldsymbol{M}_\mathrm{b}(\xi^*)) \bullet$$

Die Mengen der D_b- bzw. E_b-optimalen Pläne in $\tilde{\Xi}$ werden mit $\Xi^*_{D_\mathrm{b},\tilde{\Xi}}$ bzw. $\Xi^*_{E_\mathrm{b},\tilde{\Xi}}$ bezeichnet. Die D_b- bzw. E_b-optimalen Pläne sind ebenfalls spezielle bayessche Pläne.

Satz 7.1.4: Für alle $\xi^* \in \tilde{\Xi}$ gilt

a) $\left(\exists a \in \mathrm{R}^+ \ \forall \xi \in \tilde{\Xi}: \boldsymbol{T}(\xi) = a \cdot \prod_{i=1}^{r-1} \lambda_i(\xi) \cdot \boldsymbol{t}_r(\xi)\, \boldsymbol{t}_r(\xi)'\right) \Rightarrow (\xi^* \in \Xi^*_{B,\tilde{\Xi}} \Leftrightarrow \xi^* \in \Xi^*_{D_\mathrm{b},\tilde{\Xi}})\,,$

b) $(\exists a \in \mathrm{R}^+ \ \forall \xi \in \tilde{\Xi}: \boldsymbol{T}(\xi) = a \cdot \boldsymbol{t}_r(\xi)\, \boldsymbol{t}_r(\xi)') \Rightarrow (\xi^* \in \Xi^*_{B,\tilde{\Xi}} \Leftrightarrow \xi^* \in \Xi^*_{E_\mathrm{b},\tilde{\Xi}}) \bullet$

Beweis: Wegen $\boldsymbol{t}_r(\cdot)' \boldsymbol{M}_\mathrm{b}(\cdot)^{-1} \boldsymbol{t}_r(\cdot) = \lambda_r(\cdot)$ (s. (1.A.60)) folgen die Äquivalenzen auf Grund von Lemma 7.1.6 daraus, daß man im Falle a) mit $\boldsymbol{T}(\cdot) = a \cdot \prod_{i=1}^{r-1} \lambda_i(\cdot)\, \boldsymbol{t}_r(\cdot)\, \boldsymbol{t}_r(\cdot)'$ die Beziehung

$$\operatorname{sp} \boldsymbol{M}_\mathrm{b}(\cdot)^{-1} \boldsymbol{T}(\cdot) = \left[a \cdot \prod_{i=1}^{r-1} \lambda_i(\cdot)\right] \cdot \boldsymbol{t}_r(\cdot)' \boldsymbol{M}_\mathrm{b}(\cdot)^{-1} \boldsymbol{t}_r(\cdot) = a \cdot \det \boldsymbol{M}_\mathrm{b}(\cdot)^{-1}$$

und im Falle b) mit $\boldsymbol{T}(\cdot) = a\boldsymbol{t}_r(\cdot)\, \boldsymbol{t}_r(\cdot)'$ die Beziehung

$$\operatorname{sp} \boldsymbol{M}_\mathrm{b}(\cdot)^{-1} \boldsymbol{T}(\cdot) = a \cdot \boldsymbol{t}_r(\cdot)' \boldsymbol{M}_\mathrm{b}(\cdot)^{-1} \boldsymbol{t}_r(\cdot) = a \cdot \lambda_r(\cdot)$$

erhält.

Bemerkung 7.1.1: Bei entsprechender Wahl von Q_2 und der Matrizen $\boldsymbol{U}_\mathrm{b}(\cdot,\cdot)$ bzw. $\boldsymbol{T}(\cdot)$ kann man weitere Optimalitätskriterien erfassen, z. B. erhält man mit $Q_2 = \sup_{\boldsymbol{x} \in H}$ Kriterien, die den in 5.2 betrachteten Kriterien der T-, G-, M-, AR- und MR-Optimalität entsprechen.

Wir geben nun für die in Def. 7.1.2 und Def. 7.1.3 eingeführten Optimalitätskriterien eine statistische Interpretation. Dazu schränken wir die auf $\tilde{\Xi}$ erklärten Funktionale Z_b auf die Menge $\Xi^{(0)}$ der mit den konkreten Versuchsplänen aus $V^{(0)}$ identifizierten Pläne ein und nutzen das Ergebnis von Lemma 7.1.2 aus. Es seien $V_n \in V^{(0)}$ und $\xi_n = h_n([V_n]) \in \Xi^{(0)}$.

a) L_b-*Optimalität bez.* $\boldsymbol{U}_L$: Da $\boldsymbol{U}_L \in \mathcal{M}_r^{\geqq}$ ist, gibt es eine Matrix $\boldsymbol{W} \in \mathcal{M}_{k\times r}^{(k)}$ mit $k \leqq r$ und $\boldsymbol{U}_L = \boldsymbol{W}'\boldsymbol{W}$. Bezeichnen $\tilde{\boldsymbol{\psi}} = (\tilde{\psi}_1, \dots, \tilde{\psi}_k)'$ den Zufallsvektor $\tilde{\boldsymbol{\psi}} = \boldsymbol{W\theta}$ und $\boldsymbol{B}_{\tilde{}|\boldsymbol{y}}$ die a-posteriori-Kovarianzmatrix von $\tilde{\boldsymbol{\psi}}$ bei gegebenem $\boldsymbol{y} \in C(V_{n_0})$, so erhält man

$$Z_{L_b}(\boldsymbol{M}_b(\xi_{n_0})) \doteq \operatorname{sp} \boldsymbol{U}_L \overline{\boldsymbol{M}}_b(V_{n_0})^{-1} = \operatorname{sp} \boldsymbol{W}\overline{\boldsymbol{M}}_b(V_{n_0})^{-1} \boldsymbol{W}'$$

$$= \frac{n_0}{\beta} \operatorname{sp} \boldsymbol{W}\mathrm{E}_{\mathfrak{Y}(V_{n_0})}\boldsymbol{B}_{\boldsymbol{\theta}|\mathfrak{Y}(V_{n_0})}\boldsymbol{W}' = \frac{n_0}{\beta} \operatorname{sp} \mathrm{E}_{\mathfrak{Y}(V_{n_0})}\boldsymbol{B}_{\tilde{\boldsymbol{\psi}}|\mathfrak{Y}(V_{n_0})} = \frac{n_0}{\beta} \sum_{i=1}^{k} \mathrm{E}_{\mathfrak{Y}(V_{n_0})}\mathrm{D}^2(\tilde{\psi}_i \mid \mathfrak{Y}(V_{n_0})) .$$

So minimieren L_b-optimale Pläne also die mittlere, zu erwartende a-posteriori-Varianz (sog. *präposteriori-Varianz*) der Komponenten der Linearkombination $\tilde{\boldsymbol{\psi}}$ von $\boldsymbol{\theta}$. Speziell im Falle $H = \{\boldsymbol{x}_0\}$ ergibt sich daraus mit $\boldsymbol{U}_L = \boldsymbol{A}(\boldsymbol{x}_0)'\boldsymbol{A}(\boldsymbol{x}_0)$ ein Optimalitätskriterium zur Auswahl eines V_{n_0} für die Extrapolation von $\boldsymbol{\psi}(\cdot, \boldsymbol{\vartheta}) = \boldsymbol{A}(\cdot)\,\boldsymbol{\vartheta}$ im Punkt $\boldsymbol{x}_0$.

b) A_b-*Optimalität und* C_b-*Optimalität bez.* $\boldsymbol{c}$: Diese Kriterien sind Spezialfälle der L_b-Optimalität (s. Satz 7.1.4), so daß aus a) folgt

$$Z_{A_b}(\boldsymbol{M}_b(\xi_{n_0})) = \operatorname{sp} \overline{\boldsymbol{M}}_b(V_{n_0})^{-1} = \frac{n_0}{\beta} \sum_{i=1}^{r} \mathrm{E}_{\mathfrak{Y}(V_{n_0})}\mathrm{D}^2(\theta_i \mid \mathfrak{Y}(V_{n_0}));$$

$$Z_{C_b}(\boldsymbol{M}_b(\xi_{n_0})) = \boldsymbol{c}'\overline{\boldsymbol{M}}_b(V_{n_0})^{-1}\,\boldsymbol{c} = \frac{n_0}{\beta} \mathrm{E}_{\mathfrak{Y}(V_{n_0})}\mathrm{D}^2(\boldsymbol{c}'\boldsymbol{\theta} \mid \mathfrak{Y}(V_{n_0})) .$$

Ein A_b-optimaler Plan minimiert demnach die mittlere präposteriori-Varianz der Regressionskoeffizienten und ein C_b-optimaler Plan bez. $\boldsymbol{c}$ minimiert die präposteriori-Varianz der Linearkombination $\boldsymbol{c}'\boldsymbol{\theta}$ von $\boldsymbol{\theta}$.

c) I_b-*Optimalität bez.* P_*: Bezeichnet $\tilde{\boldsymbol{\psi}}(\boldsymbol{x})$ den Zufallsvektor $\tilde{\boldsymbol{\psi}}(\boldsymbol{x}) = \boldsymbol{A}(\boldsymbol{x})\,\boldsymbol{\theta}$ $=: (\tilde{\psi}_1(\boldsymbol{x}), \dots, \tilde{\psi}_m(\boldsymbol{x}))'$; $\boldsymbol{x} \in H$; so gilt

$$Z_{I_b}(\boldsymbol{M}_b(\xi_{n_0})) = \int\limits_H \operatorname{sp} \boldsymbol{A}(\boldsymbol{x})\,\overline{\boldsymbol{M}}_b(V_{n_0})^{-1}\,\boldsymbol{A}(\boldsymbol{x})'\,\mathrm{d}P_*(\boldsymbol{x}) = \frac{n_0}{\beta} \int\limits_H \operatorname{sp} \mathrm{E}_{\mathfrak{Y}(V_{n_0})}\boldsymbol{B}_{\tilde{\boldsymbol{\psi}}(\boldsymbol{x})|\mathfrak{Y}(V_{n_0})}\,\mathrm{d}P_*(\boldsymbol{x})$$

$$= \frac{n_0}{\beta} \sum_{i=1}^{m} \int\limits_H \mathrm{E}_{\mathfrak{Y}(V_{n_0})}\mathrm{D}^2(\tilde{\psi}_i(\boldsymbol{x}) \mid \mathfrak{Y}(V_{n_0}))\,\mathrm{d}P_*(\boldsymbol{x}) .$$

Folglich minimiert ein I_b-optimaler Plan in $\Xi^{(0)}$ die mittlere, zu erwartende und entsprechend der a-priori-Verteilung P_* über H gewichtete a-posteriori-Varianz der Komponenten von $\tilde{\boldsymbol{\psi}}(\cdot)$.

d) D_b-*Optimalität*: Es gilt

$$Z_{D_b}(\boldsymbol{M}_b(\xi_{n_0})) = \det \overline{\boldsymbol{M}}_b(V_{n_0})^{-1} = \left(\frac{n_0}{\beta}\right)^r \cdot \det \mathrm{E}_{\mathfrak{Y}(V_{n_0})}\boldsymbol{B}_{\boldsymbol{\theta}|\mathfrak{Y}(V_{n_0})} .$$

Also minimieren D_b-optimale Versuchspläne die Determinante der präposteriori-Kovarianzmatrix von $\boldsymbol{\theta}$. In 7.1.5 geben wir für die D_b-Optimalität auch eine informationstheoretische Interpretation an.

e) E_b-*Optimalität*: Aus der Beziehung

$$Z_{E_b}(M_b(\xi_{n_0})) = \lambda_r(\xi_{n_0}) = \lambda_r(\overline{M}_b(V_{n_0})^{-1}) = \sup_{q \in R^r} \{q'\overline{M}_b(V_{n_0})^{-1} q/q'q\} \qquad \text{(s. (1.A.35))}$$

$$= \frac{n_0}{\beta} \cdot \sup_{q \in R^r} \{E_{\mathfrak{Y}(V_{n_0})} D^2(q'\theta \mid \mathfrak{Y}(V_{n_0}))/q'q\}$$

erkennt man, daß E_b-optimale Pläne die maximale präposteriori Varianz einer Linearkombination der Regressionskoeffizienten minimieren.

7.2. Zulässigkeit und Vollständigkeit

Bei der Optimierung im erweiterten Planungsproblem

$$\tilde{G}_2^{(\nu)} = [H, \tilde{\Xi}, \tilde{R}_2^{(\nu)}];$$

$$\forall x \in H \; \forall \xi \in \tilde{\Xi}: \tilde{R}_2^{(\nu)}(x, \xi) = \operatorname{sp} U_b(x, M_b(\xi))\, M_b(\xi)^{-1} \qquad (7.2.1)$$

kann die Menge $\tilde{\Xi}$ durch eine in ihr enthaltene (schwach) vollständige Klasse ersetzt werden. Wir betrachten zuerst allgemeine Operatoren Q_2 in $\tilde{G}_2^{(\nu)}$ und spezialisieren in Abschnitt 7.2.2 auf $Q_2 = E_\varkappa$.

7.2.1. Q_2-Optimalität und schwache M-Vollständigkeit

In $\tilde{G}_2^{(\nu)}$ ist die Klasse $\Xi_1 \subseteq \tilde{\Xi}$ von Versuchsplänen genau dann schwach vollständig, wenn gilt

$$\forall \xi \in \tilde{\Xi} \setminus \Xi_1 \; \exists \xi^{(1)} \in \Xi_1 \; \forall x \in H: \tilde{R}_2^{(\nu)}(x, \xi^{(1)}) \leqq \tilde{R}_2^{(\nu)}(x, \xi) \qquad (7.2.2)$$

(vgl. Def. 1.5.9). Falls der Operator $Q_2 \mid (R^1)^{H \times \tilde{\Xi}} \to (R^1)^{\tilde{\Xi}}$ im Sinne von Def. 7.2.1 monoton ist, kann man sich bei der Bestimmung eines Q_2-optimalen Versuchsplanes gemäß

$$Q_2\tilde{R}_2^{(\nu)}(\cdot, \xi) = Q_2 \operatorname{sp} U_b(\cdot, M_b(\xi))\, M_b(\xi)^{-1} \overset{!}{=} \inf_{\xi \in \tilde{\Xi}}$$

auf die Optimierung in einer in $\tilde{\Xi}$ enthaltenen schwach vollständigen Klasse von Versuchsplänen beschränken.

Def. 7.2.1: Der Operator $Q_2 \mid (R^1)^{H \times \tilde{\Xi}} \to (R^1)^{\tilde{\Xi}}$ heißt

a) $\tilde{\Xi}$-*monoton* $=_{df}$

$$\forall (\xi_1, \xi_2) \in \tilde{\Xi} \times \tilde{\Xi}: (\forall x \in H: \tilde{R}_2^{(\nu)}(x, \xi_1) \leqq \tilde{R}_2^{(\nu)}(x, \xi_2))$$
$$\Rightarrow Q_2\tilde{R}_2^{(\nu)}(\cdot, \xi_1) \leqq Q_2\tilde{R}_2^{(\nu)}(\cdot, \xi_2),$$

b) *streng* $\tilde{\Xi}$-*monoton* $=_{df}$

$$\forall (\xi_1, \xi_2) \in \tilde{\Xi} \times \tilde{\Xi}: (\forall x \in H: \tilde{R}_2^{(\nu)}(x, \xi_1) \leqq \tilde{R}_2^{(\nu)}(x, \xi_2)) \wedge \tilde{R}_2^{(\nu)}(\cdot, \xi_1) \neq \tilde{R}_2^{(\nu)}(\cdot, \xi_2)$$
$$\Rightarrow Q_2\tilde{R}_2^{(\nu)}(\cdot, \xi_1) < Q_2\tilde{R}_2^{(\nu)}(\cdot, \xi_2) \bullet$$

Die $\tilde{\Xi}$-Monotonie ist ein Spezialfall der in Def. 2.1.1 erklärten U_1-Monotonie.

Satz 7.2.1: Es seien Q_2 ein $\tilde{\Xi}$-monotoner Operator und $\Xi_1 \subseteq \tilde{\Xi}$ schwach vollständig in $\tilde{G}_2^{(\psi)}$. Dann enthält Ξ_1 mindestens einen Q_2-optimalen Plan •

Beweis: Sei $\xi^* \in \tilde{\Xi}$ ein Q_2-optimaler Plan. Dann sind zwei Fälle möglich:

a) $\xi^* \in \Xi_1$ oder b) $\xi^* \in \tilde{\Xi} \setminus \Xi_1$. Im Falle a) ist die Behauptung bewiesen. Im Falle b) gibt es wegen der schwachen Vollständigkeit von Ξ_1 einen Plan $\xi^{(1)} \in \Xi_1$ mit der Eigenschaft

$$\forall \boldsymbol{x} \in H: \tilde{R}_2^{(\psi)}(\boldsymbol{x}, \xi^{(1)}) \leqq \tilde{R}_2^{(\psi)}(\boldsymbol{x}, \xi^*)$$

(s. (7.2.2)). Daraus folgt auf Grund der $\tilde{\Xi}$-Monotonie von Q_2 zunächst

$$Q_2\tilde{R}_2^{(\psi)}(\cdot, \xi^{(1)}) \leqq Q_2\tilde{R}_2^{(\psi)}(\cdot, \xi^*),$$

und wegen der Q_2-Optimalität von ξ^* folgt weiter $Q_2\tilde{R}_2^{(\psi)}(\cdot, \xi^{(1)}) = Q_2\tilde{R}_2^{(\psi)}(\cdot, \xi^*)$. Damit ist $\xi^{(1)} \in \Xi_1$ ein Q_2-optimaler Plan.

Wenn die Matrix $\boldsymbol{U}_0(\cdot, \cdot)$ und damit auch $\boldsymbol{U}_\mathrm{b}(\cdot, \cdot)$ (s. (7.1.11) sowie Vor. 7.1.2 und Vor. 7.1.3) nicht vom Versuchsplan abhängen, so kann man sich sogar auf die Betrachtung von (schwach) $\boldsymbol{M}$-vollständigen Mengen (s. Def. 5.4.5) beschränken.

Satz 7.2.2: Es gelte

$$\exists \boldsymbol{U}(\cdot) \mid H \to \mathcal{M}_r^{\geqq}\ \forall \xi \in \tilde{\Xi}: \boldsymbol{U}_\mathrm{b}(\cdot, \boldsymbol{M}_\mathrm{b}(\xi)) = \boldsymbol{U}(\cdot)\,. \qquad (7.2.3)$$

Dann ist jede (schwach) $\boldsymbol{M}$-vollständige Klasse $\Xi_1 \subseteq \tilde{\Xi}$ schwach vollständig in $\tilde{G}_2^{(\psi)}$ •

Beweis: Es sei Ξ_1 schwach $\boldsymbol{M}$-vollständig in $\tilde{\Xi}$. Dann gilt nach Def. 5.4.5 unter Beachtung von

$$\forall (\xi_1, \xi_2) \in \tilde{\Xi} \times \tilde{\Xi}: \boldsymbol{M}(\xi_1) - \boldsymbol{M}(\xi_2) \in \mathcal{M}_r^{\geqq} \Leftrightarrow \boldsymbol{M}_\mathrm{b}(\xi_2)^{-1} - \boldsymbol{M}_\mathrm{b}(\xi_1)^{-1} \in \mathcal{M}_r^{\geqq} \qquad (7.2.4)$$

die Beziehung

$$\forall \xi \in \tilde{\Xi} \setminus \Xi_1\ \exists \xi^{(1)} \in \Xi_1: \boldsymbol{M}_\mathrm{b}(\xi)^{-1} - \boldsymbol{M}_\mathrm{b}(\xi^{(1)})^{-1} \in \mathcal{M}_r^{\geqq}\,.$$

Wegen $\boldsymbol{U}(\cdot) \in (\mathcal{M}_r^{\geqq})^H$ ist $\operatorname{sp} \boldsymbol{U}(\boldsymbol{x})\,[\boldsymbol{M}_\mathrm{b}(\xi)^{-1} - \boldsymbol{M}_\mathrm{b}(\xi^{(1)})^{-1}] \geqq 0$ (für jedes $\boldsymbol{x} \in H$), folglich gilt die Beziehung

$$\forall \xi \in \tilde{\Xi} \setminus \Xi_1\ \exists \xi^{(1)} \in \Xi_1\ \forall \boldsymbol{x} \in H:$$

$$\tilde{R}_2^{(\psi)}(\boldsymbol{x}, \xi) - \tilde{R}_2^{(\psi)}(\boldsymbol{x}, \xi^{(1)}) = \operatorname{sp} \boldsymbol{U}_\mathrm{b}(\boldsymbol{x}, \boldsymbol{M}_\mathrm{b}(\xi))\, \boldsymbol{M}_\mathrm{b}(\xi)^{-1} - \operatorname{sp} \boldsymbol{U}_\mathrm{b}(\boldsymbol{x}, \boldsymbol{M}_\mathrm{b}(\xi^{(1)}))\, \boldsymbol{M}_\mathrm{b}(\xi^{(1)})^{-1}$$
$$= \operatorname{sp} \boldsymbol{U}(\boldsymbol{x})\,[\boldsymbol{M}_\mathrm{b}(\xi)^{-1} - \boldsymbol{M}_\mathrm{b}(\xi^{(1)})^{-1}] \geqq 0\,.$$

Damit ist Ξ_1 schwach vollständig in $\tilde{G}_2^{(\psi)}$. Da jede $\boldsymbol{M}$-vollständige Klasse auch schwach $\boldsymbol{M}$-vollständig ist (vgl. Def. 5.4.4 und 5.4.5), gilt die Behauptung auch für $\boldsymbol{M}$-vollständige Klassen.

Diese Aussage kann für $\boldsymbol{M}$-vollständige Klassen i. allg. nicht verschärft werden, d. h., i. allg. ist eine $\boldsymbol{M}$-vollständige Klasse unter der Bedingung (7.2.3) nicht auch vollständig in $\tilde{G}_2^{(\psi)}$.

Unter der folgenden Verschärfung der Bedingung (7.2.3) kann auch die Umkehrung der Aussage von Satz 7.2.2 bewiesen werden.

Satz 7.2.3: Es gelte

$$\exists \boldsymbol{g} \mid H \to \mathrm{R}^r\ \forall \xi \in \tilde{\Xi}\ \forall \boldsymbol{x} \in H: \boldsymbol{U}_\mathrm{b}(\boldsymbol{x}, \boldsymbol{M}_\mathrm{b}(\xi)) = \boldsymbol{g}(\boldsymbol{x})\, \boldsymbol{g}(\boldsymbol{x})' \wedge \boldsymbol{g}(H) = \mathrm{R}^r\,. \qquad (7.2.5)$$

Dann ist jede in $\tilde{G}_2^{(\psi)}$ schwach vollständige Klasse auch schwach $\boldsymbol{M}$-vollständig in $\tilde{\Xi}$ •

Beweis: Sei Ξ_1 schwach vollständig in $\widetilde{G}_2^{(\psi)}$, so folgt mit (7.2.5)

$$\forall \xi \in \widetilde{\Xi} \setminus \Xi_1 \, \exists \xi^{(1)} \in \Xi_1 \, \forall \boldsymbol{x} \in H:$$

$$\boldsymbol{g}(\boldsymbol{x})' \boldsymbol{M}_{\mathrm{b}}(\xi^{(1)})^{-1} \boldsymbol{g}(\boldsymbol{x}) = \mathrm{sp}\, \boldsymbol{U}_{\mathrm{b}}(\boldsymbol{x}, \boldsymbol{M}_{\mathrm{b}}(\xi^{(1)}))\, \boldsymbol{M}_{\mathrm{b}}(\xi^{(1)})^{-1} = \widetilde{R}_2^{(\psi)}(\boldsymbol{x}, \xi^{(1)})$$
$$\leqq \widetilde{R}_2^{(\psi)}(\boldsymbol{x}, \xi) = \mathrm{sp}\, \boldsymbol{U}_{\mathrm{b}}(\boldsymbol{x}, \boldsymbol{M}_{\mathrm{b}}(\xi))\, \boldsymbol{M}_{\mathrm{b}}(\xi)^{-1} = \boldsymbol{g}(\boldsymbol{x})' \boldsymbol{M}_{\mathrm{b}}(\xi)^{-1} \boldsymbol{g}(\boldsymbol{x}) .$$

Wegen $\boldsymbol{g}(H) = \mathrm{R}^r$ und (7.2.4) bedeutet dies

$$\forall \xi \in \widetilde{\Xi} \setminus \Xi_1 \, \exists \xi^{(1)} \in \Xi_1 : \boldsymbol{M}(\xi^{(1)}) - \boldsymbol{M}(\xi) \in \mathcal{M}_r^{\geqq} .$$

Unter der Bedingung (7.2.5) kann darüber hinaus gezeigt werden, daß es zu jedem zulässigen Plan in $\widetilde{G}_2^{(\psi)}$, der nicht einer schwach vollständigen Klasse $\Xi_1 \subseteq \Xi$ angehört, einen äquivalenten Plan in Ξ_1 gibt, der sogar die gleiche (bayessche) Informationsmatrix wie der zulässige Plan besitzt.

Es bezeichne $\widetilde{\Xi}_z$ die Menge der zulässigen Pläne in $\widetilde{G}_2^{(\psi)}$.

Folgerung 7.2.1: Es sei $\Xi_1 \subseteq \widetilde{\Xi}$ schwach $\boldsymbol{M}$-vollständig.

a) Ist (7.2.3) erfüllt, so gilt

$$\forall \xi \in \widetilde{\Xi} : \xi \in (\widetilde{\Xi} \setminus \Xi_1) \cap \widetilde{\Xi}_z \Rightarrow (\exists \xi^{(1)} \in \Xi_1 : \widetilde{R}_2^{(\psi)}(\cdot, \xi^{(1)}) = \widetilde{R}_2^{(\psi)}(\cdot, \xi)) .$$

b) Ist (7.2.5) erfüllt, so gilt zusätzlich

$$\forall \xi \in \widetilde{\Xi} : \xi \in (\widetilde{\Xi} \setminus \Xi_1) \cap \widetilde{\Xi}_z \Rightarrow (\exists \xi^{(1)} \in \Xi_1 : \boldsymbol{M}(\xi^{(1)}) = \boldsymbol{M}(\xi)) \bullet$$

Beweis: Sei $\xi \in (\widetilde{\Xi} \setminus \Xi_1) \cap \widetilde{\Xi}_z$.

a) Mit Gültigkeit von (7.2.3) ist Ξ_1 nach Satz 7.2.2 schwach vollständig in $\widetilde{G}_2^{(\psi)}$. Auf Grund des Satzes 1.5.2 existiert dann ein zu $\xi \in \widetilde{\Xi} \setminus \Xi_1$ äquivalenter Plan $\xi^{(1)} \in \Xi_1$.

b) Mit Gültigkeit von (7.2.5) ist auch (7.2.3) erfüllt, d. h., nach a) gibt es ein zu ξ äquivalentes $\xi^{(1)} \in \Xi_1$, womit sich die Beziehung

$$\forall \boldsymbol{x} \in H: \boldsymbol{g}(\boldsymbol{x})' \boldsymbol{M}_{\mathrm{b}}(\xi^{(1)})^{-1} \boldsymbol{g}(\boldsymbol{x}) = \widetilde{R}_2^{(\psi)}(\boldsymbol{x}, \xi^{(1)}) = \widetilde{R}_2^{(\psi)}(\boldsymbol{x}, \xi) = \boldsymbol{g}(\boldsymbol{x})' \boldsymbol{M}_{\mathrm{b}}(\xi)^{-1} \boldsymbol{g}(\boldsymbol{x})$$

ergibt. Wegen $\boldsymbol{g}(H) = \mathrm{R}^r$ ist $\boldsymbol{M}_{\mathrm{b}}(\xi^{(1)})^{-1} = \boldsymbol{M}_{\mathrm{b}}(\xi)^{-1}$ und damit auch $\boldsymbol{M}(\xi^{(1)}) = \boldsymbol{M}(\xi)$.

Ist die Bedingung (7.2.3) erfüllt und ist Q_2 monoton im Sinne von Def. 7.2.1 a), so enthält entsprechend Satz 7.2.1 und Satz 7.2.2 bereits jede schwach $\boldsymbol{M}$-vollständige Klasse in $\widetilde{\Xi}$ einen Q_2-optimalen Plan. Dieses Ergebnis kann auch für den Fall erweitert werden, daß (7.2.3) nicht notwendig erfüllt ist. Dazu betrachten wir Operatoren Q_2 der Form $Q_2 = Z_{\mathrm{b}} \circ \boldsymbol{M}_{\mathrm{b}}$.

Def. 7.2.2: Das Funktional $Z_{\mathrm{b}} \mid \mathcal{M}_r^{>} \to \mathrm{R}^1$ heißt $\boldsymbol{M}_{\mathrm{b}}(\widetilde{\Xi})$-*antiton* $=_{\mathrm{df}}$

$$\forall (\xi_1, \xi_2) \in \widetilde{\Xi} \times \widetilde{\Xi} : \boldsymbol{M}(\xi_1) - \boldsymbol{M}(\xi_2) \in \mathcal{M}_r^{\geqq} \Rightarrow Z_{\mathrm{b}}(\boldsymbol{M}_{\mathrm{b}}(\xi_1)) \leqq Z_{\mathrm{b}}(\boldsymbol{M}_{\mathrm{b}}(\xi_2)) \bullet$$

Satz 7.2.4: Es sei $Z_{\mathrm{b}} \mid \mathcal{M}_r^{>} \to \mathrm{R}^1$ ein $\boldsymbol{M}_{\mathrm{b}}(\widetilde{\Xi})$-antitones Funktional mit

$$\forall \xi \in \widetilde{\Xi} : Q_2\, \mathrm{sp}\, \boldsymbol{U}_{\mathrm{b}}(\cdot, \boldsymbol{M}_{\mathrm{b}}(\xi))\, \boldsymbol{M}_{\mathrm{b}}(\xi)^{-1} = Z_{\mathrm{b}}(\boldsymbol{M}_{\mathrm{b}}(\xi)) .$$

Dann enthält jede schwach $\boldsymbol{M}$-vollständige Klasse in $\widetilde{\Xi}$ einen Q_2- (bzw. Z_{b}-)optimalen Plan •

Beweis: Sei ξ^* ein Q_2-optimaler Plan. Dann gilt

$$\forall \xi \in \widetilde{\Xi} : Z_{\mathrm{b}}(\boldsymbol{M}_{\mathrm{b}}(\xi^*)) \leqq Z_{\mathrm{b}}(\boldsymbol{M}_{\mathrm{b}}(\xi)) .$$

Im Falle $\xi^* \in \tilde{\Xi} \setminus \Xi_1$ folgt aus der schwach $\boldsymbol{M}$-Vollständigkeit von Ξ_1

$$\exists \xi^{(1)} \in \Xi_1 : \boldsymbol{M}(\xi^{(1)}) - \boldsymbol{M}(\xi^*) \in \mathcal{M}_r^{\geqq} .$$

Wegen der $\boldsymbol{M}_b(\tilde{\Xi})$-Antitonie von Z_b ergibt sich hieraus zusammen mit der obigen Ungleichung $Z_b(\boldsymbol{M}_b(\xi^{(1)})) = Z_b(\boldsymbol{M}_b(\xi^*))$, womit $\xi^{(1)} \in \Xi_1$ ein Q_2-optimaler Plan ist.

Falls es überhaupt einen Q_2-optimalen Plan gibt, so ist stets mindestens ein Q_2-optimaler Plan in der Klasse $\tilde{\Xi}_z$ der zulässigen Pläne in $\tilde{G}_2^{(\psi)}$ enthalten. Besitzt Q_2 die in Def. 7.2.1 b) erklärte Eigenschaft der strengen $\tilde{\Xi}$-Monotonie, so enthält $\tilde{\Xi}_z$ alle Q_2-optimalen Pläne.

Satz 7.2.5: Ist der Operator Q_2 streng $\tilde{\Xi}$-monoton, so ist jeder Q_2-optimale Plan zulässig in $\tilde{G}_2^{(\psi)}$ •

Beweis: Sei ξ^* ein Q_2-optimaler Plan. Angenommen, ξ^* ist nicht zulässig in $\tilde{G}_2^{(\psi)}$, so folgt

$$\exists \xi_0 \in \tilde{\Xi}: (\forall \boldsymbol{x} \in H: \tilde{R}_2^{(\psi)}(\boldsymbol{x}, \xi_0) \leqq \tilde{R}_2^{(\psi)}(\boldsymbol{x}, \xi^*)) \wedge (\exists \boldsymbol{x}_0 \in H: \tilde{R}_2^{(\psi)}(\boldsymbol{x}_0, \xi_0) < \tilde{R}_2^{(\psi)}(\boldsymbol{x}_0, \xi^*)) .$$

Da Q_2 streng $\tilde{\Xi}$-monoton ist, ergibt sich hieraus (s. Def. (7.2.1 b)) $Q_2\tilde{R}_2^{(\psi)}(\cdot, \xi_0) < Q_2\tilde{R}_2^{(\psi)}(\cdot, \xi^*)$, im Widerspruch zur Q_2-Optimalität von ξ^*.

•

7.2.2. Bayes-Optimalität, Zulässigkeit und schwache $\boldsymbol{M}$-Vollständigkeit

Wir spezialisieren nun einige der in Abschnitt 7.2.1 für allgemeine Operatoren Q_2 angegebenen Ergebnisse für die in Abschnitt 7.1.2 auf der Grundlage von $Q_2 = \mathrm{E}_\varkappa$ eingeführten Optimalitätskriterien.

Folgerung 7.2.2: Für alle $\xi \in \tilde{\Xi}$ sei $\tilde{R}_2^{(\psi)}(\cdot, \xi)$ eine $P_\varkappa$-integrierbare Funktion. Dann gilt für jede schwach vollständige Klasse Ξ_1 in $\tilde{G}_2^{(\psi)}$: $\Xi_1 \cap \Xi_{B,\tilde{\Xi}}^* \neq \emptyset$ •

Dies folgt mit Satz 7.2.1 aus der $\tilde{\Xi}$-Monotonie von $Q_2 = \mathrm{E}_\varkappa$.

Folgerung 7.2.3: Es gelte die Vor. von Folgerung 7.2.2. Es seien $Z_b \in \{Z_{L_b}, Z_{A_b}, Z_{C_b}, Z_{I_b} Z_{D_b}, Z_{E_b}\}$, $\tilde{G}_{2,Z_b}^{(\psi)}$ das zugehörige Entscheidungsproblem vom Typ (7.2.1) mit $\mathrm{E}_\varkappa \tilde{R}_2^{(\psi)}(\varkappa, \cdot) = Z_b(\boldsymbol{M}_b(\cdot))$ und $\Xi_1 \subseteq \tilde{\Xi}$ schwach vollständig in $\tilde{G}_{2,Z_b}^{(\psi)}$. Dann enthält Ξ_1 einen Z_b-optimalen Plan •

Dies erhält man aus Folgerung 7.1.1 unter Beachtung der Sätze 7.1.2 bis 7.1.4.

Lemma 7.2.1: Die Funktionale Z_{L_b}, Z_{A_b}, Z_{C_b}, Z_{I_b}, Z_{D_b} und Z_{E_b} sind $\boldsymbol{M}_b(\tilde{\Xi})$-antiton •

Beweis: Seien $(\xi_1, \xi_2) \in \tilde{\Xi} \times \tilde{\Xi}$ und $\boldsymbol{M}(\xi_1) - \boldsymbol{M}(\xi_2) \in \mathcal{M}_r^{\geqq}$. Für jedes $\boldsymbol{U}_L \in \mathcal{M}_r^{\geqq}$ gilt dann mit (7.2.4)

$$Z_{L_b}(\boldsymbol{M}_b(\xi_2)) - Z_{L_b}(\boldsymbol{M}_b(\xi_1)) = \mathrm{sp}\, \boldsymbol{U}_L[\boldsymbol{M}_b(\xi_2)^{-1} - \boldsymbol{M}_b(\xi_1)^{-1}] \geqq 0 .$$

Somit gilt die Behauptung für Z_{L_b} und speziell mit $\boldsymbol{U}_L = \boldsymbol{I}_r$ bzw. $\boldsymbol{U}_L = \boldsymbol{c}\boldsymbol{c}'(\boldsymbol{c} \in \mathrm{R}^r)$ bzw. $\boldsymbol{U}_L = \int_H \boldsymbol{A}(\boldsymbol{x})' \boldsymbol{A}(\boldsymbol{x})\, \mathrm{d}P_\varkappa(\boldsymbol{x})$ gilt die Behauptung für Z_{A_b} bzw. Z_{C_b} bzw. Z_{I_b}.

Weiterhin ergibt sich wegen (7.2.4) mit (1.A.46)

$$Z_{D_b}(\boldsymbol{M}_b(\xi_1)) = \det \boldsymbol{M}_b(\xi_1)^{-1} \leqq \det \boldsymbol{M}_b(\xi_2)^{-1} = Z_{D_b}(\boldsymbol{M}_b(\xi_2))$$

und mit (1.A.45)

$$Z_{E_b}(\boldsymbol{M}_b(\xi_1)) = \lambda_r(\xi_1) \leqq \lambda_r(\xi_2) = Z_{E_b}(\boldsymbol{M}_b(\xi_2))$$

womit Z_{D_b} und Z_{E_b} ebenfalls $\boldsymbol{M}_b(\tilde{\Xi})$-antiton sind.

Folgerung 7.2.4: Für jede schwach $\boldsymbol{M}$-vollständige Klasse $\Xi_1 \subseteq \tilde{\Xi}$ gilt:

a) $\forall Z_b \in \{Z_{A_b}, Z_{D_b}, Z_{E_b}\}: \Xi^*_{Z_b,\tilde{\Xi}} \cap \Xi_1 \neq \emptyset$

b) $\forall \boldsymbol{U}_L \in \mathcal{M}_r^{\geqq}\ \forall \boldsymbol{c} \in \mathrm{R}^r\ \forall (Z_b, a) \in \{(Z_{L_b}, \boldsymbol{U}_L), (Z_{C_b}, \boldsymbol{c}), (Z_{I_b}, P_\varkappa)\}: \Xi^*_{Z_b,\tilde{\Xi}}(a) \cap \Xi_1 \neq \emptyset$ •

Falls überhaupt ein Z_b-optimaler Plan existiert, so kann man also einen solchen für die angeführten Funktionale Z_b innerhalb von schwach $\boldsymbol{M}$-vollständigen Klassen bestimmen. Hinreichende Bedingungen für die schwache $\boldsymbol{M}$-Vollständigkeit von Klassen von Versuchsplänen sind in 5.4 angegeben (s. Satz 5.4.3 und Satz 5.4.4). Diese Bedingungen garantieren nach Satz 7.2.2 auch die schwache Vollständigkeit dieser Klassen im Entscheidungsproblem $\tilde{G}_2^{(\boldsymbol{\nu})}$, falls die Matrix $\boldsymbol{U}_b(\cdot, \cdot)$ nicht vom Versuchsplan abhängt.

Wir geben nun eine hinreichende Bedingung an, unter der die Menge der in $\tilde{G}_2^{(\boldsymbol{\nu})}$ zulässigen Pläne alle bayesschen Pläne bez. der a-priori-Verteilung $P_\varkappa \in H^*$ enthält.

Folgerung 7.2.5: Es sei $P_\varkappa$ eine a-priori-Verteilung mit supp $P_\varkappa = H$ und gelte (7.2.3). Die Elemente von $\boldsymbol{U}(\cdot) \mid H \to \mathcal{M}_r^{\geqq}$ aus (7.2.3) seien stetig. Dann gilt $\Xi^*_{B,\tilde{\Xi}} \subseteq \tilde{\Xi}_z$ •

Beweis: Es wird gezeigt, daß $Q_2 = \mathrm{E}_\varkappa$ unter den angegebenen Bedingungen streng $\tilde{\Xi}$-monoton ist. Seien dazu $(\xi_1, \xi_2) \in \tilde{\Xi} \times \tilde{\Xi}$ und gelte

$$(\forall \boldsymbol{x} \in H: \tilde{R}_2^{(\boldsymbol{\nu})}(\boldsymbol{x}, \xi_1) \leqq \tilde{R}_2^{(\boldsymbol{\nu})}(\boldsymbol{x}, \xi_2)) \wedge (\exists \boldsymbol{x}_0 \in H: \tilde{R}_2^{(\boldsymbol{\nu})}(\boldsymbol{x}_0, \xi_1) < \tilde{R}_2^{(\boldsymbol{\nu})}(\boldsymbol{x}_0, \xi_2))$$

(s. Def. 7.2.1 b). Auf Grund der Stetigkeit von $\boldsymbol{U}(\cdot)$ ist

$$\tilde{R}_2^{(\boldsymbol{\nu})}(\cdot, \xi) = \mathrm{sp}\ \boldsymbol{U}(\cdot)\ \boldsymbol{M}_b(\xi)^{-1}$$

für jedes $\xi \in \tilde{\Xi}$ stetig über H. Deshalb gibt es eine Umgebung $H(\boldsymbol{x}_0) \subseteq H$ mit

$$\forall \boldsymbol{x} \in H(\boldsymbol{x}_0): \tilde{R}_2^{(\boldsymbol{\nu})}(\boldsymbol{x}, \xi_1) < \tilde{R}_2^{(\boldsymbol{\nu})}(\boldsymbol{x}, \xi_2)\,.$$

Wegen supp $P_\varkappa = H$ ist $\int\limits_{H(\boldsymbol{x}_0)} [\tilde{R}_2^{(\boldsymbol{\nu})}(\boldsymbol{x}, \xi_2) - \tilde{R}_2^{(\boldsymbol{\nu})}(\boldsymbol{x}, \xi_1)]\, \mathrm{d}P_\varkappa(\boldsymbol{x}) > 0$, woraus folgt

$$\mathrm{E}_\varkappa \tilde{R}_2^{(\boldsymbol{\nu})}(\varkappa; \xi_1) < \mathrm{E}_\varkappa \tilde{R}_2^{(\boldsymbol{\nu})}(\varkappa; \xi_2)\,.$$

Falls alle bayesschen Pläne die gleiche (bayessche) Informationsmatrix besitzen, so sind diese alle in der Menge der $\boldsymbol{M}$-zulässigen Pläne in $\tilde{\Xi}$ (s. Def. 5.4.3) zu finden.

Satz 7.2.6: Es gelte (7.2.3), und es sei card $\boldsymbol{M}_b(\Xi^*_{B,\tilde{\Xi}}) = 1$. Dann ist jeder bayessche Plan $\boldsymbol{M}$-zulässig in $\tilde{\Xi}$ •

Der Beweis kann analog zu dem von Satz 5.4.2 erfolgen.

Insbesondere enthält die Menge der $\boldsymbol{M}$-zulässigen Pläne in $\tilde{\Xi}$ die der A_b-optimalen Pläne, da das Funktional $Z_{A_b} \circ \boldsymbol{M}_b$ streng konvex auf einer konvexen Menge $\tilde{\Xi}$ ist.

Die Aussage von Satz 7.2.6 gilt für beliebige, $\tilde{\Xi}$-monotone Operatoren Q_2.

Die $\boldsymbol{M}$-Zulässigkeit eines Versuchsplanes, die ausschließlich eine Eigenschaft des Spektrums ist (s. Satz 5.4.5), kann anhand der in Satz 5.4.6 formulierten notwendigen und hinreichenden Bedingung überprüft werden.

7.3. Eigenschaften der Funktionale und Äquivalenzsätze

Wir untersuchen nun Eigenschaften der in Abschnitt 7.1.2 eingeführten Funktionale. Insbesondere weisen wir Konvexitätseigenschaften nach und treffen dann über den Satz von WHITTLE Aussagen über die Struktur optimaler Pläne für diese Funktionale.

Vor. 7.3.1: Es sei $\tilde{\Xi} \subseteq \Xi$ konvex •

Dann ist nach Lemma 7.1.4 auch $\boldsymbol{M}_{\mathrm{b}}(\tilde{\Xi}) = \{\boldsymbol{M}_{\mathrm{b}}(\xi) \in \mathcal{M}_r^{>} : \xi \in \tilde{\Xi}\}$ konvex und man erhält folgende Aussage:

Lemma 7.3.1: Ist $Z_{\mathrm{b}} \mid \boldsymbol{M}_{\mathrm{b}}(\tilde{\Xi}) \to \mathrm{R}^1$ ein konvexes Funktional, so ist $\psi_{\mathrm{b}} = Z_{\mathrm{b}} \circ \boldsymbol{M}_{\mathrm{b}}$ konvex auf $\tilde{\Xi}$ •

Lemma 7.3.2: Für jedes $\boldsymbol{U}_L \in \mathcal{M}_r^{\geqq}$ ist das lineare Funktional $Z_{L\mathrm{b}}(\boldsymbol{M}_{\mathrm{b}}(\cdot)) = \mathrm{sp}\ \boldsymbol{U}_L \boldsymbol{M}_{\mathrm{b}}(\cdot)^{-1}$ konvex auf $\tilde{\Xi}$ •

Der Beweis dieser Aussage kann wie der von Lemma 5.3.1, mit $\boldsymbol{M}_{\mathrm{b}}(\cdot)$ anstelle von $\boldsymbol{M}(\cdot)$, geführt werden.

Folgerung 7.3.1: Die Funktionale

$$Z_{A_{\mathrm{b}}}(\boldsymbol{M}_{\mathrm{b}}(\cdot)) = \mathrm{sp}\ \boldsymbol{M}_{\mathrm{b}}(\cdot)^{-1} \text{ und } Z_{I_{\mathrm{b}}}(\boldsymbol{M}_{\mathrm{b}}(\cdot)) = \int_H \mathrm{sp}\ \boldsymbol{A}(\boldsymbol{x})\ \boldsymbol{M}_{\mathrm{b}}(\cdot)^{-1} \boldsymbol{A}(\boldsymbol{x})'\ \mathrm{d}P_{\varkappa}(\boldsymbol{x})$$

sind konvex auf $\tilde{\Xi}$. Ebenso ist $Z_{C_{\mathrm{b}}}(\boldsymbol{M}_{\mathrm{b}}(\cdot)) = \boldsymbol{c}' \boldsymbol{M}_{\mathrm{b}}(\cdot)^{-1} \boldsymbol{c}$ für jedes $\boldsymbol{c} \in \mathrm{R}^r$ konvex auf $\tilde{\Xi}$ •

Beweis: Setzt man speziell $\boldsymbol{U}_L = \boldsymbol{I}_r$ bzw. $\boldsymbol{U}_L = \int_H \boldsymbol{A}(\boldsymbol{x})\ \boldsymbol{A}(\boldsymbol{x})'\ \mathrm{d}P_{\varkappa}(\boldsymbol{x})$ bzw. $\boldsymbol{U}_L = \boldsymbol{c}\boldsymbol{c}'$, so folgt die Behauptung für $Z_{A_{\mathrm{b}}}$ bzw. $Z_{I_{\mathrm{b}}}$ bzw. $Z_{C_{\mathrm{b}}}$ aus Lemma 7.3.2.

Es bezeichne $\lambda_{\min}(\xi)$ den kleinsten Eigenwert von $\boldsymbol{M}_{\mathrm{b}}(\xi)$. Es seien $Z_{D'_{\mathrm{b}}}$ bzw. $Z_{E'_{\mathrm{b}}}$ die Funktionale

$$\forall \xi \in \tilde{\Xi} : Z_{D'_{\mathrm{b}}}(\boldsymbol{M}_{\mathrm{b}}(\xi)) := \ln \det \boldsymbol{M}_{\mathrm{b}}(\xi)^{-1} \tag{7.3.1}$$

bzw.

$$\forall \xi \in \tilde{\Xi} : Z_{E'_{\mathrm{b}}}(\boldsymbol{M}_{\mathrm{b}}(\xi)) := -\lambda_{\min}(\xi) \tag{7.3.2}$$

und $\Xi^*_{D'_{\mathrm{b}}, \tilde{\Xi}}$ bzw. $\Xi^*_{E'_{\mathrm{b}}, \tilde{\Xi}}$ die zugehörigen Mengen der optimalen Pläne in $\tilde{\Xi}$. Die entsprechenden Optimalitätskriterien sind wegen

$$Z_{E'_{\mathrm{b}}}(\boldsymbol{M}_{\mathrm{b}}(\cdot)) = -1/Z_{E_{\mathrm{b}}}(\boldsymbol{M}_{\mathrm{b}}(\cdot))$$

bzw. wegen

$$Z_{D'_{\mathrm{b}}}(\boldsymbol{M}_{\mathrm{b}}(\cdot)) = \ln Z_{D_{\mathrm{b}}}(\boldsymbol{M}_{\mathrm{b}}(\cdot))$$

und der Monotonie des Logarithmus äquivalent zu den Kriterien der E_{b}- bzw. D_{b}-Optimalität.

Lemma 7.3.3:

a) $\forall \xi^* \in \tilde{\Xi} : \xi^* \in \Xi^*_{D'_{\mathrm{b}}, \tilde{\Xi}} \Leftrightarrow \xi^* \in \Xi^*_{D_{\mathrm{b}}, \tilde{\Xi}}$,

b) $\forall \xi^* \in \tilde{\Xi} : \xi^* \in \Xi^*_{E'_{\mathrm{b}}, \tilde{\Xi}} \Leftrightarrow \xi^* \in \Xi^*_{E_{\mathrm{b}}, \tilde{\Xi}}$ •

Lemma 7.3.4: Die Funktionale $Z_{D'_{\mathrm{b}}} \circ \boldsymbol{M}_{\mathrm{b}}$ und $Z_{E'_{\mathrm{b}}} \circ \boldsymbol{M}_{\mathrm{b}}$ sind konvex auf $\tilde{\Xi}$ •

Beweis: Mit $\xi \in \tilde{\Xi}$, $\xi' \in \tilde{\Xi}$, $\alpha \in [0, 1]$, $\xi(\alpha) = (1 - \alpha)\,\xi + \alpha\xi'$ gilt nach (1.A.50)

$$\boldsymbol{M}_b(\xi(\alpha))^{-1} = [(1-\alpha)\,\boldsymbol{M}_b(\xi) + \alpha\boldsymbol{M}_b(\xi')]^{-1} \leqq (1-\alpha)\,\boldsymbol{M}_b(\xi)^{-1} + \alpha\boldsymbol{M}_b(\xi')^{-1}\,.$$

Daraus folgt nach (1.A.28)

$$\ln\det \boldsymbol{M}_b(\xi(\alpha))^{-1} \leqq (1-\alpha)\ln\det \boldsymbol{M}_b(\xi)^{-1} + \alpha\ln\det \boldsymbol{M}_b(\xi')^{-1}$$

sowie nach (1.A.27)

$$-\lambda_{\min}(\xi(\alpha)) \leqq -(1-\alpha)\,\lambda_{\min}(\xi) - \alpha\lambda_{\min}(\xi')\,.$$

Hinsichtlich der Existenz von Z_b-optimalen Versuchsplänen gilt analog zu Lemma 5.3.12 folgende Aussage:

Satz 7.3.1: Es seien $\boldsymbol{M}_b(\tilde{\Xi})$ kompakt bez. der Metrik q aus (5.1.21) und $Z_b \mid \boldsymbol{M}_b(\tilde{\Xi}) \to R^1$ stetig bez. q. Dann existiert ein Z_b-optimaler Plan in $\tilde{\Xi}$ •

Lemma 7.3.5: Jedes Funktional $Z_b \in \{Z_{L_b}, Z_{A_b}, Z_{C_b}, Z_{I_b}, Z_{D_b}, Z_{E_b}\}$ ist bez. der Metrik q aus (5.1.21) stetig in allen inneren Punkten von $\boldsymbol{M}_b(\tilde{\Xi})$ •

Diese Stetigkeitsaussage kann wie Lemma 5.3.11 bewiesen werden.

Folgerung 7.3.2: $\forall Z_b \in \{Z_{L_b}, Z_{A_b}, Z_{C_b}, Z_{I_b}, Z_{D_b}, Z_{E_b}\}: \Xi^*_{Z_b,\Xi} \neq \emptyset$ •

Beweis: Auf Grund der Kompaktheit von $\boldsymbol{M}(\Xi)$ (s. Lemma 5.1.8) bez. q aus (5.1.21) ist auch $\boldsymbol{M}_b(\Xi)$ kompakt bez. q. Die Behauptung folgt so mit Lemma 7.3.5 aus Satz 7.3.1.

In der Menge Ξ aller stetigen Pläne existiert also für die betrachteten Funktionale stets ein optimaler Plan.

Folgerung 7.3.3: Für jedes $Z_b \in \{Z_{L_b}, Z_{A_b}, Z_{C_b}, Z_{I_b}, Z_{D_b}, Z_{E_b}\}$ ist die Menge $\Xi^*_{Z_b,\tilde{\Xi}}$ der Z_b-optimalen Pläne konvex •

Die Behauptung gilt mit Lemma 7.3.2, Folgerung 7.3.1, Lemma 7.3.3 und 7.3.4 auf Grund von Lemma 2.2.3.

Folgerung 7.3.4: Für jedes $Z_b \in \{Z_{L_b}, Z_{A_b}, Z_{C_b}, Z_{I_b}, Z_{D_b}, Z_{E_b}\}$ ist $\boldsymbol{M}_b(\Xi^*_{Z_b,\tilde{\Xi}})$ konvex •

Dies ergibt sich unter Beachtung von Lemma 7.1.4 aus Folgerung 7.3.3.

Da die Funktionale Z_{A_b} und Z_{D_b} sogar streng konvex auf $\boldsymbol{M}_b(\tilde{\Xi})$ sind, haben alle A_b- bzw. D_b-optimalen Pläne die gleiche (bayessche) Informationsmatrix.

Satz 7.3.2:

a) $\Xi^*_{A_b,\tilde{\Xi}} \neq \emptyset \Rightarrow \operatorname{card} \boldsymbol{M}_b(\Xi^*_{A_b,\tilde{\Xi}}) = 1$,

b) $\Xi^*_{D_b,\tilde{\Xi}} \neq \emptyset \Rightarrow \operatorname{card} \boldsymbol{M}_b(\Xi^*_{D_b,\tilde{\Xi}}) = 1$ •

Unter der folgenden Bedingung ist auch für L_b-optimale Pläne die (bayessche) Informationsmatrix eindeutig bestimmt.

Satz 7.3.3: Für $\boldsymbol{U}_L \in \mathcal{M}_r^{\geqq}$ gelte

$$\forall \boldsymbol{W} \in \mathcal{M}_r^{\geqq} \setminus \{\boldsymbol{O}_{r\times r}\}: \operatorname{sp} \boldsymbol{U}_L\boldsymbol{W} > 0$$

und $\Xi^*_{L_b,\tilde{\Xi}}(\boldsymbol{U}_L) \neq \emptyset$. Dann ist $\operatorname{card} \boldsymbol{M}_b(\Xi^*_{L_b,\tilde{\Xi}}(\boldsymbol{U}_L)) = 1$ •

Dies folgt daraus, daß unter der in Satz 7.3.3 genannten Bedingung Z_{L_b} streng konvex auf $\boldsymbol{M}_b(\tilde{\Xi})$ ist (vgl. Lemma 5.3.8).

Mit den bereitgestellten Ergebnissen geben wir nun auf der Grundlage des Satzes von WHITTLE (Satz 2.2.2) äquivalente Bedingungen für die Optimalität von Plänen.

Zusätzlich zu Vor. 7.1.4 gelte Vor. 2.2.3 (Reichhaltigkeit von $\tilde{\Xi}$), d. h.

$$\forall \xi \in \tilde{\Xi}\ \forall \xi' \in \Xi\ \forall \alpha \in [0, 1): (1-\alpha)\,\xi + \alpha\xi' \in \tilde{\Xi}\,. \tag{7.3.3}$$

Für die Funktionale ψ_b der Form $\psi_b = Z_b \circ \boldsymbol{M}_b$ mit $Z_b \mid \boldsymbol{M}_b(\tilde{\Xi}) \to \mathrm{R}^1$ definieren wir gemäß (2.2.25) die Funktion Φ_{ψ_b} mit

$$\forall \xi \in \tilde{\Xi}\ \forall \xi' \in \Xi: \Phi_{\psi_b}(\xi, \xi') := \lim_{\alpha \to 0} \frac{1}{\alpha} \left[Z_b\big(\boldsymbol{M}_b(\alpha\xi' + (1-\alpha)\,\xi)\big) - Z_b\big(\boldsymbol{M}_b(\xi)\big)\right]. \tag{7.3.4}$$

Wie wir zeigen werden, ist Φ_{ψ_b} für die von uns betrachteten Funktionale ψ_b linear im Sinne von Def. 2.2.8. In diesem Falle gilt für die gemäß (2.2.28) gebildete Funktion $D_{\psi_b}(\cdot) = \inf_{\xi' \in \Xi} \Phi_{\psi_b}(\cdot, \xi')$

$$\forall \xi \in \tilde{\Xi}: D_{\psi_b}(\xi) := \inf_{\boldsymbol{x} \in V} \Phi_{\psi_b}(\xi, \xi_{\boldsymbol{x}}) \tag{7.3.5}$$

(s. Lemma 2.2.4).

Wir betrachten zunächst das Funktional $Z_{L_b}(\boldsymbol{M}_b(\cdot)) = \operatorname{sp} \boldsymbol{U}_L \boldsymbol{M}_b(\cdot)^{-1}$; $\boldsymbol{U}_L \in \mathcal{M}_r^{\geqq}$.

Lemma 7.3.6: Für das Funktional $\psi_b = Z_{L_b} \circ \boldsymbol{M}_b =: L_b$ gilt:

a) $\forall \xi \in \tilde{\Xi}\ \forall \xi' \in \Xi: \Phi_{L_b}(\xi, \xi') = \operatorname{sp} \boldsymbol{U}_L \boldsymbol{M}_b(\xi)^{-1} - \operatorname{sp} \boldsymbol{U}_L \boldsymbol{M}_b(\xi)^{-1} \boldsymbol{M}_b(\xi')\, \boldsymbol{M}_b(\xi)^{-1}$

b) Φ_{L_b} ist linear •

Beweis: Seien $\xi' \in \Xi$, $\xi \in \tilde{\Xi}$, $\alpha \in (0, 1)$ und $\tilde{\xi}(\alpha) = (1-\alpha)\,\xi + \alpha\xi'$.

a) Da $Z_{L_b}((1-\alpha)\,\boldsymbol{M}_b(\xi) + \alpha\boldsymbol{M}_b(\xi')) = \operatorname{sp} \boldsymbol{U}_L \boldsymbol{M}_b(\tilde{\xi}(\alpha))^{-1}$ bez. α differenzierbar ist, kann $\Phi_{\psi_b}(\xi, \xi')$ gemäß

$$\Phi_{L_b}(\xi, \xi') = \lim_{\alpha \to 0} \frac{\mathrm{d}}{\mathrm{d}\alpha} \operatorname{sp} \boldsymbol{U}_L \boldsymbol{M}_b(\tilde{\xi}(\alpha))^{-1}$$

berechnet werden. Diese Berechnung ist völlig analog zu der von $\Phi_L(\xi, \xi')$ im Beweis zu Satz 5.5.1. Ersetzt man dort $\boldsymbol{M}(\cdot)$ durch $\boldsymbol{M}_b(\cdot)$, so erhält man das Ergebnis a).

b) Auf Grund der Beziehung

$$\boldsymbol{M}_b(\xi') = \boldsymbol{M}(\xi') + \frac{\beta}{n_0} \boldsymbol{\Lambda}^{-1} = \int_V \left(\boldsymbol{f}(\boldsymbol{x})\, \boldsymbol{f}(\boldsymbol{x})' + \frac{\beta}{n_0} \boldsymbol{\Lambda}^{-1}\right) \mathrm{d}\xi'(\boldsymbol{x}) = \int_V \boldsymbol{M}_b(\xi_{\boldsymbol{x}})\, \mathrm{d}\xi'(\boldsymbol{x}) \tag{7.3.6}$$

gilt die Darstellung

$$\begin{aligned}\Phi_{L_b}(\xi, \xi') &= \operatorname{sp} \boldsymbol{U}_L \boldsymbol{M}_b(\xi)^{-1} - \operatorname{sp} \boldsymbol{U}_L \boldsymbol{M}_b(\xi)^{-1} \left\{\int_V \boldsymbol{M}_b(\xi_{\boldsymbol{x}})\, \mathrm{d}\xi'(\boldsymbol{x})\right\} \boldsymbol{M}_b(\xi)^{-1} \\ &= \int_V \{\operatorname{sp} \boldsymbol{U}_L \boldsymbol{M}_b(\xi)^{-1} - \operatorname{sp} \boldsymbol{U}_L \boldsymbol{M}_b(\xi)^{-1} \boldsymbol{M}_b(\xi_{\boldsymbol{x}})\, \boldsymbol{M}_b(\xi)^{-1}\}\, \mathrm{d}\xi'(\boldsymbol{x}) = \int_V \Phi_{L_b}(\xi, \xi_{\boldsymbol{x}})\, \mathrm{d}\xi'(\boldsymbol{x})\,.\end{aligned}$$

Damit ist Φ_{L_b} linear.

Es sei $D_{L_b} \mid \tilde{\Xi} \to \mathrm{R}^1$ gemäß

$$\forall \xi \in \tilde{\Xi}: D_{L_b}(\xi) := D_{Z_{L_b} \circ \boldsymbol{M}_b}(\xi) = \inf_{\boldsymbol{x} \in V} \Phi_{L_b}(\xi, \xi_{\boldsymbol{x}})\,. \tag{7.3.7}$$

Satz 7.3.4: Die folgenden Aussagen sind äquivalent:

a) $\xi^* \in \Xi^*_{L_b, \tilde{\Xi}}$,

b) $D_{L_b}(\xi^*) = \sup_{\xi \in \tilde{\Xi}} D_{L_b}(\xi)$,

c) $\operatorname{sp}\left[\boldsymbol{I}_r - \frac{\beta}{n_0} \boldsymbol{\Lambda}^{-1} \boldsymbol{M}_b(\xi^*)^{-1}\right] \boldsymbol{U}_L \boldsymbol{M}_b(\xi^*)^{-1} = \sup_{\boldsymbol{x} \in V} \boldsymbol{f}(\boldsymbol{x})'\, \boldsymbol{M}_b(\xi^*)^{-1}\, \boldsymbol{U}_L \boldsymbol{M}_b(\xi^*)^{-1}\, \boldsymbol{f}(\boldsymbol{x})$ •

Beweis: Mit (7.3.3) und der Konvexität von $Z_{L_b} \circ M_b$ auf $\tilde{\Xi}$ (s. Lemma 7.3.2) sind die Voraussetzungen des Satzes 2.2.2 erfüllt, woraus zusammen mit Lemma 7.3.6 die Behauptung folgt.

Anhand der Bedingung c) kann die L_b-Optimalität eines Planes überprüft werden; falls $U_b(\cdot, \cdot)$ nicht vom Plan abhängt (s. (7.2.3)), kann damit überprüft werden, ob ein vorliegender Plan bayessch ist (s. Satz 7.1.3). Da Bedingung c) notwendig und hinreichend ist, kann sie als Grundlage für die Konstruktion von L_b-optimalen Plänen dienen (zur Anwendung s. II/4).

Mit dem Satz 2.2.3 kann die folgende Sattelpunktseigenschaft der Funktion Φ_{L_b} formuliert werden, mit der Abschätzungen des Funktionalwertes L_b-optimaler Pläne möglich sind.

Satz 7.3.5: $\forall \xi^* \in \Xi^*_{L_b, \tilde{\Xi}}\ \forall \xi \in \tilde{\Xi}\ \forall \xi' \in \Xi$:

$$\operatorname{sp} U_L M_b(\xi)^{-1} [I_r - M_b(\xi^*) M_b(\xi)^{-1}] \leqq 0 \leqq \operatorname{sp} U_L M_b(\xi^*)^{-1} [I_r - M_b(\xi') M_b(\xi^*)^{-1}] \bullet$$

Der folgende Satz gibt eine notwendige Bedingung für das Spektrum L_b-optimaler Pläne an.

Satz 7.3.6: Für alle $\xi^* \in \Xi^*_{L_b, \tilde{\Xi}}$ gilt

$$S(\xi^*) \subseteq \left\{ x \in V : \operatorname{sp} U_L M_b(\xi^*)^{-1} \left[I_r - \frac{\beta}{n_0} \Lambda^{-1} M_b(\xi^*)^{-1} \right] \right.$$
$$\left. = f(x)' M_b(\xi^*)^{-1} U_L M_b(\xi^*)^{-1} f(x) \right\} \bullet$$

Beweis: Nach Lemma 7.3.6 ist

$$\Phi_{L_b}(\xi^*, \xi_x) = \operatorname{sp} U_L M_b(\xi^*)^{-1} - \operatorname{sp} U_L M_b(\xi^*)^{-1} \left[f(x) f(x)' + \frac{\beta}{n_0} \Lambda^{-1} \right] M_b(\xi^*)^{-1}$$
$$= \operatorname{sp} U_L M_b(\xi^*)^{-1} \left[I_r - \frac{\beta}{n_0} \Lambda^{-1} M_b(\xi^*)^{-1} \right] - f(x)' M_b(\xi^*)^{-1} U_L M_b(\xi^*)^{-1} f(x),$$

womit die Behauptung auf Grund der Linearität von Φ_{L_b} aus Satz 2.2.4 folgt.

Wählt man in den Sätzen 7.3.4 bis 7.3.6 speziell $U_L = I_r$ bzw. $U_L = cc'(c \in R^r)$ bzw. $U_L = \int_H A(x)' A(x) \, dP_*(x)$, so erhält man die entsprechenden Charakterisierungen für A_b-optimale Pläne bzw. C_b-optimale Pläne bez. c bzw. I_b-optimale Pläne bez. P_*.

Wir konkretisieren nun den Satz von Whittle für das Kriterium der D_b-Optimalität; die Ergebnisse werden für das Funktional $Z_{D_b'}(M_b(\cdot)) = \ln \det M_b(\cdot)^{-1}$ formuliert.

Lemma 7.3.7: Für das Funktional $\psi_b = Z_{D_b'} \circ M_b =: D_b'$ gilt

a) $\forall \xi \in \tilde{\Xi}\ \forall \xi' \in \Xi : \Phi_{D_b'}(\xi, \xi') = r - \operatorname{sp} M_b(\xi') M_b(\xi)^{-1}$,

b) $\Phi_{D_b'}$ ist linear $\bullet$

Beweis: a) Die Behauptung ergibt sich, indem man im Beweis von Satz 5.5.4 die Informationsmatrizen durch die entsprechenden bayesschen Informationsmatrizen ersetzt.

b) Mit (7.3.6) erhält man die Darstellung

$$\Phi_{D_b'}(\xi, \xi') = r - \operatorname{sp} \left[\int_V M_b(\xi_x) \, d\xi'(x) \right] M_b(\xi)^{-1}$$
$$= \int_V \{ r - \operatorname{sp} M_b(\xi_x) M_b(\xi)^{-1} \} \, d\xi'(x) = \int_V \Phi_{D_b'}(\xi, \xi_x) \, d\xi'(x).$$

Es sei $D_{D'_b} \mid \widetilde{\Xi} \to \mathrm{R}^1$ gemäß

$$\forall \xi' \in \widetilde{\Xi}: D_{D'_b}(\xi) = \inf_{x \in V} \Phi_{D'_b}(\xi, \xi_x) = r - \frac{\beta}{n_0} \operatorname{sp} \Lambda^{-1} M_b(\xi)^{-1} - \sup_{x \in V} f(x)' M_b(\xi)^{-1} f(x) . \tag{7.3.8}$$

Satz 7.3.7: a) Die folgenden Aussagen sind äquivalent:

a$_1$) $\xi^* \in \Xi^*_{D_b, \widetilde{\Xi}}$

a$_2$) $D_{D'_b}(\xi^*) = \sup_{\xi \in \widetilde{\Xi}} D_{D'_b}(\xi)$

a$_3$) $\sup_{x \in V} f(x)' M_b(\xi^*)^{-1} f(x) = r - \frac{\beta}{n_0} \operatorname{sp} \Lambda^{-1} M_b(\xi^*)^{-1}$

b) $\forall \xi \in \widetilde{\Xi}\ \forall \xi' \in \Xi\ \forall \xi^* \in \Xi^*_{D_b, \widetilde{\Xi}}: \operatorname{sp} M_b(\xi') M_b(\xi^*)^{-1} \leqq r \leqq \operatorname{sp} M_b(\xi^*) M_b(\xi)^{-1}$

c) $\forall \xi^* \in \Xi^*_{D_b, \widetilde{\Xi}}: S(\xi^*) \subseteq \left\{ x \in V: f(x)' M_b(\xi^*)^{-1} f(x) = r - \frac{\beta}{n_0} \operatorname{sp} \Lambda^{-1} M_b(\xi^*)^{-1} \right\}$ •

Beweis: Da $Z_{D'_b} \circ M_b$ konvex auf $\widetilde{\Xi}$ ist (s. Lemma 7.3.4), folgen die Behauptungen unter Beachtung von Lemma 7.3.7 aus den Sätzen 2.2.2 bis 2.2.4.

Der folgende Satz, der eine hinreichende Bedingung für die D_b-Optimalität enthält, ist ein Analogon zum Satz 6.1.11 von Hoel.

Satz 7.3.8: Es gelte (7.3.3), und es sei $\xi^* \in \widetilde{\Xi}$ ein Plan mit der Eigenschaft

$$\exists a \in \mathrm{R}^+\ \forall x \in V: f(x)' M_b(\xi^*)^{-1} f(x) = a .$$

Dann ist $\xi^* \in \Xi^*_{D_b, \widetilde{\Xi}}$ •

Beweis: Es gilt mit (7.3.6) für jedes $\xi' \in \Xi$

$$\Phi_{D'_b}(\xi^*, \xi') = r - \operatorname{sp} M_b(\xi') M_b(\xi^*)^{-1} = r - \operatorname{sp} \int_V \left[f(x) f(x)' + \frac{\beta}{n_0} \Lambda^{-1} \right] M_b(\xi^*)^{-1} \, d\xi'(x)$$

$$= r - \int_V \left\{ f(x)' M_b(\xi^*)^{-1} f(x) + \frac{\beta}{n_0} \operatorname{sp} \Lambda^{-1} M_b(\xi^*)^{-1} \right\} d\xi'(x) = r - a - \frac{\beta}{n_0} \operatorname{sp} \Lambda^{-1} M_b(\xi^*)^{-1} .$$

Da dieser Ausdruck unabhängig von ξ' ist, gilt insbesondere

$$\forall \xi' \in \Xi: \Phi_{D'_b}(\xi^*, \xi') = \Phi_{D'_b}(\xi^*, \xi^*) .$$

Wegen $\Phi_{D'_b}(\xi^*, \xi^*) = r - \operatorname{sp} M_b(\xi^*) M_b(\xi^*)^{-1} = 0$ folgt hieraus

$$r - a - \frac{\beta}{n_0} \operatorname{sp} \Lambda^{-1} M_b(\xi^*)^{-1} = 0 .$$

Mit $\sup_{x \in V} f(x)' M_b(\xi^*)^{-1} f(x) = a$ ist so die Bedingung a$_3$) von Satz 7.3.7 erfüllt.

Wir charakterisieren nun E_b-optimale Pläne. Dazu gehen wir vom modifizierten Funktional $Z_{E'_b}(M_b(\cdot)) = -\lambda_{\min}(\cdot)$ aus. Mit $t_{\min}(\xi)$ sei der zum kleinsten Eigenwert $\lambda_{\min}(\xi)$ gehörige normierte Eigenvektor von $M_b(\xi)$; $\xi \in \widetilde{\Xi}$; bezeichnet.

Lemma 7.3.8: Für jedes $\xi \in \widetilde{\Xi}$ sei $\lambda_{\min}(\xi)$ ein einfacher Eigenwert von $M_b(\xi)$. Dann gilt für das Funktional $\psi_b = Z_{E'_b} \circ M_b =: E'_b$:

a) $\forall \xi \in \widetilde{\Xi}\ \forall \xi' \in \Xi: \Phi_{E'_b}(\xi, \xi') = \lambda_{\min}(\xi) - t_{\min}(\xi)' M_b(\xi') t_{\min}(\xi)$,

b) $\Phi_{E'_b}$ ist linear •

Beweis: Seien $\xi \in \tilde{\Xi}$, $\xi' \in \Xi$, $\alpha \in (0, 1)$ und $\tilde{\xi}(\alpha) = (1 - \alpha)\,\xi + \alpha\xi'$.

a) Wegen der Differenzierbarkeit von $\lambda_{\min}(\tilde{\xi}(\alpha)) = \lambda_{\min}((1 - \alpha)\,\xi + \alpha\xi')$ bez. α kann $\Phi_{E_b'}$ gemäß (2.2.26) gebildet werden:

$$\Phi_{E_b'}(\xi, \xi') = -\lim_{\alpha \to 0} \frac{d}{d\alpha} \lambda_{\min}(\tilde{\xi}(\alpha)) .$$

Da $\lambda_{\min}(\xi)$ ein einfacher Eigenwert von $M_b(\xi)$ ist, erhält man hieraus das Ergebnis a) analog zur Berechnung von $\Phi_{E'}$ im Beweis von Satz 5.5.5, indem man dort anstelle von M jeweils M_b einsetzt.

b) Mit (7.3.6) gilt:

$$\Phi_{E_b'}(\xi, \xi') = \lambda_{\min}(\xi) - t_{\min}(\xi)' \left\{\int_V M_b(\xi_x)\, d\xi'(x)\right\} t_{\min}(\xi)$$
$$= \int \{\lambda_{\min}(\xi) - t_{\min}(\xi)' M_b(\xi_x)\, t_{\min}(\xi)\}\, d\xi'(x) = \int_V \Phi_{E_b'}(\xi, \xi_x)\, d\xi'(x) .$$

Es sei $D_{E_b'} \mid \tilde{\Xi} \to R^1$ gemäß

$$\forall \xi \in \tilde{\Xi}: D_{E_b'}(\xi) := \inf_{x \in V} \Phi_{E_b'}(\xi, \xi_x) . \tag{7.3.9}$$

Satz 7.3.9: a) Die folgenden Aussagen sind äquivalent:

a$_1$) $\xi^* \in \Xi^*_{E_b, \tilde{\Xi}}$

a$_2$) $D_{E_b'}(\xi^*) = \sup_{\xi \in \tilde{\Xi}} D_{E_b'}(\xi)$,

a$_3$) $\lambda_{\min}(\xi^*) - \frac{\beta}{n_0} t_{\min}(\xi^*)' A^{-1} t_{\min}(\xi^*) = \sup_{x \in V} [f(x)'\, t_{\min}(\xi^*)]^2$,

b) $\forall \xi \in \tilde{\Xi}\ \forall \xi' \in \Xi\ \forall \xi^* \in \Xi^*_{E_b, \tilde{\Xi}}: \Phi_{E_b'}(\xi, \xi^*) \leqq 0 \leqq \Phi_{E_b'}(\xi^*, \xi')$,

c) $\forall \xi^* \in \Xi^*_{E_b, \tilde{\Xi}}: S(\xi^*) \subseteq \left\{x \in V: \lambda_{\min}(\xi^*) - \frac{\beta}{n_0} t_{\min}(\xi^*)' A^{-1} t_{\min}(\xi^*) = [f(x)'\, t_{\min}(\xi^*)]^2\right\}$ •

Beweis: Da $Z_{E_b'} \circ M_b$ konvex auf $\tilde{\Xi}$ ist (s. Lemma 7.3.4), folgen die Ergebnisse unter Beachtung von Lemma 7.3.8 aus den Sätzen 2.2.2 bis 2.2.4.

Wir stellen abschließend noch einen speziellen Zusammenhang zwischen der D_b-, der E_b- und der A_b-Optimalität her (zur Anwendung s. II/4).

Satz 7.3.10: Für alle $\xi^* \in \tilde{\Xi}$ gilt:

a) $(\exists a \in R^+: M_b(\xi^*) = a \cdot I_r) \Rightarrow (\xi^* \in \Xi^*_{D_b, \tilde{\Xi}} \Leftrightarrow \xi^* \in \Xi^*_{A_b, \tilde{\Xi}})$,

b) $(\exists a \in R^+: M_b(\xi^*) = a \cdot I_r \wedge \xi^* \in \Xi^*_{A_b, \tilde{\Xi}}) \Rightarrow \xi^* \in \Xi^*_{E_b, \tilde{\Xi}}$ •

Beweis: Seien $\xi^* \in \tilde{\Xi}$, $a \in R^+$ und $M_b(\xi^*) = a \cdot I_r$.

a) Sei $\xi^* \in \Xi^*_{D_b, \tilde{\Xi}}$. Dann gilt (s. Satz 7.3.7 a))

$$\sup_{x \in V} f(x)' M_b(\xi^*)^{-1} f(x) = r - \frac{\beta}{n_0} \operatorname{sp} A^{-1} M_b(\xi^*)^{-1} = r - \frac{\beta}{a n_0} \operatorname{sp} A^{-1} .$$

Mit $U_L = I_r$ folgt dann

$$D_{Lb}(\xi^*) = \operatorname{sp} M_b(\xi^*)^{-1} - \frac{\beta}{n_0} \operatorname{sp} A^{-1} M_b(\xi^*)^{-1} M_b(\xi^*)^{-1} - \sup_{x \in V} f(x)' M_b(\xi^*)^{-1} M_b(\xi^*)^{-1} f(x)$$
$$= \frac{r}{a} - \frac{\beta}{n_0 a^2} \operatorname{sp} A^{-1} - \frac{1}{a} \sup_{x \in V} f(x)' M_b(\xi^*)^{-1} f(x) = 0 ,$$

womit $\xi^* \in \Xi^*_{A_b, \tilde{\Xi}}$ ist.

Sei nun $\xi^* \in \Xi^*_{A_b, \tilde{\Xi}}$. Dann gilt nach Lemma 7.3.6 mit $U_L = I_r$:

$$D_{L_b}(\xi^*) = \inf_{x \in V} \Phi_{L_b}(\xi^*, \xi_x) = \operatorname{sp} M_b(\xi^*)^{-1} - \sup_{x \in V} \left\{ \operatorname{sp} M_b(\xi^*)^{-1} \left[f(x) f(x)' + \frac{\beta}{n_0} \Lambda^{-1} \right] M_b(\xi^*)^{-1} \right\}$$

$$= \frac{r}{a} - \frac{\beta}{a^2 n_0} \operatorname{sp} \Lambda^{-1} - \frac{1}{a} \sup_{x \in V} f(x)' M_b(\xi^*)^{-1} f(x) = \frac{1}{a} D_{D_b'}(\xi^*) .$$

Wegen $D_{L_b}(\xi^*) = 0$ ist $D_{D_b'}(\xi^*) = 0$, d. h., ξ^* ist D_b-optimal.

b) Sei $\xi^* \in \Xi^*_{A_b, \tilde{\Xi}}$. Dann gilt

$$\forall \xi \in \tilde{\Xi}: -\lambda_{\min}(\xi) \geqq -r/\operatorname{sp} M_b(\xi)^{-1} \geqq -r/\operatorname{sp} M_b(\xi^*)^{-1} = -a = -\lambda_{\min}(\xi^*) .$$

(nach (1.A.23), (1.A.33))

Bemerkung 7.3.1: Das (bayessche) Planungsproblem $\tilde{G}_2^{(\psi)} = [H, \tilde{\Xi}, \tilde{R}_2^{(\psi)}]$ läßt sich, analog zum Vorgehen in 5.8, durch Nebenbedingungen an die Menge der zur Auswahl stehenden Pläne modifizieren. So können z. B. durch entsprechende Strukturierung der Menge $\tilde{\Xi}$ der Fall von Nebenbedingungen durch Funktionalbeschränkungen (s. 5.8.2) bzw. durch Kostenbeschränkung (s. 5.8.3) behandelt werden, indem man anstelle der dort betrachteten Funktionale $\psi = Z \circ M$ die entsprechenden Funktionale $\psi_b = Z_b \circ M_b$ der bayesschen Informationsmatrix verwendet.

Bemerkung 7.3.2: Entsprechend Vor. 7.1.3 haben wir uns bei der Behandlung des erweiterten Planungsproblems $\tilde{G}_2^{(\psi)} = [H, \tilde{\Xi}, \tilde{R}_2^{(\psi)}]$ auf den Fall zurückgezogen, daß der Umfang (n_0) des optimalen konkreten Versuchsplanes im Planungsproblem $G_2^{(\psi)} = [H, V^{(0)}, R_2^{(\psi)}]$ mit $R_2^{(\psi)}$ aus (7.1.13) fest vorgegeben ist. Dies führte auf Funktionale der bayesschen Informationsmatrix

$$M_b(\cdot) = M(\cdot) + \frac{\beta}{n_0} \Lambda^{-1} .$$

Wegen

$$\lim_{n_0 \to \infty} M_b(\cdot) = M(\cdot)$$

kann man für genügend großes n_0 das Planungsproblem

$$\psi_b(\xi) = Z_b(M_b(\xi)) \overset{!}{=} \inf_{\xi \in \tilde{\Xi}}$$

für $\hat{\psi}^*$ durch das entsprechende Planungsproblem

$$\psi(\xi) = Z(M(\xi)) \overset{!}{=} \inf_{\xi \in \tilde{\Xi}}$$

für die MKQ-Schätzung $\check{\psi}(\cdot) = A(\cdot)\, \check{\vartheta}$ ersetzen.

7.4. Versuchsplanung auf der Basis der Entropieänderung

Bei der Behandlung des Planungsproblems $G_2^{(\psi)}$ (s. (7.1.4)) auf der Grundlage der Q_1-optimalen Schätzfunktion $\hat{\psi}^*$ wurden (für das erweiterte Problem) Optimalitätskriterien betrachtet, für die die Funktionale nur über die Matrix M_b vom Versuchsplan abhängen (s. Abschnitt 7.1.2). Diese ergaben sich aus dem Risiko $R_2^{(\psi)}$ (s. (7.1.13)) in $G_2^{(\psi)}$.

In der Literatur sind auch Optimalitätskriterien betrachtet worden, die nicht über ein entsprechendes Risiko für eine Schätzfunktion gewonnen werden. Zu ihnen gehören speziell Kriterien, die auf einem Maß der Information beruhen, die man nach der Durchführung eines Experiments über den Regressionsparameter erhalten kann (s. Lindley [1], Stone [1], Mallows [1]).

Es sei P_θ eine a-priori-Verteilung über $[\Theta, \mathscr{B}_\Theta]$. Wir setzen voraus, daß diese Verteilung absolut stetig bez. des LEBESGUEschen Maßes ist und eine endliche Entropie besitzt.

Vor. 7.4.1: a) $\exists p_\theta \mid \Theta \to \mathrm{R}^+: p_\theta = \mathrm{d}P_\theta/\mathrm{d}\lambda^{\otimes r}$.

b) $\exists H(P_\theta) \in \mathrm{R}^1: H(P_\theta) = -\int\limits_\Theta p_\theta(\vartheta) \ln p_\theta(\vartheta)\, \mathrm{d}\vartheta$ •

Es seien die Verteilungsfunktionen $P_{\varepsilon(V_n)}$ der Fehlervektoren $\varepsilon(V_n)$; $V_n \in V^{(0)}$; bekannt. Die induzierten Verteilungen $P_{\mathfrak{Y}(V_n)|\theta}$ der Beobachtungsvektoren seien absolut stetig bez. des LEBESGUEschen Maßes $\lambda^{\otimes n}$ mit den Dichten $p_{\mathfrak{Y}(V_n)|\theta}$. Nach der Durchführung eines Versuchsplanes $V_n \in V^{(0)}$ ergibt sich dann mit der erhaltenen Beobachtung $\boldsymbol{y} \in C(V_n)$ über die bayessche Formel (s. (1.5.36)) die a-posteriori-Verteilung $P_{\theta|\boldsymbol{y}}$ mit der Dichte

$$p_{\theta|\boldsymbol{y}} = \frac{p_{\mathfrak{Y}(V_n)|\theta}(\boldsymbol{y}) \cdot p_\theta}{\int\limits_\Theta p_{\mathfrak{Y}(V_n)|\theta}(\boldsymbol{y})\, p_\theta(\vartheta)\, \mathrm{d}\vartheta}. \tag{7.4.1}$$

Vor. 7.4.2:

$$\forall V_n \in V^{(0)}\ \forall \boldsymbol{y} \in C(V_n)\ \exists H(P_{\theta|\boldsymbol{y}}) \in \mathrm{R}^1: H(P_{\theta|\boldsymbol{y}}) = -\int\limits_\Theta p_{\theta|\boldsymbol{y}}(\vartheta) \ln p_{\theta|\boldsymbol{y}}(\vartheta)\, \mathrm{d}\vartheta \ \bullet$$

Die Größe

$$\Delta H(P_\theta, P_\varepsilon, \boldsymbol{y}, V_n) := H(P_\theta) - H(P_{\theta|\boldsymbol{y}}); \qquad V_n \in V^{(0)},\ \boldsymbol{y} \in C(V_n) \tag{7.4.2}$$

mißt die eingetretene Änderung der Entropie der a-posteriori-Verteilung gegenüber der a-priori-Verteilung. Vor der Durchführung des Versuchsplanes V_n ist die Änderung der Entropie eine Zufallsgröße $\Delta H(P_\theta, P_\varepsilon, \mathfrak{Y}(V_n), V_n)$. Die Versuchsplanung bezieht sich daher auf den Erwartungswert dieser Größe.

Def. 7.4.1: Die Größe $\Delta\bar{H}(P_\theta, P_\varepsilon, V_n)$ heißt *erwartete Entropieänderung durch* $V_n \in V^{(0)}$ *bez.* P_θ *und* $P_\varepsilon =_{\mathrm{df}}$

$$\Delta\bar{H}(P_\theta, P_\varepsilon, V_n) := \mathrm{E}_{\mathfrak{Y}(V_n)}\, \Delta H(P_\theta, P_\varepsilon, \mathfrak{Y}(V_n), V_n) \ \bullet$$

Nach LINDLEY [1] gilt die folgende Aussage.

Lemma 7.4.1: a) $\forall V_n \in V^{(0)}: \Delta\bar{H}(P_\theta, P_\varepsilon, V_n) \geqq 0$.

b) $\forall V_n \in V^{(0)}: \Delta\bar{H}(P_\theta, P_\varepsilon, V_n) = 0 \Leftrightarrow (\forall \vartheta \in \Theta: P_{\mathfrak{Y}(V_n)|\theta} = P_{\mathfrak{Y}(V_n)})$ •

Def. 7.4.2: Der konkrete Versuchsplan $V_n^* \in V^{(0)}$ heißt *S-optimal in* $V^{(0)}$ bez. P_θ und $P_\varepsilon =_{\mathrm{df}}$

$$\Delta\bar{H}(P_\theta, P_\varepsilon, V_n^*) = \sup_{V_n \in V^{(0)}} \Delta\bar{H}(P_\theta, P_\varepsilon, V_n) \ \bullet$$

Dieses Optimalitätskriterium wird in STONE [1] und LINDLEY [1] benutzt. Da $H(P_\theta)$ nicht von der Beobachtung $\mathfrak{Y}(V_n)$ abhängt, gilt mit (7.4.2) die folgende äquivalente Charakterisierung der S-Optimalität.

Lemma 7.4.2: Der Versuchsplan $V_n^* \in V^{(0)}$ ist genau dann S-optimal, wenn gilt

$$\mathrm{E}_{\mathfrak{Y}(V_n^*)} H(P_{\theta|\mathfrak{Y}(V_n^*)}) = \inf_{V_n \in V^{(0)}} \mathrm{E}_{\mathfrak{Y}(V_n)} H(P_{\theta|\mathfrak{Y}(V_n)}) \ \bullet$$

Für S-optimale Pläne besitzen also die a-posteriori-Verteilungen im Erwartungswert die geringste Entropie, die mit einem Versuchsplan $V_n \in V^{(0)}$ erreichbar ist. Diese Minimierung entspricht dem Ziel, den Regressionsparameter durch die a-posteriori-Verteilung so gut wie möglich zu lokalisieren.

Speziell für normale Fehlerverteilungen mit bekannter Varianz und normale a-priori-Verteilungen ergibt sich eine Äquivalenz des Kriteriums der S-Optimalität mit dem Kriterium der D_b-Optimalität in $V^{(0)}$ (s. Def. 7.1.3 a)).

Satz 7.4.1: Es seien $P_\theta = \mathrm{N}(\boldsymbol{\mu}, \boldsymbol{\Lambda}), \beta \in \mathrm{R}^+$, und für jedes $V_n \in V^{(0)}$ sei $P_{\varepsilon(V_n)} = \mathrm{N}(\boldsymbol{0}, \beta \boldsymbol{I}_n)$. Der konkrete Versuchsplan V_n^* ist genau dann S-optimal in $V^{(0)}$, wenn gilt

$$\det\left(\frac{1}{\beta} \boldsymbol{F}(V_n^*)' \boldsymbol{F}(V_n^*) + \boldsymbol{\Lambda}^{-1}\right)^{-1} = \inf_{V_n \in V^{(0)}} \det\left(\frac{1}{\beta} \boldsymbol{F}(V_n)' \boldsymbol{F}(V_n) + \boldsymbol{\Lambda}^{-1}\right)^{-1} \bullet$$

Beweis: Seien $V_n \in V^{(0)}$ und $\boldsymbol{y} \in C(V_n)$. Mit $P_\theta = \mathrm{N}(\boldsymbol{\mu}, \boldsymbol{\Lambda})$, $P_\varepsilon = \mathrm{N}(\boldsymbol{0}, \beta \boldsymbol{I}_n)$ und $\boldsymbol{B}_{\theta|\boldsymbol{y}} = \left(\frac{1}{\beta} \boldsymbol{F}(V_n)' \boldsymbol{F}(V_n) + \boldsymbol{\Lambda}^{-1}\right)^{-1}$ gilt nach Lemma 4.3.3: $P_{\theta|\boldsymbol{y}} = \mathrm{N}(\hat{\boldsymbol{\vartheta}}^{(0)}(\boldsymbol{y}), \mathrm{B}_{\theta|\boldsymbol{y}})$. Daraus folgt

$$H(P_{\theta|\boldsymbol{y}}) = -\int_{\mathrm{R}^r} p_{\theta|\boldsymbol{y}}(\boldsymbol{\vartheta}) \ln (2\pi)^{-r/2} (\det \boldsymbol{B}_{\theta|\boldsymbol{y}})^{-1/2} \exp\left\{-\frac{1}{2} \|\boldsymbol{\vartheta} - \hat{\boldsymbol{\vartheta}}^{(0)}(\boldsymbol{y})\|^2_{\boldsymbol{B}^{-1}_{\theta|\boldsymbol{y}}}\right\} \mathrm{d}\boldsymbol{\vartheta}$$

$$= \frac{1}{2} \ln \{(2\pi)^r \det \boldsymbol{B}_{\theta|\boldsymbol{y}}\} + \frac{1}{2} \int_{\mathrm{R}^r} \|\boldsymbol{\vartheta} - \hat{\boldsymbol{\vartheta}}^{(0)}(\boldsymbol{y})\|^2_{\boldsymbol{B}^{-1}_{\theta|\boldsymbol{y}}} p_{\theta|\boldsymbol{y}}(\boldsymbol{\vartheta}) \, \mathrm{d}\boldsymbol{\vartheta}$$

$$= \frac{1}{2} \ln \{(2\pi)^r \det \boldsymbol{B}_{\theta|\boldsymbol{y}}\} + \frac{1}{2} \mathrm{E}_{\theta|\boldsymbol{y}} \operatorname{sp} \boldsymbol{B}^{-1}_{\theta|\boldsymbol{y}} (\boldsymbol{\theta} - \mathrm{E}(\boldsymbol{\theta} \mid \boldsymbol{y})) (\boldsymbol{\theta} - \mathrm{E}(\boldsymbol{\theta} \mid \boldsymbol{y}))'$$

$$= \frac{1}{2} \ln \{(2\pi)^r \det \boldsymbol{B}_{\theta|\boldsymbol{y}}\} + \frac{1}{2} \operatorname{sp} \boldsymbol{B}_{\theta|\boldsymbol{y}} \boldsymbol{B}^{-1}_{\theta|\boldsymbol{y}} = \frac{r}{2} (\ln 2\pi + 1) + \frac{1}{2} \ln \det \boldsymbol{B}_{\theta|\boldsymbol{y}} .$$

Da $H(P_{\theta|\boldsymbol{y}})$ wegen der Form von $\boldsymbol{B}_{\theta|\boldsymbol{y}}$ nicht von $\boldsymbol{y} \in C(V_n)$ abhängt, folgt

$$\mathrm{E}_{\mathfrak{Y}(V_n)} H(P_{\theta|\mathfrak{Y}(V_n)}) = H(P_{\theta|\boldsymbol{y}}) = \frac{r}{2} (\ln 2\pi + 1) + \frac{1}{2} \ln \det \left(\frac{1}{\beta} \boldsymbol{F}(V_n)' \boldsymbol{F}(V_n) + \boldsymbol{\Lambda}^{-1}\right)^{-1}.$$

Die Behauptung gilt so mit Lemma 7.4.2.

Folgerung 7.4.1: Es seien $n_0 \in \mathsf{N}$, $V^{(0)} \subseteq V^{n_0}$, $P_\theta = \mathrm{N}(\boldsymbol{\mu}, \boldsymbol{\Lambda})$ und $P_\varepsilon = P_{\varepsilon(V_{n_0})} = \mathrm{N}(\boldsymbol{0}, \beta \boldsymbol{I}_{n_0})$. Ein konkreter Versuchsplan ist genau dann S-optimal in $V^{(0)}$, wenn er D_b-optimal in $V^{(0)}$ ist, d. h. das Funktional $Z_{D_b}(\overline{\boldsymbol{M}}_b(\cdot)) = \det \overline{\boldsymbol{M}}_b(\cdot)^{-1}$ über $V^{(0)}$ minimiert •

Beweis: Mit $\overline{\boldsymbol{M}}_b(V_{n_0}) = \overline{\boldsymbol{M}}(V_{n_0}) + \frac{\beta}{n_0} \boldsymbol{\Lambda}^{-1}$ (s. (7.1.2) und Lemma 7.1.2) folgt wegen $\overline{\boldsymbol{M}}_b(V_{n_0})^{-1} = \frac{n_0}{\beta} \left[\frac{1}{\beta} \boldsymbol{F}(V_{n_0})' \boldsymbol{F}(V_{n_0}) + \boldsymbol{\Lambda}^{-1}\right]^{-1}$ die Behauptung aus Satz 7.4.1.

Unter den Bedingungen von Satz 7.4.1 ist das Kriterium der S-Optimalität mit der Halbordnungsrelation aus Def. 5.4.1 in der Menge $\overline{\boldsymbol{M}}(V^{(0)}) = \{\overline{\boldsymbol{M}}(V_n) \colon V_n \in V^{(0)}\}$ der Informationsmatrizen verträglich.

Satz 7.4.2: Es seien $\mathscr{P} = \{\mathrm{N}(\boldsymbol{\mu}, \boldsymbol{\Lambda}) \colon \boldsymbol{\mu} \in \mathrm{R}^r \wedge \boldsymbol{\Lambda} \in \mathscr{M}_r^>\}$, $\beta \in \mathrm{R}^+$ und $P_{\varepsilon(V_n)} = \mathrm{N}(\boldsymbol{0}, \beta \boldsymbol{I}_n)$. Dann gilt: $\forall V_n^{(1)} \in V^{(0)} \; \forall V_n^{(2)} \in V^{(0)}$:

$$\overline{\boldsymbol{M}}(V_n^{(1)}) \geqq \overline{\boldsymbol{M}}(V_n^{(2)}) \Leftrightarrow (\forall P_\theta \in \mathscr{P} \colon \Delta\overline{H}(P_\theta, P_\varepsilon, V_n^{(1)}) \geqq \Delta\overline{H}(P_\theta, P_\varepsilon, V_n^{(2)})) \bullet$$

Beweis: Seien $V_n^{(1)} \in V^{(0)}$, $V_n^{(2)} \in V^{(0)}$. Dann gilt für $P_\theta = \mathrm{N}(\mu, \Lambda)$ und

$$\Lambda_1(V_n^{(i)}) = \left[\frac{1}{\beta} F(V_n^{(i)})' F(V_n^{(i)}) + \Lambda^{-1}\right]^{-1}; \quad (i = 1, 2):$$

$$\begin{aligned} 2\Delta\overline{H}(P_\theta, P_\varepsilon, V_n^{(i)}) &= 2H(P_\theta) - 2E_{\mathfrak{Y}(V_n)}H(P_{\theta|\mathfrak{Y}(V_n)}) \\ &= r(\ln 2\pi + 1) + \ln\det\Lambda - (r(\ln 2\pi + 1) + \ln\det\Lambda_1(V_n^{(i)})) \\ &= -\ln\det\Lambda_1(V_n^{(i)}) + \ln\det\Lambda\,. \end{aligned} \tag{7.4.3}$$

Mit $\overline{M}(V_n^{(1)}) \geqq \overline{M}(V_n^{(2)})$ gilt aber $\Lambda_1(V_n^{(2)}) \geqq \Lambda_1(V_n^{(1)})$ und damit $\Delta\overline{H}(P_\theta, P_\varepsilon, V_n^{(1)}) \geqq \Delta\overline{H}(P_\theta, P_\varepsilon, V_n^{(2)})$.

Sei nun umgekehrt $\Delta\overline{H}(P_\theta, P_\varepsilon, V_n^{(1)}) \geqq \Delta\overline{H}(P_\theta, P_\varepsilon, V_n^{(2)})$ für jedes $P_\theta \in \mathcal{P}$. Dies bedeutet wegen (7.4.3)

$$\forall \Lambda \in \mathcal{M}_r^{>}: -\ln\det\left(\frac{n}{\beta}\overline{M}(V_n^{(1)}) + \Lambda^{-1}\right)^{-1} \geqq -\ln\det\left(\frac{n}{\beta}\overline{M}(V_n^{(2)}) + \Lambda^{-1}\right)^{-1}$$

bzw. äquivalent dazu

$$\forall \Lambda \in \mathcal{M}_r^{>}: \det\left(\frac{n}{\beta}\overline{M}(V_n^{(1)}) + \Lambda^{-1}\right) \geqq \det\left(\frac{n}{\beta}\overline{M}(V_n^{(2)}) + \Lambda^{-1}\right).$$

Da $\overline{M}(V_n^{(1)})$ und $\overline{M}(V_n^{(2)})$ positiv semidefinit sind, gibt es eine orthogonale Matrix $P \in \mathcal{M}_r^{(r)}$, die $\overline{M}(V_n^{(1)})$ und $\overline{M}(V_n^{(2)})$ diagonalisiert. Seien deshalb

$$P'\overline{M}(V_n^{(i)})P = \operatorname{diag}((w_1^{(i)}, \ldots, w_r^{(i)})') =: W_i; \quad i = 1, 2; \quad PP' = I_r\,.$$

Damit gilt wegen $\det\left(\frac{n}{\beta}\overline{M}(V_n^{(i)}) + \Lambda^{-1}\right) = \det\left(\frac{n}{\beta}W_i + P'\Lambda^{-1}P\right)$; $i = 1, 2$; die Beziehung

$$\forall \Lambda \in \mathcal{M}_r^{>}: \det\left(\frac{n}{\beta}W_1 + P'\Lambda^{-1}P\right) \geqq \det\left(\frac{n}{\beta}W_2 + P'\Lambda^{-1}P\right),$$

woraus folgt $W_1 \geqq W_2$. Somit gilt schließlich $\overline{M}(V_n^{(1)}) = PW_1P' \geqq PW_2P' = \overline{M}(V_n^{(2)})$.

Unter den Voraussetzungen von Satz 7.4.1 ist also das Funktional

$$\Delta\overline{H}_0(P_\theta, P_\varepsilon, \cdot) = -\Delta\overline{H}(P_\theta, P_\varepsilon, \cdot)$$

antiton im Sinne von Def. 7.2.2.

Bemerkung 7.4.1: Auf Grund von Folgerung 7.4.1 kann das Problem der Bestimmung eines S-optimalen Planes auch durch den Übergang zu stetigen Plänen erweitert werden, indem man D_b-optimale Pläne gemäß

$$Z_{D_\mathrm{b}}(M_\mathrm{b}(\xi)) = \det M_\mathrm{b}(\xi)^{-1} \stackrel{!}{=} \inf_{\xi \in \tilde{\Xi}}$$

über einer konvexen Menge $\tilde{\Xi}$ bestimmt. Dazu kann der in 7.3 formulierte Äquivalenzsatz 7.3.7, insbesondere die notwendige und hinreichende Optimalitätsbedingung a_3), benutzt werden. Dieses Problem muß ebenfalls für jeden möglichen Planumfang n_0 (s. Vor. von Folgerung 7.4.1) gesondert betrachtet werden.

Bemerkung 7.4.2: Die erwartete Entropieänderung kann auch in einem sequentiellen Schätzverfahren mit Versuchsplanung die Grundlage für ein Optimalitätskriterium bilden. Analog zum Vorgehen in 9.3.3 erhält man damit eine Auswahlregel der Form (9.3.31).

7.5. Bemerkungen zur Versuchsplanung für eine weitere Alternative zur MKQ-Schätzung

Im folgenden betrachten wir die Schätzung $\hat{\eta}^*$ gemäß (3.5.16), die in Abschnitt 3.5.3 als Alternative zur MKQ-Schätzung für die Wirkungsfläche $\eta(\cdot)$ bei nicht notwendig existierenden Fehlervarianzen vorgestellt wurde. Wir zeigen, daß die Planung dafür auf der Basis des Skalenparameters dieser Schätzung erfolgen kann. Im Schätzproblem $G_1^{(\eta)} = [\Theta \times K^{(0)}, D_{LE}^{(\eta)}(V_n), R_1^{(\eta)}]$ für die eindimensionale Parameterfunktion $\eta(\cdot) = \boldsymbol{f}(\cdot)'\,\boldsymbol{\vartheta}$ (Wirkungsfläche) aus dem Regressionsmodell (3.5.12) ist

$$\hat{\eta}^*(\boldsymbol{x}, \mathfrak{Y}(V_n)) = \boldsymbol{a}^*(\boldsymbol{x}, V_n)'\,\mathfrak{Y}(V_n); \qquad \boldsymbol{x} \in H,\ V_n \in V^{(0)} \tag{7.5.1}$$

mit $\boldsymbol{a}^*(\boldsymbol{x}, V_n) = (a_1^*(\boldsymbol{x}, V_n), \dots, a_n^*(\boldsymbol{x}, V_n))'$ gemäß

$$\sum_{i=1}^{n} |a_i^*(\boldsymbol{x}, V_n)|^\beta = \inf_{(a_1,\dots,a_n)' \in A} \sum_{i=1}^{n} |a_i|^\beta; \qquad 1 < \beta \leqq 2$$

$$A = \{\boldsymbol{a} \in \mathrm{R}^n : \boldsymbol{F}(V_n)'\,\boldsymbol{a} = \boldsymbol{f}(\boldsymbol{x})\} \tag{7.5.2}$$

gleichmäßig beste Schätzung im Sinne von Satz 3.5.2.

Wir gehen nun zum Planungsproblem für diese Schätzung,

$$G_2^{(\eta)} = [H, V^{(0)}, R_2^{(\eta)}] \tag{7.5.3}$$

über und berechnen zunächst das Risiko $R_2^{(\eta)}$ in $G_2^{(\eta)}$.

Lemma 7.5.1: Es seien $L \mid \mathrm{R}^1 \to \mathrm{R}^1$ und die Verlustfunktion $L^{(\eta)}$ zur Schätzung von η von der Form

$$\forall \boldsymbol{x} \in H\ \forall V_n \in V^{(0)}\ \forall \hat{\eta} \in D^{(\eta)}(V_n)\ \forall \boldsymbol{y} \in C(V_n):$$

$$L^{(\eta)}(\boldsymbol{\vartheta}, \boldsymbol{x}; \hat{\eta}(\boldsymbol{x}, \boldsymbol{y}(V_n)), V_n) = L(\eta(\boldsymbol{x}) - \hat{\eta}(\boldsymbol{x}, \boldsymbol{y}(V_n)))\,. \tag{7.5.4}$$

Dann gilt

$$\forall \boldsymbol{x} \in H\ \forall V_n \in V^{(0)}: R_2^{(\eta)}(\boldsymbol{x}; V_n) = \int_{\mathrm{R}^1} L(s)\,\mathrm{d}P_{\boldsymbol{a}^*(\boldsymbol{x}, V_n)'\boldsymbol{\varepsilon}}(s) \bullet$$

Beweis: Seien $\boldsymbol{x} \in H$, $V_n \in V^{(0)}$, $\mathfrak{Y} = \mathfrak{Y}(V_n)$, $\boldsymbol{\varepsilon} = \boldsymbol{\varepsilon}(V_n)$. Dann ist

$$R_2^{(\eta)}(\boldsymbol{x}; V_n) = \int_{\mathrm{R}^n} L(\eta(\boldsymbol{x}) - \hat{\eta}(\boldsymbol{x}, \boldsymbol{y}))\,\mathrm{d}P_{\mathfrak{Y}|\vartheta}(\boldsymbol{y}) = \int_{\mathrm{R}^n} L(\boldsymbol{a}^*(\boldsymbol{x}, V_n)'\,\boldsymbol{t})\,\mathrm{d}P_{\boldsymbol{\varepsilon}}(\boldsymbol{t}) = \int_{\mathrm{R}^1} L(s)\,\mathrm{d}P_{\boldsymbol{a}^*(\boldsymbol{x}, V_n)'\boldsymbol{\varepsilon}}(s)\,.$$

Die Verteilung von $\hat{\eta}^*(\boldsymbol{x}, \mathfrak{Y}(V_n)) = \boldsymbol{a}^*(\boldsymbol{x}, V_n)'\,\mathfrak{Y}(V_n)$ besitzt den Skalenparameter

$$\sigma_{\hat{\eta}^*}(\boldsymbol{x}, V_n) := \sigma \left| \sum_{i=1}^{n} |a_i^*(\boldsymbol{x}, V_n)|^\beta \right|^{1/\beta} \tag{7.5.5}$$

(s. Lemma 3.5.5); es gilt

$$P_{\boldsymbol{\varepsilon}} = \mathop{\times}^{n} P(0, \sigma, \beta) \in K^{(0)} \Rightarrow \hat{\eta}^*(\boldsymbol{x}, \mathfrak{Y}(V_n)) \sim P(\eta(\boldsymbol{x}), \sigma_{\hat{\eta}^*}(\boldsymbol{x}, V_n), \beta)$$

(vgl. (3.5.14)).

Die folgenden beiden Aussagen zeigen, daß die Bestimmung eines optimalen Versuchsplanes in $G_2^{(\eta)}$ in der Weise erfolgen kann, daß gewisse Funktionale dieses Skalenparameters minimiert werden.

Satz 7.5.1: Es seien $P_{\boldsymbol{\varepsilon}} = P_{\boldsymbol{\varepsilon}}(\sigma, \beta)$ aus (3.5.13) und $L^{(\eta)}$ aus (7.5.4) konvex und stetig (bzw. monoton bez. $t_0 = \eta(\cdot)$). Dann ist $V_n^{(1)} \in V^{(0)}$ genau dann mindestens so gut wie $V_n^{(2)} \in V^{(0)}$, wenn gilt

$$\forall \boldsymbol{x} \in H: \sigma_{\hat{\eta}^*}(\boldsymbol{x}, V_n^{(1)}) \leqq \sigma_{\hat{\eta}^*}(\boldsymbol{x}, V_n^{(2)}) \bullet \tag{7.5.6}$$

Beweis: Es ist $V_n^{(1)}$ mindestens so gut wie $V_n^{(2)}$ in $G_2^{(\eta)}$, wenn gilt (s. Def. 1.5.7 b))

$$\forall \boldsymbol{x} \in H: R_2^{(\eta)}(\boldsymbol{x}; V_n^{(1)}) \leqq R_2^{(\eta)}(\boldsymbol{x}; V_n^{(2)})\,.$$

Dies gilt nach Lemma 7.5.1 und Def. 3.3.1 aber genau dann, wenn

$$\forall \boldsymbol{x} \in H: P_{\boldsymbol{a}^*(\boldsymbol{x}, V_n^{(2)})'\boldsymbol{\varepsilon}} \mathop{>}_{j} P_{\boldsymbol{a}^*(\boldsymbol{x}, V_n^{(1)})'\boldsymbol{\varepsilon}}$$

erfüllt ist, wobei $j = k$ bzw. $j = t_0 = \eta(\cdot)$. Diese Beziehung ist für $j = t_0$ und damit wegen (3.3.6) auch für $j = k$ auf Grund von Lemma 3.3.4 genau dann erfüllt, wenn (7.5.6) gilt.

Satz 7.5.2: Es seien $P_\varepsilon = P_\varepsilon(\sigma, \beta)$ aus (3.5.13), der Prognosebereich H kompakt und $V_n^* \in V^{(0)}$ ein Plan mit der Eigenschaft

$$\forall V_n \in V^{(0)}: \sup_{x \in H} \sigma_{\hat{\eta}^*}(x, V_n^*) \leqq \sup_{x \in H} \sigma_{\hat{\eta}^*}(x, V_n) . \tag{7.5.7}$$

Dann ist V_n^* minimax in $G_2^{(\eta)} = [H, V^{(0)}, R_2^{(\eta)}]$ bez. jedes stetigen, konvexen (bzw. bez. $t_0 = \eta(\cdot)$ monotonen) Verlusts der Form (7.5.4) •

Beweis: Für jedes $V_n \in V^{(0)}$ sei $x_{V_n} \in H$ ein Punkt mit $\sigma_{\hat{\eta}^*}(x_{V_n}, V_n) = \sup_{x \in H} \sigma_{\hat{\eta}^*}(x, V_n)$. Diese Punkte existieren auf Grund der Kompaktheit von H. Es gilt dann

$$\forall x \in H: (\sigma_{\hat{\eta}^*}(x_{V_n^*}, V_n^*) \geqq \sigma_{\hat{\eta}^*}(x, V_n^*)) \wedge (\forall V_n \in V^{(0)}: \sigma_{\hat{\eta}^*}(x_{V_n}, V_n) \geqq \sigma_{\hat{\eta}^*}(x, V_n)) \tag{7.5.8}$$

und mit (7.5.7) folgt

$$\forall V_n \in V^{(0)}: \sigma_{\hat{\eta}^*}(x_{V_n^*}, V_n^*) \leqq \sigma_{\hat{\eta}^*}(x_{V_n}, V_n) . \tag{7.5.9}$$

Da $\sigma_{\hat{\eta}^*}(\cdot, \cdot)$ Skalenparameter der Verteilung von $\hat{\eta}^*$ und wegen $\hat{\eta}^*(\cdot, \mathfrak{Y}(\cdot)) = \eta(\cdot) + a^*(\cdot, \cdot)' \varepsilon$ auch Skalenparameter von $a^*(\cdot, \cdot)' \varepsilon =: \tau(\cdot, \cdot)$ ist, folgt mit Lemma 3.3.4 und (3.3.6) aus den Beziehungen (7.5.8) und (7.5.9)

$$\forall V_n \in V^{(0)}: P_{\tau(x_{V_n}, V_n)} \underset{k}{>} P_{\tau(x_{V_n^*}, V_n^*)} ;$$

$$\forall x \in H: (P_{\tau(x_{V_n^*}, V_n^*)} \underset{k}{>} P_{\tau(x, V_n^*)}) \wedge (\forall V_n \in V^{(0)}: P_{\tau(x_{V_n}, V_n)} \underset{k}{>} P_{\tau(x, V_n)}) .$$

Dies ist nach Lemma 7.5.1 wiederum äquivalent zu

$$\forall V_n \in V^{(0)}: R_2^{(\eta)}(x_{V_n^*}; V_n^*) \leqq R_2^{(\eta)}(x_{V_n}; V_n) ; \tag{7.5.10}$$

$$\forall x \in H: (R_2^{(\eta)}(x_{V_n^*}; V_n^*) \geqq R_2^{(\eta)}(x; V_n^*)) \wedge (\forall V_n \in V^{(0)}: R_2^{(\eta)}(x_{V_n}; V_n) \geqq R_2^{(\eta)}(x; V_n)) . \tag{7.5.11}$$

Wegen (7.5.11) ist $R_2^{(\eta)}(x_{V_n^*}; V_n^*) = \sup_{x \in H} R_2^{(\eta)}(x; V_n^*)$ und für jedes $V_n \in V^{(0)}$ auch $R_2^{(\eta)}(x_{V_n}; V_n) = \sup_{x \in H} R_2^{(\eta)}(x; V_n)$, so daß aus (7.5.10) die Behauptung folgt:

$$\forall V_n \in V^{(0)}: \sup_{x \in H} R_2^{(\eta)}(x; V_n^*) \leqq \sup_{x \in H} R_2^{(\eta)}(x; V_n) .$$

Der Satz 7.5.2 zeigt, daß der Skalenparameter $\sigma_{\hat{\eta}^*}(x, V_n)$ im Planungsproblem für $\hat{\eta}^*$ eine analoge Rolle spielt wie der Ausdruck $\frac{\sigma^2}{n} f(x)' \overline{M}(V_n)^{-1} f(x)$ im Planungsproblem für die MKQ-Schätzung $\check{\eta} = f(x)' \check{\vartheta}$.

7.6. Weitere Probleme

1. Betrachtungen zum Planungsproblem bez. konkreter Pläne für die Bayes-Schätzung $\hat{\psi}^*$ findet man auch in Näther/Pilz [1]. Speziell für den Ansatz $\eta(x, \vartheta) = \vartheta_0 + \vartheta_1 x$ wird gezeigt, daß D-optimale Pläne für die MKQ-Schätzung auch D_b-optimal für $\hat{\psi}^*$ sind.
2. In den Arbeiten Lindley [2] und Brooks [1], [2] wird ein bayesscher Zugang zur Versuchsplanung im Zusammenhang mit dem Vorhersageproblem für die Wirkungsfläche η dargestellt, wobei nichtinformative a-priori-Kenntnisse über ϑ und σ^2 zugrundegelegt werden. Die resultierenden Planungsprobleme sind von ähnlicher Struktur wie die in diesem Kapitel behandelten. In Brooks [1] sind für den Fall $\eta(x, \vartheta) = \vartheta_0 + \vartheta_1 x$ optimale diskrete Pläne für verschiedene Kostenfunktionen angegeben, in Brooks [2] werden optimale Pläne mit randomisierten Einpunktplänen (s. 8.3.1) verglichen.

3. In Covey-Crump/Silvey [1] werden konkrete D_b-optimale Pläne für den Ansatz $\eta(\boldsymbol{x}, \boldsymbol{\vartheta}) = \sum_{i=1}^{k} \vartheta_i x_i$ im Zusammenhang mit a-priori-Kenntnissen in Form von vorangehenden Beobachtungen konstruiert, wobei der Versuchsbereich durch die Hyperkugel $V = \{\boldsymbol{x} \in \mathrm{R}^k : \boldsymbol{x}'\boldsymbol{x} \leqq 1\}$ gegeben ist. Außerdem wird in dieser Arbeit der Zusammenhang zwischen D_b- und E_b-optimalen Plänen und den nach dem Iterationsverfahren von Wynn [1] (s. Abschnitt 6.2) erzeugten Plänen diskutiert.
4. In Guttman [1] wird gezeigt, daß das von Covey-Crump und Silvey benutzte Planungskriterium äquivalent zur Minimierung der Determinante der präposteriori-Kovarianzmatrix der Regressionskoeffizienten ist, wenn man von der durch (4.6.8) gegebenen nichtinformativen a-priori-Verteilung für $(\boldsymbol{\vartheta}, \sigma)$ ausgeht.
5. Von Sinha [1] wird für das NKLR mit $\eta(\boldsymbol{x}, \boldsymbol{\vartheta}) = \sum_{i=1}^{k} \vartheta_i x_i$ das Problem der Bestimmung optimaler Gewichte $p_1, \dots, p_k$ für fest vorgegebene Versuchspunkte $\boldsymbol{x}_1, \dots, \boldsymbol{x}_k \in \mathrm{R}^k$ betrachtet. Als Planungskriterium werden hierbei die mittlere und die verallgemeinerte präposteriori-Varianz (sp $\mathrm{E}_{\mathfrak{Y}}\boldsymbol{B}_{\theta|\mathfrak{Y}}$ und det $\mathrm{E}_{\mathfrak{Y}}\boldsymbol{B}_{\theta|\mathfrak{Y}}$) zugrundegelegt und diese für den Fall der nichtinformativen a-priori-Verteilung aus (4.6.8) und der Normal-Gamma-Verteilung für (θ, Σ^{-2}) untersucht. Für den ersten Fall werden optimale Gewichte explizit angegeben.
6. In Lindley [1] wird das Kriterium der erwarteten Entropieänderung (s. 7.4) mit dem Blackwellschen Informationskriterium (s. Blackwell [1], [2]) verglichen. In Stone [1] wird gezeigt, daß es im asymptotischen Falle ($n \to \infty$) genügt, konkrete Pläne zu betrachten, die höchstens $r(r+1)/2$ Punkte im Spektrum enthalten. Von Mallows [1] wurde ein allgemeines Informationsmaß zur Beurteilung von Versuchsplänen eingeführt und dessen Zusammenhang mit der erwarteten Entropieänderung und weiteren Informationsmaßen untersucht. Es wird ein Vergleich zwischen dem Blackwellschen, dem Mallowschen und dem Kriterium der erwarteten Entropieänderung durchgeführt.
7. In Brooks [N 3] wird die Struktur der bayesschen Informationsmatrix eines L_b- bzw. A_b-optimalen Planes im Falle des Ansatzes $\tilde{\eta}(\boldsymbol{x}, \boldsymbol{\vartheta}) = \vartheta_0 + \sum_{i=1}^{r} \vartheta_i x_i$ angegeben, womit ein optimaler Plan als Lösung eines entsprechenden (nichtlinearen) Gleichungssystems bestimmt werden kann.

8. VERSUCHSPLANUNG BEI WAHREM NICHTLINEAREM REGRESSIONSANSATZ

In den Kapiteln 3 bis 7 wurden das Schätz- und das Versuchsplanungsproblem bei wahrem linearem Regressionsansatz behandelt. Im 8. Kapitel wird auf Vor. 2.3.8 (linearer Ansatz) verzichtet. Im gesamten Kapitel haben Vor. 2.3.6 (nur ein Regressionsansatz), Vor. 2.3.7 (wahrer Ansatz) und Vor. 2.3.9 (Existenz von $\boldsymbol{B}_{\varepsilon(V_n)}$) Gültigkeit.

Nach der Problemstellung im Abschnitt 8.1 werden im Abschnitt 8.2 die MKQ-Schätzung für einen wahren nichtlinearen Ansatz und als Alternative dazu die ML-Schätzung untersucht. Im Abschnitt 8.3 betrachten wir optimale Versuchspläne zu diesen Schätzungen. Schließlich wird im Abschnitt 8.4 eine Linearisierung des Ansatzes vorgenommen.

8.1. Problemstellung

Gemäß Vor. 2.3.6 sei ein Ansatz

$$\tilde{S} = \{\tilde{\eta}(\cdot, \boldsymbol{\vartheta}) \in (\mathrm{R}^1)^B : \boldsymbol{\vartheta} \in \Theta \subseteq \mathrm{R}^r\}; \qquad r \in \mathsf{N}; \tag{8.1.1}$$

für die unbekannte Wirkungsfläche $\eta \in S$ gegeben. Da im folgenden vom Ansatz nicht Vor. 2.3.8 (linearer Ansatz) gefordert wird, sprechen wir von einem *nichtlinearen Ansatz* $\tilde{S}$. Ein linearer Ansatz ist damit ein spezieller nichtlinearer Ansatz. Unter Vor. 2.3.7 (wahrer Ansatz) wird die Wahl einer Wirkungsfläche $\eta \in S$ durch die Natur als die Wahl eines Parameters $\boldsymbol{\vartheta}^* \in \Theta$ charakterisiert (vgl. Abschnitt 2.3.2), den wir als *wahren* Parameter bezeichnen. Weiter bezeichne

$$\forall V_n \in V^{(0)}\ \forall \boldsymbol{\vartheta} \in \Theta : \tilde{\boldsymbol{\eta}}(V_n, \boldsymbol{\vartheta}) := \left(\tilde{\eta}(\boldsymbol{x}_1, \boldsymbol{\vartheta}), \ldots, \tilde{\eta}(\boldsymbol{x}_n, \boldsymbol{\vartheta})\right)'. \tag{8.1.2}$$

Def. 8.1.1: Das Tripel $\left(\mathfrak{Y}(V_n), \tilde{\boldsymbol{\eta}}(V_n, \boldsymbol{\vartheta}^*), \boldsymbol{B}_{\varepsilon(V_n)}\right)$ heißt *nichtlineares Regressionsmodell* (NR) $=_{\mathrm{df}}$

$$\forall V_n \in V^{(0)}: \mathfrak{Y}(V_n) = \tilde{\boldsymbol{\eta}}(V_n, \boldsymbol{\vartheta}^*) + \boldsymbol{\varepsilon}(V_n) \wedge \mathrm{E}\boldsymbol{\varepsilon}(V_n) = \boldsymbol{0} \wedge \boldsymbol{B}_{\varepsilon(V_n)} = \mathrm{E}\boldsymbol{\varepsilon}(V_n)\,\boldsymbol{\varepsilon}(V_n)' \bullet \tag{8.1.3}$$

Ein lineares Regressionsmodell (s. Def. 2.3.3) ist ein spezielles nichtlineares Regressionsmodell.

Es seien $\boldsymbol{\psi} = \boldsymbol{\psi}(\cdot, \boldsymbol{\vartheta}) \mid H \to \mathrm{R}^m$, Z_Θ, $D_0^{(\boldsymbol{\psi})}(V_n)$ und $U^{(\boldsymbol{\psi})}$ gemäß (2.3.32), (2.3.22), (2.3.36) bzw. (2.3.38) gewählt. Wir verallgemeinern Def. 2.3.4:

Def. 8.1.2: Das statistische Entscheidungsproblem

$$G_{NL}^{(\boldsymbol{\psi})} = [Z_\Theta, U^{(\boldsymbol{\psi})}, R^{(\boldsymbol{\psi})}] \tag{8.1.4}$$

heißt *Versuchsplanungsproblem zur Schätzung von* $\boldsymbol{\psi}$ *bei wahrem nichtlinearem Ansatz* $=_{\mathrm{df}}$

$$\forall(\boldsymbol{\vartheta}, w, \boldsymbol{x}) \in \Theta \times K \times H \; \forall V_n \in V^{(0)} \; \forall \hat{\boldsymbol{\psi}}(\cdot, \cdot, V_n) \in D^{(\psi)}(V_n):$$

$$R^{(\psi)}(\boldsymbol{\vartheta}, w, \boldsymbol{x}; \hat{\boldsymbol{\psi}}(\boldsymbol{x}, \cdot, V_n), V_n) = \mathrm{E}_{\boldsymbol{\varepsilon}(V_n)} L^{(\psi)}(\boldsymbol{\psi}(\boldsymbol{x}, \boldsymbol{\vartheta}), \boldsymbol{x}; \hat{\boldsymbol{\psi}}(\boldsymbol{x}, \tilde{\boldsymbol{\eta}}(V_n, \boldsymbol{\vartheta}) + \boldsymbol{\varepsilon}(V_n), V_n), V_n) \bullet$$

Die Trennsätze (Satz 2.1.1, Satz 2.1.2) sind auch für den Fall eines wahren nichtlinearen Ansatzes gültig, da in den Beweisen von der Linearität des Ansatzes kein Gebrauch gemacht wurde.

Für das Entscheidungsproblem (8.1.4) in seiner allgemeinen Form sind bisher noch keine optimalen Strategien bekannt.

Es gelte Vor. 5.1.2 $(\forall \boldsymbol{x} \in H: \boldsymbol{A}(\boldsymbol{x}) = \boldsymbol{I}_r)$. Wir betrachten damit das Versuchsplanungsproblem zur Schätzung von $\boldsymbol{\vartheta} \in \Theta$ und schreiben für $G_{NL}^{(\psi)}$, $U^{(\psi)}$, $D_0^{(\psi)}(V_n)$ und $R^{(\psi)}$ einfach G_{NL}, U, $D_0(V_n)$ bzw. R. Der Einfachheit halber wählen wir $\boldsymbol{K} = \{w\}$. Im folgenden untersuchen wir den Fall, daß für jedes $V_n \in V^{(0)}$ eine Schätzung $\hat{\boldsymbol{\vartheta}}_0(\cdot, V_n)$ gegeben ist.

Vor. 8.1.1: $\forall V_n \in V^{(0)}: D(V_n) = \{\hat{\boldsymbol{\vartheta}}_0(\cdot, V_n)\}; \; \hat{\boldsymbol{\vartheta}}_0(\cdot, V_n) \in \mathcal{F}(\mathcal{B}_{C(V_n)}, \mathcal{B}_\Theta) \bullet$

Unter diesen Annahmen ergibt sich aus (8.1.4) das *Planungsproblem für die Schätzfunktion* $\hat{\boldsymbol{\vartheta}}_0$ *für* $\boldsymbol{\vartheta}$ *bei wahrem nichtlinearem Ansatz*

$$G_{NL,2} = [\Theta \times H, V^{(0)}, R_2]; \; \forall(\boldsymbol{\vartheta}, \boldsymbol{x}) \in \Theta \times H \; \forall V_n \in V^{(0)}:$$

$$R_2(\boldsymbol{\vartheta}, \boldsymbol{x}; \hat{\boldsymbol{\vartheta}}_0(V_n), V_n) = \mathrm{E}_{\boldsymbol{\varepsilon}(V_n)} L(\boldsymbol{\vartheta}, \boldsymbol{x}; \hat{\boldsymbol{\vartheta}}_0(\tilde{\boldsymbol{\eta}}(V_n, \boldsymbol{\vartheta}) + \boldsymbol{\varepsilon}(V_n), V_n), V_n) \,. \quad (8.1.5)$$

Als Schätzfunktion $\hat{\boldsymbol{\vartheta}}_0$ für $\boldsymbol{\vartheta}$ wählen wir die MKQ-Schätzfunktion bzw. die ML-Schätzfunktion (s. Abschnitt 8.2).

8.2. Schätzung bei wahrem nichtlinearem Regressionsansatz

8.2.1. Schätzung nach der MKQ

Unter der Voraussetzung eines wahren linearen Ansatzes ist die MKQ-Schätzung als Lösung des linearen Normalgleichungssystems (3.2.37) eine lineare Schätzfunktion (s. Kapitel 3). Dies ändert sich, wenn auf die Voraussetzung der Linearität verzichtet wird.

Im folgenden sei ein Versuchsplan $V_n \in V^{(0)}$ gegeben.

Def. 8.2.1: Die Abbildung $\check{\boldsymbol{\vartheta}}(\cdot, V_n) \mid C(V_n) \to \mathrm{R}^r$ heißt *MKQ-Schätzung* für $\boldsymbol{\vartheta}^*$ im NR $(\mathfrak{Y}(V_n), \tilde{\boldsymbol{\eta}}(V_n, \boldsymbol{\vartheta}^*), \boldsymbol{B}_{\boldsymbol{\varepsilon}(V_n)}) =_{\mathrm{df}}$

$$\forall \boldsymbol{y} \in C(V_n): \|\boldsymbol{y} - \boldsymbol{\eta}(V_n, \check{\boldsymbol{\vartheta}}(\boldsymbol{y}, V_n))\|_{I_n}^2 = \inf_{\boldsymbol{\vartheta} \in \Theta} \|\boldsymbol{y} - \tilde{\boldsymbol{\eta}}(V_n, \boldsymbol{\vartheta})\|_{I_n}^2 \bullet \quad (8.2.1)$$

Vor. 8.2.1: $\exists \boldsymbol{f} \mid V \times \Theta \to \mathrm{R}^r \; \forall \boldsymbol{x} \in V \; \forall \boldsymbol{\vartheta} \in \Theta$:

$$\boldsymbol{f}(\boldsymbol{x}, \boldsymbol{\vartheta}) = (f_1(\boldsymbol{x}, \boldsymbol{\vartheta}), \ldots, f_r(\boldsymbol{x}, \boldsymbol{\vartheta}))' := \operatorname{grad}_{\boldsymbol{\vartheta}} \tilde{\eta}(\boldsymbol{x}, \boldsymbol{\vartheta}) \bullet \quad (8.2.2)$$

Es bezeichne

$$\forall V_n \in V^{(0)} \; \forall \boldsymbol{\vartheta} \in \Theta: \boldsymbol{F}(V_n, \boldsymbol{\vartheta}) := (\boldsymbol{f}(\boldsymbol{x}_1, \boldsymbol{\vartheta}), \ldots, \boldsymbol{f}(\boldsymbol{x}_n, \boldsymbol{\vartheta}))' \,.$$

Die Aufgabe (8.2.1) führt auf das i. allg. nichtlineare Normalgleichungssystem

$$\forall \boldsymbol{y} \in C(V_n): (\boldsymbol{y} - \tilde{\boldsymbol{\eta}}(V_n, \check{\boldsymbol{\vartheta}}(\boldsymbol{y}, V_n)))' \boldsymbol{F}(V_n, \check{\boldsymbol{\vartheta}}(\boldsymbol{y}, V_n)) = \boldsymbol{0} \,. \quad (8.2.3)$$

Bemerkung 8.2.1: Das Minimierungsproblem (8.2.1) bzw. das nichtlineare Gleichungssystem (8.2.3) kann i. allg. nur mit Hilfe numerischer Iterationsverfahren (z. B. GAUSS-NEWTON-Verfahren) gelöst werden. Ein Überblick über verschiedene Verfahren ist in CHAMBERS [1] und BARD [1] zu finden. In II/3 werden solche Verfahren behandelt.

Es sei $\mathcal{B}_\Theta$ die σ-Algebra der BOREL-Mengen von Θ (s. Abschnitt 1.2). Zunächst interessiert, ob eine Lösung $\check{\boldsymbol{\vartheta}}$; $\check{\boldsymbol{\vartheta}}(\cdot, V_n) \in \mathcal{F}(\mathcal{B}_{C(V_n)}, \mathcal{B}_\Theta)$; von (8.2.3) existiert.

Vor. 8.2.2: $\forall \boldsymbol{x} \in B: \tilde{\eta}(\boldsymbol{x}, \cdot) \in \mathcal{F}_1(\Theta)$ •

Vor. 8.2.3: Es sei $\Theta \subset \mathrm{R}^r$ beschränkt und abgeschlossen •

Vor. 8.2.4: Für jedes $V_n \in V^{(0)}$ seien die Komponenten von $\boldsymbol{\varepsilon}(V_n)$ unabhängig und identisch verteilt •

Da gemäß Vor. 2.3.9 die Kovarianzmatrix existiert, gilt mit Vor. 8.2.4

$$\exists \sigma^2 \in \mathrm{R}^+ \ \forall V_n \in V^{(0)}: \boldsymbol{B}_{\boldsymbol{\varepsilon}(V_n)} = \sigma^2 \boldsymbol{I}_n .$$

Satz 8.2.1 (JENNRICH): Unter den Voraussetzungen 8.2.1 bis 8.2.4 gilt

$$\exists \check{\boldsymbol{\vartheta}}(\cdot, V_n) \in \mathcal{F}(\mathcal{B}_{C(V_n)}, \mathcal{B}_\Theta) \ \forall \boldsymbol{y} \in C(V_n): \big(\boldsymbol{y} - \tilde{\boldsymbol{\eta}}(V_n, \check{\boldsymbol{\vartheta}}(\boldsymbol{y}, V_n))\big)' \boldsymbol{F}(V_n, \check{\boldsymbol{\vartheta}}(\boldsymbol{y}, V_n)) = \boldsymbol{0} \ \bullet$$

Diese Aussage wird in JENNRICH [1] bewiesen.

Für die MKQ-Schätzung bei wahrem nichtlinearem Ansatz sind im Gegensatz zur MKQ-Schätzung bei wahrem linearem Ansatz bisher keine Eigenschaften für kleine Stichprobenumfänge bekannt. Wir befassen uns deshalb mit asymptotischen Eigenschaften. Es seien $W^{(0)} \subseteq W$ und

$$W := \big\{\{V_n\}_{n \in \mathsf{N}}: \forall n \in \mathsf{N}: (V_n \in V^n \cap V^{(0)}) \wedge \big(S(V_n) \subseteq S(V_{n+1})\big)\big\} . \quad (8.2.4)$$

Für jede Folge $\{V_n\}_{n \in \mathsf{N}} \in W^{(0)}$ bezeichne $\{\check{\boldsymbol{\vartheta}}(\cdot, V_n)\}_{n \in \mathsf{N}}$ eine Folge von MKQ-Schätzungen.

Vor. 8.2.5: $\exists g \mid W^{(0)} \times \Theta \times \Theta \to \mathrm{R}^+ \ \forall \{V_n\}_{n \in \mathsf{N}} \in W^{(0)} \ \forall (\boldsymbol{\vartheta}, \boldsymbol{\vartheta}_0) \in \Theta \times \Theta$:

$$\frac{1}{n} \tilde{\boldsymbol{\eta}}(V_n, \boldsymbol{\vartheta})' \tilde{\boldsymbol{\eta}}(V_n, \boldsymbol{\vartheta}_0) \xrightarrow[\text{auf } \Theta \times \Theta]{\text{gleichm.}} g(\{V_n\}_{n \in \mathsf{N}}, \boldsymbol{\vartheta}, \boldsymbol{\vartheta}_0) \ \bullet$$

Unter Vor. 8.2.5 gilt $\exists h \mid W^{(0)} \times \Theta \times \Theta \to \mathrm{R}^+ \ \forall \{V_n\}_{n \in \mathsf{N}} \in W^{(0)} \ \forall (\boldsymbol{\vartheta}, \boldsymbol{\vartheta}^*) \in \Theta \times \Theta$:

$$\left(h(\{V_n\}_{n \in \mathsf{N}}, \boldsymbol{\vartheta}, \boldsymbol{\vartheta}^*) := \lim_{n \to \infty} \frac{1}{n} \big(\tilde{\boldsymbol{\eta}}(V_n, \boldsymbol{\vartheta}) - \tilde{\boldsymbol{\eta}}(V_n, \boldsymbol{\vartheta}^*)\big)' \big(\tilde{\boldsymbol{\eta}}(V_n, \boldsymbol{\vartheta}) - \tilde{\boldsymbol{\eta}}(V_n, \boldsymbol{\vartheta}^*)\big)\right)$$
$$\wedge \big(h(\{V_n\}_{n \in \mathsf{N}}, \boldsymbol{\vartheta}, \boldsymbol{\vartheta}^*) \geqq 0\big) .$$

Vor. 8.2.6: $\forall \{V_n\}_{n \in \mathsf{N}} \in W^{(0)} \ \forall (\boldsymbol{\vartheta}, \boldsymbol{\vartheta}^*) \in \Theta \times \Theta: h(\{V_n\}_{n \in \mathsf{N}}, \boldsymbol{\vartheta}, \boldsymbol{\vartheta}^*) = \boldsymbol{0} \Leftrightarrow \boldsymbol{\vartheta} = \boldsymbol{\vartheta}^*$ •

Satz 8.2.2 (JENNRICH): Jede Folge von MKQ-Schätzungen $\{\check{\boldsymbol{\vartheta}}(\cdot, V_n)\}_{n \in \mathsf{N}}$ mit $\{V_n\}_{n \in \mathsf{N}} \in W^{(0)}$ ist stark konsistent für $\boldsymbol{\vartheta}^*$ •

Der Beweis ist in JENNRICH [1] angegeben.

Vor. 8.2.7: $\forall \boldsymbol{x} \in B \ \forall \boldsymbol{\vartheta} \in \Theta: \boldsymbol{f}(\boldsymbol{x}, \cdot) \in \mathcal{F}_r(\Theta)$ •

Vor. 8.2.8: $\forall j \in \{1, \dots, r\} \ \exists \boldsymbol{l}_j \mid V \times \Theta \to \mathrm{R}^r \ \forall \boldsymbol{x} \in V \ \forall \boldsymbol{\vartheta} \in \Theta$:

$$\big(\boldsymbol{l}_j(\boldsymbol{x}, \boldsymbol{\vartheta}) = (l_{j1}(\boldsymbol{x}, \boldsymbol{\vartheta}), \dots, l_{jr}(\boldsymbol{x}, \boldsymbol{\vartheta}))' := \operatorname{grad}_{\boldsymbol{\vartheta}} f_j(\boldsymbol{x}, \boldsymbol{\vartheta})\big) \wedge \big(\boldsymbol{l}_j(\boldsymbol{x}, \boldsymbol{\vartheta}) \in \mathcal{F}_r(\Theta)\big) \ \bullet$$

Es bezeichnen

$$\forall \boldsymbol{\vartheta} \in \Theta\ \forall V_n \in V^{(0)}\ \forall j \in \{1, \dots, r\}: \boldsymbol{f}_j(V_n, \boldsymbol{\vartheta}) := \big(f_j(\boldsymbol{x}_1, \boldsymbol{\vartheta}), \dots, f_j(\boldsymbol{x}_n, \boldsymbol{\vartheta})\big)', \quad (8.2.5)$$

$$\forall \boldsymbol{\vartheta} \in \Theta\ \forall V_n \in V^{(0)}\ \forall (j, k) \in \{1, \dots, r\}^2: \boldsymbol{l}_{jk}(V_n, \boldsymbol{\vartheta}) := \big(l_{jk}(\boldsymbol{x}_1, \boldsymbol{\vartheta}), \dots, l_{jk}(\boldsymbol{x}_n, \boldsymbol{\vartheta})\big)'. \quad (8.2.6)$$

Vor. 8.2.9: $\forall (i, j, k, m) \in \{1, \dots, r\}^4$:

$$\Big(\exists q_j \mid W^{(0)} \times \Theta \times \Theta \to \mathrm{R}^1\ \forall \{V_n\}_{n \in \mathrm{N}} \in W^{(0)}\ \forall (\boldsymbol{\vartheta}, \boldsymbol{\vartheta}_0) \in \Theta \times \Theta:$$

$$\frac{1}{n}\, \tilde{\boldsymbol{\eta}}(V_n, \boldsymbol{\vartheta})'\, \boldsymbol{f}_j(V_n, \boldsymbol{\vartheta}_0) \xrightarrow[\text{auf } \Theta \times \Theta]{\text{gleichm.}} q_j(\{V_n\}_{n \in \mathrm{N}}, \boldsymbol{\vartheta}, \boldsymbol{\vartheta}_0)\Big)$$

$$\wedge \Big(\exists s_{jk} \mid W^{(0)} \times \Theta \times \Theta \to \mathrm{R}^1\ \forall \{V_n\}_{n \in \mathrm{N}} \in W^{(0)}\ \forall (\boldsymbol{\vartheta}, \boldsymbol{\vartheta}_0) \in \Theta \times \Theta:$$

$$\frac{1}{n}\, \tilde{\boldsymbol{\eta}}(V_n, \boldsymbol{\vartheta})'\, \boldsymbol{l}_{jk}(V_n, \boldsymbol{\vartheta}_0) \xrightarrow[\text{auf } \Theta \times \Theta]{\text{gleichm.}} s_{jk}(\{V_n\}_{n \in \mathrm{N}}, \boldsymbol{\vartheta}, \boldsymbol{\vartheta}_0)\Big)$$

$$\wedge \Big(\exists u_{jk} \mid W^{(0)} \times \Theta \times \Theta \to \mathrm{R}^1\ \forall \{V_n\}_{n \in \mathrm{N}} \in W^{(0)}\ \forall (\boldsymbol{\vartheta}, \boldsymbol{\vartheta}_0) \in \Theta \times \Theta:$$

$$\frac{1}{n}\, \boldsymbol{f}_j(V_n, \boldsymbol{\vartheta})'\, \boldsymbol{f}_k(V_n, \boldsymbol{\vartheta}_0) \xrightarrow[\text{au } \Theta \times]{\text{gleichm.}} u_{jk}(\{V_n\}_{n \in \mathrm{N}}, \boldsymbol{\vartheta}, \boldsymbol{\vartheta}_0)\Big)$$

$$\wedge \Big(\exists v_{ijk} \mid W^{(0)} \times \Theta \times \Theta \to \mathrm{R}^1\ \forall \{V_n\}_{n \in \mathrm{N}} \in W^{(0)}\ \forall (\boldsymbol{\vartheta}, \boldsymbol{\vartheta}_0) \in \Theta \times \Theta:$$

$$\frac{1}{n}\, \boldsymbol{f}_i(V_n, \boldsymbol{\vartheta})'\, \boldsymbol{l}_{jk}(V_n, \boldsymbol{\vartheta}_0) \xrightarrow[\text{auf } \Theta \times \Theta]{\text{gleichm.}} v_{ijk}(\{V_n\}_{n \in \mathrm{N}}, \boldsymbol{\vartheta}, \boldsymbol{\vartheta}_0)\Big)$$

$$\wedge \Big(\exists w_{ijkm} \mid W^{(0)} \times \Theta \times \Theta \to \mathrm{R}^1\ \forall \{V_n\}_{n \in \mathrm{N}} \in W^{(0)}\ \forall (\boldsymbol{\vartheta}, \boldsymbol{\vartheta}_0) \in \Theta \times \Theta:$$

$$\frac{1}{n}\, \boldsymbol{l}_{ij}(V_n, \boldsymbol{\vartheta})'\, \boldsymbol{l}_{km}(V_n, \boldsymbol{\vartheta}_0) \xrightarrow[\text{auf } \Theta \times \Theta]{\text{gleichm.}} w_{ijkm}(\{V_n\}_{n \in \mathrm{N}}, \boldsymbol{\vartheta}, \boldsymbol{\vartheta}_0)\Big) \bullet$$

Es sei $\forall V_n \in V^{(0)}\ \forall \boldsymbol{\vartheta} \in \Theta$:

$$\overline{\boldsymbol{M}}(V_n, \boldsymbol{\vartheta}) := \frac{1}{n} \boldsymbol{F}(V_n, \boldsymbol{\vartheta})'\, \boldsymbol{F}(V_n, \boldsymbol{\vartheta}) = \frac{1}{n} \sum_{i=1}^{n} \boldsymbol{f}(\boldsymbol{x}_i, \boldsymbol{\vartheta})\, \boldsymbol{f}(\boldsymbol{x}_i, \boldsymbol{\vartheta})'$$

$$= \left(\left(\frac{1}{n} \boldsymbol{f}_j(V_n, \boldsymbol{\vartheta})'\, \boldsymbol{f}_k(V_n, \boldsymbol{\vartheta})\right)\right)_{r \times r} = \left(\left(\frac{1}{n} \sum_{i=1}^{n} f_j(\boldsymbol{x}_i, \boldsymbol{\vartheta})\, f_k(\boldsymbol{x}_i, \boldsymbol{\vartheta})\right)\right)_{r \times r}. \quad (8.2.7)$$

Unter Vor. 8.2.8 erhalten wir insbesondere

$$\forall \{V_n\}_{n \in \mathrm{N}} \in W^{(0)}\ \forall \boldsymbol{\vartheta} \in \Theta\ \exists \boldsymbol{M}(\{V_n\}_{n \in \mathrm{N}}, \boldsymbol{\vartheta}) \in \mathcal{M}_r^{\geqq}: \lim_{n \to \infty} \overline{\boldsymbol{M}}(V_n, \boldsymbol{\vartheta}) = \boldsymbol{M}(\{V_n\}_{n \in \mathrm{N}}, \boldsymbol{\vartheta}). \quad (8.2.8)$$

Für jedes $\{V_n\}_{n \in \mathrm{N}} \in W^{(0)}$ bezeichne $\{\overline{\boldsymbol{M}}(V_n, \boldsymbol{\vartheta})\}_{n \in \mathrm{N}}$ die Folge der gemäß (8.2.7) gebildeten Matrizen.

Vor. 8.2.10: Es seien der wahre Parameter $\boldsymbol{\vartheta}^* \in \Theta$ innerer Punkt von Θ und $\boldsymbol{M}(\{V_n\}_{n \in \mathrm{N}}, \boldsymbol{\vartheta}^*)$ für alle $\{V_n\}_{n \in \mathrm{N}} \in W^{(0)}$ und alle $\boldsymbol{\vartheta}^* \in \Theta$ nichtsingulär •

Es bezeichne $\tilde{\Theta}$ die Menge der inneren Punkte von Θ.

Satz 8.2.3 (JENNRICH): Es gelten die Voraussetzungen 8.2.1 bis 8.2.10. Dann gilt

$$\forall \{V_n\}_{n\in\mathsf{N}} \in W^{(0)}\ \forall \boldsymbol{\vartheta}^* \in \widetilde{\Theta}: P_{\sqrt{n}(\check{\vartheta}(\mathfrak{Y}(V_n), V_n) - \vartheta^*)} \underset{(n\to\infty)}{\to} \mathrm{N}(0, \sigma^2 \boldsymbol{M}(\{V_n\}_{n\in\mathsf{N}}, \boldsymbol{\vartheta}^*)^{-1}) . \quad (8.2.9)$$

Außerdem ist für alle $\{V_n\}_{n\in\mathsf{N}} \in W^{(0)}$ die Folge $\{\overline{\boldsymbol{M}}(V_n, \check{\boldsymbol{\vartheta}}(\mathfrak{Y}(V_n), V_n)\}_{n\in\mathsf{N}}$ elementweise stark konsistent für $\boldsymbol{M}(\{V_n\}_{n\in\mathsf{N}}, \boldsymbol{\vartheta}^*)$ •

Dieser Satz wird in JENNRICH [1] bewiesen.

Nach Satz 8.2.2 und 8.2.3 ist für einen nichtlinearen Ansatz die Folge von MKQ-Schätzungen $\{\check{\boldsymbol{\vartheta}}(\cdot, V_n)\}_{n\in\mathsf{N}}$; $\{V_n\}_{n\in\mathsf{N}} \in W^{(0)}$; stark konsistent für $\boldsymbol{\vartheta}^*$ sowie asymptotisch normalverteilt und asymptotisch erwartungstreu für Θ. Im folgenden wird untersucht, ob es noch andere, ebenfalls asymptotisch normalverteilte und asymptotisch erwartungstreue Folgen von Punktschätzungen $\{\hat{\boldsymbol{\vartheta}}(\cdot, V_n)\}_{n\in\mathsf{N}}$; $\{V_n\}_{n\in\mathsf{N}} \in W^{(0)}$, $\hat{\boldsymbol{\vartheta}}(\cdot, V_n) \mid C(V_n) \to \Theta$; für $\boldsymbol{\vartheta}^*$ gibt, die im Sinne der positiven Definitheit eine kleinere asymptotische Kovarianzmatrix als $\boldsymbol{M}(\{V_n\}_{n\in\mathsf{N}}, \boldsymbol{\vartheta}^*)$ (s. (8.2.8)) haben. Dies ist die Frage nach der *asymptotischen Effizienz* einer Folge von MKQ-Schätzungen $\{\check{\boldsymbol{\vartheta}}(\cdot, V_n)\}_{n\in\mathsf{N}}$; $\{V_n\}_{n\in\mathsf{N}} \in W^{(0)}$.

Es bezeichne $\forall \{V_n\}_{n\in\mathsf{N}} \in W^{(0)}$:

$$D_{AN}(\{V_n\}_{n\in\mathsf{N}}) := \{\{\hat{\boldsymbol{\vartheta}}(\cdot, V_n)\}_{n\in\mathsf{N}}: (\forall n \in \mathsf{N}: \hat{\boldsymbol{\vartheta}}(\cdot, V_n) \in \mathcal{F}(\mathcal{B}_{C(V_n)}, \mathcal{B}_\Theta))$$
$$\wedge\ (\forall \boldsymbol{\vartheta}^* \in \widetilde{\Theta}\ \exists \boldsymbol{M}_{\hat{\vartheta}}(\{V_n\}_{n\in\mathsf{N}}, \boldsymbol{\vartheta}^*) \in \mathcal{M}_r^{\geqq}:$$
$$P_{\sqrt{n}(\hat{\vartheta}(\mathfrak{Y}(V_n), V_n) - \vartheta^*)} \underset{(n\to\infty)}{\to} \mathrm{N}(\boldsymbol{0}, \boldsymbol{M}_{\hat{\vartheta}}(\{V_n\}_{n\in\mathsf{N}}, \boldsymbol{\vartheta}^*)))\} . \quad (8.2.10)$$

Def. 8.2.2: Die Folge von Punktschätzungen $\{\hat{\boldsymbol{\vartheta}}^*(\cdot, V_n)\}_{n\in\mathsf{N}} \in D_{AN}(\{V_n\}_{n\in\mathsf{N}})$; $\{V_n\}_{n\in\mathsf{N}} \in W^{(0)}$; heißt *asymptotisch effizient* in $D_{AN}(\{V_n\}_{n\in\mathsf{N}})$ für $\boldsymbol{\vartheta}^* =_{\mathrm{df}}$

$$\forall \boldsymbol{\vartheta}^* \in \Theta\ \forall \{\hat{\boldsymbol{\vartheta}}(\cdot, V_n)\}_{n\in\mathsf{N}} \in D_{AN}(\{V_n\}_{n\in\mathsf{N}}):$$
$$\boldsymbol{M}_{\hat{\vartheta}}(\{V_n\}_{n\in\mathsf{N}}, \boldsymbol{\vartheta}^*) - \boldsymbol{M}_{\hat{\vartheta}^*}(\{V_n\}_{n\in\mathsf{N}}, \boldsymbol{\vartheta}^*) \in \mathcal{M}_r^{\geqq}\ •$$

Die asymptotische Effizienz einer Folge von MKQ-Schätzungen $\{\check{\boldsymbol{\vartheta}}(\cdot, V_n)\}_{n\in\mathsf{N}}$; $\{V_n\}_{n\in\mathsf{N}} \in W^{(0)}$; kann nur unter starken Bedingungen an $P_{\varepsilon(V_n)}$; $V_n \in V^{(0)}$; bewiesen werden.

Satz 8.2.4 (JENNRICH): Es gelten die Voraussetzungen 8.2.1 bis 8.2.10. Für jedes $V_n \in V^{(0)}$ sei $P_{\varepsilon(V_n)} = \mathrm{N}(\boldsymbol{0}, \sigma^2 \boldsymbol{I}_n)$. Dann ist für jedes $\{V_n\}_{n\in\mathsf{N}} \in W^{(0)}$ die Folge von MKQ-Schätzungen $\{\check{\boldsymbol{\vartheta}}(\cdot, V_n)\}_{n\in\mathsf{N}}$ asymptotisch effizient in $D_{AN}(\{V_n\}_{n\in\mathsf{N}})$ für $\boldsymbol{\vartheta}^*$ •

Der Beweis ist in JENNRICH [1] angegeben.

8.2.2. Eine Alternative zur MKQ-Schätzung

Falls die Voraussetzung $P_{\varepsilon(V_n)} = \mathrm{N}(\boldsymbol{0}, \sigma^2 \boldsymbol{I}_n)$; $V_n \in V^{(0)}$; nicht gilt, ist gemäß Abschnitt 8.2.1 nach Alternativen zum MKQ-Prinzip (8.2.1) zu suchen. Als Alternative wird das ML-Prinzip (s. Def. 1.4.8) vorgeschlagen. Dabei ist im Unterschied zum MKQ-Prinzip die Kenntnis der Verteilung $P_{\varepsilon(V_n)}$; $V_n \in V^{(0)}$; nötig.

Es wird ein NR $(\mathfrak{Y}(V_n), \tilde{\eta}(V_n, \boldsymbol{\vartheta}^*), \boldsymbol{B}_{\varepsilon(V_n)})$ betrachtet. Dabei habe der zufällige Vektor $\boldsymbol{\varepsilon}(V_n) = (\varepsilon(\boldsymbol{x}_1), \ldots, \varepsilon(\boldsymbol{x}_n))'$; $V_n \in V^{(0)}$; in Gesamtheit unabhängige identisch verteilte Komponenten. Weiter existiere ein σ-endliches Maß μ über $[\mathrm{R}^n, \mathcal{B}^n]$ mit $P_{\varepsilon(V_n)} \ll \mu$;

$V_n \in V^{(0)}$; so daß $P_{\varepsilon(V_n)}$ eine RADON-NIKODYM-Dichte $p_{\varepsilon(V_n)}$ bez. μ besitzt (s. Satz 1.2.5). Dann ist gemäß Def. 1.4.4 die Likelihoodfunktion der konkreten Stichprobe $\boldsymbol{y} = (y_1, \dots, y_n)' \in C(V_n)$ gegeben durch

$$\forall \boldsymbol{\vartheta} \in \Theta: l(\boldsymbol{y}; \boldsymbol{\vartheta}) = p_{\varepsilon(V_n)|\boldsymbol{\vartheta}}(\boldsymbol{y} - \tilde{\eta}(V_n, \boldsymbol{\vartheta})) = \prod_{i=1}^{n} p_{\varepsilon(\boldsymbol{x}_i)|\boldsymbol{\vartheta}}(y_i - \tilde{\eta}(\boldsymbol{x}_i, \boldsymbol{\vartheta})) . \quad (8.2.11)$$

Die Aussage von Satz 3.2.3 gilt auch ohne die Voraussetzung der Linearität des Ansatzes:

Lemma 8.2.1: Es sei $P_{\varepsilon(V_n)} = \mathrm{N}(\boldsymbol{0}, \sigma^2 \boldsymbol{I}_n)$; $V_n \in V^{(0)}$. Dann ist die MKQ-Schätzung $\breve{\boldsymbol{\vartheta}}(\cdot, V_n)$; $V_n \in V^{(0)}$; ML-Schätzung für $\boldsymbol{\vartheta}^*$ •

Beweis: Wegen $P_{\varepsilon(V_n)} = \mathrm{N}(\boldsymbol{0}, \sigma^2 \boldsymbol{I}_n)$ hat die Likelihoodfunktion (s. (8.2.11)) die Gestalt

$$\forall \boldsymbol{\vartheta} \in \Theta: l(\boldsymbol{y}; \boldsymbol{\vartheta}) = (2\pi\sigma^2)^{-n/2} \exp\left\{-\frac{1}{2\sigma^2} \|\boldsymbol{y} - \tilde{\eta}(V_n, \boldsymbol{\vartheta})\|^2_{\boldsymbol{I}_n}\right\}.$$

Die Maximierung von $l(\boldsymbol{y}; \boldsymbol{\vartheta})$ bez. $\boldsymbol{\vartheta}$ ist äquivalent zur Minimierung von $\|\boldsymbol{y} - \tilde{\eta}(V_n, \boldsymbol{\vartheta})\|^2_{\boldsymbol{I}_n}$, die gerade auf $\breve{\boldsymbol{\vartheta}}(\cdot, V_n)$ (s. (8.2.1)) führt.

Es bezeichne gemäß (1.4.8) $\forall \boldsymbol{\vartheta}^* \in \Theta \; \forall V_n \in V^{(0)}$:

$$\begin{aligned}\bar{\boldsymbol{I}}(V_n, \boldsymbol{\vartheta}^*) :&= \frac{1}{n} \mathrm{E}_{\mathfrak{Y}(V_n)|\boldsymbol{\vartheta}^*}[\operatorname{grad}_{\boldsymbol{\vartheta}} \log l(\mathfrak{Y}(V_n), \boldsymbol{\vartheta})]\,[\operatorname{grad}_{\boldsymbol{\vartheta}} \log l(\mathfrak{Y}(V_n), \boldsymbol{\vartheta})]'_{\boldsymbol{\vartheta}=\boldsymbol{\vartheta}^*} \\ &= \frac{1}{n} \sum_{i=1}^{n} \mathrm{E}_{\mathfrak{Y}(\boldsymbol{x}_i)|\boldsymbol{\vartheta}^*}[\operatorname{grad}_{\boldsymbol{\vartheta}} \log p_{\varepsilon(\boldsymbol{x}_i)|\boldsymbol{\vartheta}}(\mathfrak{Y}(\boldsymbol{x}_i) - \tilde{\eta}(\boldsymbol{x}_i, \boldsymbol{\vartheta}))] \\ &\quad \times [\operatorname{grad}_{\boldsymbol{\vartheta}} \log p_{\varepsilon(\boldsymbol{x}_i)|\boldsymbol{\vartheta}}(\mathfrak{Y}(\boldsymbol{x}_i) - \tilde{\eta}(\boldsymbol{x}_i, \boldsymbol{\vartheta}))]'_{\boldsymbol{\vartheta}=\boldsymbol{\vartheta}^*} \end{aligned} \quad (8.2.12)$$

die FISHER-Informationsmatrix der Stichprobe $\mathfrak{Y}(V_n)$ für $\boldsymbol{\vartheta}^*$.

Bemerkung 8.2.2: In BHAT [1] wird bewiesen, daß unter gewissen Regularitätsbedingungen an die Stichprobenverteilung und gewissen Voraussetzungen an die Folgen $\{V_n\}_{n \in \mathrm{N}}$ eine Folge $\{\hat{\boldsymbol{\vartheta}}(\cdot, V_n)\}_{n \in \mathrm{N}}$ von ML-Schätzungen selbst bei abhängigen Beobachtungen asymptotisch normalverteilt und asymptotisch effizient ist mit $n^{-1} \boldsymbol{I}(\{V_n\}_{n \in \mathrm{N}}, \boldsymbol{\vartheta}^*)^{-1}$ als asymptotische Kovarianzmatrix; $\boldsymbol{I}(\{V\}_{n \in \mathrm{N}}, \boldsymbol{\vartheta}^*) = \lim_{n \to \infty} \bar{\boldsymbol{I}}(V_n, \boldsymbol{\vartheta}^*)$; (vgl. auch REMMER [1]).

8.3. Optimale Versuchsplanung für die MKQ- und die ML-Schätzung

Gemäß Satz 8.2.3 hat unter den Voraussetzungen 8.2.1 bis 8.2.10 für jede Folge $\{V_n\}_{n \in \mathrm{N}} \in W^{(0)}$ und jedes $\boldsymbol{\vartheta}^* \in \Theta$ die Folge von MKQ-Schätzungen $\{\breve{\boldsymbol{\vartheta}}(\mathfrak{Y}(V_n), V_n)\}_{n \in \mathrm{N}}$ die asymptotische Kovarianzmatrix $\sigma^2 n^{-1} \boldsymbol{M}(\{V_n\}_{n \in \mathrm{N}}, \boldsymbol{\vartheta}^*)^{-1}$. Entsprechend Bemerkung 8.2.2 besitzt unter gewissen Voraussetzungen die Folge von ML-Schätzungen $\{\hat{\boldsymbol{\vartheta}}(\mathfrak{Y}(V_n), V_n)\}_{n \in \mathrm{N}}$ die asymptotische Kovarianzmatrix $n^{-1} \boldsymbol{I}\{V_n\}_{n \in \mathrm{N}}, \boldsymbol{\vartheta}^*)^{-1}$. Wie in Kapitel 5 werden wir auch im Falle eines wahren nichtlinearen Ansatzes als Optimalitätskriterien für Versuchspläne Funktionale der Kovarianzmatrix wählen. Im Unterschied zu Kapitel 5 ist dabei jedoch der *asymptotische* Charakter der Kovarianzmatrix zu beachten. Eine optimale Versuchsplanung, die auf der Kovarianzmatrix aus Satz 8.2.3 bzw. Bemerkung 8.2.2 aufbaut, ist deshalb im allgemeinen für kleine Planumfänge nicht gerechtfertigt. Ein Übergang zu randomisierten Versuchsplänen führt auf eine andere Deutung der asymptotischen Kovarianzmatrizen und erlaubt eine Betrachtung des Versuchsplanungsproblems auch für kleine Planumfänge.

Wesentliche Unterschiede zu Kapitel 5 ergeben sich bei der optimalen Versuchsplanung für einen wahren nichtlinearen Ansatz vor allem aus der Abhängigkeit der asymptotischen Kovarianzmatrix vom wahren Parameter.

8.3.1. Lokale Informationsmatrizen

Im folgenden wird es sich als sinnvoll erweisen, zu sogenannten randomisierten Versuchsplänen überzugehen. Der Übergang von der Menge V^n konkreter Versuchspläne zu einer Menge randomisierter Versuchspläne entspricht der Einführung einer Menge von randomisierten Aktionen in Def. 1.5.2.

Es seien $[\Omega, \mathcal{B}_\Omega, P]$ ein Wahrscheinlichkeitsraum und $[V^n, \mathcal{B}_{V^n}]$ ein meßbarer Raum, wobei $\mathcal{B}_{V^n}$ alle einelementigen Teilmengen von V^n enthalte. Es bezeichne $(V^n)^*$ die Menge aller Wahrscheinlichkeitsmaße über $[V^n, \mathcal{B}_{V^n}]$. Für jedes Wahrscheinlichkeitsmaß $P_v \in (V^n)^*$ sei v; $v \in \mathcal{F}(\mathcal{B}_\Omega, \mathcal{B}_{V^n})$; ein zufälliges n-Tupel, das P_v über $[V^n, \mathcal{B}_{V^n}]$ induziert.

Def. 8.3.1: Das Wahrscheinlichkeitsmaß P_v heißt *randomisierter Versuchsplan vom Umfang* $n =_{\text{df}}$

$$P_v \in (V^n)^* \bullet$$

Randomisierte Versuchspläne vom Umfang 1 werden auch *randomisierte Einpunktpläne* genannt.

Ausgehend von einem randomisierten Versuchsplan P_v erhalten wir durch Realisierung des nach P_v verteilten n-Tupels v einen konkreten Versuchsplan V_n.

Es bezeichne

$$Q^{(0)} := \left\{\{(\boldsymbol{x}_n)\}_{n\in\mathsf{N}} : \{(\boldsymbol{x}_1, \ldots, \boldsymbol{x}_n)\}_{n\in\mathsf{N}} \in W^{(0)}\right\}. \tag{8.3.1}$$

Jede Folge $\{V_n\}_{n\in\mathsf{N}} \in W^{(0)}$ kann also eineindeutig durch eine Folge $\{(\boldsymbol{x}_n)\}_{n\in\mathsf{N}} \in Q^{(0)}$ dargestellt werden. Andererseits läßt sich $\{(\boldsymbol{x}_n)\}_{n\in\mathsf{N}}$ als eine Folge von konkreten Einpunktplänen $(\boldsymbol{x}_n) \in V$ auffassen. Betrachtet man $(\boldsymbol{x}_n)$; $n \in \mathsf{N}$; als Realisierung einer Zufallsgröße v_n, die gemäß eines randomisierten Einpunktplanes $P_{v_n} \in V^*$ verteilt ist, dann läßt sich $\{(\boldsymbol{x}_n)\}_{n\in\mathsf{N}}$ als Realisierung der Folge $\{v_n\}_{n\in\mathsf{N}}$ deuten.

Vor. 8.3.1: Die Elemente der Folge $\{v_n\}_{n\in\mathsf{N}}$ seien identisch nach P_v verteilt und in Gesamtheit unabhängig •

Es bezeichne $C_{(n)}$ den Stichprobenraum des zufälligen n-Tupels $\boldsymbol{v}_n = (v_1, \ldots, v_n)$, das aus den ersten n Elementen der Folge $\{v_n\}_{n\in\mathsf{N}}$ gemäß Vor. 8.3.1 besteht.

Vor. 8.3.2: $W^{(1)} = \left\{\{V_n\}_{n\in\mathsf{N}} : \forall n \in \mathsf{N} : (V_n = (\boldsymbol{x}_1, \ldots, \boldsymbol{x}_n) \in C_{(n)}) \wedge S(V_n) \subseteq S(V_{n+1})\right\} \bullet$

Wir betrachten zunächst eine Folge von MKQ-Schätzungen $\{\check{\boldsymbol{\vartheta}}(\cdot, V_n)\}_{n\in\mathsf{N}}$; $\{V_n\}_{n\in\mathsf{N}} \in W^{(1)}$.

Vor. 8.3.3: $\forall P_v \in V^* \; \forall \boldsymbol{\vartheta} \in \widetilde{\Theta} \; \exists \boldsymbol{M}(P_v, \boldsymbol{\vartheta}) \in \mathcal{M}_r^{\geqq}$:

$$\boldsymbol{M}(P_v, \boldsymbol{\vartheta}) := \left((\mathrm{E}_v f_j(v, \boldsymbol{\vartheta}) f_k(v, \boldsymbol{\vartheta}))\right)_{r\times r} = \int_V \boldsymbol{f}(\boldsymbol{x}, \boldsymbol{\vartheta}) \boldsymbol{f}(\boldsymbol{x}, \boldsymbol{\vartheta})' \, \mathrm{d}P_v(\boldsymbol{x}) \bullet$$

Es sei $\overline{\boldsymbol{M}}(\boldsymbol{v}_n, \boldsymbol{\vartheta})$ die zufällige Matrix, die man aus $\overline{\boldsymbol{M}}(V_n, \boldsymbol{\vartheta})$ (s. (8.2.7)) erhält, indem man V_n durch $\boldsymbol{v}_n$ ersetzt. Dann ergibt sich aufgrund des starken Gesetzes der großen Zahlen (s. Satz 1.3.2) die Aussage:

Lemma 8.3.1: Unter Vor. 8.3.1 bis Vor. 8.3.3 gilt

$$\forall P_v \in V^* \, \forall \boldsymbol{\vartheta} \in \tilde{\Theta} : \overline{\boldsymbol{M}}(\boldsymbol{v}_n, \boldsymbol{\vartheta}) \xrightarrow[P_v\text{-f.s.}]{} \boldsymbol{M}(P_v, \boldsymbol{\vartheta}) \bullet \tag{8.3.2}$$

Die Matrix $\boldsymbol{M}(P_v, \boldsymbol{\vartheta})$; $P_v \in V^*$, $\boldsymbol{\vartheta} \in \tilde{\Theta}$; wird *lokale Informationsmatrix* zu $\{\check{\boldsymbol{\vartheta}}(\cdot, V_n)\}_{n \in \mathbb{N}}$ genannt.

Analog gehen wir im Falle einer Folge von ML-Schätzungen $\{\hat{\boldsymbol{\vartheta}}(\cdot, V_n)\}_{n \in \mathbb{N}}$ gemäß Abschnitt 8.2.2 vor.

Vor. 8.3.4: $\forall P_v \in V^* \, \forall \boldsymbol{\vartheta}_0 \in \tilde{\Theta} \, \exists \boldsymbol{I}(P_v, \boldsymbol{\vartheta}_0) \in \boldsymbol{M}_r^{\geqq}$:

$$\boldsymbol{I}(P_v, \boldsymbol{\vartheta}_0) := \int_V \mathrm{E}_{\mathfrak{Y}(\boldsymbol{x})|\boldsymbol{\vartheta}_0}[\operatorname{grad}_{\boldsymbol{\vartheta}} \log p_{\varepsilon(\boldsymbol{x})|\boldsymbol{\vartheta}}(\mathfrak{Y}(\boldsymbol{x}) - \tilde{\eta}(\boldsymbol{x}, \boldsymbol{\vartheta}))]$$
$$\times [\operatorname{grad}_{\boldsymbol{\vartheta}} \log p_{\varepsilon(\boldsymbol{x})|\boldsymbol{\vartheta}}(\mathfrak{Y}(\boldsymbol{x}) - \tilde{\eta}(\boldsymbol{x}, \boldsymbol{\vartheta}))]'_{\boldsymbol{\vartheta} = \boldsymbol{\vartheta}_0} \, \mathrm{d}P_v(\boldsymbol{x}) \bullet$$

Es sei $\overline{\boldsymbol{I}}(\boldsymbol{v}_n, \boldsymbol{\vartheta})$ die zufällige Matrix, die man aus $\overline{\boldsymbol{I}}(V_n, \boldsymbol{\vartheta})$ (s. (8.2.12) erhält, indem man V_n durch $\boldsymbol{v}_n$ ersetzt. Dann ergibt sich aufgrund des starken Gesetzes der großen Zahlen (s. Satz 1.3.2) die Aussage:

Lemma 8.3.2: Unter Vor. 8.3.1, Vor. 8.3.2 und Vor. 8.3.4 gilt

$$\forall P_v \in V^* \, \forall \boldsymbol{\vartheta} \in \tilde{\Theta} : \overline{\boldsymbol{I}}(\boldsymbol{v}_n, \boldsymbol{\vartheta}) \xrightarrow[P_v\text{-f.s.}]{} \boldsymbol{I}(P_v, \boldsymbol{\vartheta}) \bullet \tag{8.3.3}$$

Die Matrix $\boldsymbol{I}(P_v, \boldsymbol{\vartheta})$; $P_v \in V^*$, $\boldsymbol{\vartheta} \in \tilde{\Theta}$; wird *lokale* FISHER-*Informationsmatrix* zu $\{\hat{\boldsymbol{\vartheta}}(\cdot, V_n)\}_{n \in \mathbb{N}}$ genannt.

8.3.2. Optimale Versuchspläne

Betrachtet man die in Vor. 8.2.5, 8.2.6 und 8.2.9. auftretenden Folgen $\{V_n\}_{n \in \mathbb{N}}$ als Realisierungen der im Abschnitt 8.3.1 eingeführten zufälligen n-Tupel $\boldsymbol{v}_n$, d. h. als sukzessive Realisierung von randomisierten Einpunktplänen, so gilt für die asymptotische Kovarianzmatrix der MKQ-Schätzung auf Grund von Lemma 8.3.1 unter Vor. 8.3.1 bis 8.3.3 P_v-fast sicher

$$\sigma^2 n^{-1} \boldsymbol{M}(\{V_n\}_{n \in \mathbb{N}}, \boldsymbol{\vartheta}^*) = \sigma^2 n^{-1} \boldsymbol{M}(P_v, \boldsymbol{\vartheta}^*) \,.$$

Entsprechend erhält man mit Lemma 8.3.2 unter Vor. 8.3.1, 8.3.2 und 8.3.4 P_v-fast sicher die Darstellung

$$n^{-1} \boldsymbol{I}(\{V_n\}_{n \in \mathbb{N}}, \boldsymbol{\vartheta}^*) = n^{-1} \boldsymbol{I}(P_v, \boldsymbol{\vartheta}^*) \,.$$

Wir untersuchen daher in diesem Abschnitt ein spezielles bez. V randomisiertes Planungsproblem, nämlich die Auswahl eines optimalen randomisierten Einpunktplanes P_v. Es zeigt sich, daß die Optimierungsaufgabe in diesem Problem formal mit der Auswahl eines optimalen stetigen Planes ξ übereinstimmt.

Wir gehen aus vom Planungsproblem für die (MKQ- bzw. ML-)Schätzfunktion $\hat{\boldsymbol{\vartheta}}_0(\cdot, V_n)$; $V_n \in V^{(0)}$; für $\boldsymbol{\vartheta}$ bei wahrem nichtlinearem Ansatz $G_{NL,2} = [\Theta \times H, V^{(0)}, R_2]$ (s. (8.1.5)). Über dem meßbaren Raum $[\Theta, \mathscr{B}_\Theta]$ sei ein Zufallsvektor $\boldsymbol{\theta}$ mit $P_{\boldsymbol{\theta}} \in \Theta_0^*$; $\Theta_0^* \subseteq \Theta^*$; definiert. Dabei enthalte $\mathscr{B}_\Theta$ alle einelementigen Teilmengen von Θ. Wir führen die folgenden Operatoren ein:

$$Q_2 := Q_3 \mathrm{E}_{\boldsymbol{\theta}} \mid (\mathrm{R}^1)^{(\Theta \times H) \times V^{(0)}} \to (\mathrm{R}^1)^{V^{(0)}} \tag{8.3.4}$$

mit

$$Q_3 \mid (\mathrm{R}^1)^{H \times V^{(0)}} \to (\mathrm{R}^1)^{V^{(0)}} \,. \tag{8.3.5}$$

Es bezeichne

$$R_3(\boldsymbol{x};\, V_n) = \mathrm{E}_{\boldsymbol{\theta}} R_2(\boldsymbol{\theta}, \boldsymbol{x};\, \hat{\boldsymbol{\vartheta}}_0(\cdot, V_n), V_n) \tag{8.3.6}$$

das bayessche Risiko bez. $P_{\boldsymbol{\theta}}$. Dieses Risiko soll für alle $P_{\boldsymbol{\theta}} \in \Theta_0^*$ existieren.

Vor. 8.3.5: $\forall P_{\boldsymbol{\theta}} \in \Theta_0^* \ \forall \boldsymbol{x} \in H \ \forall V_n \in V^{(0)}$: $R_3(\boldsymbol{x};\, V_n) \in \mathrm{R}^1$ (vgl. Vor. 4.1.2) •

Gemäß (2.2.14) ist jeder Q_2-optimale Versuchsplan im Planungsproblem $G_{NL,2}$ eine Lösung der Optimierungsaufgabe

$$Q_3 \int_{\Theta} R_2(\boldsymbol{\vartheta}, \cdot;\, \hat{\boldsymbol{\vartheta}}_0(\cdot, V_n), V_n)\, P_{\boldsymbol{\theta}}(\mathrm{d}\boldsymbol{\vartheta}) \overset{!}{=} \inf_{V_n \in V^{(0)}} . \tag{8.3.7}$$

Im Abschnitt 8.3 betrachteten wir V_n als Realisierung des zufälligen n-Tupels $\boldsymbol{v}_n$. Es bezeichne $\hat{\boldsymbol{\vartheta}}_0(\cdot, \boldsymbol{v}_n)$ die Zufallsvariable, die man erhält, indem man in $\hat{\boldsymbol{\vartheta}}_0(\cdot, V_n)$ den Plan V_n durch $\boldsymbol{v}_n$ ersetzt. Unter Vor. 8.3.1 kann man V_n durch n-fache Realisierung der nach P_v verteilten Zufallsgröße v erhalten. Es genügt deshalb, von $G_{NL,2}$ zu dem bez. V randomisierten Planungsproblem (vgl. Def. 1.5.2) überzugehen. Dann ergibt sich unter Vor. 8.3.1 als bez. V randomisiertes Planungsproblem

$$G_{NL,2}^* = [\Theta \times H,\, V_0^*,\, R_2^{(*)}];\ (V_0^* \subseteq V^*) \wedge (\forall \boldsymbol{\vartheta} \in \Theta \ \forall \boldsymbol{x} \in H \ \forall P_v \in V_0^*:$$
$$R_2^{(*)}(\boldsymbol{\vartheta}, \boldsymbol{x};\, \hat{\boldsymbol{\vartheta}}_0(P_v), P_v) := \mathrm{E}_{\boldsymbol{v}_n} R_2(\boldsymbol{\vartheta}, \boldsymbol{x};\, \hat{\boldsymbol{\vartheta}}_0(\cdot, \boldsymbol{v}_n), \boldsymbol{v}_n)) . \tag{8.3.8}$$

Vor. 8.3.6: $\forall \boldsymbol{\vartheta} \in \Theta \ \forall \boldsymbol{x} \in H \ \forall P_v \in V_0^*$: $R_2^{(*)}(\boldsymbol{\vartheta}, \boldsymbol{x};\, \hat{\boldsymbol{\vartheta}}_0(P_v), P_v) \in \mathrm{R}^1$ •

Analog zu (8.3.7) erhalten wir die folgende Optimierungsaufgabe:

$$Q_3 \int_{\Theta} R_2^{(*)}(\boldsymbol{\vartheta}, \cdot;\, \hat{\boldsymbol{\vartheta}}_0(P_v), P_v)\, P_{\boldsymbol{\theta}}(\mathrm{d}\boldsymbol{\vartheta}) \overset{!}{=} \inf_{P_v \in V_0^*} . \tag{8.3.9}$$

Sowohl ein randomisierter Einpunktplan P_v als auch ein stetiger Versuchsplan ξ (s. Abschnitt 2.2.2) sind als Wahrscheinlichkeitsmaß über $[V, \mathscr{B}_V]$ definiert. Folglich stellt die Ermittlung eines optimalen randomisierten Einpunktplanes gemäß (8.3.9) die gleiche Aufgabe dar wie

$$\psi_{\Theta}(\xi) \overset{!}{=} \inf_{\xi \in \tilde{\Xi}} \tag{8.3.10}$$

mit $\tilde{\Xi} = V_0^*$ im entsprechend Abschnitt 2.2.2 erweiterten Planungsproblem zu $G_{NL,2} = [\Theta \times H,\, V^{(0)},\, R_2]$, wobei wir $\psi_{\Theta}(\xi)$ dadurch erhalten, daß wir formal in (8.3.9) ξ an die Stelle von P_v setzen. Während die Lösungen P_v^* bzw. ξ^* von (8.3.9) bzw. (8.3.10) also identisch sind, besteht ein Unterschied im Übergang zu V_n ausgehend von P_v^* bzw. ξ^*. Beim randomisierten Einpunktplan erhält man V_n durch n-fache Realisierung der nach P_v^* verteilten Zufallsgröße v und beim stetigen Plan ξ^* bildet man V_n durch Approximation gemäß Abschnitt 6.4.

Das entsprechend (8.3.10) zu minimierende Funktional geht in das Funktional (10.4.25) über, wenn wir dort T durch Θ, $\boldsymbol{t}$ durch $\boldsymbol{\vartheta}$, τ durch $\boldsymbol{\theta}$ und $d^{(2)*}$ durch $\hat{\boldsymbol{\vartheta}}_0$ ersetzen. Somit sind die Resultate aus Abschnitt 10.4.3 von (10.4.27) bis einschließlich Lemma 10.4.4 (u. a. Anwendung des Äquivalenzsatzes von Whittle auf das Funktional ψ_{Θ}) auch für die hier betrachtete Aufgabe (8.3.10) gültig.

Als Spezialfall sollen im folgenden die erstmals von Chernoff [1] untersuchten sogenannten lokal-optimalen Versuchspläne dargestellt werden. Wir spezialisieren dazu das Wahrscheinlichkeitsmaß $P_{\boldsymbol{\theta}} \in \Theta_0^*$.

Es sei $\vartheta_0 \in \Theta$.

Vor. 8.3.7: $P(\boldsymbol{\theta} = \boldsymbol{\vartheta}_0) = 1$ •

Jeder Q_2-optimale Versuchsplan im Planungsproblem $G_{NL,2} = [\Theta \times H, V^{(0)}, R_2]$ löst dann die als Spezialfall von (8.3.7) zu erhaltende Optimierungsaufgabe

$$Q_3 R_2(\boldsymbol{\vartheta}_0, \cdot; \hat{\boldsymbol{\vartheta}}_0(\cdot, V_n), V_n) \stackrel{!}{=} \inf_{V_n \in V^{(0)}} . \tag{8.3.11}$$

Jede Lösung von (8.3.11) wird auf Grund ihrer Abhängigkeit von $\boldsymbol{\vartheta}_0$ *lokal Q_3-optimal bez.* $\boldsymbol{\vartheta}_0$ genannt.

Die allgemeine Optimierungsaufgabe zur Ermittlung eines optimalen stetigen Planes im erweiterten Planungsproblem gemäß Abschnitt 2.2.2 erhält man als Spezialfall von (8.3.10) in der Form

$$\psi_{\boldsymbol{\vartheta}_0}(\xi) \stackrel{!}{=} \inf_{\xi \in \tilde{\Xi}} , \tag{8.3.12}$$

wobei wir von (8.3.11) zu (8.3.12) auf dem gleichen Wege wie von (8.3.7) zu (8.3.10) übergehen.

Def. 8.3.2: Der stetige Versuchsplan $\xi^* \in \tilde{\Xi}$ heißt *lokal $\psi_{\boldsymbol{\vartheta}_0}$-optimal* in $\tilde{\Xi} =_{\text{df}}$

$$\psi_{\boldsymbol{\vartheta}_0}(\xi^*) = \inf_{\xi \in \tilde{\Xi}} \psi_{\boldsymbol{\vartheta}_0}(\xi) \bullet$$

Da das Funktional aus (8.3.12) bei entsprechender Umbenennung der Größen ein Spezialfall von (10.4.25) ist, sind die entsprechend spezialisierten Resultate aus Abschnitt 10.4.3 von (10.4.25) bis einschließlich Lemma 10.4.4 (u. a. Anwendung des Äquivalenzsatzes von Whittle auf das Funktional $\psi_{\boldsymbol{\vartheta}_0}$) auch für die hier betrachtete Aufgabe (8.3.12) gültig.

Wir untersuchen Spezialfälle der Optimierungsaufgabe (8.3.12) im erweiterten Planungsproblem. Dabei sei als $\hat{\boldsymbol{\vartheta}}_0(\cdot, V_n)$ die *MKQ-Schätzung* gewählt. Es gelte

$$\tilde{\Xi} \subseteq \{\xi \in \Xi : \forall \boldsymbol{\vartheta}_0 \in \Theta : \det \boldsymbol{M}(\xi, \boldsymbol{\vartheta}_0) > 0\} . \tag{8.3.13}$$

Mit $\tilde{\boldsymbol{U}}(\boldsymbol{x}, \cdot) \in (\mathcal{M}_r^>)^{\mathcal{M}_r^>}$ und der Abbildung $Z \mid \mathcal{M}_r^> \to \mathrm{R}^1$, die durch

$$\forall \boldsymbol{A} \in \mathcal{M}_r^> : Z(\boldsymbol{A}) = Q_3 \operatorname{sp} \tilde{\boldsymbol{U}}(\cdot, \boldsymbol{A}) \boldsymbol{A}^{-1}$$

gegeben ist, wählen wir als Spezialfall von (8.3.12)

$$\psi_{\boldsymbol{\vartheta}_0}(\xi) = Z(\boldsymbol{M}(\xi, \boldsymbol{\vartheta}_0)) = Q_3 \operatorname{sp} \tilde{\boldsymbol{U}}(\cdot, \boldsymbol{M}(\xi, \boldsymbol{\vartheta}_0)) \boldsymbol{M}(\xi, \boldsymbol{\vartheta}_0)^{-1} = \inf_{\xi \in \tilde{\Xi}} . \tag{8.3.14}$$

Dabei erhalten wir $\boldsymbol{M}(\xi, \boldsymbol{\vartheta}_0)$ aus der lokalen Informationsmatrix $\boldsymbol{M}(P_v, \boldsymbol{\vartheta}_0)$, indem wir P_v durch ξ ersetzen. Analog zu Def. 5.2.1 und Def. 5.2.7 definieren wir die folgenden lokalen Optimalitätskriterien.

Def. 8.3.3: Der stetige Versuchsplan $\xi^* \in \tilde{\Xi}$ heißt *lokal L-optimal bez.* $\boldsymbol{\vartheta}_0$ in $\tilde{\Xi} =_{\text{df}}$

$$Z_L(\boldsymbol{M}(\xi^*, \boldsymbol{\vartheta}_0)) = \inf_{\xi \in \tilde{\Xi}} Z_L(\boldsymbol{M}(\xi, \boldsymbol{\vartheta}_0)) \bullet$$

Def. 8.3.4: Der stetige Versuchsplan $\xi^* \in \tilde{\Xi}$ heißt *lokal D-optimal bez.* $\boldsymbol{\vartheta}_0$ in $\tilde{\Xi} =_{\text{df}}$

$$Z_{D'}(\boldsymbol{M}(\xi^*, \boldsymbol{\vartheta}_0)) = \inf_{\xi \in \tilde{\Xi}} Z_{D'}(\boldsymbol{M}(\xi, \boldsymbol{\vartheta}_0)) \bullet$$

Bemerkung 8.3.1: Es sei $\boldsymbol{I}(\xi, \boldsymbol{\vartheta}_0)$ die Matrix, die aus der lokalen Fisher-Informationsmatrix $\boldsymbol{I}(P_v, \boldsymbol{\vartheta}_0)$ entsteht, indem man P_v durch ξ ersetzt, und es gelte

$$\tilde{\Xi} \subseteq \{\xi \in \Xi : \forall \boldsymbol{\vartheta}_0 \in \Theta : \det \boldsymbol{I}(\xi, \boldsymbol{\vartheta}_0) > 0\} . \tag{8.3.15}$$

Lokale Optimalitätskriterien für die Wahl der ML-Schätzung als $\hat{\vartheta}_0(\cdot, V_n)$ erhalten wir, indem wir in Def. 8.3.3 und Def. 8.3.4 jeweils $\boldsymbol{M}(\xi^*, \vartheta_0)$ bzw. $\boldsymbol{M}(\xi, \vartheta_0)$ durch $\boldsymbol{I}(\xi^*, \vartheta_0)$ bzw. $\boldsymbol{I}(\xi, \vartheta_0)$ ersetzen.

Bezüglich der Eigenschaften der lokalen Informationsmatrizen $\boldsymbol{M}(\xi, \boldsymbol{\vartheta})$ und der lokalen FISHER-Informationsmatrizen $\boldsymbol{I}(\xi, \boldsymbol{\vartheta})$ können wir uns auf einige Bemerkungen beschränken.

Bemerkung 8.3.2: Unter der Voraussetzung eines KLR $(\mathfrak{Y}(V_n), \boldsymbol{F}(V_n)\, \vartheta^*, \sigma^2 \boldsymbol{I}_n)$ (s. Def. 3.1.2) gilt mit $\boldsymbol{M}(\xi)$; $\xi \in \tilde{\Xi}$; gemäß (5.1.16)

$$\forall \xi \in \tilde{\Xi} \forall \boldsymbol{\vartheta}^* \in \tilde{\Theta}: \boldsymbol{M}(\xi, \boldsymbol{\vartheta}^*) = \boldsymbol{M}(\xi)\,.$$

Da gemäß Vor. 8.2.7

$$\forall \boldsymbol{x} \in B: \boldsymbol{f}(\boldsymbol{x}, \cdot) \in \mathcal{F}_r(\Theta)$$

gilt, hat für jedes $\boldsymbol{\vartheta} \in \Theta$ die lokale Informationsmatrix $\boldsymbol{M}(\xi, \boldsymbol{\vartheta})$ dieselben Eigenschaften wie die Informationsmatrix $\boldsymbol{M}(\xi)$ im Falle eines wahren linearen Ansatzes (s. Abschnitt 5.1.2).

Bemerkung 8.3.3: Unter der Voraussetzung eines NKLR $(\mathfrak{Y}(V_n), \boldsymbol{F}(V_n)\, \vartheta^*, \sigma^2 \boldsymbol{I}_n)$ (s. Def. 4.3.1) gilt mit $\boldsymbol{M}(\xi)$; $\xi \in \tilde{\Xi}$; gemäß (5.1.16) $\forall \xi \in \tilde{\Xi}\, \forall \boldsymbol{\vartheta}^* \in \tilde{\Theta}: \boldsymbol{I}(\xi, \boldsymbol{\vartheta}^*) = \sigma^{-2}\, \boldsymbol{M}(\xi)$.

Analog zu Folgerung 5.1.3 zeigt man:

Lemma 8.3.3: Es sei $\tilde{\Xi} \subseteq \Xi$ konvex. Für jedes $\boldsymbol{\vartheta}_0 \in \Theta$ sind die Mengen $\{\boldsymbol{I}(\xi, \boldsymbol{\vartheta}_0): \xi \in \tilde{\Xi}\}$ konvex •

Analog zu Satz 5.1.3 erhält man

Lemma 8.3.4: $\forall \boldsymbol{\vartheta}_0 \in \Theta\ \forall \xi \in \Xi_{\text{reg}}\ \exists \tilde{\xi} \in \Xi_d$:

$$\left(\boldsymbol{I}(\xi, \boldsymbol{\vartheta}_0) = \boldsymbol{I}(\tilde{\xi}, \boldsymbol{\vartheta}_0)\right) \wedge \left(\text{card}\, S(\tilde{\xi}) \leqq \frac{r(r+1)}{2} + 1\right) \bullet$$

Es sei $\hat{\boldsymbol{\vartheta}}_0(\cdot, V_n)$ die MKQ-Schätzung gemäß Abschnitt 8.2.1. Da für jedes $\boldsymbol{\vartheta}_0 \in \tilde{\Theta}$ die lokale Informationsmatrix $\boldsymbol{M}(\xi, \boldsymbol{\vartheta}_0)$ dieselben Eigenschaften wie $\boldsymbol{M}(\xi)$ besitzt, gelten für lokal L-optimale bzw. lokal D-optimale stetige Pläne analoge Aussagen wie im Kapitel 5 für L- bzw. D-optimale stetige Pläne. Analog zu den Optimalitätskriterien im Kapitel 5 können weitere lokale Optimalitätskriterien formuliert werden.

Nun betrachten wir den Fall, daß als $\hat{\boldsymbol{\vartheta}}_0(\cdot, V_n)$ die ML-Schätzung gewählt wird. Zur Formulierung des Satzes von WHITTLE sind Konvexitätsuntersuchungen nötig.

Lemma 8.3.5: Es sei $\tilde{\Xi}$ eine konvexe Menge. Dann sind für jedes $\boldsymbol{\vartheta}_0 \in \Theta$ die Funktionale $Z_L(\boldsymbol{I}(\cdot, \boldsymbol{\vartheta}_0))$ und $Z_{D'}(\boldsymbol{I}(\cdot, \boldsymbol{\vartheta}_0))$ konvex auf $\tilde{\Xi}$ •

Der Beweis wird analog dem Beweis zu Lemma 5.3.1 bzw. Lemma 5.3.3 geführt.
Es sei $\boldsymbol{U}_L$ analog Def. 5.2.1 gewählt und

$$\forall \boldsymbol{\vartheta}^* \in \Theta\ \forall \xi \in \tilde{\Xi}\ \forall \tilde{\xi} \in \Xi:$$

$$\Phi_L(\xi, \tilde{\xi}, \boldsymbol{\vartheta}^*) = \text{sp}\ \boldsymbol{U}_L \boldsymbol{I}(\xi, \boldsymbol{\vartheta}^*)^{-1}\, \boldsymbol{I}(\xi, \boldsymbol{\vartheta}^*)\, \boldsymbol{I}(\xi, \tilde{\boldsymbol{\vartheta}}^*)^{-1} - \text{sp}\ \boldsymbol{U}_L \boldsymbol{I}(\xi, \boldsymbol{\vartheta}^*)^{-1}$$

$$\wedge\, D_L(\xi, \boldsymbol{\vartheta}^*) = \inf_{\boldsymbol{x} \in V} \Phi_L(\xi, \xi_{\boldsymbol{x}}, \boldsymbol{\vartheta}^*)\,. \tag{8.3.16}$$

Es sei $\Xi^*_{L, \tilde{\Xi}, \boldsymbol{\vartheta}^*}$ die Lösungsmenge für die Aufgabe aus Def. 8.3.3 mit $\boldsymbol{\vartheta}_0 = \boldsymbol{\vartheta}^*$.

Satz 8.3.1: Es sei $\tilde{\Xi}$ konvex. Dann sind für jedes $\boldsymbol{\vartheta}^* \in \Theta$ die folgenden Aussagen äquivalent:
1. $\xi^* \in \Xi_{L,\tilde{\Xi},\boldsymbol{\vartheta}^*}$.
2. $\sup_{\xi \in \tilde{\Xi}} D_L(\xi, \boldsymbol{\vartheta}^*) = D_L(\xi^*, \boldsymbol{\vartheta}^*)$.
3. $D_L(\xi^*, \boldsymbol{\vartheta}^*) = 0$ •

Beweis: Wir berechnen gemäß (2.2.25) und (2.2.26) $\forall \xi \in \tilde{\Xi}\ \forall \tilde{\xi} \in \Xi\ \forall \boldsymbol{\vartheta}^* \in \Theta$:

$$\begin{aligned}\Phi_{Z_L}(\xi, \tilde{\xi}, \boldsymbol{\vartheta}^*) &= \lim_{\alpha \to 0} \frac{\mathrm{d}}{\mathrm{d}\alpha} [\operatorname{sp} \boldsymbol{U}_L(\boldsymbol{I}((1-\alpha)\,\xi + \alpha\tilde{\xi}, \boldsymbol{\vartheta}^*))^{-1}] \\ &= \operatorname{sp} \boldsymbol{U}_L \boldsymbol{I}(\xi, \boldsymbol{\vartheta}^*)^{-1} \boldsymbol{I}(\tilde{\xi}, \boldsymbol{\vartheta}^*) \boldsymbol{I}(\xi, \boldsymbol{\vartheta}^*)^{-1} - \operatorname{sp} \boldsymbol{U}_L \boldsymbol{I}(\xi, \boldsymbol{\vartheta}^*)^{-1} \\ &= \Phi_L(\xi, \tilde{\xi}, \boldsymbol{\vartheta}^*)\,.\end{aligned}$$

Wegen

$$\boldsymbol{I}(\tilde{\xi}, \boldsymbol{\vartheta}^*) = \int_V \boldsymbol{I}(\xi_{\boldsymbol{x}}, \boldsymbol{\vartheta}^*)\, \mathrm{d}\tilde{\xi}(\boldsymbol{x})$$

ist $\Phi_L(\xi, \tilde{\xi}, \boldsymbol{\vartheta}^*)$ linear in $\tilde{\xi}$ (s. Def. 2.2.8). Die Behauptung folgt damit aus Satz 2.2.2.

Wegen der Linearität von $\Phi_L(\xi, \tilde{\xi}, \boldsymbol{\vartheta}^*)$ folgt mit Satz 2.2.4:

Folgerung 8.3.1: Es sei $\tilde{\Xi}$ konvex. Dann gilt

$$\forall \xi^* \in \Xi^*_{L,\tilde{\Xi},\boldsymbol{\vartheta}^*}:$$

$$S(\xi^*) \subseteq \{\boldsymbol{x} \in V : \operatorname{sp} \boldsymbol{U}_L \boldsymbol{I}(\xi^*, \boldsymbol{\vartheta}^*)^{-1} \boldsymbol{I}(\xi_{\boldsymbol{x}}, \boldsymbol{\vartheta}^*) \boldsymbol{I}(\xi^*, \boldsymbol{\vartheta}^*)^{-1} = \operatorname{sp} \boldsymbol{U}_L \boldsymbol{I}(\xi^*, \boldsymbol{\vartheta}^*)^{-1}\} \ \bullet$$

Es sei

$$\forall \xi \in \tilde{\Xi}\ \forall \tilde{\xi} \in \Xi\ \forall \boldsymbol{\vartheta}^* \in \Theta:$$

$$\Phi_{D'}(\xi, \tilde{\xi}, \boldsymbol{\vartheta}^*) = r - \operatorname{sp} \boldsymbol{I}(\xi, \boldsymbol{\vartheta}^*)^{-1} \boldsymbol{I}(\tilde{\xi}, \boldsymbol{\vartheta}^*) \wedge D_{D'}(\xi, \boldsymbol{\vartheta}^*) = \inf_{\boldsymbol{x} \in V} \Phi_{D'}(\xi, \xi_{\boldsymbol{x}}, \boldsymbol{\vartheta}^*)\,.$$

Satz 8.3.2 (White [1]): Es sei $\tilde{\Xi}$ konvex. Dann sind für jedes $\boldsymbol{\vartheta}^* \in \Theta$ die folgenden Aussagen äquivalent:
1. $\xi^* \in \Xi^*_{D',\tilde{\Xi},\boldsymbol{\vartheta}^*}$.
2. $\sup_{\xi \in \tilde{\Xi}} D_{D'}(\xi, \boldsymbol{\vartheta}^*) = D_{D'}(\xi^*, \boldsymbol{\vartheta}^*)$.
3. $D_{D'}(\xi^*, \boldsymbol{\vartheta}^*) = 0$ •

Der *Beweis* wird analog dem Beweis zu Satz 8.3.1 geführt.

Wegen der asymptotischen Effizienz der Folge von MKQ-Schätzungen (s. Satz 8.2.4) und der Eigenschaft der lokalen Informationsmatrix aus Lemma 8.3.1 ist die lokal-optimale Versuchsplanung besonders für ein sequentielles Vorgehen geeignet. Dabei wird sequentiell eine Folge von MKQ-Schätzungen $\{\check{\boldsymbol{\vartheta}}_i(\cdot, \tilde{V}_{N_{i-1}})\}_{i \in \mathrm{N}}$ mit $\tilde{V}_{N_{i-1}} = \sum_{j=0}^{i-1} V_{n_j}$ (s. (2.4.2)) für den wahren Parameter $\boldsymbol{\vartheta}^*$ erzeugt. Ausgehend von einem gegebenen Anfangsplan V_{n_0} bestimmt man auf jeder Stufe i einen neuen lokal-optimalen Versuchsplan V_{n_i} bez. $\check{\boldsymbol{\vartheta}}_i(\boldsymbol{y}(\tilde{V}_{N_{i-1}}), \tilde{V}_{N_{i-1}})$ und erhält so die der Folge von Schätzungen zugrundeliegende Folge von Plänen. Wegen der starken Konsistenz der Folge von MKQ-Schätzungen (s. Satz 8.2.2) kann unter gewissen weiteren Voraussetzungen die (fast sichere) Konvergenz der Planfolge gegen einen lokal-optimalen Plan bez. $\boldsymbol{\vartheta}^*$ bewiesen werden.

Das Prinzip dieses sequentiellen Verfahrens wurde erstmals von Box, G. E. P./ Hunter, W. G. [1] für die Bestimmung lokal D-optimaler Pläne angegeben. Fedorov [6], [9] verallgemeinerte das Verfahren für die Erzeugung lokal L-optimaler Pläne und bewies die Konvergenz der Planfolge.

In II/4 werden solche sequentiellen Verfahren zur Erzeugung lokal-optimaler Pläne behandelt.

8.4. Versuchsplanung für den linearisierten Ansatz

Im folgenden werden wir im NR (8.1.3) von einem gegebenen wahren nichtlinearen Ansatz $\tilde{S}$ zu einer Schar (i. allg. nicht wahrer) linearer Ansätze übergehen. Wir wählen dazu für jedes $\boldsymbol{\vartheta}_0 \in \Theta$ eine lokale Approximation des wahren nichtlinearen Ansatzes durch Linearisierung dieses Ansatzes um $\boldsymbol{\vartheta}_0 \in \Theta$.

Bemerkung 8.4.1: Eine andere Möglichkeit des Übergangs zu linearen Ansätzen bietet die (globale) Approximation im Mittel der nichtlinearen Wirkungsfläche durch Elemente eines endlichdimensionalen Funktionenraumes. Dieses Problem wird in den Abschnitten 10.1.6 und 10.2.2 behandelt.

Es gelte Vor. 8.2.1 (Existenz von $\operatorname{grad}_{\boldsymbol{\vartheta}} \tilde{\eta}$). Für jedes $\boldsymbol{\vartheta}_0 \in \Theta$ linearisieren wir den wahren nichtlinearen Ansatz $\tilde{S}$ (s. (8.1.1)) und erhalten eine Schar $\{\tilde{S}(\boldsymbol{\vartheta}_0)\}_{\boldsymbol{\vartheta}_0 \in \Theta}$ (nicht notwendig wahrer) linearer Ansätze mit

$$\forall \boldsymbol{\vartheta}_0 \in \Theta : \tilde{S}(\boldsymbol{\vartheta}_0) := \{\tilde{\eta}^{(1)}(\cdot, \tilde{\boldsymbol{\vartheta}}; \boldsymbol{\vartheta}_0):$$
$$\tilde{\eta}^{(1)}(\cdot, \tilde{\boldsymbol{\vartheta}}; \boldsymbol{\vartheta}_0) = \tilde{\eta}(\cdot, \boldsymbol{\vartheta}_0) + \left(\operatorname{grad}_{\boldsymbol{\vartheta}} \tilde{\eta}(\cdot, \boldsymbol{\vartheta}_0)\right)' (\tilde{\boldsymbol{\vartheta}} - \boldsymbol{\vartheta}_0) \wedge \tilde{\boldsymbol{\vartheta}} \in \Theta \wedge \tilde{\eta}(\cdot, \boldsymbol{\vartheta}_0) \in \tilde{S}\} . \quad (8.4.1)$$

Gemäß (8.2.2) bezeichne $\boldsymbol{f}(\boldsymbol{x}, \boldsymbol{\vartheta}_0) := \operatorname{grad}_{\boldsymbol{\vartheta}} \tilde{\eta}(\boldsymbol{x}, \boldsymbol{\vartheta}_0)$; $\boldsymbol{x} \in B$, $\boldsymbol{\vartheta}_0 \in \Theta$. Mit $\boldsymbol{\vartheta} := \tilde{\boldsymbol{\vartheta}} - \boldsymbol{\vartheta}_0$; $\tilde{\boldsymbol{\vartheta}} \in \Theta$, $\boldsymbol{\vartheta}_0 \in \Theta$; und $\tilde{\eta}(\boldsymbol{x}, \boldsymbol{\vartheta}; \boldsymbol{\vartheta}_0) := \tilde{\eta}^{(1)}(\boldsymbol{x}, \tilde{\boldsymbol{\vartheta}}; \boldsymbol{\vartheta}_0) - \tilde{\eta}(\boldsymbol{x}, \boldsymbol{\vartheta}_0)$; $\boldsymbol{x} \in B$; ergibt sich für jedes $\tilde{S}(\boldsymbol{\vartheta}_0) \in \{\tilde{S}(\boldsymbol{\vartheta}_0)\}_{\boldsymbol{\vartheta}_0 \in \Theta}$

$$\forall \boldsymbol{x} \in B \ \forall \tilde{\boldsymbol{\vartheta}} \in \Theta : \tilde{\eta}(\boldsymbol{x}, \boldsymbol{\vartheta}; \boldsymbol{\vartheta}_0) = \boldsymbol{f}(\boldsymbol{x}, \boldsymbol{\vartheta}_0)' \boldsymbol{\vartheta} . \quad (8.4.2)$$

Im folgenden wird der nichtlineare Ansatz durch die erhaltene Schar linearer Ansätze für die Approximationsstellen $\boldsymbol{\vartheta}_0 \in \Theta$ ersetzt und die Planung dann unter Berücksichtigung einer a-priori-Verteilung $P_{\boldsymbol{\vartheta}}$ über dem meßbaren Raum $[\Theta, \mathscr{B}_\Theta]$ durchgeführt.

Für jedes $\boldsymbol{\vartheta}_0 \in \Theta$ betrachten wir für die Planung $\tilde{S}(\boldsymbol{\vartheta}_0)$ gemäß (8.4.2) als wahren Ansatz. Es sei $\mathfrak{Y}^{(l)}(V_n) := \mathfrak{Y}(V_n) - \tilde{\boldsymbol{\eta}}(V_n, \boldsymbol{\vartheta}_0)$ und $\boldsymbol{F}(V_n, \boldsymbol{\vartheta}_0)$ werde mit (8.4.2) gebildet. Wir untersuchen damit für jedes $\boldsymbol{\vartheta}_0 \in \Theta$ und jedes $V_n \in V^{(0)}$ das lineare Regressionsmodell $\left(\mathfrak{Y}^{(l)}(V_n), \boldsymbol{F}(V_n, \boldsymbol{\vartheta}_0)\boldsymbol{\vartheta}, \boldsymbol{B}_\varepsilon\right)$ (s. Def. 2.3.3). Dabei sei $V^{(0)} \subseteq V_{\text{reg}}$.

Die Matrix $\overline{\boldsymbol{M}}(V_n, \boldsymbol{\vartheta}_0)$ (s. (8.2.7)) ist Informationsmatrix im erhaltenen linearen Regressionsmodell $\left(\mathfrak{Y}^{(l)}(V_n), \boldsymbol{F}(V_n, \boldsymbol{\vartheta}_0)\boldsymbol{\vartheta}, \boldsymbol{B}_\varepsilon\right)$ (vgl. (5.1.7)).

Wir gehen wieder aus vom Planungsproblem $G_{NL,2} = [\Theta \times H, V^{(0)}, R_2]$ (s. (8.1.5)), wobei als $\hat{\boldsymbol{\vartheta}}_0(\cdot, V_n)$ die MKQ-Schätzung gewählt wird, und behandeln die Optimierungsaufgabe (8.3.7). Gegeben sei eine quadratische Verlustfunktion.

Vor. 8.4.1: $\forall \boldsymbol{\vartheta} \in \Theta \ \forall \boldsymbol{x} \in H \ \forall V_n \in V^{(0)} \ \exists \boldsymbol{U}(\boldsymbol{\vartheta}_0, \boldsymbol{x}; V_n) \in \mathscr{M}_r^{>} \ \forall \boldsymbol{y} \in C(V_n)$:

$$L(\boldsymbol{\vartheta}, \boldsymbol{x}; \hat{\boldsymbol{\vartheta}}_0(\boldsymbol{y}, V_n), V_n) = \frac{1}{\sigma_0^2} \|\boldsymbol{\vartheta} - \hat{\boldsymbol{\vartheta}}_0(\boldsymbol{y}, V_n)\|^2_{\boldsymbol{U}(\boldsymbol{\vartheta}_0, \boldsymbol{x}; V_n)} \bullet$$

Analog Vor. 5.1.5 fordern wir:

Vor. 8.4.2: $\forall \boldsymbol{\vartheta}_0 \in \Theta\ \forall \boldsymbol{x} \in H\ \exists \tilde{U}(\boldsymbol{\vartheta}_0, \boldsymbol{x}; \cdot) \mid \mathcal{M}_r^> \to \mathcal{M}_r^>\ \forall V_n \in V^{(0)}$:

$$U(\boldsymbol{\vartheta}_0, \boldsymbol{x}; V_n) = \tilde{U}(\boldsymbol{\vartheta}_0, \boldsymbol{x}; \overline{\boldsymbol{M}}(V_n, \boldsymbol{\vartheta}_0)) \bullet$$

Nach dem Übergang zum erweiterten Versuchsplanungsproblem erhält man analog zu (5.1.19)

$$\psi_{\vartheta_0}(\xi) := \operatorname{sp} \tilde{U}(\boldsymbol{\vartheta}_0, \boldsymbol{x}; \boldsymbol{M}(\xi, \boldsymbol{\vartheta}_0))\, \boldsymbol{M}(\xi, \boldsymbol{\vartheta}_0)^{-1} \tag{8.4.3}$$

und gemäß der zu betrachtenden Optimierungsaufgabe (8.3.10)

$$\psi_\Theta(\xi) := Q_3 \int_\Theta \Psi_{\vartheta_0}(\xi)\, P_\theta(\mathrm{d}\boldsymbol{\vartheta}_0) = \inf_{\xi \in \tilde{\Xi}} \tag{8.4.4}$$

mit $\tilde{\Xi}$ entsprechend (8.3.13). Die Aufgabe (8.4.4) wurde von Läuter, E. [1], [2], [3], [4] angegeben und behandelt.

Das Optimierungsproblem (8.4.4) wird im Abschnitt 10.4.3 untersucht. Es stimmt mit der Aufgabe (10.4.33) überein, wenn wir dort T durch Θ, $\boldsymbol{t}$ durch $\boldsymbol{\vartheta}_0$, τ durch $\boldsymbol{\theta}$, $\boldsymbol{M}_t(\xi)$ durch $\boldsymbol{M}(\xi, \boldsymbol{\vartheta}_0)$ und $\tilde{\boldsymbol{U}}_t(\boldsymbol{x}, \boldsymbol{M}_t(\xi))$ durch $\tilde{U}(\boldsymbol{\vartheta}_0, \boldsymbol{x}; \boldsymbol{M}(\xi, \boldsymbol{\vartheta}_0))$ ersetzen. Folglich sind die Resultate aus Abschnitt 10.4.3 von (10.4.33) bis einschließlich Satz 10.4.6, die im wesentlichen von Läuter, E. [1], [2], [3], [4] erhalten wurden, für die hier behandelte Aufgabe (8.4.4) gültig. Im Abschnitt 10.4.3 ist außerdem ein Iterationsverfahren zur Bestimmung Ψ_Θ-optimaler stetiger Pläne angegeben, das eine Spezialisierung des Verfahrens IV aus Abschnitt 6.2 darstellt und ebenfalls im hier betrachteten Fall angewendet werden kann.

8.5. Weitere Probleme

1. In Malinvaud [1] wird bewiesen, daß die Folge von MKQ-Schätzungen $\{\check{\boldsymbol{\vartheta}}(\cdot, V_n)\}_{n \in \mathbb{N}}$ unter gewissen anderen Voraussetzungen als im Abschnitt 8.2.1 schwach konsistent für $\boldsymbol{\vartheta}^*$ ist.
2. Einige Eigenschaften lokal A-optimaler Pläne bez. $\boldsymbol{\vartheta}_0$ in $\tilde{\Xi}$ für eindimensionale Einflußgrößen werden in Chernoff [1] untersucht. Box, G. E. P./Lucas, H. L. [1] konstruieren lokal D-optimale Pläne bez. $\boldsymbol{\vartheta}_0$ in $\tilde{\Xi}$ für mehrdimensionale Einflußgrößen.
3. Der bayessche Zugang zur Versuchsplanung für multivariate wahre nichtlineare Modelle wird untersucht in Draper, N. R./Hunter, W. G. [3], falls die a-priori-Verteilung des Parametervektors lokal gleichmäßig ist, und in Draper, N. R./Hunter, W. G. [2], falls als a-priori-Verteilung eine r-dimensionale Normalverteilung gegeben ist.
4. Eine andere Optimierungsaufgabe als (8.3.7) erhält man für das Planungsproblem $G_{NL,2}$ (s. (8.1.5)), falls Q_2 nicht gemäß (8.3.4), sondern in der Form

$$Q_2 := Q_3 \sup_{\theta \in \Theta} \mid (R^1)^{(\Theta \times H) \times V^{(0)}} \to (R^1)^{V^{(0)}}$$

gewählt wird. Dann ergeben sich anstelle des bayesschen Risikos (8.3.6) bez. P_θ das Maximalrisiko bez. Θ (s. Def. 1.5.14) und statt (8.3.7) die Optimierungsaufgabe

$$Q_3 \sup_{\theta \in \Theta} R_2(\boldsymbol{\vartheta}, \cdot; \hat{\boldsymbol{\vartheta}}_0(\cdot, V_n), V_n) \stackrel{!}{=} \inf_{V_n \in V^{(0)}} .$$

Erste Untersuchungen in dieser Richtung wurden von Ermakov/Melas [1] vorgenommen.

9. VERSUCHSPLANUNG ZUR ANSATZDISKRIMINATION

In den vorausgehenden Kapiteln wurden das Schätzproblem für einen gegebenen wahren Ansatz und die dazugehörige Versuchsplanung behandelt. Wir wenden uns jetzt dem Problem zu, daß aus einer vorgegebenen Menge von Regressionsansätzen erst ein Ansatz ausgewählt werden soll. Für die entscheidungstheoretische Fassung und Formulierung spielt es eine Rolle, ob die Schätzung der Parameter des gewählten Ansatzes in die Problemstellung einbezogen wird oder nicht. Auf diese Einbeziehung kann man verzichten, wenn z. B. der Ansatz fortan als wahrer Ansatz betrachtet und seine Koeffizienten fachwissenschaftlich gedeutet werden sollen oder auch wenn er lediglich allen künftigen Schätzungen der Wirkungsfläche im gegebenen Zusammenhang als Basis dienen soll.

Falls jedoch vor jeder einzelnen Schätzung ein Ansatz auszuwählen ist, dann müssen Ansatzdiskrimination und Schätzung als ein Problem betrachtet werden, wie es in Kapitel 10 behandelt wird.

Im folgenden wenden wir uns dem bereits im Abschnitt 2.3.3 entscheidungstheoretisch dargestellten Problem der Ansatzdiskrimination ohne Berücksichtigung des Schätzproblems zu. Für einige spezielle Operatoren, für die eine Trennung von Ansatzdiskrimination und Planung nach den Voraussetzungen von Abschnitt 2.3.3 möglich ist, wird zuerst das Problem der Ansatzdiskrimination (bei festem Beobachtungsumfang) ohne Versuchsplanung behandelt. Im Anschluß daran werden die zugehörigen Versuchsplanungsprobleme betrachtet. Zum Abschluß werden dann einige sequentielle Verfahren der Ansatzdiskrimination mit Versuchsplanung dargestellt.

Das gesamte Problem bedarf in starkem Maße weiterer theoretischer Untersuchung. Viele in der Literatur empfohlene Verfahren (vgl. z. B. FEDOROV [3], [6], ATKINSON/COX [1]) enthalten heuristische Züge und konnten noch nicht entscheidungstheoretisch fundiert werden. Diese Verfahren, die in der Praxis erprobt oder mindestens durch Monte-Carlo-Studien untersucht sind, werden in II/6 aufgenommen.

Im Kapitel 9 gelten die Voraussetzungen 2.3.11 (disjunkte Ansätze), 2.3.12 (Existenz eines wahren Ansatzes), 2.3.13 (Form der Verlustfunktion), sowie 2.3.14 (endlich viele Ansätze).

9.1. Ansatzdiskrimimation bei gegebenem Plan

In diesem Abschnitt wird zunächst das Versuchsplanungsproblem als Ganzes als statistisches Verhaltensentscheidungsproblem (2.3.52)

$$G_T = [Z_T, U_T^{(*)}, R_T^{(*)}] \tag{9.1.1}$$

mit $Z_T = \bigcup_{i \in T} (\{i\} \times \Theta_i) \times K$ gemäß (2.3.51), $U_T^{(*)}$ gemäß (2.3.56) und dem Risiko $R_T^{(*)}$ aus (2.3.54) betrachtet. Für den bayesschen Zugang (Abschnitt 9.1.1) und für den F-Test (Abschnitt 9.1.3) gelten die Aussagen der Trennsätze (Satz 2.1.1 und 2.1.2), die eine Behandlung der Planungsprobleme für optimale Diskriminationsentscheidungsfunktionen erlauben (Abschnitt 9.2).

9.1.1. Bayessche Entscheidungsfunktionen zur Ansatzdiskrimination

Falls a-priori-Kenntnisse über den wahren Naturzustand vorliegen, die sich als Wahrscheinlichkeitsverteilung über Z_T ausdrücken lassen, dann ist es möglich, zur Behandlung des Entscheidungsproblems G_T gemäß (9.1.1) den bayesschen Zugang zu wählen.

Um den Aufbau einer a-priori-Verteilung über Z_T übersichtlich zu gestalten, werden einige weitere Voraussetzungen eingeführt.

Vor. 9.1.1: $\exists s \in \mathsf{N}: K \subseteq \mathrm{R}^s$ •

Die Indexmenge K sei also eine Parametermenge, daher bezeichnen wir im folgenden ihre Elemente mit $\boldsymbol{w}$.

Es bezeichne $\lambda^{\otimes n}$ das Lebesgue-Maß über $[\mathrm{R}^n, \mathscr{B}^n]$ und $P^{(w)}_{\mathfrak{Y}(V_n)|\eta}$ das durch $P^{(w)}_{\varepsilon(V_n)}$ induzierte Maß über $[C(V_n), \mathscr{B}_{C(V_n)}]$, falls $\eta(\cdot)$ die wahre Wirkungsfläche ist (vgl. (2.3.15)).

Vor. 9.1.2: $\forall n \in \mathsf{N}\ \forall V_n \in V^{(0)} \cap V^n\ \forall i \in T\ \forall \boldsymbol{\vartheta}^{(i)} \in \Theta_i\ \forall \boldsymbol{w} \in K: P^{(w)}_{\mathfrak{Y}(V_n)|\eta} \ll \lambda^{\otimes n}$ •

Unter der Vor. 9.1.2 existiert dann nach Satz 1.2.5 eine Radon-Nikodym-Dichte $p_{\mathfrak{Y}(V_n)|i,\vartheta^{(i)},w}$, für die wir die für die folgenden Betrachtungen vorteilhaftere Schreibweise $p_{\mathfrak{Y}}(\cdot \mid i, \boldsymbol{\vartheta}^{(i)}, \boldsymbol{w}; V_n)$ einführen wollen.

Es sei $[\Theta_i, \mathscr{B}_{\Theta_i}]$ ein meßbarer Raum und Θ_i^* die Menge aller Wahrscheinlichkeitsverteilungen darüber. Entsprechend sei K^* die Menge aller Wahrscheinlichkeitsverteilungen über $[K, \mathscr{B}_K]$. Weiterhin seien $\Theta_i^{*(0)}$ und $K^{*(0)}$ Teilmengen von Θ_i^* und K^* und $\nu^{\otimes(r_i+s)}$ ein σ-finites Maß über $[\Theta_i \times K, \mathscr{B}_{\Theta_i} \otimes \mathscr{B}_K]$; $i \in T$.

Vor. 9.1.3: $\forall i \in T\ \forall P_{\theta^{(i)}} \in \Theta_i^{*(0)}\ \forall P_\omega \in K^{*(0)}: P_{\theta^{(i)}} \times P_\omega \ll \nu^{\otimes(r_i+s)}$ •

Durch $P_{\theta^{(i)}}$ ist eine Zufallsgröße $\boldsymbol{\theta}^{(i)}$ auf $[\Theta_i, \mathscr{B}_{\Theta_i}]$ und durch P_ω ist eine Zufallsgröße $\boldsymbol{\omega}$ auf $[K, \mathscr{B}_K]$ erklärt. Nach Satz 1.2.5 existiert eine Radon-Nikodym-Dichte, für die wir entsprechend die Schreibweise $p_{(\theta^{(i)},\omega)}(\cdot, \cdot \mid i)$ vereinbaren.

Sei schließlich auf $[T, \mathscr{B}_T]$ eine Zufallsgröße τ mit $P_\tau \in T^*$ definiert. Dann ist

$$P_\tau(i) = P(\tau = i); \qquad i \in T \tag{9.1.2}$$

die Wahrscheinlichkeit dafür, daß der i-te Ansatz wahr ist ($S \subseteq \tilde{S}_i$).

Wegen der Endlichkeit von T (Vor. 2.3.14) kann man die Verteilung P_τ in der Form

$$P_\tau = (P_\tau(1), \ldots, P_\tau(m)) \tag{9.1.3}$$

schreiben. Mit den Dichten $p_{(\theta^{(i)},\,\omega)}(\cdot,\cdot \mid i)$ ergibt sich als Verteilung über Z_T

$$\forall i \in T\ \forall B \in \mathscr{B}_{\Theta_i} \otimes \mathscr{B}_K:$$
$$P\big((\tau, \boldsymbol{\theta}^{(i)}, \boldsymbol{\omega}) \in \{i\} \times B\big) = P_\tau(i) \int_B p_{(\theta^{(i)},\,\omega)}(\boldsymbol{\vartheta}^{(i)}, \boldsymbol{w} \mid i)\, \mathrm{d}\nu^{\otimes(r_i+s)}\,. \tag{9.1.4}$$

Zusammen mit den Dichten $p_{\mathfrak{Y}}(\cdot \mid i, \boldsymbol{\vartheta}^{(i)}, \boldsymbol{w}; V_n)$ erhält man aus (9.1.4) die totale Dichte von $\mathfrak{Y}(V_n)$ bezüglich $\boldsymbol{\vartheta}^{(i)}$ und $\boldsymbol{w}$, falls $\widetilde{S}_i$ der wahre Ansatz ist.

$$\forall i \in T\ \forall V_n \in V^{(0)}\ \forall \boldsymbol{y} \in C(V_n):$$
$$p_{\mathfrak{Y}}(\boldsymbol{y} \mid i; V_n) = \int_{\Theta_i \times K} p_{\mathfrak{Y}}(\boldsymbol{y} \mid i, \boldsymbol{\vartheta}^{(i)}, \boldsymbol{w}; V_n)\, p_{(\theta^{(i)},\,\omega)}(\boldsymbol{\vartheta}^{(i)}, \boldsymbol{w} \mid i)\, \mathrm{d}\nu^{\otimes(r_i+s)}\,. \tag{9.1.5}$$

Daraus folgt mit (9.1.3) für die totale Dichte von $\mathfrak{Y}(V_n)$:

$$p_{\mathfrak{Y}}(\cdot\,; V_n) = \sum_{j=1}^{m} P_\tau(j)\, p_{\mathfrak{Y}}(\cdot \mid j; V_n)\,. \tag{9.1.6}$$

Nach diesen Vorbereitungen ist es nun möglich, mittels der bayesschen Formel (1.5.36) die a-posteriori-Verteilung $P_{\tau|\boldsymbol{y}}$ über T (nach Realisierung des Versuchsplanes V_n mit dem Ergebnis $\boldsymbol{y}$) zu bestimmen:

$$\forall i \in T\ \forall V_n \in V^{(0)}\ \forall \boldsymbol{y} \in C(V_n):$$
$$P_{\tau|\boldsymbol{y}}(i) = \frac{p_{\mathfrak{Y}}(\boldsymbol{y} \mid i; V_n)\, P_\tau(i)}{\sum\limits_{j=1}^{m} p_{\mathfrak{Y}}(\boldsymbol{y} \mid j; V_n)\, P_\tau(j)} = \frac{p_{\mathfrak{Y}}(\boldsymbol{y} \mid i; V_n)\, P_\tau(i)}{p_{\mathfrak{Y}}(\boldsymbol{y}; V_n)}\,. \tag{9.1.7}$$

Von der Problemstellung her ist es nur sinnvoll, den Fall ($\forall i \in T$: $P_\tau(i) > 0$) zu betrachten. Die Vor. 2.3.12, daß einer der Ansätze wahr ist, sichert dann für alle $\boldsymbol{y} \in C(V_n)$ im Nenner $p_{\mathfrak{Y}}(\boldsymbol{y}; V_n) > 0$. Analoge Überlegungen gelten auch für (9.1.8).

Weiterhin erhält man mit der bayesschen Formel auch die a-posteriori-Verteilungen über $\Theta_i \times K$ in der Form

$$\forall i \in T\ \forall \boldsymbol{\vartheta}^{(i)} \in \Theta_i\ \forall \boldsymbol{w} \in K\ \forall V_n \in V^{(0)}\ \forall \boldsymbol{y} \in C(V_n):$$
$$p_{(\theta^{(i)},\,\omega)}(\boldsymbol{\vartheta}^{(i)}, \boldsymbol{w} \mid i, \boldsymbol{y}; V_n)\, P_{\tau|\boldsymbol{y}}(i)$$
$$= \frac{p_{\mathfrak{Y}}(\boldsymbol{y} \mid i, \boldsymbol{\vartheta}^{(i)}, \boldsymbol{w}; V_n)\, p_{(\theta^{(i)},\,\omega)}(\boldsymbol{\vartheta}^{(i)}, \boldsymbol{w} \mid i)\, P_\tau(i)}{\sum\limits_{j=1}^{m} P_\tau(j) \int\limits_{\Theta_j \times K} p_{\mathfrak{Y}}(\boldsymbol{y} \mid j, \boldsymbol{\vartheta}^{(j)}, \boldsymbol{w}; V_n)\, p_{(\theta^{(j)},\,\omega)}(\boldsymbol{\vartheta}^{(j)}, \boldsymbol{w}, j)\, \mathrm{d}\nu^{\otimes(r_j+s)}}\,. \tag{9.1.8}$$

Aus (9.1.8) ergibt sich bei Beachtung von (9.1.5) und (9.1.6) die für den Beweis von Satz 9.1.1 wichtige Beziehung

$$p_{(\theta^{(i)},\,\omega)}(\boldsymbol{\vartheta}^{(i)}, \boldsymbol{w} \mid i, \boldsymbol{y}; V_n)\, p_{\mathfrak{Y}}(\boldsymbol{y}; V_n)\, P_{\tau|\boldsymbol{y}}(i)$$
$$= p_{\mathfrak{Y}}(\boldsymbol{y} \mid i, \boldsymbol{\vartheta}^{(i)}, \boldsymbol{w}; V_n)\, p_{(\theta^{(i)},\,\omega)}(\boldsymbol{\vartheta}^{(i)}, \boldsymbol{w} \mid i)\, P_\tau(i)\,. \tag{9.1.9}$$

Bemerkung 9.1.1: Falls $K = \{\boldsymbol{w}_0\}$ ist, genügt es, für ein σ-finites Maß $\nu^{\otimes r_i}$ über $[\Theta_i, \mathscr{B}_{\Theta_i}]$; $i \in T$; statt der Vor. 9.1.3 die folgende zu fordern.

Vor. 9.1.3′: $\forall i \in T\ \forall P_{\theta^{(i)}} \in \Theta_i^{*(0)}$: $P_{\theta^{(i)}} \ll \nu^{\otimes r}$ •

Zu $\mathrm{P}_{\theta^{(i)}}$ gehört dann die Dichte $p_{\theta^{(i)}}(\cdot \mid i)$, und die Ausdrücke (9.1.4), (9.1.5), (9.1.8) und (9.1.9) sind entsprechend in einfacher Weise zu modifizieren.

Für den vorliegenden Fall einer endlichen Menge T und einen vorgegebenen Beobachtungsumfang ist das Verhaltensentscheidungsproblem $G_T = [Z_T, U_T^{(*)}, R_T^{(*)}]$ äquivalent zum randomisierten Entscheidungsproblem $[Z_T, U_T^*, R_T^{(**)}]$. Äquivalenz heißt in diesem Zusammenhang, daß

$$\forall z_T \in Z_T \ \forall u_T^{(*)} \in U_T^{(*)} \ \exists u_T^* \in U_T^*: R_T^{(*)}(z_Z, u_T^{(*)}) = R_T^{(**)}(z_T, u_T^*)$$

und umgekehrt (vgl. BLACKWELL/GIRSHICK [1]).

Weiterhin existiert wegen der Voraussetzung der Existenz des Risikos, die nach Def. 1.5.3 mit $\Omega_L = \mathrm{R}^1$ die Endlichkeit einschließt, nach FERGUSON [1] mittels des Satzes von FUBINI (s. Satz 1.2.4) zu jeder bayesschen Entscheidungsfunktion eine äquivalente nichtrandomisierte (bayessche) Entscheidungsfunktion.

Daher genügt es in diesem und im folgenden Abschnitt, das nichtrandomisierte Entscheidungsproblem

$$\left[Z_T, \bigcup_{V_n \in V^{(0)}} (D_T(V_n) \times \{V_n\}), R_T\right] \tag{9.1.10}$$

mit $D_T(V_n)$ gemäß (2.3.57) und R_T für $D_T(V_n)$ gemäß $R_T^{(*)}$ aus (2.3.58) zu betrachten. Wir setzen zur Abkürzung

$$p(\boldsymbol{\vartheta}, \boldsymbol{w}; T) := (p_{(\theta^{(1)}, \omega)}(\cdot, \cdot \mid 1), \dots, p_{(\theta^{(m)}, \omega)}(\cdot, \cdot \mid m)) \tag{9.1.11}$$

mit $p_{(\theta^{(i)}, \omega)}(\cdot, \cdot \mid i)$; $i \in T$; die die Vor. 9.1.3 erfüllt.

Dann erhält die Definition des bayesschen Risikos die Gestalt

$$\varrho(P_\tau, p(\boldsymbol{\vartheta}, \boldsymbol{w}; T); d_T(\cdot, V_n), V_n) := \mathrm{E}_\tau \mathrm{E}_{(\theta^{(i)}, \omega)|\tau = i} R_T(\tau, (\boldsymbol{\theta}^{(\tau)}, \boldsymbol{\omega}); d_T(\cdot, V_n), V_n)\,. \tag{9.1.12}$$

Wegen der Voraussetzung der Existenz der Erwartungswerte für alle Strategien (vgl. (2.3.54)) erhält man mit Folgerung 2.1.2 und Satz 2.2.1 die Trennbarkeit des Entscheidungsproblems (9.1.10) in die Teilprobleme

$$G_{T1} = \left[\bigcup_{i \in T} (\{i\} \times \Theta_i) \times K, D_T(V_n), R_{T1}\right]\,; \quad G_{T2} = [Z', V^{(0)}, R_{T2}]\,. \tag{9.1.13}$$

Dabei ist Z' eine nichtleere Menge fiktiver Naturzustände (wie in (2.2.11)) und

$$\forall i \in T \ \forall \boldsymbol{\vartheta}^{(i)} \in \Theta_i \ \forall \boldsymbol{w} \in K \ \forall V_n \in V^{(0)} \ \forall d_T(\cdot, V_n) \in D_T(V_n) \ \forall z' \in Z':$$

$$R_{T1}(i, \boldsymbol{\vartheta}^{(i)}, \boldsymbol{w}; d_T(\cdot, V_n)) = R_T(i, \boldsymbol{\vartheta}^{(i)}, \boldsymbol{w}; d_T(\cdot, V_n), V_n) \tag{9.1.14}$$

$$\wedge \ R_{T2}(z', V_n) = \mathrm{E}_\tau \mathrm{E}_{(\theta^{(i)}, \omega)|\tau = i} R_T(\tau, (\boldsymbol{\theta}^{(\tau)}, \boldsymbol{\omega}); d_T^*(\cdot, V_n), V_n)\,, \tag{9.1.15}$$

wobei $d_T^*(\cdot, V_n)$ eine bayessche Entscheidungsfunktion im Problem G_{T1} für den Versuchsplan V_n ist.

Im folgenden betrachten wir das Problem G_{T1} gemäß (9.1.13) und denken uns den Versuchsplan V_n vorgegeben. Mit den Voraussetzungen über die Existenz von Dichten (Vor. 9.1.2 und 9.1.3) gewinnt man mit (2.3.59) und (2.3.60) die Darstellung des Risikos R_{T1} gemäß (9.1.14)

$$R_{T1}(i, \boldsymbol{\vartheta}^{(i)}, \boldsymbol{w}; d_T(\cdot, V_n)) = \sum_{t=1}^{m} L(i; t) \int_{C_t(V_n, d_T)} p_{\mathfrak{Y}}(\boldsymbol{y} \mid i, \boldsymbol{\vartheta}^{(i)}, \boldsymbol{w}; V_n) \, \mathrm{d}\lambda^{\otimes n}\,. \tag{9.1.16}$$

Daraus ergibt sich

$$\begin{aligned}
&\varrho_1(P_\tau, p(\boldsymbol{\vartheta}, \boldsymbol{w}; T), d_T(\cdot, V_n)) \\
&= \sum_{i=1}^{m} P_\tau(i) \int_{\Theta_i \times K} \sum_{t=1}^{m} L(i; t) \int_{C_t(V_n, d_T)} p_{\mathfrak{Y}}(\boldsymbol{y} \mid i, \boldsymbol{\vartheta}^{(i)}, \boldsymbol{w}; V_n) \, \mathrm{d}\lambda^{\otimes n} \, p_{(\theta^{(i)}, \omega)}(\boldsymbol{\vartheta}^{(i)}, \boldsymbol{w} \mid i) \, \mathrm{d}\nu^{\otimes (r_i + s)} \\
&= \sum_{i=1}^{m} \sum_{t=1}^{m} L(i; t) \int_{\Theta_i \times K} \int_{C_t(V_n, d_T)} p_{\mathfrak{Y}}(\boldsymbol{y} \mid i, \boldsymbol{\vartheta}^{(i)}, \boldsymbol{w}; V_n) \, p_{(\theta^{(i)}, \omega)}(\boldsymbol{\vartheta}^{(i)}, \boldsymbol{w} \mid i) \, P_\tau(i) \, \mathrm{d}\lambda^{\otimes n} \mathrm{d}\nu^{\otimes (r_i + s)}\,.
\end{aligned} \tag{9.1.17}$$

Dann ergibt sich für das Entscheidungsproblem G_{T1} unter allen in diesem Kapitel bisher genannten Voraussetzungen aus Satz 1.5.7 folgender für die Konstruktion bayesscher Entscheidungsfunktionen bedeutsame Satz:

Satz 9.1.1: Für jede bayessche Entscheidungsfunktion $d_T^* \mid C(V_n) \to T$ gilt

$$\forall \boldsymbol{y} \in C(V_n): d_T^*(\boldsymbol{y}\,(V_n), V_n) \in \left\{t: \sum_{i=1}^{m} L(i;t)\, P_{\tau|\boldsymbol{y}}(i) = \min_{j \in T} \sum_{i=1}^{m} L(i;j)\, P_{\tau|\boldsymbol{y}}(i)\right\} \bullet \tag{9.1.18}$$

Beweis: Wegen der vorausgesetzten Existenz (und damit Endlichkeit) des bayesschen Risikos ist nach dem Satz von FUBINI (Satz 1.2.4) in (9.1.17) die Integrationsreihenfolge vertauschbar. Dies liefert

$$\sum_{i=1}^{m} \sum_{t=1}^{m} L(i;t) \int_{C_t(V_n, d_T)} \int_{\Theta_i \times K} p_{\mathfrak{Y}}(\boldsymbol{y} \mid i, \vartheta^{(i)}, \boldsymbol{w}; V_n)\, p_{(\theta^{(i)}, \omega)}(\vartheta^{(i)}, \boldsymbol{w} \mid i)\, P_\tau(i)\, \mathrm{d}\nu^{\otimes(r_i+s)}\, \mathrm{d}\lambda^{\otimes n},$$

woraus mittels (9.1.9)

$$\sum_{i=1}^{m} \sum_{t=1}^{m} L(i;t) \int_{C_t(V_n, d_T)} P_{\tau|\boldsymbol{y}}(i)\, p_{\mathfrak{Y}}(\boldsymbol{y}; V_n) \int_{\Theta_i \times K} p_{(\theta^{(i)}, \omega)}(\vartheta^{(i)}, \boldsymbol{w} \mid i, \boldsymbol{y}; V_n)\, \mathrm{d}\nu^{\otimes(r_i+s)}\, \mathrm{d}\lambda^{\otimes n}$$

entsteht. Nach Integration über die Dichte im zweiten Integral und Umordnen erhält man schließlich

$$\sum_{t=1}^{m} \int_{C_t(V_n, d_T)} \sum_{i=1}^{m} L(i;t)\, P_{\tau|\boldsymbol{y}}(i)\, p_{\mathfrak{Y}}(\boldsymbol{y}; V_n)\, \mathrm{d}\lambda^{\otimes n}.$$

Dieser Ausdruck ist minimal, falls für alle $\boldsymbol{y} \in C(V_n)$ der a-posteriori-Erwartungswert von L

$$\sum_{i=1}^{m} L(i;t)\, P_{\tau|\boldsymbol{y}}(i)$$

minimal ist und umgekehrt.

Die Aussage dieses Satzes läßt sich folgendermaßen zur Konstruktion bayesscher Entscheidungsfunktionen benutzen. Da für alle $\boldsymbol{y} \in C(V_n)$ die a-posteriori-Verteilung $P_{\tau|\boldsymbol{y}}$ wieder Element von T^* ist, genügt es, Entscheidungsfunktionen über T^* zu betrachten. Es sei

$$\tilde{D} := \mathcal{F}(\mathcal{B}_{T^*}, \mathcal{B}_T),$$

dann konstruiere man $\tilde{d}^*$ durch

$$\forall P_\tau \in T^*: \tilde{d}^*(P_\tau) \in \left\{t: \sum_{i=1}^{m} L(i;t)\, P_\tau(i) = \min_{j \in T} \sum_{i=1}^{m} L(i;j)\, P_\tau(i)\right\}. \tag{9.1.19}$$

Folgerung 9.1.1: Mit $\tilde{d}^*$ gemäß (9.1.19) ist für alle $V_n \in V^{(0)}$ und für alle $\boldsymbol{y} \in C(V_n)$ eine bayessche Entscheidungsfunktion $d_T^*(\boldsymbol{y}, V_n)$ bestimmt:

$$\forall V_n \in V^{(0)}\ \forall \boldsymbol{y} \in C(V_n): d_T^*(\boldsymbol{y}(V_n), V_n) = \tilde{d}^*(P_{\tau|\boldsymbol{y}}) \bullet \tag{9.1.20}$$

Bemerkung 9.1.2:

1. Die Aussage von Satz 9.1.1 läßt sich auf unendliche Mengen T erweitern. Dies ist jedoch für die weiteren Ausführungen nicht erforderlich.

2. Die Verallgemeinerung auf nichtinformative Verteilungen bezüglich der Parameter $\vartheta^{(i)}$ und $\boldsymbol{w}$ ist in gewissen Fällen möglich. Es wird hierzu wie auch zu speziellen Verteilungen auf die Ergebnisse in Kapitel 4 verwiesen.

9.1.2. Entscheidungsfunktionen zur Ansatzdiskrimination bei weiteren Voraussetzungen über T und L

Die Aussage des Satzes 9.1.1 über bayessche Entscheidungsfunktionen gibt ein allgemeines Konstruktionsprinzip. Daran anknüpfend sollen einige wichtige Spezialfälle betrachtet werden, die zum Teil bisher ohne entscheidungstheoretische Basis behandelt wurden. Der Versuchsplan wird als gegeben angenommen und daher $d_T(\cdot)$ für $d_T(\cdot, V_n)$ geschrieben.

Zuerst wird eine spezielle Verlustfunktion gewählt.

Vor. 9.1.4:

$$\forall i \in T\ \forall t \in T: L(i; t) = 1 - \delta_{it} \bullet \tag{9.1.21}$$

Lemma 9.1.1: Unter der zusätzlichen Vor. 9.1.4 lautet die Aussage (9.1.18) aus Satz 9.1.1

$$\forall \boldsymbol{y} \in C(V_n) : d_T^*(\boldsymbol{y}) \in \left\{t : P_{\tau|\boldsymbol{y}}(t) = \max_{j \in T} P_{\tau|\boldsymbol{y}}(j)\right\} \bullet \tag{9.1.22}$$

Beweis:

$$\sum_{i=1}^{m} L(i; t)\, P_{\tau|\boldsymbol{y}}(i) = \sum_{\substack{i=1 \\ i \neq t}}^{m} P_{\tau|\boldsymbol{y}}(i) = 1 - P_{\tau|\boldsymbol{y}}(t)\,.$$

Bemerkung 9.1.3: Für card $T = m$ ist die Menge T^* durch ein $(m-1)$-dimensionales Simplex mit barycentrischen Koordinaten darstellbar. Der Schwerpunkt des Simplex entspricht der Gleichverteilung $\left(\forall i \in T: P_\tau(i) = 1/m\right)$, und die Ecken entsprechen den Einpunktverteilungen $\left(i \in T: P_\tau(i) = 1\right)$. Durch die Entscheidungsfunktion d_T^* gemäß (9.1.22) wird dieses Simplex (bis auf Grenzflächen geringerer Dimension) in symmetrische und kongruente Bereiche zerlegt.

Eine Vereinfachung ergibt sich auch, wenn nur zwei Ansätze gegeben sind.

Vor. 9.1.5: card $T = 2$ •

Lemma 9.1.2: Es gelte Vor. 9.1.5, und es sei $L(t; t) = 0$ für $t \in \{1, 2\}$. Dann ist d_T^* mit

$$\begin{aligned} \forall \boldsymbol{y} \in C(V_n)\colon &\left((L(2; 1)\, P_{\tau|\boldsymbol{y}}(2) \leqq L(1; 2)\, P_{\tau|\boldsymbol{y}}(1)) \Rightarrow d_T^*(\boldsymbol{y}) = 1\right) \\ &\wedge \left((L(2; 1)\, P_{\tau|\boldsymbol{y}}(2) > L(1; 2)\, P_{\tau|\boldsymbol{y}}(1)) \Rightarrow d_T^*(\boldsymbol{y}) = 2\right) \end{aligned} \tag{9.1.23}$$

eine bayessche Entscheidungsfunktion•

Das Lemma ergibt sich durch einfache Spezialisierung aus Satz 9.1.1.

Bereits für die zur Herleitung von Satz 9.1.1 verwendete bayessche Formel (9.1.7) war angenommen worden, daß für alle i aus T die a-priori-Wahrscheinlichkeiten positiv sind. Im vorliegenden Fall heißt das $P_\tau(1) > 0$ und $P_\tau(2) > 0$. Es sei weiter, o. B. d. A., $L(2; 1) \neq 0$ und $L(1; 2) \neq 0$ vorausgesetzt. Dann läßt sich die Aussage (9.1.23) noch in anderer Form schreiben.

Bezeichne für $p_{\mathfrak{Y}}(\boldsymbol{y} \mid 2; V_n) > 0$

$$q(\boldsymbol{y}; V_n) := \frac{p_{\mathfrak{Y}}(\boldsymbol{y} \mid 1; V_n)}{p_{\mathfrak{Y}}(\boldsymbol{y} \mid 2; V_n)}\,; \qquad b_0^{-1} := \frac{L(1; 2)\, P_\tau(1)}{L(2; 1)\, P_\tau(2)}\,. \tag{9.1.24}$$

Dann erhält man aus der bayesschen Formel (9.1.7)

$$\frac{L(1; 2)\, P_{\tau|\boldsymbol{y}}(1)}{L(2; 1)\, P_{\tau|\boldsymbol{y}}(2)} = \frac{L(1; 2)\, p_{\mathfrak{Y}}(\boldsymbol{y} \mid 1; V_n)\, P_\tau(1)\, p_{\mathfrak{Y}}(\boldsymbol{y}; V_n)}{L(2; 1)\, p_{\mathfrak{Y}}(\boldsymbol{y} \mid 2; V_n)\, P_\tau(2)\, p_{\mathfrak{Y}}(\boldsymbol{y}; V_n)} = \frac{q(\boldsymbol{y}; V_n)}{b_0}$$

und aus (9.1.23)

$$\forall \boldsymbol{y} \in C(V_n) : ((q(\boldsymbol{y};\, V_n) \geqq b_0) \Rightarrow d_T^*(\boldsymbol{y}) = 1) \\ \wedge ((q(\boldsymbol{y};\, V_n) < b_0) \Rightarrow d_T^*(\boldsymbol{y}) = 2)\,. \tag{9.1.25}$$

Wegen der Vor. 2.3.12 ist einer der Ansätze wahr, d. h., falls $p_{\mathfrak{Y}}(\boldsymbol{y} \mid 2;\, V_n) = 0$ ist, wird $p_{\mathfrak{Y}}(\boldsymbol{y} \mid 1;\, V_n) > 0$ sein, und man erreicht ebenfalls die Darstellung (9.1.25).

Bemerkung 9.1.4: Wegen des Zusammenhangs von Dichte und Likelihoodfunktion (vgl. Def. 1.4.3) gilt für den Fall, daß die Komponenten von $\mathfrak{Y}(V_n)$ als unabhängig vorausgesetzt werden, mit $V_n = (\boldsymbol{x}_1, \ldots, \boldsymbol{x}_n)$ speziell

$$\forall i \in T\ \forall \boldsymbol{\vartheta}^{(i)} \in \Theta_i\ \forall \boldsymbol{w} \in K\ \forall V_n \in V^{(0)}: \\ p_{\mathfrak{Y}}(\boldsymbol{y} \mid i,\, \boldsymbol{\vartheta}^{(i)},\, \boldsymbol{w};\, V_n) = l(y(\boldsymbol{x}_1), \ldots, y(\boldsymbol{x}_n);\, \boldsymbol{\vartheta}^{(i)},\, \boldsymbol{w})\,. \tag{9.1.26}$$

Hieraus folgt wegen (9.1.5)

$$p_{\mathfrak{Y}}(\boldsymbol{y} \mid i;\, V_n) = \mathrm{E}_{(\boldsymbol{\theta}^{(i)},\, \boldsymbol{\omega})} l(y(\boldsymbol{x}_1), \ldots, y(\boldsymbol{x}_n);\, \boldsymbol{\theta}^{(i)},\, \boldsymbol{\omega}) \tag{9.1.27}$$

und damit aus (9.1.24)

$$q(\boldsymbol{y};\, V_n) = \frac{\mathrm{E}_{(\boldsymbol{\theta}^{(1)},\, \boldsymbol{\omega})} l(y(\boldsymbol{x}_1), \ldots, y(\boldsymbol{x}_n);\, \boldsymbol{\theta}^{(1)},\, \boldsymbol{\omega})}{\mathrm{E}_{(\boldsymbol{\theta}^{(2)},\, \boldsymbol{\omega})} l(y(\boldsymbol{x}_1), \ldots, y(\boldsymbol{x}_n);\, \boldsymbol{\theta}^{(2)},\, \boldsymbol{\omega})}\,. \tag{9.1.28}$$

Eine Spezialisierung in anderer Richtung bringt der Übergang zu einem NKLR (vgl. Def. 4.3.1). Für jedes $t \in T$ sei $(f_1^{(t)}(\cdot), \ldots, f_{r_t}^{(t)}(\cdot))' = \boldsymbol{f}^{(t)}(\cdot)$ ein Vektor linear unabhängiger stetiger Funktionen $f_j^{(t)} \in (R^1)^B$; $j = 1, \ldots, r_t$. Es bezeichne $\boldsymbol{F}_t := \boldsymbol{F}_t(V_n) = ((f_j^{(t)}(\boldsymbol{x}_i))_{n \times r_t}$.

Vor. 9.1.6:

a) $\forall t \in T: \tilde{S}_t = \{\tilde{\eta}^{(t)}(\cdot, \boldsymbol{\vartheta}^{(t)}) : \tilde{\eta}^{(t)}(\cdot, \boldsymbol{\vartheta}^{(t)}) = \boldsymbol{f}^{(t)}(\cdot)'\, \boldsymbol{\vartheta}^{(t)} \wedge \boldsymbol{\vartheta}^{(t)} \in \mathrm{R}^{r_t}\}$

b) $\exists t \in T\ \exists \boldsymbol{\vartheta}^{(t)} \in \mathrm{R}^{r_t}\ \exists \sigma \in \mathrm{R}^+\ \forall V_n \in V^{(0)}: \mathfrak{Y}(V_n) \sim \mathrm{N}(\boldsymbol{F}_t(V_n)\, \boldsymbol{\vartheta}^{(t)}, \sigma^2 \boldsymbol{I}_n)$ •

Mit dieser Voraussetzung ist $K = \mathrm{R}^+$ und $\sigma \in K$ und die Dichte für $\mathfrak{Y}(V_n)$ hat die Gestalt

$$p_{\mathfrak{Y}}(\boldsymbol{y} \mid i,\, \boldsymbol{\vartheta}^{(i)},\, \sigma;\, V_n) = (2\pi\sigma^2)^{-n/2} \exp\left\{-\frac{1}{2\sigma^2} \|\boldsymbol{y} - \boldsymbol{F}_i(V_n)\, \boldsymbol{\vartheta}^{(i)}\|_{\boldsymbol{I}_n}^2\right\}. \tag{9.1.29}$$

Entsprechend dem Vorgehen im Kapitel 4 (vgl. speziell Abschnitt 4.2.2 u. 4.2.3) betrachten wir auch hier konjugierte a-priori-Verteilungen. Für den Spezialfall $K = \{\sigma_0\}$ wählen wir Normalverteilungen über den R^{r_i}.

Seien $\boldsymbol{\Lambda}_i \in \mathscr{M}_{r_i}^>$ und $\boldsymbol{\vartheta}_0^{(i)} \in \mathrm{R}^{r_i}$, dann sind die a-priori-Dichten

$$p_{\boldsymbol{\theta}^{(i)}}(\boldsymbol{y} \mid i,\, \boldsymbol{\Lambda}_i,\, \boldsymbol{\vartheta}_0^{(i)}) = (2\pi)^{-r_i/2} (\det \boldsymbol{\Lambda}_i)^{-1/2} \exp\left\{-\frac{1}{2} \|\boldsymbol{y} - \boldsymbol{\vartheta}_0^{(i)}\|_{\boldsymbol{\Lambda}_i^{-1}}^2\right\}. \tag{9.1.30}$$

Für den Fall $K = \mathrm{R}^+$ kämen entsprechende Normal-Gamma-Verteilungen in Frage (s. (4.2.30)).

Weiterhin kann und wird im folgenden auch gelegentlich auf nichtinformative a-priori-Verteilungen

$$\forall i \in T: p_{\boldsymbol{\theta}^{(i)}}(\cdot \mid i) \propto \mathrm{const} \tag{9.1.31}$$

zurückgegriffen werden (vgl. Abschnitt 4.6.2).

Dann gelten für die totalen Dichten bezüglich $\boldsymbol{\vartheta}^{(i)}$ die folgenden Aussagen:

Lemma 9.1.3: Es sei $K = \{\sigma_0\}$, und es genüge $\mathfrak{Y}(V_n)$ einer Normalverteilung gemäß (9.1.29) und $\boldsymbol{\theta}^{(i)}$ einer Normalverteilung gemäß (9.1.30), dann gilt

$$\forall i \in T\ \forall V_n \in V^{(0)}\ \forall \boldsymbol{y} \in C(V_n): p_{\mathfrak{Y}}(\boldsymbol{y} \mid i;\ V_n, \boldsymbol{\Lambda}_i, \boldsymbol{\vartheta}_0^{(i)})$$
$$= (2\pi)^{-n/2} \det \times (\boldsymbol{F}_i \boldsymbol{\Lambda}_i^{-1} \boldsymbol{F}_i' + \sigma_0^2 \boldsymbol{I}_n)^{-1/2} \exp\left\{-\frac{1}{2} ||\boldsymbol{y} - \boldsymbol{F}_i \boldsymbol{\vartheta}_0^{(i)}||^2_{[\boldsymbol{F}_i \boldsymbol{\Lambda}_i^{-1} \boldsymbol{F}_i' + \sigma_0^2 \boldsymbol{I}_n]^{-1}}\right\} \tag{9.1.32}$$

und (9.1.32) ist die Dichte der Normalverteilung

$$\mathrm{N}(\boldsymbol{F}_i \boldsymbol{\vartheta}_0^{(i)}, \boldsymbol{F}_i \boldsymbol{\Lambda}_i^{-1} \boldsymbol{F}_i' + \sigma_0^2 \boldsymbol{I}_n) \bullet$$

Beweis: Unter Beachtung, daß $\mathrm{N}(\boldsymbol{\vartheta}_0^{(i)}, \boldsymbol{\Lambda}_i)$ konjugiert zu $\mathrm{N}(\boldsymbol{F}_i \boldsymbol{\vartheta}^{(i)}, \sigma_0^2 \boldsymbol{I}_n)$ ist, verifiziert man (9.1.32) über die bayessche Formel.

Lemma 9.1.4: Es sei $K = \{\sigma_0\}$, und es genüge $\mathfrak{Y}(V_n)$ einer Normalverteilung gemäß (9.1.29) und $\boldsymbol{\theta}^{(i)}$ einer nichtinformativen Verteilung gemäß (9.1.31). Weiterhin sei $\mathrm{Rg}(\boldsymbol{F}_i' \boldsymbol{F}_i) = r_i$. Dann gilt

$$\forall i \in T\ \forall V_n \in V_{\mathrm{reg}}^{(0)}\ \forall \boldsymbol{y} \in C(V_n): p_{\mathfrak{Y}}(\boldsymbol{y} \mid i;\ V_n)$$
$$= (2\pi\sigma_0^2)^{-n/2} (2\pi\sigma_0^2)^{r_i/2} (\det (\boldsymbol{F}_i' \boldsymbol{F}_i))^{-1/2} \exp\left\{-\frac{1}{2\sigma_0^2} ||\boldsymbol{y} - \boldsymbol{F}_i \check{\boldsymbol{\vartheta}}^{(i)}(\cdot)||^2_{\boldsymbol{I}_n}\right\} \tag{9.1.33}$$

mit $\forall \boldsymbol{y} \in C(V_n): \check{\boldsymbol{\vartheta}}^{(i)}(\boldsymbol{y}) = (\boldsymbol{F}_i' \boldsymbol{F}_i)^{-1} \boldsymbol{F}_i' \boldsymbol{y}$ •

Der *Beweis* verläuft analog zu dem von Lemma 9.1.3.

Bemerkung 9.1.5: Es ist auch möglich, die Vor. 9.1.6 dadurch zu modifizieren, daß an die Stelle von $\sigma^2 \boldsymbol{I}_n$ eine Matrix $\sigma_\tau^2 \operatorname{diag}\big((\boldsymbol{v}(V_n))\big)$ gesetzt wird. Dabei ist $\boldsymbol{v}(V_n) = (v(\boldsymbol{x}_1), \ldots, v(\boldsymbol{x}_n))'$, und die Funktion $v(\cdot) \in (\mathrm{R}^+)^V$ ist vorgegeben. Damit läßt sich der Fall der Heteroskedastie völlig analog behandeln (s. Fedorov [6] und auch Abschnitt 5.7, in dem dieser Fall für die Schätzung betrachtet wird).

Eine interessante Verbindung zur heuristisch motivierten Entscheidungsfunktion aufgrund der Restquadratsummen der entsprechenden Schätzungen erhalten wir, wenn wir die Voraussetzungen 9.1.4 bis 9.1.6 insgesamt annehmen. Weiterhin sei speziell $P_\tau(1) = P_\tau(2) = 1/2$. Dann wird aus (9.1.23) und (9.1.24) als spezielle Form von (9.1.25)

$$\forall \boldsymbol{y} \in C(V_n) : \big((q(\boldsymbol{y};\ V_n) \geqq 1) \Rightarrow d_T^*(\boldsymbol{y}) = 1\big)$$
$$\wedge \big((q(\boldsymbol{y};\ V_n) < 1) \Rightarrow d_T^*(\boldsymbol{y}) = 2\big) \tag{9.1.34}$$

gewonnen. Aus (9.1.24) haben wir

$$\ln q(\boldsymbol{y};\ V_n) = \ln p_{\mathfrak{Y}}(\boldsymbol{y} \mid 1;\ V_n) - \ln p_{\mathfrak{Y}}(\boldsymbol{y} \mid 2;\ V_n)$$

und unter den Voraussetzungen von Lemma 9.1.3 ergibt sich dann

$$\ln q(\boldsymbol{y};\ V_n) = -\frac{1}{2} \ln \det (\boldsymbol{F}_1 \boldsymbol{\Lambda}_1^{-1} \boldsymbol{F}_1' + \sigma_0^2 \boldsymbol{I}_n) - \frac{1}{2} ||\boldsymbol{y} - \boldsymbol{F}_1 \boldsymbol{\vartheta}_0^{(1)}||^2_{[\boldsymbol{F}_1 \boldsymbol{\Lambda}_1^{-1} \boldsymbol{F}_1' + \sigma_0^2 \boldsymbol{I}_n]^{-1}}$$
$$+ \frac{1}{2} \ln \det (\boldsymbol{F}_2 \boldsymbol{\Lambda}_2^{-1} \boldsymbol{F}_2' + \sigma_0^2 \boldsymbol{I}_n) + \frac{1}{2} ||\boldsymbol{y} - \boldsymbol{F}_2 \boldsymbol{\vartheta}_0^{(2)}||^2_{[\boldsymbol{F}_2 \boldsymbol{\Lambda}_2^{-1} \boldsymbol{F}_2' + \sigma_0^2 \boldsymbol{I}_n]^{-1}}. \tag{9.1.35}$$

Für die *normierten Restquadratsummen* führen wir die Abkürzungen

$$J_i(\boldsymbol{y};\ V_n) := \frac{1}{\sigma_0^2} ||\boldsymbol{y} - \boldsymbol{F}_i \check{\boldsymbol{\vartheta}}^{(i)}(\boldsymbol{y})||^2_{\boldsymbol{I}_n};\ i \in \{1, 2\} \tag{9.1.36}$$

und

$$J(\boldsymbol{y};\, V_n) := J_2(\boldsymbol{y};\, V_n) - J_1(\boldsymbol{y};\, V_n) \tag{9.1.37}$$

ein.

Lemma 9.1.5: Es sei $K = \{\sigma_0\}$, und es genügen $\mathfrak{Y}(V_n)$ einer Normalverteilung gemäß (9.1.29) sowie $\boldsymbol{\theta}^{(1)}$ und $\boldsymbol{\theta}^{(2)}$ nichtinformativen Verteilungen gemäß (9.1.31). Weiterhin sei $\mathrm{Rg}\,(\boldsymbol{F}_1'\boldsymbol{F}_1) = r_1$ und $\mathrm{Rg}\,(\boldsymbol{F}_2'\boldsymbol{F}_2) = r_2$. Falls für $V_n \in V^{(0)}$ gilt

$$\frac{\det\,(\boldsymbol{F}_1'\boldsymbol{F}_1)}{\det\,(\boldsymbol{F}_2'\boldsymbol{F}_2)} = (2\pi\sigma_0^2)^{r_1-r_2}\,, \tag{9.1.38}$$

dann ist die bayessche Entscheidungsfunktion d_T^* gemäß (9.1.34) äquivalent zu

$$\forall \boldsymbol{y} \in C(V_n)\colon \big((J(\boldsymbol{y};\, V_n) \geqq 0) \Rightarrow d_T^*(\boldsymbol{y}) = 1\big)$$
$$\wedge \big((J(\boldsymbol{y};\, V_n) < 0) \Rightarrow d_T^*(\boldsymbol{y}) = 2\big) \bullet \tag{9.1.39}$$

Beweis: $\ln q(\boldsymbol{y};\, V_n) = \ln p_{\mathfrak{Y}}(\boldsymbol{y} \mid 1;\, V_n) - \ln p_{\mathfrak{Y}}(\boldsymbol{y} \mid 2;\, V_n)$. Damit aus (9.1.33)

$$\begin{aligned}\ln q(\boldsymbol{y};\, V_n) &= -\frac{n}{2}\ln(2\pi\sigma_0^2) + \frac{r_1}{2}\ln(2\pi\sigma_0^2) - \frac{1}{2}\ln\det\,(\boldsymbol{F}_1'\boldsymbol{F}_1)\\ &\quad - \frac{1}{2\sigma_0^2}\,\|\boldsymbol{y} - \boldsymbol{F}_1\check{\boldsymbol{\vartheta}}^{(1)}(\boldsymbol{y})\|_{\boldsymbol{I}_n}^2 + \frac{n}{2}\ln(2\pi\sigma_0^2) - \frac{r_2}{2}\ln(2\pi\sigma_0^2)\\ &\quad + \frac{1}{2}\ln\det\,(\boldsymbol{F}_2'\boldsymbol{F}_2) + \frac{1}{2\sigma_0^2}\,\|\boldsymbol{y} - \boldsymbol{F}_2\check{\boldsymbol{\vartheta}}^{(2)}(\boldsymbol{y})\|_{\boldsymbol{I}_n}^2\\ &= \frac{1}{2}\,J(\boldsymbol{y};\, V_n) + \frac{1}{2}\ln(2\pi\sigma_0^2)^{r_1-r_2} - \frac{1}{2}\ln\frac{\det\,(\boldsymbol{F}_1'\boldsymbol{F}_1)}{\det\,(\boldsymbol{F}_2'\boldsymbol{F}_2)}\\ &= \frac{1}{2}\,J(\boldsymbol{y};\, V_n) \qquad \text{wegen (9.1.38).}\end{aligned}$$

Bemerkung 9.1.6: Für den Fall, daß die Varianzen für beide Normalverteilungen (9.1.29) verschieden sind, d. h. $\boldsymbol{B}_{\mathfrak{Y}(V_n)} = \sigma_i^2\boldsymbol{I}_n$ falls $S \subseteq \tilde{S}_i$, dann lautet die Bedingung (9.1.38) für (9.1.39) entsprechend

$$\frac{(\sigma_2^2)^{n-r_2}}{(2\pi)^{r_2}}\,\frac{(2\pi)^{r_1}}{(\sigma_1^2)^{n-r_1}} = \frac{\det\,(\boldsymbol{F}_1'\boldsymbol{F}_1)}{\det\,(\boldsymbol{F}_2'\boldsymbol{F}_2)}\,.$$

9.1.3. Der F-Test als Entscheidungsfunktion zur Ansatzdiskrimination

Wie in den vorangehenden Abschnitten dieses Kapitels ist das statistische Entscheidungsproblem $G_T = [Z_T,\, U_T^{(*)},\, R_T^{(*)}]$ gemäß (2.3.52) mit dem Risiko $R_T^{(*)}$ aus (2.3.54) der Ausgangspunkt der weiteren Behandlung. Im Unterschied zu Abschnitt 9.1.1 wird aber keine a-priori-Verteilung über Z_T betrachtet. Es werden jedoch die Voraussetzungen 9.1.1 (K ist Parametermenge) und 9.1.2 (Existenz von Dichten) übernommen. Unter weiteren einschränkenden Bedingungen läßt sich das Entscheidungsproblem auf ein Testproblem zurückführen, für das der F-Test einige Optimalitätseigenschaften besitzt, wie im vorliegenden Abschnitt erläutert werden soll.

Eine der beiden Komponenten der Strategie U_T^* des Statistikers ist die Verhaltensentscheidungsfunktion $\delta_T(\cdot,\, V_n)$. Für jedes $\boldsymbol{y}$ aus $C(V_n)$ ist $\delta_T(\boldsymbol{y},\, V_n) \in T^*$. Analog zu (9.1.3) und (9.1.7) führen wir daher die Bezeichnung ein:

$$\forall V_n \in V^{(0)}\ \forall \boldsymbol{y} \in C(V_n)\colon$$
$$\delta_T(\boldsymbol{y},\, V_n) =: P_{\tau|\boldsymbol{y};\,\delta_T} = (P_{\tau|\boldsymbol{y};\,\delta_T}(1)\,,\, \ldots\,,\, P_{\tau|\boldsymbol{y};\,\delta_T}(m))\,. \tag{9.1.40}$$

Damit erhalten wir für das Risiko $R_T^{(*)}$ die Darstellung

$$R_T^{(*)}(i, \boldsymbol{\vartheta}^{(i)}, \boldsymbol{w}; \delta_T(\cdot, V_n), V_n) = \sum_{j=1}^{m} L(i; j) \int_{C(V_n)} P_{\tau|\boldsymbol{y}} P_{\tau|\boldsymbol{y}; \delta_T}(j)\, p_{\mathfrak{Y}}(\boldsymbol{y} \mid i, \boldsymbol{\vartheta}^{(i)}, \boldsymbol{w}; V_n)\, \mathrm{d}\lambda^{\otimes n} . \tag{9.1.41}$$

Wir übernehmen weiterhin die Vor. 9.1.5 (card $T = 2$). Es sei $\boldsymbol{f}(\cdot) = (f_1(\cdot), \dots, f_r(\cdot))'$ ein Vektor linear unabhängiger stetiger Funktionen $f_i \in (\mathrm{R}^1)^B$; $i \in \{1, \dots, r\}$; und

$$\tilde{S} := \{\tilde{\eta}(\cdot, \boldsymbol{\vartheta}) : \tilde{\eta}(\cdot, \boldsymbol{\vartheta}) = \boldsymbol{f}(\cdot)' \boldsymbol{\vartheta} \wedge \boldsymbol{\vartheta} \in \mathrm{R}^r\} .$$

Die beiden Ansätze seien durch

$$\tilde{S}_1 := \{\tilde{\eta}(\cdot, \boldsymbol{\vartheta}) : \tilde{\eta}(\cdot, \boldsymbol{\vartheta}) \in \tilde{S} \wedge \boldsymbol{\vartheta} \in \Theta_0 \subset \mathrm{R}^r\}$$
$$\tilde{S}_2 := \{\tilde{\eta}(\cdot, \boldsymbol{\vartheta}) : \tilde{\eta}(\cdot, \boldsymbol{\vartheta}) \in \tilde{S} \wedge \boldsymbol{\vartheta} \in \Theta_A \subset \mathrm{R}^r\} \tag{9.1.42}$$

definiert. Speziell gelte für die Mengen Θ_0 und Θ_A:

Vor. 9.1.7:

$$\exists \boldsymbol{K} \in \mathcal{M}^{(s)}_{s \times r}, \exists \boldsymbol{l} \in \mathrm{R}^s : \Theta_0 = \{\boldsymbol{\vartheta} : \boldsymbol{\vartheta} \in \mathrm{R}^r \wedge \boldsymbol{K}\boldsymbol{\vartheta} = \boldsymbol{l}\} \wedge \Theta_A = \mathrm{R}^r \setminus \Theta_0 \bullet \tag{9.1.43}$$

Das heißt also, Θ_0 sei ein $(r - s)$-dimensionaler affiner Teilraum von R^r. Speziell wird hierdurch Vor. 2.3.11 erfüllt.

Bemerkung 9.1.7: Durch Wahl einer anderen Basis in $\mathcal{L}[\{f_1 \dots, f_r\}]$ ist stets erreichbar, daß für den neuen Parametervektor ζ gilt

$$(\boldsymbol{I}_s \mid \boldsymbol{0}_{s \times (r-s)})\, \zeta = \boldsymbol{0} \Leftrightarrow \boldsymbol{K}\boldsymbol{\vartheta} = \boldsymbol{l} . \tag{9.1.44}$$

Schließlich gelte auch die Vor. 9.1.4 über die Form der Verlustfunktion, d. h.

$$L(1; 1) = L(2; 2) = 0; \qquad L(1; 2) = L(2; 1) = 1 . \tag{9.1.45}$$

In weiterer Spezialisierung von Vor. 9.1.1 sei $K = \mathrm{R}^+$ mit $\sigma \in K$, so daß die Dichten der Fehlerverteilung als $p_{\mathfrak{Y}}(\cdot \mid \boldsymbol{\vartheta}, \sigma; V_n)$ geschrieben werden können.

Wegen (9.1.43), (9.1.45) und $K = \mathrm{R}^+$ erhält das Risiko (9.1.41) die einfachere Form:

$$\forall V_n \in V^{(0)}\ \forall \delta_T(\cdot, V_n) \in \Delta_{TR}(V_n)\ \forall \sigma \in \mathrm{R}^+ :$$
$$\forall \boldsymbol{\vartheta} \in \Theta_0 : R_T^{(*)}(1, \boldsymbol{\vartheta}, \sigma; \delta_T(\cdot, V_n), V_n) = \int_{C(V_n)} P_{\tau|\boldsymbol{y}; \delta_T}(2)\, p_{\mathfrak{Y}}(\boldsymbol{y} \mid \boldsymbol{\vartheta}, \sigma; V_n)\, \mathrm{d}\lambda^{\otimes n}$$
$$\wedge \forall \boldsymbol{\vartheta} \in \Theta_A : R_T^{(*)}(2, \boldsymbol{\vartheta}, \sigma; \delta_T(\cdot, V_n), V_n) = \int_{C(V_n)} P_{\tau|\boldsymbol{y}; \delta_T}(1)\, p_{\mathfrak{Y}}(\boldsymbol{y} \mid \boldsymbol{\vartheta}, \sigma; V_n)\, \mathrm{d}\lambda^{\otimes n} . \tag{9.1.46}$$

Durch die vorstehenden Einschränkungen wurde das statistische Entscheidungsproblem G_T gemäß (2.3.52) spezialisiert. Wegen Vor. 9.1.7 und $K = \mathrm{R}^+$ ist $Z_T = (\{1\} \times \Theta_0 \times \mathrm{R}^+) \cup (\{2\} \times \Theta_A \times \mathrm{R}^+)$ und das Risiko $R_T^{(*)}$ hat die Darstellung (9.1.46).

Da es für festen Versuchsplan $V_n \in V^{(0)}$ auch in diesem spezialisierten Problem keine bezüglich Z_T gleichmäßig beste Entscheidungsfunktion geben muß, wird das statistische Entscheidungsproblem schrittweise weiter eingeschränkt, um ein solches Problem zu erhalten, in dem dies der Fall ist.

Zuerst führen wir für $\alpha \in (0, 1)$ die Teilmengen ein

$$\Delta_T^{(\alpha)}(V_n) := \Big\{\delta_T(\cdot, V_n) : \delta_T(\cdot, V_n) \in \Delta_{TR}(V_n) \wedge (\delta_T(\cdot, V_n), V_n) \in U_T^{(*)} \wedge \forall \sigma \in \mathrm{R}^+ : \sup_{\vartheta \in \Theta_0} \int_{C(V_n)} P_{\tau|\boldsymbol{y};\delta_T}(2)\, p_{\mathfrak{Y}}(\boldsymbol{y} \mid \vartheta, \sigma; V_n)\, \mathrm{d}\lambda^{\otimes n} \leqq \alpha\Big\}. \tag{9.1.47}$$

Wegen $P_\tau(1) = 1 - P_\tau(2)$ für alle $P_\tau \in T^*$ im Falle $T = \{1, 2\}$ genügt es, anstelle der Abbildungen $\delta_T(\cdot, V_n) \mid C(V_n) \to T^*$ Funktionen $T_{V_n}(\cdot) \mid C(V_n) \to [0, 1]$ zu betrachten und

$$\forall \boldsymbol{y} \in C(V_n) : T_{V_n}(\boldsymbol{y}) = P_{\tau|\boldsymbol{y};\delta_T}(2) \tag{9.1.48}$$

zu setzen. Dann entspricht der Menge $\Delta_T^{(\alpha)}(V_n)$ aus (9.1.47) die Menge

$$\mathcal{T}_{(V_n)}^{\alpha} := \{T_{V_n}(\cdot) : T_{V_n}(\cdot) = P_{\tau|\cdot;\delta_T}(2) \wedge \delta_T(\cdot, V_n) \in \Delta_T^{(\alpha)}(V_n)\}. \tag{9.1.49}$$

Dies ist eine Menge von Testfunktionen in einem randomisierten Testproblem (vgl. Def. 1.4.9).

Wir wollen nun noch die Risikofunktion $R_T^{(*)}$ in der Form der Gütefunktion g_T gemäß Def. 1.4.10 schreiben:

$$\begin{aligned}
&\forall V_n \in V^{(0)}\ \forall \sigma \in \mathrm{R}^+\ \forall \delta_T(\cdot, V_n) \in \Delta_T^{(\alpha)}(V_n)\ \forall \vartheta \in \Theta_0 : R_T^{(*)}(1, \vartheta, \sigma; \delta_T(\cdot, V_n), V_n) \\
&\quad = \int_{C(V_n)} P_{\tau|\boldsymbol{y};\delta_T}(2)\, p_{\mathfrak{Y}}(\boldsymbol{y} \mid \vartheta, \sigma; V_n)\, \mathrm{d}\lambda^{\otimes n} \\
&\quad = \int_{C(V_n)} T_{V_n}(\boldsymbol{y})\, p_{\mathfrak{Y}}(\boldsymbol{y} \mid \vartheta, \sigma; V_n)\, \mathrm{d}\lambda^{\otimes n} =: g_T(\vartheta, \sigma; V_n) \\
&\wedge \forall \vartheta \in \Theta_A : R_T^{(*)}(2, \vartheta, \sigma; \delta_T(\cdot, V_n), V_n) \\
&\quad = \int_{C(V_n)} P_{\tau|\boldsymbol{y};\delta_T}(1)\, p_{\mathfrak{Y}}(\boldsymbol{y} \mid \vartheta, \sigma; V_n)\, \mathrm{d}\lambda^{\otimes n} \\
&\quad = 1 - \int_{C(V_n)} T_{V_n}(\boldsymbol{y})\, p_{\mathfrak{Y}}(\boldsymbol{y} \mid \vartheta, \sigma; V_n)\, \mathrm{d}\lambda^{\otimes n} =: 1 - g_T(\vartheta, \sigma; V_n).
\end{aligned} \tag{9.1.50}$$

Durch die Festlegung der Menge $\mathcal{T}_{V_n}^{(\alpha)}$ ist für das Risiko $R_T^{(*)}$ auf $\{1\} \times \Theta_0 \times \mathrm{R}^+$ eine Schranke vorgegeben, die nicht überschritten werden darf. Die *Testauffassung* des statistischen Entscheidungsproblems besteht nun darin, daß man das Risiko durch diese Schranke dort als hinreichend klein annimmt und ein eingeschränktes statistisches Entscheidungsproblem allein für die Menge $Z_{TA} = \{2\} \times \Theta_A \times \mathrm{R}^+$ betrachtet, für die man auch einfacher $\Theta_A \times \mathrm{R}^+$ setzen kann.

Für jedes $V_n \in V^{(0)}$ sei $\mathcal{T}_{V_n,0}^{(\alpha)} \subseteq \mathcal{T}_{V_n}^{(\alpha)}$. Es gilt

$$U^{(*)} := \bigcup_{V_n \in V^{(0)}} (\mathcal{T}_{V_n,0}^{(\alpha)} \times \{V_n\}) \subseteq \bigcup_{V_n \in V^{(0)}} (\mathcal{T}_{V_n}^{(\alpha)} \times \{V_n\}).$$

Dann läßt sich dieses randomisierte Testproblem als Verhaltensentscheidungsproblem

$$G_{TA} = [\Theta_A \times \mathrm{R}^+, \bigcup_{V_n \in V^{(0)}} (\mathcal{T}_{V_n,0}^{(\alpha)} \times \{V_n\}), 1 - g_T] \tag{9.1.51}$$

darstellen.

Im Hinblick auf die weiteren Untersuchungen wird die folgende Trennung von (9.1.51) vorgenommen. Dabei ist $\mathcal{T}_0^{(\alpha)} := \bigcup_{V_n \in V^{(0)}} \mathcal{T}_{V_n,0}^{(\alpha)}$, weiter seien Z_1' eine Menge fiktiver Zustände und $\tilde{\mathrm{I}}_1$ der in (2.2.12) eingeführte Operator.

Folgerung 9.1.2: Es sei $\tilde{Q} \mid (\mathrm{R}^1)^{\Theta_A \times \mathrm{R}^+ \times U^{(*)}} \dashrightarrow (\mathrm{R}^1)^{U^{(*)}}$ ein $\mathcal{T}_0^{(\alpha)}$-monotoner Operator. Dann ist das statistische Verhaltensentscheidungsproblem (9.1.51) bez. $Q = \tilde{Q} \circ \tilde{\mathrm{I}}_1$ trennbar in

$$G_{TA1} = [Z_1', \mathcal{T}_{V_n,0}^{(\alpha)}, R_1]$$

und

$$G_{TA2} = [\Theta_A \times \mathrm{R}^+, V^{(0)}, R_2] \tag{9.1.52}$$

mit

$$\forall z_1' \in Z_1' \; \forall \vartheta \in \Theta_A \; \forall \sigma \in \mathrm{R}^+ \; \forall V_n \in V^{(0)} \; \forall T_{V_n}(\cdot) \in \mathcal{T}_{V_n,0}^{(\alpha)}:$$
$$R_1(z_1', T_{V_n}(\cdot)) = 1 - g_T(\vartheta, \sigma; V_n)$$
$$\wedge \; \forall \vartheta \in \Theta_A \; \forall \sigma \in \mathrm{R}^+ \; \forall V_n \in V^{(0)}: R_2(\vartheta, \sigma; V_n) = \tilde{\mathrm{I}}_1 R_1(z_1', T_{V_n}^*(\cdot)) \; \bullet$$

Im folgenden wählen wir für jedes $V_n \in V^{(0)}$ eine solche Menge $\mathcal{T}_{V_n,0}^{(\alpha)} \subseteq \mathcal{T}_{V_n}$, für die in G_{TA1} (s. (9.1.52)) eine gleichmäßig beste Entscheidungsfunktion $T_{V_n}^*$ bez. $Z_2 = \Theta_A \times \mathrm{R}^+$ aus G_{TA2} (s. (9.1.52)) existiert.

Wir werden die Invarianz des Testproblems gegenüber gewissen Transformationen des Stichprobenraumes voraussetzen und knüpfen dazu an die Definitionen 1.5.5 und 1.5.6 an.

Für $V_n \in V^{(0)}$ und $z \in Z$ sei $P^{(z)}$ die Verteilung von $\mathfrak{Y}(V_n)$ über $C(V_n)$. Für die Menge $W := \{P^{(z)}: z \in Z\}$ wird die Verteilungsidentifizierbarkeit (vgl. Humak [1]) vorausgesetzt.

Vor. 9.1.8: $\forall z_1 \in Z \; \forall z_2 \in Z: z_1 \neq z_2 \Rightarrow P^{(z_1)} \neq P^{(z_2)} \; \bullet$

Es sei $\mathcal{G}_c$ eine Gruppe $(\mathcal{B}_{C(V_n)}, \mathcal{B}_{C(V_n)})$-meßbarer eineindeutiger Funktionen von $C(V_n)$ auf sich. Die Gruppenoperation sei die Hintereinanderausführung der Abbildungen. Wir bilden die Mengen

$$\forall g \in \mathcal{G}_c: W_g := \{P^{(z,g)}: \forall z \in Z \; \forall P^{(z)} \in W \; \forall B \in \mathcal{B}_{C(V_n)}: P^{(z,g)}(B) = P^{(z)}(g^{-1}(B))\}\,. \tag{9.1.53}$$

Def. 9.1.1: Die Menge W heißt *invariant* gegenüber $\mathcal{G}_c =_{\mathrm{df}}$

$$\forall g \in \mathcal{G}_c: W_g = W \; \bullet$$

Damit läßt sich die Invarianz des Testproblems G_{TA1} (s. (9.1.52)) definieren.

Def. 9.1.2: Das Testproblem (9.1.52) heißt *invariant* gegenüber $\mathcal{G}_c =_{\mathrm{df}}$

$$W_0 := \{P^{(z)}: z \in \Theta_0 \times \mathrm{R}^+\}$$

und

$$W_1 := \{P^{(z)}: z \in \Theta_A \times \mathrm{R}^+\}$$

sind invariant gegenüber $\mathcal{G}_c$ •

Vor. 9.1.9: Das Testproblem G_{TA1} sei *invariant* gegenüber $\mathcal{G}_c$ •

Häufig vereinfacht sich das Testproblem beim Übergang in einen anderen Raum (geringerer Dimension) durch eine Abbildung

$$J \mid C(V_n) \to C_J(V_n); \qquad C_J(V_n) \subseteq \mathrm{R}^{r_J}; \qquad r_J < r\,.$$

Def. 9.1.3: Die Funktion $J \in \mathcal{F}(\mathcal{B}_{C(V_n)}, \mathcal{B}_J)$ heißt *invariant* bezüglich $\mathcal{G}_c =_{\mathrm{df}}$

$$\forall g \in \mathcal{G}_c \; \forall \boldsymbol{y} \in C(V_n): J(g(\boldsymbol{y})) = J(\boldsymbol{y}) \; \bullet$$

Def. 9.1.4: Die Funktion $J \in \mathcal{F}(\mathcal{B}_{C(V_n)}, \mathcal{B}_J)$ heißt *maximalinvariant* bezüglich $\mathcal{G}_c =_{\text{df}}$

$$\langle\!\langle J \text{ ist invariant bezüglich } \mathcal{G}_c \rangle\!\rangle$$

$$\wedge\ \forall \boldsymbol{y}_1 \in C(V_n)\ \forall \boldsymbol{y}_2 \in C(V_n)\ \exists g \in \mathcal{G}_c : J(\boldsymbol{y}_1) = J(\boldsymbol{y}_2) \Rightarrow \boldsymbol{y}_1 = g(\boldsymbol{y}_2) \bullet$$

Dann bietet der folgende Satz Bedingungen, unter denen sich die Invarianz des Testproblems auf das transformierte Problem überträgt.

Satz 9.1.2: Sei $\mathcal{B}_J$ das durch J vermittelte Bild von $\mathcal{B}_{C(V_n)}$ und die durch J auf $[C_J(V_n), \mathcal{B}_J]$ induzierten Maße $P_J^{(z)}$ seien für alle $z \in Z$ durch ein Maß $\nu^{\otimes r_J}$ dominiert. Weiterhin sei J maximalinvariant bezüglich $\mathcal{G}_c$. Dann gilt für jede $(\mathcal{B}_{C(V_n)}, \mathcal{B}_{[0,1]})$-meßbare Abbildung ψ von $C(V_n)$ in $[0, 1]$

$$\langle\!\langle \psi \text{ ist invariant gegenüber } \mathcal{G}_c \rangle\!\rangle$$

$$\Leftrightarrow \exists w \mid C_J(V_n) \to [0, 1]: w \in \mathcal{F}(\mathcal{B}_J, \mathcal{B}_{[0,1]}) \wedge \left(\forall \boldsymbol{y} \in C(V_n): \psi(\boldsymbol{y}) = w(J(\boldsymbol{y}))\right) \bullet$$

Der Satz ist eine Spezialisierung des Satzes 1.3 in WITTING/NÖLLE [1].

Folgerung 9.1.3: Die Testfunktion T_{V_n} auf $[C(V_n), \mathcal{B}_{C(V_n)}]$ ist invariant bezüglich $\mathcal{G}_c$, genau dann, wenn es eine Testfunktion T_{J, V_n} auf $[C_J(V_n), \mathcal{B}_J]$ gibt mit

$$\forall \boldsymbol{y} \in C(V_n): T_{V_n}(\boldsymbol{y}) = T_{J, V_n}(J(\boldsymbol{y})) \bullet \tag{9.1.54}$$

Damit werden wir auf eine Einschränkung der Menge der Testfunktionen geführt:

$$\mathcal{T}_{V_n, \mathcal{G}_c}^{(\alpha)} := \{T_{V_n}(\cdot): T_{V_n}(\cdot) \in \mathcal{T}_{V_n}^{(\alpha)} \wedge \langle\!\langle T_{V_n}(\cdot) \text{ invariant bezüglich } \mathcal{G}_c \rangle\!\rangle\}\,. \tag{9.1.54a}$$

Mit den Voraussetzungen des Satzes 9.1.2 und der Beziehung (9.1.54) läßt sich für das spezialisierte Testproblem $G_{TA1} = [Z_1', \mathcal{T}_{V_n, \mathcal{G}_c}^{(\alpha)}, 1 - g_T]$ ein äquivalentes Testproblem finden, in dem $[C_J(V_n), \mathcal{B}_J]$ den Stichprobenraum darstellt und Testfunktionen $T_{J, V_n} \mid C_J(V_n) \to [0, 1]$ als Verhaltensentscheidungen betrachtet werden.

Die Gütefunktion bleibt ungeändert, denn mit (9.1.50), (9.1.54) und $\boldsymbol{j} = J(\boldsymbol{y})$ ist

$$g_T(\boldsymbol{\vartheta}, \sigma; V_n) = \int\limits_{C_J(V_n)} T_{J, V_n}(\boldsymbol{j})\, p_J(\boldsymbol{j} \mid \boldsymbol{\vartheta}, \sigma; V_n)\, \mathrm{d}\nu^{\otimes r_J} = g_{T_J}(\boldsymbol{\vartheta}, \sigma; V_n)\,.$$

Es genügt also,

$$\forall \sigma \in \mathrm{R}^+\ \forall \boldsymbol{\vartheta} \in \Theta_A : g_{T_J}(\boldsymbol{\vartheta}, \sigma; V_n) \stackrel{!}{=} \sup_{T_{J, V_n} \in \mathcal{T}_{J, V_n, \mathcal{G}_c}^{(\alpha)}} \tag{9.1.55}$$

mit

$$\mathcal{T}_{J, V_n, \mathcal{G}_c}^{(\alpha)} := \{T_J(\cdot): T_{V_n}(\cdot) = T_J(J(\cdot)) \wedge T_{V_n} \in \mathcal{T}_{V_n, \mathcal{G}_c}^{(\alpha)}\} \tag{9.1.56}$$

zu untersuchen. Damit erhält man aus Folgerung 9.1.3 die Aussage des folgenden Lemmas.

Lemma 9.1.6: Sei T_{J, V_n}^* gleichmäßig beste Testfunktion gemäß (9.1.55), dann ist $T_{V_n, \mathcal{G}_c}^*$ mit

$$\forall \boldsymbol{y} \in C(V_n): T_{V_n, \mathcal{G}_c}^*(\boldsymbol{y}) = T_{J, V_n}^*(J(\boldsymbol{y})) \tag{9.1.57}$$

gleichmäßig beste Testfunktion in $G_{TA1} = [Z_1', \mathcal{T}_{V_n, \mathcal{G}_c}^{(\alpha)}, 1 - g_T]$ bez. $Z_2 = \Theta_A \times \mathrm{R}^+$ aus G_{TA2} (s. (9.1.52)) $\bullet$

Im Rahmen der Testtheorie wird $T_{V_n, \mathcal{G}_c}^*$ gemäß (9.1.57) als gleichmäßig beste (bez. $\mathcal{G}_c$) invariante Testfunktion von Θ_0 gegen Θ_A zum Signifikanzniveau α bezeichnet.

Sei nun speziell $\mathfrak{Y}(V_n)$ normalverteilt und die linearen Ansätze genügen der Vor. 9.1.7. Dann hat die Dichte von $\mathfrak{Y}(V_n)$ die Form

$$p_{\mathfrak{Y}}(\boldsymbol{y} \mid \boldsymbol{\vartheta}, \sigma; V_n) = (2\pi\sigma^2)^{-n/2} \exp\left\{-\frac{1}{2\sigma^2} ||\boldsymbol{y} - \boldsymbol{F}(V_n)\, \boldsymbol{\vartheta}||^2_{I_n}\right\} \tag{9.1.58}$$

mit $\boldsymbol{F}(V_n) = \big((f_j(\boldsymbol{x}_i))\big)_{n\times r}$. Die beiden Ansätze unterscheiden sich durch die lineare Hypothese $\boldsymbol{K\vartheta} = \boldsymbol{l}$.

Wir betrachten die Transformationsgruppe

$$\begin{aligned} \mathcal{S}_c := \{g\colon (g \mid C(V_n) \to C(V_n) \wedge \forall \boldsymbol{y} \in C(V_n)\colon \\ g(\boldsymbol{y}) = a\boldsymbol{Ay} + \boldsymbol{F}(V_n)\,\boldsymbol{d} \wedge \boldsymbol{A} \in \mathcal{M}_n \wedge \boldsymbol{AA}' = \boldsymbol{I}_n) \\ \wedge (\forall \boldsymbol{b} \in \mathrm{R}^r\colon \boldsymbol{AF}(V_n)\,\boldsymbol{b} = \boldsymbol{F}(V_n)\,\boldsymbol{b}) \wedge \boldsymbol{d} \in \mathrm{R}^r \wedge a \in \mathrm{R}^1 \setminus \{0\}\} \end{aligned} \tag{9.1.59}$$

und die Untergruppe

$$\mathcal{S}_0 := \{g\colon g \in \mathcal{S}_c \wedge \boldsymbol{Kd} = \boldsymbol{l}\}\,. \tag{9.1.60}$$

Lemma 9.1.7: Das Testproblem (9.1.52) für die lineare Hypothese gemäß Vor. 9.1.7 bei normalverteiltem Beobachtungsvektor $\mathfrak{Y}(V_n)$ gemäß (9.1.58) ist invariant bezüglich der Untergruppe $\mathcal{S}_0$ aus (9.1.60) •

Der *Beweis* wird durch einfaches Nachprüfen der Bedingung von Def. 9.1.2 erbracht.

Man kann, zunächst unter einer einschränkenden Bedingung an den Versuchsplan, sogar eine maximalinvariante Transformation finden.

Satz 9.1.3: Wenn $\operatorname{Rg}(\boldsymbol{F}(V_n)'\,\boldsymbol{F}(V_n)) = r$, dann ist die Stichprobenfunktion $J \mid C(V_n) \to \mathrm{R}^1$ mit

$$\forall \boldsymbol{y} \in C(V_n)\colon J(\boldsymbol{y}) = \frac{(n-r)\,||\boldsymbol{K}(\boldsymbol{F}'\boldsymbol{F})^{-1}\,\boldsymbol{F}'\boldsymbol{y} - \boldsymbol{l}||^2_{[\boldsymbol{K}(\boldsymbol{F}'\boldsymbol{F})^{-1}\,\boldsymbol{K}']^{-1}}}{s\,||\boldsymbol{y}||^2_{[\boldsymbol{I}_n - \boldsymbol{F}(\boldsymbol{F}'\boldsymbol{F})^{-1}\,\boldsymbol{F}']}} \tag{9.1.61}$$

maximalinvariant bezüglich $\mathcal{S}_0$ aus (9.1.60) •

Der *Beweis* erfolgt über einfaches Nachprüfen der Bedingungen aus den Definitionen 9.1.3 und 9.1.4.

Der Satz läßt sich verallgemeinern auf den Fall, daß die in (9.1.61) vorkommenden Inversen nicht existieren.

Satz 9.1.4: Sei $\operatorname{Rg}(\boldsymbol{I}_n - \boldsymbol{F}(\boldsymbol{F}'\boldsymbol{F})^-\,\boldsymbol{F}') =: n - \tilde{r} > 0$ und $\operatorname{Rg}(\boldsymbol{K}(\boldsymbol{F}'\boldsymbol{F})^-\,\boldsymbol{K}') =: \tilde{s} > 0$, dann ist die Stichprobenfunktion $\tilde{J} \mid C(V_n) \to \mathrm{R}^1$ mit

$$\forall \boldsymbol{y} \in C(V_n)\colon \tilde{J}(\boldsymbol{y}) = \frac{(n-\tilde{r})\,||\boldsymbol{K}(\boldsymbol{F}'\boldsymbol{F})^-\,\boldsymbol{F}'\boldsymbol{y} - \boldsymbol{l}||^2_{[\boldsymbol{K}(\boldsymbol{F}'\boldsymbol{F})^-\,\boldsymbol{K}']^-}}{\tilde{s}\,||\boldsymbol{y}||^2_{[\boldsymbol{I}_n - \boldsymbol{F}(\boldsymbol{F}'\boldsymbol{F})^-\,\boldsymbol{F}']}} \tag{9.1.62}$$

maximalinvariant bezüglich $\mathcal{S}_0$ aus (9.1.60) •

Der *Beweis* wird wie bei Satz 9.1.3 erbracht.

Im weiteren werden wir die Überlegungen mit J aus (9.1.61) durchführen, die Ergebnisse aber für $\tilde{J}$ aus (9.1.62) angeben, falls sie auch dafür gelten.

Satz 9.1.5: Die Stichprobenfunktion J gemäß (9.1.61) genügt einer nichtzentralen F-Verteilung mit $(s, n-r)$ Freiheitsgraden und dem Nichtzentralitätsparameter

$$\lambda = \frac{1}{2\sigma^2}\,||\boldsymbol{K\vartheta} - \boldsymbol{l}||^2_{[\boldsymbol{K}(\boldsymbol{F}'\boldsymbol{F})^{-1}\,\boldsymbol{K}']^{-1}} \;\bullet \tag{9.1.63}$$

Beweis: Der Satz 1.3.5 mit $\boldsymbol{\Sigma} = \sigma^2 \boldsymbol{K}(\boldsymbol{F}'\boldsymbol{F})^{-1} \boldsymbol{K}'$ und $\boldsymbol{A} = \sigma^{-2}[\boldsymbol{K}(\boldsymbol{F}'\boldsymbol{F})^{-1} \boldsymbol{K}']^{-1}$ liefert für $\mathfrak{x} = (\boldsymbol{K}(\boldsymbol{F}'\boldsymbol{F})^{-1} \boldsymbol{F}\mathfrak{Y} - \boldsymbol{l})$ wegen $\boldsymbol{A\Sigma} = \boldsymbol{I}_s$ sofort mit $\mathrm{E}\mathfrak{Y} = \boldsymbol{F}\vartheta$ die Aussage

$$\frac{1}{\sigma^2} ||\boldsymbol{K}(\boldsymbol{F}'\boldsymbol{F})^{-1} \boldsymbol{F}'\mathfrak{Y} - \boldsymbol{l}||^2_{[\boldsymbol{K}(\boldsymbol{F}'\boldsymbol{F})^{-1} \boldsymbol{K}']^{-1}} \sim \chi^2(s, \lambda) .$$

Entsprechend erhält man

$$\frac{1}{\sigma^2} ||\mathfrak{Y}||^2_{[\boldsymbol{I}_n - \boldsymbol{F}(\boldsymbol{F}'\boldsymbol{F})^{-1} \boldsymbol{F}']} \sim \chi^2(n - r, 0) .$$

Aus Satz 1.3.6 folgt die Unabhängigkeit dieser beiden Zufallsgrößen. Damit gilt nach Satz 1.3.4 die Behauptung.

Entsprechend beweist man, daß $\tilde{J}$ aus (9.1.62) einer nichtzentralen F-Verteilung mit $\tilde{s}$, $n - \tilde{r}$ Freiheitsgraden und dem Nichtzentralitätsparameter

$$\tilde{\lambda} = (\boldsymbol{K}\vartheta - \boldsymbol{l})' \, [\boldsymbol{K}(\boldsymbol{F}'\boldsymbol{F})^{-} \boldsymbol{K}']^{-} \, (\boldsymbol{K}\vartheta - \boldsymbol{l})/2\sigma^2 \tag{9.1.64}$$

genügt.

Nach Folgerung 9.1.3 genügt es also, das transformierte Testproblem mit

$$W^{(J)} := \{P^{(\lambda)} \colon P^{(\lambda)} = \mathrm{F}(s, n - r, \lambda) \wedge \lambda \in \mathrm{R}^+ \cup \{0\}\}$$

und

$$W_0^{(J)} := \{P^{(\lambda)} \colon P^{(\lambda)} \in W^{(J)} \wedge \lambda = 0\}$$

$$W_1^{(J)} := \{P^{(\lambda)} \colon P^{(\lambda)} \in W^{(J)} \wedge \lambda \in \mathrm{R}^+\} \tag{9.1.65}$$

zu betrachten. Dieses Testproblem ist einfacher strukturiert als das ursprüngliche mit (9.1.43). Die Nullhypothese ist einfach, die Alternativhypothese einseitig und der Parameterraum eindimensional.

Für einen eindimensionalen Parameterraum und eine einseitige Alternativhypothese sowie unter der Voraussetzung, daß alle auftretenden Wahrscheinlichkeitsmaße durch ein gemeinsames Maß ν dominiert werden, also Dichten existieren, gewinnt der Begriff des monotonen Dichtequotienten Bedeutung. Sei $p(\cdot, \beta)$ eine Dichte und $W := \{p(\cdot, \beta) \colon \beta \in B \subseteq \mathrm{R}^1\}$ verteilungsidentifizierbar (vgl. Vor. 9.1.8).

Def. 9.1.5: Die Menge $W = \{p(\cdot, \beta) \colon \beta \in B \subseteq \mathrm{R}^1\}$ heißt *Klasse von Verteilungen mit monotonem Dichtequotienten* in $G \mid C(V_n) \to \mathrm{R}^g =_{\mathrm{df}}$

$$\forall \beta_0 \in B \; \forall \beta_1 \in B \colon \beta_0 < \beta_1 \Rightarrow \exists h \mid \mathrm{R}^g \to \mathrm{R}^1 \colon$$
$$(\forall \boldsymbol{y} \in C(V_n) \colon p(\boldsymbol{y}, \beta_1)/p(\boldsymbol{y}, \beta_0) = h(G(\boldsymbol{y})))$$
$$\wedge \, (\forall \boldsymbol{y}_1 \in C(V_n) \; \forall \boldsymbol{y}_2 \in C(V_n) \colon \boldsymbol{y}_1 < \boldsymbol{y}_2 \Rightarrow h(G(\boldsymbol{y}_1)) < h(G(\boldsymbol{y}_2))) \; \bullet$$

Lemma 9.1.8: Die Klasse der nichtzentralen F-Verteilungen $\mathrm{F}(n_1, n_2, \lambda)$; $n_1 \in \mathrm{N}$, $n_2 \in \mathrm{N}, \lambda \in \mathrm{R}^+ \cup \{0\}$; hat monotonen Dichtequotienten mit $B = \mathrm{R}^+ \cup \{0\}$ und $\beta = \lambda$ in der identischen Abbildung.

Den *Beweis* des Lemma findet man in WITTING [1].

Lemma 9.1.9: Es sei $W = \{p(\cdot, \beta) \colon \beta \in B \subseteq \mathrm{R}^1\}$ eine Klasse von Verteilungen mit monotonem Dichtequotienten in J gemäß (9.1.61). Dann ist

$$T^*_{J, V_n}(\boldsymbol{y}) = \begin{cases} 1 & \text{für } J(\boldsymbol{y}) > c \\ \gamma^* & \text{für } J(\boldsymbol{y}) = c \\ 0 & \text{für } J(\boldsymbol{y}) < c \end{cases} \tag{9.1.66}$$

gleichmäßig bester Test bezüglich $H_0: \beta \in \{\beta' \in B : \beta' \leqq \beta_0\}$ gegen $H_1: \beta \in \{\beta' \in B : \beta' > \beta_0\}$ zum Signifikanzniveau α, wenn gilt

$$P(J(\mathfrak{Y}) > c \mid \beta = \beta_0) + \gamma^* P(J(\mathfrak{Y}) = c \mid \beta = \beta_0) = \alpha \wedge \gamma^* \in [0, 1] .$$

Der Test $T^*_{J, V_n}(\cdot)$ ist außerdem unverfälscht •

Der *Beweis* wird in WITTING [1] gegeben.

Wir wenden nun diese Ergebnisse auf das Entscheidungsproblem G_{TA1} aus (9.1.52) an und wählen $\mathcal{T}^{(\alpha)}_{V_n,0} = \mathcal{T}^{(\alpha)}_{V_n, \mathfrak{s}_0}$ (vgl. (9.1.54a)). Es sei $f_{\tilde{s}, n-\tilde{r}; 1-\alpha}$ das $(1-\alpha)$-Quantil der (zentralen) F-Verteilung mit $\tilde{s}$ und $n - \tilde{r}$ Freiheitsgraden.

Satz 9.1.6: Es sei (9.1.58) die Verteilung von $\mathfrak{Y}(V_n)$ und

$$T^*_F(x) = \begin{cases} 1 & \text{für } x \geqq f_{\tilde{s}, n-\tilde{r}; 1-\alpha} \\ 0 & \text{für } x < f_{\tilde{s}, n-\tilde{r}; 1-\alpha} . \end{cases} \tag{9.1.67}$$

Dann ist $T^*_{V_n}$ mit $\tilde{J}$ aus (9.1.62) und

$$\forall \boldsymbol{y} \in C(V_n): T^*_{V_n}(\boldsymbol{y}) = T^*_F(\tilde{J}(\boldsymbol{y})) \tag{9.1.68}$$

im statistischen Verhaltensentscheidungsproblem $[Z_1', \mathcal{T}^{(\alpha)}_{V_n, \mathfrak{s}_0}, R_1]$ eine gleichmäßig beste Entscheidungsfunktion bez. $Z_2 = \Theta_2 \times \mathrm{R}^+$ aus G_{TA2} gemäß (9.1.52) •

Der *Beweis* wird durch Anwendung der vorangehenden Sätze und Lemmata geführt (vgl. auch WITTING-NÖLLE [1]).

Der durch (9.1.67) und (9.1.68) gegebene Test heißt nach der Verteilung der vermittelnden Abbildung F-*Test*.

Der F-Test hat jedoch noch weitere Optimalitätseigenschaften.

Im Hinblick darauf wird die folgende Trennung des Problems (9.1.51) vorgenommen. Dabei ist $\mathcal{T}^{(\alpha)}_0 := \bigcup_{V_n \in V^{(0)}} \mathcal{T}^{(\alpha)}_{V_n, 0}$. Weiter seien Z_2' eine Menge fiktiver Zustände und $\tilde{\mathrm{I}}_2$ der in (2.2.12) eingeführte $\mathcal{T}^{(\alpha)}_0$-monotone Operator.

Folgerung 9.1.4: Das statistische Verhaltensentscheidungsproblem (9.1.51) ist bez. $Q = \tilde{\mathrm{I}}_2 \circ \sup_{(\vartheta, \sigma) \in \Theta_A \times \mathrm{R}^+}$ trennbar in

$$G^{(1)}_{TA} = [\Theta_A \times \mathrm{R}^+, \mathcal{T}^{(\alpha)}_{V_n, 0}, R_1] \tag{9.1.69}$$

und

$$G^{(2)}_{TA} = [Z_2', V^{(0)}, R_2] \tag{9.1.70}$$

mit

$$\forall \boldsymbol{\vartheta} \in \Theta_A \; \forall \sigma \in \mathrm{R}^+ \; \forall V_n \in V^{(0)} \; \forall T_{V_n}(\cdot) \in \mathcal{T}^{(\alpha)}_{V_n, 0}: R_1(\boldsymbol{\vartheta}, \sigma; T_{V_n}(\cdot)) = 1 - g_T(\boldsymbol{\vartheta}, \sigma; V_n)$$
$$\wedge \; \forall z_2' \in Z_2' \; \forall V_n \in V^{(0)}: R_2(z_2'; V_n) = \sup_{(\vartheta, \sigma) \in \Theta_A \times \mathrm{R}^+} R_1(\boldsymbol{\vartheta}, \sigma; T^*_{V_n}(\cdot)) \; •$$

Satz 9.1.7: Der F-Test T^*_F gemäß (9.1.67) ist minimax im Testproblem $G^{(1)}_{TA} = [\Theta_A \times \mathrm{R}^+, \mathcal{T}^{(\alpha)}_{V_n}, R_1]$ •

Die Aussage des Satzes ist eine Folgerung aus dem Satz von HUNT-STEIN. Der Beweis ist LEHMANN [1] zu entnehmen.

Nach Satz 9.1.7 gilt also

$$\sup_{(\vartheta, \sigma) \in \Theta_A \times \mathrm{R}^+} (1 - g_{T_F}(\boldsymbol{\vartheta}, \sigma; V_n)) = \inf_{T \in \mathcal{T}^{(\alpha)}_{V_n}} \sup_{(\vartheta, \sigma) \in \Theta_A \times \mathrm{R}^+} (1 - g_T(\boldsymbol{\vartheta}, \sigma; V_n)) . \tag{9.1.71}$$

In der Testtheorie bezieht man sich auf die Gütefunktion selbst und nennt den Test daher maximin-Test.

Ohne Bezug auf das statistische Entscheidungsproblem (9.1.51) seien einige weitere Eigenschaften des F-Tests referiert.

Wir beschränken uns vorübergehend auf die Klasse ähnlicher Tests (Def. 1.4.11), die wir mit $\mathcal{T}_{V_n}^{(\alpha=)}$ bezeichnen wollen. Weiterhin führen wir die Mengen

$$\forall \lambda_0 \in \mathrm{R}^+ \cup \{0\}: (\mathrm{R}^r \times \mathrm{R}^+)_{\lambda_0} := \left\{(\boldsymbol{\vartheta}, \sigma) \in (\mathrm{R}^r \times \mathrm{R}^+): \frac{1}{2\sigma^2} \|\boldsymbol{K}\boldsymbol{\vartheta} - \boldsymbol{l}\|^2_{[\boldsymbol{K}(\boldsymbol{F}'\boldsymbol{F})^{-1}\boldsymbol{K}']^{-1}} = \lambda_0\right\} \quad (9.1.72)$$

derjenigen Elemente $(\boldsymbol{\vartheta}, \sigma)$ des $\mathrm{R}^r \times \mathrm{R}^+$ ein, die zum gleichen Nichtzentralitätsparameter λ_0 gehören. Denken wir uns für vorgegebenes λ_0 die Menge $(\mathrm{R}^r \times \mathrm{R}^+)_{\lambda_0}$ als Alternativhypothese zu $(\mathrm{R}^r \times \mathrm{R}^+)_0 = \Theta_0 \times \mathrm{R}^+$, so haben wir das Testproblem $[(\mathrm{R}^r \times \mathrm{R}^+)_{\lambda_0}, \mathcal{T}_{V_n}^{(\alpha=)}, 1 - g_T]$. Sei über $(\mathrm{R}^r \times \mathrm{R}^+)_{\lambda_0}$ eine a-priori-Gleichverteilung gegeben, dann hat das bayessche Risiko dafür die Form

$$\int_{(\mathrm{R}^r \times \mathrm{R}^+)_{\lambda_0}} (1 - g_T(\boldsymbol{\vartheta}, \sigma; V_n)) \, do \quad (9.1.73)$$

mit dem Oberflächenelement do für die Fläche aus (9.1.72).

Lemma 9.1.10: Für die Gütefunktion $g_{T_F^*}$ des F-Testes gemäß (9.1.67) gilt

$$\forall \lambda_0 \in \mathrm{R}^+: \int_{(\mathrm{R}^r \times \mathrm{R}^+)_{\lambda_0}} (1 - g_{T_F^*}(\boldsymbol{\vartheta}, \sigma; V_n)) \, do = \inf_{T \in \mathcal{T}_{V_n}^{(\alpha)}} \int_{(\mathrm{R}^r \times \mathrm{R}^+)_{\lambda_0}} (1 - g_T(\boldsymbol{\vartheta}, \sigma; V_n)) \, do \bullet \quad (9.1.74)$$

Der *Beweis* ist in LEHMANN [1] zu finden.

Bemerkung 9.1.8: Die Aussage von Lemma 9.1.10 gilt noch, wenn zur Klasse der unverfälschten Tests übergegangen wird.

Wir betrachten nun das jeweils kleinste Risiko, das für $\boldsymbol{\vartheta}$ und σ mit irgendeiner Testfunktion aus einer gegebenen Klasse erreicht werden kann.

Def. 9.1.6: Die Funktion $\bar{g} \mid \Theta_A \times \mathrm{R}^+ \to [0, 1]$ heißt *einhüllende Gütefunktion* zur Klasse $\mathcal{T}_{V_n}^{(\alpha)} =_{\mathrm{df}}$

$$\forall \boldsymbol{\vartheta} \in \Theta_A \; \forall \sigma \in \mathrm{R}^+: 1 - \bar{g}(\boldsymbol{\vartheta}, \sigma; V_n) = \inf_{T \in \mathcal{T}_{V_n}^{(\alpha)}} (1 - g_T(\boldsymbol{\vartheta}, \sigma; V_n)) \bullet \quad (9.1.75)$$

Def. 9.1.7: Der Test $T_{V_n}^* \in \mathcal{T}_{V_n}^{(\alpha)}$ heißt *schärfster Test* bezüglich $\Theta_A \times \mathrm{R}^+ =_{\mathrm{df}}$

$$\sup_{(\boldsymbol{\vartheta}, \sigma) \in \Theta_A \times \mathrm{R}^+} (\bar{g}(\boldsymbol{\vartheta}, \sigma; V_n) - g_{T_{V_n}^*}(\boldsymbol{\vartheta}, \sigma; V_n))$$
$$= \inf_{T \in \mathcal{T}_{V_n}^{(\alpha)}} \sup_{(\boldsymbol{\vartheta}, \sigma) \in \Theta_A \times \mathrm{R}^+} (\bar{g}(\boldsymbol{\vartheta}, \sigma; V_n) - g_T(\boldsymbol{\vartheta}, \sigma; V_n)) \bullet \quad (9.1.76)$$

Satz 9.1.8: Der F-Test T_F^* gemäß (9.1.67) ist schärfster Test bezüglich $\Theta_A \times \mathrm{R}^+$ mit Θ_A aus (9.1.43) •

Der *Beweis* wird in LEHMANN [1] erbracht.

Der Satz 9.1.8 besagt also, daß der F-Test im statistischen Entscheidungsproblem $[\Theta_A \times \mathrm{R}^+, \mathcal{T}_{V_n}^{(\alpha)}, \bar{g} - g_T]$ minimax ist (vgl. Minimax-Regret-Problem (10.4.77)).

Eine andere Eigenschaft des F-Testes für eine weiter eingeschränkte Klasse von Testfunktionen läßt sich übersichtlich darstellen, wenn man für die lineare Hypothese (9.1.43) die kanonische Form (9.1.44) verwendet. Wir wählen also eine solche Basis in $\mathcal{L}[\{f_1, \ldots, f_r\}]$, daß für den Parametervektor $\zeta \in \mathrm{R}^r$ gilt

$$\left(\zeta = \begin{pmatrix}\zeta_1\\ \zeta_2\end{pmatrix} \wedge \zeta_1 \in \mathrm{R}^s\right) \Rightarrow (\zeta_1 = \boldsymbol{0} \Leftrightarrow \boldsymbol{K\vartheta} = \boldsymbol{l})\,. \tag{9.1.77}$$

Weiterhin gehen wir wieder von der Klasse $\mathcal{T}_{V_n}^{(\alpha=)}$ der ähnlichen Tests aus.

Def. 9.1.8: Der Test $T_0 \in \mathcal{T}_{V_n}^{(\alpha=)}$ heißt *lokal streng unverfälscht* $=_{\mathrm{df}}$
$\forall \sigma \in \mathrm{R}^+ \; \exists \varrho \in \mathrm{R}^+ \; \forall \zeta^{(1)} \in \{\zeta : \zeta \in \mathrm{R}^r \wedge \|\zeta_1\|^2_{I_s} < \varrho^2 \wedge \zeta_1 \in \mathrm{R}^s \setminus \{\boldsymbol{0}\}\} : g_{T_0}(\zeta^{(1)}, \sigma; V_n) > \alpha$ •

Bedingungen für die Existenz solcher Tests lassen sich angeben, wenn die Gütefunktion $g_T(\cdot, \sigma; V_n)$ differenzierbar ist.

Vor. 9.1.11: $\forall \sigma \in \mathrm{R}^+ \; \forall \zeta_2 \in \mathrm{R}^{r-s} \; \forall i \in \{1, \ldots, s\} \; \forall j \in \{1, \ldots, s\}$:

$$g_T^{(i)}(\zeta_2, \sigma; V_n) := \left.\frac{\partial g_T(\zeta, \sigma; V_n)}{\partial \zeta_i}\right|_{\zeta_1 = \boldsymbol{0}} \in \mathrm{R}^1 \wedge g_T^{(ij)}(\zeta_2, \sigma; V_n) := \left.\frac{\partial^2 g_T(\zeta, \sigma; V_n)}{\partial \zeta_i \, \partial \zeta_j}\right|_{\zeta_1 = \boldsymbol{0}} \in \mathrm{R}^1 \bullet$$

Lemma 9.1.11: Unter der Vor. 9.1.11 ist $T \in \mathcal{T}_{V_n}^{(\alpha=)}$ genau dann lokal streng unverfälscht, wenn

$$\forall \sigma \in \mathrm{R}^+ \; \forall \zeta_2 \in \mathrm{R}^{r-s} \; \forall i \in \{1, \ldots, s\} \; \forall j \in \{1, \ldots, s\}:$$
$$g_T^{(i)}(\zeta_2, \sigma; V_n) = 0 \wedge \left(\left(g_T^{(ij)}(\zeta_2, \sigma; V_n)\right)\right) \in \mathcal{M}_s^{>} \bullet \tag{9.1.78}$$

Den *Beweis* findet man in LEHMANN [1].

Es bezeichne $\mathcal{T}_{V_n}^{(>)}$ die Teilmenge aus $\mathcal{T}_{V_n}^{(\alpha=)}$, deren Elemente lokal streng unverfälscht sind und die Vor. 9.1.11 erfüllen.

Def. 9.1.9: Der Test $T_1 \in \mathcal{T}_{V_n}^{(\alpha=)}$ heißt *vom Typ* E $=_{\mathrm{df}}$
$T_1 \in T_{V_n}^{(>)} \wedge \forall \sigma \in \mathrm{R}^+ \; \forall \zeta_2 \in \mathrm{R}^{r-s}$: $\det\left(\left(g_{T_1}^{(ij)}(\zeta_2, \sigma; V_n)\right)\right) = \sup\limits_{T \in \mathcal{T}_{V_n}^{(>)}} \det\left(\left(g_T^{(ij)}(\zeta_2, \sigma; V_n)\right)\right)$ •

Satz 9.1.9: Der F-Test T_F^* gemäß (9.1.67) ist vom Typ E •

Wegen des Beweises vgl. man LEHMANN [1].
Es sei $\check{\zeta}_1(V_n)$ die MKQ-Schätzung für ζ_1.

Lemma 9.1.12: Unter der Voraussetzung Rg $(\boldsymbol{F'F}) = r$ gilt für den F-Test gemäß (9.1.67)

$$\exists a \in \mathrm{R}^1 : \det\left(\left(g_{T_F}^{(ij)}(\zeta_2, \sigma; V_n)\right)\right) = a \det \boldsymbol{B}^{-1}_{\check{\zeta}_1(V_n)} \bullet \tag{9.1.79}$$

Beweis: Für die kanonische Form (9.1.77) gilt speziell

$$\lambda = \zeta'[(\boldsymbol{I}_s \,\vdots\, \boldsymbol{O}_{s\times(r-s)})\,(\boldsymbol{F'F})^{-1}\,(\boldsymbol{I}_s \,\vdots\, \boldsymbol{O}_{s\times(r-s)})']^{-1}\,\zeta/2\sigma^2\,.$$

Eine der Zerlegung von ζ entsprechende Zerlegung von $\boldsymbol{F}$ und $\boldsymbol{F'F}$

$$\boldsymbol{F} = \begin{pmatrix}\boldsymbol{F}_1\\ \boldsymbol{F}_2\end{pmatrix}; \qquad \boldsymbol{F'F} = \begin{pmatrix}\boldsymbol{F}_1'\boldsymbol{F}_1 & \boldsymbol{F}_1'\boldsymbol{F}_2\\ \boldsymbol{F}_2'\boldsymbol{F}_1 & \boldsymbol{F}_2'\boldsymbol{F}_2\end{pmatrix}$$

liefert $\lambda = \zeta_1'(\boldsymbol{F}_1'\boldsymbol{F}_1 - \boldsymbol{F}_1'\boldsymbol{F}_2(\boldsymbol{F}_2'\boldsymbol{F}_2)^{-1}\,\boldsymbol{F}_2'\boldsymbol{F}_1)\,\zeta_1/2\sigma^2$ und damit $\lambda = \zeta_1'\,\boldsymbol{B}^{-1}_{\check{\zeta}_1(V_n)}\,\zeta_1/2$.

Da λ also eine quadratische Form in ζ_1 ist, gilt

$$\left.\frac{\partial g_{T_F}}{\partial \zeta_i}\right|_{\zeta_1=o} = \left.\frac{\partial g_{T_F}}{\partial \lambda}\frac{\partial \lambda}{\partial \zeta_i}\right|_{\zeta_1=o} = 0; \qquad i \in \{1, \dots, s\};$$

und

$$\left.\frac{\partial^2 g_{T_F}}{\partial \zeta_i\, \partial \zeta_j}\right|_{\zeta_1=o} = \left.\frac{\partial g_{T_F}}{\partial \lambda}\right|_{\lambda=0} \left.\frac{\partial^2 \lambda}{\partial \zeta_i\, \partial \zeta_j}\right|_{\zeta_1=o}.$$

Damit ist jedoch

$$\det\left(\left(g_{T_F}^{(ij)}(\zeta_2, \sigma; V_n)\right)\right) = \left(\left.\frac{\partial g_{T_F}}{\partial \lambda}\right|_{\lambda=0}\right)^s \det \boldsymbol{B}^{-1}_{\check{\zeta}_1(V_n)}.$$

Sei

$$p(v; s, n-r, \lambda) = \sum_{i \in \mathrm{N}} \frac{\mathrm{e}^{-\lambda}\lambda^i}{i!} p(v; i, n-r, s)$$

die Dichte zu $\mathrm{F}(s, n-r, \lambda)$ gemäß Def. 1.3.19. Dann ist

$$g_{T_F}(\zeta, \sigma; V_n) = \int\limits_{f_{s, n-r; 1-\alpha}}^{\infty} \sum_{i \in \mathrm{N}} \frac{\mathrm{e}^{-\lambda}\lambda^i}{i!} p(v; i, n-r, s)\, \mathrm{d}v,$$

und daraus ergibt sich

$$\left.\frac{\partial g_{T_F}}{\partial \lambda}\right|_{\lambda=0} = \int\limits_{f_{s, n-r; 1-\alpha}}^{\infty} (p(v; 1, n-r, s) - p(v; 0, n-r, s))\, \mathrm{d}v.$$

Damit ist bezüglich der Versuchsplanung eine Verbindung zu Abschnitt 5.6 hergestellt, in dem die Versuchsplanung u. a. für den Fall betrachtet wird, daß nur ein Teilvektor zu schätzen ist.

9.2. Versuchsplanung bei gegebener Entscheidungsfunktion

Im Abschnitt 9.1 wurden entsprechend dem Diskriminationsproblem (9.1.1) bei gegebenem Versuchsplan optimale Entscheidungsfunktionen zur Ansatzdiskrimination bestimmt. Mit diesen Entscheidungsfunktionen werden nun die Versuchsplanungsprobleme betrachtet, die sich nach der Trennung ergeben.

Für den bayesschen Zugang (s. Abschnitt 9.1.1) erhält man auf diesem Wege Optimierungsprobleme, deren explizite numerische Lösung in nichttrivialen Fällen nicht möglich ist (s. Abschnitt 9.2.1).

Für das im Abschnitt 9.1.3 behandelte Testproblem ermöglicht die Monotonie der Gütefunktion im Nichtzentralitätsparameter den Anschluß an die Versuchsplanungstheorie im Schätzproblem (s. Abschnitt 5.6).

Schließlich werden wir auch Versuchsplanungsprobleme behandeln, die auf eine Optimierung der Entscheidungsfunktion zur Ansatzdiskrimination verzichten, diese als gegeben voraussetzen. Bei der Versuchsplanung hierfür werden dann Größen optimiert, deren Analoga bei der Versuchsplanung zum F-Test eine Rolle spielen. Es ergeben sich für sogestalt optimale Pläne einige Aussagen, die viel Ähnlichkeit mit denen für Versuchspläne für das Schätzproblem (s. Kap. 5) haben. Die Beschäftigung mit Plänen, die im Gesamtproblem suboptimal sind, geschieht besonders zur Bereitstellung theoretischer Hilfsmittel für die sequentiellen Verfahren zur Ansatzdiskrimination (s. Abschnitt 9.3) und für die noch nicht ausreichend fundierten, z. T. heuristisch motivierten Methoden, mit denen wir uns in II/6 befassen werden.

9.2.1. Zur Versuchsplanung bei bayesschen Entscheidungsfunktionen

Wegen der Trennbarkeit des Problems (9.1.10) geht man im Planungsproblem $G_{T2} = [Z', V^{(0)}, R_{T2}]$ gemäß (9.1.13) von einer bayesschen Entscheidungsfunktion d_T^* aus, die man nach Satz 9.1.1 durch

$$\forall \boldsymbol{y} \in C(V_n): d_T^*(\boldsymbol{y}, V_n) = t \Rightarrow \sum_{i=1}^{m} L(i; t)\, P_{\tau|\boldsymbol{y}}(i) = \min_{j \in T} \sum_{i=1}^{m} L(i; t)\, P_{\tau|\boldsymbol{y}}(i) \quad (9.2.1)$$

charakterisieren kann. Das bayessche Risiko (9.1.12) hat dann wegen (9.1.9) mit der Abkürzung (9.1.11) die Form

$$\varrho\left(P_\tau, p(\boldsymbol{\vartheta}, \boldsymbol{w}; T); d_T^*(\cdot, V_n), V_n\right) = \sum_{i=1}^{m} P_\tau(i) \left(\sum_{t=1}^{m} L(i; t) \int_{C_t(V_n, d_T^*)} p_{\mathfrak{Y}}(\boldsymbol{y} \mid i; V_n)\, d\lambda^{\otimes n}\right). \quad (9.2.2)$$

Def. 9.2.1: Der Plan $V_n^* \in V^{(0)}$ heißt *bayessch bezüglich* P_τ und $p(\boldsymbol{\vartheta}, \boldsymbol{w}; T) =_{\mathrm{df}}$

$$\varrho(P_\tau, p(\boldsymbol{\vartheta}, \boldsymbol{w}; T); d_T^*(\cdot, V_n^*), V_n^*) = \inf_{V_n \in V^{(0)}} \varrho(P_\tau, p(\boldsymbol{\vartheta}, \boldsymbol{w}; T); d_T^*(\cdot, V_n), V_n) \bullet \quad (9.2.3)$$

Für den Spezialfall (9.1.21), daß die Verlustfunktion nur die Werte 0 und 1 annimmt, vereinfacht sich das Risiko (9.2.2) wegen Lemma 9.1.2 zu

$$\varrho(P_\tau, p(\boldsymbol{\vartheta}, \boldsymbol{w}; T); d_T^*(\cdot, V_n), V_n) = 1 - \int_{C(V_n)} \left(\max_{t \in T} P_{\tau|\boldsymbol{y}}(t)\right) p_{\mathfrak{Y}}^{\sim}(\boldsymbol{y}; V_n)\, d\lambda^{\otimes n}. \quad (9.2.4)$$

Damit ist also ein Plan $V_n^* \in V^{(0)}$ bayessch bezüglich P_τ und $p(\boldsymbol{\vartheta}, \boldsymbol{w}; T)$ für den einfachen Verlust (9.1.21), wenn

$$\int_{C(V_n^*)} \left(\max_{t \in T} P_{\tau|\boldsymbol{y}}(t)\right) p_{\mathfrak{Y}}(\boldsymbol{y}; V_n^*)\, d\lambda^{\otimes n} = \sup_{V_n \in V^{(0)}} \int_{C(V_n)} \left(\max_{t \in T} P_{\tau|\boldsymbol{y}}(t)\right) p_{\mathfrak{Y}}(\boldsymbol{y}; V_n)\, d\lambda^{\otimes n}. \quad (9.2.5)$$

Analog zu (9.2.2) läßt sich (9.2.4) auch als

$$\varrho(P_\tau, p(\boldsymbol{\vartheta}, \boldsymbol{w}; T); d_T^*(\cdot, V_n), V_n) = 1 - \int_{C(V_n)} \max_{t \in T} \left(p_{\mathfrak{Y}}(\boldsymbol{y} \mid t; V_n)\, P_{\tau|\boldsymbol{y}}(t)\right) d\lambda^{\otimes n} \quad (9.2.6)$$

und für die Deutung günstig schreiben als

$$\varrho(P_\tau, p(\boldsymbol{\vartheta}, \boldsymbol{w}; T); d_T^*(\cdot, V_n), V_n) = 1 - \mathrm{E}_{\mathfrak{Y}} \left(\max_{t \in T} P_{\tau|\mathfrak{Y}(V_n)}(t)\right). \quad (9.2.7)$$

Die Def. 9.1.1 bietet keine direkte Handhabe für die explizite Bestimmung optimaler Pläne mit vertretbarem numerischem Aufwand.

9.2.2. Versuchsplanungskriterien beim F-Test

Im Abschnitt 9.1.3 haben wir den speziellen Fall, daß sich die beiden vorgegebenen Ansätze nur durch eine lineare Hypothese unterscheiden, als randomisiertes Testproblem (9.1.51) formuliert. Die Folgerungen 9.1.2 und 9.1.4 erlauben dann die Behandlung des Planungsproblems, in dem die Gütefunktion des als optimal erkannten F-Testes weiter bezüglich des Planes optimiert wird.

Bemerkung 9.2.1: Falls man von (9.1.51) zum entsprechenden randomisierten Entscheidungsproblem übergeht, in dem sowohl der Versuchsplan als auch der (nichtrandomisierte) Test gemäß einer Wahrscheinlichkeitsverteilung gewonnen werden, dann ist der F-Test nicht notwendig mehr Komponente der optimalen Strategie. Dies zeigte Kiefer in [2] durch einfache Gegenbeispiele.

Damit der F-Test gemäß (9.1.67) sinnvoll definiert ist, muß entsprechend der Voraussetzung des Satzes 9.1.4 die Menge der Versuchspläne die folgende Voraussetzung erfüllen.

Vor. 9.2.1:

$$V^{(0)} \subseteq \{V_n \in V^n \colon \operatorname{Rg}\left(\boldsymbol{I}_n - \boldsymbol{F}(V_n)\,(\boldsymbol{F}(V_n)'\,\boldsymbol{F}(V_n))^- \,\boldsymbol{F}(V_n)'\right) =: n - \tilde{r} > 0$$
$$\wedge \operatorname{Rg}\left(\boldsymbol{K}(\boldsymbol{F}(V_n)'\,\boldsymbol{F}(V_n))^- \,\boldsymbol{K}'\right) =: \tilde{s} > 0\} \bullet$$

Entsprechend zu Satz 9.1.5 hat die Stichprobenfunktion $\tilde{J}$ aus (9.1.62) eine nichtzentrale F-Verteilung $\mathrm{F}(\tilde{s}, n - \tilde{r}, \tilde{\lambda})$, und damit erhält man für die Gütefunktion des F-Testes

$$g_{T_F}(\boldsymbol{\vartheta}, \sigma;\, V_n)$$
$$= \int\limits_{f_{\tilde{s},\, n-\tilde{r};\, 1-\alpha}}^{\infty} \sum_{k=0}^{\infty} \frac{\mathrm{e}^{-\tilde{\lambda}}\,\tilde{\lambda}^k \tilde{s}^{(\tilde{s}/2)+k} (n - \tilde{r})^{(n-\tilde{r})/2}\, \Gamma((\tilde{s} + n - \tilde{r})/2 + k)\; v^{(\tilde{s}/2)+k-1}}{k!\, \Gamma\left(\frac{\tilde{s}}{2} + k\right) \Gamma\left(\frac{n - \tilde{r}}{2}\right) (n - \tilde{r} + \tilde{s}v)^{(n-\tilde{r}+\tilde{s})/2+k}}\, \mathrm{d}v \tag{9.2.8}$$

mit

$$\tilde{\lambda} = (\boldsymbol{K\vartheta} - \boldsymbol{l})'\,[\boldsymbol{K}(\boldsymbol{F}(V_n)'\,\boldsymbol{F}(V_n))^- \,\boldsymbol{K}']^- \,(\boldsymbol{K\vartheta} - \boldsymbol{l})/2\sigma^2\,. \tag{9.2.9}$$

Lemma 9.2.1: Die Gütefunktion $g_{T_F}(\cdot, \cdot;\, V_n)$ ist monoton wachsend in λ •

Beweis: Mit der entsprechenden Abkürzung ist (9.2.8)

$$g_{T_F} = \sum_{k=0}^{\infty} \mathrm{e}^{-\tilde{\lambda}} \frac{\tilde{\lambda}^k}{k!} \int\limits_{f_{\tilde{s},\, n-\tilde{r};\, 1-\alpha}}^{\infty} p_k(v)\, \mathrm{d}v =: \sum_{k=0}^{\infty} \mathrm{e}^{-\tilde{\lambda}} \frac{\tilde{\lambda}^k}{k!} a_k\,.$$

Wir zeigen zuerst, daß a_k monoton wachsend in k ist. Aus der Darstellung (9.2.8) erhält man

$$\frac{p_k(v)}{p_{k+1}(v)} = \frac{\tilde{s} + 2k}{\tilde{s} + n - \tilde{r} + 2k}\left(1 - \frac{n - \tilde{r}}{\tilde{s}} \cdot \frac{1}{v}\right) =: q(v)\,,$$

wofür

$$q(v) \geqq 1 \quad \text{falls } v \leqq 1 + \frac{2k}{\tilde{s}} \qquad \text{und} \qquad q(v) \leqq 1 \quad \text{falls } v \geqq 1 + \frac{2k}{\tilde{s}}.$$

Falls $f_{\tilde{s},\, n-\tilde{r};\, 1-\alpha} \geqq 1 + \frac{2k}{\tilde{s}}$ ist, dann folgt sofort $a_k \leqq a_{k+1}$. Falls jedoch $f_{\tilde{s},\, n-\tilde{r};\, 1-\alpha} \leqq 1 + \frac{2k}{\tilde{s}}$, dann ergibt sich über $\int\limits_0^{f_{\tilde{s},\, n-\tilde{r};\, 1-\alpha}} p_k(v)\, \mathrm{d}v \geqq \int\limits_0^{f_{\tilde{s},\, n-\tilde{r};\, 1-\alpha}} p_{k+1}(v)\, \mathrm{d}v$ ebenfalls $a_k \leqq a_{k+1}$. Sei nun $\tilde{\lambda}_1 > \tilde{\lambda}_2$, dann betrachten wir

$$g_{T_F}|_{\tilde{\lambda}=\tilde{\lambda}_1} - g_{T_F}|_{\tilde{\lambda}=\tilde{\lambda}_2} = \sum_{k=0}^{\infty} \left(\mathrm{e}^{-\tilde{\lambda}_1} \frac{\tilde{\lambda}_1^k}{k!} - \mathrm{e}^{-\tilde{\lambda}_2} \frac{\tilde{\lambda}_2^k}{k!}\right) a_k =: \sum_{k=0}^{\infty} \beta(\tilde{\lambda}_1, \tilde{\lambda}_2, k)\, a_k\,.$$

Wegen $\lambda_1 > \lambda_2$ existiert ein k_0 mit

$$\forall k \leqq k_0\colon \beta(\lambda_1, \lambda_2, k) < 0 \wedge \forall k > k_0\colon \beta(\lambda_1, \lambda_2, k) > 0\,.$$

Damit gilt wegen $a_k \leqq a_{k+1}$

$$g_{T_F}|_{\tilde{\lambda}=\tilde{\lambda}_1} - g_{T_F}|_{\tilde{\lambda}=\tilde{\lambda}_2} \geqq \sum_{k=0}^{k_0} \beta(\tilde{\lambda}_1, \tilde{\lambda}_2, k)\, a_{k_0} + \sum_{k=k_0+1}^{\infty} \beta(\tilde{\lambda}_1, \tilde{\lambda}_2, k)\, a_{k_0} = 0\,.$$

Wie auch aus dem Beweis von Lemma 9.2.1 hervorgeht, gilt die Monotonie von g_{T_F} nur bei festgehaltenen $\tilde{s}$ und $\tilde{r}$. Wenn das Optimalitätskriterium für den Plan auf dem Nichtzentralitätsparameter basieren soll, muß die betrachtete Planmenge entsprechend eingeschränkt werden. Es seien die Ränge $0 < \tilde{s}_0 \leqq s$ und $0 < n - \tilde{r}_0 \leqq n - r$ vorgegeben.

Vor. 9.2.1':

$$V^{(0)} \subseteq \{V_n \in V^n : \operatorname{Rg}\left(\boldsymbol{I}_n - \boldsymbol{F}(V_n)\,(\boldsymbol{F}(V_n)'\,\boldsymbol{F}(V_n))^- \,\boldsymbol{F}(V_n)'\right) = n - \tilde{r}_0$$
$$\wedge \operatorname{Rg}\left(\boldsymbol{K}(\boldsymbol{F}(V_n)'\,\boldsymbol{F}(V_n))^- \,\boldsymbol{K}'\right) = \tilde{s}_0\} \bullet$$

Bemerkung 9.2.2: Die Ersetzung der Einermengen $\{\tilde{s}\}$ und $\{\tilde{r}_0\}$ durch endliche Mengen bringt keine zusätzlichen Schwierigkeiten für die Optimierung. Sie wurde hier lediglich aus Gründen der Übersichtlichkeit nicht durchgeführt.

Die Monotonie der Gütefunktion des Testes im Nichtzentralitätsparameter $\tilde{\lambda}$ gemäß (9.2.9) erlaubt es, für die Optimalitätskriterien auf die Matrix $[\boldsymbol{K}(\boldsymbol{F}(V_n)'\,\boldsymbol{F}(V_n))^- \,\boldsymbol{K}']^-$ oder sogar auf $(\boldsymbol{F}(V_n)'\,\boldsymbol{F}(V_n))^-$ zurückzugreifen. Damit werden Überlegungen und Ergebnisse analog zu denen in den Kapiteln 5 und 6 auch hier möglich. Speziell kann man zu den entsprechenden Mengen diskreter Pläne übergehen, man erhält Äquivalenzsätze aus dem Satz von Whittle (s. Satz 2.2.2) und iterative Konstruktionsverfahren für optimale Pläne. Wir beschränken uns daher auf die Formulierung einiger Optimalitätskriterien für die Planung.

Vor. 9.2.2: Es sei $\tilde{r}_0 = r$ und $\tilde{s}_0 = s$ •

Diese Voraussetzung bedeutet insbesondere die Schätzbarkeit von $\boldsymbol{K\vartheta}$ für alle $\boldsymbol{\vartheta} \in \mathrm{R}^r$. Ist $\boldsymbol{A}$ eine Matrix, dann bezeichne $\lambda_{\max}(\boldsymbol{A})$ ihren größten Eigenwert. Nun führen wir den Operator $\tilde{Q}^{(1)}$ ein

$$\forall V_n \in V^{(0)}\ \forall \sigma \in \mathrm{R}^+\ \forall \boldsymbol{\vartheta} \in \Theta_A : \tilde{Q}^{(1)}(1 - g_{T_F}(\boldsymbol{\vartheta}, \sigma;\ V_n)) = \lambda_{\max}[\boldsymbol{K}(\boldsymbol{F}(V_n)'\,\boldsymbol{F}(V_n))^{-1}\,\boldsymbol{K}'] \tag{9.2.10}$$

(vgl. (9.1.52)).

Def. 9.2.2: Der Plan $V_n^* \in V^{(0)}$ heißt *E_K-optimal* $=_{\text{df}}$

$$\lambda_{\max}[\boldsymbol{K}(\boldsymbol{F}(V_n^*)'\,\boldsymbol{F}(V_n^*))^{-1}\,\boldsymbol{K}'] = \inf_{V_n \in V^{(0)}} \lambda_{\max}[\boldsymbol{K}(\boldsymbol{F}(V_n)'\,\boldsymbol{F}(V_n))^{-1}\,\boldsymbol{K}'] \bullet$$

Man erhält einen Zusammenhang mit einem anderen Optimalitätsbegriff, wenn man durch die Einführung der Mengen

$$\forall c \in \mathrm{R}^+ : (\mathrm{R}^r \times \mathrm{R}^+)_{(c)} := \left\{(\boldsymbol{\vartheta}, \sigma) \in (\mathrm{R}^r \times \mathrm{R}^+) : \frac{1}{\sigma^2} \|\boldsymbol{K\vartheta} - \boldsymbol{l}\|_{\boldsymbol{I}_s}^2 = c\right\} \tag{9.2.11}$$

eine Struktur in $\Theta_A \times \mathrm{R}^+$ schafft. (Diese ist von der durch (9.1.72) definierten Struktur verschieden!)

Def. 9.2.3: Der Plan $V_n^* \in V^{(0)}$ heißt *M_α-optimal* $=_{\text{df}}$

$$\forall c \in \mathrm{R}^+ : \sup_{(\boldsymbol{\vartheta}, \sigma) \in (\mathrm{R}^r \times \mathrm{R}^+)_{(c)}} (1 - g_{T_F}(\boldsymbol{\vartheta}, \sigma;\ V_n^*)) = \inf_{V_n \in V^{(0)}}\ \sup_{(\boldsymbol{\vartheta}, \sigma) \in (\mathrm{R}^r \times \mathrm{R}^+)_{(c)}} (1 - g_{T_F}(\boldsymbol{\vartheta}, \sigma;\ V_n)) \bullet \tag{9.2.12}$$

Lemma 9.2.2 (KIEFER [2]): Jeder M_α-optimale Plan ist E_K-optimal •

Beweis: Da g_{T_F} entsprechend Lemma 9.2.1 monoton wachsend in λ, ist (9.2.12) äquivalent zu

$$\forall c \in \mathrm{R}^+: \inf_{(\boldsymbol{\vartheta},\sigma)\in(\mathrm{R}^r\times\mathrm{R}^+)_{(c)}} (\boldsymbol{K\vartheta} - \boldsymbol{l})' [\boldsymbol{K}(\boldsymbol{F}(V_n^*)'\boldsymbol{F}(V_n^*))^{-1}\boldsymbol{K}']^{-1}(\boldsymbol{K\vartheta} - \boldsymbol{l})/2\sigma^2$$

$$= \sup_{V_n\in V^{(0)}} \inf_{(\boldsymbol{\vartheta},\sigma)\in(\mathrm{R}^r\times\mathrm{R}^+)_{(c)}} (\boldsymbol{K\vartheta} - \boldsymbol{l})' [\boldsymbol{K}(\boldsymbol{F}(V_n)'\boldsymbol{F}(V_n))^{-1}\boldsymbol{K}']^{-1}(\boldsymbol{K\vartheta} - \boldsymbol{l})/2\sigma^2 . \quad (9.2.13)$$

Mit der Substitution $\boldsymbol{z} := \dfrac{(\boldsymbol{K\vartheta} - \boldsymbol{l})}{\sigma\sqrt{c}}$ und Beachtung der Definition von $(\mathrm{R}^r \times \mathrm{R}^+)_{(c)}$ in (9.2.11) wird aus der linken Seite von (9.2.13) unabhängig von $c \in \mathrm{R}^+$ durch die Auffassung als RAYLEIGH-Quotient

$$\inf_{\boldsymbol{z}'\boldsymbol{z}=1} \boldsymbol{z}'[\boldsymbol{K}(\boldsymbol{F}(V_n^*)'\boldsymbol{F}(V_n^*))^{-1}\boldsymbol{K}']^{-1}\boldsymbol{z} = \left(\lambda_{\max}[\boldsymbol{K}(\boldsymbol{F}(V_n^*)'\boldsymbol{F}(V_n^*))^{-1}\boldsymbol{K}']\right)^{-1} .$$

Wegen der vorausgesetzten Schätzbarkeit (Vor. 9.2.2) ist auch die Einführung des Operators $\tilde{Q}^{(2)}$ mit

$$\forall V_n \in V^{(0)}\ \forall\sigma \in \mathrm{R}^+\ \forall\boldsymbol{\vartheta} \in \Theta_A: \tilde{Q}^{(2)}(1 - g_{T_F}(\boldsymbol{\vartheta},\sigma; V_n)) = \det[\boldsymbol{K}(\boldsymbol{F}(V_n)'\boldsymbol{F}(V_n))^{-1}\boldsymbol{K}'] \quad (9.2.14)$$

möglich.

Def. 9.2.4: Der Plan $V_n^* \in V^{(0)}$ heißt D_K-*optimal* $=_{\mathrm{df}}$

$$\det[\boldsymbol{K}(\boldsymbol{F}(V_n^*)'\boldsymbol{F}(V_n^*))^{-1}\boldsymbol{K}'] = \inf_{V_n\in V^{(0)}} \det[\boldsymbol{K}(\boldsymbol{F}(V_n)'\boldsymbol{F}(V_n))^{-1}\boldsymbol{K}']$$

(vgl. Def. 5.6.2) •

Lemma 9.2.3 (KIEFER [2]): Der Plan V_n^* sei D_K-optimal und

$$\exists a \in \mathrm{R}^+: \boldsymbol{K}(\boldsymbol{F}(V_n^*)'\boldsymbol{F}(V_n^*))^{-1}\boldsymbol{K}' = a\boldsymbol{I}_s ,$$

dann ist V_n^* auch E_K-optimal •

Der *Beweis* ist eine einfache Nachprüfung der Bedingung in Def. 9.2.2.

9.2.3. Versuchsplanung für eine spezielle Struktur der Risikofunktion

Im Lemma 9.2.1 wurde festgestellt, daß für den F-Test die Risikofunktion $1 - g_{T_F}$ antiton im Nichtzentralitätsparameter $\tilde{\lambda}$ gemäß (9.2.9) ist und nur über diesen vom Versuchsplan abhängt. Damit konnte sich die Versuchsplanung auf Funktionale von $\tilde{\lambda}$ beschränken. Betrachtet man speziell für $\tilde{s} = s$ und $n - \tilde{r} = n - r$ diesen Nichtzentralitätsparameter

$$\lambda = \frac{1}{2\sigma^2}||\boldsymbol{K\vartheta} - \boldsymbol{l}||^2_{[\boldsymbol{K}(\boldsymbol{F}(V_n)'\boldsymbol{F}(V_n))^{-1}\boldsymbol{K}']^{-1}} ,$$

dann läßt er sich als Abstandsquadrat vom Teilraum $\{\boldsymbol{\vartheta} \in \mathrm{R}^r: \boldsymbol{K\vartheta} = \boldsymbol{l}\}$ deuten, wobei die Norm noch vom Versuchsplan V_n abhängig ist.

Das im folgenden betrachtete Konzept, für zwei beliebige disjunkte Ansätze einen Abstand einer Funktion des einen Ansatzes von der Menge der Funktionen des anderen Ansatzes zur Grundlage der Versuchsplanung zu machen, stellt eine Abänderung der entscheidungstheoretisch gefaßten ursprünglichen Aufgabenstellung dar. Dabei wird davon ausgegangen, daß eine Entscheidungsfunktion $\delta_T(\cdot, V_n)$ für die

Diskrimination gegeben ist. In der Regel sind diese Entscheidungsfunktion und der erhaltene Versuchsplan im statistischen Verhaltensentscheidungsproblem (2.3.51) lediglich *suboptimal.*

Für zwei disjunkte Ansätze

$$\forall t \in \{1, 2\}\ \exists r_t \in \mathrm{N}\ \exists \Theta_t \subseteq \mathrm{R}^{r_t}: \tilde{S}_t := \{\ \tilde{\eta}^{(t)}(\cdot, \boldsymbol{\vartheta}^{(t)}) \in (\mathrm{R}^1)^B: \boldsymbol{\vartheta}^{(t)} \in \Theta_t\}$$

(vgl. (2.3.48)) und mit der Abkürzung

$$\tilde{\boldsymbol{\eta}}^{(t)}(V_n, \boldsymbol{\vartheta}^{(t)}) = (\tilde{\eta}^{(t)}(\boldsymbol{x}_1, \boldsymbol{\vartheta}^{(t)}), \dots, \tilde{\eta}^{(t)}(\boldsymbol{x}_n, \boldsymbol{\vartheta}^{(t)}))'$$

wird im weiteren ein spezieller Abstand eingeführt. Dazu definieren wir $\boldsymbol{\vartheta}^{(2|1)}(\boldsymbol{\vartheta}^{(1)}; V_n)$ durch

$$\forall V_n \in V^{(0)}\ \forall \boldsymbol{\vartheta}^{(1)} \in \Theta_1: ||\tilde{\boldsymbol{\eta}}^{(1)}(V_n, \boldsymbol{\vartheta}^{(1)}) - \tilde{\boldsymbol{\eta}}^{(2)}(V_n, \boldsymbol{\vartheta}^{(2|1)}(\boldsymbol{\vartheta}^{(1)}; V_n))||^2_{\boldsymbol{I}_n}$$
$$:= \inf_{\boldsymbol{\vartheta}^{(2)} \in \Theta_2} ||\tilde{\boldsymbol{\eta}}^{(1)}(V_n, \boldsymbol{\vartheta}^{(1)}) - \tilde{\boldsymbol{\eta}}^{(2)}(V_n, \boldsymbol{\vartheta}^{(2)})||^2_{\boldsymbol{I}_n} \tag{9.2.15}$$

und entsprechend $\boldsymbol{\vartheta}^{(1|2)}(\boldsymbol{\vartheta}^{(2)}; V_n)$ durch Vertauschen der Indizes 1 und 2 in (9.2.15).

Auf die mögliche Verallgemeinerung, die Einheitsmatrix durch eine andere positiv definite Diagonalmatrix zu ersetzen, wird der Einfachheit halber verzichtet. Die folgenden Überlegungen lassen sich jedoch unmittelbar auf diesen Fall erweitern. Die Norm (9.2.15) läßt sich als Abstandsquadrat der Wirkungsfläche $\tilde{\eta}^{(1)}(\cdot, \boldsymbol{\vartheta}^{(1)})$ vom Ansatz $\tilde{S}_2$ deuten. Die Funktionen $\tilde{\eta}^{(t)}(\cdot, \boldsymbol{\vartheta}^{(t)})$ wurden dabei durch ihren Wertevektor $\tilde{\boldsymbol{\eta}}^{(t)}(V_n, \boldsymbol{\vartheta}^{(t)})$ an den Punkten des Versuchsplanes ersetzt. Wegen dieser Art der Abhängigkeit von V_n bezeichnet man die Norm in (9.2.15) auch als *Versuchsplannorm.*

Es sei nun $\delta_{T0}(\cdot, V_n)$ eine vorgegebene Entscheidungsfunktion zur Ansatzdiskrimination im Entscheidungsproblem G_T (s. (2.3.52)) und sei $R_T^{(*)}(i, \boldsymbol{\vartheta}^{(i)}, w; \delta_{T0}(\cdot, V_n), V_n)$ aus (2.3.54) das zugehörige Risiko.

Vor. 9.2.3: $\forall V_n \in V^{(0)}\ \forall \boldsymbol{\vartheta}^{(1)} \in \Theta_1\ \forall \boldsymbol{\vartheta}^{(2)} \in \Theta_2\ \forall w \in K\ \exists h \mid \mathrm{R}^1 \to \mathrm{R}^1$:

$$R_T^{(*)}(1, \boldsymbol{\vartheta}^{(1)}, w; \delta_{T0}(\cdot, V_n), V_n) = h\big(||\tilde{\boldsymbol{\eta}}^{(1)}(V_n, \boldsymbol{\vartheta}^{(1)}) - \tilde{\boldsymbol{\eta}}^{(2)}(V_n, \boldsymbol{\vartheta}^{(2|1)}(\boldsymbol{\vartheta}^{(1)}; V_n))||^2_{\boldsymbol{I}_n}\big)$$
$$\wedge\ R_T^{(*)}(2, \boldsymbol{\vartheta}^{(2)}, w; \delta_{T0}(\cdot, V_n), V_n) = h\big(||\tilde{\boldsymbol{\eta}}^{(2)}(V_n, \boldsymbol{\vartheta}^{(2)}) - \tilde{\boldsymbol{\eta}}^{(1)}(V_n, \boldsymbol{\vartheta}^{(1|2)}(\boldsymbol{\vartheta}^{(2)}; V_n))||^2_{\boldsymbol{I}_n}\big)$$
$$\wedge\ (\forall x \in \mathrm{R}^1\ \forall x' \in \mathrm{R}^1: x \leqq x' \Rightarrow h(x) \geqq h(x')) \bullet$$

Unter dieser Voraussetzung kann man von der Optimierung des Risikos zur Optimierung des Argumentes von h durch den Versuchsplan übergehen.

Speziell für lineare Ansätze (vgl. Vor. 9.1.6 a))

$$\forall t \in \{1, 2\}: \tilde{S}_t = \{\tilde{\eta}^{(t)}(\cdot, \boldsymbol{\vartheta}^{(t)}): \tilde{\eta}^{(t)}(\cdot, \boldsymbol{\vartheta}^{(t)}) = \boldsymbol{f}^{(t)}(\cdot)'\ \boldsymbol{\vartheta}^{(t)} \wedge \boldsymbol{\vartheta}^{(t)} \in \mathrm{R}^{r_t}\} \tag{9.2.16}$$

erhält man mit den Abkürzungen $\boldsymbol{F}_t(V_n) = \big((f_j^{(t)}(\boldsymbol{x}_i))\big)_{n \times r_t}; t \in \{1, 2\}$; für (9.2.15)

$$\boldsymbol{\vartheta}^{(2|1)}(\boldsymbol{\vartheta}^{(1)}; V_n) = (\boldsymbol{F}_2(V_n)'\ \boldsymbol{F}_2(V_n))^-\ \boldsymbol{F}_2(V_n)'\ \boldsymbol{F}_1(V_n)\ \boldsymbol{\vartheta}^{(1)} \tag{9.2.17}$$

und entsprechend

$$\boldsymbol{\vartheta}^{(1|2)}(\boldsymbol{\vartheta}^{(2)}; V_n) = (\boldsymbol{F}_1(V_n)'\ \boldsymbol{F}_1(V_n))^-\ \boldsymbol{F}_1(V_n)'\ \boldsymbol{F}_2(V_n)\ \boldsymbol{\vartheta}^{(2)}\,. \tag{9.2.18}$$

Lemma 9.2.4: Für die linearen Ansätze gemäß (9.2.16) gilt

$$\forall i \in \{1, 2\}: ||\tilde{\boldsymbol{\eta}}^{(i)}(V_n, \boldsymbol{\vartheta}^{(i)}) - \tilde{\boldsymbol{\eta}}^{(3-i)}(V_n, \boldsymbol{\vartheta}^{(3-i|i)}(\boldsymbol{\vartheta}^{(i)}; V_n))||^2_{\boldsymbol{I}_n} = ||\boldsymbol{\vartheta}^{(i)}||^2_{\boldsymbol{A}_{i,3-i}(V_n)}\,, \tag{9.2.19}$$

wobei

$$A_{i,3-i}(V_n) = F_i(V_n)'\,F_i(V_n) - F_i(V_n)'\,F_{3-i}(V_n)\,(F_{3-i}(V_n)'\,F_{3-i}(V_n))^-\,F_{3-i}(V_n)'\,F_i(V_n)\ \bullet$$

Beweis: Wir zeigen die Identität (9.2.19) für $i = 1$ und schreiben kürzer $\vartheta^{(2|1)}$ für $\vartheta^{(2|1)}(\vartheta^{(1)}; V_n)$. Dann erhält man aus (9.2.17)

$$\begin{aligned}||\tilde{\eta}^{(1)}(V_n, \vartheta^{(1)}) - \tilde{\eta}^{(2)}(V_n, \vartheta^{(2|1)})||^2_{I_n} &= ||F_1(V_n)\,\vartheta^{(1)} - F_2(V_n)\,\vartheta^{(2|1)}||^2_{I_n}\\ &= ||F_1(V_n)\,\vartheta^{(1)} - F_2(V_n)\,(F_2(V_n)'\,F_2(V_n))^-\,F_2(V_n)'\,F_1(V_n)\,\vartheta^{(1)}||^2_{I_n}\\ &= \vartheta^{(1)\prime}\big(F_1(V_n)'\,F_1(V_n) - F_1(V_n)'\,F_2(V_n)\,(F_2(V_n)'\,F_2(V_n))^-\,F_2(V_n)'\,F_1(V_n)\big)\,\vartheta^{(1)}\\ &= \vartheta^{(1)\prime}A_{12}(V_n)\,\vartheta^{(1)}\,.\end{aligned}$$

Entsprechend wird die zweite Identität gezeigt.

Von hier gibt es einen Zusammenhang mit der in (9.1.37) eingeführten Differenz der Restquadratsummen $J(\mathfrak{Y}; V_n)$.

Lemma 9.2.5: Wenn $\mathfrak{Y} \sim \mathrm{N}(F_i(V_n)\,\vartheta^{(i)}, \sigma_0^2 I_n)$; $i \in \{1, 2\}$; dann gilt

$$\mathrm{E}_{\mathfrak{Y}} J(\mathfrak{Y}; V_n) = (r_i - r_{3-i})\,\sigma_0^2 + ||\vartheta^{(i)}||^2_{A_{i,3-i}(V_n)}\ \bullet \tag{9.2.20}$$

Beweis: Es genügt, (9.2.20) für $i = 1$ zu zeigen. Mit (9.1.36) und (9.1.33) erhält man

$$\forall y \in C(V_n):$$

$$\begin{aligned}J(y; V_n) &= \frac{1}{\sigma_0^2}\,||y - F_2(V_n)\,(F_2(V_n)'\,F_2(V_n))^{-1}\,F_2(V_n)'\,y||^2_{I_n}\\ &\quad - \frac{1}{\sigma_0^2}\,||y - F_1(V_n)\,(F_1(V_n)'\,F_1(V_n))^{-1}\,F_1(V_n)'\,y||^2_{I_n}\\ &= \frac{1}{\sigma_0^2}\,y'\big(F_1(V_n)\,(F_1(V_n)'\,F_1(V_n))^{-1}\,F_1(V_n)' - F_2(V_n)\,(F_2(V_n)'\,F_2(V_n))^{-1}\,F_2(V_n')\big)\,y\,.\end{aligned}$$

Nach einem Satz über Erwartungswerte quadratischer Formen normalverteilter Zufallsvektoren (Searle [1]) ergibt sich die Behauptung.

Bemerkung 9.2.3:

a) Da auch die Varianz von $J(\mathfrak{Y}; V_n)$ von $A_{12}(V_n)$ bzw. $A_{21}(V_n)$ abhängt, konnte nicht gezeigt werden, daß das Risiko (2.3.59) für die Entscheidungsfunktion gemäß (9.1.39) monoton in $||\vartheta^{(1)}||^2_{A_{12}(V_n)}$ bzw. in $||\vartheta^{(2)}||^2_{A_{21}(V_n)}$ ist.

b) Die Bedingung (9.1.38) dafür, daß die Entscheidungsfunktion gemäß (9.1.39) bayessch ist, läßt sich z. B. für Klassen orthogonaler Pläne (vgl. Def. 11.2.2) erfüllen.

Von (9.2.15) ist der Übergang zu stetigen Plänen möglich, und zwar sei

$$\forall \xi \in \Xi\ \forall \vartheta^{(1)} \in \Theta_1:$$

$$\begin{aligned}\psi_2(\xi, \vartheta^{(1)}) &:= \int_V (\tilde{\eta}^{(1)}(x, \vartheta^{(1)}) - \tilde{\eta}^{(2)}(x, \vartheta^{(2|1)}(\vartheta^{(1)}; \xi))^2\,\xi(\mathrm{d}x)\\ &:= \inf_{\vartheta^{(2)} \in \Theta_2} \int_V (\tilde{\eta}^{(1)}(x, \vartheta^{(1)}) - \tilde{\eta}^{(2)}(x, \vartheta^{(2)}))^2\,\xi(\mathrm{d}x)\end{aligned} \tag{9.2.21}$$

und entsprechend definiert man $\psi_1(\xi, \vartheta^{(2)})$ durch Vertauschen von 1 und 2 in (9.2.21).

Lemma 9.2.6: Die Funktionale $\psi_{3-i}(\cdot, \vartheta^{(i)})$; $i \in \{1, 2\}$; gemäß (9.2.21) sind konkav in $\xi \in \Xi$ für alle $\vartheta^{(i)} \in \mathrm{R}^{r_i}$ •

Beweis: Der Integralausdruck ist linear in ξ. Das Infinum einer Summe ist nicht kleiner als die Summe der Infima der Summanden. Daraus folgt die Behauptung.

Auf den beiden Funktionalen ψ_1, ψ_2 aufbauend konstruieren wir die beiden folgenden Funktionale, die unter Beachtung der vorausgesetzten Antitonie (Vor. 9.2.3) eine gewisse Analogie zur Bildung des Risikos für Minimaxstrategien und des bayesschen Risikos erkennen lassen. So definieren wir

$$\forall \xi \in \Xi : \psi_M(\xi) := \inf_{j \in \{1, 2\}} \inf_{\vartheta^{(j)} \in \Theta_j} \psi_{3-j}(\xi, \vartheta^{(j)}) \tag{9.2.22}$$

und mit der a-priori-Verteilung P_τ über $T = \{1, 2\}$ und den a-priori-Dichten $p_{\theta^{(1)}}(\cdot)$ und $p_{\theta^{(2)}}(\cdot)$

$$\forall \xi \in \Xi : \psi_B(\xi) := \sum_{j=1}^{2} P_\tau(j) \int_{\Theta_j} \psi_{3-j}(\xi, \vartheta^{(j)})\, p_{\theta^{(j)}}(\vartheta^{(j)})\, \mathrm{d}\nu^{\otimes r_j} . \tag{9.2.23}$$

Lemma 9.2.7: Die Funktionale $\psi_M(\cdot)$ gemäß (9.2.22) und $\psi_B(\cdot)$ gemäß (9.2.23) sind konkav in $\xi \in \Xi$ •

Der *Beweis* folgt aus Lemma 9.2.6, da die Bildung des Infimums und der Erwartungswerte die Konkavität erhält.

Wir betrachten im folgenden speziell lineare Ansätze gemäß (9.2.16). Mit den Bezeichnungen

$$\forall i \in \{1, 2\}\ \forall j \in \{1, 2\} : \boldsymbol{M}_{i,j}(\xi) = \int_V \boldsymbol{f}^{(i)}(\boldsymbol{x})\, \boldsymbol{f}^{(j)}(\boldsymbol{x})'\, \xi(\mathrm{d}\boldsymbol{x})$$

und

$$\forall i \in \{1, 2\} : \boldsymbol{A}_{i,3-i}(\xi) = \boldsymbol{M}_{ii}(\xi) - \boldsymbol{M}_{i,3-i}(\xi)\, \boldsymbol{M}_{3-i,3-i}^{-}(\xi)\, \boldsymbol{M}_{3-i,i}(\xi) \tag{9.2.24}$$

erhält man analog zur Aussage von Lemma 9.2.4 auf gleichem Wege die Darstellung

$$\psi_{3-i}(\xi, \vartheta^{(i)}) = \|\vartheta^{(i)}\|^2_{\boldsymbol{A}_{i,3-i}(\xi)}; \quad i = \{1, 2\} . \tag{9.2.25}$$

Lemma 9.2.8: $\forall \xi \in \Xi\ \exists \tilde{\xi}_d \in \Xi_d : \tilde{\xi}_d = \{(\boldsymbol{x}_l, p_l)\}_{l=1}^m$

$$\wedge\ m \leqq (r_1 + r_2)(r_1 + r_2 + 1)/2 + 1 \wedge \psi_B(\xi) = \psi_B(\tilde{\xi}_d)\ \bullet$$

Der *Beweis* folgt dem Beweis von Satz 5.1.3.

Es sei $\tilde{\Xi}$ eine Teilmenge von Ξ.

Def. 9.2.5: Der Plan $\xi^* \in \tilde{\Xi}$ heißt *ψ_M-optimal* in $\tilde{\Xi} =_{\mathrm{df}}$

$$\psi_M(\xi^*) = \sup_{\xi \in \tilde{\Xi}} \psi_M(\xi)\ \bullet \tag{9.2.26}$$

Def. 9.2.6: Der Plan $\xi^* \in \tilde{\Xi}$ heißt *ψ_B-optimal* in $\tilde{\Xi}$ bezüglich P_τ, $p_{\theta^{(1)}}(\cdot)$ und $p_{\theta^{(2)}}(\cdot) =_{\mathrm{df}}$

$$\psi_B(\xi^*) = \sup_{\xi \in \tilde{\Xi}} \psi_B(\xi)\ \bullet \tag{9.2.27}$$

Lemma 9.2.9: Sei $\tilde{\Xi}$ konvex. Dann sind die Lösungsmengen von (9.2.26) und (9.2.27)

$$\Xi^*_{\psi_M, \tilde{\Xi}} := \left\{\xi^* \in \tilde{\Xi} : \psi_M(\xi^*) = \sup_{\xi \in \tilde{\Xi}} \psi_M(\xi)\right\},$$

$$\Xi^*_{\psi_B, \tilde{\Xi}} := \left\{\xi^* \in \tilde{\Xi} : \psi_B(\xi^*) = \sup_{\xi \in \tilde{\Xi}} \psi_B(\xi)\right\}$$

ebenfalls konvex •

Der *Beweis* folgt aus der Konkavität der Funktionale entsprechend zu Lemma 2.2.3.

Zur Vorbereitung eines Äquivalenzsatzes für ψ_B-optimale Pläne dient die folgende Voraussetzung.

Vor. 9.2.4: Für die a-priori-Dichten $p_{\theta^{(1)}}(\cdot)$ und $p_{\theta^{(2)}}(\cdot)$ existieren die Kovarianzmatrizen

$$\boldsymbol{B}_{\theta^{(i)}} = \mathrm{E}_{\theta^{(i)}}[(\boldsymbol{\theta}^{(i)} - \boldsymbol{\vartheta}_0^{(i)})\,(\boldsymbol{\theta}^{(i)} - \boldsymbol{\vartheta}_0^{(i)})'] , \qquad i \in \{1, 2\} \bullet$$

Mit (9.2.24), (9.2.25) und (1.A.5) erhalten wir für ψ_B die folgende Darstellung

$$\begin{aligned} \forall \xi \in \tilde{\Xi}: \psi_B(\xi) &= \sum_{i=1}^{2} P_\tau(i) \int_{\Theta_i} \boldsymbol{\vartheta}^{(i)\prime} \boldsymbol{A}_{i,\,3-i}(\xi)\, \boldsymbol{\vartheta}^{(i)} p_i(\boldsymbol{\vartheta}^{(i)})\, \mathrm{d}\nu^{\otimes r_i} \\ &= \sum_{i=1}^{2} P_\tau(i)\, \mathrm{sp}\, \boldsymbol{C}_i \boldsymbol{A}_{i,\,3-i}(\xi) , \end{aligned} \tag{9.2.28}$$

in der wir abkürzend

$$\forall i \in \{1, 2\} : \boldsymbol{C}_i := \int_{\Theta_i} \boldsymbol{\vartheta}^{(i)} \boldsymbol{\vartheta}^{(i)\prime} p_i(\boldsymbol{\vartheta}^{(i)})\, \mathrm{d}\nu^{\otimes r_i} = \boldsymbol{B}_{\theta(i)} + \boldsymbol{\vartheta}_0^{(i)} \boldsymbol{\vartheta}_0^{(i)\prime} \tag{9.2.29}$$

gesetzt haben.

Vor. 9.2.5: $\forall \xi \in \tilde{\Xi}\ \forall j \in \{1, 2\} : \boldsymbol{M}_{jj}(\xi) \in \mathcal{M}_{r_j}^{>}$ •

Wir führen weiterhin die Funktion $\varphi \mid V \times \tilde{\Xi} \to \mathrm{R}^1$ ein: $\forall \boldsymbol{x} \in V\ \forall \xi \in \tilde{\Xi}$:

$$\begin{aligned} \varphi(\boldsymbol{x}, \xi) = -\sum_{i=1}^{2} P_\tau(i)\, \mathrm{sp}\, \boldsymbol{C}_i \{ & \boldsymbol{M}_{ii}(\xi_{\boldsymbol{x}}) - \boldsymbol{M}_{i,\,3-i}(\xi_{\boldsymbol{x}})\, \boldsymbol{M}_{3-i,\,3-i}^{-1}(\xi)\, \boldsymbol{M}_{3-i,\,i}(\xi) \\ & + \boldsymbol{M}_{i,\,3-i}(\xi)\, \boldsymbol{M}_{3-i,\,3-i}^{-1}(\xi)\, \boldsymbol{M}_{3-i,\,3-i}(\xi_{\boldsymbol{x}})\, \boldsymbol{M}_{3-i,\,3-i}^{-1}(\xi)\, \boldsymbol{M}_{3-i,\,i}(\xi) \\ & - \boldsymbol{M}_{3-i,\,3-i}(\xi)\, \boldsymbol{M}_{3-i,\,3-i}^{-1}(\xi)\, \boldsymbol{M}_{3-i,\,i}(\xi_{\boldsymbol{x}}) \} , \end{aligned} \tag{9.2.30}$$

und es bezeichne $\forall (\xi, \xi') \in \tilde{\Xi} \times \Xi$:

$$\begin{aligned} \Phi_B(\xi, \xi') = \psi_B(\xi) - \sum_{i=1}^{2} P_\tau(i)\, \mathrm{sp}\, \boldsymbol{C}_i \{ & \boldsymbol{M}_{ii}(\xi') \\ & + \boldsymbol{M}_{i,3-i}(\xi)\, \boldsymbol{M}_{3-i,\,3-i}^{-1}(\xi)\, \boldsymbol{M}_{3-i,\,3-i}(\xi')\, \boldsymbol{M}_{3-i,\,3-i}(\xi)\, \boldsymbol{M}_{3-i,\,i}(\xi) \\ & - \boldsymbol{M}_{i,\,3-i}(\xi')\, \boldsymbol{M}_{3-i,\,3-i}^{-1}(\xi)\, \boldsymbol{M}_{3-i,\,i}(\xi) \\ & - \boldsymbol{M}_{i,\,3-i}(\xi)\, \boldsymbol{M}_{3-i,3-i}^{-1}(\xi)\, \boldsymbol{M}_{3-i,\,i}(\xi') \} . \end{aligned} \tag{9.2.31}$$

Dann erhalten wir aus dem Satz von WHITTLE (s. Satz 2.2.2 und 2.2.4) die folgende Aussage:

Satz 9.2.1: Es genüge $\tilde{\Xi}$ der Vor. 2.2.3, und es gelten die Voraussetzungen 9.2.4 und 9.2.5. Dann sind die Aussagen 1., 2. und 3. äquivalent:

1. $\xi^* \in \Xi^*_{\psi_B,\, \tilde{\Xi}}$,
2. $\sup\limits_{\xi \in \tilde{\Xi}}\ \inf\limits_{\boldsymbol{x} \in V} \Phi_B(\xi, \xi_{\boldsymbol{x}}) = \psi_B(\xi^*) - \sup\limits_{\boldsymbol{x} \in V} \varphi(\boldsymbol{x}, \xi^*)$,
3. $\psi_B(\xi^*) = \sup\limits_{\boldsymbol{x} \in V} \varphi(\boldsymbol{x}, \xi^*)$,

und es gilt

4. $\forall \xi^* \in \Xi^*_{\psi_B,\, \tilde{\Xi}}: S(\xi^*) \subseteq \{\boldsymbol{x} \in V: \psi_B(\xi^*) = \varphi(\boldsymbol{x}, \xi^*)\}$ •

Beweis: Da $\psi_B(\cdot)$ konvex auf $\tilde{\Xi}$ ist, berechnen wir gemäß (2.2.25) für $(\xi, \xi') \in \tilde{\Xi} \times \Xi$ und $\alpha \in (0, 1)$:

$$\Phi_{\psi_B}(\xi, \xi') = -\lim_{\alpha\to 0} \frac{1}{\alpha} [\psi_B((1-\alpha)\,\xi + \alpha\xi') - \psi_B(\xi)]$$
$$= -\lim_{\alpha\to 0} \left[\sum_{i=1}^{2} P_\tau(i) \operatorname{sp} C_i \left\{\frac{1}{\alpha} A_{i,3-i}((1-\alpha)\,\xi + \alpha\xi')\right\}\right]$$
$$+ \lim_{\alpha\to 0} \left[\sum_{i=1}^{2} P_\tau(i) \operatorname{sp} C_i \left\{\frac{1}{\alpha} A_{i,3-i}(\xi)\right\}\right]. \tag{9.2.32}$$

Dazu geben wir zunächst eine Darstellung von $M_{3-i,3-i}^{-1}((1-\alpha)\,\xi + \alpha\xi')$; $i \in \{1, 2\}$; an. Für

$$M_{3-i,3-i}^{-1}((1-\alpha)\,\xi + \alpha\xi')$$
$$= M_{3-i,3-i}^{-1}(\xi)\,[I_{r_i} + \alpha\{M_{3-i,3-i}(\xi') - M_{3-i,3-i}(\xi)\}\, M_{3-i,3-i}^{-1}(\xi)]^{-1}$$

gilt die folgende Reihenentwicklung (vgl. (5.5.23) und Satz 1.1.4):

$\exists \alpha_0 \in (0, 1)\ \forall \alpha \in [0, \alpha_0)\ \forall i \in \{1, 2\}$:

$$M_{3-i,3-i}^{-1}((1-\alpha)\,\xi + \alpha\xi')$$
$$= M_{3-i,3-i}^{-1}(\xi) \left[\sum_{\gamma=0}^{\infty} (-\alpha)^\gamma\, [\{M_{3-i,3-i}(\xi') - M_{3-i,3-i}(\xi)\}\, M_{3-i,3-i}^{-1}(\xi)]^\gamma\right]. \tag{9.2.33}$$

Mit (9.2.33) und (9.2.24) ergibt sich aus (9.2.32) $\Phi_B(\xi, \xi')$ gemäß (9.2.31).

Da $\Phi_B(\xi, \xi')$ linear ist (vgl. Def. 2.2.8) liefern die Sätze 2.2.2 und 2.2.4 die Behauptung.

Aus Satz 9.2.1 erhält man einen Satz von FEDOROV [10] als Folgerung.

Folgerung 9.2.1 (FEDOROV [10]): Es genüge $\tilde{\Xi}$ der Vor. 2.2.3, und es gelten die Voraussetzungen 9.2.4 und 9.2.5. Dann gilt

a) $\xi^* \in \Xi^*_{\psi_B, \tilde{\Xi}} \Leftrightarrow \forall \boldsymbol{x} \in V: \varphi(\boldsymbol{x}, \xi^*) \leqq \psi_B(\xi^*)$,

b) $\xi^* \in \Xi^*_{\psi_B, \tilde{\Xi}} \Rightarrow \forall \boldsymbol{x} \in S(\xi^*): \varphi(\boldsymbol{x}, \xi^*) = \psi_B(\xi^*)$,

c) $\forall \xi \in \tilde{\Xi} \setminus \Xi^*_{\psi_B, \tilde{\Xi}}: \sup_{\boldsymbol{x}\in V} \varphi(\boldsymbol{x}, \xi) > \psi_B(\xi)$ •

Dabei folgen a) und c) aus Teil 1 und 2 von Satz 9.2.1 und b) aus Teil 4 dieses Satzes.

Auf der Basis von Satz 9.2.1 und Folgerung 9.2.1 läßt sich ein Iterationsverfahren zur Konstruktion ψ_B-optimaler Pläne aufbauen, das dem Verfahren IV aus Abschnitt 6.2 entspricht. Es gelte die Vor. 9.2.5.

Dann hat das Iterationsverfahren die Darstellung

$$\forall s \in \mathsf{N}: \xi_0 \in \tilde{\Xi} \wedge \xi_s = (1-\alpha_s^*)\,\xi_{s-1} + \alpha_s^* \xi_{\boldsymbol{x}_s^*} \wedge \boldsymbol{x}_s^* \in V$$
$$\wedge \sup_{\boldsymbol{x}\in V} \varphi(\boldsymbol{x}, \xi_{s-1}) = \varphi(\boldsymbol{x}_s^*, \xi_{s-1})$$
$$\wedge \sup_{\alpha\in[0,1)} \psi_B((1-\alpha)\,\xi_{s-1} + \alpha\xi_{\boldsymbol{x}_s^*}) = \psi_B((1-\alpha_s^*)\,\xi_{s-1} + \alpha_s^*\xi_{\boldsymbol{x}_s^*}). \tag{9.2.34}$$

Bemerkung 9.2.4: Von FEDOROV [10] wird die Konvergenz des Verfahrens aus (9.2.34) unter der Voraussetzung

$$\sum_{s\in\mathsf{N}} \alpha_s^* = \infty \wedge \sum_{s\in\mathsf{N}} \alpha_s^{*2} \in \mathrm{R}^1 \tag{9.2.35}$$

bewiesen.

Bemerkung 9.2.5: Weitere Funktionale auf der Basis von $\psi_2(\xi, \boldsymbol{\vartheta}^{(1)})$ und $\psi_1(\xi, \boldsymbol{\vartheta}^{(2)})$ wurden in ATKINSON/FEDOROV [1] eingeführt. Auf der gleichen Basis wird mit weiteren heuristischen Überlegungen ein Planungsverfahren für die Diskrimination von mehr als zwei Ansätzen entwickelt (s. ATKINSON/FEDOROV [2]), auf das wir in II/6 eingehen werden.

9.3. Sequentielle Ansatzdiskrimination und Versuchsplanung

Wenn die Möglichkeit besteht, die Versuche stufenweise durchzuführen und nach jeder Stufe über die Fortsetzung und Planung der Versuche für die nächste Stufe zu befinden, dann kann man zu einem sequentiellen Entscheidungsproblem zur Ansatzdiskrimination mit Versuchsplanung übergehen. Dazu sind die im Abschnitt 2.4 eingeführten Mengen und Funktionen geeignet zu spezialisieren und einige Voraussetzungen aus den Abschnitten 9.1 und 9.2 zu modifizieren.

Entsprechend (9.1.1) sind im Entscheidungsproblem $[Z_T, A, L]$ die Mengen $Z_T = \bigcup_{i \in T} (\{i\} \times \Theta_i) \times K$ und $A = T$ mit card $T = m \in \mathsf{N}$ (vgl. Vor. 2.3.14) gegeben. Für die Verlustfunktion $L \mid T \times T \to \mathrm{R}^1$ gelte die Vor. 2.3.13, und für die Kostenfunktion c gelte über die Vor. 2.4.1 hinaus sogar die folgende Voraussetzung, wobei wir die Stufenzahl vorübergehend mit k bezeichnen.

Vor. 9.3.1: $\exists \bar{c} \mid \bigcup_{k \in \mathsf{N}} (V^{(0)})^k \to \mathrm{R}^1$

$$\forall z \in Z\ \forall \{V_{n_k}\}_{k \in \mathsf{N}} \in V^{(s)}\ \forall j \in \mathsf{N} : c(z; V_{n_1}, \ldots, V_{n_j}) = \bar{c}\left(\sum_{k=1}^{j} V_{n_k}\right).$$

Damit sind die Kosten also speziell unabhängig vom Zustand der Natur und von der Stufeneinteilung des Gesamtplanes.

Mit diesen Voraussetzungen hat die Verlustfunktion $L^{(s)}$ für das SESV (gemäß Def. 2.4.3) hier die Struktur

$$L^{(s)}(i, \boldsymbol{\vartheta}^{(i)}, w; \gamma(\boldsymbol{y}), \varphi(\boldsymbol{y}), d_T(\boldsymbol{y})) = L\big(i; d_{Tk}(\boldsymbol{y}(\widetilde{V}_{N_k}))\big) + \bar{c}(\widetilde{V}_{N_k}), \tag{9.3.1}$$

wobei

$$\forall k \in \mathsf{N}\ \forall \widetilde{V}_{N_k} \in (V^{(0)})^k : d_{Tk} \mid C(\widetilde{V}_{N_k}) \to T \tag{9.3.2}$$

ist. Damit spezialisiert sich das Risiko $R^{(s)}$ gemäß (2.4.11), so daß $[Z_T, U^{(s)}, R^{(s)}]$ mit $U^{(s)}$ aus (2.4.10) gemäß Def. 2.4.4 ein SSESV wird.

Wegen der Vor. 9.3.1 kann man sich nach Satz 2.4.1 auf eine sequentielle Einpunkt-Planung beschränken.

9.3.1. Bayessche sequentielle Ansatzdiskrimination mit Versuchsplanung

Beim Vorliegen einer a-priori-Verteilung über Z_T, für die wir entsprechend den Voraussetzungen 9.1.3 bzw. 9.1.3′ wieder die Existenz von Dichten fordern wollen, kann man zum bayesschen Risiko gemäß Def. 2.4.6 übergehen. Entsprechend der Struktur der a-priori-Verteilung erhält man dafür

$$\varrho(P_\tau, p(\boldsymbol{\vartheta}, \boldsymbol{w}; T); \gamma, \varphi, d_T) = \mathrm{E}_{\tau, (\boldsymbol{\theta}, \boldsymbol{\omega}; T)} R^{(s)}(\tau, \boldsymbol{\theta}, \boldsymbol{\omega}; \gamma, \varphi, d_T). \tag{9.3.3}$$

Nach Satz 2.4.3 gilt für jede Stoppregel φ und jede Auswahlregel γ aus der gegebenen Strategiemenge, daß die Folge bayesscher Entscheidungsfunktionen $\{d^*_{Tk}(\cdot, \widetilde{V}_{N_k})\}_{k \in \mathsf{N}}$ bezüglich der a-priori-Verteilung $P_\tau, p(\boldsymbol{\vartheta}, \boldsymbol{w}; T)$ für die Folge von Entscheidungsproblemen $\{[Z_T, D_T(\widetilde{V}_{N_k}), R_T]\}_{k \in \mathsf{N}}$ (vgl. (9.1.13)) eine sequentielle bayessche Endentscheidungsfunktion d^*_T im bayesschen SSESV ist.

Als Folgerung aus Satz 9.1.1 erhalten wir bayessche Entscheidungsfunktionen über die vermittelnde Abbildung $\tilde{d}^* \mid T^* \to T$

$$\forall P_\tau \in T^*: \tilde{d}^*(P_\tau) \in \left\{t: \sum_{i=1}^{m} L(i; t)\, P_\tau(i) = \min_{j \in T} \sum_{i=1}^{m} L(i; j)\, P_\tau(i)\right\}$$

als

$$\forall k \in \mathsf{N}\ \forall \boldsymbol{y} \in C(\tilde{V}_{N_k}): d^*_{Tk}(\boldsymbol{y}, \tilde{V}_{N_k}) := \tilde{d}^*(P_{\tau|\boldsymbol{y}})\,. \tag{9.3.4}$$

Die Endentscheidung d^*_T ist also unabhängig von φ und γ. Dies erlaubt eine weitere Optimierung des Risikos durch die Wahl der Stoppregel und der Auswahlregel.

Unter zusätzlichen Voraussetzungen über $V^{(0)}$ und die Kostenfunktion ist es möglich, zu abgeschnittenen sequentiellen Entscheidungsproblemen überzugehen.

Wegen der vorausgesetzten Endlichkeit der Verlustfunktion auf der endlichen Menge $T \times T$ (durch die Existenz des Risikos gemäß (2.3.54)) gibt es eine obere und eine untere Schranke, für die o. B. d. A. gilt

$$\exists l_0 \in \mathrm{R}^+\ \forall i \in T\ \forall t \in T: 0 \leqq L(i; t) < l_0\,.$$

Weiterhin gehen wir unter der Vor. 9.3.1 zur Einpunkt-Planung über.

Vor. 9.3.2:

a) $\forall k \in \mathsf{N}: V^k \cap V^{(0)} = \emptyset$,

b) $\forall k \in \mathsf{N}\ \forall \tilde{V}_{N_k} \in V^{(0)}: \tilde{V}_{N_k} \in V^k \cap V^{(0)}$ •

Damit haben alle Gesamtpläne bis zur Stufe k den Umfang k. Zur Vereinfachung der Schreibweise führen wir im Zusammenhang mit der Einpunkt-Planung, mit der wir uns im folgenden ausschließlich beschäftigen werden, den Index n ein, der gleichzeitig Stufenzahl und Versuchsplanumfang bezeichnet, und lassen die Tilde weg.

Von der Kostenfunktion $\bar{c}$ verlangen wir strenge Monotonie.

Vor. 9.3.3:

$$\forall n \in \mathsf{N}\ \forall V_{n+1} \in V^{(0)}\ \forall V_n \in V^{(0)}\ \forall \boldsymbol{x} \in V:$$
$$V_{n+1} = V_n + (\boldsymbol{x}) \Rightarrow \bar{c}(V_{n+1}) > \bar{c}(V_n) > 0 \wedge \lim_{n \to \infty} \sup_{V_n \in V^n \cap V^{(0)}} (\bar{c}(V_n))^{-1} = 0\ \bullet \tag{9.3.5}$$

Es ist $L_0 = \min_{t \in T} \sum_{i=1}^{m} L(i; t)\, P_\tau(i)$ der erwartete Verlust bei bayesscher Entscheidung ohne Beobachtung und

$$\forall V_n \in V^{(0)}\ \forall \boldsymbol{y} \in C(V_n): L_{V_n}(\boldsymbol{y}) = \min_{t \in T} \sum_{i=1}^{m} L(i; t)\, P_{\tau|\boldsymbol{y}}(i) + \bar{c}(V_n) \tag{9.3.6}$$

ist der erwartete a-posteriori-Verlust bei bayesscher Entscheidung $d^*_T(\boldsymbol{y})$ nach Durchführung von V_n.

Lemma 9.3.1: Unter den Voraussetzungen 9.3.2 und 9.3.3 gilt

$$\exists n_0 \in \mathsf{N}\ \forall n > n_0\ \forall V_n \in V^{(0)} \setminus \bigcup_{i=1}^{n_0} (V^{(0)} \cap V^i)\ \forall \boldsymbol{y} \in C(V_n): L_0 < \bar{c}(V_n) \leqq L_{V_n}(\boldsymbol{y})\ \bullet \tag{9.3.7}$$

Beweis: Wegen Vor. 9.3.3 und $P_{\tau|\boldsymbol{y}} \in T^*$ ist

$$L_{V_n}(\boldsymbol{y}) = \min_{t \in T} \sum_{i=1}^{m} L(i;t)\, P_{\tau|\boldsymbol{y}}(i) + \bar{c}(V_n) \geqq \bar{c}(V_n)\,.$$

Andererseits gibt es wegen (9.3.5) und Vor. 9.3.2 ein $n_0 \in \mathsf{N}$ mit $\forall n > n_0$: $L_0 < \bar{c}(V_n)$.

Wegen (9.3.7) kann man also das sequentielle Entscheidungsproblem durch die Festlegung

$$\forall V_n \in V^{(0)} \cap V^{n_0}\ \forall \boldsymbol{y} \in C(V_n): \varphi_{n_0}(\boldsymbol{y}) = 0 \tag{9.3.8}$$

abschneiden.

Es seien $V_{n_0} = (\boldsymbol{x}_1, \dots, \boldsymbol{x}_{n_0}) \in V^{(0)}$ ein vorgegebener Versuchsplan und

$$V_n = (\boldsymbol{x}_1, \dots, \boldsymbol{x}_n) \in V^{(0)};\ n = 1, \dots, n_0\,.$$

Dann gilt insbesondere Vor. 9.3.2. Wir betrachten die folgenden Entscheidungsfunktionen

$$\varphi_0 = \begin{cases} 0 & \text{falls } L_0 \leqq \min\limits_{\tilde{n} \in \{1, \dots, n_0\}} \mathrm{E}_{\mathfrak{Y}(V_{\tilde{n}})} L_{V_{\tilde{n}}}(\mathfrak{Y}(V_{\tilde{n}})) \\ 1 & \text{falls } L_0 > \min\limits_{\tilde{n} \in \{1, \dots, n_0\}} \mathrm{E}_{\mathfrak{Y}(V_{\tilde{n}})} L_{V_{\tilde{n}}}(\mathfrak{Y}(V_{\tilde{n}})) \end{cases} \tag{9.3.9}$$

und $\forall n \in \{1, \dots, n_0 - 1\}\ \forall \boldsymbol{y} \in C(V_n)$

$$\varphi_n(\boldsymbol{y}) = \begin{cases} 0 & \text{falls } L_{V_n}(\boldsymbol{y}) \leqq \min\limits_{\tilde{n} \in \{n+1, \dots, n_0\}} \mathrm{E}_{\mathfrak{Y}(V_{\tilde{n}})|\boldsymbol{y}} L_{V_{\tilde{n}}}(\mathfrak{Y}(V_{\tilde{n}})) \\ 1 & \text{falls } L_{V_n}(\boldsymbol{y}) > \min\limits_{\tilde{n} \in \{n+1, \dots, n_0\}} \mathrm{E}_{\mathfrak{Y}(V_{\tilde{n}})|\boldsymbol{y}} L_{V_{\tilde{n}}}(\mathfrak{Y}(V_{\tilde{n}}))\,. \end{cases} \tag{9.3.10}$$

Weiterhin bezeichne

$$d^*_{T0}(\cdot, V_0) := \tilde{d}^*(P_\tau)\,. \tag{9.3.11}$$

Satz 9.3.1: Für das bei n_0 durch (9.3.8) abgeschnittene sequentielle Entscheidungsproblem $[Z_T, U^{(s)}, R^{(s)}]$ und für die durch $V_{n_0} = (\boldsymbol{x}_1, \dots, \boldsymbol{x}_{n_0})$ gegebene Versuchsplanfolge $\{V_n\}_{n \in \{1, \dots, n_0\}}$ ist die Folge $\{(\varphi_n, d^*_{Tn}(\cdot, V_n))\}_{n \in \{0, \dots, n_0\}}$ mit φ_n gemäß (9.3.9) und (9.3.10) und $d^*_{Tn}(\cdot, V_n)$ gemäß (9.3.4) und (9.3.11) eine bayessche Strategie •

Der Beweis wird mit dem Verfahren der Rückwärtsinduktion von BELLMAN geführt (s. FERGUSON [1]).

Die Einbeziehung der Versuchsplanung in die Optimierung ist beim abgeschnittenen Problem prinzipiell in der gleichen Weise möglich. Explizite Aussagen über optimale Versuchsplanfolgen sind noch nicht bekannt.

9.3.2. Asymptotisch bayessche Strategien

Sei für $c \in \mathrm{R}^+$ speziell $\bar{c}(V_n) = cn$, sowie $L(i;t) = 1 - \delta_{it}$; $i \in T$; $t \in T$. Weiterhin sei $(\varphi^*, d^*_T, \gamma^*)_c$ eine bayessche Strategie für das SSESV (gemäß Def. 2.4.6) bezüglich der a-priori-Verteilung $(P_\tau, p(\boldsymbol{\vartheta}, \boldsymbol{w}; T))$ und $\bar{c}(V_n) = cn$. Es bezeichne c_0 ein Element aus $(0, 1)$.

Def. 9.3.1: Die Familie $\{(\varphi, d_T, \gamma)_c\}_{c \in (0, c_0)}$ von Strategien heißt *asymptotisch bayessch bezüglich* $(P_\tau, p(\boldsymbol{\vartheta}, \boldsymbol{w}; T)) =_{\mathrm{df}}$

$$\lim_{c \to 0} \big(\varrho(P_\tau, p(\boldsymbol{\vartheta}, \boldsymbol{w}; T); (\varphi, d_T, \gamma)_c)/\varrho(P_\tau, p(\boldsymbol{\vartheta}, \boldsymbol{w}; T); (\varphi^*, d^*_T, \gamma^*)_c)\big) = 1\ \bullet$$

Aufbauend auf Ergebnissen von CHERNOFF [3], BESSLER [1] und ALBERT, A. E. [1] wurde von KIEFER/SACKS [1] eine Familie asymptotisch bayesscher Strategien konstruiert. Das vorgeschlagene Verfahren gliedert sich in zwei Etappen. Nach einer vorläufigen Schätzung des wahren Zustandes der Natur durch einen konsistenten Schätzer d_Θ nach $n(c)$ Schritten wird ein randomisierter Einpunktplan (s. Abschnitt 8.3.1) bezüglich des erhaltenen Schätzwertes festgelegt. Dieser Plan wird für die weitere Strategie zur Ansatzdiskrimination verwendet und durch die folgenden Realisierungen der Zufallsgrößen $\mathfrak{Y}(\tilde{x}_{n(c)+\tilde{n}})$; $\tilde{n} \in \mathsf{N}$; nicht verändert. Das Verfahren wird abgebrochen, wenn eine der a-posteriori-Wahrscheinlichkeiten $P_{\tau|\mathbf{y}}(i)$; $i \in T$; größer als $1 - c$ ist, und als Endentscheidungsfunktion wird die bayessche für das Entscheidungsproblem auf der Abbruchstufe verwendet.

Die Voraussetzungen und wesentliche Gedankengänge dieses Verfahrens sollen im folgenden kurz skizziert werden. Wegen der Beweise, weiterer Ergebnisse und möglicher Verallgemeinerungen sei auf KIEFER/SACKS [1] verwiesen.

Zur Vereinfachung der Schreibung wird $K = \{w_0\}$ angenommen. Es seien

$$\forall i \in T \; \forall \boldsymbol{\vartheta}^{(i)} \in \Theta_i \; \forall \boldsymbol{x} \in V: p_{\mathfrak{Y}}(\cdot \mid i, \boldsymbol{\vartheta}^{(i)}; \boldsymbol{x}) =: \frac{\mathrm{d}P_{\mathfrak{Y}(\boldsymbol{x}) \mid \eta^{(i)}(\boldsymbol{x}, \boldsymbol{\vartheta}^{(i)})}}{\mathrm{d}\lambda} \tag{9.3.12}$$

(s. Vor. 9.1.2). Speziell seien die Parametermengen Θ_i kompakte Teilmengen der entsprechenden R^{r_i}. Die a-priori-Verteilung sei positiv auf Z_T.

Für die Dichten (9.3.12) sollen die folgenden Stetigkeitsvoraussetzungen gelten:

1. $\forall i \in T \; \forall j \in T \; \forall \boldsymbol{\vartheta}^{(i)} \in \Theta_i \; \forall \boldsymbol{\vartheta}^{(j)} \in \Theta_j \; \forall \boldsymbol{x} \in V$:

   $\langle\!\langle \lambda(\boldsymbol{\vartheta}^{(i)}, \boldsymbol{\vartheta}^{(j)}; \boldsymbol{x}) := \mathrm{E}_{\mathfrak{Y} \mid \boldsymbol{\vartheta}^{(i)}; \boldsymbol{x}} (\log p_{\mathfrak{Y}}(\mathfrak{Y} \mid i, \boldsymbol{\vartheta}^{(i)}; \boldsymbol{x}) - \log p_{\mathfrak{Y}}(\mathfrak{Y} \mid j, \boldsymbol{\vartheta}^{(j)}; \boldsymbol{x}))$

   stetig bezüglich $(\boldsymbol{\vartheta}^{(i)}, \boldsymbol{\vartheta}^{(j)}; \boldsymbol{x})\rangle\!\rangle$

2. $\forall i \in T \; \forall j \in T \; \forall \boldsymbol{\vartheta}^{(i)} \in \Theta_i \; \forall \boldsymbol{\vartheta}^{(j)} \in \Theta_j$:

   $$\sup_{\boldsymbol{x} \in V} \mathrm{E}_{\mathfrak{Y} \mid \boldsymbol{\vartheta}^{(i)}; \boldsymbol{x}} [\log p_{\mathfrak{Y}}(\mathfrak{Y} \mid i, \boldsymbol{\vartheta}^{(i)}; \boldsymbol{x}) - \log p_{\mathfrak{Y}}(\mathfrak{Y} \mid j, \boldsymbol{\vartheta}^{(j)}; \boldsymbol{x})]^2 \in \mathrm{R}^1$$

3. $\forall i \in T \; \forall j \in T \setminus \{i\} \; \forall \boldsymbol{\vartheta}^{(i)} \in \Theta_i \; \forall \boldsymbol{\vartheta}_0^{(j)} \in \Theta_j$:

   $$\sup_{\boldsymbol{x} \in V} \lim_{\varrho \to 0} \mathrm{E}_{\mathfrak{Y} \mid \boldsymbol{\vartheta}^{(i)}; \boldsymbol{x}} \Big[\log \sup_{\|\boldsymbol{\vartheta}^{(j)} - \boldsymbol{\vartheta}_0^{(j)}\| \leq \varrho} p_{\mathfrak{Y}}(\mathfrak{Y} \mid j, \boldsymbol{\vartheta}^{(j)}; \boldsymbol{x}) - \log p_{\mathfrak{Y}}(\mathfrak{Y} \mid j, \boldsymbol{\vartheta}_0^{(j)}; \boldsymbol{x})\Big]^2 = 0$$

4. $\forall i \in T \; \forall \boldsymbol{\vartheta}_0^{(i)} \in \Theta_i$:

   $$\sup_{\boldsymbol{x} \in V} \lim_{\boldsymbol{\vartheta}^{(i)} \to \boldsymbol{\vartheta}_0^{(i)}} \mathrm{E}_{\mathfrak{Y} \mid \boldsymbol{\vartheta}^{(i)}; \boldsymbol{x}} [\log p_{\mathfrak{Y}}(\mathfrak{Y} \mid i, \boldsymbol{\vartheta}^{(i)}; \boldsymbol{x}) - \log p_{\mathfrak{Y}}(\mathfrak{Y} \mid i, \boldsymbol{\vartheta}_0^{(i)}; \boldsymbol{x})]^2 = 0$$

5. $\forall i \in T \; \forall j \in T \; \forall \boldsymbol{\vartheta}^{(i)} \in \Theta_i \; \forall \boldsymbol{\vartheta}^{(j)} \in \Theta_j \; \forall \boldsymbol{x} \in V$:

   $\langle\!\langle \mathrm{E}_{\mathfrak{Y} \mid \boldsymbol{\vartheta}^{(i)}; \boldsymbol{x}} [\log p_{\mathfrak{Y}}(\mathfrak{Y} \mid i, \boldsymbol{\vartheta}^{(i)}; \boldsymbol{x}) - \log p_{\mathfrak{Y}}(\mathfrak{Y} \mid j, \boldsymbol{\vartheta}^{(j)}; \boldsymbol{x})]^2$

   stetig in $\boldsymbol{\vartheta}^{(i)}$ und gleichmäßig stetig in $\boldsymbol{x}\rangle\!\rangle$

6. $\forall i \in T \; \forall j \in T \setminus \{i\} \; \forall \boldsymbol{\vartheta}^{(i)} \in \Theta_i \; \forall \boldsymbol{\vartheta}_0^{(j)} \in \Theta_j \; \forall \boldsymbol{x} \in V$:

   $$\langle\!\langle \mathrm{E}_{\mathfrak{Y} \mid \boldsymbol{\vartheta}^{(i)}; \boldsymbol{x}} \Big[\log \sup_{\|\boldsymbol{\vartheta}^{(j)} - \boldsymbol{\vartheta}_0^{(j)}\| \leq \varrho} p_{\mathfrak{Y}}(\mathfrak{Y} \mid j, \boldsymbol{\vartheta}^{(j)}; \boldsymbol{x}) - \log p_{\mathfrak{Y}}(\mathfrak{Y} \mid j, \boldsymbol{\vartheta}_0^{(j)}; \boldsymbol{x})\Big]^2$$

   stetig in $\boldsymbol{\vartheta}^{(i)}$ und gleichmäßig stetig in $\boldsymbol{x}\rangle\!\rangle$

7. $\forall i \in T\ \forall \boldsymbol{\vartheta}_0^{(i)} \in \Theta_i\ \forall \boldsymbol{\vartheta}^{(i)} \in \Theta_i\ \forall \boldsymbol{x} \in V$:

$\langle\!\langle \mathrm{E}_{\mathfrak{Y} \mid \boldsymbol{\vartheta}^{(i)}; \boldsymbol{x}} [\log p_{\mathfrak{Y}}(\mathfrak{Y} \mid i, \boldsymbol{\vartheta}^{(i)}; \boldsymbol{x}) - \log p_{\mathfrak{Y}}(\mathfrak{Y} \mid i, \boldsymbol{\vartheta}_0^{(i)}; \boldsymbol{x})]^2$

stetig in $(\boldsymbol{\vartheta}^{(i)}, \boldsymbol{\vartheta}_0^{(i)})$ und gleichmäßig stetig in $\boldsymbol{x}\rangle\!\rangle$.

Bei der vorausgesetzten Form der Kostenfunktion ist nach Satz 2.4.1 eine Beschränkung auf Einpunktplanung möglich. Wir führen eine randomisierte Planung ein, indem wir eine Menge $P_V^{(0)}$ von Wahrscheinlichkeitsmaßen P_V über $[V, \mathscr{B}_V]$ betrachten. Dabei enthalte $\mathscr{B}_V$ alle einelementigen Mengen von V. Die Wahrscheinlichkeitsmaße $P_V \in P_V^{(0)}$ bezeichnen wir als *randomisierte Einpunktpläne*. Der Versuchspunkt $\boldsymbol{x} \in V$, an dem $\mathfrak{Y}(\boldsymbol{x})$ zu beobachten ist, wird durch die Realisierung einer Zufallsgröße v auf $[V, \mathscr{B}_V]$ gewonnen, die dieses Wahrscheinlichkeitsmaß P_V als Verteilung besitzt.

Wir setzen voraus, daß für $v \sim P_V$

8. $\forall i \in T\ \forall j \in T$:

$$i \neq j \Rightarrow \sup_{P_V \in P_V^{(0)}} \inf_{\boldsymbol{\vartheta}^{(i)} \in \Theta_i,\, \boldsymbol{\vartheta}^{(j)} \in \Theta_j} \mathrm{E}_v \lambda(\boldsymbol{\vartheta}^{(i)}, \boldsymbol{\vartheta}^{(j)}; v) \in \mathrm{R}^+$$

gilt, und es bezeichne

$$\forall i \in T\ \forall \boldsymbol{\vartheta}^{(i)} \in \Theta_i : \lambda(\boldsymbol{\vartheta}^{(i)}) := \sup_{P_V \in P_V^{(0)}} \min_{j \in T \setminus \{i\}} \inf_{\boldsymbol{\vartheta}^{(j)} \in \Theta_j} \mathrm{E}_v \lambda(\boldsymbol{\vartheta}^{(i)}, \boldsymbol{\vartheta}^{(j)}; v)\,.$$

Sei nun ε_0 eine vorgegebene positive Zahl. Als weitere Voraussetzung führen wir ein:

$$\begin{aligned} &\forall i \in T\ \forall \boldsymbol{\vartheta}_0^{(i)} \in \Theta_i\ \forall \varepsilon \in (0, \varepsilon_0)\ \exists \varepsilon' \in \mathrm{R}^+\ \exists \varepsilon'' \in \mathrm{R}^+\ \exists P_{V, \boldsymbol{\vartheta}_0^{(i)}} \in P_V^{(0)}: \\ &\quad \Big(0 < \varepsilon'' < 2\varepsilon \inf_{\boldsymbol{\vartheta}^{(i)} \in \Theta_i} \lambda(\boldsymbol{\vartheta}^{(i)})\Big) \\ &\quad \wedge \Big(\forall \boldsymbol{\vartheta}^{(i)} \in \Theta_i : (\|\boldsymbol{\vartheta}^{(i)} - \boldsymbol{\vartheta}_0^{(i)}\| < \varepsilon' \wedge v \sim P_{V, \boldsymbol{\vartheta}_0^{(i)}}) \\ &\quad \Rightarrow \Big(\lambda(\boldsymbol{\vartheta}^{(i)}) \leqq \min_{j \in T \setminus \{i\}} \inf_{\boldsymbol{\vartheta}^{(j)} \in \Theta_j} \mathrm{E}_v \lambda(\boldsymbol{\vartheta}^{(i)}, \boldsymbol{\vartheta}^{(j)}, v) + \varepsilon'' \\ &\quad \wedge \inf_{\boldsymbol{\vartheta}^{(i)} \in \Theta_i} \min_{j \in T \setminus \{i\}} \inf_{\boldsymbol{\vartheta}^{(j)} \in \Theta_j} \mathrm{E}_v \lambda(\boldsymbol{\vartheta}^{(i)}, \boldsymbol{\vartheta}^{(j)}, v) \in \mathrm{R}^+\Big)\,. \end{aligned} \tag{9.3.13}$$

Weiterhin gebe es eine Folge $\{\boldsymbol{x}_n\}_{n \in \mathrm{N}}$ von Punkten $\boldsymbol{x}_n \in V$, so daß die damit konstruierten Pläne $V_n := (\boldsymbol{x}_1, \dots, \boldsymbol{x}_n)$ in $V^{(0)}$ liegen und daß für die Folge $\{V_n\}_{n \in \mathrm{N}}$ ein konsistenter Schätzer existiert, genauer, es sei

$$\begin{aligned} &\forall V_n \in \{V_i\}_{i \in \mathrm{N}}\ \exists d_{\theta n} \mid C(V_n) \to \bigcup_{i \in T} \Theta_i\ \forall \boldsymbol{\vartheta} \in \bigcup_{i \in T} \Theta_i\ \forall \varepsilon \in \mathrm{R}^+: \\ &\lim_{n \to \infty} P_{\mathfrak{Y} \mid \boldsymbol{\vartheta}}\big(\|d_{\theta n}(\mathfrak{Y}(V_n)) - \boldsymbol{\vartheta}\| < \varepsilon\big) = 1 \text{ (vgl. Def. 1.4.7a)}\,. \end{aligned} \tag{9.3.14}$$

Nun können wir das Entscheidungsverfahren in zwei Etappen mit den eingeführten Voraussetzungen wie folgt formulieren:

1. Etappe:

Es sei $\{n(c)\}_{c \in (0, c_0)}$ eine Familie natürlicher Zahlen $\big($d. h. $\forall c \in (0, c_0): n(c) \in \mathrm{N}\big)$ mit $n(c) = o(|\log c|)$, und es sei $\{\boldsymbol{x}_n\}_{n \in \mathrm{N}}$ eine gegebene Folge, so daß für die abgeleitete

Folge $\{V_n\}_{n\in\mathsf{N}}$ die Aussage (9.3.14) gilt. Dann haben wir als Verfahren

$$(\varphi_0 = 1 \wedge \gamma_1 = \boldsymbol{x}_1)$$

$$\forall n \in \{1, \dots, n(c) - 1\} \; \forall \boldsymbol{y} \in C(V_n): \varphi_n(\boldsymbol{y}) = 1 \wedge \gamma_{n+1}(\boldsymbol{y}) = \boldsymbol{x}_{n+1} . \tag{9.3.15}$$

2. Etappe:

Es sei $\hat{\boldsymbol{\vartheta}}_0 = d_{\theta n(c)}(\boldsymbol{y}(V_{n(c)}))$ die Realisierung des konsistenten Schätzers aus (9.3.14) und $P_{V, \hat{\vartheta}_0}$ ein zu $\hat{\boldsymbol{\vartheta}}_0$ gehöriges Wahrscheinlichkeitsmaß, das (9.3.13) genügt. Weiterhin bezeichnen $\tilde{\boldsymbol{x}}_n$; $n \in \mathsf{N} \setminus \{1, \dots, n(c)\}$; unabhängige Realisierungen der Zufallsgröße v mit der Verteilung gemäß $P_{V, \hat{\vartheta}_0}$ und $V_{n\,\mathrm{rand}} = V_{n(c)} + (\tilde{\boldsymbol{x}}_{n(c)+1}, \dots, \tilde{\boldsymbol{x}}_n)$; $n \in \mathsf{N} \setminus \{1, \dots, n(c)\}$. Mit diesen Plänen bilden wir die Folge von Versuchsplänen

$$\{V_{j\,\mathrm{rand}}\}_{j\in\mathsf{N}\setminus\{1, \dots, n(c)-1\}} \quad \text{und} \quad V_{n(c)\,\mathrm{rand}} := V_{n(c)} .$$

Damit haben wir als Fortsetzung des Verfahrens:

$$\forall n \in \mathsf{N} \setminus \{1, \dots, n(c) - 1\} \; \forall \boldsymbol{y} \in C(V_{n\,\mathrm{rand}}):$$

$$\varphi_n(\boldsymbol{y}) = \begin{cases} 0 & \text{falls } \exists t_0 \in T: P_{\tau|\boldsymbol{y}}(t_0) > 1 - c \\ 1 & \text{falls } \forall t \in T: P_{\tau|\boldsymbol{y}}(t) \leq 1 - c , \end{cases} \tag{9.3.16}$$

$$\gamma_{n+1}(\boldsymbol{y}) = \tilde{\boldsymbol{x}}_{n+1} , \tag{9.3.17}$$

$$d_{Tn}(\boldsymbol{y}) = t_0 \in \{t: P_{\tau|\boldsymbol{y}}(t) > 1 - c\} . \tag{9.3.18}$$

Satz 9.3.2: Unter allen in diesem Abschnitt 9.3.2 genannten Voraussetzungen ist die Familie $\{(\varphi, d_T, \gamma)_c\}_{c\in(0, c_0)}$ mit φ gemäß (9.3.15) und (9.3.17) und d_T gemäß (9.3.18) asymptotisch bayessch bezüglich der a-priori-Verteilung $(P_\tau, p(\boldsymbol{\vartheta}; T))$ •

Der *Beweis* des Satzes wird in KIEFER/SACKS [1] erbracht.

Bemerkung 9.3.1: Die Aussage des Satzes 9.3.2 läßt sich auf den Fall card $K > 1$ erweitern, zumindest, wenn man von K Kompaktheit und von den Dichten eine gleichmäßige Stetigkeit bezüglich $w \in K$ fordert (s. KIEFER/SACKS [1]).

9.3.3. Suboptimale Versuchsplanung und bayessche Endentscheidungsfunktion

Die bayessche Endentscheidungsfunktion d_T^* nach Satz 2.4.1 hängt nur über die a-posteriori-Verteilung über T von der Realisierung $\boldsymbol{y} \in C(V_n)$ ab (vgl. auch (9.3.4)). Die im Abschnitt 9.3.2 angegebene Familie asymptotisch bayesscher Strategien benutzt darüber hinaus auch eine Stoppregel, die nur von dieser a-posteriori-Verteilung über T abhängt (vgl. (9.3.16)). Dies führt auf die Vermutung, daß es auch zumindest asymptotisch bayessche Strategien gibt, deren Auswahlregel ebenfalls nur über die a-posteriori-Verteilung über T von der Realisierung $\boldsymbol{y} \in C(V_n)$ abhängt. Diese Vermutung konnte noch nicht bewiesen werden. Die in diesem Abschnitt betrachteten Auswahlregeln sind also *suboptimal.*

Für die Bildung der a-posteriori-Verteilung ist es nicht erforderlich, immer auf die a-priori-Verteilung $(P_\tau, p(\boldsymbol{\vartheta}, w; T))$ zurückzugreifen. Es genügt die a-posteriori-Verteilung nach dem n-ten Versuch als a-priori-Verteilung für den $(n + 1)$-ten Versuch aufzufassen, wie das folgende Lemma 9.3.2 zeigen wird.

Es sei wieder der Einfachheit halber $K = \{w_0\}$. Dann ist die a-posteriori-Verteilung nach n Versuchen durch

$$\forall i \in T: P_{\tau|y;\, V_n}(i) = \frac{p_{\mathfrak{Y}}(y \mid i;\, V_n)\, P_\tau(i)}{p_{\mathfrak{Y}}(y;\, V_n)} \tag{9.3.19}$$

(vgl. (9.1.7)) und

$$\forall i \in T\ \forall \vartheta^{(i)} \in \Theta_i: p_{\theta^{(i)}}(\vartheta^{(i)} \mid i, y;\, V_n) = \frac{p_{\mathfrak{Y}}(y \mid i, \vartheta^{(i)};\, V_n)\, p_{\theta^{(i)}}(\vartheta^{(i)} \mid i)}{\int\limits_{\Theta} p_{\mathfrak{Y}}(y \mid i, \vartheta^{(i)};\, V_n)\, p_{\theta^{(i)}}(\vartheta^{(i)} \mid i)\, \mathrm{d}\nu^{\otimes r_i}} \tag{9.3.20}$$

(vgl. (9.1.8)) gegeben. Für die bedingte Dichte von $\mathfrak{Y}(x)$ nach Durchführung von V_n mit der Realisierung y erhält man

$$p_{\mathfrak{Y}}(\cdot \mid i, y;\, V_n, x) = \int\limits_{\Theta_i} p_{\mathfrak{Y}}(\cdot \mid i, \vartheta^{(i)};\, x)\, p_{\theta^{(i)}}(\vartheta^{(i)} \mid i, y;\, V_n)\, \mathrm{d}\nu^{\otimes r_i}. \tag{9.3.21}$$

Lemma 9.3.2: Für die a-posteriori-Verteilung nach $n + 1$ Versuchen gilt

$$\forall i \in T: P_{\tau|y;\, V_{n+1}}(i) = \frac{p_{\mathfrak{Y}}(y \mid i, y;\, V_n, x_{n+1})\, P_{\tau|y;\, V_n}(i)}{\sum\limits_{j=1}^{m} p_{\mathfrak{Y}}(y \mid j, y;\, V_n, x_{n+1})\, P_{\tau|y;\, V_n}(j)}, \tag{9.3.22}$$

$$\forall i \in T\ \forall \vartheta^{(i)} \in \Theta_i:$$

$$p_{\theta^{(i)}}(\vartheta^{(i)} \mid i;\, y;\, V_{n+1}) = \frac{p_{\mathfrak{Y}}(y \mid i, \vartheta^{(i)};\, x_{n+1})\, p_{\theta^{(i)}}(\vartheta^{(i)} \mid i, y;\, V_n)}{\int\limits_{\Theta_i} p_{\mathfrak{Y}}(y \mid i, \vartheta^{(i)};\, x_{n+1})\, p_{\theta^{(i)}}(\vartheta^{(i)} \mid i, y;\, V_n)\, \mathrm{d}\nu^{\otimes r_i}} \quad \bullet \tag{9.3.23}$$

Beweis: Einsetzen von (9.3.19) bis (9.3.21) in (9.3.22) und (9.3.23) und Vergleich mit der bayesschen Formel bei Rückgriff auf $(P_\tau, p(\vartheta;\, T))$ liefert unter Beachtung der Unabhängigkeit der Elemente des Beobachtungsvektors, d. h.

$$p_{\mathfrak{Y}}(y \mid i, \vartheta^{(i)};\, V_{n+1}) = p_{\mathfrak{Y}}(y \mid i, \vartheta^{(i)};\, V_n)\, p_{\mathfrak{Y}}(y \mid i, \vartheta^{(i)};\, x_{n+1}),$$

die Behauptung.

Da sowohl $P_{\tau|y;\, V_n} \in T^*$ als auch $P_{\tau|y;\, V_{n+1}} \in T^*$ ist, genügt es, das bayessche Risiko (1.5.30) über T^* zu betrachten. Bezeichne für alle $P_\tau \in T^*$ vorübergehend $\varrho^*(P_\tau;\, d^*_{T, P_\tau}) = \inf\limits_{d_T \in D_T} \varrho(P_\tau;\, d_T)$.

Lemma 9.3.3:

$$\forall P_\tau^{(1)} \in T^*\ \forall P_\tau^{(2)} \in T^*\ \forall \alpha \in [0, 1]:$$

$$\varrho^*(\alpha P_\tau^{(1)} + (1 - \alpha)\, P_\tau^{(2)};\, d^*_{T, (\alpha P_\tau^{(1)} + (1-\alpha) P_\tau^{(2)})})$$

$$\geqq \alpha \varrho^*(P_\tau^{(1)};\, d^*_{T, P_\tau^{(1)}}) + (1 - \alpha)\, \varrho^*(P_\tau^{(2)};\, d^*_{T, P_\tau^{(2)}}) \quad \bullet \tag{9.3.24}$$

Beweis:

$$\forall P_\tau^{(1)} \in T^*\ \forall P_\tau^{(2)} \in T^*\ \forall d_T \in D_T:$$

$$\varrho(\alpha P_\tau^{(1)} + (1 - \alpha)\, P_\tau^{(2)}: d_T) = \alpha \varrho(P_\tau^{(1)};\, d_T) + (1 - \alpha)\, \varrho(P_\tau^{(2)};\, d_T) \qquad \text{nach (1.5.30)}$$

$$\varrho^*(\alpha P_\tau^{(1)} + (1 - \alpha)\, P_\tau^{(2)};\, d_T^*) = \inf_{d_T \in D_T} [\alpha \varrho(P_\tau^{(1)};\, d_T) + (1 - \alpha)\, \varrho(P_\tau^{(2)};\, d_T)]$$

$$\geqq \alpha \inf_{d_T \in D_T} \varrho(P_\tau^{(1)};\, d_T) + (1 - \alpha) \inf_{d_T \in D_T} \varrho(P_\tau^{(2)};\, d_T)$$

(vgl. DE GROOT [1]).

Damit ist gezeigt, daß das bayessche Risiko für eine bayessche Endentscheidungsfunktion konkav über T^* ist.

Andere Funktionale auf T^* mit dieser Eigenschaft sind die SHANNONsche *Entropie*

$$H(P_\tau) = -\sum_{i=1}^{m} P_\tau(i) \ln P_\tau(i) \tag{9.3.25}$$

und das für die bayessche Endentscheidung bei einfachem Verlust bedeutungsvolle Funktional $J(P_\tau) = 1 - \max_{i \in T} P_\tau(i)$.

Das Funktional $H(P_\tau)$ wird verschiedentlich als Basis einer (suboptimalen) Versuchsplanung über die a-posteriori-Wahrscheinlichkeiten vorgeschlagen (s. z. B. BOX/HILL [1], FEDOROV [6]). Die Realisierung von $\mathfrak{Y}(\boldsymbol{x}_{n+1})$ liegt nach dem n-ten und vor dem $(n+1)$-ten Versuch noch nicht vor. Die a-posteriori-Wahrscheinlichkeiten nach dem $(n+1)$-ten Versuch sind auf der n-ten Stufe also noch Zufallsgrößen. Aus Lemma 9.3.2 ergibt sich dafür, wobei wir die Schreibweise leicht modifiziert haben,

$$\forall i \in T: P_{\tau|\boldsymbol{y};\, V_n,\, \mathfrak{Y}(\boldsymbol{x}_{n+1})}(i) = \frac{p_{\mathfrak{Y}}(\mathfrak{Y} \mid i, \boldsymbol{y};\, V_n, \boldsymbol{x}_{n+1})\, P_{\tau|\boldsymbol{y};\, V_n}(i)}{\sum_{j=1}^{m} p_{\mathfrak{Y}}(\mathfrak{Y} \mid j, \boldsymbol{y};\, V_n, \boldsymbol{x}_{n+1})\, P_{\tau|\boldsymbol{y};\, V_n}(j)}. \tag{9.3.26}$$

Damit wird auch die a-posteriori-Entropie eine Zufallsgröße

$$H(P_{\tau|\boldsymbol{y};\, V_n,\, \mathfrak{Y}(\boldsymbol{x}_{n+1})}) = -\sum_{j=1}^{m} P_{\tau|\boldsymbol{y};\, V_n,\, \mathfrak{Y}(\boldsymbol{x}_{n+1})}(j) \ln P_{\tau|\boldsymbol{y};\, V_n,\, \mathfrak{Y}(\boldsymbol{x}_{n+1})}(j)\,, \tag{9.3.27}$$

und wir gehen zum Erwartungswert bez. $\mathfrak{Y}(\boldsymbol{x}_{n+1})$ mit der a-posteriori-Dichte nach n Versuchen, d. h. bezüglich der Dichte

$$p_{\mathfrak{Y}}(y \mid \boldsymbol{y};\, V_n, \boldsymbol{x}_{n+1}) = \sum_{j=1}^{m} p_{\mathfrak{Y}}(y \mid j, \boldsymbol{y};\, V_n, \boldsymbol{x}_{n+1})\, P_{\tau|\boldsymbol{y};\, V_n}(j) \tag{9.3.28}$$

mit $p_{\mathfrak{Y}}(\cdot \mid j, \boldsymbol{y};\, V_n, \boldsymbol{x}_{n+1})$ gemäß (9.3.21), über. Dann beträgt die *erwartete Entropieänderung*

$$\Delta H(P_{\tau|\boldsymbol{y};\, V_n}, \boldsymbol{x}_{n+1}) := H(P_{\tau|\boldsymbol{y};\, V_n}) - \mathrm{E}_{\mathfrak{Y}|\boldsymbol{y}} H(P_{\tau|\boldsymbol{y};\, V_n,\, \mathfrak{Y}(\boldsymbol{x}_{n+1})})\,. \tag{9.3.29}$$

Lemma 9.3.4: Für die erwartete Entropieänderung gilt

$$\Delta H(P_{\tau|\boldsymbol{y};\, V_n}, \boldsymbol{x}_{n+1}) = \sum_{j=1}^{m} P_{\tau|\boldsymbol{y};\, V_n}(j) \int_{C(\boldsymbol{x}_{n+1})} p_{\mathfrak{Y}}(y \mid j, \boldsymbol{y};\, V_n, \boldsymbol{x}_{n+1}) \ln \frac{p_{\mathfrak{Y}}(y \mid j, \boldsymbol{y};\, V_n, \boldsymbol{x}_{n+1})}{p_{\mathfrak{Y}}(y \mid \boldsymbol{y};\, V_n, \boldsymbol{x}_{n+1})}\, \mathrm{d}\nu\,. \tag{9.3.30}$$

Beweis: Aus (9.3.27) und (9.3.28) ist

$$\begin{aligned}
&\mathrm{E}_{\mathfrak{Y}|\boldsymbol{y}} H(P_{\tau|\boldsymbol{y};\, V_n,\, \mathfrak{Y}(\boldsymbol{x}_{n+1})}) \\
&= -\int_{C(\boldsymbol{x}_{n+1})} \sum_{j=1}^{m} P_{\tau|\boldsymbol{y};\, V_n,\, y(\boldsymbol{x}_{n+1})}(j) \ln P_{\tau|\boldsymbol{y};\, V_n,\, y(\boldsymbol{x}_{n+1})}(j)\, p_{\mathfrak{Y}}(y \mid \boldsymbol{y};\, V_n, \boldsymbol{x}_{n+1})\, \mathrm{d}\nu \\
&= -\sum_{j=1}^{m} \int_{C(\boldsymbol{x}_{n+1})} \frac{p_{\mathfrak{Y}}(y \mid j, \boldsymbol{y};\, V_n, \boldsymbol{x}_{n+1})\, P_{\tau|\boldsymbol{y};\, V_n}(j)}{p_{\mathfrak{Y}}(y \mid \boldsymbol{y};\, V_n, \boldsymbol{x}_{n+1})} \\
&\quad \times \ln \frac{p_{\mathfrak{Y}}(y \mid j, \boldsymbol{y};\, V_n, \boldsymbol{x}_{n+1})\, P_{\tau|\boldsymbol{y};\, V_n}(j)}{p_{\mathfrak{Y}}(y \mid \boldsymbol{y};\, V_n, \boldsymbol{x}_{n+1})}\, p_{\mathfrak{Y}}(y \mid \boldsymbol{y};\, V_n, \boldsymbol{x}_{n+1})\, \mathrm{d}\nu \qquad \text{(wegen (9.3.26))}.
\end{aligned}$$

Da p eine Dichte ist, wird daraus

$$\Delta H(P_{\tau|\boldsymbol{y};\,V_n}, \boldsymbol{x}_{n+1}) = -\sum_{j=1}^{m} \int_{C(\boldsymbol{x}_{n+1})} P_{\tau|\boldsymbol{y};\,V_n}(j) \ln P_{\tau|\boldsymbol{y};\,V_n}(j)\, p_{\mathfrak{Y}}(y \mid j, \boldsymbol{y}; V_n, \boldsymbol{x}_{n+1})\, d\nu$$
$$- \mathrm{E}_{\mathfrak{Y}|\boldsymbol{y}} H(P_{\tau|\boldsymbol{y};\,V_n,\,\mathfrak{Y}(\boldsymbol{x}_{n+1})}) \,.$$

Die Zusammenfassung entsprechender Terme der beiden Summen liefert unmittelbar (9.3.30).

Die vorgeschlagene Auswahlregel lautet

$$\forall \boldsymbol{y} \in C(V_n)\colon \Delta H(P_{\tau|\boldsymbol{y};\,V_n}, \boldsymbol{x}_{n+1}) = \sup_{\boldsymbol{x} \in V} \Delta H(P_{\tau|\boldsymbol{y};\,V_n}, \boldsymbol{x}) \Rightarrow \gamma_{n+1}(\boldsymbol{y}) = \boldsymbol{x}_{n+1} \,. \quad (9.3.31)$$

Wegen numerischer Schwierigkeiten bei der Bestimmung von $\Delta H(P_{\tau|\boldsymbol{y};\,V_n}, \boldsymbol{x})$ gehen Box/Hill [1] zu einer oberen Schranke von (9.3.30) über. Nach einer Ungleichung von Kullback [1] gilt

$$p_{\mathfrak{Y}}(y \mid t, \boldsymbol{y}; V_n, \boldsymbol{x}) \ln \frac{p_{\mathfrak{Y}}(y \mid t, \boldsymbol{y}; V_n, \boldsymbol{x})}{p_{\mathfrak{Y}}(y \mid \boldsymbol{y}; V_n, \boldsymbol{x})}$$
$$\leqq \sum_{j=1}^{m} P_{\tau|\boldsymbol{y};\,V_n}(j)\, p_{\mathfrak{Y}}(y \mid t, \boldsymbol{y}; V_n, \boldsymbol{x}) \ln \frac{p_{\mathfrak{Y}}(y \mid t, \boldsymbol{y}; V_n, \boldsymbol{x})}{p_{\mathfrak{Y}}(y \mid j, \boldsymbol{y}; V_n, \boldsymbol{x})} \,. \quad (9.3.32)$$

Damit wird (9.3.30) nach oben abgeschätzt, und man erhält eine Funktion der Kullback-Leibler-*Informationszahlen* (s. Kullback [1]). Als Auswahlregel wird die Maximierung der so erhaltenen oberen Schranke empfohlen (s. II/6). Monte-Carlo-Studien zur Beurteilung der Güte dieser Auswahlregel findet man in Meeter/Pirie/Blot [1].

9.3.4. Diskrimination zwischen zwei Ansätzen

Die einfache Struktur des Entscheidungsproblems bei nur zwei Ansätzen führt auf weitere spezielle Möglichkeiten für eine (suboptimale) sequentielle Versuchsplanung, über die im folgenden referiert werden soll.

Wir gehen für $L(i; t) = 1 - \delta_{it}$; $i \in T$; $t \in T$; von der speziellen Form der bayesschen Entscheidungsfunktion (9.1.25) aus und betrachten den Likelihoodquotienten

$$q(\boldsymbol{y}; V_n) = \frac{p_{\mathfrak{Y}}(\boldsymbol{y} \mid 1; V_n)}{p_{\mathfrak{Y}}(\boldsymbol{y} \mid 2; V_n)} = \frac{\mathrm{E}_{\theta^{(1)}} l(y(\boldsymbol{x}_1), \ldots, y(\boldsymbol{x}_n); \theta^{(1)})}{\mathrm{E}_{\theta^{(2)}} l(y(\boldsymbol{x}_1), \ldots, y(\boldsymbol{x}_n); \theta^{(2)})} \,. \quad (9.3.33)$$

Für identisch verteilte Zufallsgrößen $\mathfrak{X}_i$; $i \in \mathsf{N}$; und die Kostenfunktion $\bar{c}(V_n) = cn$ ist der *sequentielle Likelihoodquotienten-Test* als bayessche Strategie bekannt (vgl. Wald [1]). Wir wollen ihn nun für nicht identisch verteilte Zufallsgröße $\mathfrak{Y}(\boldsymbol{x}_i)$ formulieren und einige Eigenschaften für diesen Fall angeben.

Sei $\{V_n\}_{n \in \mathsf{N}}$ eine Folge von Versuchsplänen, die aus einer gegebenen Folge $\{\boldsymbol{x}_n\}_{n \in \mathsf{N}}$ konstruiert ist und der Voraussetzung 9.3.2 genügt, weiterhin seien $A(c) \in \mathrm{R}^+$ und $B(c) \in \mathrm{R}^+$ mit $A(c) > B(c)$ vorgegeben. Damit wird die Stoppregel

$$\forall n \in \mathsf{N}\ \forall \boldsymbol{y} \in C(V_n)\colon \varphi_n(\boldsymbol{y}) = \begin{cases} 0 & \text{für } q(\boldsymbol{y}; V_n) < B(c) \vee q(\boldsymbol{y}; V_n) > A(c) \\ 1 & \text{für } B(c) \leqq q(\boldsymbol{y}; V_n) \leqq A(c) \end{cases} \quad (9.3.34)$$

definiert und als Endentscheidungsfunktion

$$\forall n \in \mathsf{N}\ \forall \boldsymbol{y} \in C(V_n)\colon d_{Tn}(\boldsymbol{y}) = \begin{cases} 1 & \text{für } q(\boldsymbol{y}; V_n) > A(c) \\ 2 & \text{für } q(\boldsymbol{y}; V_n) < B(c) \end{cases} \quad (9.3.35)$$

eingeführt.

Vor. 9.3.4: Die Endentscheidungsfunktion $d_T = \{d_{Tn}\}_{n \in \mathsf{N}}$ mit d_{Tn} gemäß (9.3.35) sei bayessch im Entscheidungsproblem $[Z_T, U^{(s)}, R^{(s)}]$ bezüglich $(P_\tau, p(\boldsymbol{\vartheta}; T))$ •

Bemerkung 9.3.2: Wegen des Zusammenhanges (9.1.25) läßt sich die Vor. 9.3.4 durch Wahl von $A(c)$ und $B(c)$ gemäß $A(c) > b_0 > B(c)$ erfüllen. In ähnlicher Weise und unter Beachtung von (9.1.23) erreicht man auch, daß (9.3.34) ein Spezialfall von (9.3.16) ist. Falls $\{V_n\}_{n \in \mathsf{N}}$ entsprechend (9.3.17) erzeugt wurde, ist (9.3.34) zusammen mit (9.3.35) eine asymptotisch bayessche Strategie.

Es bezeichne $\mathrm{E}\{\mathfrak{N} \mid (\varphi, d_T, \gamma)_c\}$ den bedingten Erwartungswert für die bei Abbruch erreichte Stufenanzahl, falls die Strategie $(\varphi, d_T, \gamma)_c$ verwendet wird und c die Kosten eines jeden Versuches sind. Weiterhin ist

$$P\big(d_{T\mathfrak{N}}(\mathfrak{Y}(V_\mathfrak{N})) = t \mid i\big) := \sum_{n \in \mathsf{N}} P\big(d_{Tn}(\mathfrak{Y}(V_n)) = t \mid i\big)\, P(\mathfrak{N} = n \mid i) \qquad (9.3.36)$$

die Wahrscheinlichkeit, daß beim Abbruch der t-te Ansatz gewählt wird, obwohl der i-te Ansatz wahr ist. Sei der Einfachheit halber wieder $K = \{\boldsymbol{w}_0\}$. Das Risiko für $(\varphi, d_T, \gamma)_c$ läßt sich dann in der Form schreiben

$$\forall \boldsymbol{\vartheta}^{(1)} \in \Theta_1 : R^{(s)}(1, \boldsymbol{\vartheta}^{(1)}; (\varphi, d_T, \gamma)_c) = P\big(d_{T\mathfrak{N}}(\mathfrak{Y}(V_\mathfrak{N})) = 2 \mid 1\big) + c\mathrm{E}\{\mathfrak{N} \mid (\varphi, d_T, \gamma)_c\}$$
$$\forall \boldsymbol{\vartheta}^{(2)} \in \Theta_2 : R^{(s)}(2, \boldsymbol{\vartheta}^{(2)}; (\varphi, d_T, \gamma)_c) = P\big(d_{T\mathfrak{N}}(\mathfrak{Y}(V_\mathfrak{N})) = 1 \mid 2\big) + c\mathrm{E}\{\mathfrak{N} \mid (\varphi, d_T, \gamma)_c\} \,. \qquad (9.3.37)$$

Durch die Erwartungswertbildung in (9.3.33) hängt das Risiko nicht mehr von $\boldsymbol{\vartheta}^{(i)}$ ab. Die Endentscheidungsfunktion d_T ist durch $A(c)$ und $B(c)$ gegeben.

Lemma 9.3.5: Für die Strategie (φ, d_T) gemäß (9.3.34) und (9.3.35) gilt

$$B(c) \geqq \frac{P\big(d_{T\mathfrak{N}}(\mathfrak{Y}(V_\mathfrak{N})) = 2 \mid 1\big)}{1 - P\big(d_{T\mathfrak{N}}(\mathfrak{Y}(V_\mathfrak{N})) = 1 \mid 2\big)} \;; \qquad A(c) \leqq \frac{1 - P\big(d_{T\mathfrak{N}}(\mathfrak{Y}(V_\mathfrak{N})) = 2 \mid 1\big)}{P\big(d_{T\mathfrak{N}}((\mathfrak{Y}(V_\mathfrak{N})) = 1 \mid 2\big)} \;\bullet$$

Der *Beweis* wird in Rao [3] und Ferguson [1] geführt.

Nach einem Vorschlag von Wald [1] wähle man α, β und $B = \dfrac{\alpha}{1-\beta}$ und $A = \dfrac{1-\alpha}{\beta}$. Dann erhält man aus Lemma 9.3.5 eine Abschätzung für die Wahrscheinlichkeiten (9.3.36).

Folgerung 9.3.1:

$$P\big(d_{T\mathfrak{N}}(\mathfrak{Y}(V_\mathfrak{N})) = 2 \mid 1\big) \leqq \frac{\alpha}{1-\beta} \wedge P\big(d_{T\mathfrak{N}}((\mathfrak{Y}(V_\mathfrak{N})) = 1 \mid 2\big) \leqq \frac{\beta}{1-\alpha} \qquad (9.3.38)$$

$$\wedge\, P\big(d_{T\mathfrak{N}}(\mathfrak{Y}(V_\mathfrak{N})) = 2 \mid 1\big) + P\big(d_{T\mathfrak{N}}(\mathfrak{Y}(V_\mathfrak{N})) = 1 \mid 2\big) \leqq \alpha + \beta \;\bullet \qquad (9.3.39)$$

Diese Abschätzungen sind gut für kleine c.

Äquivalent zu (9.3.35) erhält man

$$\forall n \in \mathsf{N}\; \forall \boldsymbol{y} \in C(V_n) : d_{Tn}(\boldsymbol{y}) = \begin{cases} 1 & \text{für } \ln q(\boldsymbol{y}; V_n) > \ln A(c) \\ 2 & \text{für } \ln q(\boldsymbol{y}; V_n) < \ln B(c)\,. \end{cases} \qquad (9.3.40)$$

Speziell im NKLR liefert Lemma 9.1.5 die Äquivalenz von $\ln q$ und J unter der Bedingung (9.1.38) und $P_\tau(1) = P_\tau(2) = \frac{1}{2}$.

Die in Fedorov [6] vorgeschlagene (suboptimale) Auswahlregel bezieht sich auf den Likelihoodquotienten (9.3.33), der in (9.3.34) und (9.3.35) die Basis von Stoppregel und Endentscheidungsfunktion bildet. Nach dem n-ten Versuch und vor dem $(n+1)$-

ten ist der Quotient q eine Zufallsgröße. Mit

$$p_{\mathfrak{Y}}(\boldsymbol{y} \mid i, \boldsymbol{\vartheta}^{(i)}; V_{n+1}) = p_{\mathfrak{Y}}(\boldsymbol{y} \mid i, \boldsymbol{\vartheta}^{(i)}; V_n)\, p_{\mathfrak{Y}}(y \mid i, \boldsymbol{\vartheta}^{(i)}; \boldsymbol{x}_{n+1})$$

über

$$p_{\mathfrak{Y}}(\boldsymbol{y} \mid i; V_{n+1}) = \int_{\Theta_i} p_{\mathfrak{Y}}(\boldsymbol{y} \mid i, \boldsymbol{\vartheta}^{(i)}; V_n)\, p_{\mathfrak{Y}}(y \mid i, \boldsymbol{\vartheta}^{(i)}; \boldsymbol{x}_{n+1})\, \mathrm{d}\nu^{\otimes r_i}$$

erhält man für den Likelihoodquotienten vor dem $(n+1)$-ten Versuch

$$q(\boldsymbol{y}; V_n; \mathfrak{Y}, \boldsymbol{x}_{n+1}) := \frac{\int_{\Theta_1} p_{\mathfrak{Y}}(\boldsymbol{y} \mid 1, \boldsymbol{\vartheta}^{(1)}; V_n)\, p_{\mathfrak{Y}}(\mathfrak{Y} \mid 1, \boldsymbol{\vartheta}^{(1)}; \boldsymbol{x}_{n+1})\, \mathrm{d}\nu^{\otimes r_1}}{\int_{\Theta_2} p_{\mathfrak{Y}}(\boldsymbol{y} \mid 2, \boldsymbol{\vartheta}^{(2)}; V_n)\, p_{\mathfrak{Y}}(\mathfrak{Y} \mid 2, \boldsymbol{\vartheta}^{(2)}; \boldsymbol{x}_{n+1})\, \mathrm{d}\nu^{\otimes r_2}}\,. \tag{9.3.41}$$

Das Ziel der Versuchsplanung ist nun die Beeinflussung von $\mathrm{E}\{\mathfrak{N} \mid (\varphi, d_T, \gamma)_c\}$, um einen möglichst frühen Abbruch zu erreichen. Dazu wäre es günstig, den nächsten Punkt $\boldsymbol{x}_{n+1}$ so zu wählen, daß $q(\boldsymbol{y}; V_n; \mathfrak{Y}, \boldsymbol{x}_{n+1})$ möglichst groß ist, falls der erste Ansatz wahr ist, und möglichst klein, falls der zweite Ansatz wahr ist. Dieser Tendenz trägt das Funktional $\psi_T \mid V \to \mathrm{R}^1$ Rechnung, das durch

$\forall \boldsymbol{x} \in V$:

$$\begin{aligned}\psi_T(\boldsymbol{x}) = {} & P_{\tau|\boldsymbol{y};\, V_n}(1)\, \mathrm{E}_{\boldsymbol{\theta}^{(1)}|\boldsymbol{y}} \mathrm{E}_{\mathfrak{Y}|\boldsymbol{\theta}^{(1)}} [\ln q(\boldsymbol{y}; V_n; \mathfrak{Y}, \boldsymbol{x}) - \ln q(\boldsymbol{y}; V_n)] \\ & - P_{\tau|\boldsymbol{y};\, V_n}(2)\, \mathrm{E}_{\boldsymbol{\theta}^{(2)}|\boldsymbol{y}} \mathrm{E}_{\mathfrak{Y}|\boldsymbol{\theta}^{(2)}} [\ln q(\boldsymbol{y}; V_n; \mathfrak{Y}, \boldsymbol{x}) - \ln q(\boldsymbol{y}; V_n)]\end{aligned} \tag{9.3.42}$$

definiert ist, wobei $\mathrm{E}_{\boldsymbol{\theta}^{(i)}|\boldsymbol{y}}$ den Erwartungswertoperator bezüglich der a-posteriori-Verteilung $p_{\boldsymbol{\theta}^{(i)}}(\cdot \mid i, \boldsymbol{y}; V_n)$ bezeichnet. Die Auswahlregel γ_n lautet dann:

$$\forall n \in \mathsf{N}\ \forall \boldsymbol{y} \in C(V_n): \psi_T(\boldsymbol{x}_{n+1}) = \sup_{\boldsymbol{x} \in V} \psi_T(\boldsymbol{x}) \Rightarrow \gamma_{n+1}(\boldsymbol{y}) = \boldsymbol{x}_{n+1}\,. \tag{9.3.43}$$

Im Spezialfall eines NKLR und $P_\tau(1) = P_\tau(2) = 1/2$ läßt sich (9.3.42) explizit bestimmen. Dazu greifen wir auf (9.1.35) zurück und bemerken, daß in diesem Fall die Endentscheidung gemäß (9.1.39) bayessch ist, falls der Plan der Bedingung (9.1.38) genügt. Da auf diese Bedingung im folgenden keine Rücksicht genommen wird, sind die erhaltenen Ergebnisse im allgemeinen schon aus diesem Grunde suboptimal.

Gemäß (9.1.35) haben wir

$$\begin{aligned}\ln q(\boldsymbol{y}; V_n) = {} & \frac{(r_1 - r_2)}{2} \ln (2\pi\sigma_0^2) - \frac{1}{2} \ln \det (\boldsymbol{F}_1(V_n)'\, \boldsymbol{F}_1(V)) \\ & + \frac{1}{2} \ln \det (\boldsymbol{F}_2(V_n)'\, \boldsymbol{F}_2(V_n)) - \frac{1}{2\sigma_0^2} \|\boldsymbol{y} - \boldsymbol{F}_1(V_n)\, \check{\boldsymbol{\vartheta}}^{(1)}(\boldsymbol{y})\|_{\boldsymbol{I}_n}^2 \\ & + \frac{1}{2\sigma_0^2} \|\boldsymbol{y} - \boldsymbol{F}_2(V_n)\, \check{\boldsymbol{\vartheta}}^{(2)}(\boldsymbol{y})\|_{\boldsymbol{I}_n}^2\end{aligned} \tag{9.3.44}$$

und entsprechend mit $V_{n+1} = V_n + (\boldsymbol{x})$

$$\begin{aligned}\ln q(\boldsymbol{y}, y; V_n, \boldsymbol{x}) = {} & \frac{(r_1 - r_2)}{2} \ln (2\pi\sigma_0^2) - \frac{1}{2} \ln \det (\boldsymbol{F}_1(V_{n+1})'\, \boldsymbol{F}_1(V_{n+1})) \\ & + \frac{1}{2} \ln \det (\boldsymbol{F}_2(V_{n+1})'\, \boldsymbol{F}_2(V_{n+1})) - \frac{1}{2\sigma_0^2} \left\| \begin{pmatrix} \boldsymbol{y} \\ y \end{pmatrix} - \boldsymbol{F}_1(V_{n+1})\, \check{\boldsymbol{\vartheta}}^{(1)}(\boldsymbol{y}, y) \right\|_{\boldsymbol{I}_{n+1}}^2 \\ & + \frac{1}{2\sigma_0^2} \left\| \begin{pmatrix} \boldsymbol{y} \\ y \end{pmatrix} - \boldsymbol{F}_2(V_{n+1})\, \check{\boldsymbol{\vartheta}}^{(2)}(\boldsymbol{y}, y) \right\|_{\boldsymbol{I}_{n+1}}^2 .\end{aligned} \tag{9.3.45}$$

Mit den Abkürzungen J_i aus (9.1.36) und der zu (9.3.45) analogen Bezeichnung

$$J_i(\boldsymbol{y}, y; V_n, \boldsymbol{x}) = \frac{1}{\sigma_0^2} \left\| \begin{pmatrix} \boldsymbol{y} \\ y \end{pmatrix} - \boldsymbol{F}_i(V_{n+1})\, \check{\boldsymbol{\vartheta}}^{(i)}(\boldsymbol{y}, y) \right\|^2_{\boldsymbol{I}_{n+1}}$$

erhält man

$$\ln q(\boldsymbol{y}, y; V_n, \boldsymbol{x}) - \ln q(\boldsymbol{y}; V_n)$$
$$= \frac{1}{2} [J_2(\boldsymbol{y}, y; V_n, \boldsymbol{x}) - J_1(\boldsymbol{y}, y; V_n, \boldsymbol{x}) - J_2(\boldsymbol{y}; V_n) + J_1(\boldsymbol{y}; V_n)]$$
$$- \frac{1}{2} \left[\ln \frac{\det (\boldsymbol{F}_1(V_{n+1})'\, \boldsymbol{F}_1(V_{n+1}))}{\det (\boldsymbol{F}_1(V_n)'\, \boldsymbol{F}_1(V_n))} - \ln \frac{\det (\boldsymbol{F}_2(V_{n+1})'\, \boldsymbol{F}_2(V_{n+1}))}{\det (\boldsymbol{F}_2(V_n)'\, \boldsymbol{F}_2(V_n))} \right].$$

Lemma 9.3.6: Unter der Vor. 9.1.6 über die Normalverteiltheit der Beobachtungsvektoren gilt

$\forall V_{n+1} \in V^{(0)} \cap V_{\text{reg}}\ \forall i \in \{1, 2\}\ \forall \boldsymbol{x} \in V\ \forall \boldsymbol{y} \in C(V_n)\ \forall y \in C(\boldsymbol{x})$:

$$\check{\boldsymbol{\vartheta}}^{(i)}(\boldsymbol{y}, y) = \check{\boldsymbol{\vartheta}}^{(i)}(\boldsymbol{y}) - \frac{(\boldsymbol{F}_i(V_n)'\, \boldsymbol{F}_i(V_n))^{-1} \boldsymbol{f}^{(i)}(\boldsymbol{x})\, [y - \boldsymbol{f}^{(i)}(\boldsymbol{x})'\, \check{\boldsymbol{\vartheta}}^{(i)}(\boldsymbol{y})]}{1 + \boldsymbol{f}^{(i)}(\boldsymbol{x})'\, (\boldsymbol{F}_i(V_n)'\, \boldsymbol{F}_i(V_n))^{-1} \boldsymbol{f}^{(i)}(\boldsymbol{x})} \bullet \tag{9.3.46}$$

Beweis: Wegen $\boldsymbol{F}_i(V_{n+1})'\, \boldsymbol{F}_i(V_{n+1}) = \boldsymbol{F}_i(V_n)'\, \boldsymbol{F}_i(V_n) + \boldsymbol{f}^{(i)}(\boldsymbol{x})\, \boldsymbol{f}^{(i)}(\boldsymbol{x})'$ gilt nach der Inversenformel (1.A.10)

$$[\boldsymbol{F}_i(V_{n+1})'\, \boldsymbol{F}_i(V_{n+1})]^{-1}$$
$$= [\boldsymbol{F}_i(V_n)'\, \boldsymbol{F}_i(V_n)]^{-1} - \frac{[\boldsymbol{F}_i(V_n)'\, \boldsymbol{F}_i(V_n)]^{-1} \boldsymbol{f}^{(i)}(\boldsymbol{x})\, \boldsymbol{f}^{(i)}(\boldsymbol{x})'\, [\boldsymbol{F}_i(V_n)'\, \boldsymbol{F}_i(V_n)]^{-1}}{1 + \boldsymbol{f}^{(i)}(\boldsymbol{x})'\, [\boldsymbol{F}_i(V_n)'\, \boldsymbol{F}_i(V_n)]^{-1} \boldsymbol{f}^{(i)}(\boldsymbol{x})}.$$

Unter Beachtung von

$$\check{\boldsymbol{\vartheta}}^{(i)}(\boldsymbol{y}, y) = [\boldsymbol{F}_i(V_{n+1})'\, \boldsymbol{F}_i(V_{n+1})]^{-1} \boldsymbol{F}_i(V_{n+1})' \begin{pmatrix} \boldsymbol{y} \\ y \end{pmatrix}$$

ergibt sich (9.3.46) durch einfaches Ausmultiplizieren und Umordnen.

Lemma 9.3.7: Unter der Vor. 9.1.6 gilt entsprechend (9.3.46)

$$J_i(\boldsymbol{y}, y; V_n, \boldsymbol{x}) = J_i(\boldsymbol{y}; V_n) + \frac{[y - \boldsymbol{f}^{(i)}(\boldsymbol{x})'\, \check{\boldsymbol{\vartheta}}(\boldsymbol{y})]^2/\sigma_0^2}{1 + \boldsymbol{f}^{(i)}(\boldsymbol{x})'\, [\boldsymbol{F}_i(V_n)'\, \boldsymbol{F}_i(V_n)]^{-1} \boldsymbol{f}^{(i)}(\boldsymbol{x})} \bullet \tag{9.3.47}$$

Der *Beweis* wird mit Lemma 9.3.6 durch elementare Umordnung geführt.

Lemma 9.3.8: Unter der Vor. 9.1.6 gilt entsprechend (9.3.46) für alle $i \in T$ und alle $t \in T$

$$\mathrm{E}_{\mathfrak{Y}|\boldsymbol{\vartheta}^{(i)}}[J_t(\boldsymbol{y}, \mathfrak{Y}; V_n, \boldsymbol{x}) - J_t(\boldsymbol{y}; V_n)] = \frac{1 + [\boldsymbol{f}^{(i)}(\boldsymbol{x})'\, \boldsymbol{\vartheta}^{(i)} - \boldsymbol{f}^{(t)}(\boldsymbol{x})'\, \check{\boldsymbol{\vartheta}}^{(t)}(\boldsymbol{y})]^2/\sigma_0^2}{1 + \boldsymbol{f}^{(t)}(\boldsymbol{x})'\, [\boldsymbol{F}_t(V_n)'\, \boldsymbol{F}_t(V_n)]^{-1} \boldsymbol{f}^{(t)}(\boldsymbol{x})} \bullet \tag{9.3.48}$$

Die Behauptung (9.3.48) folgt aus Lemma 9.3.7, wenn man $\mathrm{E}(\mathfrak{Y}(\boldsymbol{x}) \mid \boldsymbol{\vartheta}^{(i)}) = \boldsymbol{f}^{(i)}(\boldsymbol{x})'\, \boldsymbol{\vartheta}^{(i)}$ beachtet.

Wir setzen zur Abkürzung

$$a(V_n; \boldsymbol{x}) := -\frac{1}{2} \left[\ln \frac{\det (\boldsymbol{F}_1(V_{n+1})'\, \boldsymbol{F}_1(V_{n+1}))}{\det (\boldsymbol{F}_1(V_n)'\, \boldsymbol{F}_1(V_n))} - \ln \frac{\det (\boldsymbol{F}_2(V_{n+1})'\, \boldsymbol{F}_2(V_{n+1}))}{\det (\boldsymbol{F}_2(V_n)'\, \boldsymbol{F}_2(V_n))} \right]$$

und

$$b_i(V_n; \boldsymbol{x}) := (-1)^{i-1}\, [2(1 + \boldsymbol{f}^{(i)}(\boldsymbol{x})'\, [\boldsymbol{F}_i(V_n)'\, \boldsymbol{F}_i(V_n)]^{-1} \boldsymbol{f}^{(i)}(\boldsymbol{x})]^{-1}.$$

Damit wird

$$E_{\mathfrak{Y}|\theta^{(i)}}\{\ln q(\boldsymbol{y}, \mathfrak{Y}; V_n, \boldsymbol{x}) - \ln q(\boldsymbol{y}; V_n)\}$$

$$= \sum_{j=1}^{2} b_j(V_n; \boldsymbol{x}) [1 + \boldsymbol{f}^{(i)}(\boldsymbol{x})' \boldsymbol{\vartheta}^{(i)} - \boldsymbol{f}^{(j)}(\boldsymbol{x})' \check{\boldsymbol{\vartheta}}^{(j)}]^2/\sigma_0^2 + a(V_n; \boldsymbol{x}) . \quad (9.3.49)$$

Lemma 9.3.9: Sei $\boldsymbol{\theta}^{(i)} \sim \mathrm{N}(\boldsymbol{\vartheta}_0^{(i)}, \boldsymbol{\Lambda}_i)$, $i \in \{1, 2\}$, $\boldsymbol{\vartheta}_0^{(i)} \in \mathrm{R}^{r_i}, \boldsymbol{\Lambda}_i \in \mathcal{M}_{r_i}^{>}$, dann gilt für (9.3.49)

$$\forall \boldsymbol{y} \in C(V_n)\ \forall \boldsymbol{x} \in V\colon E_{\theta^{(i)}|\boldsymbol{y}} E_{\mathfrak{Y}|\theta^{(i)}}\{\ln q(\boldsymbol{y}, \mathfrak{Y}; V_n, \boldsymbol{x}) - \ln q(\boldsymbol{y}; V_n)\}$$

$$= \sum_{j=1}^{2} b_j(V_n; \boldsymbol{x}) \{1 + \boldsymbol{f}^{(i)}(\boldsymbol{x})' [\sigma_0^{-2}\boldsymbol{F}_i(V_n)' \boldsymbol{F}_i(V_n) + \boldsymbol{\Lambda}_i^{-1}]^{-1} \boldsymbol{f}^{(i)}(\boldsymbol{x})$$

$$+ [\boldsymbol{f}^{(i)}(\boldsymbol{x})' [\sigma_0^{-2}\boldsymbol{F}_i(V_n)' \boldsymbol{F}_i(V_n) + \boldsymbol{\Lambda}_i^{-1}]^{-1} (\sigma_0^{-2}\boldsymbol{F}_i(V_n)\, \boldsymbol{y} + \boldsymbol{\Lambda}_i^{-1}\boldsymbol{\vartheta}_0^{(i)}) - \boldsymbol{f}^{(j)}(\boldsymbol{x})\, \check{\boldsymbol{\vartheta}}^{(j)}(\boldsymbol{y})]^2\}$$

$$+ a(V_n; \boldsymbol{x}) \bullet \quad (9.3.50)$$

Der *Beweis* wird über die direkte Bestimmung der a-posteriori-Verteilung gemäß Lemma 4.3.3 für (9.3.49) geführt.

Damit sind die für das Funktional gemäß (9.3.42) erforderlichen Erwartungswerte explizit bestimmt und die Auswahlregel gemäß (9.3.43) ist konkretisiert worden.

9.4. Weitere Probleme

1. Eine Verallgemeinerung von Ergebnissen aus 9.2.3 (speziell Satz 9.2.1 und Satz 9.2.2; vgl. Fedorov/Malyutov [1]) auf multivariate Modelle wird in Fedorova [1] gegeben.
   Das auf Box/Hill [1] zurückgehende Versuchsplanungsverfahren auf der Basis der Shannonschen Entropie (9.3.25) (vgl. in 9.3.3 ab (9.3.26)) läßt sich auf den Fall multivariater Modelle übertragen (s. Hill/Hunter [1]).
2. Die Diskrimination von Regressionsmodellen, die sich nicht im Ansatz, sondern in der Kovarianzstruktur des Fehlervektors unterscheiden, wird in Lempers [1] (speziell dort in 4.) in konsequent bayesscher Betrachtungsweise untersucht (vgl. auch Kloek/Lempers [1]). Zur Diskrimination von Regressionsmodellen, die durch lineare Zusatzbedingungen unterschieden sind, wird von Toutenburg [3] ein Testverfahren vorgeschlagen.
3. Untersuchungen und Ergebnisse zur Robustheit des F-Testes (9.1.67) gegenüber Nichtnormalverteiltheit des Fehlervektors finden sich bei Box/Watson [1], die von Mardia [1] auf multivariate Modelle übertragen wurden.
4. Für die Verwendung des F-Testes zur Ansatzdiskrimination bei nichtnormalverteilten Beobachtungen wurden von Jensen/Mayer/Myers [1] Schranken für die Abweichung der Verteilung der Testgröße von der F-Verteilung angegeben und gezeigt, daß orthogonale Pläne diese Schranken minimieren. Zur Ableitung der Schranken s. auch Jensen/Mayer [1].
5. Einen Spezialfall des Problems der Ansatzwahl stellt das Problem der Auswahl von Einflußgrößen (oder von Funktionen dieser Größen) aus einer gegebenen Menge für in diesen Größen (oder Funktionen) lineare Ansätze, das sogenannte Problem des Screening dar. Dieses Problem wird entscheidungstheoretisch von Lindley [2] behandelt, Überlegungen und einige Ergebnisse zur Versuchsplanung werden dazu von Brooks [1] geliefert. Einen Überblick über den gegenwärtigen Stand der Bearbeitung der Problematik (ohne Berücksichtigung der Versuchsplanung) geben Bunke, O. [3] und Haverland [1]; zu Problemen der Versuchsplanung s. auch Kleijnen [1] (zur Anwendung s. II/6).

10. SCHÄTZUNG UND VERSUCHSPLANUNG OHNE VORAUSSETZUNG EINES WAHREN ANSATZES

In den Kapiteln 3–8 wurden Probleme der Parameterschätzung und der optimalen Versuchsplanung für einen gegebenen wahren Ansatz behandelt. Es wird nun der Fall untersucht, daß eine Funktionenmenge gegeben ist, die die Wirkungsfläche enthält, aber als Ansatz – und damit als Wertebereich der Schätzfunktion für die Wirkungsfläche – eine davon verschiedene Menge verwendet wird. Die Motivation für diese Unterscheidung kann sich z. B. aus einer Beschränkung des Versuchsplanumfangs oder aus der besseren Berechenbarkeit der Schätzung ergeben. Bedeutungsvoll sind die Spezialfälle, daß der Ansatz eine Teilmenge der gegebenen Funktionenmenge ist und daß die Wirkungsfläche durch ein Polynom approximiert werden soll. Eine fachwissenschaftliche Deutung der geschätzten Parameter, z. B. als Kennwerte, ist im allgemeinen nicht möglich.

Läßt sich der Ansatz in Teilansätze zerlegen, dann kann die Schätzung der Wirkungsfläche auch in zwei Etappen vorgenommen werden. Nach der Auswahl eines Teilansatzes wird mit diesem die Wirkungsfläche geschätzt. Die Auswahl eines Teilansatzes erfolgt hier jedoch, im Unterschied zur Problemstellung im Kapitel 9, nur im Hinblick auf diese anschließende Schätzung.

In jedem Fall kommt es darauf an, eine möglichst gute Approximation der Wirkungsfläche auf der Grundlage eines gewählten Regressionsansatzes zu erreichen; man spricht deshalb vom Approgressionsproblem.

Das allgemeine Problem der Approgression wurde im Abschnitt 2.3.2 entscheidungstheoretisch dargestellt.

10.1. Schätzung im linearen Approgressionsproblem mit quadratischem Verlust

Das Approgressionsproblem wird nun für den Fall behandelt, daß sowohl der Funktionenraum der Natur als auch der Ansatz des Statistikers lineare Räume sind und eine quadratische Verlustfunktion vorliegt. In diesem Abschnitt wird das Schätzproblem untersucht. Anhand der Trennsätze aus Folgerung 2.3.1 und Satz 2.1.1 läßt sich die Optimalität der Lösungen des Schätzproblems im Gesamtproblem nachweisen.

Wir gehen vom allgemeinen Approgressionsproblem aus, das dargestellt wird durch das Entscheidungsproblem

$$[Z, A, L]; \tag{10.1.1}$$

$Z = S \times K \times H$ aus (2.3.13), $A = \tilde{S} \times V^{(0)}$ aus (2.3.11);
und das statistische Entscheidungsproblem

$$[Z, U, R] \tag{10.1.2}$$

gemäß (2.3.17).

Es seien $\boldsymbol{f} \in (\mathrm{R}^r)^B$ und $\boldsymbol{g} \in (\mathrm{R}^q)^B$ Vektoren reellwertiger Funktionen mit jeweils linear unabhängigen Komponenten.

Vor. 10.1.1: $S = \{\eta : \eta = \boldsymbol{f}'\boldsymbol{\vartheta} \wedge \boldsymbol{\vartheta} \in \mathrm{R}^r\}$, (10.1.3)

$$\tilde{S} = \{\tilde{\eta} : \tilde{\eta} = \boldsymbol{g}'\boldsymbol{\beta} \wedge \boldsymbol{\beta} \in \mathrm{R}^q\} \bullet \tag{10.1.4}$$

Damit sind S und $\tilde{S}$ lineare Funktionenräume mit den Basen $\{f_1, \ldots, f_r\}$ und $\{g_1, \ldots, g_q\}$. Es bezeichne $\bar{S} := \mathcal{L}[S \cup \tilde{S}]$ die lineare Hülle ihrer Vereinigung. Wir nehmen o. B. d. A. an, daß die Komponenten von

$$\boldsymbol{f}_0 := (f_1, \ldots, f_{r_0})' = (g_1, \ldots, g_{r_0})'; \quad 0 \leqq r_0 \leqq \min\{r, q\};$$

eine Basis des linearen Raumes $S_0 := S \cap \tilde{S}$ bilden. Mit

$$\bar{\boldsymbol{f}} := (f_1, \ldots, f_{r_0}, f_{r_0+1}, \ldots, f_r, g_{r_0+1}, \ldots, g_q)'$$

ist dann

$$\bar{S} = \{\bar{\eta} : \bar{\eta} = \bar{\boldsymbol{f}}'\boldsymbol{\alpha} \wedge \boldsymbol{\alpha} \in \mathrm{R}^{r+(q-r_0)}\} . \tag{10.1.5}$$

Weiter bezeichnen

$$\boldsymbol{f}_1 := (f_{r_0+1}, \ldots, f_r)'; \qquad \boldsymbol{f}_2 := (g_{r_0+1}, \ldots, g_q)';$$
$$\boldsymbol{\vartheta}_0 := (\vartheta_1, \ldots, \vartheta_{r_0})'; \qquad \boldsymbol{\vartheta}_1 := (\vartheta_{r_0+1}, \ldots, \vartheta_r)';$$
$$\boldsymbol{\beta}_0 := (\beta_1, \ldots, \beta_{r_0})'; \qquad \boldsymbol{\beta}_2 = (\beta_{r_0+1}, \ldots, \beta_q)'$$
$$r_1 := r - r_0;\; r_2 := q - r_0;\; \bar{r} := r_0 + r_1 + r_2 .$$

Dann ergeben sich aus (10.1.3) und (10.1.4)

$$S = \{\eta : \eta = \bar{\boldsymbol{f}}'\bar{\boldsymbol{\vartheta}} = \boldsymbol{f}_0'\boldsymbol{\vartheta}_0 + \boldsymbol{f}_1'\boldsymbol{\vartheta}_1 \wedge \bar{\boldsymbol{\vartheta}} \in \mathrm{R}^r \times \{0\}^{r_2}\} , \tag{10.1.6}$$

$$\tilde{S} = \{\tilde{\eta} : \tilde{\eta} = \bar{\boldsymbol{f}}'\bar{\boldsymbol{\beta}} = \boldsymbol{f}_0'\boldsymbol{\beta}_0 + \boldsymbol{f}_2'\boldsymbol{\beta}_2 \wedge \bar{\boldsymbol{\beta}} \in \mathrm{R}^{r_0} \times \{0\}^{r_1} \times \mathrm{R}^{r_2}\} . \tag{10.1.7}$$

Es sei $\boldsymbol{U} \in \mathcal{M}_{\bar{r}}^{>}$. Damit läßt sich in $\bar{S}$ eine Norm $\langle\!\langle \cdot \rangle\!\rangle_U$ einführen:

$$\forall \bar{\eta} = \bar{\boldsymbol{f}}'\boldsymbol{\alpha} \in \bar{S} : \langle\!\langle \bar{\eta} \rangle\!\rangle_U := (\boldsymbol{\alpha}'\boldsymbol{U}\boldsymbol{\alpha})^{1/2} = ||\boldsymbol{\alpha}||_U . \tag{10.1.8}$$

Bemerkung 10.1.1: Für

$$\boldsymbol{U} = \int_B \bar{\boldsymbol{f}}(\boldsymbol{x})\, \bar{\boldsymbol{f}}(\boldsymbol{x})'\, \mathrm{d}\mu(\boldsymbol{x}) \tag{10.1.9}$$

ist $\langle\!\langle \cdot \rangle\!\rangle_U$ die übliche Norm im Raum $L^2[B, \mathcal{B}_B, \mu]$ der quadratisch integrierbaren Funktionen:

$$\langle\!\langle \bar{\eta} \rangle\!\rangle_U^2 = \int_B \bar{\eta}(\boldsymbol{x})^2\, \mathrm{d}\mu(\boldsymbol{x}) = \boldsymbol{\alpha}'\left(\int_B \bar{\boldsymbol{f}}(\boldsymbol{x})\, \bar{\boldsymbol{f}}(\boldsymbol{x})'\, \mathrm{d}\mu(\boldsymbol{x})\right) \boldsymbol{\alpha} .$$

Nun legen wir eine spezielle quadratische Verlustfunktion gemäß (3.1.15) fest.

Vor. 10.1.2:

$$\exists \boldsymbol{U} \in \mathcal{M}_{\bar{r}}^{>}\; \forall \boldsymbol{x} \in H\; \forall V_n \in V^{(0)}\; \forall \eta = \bar{\boldsymbol{f}}'\bar{\boldsymbol{\vartheta}} \in S\; \forall \tilde{\eta} = \bar{\boldsymbol{f}}'\bar{\boldsymbol{\beta}} \in \tilde{S} :$$
$$L(\eta, \boldsymbol{x}; \tilde{\eta}, V_n) = \langle\!\langle \eta - \tilde{\eta} \rangle\!\rangle_U^2 = ||\bar{\boldsymbol{\vartheta}} - \bar{\boldsymbol{\beta}}||_U^2 \bullet \tag{10.1.10}$$

Die Matrix $\boldsymbol{U}$ soll also weder vom Versuchsplan V_n noch vom Prognosepunkt $\boldsymbol{x}$ abhängen. Wegen der eineindeutigen Beziehung zwischen den Parametervektoren $\boldsymbol{\alpha}$ und den Funktionen $\bar{\eta} = \bar{\boldsymbol{f}}'\boldsymbol{\alpha} \in \bar{S}$ und wegen der Gestalt der Verlustfunktion gemäß (10.1.10) betrachten wir im folgenden das Entscheidungsproblem (10.1.1) mit

$$Z = \mathrm{R}^r \times K \times H ,$$
$$A = \mathrm{R}^q \times V^{(0)} ,$$
$$L(\boldsymbol{\vartheta}, \boldsymbol{x}; \boldsymbol{\beta}, V_n) = ||\bar{\boldsymbol{\vartheta}} - \bar{\boldsymbol{\beta}}||_U^2$$

und das statistische Entscheidungsproblem (10.1.2) mit

$$U = \bigcup_{V_n \in V^{(0)}} \left(D(V_n) \times \{V_n\}\right) \subseteq U_R \subseteq \bigcup_{V_n \in V^{(0)}} \left((\mathrm{R}^q)^{C(V_n)} \times \{V_n\}\right).$$

Damit läßt sich das Approgressionsproblem auf das Schätz- und Planungsproblem für eine spezielle Linearkombination des Parametervektors $\boldsymbol{\vartheta}$ zurückführen.

10.1.1. Das Approximationsproblem

Vorbereitend wird das (nichtstatistische) Entscheidungsproblem $[Z, A, L]$ als Approximationsproblem der Parametervektoren behandelt. Die bestmögliche Wahl des Statistikers kann durch Anwendung einer orthogonalen Projektion, die sich aus einer MKQ-Inversen berechnen läßt, angegeben werden.

Es bezeichne $\tilde{\Theta} := \mathrm{R}^{r_0} \times \{0\}^{r_1} \times \mathrm{R}^{r_2}$ den Parameterraum des Ansatzes $\tilde{S}$. Da $\tilde{\Theta}$ ein linearer Teilraum des $\mathrm{R}^{\bar{r}}$ ist, ergibt sich für orthogonale Projektionen bezüglich des Skalarprodukts $\langle\cdot,\cdot\rangle_U$ (Def. 1.1.19) aus Satz 1.1.5 die folgende wichtige Eigenschaft.

Lemma 10.1.1: Ist $\boldsymbol{P}$ orthogonale Projektion von $\mathrm{R}^{\bar{r}}$ auf $\tilde{\Theta}$ bez. $\langle\cdot,\cdot\rangle_U$, so gilt

$$\forall \boldsymbol{\alpha} \in \mathrm{R}^{\bar{r}}\ \forall \bar{\boldsymbol{\beta}} \in \tilde{\Theta}: \|\boldsymbol{\alpha} - \bar{\boldsymbol{\beta}}\|_U^2 = \|\boldsymbol{\alpha} - \boldsymbol{P\alpha}\|_U^2 + \|\boldsymbol{P\alpha} - \bar{\boldsymbol{\beta}}\|_U^2 \bullet \qquad (10.1.11)$$

Mit dieser Zerlegung erhält man sofort eine Minimaleigenschaft orthogonaler Projektionen.

Lemma 10.1.2: Es sei $\boldsymbol{P}$ orthogonale Projektion von $\mathrm{R}^{\bar{r}}$ auf $\tilde{\Theta}$ bez. $\langle\cdot,\cdot\rangle_U$. Dann gilt

$$\forall \boldsymbol{\alpha} \in \mathrm{R}^{\bar{r}}: \inf_{\bar{\boldsymbol{\beta}} \in \tilde{\Theta}} \|\boldsymbol{\alpha} - \bar{\boldsymbol{\beta}}\|_U^2 = \|\boldsymbol{\alpha} - \boldsymbol{P\alpha}\|_U^2 \bullet \qquad (10.1.12)$$

Nun wird $\tilde{\Theta}$ als Spaltenraum einer Matrix dargestellt. Für

$$\tilde{\boldsymbol{C}} = \begin{pmatrix} \boldsymbol{I}_{r_0} & \boldsymbol{O}_{r_0 \times r_2} \\ \boldsymbol{O}_{r_1 \times r_0} & \boldsymbol{O}_{r_1 \times r_2} \\ \boldsymbol{O}_{r_2 \times r_0} & \boldsymbol{I}_{r_2} \end{pmatrix} =: \begin{pmatrix} \boldsymbol{I}_{00} & \boldsymbol{O}_{02} \\ \boldsymbol{O}_{10} & \boldsymbol{O}_{12} \\ \boldsymbol{O}_{20} & \boldsymbol{I}_{22} \end{pmatrix} \qquad (10.1.13)$$

gilt

$$\tilde{\Theta} = \mathcal{L}(\tilde{\boldsymbol{C}}). \qquad (10.1.14)$$

Es bezeichne $\tilde{\boldsymbol{C}}_{\bar{U}}$ die MKQ-Inverse zu $\tilde{\boldsymbol{C}}$ (bez. $\|\cdot\|_U$). Dann gilt gemäß Def. 3.2.4

$$\forall \boldsymbol{\alpha} \in \mathrm{R}^{\bar{r}}: \inf_{\bar{\boldsymbol{\beta}} \in \tilde{\Theta}} \|\boldsymbol{\alpha} - \bar{\boldsymbol{\beta}}\|_U^2 = \inf_{\boldsymbol{t} \in \mathrm{R}^q} \|\boldsymbol{\alpha} - \tilde{\boldsymbol{C}}\boldsymbol{t}\|_U^2 = \|\boldsymbol{\alpha} - \tilde{\boldsymbol{C}}\tilde{\boldsymbol{C}}_{\bar{U}}\boldsymbol{\alpha}\|_U^2. \qquad (10.1.15)$$

Der Gliederung der Vektoren $\bar{\boldsymbol{\vartheta}} = (\boldsymbol{\vartheta}_0', \boldsymbol{\vartheta}_1', \boldsymbol{0}')'$ und $\bar{\boldsymbol{\beta}} = (\boldsymbol{\beta}_0', \boldsymbol{0}', \boldsymbol{\beta}_2')'$ entsprechend wird $\boldsymbol{U}$ als Blockmatrix geschrieben:

$$\boldsymbol{U} = \begin{pmatrix} \boldsymbol{U}_{00} & \boldsymbol{U}_{01} & \boldsymbol{U}_{02} \\ \boldsymbol{U}_{10} & \boldsymbol{U}_{11} & \boldsymbol{U}_{12} \\ \boldsymbol{U}_{20} & \boldsymbol{U}_{21} & \boldsymbol{U}_{22} \end{pmatrix}.$$

Lemma 10.1.3: Für die orthogonale Projektion $\boldsymbol{P}$ von $\mathrm{R}^{\bar{r}}$ auf $\tilde{\Theta}$ bez. $\langle\cdot,\cdot\rangle_U$ gilt

$$\boldsymbol{P} = \tilde{\boldsymbol{C}}(\tilde{\boldsymbol{C}}'\boldsymbol{U}\tilde{\boldsymbol{C}})^{-1}\tilde{\boldsymbol{C}}'\boldsymbol{U} = \begin{pmatrix} \boldsymbol{I}_{00} & \boldsymbol{U}_{00}^{-1}\boldsymbol{U}_{01} - \boldsymbol{U}_{00}^{-1}\boldsymbol{U}_{02}\boldsymbol{K}_{22}^{-1}\boldsymbol{K}_{21} & \boldsymbol{O}_{02} \\ \boldsymbol{O}_{10} & \boldsymbol{O}_{11} & \boldsymbol{O}_{12} \\ \boldsymbol{O}_{20} & \boldsymbol{K}_{22}^{-1}\boldsymbol{K}_{21} & \boldsymbol{I}_{22} \end{pmatrix} \qquad (10.1.16)$$

$$\boldsymbol{K}_{22} := \boldsymbol{U}_{22} - \boldsymbol{U}_{20}\boldsymbol{U}_{00}^{-1}\boldsymbol{U}_{02}; \quad \boldsymbol{K}_{21} = \boldsymbol{U}_{21} - \boldsymbol{U}_{20}\boldsymbol{U}_{00}^{-1}\boldsymbol{U}_{01}; \quad \boldsymbol{O}_{11} := \boldsymbol{O}_{r_1 \times r_1} \bullet$$

Zum *Beweis*: Nach Lemma 3.2.6 c) ist $\boldsymbol{P} = \tilde{\boldsymbol{C}}(\tilde{\boldsymbol{C}}'\boldsymbol{U}\tilde{\boldsymbol{C}})^{-}\tilde{\boldsymbol{C}}'\boldsymbol{U}$. Für $\tilde{\boldsymbol{C}}$ aus (10.1.13) gilt $\operatorname{Rg}\tilde{\boldsymbol{C}} = r_0 + r_2 = q$ und aus $\boldsymbol{U} \in \mathscr{M}_{\bar{r}}^{>}$ folgt $\operatorname{Rg}\boldsymbol{U} = \bar{r}$ und damit $\operatorname{Rg}(\tilde{\boldsymbol{C}}'\boldsymbol{U}\tilde{\boldsymbol{C}}) = q$.

Damit ergibt sich für jedes $\bar{\boldsymbol{\vartheta}} \in \mathrm{R}^r \times \{0\}^{r_2}$ als beste Approximation

$$\bar{\boldsymbol{\beta}}^* \in \mathrm{R}^{r_0} \times \{0\}^{r_1} \times \mathrm{R}^{r_2}:$$

$$\bar{\boldsymbol{\beta}}^* = \boldsymbol{P}\bar{\boldsymbol{\vartheta}} = \begin{pmatrix} \boldsymbol{\vartheta}_0 + \boldsymbol{U}_{00}^{-1}\boldsymbol{U}_{01} - \boldsymbol{U}_{00}^{-1}\boldsymbol{U}_{02}\boldsymbol{K}_{22}^{-1}\boldsymbol{K}_{21}\boldsymbol{\vartheta}_1 \\ \boldsymbol{0} \\ \boldsymbol{K}_{22}^{-1}\boldsymbol{K}_{21}\boldsymbol{\vartheta}_1 \end{pmatrix}. \tag{10.1.17}$$

Bemerkung 10.1.2: Für $\boldsymbol{P}$ aus (10.1.16) läßt sich die Zerlegung gemäß (10.1.11) der Verlustfunktion auch schreiben als

$$\forall \boldsymbol{\vartheta} \in \mathrm{R}^r\ \forall \boldsymbol{\beta} \in \mathrm{R}^q: \|\bar{\boldsymbol{\vartheta}} - \bar{\boldsymbol{\beta}}\|_U^2 = \|\bar{\boldsymbol{\vartheta}} - \boldsymbol{P}\bar{\boldsymbol{\vartheta}}\|_U^2 + \|\boldsymbol{P}_0\boldsymbol{\vartheta} - \boldsymbol{\beta}\|_{U_0}^2 \tag{10.1.18}$$

$$\boldsymbol{P}_0 := \begin{pmatrix} \boldsymbol{I}_{00} & \boldsymbol{U}_{00}^{-1}\boldsymbol{U}_{01} - \boldsymbol{U}_{00}^{-1}\boldsymbol{U}_{02}\boldsymbol{K}_{22}^{-1}\boldsymbol{K}_{21} \\ \boldsymbol{0}_{20} & \boldsymbol{K}_{22}^{-1}\boldsymbol{K}_{21} \end{pmatrix}; \boldsymbol{U}_0 = \tilde{\boldsymbol{C}}'\boldsymbol{U}\tilde{\boldsymbol{C}} = \begin{pmatrix} \boldsymbol{U}_{00} & \boldsymbol{U}_{02} \\ \boldsymbol{0}_{20} & \boldsymbol{U}_{22} \end{pmatrix}.$$

Durch die Angabe von $\bar{\boldsymbol{\beta}}^*$ in (10.1.17) ist das Approximationsproblem für jedes $\boldsymbol{\vartheta} \in \mathrm{R}^r$ gelöst. Da dem Statistiker der Zustand der Natur unbekannt ist, geht man zum statistischen Entscheidungsproblem, dem Approgressionsproblem, über und sucht optimale Schätzfunktionen und Versuchspläne zur Schätzung von $\boldsymbol{P}\bar{\boldsymbol{\vartheta}}$.

10.1.2. Projektionserwartungstreue Schätzungen

Wir wenden uns zunächst dem Schätzproblem für einen gegebenen Versuchsplan $V_n \in V^{(0)}$ zu. Dieses Problem wird beschrieben durch

$$[\mathrm{R}^r \times K, D(V_n), R_1]\,. \tag{10.1.19}$$

Die explizite Abhängigkeit vom Plan werden wir im folgenden nur dort angeben, wo Mißverständnisse möglich sein könnten.

Für das Risiko R_1 ergibt sich mit Vor. 10.1.2 aus (10.1.18)

$$\forall \boldsymbol{\vartheta} \in \mathrm{R}^r\ \forall w \in K\ \forall \hat{\boldsymbol{\vartheta}} \in D(V_n):$$

$$R_1(\boldsymbol{\vartheta}, w; \hat{\boldsymbol{\vartheta}}) = \|\bar{\boldsymbol{\vartheta}} - \boldsymbol{P}\bar{\boldsymbol{\vartheta}}\|_U^2 + \mathrm{E}_{\mathfrak{Y}|\boldsymbol{\vartheta},w}\|\boldsymbol{P}_0\boldsymbol{\vartheta} - \hat{\boldsymbol{\vartheta}}(\mathfrak{Y})\|_{U_0}^2\,. \tag{10.1.20}$$

Bei dieser Zerlegung des Risikos stellt der erste Summand $\|\bar{\boldsymbol{\vartheta}} - \boldsymbol{P}\bar{\boldsymbol{\vartheta}}\|_U^2$ den (vom Statistiker nicht beeinflußbaren) Abstand des Vektors $\bar{\boldsymbol{\vartheta}}$ von der Menge $\tilde{\Theta}$ bez. $\inf_{\bar{\beta}\in\tilde{\Theta}} \|\cdot\|_U^2$ dar (vgl. (10.1.12)). Nur der zweite Summand wird durch die Wahl einer Schätzfunktion $\hat{\boldsymbol{\vartheta}} \in D(V_n)$ beeinflußt.

Def. 10.1.1: Die Schätzfunktion $\hat{\boldsymbol{\vartheta}} \in D(V_n)$ heißt *projektionserwartungstreu* für die orthogonale Projektion $\boldsymbol{P}$ von R^r auf $\tilde{\theta}$ bez. $\langle\cdot,\cdot\rangle_U =_{\mathrm{df}}$

$$\forall \boldsymbol{\vartheta} \in \mathrm{R}^r\ \forall w \in K: \mathrm{E}_{\mathfrak{Y}|\boldsymbol{\vartheta},w}\hat{\boldsymbol{\vartheta}}(\mathfrak{Y}) = \boldsymbol{P}_0\boldsymbol{\vartheta}\,. \tag{10.1.21}$$

Bei gegebenem $\boldsymbol{U}$ und $\widetilde{\Theta}$ bezeichnen $D_{LP}(V_n)$ die Menge aller linearen, für $\boldsymbol{P}$ projektionserwartungstreuen und $D_P(V_n)$ die Menge aller für $\boldsymbol{P}$ projektionserwartungstreuen Schätzfunktionen zur Schätzung von $\boldsymbol{\vartheta} \in \mathrm{R}^r$.

Die folgende Zerlegung des Risikos charakterisiert die projektionserwartungstreuen Schätzfunktionen aus anderer Sicht. Unter Vor. 10.1.2 gilt

$$\begin{aligned} R_1(\boldsymbol{\vartheta}, w; \hat{\boldsymbol{\vartheta}}) &= \mathrm{E}_{\mathfrak{Y}|\vartheta,w} \|\bar{\boldsymbol{\vartheta}} - \hat{\bar{\boldsymbol{\vartheta}}}(\mathfrak{Y})\|_U^2 \\ &= \|\bar{\boldsymbol{\vartheta}} - \mathrm{E}_{\mathfrak{Y}|\vartheta,w}\hat{\bar{\boldsymbol{\vartheta}}}(\mathfrak{Y})\|_U^2 + \mathrm{E}_{\mathfrak{Y}|\vartheta,w} \|\hat{\bar{\boldsymbol{\vartheta}}}(\mathfrak{Y}) - \mathrm{E}_{\mathfrak{Y}|\vartheta,w}\hat{\bar{\boldsymbol{\vartheta}}}(\mathfrak{Y})\|_U^2 \\ &= \|\bar{\boldsymbol{\vartheta}} - \mathrm{E}_{\mathfrak{Y}|\vartheta,w}\hat{\bar{\boldsymbol{\vartheta}}}(\mathfrak{Y})\|_U^2 + \mathrm{E}_{\mathfrak{Y}|\vartheta,w} \|\hat{\boldsymbol{\vartheta}}(\mathfrak{Y}) - \mathrm{E}_{\mathfrak{Y}|\vartheta,w}\hat{\boldsymbol{\vartheta}}(\mathfrak{Y})\|_{U_0}^2 . \quad (10.1.22) \end{aligned}$$

Der erste Summand läßt sich als systematischer Fehler (Bias) und der zweite als Varianz der Schätzung interpretieren (vgl. KARSON/MANSON/HADER [1]).

Def. 10.1.2: Die Funktion $\hat{\boldsymbol{\vartheta}}_0 \in D(V_n)$ heißt *Minimum-Bias-Schätzfunktion* $=_{\mathrm{df}}$

$$\forall \boldsymbol{\vartheta} \in \mathrm{R}^r \; \forall w \in K: \|\bar{\boldsymbol{\vartheta}} - \mathrm{E}_{\mathfrak{Y}|\vartheta,w}\hat{\bar{\boldsymbol{\vartheta}}}_0(\mathfrak{Y})\|_U^2 = \inf_{\hat{\boldsymbol{\vartheta}} \in D(V_n)} \|\bar{\boldsymbol{\vartheta}} - \mathrm{E}_{\mathfrak{Y}|\vartheta,w}\hat{\bar{\boldsymbol{\vartheta}}}(\mathfrak{Y})\|_U^2 \bullet \quad (10.1.23)$$

Satz 10.1.1: Die Funktion $\hat{\boldsymbol{\vartheta}} \in D(V_n)$ ist genau dann Minimum-Bias-Schätzfunktion, wenn $\hat{\boldsymbol{\vartheta}}$ projektionserwartungstreu für R^r ist •

Beweis: Aus $\hat{\bar{\boldsymbol{\vartheta}}} \,|C(V_n) \to \mathrm{R}^{r_0} \times \{0\}^{r_1} \times \mathrm{R}^{r_2}$ und $\hat{\boldsymbol{\vartheta}} \in D(V_n)$ folgt $\mathrm{E}_{\mathfrak{Y}|\vartheta,w}\hat{\bar{\boldsymbol{\vartheta}}}(\mathfrak{Y}) \in \mathrm{R}^{r_0} \times \{0\}^{r_1} \times \mathrm{R}^{r}$. Aus Lemma 10.1.1 erhält man

$$\|\bar{\boldsymbol{\vartheta}} - \mathrm{E}_{\mathfrak{Y}|\vartheta,w}\hat{\bar{\boldsymbol{\vartheta}}}(\mathfrak{Y})\|_U^2 = \|\bar{\boldsymbol{\vartheta}} - \boldsymbol{P}\bar{\boldsymbol{\vartheta}}\|_U^2 + \|\boldsymbol{P}\bar{\boldsymbol{\vartheta}} - \mathrm{E}_{\mathfrak{Y}|\vartheta,w}\hat{\bar{\boldsymbol{\vartheta}}}(\mathfrak{Y})\|_U^2 .$$

Wegen $\mathrm{Rg}\, \boldsymbol{U} = \bar{r}$ ist $\hat{\boldsymbol{\vartheta}}$ genau dann Minimum-Bias-Schätzfunktion, wenn $\mathrm{E}_{\mathfrak{Y}|\vartheta,w}\hat{\bar{\boldsymbol{\vartheta}}}(\mathfrak{Y}) = \boldsymbol{P}\bar{\boldsymbol{\vartheta}}$ und damit $\mathrm{E}_{\mathfrak{Y}|\vartheta,w}\hat{\boldsymbol{\vartheta}}(\mathfrak{Y}) = \boldsymbol{P}_0\boldsymbol{\vartheta}$ gilt.

Folgerung 10.1.1: Für Minimum-Bias-Schätzfunktionen sind die Summanden der Zerlegung gemäß (10.1.22) die gleichen wie in (10.1.20) •

Die projektionserwartungstreuen Schätzfunktionen sind Schätzfunktionen für die spezielle Linearkombination $\boldsymbol{\psi} = \boldsymbol{P}_0\boldsymbol{\vartheta}$ (vgl. (2.3.41)). Unter den Voraussetzungen 10.1.1 und 10.1.2 werden nun einige Aussagen über optimale Schätzfunktionen aus Kapitel 3 übertragen. Die Matrix

$$\boldsymbol{F} := \boldsymbol{F}(V_n) = \big(\boldsymbol{f}(\boldsymbol{x}_1), \dots, \boldsymbol{f}(\boldsymbol{x}_n)\big)' \quad (10.1.24)$$

(vgl. (2.3.37)) bezeichnen wir als Versuchsplanmatrix für die Funktionenmenge S.

Vor. 10.1.3: Der Vektor $\boldsymbol{P}_0\boldsymbol{\vartheta}$ sei mit V_n im LR $(\mathfrak{Y}, \boldsymbol{F}\boldsymbol{\vartheta}, \boldsymbol{B}_\varepsilon)$ schätzbar (vgl. Def. 3.1.3) •

Satz 10.1.2: Die Schätzung

$$\check{\boldsymbol{\vartheta}}_{\boldsymbol{P}}(\mathfrak{Y}) := \boldsymbol{P}_0(\boldsymbol{F}'\boldsymbol{F})^- \boldsymbol{F}'\mathfrak{Y} \quad (10.1.25)$$

ist gleichmäßig beste Lösung in $G_1^{(0)} := [\mathrm{R}^r \times K_1^{(0)}, D_{LP}(V_n), R_1]$; $K_1^{(0)}$ aus (3.3.15) •

Beweis: Wegen (10.1.20) genügt es zu zeigen, daß

$$\forall \hat{\boldsymbol{\vartheta}} \in D_{LP}(V_n) \; \forall \boldsymbol{\vartheta} \in \mathrm{R}^r \; \forall w \in K_1^{(0)}: \mathrm{E}_{\mathfrak{Y}|\vartheta,w} \|\boldsymbol{P}_0\boldsymbol{\vartheta} - \check{\boldsymbol{\vartheta}}_{\boldsymbol{P}}(\mathfrak{Y})\|_{U_0}^2 \leqq \mathrm{E}_{\mathfrak{Y}|\vartheta,w} \|\boldsymbol{P}_0\boldsymbol{\vartheta} - \hat{\boldsymbol{\vartheta}}(\mathfrak{Y})\|_{U_0}^2 . \quad (10.1.26)$$

Es gilt

$$\forall \hat{\vartheta} \in D_{LP}(V_n)\colon \mathrm{E}_{\mathfrak{Y}|\vartheta, w} \|\boldsymbol{P}_0\vartheta - \hat{\vartheta}(\mathfrak{Y})\|^2_{U_0} = \operatorname{sp} \boldsymbol{U}_0\boldsymbol{B}_{\hat{\vartheta}}. \tag{10.1.27}$$

Mit Vor. 10.1.3 folgt aus Satz 3.2.4 (insbesondere a)) $\forall \hat{\vartheta} \in D_{LP}(V_n)\colon \boldsymbol{B}_{\hat{\vartheta}} - \boldsymbol{B}_{\check{\vartheta}_P} \in \mathcal{M}_q^{\geqq}$, und damit erhält man aus (10.1.27) sofort (10.1.26).

Die durch (10.1.25) gegebene Schätzung heißt *Projektions*-MKQ-*Schätzung*. Bei normalverteilten Fehlern ergibt sich ein Analogon zu Satz 3.3.7.

Satz 10.1.3: Die Projektions-MKQ-Schätzung $\check{\vartheta}_P$ gemäß (10.1.25) ist gleichmäßig beste Lösung in $G_1^{(0)} := [\mathrm{R}^r \times K_3^{(0)}, D_P(V_n), R_1]$; $K_3^{(0)}$ aus (3.3.18) •

Der *Beweis* folgt daraus, daß $\check{\vartheta}_P$ Funktion einer vollständig suffizienten Statistik ist (vgl. Beweis zu Satz 3.3.7).

Bemerkung 10.1.3: Für die Klasse $K_{3,q}$ gemäß (3.3.21) lassen sich die Aussagen der Sätze 3.3.5 und 3.3.8 auch auf den Fall der Approgression übertragen. Damit erhält man Robustheitseigenschaften der Schätzung $\check{\vartheta}_P$ bezüglich der Fehlerverteilung.

Durch die Beschränkung auf die Menge der projektionserwartungstreuen Schätzfunktionen konnte im Schätzproblem eine gleichmäßige beste Strategie gefunden werden. Das entsprechende Versuchsplanungsproblem wird in Abschnitt 10.2 behandelt.

10.1.3. Der Fall $\tilde{S} \subset S$

Es werden nun für den wichtigen Spezialfall des Approgressionsproblems, daß der Ansatz $\tilde{S}$ in der Menge S enthalten ist, die orthogonale Projektion angegeben und die Projektions-MKQ-Schätzung mit der MKQ-Schätzung für den Ansatz $\tilde{S}$ verglichen.

Falls $\tilde{S} \subset S$, so erhält man aus (10.1.5) und (10.1.6)

$$\bar{S} = S = \{\eta\colon \eta = \boldsymbol{f}'\boldsymbol{\vartheta} = \boldsymbol{f}_0'\boldsymbol{\vartheta}_0 + \boldsymbol{f}_1'\boldsymbol{\vartheta}_1 \wedge \boldsymbol{\vartheta} \in \mathrm{R}^r\} \tag{10.1.28}$$

und aus (10.1.7)

$$\tilde{S} = \{\tilde{\eta}\colon \tilde{\eta} = \boldsymbol{f}_0'\boldsymbol{\vartheta}_0 \wedge \boldsymbol{\vartheta}_0 \in \mathrm{R}^q\}\,. \tag{10.1.29}$$

Zur Lösung des Approgressionsproblems für die Parametervektoren ist damit die orthogonale Projektion von R^r auf $\mathrm{R}^q \times \{0\}^{r-q}$ bez. $\langle\cdot,\cdot\rangle_U$ zu bestimmen.

Für (10.1.13) ergibt sich speziell

$$\tilde{\boldsymbol{C}} = \begin{pmatrix} \boldsymbol{I}_q & \boldsymbol{0}_{q\times(r-q)} \\ \boldsymbol{0}_{(r-q)\times q} & \boldsymbol{0}_{(r-q)\times(r-q)} \end{pmatrix} \tag{10.1.30}$$

und $\boldsymbol{U}$ wird zerlegt in $\boldsymbol{U} = \begin{pmatrix} \boldsymbol{U}_{00} & \boldsymbol{U}_{01} \\ \boldsymbol{U}_{10} & \boldsymbol{U}_{11} \end{pmatrix}$. Damit spezialisiert sich (10.1.16) zu

$$\boldsymbol{P} = \begin{pmatrix} \boldsymbol{I}_q & \boldsymbol{U}_{00}^{-1}\boldsymbol{U}_{01} \\ \boldsymbol{0}_{(r-q)\times q} & \boldsymbol{0}_{(r-q)\times(r-q)} \end{pmatrix}. \tag{10.1.31}$$

Folgerung 10.1.2: Für S gemäß (10.1.28) und $\tilde{S}$ gemäß (10.1.29) ist die Projektions-MKQ-Schätzung von $\boldsymbol{\vartheta} \in \mathrm{R}^r$:

$$\check{\vartheta}_P(\mathfrak{Y}) = \boldsymbol{P}_0(\boldsymbol{F}'\boldsymbol{F})^- \boldsymbol{F}'\mathfrak{Y} = (\boldsymbol{I}_q, \boldsymbol{U}_{00}^{-1}\boldsymbol{U}_{01})\,(\boldsymbol{F}'\boldsymbol{F})^- \boldsymbol{F}'\mathfrak{Y}\ \bullet \tag{10.1.32}$$

Die Funktion (10.1.32) ist eine Verallgemeinerung der von KARSON/MANSON/HADER [1] für $\boldsymbol{U}$ gemäß (10.1.9) angegebenen Schätzung.

Bemerkung 10.1.4: Nimmt man o. B. d. A. an, daß die Komponenten von $\boldsymbol{f}$ eine orthonormale Basis des Raumes S bilden, wird die in (10.1.9) angegebene Matrix $\boldsymbol{U}$ zur Einheitsmatrix. In diesem speziellen Fall erhält man für (10.1.32)

$$\check{\boldsymbol{\vartheta}}_{\boldsymbol{P}}(\mathfrak{Y}) = (\boldsymbol{I}_q, \boldsymbol{0}_{q\times(r-q)})\,(\boldsymbol{F}'\boldsymbol{F})^-\,\boldsymbol{F}'\mathfrak{Y}\,. \tag{10.1.33}$$

Da der Parameterraum $\tilde{\Theta}$ des Ansatzes $\tilde{S}$ gemäß (10.1.29) ein linearer Teilraum des R^r ist, gilt

$$\exists \boldsymbol{K} \in \mathscr{M}^{(r-q)}_{(r-q)\times r}\ \exists \boldsymbol{l} \in \mathrm{R}^{(r-q)}: \tilde{S} = \{\tilde{\eta}: \tilde{\eta} = \boldsymbol{f}'\boldsymbol{\beta} \wedge \boldsymbol{\beta} \in \mathrm{R}^r \wedge \boldsymbol{K}\boldsymbol{\beta} = \boldsymbol{l}\}\,.$$

Der Vektor $\boldsymbol{f}_0$ aus (10.1.29) ist ein Teilvektor des Funktionenvektors $\boldsymbol{f}$ aus (10.1.28). Damit läßt sich der Ansatz $\tilde{S}$ folgendermaßen charakterisieren:

$$\tilde{S} = \{\tilde{\eta}: \tilde{\eta} = \boldsymbol{f}'\boldsymbol{\beta} \wedge \boldsymbol{\beta} \in \mathrm{R}^r \wedge \boldsymbol{K}\boldsymbol{\beta} = \boldsymbol{0}\} \wedge \boldsymbol{K} = (\boldsymbol{0}_{(r-q)\times q} \,\vdots\, \boldsymbol{I}_{r-q})\,. \tag{10.1.34}$$

Für den Parameterraum von $\tilde{S}$ erhält man

$$\tilde{\Theta} = \{\boldsymbol{\beta} \in \mathrm{R}^r: \boldsymbol{K}\boldsymbol{\beta} = \boldsymbol{0}\} = \{\boldsymbol{\beta} \in \mathrm{R}^r: \exists \boldsymbol{\alpha} \in \mathrm{R}^r: \boldsymbol{\beta} = (\boldsymbol{I}_r - \boldsymbol{K}^-\boldsymbol{K})\,\boldsymbol{\alpha}\} = \mathscr{L}(\boldsymbol{I}_r - \boldsymbol{K}^-\boldsymbol{K})\,. \tag{10.1.35}$$

Lemma 10.1.4: Es seien $\boldsymbol{K} \in \mathscr{M}^{(r-q)}_{(r-q)\times r}$ und $\boldsymbol{K}_U^- := \boldsymbol{U}^{-1}\boldsymbol{K}'(\boldsymbol{K}\boldsymbol{U}^{-1}\boldsymbol{K}')^{-1}$. Dann ist

$$\boldsymbol{P} = (\boldsymbol{I}_r - \boldsymbol{K}_U^-\boldsymbol{K}) \tag{10.1.36}$$

orthogonale Projektion von R^r auf $\mathscr{L}(\boldsymbol{I}_r - \boldsymbol{K}^-\boldsymbol{K})$ •

Beweis: Aus Lemma 3.2.6 c) erhält man als orthogonale Projektion von R^r auf $\mathscr{L}(\boldsymbol{I}_r - \boldsymbol{K}^-\boldsymbol{K})$ die Matrix

$$\boldsymbol{P} = (\boldsymbol{I}_r - \boldsymbol{K}^-\boldsymbol{K})\,((\boldsymbol{I}_r - \boldsymbol{K}^-\boldsymbol{K})'\,\boldsymbol{U}(\boldsymbol{I}_r - \boldsymbol{K}^-\boldsymbol{K}))^-\,(\boldsymbol{I}_r - \boldsymbol{K}^-\boldsymbol{K})'\,\boldsymbol{U}$$

$\boldsymbol{K}_U^-$ ist eine verallgemeinerte Inverse zu $\boldsymbol{K}$, und es gelten

$$(\boldsymbol{I}_r - \boldsymbol{K}_U^-\boldsymbol{K})'\,\boldsymbol{U} = \boldsymbol{U}(\boldsymbol{I}_r - \boldsymbol{K}_U^-\boldsymbol{K}),\ (\boldsymbol{I}_r - \boldsymbol{K}_U^-\boldsymbol{K})\,(\boldsymbol{I}_r - \boldsymbol{K}_U^-\boldsymbol{K}) = \boldsymbol{I}_r - \boldsymbol{K}_U^-\boldsymbol{K}\,.$$

Damit kann

$$(\boldsymbol{U}(\boldsymbol{I}_r - \boldsymbol{K}_U^-\boldsymbol{K}))^- = \boldsymbol{U}^{-1}(\boldsymbol{I}_r - \boldsymbol{K}_U^-\boldsymbol{K})'$$

gesetzt werden, und man erhält (10.1.36).

Folgerung 10.1.3: Für S gemäß (10.1.28) und $\tilde{S}$ gemäß (10.1.34) ist die Projektions-MKQ-Schätzung von $\boldsymbol{\vartheta} \in \mathrm{R}^r$

$$\check{\check{\boldsymbol{\vartheta}}}_{\boldsymbol{P}}(\mathfrak{Y}) = \boldsymbol{P}(\boldsymbol{F}'\boldsymbol{F})^-\,\boldsymbol{F}'\mathfrak{Y} = (\boldsymbol{I}_r - \boldsymbol{K}_U^-\boldsymbol{K})\,(\boldsymbol{F}'\boldsymbol{F})^{-1}\,\boldsymbol{F}'\mathfrak{Y}\,, \tag{10.1.37}$$

wobei

$$(\boldsymbol{I}_r - \boldsymbol{K}_U^-\boldsymbol{K}) = \begin{pmatrix} \boldsymbol{I}_q & \boldsymbol{U}_{00}^{-1}\boldsymbol{U}_{01} \\ \boldsymbol{0}_{(r-q)\times q} & \boldsymbol{0}_{(r-q)\times(r-q)} \end{pmatrix} \bullet$$

Für das Schätzproblem mit gegebenem wahrem Ansatz ist die Menge der erwartungstreuen Schätzfunktionen im allgemeinen nicht vollständig in der Menge aller Schätzfunktionen (s. Abschnitt 3.3.6). Für den Fall $\tilde{S} \subset S$ werden wir die MKQ-Schätzung für den Ansatz $\tilde{S}$ betrachten und Bedingungen angeben, unter denen diese Schätzung mindestens so gut ist wie die Projektion der MKQ-Schätzung, wenn S als Ansatz zugrunde gelegt wird (gemäß (10.1.37)).

Vor. 10.1.4: $\operatorname{Rg} \boldsymbol{F} = r$ •

Die MKQ-Schätzung im Ansatz $\tilde{S}$ aus (10.1.34) läßt sich bestimmen gemäß

$$\check{\boldsymbol{\vartheta}}_K(\mathfrak{Y}) = (\boldsymbol{I}_r - \boldsymbol{K}_F^- \boldsymbol{K})(\boldsymbol{F}'\boldsymbol{F})^{-1}\boldsymbol{F}'\mathfrak{Y}; \quad \boldsymbol{K}_F^- := (\boldsymbol{F}'\boldsymbol{F})^{-1}\boldsymbol{K}'(\boldsymbol{K}(\boldsymbol{F}'\boldsymbol{F})^{-1}\boldsymbol{K}')^{-1} \tag{10.1.38}$$

(vgl. (3.2.44) und (3.2.47)).

Wird die Zerlegung $\boldsymbol{F} := (\boldsymbol{F}_0 \vdots \boldsymbol{F}_1)$ so vorgenommen, daß $\boldsymbol{F}_0$ die Versuchsplanmatrix bez. des Ansatzes $\tilde{S}$ ist, erhält man

$$\boldsymbol{I}_r - \boldsymbol{K}_F^- \boldsymbol{K} = \begin{pmatrix} \boldsymbol{I}_q & (\boldsymbol{F}_0'\boldsymbol{F}_0)^{-1}\boldsymbol{F}_0'\boldsymbol{F}_1 \\ \boldsymbol{0}_{(r-q)\times q} & \boldsymbol{0}_{(r-q)\times(r-q)} \end{pmatrix}.$$

Für $\eta = \boldsymbol{f}'\boldsymbol{\vartheta} \in \tilde{S}$ mit $\boldsymbol{K\vartheta} = \boldsymbol{0}$ sind sowohl $\check{\check{\boldsymbol{\vartheta}}}_P$ gemäß (10.1.37) als auch $\check{\boldsymbol{\vartheta}}_K$ gemäß (10.1.38) lineare erwartungstreue Schätzungen. Nach Satz 4.4.2 ist in diesem Fall $\check{\boldsymbol{\vartheta}}_K$ beste lineare erwartungstreue Schätzung bezüglich quadratischen Verlustes (Vor. 10.1.2), also mindestens so gut wie $\check{\check{\boldsymbol{\vartheta}}}_P$. Die letzte Aussage läßt sich noch erweitern auf einen Bereich, der $\tilde{S}$ umfaßt.

Satz 10.1.4: Es seien S aus (10.1.28), $\tilde{S}$ aus (10.1.34) und R_1 aus (10.1.20). Die Schätzung $\check{\boldsymbol{\vartheta}}_K$ ist genau dann mindestens so gut wie die Schätzung $\check{\check{\boldsymbol{\vartheta}}}_P$, wenn gilt

$$\boldsymbol{\vartheta}'\boldsymbol{A\vartheta} \leqq \operatorname{sp}(\boldsymbol{F}'\boldsymbol{F})^{-1}\boldsymbol{A}; \quad \boldsymbol{A} := (\boldsymbol{K}_F^-\boldsymbol{K})'\boldsymbol{U}\boldsymbol{K}_F^-\boldsymbol{K} - (\boldsymbol{K}_U^-\boldsymbol{K})'\boldsymbol{U}\boldsymbol{K}_U^-\boldsymbol{K} \; \bullet \tag{10.1.39}$$

Beweis: Wegen $\mathfrak{Y} = \boldsymbol{F\vartheta} + \boldsymbol{\varepsilon}$ gilt

$$\begin{aligned} R_1(\boldsymbol{\vartheta}, w; \check{\check{\boldsymbol{\vartheta}}}_P) &= \|\boldsymbol{K}_U^-\boldsymbol{K\vartheta}\|_U^2 + \mathrm{E}_{\mathfrak{Y}|\boldsymbol{\vartheta},w}\|(\boldsymbol{I}_r - \boldsymbol{K}_U^-\boldsymbol{K})\boldsymbol{\vartheta} - \check{\check{\boldsymbol{\vartheta}}}_P(\mathfrak{Y})\|_U^2 \\ &= \|\boldsymbol{K}_U^-\boldsymbol{K\vartheta}\|_U^2 + \mathrm{E}_{\boldsymbol{\varepsilon}|w}\|(\boldsymbol{I}_r - \boldsymbol{K}_U^-\boldsymbol{K})(\boldsymbol{F}'\boldsymbol{F})^{-1}\boldsymbol{F}'\boldsymbol{\varepsilon}\|_U^2 \\ &= \boldsymbol{\vartheta}'(\boldsymbol{K}_U^-\boldsymbol{K})'\boldsymbol{U}\boldsymbol{K}_U^-\boldsymbol{K\vartheta} + \sigma^2\operatorname{sp}(\boldsymbol{F}'\boldsymbol{F})^{-1}\boldsymbol{U}(\boldsymbol{I}_r - \boldsymbol{K}_U^-\boldsymbol{K}) \\ &= \boldsymbol{\vartheta}'(\boldsymbol{K}_U^-\boldsymbol{K})'\boldsymbol{U}\boldsymbol{K}_U^-\boldsymbol{K\vartheta} + \sigma^2\operatorname{sp}(\boldsymbol{F}'\boldsymbol{F})^{-1}\boldsymbol{U} - \sigma^2\operatorname{sp}(\boldsymbol{F}'\boldsymbol{F})^{-1}(\boldsymbol{K}_U^-\boldsymbol{K})'\boldsymbol{U}\boldsymbol{K}_U^-\boldsymbol{K}. \end{aligned}$$

Analog erhält man

$$\begin{aligned} R_1(\boldsymbol{\vartheta}, w; \check{\boldsymbol{\vartheta}}_K) &= \|\boldsymbol{\vartheta} - \mathrm{E}_{\mathfrak{Y}|\boldsymbol{\vartheta},w}\check{\boldsymbol{\vartheta}}_K(\mathfrak{Y})\|_U^2 + \mathrm{E}_{\mathfrak{Y}|\boldsymbol{\vartheta},w}\|\check{\boldsymbol{\vartheta}}_K(\mathfrak{Y}) - \mathrm{E}_{\mathfrak{Y}|\boldsymbol{\vartheta},w}\check{\boldsymbol{\vartheta}}_K(\mathfrak{Y})\|_U^2 \\ &= \|\boldsymbol{K}_F^-\boldsymbol{K\vartheta}\|_U^2 + \mathrm{E}_{\boldsymbol{\varepsilon}|w}\|(\boldsymbol{I}_r - \boldsymbol{K}_F^-\boldsymbol{K})(\boldsymbol{F}'\boldsymbol{F})^{-1}\boldsymbol{F}'\boldsymbol{\varepsilon}\|_U^2 \\ &= \boldsymbol{\vartheta}'(\boldsymbol{K}_F^-\boldsymbol{K})'\boldsymbol{U}\boldsymbol{K}_F^-\boldsymbol{K\vartheta} + \sigma^2\operatorname{sp}(\boldsymbol{F}'\boldsymbol{F})^{-1}\boldsymbol{U} - \sigma^2\operatorname{sp}(\boldsymbol{F}'\boldsymbol{F})^{-1}(\boldsymbol{K}_F^-\boldsymbol{K})'\boldsymbol{U}\boldsymbol{K}_F^-\boldsymbol{K}. \end{aligned}$$

Daraus folgt

$$R_1(\boldsymbol{\vartheta}, w; \check{\check{\boldsymbol{\vartheta}}}_P) - R_1(\boldsymbol{\vartheta}, w; \check{\boldsymbol{\vartheta}}_K) \geqq 0 \Leftrightarrow \boldsymbol{\vartheta}'\boldsymbol{A\vartheta} \leqq \operatorname{sp}(\boldsymbol{F}'\boldsymbol{F})^{-1}\boldsymbol{A}.$$

Lemma 10.1.5: $(\boldsymbol{K}_F^-\boldsymbol{K})'\boldsymbol{U}\boldsymbol{K}_F^-\boldsymbol{K} - (\boldsymbol{K}_U^-\boldsymbol{K})'\boldsymbol{U}\boldsymbol{K}_U^-\boldsymbol{K} \in \mathcal{M}_r^{\geqq}$ •

Beweis: Da $\check{\check{\boldsymbol{\vartheta}}}_P$ eine Minimum-Bias-Schätzung ist (Satz 10.1.1), gilt

$$\forall \boldsymbol{\vartheta} \in \mathrm{R}^r \; \forall w \in K: \|\boldsymbol{\vartheta} - \mathrm{E}_{\mathfrak{Y}|\boldsymbol{\vartheta},w}\check{\check{\boldsymbol{\vartheta}}}_P(\mathfrak{Y})\|_U^2 = \|\boldsymbol{\vartheta} - \boldsymbol{P\vartheta}\|_U^2 \leqq \|\boldsymbol{\vartheta} - \mathrm{E}_{\mathfrak{Y}|\boldsymbol{\vartheta},w}\check{\boldsymbol{\vartheta}}_K(\mathfrak{Y})\|_U^2.$$

Aus dem Beweis zu Satz 10.1.5 folgt

$$\begin{aligned} \|\boldsymbol{\vartheta} - \mathrm{E}_{\mathfrak{Y}|\boldsymbol{\vartheta},w}\check{\check{\boldsymbol{\vartheta}}}_P(\mathfrak{Y})\|_U^2 &= \|\boldsymbol{K}_U^-\boldsymbol{K\vartheta}\|_U^2 = \boldsymbol{\vartheta}'(\boldsymbol{K}_U^-\boldsymbol{K})'\boldsymbol{U}\boldsymbol{K}_U^-\boldsymbol{K\vartheta}, \\ \|\boldsymbol{\vartheta} - \mathrm{E}_{\mathfrak{Y}|\boldsymbol{\vartheta},w}\check{\boldsymbol{\vartheta}}_K(\mathfrak{Y})\|_U^2 &= \|\boldsymbol{K}_F'\boldsymbol{K\vartheta}\|_U^2 = \boldsymbol{\vartheta}'(\boldsymbol{K}_F^-\boldsymbol{K})'\boldsymbol{U}\boldsymbol{K}_F'\boldsymbol{K\vartheta} \end{aligned}$$

und damit

$$\forall \boldsymbol{\vartheta} \in \mathrm{R}^r: \boldsymbol{\vartheta}'((\boldsymbol{K}_F^-\boldsymbol{K})'\boldsymbol{U}\boldsymbol{K}_F^-\boldsymbol{K} - (\boldsymbol{K}_U^-\boldsymbol{K})'\boldsymbol{U}\boldsymbol{K}_U^-\boldsymbol{K})\boldsymbol{\vartheta} \geqq 0.$$

Lemma 10.1.6: Hinreichend für die Bedingung (10.1.39) ist

$$(\boldsymbol{F}'\boldsymbol{F})^{-1} - \boldsymbol{\vartheta\vartheta}' \in \mathcal{M}_r^{\geqq} \; \bullet \tag{10.1.40}$$

Beweis: $(F'F)^{-1} - \vartheta\vartheta' \in \mathcal{M}_r^{\geqq} \Rightarrow \mathrm{sp}\,((F'F)^{-1} - \vartheta\vartheta')\,A \geqq 0$

$$\Rightarrow \mathrm{sp}\,\vartheta\vartheta' A = \vartheta' A \vartheta \leqq \mathrm{sp}\,(F'F)^{-1} A\,.$$

Da der Parametervektor ϑ unbekannt ist, kann über das Erfülltsein der Bedingung (10.1.39) bzw. (10.1.40) nichts ausgesagt werden. Es ergibt sich jedoch ein Zugang zu den im Abschnitt 10.4 behandelten Schätzungen nach einer Ansatzwahl.

10.1.4. Lineare Minimax-Schätzungen

Bei Beschränkung auf projektionserwartungstreue (Minimum-Bias-)Schätzungen erhält man im Schätzproblem gemäß (10.1.19) gleichmäßig beste Strategien. Nun werden Minimax-Lösungen in der Menge aller linearen Schätzfunktionen untersucht.

Es bezeichne $D_L(V_n)$ die Menge aller linearen Schätzfunktionen über $C(V_n)$ mit Werten im R^q. Notwendig für die Existenz von Minimax-Strategien ist die Beschränktheit der Risikofunktion R_1 aus (10.1.20). Es sei $\emptyset \subset \Theta \subseteq \mathrm{R}^r$.

Vor. 10.1.5: $\exists c \in \mathrm{R}^+\ \forall \vartheta \in \Theta\ \forall w \in K\ \forall \hat{\vartheta} \in D_L(V_n)\colon R_1(\vartheta, w; \hat{\vartheta}) \leqq c$ •

Bemerkung 10.1.5: Die Vor. 10.1.5 kann z. B. erfüllt werden durch

a) eine geeignete Wahl der Menge $\Theta \subseteq \mathrm{R}^r$. Die damit verbundene Einschränkung des Zustandsraumes setzt entsprechende a-priori-Kenntnisse über den Zustand der Natur voraus.
b) Voraussetzungen über die Verlustfunktion.

Damit ist im Entscheidungsproblem

$$[\Theta \times K, D_L(V_n), R_1] \tag{10.1.41}$$

eine Strategie $\hat{\vartheta}^* \in D_L(V_n)$ zu finden mit

$$\sup_{(\vartheta, w) \in \Theta \times K} R_1(\vartheta, w; \hat{\vartheta}^*) = \inf_{\hat{\vartheta} \in D_L(V_n)} \sup_{(\vartheta, w) \in \Theta \times K} R_1(\vartheta, w, \hat{\vartheta})\,. \tag{10.1.42}$$

Wir nehmen o. B. d. A. an, daß die Komponenten von f eine orthonormale Basis von S gemäß (10.1.3) und die von g eine orthonormale Basis von $\tilde{S}$ gemäß (10.1.4) bilden. Im folgenden wird die spezielle Matrix U gemäß (10.1.9) verwendet. Mit den Bezeichnungen aus (10.1.6) und (10.1.7) ergibt sich:

Vor. 10.1.6:

$$U = \begin{pmatrix} I_{r_0} & 0 & 0 \\ 0 & I_{r_1} & U_{12} \\ 0 & U_{21} & I_{r_2} \end{pmatrix}; \quad U_{ij} = \int_B f_i(x)\, f_j(x)'\, \mathrm{d}\mu(x); \qquad i, j = 1, 2 \ \bullet$$

Entsprechend der Zerlegung von $f' = (f_0', f_1')$ in (10.1.6) wird die Versuchsplanmatrix aus (10.1.24) zerlegt:

$$F = (F_0 \,\vdots\, F_1)\,. \tag{10.1.43}$$

Der folgende Satz gibt unter den Voraussetzungen 10.1.1 (Linearität der Funktionenräume), 10.1.2 (quadratischer Verlust), 10.1.4 ($\mathrm{Rg}\, F = r$), 10.1.5 (Beschränkung der Risikofunktion), 10.1.6 (L^2-Norm für orthonormale Basen) eine Minimax-Lösung des Schätzproblems an:

Satz 10.1.5 (LÄUTER, H.): Es seien

$$M := (F_1'F_1 - F_1'F_0(F_0'F_0)^{-1} F_0'F_1)^{-1}$$

$$H := \frac{1}{c^2} (I_{r_1} + U_{12}U_{21})$$

$$N := H^{1/2}M \begin{pmatrix} (F_0'F_0)^{-1} F_0'F_1 \\ U_{21} \end{pmatrix}' \begin{pmatrix} (F_0'F_0)^{-1} F_0F_1 \\ U_{21} \end{pmatrix} MH^{1/2}$$

und $C := \frac{1}{\sqrt{c_0}} (N + A)^{1/2} - H^{1/2}MH^{1/2}$, wobei gilt:

$$(c_0 \in \mathrm{R}^+ \wedge A \in \mathcal{M}^{\geqq} \wedge \frac{1}{\sqrt{c_0}} (N+A)^{1/2} \geqq H^{1/2}MH^{1/2} \wedge \frac{1}{\sqrt{c_0}} (N+A)^{-1/2} A = (H^{1/2}MH^{1/2})^{-1}A$$
$$\wedge \frac{1}{\sqrt{c_0}} \operatorname{sp} (N+A)^{1/2} = 1 + \operatorname{sp} H^{1/2}MH^{1/2}) .$$

Dann ist für

$$P_1^* = (F_0'F_0)^{-1} F_0'F_1M(M + H^{-1/2}CH^{-1/2})^{-1} ,$$
$$P_2^* = U_{21} - U_{21}M(M + H^{-1/2}CH^{-1/2})^{-1}$$

die Funktion

$$\hat{\vartheta}^{(*)}(\mathfrak{Y}) := \begin{pmatrix} I_{r_0} & P_1^* \\ 0 & P_2^* \end{pmatrix} (F'F)^{-1} F'\mathfrak{Y} \tag{10.1.44}$$

eine Minimax-Schätzung in $[\Theta \times K_1^{(0)}, D_L(V_n), R_1]$; $K_1^{(0)}$ gemäß (3.3.15) •

Der Satz wurde in LÄUTER, H. [3] in einer Fassung bewiesen, die sich auf die Schätzung der Wirkungsfläche bezieht. Wegen der eineindeutigen Beziehung zwischen ϑ und $f'\vartheta$ und wegen der Gestalt der Verlustfunktion folgt damit die Aussage des Satzes.

Das hier beschriebene Minimax-Problem wurde von PETERSEN [1] formuliert, auf ein Matrix-Problem zurückgeführt und für den Spezialfall $S \supset \tilde{S}$ mit $\dim S = (\dim \tilde{S}) + 1$ gelöst.

10.1.5. Bayessche Schätzungen

Mit der Zerlegung der Verlustfunktion gemäß (10.1.18) läßt sich auch beim bayesschen Zugang die Schätzung im Approgressionsproblem auf die Schätzung einer speziellen Linearkombination im LR $(\mathfrak{Y}, F\vartheta, B_\varepsilon)$; F gemäß (10.1.24); zurückführen.

Satz 10.1.6: Es sei $P_{(\theta,\omega)}$ eine a-priori-Verteilung über dem Raum $[\mathrm{R}^r \times K, \mathcal{B}^r \otimes \mathcal{B}_K]$ mit

$$\exists A \in \mathcal{M}_r^{>} : B_\theta = A . \tag{10.1.45}$$

Sei weiter $\hat{\vartheta}^*$ eine bez. $P_{(\theta,\omega)}$ bayessche Strategie im Entscheidungsproblem

$$[\mathrm{R}^r \times K, D^{(r)}(V_n), R_1^{(r)}]; \qquad D^{(r)}(V_n) \subseteq (\mathrm{R}^r)^{C(V_n)};$$
$$R_1^{(r)}(\vartheta, w; \hat{\vartheta}) = \mathrm{E}_{\mathfrak{Y}|\vartheta,w} \|\vartheta - \hat{\vartheta}(\mathfrak{Y})\|_U^2 .$$

Dann gilt:

$$\hat{\vartheta}_P^*(\mathfrak{Y}) := P_0\hat{\vartheta}^*(\mathfrak{Y}) \tag{10.1.46}$$

ist eine bez. $P_{(\theta,\omega)}$ bayessche Strategie in

$$[\mathrm{R}^r \times K, D(V_n), R_1]; \qquad D(V_n) = \{\hat{\vartheta}_P : \exists \hat{\vartheta} \in D^{(r)}(V_n) : \hat{\vartheta}_P(\mathfrak{Y}) = P_0\hat{\vartheta}(\mathfrak{Y})\};$$

gemäß (10.1.19) •

Beweis: Für $\boldsymbol{C} = (\boldsymbol{I}_r \vdots \boldsymbol{O}_{r \times (\bar{r}-r)})$ wird auf Grund der Beziehung $\bar{\boldsymbol{\vartheta}} = \boldsymbol{C}\boldsymbol{\vartheta}$ durch $P_{\boldsymbol{\theta}}$ eine Verteilung $P_{\bar{\boldsymbol{\theta}}}$ auf $\mathrm{R}^r \times \{0\}^{(\bar{r}-r)}$ mit $\boldsymbol{B}_{\bar{\boldsymbol{\theta}}} = \boldsymbol{C}\boldsymbol{\Lambda}\boldsymbol{C}' =: \bar{\boldsymbol{\Lambda}}$ induziert. Bezeichne $\boldsymbol{\mu} := \mathrm{E}\boldsymbol{\theta}$, dann ist $\mathrm{E}\bar{\boldsymbol{\theta}} = \boldsymbol{C}\boldsymbol{\mu} =: \bar{\boldsymbol{\mu}}$. Mit R_1 aus (10.1.20) ergibt sich für $P_{(\boldsymbol{\theta}, \omega)}$ das bayessche Risiko

$$\begin{aligned} \varrho_1(P_{(\boldsymbol{\theta}, \omega)}; \hat{\boldsymbol{\vartheta}}) &= \mathrm{E}_{\bar{\boldsymbol{\theta}}} \mathrm{E}_{\mathfrak{Y}|\bar{\boldsymbol{\theta}}} \|\bar{\boldsymbol{\theta}} - \hat{\bar{\boldsymbol{\vartheta}}}(\mathfrak{Y})\|_{\boldsymbol{U}}^2 \\ &= \mathrm{E}_{\bar{\boldsymbol{\theta}}} \|(\boldsymbol{I}_{\bar{r}} - \boldsymbol{P})\, \bar{\boldsymbol{\theta}}\|_{\boldsymbol{U}}^2 + \mathrm{E}_{\boldsymbol{\theta}} \mathrm{E}_{\mathfrak{Y}|\boldsymbol{\theta}} \|\boldsymbol{P}_0\boldsymbol{\theta} - \hat{\boldsymbol{\vartheta}}(\mathfrak{Y})\|_{\boldsymbol{U}_0}^2 \\ &= \operatorname{sp} \boldsymbol{U}(\boldsymbol{I}_{\bar{r}} - \boldsymbol{P})\, (\bar{\boldsymbol{\Lambda}} + \bar{\boldsymbol{\mu}}\bar{\boldsymbol{\mu}}') + \mathrm{E}_{\boldsymbol{\theta}} \mathrm{E}_{\mathfrak{Y}|\boldsymbol{\theta}} \|\boldsymbol{P}_0\boldsymbol{\theta} - \hat{\boldsymbol{\vartheta}}(\mathfrak{Y})\|_{\boldsymbol{U}_0}^2 . \end{aligned} \tag{10.1.47}$$

Der zweite Summand kann als bayessches Risiko der Schätzung von $\boldsymbol{\psi} = \boldsymbol{P}_0\boldsymbol{\vartheta}$ aufgefaßt werden. Mit Lemma 4.1.1 ergibt sich die Aussage des Satzes.

10.1.6. Approgression im Raum der quadratisch integrierbaren Funktionen

Soll eine nichtlineare Wirkungsfläche durch eine Funktion aus einem endlichdimensionalen linearen Raum approximiert werden (s. Bem. 8.4.1), so erhält man eine Verallgemeinerung des in 10.1.1 bis 10.1.5 behandelten Approgressionsproblems. Wird im nichtlinearen Regressionsmodell gemäß Def. 8.1.1 von der Wirkungsfläche die quadratische Integrierbarkeit gefordert, so lassen sich die L^2-Norm aus Bem. 10.1.1 und das Minimum-Bias-Prinzip fortsetzen.

Es sei $[B, \mathscr{B}_B, \mu]$ ein Maßraum mit dem σ-finiten Maß μ. Dann bezeichnet $L^2[B, \mathscr{B}_B, \mu]$ die Menge aller über B quadratisch μ-integrierbaren Funktionen. Auf diesem Raum werden das Skalarprodukt

$$\forall f \in L^2[B, \mathscr{B}_B, \mu]\ \forall g \in L^2[B, \mathscr{B}_B, \mu]: \langle f, g\rangle_\mu := \int_B f(\boldsymbol{x})\, g(\boldsymbol{x})\, \mu(\mathrm{d}\boldsymbol{x}) \tag{10.1.48}$$

und die gemäß (1.1.23) dazugehörige Norm

$$\forall f \in L^2[B, \mathscr{B}_B, \mu]: \|f\|_\mu := \Big(\int_B f(\boldsymbol{x})^2\, \mu(\,\mathrm{d}\boldsymbol{x})\Big)^{1/2} \tag{10.1.49}$$

definiert. Es sei $\boldsymbol{g} \in (\mathrm{R}^q)^B$ ein Vektor reellwertiger quadratisch μ-integrierbarer Funktionen mit paarweise orthogonalen Komponenten.

Vor. 10.1.7:

$$S = L^2[B, \mathscr{B}_B, \mu]\ , \tag{10.1.50}$$

$$\tilde{S} = \{\tilde{\eta}: \tilde{\eta} = \boldsymbol{g}'\boldsymbol{\vartheta} \wedge \boldsymbol{\vartheta} \in \mathrm{R}^q\}\ \bullet \tag{10.1.51}$$

Für jedes $\eta \in S$ erhält man als Lösung des Approximationsproblems

$$\|\eta - \boldsymbol{g}'\boldsymbol{\vartheta}\|_\mu^2 \overset{!}{=} \inf_{\boldsymbol{\vartheta} \in \mathrm{R}^q} \tag{10.1.52}$$

den Vektor $\boldsymbol{\vartheta}^{(\eta)}$ der Fourier-Koeffizienten, wobei

$$\forall i \in \{1, \dots, q\}: \vartheta_i^{(\eta)} := \int_B \eta(\boldsymbol{x})\, g_i(\boldsymbol{x})\, \mu(\mathrm{d}\boldsymbol{x}) \tag{10.1.53}$$

(s. Natanson [2]).

Für die Verlustfunktion im Entscheidungsproblem (10.1.1) gelte

$$L \mid S \times H \times \tilde{S} \times V^{(0)} \to \mathrm{R}^1 . \tag{10.1.54}$$

Diese — von der Fehlerverteilung unabhängige — Funktion muß nicht notwendig aus der Norm gemäß (10.1.49) abgeleitet sein.

Für jedes $V_n = (\boldsymbol{x}_1, \dots, \boldsymbol{x}_n) \in V^{(0)}$ sei $\tilde{\boldsymbol{F}}(V_n) = \big(\boldsymbol{g}(\boldsymbol{x}_1), \dots, \boldsymbol{g}(\boldsymbol{x}_n)\big)'$ die Versuchsplanmatrix für den Ansatz $\tilde{S}$.

Vor. 10.1.8: $\forall V_n \in V^{(0)}: \det\left(\tilde{\boldsymbol{F}}(V_n)'\,\tilde{\boldsymbol{F}}(V_n)\right) > 0$ •

Die Schätzung von $\boldsymbol{\vartheta}^{(\eta)}$ wird nach der MKQ für den Ansatz $\tilde{S}$ vorgenommen:

$$\check{\boldsymbol{\vartheta}}^{(\eta)}(\mathfrak{Y}, V_n) := \left(\tilde{\boldsymbol{F}}(V_n)'\,\tilde{\boldsymbol{F}}(V_n)\right)^{-1} \tilde{\boldsymbol{F}}(V_n)'\,\mathfrak{Y}\,. \tag{10.1.55}$$

Für den Fall $n = q$ geht (10.1.55) über in die Interpolationsformeln

$\forall i \in \{1, \ldots, q\}$:

$$\check{\vartheta}_i^{(\eta)}(\mathfrak{Y}, V_q) = \frac{(-1)^{i+1}}{\det \tilde{\boldsymbol{F}}(V_q)} \det \begin{pmatrix} g_1(\boldsymbol{x}_1) & \cdots & g_1(\boldsymbol{x}_q) \\ \vdots & & \vdots \\ g_{i-1}(\boldsymbol{x}_1) & \cdots & g_{i-1}(\boldsymbol{x}_q) \\ \mathfrak{Y}(\boldsymbol{x}_1) & \cdots & \mathfrak{Y}(\boldsymbol{x}_q) \\ g_{i+1}(\boldsymbol{x}_1) & \cdots & g_{i+1}(\boldsymbol{x}_q) \\ \vdots & & \vdots \\ g_q(\boldsymbol{x}_1) & \cdots & g_q(\boldsymbol{x}_q) \end{pmatrix}. \tag{10.1.56}$$

Die Erwartungstreue dieser Schätzung für die FOURIER-Koeffizienten läßt sich durch Nebenbedingungen im Versuchsplanungsproblem erreichen (s. 10.2.2).

10.2. Versuchsplanung zur Approgression

Ausgehend von Schätzfunktionen, die im Abschnitt 10.1. behandelt wurden, werden im folgenden die entsprechenden Versuchsplanungsprobleme untersucht. Da spezielle Linearkombinationen des Parametervektors $\boldsymbol{\vartheta}$ geschätzt werden, lassen sich Ergebnisse aus den Abschnitten 5.6 und 7.1 unmittelbar übertragen. Aus der Spezifik des Approgressionsproblems ergeben sich weitere Nebenbedingungen im Planungsproblem.

10.2.1. Planung für projektionserwartungstreue Schätzungen

Es bezeichne $V^{(\boldsymbol{P})}$ gemäß (5.6.2) die Menge aller konkreten Versuchspläne, für die die Linearkombination $\boldsymbol{P}\bar{\boldsymbol{\vartheta}}$ mit der Projektionsmatrix $\boldsymbol{P}$ gemäß (10.1.16) im LR $(\mathfrak{Y}, \boldsymbol{F}\boldsymbol{\vartheta}, \sigma^2\boldsymbol{I}_n)$ schätzbar ist. Im Abschnitt 10.1.1 wurde gezeigt, daß für jedes $\boldsymbol{x} \in H$ und jedes $V_n \in V^{(\boldsymbol{P})}$ die Projektions-MKQ-Schätzung $\check{\boldsymbol{\vartheta}}_{\boldsymbol{P}}(\cdot, V_n)$ gemäß (10.1.25) eine projektionserwartungstreue Schätzung und gleichmäßig beste Strategie im Schätzproblem $[\mathrm{R}^r \times K_1^{(0)}, D_{LP}(V_n), R_1]$ bzw. $[\mathrm{R}^r \times K_3^{(0)}, D_P(V_n), R_1]$ ist. Für diese Schätzfunktion wird nun das Versuchsplanungsproblem behandelt.

Folgerung 10.2.1: Der Versuchsplan $V_n^* \in V^{(0)}$ sei ein gleichmäßig bester Plan im Entscheidungsproblem

$$[H, V^{(0)}, R_2]; \qquad V^{(0)} \subseteq V^{(\boldsymbol{P})}; \tag{10.2.1}$$

wobei

$$\forall \boldsymbol{x} \in H\ \forall V_n \in V^{(0)}: R_2(\boldsymbol{x}; V_n) = \operatorname{sp} \boldsymbol{U}_0 \boldsymbol{P}_0 \left(\boldsymbol{F}(V_n)'\,\boldsymbol{F}(V_n)\right)^- \boldsymbol{P}_0'\,. \tag{10.2.2}$$

Dann ist $(\check{\boldsymbol{\vartheta}}_{\boldsymbol{P}}(\cdot, V_n^*), V_n^*)$ eine gleichmäßig beste Strategie im Approgressionsproblem $[\mathrm{R}^r \times K_1^{(0)} \times H, \bigcup_{V_n \in V^{(0)}} (D_{LP}(V_n) \times \{V_n\}), R]$ bzw.

$$[\mathrm{R}^r \times K_3^{(0)} \times H, \bigcup_{V_n \in V^{(0)}} (D_P(V_n) \times \{V_n\}), R];$$

$$R(\boldsymbol{\vartheta}, w, \boldsymbol{x}; \hat{\boldsymbol{\vartheta}}, V_n) = \mathrm{E}_{\mathfrak{Y}|\boldsymbol{\vartheta}, w} \|\boldsymbol{\vartheta} - \hat{\boldsymbol{\vartheta}}(\mathfrak{Y}, V_n)\|_U^2 \text{ •}$$

Beweis: Es sind $\boldsymbol{B}_{\check{\vartheta}\boldsymbol{P}} = \sigma^2\boldsymbol{P}_0(\boldsymbol{F}(V_n)'\,\boldsymbol{F}(V_n))^-\boldsymbol{P}_0'$ und damit wegen (10.1.18) und (10.1.27)

$$R(\boldsymbol{\vartheta}, w, \boldsymbol{x}; \hat{\boldsymbol{\vartheta}}, V_n) = \|\bar{\boldsymbol{\vartheta}} - \boldsymbol{P}\bar{\boldsymbol{\vartheta}}\|_U^2 + \sigma^2 \operatorname{sp} \boldsymbol{U}_0\boldsymbol{P}_0(\boldsymbol{F}(V_n)'\,\boldsymbol{F}(V_n))^-\boldsymbol{P}_0' .$$

Die Funktion R_2 aus (10.2.2) erfüllt folglich die Bedingung (2.1.3), und es gilt der Trennsatz 2.1.1 für gleichmäßig beste Strategien.

Gemäß Vor. 10.1.2 hängt $\boldsymbol{U}$ weder von V_n noch von $\boldsymbol{x}$ ab. Damit ist ein Versuchsplan genau dann bez. R_2 ein gleichmäßig bester Plan, wenn er eine Lösung der Optimierungsaufgabe (5.6.6) mit $Q_2 = \mathrm{I}$ und $\boldsymbol{A} = \boldsymbol{P}_0$ ist.

Das Problem gemäß (10.2.1) und (10.2.2) wird nun auf stetige Versuchspläne erweitert. Wir betrachten $[H, \tilde{\Xi}, R_2]$; $\tilde{\Xi} \subseteq \Xi_{\boldsymbol{P}_0}$;

wobei sich die Fortsetzung der Funktion R_2 auf $\tilde{\Xi}$ schreiben läßt als

$$\forall \boldsymbol{x} \in H\ \forall \xi \in \tilde{\Xi}: R_2(\boldsymbol{x}; \xi) = \operatorname{sp} \boldsymbol{U}_0\boldsymbol{P}_0\boldsymbol{M}(\xi)^-\,\boldsymbol{P}_0 .$$

Aus (5.6.8) und (5.6.9) erhält man das Optimierungsproblem

$$\operatorname{sp} \boldsymbol{U}_0\boldsymbol{P}_0\boldsymbol{M}(\xi)^-\,\boldsymbol{P}_0' \overset{!}{=} \inf_{\xi \in \tilde{\Xi}} ; \qquad \tilde{\Xi} \subseteq \Xi_{\boldsymbol{P}_0} . \tag{10.2.3}$$

Lemma 10.2.1: Der Versuchsplan $\xi^* \in \tilde{\Xi}$ ist genau dann eine gleichmäßig beste Strategie im Entscheidungsproblem $[H, \tilde{\Xi}, R_2]$, wenn ξ^* ein $L_{\boldsymbol{P}_0}$-optimaler Versuchsplan in $\tilde{\Xi}$ ist •

Der *Beweis* ergibt sich aus Vor. 10.1.2 und Def. 5.6.1.

Im folgenden werden einige wichtige Aussagen des Abschnitts 5.6 für den vorliegenden Fall spezialisiert.

Folgerung 10.2.2: $\Xi_{\boldsymbol{P}_0}$ ist eine konvexe Menge, und es gilt $\forall \xi \in \Xi_{\boldsymbol{P}_0}$: card $S(\xi) \geqq \operatorname{Rg} \boldsymbol{P}_0$ (s. Folgerung 5.6.2 und Lemma 5.6.6) •

Folgerung 10.2.3: Das Funktional $Z_{L_{\boldsymbol{P}_0}}(\cdot) = \operatorname{sp} \boldsymbol{U}_0\boldsymbol{P}_0\boldsymbol{M}(\cdot)^-\,\boldsymbol{P}_0'$ ist konvex auf $\Xi_{\boldsymbol{P}_0}$. (s. Lemma 5.6.8) •

Der Äquivalenzsatz 5.6.2 lautet für $L_{\boldsymbol{P}_0}$-optimale Versuchspläne:

Folgerung 10.2.4: Die folgenden Aussagen sind äquivalent:

1. $\xi^* \in \Xi^*_{L_{\boldsymbol{P}_0}, \Xi_{\boldsymbol{P}_0}}$
2. $D_{L_{\boldsymbol{P}_0}}(\xi^*) = \inf_{\xi \in \Xi_{\boldsymbol{P}_0}} D_{L_{\boldsymbol{P}_0}}(\xi)$ mit
$$\forall \xi \in \Xi_{\boldsymbol{P}_0}: D_{L_{\boldsymbol{P}_0}}(\xi) := \sup_{\boldsymbol{x} \in V_\xi} \bar{\boldsymbol{f}}(\boldsymbol{x})'\,\boldsymbol{M}(\xi)^-\,\boldsymbol{P}_0'\boldsymbol{U}_0\boldsymbol{P}_0\boldsymbol{M}(\xi)^-\,\bar{\boldsymbol{f}}(\boldsymbol{x})$$
3. $D_{L_{\boldsymbol{P}_0}}(\xi^*) = \operatorname{sp} \boldsymbol{U}_0\boldsymbol{P}_0\boldsymbol{M}(\xi^*)^-\,\boldsymbol{P}_0'$ •

Über das Spektrum $L_{\boldsymbol{P}_0}$-optimaler Pläne läßt sich mit Satz 5.6.3 aussagen:

Folgerung 10.2.5: Es sei ξ^* ein $L_{\boldsymbol{P}_0}$-optimaler Plan. Dann gilt

$$S(\xi^*) \subseteq \{\boldsymbol{x} \in V: \bar{\boldsymbol{f}}(\boldsymbol{x})'\,\boldsymbol{M}(\xi^*)^-\,\boldsymbol{P}_0'\boldsymbol{U}_0\boldsymbol{P}_0\boldsymbol{M}(\xi^*)^-\,\bar{\boldsymbol{f}}(\boldsymbol{x}) = \operatorname{sp} \boldsymbol{P}_0\boldsymbol{M}(\xi^*)^-\,\boldsymbol{P}_0'\boldsymbol{U}_0\} \bullet$$

Bemerkung 10.2.1: Die Aussagen der Abschnitte 10.1 und 10.2 lassen sich bei entsprechender Wahl der Matrix $\boldsymbol{U}$ (und Veränderung der Vor. 10.1.2) auch auf $D_{\boldsymbol{P}_0}$-optimale Pläne gemäß Def. 5.6.2 übertragen.

Um eine Unempfindlichkeit der Schätzung gegenüber Veränderungen der Menge S zu erreichen, fordert man, daß die Projektions-MKQ-Schätzungen bez. verschiedener vorgegebener Mengen gleich sind. Diese Forderung kann als Nebenbedingung an die Strategienmenge im Versuchsplanungsproblem formuliert werden.

Es seien S_1 und S_2 lineare Funktionenräume und $\boldsymbol{P}^{(i)}$; $i = 1, 2$; orthogonale Projektionen von $\mathscr{L}[S_i \cup \tilde{S}]$ auf $\tilde{S}$. Für $V_n \in V^{(\boldsymbol{P}^{(i)})}$ bezeichne $\boldsymbol{F}^{(i)}(V_n)$ die Versuchsplanmatrix zu S_i gemäß (10.1.24).

Def. 10.2.1: Der konkrete Versuchsplan $V_n \in V^{(\boldsymbol{P}^{(1)})} \cap V^{(\boldsymbol{P}^{(2)})}$ heißt *projektions-MKQ-invariant für* $(S_1, S_2) =_{\text{df}}$

$$\forall \boldsymbol{y} \in C(V_n): \check{\boldsymbol{\vartheta}}_{\boldsymbol{P}^{(1)}}(\boldsymbol{y}, V_n) = \check{\boldsymbol{\vartheta}}_{\boldsymbol{P}^{(2)}}(\boldsymbol{y}, V_n) \tag{10.2.4}$$

(vgl. Karson [1]) •

Folgerung 10.2.6: Der Versuchsplan $V_n \in V^{(\boldsymbol{P}^{(1)})} \cap V^{(\boldsymbol{P}^{(2)})}$ ist genau dann projektions-MKQ-invariant für (S_1, S_2) ,wenn

$$\boldsymbol{P}_0^{(1)}(\boldsymbol{F}^{(1)}(V_n)'\,\boldsymbol{F}^{(1)}(V_n))^-\,\boldsymbol{F}^{(1)}(V_n)' = \boldsymbol{P}_0^{(2)}(\boldsymbol{F}^{(2)}(V_n)'\,\boldsymbol{F}^{(2)}(V_n))^-\,\boldsymbol{F}^{(2)}(V_n)' . \tag{10.2.5}$$

Dabei werden $\boldsymbol{P}_0^{(1)}$ und $\boldsymbol{P}_0^{(2)}$ analog $\boldsymbol{P}_0$ aus (10.1.18) gebildet •

Für Mengen eindimensionaler Polynome bis zum Grad 6 kann die Menge der Pläne, die (10.2.5) erfüllen, durch Forderungen an die Momente des Versuchsplans (s. (11.3.7)) charakterisiert werden (s. II/4; vgl. Karson [1]).

Die Schätzfunktion $\check{\boldsymbol{\vartheta}}_{\boldsymbol{P}}(\cdot, V_n)$ gemäß (10.1.25) ist für jeden Plan $V_n \in V^{(\boldsymbol{P})}$ projektionserwartungstreu. Im folgenden wird für den Fall $\tilde{S} \subset S$ die Menge der Versuchspläne charakterisiert, für die die MKQ-Schätzung im Ansatz $\tilde{S}$ eine projektionserwartungstreue Schätzung ist.

Wird wie in (10.1.43) die Versuchsplanmatrix für S zerlegt in

$$\boldsymbol{F}(V_n) = (\boldsymbol{F}_0(V_n) \mid \boldsymbol{F}_1(V_n)) ; \qquad V_n \in V^{(\boldsymbol{P})};$$

so ist $\boldsymbol{F}_0(V_n)$ die Versuchsplanmatrix für den Ansatz $\tilde{S}$. Aus Lemma 3.2.7 folgt $\operatorname{Rg} \boldsymbol{F}_0 = q$. Die MKQ-Schätzung in $\tilde{S}$ ist damit

$$\forall \boldsymbol{y} \in C(V_n): \check{\boldsymbol{\vartheta}}_0(\boldsymbol{y}, V_n) = (\boldsymbol{F}_0(V_n)'\,\boldsymbol{F}_0(V_n))^{-1}\,\boldsymbol{F}_0(V_n)'\,\boldsymbol{y} . \tag{10.2.6}$$

Satz 10.2.1: Es seien $\tilde{S} \subset S$; $\tilde{S}$ gemäß (10.1.29), S gemäß (10.1.28). Die MKQ-Schätzfunktion $\check{\boldsymbol{\vartheta}}_0(\cdot, V_n)$ ist genau dann projektionserwartungstreu bez. $\boldsymbol{P}$ aus (10.1.31), wenn gilt

$$(\boldsymbol{F}_0(V_n)'\,\boldsymbol{F}_0(V_n))^{-1}\,\boldsymbol{F}_0(V_n)'\,\boldsymbol{F}_1(V_n) = \boldsymbol{U}_{00}^{-1}\boldsymbol{U}_{01} \;\bullet \tag{10.2.7}$$

Beweis: $\mathrm{E}_{\mathfrak{Y}|\boldsymbol{\vartheta}}\check{\boldsymbol{\vartheta}}_0(\mathfrak{Y}) = (\boldsymbol{F}_0'\boldsymbol{F}_0)^{-1}\,\boldsymbol{F}_0'(\boldsymbol{F}_0 \mid \boldsymbol{F}_1)\begin{pmatrix}\boldsymbol{\vartheta}_0\\ \boldsymbol{\vartheta}_1\end{pmatrix} = \boldsymbol{\vartheta}_0 + (\boldsymbol{F}_0'\boldsymbol{F}_0)^{-1}\,\boldsymbol{F}_0'\boldsymbol{F}_1\boldsymbol{\vartheta}_1$.

Wegen $\boldsymbol{P}_0 = (\boldsymbol{I}_{00} \mid \boldsymbol{U}_{00}^{-1}\boldsymbol{U}_{01})$ gilt

$$(\forall \boldsymbol{\vartheta} \in \mathrm{R}^r: \mathrm{E}_{\mathfrak{Y}|\boldsymbol{\vartheta}}\check{\boldsymbol{\vartheta}}_0(\mathfrak{Y}) = \boldsymbol{P}_0\boldsymbol{\vartheta})$$
$$\Leftrightarrow (\forall \boldsymbol{\vartheta}_1 \in \mathrm{R}^{r-q}: (\boldsymbol{F}_0'\boldsymbol{F}_0)^{-1}\,\boldsymbol{F}_0'\boldsymbol{F}_1\boldsymbol{\vartheta}_1 = \boldsymbol{U}_{00}^{-1}\boldsymbol{U}_{01}\boldsymbol{\vartheta}_1) \Leftrightarrow (\boldsymbol{F}_0'\boldsymbol{F}_0)^{-1}\,\boldsymbol{F}_0'\boldsymbol{F}_1 = \boldsymbol{U}_{00}^{-1}\boldsymbol{U}_{01} .$$

Für Mengen von Polynomen und $\boldsymbol{U}$ gemäß (10.1.9) ist die Bedingung (10.2.7) bereits in der Arbeit von Box/Draper [1] zu finden.

Folgerung 10.2.7: Wenn die Komponenten von $\boldsymbol{f}$ eine orthogonale Basis von S bilden und $\boldsymbol{U}$ wie in (10.1.9) gebildet wird, dann ist (10.2.7) äquivalent zur Bedingung

$$\boldsymbol{F}_0(V_n)'\,\boldsymbol{F}_1(V_n) = \boldsymbol{0}\ \bullet \tag{10.2.8}$$

Beweis: $\boldsymbol{U}_{01} = \boldsymbol{0} \wedge (\boldsymbol{F}_0'(V_n)\,\boldsymbol{F}_0(V_n))^{-1} \in \mathcal{M}_q^{>}$.

Es bezeichne $V^{(\boldsymbol{P},0)}$ die Menge aller konkreten Versuchspläne aus $V^{(\boldsymbol{P})}$, die Bedingung (10.2.7) erfüllen. Bei Anwendung der MKQ-Schätzfunktion $\check{\boldsymbol{\vartheta}}_0$ ergibt sich analog (10.2.2) als Risiko

$$\forall \boldsymbol{x} \in H\ \forall V_n \in V^{(\boldsymbol{P},0)}\colon R_2(\boldsymbol{x};\, V_n) = \operatorname{sp} \boldsymbol{U}_0\big(\boldsymbol{F}_0(V_n)'\,\boldsymbol{F}_0(V_n)\big)^{-1}. \tag{10.2.9}$$

Es sei $V_n \in V^{(\boldsymbol{P})}$. Mit der Schreibweise (2.2.24) für diskrete Versuchspläne lautet die Bedingung (10.2.7)

$$\left(\sum_{i=1}^{m} p_i \boldsymbol{f}_0(\boldsymbol{x}_i)\,\boldsymbol{f}_0(\boldsymbol{x}_i)'\right)^{-1} \left(\sum_{i=1}^{m} p_i \boldsymbol{f}_0(\boldsymbol{x}_i)\,\boldsymbol{f}_1(\boldsymbol{x}_i)'\right) = \boldsymbol{U}_{00}^{-1}\boldsymbol{U}_{01}\,.$$

Der Übergang zu stetigen Plänen wie in 2.2.2 liefert

$$\left(\int_V \boldsymbol{f}_0(\boldsymbol{x})\,\boldsymbol{f}_0(\boldsymbol{x})'\ \xi(\mathrm{d}\boldsymbol{x})\right)^{-1} \left(\int_V \boldsymbol{f}_0(\boldsymbol{x})\,\boldsymbol{f}_1(\boldsymbol{x})'\ \xi(\mathrm{d}\boldsymbol{x})\right) = \boldsymbol{U}_{00}^{-1}\boldsymbol{U}_{01}\,. \tag{10.2.10}$$

Die Menge aller stetigen Pläne, die Bedingung (10.2.10) erfüllt, wird mit $\Xi_{\boldsymbol{P},0}$ bezeichnet.

Damit läßt sich das Versuchsplanungsproblem auf Grundlage der MKQ-Schätzung $\check{\boldsymbol{\vartheta}}_0$ unter der Nebenbedingung der Projektionserwartungstreue als Optimierungsproblem

$$\operatorname{sp} \boldsymbol{U}_0\boldsymbol{M}_0(\xi)^{-1} \overset{!}{=} \inf_{\xi \in \tilde{\Xi}};\quad \tilde{\Xi} \subseteq \Xi_{\boldsymbol{P},0}; \tag{10.2.11}$$

beschreiben.

In den Arbeiten von Sedunov [1], Ermakov/Sedunov [1], Sedunov [2] werden D-optimale (s. Def. 5.2.7) bez. $\check{\boldsymbol{\vartheta}}_0$ projektionserwartungstreue Pläne für die eindimensionale polynomiale und trigonometrische Regression angegeben (s. II/4).

10.2.2. Versuchsplanung für die Schätzung der Fourier-Koeffizienten einer nichtlinearen Wirkungsfläche

Für den in 10.1.6 beschriebenen Fall der Approgression im Raum $L^2[B, \mathscr{B}_B, \mu]$ der quadratisch μ-integrierbaren Funktionen werden nun Nebenbedingungen an das Versuchsplanungsproblem gestellt, unter denen die MKQ-Schätzung in $\tilde{S}$ erwartungstreu für die Fourier-Koeffizienten ist. Dazu wird die Menge der konkreten Versuchspläne zu einer Menge von randomisierten Versuchsplänen erweitert. Weiterhin wird eine für die Existenz eines optimalen Versuchsplanes hinreichende Bedingung an die Verlustfunktion formuliert.

Für den Versuchsplan $V_n \in V^{(0)}$ ist die MKQ-Schätzung $\check{\boldsymbol{\vartheta}}^{(\eta)}(\cdot,\, V_n)$ gemäß (10.1.55) genau dann erwartungstreu für die Fourier-Koeffizienten aus (10.1.53), wenn gilt

$$\forall \eta \in S\colon \mathrm{E}_{\mathfrak{Y}|\eta}\check{\boldsymbol{\vartheta}}^{(\eta)}(\mathfrak{Y},\, V_n) = \big(\tilde{\boldsymbol{F}}(V_n)'\,\tilde{\boldsymbol{F}}(V_n)\big)^{-1}\,\tilde{\boldsymbol{F}}(V_n)'\,\boldsymbol{\eta}(V_n) = \boldsymbol{\vartheta}^{(\eta)}\,. \tag{10.2.12}$$

Wird nun zu einer Menge von randomisierten Versuchsplänen gemäß Def. 8.3.1 übergegangen, so läßt sich die Definition der Erwartungstreue verallgemeinern: Es sei $P_v \in (V^n)^*$ ein randomisierter Versuchsplan vom Umfang n mit $\operatorname{supp}(P_v) \subseteq V^{(0)}$.

Def. 10.2.2: Die Familie von Schätzfunktionen $\{\hat{\vartheta}(\cdot, V_n)\}_{V_n \in V^{(0)} \cap V^n}$ heißt FOURIER-*erwartungstreu bez.* $P_v =_{\mathrm{df}}$

$$\forall \eta \in S: \mathrm{E}_v \mathrm{E}_{\mathfrak{Y}|v = V_n} \hat{\vartheta}(\mathfrak{Y}(v), v) = \vartheta^{(\eta)} \wedge \left(\forall i \in \{1, \dots, q\}: \mathrm{D}^2_{(\mathfrak{Y}(v), v)}\left(\hat{\vartheta}_i(\mathfrak{Y}(v), v)\right) \in \mathrm{R}^1\right) \bullet \tag{10.2.13}$$

Satz 10.2.2: Der randomisierte Versuchsplan $P_v \in (V^n)^*$ besitze bez. μ die RADON-NIKODYM-Dichte

$$p_v(V_n) = \frac{(n-q)!}{n!} \det\left(\tilde{\boldsymbol{F}}(V_n)' \tilde{\boldsymbol{F}}(V_n)\right). \tag{10.2.14}$$

Dann ist die MKQ-Schätzung $\check{\vartheta}^{(\eta)}(\cdot, \cdot)$ FOURIER-erwartungstreu bez. P_v •

Der *Beweis* folgt aus Satz 2 von ERMAKOV [2] und der Linearität der Schätzung $\check{\vartheta}^{(\eta)}$.

Es wird nun der Fall $n = q$ (Interpolation) näher untersucht. Mit $\Pi^{(q)}$ wird die Gruppe aller Permutationen von q Elementen bezeichnet. Es sei P_v ein randomisierter Versuchsplan vom Umfang q mit der RADON-NIKODYM-Dichte p_v.

Satz 10.2.3 (GRANOVSKI/ERMAKOV): Es gelte

a) $V = B$

b) $\forall \eta \in S: \int_B \mathrm{E}_{\mathfrak{Y}|\eta}(\mathfrak{Y}(\boldsymbol{x}))^2 \mu(\mathrm{d}\boldsymbol{x}) \in \mathrm{R}^1$

c) $\forall \pi \in \Pi^{(q)} \ \forall (\boldsymbol{x}_1, \dots, \boldsymbol{x}_q) \in V^q: p_v(\boldsymbol{x}_1, \dots, \boldsymbol{x}_q) = p_v(\pi(\boldsymbol{x}_1, \dots, \boldsymbol{x}_q))$.

Die Schätzung $\check{\vartheta}^{(\eta)}(\cdot, \cdot)$ gemäß (10.1.56) ist genau dann FOURIER-erwartungstreu bez. P_v, wenn gilt

$\forall i \in \{1, \dots, q\}$:

$$q \int_{B^{(q-1)}} \frac{(-1)^{i+1}}{\det \tilde{\boldsymbol{F}}(V_q)} \det \begin{pmatrix} g_1(\boldsymbol{x}_2) & \cdots & g_1(\boldsymbol{x}_q) \\ \vdots & & \vdots \\ g_{i-1}(\boldsymbol{x}_2) & \cdots & g_{i-1}(\boldsymbol{x}_q) \\ g_{i+1}(\boldsymbol{x}_2) & \cdots & g_{i+1}(\boldsymbol{x}_q) \\ \vdots & & \vdots \\ g_q(\boldsymbol{x}_2) & \cdots & g_q(\boldsymbol{x}_q) \end{pmatrix} p_v(V_q)\, \mu^{\otimes q}(\mathrm{d}V_q) \underset{\mu\text{-f. ü.}}{=} g_i(\boldsymbol{x}_1)$$

$$\wedge \mu^{\otimes q}\left(\frac{p_v(V_q)}{\det \tilde{\boldsymbol{F}}(V_q)} \notin \mathrm{R}^1\right) = 0 \bullet$$

Der *Beweis* ist in GRANOVSKI/ERMAKOV [1] zu finden.

Satz 10.2.4 (GRANOVSKI/ERMAKOV): Für

$$\forall V_q \in V^q: p_v(V_q) = \frac{(\det \tilde{\boldsymbol{F}}(V_q))^2}{q!}$$

gilt

a) Die Schätzung $\check{\vartheta}^{(\eta)}(\cdot, \cdot)$ gemäß (10.1.56) ist FOURIER-erwartungstreu bez. P_v.

b) $\forall i \in \{1, \dots, q\}: \mathrm{D}^2_{(\mathfrak{Y}(v), v)}\left(\check{\vartheta}_i^{(\eta)}(\mathfrak{Y}(v), v)\right)$

$$\leqq \int_B \left(\eta(\boldsymbol{x}) - \sum_{j=1}^{q} \vartheta_j^{(\eta)} g_j(\boldsymbol{x})\right)^2 \mu(\mathrm{d}\boldsymbol{x}) + \int_B \mathrm{E}_{\mathfrak{Y}(\boldsymbol{x})}(\mathfrak{Y}(\boldsymbol{x}) - \eta(\boldsymbol{x}))^2 \mu(\mathrm{d}\boldsymbol{x})$$

$$- \sum_{j=1}^{q} \int_B \int_B \mathrm{E}_{(\mathfrak{Y}(\boldsymbol{x}_1), \mathfrak{Y}(\boldsymbol{x}_2))}(\mathfrak{Y}(\boldsymbol{x}_1) - \eta(\boldsymbol{x}_1))\,(\mathfrak{Y}(\boldsymbol{x}_2) - \eta(\boldsymbol{x}_2))\, g_j(\boldsymbol{x}_1)\, g_j(\boldsymbol{x}_2)\, \mu(\mathrm{d}\boldsymbol{x}_1)\, \mu(\mathrm{d}\boldsymbol{x}_2) \tag{10.2.15}$$

c) Falls die Komponenten von $\boldsymbol{g}$ auf jeder meßbaren Teilmenge von B, die keine Nullmenge ist, linear unabhängig sind, gelten in (10.2.15) die Gleichheit und für die Kovarianzen

$$\forall i_1 \in \{1, \dots, q\}\ \forall i_2 \in \{1, \dots, q\}: i_1 \neq i_2 \Rightarrow \operatorname{cov}\left(\check{\vartheta}^{(\eta)}_{i_1}(\mathfrak{Y}(\boldsymbol{v}), \boldsymbol{v}), \check{\vartheta}^{(\eta)}_{i_2}(\mathfrak{Y}(\boldsymbol{v}), \boldsymbol{v})\right) = 0 \bullet$$

Der *Beweis* ist in GRANOVSKI/ERMAKOV [1] zu finden. Der Teil a) folgt unmittelbar aus Satz 10.2.2.

Aus der Menge aller randomisierten Versuchspläne, bez. derer die MKQ-Schätzung FOURIER-erwartungstreu ist, ist ein Versuchsplan auszuwählen, der das Risiko im Versuchsplanungsproblem minimiert. Es seien R die aus der Verlustfunktion L gemäß (10.1.54) abgeleitete Risikofunktion und $R_2 \mid H \times V^{(0)} \to \mathrm{R}^1$ die Risikofunktion im Versuchsplanungsproblem

$$[H, V^{(0)}, R_2]$$

gemäß (2.3.19).

Es bezeichne $\mathcal{F}_{\tilde{S}} := \{f \mid V^q \to \mathrm{R}^1 : \langle\!\langle (\det \tilde{\boldsymbol{F}}(\cdot))^2 f(\cdot)$ ist stetig bez. $\|(\det \tilde{\boldsymbol{F}}(\cdot))^2 f(\cdot)\| := \max\limits_{V_q \in V^q} |(\det \tilde{\boldsymbol{F}}(V_q))^2 f(V_q)| \rangle\!\rangle\}$. Für jedes $P_v \in (V^q)^*$ definieren wir eine Funktion $h_v \mid V^q \to \mathrm{R}^1$:

$$\forall V_q \in V^q : h_v(V_q) = P_v(\{V_q\}) \,. \tag{10.2.16}$$

Satz 10.2.5 (ERMAKOV): Für jedes $i \in \{1, \dots, q\}$ sei $g_i(\cdot)$ eine μ-fast überall stetige Funktion über B und für jedes $\boldsymbol{x} \in H$ sei $R_2(\boldsymbol{x}; \cdot) \in \mathcal{F}_{\tilde{S}}$. Dann existiert ein randomisierter Versuchsplan $P_{v^*} \in (V^q)^*$, für den gilt

a) Die MKQ-Schätzung $\check{\boldsymbol{\vartheta}}^{(\eta)}(\cdot, \cdot)$ ist FOURIER-erwartungstreu bez. P_{v^*}

b) $\forall \boldsymbol{x} \in B: \mathrm{E}_{v^*} R_2(\boldsymbol{x}; \boldsymbol{v}^*) = \inf\limits_{P_v \in (V^q)^*} \mathrm{E}_v R_2(\boldsymbol{x}; \boldsymbol{v})$

c) $h_{v^*} \in \mathcal{F}_{\tilde{S}} \bullet$

Der *Beweis* ist in der Arbeit von ERMAKOV [1] zu finden.

10.2.3. Zur Versuchsplanung für die bayessche Schätzung

Um bei der bayesschen Behandlung der Approgression ein Versuchsplanungsproblem formulieren zu können, muß die Schätzfunktion aus (10.1.46) spezifiziert werden. Das Folgende erhält man aus den Ergebnissen der Kapitel 4 und 7.

Vor. 10.2.1: Für die Klasse der Fehlerverteilungen gelte

$$K_P^{(1)} = \{P^{(\boldsymbol{w})}_{\boldsymbol{e}(V_n)} : \boldsymbol{B}_{\boldsymbol{e}(V_n)} = \sigma^2 \boldsymbol{I}_n \wedge \boldsymbol{w} = (\boldsymbol{w}_1', \sigma^{-2}) \in K\} \,,$$

$$K := K_1 \times K_2 \subseteq \mathrm{R}^{s-1} \times \mathrm{R}^+ ;$$

(s. (7.1.5)) •

Vor. 10.2.2: Für die a-priori-Verteilung über $\Theta \times K$ gelte

$$P_{(\theta, \Sigma^{-2})} \in \mathcal{P} \subseteq \mathcal{P}_{(\theta, \Sigma^{-2})}(\boldsymbol{\mu}, \boldsymbol{\Lambda}, \beta); \text{ (s. (7.1.6))}; \mathcal{P}_{(\theta, \Sigma^{-2})}(\boldsymbol{\mu}, \boldsymbol{\Lambda}, \beta) \text{ aus (4.5.13)};$$

$$\boldsymbol{B}_{\theta|\sigma^{-2}} = \frac{\sigma^2}{\beta} \boldsymbol{\Lambda} \bullet$$

Dann ergibt sich aus (7.1.9) und Satz 10.1.7 die folgende optimale Schätzung.

Folgerung 10.2.8: Es sei $\bar{Q}_1 = Q_1 \circ \sup_{P(\theta,\Sigma^{-2})\in\mathcal{P}} E_{(\theta,\Sigma^{-2})}$ der in (7.1.7) definierte Operator. Dann ist die Schätzung

$$P_0\hat{\vartheta}^*(\mathfrak{Y}) := P_0\left(\frac{1}{\beta}F'F + \Lambda^{-1}\right)^{-1}\left(\frac{1}{\beta}F'\mathfrak{Y} + \Lambda^{-1}\mu\right)$$

eine $\bar{Q}_1$-optimale Strategie im Entscheidungsproblem $[\mathrm{R}^r \times K, D(V_n), R_1^{(r)}]$;(s. (10.1.19));

$$R_1^{(r)}(\vartheta, w; \hat{\vartheta}) = E_{\mathfrak{Y}|\vartheta,w} ||\vartheta - \hat{\vartheta}(\mathfrak{Y})||_U^2 \text{.}$$

Nach dem Trennsatz aus Folgerung 2.1.2 für bayessche Strategien erhält man das Versuchsplanungsproblem $[H, V^{(0)}, R_2]$, wobei

$$R_2(x_n; V_n) = \sup_{P(\theta,\Sigma^{-2})\in\mathcal{P}} E_{(\bar{\theta}|\Sigma^{-2})} E_{\mathfrak{Y}|(\bar{\theta},\Sigma^{-2})} ||\bar{\theta} - P\hat{\bar{\vartheta}}^*||_U^2$$

$$= \sup_{P(\theta,\Sigma^{-2})\in\mathcal{P}} \Bigg(E_{(\bar{\theta},\Sigma^{-2})} ||(I_r - P)\,\bar{\theta}||_U^2$$

$$+ E_{(\theta,\Sigma^{-2})} E_{\mathfrak{Y}|(\theta,\Sigma^{-2})} \left\| P_0\left(\theta - \left(\frac{1}{\beta}F'F + \Lambda^{-1}\right)^{-1}\left(\frac{1}{\beta}F'\mathfrak{Y} + \Lambda^{-1}\mu\right)\right)\right\|_{U_0}^2 \Bigg) \tag{10.2.17}$$

(vgl. (10.1.47)). Die Risikofunktion $R_2(\cdot; V_n)$ ist für jeden Plan $V_n \in V^{(0)}$ konstant über H.

Lemma 10.2.2: $\forall x \in H\ \forall V_n^* \in V^{(0)}$:

$$R_2(x; V_n^*) = \inf_{V_n \in V^{(0)}} R_2(x; V_n) \Leftrightarrow \operatorname{sp} P_0' U_0 P_0 \left(\frac{1}{\beta}F(V_n^*)'\,F(V_n^*) + \Lambda^{-1}\right)^{-1}$$

$$= \inf_{V_n \in V^{(0)}} \operatorname{sp} P_0' U_0 P_0 \left(\frac{1}{\beta}F(V_n)'\,F(V_n) + \Lambda^{-1}\right)^{-1} \text{.} \tag{10.2.18}$$

Beweis: Da die Verlustfunktion quadratisch und die Schätzfunktion linear ist, hängen die Erwartungswerte in (10.2.17) nur von den ersten beiden Momenten der a-priori-Verteilung ab und die Bildung des Supremums kann entfallen (s. Beweis von Lemma 7.1.1). Da der erste Summand in (10.2.17) nicht vom Versuchsplan abhängt, folgt aus Lemma 7.1.1 die Aussage.

Für die Matrix $\bar{U} := P_0' U_0 P_0$ ist die Voraussetzung 7.1.3 (Abhängigkeit der Matrix $\bar{U}(x, V_n)$ vom Versuchsplan über $(\beta^{-1} F(V_n)' F(V_n) + \Lambda^{-1})^{-1}$) erfüllt. Man erhält also für die Versuchsplanung die Optimierungsaufgabe

$$\operatorname{sp} P_0' U_0 P_0 \left(\frac{1}{\beta}F(V_n)'\,F(V_n) + \Lambda^{-1}\right)^{-1} \overset{!}{=} \inf_{V_n \in V^{(0)}} \tag{10.2.19}$$

als Spezialfall der Aufgabe (7.1.14).

10.3. Reduzierbare Approgressionsprobleme

Zu einer Verallgemeinerung der Betrachtungen aus Abschnitt 10.1 bez. der Struktur der Mengen S und $\tilde{S}$ sowie der Verlustfunktion gelangt man über die Einführung des Reduzierbarkeitsbegriffs für Approgressionsprobleme. In diesem Abschnitt verzichten wir auf alle bisherigen Voraussetzungen dieses Kapitels.

Im Approgressionsproblem $[Z, A, L]$ aus (10.1.1) seien

$$S \subseteq (\mathrm{R}^1)^B, \quad \tilde{S} \subseteq (\mathrm{R}^1)^B \tag{10.3.1}$$

(vgl. Kap. 8). Es sei $V_n := (\boldsymbol{x}_1, \dots, \boldsymbol{x}_n) \in V^n$; dann bezeichnen

$$S^{(V_n)} := \{\boldsymbol{\eta}(V_n) : \eta \in S\}\,, \tag{10.3.2}$$

$$\tilde{S}^{(V_n)} := \{\tilde{\boldsymbol{\eta}}(V_n) : \tilde{\eta} \in \tilde{S}\} \tag{10.3.3}$$

(s. (2.3.5)).

Vor. 10.3.1:

$$\exists \boldsymbol{A}(V_n) \in \mathcal{M}_{n \times r} : S^{(V_n)} = \{\boldsymbol{A}(V_n)\,\boldsymbol{\vartheta} : \boldsymbol{\vartheta} \in \mathrm{R}^r\} \bullet \tag{10.3.4}$$

Speziell für lineare Funktionenmengen gemäß (10.1.3) können für $\boldsymbol{A}$ die entsprechenden Versuchsplanmatrizen eingesetzt werden. Nun wird die Eigenschaft (10.1.11) der Verlustfunktion (10.1.10) verallgemeinert:

Def. 10.3.1: Das Approgressionsproblem $[Z, A, L]$ heißt *reduzierbar bez.* $V_n =_{\mathrm{df}}$

$$\exists \boldsymbol{U} \in \mathcal{M}_n^{\geqq}\ \exists \boldsymbol{P} \in \mathcal{M}_n\ \forall \eta \in S\ \exists c_1(\eta) \in \mathrm{R}^+ \cup \{0\}\ \exists c_2(\eta) \in \mathrm{R}^+\ \forall \tilde{\eta} \in \tilde{S}\ \forall \boldsymbol{x} \in H:$$

$$L(\eta, \boldsymbol{x}; \tilde{\eta}, V_n) = c_1(\eta) + c_2(\eta)\,||\boldsymbol{P}\boldsymbol{\eta}(V_n) - \tilde{\boldsymbol{\eta}}(V_n)||_{\boldsymbol{U}}^2 \wedge \boldsymbol{P}\boldsymbol{\eta}(V_n) \in \tilde{S}^{(V_n)} \tag{10.3.5}$$

(vgl. Bunke, H. [1]). •

Vor. 10.3.2: Für jedes $V_n \in V^{(0)}$ sei $[Z, A, L]$ ein bez. V_n reduzierbares Approgressionsproblem •

Es bezeichne $\mathcal{B}_{\tilde{S}}$ eine σ-Algebra über $\tilde{S}$, die auch alle einelementigen Teilmengen enthält. Für jedes $V_n \in V^{(0)}$ sei $D_R(V_n)$ diejenige Teilmenge von $\mathcal{F}(\mathcal{B}_{C(V_n)}, \mathcal{B}_{\tilde{S}})$, für deren Elemente zur Verlustfunktion L gemäß (10.3.5) die Risikofunktion R existiert. Man kann damit für reduzierbare Approgressionsprobleme zum statistischen Entscheidungsproblem

$$[S \times K \times H, \bigcup_{V_n \in V^{(0)}} (D_R(V_n) \times \{V_n\}), R] \tag{10.3.6}$$

übergehen.

Bei der Untersuchung des Schätzproblems $[S \times K, D_R(V_n), R_1]$ wird durch eine Einschränkung der Strategienmenge auch hier die Angabe einer gleichmäßig besten Schätzfunktion möglich. Für $d \in D_R(V_n)$, $\boldsymbol{y} \in C(V_n)$ und $\boldsymbol{x} \in H$ bezeichnen $d(\boldsymbol{y}, V_n, \boldsymbol{x})$ den Wert der Funktion $d(\boldsymbol{y}, V_n) \in \tilde{S}$ an der Stelle $\boldsymbol{x}$ und

$$\boldsymbol{d}(\boldsymbol{y}, V_n, V_n) := (d(\boldsymbol{y}, V_n, \boldsymbol{x}_1), \dots, d(\boldsymbol{y}, V_n, \boldsymbol{x}_n))'\,.$$

Def. 10.3.2: Die Schätzfunktion $\mathrm{d} \in D_R(V_n)$ heißt ***P**-erwartungstreu für* $S =_{\mathrm{df}}$

$$\forall \eta \in S\ \forall w \in K: ||\mathrm{E}_{\mathfrak{Y}|\eta, w}\,\boldsymbol{d}(\mathfrak{Y}, V_n, V_n) - \boldsymbol{P}_\eta(V_n)||_{\boldsymbol{U}}^2 = 0 \bullet \tag{10.3.7}$$

Es bezeichne $D_{LP}(V_n)$ die Menge aller linearen $\boldsymbol{P}$-erwartungstreuen und $D_{\boldsymbol{P}}(V_n)$ die Menge aller $\boldsymbol{P}$-erwartungstreuen Schätzfunktionen. Für $V_n \in V^{(0)}$ und $\boldsymbol{\Sigma} \in \mathcal{M}_n^{>}$ werden folgende Klassen von Fehlerverteilungen eingeführt (vgl. Bemerkung 3.1.1):

$$K_R(V_n) := \{P_{\boldsymbol{e}(V_n)} \in \overline{K} : \boldsymbol{B}_{\boldsymbol{e}(V_n)} = \sigma^2 \boldsymbol{\Sigma} \wedge \sigma \in \mathrm{R}^+\}\,;$$

vgl. (3.3.17);

$$K_{RN}(V_n) := \{\mathrm{N}(\boldsymbol{0}, \sigma^2 \boldsymbol{\Sigma}) : \sigma \in \mathrm{R}^+\}\,.$$

Satz 10.3.1: Es sei $(\mathfrak{Y}(V_n), \boldsymbol{\eta}(V_n), \boldsymbol{B}_{\boldsymbol{e}(V_n)})$ ein NR gemäß Def. 8.1.1. Dann ist

$$\boldsymbol{d}^*(\mathfrak{Y}, V_n, V_n) = \boldsymbol{P}\boldsymbol{A}(V_n)\,\left(\boldsymbol{A}(V_n)'\,\boldsymbol{B}_{\boldsymbol{e}(V_n)}^{-1}\boldsymbol{A}(V_n)\right)^{-1} \boldsymbol{A}(V_n)'\,\boldsymbol{B}_{\boldsymbol{e}(V_n)}^{-1}\mathfrak{Y} \tag{10.3.8}$$

gleichmäßig beste Strategie im Entscheidungsproblem $[S \times K_R(V_n), D_{LP}(V_n), R_1]$ und gleichmäßig beste Strategie im Entscheidungsproblem $[S \times K_{RN}(V_n), D_P(V_n), R_1]$ •

Zum Beweis siehe BUNKE, H. [1].

Die Trennsätze der Folgerung 2.3.1 und des Satzes 2.1.1 gelten insbesondere auch für reduzierbare Approgressionsprobleme. Es ist hierbei jedoch bedeutungsvoll, daß die Verlustfunktion explizit vom Versuchsplan abhängt. Daraus ergibt sich, daß die Verlustfunktion L und die Versuchsplanmenge $V^{(0)}$ nicht unabhängig voneinander festgelegt werden können.

10.4. Schätzung nach Ansatzwahl und Versuchsplanung

Im folgenden wird der Fall behandelt, daß der Ansatz $\tilde{S}$ in Teilansätze zerlegt ist, und vor der Schätzung der Wirkungsfläche einer dieser Teilansätze als Wertebereich der Schätzfunktion ausgewählt werden soll. Das Problem der Ansatzwahl unterscheidet sich von dem im Kap. 9 behandelten Diskriminationsproblem dadurch, daß die Ansatzwahl nur im Hinblick auf die anschließende Schätzung durchgeführt wird. Da für das statistische Entscheidungsproblem der Versuchsplanung, Ansatzwahl und Schätzung noch keine Lösung angegeben wurde, beschränken wir uns auf die Darstellung und entscheidungstheoretische Deutung einiger heuristisch motivierter Verfahren.

10.4.1. Das statistische Entscheidungsproblem

Für das allgemeine Approgressionsproblem gemäß (10.1.1) und (10.1.2) wird $\tilde{S}$ strukturiert. Es sei T eine nichtleere Menge und $\{\tilde{S}_t\}_{t\in T}$ eine Familie von Funktionenmengen mit

$$\tilde{S} = \bigcup_{t\in T} \tilde{S}_t \tag{10.4.1}$$

Jede Menge $\tilde{S}_t$; $t \in T$; nennen wir einen *Ansatz* für die unbekannte Wirkungsfläche $\eta \in S$. In diesem Zusammenhang bezeichnen wir $\tilde{S}$ als *Ansatzmenge*. Damit läßt sich die Aktionenmenge aus (2.3.11) auch darstellen als

$$A = \bigcup_{t\in T} (\tilde{S}_t \times \{t\}) \times V^{(0)} . \tag{10.4.2}$$

Sowohl die Ansatzwahl als auch die Schätzung sollen auf Grundlage des Beobachtungsvektors $\boldsymbol{y}(V_n) \in C(V_n)$; $V_n \in V^{(0)}$; durchgeführt werden. Es seien $[T, \mathscr{B}_T]$ und $[\tilde{S}, \mathscr{B}_{\tilde{S}}]$ meßbare Räume, wobei $\mathscr{B}_T$ bzw. $\mathscr{B}_{\tilde{S}}$ alle einelementigen Teilmengen von T bzw. $\tilde{S}$ enthält. Weiter seien

$$\forall V_n \in V^{(0)}: D^{(1)}(V_n) \subseteq \mathscr{F}(\mathscr{B}_{C(V_n)}, \mathscr{B}_T); \tag{10.4.3}$$

$$\forall V_n \in V^{(0)}\, \forall d^{(1)} \in D^{(1)}(V_n): D^{(2)}(d^{(1)}, V_n) \subseteq \{d^{(2)}(\cdot, d^{(1)}, V_n): d^{(2)}(\cdot, d^{(1)}, V_n) \in \mathscr{F}(\mathscr{B}_{C(V_n)}, \mathscr{B}_{\tilde{S}})$$
$$\wedge\ \forall \boldsymbol{y} \in C(V_n): d^{(2)}(\boldsymbol{y}, d^{(1)}, V_n) \in \tilde{S}_{d^{(1)}(\boldsymbol{y}, V_n)}\} . \tag{10.4.4}$$

Mit dieser Zerlegung der Schätzfunktion erhält man als Strategienmenge

$$U = \bigcup_{V_n \in V^{(0)}} \left(\bigcup_{d^{(1)} \in D^{(1)}(V_n)} (D^{(2)}(d^{(1)}, V_n) \times \{d^{(1)}\}) \times \{V_n\} \right) . \tag{10.4.5}$$

Es bezeichne

$$\forall V_n \in V^{(0)}\ \forall t \in T\ \forall d^{(1)} \in D^{(1)}(V_n)\colon C_t(d^{(1)}, V_n) := \{\boldsymbol{y} \in C(V_n)\colon d^{(1)}(\boldsymbol{y}, V_n) = t\} \quad (10.4.6)$$

die Menge derjenigen Beobachtungswerte, für die gemäß $d^{(1)}$ der Ansatz $\tilde{S}_t$ gewählt wird. Damit induziert jedes $d^{(1)} \in D^{(1)}(V_n)$ eine Zerlegung von $C(V_n)$. Bei gegebener Verlustfunktion L läßt sich die Risikofunktion R folgendermaßen beschreiben:

$$\forall \eta \in S\ \forall w \in K\ \forall \boldsymbol{x} \in H\ \forall d^{(1)} \in D^{(1)}(V_n)\ \forall d^{(2)} \in D^{(2)}(d^{(1)}, V_n)\ \forall V_n \in V^{(0)}\colon$$

$$R(\eta, w, \boldsymbol{x}; d^{(2)}, d^{(1)}, V_n) = \mathrm{E}_{\mathfrak{Y}(V_n)|\eta, w} L\big(\eta, \boldsymbol{x}; [d^{(2)}(\mathfrak{Y}(V_n), d^{(1)}, V_n)]\,(\boldsymbol{x}), V_n\big)\,. \quad (10.4.7)$$

Falls T eine abzählbare Menge ist, kann man dafür auch schreiben:

$$R(\eta, w, \boldsymbol{x}; d^{(2)}, d^{(1)}, V_n) = \sum_{t \in T} \int_{C_t(d^{(1)}, V_n)} L\big(\eta, \boldsymbol{x}; [d^{(2)}(\boldsymbol{y}(V_n), t, V_n)]\,(\boldsymbol{x}), V_n\big)\, \mathrm{d}P_{\mathfrak{Y}(V_n)|\eta, w}(\boldsymbol{y})\,.$$

Das statistische Entscheidungsproblem

$$[Z, U, R] \quad (10.4.8)$$

mit Z aus (2.3.13), U aus (10.4.5) und R aus (10.4.7) beschreibt das Problem der Schätzung nach Ansatzwahl für die Approgression. Bei der Trennung dieses Problems in ein Ansatzwahl-, ein Schätz- und ein Versuchsplanungsproblem ist die Struktur der Strategienmenge gemäß (10.4.5) zu beachten. Die Auswahl eines bestimmten Trennsatzes richtet sich danach, bez. welcher Komponenten des Zustandsraumes gleichmäßig beste bzw. Q_i-optimale ($i = 1, 2, 3$) Entscheidungsfunktionen untersucht werden (vgl. Abschnitt 2.1).

10.4.2. Risikoberechnungen für F-Test und MKQ-Schätzung

Wir wenden uns jetzt einem in der Literatur mehrfach behandelten Spezialfall zu.

Vor. 10.4.1: $\mathrm{S} \subseteq \bigcup_{t \in T} \tilde{S}_t = \tilde{S}$ •

Diese Voraussetzung ist schwächer als Vor. 2.3.12, in der die Wahrheit *eines* der Ansätze $\tilde{S}_t$; $t \in T$; gefordert wird. Da vor der Schätzung ein Ansatz $\tilde{S}_t$ auszuwählen ist, in dem S im allgemeinen nicht enthalten ist, muß das Schätzproblem nach wie vor als Approgressionsproblem behandelt werden.

Vor. 10.4.2: $T = \{1, 2\} \wedge \tilde{S}_1 \subset \tilde{S}_2 = \tilde{\mathrm{S}}$ •

Im folgenden sollen die Ansatzwahl auf Grundlage der Statistik des F-Tests und die Schätzung im gewählten Ansatz nach der MKQ durchgeführt werden. Eine solche Strategie, die sich aus einem Test und einer Schätzung zusammensetzt, wird auch als *Vortestschätzung* bezeichnet.

Es sei $\boldsymbol{f}' := (f_1, \dots, f_r) \in (\mathrm{R}^r)^B$ ein Vektor von Funktionen, dessen Komponenten linear unabhängig sind. Für das Folgende wird die Linearität der Ansätze $\tilde{S}_1$ und $\tilde{S}_2$ gefordert:

Vor. 10.4.3:

$$\tilde{S} = \tilde{S}_2 = \{\tilde{\eta}\colon \tilde{\eta} = \boldsymbol{f}'\boldsymbol{\vartheta} \wedge \boldsymbol{\vartheta} \in \mathrm{R}^r\}\,, \quad (10.4.9)$$

$$\tilde{S}_1 = \{\tilde{\eta}^{(1)}\colon \tilde{\eta}^{(1)} = \boldsymbol{f}'\boldsymbol{\vartheta} \wedge \boldsymbol{\vartheta} \in \mathrm{R}^r \wedge \boldsymbol{K}\boldsymbol{\vartheta} = \boldsymbol{0}\} \wedge \boldsymbol{K} = (\boldsymbol{0}_{(r-q)\times q} \vdots \boldsymbol{I}_{r-q}) \bullet \quad (10.4.10)$$

Bemerkung 10.4.1: Falls $\tilde{S}_1$ und $\tilde{S}_2$ lineare Räume der Dimensionen q und r sind, so bedeutet die Bedingung $\boldsymbol{K\vartheta} = \boldsymbol{0}$; $\boldsymbol{K} = (\boldsymbol{0}_{(r-q)\times q} \vdots \boldsymbol{I}_{r-q})$; in (10.4.10) keine Beschränkung der Allgemeinheit, da als Basis von $\tilde{S}_2$ die Komponenten von $\boldsymbol{f}$ so gewählt werden können, daß eine Teilmenge dieser Komponenten eine Basis von $\tilde{S}_1$ bildet.

Unter Vor. 10.4.3 genügt es, beim Vortest die Hypothese

$$H_0: \boldsymbol{K\vartheta} = \boldsymbol{0} \qquad \text{gegen} \qquad H_A: \boldsymbol{K\vartheta} \neq \boldsymbol{0} \tag{10.4.11}$$

zu prüfen. Dieses Testproblem wurde im Abschnitt 9.1.3 eingehend behandelt.

Es sei $V_n \in V^{(0)}$, und $\boldsymbol{F} := \boldsymbol{F}(V_n)$ bezeichne die Versuchsplanmatrix für den Ansatz $\tilde{S}_2$.

Vor. 10.4.4: Es sei $[\mathfrak{Y}, \boldsymbol{F\vartheta}, \sigma^2\boldsymbol{I}_n]$ ein NKLR gemäß Def. 4.3.1 •

Also ist im Zustandsraum $Z = S \times K \times H$ gemäß (3.3.18) $K = K_3^{(0)}$. Mit (9.1.61) und Satz 9.1.6 erhält man als Teststatistik der linearen Hypothese (10.4.11)

$$T(\mathfrak{Y}) := \frac{(n-r)}{q} \frac{\check{\boldsymbol{\vartheta}}(\mathfrak{Y})' \boldsymbol{K}' \big(\boldsymbol{K}(\boldsymbol{F}'\boldsymbol{F})^{-1} \boldsymbol{K}'\big)^{-1} \boldsymbol{K}\check{\boldsymbol{\vartheta}}(\mathfrak{Y})}{(\mathfrak{Y} - \boldsymbol{F}\check{\boldsymbol{\vartheta}}(\mathfrak{Y}))' (\mathfrak{Y} - \boldsymbol{F}\check{\boldsymbol{\vartheta}}(\mathfrak{Y}))},$$

wobei $\check{\boldsymbol{\vartheta}}$ die MKQ-Schätzung für den Ansatz $\tilde{S}_2$ bezeichnet. Aus Satz 9.1.5 erhält man die Verteilungsaussage

$$T(\mathfrak{Y}) \sim \mathrm{F}(q, n-r, \lambda); \qquad \lambda = \frac{1}{2\sigma^2} \boldsymbol{\vartheta}'\boldsymbol{K}'\big(\boldsymbol{K}(\boldsymbol{F}'\boldsymbol{F})^{-1}\boldsymbol{K}'\big)^{-1}\boldsymbol{K\vartheta}\,.$$

Für $\nu \in \mathrm{R}^+ \cup \{0\}$ wird als Ansatzwahlfunktion definiert

$$\forall \boldsymbol{y} \in C(V_n): d^{(1)}(\boldsymbol{y}, V_n) = \begin{cases} 1 & \text{falls } T(\boldsymbol{y}) \leqq \nu \\ 2 & \text{falls } T(\boldsymbol{y}) > \nu \end{cases}. \tag{10.4.12}$$

Es bezeichne $\check{\boldsymbol{\vartheta}}_K$ die MKQ-Schätzung für den Ansatz $\tilde{S}_1$ gemäß (10.1.38). Wir betrachten nun die Vortestschätzung

$$d^{(2)}(\mathfrak{Y}, d^{(1)}, V_n) := \hat{\boldsymbol{\vartheta}}_0^{(\nu)}(\mathfrak{Y}) := \check{\boldsymbol{\vartheta}}_K(\mathfrak{Y})\, I_{[0,\nu]}\big(T(\mathfrak{Y})\big) + \check{\boldsymbol{\vartheta}}(\mathfrak{Y})\, I_{(\nu,\infty)}\big(T(\mathfrak{Y})\big)\,. \tag{10.4.13}$$

Für beliebiges $\nu \in \mathrm{R}^+$ werden die Risikofunktionen der Schätzungen $\hat{\boldsymbol{\vartheta}}_0^{(\nu)}$ und $\check{\boldsymbol{\vartheta}}$ in Abhängigkeit von $\boldsymbol{\vartheta}$ verglichen.

Lemma 10.4.1: Unter den Voraussetzungen 10.1.2 (quadratischer Verlust), 10.1.4 ($\mathrm{Rg}\,\boldsymbol{F} = r$) und 10.4.3 (Linearität von $\tilde{S}_1$ und $\tilde{S}_2$) gilt für jedes $\nu \in \mathrm{R}^+$:

$$R(\boldsymbol{\vartheta}, \boldsymbol{x}; \hat{\boldsymbol{\vartheta}}_0^{(\nu)}, V_n) = R(\boldsymbol{\vartheta}, \boldsymbol{x}; \check{\boldsymbol{\vartheta}}, 2, V_n)$$

$$+ \int_{T(\boldsymbol{y})\leqq\nu} \big(\check{\boldsymbol{\vartheta}}(\boldsymbol{y})' (\boldsymbol{K}_F^-\boldsymbol{K})' \boldsymbol{U}\boldsymbol{K}_F^-\boldsymbol{K}\check{\boldsymbol{\vartheta}}(\boldsymbol{y}) - 2\check{\boldsymbol{\vartheta}}(\boldsymbol{y})' (\boldsymbol{K}_F^-\boldsymbol{K})' \boldsymbol{U}(\check{\boldsymbol{\vartheta}}(\boldsymbol{y}) - \boldsymbol{\vartheta})\big)\, \mathrm{d}P_{\mathfrak{Y}|\boldsymbol{\vartheta}}(\boldsymbol{y}); \tag{10.4.14}$$

$\boldsymbol{K}_F^-$ gemäß (10.1.38) •

Beweis:

$$R(\boldsymbol{\vartheta}, \boldsymbol{x}; \hat{\boldsymbol{\vartheta}}_0^{(\nu)}, V_n) = \mathrm{E}_{\mathfrak{Y}|\boldsymbol{\vartheta}}\, \|\boldsymbol{\vartheta} - \hat{\boldsymbol{\vartheta}}_0^{(\nu)}(\mathfrak{Y})\|_U^2$$

$$= \int_{T(\boldsymbol{y})>\nu} \|\boldsymbol{\vartheta} - \check{\boldsymbol{\vartheta}}(\boldsymbol{y})\|_U^2\, \mathrm{d}P_{\mathfrak{Y}|\boldsymbol{\vartheta}}(\boldsymbol{y}) + \int_{T(\boldsymbol{y})\leqq\nu} \|\boldsymbol{\vartheta} - (\boldsymbol{I}_r - \boldsymbol{K}_F^-\boldsymbol{K})\, \check{\boldsymbol{\vartheta}}(\boldsymbol{y})\|_U^2\, \mathrm{d}P_{\mathfrak{Y}|\boldsymbol{\vartheta}}(\boldsymbol{y})$$

$$= \int_{C(V_n)} \|\boldsymbol{\vartheta} - \check{\boldsymbol{\vartheta}}(\boldsymbol{y})\|_U^2\, \mathrm{d}P_{\mathfrak{Y}|\boldsymbol{\vartheta}}(\boldsymbol{y}) + \int_{T(\boldsymbol{y})\leqq\nu} \big(\|\boldsymbol{K}_F^-\boldsymbol{K}\check{\boldsymbol{\vartheta}}(\boldsymbol{y})\|_U^2 + 2(\boldsymbol{\vartheta} - \check{\boldsymbol{\vartheta}}(\boldsymbol{y}))' \boldsymbol{U}\boldsymbol{K}_F^-\boldsymbol{K}\check{\boldsymbol{\vartheta}}(\boldsymbol{y})\big)\, \mathrm{d}P_{\mathfrak{Y}|\boldsymbol{\vartheta}}(\boldsymbol{y})\,.$$

Die folgenden Aussagen werden nur für orthogonale Versuchspläne bewiesen:

Vor. 10.4.5: $\boldsymbol{F}'\boldsymbol{F} = \boldsymbol{I}_r$ •

Lemma 10.4.2: Unter den Voraussetzungen 10.1.2, 10.4.3, 10.4.4, 10.4.5 und für $\boldsymbol{U} = \boldsymbol{I}_r$ gilt

$$R(\boldsymbol{\vartheta}, \boldsymbol{x}; \hat{\boldsymbol{\vartheta}}_0^{(\nu)}, V_n) = \sigma^2 r + \lambda P(T(\mathfrak{Y}) \leqq \nu)$$
$$- \int_{T(\boldsymbol{y}) \leqq \nu} (\boldsymbol{\vartheta} - \check{\boldsymbol{\vartheta}}(\boldsymbol{y}))' \boldsymbol{K}'(\boldsymbol{K}\boldsymbol{K}')^{-1} \boldsymbol{K}(\boldsymbol{\vartheta} - \check{\boldsymbol{\vartheta}}(\boldsymbol{y}))\, \mathrm{d}P_{\mathfrak{Y}|\boldsymbol{\vartheta}}(\boldsymbol{y});$$
$$\lambda = \frac{1}{2\sigma^2} \boldsymbol{\vartheta}'\boldsymbol{K}'(\boldsymbol{K}\boldsymbol{K}')^{-1} \boldsymbol{K}\boldsymbol{\vartheta} \tag{10.4.15}$$

(vgl. auch Bock/Yancey/Judge [1]) •

Beweis: $R(\boldsymbol{\vartheta}, \boldsymbol{x}; \check{\boldsymbol{\vartheta}}, 2, V_n) = \sigma^2 \operatorname{sp} \boldsymbol{U}(\boldsymbol{F}'\boldsymbol{F})^{-1} = \sigma^2 \operatorname{sp} \boldsymbol{I}_r = \sigma^2 r$ (vgl. (3.3.55));

$$(\boldsymbol{K}_{\boldsymbol{F}}^{-}\boldsymbol{K})' \boldsymbol{U}\boldsymbol{K}_{\boldsymbol{F}}^{-}\boldsymbol{K} = \boldsymbol{K}'(\boldsymbol{K}\boldsymbol{K}')^{-1} \boldsymbol{K}; \quad (\boldsymbol{K}_{\boldsymbol{F}}^{-}\boldsymbol{K})' \boldsymbol{U} = \boldsymbol{K}'(\boldsymbol{K}\boldsymbol{K}')^{-1} \boldsymbol{K}.$$

Damit ergibt sich (10.4.15) aus (10.4.14) durch Berechnung des Integrals.

Satz 10.4.1: Unter den Voraussetzungen 10.1.2 (quadratischer Verlust), 10.4.3 (Linearität von $\tilde{S}_1$ und $\tilde{S}_2$), 10.4.4 (NKLR), 10.4.5 ($\boldsymbol{F}'\boldsymbol{F} = \boldsymbol{I}_r$) und für $\boldsymbol{U} = \boldsymbol{I}_r$ gilt

$$\exists \Theta_0 \subseteq \mathrm{R}^r \colon \{\boldsymbol{\vartheta} \in \mathrm{R}^r \colon \boldsymbol{K}\boldsymbol{\vartheta} = \boldsymbol{0}\} \subset \Theta_0 \wedge (\forall \boldsymbol{\vartheta} \in \Theta_0\ \forall \boldsymbol{x} \in H\ \forall V_n \in V^{(0)}):$$
$$R(\boldsymbol{\vartheta}, \boldsymbol{x}; \boldsymbol{\vartheta}_0^{(\nu)}, V_n) < R(\boldsymbol{\vartheta}, \boldsymbol{x}; \check{\boldsymbol{\vartheta}}', 2, V_n) = \sigma^2 r \; \bullet \tag{10.4.16}$$

Beweis: Es sei $\boldsymbol{K}\boldsymbol{\vartheta} = \boldsymbol{0}$. Dann ist $\lambda = 0$. Wegen $\nu > 0$ und $T(\mathfrak{Y}) \sim \mathrm{F}(q, n - r, 0)$ ist $P_{\mathfrak{Y}|\boldsymbol{\vartheta}}(\{\boldsymbol{y}\colon T(\boldsymbol{y}) \leqq \nu\}) > 0$. Auf $\{\boldsymbol{y}\colon T(\boldsymbol{y}) \leqq \nu\}$ gilt $P_{\mathfrak{Y}|\boldsymbol{\vartheta}}$-fast-überall $(\boldsymbol{\vartheta} - \check{\boldsymbol{\vartheta}}(\boldsymbol{y}))' \boldsymbol{K}'(\boldsymbol{K}\boldsymbol{K}')^{-1} \boldsymbol{K}(\boldsymbol{\vartheta} - \check{\boldsymbol{\vartheta}}(\boldsymbol{y})) > 0$. Damit ist

$$\int_{T(\boldsymbol{y}) \leqq \nu} (\boldsymbol{\vartheta} - \check{\boldsymbol{\vartheta}}(\boldsymbol{y}))' \boldsymbol{K}'(\boldsymbol{K}\boldsymbol{K}')^{-1} \boldsymbol{K}(\boldsymbol{\vartheta} - \check{\boldsymbol{\vartheta}}(\boldsymbol{y}))\, \mathrm{d}P_{\mathfrak{Y}|\boldsymbol{\vartheta}}(\boldsymbol{y}) > 0\,.$$

Damit folgt aus Lemma 10.4.2

$$\forall \boldsymbol{\vartheta} \in \mathrm{R}^r \colon \boldsymbol{K}\boldsymbol{\vartheta} = \boldsymbol{0} \Rightarrow R(\boldsymbol{\vartheta}, \boldsymbol{x}; \hat{\boldsymbol{\vartheta}}_0^{(\nu)}, V_n) < R(\boldsymbol{\vartheta}, \boldsymbol{x}; \check{\boldsymbol{\vartheta}}, 2, V_n) = \sigma^2 r\,.$$

Da R durch quadratischen Verlust erzeugt wird, ist R eine stetige Funktion von $\boldsymbol{\vartheta}$. Daraus folgt (10.4.16).

Die Entscheidungsfunktion $d^{(2)} = \hat{\boldsymbol{\vartheta}}_0^{(\nu)}$ hängt explizit von ν ab. Es gibt keinen Wert $\nu \in \mathrm{R}^+ \cup \{0\}$, für den $\hat{\boldsymbol{\vartheta}}_0^{(\nu)}$ bei quadratischem Verlust bez. $\boldsymbol{\vartheta}$ gleichmäßig beste Schätzung wird.

Da $\check{\boldsymbol{\vartheta}}$ Minimax-Schätzung bez. $\tilde{S}_2$ ist (s. Tabelle 3.3.1), liefert $\hat{\boldsymbol{\vartheta}}_0^{(\nu)}$ eine Minimax-Schätzung im Falle $\nu = 0$.

Das folgende Optimierungsproblem besitzt eine nichttriviale Lösung:

$$\sup_{\boldsymbol{\vartheta} \in \mathrm{R}^r} \left(R(\boldsymbol{\vartheta}, \boldsymbol{x}; \hat{\boldsymbol{\vartheta}}_0^{(\nu)}, V_n) - \inf_{\nu' \in \mathrm{R}^+ \cup \{0\}} R(\boldsymbol{\vartheta}, \boldsymbol{x}; \hat{\boldsymbol{\vartheta}}_0^{(\nu')}, V_n)\right) \stackrel{!}{=} \inf_{\nu \in \mathrm{R}^+ \cup \{0\}}\,. \tag{10.4.17}$$

Die Lösungen von (10.4.17) werden als *Minimax-Regret-Lösungen* bezeichnet. Man nennt die Funktion $r_{\inf} \mid \mathrm{R}^r \times (\mathrm{R}^+ \cup \{0\}) \to \mathrm{R}^1$ mit

$$r_{\inf}(\boldsymbol{\vartheta}, \nu) := R(\boldsymbol{\vartheta}, \boldsymbol{x}; \hat{\boldsymbol{\vartheta}}_0^{(\nu)}, V_n) - \inf_{\nu' \in \mathrm{R}^+ \cup \{0\}} R(\boldsymbol{\vartheta}, \boldsymbol{x}; \boldsymbol{\vartheta}_0^{(\nu')}, V_n)$$

Regret-Funktion (vgl. Chernoff/Moses [N1]).

Für orthogonale Versuchspläne und speziellen quadratischen Verlust läßt sich die Minimax-Regret-Lösung als Lösung eines Gleichungssystems charakterisieren.

Satz 10.4.2 (Sawa/Hiromatsu): Unter den Voraussetzungen 10.1.2 (quadratischer Verlust), 10.4.3 (Linearität von $\tilde{S}_1$ und $\tilde{S}_2$), 10.4.4 (NKLR), 10.4.5 ($\boldsymbol{F}'\boldsymbol{F} = \boldsymbol{I}_r$) und für $\boldsymbol{U} \in \{\boldsymbol{c}\boldsymbol{c}' : \boldsymbol{c} \in \mathrm{R}^r\}$ gilt:

Der Wert ν^* ist Minimax-Regret-Lösung, wenn

$$\exists \boldsymbol{\vartheta}^*(\nu^*) \in \mathrm{R}^r : r_{\inf}(\boldsymbol{0}, \nu^*) = r_{\inf}(\boldsymbol{\vartheta}^*(\nu^*), \nu^*) \wedge \operatorname{grad}_{\boldsymbol{\vartheta}} r_{\inf}(\boldsymbol{\vartheta}, \nu^*)\big|_{\boldsymbol{\vartheta} = \boldsymbol{\vartheta}^*(\nu^*)} = \boldsymbol{0} \,. \quad (10.4.18)$$

Es gibt genau eine Lösung von (10.4.18) •

Zum *Beweis* siehe Sawa/Hiromatsu [1].

10.4.3. Kompromißkriterien zur Versuchsplanung für die Schätzung

Im Kapitel 9 wurde die Versuchsplanung für die Auswahl eines Ansatzes aus einer Menge disjunkter Ansätze $\tilde{S}_t$; $t \in T$; behandelt, ohne daß dabei die Parameterschätzung im gewählten Ansatz berücksichtigt wurde. Die im Kapitel 5 und im Abschnitt 10.2 untersuchten Pläne zur Schätzung hängen wesentlich von der Gestalt des Ansatzes ab. Wenn man die Versuchsplanung zur Schätzung in einer Menge disjunkter Ansätze betrachtet, ohne dafür einen dieser Ansätze auszuwählen, muß man einen optimalen Plan nach einem Kompromißkriterium bestimmen. Obwohl bei diesem Vorgehen die Ansatzwahl ausgeblendet wird, läßt sich ein solches Planungskriterium formal in das Problem der Schätzung nach Ansatzwahl einpassen.

Die in den Abschnitten 10.1 bis 10.4.2 getroffenen Voraussetzungen gelten im Abschnitt 10.4.3 *nicht*. Ausgangspunkt ist das statistische Entscheidungsproblem $[Z, U, R]$ aus (10.4.8) für die Schätzung nach Ansatzwahl und Versuchsplanung. Es wird nun vorausgesetzt, daß die Ansätze paarweise disjunkt sind und daß stets ein wahrer Ansatz für die Schätzung gewählt wird:

Vor. 10.4.6:

$$S \subseteq \bigcup_{t \in T} \tilde{S}_t \wedge (\forall t_1 \in T \ \forall t_2 \in T : t_1 \neq t_2 \Rightarrow \tilde{S}_{t_1} \cap \tilde{S}_{t_2} = \emptyset)$$
$$\wedge \big(\forall V_n \in V^{(0)} \ \forall d^{(1)} \in D^{(1)}(V_n) \ \forall t \in T \ \forall \eta \in S : P_{\mathfrak{Y}}(d^{(1)}(\mathfrak{Y}, V_n) = t \mid \eta \in \tilde{S}_t) = 1\big) \bullet$$

Für jedes $\eta \in S$ bezeichne $t(\eta)$ dasjenige Element aus T, für das gilt: $\eta \in \tilde{S}_{t(\eta)}$. Dann lassen sich die Werte der Risikofunktion gemäß (10.4.7) schreiben als

$$R(\eta, w, \boldsymbol{x}; d^{(2)}, d^{(1)}, V_n) = \int_{C(V_n)} L\big(\eta, \boldsymbol{x}; \tilde{\eta}^{(t(\eta))}(\boldsymbol{x}, d^{(2)}(\boldsymbol{y}, t(\eta), V_n)), V_n\big) \, \mathrm{d}P_{\mathfrak{Y}|\eta, w}(\boldsymbol{y}) \,. \quad (10.4.19)$$

Für jedes $\eta \in S$, $w \in K$, $\boldsymbol{x} \in H$ und $V_n \in V^{(0)}$ sei $d^{(2)*}(\cdot, t(\eta), V_n)$ eine gleichmäßig beste Strategie in $D^{(2)}(t(\eta), V_n)$. Wir fordern, daß für $d^{(2)*}$ die Risikofunktion nicht explizit von η, sondern nur von $t(\eta)$ abhängt, also jeweils auf $S \cap \tilde{S}_t$ konstant ist:

Vor. 10.4.7:

$$\forall \eta_1 \in S \ \forall \eta_2 \in S \ \forall w \in K \ \forall \boldsymbol{x} \in H \ \forall V_n \in V^{(0)}:$$
$$t(\eta_1) = t(\eta_2) \Rightarrow R\big(\eta_1, w, \boldsymbol{x}; d^{(2)*}(\cdot, t(\eta_1), V_n), t(\eta_1), V_n\big)$$
$$= R\big(\eta_2, w, \boldsymbol{x}; d^{(2)*}(\cdot, t(\eta_2), V_n), t(\eta_2), V_n\big) \bullet$$

Der Einfachheit halber sei $K = \{w_0\}$. Dann schreiben wir kürzer

$$R(t(\eta), \boldsymbol{x}; d^{(2)*}, t(\eta), V_n) := R\big(\eta, w_0, \boldsymbol{x}; d^{(2)*}(\cdot, t(\eta), V_n), t(\eta), V_n\big) . \quad (10.4.20)$$

Sei schließlich auf dem meßbaren Raum $[T, \mathscr{B}_T]$ eine Zufallsgröße τ mit $P_\tau \in T_0^* \subseteq T^*$ definiert. Dann ist

$$P_\tau(t) = P(\tau = t) := P(\eta \in S \cap \tilde{S}_t) \quad (10.4.21)$$

die a-priori-Wahrscheinlichkeit dafür, daß die Wirkungsfläche η im Ansatz $\tilde{S}_t$ enthalten ist (vgl. (9.1.2)). Die folgende Aussage ergibt sich durch zweimalige Anwendung des Satzes 2.1.2 (Trennsatz).

Folgerung 10.4.1: Es seien Z' eine Menge fiktiver Zustände und

$$Q_1 = \tilde{\mathrm{I}} \mid (\mathrm{R}^1)^{(Z' \times S \times K \times H) \times U} \to (\mathrm{R}^1)^{(S \times K \times H) \times U}$$

gemäß (2.2.12);

$$Q_2 = \mathrm{E}_\tau \mid (\mathrm{R}^1)^{(S \times K \times H) \times U} \to (\mathrm{R}^1)^{H \times U}$$

$$Q_3 \mid (\mathrm{R}^1)^{H \times U} \to (\mathrm{R}^1)^U$$

mit $Q = Q_3 \circ Q_2 \circ Q_1$. Der Operator Q_3 sei $(D^{(2)}, T)$-monoton. Dann ist das Entscheidungsproblem $[Z, U, R]$ gemäß (10.4.8) trennbar in die Entscheidungsprobleme

$$[Z', D^{(2)}(t, V_n), R_1']; \; R_1' = R$$

$$[S \times K, \{t(\eta)\}, R_2']; \; R_2'(\eta, w_0; t(\eta)) = R(t(\eta), \boldsymbol{x}; d^{(2)*}, t(\eta), V_n);$$

und das Versuchsplanungsproblem

$$[H, V^{(0)}, R_3'] , \quad (10.4.22)$$

wobei

$$R_3'(\boldsymbol{x}; V_n) = \mathrm{E}_\tau R(\tau, \boldsymbol{x}; d^{(2)*}, \tau, V_n) \quad (10.4.23)$$

als bayessches Risiko bez. P_τ entsteht •

Vor. 10.4.8: $\forall P_\tau \in T_0^* \; \forall \boldsymbol{x} \in H \; \forall V_n \in V^{(0)}: R_3'(\boldsymbol{x}; V_n) \in \mathrm{R}^1$ (vgl. Vor. 4.1.2) •

Gemäß (2.2.14) ist jeder Q_3-optimale Versuchsplan im Entscheidungsproblem (10.4.22) eine Lösung der Optimierungsaufgabe

$$Q_3 \int_T R(t, \cdot; d^{(2)*}, t, V_n) \, P_\tau(\mathrm{d}t) \overset{!}{=} \inf_{V_n \in V^{(0)}} . \quad (10.4.24)$$

Nach dem in 2.2.2 beschriebenen Übergang zum erweiterten Versuchsplanungsproblem erhält man das folgende Funktional für die Versuchsplanung[1]).

$$\forall \xi \in \tilde{\Xi}: \psi_T(\xi) := Q_3 \int_T R(t, \cdot; d^{(2)*}, t, \xi) \, P_\tau(\mathrm{d}t) . \quad (10.4.25)$$

Bevor Spezialisierungen von ψ_T betrachtet werden, wollen wir einige Eigenschaften dieses allgemeinen Funktionals untersuchen. Dazu fordern wir die Vertauschbarkeit des Operators Q_3 mit dem Integral, um gemäß (2.2.21) und (2.2.23) Funktionale ψ_t einführen zu können.

Vor. 10.4.9: $\forall \xi \in \tilde{\Xi}: \int_T Q_3 R(t, \cdot; d^{(2)*}, t, \xi) \, P_\tau(\mathrm{d}t) = Q_3 \int_T R(t, \cdot; d^{(2)*}, t, \xi) \, P_\tau(\mathrm{d}t)$ •

---

[1]) Dabei ändert sich der Definitionsbereich der Risikofunktion; der Übergang dazu kann anhand von (2.2.21) vollzogen werden.

Wir setzen

$$\forall t \in T\ \forall \xi \in \tilde{\Xi}: \psi_t(\xi) := Q_3 R(t, \cdot; d^{(2)*}, \xi) \tag{10.4.26}$$

und erhalten damit aus (10.4.24) und (10.4.25) die folgende Optimierungsaufgabe:

$$\psi_T(\xi) = \int_T \psi_t(\xi)\, P_\tau(\mathrm{d}t) \overset{!}{=} \inf_{\xi \in \tilde{\Xi}} . \tag{10.4.27}$$

Bemerkung 10.4.2: Optimierungsaufgaben der Form (10.4.27) treten auch in anderem Zusammenhang auf:

a) Von den Optimalitätskriterien des Abschnitts 5.2 sollen die Funktionale ψ_λ; $\lambda \in \Lambda$; jeweils mit dem Gewicht P_λ in das Optimalitätskriterium eingehen. Ist die Indexmenge Λ endlich, so ergibt sich

$$\psi_\Lambda(\xi) = \sum_{\lambda \in \Lambda} \psi_\lambda(\xi)\, P_\lambda \overset{!}{=} \inf_{\xi \in \tilde{\Xi}}$$

(vgl. Läuter, E. [3]).

b) Falls für die Schätzung nach Ansatzwahl bei der Versuchsplanung sowohl die Schätzung als auch die Ansatzwahl berücksichtigt werden sollen, kann man als Optimalitätskriterium eine gewichtete Summe aus zwei Funktionalen wählen (s. 10.4.4).

Eine ausführliche Darstellung und Behandlung derartiger Optimalitätskriterien ist in Humak [1] zu finden.

Für die Konvexität des Funktionals ψ_T gemäß (10.4.27) läßt sich eine hinreichende Bedingung angeben:

Lemma 10.4.3: Es sei $P_\tau \in T_0^*$. Die Funktionale $\psi_t(\cdot)$; $t \in T$; seien konvex auf $\tilde{\Xi}$. Dann ist das Funktional $\psi_T(\cdot) = \int_T \psi_t(\cdot)\, P_\tau(\mathrm{d}t)$ konvex auf $\tilde{\Xi}$ •

Beweis: Die Integration erhält die Konvexität.

Anhand von Lemma 10.4.3 läßt sich der Äquivalenzsatz von Whittle (Satz 2.2.2) auf das Funktional ψ_T anwenden. Es seien Φ_{ψ_T} gemäß (2.2.25) und D_{ψ_T} gemäß (2.2.28).

Satz 10.4.3: Es sei $P_\tau \in T_0^*$. Die Funktionale $\psi_t(\cdot)$; $t \in T$; seien konvex auf $\tilde{\Xi}$, die Menge $\tilde{\Xi}$ genüge Vor. 2.2.3 (Reichhaltigkeit), und es gelte

$$\forall (\xi^{(1)}, \xi^{(2)}) \in \tilde{\Xi} \times \Xi:$$

$$\Phi_{\psi_T}(\xi^{(1)}, \xi^{(2)}) = \lim_{\alpha \to 0} \int_T \frac{1}{\alpha} \left(\psi_t((1-\alpha)\,\xi^{(1)} + \alpha\xi^{(2)}) - \psi_t(\xi^{(1)})\right) P_\tau(\mathrm{d}t)$$

$$= \int_T \lim_{\alpha \to 0} \frac{1}{\alpha} \left(\psi_t((1-\alpha)\,\xi^{(1)} + \alpha\xi^{(2)}) - \psi_t(\xi^{(1)})\right) P_\tau(\mathrm{d}t) . \tag{10.4.28}$$

Dann sind folgende Aussagen äquivalent:

1. $\xi^* \in \Xi^*_{\psi_T, \tilde{\Xi}}$
2. $D_{\psi_T}(\xi^*) = \sup_{\xi^{(1)} \in \tilde{\Xi}} \inf_{\xi^{(2)} \in \Xi} \int_T \Phi_{\psi_t}(\xi^{(1)}, \xi^{(2)})\, P_\tau(\mathrm{d}t)$
3. $\inf_{\xi^{(2)} \in \Xi} \int_T \Phi_{\psi_t}(\xi^*, \xi^{(2)})\, P_\tau(\mathrm{d}t) = 0$ •

Folgerung 10.4.2: Für card $(T) \in \mathbb{N}$ ist die Bedingung (10.4.28) erfüllt •

Eine zur ψ_T-Optimalität äquivalente Bedingung wird durch den Begriff der ψ_T-Suboptimalität gegeben.

Def. 10.4.1: Der stetige Versuchsplan $\xi^* \in \tilde{\Xi}$ heißt ψ_T-*suboptimal in* $\tilde{\Xi}$ $=_{\text{df}}$

$$\forall \boldsymbol{x} \in V \; \forall \alpha \in [0, 1): \psi_T\big((1-\alpha)\, \xi^* + \alpha \xi_{\boldsymbol{x}}\big) \gtreqq \psi_T(\xi^*)$$

(vgl. LÄUTER, E. [3]) •

Lemma 10.4.4: Die Menge $\tilde{\Xi}$ genüge Vor. 2.2.3 (Reichhaltigkeit), das Funktional ψ_T sei konvex auf $\tilde{\Xi}$ und Φ_{ψ_T} sei linear (s. Def. 2.2.8). Der stetige Plan $\xi^* \in \tilde{\Xi}$ ist genau dann ψ_T-optimal in $\tilde{\Xi}$, wenn er ψ_T-suboptimal in $\tilde{\Xi}$ ist •

Beweis: Jeder ψ_T-optimale Plan in $\tilde{\Xi}$ ist auch ψ_T-suboptimal in $\tilde{\Xi}$. Der Plan $\xi^* \in \tilde{\Xi}$ sei ψ_T-suboptimal in $\tilde{\Xi}$. Dann gilt mit $\alpha \in (0, 1)$:

$$\forall \boldsymbol{x} \in V: \Phi_{\psi_T}(\xi^*, \xi_{\boldsymbol{x}}) = \lim_{\alpha \to 0} \frac{1}{\alpha} [\psi_T((1-\alpha)\, \xi^* + \alpha \xi_{\boldsymbol{x}}) - \psi_T(\xi^*)] \geqq 0$$

und wegen der Linearität von Φ_{ψ_T} gelten

$$\inf_{\boldsymbol{x} \in V} \Phi_{\psi_T}(\xi^*, \xi_{\boldsymbol{x}}) = D_{\psi_T}(\xi^*) \geqq 0$$

und mit Satz 2.2.2

$$D_{\psi_T}(\xi^*) \leqq 0 \,,$$

woraus die Behauptung folgt.

Das Kompromißkriterium ψ_T aus (10.4.25) wird nun für den Fall der linearen Approgression bei quadratischem Verlust spezialisiert. Für jedes $t \in T$ sei $\boldsymbol{f}^{(t)} \in (\mathrm{R}^{r_t})^B$ ein Vektor von Funktionen mit linear unabhängigen Komponenten.

Vor. 10.4.10:

$$\forall t \in T: \tilde{S}_t = \{\tilde{\eta}^{(t)}: \tilde{\eta}^{(t)} = \boldsymbol{f}^{(t)\prime} \boldsymbol{\vartheta} \wedge \boldsymbol{\vartheta} \in \mathrm{R}^{r_t}\} \; \bullet \qquad (10.4.29)$$

Für jeden Versuchsplan $V_n \in V^{(0)}$ bezeichne $\boldsymbol{F}_t(V_n)$ die Versuchsplanmatrix für den Ansatz $\tilde{S}_t$ und $\overline{\boldsymbol{M}}_t(V_n)$ die Informationsmatrix zum konkreten Versuchsplan gemäß (5.1.7).

Vor. 10.4.11: Für jedes $\eta \in S$ und jedes $V_n \in V^{(0)}$ sei $[\mathfrak{Y}(V_n), \boldsymbol{F}_{t(\eta)}(V_n), \sigma_0^2 \boldsymbol{I}_n]$ ein KLR •

Vor. 10.4.12:

$$\forall t \in T \; \forall \eta = \boldsymbol{f}^{(t)\prime} \boldsymbol{\vartheta} \in S \; \forall \tilde{\eta}^{(t)} = \boldsymbol{f}^{(t)\prime} \tilde{\boldsymbol{\vartheta}} \in \tilde{S}_t \; \forall \boldsymbol{x} \in H \; \forall V_n \in V^{(0)} \; \exists \boldsymbol{U}_t(\boldsymbol{x}, V_n) \in \mathscr{M}_{r_t}^{>}:$$

$$L(\eta, \boldsymbol{x}; \tilde{\eta}^{(t)}, V_n) = \frac{n}{\sigma_0^2} ||\boldsymbol{\vartheta} - \tilde{\boldsymbol{\vartheta}}||^2_{\boldsymbol{U}_t(\boldsymbol{x}, V_n)} \; \bullet$$

Bemerkung 10.4.3: Durch die Wahl der Matrizen $\boldsymbol{U}_t(\boldsymbol{x}, V_n)$ in Abhängigkeit von t läßt sich eine Wichtung der Ansätze in bezug auf die Versuchsplanung vornehmen. Auf heuristisch begründete Vorschläge zur Festlegung dieser Gewichte wird in II/4 eingegangen (vgl. LÄUTER, E. [1], [3], ATKINSON/COX [1]).

Die Parameterschätzung soll nach der MKQ vorgenommen werden, also

$$\forall t \in T \; \forall V_n \in V^{(0)} \; \forall \boldsymbol{y} \in C(V_n):$$

$$d^{(2)}(\boldsymbol{y}, t, V_n) = \check{\boldsymbol{\vartheta}}_t(\boldsymbol{y}, V_n) := \big(\boldsymbol{F}_t(V_n)' \boldsymbol{F}_t(V_n)\big)^{-1} \boldsymbol{F}_t(V_n)' \boldsymbol{y} \,. \qquad (10.4.30)$$

Aus Tabelle 3.3.1 ist ersichtlich, in welchen Fällen die MKQ-Schätzung bei wahrem linearem Ansatz, und damit die Schätzung gemäß (10.4.30) eine gleichmäßig beste Strategie ist.

Vor. 10.4.13: Die Schätzung $\check{\boldsymbol{\vartheta}}_t(\cdot, V_n)$ gemäß (10.4.30) sei für $t \in T$ und $V_n \in V^{(0)}$ eine gleichmäßig beste Strategie in $D^{(2)}(t, V_n)$ •

Wegen $K = \{w_0\}$ erhält man als Werte der Risikofunktion

$$R(\eta, w_0, \boldsymbol{x}; \check{\boldsymbol{\vartheta}}_{t(\eta)}, t(\eta), V_n) = n \operatorname{sp} \boldsymbol{U}_{t(\eta)}(\boldsymbol{x}, V_n) \left(\boldsymbol{F}_{t(\eta)}(V_n)' \boldsymbol{F}_{t(\eta)}(V_n)\right)^{-1}. \quad (10.4.31)$$

Da Vor. 10.4.7 (Abhängigkeit des Risikos nur von $t(\eta)$) erfüllt ist, ergibt sich gemäß (10.4.24) für die Versuchsplanung die Optimierungsaufgabe

$$Q_3 \int_T n \operatorname{sp} \boldsymbol{U}_t(\cdot, V_n) \left(\boldsymbol{F}_t(V_n)' \boldsymbol{F}_t(V_n)\right)^{-1} P_\tau(\mathrm{d}t) \overset{!}{=} \inf_{V_n \in V^{(0)}}. \quad (10.4.32)$$

Analog dem Übergang von (10.4.24) zum erweiterten Problem (10.4.25) erhält man daraus für $\tilde{\Xi} \subseteq \{\xi \in \Xi : \forall t \in T : \det \boldsymbol{M}_t(\xi) > 0\}$

$$Q_3 \int_T \operatorname{sp} \tilde{\boldsymbol{U}}_t(\cdot, \boldsymbol{M}_t(\xi)) \, \boldsymbol{M}_t(\xi)^{-1} \, P_\tau(\mathrm{d}t) \overset{!}{=} \inf_{\xi \in \tilde{\Xi}} \quad (10.4.33)$$

(vgl. (5.1.19) und Bemerkung 5.1.1). Es werden nun Spezialisierungen des Planungskriteriums aus (10.4.33) betrachtet (vgl. LÄUTER, E. [3], [4]).

Die Elemente von $\{a, a_1, a_2, a_3\} \subseteq (\mathrm{R}^+ \cup \{0\})^T$ seien Funktionen, die im Sinne von Bem. 10.4.3 als Gewichtsfunktionen interpretiert werden sollen. Dabei ist zu beachten, daß im folgenden Vor. 10.4.8 (Existenz des Risikos) erfüllt sein muß.

Für eine Matrix $\boldsymbol{A} \in \mathcal{M}_n^{\geqq}$ bezeichnen $\lambda_i(\boldsymbol{A})$; $i = 1, \ldots, n$; den i-ten Eigenwert und $\boldsymbol{t}_{\max}(\boldsymbol{A})$ den Eigenvektor zum maximalen Eigenwert von $\boldsymbol{A}$.

Def. 10.4.2: Der stetige Versuchsplan $\xi^* \in \tilde{\Xi}$ heißt $D_T(a_1)$*-optimal in* $\tilde{\Xi} =_{\mathrm{df}}$
Der stetige Versuchsplan $\xi^* \in \tilde{\Xi}$ löst (10.4.33) mit $Q_3 = \mathrm{I}$ und

$$\forall t \in T \; \forall \xi \in \tilde{\Xi} \; \forall \boldsymbol{x} \in H:$$

$$\tilde{\boldsymbol{U}}_t(\boldsymbol{x}, \boldsymbol{M}_t(\xi)) = a_1(t) \prod_{i=1}^{n-1} \lambda_i(\boldsymbol{M}_t(\xi)^{-1}) \, \boldsymbol{t}_{\max}(\boldsymbol{M}_t(\xi)^{-1}) \, \boldsymbol{t}_{\max}(\boldsymbol{M}_t(\xi)^{-1})' \quad (10.4.34)$$

(vgl. Def. 5.2.7) •

Folgerung 10.4.3: Die folgenden beiden Aussagen sind äquivalent:

1. Der Versuchsplan $\xi^* \in \tilde{\Xi}$ ist $D_T(a_1)$-optimal in $\tilde{\Xi}$.
2. Der Versuchsplan $\xi^* \in \tilde{\Xi}$ minimiert das Funktional

$$Z_{D_T(a_1)}(\boldsymbol{M}(\cdot)) := \int_T a_1(t) \det \boldsymbol{M}_t(\cdot)^{-1} \, P_\tau(\mathrm{d}t) \quad (10.4.35)$$

über $\tilde{\Xi}$ (vgl. Lemma 5.2.5) •

Der *Beweis* folgt aus der Vertauschbarkeit des Integrals mit $Q_3 = \mathrm{I}$ (Vor. 10.4.9), der Linearität des Spuroperators und der Äquivalenz von 1. und 2. aus Lemma 5.2.5.

Folgerung 10.4.4: Das Funktional $Z_{D_T(a_1)}(\boldsymbol{M}(\cdot))$ aus (10.4.35) ist konvex über $\tilde{\Xi}$ •

Beweis: Es gilt mit (1.A.28)

$$\forall \boldsymbol{A} \in \mathcal{M}_n^{>} \; \forall \boldsymbol{B} \in \mathcal{M}_n^{>} \; \forall \alpha \in (0, 1): \det\left((1 - \alpha) \boldsymbol{A} + \alpha \boldsymbol{B}\right)^{-1} \leqq (\det \boldsymbol{A}^{-1})^{1-\alpha} (\det \boldsymbol{B}^{-1})^{\alpha}.$$

Weiter gilt

$$\forall a \in \mathrm{R}^+ \; \forall b \in \mathrm{R}^+ \; \forall \alpha \in (0, 1): ab \leqq (1 - \alpha) a^{1/(1-\alpha)} + \alpha b^{1/\alpha}$$

(s. BECKENBACH/BELLMAN [1], LÄUTER, E. [3]). Für jedes $t \in T$ ist somit $\det \boldsymbol{M}_t(\cdot)^{-1}$ konvex auf $\tilde{\Xi}$. Aus Lemma 10.4.3 ergibt sich die Aussage.

Def. 10.4.3: Der stetige Versuchsplan $\xi^* \in \tilde{\Xi}$ heißt *$G_T(a_2)$-optimal in $\tilde{\Xi}$* $=_{\mathrm{df}}$
Der stetige Versuchsplan $\xi^* \in \tilde{\Xi}$ löst (10.4.33) mit $Q_3 = \sup\limits_{x \in H}$ und

$$\forall t \in T\ \forall \xi \in \tilde{\Xi}\ \forall x \in H: \tilde{U}_t(x, M_t(\xi)) = a_2(t)\, f^{(t)}(x)\, f^{(t)}(x)' \bullet \tag{10.4.36}$$

Folgerung 10.4.5: Die folgenden beiden Aussagen sind äquivalent:

1. Der Versuchsplan $\xi^* \in \tilde{\Xi}$ ist $G_T(a_2)$-optimal in $\tilde{\Xi}$.
2. Der Versuchsplan $\xi^* \in \tilde{\Xi}$ minimiert das Funktional

$$Z_{G_T(a_2)}(M(\cdot)) := \sup_{x \in H} \int_T a_2(t)\, f^{(t)}(x)'\, M_t(\cdot)^{-1} f^{(t)}(x)\ P_\tau(\mathrm{d}t) \tag{10.4.37}$$

über $\tilde{\Xi}$ (vgl. Lemma 5.2.4) •

Bemerkung 10.4.4: Der Operator $Q_3 = \sup\limits_{x \in H}$ ist i. allg. nicht mit dem Integral vertauschbar.

Def. 10.4.4: Der stetige Versuchsplan $\xi^* \in \tilde{\Xi}$ heißt *$D_{Tl}(a_3)$-optimal in $\tilde{\Xi}$* $=_{\mathrm{df}}$
Der stetige Versuchsplan $\xi^* \in \tilde{\Xi}$ minimiert das Funktional

$$Z_{D_{Tl}(a_3)}(M(\cdot)) := \int_T a_3(t) \ln \det M_t(\cdot)^{-1}\ P_\tau(\mathrm{d}t) \tag{10.4.38}$$

über $\tilde{\Xi}$ •

Die Äquivalenz der Kriterien $Z_D(M(\cdot))$ und $Z_{D'}(M(\cdot))$ (s. Lemma 5.2.5) läßt sich nicht auf die Kriterien aus (10.4.35) und (10.4.38) übertragen. Eine Verallgemeinerung des Äquivalenzsatzes 5.5.4 für $G_T(a)$ und $D_{Tl}(a)$-optimale Versuchspläne ist jedoch möglich. Es bezeichne

$$\forall \xi \in \tilde{\Xi}: D_{D_{Tl}(a)}(\xi) = \int_T a(t)\, r_t P_\tau(\mathrm{d}t) - \sup_{x \in H} \int_T a(t)\, f^{(t)}(x)'\, M_t(\xi)^{-1} f^{(t)}(x)\ P_\tau(\mathrm{d}t)\,.$$

Satz 10.4.4: Es sei $P_\tau \in T_0^*$. Die Menge $\tilde{\Xi}$ genüge Vor. 2.2.3 (Reichhaltigkeit), und es gelte

$$\forall \xi^{(1)} \in \tilde{\Xi}\, \forall \xi^{(2)} \in \Xi: \lim_{\alpha \to 0} \frac{\mathrm{d}}{\mathrm{d}\alpha} \int_T a(t) \ln \det \left(M_t((1-\alpha)\, \xi^{(1)} + \alpha \xi^{(2)})^{-1}\right) P_\tau(\mathrm{d}t)$$
$$= \int_T \lim_{\alpha \to 0} \frac{\mathrm{d}}{\mathrm{d}\alpha}\, a(t) \ln \det \left(M_t((1-\alpha)\, \xi^{(1)} + \alpha \xi^{(2)})\right)^{-1} P_\tau(\mathrm{d}t)\,. \tag{10.4.39}$$

Dann sind folgende Aussagen äquivalent:

1. $\xi^* \in \Xi^*_{D_{Tl}(a), \tilde{\Xi}}$.
2. $\sup\limits_{\xi \in \tilde{\Xi}} D_{D_{Tl}(a)}(\xi) = D_{D_{Tl}(a)}(\xi^*)$.
3. $\int_T a(t)\, r_t P_\tau(\mathrm{d}t) = \sup\limits_{x \in V} \int_T a(t)\, f^{(t)}(x)'\, M_t(\xi^*)^{-1} f^{(t)}(x)\ P_\tau(\mathrm{d}t)$

(vgl. Läuter, E. [3]) •

Beweis: Da für jedes $t \in T$ der Wert $a(t)$ nichtnegativ ist, bleibt nach Lemma 5.3.3 das Funktional $a(t) \ln \det (M_t(\cdot))^{-1}$ konvex auf $\tilde{\Xi}$ und nach Lemma 10.4.3 auch das Funktional $\int_T a(t) \ln \det (M_t(\cdot))^{-1}\ P_\tau(\mathrm{d}t)$. Mit (2.2.26) und (10.4.39) berechnet man

$$\forall \xi^{(1)} \in \tilde{\Xi}\ \forall \xi^{(2)} \in \Xi\ \forall \alpha \in (0, 1):$$

$$\Phi_{Z_{D_{Tl}(a)}}(\xi^{(1)}, \xi^{(2)}) = \int_T \lim_{\alpha \to 0} \frac{\mathrm{d}}{\mathrm{d}\alpha}\, a(t) \ln \det \left(M_t((1-\alpha)\, \xi^{(1)} + \alpha \xi^{(2)})^{-1}\ P_\tau(\mathrm{d}t)\right.$$
$$= \int_T a(t) \left(r_t - \operatorname{sp} M_t(\xi^{(2)})\, M_t(\xi^{(1)})^{-1}\right) P_\tau(\mathrm{d}t)$$

(s. (1.A.13), (1.A.14)). Das Funktional $\Phi_{Z_{D_{Tl(a)}}}$ ist linear gemäß Def. 2.2.8, und damit gilt

$$\forall \xi \in \tilde{\Xi}: D_{Z_{D_{Tl(a)}}}(\xi) = D_{D_{Tl(a)}}(\xi) = \int_T r_t P_\tau(\mathrm{d}t) - \sup_{x \in V} \int_T f^{(t)}(x)' M_t(\xi)^{-1} f^{(t)}(x)\, P_\tau(\mathrm{d}t)\,.$$

Aus Satz 2.2.2 folgt die Behauptung.

Es werden nun Beziehungen D_T-optimaler zu G_T- und D_{Tl}-optimalen Versuchsplänen angegeben. Es bezeichne

$$\forall \xi \in \tilde{\Xi}: D_{D_{T(a)}}(\xi)$$
$$:= \int_T a(t)\, r_t \det M_t(\xi)^{-1} P_\tau(\mathrm{d}t) - \sup_{x \in V} \int_T a(t) \det M_t(\xi)^{-1} f^{(t)}(x)' M_t(\xi)^{-1} f^{(t)}(x)\, P_\tau(\mathrm{d}t)\,.$$

Satz 10.4.5: Es sei $P_\tau \in T_0^*$. Die Menge $\tilde{\Xi}$ genüge Vor. 2.2.3 (Reichhaltigkeit) und es gelte

$$\forall \xi^{(1)} \in \tilde{\Xi}\; \forall \xi^{(2)} \in \Xi: \lim_{\alpha \to 0} \frac{\mathrm{d}}{\mathrm{d}\alpha} \int_T a(t) \det \left(M_t((1-\alpha)\, \xi^{(1)} + \alpha \xi^{(2)})^{-1}\right) P_\tau(\mathrm{d}t)$$
$$= \int_T \lim_{\alpha \to 0} \frac{\mathrm{d}}{\mathrm{d}\alpha} a(t) \det \left(M_t((1-\alpha)\, \xi^{(1)} + \alpha \xi^{(2)})\right)^{-1} P_\tau(\mathrm{d}t)\,. \tag{10.4.40}$$

Dann sind folgende Aussagen äquivalent:

1. $\xi^* \in \Xi^*_{D_{T(a)}, \tilde{\Xi}}$.
2. $\sup_{\xi \in \tilde{\Xi}} D_{D_{T(a)}}(\xi) = D_{D_{T(a)}}(\xi^*)$
3. $\int_T a(t)\, r_t \det M_t(\xi^*)^{-1} P_\tau(\mathrm{d}t)$
   $= \sup_{x \in V} \int_T a(t) \det M_t(\xi^*)^{-1} f^{(t)}(x)' M_t(\xi^*)^{-1} f^{(t)}(x)\, P_\tau(\mathrm{d}t)$

(vgl. Läuter, E. [3]) •

Beweis: Da nach Folgerung 10.4.4 für jedes $t \in T$ das Funktional $\det M_t(\cdot)^{-1}$ konvex auf $\tilde{\Xi}$ ist, ergibt sich mit (2.2.26) und (10.4.40)

$$\forall \xi^{(1)} \in \tilde{\Xi}\; \forall \xi^{(2)} \in \Xi\; \forall \alpha \in (0,1): \Phi_{Z_{D_{T(a)}}}(\xi^{(1)}, \xi^{(2)})$$
$$= \int_T a(t) \lim_{\alpha \to 0} \frac{\mathrm{d}}{\mathrm{d}\alpha} \det M_t((1-\alpha)\, \xi^{(1)} + \alpha \xi^{(2)})^{-1} P_\tau(\mathrm{d}t)$$
$$= \int_T a(t) \lim_{\alpha \to 0} \frac{\mathrm{d}}{\mathrm{d}\alpha} e^{\ln \det M_t((1-\alpha)\xi^{(1)} + \alpha\xi^{(2)})^{-1}} P_\tau(\mathrm{d}t)$$
$$= \int_T a(t) \lim_{\alpha \to 0} \det M_t((1-\alpha)\, \xi^{(1)} + \alpha \xi^{(2)})^{-1} \frac{\mathrm{d}}{\mathrm{d}\alpha} \ln \det M_t((1-\alpha)\, \xi^{(1)} + \alpha \xi^{(2)})^{-1} P_\tau(\mathrm{d}t)$$
$$= \int_T a(t) \det M_t(\xi^{(1)})^{-1} \left(r_t - \operatorname{sp} M_t(\xi^{(2)})\, M_t(\xi^{(1)})^{-1}\right) P_\tau(\mathrm{d}t)$$

(s. (1.A.13), (1.A.14). Das Funktional $\Phi_{Z_{D_{T(a)}}}$ ist linear gemäß Def. 2.2.8 und damit gilt

$$\forall \xi^{(1)} \in \tilde{\Xi}: D_{Z_{D_{T(a)}}}(\xi^{(1)}) = \inf_{\xi^{(2)} \in \Xi} \Phi_{Z_{D_{T(a)}}}(\xi^{(1)}, \xi^{(2)}) = \inf_{x \in V} \Phi_{Z_{D_{T(a)}}}(\xi^{(1)}, \xi_x) = D_{D_{T(a)}}(\xi^{(1)})\,.$$

Aus Satz 2.2.2 folgt die Behauptung.

Satz 10.4.6: Es sei $P_\tau \in T_0^*$. Die Menge $\tilde{\Xi}$ genüge Vor. 2.2.3 (Reichhaltigkeitsbedingung) und es gelten die Vertauschbarkeitsbedingungen (10.4.39) und (10.4.40). Dann sind folgende Aussagen äquivalent:

1. Der Versuchsplan $\xi^* \in \tilde{\Xi}$ minimiert das Funktional

$$Z_{D_T(a)}(M(\cdot)) = \int_T a(t) \det M_t(\cdot)^{-1} P_\tau(\mathrm{d}t) \qquad \text{über } \tilde{\Xi}\,.$$

2. Der Versuchsplan $\xi^* \in \tilde{\Xi}$ minimiert das Funktional

$$\int_T a(t) \det M_t(\xi^*)^{-1} \ln \det M_t(\cdot)^{-1} P_\tau(\mathrm{d}t) \qquad \text{über } \tilde{\Xi}$$

(vgl. LÄUTER, E. [3]) •

Beweis: Es sei $\xi^* \in \Xi^*_{D_T(a),\tilde{\Xi}}$. Mit der Bezeichnung

$$\forall t \in T: \tilde{a}(t) = \det M_t(\xi^*)^{-1} a(t)$$

gilt $D_{D_{Tl}(\tilde{a})}(\xi^*) = D_{D_T(a)}(\xi^*)$. Aus den Sätzen 10.4.4 und 10.4.5 folgt die Behauptung.

Auch die Aussage von Lemma 5.3.14 läßt sich auf D_{Tl}-optimale Versuchspläne übertragen:

Satz 10.4.7: Es seien $a \in (\mathrm{R}^+)^T$, $\xi_1 \in \Xi^*_{D_{Tl}(a),\tilde{\Xi}}$ und $\xi_2 \in \Xi^*_{D_{Tl}(a),\tilde{\Xi}}$. Dann gilt für P_τ-fast alle $t \in T$:

$$M_t(\xi_1) = M_t(\xi_2) \bullet$$

Der *Beweis* folgt aus der strengen Konvexität des Funktionals ln det $(\cdot)$.

Zur Konstruktion ψ_T-optimaler stetiger Pläne verweisen wir auf die im Abschnitt 6.2 angegebenen Iterationsverfahren.

Von LÄUTER, E. [3] wurde ein Iterationsverfahren für $D_{Tl}(a)$-optimale Pläne vorgeschlagen, das wir als Spezialisierung von Verfahren IV (s. (6.2.19)) erhalten können. Mit $\tilde{\Xi} \subseteq \{\xi \in \Xi: \forall t \in T: \det M_t(\xi) > 0\}$ hat dieses Verfahren die Form

$$\begin{aligned} &\forall s \in \mathrm{N}: \xi_0 \in \tilde{\Xi} \wedge \xi_s = (1-\alpha_s)\,\xi_{s-1} + \alpha_s \xi_{x_s} \\ &\wedge \sup_{x \in V} \int_T a(t)\, f^{(t)}(x)'\, M_t(\xi_{s-1})^{-1} f^{(t)}(x)\, P_\tau(\mathrm{d}t) = \int_T a(t) f^{(t)}(x_s)' M_t(\xi_{s-1})^{-1} f^{(t)}(x_s)\, P_\tau(\mathrm{d}t) \\ &\wedge \alpha_s = \min\left\{\alpha \in \mathrm{R}^+ : \int_T a(t) \frac{f^{(t)}(x_s)'\, M_t(\xi_{s-1})^{-1} f^{(t)}(x_s)}{1-\alpha+\alpha f^{(t)}(x_s)'\, M_t(\xi_{s-1})^{-1} f^{(t)}(x_s)}\, P_\tau(\mathrm{d}t) \right. \\ &\qquad\qquad \left. = \int_T a(t)\; r_t P_\tau(\mathrm{d}t)\right\}. \end{aligned} \tag{10.4.41}$$

Die Konvergenz der Funktionalwerte jeder so erzeugten Planfolge wurde in LÄUTER, E. [3] bewiesen.

Bemerkung 10.4.5: Eine Übertragung der Ergebnisse dieses Kapitels für die Versuchsplanung zur Schätzung von $\psi(\cdot) = A(\cdot)\,\vartheta$ ist möglich, indem analog zu Abschnitt 5.6 zu verallgemeinerten Inversen übergegangen wird (s. LÄUTER, E. [3], [4]).

10.4.4. Zur Versuchsplanung im sequentiellen Entscheidungsproblem

Wenn die Möglichkeit der sequentiellenVersuchsdurchführung besteht, so kann man vom Entscheidungsproblem (10.4.8) zum entsprechenden SSESV (s. Abschnitt 2.4) übergehen. Es werden nun zwei Prinzipien zur Festlegung der Auswahlregel für die Versuchspläne angegeben. Auf eine heuristische Motivierung und Konkretisierungen dieser Prinzipien wird in II/6 eingegangen.

Ausgangspunkt ist dabei das statistische Entscheidungsproblem (10.4.8). Zur Charakterisierung der Strategienmenge eines SSESV für die Schätzung nach Ansatzwahl und Planung genügt die Angabe einer Folge von Familien $\{\{\gamma_i(\cdot, \tilde{V}_{N_{i-1}})\}_{\tilde{V}_{N_{i-1}} \in V^{(0)}}\}_{i \in \mathbb{N}}$ von Auswahlentscheidungsfunktionen (s. Def. 2.4.2), einer Folge von Familien $\{\{\varphi_i(\cdot, \tilde{V}_{N_{i-1}})\}_{\tilde{V}_{N_{i-1}} \in V^{(0)}}\}_{i \in \mathbb{N}}$ von Stoppregeln (s. (1.5.40)), einer Folge von Familien $\{\{d_i^{(1)}(\cdot, \tilde{V}_{N_{i-1}})\}_{\tilde{V}_{N_{i-1}} \in V^{(0)}}\}_{i \in \mathbb{N}} \in (\{D^{(1)}(V_n)\}_{V_n \in V^{(0)}})^{\mathbb{N}}$ von Ansatzwahlfunktionen und einer Folge von Familien

$$\{\{d_i^{(2)}(\cdot, d_i^{(1)}, \tilde{V}_{N_{i-1}})\}_{\tilde{V}_{N_{i-1}} \in V^{(0)}}\}_{i \in \mathbb{N}} \in (\{D^{(2)}(V_n)\}_{V_n \in V^{(0)}})^{\mathbb{N}};$$

$$\forall i \in \mathbb{N}\ \forall V_n \in V^{(0)}: d_i^{(2)}(\cdot, d_i^{(1)}, V_n) \in D^{(2)}(d_i^{(1)}, V_n);$$

von Schätzfunktionen. Die beiden letzten Folgen ergeben zusammen gemäß (10.4.4) die Folge der Endentscheidungen. Wir werden nur nichtrandomisierte Strategien betrachten.

Auf der i-ten Stufe ($i \geqq 2$) des sequentiellen Entscheidungsverfahrens wird zunächst anhand von $\gamma_i(\cdot, \tilde{V}_{N_{i-1}})$ und der bisherigen Beobachtung $\boldsymbol{y}(\tilde{V}_{N_{i-1}}) \in C(\tilde{V}_{N_{i-1}})$ der Versuchsplan

$$\gamma_i(\boldsymbol{y}(\tilde{V}_{N_{i-1}}), \tilde{V}_{N_{i-1}}) = V_{n_i} \in V^{(0)}$$

ausgewählt.

Bemerkung 10.4.6: Beim sequentiellen Entscheidungsverfahren mit nichtsequentieller Versuchsplanung ist die Auswahl von der Beobachtung unabhängig, d. h., $\gamma_i(\cdot, \tilde{V}_{N_{i-1}})$ ist auf $C(\tilde{V}_{N_{i-1}})$ konstant. In diesem Fall kann auch die Versuchsplanfolge vor Beginn des Verfahrens festgelegt werden (vgl. Kap. 11).

Auf Grund der Beobachtung $\boldsymbol{y} := \boldsymbol{y}(\tilde{V}_{N_i}) \in C(\tilde{V}_{N_i})$ wird der Wert

$$\varphi_i(\boldsymbol{y}, \tilde{V}_{N_i}) \in \{0, 1\}$$

der Stoppregel bestimmt. Im Fall der Fortsetzung wird ohne Berücksichtigung der Endentscheidungsfunktionen sofort die Auswahlregel $\gamma_{i+1}(\cdot, \tilde{V}_{N_i})$ angewandt. Falls gestoppt wird, ist zunächst der Ansatz mit dem Index

$$d_i^{(1)}(\boldsymbol{y}, \tilde{V}_{N_{i-1}}) \in T$$

zu wählen und dann die Schätzung

$$d_i^{(2)}(\boldsymbol{y}, d_i^{(1)}(\boldsymbol{y}, \tilde{V}_{N_i}), \tilde{V}_{N_i}) \in \tilde{S}_{d_i^{(1)}(\boldsymbol{y}, \tilde{V}_{N_i})}$$

zu berechnen.

Ein klassisches (abgeschnittenes) sequentielles Entscheidungsverfahren zur Schätzung nach Ansatzwahl und (nichtsequentieller) Versuchsplanung wird im Kap. 11 dargestellt.

Es sollen nun Auswahlregeln dargestellt werden, wobei die Stopp- und Endentscheidungsstrategien aus der Betrachtung ausgeblendet werden. Im folgenden soll Vor. 2.4.1 (Unabhängigkeit der Kosten vom Zustand und der Stufeneinteilung) gelten. Damit ist die Beschränkung auf die Einpunkt-Planung gerechtfertigt, für die gelte

$$\forall i \in \mathbb{N}: \tilde{V}_{N_i} \in V^i \cap V^{(0)}. \tag{10.4.42}$$

Wegen (10.4.42) schreiben wir $\tilde{V}_i$ für $\tilde{V}_{N_i}$.

Ein Kompromißkriterium. Für das Problem der Ansatzdiskrimination in einer Stufe wurden im Abschnitt 9.2 Optimalitätskriterien zur Versuchsplanung dargestellt und im Abschnitt 10.4.3 für die Schätzung in einer Stufe, wenn a priori kein Ansatz gewählt wird. Es sei $\{\psi_i^{(D)}\}_{i\in\mathsf{N}}$ mit $\psi_i^{(D)} \mid \bigcup_{\tilde{V}_{i-1}\in V^{(0)}} (C(\tilde{V}_{i-1}) \times \{\tilde{V}_{i-1}\}) \times V \to \mathrm{R}^1$ eine Folge von Funktionalen, mit denen gemäß der Auswahlregel

$$\forall i \in \mathsf{N}\ \forall \tilde{V}_{i-1} \in V^{(0)}\ \forall \boldsymbol{y} \in C(\tilde{V}_{i-1}):$$
$$\gamma_i^{(D)}(\boldsymbol{y}, \tilde{V}_{i-1}) \in \{\boldsymbol{x}_i^* \in V : \psi_i^{(D)}(\boldsymbol{y}, \tilde{V}_{i-1}, \boldsymbol{x}_i^*) = \inf_{\boldsymbol{x}\in V} \psi_i^{(D)}(\boldsymbol{y}, \tilde{V}_{i-1}, \boldsymbol{x})\} \quad (10.4.43)$$

der Versuchspunkt auf der Stufe i festgelegt wird, *wenn nur die Ansatzwahl berücksichtigt werden soll.* Weiter sei $\{\psi_i^{(E)}\}_{i\in\mathsf{N}}$ mit $\psi_i^{(E)} \mid \bigcup_{\tilde{V}_{i-1}\in V^{(0)}} (C(\tilde{V}_{i-1}) \times \{\tilde{V}_{i-1}\}) \times V \to \mathrm{R}^1$ eine Folge von Funktionalen, mit denen gemäß der Auswahlregel

$$\forall i \in \mathsf{N}\ \forall \tilde{V}_{i-1} \in V^{(0)}\ \forall \boldsymbol{y} \in C(\tilde{V}_{i-1}):$$
$$\gamma_i^{(E)}(\boldsymbol{y}, \tilde{V}_{i-1}) \in \{\boldsymbol{x}_i^* \in V : \psi_i^{(E)}(\boldsymbol{y}, \tilde{V}_{i-1}, \boldsymbol{x}_i^*) = \inf_{\boldsymbol{x}\in V} \psi_i^{(E)}(\boldsymbol{y}, \tilde{V}_{i-1}, \boldsymbol{x})\} \quad (10.4.44)$$

der Versuchspunkt auf der Stufe i festgelegt wird, *wenn nur die Schätzung der Wirkungsfläche berücksichtigt werden soll.*

Da die Mengen der Versuchspunkte in (10.4.43) und (10.4.44) i. allg. disjunkt sind, wird für die Auswahlfunktion im SSESV ein Kompromißkriterium verwendet. Für jede Stufe wird eine Gewichtsfunktion

$$\forall i \in \mathsf{N} : \alpha_i \mid \bigcup_{\tilde{V}_{i-1}\in V^{(0)}} (C(\tilde{V}_{i-1}) \times \{\tilde{V}_{i-1}\}) \to [0, 1] \quad (10.4.45)$$

eingeführt und damit das Funktional

$$\psi_i^{(D,E)}(\boldsymbol{y}, \tilde{V}_{i-1}, \boldsymbol{x}) := \alpha_i(\boldsymbol{y}, \tilde{V}_{i-1})\, \psi_i^{(D)}(\boldsymbol{y}, \tilde{V}_{i-1}, \boldsymbol{x}) + \big(1 - \alpha_i(\boldsymbol{y}, \tilde{V}_{i-1})\big)\, \psi_i^{(E)}(\boldsymbol{y}, \tilde{V}_{i-1}, \boldsymbol{x}) \quad (10.4.46)$$

formuliert (vgl. HILL/HUNTER/WICHERN [1]). Das Funktional $\psi_i^{(D,E)}$ ist also eine konvexe Linearkombination von $\psi_i^{(D)}$ und $\psi_i^{(E)}$ und ein Spezialfall des Funktionals aus (10.4.27). Damit läßt sich der Äquivalenzsatz 10.4.3 unmittelbar auf $\psi_i^{(D,E)}$ anwenden.

Mit (10.4.46) erhält man eine Kompromißauswahlregel gemäß

$$\forall i \in \mathsf{N}\ \forall \tilde{V}_{i-1} \in V^{(0)}\ \forall \boldsymbol{y} \in C(\tilde{V}_{i-1}):$$
$$\gamma_i^{(D,E)}(\boldsymbol{y}, \tilde{V}_{i-1}) \in \{\boldsymbol{x}_i^* \in V : \psi_i^{(D,E)}(\boldsymbol{y}, \tilde{V}_{i-1}, \boldsymbol{x}_i^*) = \inf_{\boldsymbol{x}\in V} \psi_i^{(D,E)}(\boldsymbol{y}, \tilde{V}_{i-1}, \boldsymbol{x})\}\,. \quad (10.4.47)$$

Die Wahl einer geeigneten Gewichtsfunktion hängt eng mit der praktischen Durchführung des Sequentialverfahrens zusammen und wird deshalb in II/6 behandelt.

Bemerkung 10.4.7: Entsprechend Abschnitt 9.3.3 kann auch für die sequentielle Schätzung nach Ansatzwahl und Versuchsplanung die erwartete Entropieänderung zur Grundlage der Versuchsplanung gemacht werden. Falls eine a-priori-Verteilung über $S \times K$ mit $P_\tau \in T^*$ gemäß (9.1.3) und $p(\boldsymbol{\vartheta}, \boldsymbol{w}; T)$ gemäß (9.1.11) vorliegt, erhält man analog zu (9.3.25) die totale Entropie

$$H\big((P_\tau, p(\boldsymbol{\vartheta}, \boldsymbol{w}; T))\big)$$
$$= -\sum_{t=1}^{m} \int_{S\cap\tilde{S}_t} P_\tau(t)\, p_{(\theta^{(t)},\,\omega)}(\boldsymbol{\vartheta}^{(t)}, \boldsymbol{w} \mid t) \ln \big(P_\tau(t)\, p_{(\theta^{(t)},\,\omega)}(\boldsymbol{\vartheta}^{(t)}, \boldsymbol{w} \mid t)\big)\, \mathrm{d}\nu^{\otimes(r_t+s)}\,.$$

Hiervon ausgehend kann man wie in (9.3.29) die erwartete Entropieänderung für die $(i+1)$-te Stufe bilden und einen Versuchspunkt $\boldsymbol{x}_{i+1}$ wählen, der diese Änderung maximiert (analog zu (9.3.31)) (vgl. BORTH [1]).

10.5. Weitere Probleme

1. a) Für den Fall $\tilde{S} \subset S$ (s. 10.1.3) werden von Bunke/Strüby [1] die MKQ-Schätzung für $\tilde{S}$, die MKQ-Schätzung für S und die Projektions-MKQ-Schätzung verglichen. Ausgehend von der Zerlegung des Risikos gemäß (10.1.22) werden Ungleichungen für die Bias- und die Varianz-Terme dieser Schätzungen angegeben und die Güte dieser Funktionen in Abhängigkeit von der Fehlervarianz illustriert.
In Kupper [1] werden die Zulässigkeit von Versuchsplänen bez. des Bias bzw. der Varianz als Modifikation des entscheidungstheoretischen Zulässigkeitsbegriffs eingeführt und hinreichende Bedingungen für die einzelnen Arten der Zulässigkeit angegeben. In Box, G.E.P./Draper, N. R. [1] werden der Einfluß von Bias und Varianz untersucht und Versuchspläne charakterisiert, für die die MKQ-Schätzung für $\tilde{S}$ projektionserwartungstreu ist, falls der Versuchsbereich eine Hyperkugel ist. Bei Draper/Lawrence [1] wird dieses Problem für einen Hyperwürfel als Versuchsbereich behandelt.
Eine Schätzfunktion zur Minimierung des Risikos R_1 gemäß (10.1.22) und das entsprechende Versuchsplanungsproblem werden bei Kupper/Meydrech [1] betrachtet. Dieser Zugang wird mit der MKQ-Schätzung für $\tilde{S}$ und der projektionserwartungstreuen Schätzung verglichen.
b) Falls im Approgressionsproblem eine Schätzung der Abszissenwerte eines Extremums gefordert wird, kann durch die Wahl des Versuchsplans die Abweichung des Erwartungswertes dieser Schätzung vom wahren Wert bzw. einer a-priori-Schätzung davon minimiert werden. Entsprechende Planungskriterien werden von Karson/Spruill [1] angegeben.
c) Unter der Nebenbedingung der Projektionserwartungstreue der MKQ-Schätzung für $\tilde{S}$ werden Versuchspläne nach weiteren Kriterien ausgewählt. Z. B. kann gefordert werden, daß ein Test auf die Wahrheit des Ansatzes $\tilde{S}$ möglichst wirksam wird (vgl. Stigler [1]; Thompson, W. O. [1]).
2. Ein bayesscher Zugang zur Approgression wird von Blight/Ott [1] entwickelt, bei dem a-priori-Kenntnisse über den Wert und die Autokorrelationsfunktion des Bias benutzt werden.
3. Die Äquivalenz der Reduzierbarkeit eines Approgressionsproblems bez. eines Versuchsplans (s. 10.3) und der Schätzbarkeit der Projektion der Wirkungsfläche wird in Bunke, H./Bunke, O. [1] (für multivariate Modelle) nachgewiesen. Darüber hinaus wird ein allgemeiner Begriff der Verteilungsidentifizierbarkeit eingeführt und die Äquivalenz auf diesen Begriff erweitert.
4. Fehlerberechnungen zur Vortestschätzung werden in Larson/Bancroft [1] und für die Schätzung nach sequentieller Aufwärts- bzw. Abwärtselimination in Larson/Bancroft [2] angegeben.
5. In Bunke, O [3] werden das Problem von Ansatzwahl und Schätzung entscheidungstheoretisch formuliert und Verfahren aus der Literatur im Überblick dargestellt.

11. MEHRFAKTORPLÄNE IN MEHRSTUFIGEN SCHÄTZVERFAHREN BEI STRUKTURIERTER ANSATZMENGE

In diesem Kapitel werden die in der Praxis in breitem Umfang angewandten Mehrfaktorpläne für ein mehrstufiges Schätzverfahren im Regressionsmodell untersucht. Dabei geht man nicht davon aus, daß genau ein wahrer Ansatz gegeben ist, wie das in den Kapiteln 3 bis 6 vorausgesetzt wird, sondern wählt im Laufe eines Sequentialverfahrens einen Ansatz aus einer strukturierten Ansatzmenge, von dem man gute Approximationseigenschaften erwartet.

Der Aufbau des Verfahrens wird bisher mit heuristischen Argumenten motiviert. Daher soll im Abschnitt 11.1 das Wesen des Verfahrens zunächst entscheidungstheoretisch interpretiert werden. Das zu behandelnde Entscheidungsproblem ist ein Spezialfall des im Abschnitt 2.4 beschriebenen sequentiellen statistischen Entscheidungsproblems mit Versuchsplanung. Dabei erfolgt die Versuchsplanung nichtsequentiell, als Ansätze werden Polynome verwendet, und das Sequentialverfahren wird auf einer vorgegebenen Stufe abgeschnitten. Es werden nur konkrete Pläne betrachtet. Über die Optimalität dieses mehrstufigen Schätzverfahrens mit Mehrfaktorplanung sind im allgemeinen keine Aussagen bekannt.

11.1. Beschreibung des sequentiellen Verfahrens

Ausgangspunkt ist das im Abschnitt 2.3.2 beschriebene Entscheidungsproblem $[Z, A, L]$ mit

$$\left.\begin{aligned} Z &= S \times K \times H , \\ A &= \tilde{S} \times V^{(0)} . \end{aligned}\right\} \qquad (11.1.1)$$

Es gelte Vor. 2.3.9 (Existenz der Kovarianzmatrix).

Vor. 11.1.1: $\exists \sigma \in \mathrm{R}^+ \ \forall V_n \in V^{(0)}: \boldsymbol{B}_{\mathfrak{Y}(V_n)} = \sigma^2 \boldsymbol{I}_n$ •

Wie im Abschnitt 10.2 sei die Ansatzmenge $\tilde{S}$ strukturiert gemäß

$$\tilde{S} = \bigcup_{t \in T} \tilde{S}_t . \qquad (11.1.2)$$

Vor. 11.1.2: $T = \{1, 2, \dots, m\}$; $m \in \mathsf{N}$ •

Es seien $r_m \in \mathsf{N}$ und $\boldsymbol{f} \in (\mathrm{R}^{r_m})^B$ ein gegebener Funktionenvektor mit stetigen linear unabhängigen Komponenten $f_i \in (\mathrm{R}^1)^B$; $i \in \{1, \dots, r_m\}$. Weiter sei $\boldsymbol{\vartheta} \in \Theta \subseteq \mathrm{R}^{r_m}$. Für die gegebene Folge $\{r_t\}_{t \in T}$ natürlicher Zahlen r_t gelte

$$\forall t \in T \setminus \{m\}: 0 < r_t < r_{t+1} \leqq r_m .$$

Es bezeichnen $\boldsymbol{P} := (\boldsymbol{I}_{r_t} \,\vdots\, \boldsymbol{O}_{r_t \times (r_m - r_t)})$ und $\Theta_t := \{\boldsymbol{\vartheta}^{(t)} \in \mathrm{R}^{r_t}: \exists \boldsymbol{\vartheta} \in \Theta : \boldsymbol{\vartheta}^{(t)} = \boldsymbol{P}\boldsymbol{\vartheta}\}$.

Vor. 11.1.3: $\forall t \in T$:

$$\tilde{S}_t = \left\{ \tilde{\eta}^{(t)} \in (\mathrm{R}^1)^B : \tilde{\eta}^{(t)}(\cdot, \boldsymbol{\vartheta}^{(t)}) = \sum_{j=1}^{r_t} f_j(\cdot)\, \vartheta_j \wedge \boldsymbol{\vartheta}^{(t)} \in \Theta_t \right\} \bullet \tag{11.1.3}$$

Zur Abkürzung schreiben wir auch $\boldsymbol{f}^{(t)} := (f_1, \ldots, f_{r_t})'$. Nach Vor. 11.1.3 gilt

$$\forall t \in T \setminus \{m\} : \tilde{S}_t \subseteq \tilde{S}_{t+1} . \tag{11.1.4}$$

Für einen konkreten Versuchsplan $V_n \in V^{(0)}$ ergibt sich mit (2.3.27) und (11.1.3) im Ansatz $\tilde{S}_t$ die Versuchsplanmatrix

$$\boldsymbol{F}_t(V_n) = \left(\boldsymbol{f}^{(t)}(\boldsymbol{x}_1), \ldots, \boldsymbol{f}^{(t)}(\boldsymbol{x}_n)\right)' . \tag{11.1.5}$$

Aus dem Entscheidungsproblem $[Z, A, L]$ erhält man entsprechend Abschnitt 2.3.2 das statistische Entscheidungsproblem $[Z, U, R]$. Davon ausgehend konstruiert man gemäß Abschnitt 2.4 ein sequentielles Entscheidungsproblem mit nichtsequentieller Versuchsplanung (SSEV) $[Z, U^{(s)}, R^{(s)}]$. Die Bezeichnungen aus diesem Abschnitt werden übernommen.

Das SSEV wird auf der Stufe m abgeschnitten. Der Gesamtplan bis zur Stufe t wird wieder mit $\tilde{V}_{N_t}$ bezeichnet (s. (2.4.2)). Damit gilt für die Stoppregel auf der Stufe m:

Vor. 11.1.4: $\forall \tilde{V}_{N_m} \in V^{(0)}\ \forall \boldsymbol{y} \in C(\tilde{V}_{N_m}) : \varphi_m(\boldsymbol{y}(\tilde{V}_{N_m})) = 0 \bullet$

Zur Charakterisierung des abgeschnittenen SSEV genügt die Angabe einer Folge $\{V_{n_t}\}_{t \in T} \in (V^{(0)})^m$ von konkreten Versuchsplänen, einer Folge $\{d_t\}_{t \in T}$ von Endentscheidungsfunktionen und einer Folge $\{\varphi_t\}_{t \in T \setminus \{m\}}$ von Stoppregeln (vgl. Abschnitt 2.4). Die Einschränkung bei der Bestimmung dieser Folgen gegenüber Abschnitt 2.4 besteht im Kapitel 11 darin, daß die Folge von Versuchsplänen nichtsequentiell gewählt wird und die Folgen nicht durch Minimierung einer Risikofunktion des SSEV konstruiert werden.

Auf der t-ten Stufe; $t \in \{1, \ldots, m-1\}$; wird eine gegebene Stoppregel

$$\varphi_t \mid C(\tilde{V}_{N_t}) \to \{0, 1\}$$

verwendet. Diese kann z. B. auf der Basis eines Tests der Nullhypothese $\vartheta_{r_t+1} = \cdots = \vartheta_{r_{t+1}} = 0$ konstruiert worden sein. Im Falle der Ablehnung der Hypothese wird das Verfahren fortgesetzt, im anderen Fall abgebrochen. Oft verwendet man allerdings Tests, die bereits für einen geringeren Versuchsplanumfang durchführbar sind. Der Plan $\tilde{V}_{N_t}$; $t \in \{1, \ldots, m-1\}$; sei so gewählt, daß er die Anwendung der Stoppregel φ_t ermöglicht (s. Abschnitt 11.4).

Die Folge $\{d_t\}_{t \in T}$ von Endentscheidungsfunktionen wird auf der Basis von MKQ-Schätzungen für $\boldsymbol{\vartheta}^{(t)}$ konstruiert. Es sei $\{V^{(0)}_{(t)}\}_{t \in T}$ eine Folge von Mengen konkreter Versuchspläne mit $V^{(0)}_{(t)} \subseteq V^{(0)}$. Wir setzen voraus, daß die MKQ-Schätzung für $\boldsymbol{\vartheta}^{(t)}$ mit einem Teilplan von $\tilde{V}_{N_t}$ eindeutig möglich ist:

Vor. 11.1.5: $\forall t \in T\ \exists n_t^{(1)} \in \mathsf{N}\ \exists n_t^{(2)} \in \mathsf{N}\ \exists V_{n_t^{(1)}} \in V^{(0)}_{(t)}\ \exists V_{n_t^{(2)}} \in V^{(0)}$:

$$\tilde{V}_{N_t} = V_{n_t^{(1)}} + V_{n_t^{(2)}} \wedge \det\left(\boldsymbol{F}_t(V_{n_t^{(1)}})'\, \boldsymbol{F}_t(V_{n_t^{(1)}})\right) > 0 \bullet$$

Damit erhalten wir für die Endentscheidungsfunktionen $d_t \mid C(V_{n_t^{(1)}}) \to \tilde{S}_t$ die Darstellung

$$\forall t \in T: d_t(\cdot, V_{n_t^{(1)}}) = \boldsymbol{f}^{(t)'} \check{\boldsymbol{\vartheta}}^{(t)}(\cdot, V_{n_t^{(1)}}) , \qquad (11.1.6)$$

wobei

$$\forall \boldsymbol{y} \in C(V_{n_t^{(1)}}): \check{\boldsymbol{\vartheta}}^{(t)}(\boldsymbol{y}, V_{n_t^{(1)}}) = \left(\boldsymbol{F}_t(V_{n_t^{(1)}})' \boldsymbol{F}_t(V_{n_t^{(1)}})\right)^{-1} \boldsymbol{F}_t(V_{n_t^{(1)}})' \boldsymbol{y} . \qquad (11.1.7)$$

Mit der Endentscheidungsfunktion (11.1.6) treffen wir zugleich implizit eine Diskriminationsentscheidung für den Ansatz $\tilde{S}_t$.

Die Pläne $V_{n_t^{(1)}}$ der Folge $\{V_{n_t^{(1)}}\}_{t \in T}$ werden aus Mengen $V_{(t)}^{(0)}$ gewählt, deren Elemente gewisse Restriktionen erfüllen. Als Restriktionen fordert man von den Versuchsplänen z. B. die im Abschnitt 5.8 eingeführten Eigenschaften der Orthogonalität und der Drehbarkeit (s. Def. 5.8.1 und Def. 5.8.2). Aus $V_{(t)}^{(0)}$ wird dann ein Plan $V_{n_t^{(1)}}$ mit kleinstem Umfang gewählt.

Es bezeichne $V_{t,\text{reg}} := \{V_n \in V^{(0)}: \det\left(\boldsymbol{F}_t(V_n)' \boldsymbol{F}_t(V_n)\right) > 0\}$; $t \in \{1, \ldots, m\}$. Nach Vor. 11.1.5 wird von den Elementen der Folge $\{V_{(t)}^{(0)}\}_{t \in T}$ $V_{(t)}^{(0)} \cap V_{t,\text{reg}} \neq \emptyset$ gefordert.

Als Ansätze $\tilde{S}_t$; $t \in \{1, \ldots, m\}$; werden im folgenden stets Polynome in k; $k \geqq 2$; unabhängigen Variablen $x_1, \ldots, x_k$; $\boldsymbol{x} = (x_1, \ldots, x_k)' \in B \subseteq \mathrm{R}^k$; gewählt.

Def. 11.1.1: $\tilde{S}_t$ heißt (k, t, q)-*Ansatz*; $t \in \{1, \ldots, m\}$, $q \in \{1, \ldots, k\} =_{\text{df}}$

$$\forall \tilde{\eta}^{(t)} \in \tilde{S}_t \ \forall \boldsymbol{x} \in B \ \forall \boldsymbol{\vartheta}^{(t)} \in \Theta_t:$$

$$\tilde{\eta}^{(t)}(\boldsymbol{x}, \boldsymbol{\vartheta}^{(t)}) = \vartheta_0^{(t)} + \sum_{i=1}^{k} \vartheta_i^{(t)} x_i + \cdots + \sum_{i=1}^{k} \vartheta_{i \ldots i}^{(t)} x_i^t$$
$$+ \sum_{1 \leqq i_1 < i_2 \leqq k} \vartheta_{i_1 i_2}^{(t)} x_{i_1} x_{i_2} + \cdots + \sum_{1 \leqq i_1 < \cdots < i_q \leqq k} \vartheta_{i_1 \cdots i_q}^{(t)} x_{i_1} \cdots x_{i_q} \bullet$$

Def. 11.1.2: $\tilde{S}_t$ heißt *unvollständiger* (k, t, q)-*Ansatz* $=_{\text{df}}$
$\tilde{S}_t \subseteq \tilde{S}_{t'} \wedge \langle\!\langle \tilde{S}_{t'}$ ist (k, t, q)-Ansatz$\rangle\!\rangle$ •

Vor. 11.1.6: Es sei $\tilde{S}_t$; $t \in \{1, \ldots, m\}$; ein unvollständiger (k, t, k)-Ansatz •

Bei der Wahl der Ansätze $\tilde{S}_t$; $t \in \{1, \ldots, m\}$; ist außerdem die Forderung

$$\forall t \in T \setminus \{m\}: \tilde{S}_t \subseteq \tilde{S}_{t+1}$$

(s. (11.1.4)) zu beachten.

Für die weiteren Betrachtungen wird das Sequentialverfahren auf der zweiten Stufe abgeschnitten ($m = 2$).

In den Abschnitten 11.2 und 11.3 werden Versuchsplanklassen $V_{(1)}^{(0)}$ und $V_{(2)}^{(0)}$ für unvollständige $(k, 1, k)$- bzw. $(k, 2, q)$-Ansätze konstruiert. Da stets k; $k \geqq 2$; Faktoren untersucht werden, nennt man die Versuchspläne aus diesen Abschnitten auch *Mehrfaktorpläne.* Auf Probleme im Zusammenhang mit der praktischen Anwendung der Mehrfaktorpläne werden wir in II/5 eingehen.

11.2. Faktorielle Versuchspläne für in allen Variablen lineare Ansätze

In diesem Abschnitt wird die erste Stufe des SSEV aus Abschnitt 11.1 betrachtet. Falls auf der ersten Stufe gestoppt wird, schätzt man gemäß (11.1.7) den Koeffizientenvektor $\vartheta^{(1)}$ des unvollständigen $(k, 1, k)$-Ansatzes $\tilde{S}_1$ nach der MKQ. Im Abschnitt 11.2 werden Konstruktion und Eigenschaften von Mengen $V_{(1)}^{(0)} \subseteq V^{(0)}$ faktorieller Versuchspläne für die Schätzung von $\vartheta^{(1)}$ behandelt. Als eine Restriktion werden wir die Orthogonalität der Versuchspläne verlangen. Da ein unvollständiger $(k, 1, k)$-Ansatz $\tilde{S}_1$ ein in allen k Variablen linearer Ansatz (höchstens k-ten Grades) ist, nennt man die Pläne auch *k-dimensionale Versuchspläne* 1. *Ordnung.*

Im Abschnitt 11.2 wird auf den Stufenindex $t = 1$ in allen Bezeichnungen außer bei $V_{(1)}^{(0)}$ verzichtet sowie für $V_{n_1^{(1)}}$ stets V_n geschrieben. Damit setzen wir $\tilde{S} := \tilde{S}_1$, $V_n := V_{n_1^{(1)}}$, $\vartheta := \vartheta^{(1)}$, $V_{\text{reg}}^{(0)} := V_{1,\text{reg}}^{(0)}$, $\Theta := \Theta_1$ und $r := r_1$. .

11.2.1. Grundlagen

Für den Koeffizientenvektor des $(k, 1, k)$-Ansatzes gilt $\dim(\Theta) = 2^k$. Jeder Versuchsplan $V_n \in V_{\text{reg}}^{(0)}$ für einen unvollständigen $(k, 1, k)$-Ansatz $\tilde{S}$ mit $\dim(\Theta) \leqq 2^k$ erfüllt die Bedingung $n \geqq \dim(\Theta)$.

Def. 11.2.1: Der Versuchsplan V_n heißt *gesättigt* für den in $\boldsymbol{x}$; $\boldsymbol{x} \in B$; linearen Ansatz $\tilde{S} =_{\text{df}}$

$$n = \dim(\vartheta) \wedge n \geqq 2 \bullet$$

Bemerkung 11.2.1: Falls $\tilde{S}$ als wahr vorausgesetzt wird, besitzen gesättigte reguläre Pläne V_n den kleinsten Umfang in der Menge der Pläne, mit denen der Koeffizientenvektor ϑ des Ansatzes $\tilde{S}$ schätzbar (s. Def. 3.1.3) ist.

Die folgende Definition ist eine Spezialisierung von Def. 5.8.1.

Def. 11.2.2: Der Versuchsplan V_n heißt *orthogonal* für den in ϑ linearen Ansatz $\tilde{S} =_{\text{df}}$

$$\exists c \in \mathrm{R}^+ : \boldsymbol{F}(V_n)' \boldsymbol{F}(V_n) = c\boldsymbol{I}_{k+1} \bullet \tag{11.2.1}$$

Aus (11.2.1) folgt, daß ein orthogonaler Versuchsplan für einen in ϑ linearen Ansatz auch regulär ist.

Die Konstruktionsmethoden für die faktoriellen Versuchspläne im Abschnitt 11.2 werden für folgende Wahl des Versuchs- und des Prognosebereichs dargestellt:

$$V = H = [-1, +1]^k \,. \tag{11.2.2}$$

Im Unterschied zum Vorgehen in den Kapiteln 2 bis 10 wird in diesem Abschnitt der gemäß (11.2.2) gegebene Versuchsbereich $V = [-1, +1]^k$ zunächst diskretisiert, so daß jeder der k Faktoren nur noch zwei verschiedene Werte annehmen kann. Diese Werte nennt man Stufen oder Niveaus der Faktoren. Der diskretisierte Versuchsbereich wird mit $V_{(d)}$ bezeichnet.

Vor. 11.2.1: $V_{(d)} = \{-1, +1\}^k \bullet$

Es ist $\operatorname{card}(V_{(d)}) = 2^k$.

Bemerkung 11.2.2: Die Wahl von $V_{(d)}$ gemäß Vor. 11.2.1 erlaubt es, die in der Varianzanalyse bekannten faktoriellen Versuchspläne auf zwei Stufen auch im Regressionsmodell anzuwenden.

Def. 11.2.3: Der Versuchsplan V_n heißt (*k-dimensionaler*) *faktorieller Versuchsplan auf zwei Stufen* $=_{\text{df}}$

$$V_n \in V_{(d)}^n = \{\{-1, +1\}^k\}^n \bullet$$

Es bezeichnen V^n_{reg} die Menge aller regulären Pläne vom Umfang n und $S(V_n)$ das Spektrum des Versuchsplanes V_n (s. (2.2.18)).

Lemma 11.2.1: $(\langle\langle \tilde{S}$ ist unvollständiger $(k, 1, k)$-Ansatz$\rangle\rangle \wedge n \geqq \dim \Theta) \Rightarrow V^n_{(d)} \cap V^n_{\text{reg}} \neq \emptyset$ •

Beweisgedanke: Es seien $\boldsymbol{F}(V_n) = (\boldsymbol{f}(\boldsymbol{x}_1), \ldots, \boldsymbol{f}(\boldsymbol{x}_n))'$; $V_n \in V^{(0)}$; die zu $\tilde{S}$ gehörige Versuchsplanmatrix, $\dim \Theta = r$ und $\boldsymbol{\alpha} \in \mathrm{R}^r$. Weiter sei $V_r \in V^r_{(d)}$ ein Plan mit $\operatorname{card} S(V_r) = r$. Man verifiziert: $\forall j \in \{1, \ldots, r\} : \boldsymbol{f}(\boldsymbol{x}_j)' \boldsymbol{\alpha} = 0 \Rightarrow \boldsymbol{\alpha} = \boldsymbol{0}$. Damit sind alle Spalten von $\boldsymbol{F}(V_r)$ linear unabhängig, und es gilt $V_r \in V^{(0)}_{\text{reg}}$. Weiter sind dann für jeden Plan $V_n \in V^n_{(d)}$ mit $n > \dim \Theta$ und $S(V_r) \subset S(V_n)$ alle Spalten von $\boldsymbol{F}(V_n)$ linear unabhängig, und es gilt $V_n \in V^{(0)}_{\text{reg}}$. Daraus folgt die Behauptung.

Der i-te Versuchspunkt; $i = 1, \ldots, n$; aus $V_n = (\boldsymbol{x}_1, \ldots, \boldsymbol{x}_n) \in V^{(0)}$ wird in der Form $\boldsymbol{x}_i = (x_{i1}, \ldots, x_{ik})'$ dargestellt.

Def. 11.2.4: Für den k-dimensionalen faktoriellen Versuchsplan auf zwei Stufen $V_n \in V^n_{(d)}$ gilt die *Proportionalität der Häufigkeiten* (P.d.H.) $=_{\text{df}}$

1. $\dfrac{n}{4} \in \mathbb{N}$,

2. $\forall i \in \{1, \ldots, k\} : \operatorname{card} \{x_{ji} : j \in \{1, \ldots, n\} \wedge x_{ji} = 1\} = \dfrac{n}{2}$,

3. $\forall i \in \{1, \ldots, k\}\ \forall p \in \{1, \ldots, k\}$:

$$i \neq p \Rightarrow \operatorname{card} \{(x_{ji}, x_{jp}) : j \in \{1, \ldots, n\} \wedge x_{ji} = x_{jp} = 1\} = \frac{n}{4}$$

$$\wedge \operatorname{card} \{(x_{ji}, x_{jp}) : j \in \{1, \ldots, n\} \wedge x_{ji} = -1 \wedge x_{jp} = 1\} = \frac{n}{4}$$

$$\wedge \operatorname{card} \{(x_{ji}, x_{jp}) : j \in \{1, \ldots, n\} \wedge x_{ji} = 1 \wedge x_{jp} = -1\} = \frac{n}{4} \bullet$$

Lemma 11.2.2: Es sei $\tilde{S}$ ein unvollständiger $(k, 1, k)$-Ansatz und $V_n \in V^n_{(d)} \cap V^n_{\text{reg}}$; $n \geqq \dim \Theta$. Für V_n gilt die P. d. H. genau dann, wenn V_n ein orthogonaler Versuchsplan ist •

Beweisgedanke:

a) Für V_n, d. h. für die zweite bis $(k + 1)$-te Spalte von $\boldsymbol{F}(V_n)$, gelte die P.d.H. Weiterhin enthält $\boldsymbol{F}(V_n)$ außer der ersten Spalte ($\boldsymbol{s}_0 = \boldsymbol{1}$) nur solche Spalten, die als komponentenweise gebildete Produkte anderer Spalten erzeugbar und von allen bereits vorhandenen Spalten verschieden sind. Aus den in Def. 11.2.4 angegebenen Eigenschaften folgt, daß $\boldsymbol{F}(V_n)$ HADAMARD-Matrix ist. Damit ist V_n für den entsprechenden Ansatz ein orthogonaler Plan.

b) Falls V_n ein orthogonaler Plan bezüglich eines unvollständigen $(k, 1, k)$-Ansatzes ist, folgt aus der Orthogonalität aller Spalten zur 1. Spalte ($\boldsymbol{s}_0 = \boldsymbol{1}$) die Eigenschaft 2. aus Def. 11.2.4. Für zwei Faktoren x_{i_1}, x_{i_2}; $1 \leqq i_1 < i_2 \leqq k$; seien h_1, h_2, h_3 und h_4 die Häufigkeiten der Kombinationen $(+1, +1)$, $(+1, -1)$, $(-1, +1)$ bzw. $(-1, -1)$. Aus der Orthogonalität der Spalten und wegen 2. folgt $h_1 + h_2 = h_1 + h_3 = h_2 + h_4 = h_3 + h_4 = \dfrac{n}{2}$, also $h_1 = h_2 = h_3 = h_4 = \dfrac{n}{4}$. Damit besitzt V_n auch die Eigenschaften 1. und 3. aus Def. 11.2.4.

Lemma 11.2.3: Es sei $\tilde{S}$ ein unvollständiger $(k, 1, k)$-Ansatz. Sind $V_{n_1} \in V^{n_1}_{(d)}$ sowie $V_{n_2} \in V^{n_2}_{(d)}$ orthogonale Pläne, dann ist der Plan $V_{n_1} + V_{n_2}$ ebenfalls orthogonal •

Beweis: Nach Lemma 11.2.2 gilt für die orthogonalen Pläne V_{n_1} und V_{n_2} die P.d.H. Damit gilt die P.d.H. auch für den Plan $V_{n_1} + V_{n_2}$. Aus der P.d.H. folgt gemäß Lemma 11.2.2 die Orthogonalität von $V_{n_1} + V_{n_2}$.

11.2.2. Vollständige faktorielle Versuchspläne vom Typ 2^k

In diesem Abschnitt wird als Menge $V_{(1)}^{(0)}$ von Versuchsplänen für die Schätzung in der 1. Stufe des im Abschnitt 11.1 beschriebenen SSEV die Menge der sogenannten vollständigen faktoriellen Versuchspläne vom Typ 2^k untersucht. Diese Pläne sind die in ihrer Struktur einfachsten faktoriellen Versuchspläne.

Def. 11.2.5: Der Versuchsplan $V_{2^k} = (\boldsymbol{x}_1, \dots, \boldsymbol{x}_{2^k})$ heißt (*k-dimensionaler*) *vollständiger faktorieller Versuchsplan auf zwei Stufen* (abgekürzt: VFV 2^k) $=_{\text{df}}$

$$V_{2^k} \in \{\{-1, +1\}^k\}^{2^k} \wedge \operatorname{card} S(V_{2^k}) = 2^k \bullet$$

Ein VFV 2^k ist bis auf Permutation der Versuchspunkte eindeutig bestimmt und besteht aus genau den 2^k verschiedenen Punkten der Menge $\{-1, +1\}^k$.

Lemma 11.2.4: Jeder VFV 2^k ist ein gesättigter Versuchsplan für den (vollständigen) $(k, 1, k)$-Ansatz •

Beweis: Für den $(k, 1, k)$-Ansatz gilt $\dim(\Theta) = 2^k$.

Satz 11.2.1: Es sei $\tilde{S}$ ein unvollständiger $(k, 1, k)$-Ansatz. Jeder VFV 2^k ist ein orthogonaler Versuchsplan •

Beweisgedanke: Man zeigt, daß für jeden VFV 2^k die P.d.H. gilt und weist die Regularität dieser Pläne nach. Nach Lemma 11.2.2 folgt dann die Orthogonalität der VFV 2^k.

Die VFV 2^k sind Ausgangspunkt für die Konstruktion von teilweisen faktoriellen Versuchsplänen für unvollständige $(k, 1, k)$-Ansätze (s. Abschnitt 11.2.3) sowie von Versuchsplanmengen $V_{(2)}^{(0)}$ für unvollständige $(k, 2, 2)$-Ansätze (s. Abschnitt 11.3).

11.2.3. Teilweise faktorielle Versuchspläne vom Typ 2^{k-p}

Die VFV 2^k sind gesättigte Pläne für den $(k, 1, k)$-Ansatz und besitzen damit in der Menge der regulären faktoriellen Pläne den kleinsten Umfang. Benutzt man einen VFV 2^k für einen unvollständigen $(k, 1, k)$-Ansatz, der vom $(k, 1, k)$-Ansatz verschieden ist, so gilt $n > \dim \Theta$. Im Abschnitt 11.2.3 soll für jeden solchen unvollständigen $(k, 1, k)$-Ansatz als Menge $V_{(1)}^{(0)}$ von Versuchsplänen für die Schätzung in der ersten Stufe des im Abschnitt 11.1 beschriebenen SSEV eine Teilmenge der regulären faktoriellen Versuchspläne betrachtet werden, die Menge der regulären und umfangsregulären teilweisen faktoriellen Pläne. Die Pläne aus einer solchen Menge besitzen einen kleineren Umfang als die VFV 2^k. Unter a) werden zunächst Strukturuntersuchungen vorgenommen, unter b) beschreiben wir die Konstruktion dieser Pläne.

Def. 11.2.6: Der Versuchsplan V_n heißt (*k-dimensionaler*) *teilweiser faktorieller Versuchsplan* (eines VFV 2^k) *vom Umfang n* (abgekürzt: TFV n) $=_{\text{df}}$

$$V_n \in \{\{-1, +1\}^k\}^n \wedge n < 2^k \wedge \operatorname{card} S(V_n) = n \bullet$$

Ein TFV n setzt sich damit aus n Punkten eines VFV 2^k zusammen.

Def. 11.2.7: Der (k-dimensionale) TFV n heißt *umfangsregulär* $=_{\text{df}}$

$$\exists p \in \mathsf{N}: n = 2^{k-p} \bullet$$

Dieser Begriff hängt inhaltlich nicht mit der in (5.1.3) eingeführten Regularität von Versuchsplänen zusammen. Ein TFV n, der nicht umfangsregulär ist, wird *umfangsirregulär* genannt. Im folgenden werden nur umfangsreguläre TFV n behandelt.

a) *Vermengungsstrukturen*

In diesem Unterabschnitt a) bezeichnen stets $\tilde{S}$ den $(k, 1, k)$-Ansatz und V_n einen TFV 2^{k-p}. Es sei $x_0 := 1$ ein fiktiver Faktor. Mit $\mathbf{s}_0$ wird die erste Spalte der Versuchsplanmatrix $\boldsymbol{F}(V_n)$ bezeichnet. Für jedes $V_n \in V^{(0)}$ gilt $\mathbf{s}_0 = \mathbf{1}$. Weiter bezeichnen wir mit $\mathbf{s}_{i_1 \dots i_u}(V_n)$; $1 \leqq i_1 < \cdots < i_u \leqq k$, $1 \leqq u \leqq k$; die Spalte von $\boldsymbol{F}(V_n)$, in der die Werte des Produkts $x_{i_1} \cdots x_{i_u}$ stehen. Wir definieren

$$\boldsymbol{F}(V_n) = (\mathbf{s}_0, \mathbf{s}_1(V_n), \dots, \mathbf{s}_k(V_n), \mathbf{s}_{12}(V_n), \dots, \mathbf{s}_{1\dots k}(V_n)) =: (\mathbf{s}_0, \mathbf{s}_1(V_n), \dots, \mathbf{s}_{2^k-1}(V_n)) \tag{11.2.3}$$

mit $\mathbf{s}_i(V_n) = (s_{i1}(\boldsymbol{x}_1), \dots, s_{in}(\boldsymbol{x}_n))'$; $i \in \{1, \dots, 2^k - 1\}$.

Def. 11.2.8: $\boldsymbol{t} = \boldsymbol{t}_1 \odot \boldsymbol{t}_2$; $\boldsymbol{t}_1 \in \mathrm{R}^n$, $\boldsymbol{t}_2 \in \mathrm{R}^n$; heißt *komponentenweise gebildetes Vektorprodukt von* $\boldsymbol{t}_1$ *und* $\boldsymbol{t}_2$ $=_{\mathrm{df}}$

$$\boldsymbol{t} = (t_{11}t_{21}, t_{12}t_{22}, \dots, t_{1n}t_{2n}) \bullet$$

Für einen $(k, 1, k)$-Ansatz und einen TFV 2^{k-p} sind im Gegensatz zu einem VFV 2^k die Spalten der Matrix $\boldsymbol{F}(V_n)$ nicht mehr linear unabhängig. Jede Spalte $\mathbf{s}_i(V_n)$; $0 \leqq i \leqq 2^k - 1$; von $\boldsymbol{F}(V_n)$ besitzt offenbar eine der folgenden drei Eigenschaften:

a) $\exists j \in \{0, \dots, 2^k - 1\} : j \neq i \wedge \mathbf{s}_i(V_n) = \mathbf{s}_j(V_n)$,

b) $\exists j \in \{0, \dots, 2^k - 1\} : j \neq i \wedge \mathbf{s}_i(V_n) = -\mathbf{s}_j(V_n)$,

c) $\mathbf{s}_i(V_n)$ ist nicht als Linearkombination anderer Spalten darstellbar.

Es sei

$$\mathbf{s}_i(V_n) = \mathbf{s}_j(V_n) \vee \mathbf{s}_i(V_n) = -\mathbf{s}_j(V_n); \quad 0 \leqq i < j \leqq 2^k - 1 . \tag{11.2.4}$$

Auf Grund von

$$\forall i \in \{0, \dots, 2^k - 1\} : \mathbf{s}_i(V_n) \odot \mathbf{s}_i(V_n) = \mathbf{1} \tag{11.2.5}$$

folgt aus (11.2.4)

$$\mathbf{1} = \mathbf{s}_i(V_n) \odot \mathbf{s}_j(V_n) \vee \mathbf{1} = -\mathbf{s}_i(V_n) \odot \mathbf{s}_j(V_n) . \tag{11.2.6}$$

Def. 11.2.9: Die Terme $\mathbf{s}_{i_1}(V_n) \odot \mathbf{s}_{j_1}(V_n)$ und $\mathbf{s}_{i_2}(V_n) \odot \mathbf{s}_{j_2}(V_n)$ (bzw. $-\mathbf{s}_{i_1}(V_n) \odot \mathbf{s}_{j_1}(V_n)$ und $-\mathbf{s}_{i_2}(V_n) \odot \mathbf{s}_{j_2}(V_n)$) heißen *termidentisch* $=_{\mathrm{df}}$

$$i_1 = i_2 \wedge j_1 = j_2 \bullet$$

Sind die Terme $\mathbf{s}_{i_1}(V_n) \odot \mathbf{s}_{j_1}(V_n)$ und $\mathbf{s}_{i_2}(V_n) \odot \mathbf{s}_{j_2}(V_n)$ (bzw. $-\mathbf{s}_{i_1}(V_n) \odot \mathbf{s}_{j_1}(V_n)$ und $-\mathbf{s}_{i_2}(V_n) \odot \mathbf{s}_{j_2}(V_n)$) termidentisch, so schreiben wir dafür $\mathbf{s}_{i_1}(V_n) \odot \mathbf{s}_{j_1}(V_n) \equiv \mathbf{s}_{i_2}(V_n) \odot \mathbf{s}_{j_2}(V_n)$ (bzw. $-\mathbf{s}_{i_1}(V_n) \odot \mathbf{s}_{j_1}(V_n) \equiv -\mathbf{s}_{i_2}(V_n) \odot \mathbf{s}_{j_2}(V_n)$).

Def. 11.2.10: $\mathscr{G}(V_n) := \mathbf{s}_i(V_n) \odot \mathbf{s}_j(V_n)$ (bzw. $\mathscr{G}(V_n) := -\mathbf{s}_i(V_n) \odot \mathbf{s}_j(V_n)$); $0 \leqq i < j \leqq 2^k - 1$; heißt *Generator* zu dem umfangsregulären TFV n $=_{\mathrm{df}}$

$$\mathbf{1} = \mathbf{s}_i(V_n) \odot \mathbf{s}_j(V_n) \qquad (\text{bzw. } \mathbf{1} = -\mathbf{s}_i(V_n) \odot \mathbf{s}_j(V_n)) \bullet$$

Im folgenden betrachten wir nur Generatoren zu dem gleichen umfangsregulären TFV n. Aus diesem Grunde wird auf die Angabe der Abhängigkeit der Generatoren von V_n verzichtet.

Es seien alle Generatoren $\mathscr{G}_1, \dots, \mathscr{G}_p$; $p < k - 1$; zu V_n gegeben. Die Menge $\{\mathscr{G}_1, \dots, \mathscr{G}_p\}$ bezeichnen wir als *Generatorensystem* zu dem umfangsregulären TFV n.

Mit

$$\mathbf{1} = \mathcal{S}_1, \dots, \mathbf{1} = \mathcal{S}_p, \quad \mathbf{1} = \mathcal{S}_1 \odot \mathcal{S}_2, \dots, \mathbf{1} = \mathcal{S}_{p-1} \odot \mathcal{S}_p, \dots, \mathbf{1} = \prod_{w=1}^{p} \mathcal{S}_w \quad (11.2.7)$$

gilt

$$\mathbf{1} = \mathcal{S}_1 = \dots = \mathcal{S}_p = \mathcal{S}_1 \odot \mathcal{S}_2 = \dots = \mathcal{S}_{p-1} \odot \mathcal{S}_p = \dots = \prod_{w=1}^{p} \mathcal{S}_w . \quad (11.2.8)$$

Def. 11.2.11: Die Menge von Gleichungen $\mathcal{V}_{\{\mathcal{S}_1, \dots, \mathcal{S}_p\}}$; $p < k - 1$; heißt *Vermengungsstruktur zum Generatorensystem* $\{\mathcal{S}_1, \dots, \mathcal{S}_p\} =_{\text{df}}$

$$\mathcal{V}_{\{\mathcal{S}_1, \dots, \mathcal{S}_p\}} = \{\Big(\mathbf{s}_l = \mathbf{s}_l \odot \mathcal{S}_1 = \dots = \mathbf{s}_l \odot \mathcal{S}_p = \mathbf{s}_l \odot \mathcal{S}_1 \odot \mathcal{S}_2 = \dots$$
$$= \mathbf{s}_l \odot \mathcal{S}_{p-1} \odot \mathcal{S}_p = \dots = \mathbf{s}_l \odot \prod_{w=1}^{p} \mathcal{S}_w\Big) : 0 \leqq l \leqq 2^k - 1\} \bullet \quad (11.2.9)$$

Da für jeden VFV 2^k die Spalten der Matrix $\boldsymbol{F}(V_{2^k})$ eine Gruppe bez. der Operation $\odot$ gemäß Def. 11.2.8 bilden, gilt die folgende Aussage.

Lemma 11.2.5: $\forall l \in \{0, \dots, 2^k - 1\}\ \forall u \in \{1, \dots, p\}\ \forall (i_1, \dots, i_u) \in \{1, \dots, p\}^u$

$$\exists g_l^{(i_1, \dots, i_u)} \in \{0, \dots, 2^k - 1\} \setminus \{l\}:$$

$$(i_1 < i_2 < \dots < i_u) \Rightarrow \mathbf{s}_l \odot \prod_{v=1}^{u} \mathcal{S}_{i_v} = \pm\ \mathbf{s}_{g_l^{(i_1, \dots, i_u)}} , \quad (11.2.10)$$

wobei sich das Vorzeichen als Produkt der Vorzeichen der Generatoren $\mathcal{S}_{i_v}: v = 1, \dots, u$; ergibt •

Damit beschreibt für einen TFV 2^{k-p} die Menge $\mathcal{V}_{\{\mathcal{S}_1, \dots, \mathcal{S}_p\}}$ alle durch das Generatorensystem $\{\mathcal{S}_1, \dots, \mathcal{S}_p\}$ erzeugten linearen Abhängigkeiten der Spalten von $\boldsymbol{F}(V_n)$. Die Beziehung (11.2.9) kann mit (11.2.10) äquivalent umgeformt werden in

$$\mathcal{V}_{\{\mathcal{S}_1, \dots, \mathcal{S}_p\}} = \{(\mathbf{s}_l = \pm\ \mathbf{s}_{g_l^{(1)}} = \dots = \pm\ \mathbf{s}_{g_l^{(p)}} = \pm\ \mathbf{s}_{g_l^{(1,2)}} = \dots$$
$$= \mathbf{s}_{g_l^{(p-1,p)}} = \pm\ \mathbf{s}_{g_l^{(1, \dots, p)}} : 0 \leqq l \leqq 2^k - 1\} , \quad (11.2.11)$$

wobei sich die Vorzeichen aus (11.2.10) ergeben. Dabei sind Gleichungsketten, die bis auf Permutation der Kettenglieder übereinstimmen, äquivalente Darstellungen desselben Mengenelements. Sie werden zu einer *Äquivalenzklasse* zusammengefaßt.

Lemma 11.2.6: Gegeben seien zwei Generatoren $\mathcal{S}_1$ und $\mathcal{S}_1'$. Aus $\mathcal{S}_1 \not\equiv \mathcal{S}_1'$ folgt

$$\mathcal{V}_{\{\mathcal{S}_1\}} \cap \mathcal{V}_{\{\mathcal{S}_1'\}} = \emptyset \bullet$$

Beweis: Es sei $\mathcal{S}_1 \not\equiv \mathcal{S}_1'$. Für die Generatoren gilt $\mathbf{1} = \mathcal{S}_1$ und $\mathbf{1} = \mathcal{S}_1'$. Angenommen $(\mathbf{s}_l = \pm\ \mathbf{s}_l \odot \mathbf{s}_i \odot \mathbf{s}_j) \in \mathcal{V}_{\{\mathcal{S}_1\}} \cap \mathcal{V}_{\{\mathcal{S}_1'\}}$. Dann folgt $\mathbf{1} = (\mathbf{s}_i \odot \mathbf{s}_j) \in \mathcal{V}_{\{\mathcal{S}_1\}} \cap \mathcal{V}_{\{\mathcal{S}_1'\}}$ und $\mathcal{S}_1 \equiv \mathcal{S}_1'$, was ein Widerspruch zur Voraussetzung ist.

Def. 11.2.12: Das Generatorensystem $\{\mathcal{S}_1, \dots, \mathcal{S}_p\}$ heißt *unabhängig* $=_{\text{df}}$

1. $\forall i \in \{1, \dots, p\}: \mathcal{S}_i \not\equiv \mathbf{1}$,
2. $\forall (u_1, u_2) \in \{1, \dots, p\}^2\ \forall (i_1^{(1)}, \dots, i_{u_1}^{(1)}) \in \{1, \dots, p\}^{u_1}\ \forall (i_1^{(2)}, \dots, i_{u_2}^{(2)}) \in \{1, \dots, p\}^{u_2}$:
   $((i_1^{(1)} < \dots < i_{u_1}^{(1)}) \wedge (i_1^{(2)} < \dots < i_{u_2}^{(2)}) \wedge (\{i_1^{(1)}, \dots, i_{u_1}^{(1)}\} \neq \{i_1^{(2)}, \dots, i_{u_2}^{(2)}\}))$
   $\Rightarrow \left(\prod_{v=1}^{u_1} \mathcal{S}_{i_v^{(1)}} \not\equiv \prod_{w=1}^{u_2} \mathcal{S}_{i_w^{(2)}}\right) \bullet$

In Def. 11.2.12 setzen wir $\prod_{v=1}^{u_1} \mathcal{S}_{i_v^{(1)}} =: \mathcal{S}_1$ und $\prod_{w=1}^{u_2} \mathcal{S}_{i_w^{(2)}} =: \mathcal{S}_1'$. Damit erhalten wir $\mathcal{V}_{\left\{\prod_{v=1}^{u_1} \mathcal{S}_{i_v^{(1)}}\right\}} := \mathcal{V}_{\{\mathcal{S}_1\}}$ und $\mathcal{V}_{\left\{\prod_{w=1}^{u_2} \mathcal{S}_{i_w^{(2)}}\right\}} := \mathcal{V}_{\{\mathcal{S}_1'\}}$. Aus Lemma 11.2.5 ergibt sich die folgende Aussage.

Folgerung 11.2.1: Aus 2. in Def. 11.2.12 folgt

$$\mathcal{V}_{\left\{\prod_{v=1}^{u_1} \mathcal{S}_{i_v^{(1)}}\right\}} \cap \mathcal{V}_{\left\{\prod_{w=1}^{u_2} \mathcal{S}_{i_w^{(2)}}\right\}} = \emptyset \bullet$$

Lemma 11.2.7: Das Generatorensystem $\{\mathcal{S}_1, \dots, \mathcal{S}_p\}$ ist unabhängig genau dann, wenn gilt

$$\forall w \in \{1, \dots, p\} \; \forall u \in \{1, \dots, p\} \; \forall (i_1, \dots, i_{w-1}, i_{w+1}, \dots, i_u) \in \{1, \dots, p\}^{u-1}:$$

$$(i_1 < \dots < i_{w-1} < i_{w+1} < \dots < i_u) \Rightarrow \mathcal{S}_w \not\equiv \prod_{\substack{v=1 \\ v \neq w}}^{u} \mathcal{S}_{i_v} \bullet \tag{11.2.12}$$

Beweis: a) Das Generatorensystem $\{\mathcal{S}_1, \dots, \mathcal{S}_p\}$ sei unabhängig. Angenommen $\exists w \in \{1, \dots, p\}$: $\mathcal{S}_w = \prod_{\substack{v=1 \\ v \neq w}}^{u} \mathcal{S}_{i_v}$. Daraus folgt mit $i_w := w$: $\mathbf{1} \equiv \prod_{v=1}^{u} \mathcal{S}_{i_v}$, und damit gilt

$$\Big((\forall v \in \{1, \dots, u\}: \mathcal{S}_{i_v} \equiv \mathbf{1}) \vee (\exists a \in \{1, \dots, u\} \; \exists (j_1, \dots, j_a) \in \{1, \dots, p\}^a \; \exists (l_1, \dots, l_{u-a}) \in \{1, \dots, p\}^{u-a}:$$

$$\Big(\{j_1, \dots, j_a\} \cup \{l_1, \dots, l_{u-a}\} = \{i_1, \dots, i_u\} \wedge \prod_{q=1}^{a} \mathcal{S}_{j_q} \equiv \prod_{z=1}^{b} \mathcal{S}_{l_z})\Big)\Big).$$

Das ist ein Widerspruch zur Unabhängigkeit von $\{\mathcal{S}_1, \dots, \mathcal{S}_p\}$.

b) Es gelte (11.2.12).

b_1) Angenommen $\exists i \in \{1, \dots, p\}: \mathcal{S}_i \equiv \mathbf{1}$.

Daraus folgt $\forall j \in \{1, \dots, p\}: j \neq i \Rightarrow \mathcal{S}_i \odot \mathcal{S}_j \equiv \mathcal{S}_j$. Das widerspricht (11.2.12).

b_2) Angenommen

$$\exists (u_1, u_2) \in \{1, \dots, p\}^2 \; \exists (i_1^{(1)}, \dots, i_{u_1}^{(1)}) \in \{1, \dots, p\}^{u_1} \; \exists (i_1^{(2)}, \dots, i_{u_2}^{(2)}) \in \{1, \dots, p\}^{u_2}:$$

$$\Big((i_1^{(1)} < \dots < i_{u_1}^{(1)}) \wedge (i_1^{(2)} < \dots < i_{u_2}^{(2)}) \wedge (\{i_1^{(1)}, \dots, i_{u_1}^{(1)}\} \neq \{i_1^{(2)}, \dots, i_{u_2}^{(2)}\}) \wedge \Big(\prod_{v=1}^{u_1} \mathcal{S}_{i_v^{(1)}} \equiv \prod_{w=1}^{u_2} \mathcal{S}_{i_w^{(2)}}\Big)\Big).$$

Daraus folgt

$$\forall l \in \{1, \dots, u_1\}: \mathcal{S}_{i_l^{(1)}} \equiv \prod_{w=1}^{u_2} \mathcal{S}_{i_w^{(2)}} \odot \prod_{\substack{v=1 \\ v \neq l}}^{u_1} \mathcal{S}_{i_v^{(1)}} \equiv \prod_{\substack{z=1 \\ z \neq l}}^{u} \mathcal{S}_{i_z}.$$

Damit erhalten wir einen Widerspruch zu (11.2.12).

Für $u = p$ erhalten wir in (11.2.12) $\mathcal{S}_w \not\equiv \prod_{\substack{v=1 \\ v \neq w}}^{p} \mathcal{S}_{i_v}$ und daraus

$$\mathbf{1} \not\equiv \prod_{v=1}^{p} \mathcal{S}_{i_v}. \tag{11.2.13}$$

Die Beziehung (11.2.12) kann auch aus Eigenschaft 2. in Def. 11.2.12 gefolgert werden. Aus (11.2.12) und (11.2.13) (bzw. aus Def. 11.2.12) ergibt sich damit

Folgerung 11.2.2: Ist $\{\mathscr{G}_1, \dots, \mathscr{G}_p\}$ ein unabhängiges Generatorensystem, dann hat die Gleichungskette

$$1 = \mathscr{G}_1 = \cdots = \mathscr{G}_p = \mathscr{G}_1 \odot \mathscr{G}_2 = \cdots = \mathscr{G}_{p-1} \odot \mathscr{G}_p = \cdots = \prod_{w=1}^{p} \mathscr{G}_w \qquad (11.2.14)$$

genau 2^p paarweise nichtidentische Glieder •

Es ist card $\mathcal{V}_{\{\mathscr{G}_1,\dots,\mathscr{G}_p\}} := c;\, c \in \{2^{k-p}, \dots, 2^{k-1}\}$. Für ein unabhängiges Generatorensystem $\{\mathscr{G}_1, \dots, \mathscr{G}_p\}$ gilt $c = 2^{k-p}$. Aus (11.2.12) folgt, daß in diesem Fall jeder der 2^{k-p} Gleichungsketten aus $\mathcal{V}_{\{\mathscr{G}_1,\dots,\mathscr{G}_p\}}$ aus genau 2^p paarweise nichtidentischen Gliedern besteht.

Auf Grund von (11.2.14) können wir für jede Vermengungsstruktur $\mathcal{V}_{\{\mathscr{G}_1,\dots,\mathscr{G}_p\}}$ zu einem Generatorensystem $\{\mathscr{G}_1, \dots, \mathscr{G}_p\}$, die Koeffizienten des $(k, 1, k)$-Ansatzes (s. Def. 11.1.1) zu Summen bzw. Differenzen — im weiteren als Summen bezeichnet — zusammenfassen. Wir gehen dabei von der Menge (11.2.11) aus und legen in jeder Äquivalenzklasse einen Repräsentanten fest. Es werden Vektoren $\bar{\boldsymbol{\vartheta}} \in \mathrm{R}^c$ und $\bar{\boldsymbol{f}} \in (\mathrm{R}^c)^B$ eingeführt gemäß: $\forall j_1 \in \{1, \dots, c\}\ \forall j_2 \in \{1, \dots, c\}$:

$$[(\bar{\vartheta}_{j_1} := \vartheta_l \pm \vartheta_{g_l^{(1)}} \pm \cdots \pm \vartheta_{g_l^{(p)}} \pm \vartheta_{g_l^{(1,2)}} \pm \cdots \pm \vartheta_{g_l^{(p-1,p)}} \pm \cdots \pm \vartheta_{g_l^{(1,\dots,p)}})$$

$$\wedge\, (\bar{f}_{j_1} := f_l) \Leftrightarrow (\mathbf{s}_l = \pm\, \mathbf{s}_{g_l^{(1)}} = \cdots = \pm\, \mathbf{s}_{g_l^{(p)}} = \pm\, \mathbf{s}_{g_l^{(1,2)}} = \cdots = \pm\, \mathbf{s}_{g_l^{(p-1,p)}} = \cdots$$

$$= \pm\, \mathbf{s}_{g_l^{(1,\dots,p)}}) \in \mathcal{V}_{\{\mathscr{G}_1,\dots,\mathscr{G}_p\}}] \wedge [j_1 \neq j_2 \Rightarrow \bar{\vartheta}_{j_1} \neq \bar{\vartheta}_{j_2}]\,, \qquad (11.2.15)$$

wobei zu gleichen Indizes gleiche Vorzeichen gehören.
Wir erhalten einen unvollständigen $(k, 1, k)$-Ansatz

$$\tilde{S}_{V_n} := \{\tilde{\eta}_{V_n}\colon \tilde{\eta}_{V_n}(\cdot, \bar{\boldsymbol{\vartheta}}) := \bar{\boldsymbol{f}}(\cdot)'\, \bar{\boldsymbol{\vartheta}} \wedge \bar{\boldsymbol{\vartheta}} \in \mathrm{R}^c\}\,. \qquad (11.2.16)$$

Def. 11.2.13: Die Koeffizienten $\vartheta_l, \vartheta_{g_l^{(1)}}, \dots, \vartheta_{g_l^{(p)}}, \vartheta_{g_l^{(1,2)}}, \dots, \vartheta_{g_l^{(p-1,p)}}, \dots, \vartheta_{g_l^{(1,\dots,p)}}$ des $(k, 1, k)$-Ansatzes heißen *vermengt* bez. des Generatorensystems $\{\mathscr{G}_1, \dots, \mathscr{G}_p\} =_{\mathrm{df}}$

$$\mathbf{s}_l = \pm\, \mathbf{s}_{g_l^{(1)}} = \cdots = \pm\, \mathbf{s}_{g_l^{(p)}} = \pm\, \mathbf{s}_{g_l^{(1,2)}} = \cdots = \pm\, \mathbf{s}_{g_l^{(p-1,p)}} = \cdots = \pm\, \mathbf{s}_{g_l^{(1,\dots,p)}} \bullet \qquad (11.2.17)$$

Die Beziehung (11.2.17) kann durch

$$\bar{\vartheta}_l = \pm\, \vartheta_{g_l^{(1)}} \pm \cdots \pm \vartheta_{g_l^{(p)}} \pm \vartheta_{g_l^{(1,2)}} \pm \cdots \pm \vartheta_{g_l^{(p-1,p)}} \pm \cdots \pm \vartheta_{g_l^{(1,\dots,p)}} \qquad (11.2.18)$$

äquivalent ersetzt werden. Jeder Vermengungsstruktur $\mathcal{V}_{\{\mathscr{G}_1,\dots,\mathscr{G}_p\}}$ zum Generatoren- $\{\mathscr{G}_1, \dots, \mathscr{G}_p\}$ istsystem eineindeutig die Vermengung der einzelnen Koeffizienten des $(k, 1, k)$-Ansatzes zugeordnet. Alle diese Vermengungen werden durch $\bar{\boldsymbol{\vartheta}}$ beschrieben. Zusammenfassend gilt damit für den Fall eines unabhängigen Generatorensystems:

Lemma 11.2.8: Zu dem TFV n gehöre ein unabhängiges Generatorensystem $\{\mathscr{G}_1, \dots, \mathscr{G}_p\}$. Dann läßt sich der $(k, 1, k)$-Ansatz zu einem unvollständigen $(k, 1, k)$-Ansatz $\tilde{S}_{V_n}$ gemäß (11.2.16) umformen, der genau 2^{k-p} Koeffizientensummen enthält. Diese jeweils 2^p-gliedrigen Summen sind durch (11.2.14) eindeutig bestimmt •

Der minimale Umfang eines umfangsregulären Versuchsplanes zur Schätzung der 2^{k-p} Koeffizientensummen des in Lemma 11.2.8 genannten Ansatzes $\tilde{S}_{V_n}$ ist 2^{k-p}.

In Abschnitt b) wird die Konstruktion solcher gesättigter umfangsregulärer Pläne behandelt.

Für die folgende Definition verwenden wir die Schreibweise $\boldsymbol{F}(V_n) = (\mathbf{s}_0, \mathbf{s}_1, \ldots, \mathbf{s}_k, \mathbf{s}_{12}, \ldots, \mathbf{s}_{1\ldots k})$ (s. (11.2.3)). In ihr läßt sich Lemma 11.2.5 für den Fall $l = 0$ wie folgt darstellen:

$$\forall u \in \{1, \ldots, p\}\ \forall (i_1, \ldots, i_u) \in \{1, \ldots, p\}^u\ \exists a \in \{1, \ldots, k\}$$
$$\exists (j_1^{(i_1, \ldots, i_u)}, \ldots, j_a^{(i_1, \ldots, i_u)}) \in \{1, \ldots, k\}^a\colon ((j_1^{(i_1, \ldots, i_u)} < \cdots < j_a^{(i_1, \ldots, i_u)})$$
$$\wedge (i_1 < \cdots < i_u) \Rightarrow \prod_{v=1}^{u} \mathcal{S}_{i_v} = \pm\ \mathbf{s}_{j_1^{(i_1, \ldots, i_u)} \ldots j_a^{(i_1, \ldots, i_u)}}. \tag{11.2.19}$$

Def. 11.2.14: Der TFV 2^{k-p} mit unabhängigem Generatorensystem $\{\mathcal{S}_1, \ldots, \mathcal{S}_p\}$ heißt *Resolution-R-Plan*; $R \in \{1, \ldots, k\} =_{\text{df}}$
Für (11.2.19) gilt

$$\forall u \in \{1, \ldots, p\}\ \forall (i_1, \ldots, i_u) \in \{1, \ldots, p\}^u\colon$$
$$((j_1^{(i_1, \ldots, i_u)} < \cdots < j_a^{(i_1, \ldots, i_u)}) \wedge (i_1 < \cdots < i_u) \Rightarrow \operatorname{card} \{j_1^{(i_1, \ldots, i_u)}, \ldots, j_a^{(i_1, \ldots, i_u)}\} = R) \bullet$$

Diese wichtige Klassifikation der TFV 2^{k-p} wurde von Box, G. E. P./Hunter, J. S. [2] eingeführt. Offenbar sind für einen Resolution-R-Plan V_{2k-p} in $\tilde{S}_{V_{2k-p}}$ Koeffizienten r-faktorieller Produkte $(0 \leqq r \leqq R)$ nur mit Koeffizienten mindestens $(R - r)$-faktorieller Produkte vermengt.

b) *Versuchsplanung bei gegebener Vermengungsstruktur*

Im Unterabschnitt a) wurde untersucht, welche Vermengungsstruktur durch einen gegebenen TFV 2^{k-p} erzeugt wird. Nun wird die Konstruktion eines TFV 2^{k-p} bei gegebener Vermengungsstruktur beschrieben.

Gegeben seien der $(k, 1, k)$-Ansatz, ein unabhängiges Generatorensystem $\{\mathcal{S}_1, \ldots, \mathcal{S}_p\}$ und damit die Vermengungsstruktur $\mathcal{V}_{\{\mathcal{S}_1, \ldots, \mathcal{S}_p\}}$. Die von $\{\mathcal{S}_1, \ldots, \mathcal{S}_p\}$ erzeugten TFV erhält man, indem man genau die Versuchspunkte aus einem VFV 2^k auswählt, für die alle Gleichungen der Vermengungsstruktur $\mathcal{V}_{\{\mathcal{S}_1, \ldots, \mathcal{S}_p\}}$ gelten. Hinreichend dafür ist die Erfüllung der Gleichungskette

$$\mathbf{1} = \mathcal{S}_1 = \cdots = \mathcal{S}_p\,. \tag{11.2.20}$$

Die durch $\{\mathcal{S}_1, \ldots, \mathcal{S}_p\}$ erzeugten TFV unterscheiden sich nur durch Permutation der Versuchspunkte.

Lemma 11.2.9: Gegeben sei der $(k, 1, k)$-Ansatz. Ein unabhängiges Generatorensystem $\{\mathcal{S}_1, \ldots, \mathcal{S}_p\}$ erzeugt einen bis auf Permutation der Versuchspunkte eindeutig festgelegten TFV 2^{k-p} •

Der *Beweis* wird durch vollständige Induktion bez. p geführt. Dabei nutzt man aus, daß für einen VFV 2^k gemäß Satz 11.2.1 und Lemma 11.2.2 die P.d.H. gilt.

Satz 11.2.2: Es sei $V_{2k-p} \in \{\{-1, +1\}^k\}^{k-p}$ ein TFV 2^{k-p}, für den (11.2.20) gilt. Dann ist V_{2k-p} ein orthogonaler Versuchsplan bez. jedes unvollständigen $(k, 1, k)$-Ansatzes $\tilde{S}'$, zu dem ein $\tilde{S}_{V_{2k-p}}$ existiert mit $\tilde{S}' \subseteq \tilde{S}_{V_{2k-p}}$ •

Beweisgedanke: Durch (11.2.16) wurde jedem TFV 2^{k-p} ein Ansatz $\tilde{S}_{V_{2k-p}}$ zugeordnet, wobei in jeder Äquivalenzklasse der Menge (11.2.11) ein beliebiger Repräsentant festgelegt wurde. Für ein unabhängiges Generatorensystem $\{\mathcal{S}_1, \ldots, \mathcal{S}_p\}$ lassen sich die Repräsentanten stets so auswählen, daß $\tilde{S}_{V_{2k-p}}$ speziell der (vollständige) $(k-p, 1, k-p)$-Ansatz ist. Es sei $q := k - p$. Die Matrix $\boldsymbol{F}(V_{2q})$ ist dann die Versuchsplanmatrix eines VFV 2^q. Nach Satz 11.2.1 ist der VFV 2^q (und folglich der TFV 2^{k-p}) ein orthogonaler Plan bez. jedes $\tilde{S}'$ mit $\tilde{S}' \subseteq \tilde{S}_{V_{2q}}$. Wählen wir in den Äquivalenzklassen der Menge (11.2.11) andere Repräsentanten, so erhalten wir einen unvollständigen $(k, 1, k)$-Ansatz, verändern aber dabei die Versuchsplanmatrix $\boldsymbol{F}(V_{2k-p})$ nicht.

Jeder TFV 2^{k-p} gemäß Satz 11.2.2 ist für jeden Ansatz $\tilde{S}_{V_{2k-p}}$ folglich auch regulär bez. jedes unvollständigen $(k, 1, k)$-Ansatzes $\tilde{S}'$ mit $\tilde{S}' \subseteq \tilde{S}_{V_{2k-p}}$.

Da ein von einem unabhängigen Generatorensystem $\{\mathscr{G}_1, \dots, \mathscr{G}_p\}$ erzeugter TFV 2^{k-p} genau die Versuchspunkte eines VFV 2^k enthält, die (11.2.20) erfüllen, gilt

Lemma 11.2.10: Gegeben sei der $(k, 1, k)$-Ansatz. Weiter sei V_{2k-p} ein von dem unabhängigen Generatorensystem $\{\mathscr{G}_1, \dots, \mathscr{G}_p\}$ erzeugter TFV.
Durch Änderung des Vorzeichens mindestens eines Generators aus $\{\mathscr{G}_1, \dots, \mathscr{G}_p\}$ wird ein TFV V'_{2k-p} erzeugt mit $S(V_{2k-p}) \cap S(V'_{2k-p}) = \emptyset$ •

Da 2^p verschiedene Vorzeichenkombinationen für p unabhängige Generatoren $\{\mathscr{G}_1, \dots, \mathscr{G}_p\}$ möglich sind, entspricht auf diese Weise jedem unabhängigen Generatorensystem $\{\mathscr{G}_1, \dots, \mathscr{G}_p\}$ eine Zerlegung eines VFV 2^k in 2^p TFV 2^{k-p} mit paarweise disjunkten Versuchsplanspektren. Die Menge dieser 2^p TFV 2^{k-p} heißt *Familie* von TFV 2^{k-p} zum unabhängigen Generatorensystem $\{\mathscr{G}_1, \dots, \mathscr{G}_p\}$.

Auf praktische Aspekte der Konstruktion von TFV 2^{k-p} wird in II/5 eingegangen. Außerdem werden dort Beispiele angegeben.

11.2.4. Eigenschaften faktorieller Versuchspläne auf zwei Stufen

Es sei ein VFV 2^k für den $(k, 1, k)$-Ansatz bzw. ein TFV 2^{k-p} für einen unvollständigen $(k, 1, k)$-Ansatz $\tilde{S}'$, zu dem es ein $\tilde{S}_{V_{2k-p}}$ gibt mit $\tilde{S}' \subseteq \tilde{S}_{V_{2k-p}}$, gegeben. In beiden Fällen gilt

$$\overline{\boldsymbol{M}}(V_n) = \boldsymbol{I}_r\,. \tag{11.2.21}$$

Diese Beziehung folgt aus der Orthogonalität der Versuchspläne (s. Satz 11.2.1 und Satz 11.2.2). Die Kovarianzmatrix der MKQ-Schätzung für $\boldsymbol{\vartheta}$ (s. (11.1.7)) hat in beiden Fällen die Gestalt

$$\boldsymbol{B}_{\check{\vartheta}(V_n)} = (\sigma^2/n)\,\boldsymbol{I}_r\,. \tag{11.2.22}$$

Damit sind die Komponenten der MKQ-Schätzung $\check{\boldsymbol{\vartheta}}(V_n)$ unkorreliert (vgl. Abschnitt 5.8.1).

Der folgende Satz gibt an, daß die VFV 2^k und TFV 2^{k-p} auch Optimalitätseigenschaften im Sinne von Kapitel 5 besitzen.

Satz 11.2.3: Es sei $\tilde{S}'$ ein wahrer $(k, 1, 1)$-Ansatz. Jeder TFV 2^{k-p}, für den es einen Ansatz $\tilde{S}_{V_{2k-p}}$ gibt mit $\tilde{S}' \subseteq \tilde{S}_{V_{2k-p}}$, und jeder VFV 2^k sind konkrete Pläne, die D-, G-, A- und E-optimal in der Menge Ξ_{reg} aller diskreten regulären Pläne sind •

Die Behauptung folgt auf Grund von (11.2.21) aus Satz 6.1.3.

Eine Aussage über die Drehbarkeit (s. Def. 5.8.2) der VFV 2^k und TFV 2^{k-p} bringt Satz 11.3.2.

11.3. Drehbare Versuchspläne der Ordnung t

Im Abschnitt 11.3.3 wird für unvollständige $(k, 2, 2)$-Ansätze $\tilde{S}_2$ in der zweiten Stufe des SSEV aus Abschnitt 11.1 die Konstruktion von Mengen $V_{(2)}^{(0)} \subseteq V^{(0)}$ beschrieben, von deren Elementen als Restriktion die Eigenschaft der *Drehbarkeit* (s. Def. 5.8.2) gefordert wird. Zuvor werden in den Abschnitten 11.3.1 und 11.3.2 notwendige und hinreichende Bedingungen angegeben, unter denen ein konkreter Versuchsplan bei gegebenem (k, t, t)-Ansatz $\tilde{S}_t$; $t \in \{1, 2, \dots, m\}$; drehbar ist. Versuchspläne für unvollständige (k, t, q)-Ansätze heißen k-dimensionale Versuchspläne der Ordnung t.

Bemerkung 11.3.1: Die Orthogonalität erwies sich im Abschnitt 11.2 als wichtigste Restriktion für die faktoriellen Versuchspläne 1. Ordnung. In Box, G. E. P./Hunter, J. S. [1] werden orthogonale Versuchspläne auch ausgehend von einem $(k, 2, 2)$-Ansatz konstruiert. Dabei sind für die unabhängigen Variablen orthogonale Polynome einzuführen. Es erweist sich, daß für diese Pläne die Aussagen von Satz 11.2.3 und Satz 11.3.2 nicht mehr gültig sind.

11.3.1. Drehbarkeit von Versuchsplänen

Im Abschnitt 11.3 sei Vor. 11.2.1 (Diskretisierung von V) nicht mehr gültig.

Vor. 11.3.1: Es sei $V = H$ ein symmetrischer Bereich bez. $\boldsymbol{x}_0 \in B$ •

Wir setzen, o. B. d. A., $\boldsymbol{x}_0 = \boldsymbol{0}$.

Die Drehbarkeit eines Versuchsplanes wurde in Def. 5.8.2 eingeführt. Für die Abschnitte 11.3.1 und 11.3.2 verwenden wir die folgende Spezialisierung:

Def. 11.3.1: Der konkrete Versuchsplan $V_n \in V_{\text{reg}}^{(0)}$ heißt *drehbar* für den unvollständigen (k, t, q)-Ansatz $\tilde{S}_t =_{\text{df}}$

$$\forall \varrho \in \mathrm{R}^+ \; \exists c \in \mathrm{R}^+ \; \forall \boldsymbol{x} \in H:$$

$$(\|\boldsymbol{x}\| = \varrho) \Rightarrow \left(\mathrm{D}^2\hat{\eta}(\boldsymbol{x}) = \frac{\sigma^2}{n} \boldsymbol{f}(\boldsymbol{x})' \, \overline{\boldsymbol{M}}^{-1}(V_n) \, \boldsymbol{f}(\boldsymbol{x}) = c\right) \bullet \tag{11.3.1}$$

Es bezeichne $\mathcal{M}_k^\perp$ die Menge der orthogonalen Matrizen der Ordnung $(k \times k)$ und

$$\overline{\mathcal{M}}_{k+1}^\perp := \left\{ \overline{\boldsymbol{C}}_{k+1} : \overline{\boldsymbol{C}}_{k+1} = \begin{pmatrix} 1 & 0 \dots 0 \\ 0 & \\ \vdots & \boldsymbol{C}_k \\ 0 & \end{pmatrix} \wedge \boldsymbol{C}_k \in \mathcal{M}_k^\perp \right\}.$$

Es gelten die Beziehungen

$$\forall \boldsymbol{w} \in \{1\} \times H \; \forall \overline{\boldsymbol{C}}_{k+1} \in \overline{\mathcal{M}}_{k+1}^\perp \; \exists \boldsymbol{u} \in \{1\} \times H : \boldsymbol{u} = \overline{\boldsymbol{C}}_{k+1} \boldsymbol{w}, \tag{11.3.2}$$

und gemäß (1.A.54)

$$\forall \boldsymbol{w} \in \{1\} \times H \; \forall \overline{\boldsymbol{C}}_{k+1} \in \overline{\mathcal{M}}_{k+1}^\perp \; \forall \boldsymbol{u} \in \{1\} \times H : (\boldsymbol{u} = \overline{\boldsymbol{C}}_{k+1}\boldsymbol{w}) \Rightarrow (\boldsymbol{u}^{[p]} = \overline{\boldsymbol{C}}_{k+1}^{[p]}\boldsymbol{w}^{[p]}),$$

wobei $\boldsymbol{u}^{[p]}$ und $\boldsymbol{w}^{[p]}$ Vektoren p-ter Potenz zu $\boldsymbol{u}$ bzw. $\boldsymbol{w}$ (s. Def. 1.A.1) und $\overline{\boldsymbol{C}}_{k+1}^{[p]}$ die Schläfli-Matrix der Ordnung p (s. Def. 1.A.2) bezeichnen.

Gemäß (1.A.56) ist $\overline{\boldsymbol{C}}_{k+1}^{[p]}$ orthogonal.

Jeder (k, t, t)-Ansatz $\tilde{S}_t$ kann dargestellt werden in der Form

$$\exists \boldsymbol{l} \in \mathrm{R}^r \; \forall \tilde{\eta} \in \tilde{S}_t \; \forall \boldsymbol{x} \in B \; \forall \boldsymbol{\vartheta}^{(t)} \in \Theta_t : \tag{11.3.3}$$

$$\tilde{\eta}^{(t)}(\boldsymbol{x}, \boldsymbol{\vartheta}^{(t)}) = \boldsymbol{w}^{[t]'} \operatorname{diag}((\boldsymbol{l})) \, \boldsymbol{\vartheta}^{(t)}$$

Dabei wird der Vektor $\boldsymbol{l}$ so gewählt, daß der (k, t, t)-Ansatz $\tilde{S}_t$ gemäß Def. 11.1.1 gleich dem Ansatz (11.3.3) ist. Der Vektor $\boldsymbol{l}$ ist für jeden (k, t, t)-Ansatz $\tilde{S}_t$ eindeutig bestimmt. Zur Abkürzung setzen wir $\boldsymbol{L} := \operatorname{diag}((\boldsymbol{l}))$.

Satz 11.3.1 (Box, G. E. P./Hunter, J. S. [1]): Es sei $\tilde{S}_t$ ein wahrer (k, t, t)-Ansatz und $\boldsymbol{L}$ die für $\tilde{S}_t$ gemäß (11.3.3) festgelegte Matrix. Der konkrete Versuchsplan $V_n \in V_{t,\mathrm{reg}}^{(0)}$ ist ein drehbarer Versuchsplan für $\tilde{S}_t$ genau dann, wenn

$$\forall \overline{\boldsymbol{C}}_{k+1} \in \mathcal{M}_{k+1}^{\perp}: \boldsymbol{L}^{-1} \boldsymbol{F}(V_n)' \boldsymbol{F}(V_n) \boldsymbol{L}^{-1} = \overline{\boldsymbol{C}}_{k+1}^{[t]'} \boldsymbol{L}^{-1} \boldsymbol{F}(V_n)' \boldsymbol{F}(V_n) \boldsymbol{L}^{-1} \overline{\boldsymbol{C}}_{k+1}^{[t]} \,. \quad (11.3.4)$$

Beweis: Nach Voraussetzung gibt es ein $\boldsymbol{\vartheta}^{(t)*} \in \Theta_t$, so daß $\forall \boldsymbol{x} \in B: \eta(\boldsymbol{x}) = \tilde{\eta}^{(t)}(\boldsymbol{x}, \boldsymbol{\vartheta}^{(t)*}) = \boldsymbol{w}^{[t]'} \boldsymbol{L} \boldsymbol{\vartheta}^{(t)*}$ die wahre Wirkungsfläche ist. Es gilt

$$\forall \boldsymbol{x} \in H: \mathrm{D}^2 \check{\tilde{\eta}}^{(t)}(\boldsymbol{x}) = \mathrm{E}([\check{\tilde{\eta}}^{(t)}(\boldsymbol{x}) - \tilde{\eta}^{(t)}(\boldsymbol{x}, \boldsymbol{\vartheta}^{(t)*})] [\check{\tilde{\eta}}^{(t)}(\boldsymbol{x}) - \tilde{\eta}^{(t)}(\boldsymbol{x}, \boldsymbol{\vartheta}^{(t)*})])$$

$$= \boldsymbol{w}^{[t]'} \boldsymbol{L} \mathrm{E}([\check{\boldsymbol{\vartheta}}^{(t)} - \boldsymbol{\vartheta}^{(t)*}] [\check{\boldsymbol{\vartheta}}^{(t)} - \boldsymbol{\vartheta}^{(t)*}]') \boldsymbol{L} \boldsymbol{w}^{[t]} = \sigma^2 \boldsymbol{w}^{[t]'} (\boldsymbol{L}^{-1} \boldsymbol{F}(V_n)' \boldsymbol{F}(V_n) \boldsymbol{L}^{-1})^{-1} \boldsymbol{w}^{[t]} \,. \quad (11.3.5)$$

Mit (11.3.2) ist dann

$$\forall \overline{\boldsymbol{C}}_{k+1} \in \mathcal{M}_{k+1}^{\perp}: \mathrm{D}^2 \check{\tilde{\eta}}^{(t)}(\boldsymbol{u}) = \sigma^2 \boldsymbol{w}^{[t]'} \overline{\boldsymbol{C}}_{k+1}^{[t]'} (\boldsymbol{L}^{-1} \boldsymbol{F}(V_n)' \boldsymbol{F}(V_n) \boldsymbol{L}^{-1})^{-1} \overline{\boldsymbol{C}}_{k+1}^{[t]} \boldsymbol{w}^{[t]}$$

$$= \sigma^2 \boldsymbol{w}^{[t]'} (\overline{\boldsymbol{C}}_{k+1}^{[t]'} \boldsymbol{L}^{-1} \boldsymbol{F}(V_n)' \boldsymbol{F}(V_n) \boldsymbol{L}^{-1} \overline{\boldsymbol{C}}_{k+1}^{[t]})^{-1} \boldsymbol{w}^{[t]} \,. \quad (11.3.6)$$

Aus (11.3.4), (11.3.5) und (11.3.6) folgt, daß der konkrete Plan $V_n \in V_{\mathrm{reg}}^{(0)}$ genau dann drehbar ist, wenn (11.3.4) gilt.

11.3.2. Bedingungen an die Momente eines drehbaren Versuchsplanes der Ordnung t

Für einen (k, t, t)-Ansatz enthält die Informationsmatrix $\overline{\boldsymbol{M}}(V_n) = \dfrac{1}{n} \boldsymbol{F}(V_n)' \boldsymbol{F}(V_n)$ (s. (5.1.7)) Elemente der Gestalt

$$\frac{1}{n} \sum_{j=1}^{n} x_{j1}^{\alpha_1} x_{j2}^{\alpha_2} \cdots x_{jk}^{\alpha_k} \quad (11.3.7)$$

mit $\alpha_i \in \{0, 1, \ldots, 2t\}$, $i \in \{1, \ldots, k\}$ und $\alpha := \sum_{i=1}^{k} \alpha_i \leqq 2t$. Dabei gibt x_{ji} die Stufe des i-ten Faktors im j-ten Versuch an. Die Elemente (11.3.7) von $\overline{\boldsymbol{M}}(V_n)$ werden als *Momente (des Versuchsplanes) der Ordnung* α und $\overline{\boldsymbol{M}}(V_n)$ auch als *Momentenmatrix* bezeichnet. Ein Moment heißt *ungerade*, wenn wenigstens einer der Exponenten α_i ungerade ist, sonst *gerade*.

Im folgenden Lemma wird angegeben, welche Forderungen an die Momente (bis zur Ordnung $2t$) eines Versuchsplanes der Ordnung t zu stellen sind, damit (11.3.4) erfüllt ist.

Lemma 11.3.1 (Box, G. E. P./Hunter, J. S. [1]): Es sei $\tilde{S}_t$ ein wahrer (k, t, t)-Ansatz. Der konkrete Versuchsplan $V_n \in V_{t,\mathrm{reg}}^{(0)}$ ist ein drehbarer Versuchsplan bez. $\tilde{S}_t$ genau dann, wenn

1. $\forall \alpha \in \{2, 4, \ldots, 2t\}\ \exists c_\alpha \in \mathrm{R}^+\ \forall (\alpha_1, \ldots, \alpha_k) \in \{0, 2, 4, \ldots, 2t\}^k$:

$$\left(\sum_{i=1}^{k} \alpha_i = \alpha\right) \Rightarrow \frac{1}{n} \sum_{j=1}^{n} x_{j1}^{\alpha_1} x_{j2}^{\alpha_2} \cdots x_{jk}^{\alpha_k} = \lambda_\alpha \cdot \frac{\prod_{i=1}^{k} \alpha_i!}{2^{\alpha/2} \prod_{i=1}^{k} \left(\frac{1}{2} \alpha_i\right)!} \wedge \lambda_\alpha := \frac{c_\alpha \cdot 2^{\alpha/2} \left(\frac{1}{2} \alpha\right)! \, (2t - \alpha)!}{2t!} \,. \quad (11.3.8)$$

2. $\forall (\alpha_1, \dots, \alpha_k) \in \{0, 1, 2, \dots, 2t-1\}^k$:

$$[(\alpha \leqq 2t) \wedge (\exists i \in \{1, \dots, k\} : \frac{1}{2}(\alpha_i + 1) \in \mathbb{N})] \Rightarrow \frac{1}{n} \sum_{j=1}^{n} x_{j1}^{\alpha_1} x_{j2}^{\alpha_2} \cdots x_{jk}^{\alpha_k} = 0 \bullet \qquad (11.3.9)$$

Beweis: Es seien $\boldsymbol{s} := (1, s_1, \dots, s_k)' \in \{1\} \times H$ und

$$\forall \boldsymbol{s} \in \{1\} \times H: h(\boldsymbol{s}) := n^{-1} \boldsymbol{s}^{[t]\prime} \boldsymbol{L}^{-1} \boldsymbol{F}(V_n)' \boldsymbol{F}(V_n) \boldsymbol{L}^{-1} \boldsymbol{s}^{[t]},$$

wobei $\boldsymbol{L}$ gemäß (11.3.3) bestimmt ist. Da mit $\boldsymbol{w}_j' = (1, x_{j1}, \dots, x_{jk})$ die Beziehung

$$\boldsymbol{L}^{-1} \boldsymbol{F}(V_n)' \boldsymbol{F}(V_n) \boldsymbol{L}^{-1} = \sum_{j=1}^{n} \boldsymbol{w}_j^{[t]} \boldsymbol{w}_j^{[t]\prime}$$

gilt, erhält man

$$h(\boldsymbol{s}) = n^{-1} \boldsymbol{s}^{[t]\prime} \left(\sum_{j=1}^{n} \boldsymbol{w}_j^{[t]} \boldsymbol{w}_j^{[t]\prime} \right) \boldsymbol{s}^{[t]} = n^{-1} \sum_{j=1}^{n} (\boldsymbol{s}' \boldsymbol{w}_j \boldsymbol{w}_j' \boldsymbol{s})^t = n^{-1} \sum_{j=1}^{n} (1 + s_1 x_{j1} + \cdots + s_k x_{jk})^{2t}.$$

Der Koeffizient von $s_1^{\alpha_1} s_2^{\alpha_2} \cdots s_k^{\alpha_k}$ in $h(\boldsymbol{s})$ hat die Form

$$\frac{1}{n} \cdot \frac{(2t)!}{\sum\limits_{i=1}^{k} \alpha_i (2t - \alpha)!} \sum_{j=1}^{n} x_{j1}^{\alpha_1} x_{j2}^{\alpha_2} \cdots x_{jk}^{\alpha_k}. \qquad (11.3.10)$$

Gemäß Satz 11.3.1 ist der Plan $V_n \in V_{t,\text{reg}}^{(0)}$ genau dann ein drehbarer Plan der Ordnung t, wenn

$$\forall \boldsymbol{s} \in \{1\} \times H \; \forall \overline{\boldsymbol{C}}_{k+1} \in \overline{\mathcal{M}}_{k+1}^{\perp}:$$

$$h(\boldsymbol{s}) = n^{-1} \boldsymbol{s}^{[t]\prime} \boldsymbol{L}^{-1} \boldsymbol{F}(V_n)' \boldsymbol{F}(V_n) \boldsymbol{L}^{-1} \boldsymbol{s}^{[t]} \equiv n^{-1} \boldsymbol{s}^{[t]\prime} \overline{\boldsymbol{C}}_{k+1}^{[t]\prime} \boldsymbol{L}^{-1} \boldsymbol{F}(V_n)' \boldsymbol{F}(V_n) \boldsymbol{L}^{-1} \overline{\boldsymbol{C}}_{k+1}^{[t]} \boldsymbol{s}^{[t]}$$
$$= n^{-1} (\boldsymbol{s}' \overline{\boldsymbol{C}}_{k+1}')^{[t]} \boldsymbol{L}^{-1} \boldsymbol{F}(V_n)' \boldsymbol{F}(V_n) \boldsymbol{L}^{-1} (\overline{\boldsymbol{C}}_{k+1} \boldsymbol{s})^{[t]}.$$

Diese Beziehung gilt genau dann, wenn $h(\boldsymbol{s})$ nur von $\boldsymbol{s}'\boldsymbol{s}$ abhängig ist. Da $h(\boldsymbol{s})$ ein Polynom in $s_1, \dots, s_k$ ist, muß folglich $h(\boldsymbol{s})$ die Gestalt

$$\forall \boldsymbol{s} \in \{1\} \times H \; \exists (c_0, c_2, c_4, \dots, c_{2t}) \in \mathbb{R}^t: h(\boldsymbol{s}) = \sum_{q=0}^{t} c_{2q} \left(\sum_{i=1}^{k} s_i^2 \right)^q \qquad (11.3.11)$$

besitzen.

Der Koeffizient von $s_1^{\alpha_1} s_2^{\alpha_2} \cdots s_k^{\alpha_k}$ in (11.3.11) hat den Wert $\dfrac{c_\alpha \left(\frac{1}{2} \alpha \right)!}{\prod\limits_{i=1}^{k} \left(\frac{1}{2} \alpha_i \right)!}$; $c_\alpha \in \mathbb{R}^+$; falls alle α_i; $i \in \{1, \dots, k\}$; gerade sind, und den Wert 0, falls wenigstens ein α_i ungerade ist. Daraus und aus (11.3.10) folgt durch Gleichsetzen der Koeffizienten die Behauptung.

Folgerung 11.3.1: Es sei $\tilde{S}_1$ ein wahrer $(k, 1, 1)$-Ansatz. Der konkrete Versuchsplan $V_n \in V_{1,\text{reg}}^{(0)}$ ist ein drehbarer Versuchsplan (1. Ordnung) bez. $\tilde{S}_1$ genau dann, wenn

$$\exists \lambda_2 \in \mathbb{R}^+ : \overline{\boldsymbol{M}}(V_n) = \lambda_2 \boldsymbol{I}_{k+1} \bullet \qquad (11.3.12)$$

Folgerung 11.3.2: a) Es sei $\tilde{S}_2$ ein wahrer $(k, 2, 2)$-Ansatz. Der konkrete Versuchsplan $V_n \in V_{2,\text{reg}}^{(0)}$ ist ein drehbarer Versuchsplan (2. Ordnung) bez. $\tilde{S}_2$ genau dann, wenn

1. $\forall i \in \{1, \dots, k\} \; \exists \lambda_2 \in \mathbb{R}^+ : \dfrac{1}{n} \sum\limits_{j=1}^{n} x_{ji}^2 = \lambda_2$, (11.3.13)

2. $\forall i \in \{1, \dots, k\} \; \forall l \in \{1, \dots, k\} \; \exists \lambda_4 \in \mathbb{R}^+$:

$$(i \neq l) \Rightarrow \frac{1}{n} \sum_{j=1}^{n} x_{ji}^4 = \frac{3}{n} \sum_{j=1}^{n} x_{ji}^2 x_{jl}^2 = 3\lambda_4, \qquad (11.3.14)$$

3. $\forall(\alpha_1, \ldots, \alpha_k) \in \{0, 1, 2, 3\}^k$:

$$\left[(\alpha \leqq 4) \wedge \left(\exists i \in \{1, \ldots, k\}: \frac{1}{2}(\alpha_i + 1) \in \mathsf{N}\right)\right] \Rightarrow \frac{1}{n} \sum_{j=1}^{n} x_{j1}^{\alpha_1} x_{j2}^{\alpha_2} \cdots x_{jk}^{\alpha_k} = 0 \,. \quad (11.3.15)$$

b) Die Voraussetzung der Nichtsingularität von $\overline{M}(V_n)$ wird genau für jeden drehbaren Versuchsplan bez. $\tilde{S}_2$ mit

$$\frac{\lambda_4}{\lambda_2} > \frac{k}{k+2} \quad (11.3.16)$$

erfüllt •

Folgerung 11.3.3: a) Es sei $\tilde{S}_3$ ein wahrer $(k, 3, 3)$-Ansatz. Der konkrete Versuchsplan $V_n \in V_{3,\mathrm{reg}}^{(0)}$ ist ein drehbarer Versuchsplan (3. Ordnung) bez. $\tilde{S}_3$ genau dann, wenn

1. $\forall i \in \{1, \ldots, k\}\ \exists \lambda_2 \in \mathrm{R}^+: \frac{1}{n} \sum_{j=1}^{n} x_{ji}^2 = \lambda_2$, (11.3.17)

2. $\forall(i, l) \in \{1, \ldots, k\}^2\ \exists \lambda_4 \in \mathrm{R}^+$:

$$(i \neq l) \Rightarrow \frac{1}{n} \sum_{j=1}^{n} x_{ji}^4 = \frac{3}{n} \sum_{j=1}^{n} x_{ji}^2 x_{jl}^2 = 3\lambda_4 \,, \quad (11.3.18)$$

3. $\forall(i, l, m) \in \{1, \ldots, k\}^3\ \exists \lambda_6 \in \mathrm{R}^+$:

$$[(i \neq l) \wedge (i \neq m) \wedge (l \neq m)] \Rightarrow \frac{1}{n} \sum_{j=1}^{n} x_{ji}^6 = \frac{5}{n} \sum_{j=1}^{n} x_{ji}^4 x_{jl}^2 = \frac{15}{n} \sum_{j=1}^{n} x_{ji}^2 x_{jl}^2 x_{jm}^2 = 15\lambda_6 \,, \quad (11.3.19)$$

4. $\forall(\alpha_1, \ldots, \alpha_k) \in \{0, 1, \ldots, 5\}^k$:

$$\left[\left(\alpha \leqq 6) \wedge (\exists i \in \{1, \ldots, k\}: \frac{1}{2}(\alpha_i + 1) \in \mathsf{N}\right)\right] \Rightarrow \frac{1}{n} \sum_{j=1}^{n} x_{j1}^{\alpha_1} x_{j2}^{\alpha_2} \cdots x_{jk}^{\alpha_k} = 0 \,. \quad (11.3.20)$$

b) Die Voraussetzung der Nichtsingularität von $\overline{M}(V_n)$ wird genau für jeden drehbaren Versuchsplan bez. $\tilde{S}_3$ mit

1. $\frac{\lambda_4}{\lambda_2^2} > \frac{k}{k+2}$, (11.3.21)

2. $\frac{\lambda_6 \lambda_2}{\lambda_4^2} > \frac{k+2}{k+4}$ (11.3.22)

erfüllt •

Zum *Beweis* der Folgerungen 11.1–11.3: Die Bedingungen (11.3.12), (11.3.13)–(11.3.16) sowie (11.3.17)–(11.3.20) erhält man unmittelbar aus (11.3.8) und (11.3.9) für $t = 1$, $t = 2$ bzw. $t = 3$. Die Determinante von $\overline{M}(V_n)$ ist für $t = 2$ proportional zu $[(2 + k)\,\lambda_4 - k\lambda_2^2]$ und für $t = 3$ proportional zu $[(k+2)\,\lambda_4 - k\lambda_2^2]\,[(k+4)\,\lambda_6\lambda_2 - (k+2)\,\lambda_4^2]$. Daraus folgen die Bedingungen (11.3.16) bzw. (11.3.20) und (11.3.21).

Satz 11.3.2: Es sei $\tilde{S}_1$ ein wahrer $(k, 1, 1)$-Ansatz. Der konkrete Versuchsplan (1. Ordnung) $V_n \in V_{1,\mathrm{reg}}^{(0)}$ ist orthogonal bez. $\tilde{S}_1$ genau dann, wenn er drehbar bez. $\tilde{S}_1$ ist •

Der Beweis folgt unmittelbar aus Folgerung 11.3.1 und Def. 11.2.2.

Es sei $\mathfrak{Z} = (\mathfrak{z}_1, \ldots, \mathfrak{z}_k)$ ein reeller k-dimensionaler zufälliger Vektor.

Def. 11.3.2: Die reelle Zahl $m_{\beta_1,\dots,\beta_k}$; $(\beta_1, \dots, \beta_k) \in \mathsf{N}^k$; heißt *(Anfangs-)Moment der Ordnung* β von $\mathfrak{Z}$ $=_{\text{df}}$

$$m_{\beta_1,\dots,\beta_k} = \mathrm{E}_{\mathfrak{Z}}(\mathfrak{Z}_1^{\beta_1} \cdots \mathfrak{Z}_k^{\beta_k}) \wedge \beta = \sum_{i=1}^{k} \beta_i \bullet$$

Def. 11.3.3: Die reellwertige Funktion $M_{\mathfrak{Z}}(\cdot)$ heißt *erzeugende Funktion der Momente von* $\mathfrak{Z}$ $=_{\text{df}}$

$$\forall \boldsymbol{s} \in \mathrm{R}^k: M_{\mathfrak{Z}}(\boldsymbol{s}) = \mathrm{E}e^{\boldsymbol{s}'\mathfrak{Z}} \bullet$$

Es gelte

$$\forall i \in \{1, \dots, k\}: \mathrm{E}\mathfrak{Z}_i = 0 \wedge \mathrm{D}^2\mathfrak{Z}_i = 1$$

und zur Wahrscheinlichkeitsverteilung $P_{\mathfrak{Z}}$ existiere eine RADON-NIKODYM-Dichte $p_{\mathfrak{Z}}(\cdot)$ bez. eines σ-endlichen Maßes über einem meßbaren Raum $[\Omega, \mathscr{B}_\Omega]$.

Def. 11.3.4: Die Wahrscheinlichkeitsverteilung $P_{\mathfrak{Z}}$ von $\mathfrak{Z}$ heißt *sphärisch* $=_{\text{df}}$

$$\exists q \in (\mathrm{R}^1)^{\mathrm{R}^1}\ \exists b \in \mathrm{R}^+ \cup \{\infty\}\ \exists c \in \mathrm{R}^+\ \forall \boldsymbol{z} \in \mathrm{R}^k:$$

$$[(0 \leqq \boldsymbol{z}'\boldsymbol{z} < b) \Rightarrow p_{\mathfrak{Z}}(\boldsymbol{z}) = cq(\boldsymbol{z}'\boldsymbol{z})] \wedge [(\boldsymbol{z}'\boldsymbol{z} \geqq b) \Rightarrow p_{\mathfrak{Z}}(\boldsymbol{z}) = 0] \bullet \tag{11.3.23}$$

Lemma 11.3.2 (Box, G. E. P./HUNTER, J. S. [1]): Der k-dimensionale zufällige Vektor $\mathfrak{Z}$ besitze eine sphärische Wahrscheinlichkeitsverteilung. Weiter existieren für jedes $\beta \in \mathsf{N}$ alle Momente der Ordnung β dieser Wahrscheinlichkeitsverteilung. Die erzeugende Funktion $M_{\mathfrak{Z}}(\cdot)$ der Momente von $\mathfrak{Z}$ sei in eine absolut konvergente Reihe entwickelbar. Dann gilt für die Momente der sphärischen Wahrscheinlichkeitsverteilung

$$\forall (\beta_1, \dots, \beta_k) \in (\mathsf{N})^k\ \exists \lambda_\beta \in \mathrm{R}^+: m_{\beta_1,\dots,\beta_k} = \lambda_\beta \cdot \frac{\prod_{i=1}^{k} \beta_i!}{2^{\beta/2} \prod_{i=1}^{k} \left(\frac{1}{2}\beta_i\right)!} \bullet \tag{11.3.24}$$

Beweis: Da für eine sphärische Wahrscheinlichkeitsverteilung die Momente invariant bez. jeder orthogonalen Transformation der Koordinaten sind, gilt

$$\forall \boldsymbol{s} \in \mathrm{R}^k\ \forall \boldsymbol{C}_k \in \mathscr{M}_k^{\perp}: M_{\mathfrak{Z}}(\boldsymbol{s}) = \mathrm{E}\,e^{\boldsymbol{s}'\mathfrak{Z}} = \mathrm{E}\,e^{\boldsymbol{s}'\boldsymbol{C}_k\mathfrak{Z}} = M_{\mathfrak{Z}}(\boldsymbol{C}_k'\boldsymbol{s})\,. \tag{11.3.25}$$

Nach Voraussetzung kann $M_{\mathfrak{Z}}(\cdot)$ als Reihe

$$\forall \boldsymbol{s} \in \mathrm{R}^k: M_{\mathfrak{Z}}(\boldsymbol{s}) = 1 + \sum_{l=1}^{\infty} \frac{1}{l!} \boldsymbol{s}^{[l]'}\mathrm{E}(\mathfrak{Z}^{[l]}) \tag{11.3.26}$$

dargestellt werden. Gemäß (11.3.25) bleibt für jedes $\boldsymbol{s} \in \mathrm{R}^k$ der Funktionswert $M_{\mathfrak{Z}}(\boldsymbol{s})$ unverändert bei jeder Transformation, die $\boldsymbol{s}'\boldsymbol{s}$ invariant läßt. Folglich hängt $M_{\mathfrak{Z}}(\boldsymbol{s})$ nur von $\boldsymbol{s}'\boldsymbol{s}$ ab und kann geschrieben werden als

$$\exists \{\lambda_{2l}\}_{l \in \mathsf{N}} \in (\mathrm{R}^+)^{\mathsf{N}}\ \forall \boldsymbol{s} \in \mathrm{R}^k: M_{\mathfrak{Z}}(\boldsymbol{s}) = 1 + \sum_{l=1}^{\infty} \lambda_{2l} \frac{1}{l!2^l} (\boldsymbol{s}'\boldsymbol{s})^l\,. \tag{11.3.27}$$

Dabei sind die Konstanten λ_{2l} von der Form von $q(\cdot)$ in (11.3.23) abhängig. Aus (11.3.26) und (11.3.27) folgt die Behauptung.

Aus Lemma 11.3.1 und Lemma 11.3.2 erhält man die folgende Aussage:

Folgerung 11.3.4: Es sei $\tilde{S}_t$ ein wahrer (k, t, t)-Ansatz. Außerdem gelten die Voraussetzungen aus Lemma 11.3.2. Dann gibt es für jeden drehbaren konkreten Versuchsplan $V_n \in V_{t,\text{reg}}^{(0)}$ bez. $\tilde{S}_t$ eine sphärische Wahrscheinlichkeitsverteilung mit denselben Momenten bis zur Ordnung $2t$ $\bullet$

11.3.3. Zur Konstruktion drehbarer Versuchspläne 2. Ordnung

Es sei $\tilde{S}_2$ ein wahrer $(k, 2, 2)$-Ansatz. Bei der Konstruktion eines drehbaren Versuchsplans (2. Ordnung) bez. $\tilde{S}_2$ müssen die Momentenbedingungen (11.3.13)–(11.3.15) erfüllt werden, wobei die Konstanten λ_2 und λ_4 unter Beachtung von (11.3.16) festzulegen sind.

Diese Forderungen lassen sich auf verschiedene Weise erfüllen.

Anordnung der Versuchspunkte auf Kugelschalen: Folgerung 11.3.4 legt es nahe, drehbare Versuchspläne 2. Ordnung durch gleichmäßiges Anordnen der Versuchspunkte auf einer oder mehreren Kugelschalen um den Koordinatenursprung aufzubauen, d. h. die Versuchspunkte in die Eckpunkte regelmäßiger Polyeder zu legen, die den entsprechenden Kugeln einbeschrieben werden.

Lemma 11.3.3: Es sei $\tilde{S}_2$ ein wahrer $(k, 2, 2)$-Ansatz. Jeder konkrete Versuchsplan $V_n \in V_2^{(0)}$, dessen Punkte auf genau einer Kugelschale um den Koordinatenursprung angeordnet sind und die Momentenbedingungen (11.3.13)–(11.3.15) erfüllen, besitzt eine singuläre Momentenmatrix $\overline{\boldsymbol{M}}(V_n)$ •

Beweisgedanke: Durch Berechnung erhält man $(\lambda_4/\lambda_2^2) = [k/(k+2)]$. Gemäß Folgerung 11.3.2 b) ist $\overline{\boldsymbol{M}}(V_n)$ damit singulär.

In II/5 werden Beispiele für drehbare Versuchspläne 2. Ordnung mit nichtsingulärer Momentenmatrix angegeben, deren Versuchspunkte auf *mehreren* Kugelschalen um den Koordinatenursprung gleichmäßig angeordnet sind.

Zentral zusammengesetzte Versuchspläne 2. Ordnung: Es sei $\tilde{V}_{N_1}$ der VFV 2^k bzw. TFV 2^{k-p}, der in der ersten Stufe des SSEV verwendet wurde. Weiter sei $\tilde{S}_2$ ein wahrer unvollständiger $(k, 2, 2)$-Ansatz.

Der Plan $V_{2k}^{(*)} \in V^{(0)}$ bestehe aus den $2k$ sogenannten *Sternpunkten* der Gestalt

$$\boldsymbol{x}^{(*)} = (x_1, \dots, x_{l-1}, x_l, x_{l+1}, \dots, x_k)' = (0, \dots, 0, \pm c, 0, \dots, 0)' \quad (11.3.28)$$

mit $\boldsymbol{x}^{(*)} \in V$, $l \in \{1, \dots, k\}$, $c \in \mathrm{R}^+$. Der Plan $V_{n_0} \in V^{(0)}$ setze sich aus n_0; $n_0 \in \mathrm{N}$; Versuchspunkten im Zentrum $\boldsymbol{x}_0 = (0, \dots, 0)'$ des Versuchsbereiches zusammen.

Def. 11.3.5: Der konkrete Versuchsplan $V_{n_2^{(1)}} \in V_2^{(0)}$ heißt *zentral zusammengesetzter Versuchsplan 2. Ordnung* $=_{\text{df}}$

$$V_{n_2^{(1)}} = \tilde{V}_{N_1} + V_{2k}^{(*)} + V_{n_0} \bullet$$

Der Plan $\tilde{V}_{N_1}$ wird *Kern* des zentral zusammengesetzten Versuchsplanes 2. Ordnung genannt. Der Parameter c in (11.3.28) kann so bestimmt werden, daß $V_{n_2^{(1)}}$ drehbar ist.

Oft wird als Restriktion vom Kern $\tilde{V}_{N_1}$ eines zentral zusammengesetzten Versuchsplanes verlangt, daß ein Ansatz $\tilde{S}_{\tilde{V}_{N_1}}$ existiert, der alle Koeffizienten ϑ_0, ϑ_i und ϑ_{ij}; $(i, j) \in \{1, \dots, k\}^2$, $i \neq j$; enthält. Diese starke Forderung führt allerdings (vor allem bei großem k) zu einer Anzahl $n_2^{(1)}$ von Versuchen, die die Zahl $2k + \{[k(k+1)]/2\} + 1$ der zu schätzenden Parameter eines $(k, 2, 2)$-Ansatzes oft weit übersteigt.

In II/5 werden Beispiele für drehbare zentral zusammengesetzte Pläne 2. Ordnung angegeben. Diese Pläne werden in Box, G. E. P./Hunter, J. S. [1] untersucht.

11.3.4. Nichtdrehbare zentral zusammengesetzte Versuchspläne 2. Ordnung

In diesem Abschnitt wird der Kern $\tilde{V}_{N_1}$ eines zentral zusammengesetzten Planes $V_{n_2^{(1)}}$ so gewählt, daß $\overline{M}(V_{n_2^{(1)}})$ nichtsingulär ist. Diese relativ schwache Forderung ermöglicht einen kleinen Versuchsplanumfang. Die Forderung der Drehbarkeit wird an $V_{n_2^{(1)}}$ nicht gestellt.

Lemma 11.3.4 (HARTLEY [1]): Es seien $\tilde{S}_2$ ein unvollständiger $(k, 2, 2)$-Ansatz und $V_{n_2^{(1)}} \in V_2^{(0)}$ ein zentral zusammengesetzter Versuchsplan 2. Ordnung. Für den Kern $\tilde{V}_{N_1}$ von $V_{n_2^{(1)}}$ existiere ein Ansatz $\tilde{S}_{\tilde{V}_{N_1}}$, der alle Koeffizienten ϑ_{ij}; $(i, j) \in \{1, \dots, k\}^2$, $i \neq j$; enthält. Dann ist die Momentenmatrix $\overline{M}(V_{n_2^{(1)}})$ nichtsingulär •

Lemma 11.3.4 wird in HARTLEY [1] bewiesen.

In II/5 werden nichtdrehbare zentral zusammengesetzte Versuchspläne 2. Ordnung angegeben.

11.3.5. D- und G-Optimalität stetiger drehbarer Versuchspläne t-ter Ordnung

Aus den Sätzen 11.2.3 und 11.3.2 folgt, daß für einen wahren $(k, 1, 1)$-Ansatz und den k-dimensionalen Einheitswürfel als Versuchs- und Prognosebereich ein konkreter Versuchsplan $V_{n_1^{(1)}} \in V_{1,\mathrm{reg}}^{(0)}$ genau dann drehbar ist, wenn er orthogonal, D-, G-, A- und E-optimal ist. Für einen wahren (k, t, t)-Ansatz $\tilde{S}_t$; $t \geqq 2$; gilt eine solche Aussage nicht mehr.

Im folgenden wird nun auf die D- und G-Optimalität *stetiger* drehbarer Versuchspläne (s. Def. 5.8.2) t-ter Ordnung eingegangen.

Es bezeichne

$$Q_\varrho := \left\{z \in \mathrm{R}^k \colon \sum_{i=1}^{k} z_i^2 = \varrho^2\right\}$$

und $[a]$; $a \in \mathrm{R}^1$; sei die größte ganze Zahl p mit $p \leqq a$. Wie im Kapitel 5 sei $\tilde{\Xi} \subseteq \Xi_{\mathrm{reg}}$ mit Ξ_{reg} gemäß (5.1.17) und $\tilde{\Xi}_{\mathrm{dreh}}$ bezeichne die Menge der drehbaren Pläne in $\tilde{\Xi}$. Außerdem bezeichnen $\Xi^*_{D,\tilde{\Xi}}$ und $\Xi^*_{G,\tilde{\Xi}}$ die Menge der stetigen D- bzw. G-optimalen Versuchspläne in $\tilde{\Xi}$.

Satz 11.3.3 (KIEFER [4]): Es seien $\tilde{S}_t$; $t \in \mathsf{N}$; ein wahrer (k, t, t)-Ansatz, $V = H$ die k-dimensionale Einheitskugel und $b := [t/2]$.

1. $\forall t \in \mathsf{N}\, \exists(\lambda_1, \dots, \lambda_{b+1}) \in [0, 1]^{b+1}\, \exists(\gamma_1, \dots, \gamma_{b+1}) \in (0, 1]^{b+1}\, \forall \xi \in \tilde{\Xi}$:

$$\left\{(\lambda_1 < \lambda_2 < \dots < \lambda_{b+1} = 1) \wedge \left[\left(\frac{t}{2} \in \mathsf{N}\right) \Rightarrow \lambda_1 = 0\right] \wedge \left[\left(\frac{t+1}{2} \in \mathsf{N}\right) \Rightarrow \lambda_1 > 0\right]\right.$$

$$\left.\wedge \sum_{q=1}^{b+1} \gamma_q = 1\right\} \wedge \{(\xi \in \Xi^*_{D,\tilde{\Xi}} \wedge \xi \in \Xi^*_{G,\tilde{\Xi}}\}$$

$$\Leftrightarrow \{(\forall q \in \{1, \dots, b+1\} \colon \xi(Q_{\lambda_q^{1/2}}) = \gamma_q) \wedge \xi \in \tilde{\Xi}_{\mathrm{dreh}}\}\}\,. \tag{11.3.29}$$

2. Es sei $\tilde{\Xi} = \Xi_{\mathrm{reg}}$. Für jedes $t \in \mathsf{N}$ gibt es einen Plan $\xi \in \tilde{\Xi}$ mit card $S(\xi) \leqq \binom{2t+k}{k}$, der den Bedingungen (11.3.29) genügt •

Der *Beweis* wird in KIEFER [4] angegeben.

Es seien $\boldsymbol{\lambda} := (\lambda_1, \dots, \lambda_{b+1})' \in [0, 1]^{b+1}$ und $\boldsymbol{\gamma} := (\gamma_1, \dots, \gamma_{b+1})' \in (0, 1)^{b+1}$. Die Informationsmatrix eines Planes $\xi \in \tilde{\Xi}_{\text{dreh}}$; $\tilde{\Xi} \subseteq \tilde{\Xi}_{\text{reg}}$; hängt gemäß Satz 11.3.3 nur von $\boldsymbol{\lambda}$ und $\boldsymbol{\gamma}$ ab und wird deshalb mit $\boldsymbol{M}(\boldsymbol{\lambda}, \boldsymbol{\gamma})$ bezeichnet. Weiter gilt gemäß Def. 5.8.2

$$\forall \xi \in \tilde{\Xi}_{\text{dreh}}\, \exists g \in (\mathrm{R}^+)^{\mathrm{R}^+}\, \forall \boldsymbol{x} \in H: \boldsymbol{f}(\boldsymbol{x})'\, \boldsymbol{M}^{-1}(\boldsymbol{\lambda}, \boldsymbol{\gamma})\, \boldsymbol{f}(\boldsymbol{x}) = g(\varrho; \boldsymbol{\lambda}, \boldsymbol{\gamma})$$

mit $\varrho^2 = \sum_{i=1}^{k} x_i^2$.

Lemma 11.3.5 (Kiefer [4]): Es gelten die Voraussetzungen von Satz 11.3.3. Für einen Plan $\xi \in \tilde{\Xi}_{\text{dreh}}$ können $\boldsymbol{\lambda}$ und $\boldsymbol{\gamma}$ eindeutig bestimmt werden aus dem Gleichungssystem

$$\frac{\partial}{\partial \varrho} g(\varrho; \boldsymbol{\lambda}, \boldsymbol{\gamma})|_{\varrho=\lambda_q} = 0 \text{ für } \begin{cases} q \in \{1, 2, \dots, b\} & \text{falls } \frac{t+1}{2} \in \mathsf{N} \\ q \in \{2, 3, \dots, b\} & \text{falls } \frac{t}{2} \in \mathsf{N} \end{cases}$$

$$g(\lambda_q; \boldsymbol{\lambda}, \boldsymbol{\gamma}) = k \quad \text{für} \quad q \in \{1, \dots, b+1\}$$

unter den Restriktionen

$$\boldsymbol{\lambda} \in [0, 1]^{b+1}; \boldsymbol{\gamma} \in (0, 1)^{b+1}; \quad \sum_{q=1}^{b+1} \gamma_q = 1\,.$$

Speziell ist $\lambda_{b+1} = 1$ und für $\frac{t}{2} \in \mathsf{N}$ weiterhin $\lambda_1 = 0$ •

Diese Aussage wird in Kiefer [4] bewiesen.

Speziell für $t = 1$ und $t = 2$ erhält man aus Satz 11.3.3 und Lemma 11.3.5 unmittelbar

Lemma 11.3.6 (Kiefer [4]): Es sei $V = H$ die k-dimensionale Einheitskugel.

1. Es sei $\tilde{S}_1$ ein wahrer $(k, 1, 1)$-Ansatz. Dann gilt

$$(\xi \in \Xi^*_{D, \tilde{\Xi}} \wedge \xi \in \Xi^*_{G, \tilde{\Xi}}) \Leftrightarrow \xi(Q_1) = 1 \wedge \xi \in \tilde{\Xi}_{\text{dreh}}$$

2. Es sei $\tilde{S}_2$ ein wahrer $(k, 2, 2)$-Ansatz. Dann gilt

$$(\xi \in \Xi^*_{D, \tilde{\Xi}} \wedge \xi \in \Xi^*_{G, \tilde{\Xi}}) \Leftrightarrow \left(\xi(0) = 1 - \xi(Q_1) = \frac{2}{(k+1)(k+2)}\right) \wedge \xi \in \tilde{\Xi}_{\text{dreh}} \text{ •}$$

11.4. Zur Konstruktion der Stoppregel

Wir betrachten die t-te Stufe; $t \in \{1, \dots, m-1\}$; des in Abschnitt 11.1 beschriebenen SSEV. Es seien $\tilde{S}_t$ ein unvollständiger (k, t, k)-Ansatz und $V_{n_t^{(1)}} \in V_{t,\text{reg}}^{(0)}$ der der Endentscheidungsfunktion $d_t(\cdot, V_{n_t^{(1)}})$ zugrundeliegende Plan. Als $\tilde{S}_{t+1}$ werde ein unvollständiger $(k, t+1, k)$-Ansatz gewählt, der gemäß (11.1.4) die Forderung $\tilde{S}_t \subseteq \tilde{S}_{t+1}$ erfüllt.

Vor. 11.4.1: $\forall t \in \{1, \dots, m-1\}\, \exists \sigma \in \mathrm{R}^+\, \forall \tilde{V}_{N_t} \in V^{(0)}$:

$$\langle\!\langle \tilde{S}_t \text{ ist ein wahrer Ansatz} \rangle\!\rangle \Rightarrow \mathfrak{Y}(\tilde{V}_{N_t}) \sim \mathrm{N}(\boldsymbol{F}_t(\tilde{V}_{N_t})\, \boldsymbol{\vartheta}^{(t)}, \sigma^2 \boldsymbol{I}_n) \text{ •}$$

Es seien $\sigma \in \mathrm{R}^+$ und $\boldsymbol{K}_1 := (\boldsymbol{0}_{(r_{t+1}-r_t)\times r_t} \mid \boldsymbol{I}_{(r_{t+1}-r_t)})$. Der Plan $V_{n_t^{(2)}} \in V^{(0)}$ sei so gewählt, daß

$$\operatorname{Rg}\left(\boldsymbol{I}_{N_t} - \boldsymbol{F}_{t+1}(\tilde{V}_{N_t})\,(\boldsymbol{F}_{t+1}(\tilde{V}_{N_t})'\,\boldsymbol{F}_{t+1}(\tilde{V}_{N_t}))^-\,\boldsymbol{F}_{t+1}(\tilde{V}_{N_t})'\right) =: N_t - \tilde{r}_t > 0$$

und

$$\operatorname{Rg}\left(\boldsymbol{K}_1(\boldsymbol{F}_{t+1}(\tilde{V}_{N_t})'\,\boldsymbol{F}_{t+1}(\tilde{V}_{N_t}))^-\,\boldsymbol{K}_1'\right) =: \tilde{s}_t > 0\,.$$

Weiter sei

$$\forall \boldsymbol{y} \in C(\tilde{V}_{N_t}):$$

$$\tilde{J}(\boldsymbol{y}) := \frac{(N_t - \tilde{r}_t)\,\|\boldsymbol{K}_1(\boldsymbol{F}_{t+1}(\tilde{V}_{N_t})'\,\boldsymbol{F}_{t+1}(\tilde{V}_{N_t}))^-\,\boldsymbol{F}_{t+1}(\tilde{V}_{N_t})'\,\boldsymbol{y}\|_{[\boldsymbol{K}_1(\boldsymbol{F}_{t+1}(\tilde{V}_{N_t})'\boldsymbol{F}_{t+1}(\tilde{V}_{N_t}))^-\boldsymbol{K}_1']^-}}{\tilde{s}_t\,\|\boldsymbol{y}\|_{[\boldsymbol{I}_{N_t}-\boldsymbol{F}_{t+1}(\tilde{V}_{N_t})(\boldsymbol{F}_{t+1}(\tilde{V}_{N_t})'\boldsymbol{F}_{t+1}(\tilde{V}_{N_t}))^-\boldsymbol{F}_{t+1}(\tilde{V}_{N_t})']}}$$

(vgl. (9.1.62) mit $\boldsymbol{l} = \boldsymbol{0}$). Mit $f_{\tilde{s}_t, N_t-\tilde{r}_t; 1-\alpha}$ wird das $(1-\alpha)$-Quantil der (zentralen) F-Verteilung mit $\tilde{s}_t$ und $N_t - \tilde{r}_t$ Freiheitsgraden bezeichnet. Dann wählen wir als Stoppregel in der t-ten Stufe

$$\forall t \in \{1, \dots, m-1\}\ \forall \tilde{V}_{N_t} \in V^{(0)}\ \forall \boldsymbol{y} \in C(\tilde{V}_{N_t}):$$

$$\varphi_t(\boldsymbol{y}, \tilde{V}_{N_t}) := \begin{cases} 1 & \text{falls } \tilde{J}(\boldsymbol{y}) \geqq f_{\tilde{s}_t, N_t-\tilde{r}_t; 1-\alpha} \\ 0 & \text{falls } \tilde{J}(\boldsymbol{y}) < f_{\tilde{s}_t, N_t-\tilde{r}_t; 1-\alpha}\,. \end{cases} \tag{11.4.1}$$

Diese Stoppregel basiert auf dem F-Test der Hypothese $H_0\colon \boldsymbol{K}_1\boldsymbol{\vartheta}^{(t+1)} = \boldsymbol{0}$ gegen die Alternativhypothese $H_A\colon \boldsymbol{K}_1\boldsymbol{\vartheta}^{(t+1)} \neq \boldsymbol{0}$ (d. h. $H_0\colon (\vartheta_{r_t+1}, \dots, \vartheta_{r_{t+1}})' = \boldsymbol{0}$ gegen $H_A\colon (\vartheta_{r_t+1}, \dots, \vartheta_{r_{t+1}})' \neq \boldsymbol{0}$), der im Abschnitt 9.1.3 beschrieben wurde. Die Optimalitätseigenschaften dieses F-Tests sind ebenfalls im Kapitel 9 angegeben.

Im Fall $\sigma \in \{\sigma_0\}$ kann man eine Stoppregel auf der Basis des χ^2-Tests aufbauen und speziell $\tilde{V}_{N_t} = V_{n_t^{(1)}}$; $V_{n_t^{(1)}} \in V_{t,\mathrm{reg}}^{(0)}$; wählen. Gemäß (9.1.36) bezeichne

$$\forall t \in \{1, \dots, m-1\}\ \forall \tilde{V}_{N_t} \in V_{t,\mathrm{reg}}^{(0)}\ \forall \boldsymbol{y} \in C(\tilde{V}_{N_t})\colon \tilde{J}_t(\boldsymbol{y}; \tilde{V}_{N_t}) := \frac{1}{\sigma_0^2}\,\|\boldsymbol{y} - \boldsymbol{F}_t(\tilde{V}_{N_t})\,\check{\boldsymbol{\vartheta}}^{(t)}(\boldsymbol{y}, \tilde{V}_{N_t})\|^2_{\boldsymbol{I}_{N_t}}$$

die normierten Restquadratsummen.

Lemma 11.4.1: Falls der Ansatz $\tilde{S}_t$ wahr ist, gilt

$$T(\mathfrak{Y}; \tilde{V}_{N_t}) := (N_t - r_t)\,\frac{\tilde{J}_t(\mathfrak{Y}; \tilde{V}_{N_t})}{\sigma_0^2} \sim \chi^2(N_t - r_t, 0)\,.$$

Diese Aussage folgt aus dem Beweis zu Satz 9.1.5.

Es sei $\chi^2_{N_t - r_t; 1-\alpha}$ das $(1-\alpha)$-Quantil der (zentralen) χ^2-Verteilung mit $N_t - r_t$ Freiheitsgraden. Dann wählen wir als Stoppregel

$$\forall t \in \{1, \dots, m-1\}\ \forall \tilde{V}_{N_t} \in V_{t,\mathrm{reg}}^{(0)}\ \forall \boldsymbol{y} \in C(\tilde{V}_{N_t}):$$

$$\varphi_t(\boldsymbol{y}; \tilde{V}_{N_t}) := \begin{cases} 1\,, & \text{falls } T(\boldsymbol{y}, \tilde{V}_{N_t}) \geqq \chi^2_{N_t-r_t; 1-\alpha}\,, \\ 0\,, & \text{falls } T(\boldsymbol{y}, \tilde{V}_{N_t}) < \chi^2_{N_t-r_t; 1-\alpha}\,. \end{cases} \tag{11.4.2}$$

Diese Stoppregel basiert auf dem χ^2-Test der Hypothese $H_0\colon \mathrm{E}\tilde{J}_t(\mathfrak{Y}, \tilde{V}_{N_t}) = 1$ gegen die Alternativhypothese $H_A\colon \mathrm{E}\tilde{J}_t(\mathfrak{Y}, \tilde{V}_{N_t}) > 1$. Als Schätzfunktion für $\mathrm{E}\tilde{J}_t(\mathfrak{Y}, \tilde{V}_{N_t})$ wird dabei $\tilde{J}_t(\mathfrak{Y}, \tilde{V}_{N_t})$ verwendet.

In II/5 werden Beispiele zu diesen Tests behandelt und eine weitere Stoppregel angegeben.

11.5. Weitere Probleme

1. Zur Konstruktion und zu den Eigenschaften von Mehrfaktorplänen in varianzanalytischen Modellen liegt eine umfangreiche Literatur vor. Wir verweisen auf die Monographien von Raghavarao[1], Finney [1], Kempthorne[1] und Brodskij [1], deren Literaturverzeichnissen die wichtigsten Originalarbeiten entnommen werden können. Die Entwicklung der Mehrfaktorplanung in den Jahren 1950–1968 referieren Herzberg/Cox [1], und einen Überblick von 1965–1970 gibt Addelman [3].
2. In Addelman [1] wird eine Methode zur Konstruktion umfangsirregulärer TFV (s. Abschnitt 11.2.3) beschrieben, die darin besteht, daß q; $q \in \mathbb{N} \wedge \forall n \in \mathbb{N}: q \neq 2^n$; verschiedene TFV 2^{k-p} aus einer Familie von TFV (s. Abschnitt 11.2.3 b)) summiert werden. In dieser Arbeit werden außerdem Eigenschaften umfangsirregulärer TFV untersucht. Eine andere Möglichkeit der Konstruktion umfangsirregulärer TFV auf der Basis von Hadamard-Matrizen geht auf Paley[1] zurück. Für durch 4 teilbaren Umfang n von 4 bis 100 (mit Ausnahme von $n = 92$) sind solche orthogonalen umfangsirregulären TFV bei Plackett/Burman [1] angegeben. Eine Übersicht über die Methoden und die Literatur zu umfangsirregulären TFV geben Gorskij/Brodskij in Nalimov [1].
3. Es sei s eine beliebige Primzahl. Konstruktion und Eigenschaften k-dimensionaler vollständiger faktorieller Versuchspläne auf s Stufen (abgekürzt: VFV s^k) und teilweiser faktorieller Versuchspläne eines VFV s^k werden u. a. in Finney [1] und Davis [1] behandelt. Diese faktoriellen Versuchspläne sind geeignet als Versuchspläne von höherer als 1. Ordnung.
4. Neben den sogenannten symmetrischen faktoriellen Versuchsplänen, bei denen für jeden der k Faktoren dieselbe Stufenanzahl gewählt wird, werden in der Literatur auch unsymmetrische faktorielle Versuchspläne untersucht. Diese Pläne werden z. B. verwendet, wenn der Ansatz nicht in allen Variablen von derselben Ordnung ist. Wir verweisen dazu auf Addelman [2] und die Übersichtsarbeit Addelman [3].
5. Die Aufteilung von faktoriellen Versuchsplänen in bestimmte Gruppen von Einzelversuchen, sogenannte Blöcke, unter der Bedingung eines zeitlichen Trends wird z. B. in Davis [1], Finney [1], Markova/Lisenkov [1] und Nalimov/Černova [1] untersucht. Die Blockbildung bei zusammengesetzten drehbaren Plänen 2. Ordnung behandeln Box, G. E. P./Hunter, J. S. [1].
6. Konstruktion und Eigenschaften drehbarer Versuchspläne 3. Ordnung untersuchen Draper [1], [2], Gardiner/Grandage/Hader [1] und Nalimov/Černova [1].

12. STOCHASTISCHE REGRESSOREN MIT EINSTELLBAREN ERWARTUNGSWERTEN

In den Kapiteln 3 bis 7 wurden Probleme der Schätzung und Versuchsplanung für den Fall behandelt, daß die Regressoren genau einstellbar sind und sich bei der Beobachtung des Regressanden nicht verändern. Nun wenden wir uns dem Fall zu, daß die Regressoren beim Einstellen und bei der Beobachtung von zufälligen Fehlern überlagert werden.

Zur Formulierung eines Versuchsplanungsproblems nehmen wir an, daß die Erwartungswerte der Regressoren genau einstellbar sind. Für die Schätzung und Versuchsplanung ergeben sich jeweils verschiedene Aufgaben, je nachdem ob die Realisierungen der Regressoren für die Schätzung verwendet werden können oder nicht.

Im folgenden werden für die beiden Fälle, daß alle Realisierungen beobachtbar sind und daß keine Realisierung beobachtbar ist, die Eigenschaften der MKQ-Schätzung untersucht und das bezüglich dieser Schätzung formulierte spezielle Versuchsplanungsproblem behandelt.

Für den Fall, daß nur ein Teil der Realisierungen der Regressoren beobachtbar ist, wird eine Planungsmöglichkeit diskutiert.

12.1. Formulierung des Entscheidungsproblems

Über einem Wahrscheinlichkeitsraum $[\Omega, \mathscr{B}_\Omega, P]$ sei eine Familie von Zufallsgrößen $\{\mathfrak{Y}(\boldsymbol{x})\}_{\boldsymbol{x}\in B}$ definiert. Weiterhin seien B_{ij}; $i = 1, \dots, n$; $j = 1, \dots, k$; Bildräume der Zufallsgrößen $\mathfrak{X}_{ij}$, die über demselben Wahrscheinlichkeitsraum $[\Omega, \mathscr{B}_\Omega, P]$ definiert sind.

Vor. 12.1.1: $\forall i \in \{1, \dots, n\} : B_i := \bigtimes_{j=1}^{k} B_{ij} \subseteq B \subseteq \mathrm{R}^k$ •

Für den Zufallsvektor $\boldsymbol{\mathfrak{X}}_i = (\mathfrak{X}_{i1}, \dots, \mathfrak{X}_{ik})'$ gilt

Vor. 12.1.2: $\forall i \in \{1, \dots, n\}\ \exists \boldsymbol{\mu}_i \in V \subseteq B$:

$$\mathrm{E}\boldsymbol{\mathfrak{X}}_i = \boldsymbol{\mu}_i \ \bullet \tag{12.1.1}$$

Wegen (12.1.1) existieren Zufallsgrößen δ_{ij}; $i = 1, \dots, n$; $j = 1, \dots, k$, die über $[\Omega, \mathscr{B}_\Omega, P]$ definiert sind, mit

$$\mathrm{E}\delta_{ij} = 0\,, \tag{12.1.2}$$

so daß die Zufallsvektoren $\boldsymbol{\mathfrak{X}}_i$; $i = 1, \dots, n$; in folgender Form dargestellt werden können

$$\forall i \in \{1, \dots, n\} : \boldsymbol{\mathfrak{X}}_i = \boldsymbol{\mu}_i + \boldsymbol{\delta}_i \tag{12.1.3}$$

mit

$$\boldsymbol{\mu}_i = (\mu_{i1}, \ldots, \mu_{ik})',$$
$$\boldsymbol{\delta}_i = (\delta_{i1}, \ldots, \delta_{ik})'.$$

Vor. 12.1.3: $\exists \eta \in (\mathrm{R}^1)^B \ \forall \boldsymbol{x} \in B \colon \mathrm{E}\mathfrak{Y}(\boldsymbol{x}) = \eta(\boldsymbol{x})$ •

Wegen Vor. 12.1.3 existiert eine Familie $\{\varepsilon(\boldsymbol{x})\}_{\boldsymbol{x} \in B}$ von Zufallsgrößen, die über $[\Omega, \mathscr{B}_\Omega, P]$ definiert sind, mit

$$\forall \boldsymbol{x} \in B \colon \mathfrak{Y}(\boldsymbol{x}) = \eta(\boldsymbol{x}) + \varepsilon(\boldsymbol{x}) \wedge \mathrm{E}\varepsilon(\boldsymbol{x}) = 0\,. \tag{12.1.4}$$

Aus der Vor. 12.1.1 ergibt sich mit (12.1.4)

$$\forall i \in \{1, \ldots, n\} \ \forall \boldsymbol{x}_i \in B_i \colon \mathfrak{Y}(\boldsymbol{x}_i) = \eta(\boldsymbol{x}_i) + \varepsilon(\boldsymbol{x}_i)\,. \tag{12.1.5}$$

Es bezeichne

$$\mathfrak{V}_n^X := (\mathfrak{X}_1, \ldots, \mathfrak{X}_n) \tag{12.1.6}$$

und

$$V_n^x := (\boldsymbol{x}_1, \ldots, \boldsymbol{x}_n)\,. \tag{12.1.7}$$

Def. 12.1.1: V_n^x heißt eine *Realisierung* von $\mathfrak{V}_n^X =_{\mathrm{df}}$

$$\forall i \in \{1, \ldots, n\} \colon \boldsymbol{x}_i \in B_i \ \bullet$$

Def. 12.1.2: $V_n^\mu := (\boldsymbol{\mu}_1, \ldots, \boldsymbol{\mu}_n)$ heißt ein *erwarteter konkreter Versuchsplan vom Umfang n bez.* $\mathfrak{V}_n^X$ (kurz $V_n^\mu = \mathrm{E}\mathfrak{V}_n^X$) $=_{\mathrm{df}}$

$$\forall i \in \{1, \ldots, n\} \colon \boldsymbol{\mu}_i = \mathrm{E}\mathfrak{X}_i \ \bullet$$

Es bezeichne C_v die Menge aller Realisierungen V_n^x von $\mathfrak{V}_n^X$. Weiterhin sei $V^{(0)}$ die durch (2.2.1) definierte Menge von konkreten Versuchsplänen; $V_n^\mu \in V^{(0)}$.

Mit den Abkürzungen

$$\mathfrak{Y}(V_n^x) := (\mathfrak{Y}(\boldsymbol{x}_1,), \ldots, \mathfrak{Y}(\boldsymbol{x}_n))',$$
$$\boldsymbol{\eta}(V_n^x) := (\eta(\boldsymbol{x}_1), \ldots, \eta(\boldsymbol{x}_n))',$$
$$\boldsymbol{\varepsilon}(V_n^x) := (\varepsilon(\boldsymbol{x}_1), \ldots, \varepsilon(\boldsymbol{x}_n))'$$

läßt sich (12.1.5) schreiben als

$$\mathfrak{Y}(V_n^x) = \boldsymbol{\eta}(V_n^x) + \boldsymbol{\varepsilon}(V_n^x)\,. \tag{12.1.8}$$

Es sei $C(V_n^x)$ der Stichprobenraum von $\mathfrak{Y}(V_n^x)$ und

$$C_\mu := \bigcup_{V_n^x \in C_v} C(V_n^x)\,. \tag{12.1.9}$$

Vor. 12.1.4: $\forall V_n^x \in C_v \colon \mathrm{E}\boldsymbol{\varepsilon}(V_n^x) = \boldsymbol{0} \wedge (\exists \sigma_y^2 \in \mathrm{R}^+ \colon \quad \boldsymbol{B}_{\boldsymbol{\varepsilon}(V_n^x)} = \sigma_y^2 \boldsymbol{I}_n)$ •

Vor. 12.1.5: Für alle i und j aus $\{1, \ldots, n\}$ seien $\varepsilon(\boldsymbol{x}_i)$ und $\boldsymbol{\delta}_j$ unabhängig •

Es sei $\tilde{S} = \{\tilde{\eta}(\cdot, \boldsymbol{\vartheta}) \in (\mathrm{R}^1)^B \colon \boldsymbol{\vartheta} \in \Theta \subseteq \mathrm{R}^r\}$ ein linearer wahrer Ansatz, d. h.

$$\exists \boldsymbol{\vartheta} \in \Theta \ \forall \boldsymbol{\mu} \in B \colon \eta(\boldsymbol{\mu}) = \tilde{\eta}(\boldsymbol{\mu}, \boldsymbol{\vartheta})$$
$$\wedge \ \exists \boldsymbol{f}(\cdot) \in (\mathrm{R}^r)^B \ \forall \boldsymbol{\vartheta} \in \Theta \ \forall \boldsymbol{\mu} \in B \colon \tilde{\eta}(\boldsymbol{\mu}, \boldsymbol{\vartheta}) = \boldsymbol{f}(\boldsymbol{\mu})' \boldsymbol{\vartheta}$$

(vgl. Def. 2.3.1 und Def. 2.3.2).

Wie im Abschnitt 2.3.2 formulieren wir die Aufgabenstellung der Schätzung und Versuchsplanung als Entscheidungsproblem. Im Unterschied zum Fall der determinierten Regressoren wähle die Natur dabei (neben $\boldsymbol{\vartheta} \in \Theta$ und $\boldsymbol{\mu} \in H$) zwei Parameter $w_1 \in K_1$ und $w_2 \in K_2$. Durch $w_2 \in K_2$ und $V_n^\mu \in V^{(0)}$ sei die Verteilung $P_{\boldsymbol{\delta}(V_n^\mu)}^{(w_2)\mu}$ des Fehlervektors $\boldsymbol{\delta}(V_n^\mu) := (\boldsymbol{\delta}_1', \ldots, \boldsymbol{\delta}_n')'$ eineindeutig bestimmt. Durch $w_1 \in K_1$ und $V_n^x \in C_v$ sei weiterhin die Verteilung $P_{\boldsymbol{\varepsilon}(V_n^x)}^{(w_1)x}$ des Fehlervektors $\boldsymbol{\varepsilon}(V_n^x) = (\varepsilon(\boldsymbol{x}_1), \ldots, \varepsilon(\boldsymbol{x}_n))'$ eineindeutig bestimmt. Diese beiden Familien der Verteilungen der Fehlervektoren $\boldsymbol{\varepsilon}(\mathfrak{V}_n^X)$ und $\boldsymbol{\delta}(V_n^\mu)$ werden mit

$$\{P_{\boldsymbol{\varepsilon}(V_n)}^{(w_1)x}\}_{w_1 \in K_1;\; V_n^x \in C_v} \tag{12.1.10}$$

und

$$\{P_{\boldsymbol{\delta}(V_n^\mu)}^{(w_2)\mu}\}_{w_2 \in K_2;\; V_n^\mu \in V^{(0}} \tag{12.1.11}$$

bezeichnet.

Analog zu (2.3.22) hat die Menge der Zustände der Natur folgende Form:

$$Z_\Theta = \Theta \times K_1 \times K_2 \times H\,. \tag{12.1.12}$$

Der Statistiker wählt zunächst einen erwarteten konkreten Versuchsplan $V_n^\mu \in V^{(0)}$. Ein (zufälliger) Versuchsplan $\mathfrak{V}_n^X$ mit $\mathrm{E}\mathfrak{V}_n^X = V_n^\mu$ wird realisiert und in den Punkten $\boldsymbol{x}_i$ der Realisierung $V_n^x \in C_v$ die Zufallsgröße $\mathfrak{Y}$ beobachtet. Auf Grund von $\mathfrak{Y}(V_n^x)$ soll nun $\boldsymbol{\vartheta}$ geschätzt werden. Dazu wählt der Statistiker eine Entscheidungsfunktion

$$\forall V_n^\mu \in V^{(0)}\; \forall V_n^x \in C_v : \boldsymbol{d}(\cdot, V_n^x, V_n^\mu) \mid C_\mu \to \Theta\,,$$

d. h. mit $\boldsymbol{y} \in C(V_n^x)$ fällt er die Entscheidung $\boldsymbol{d}(\boldsymbol{y}, V_n^x, V_n^\mu)$ und damit wird $\eta(\boldsymbol{\mu})$ durch $\boldsymbol{f}(\boldsymbol{\mu})'\,\boldsymbol{d}(\boldsymbol{y}, V_n^x, V_n^\mu)$ geschätzt. Wenn der Statistiker anschließend die Wahl eines geeigneten Versuchsplanes $V_n^{\mu *} \in V^{(0)}$ auf Grund der vorliegenden Schätzung $\boldsymbol{d}$ betrachtet, entsteht das Versuchsplanungsproblem. Es sei $D(V_n^\mu) \subseteq \mathcal{F}(\mathcal{B}_{C_\mu}, \mathcal{B}_\Theta)$ eine Menge von Schätzfunktionen zur Schätzung von $\boldsymbol{\vartheta}$. Es bezeichne U die Menge der Entscheidungen des Statistikers

$$U = \{(\boldsymbol{d}, V_n^\mu) : \boldsymbol{d} \in D(V_n^\mu) \wedge V_n^\mu \in V^{(0)}\}\,. \tag{12.1.13}$$

Weiterhin sei $L | Z_\Theta \times \Theta \times V^{(0)} \to \mathrm{R}^1$ eine $(\mathcal{B}_{Z_\Theta} \otimes \mathcal{B}_\Theta \otimes \mathcal{B}_{V^{(0)}}, \mathcal{B}_1)$-meßbare Verlustfunktion. Damit kann die Problematik der optimalen Versuchsplanung im Regressionsmodell bei stochastischen Regressoren mit einstellbaren Erwartungswerten durch das folgende statistische Entscheidungsproblem

$$G = [Z_\Theta, U, R] \tag{12.1.14}$$

dargestellt werden, wobei R die gemäß

$$\forall \boldsymbol{\vartheta} \in \Theta\; \forall w_1 \in K_1\; \forall w_2 \in K_2\; \forall \boldsymbol{\mu} \in H\; \forall V_n^\mu \in V^{(0)}\; \forall \boldsymbol{d} \in D(V_n^\mu):$$

$$R(\boldsymbol{\vartheta}, w_1, w_2, \boldsymbol{\mu}; \boldsymbol{d}(\cdot, \cdot, V_n^\mu), V_n^\mu) = \mathrm{E}_{\mathfrak{Y}(\mathfrak{V}_n^x)} L(\boldsymbol{\vartheta}, w_1, w_2, \boldsymbol{\mu}; \boldsymbol{d}(\mathfrak{Y}(\mathfrak{V}_n^X), \mathfrak{V}_n^X, V_n^\mu), V_n^\mu)$$

erzeugte Risikofunktion $R \mid Z_\Theta \times U \to \mathrm{R}^1$ ist. Wegen $Z_\Theta = \Theta \times K_1 \times K_2 \times H$ und $U \subseteq \left[\bigcup_{V_n^\mu \in V^{(0)}} D(V_n^\mu)\right] \times V^{(0)}$ hat G eine solche Struktur, für die die Trennsätze anwendbar sind (vgl. Satz 2.1.2).

Es seien

$$Q \mid (\mathrm{R}^1)^{Z_\Theta \times U} \to (\mathrm{R}^1)^U$$

$$Q_1 \mid (\mathrm{R}^1)^{Z_\Theta \times U} \to (\mathrm{R}^1)^{H \times U}$$

$$Q_2 \mid (\mathrm{R}^1)^{H \times U} \to (\mathrm{R}^1)^U$$

Operatoren mit der Eigenschaft

$$Q = Q_2 \circ Q_1 .$$

Weiterhin sei $D = \bigcup_{V_n^\mu \in V^{(0)}} D(V_n^\mu)$.

Satz 12.1.1: Der Operator Q_2 sei D-monoton, dann ist das Problem G aus (12.1.14) für alle $V_n^\mu \in V^{(0)}$ bez. Q trennbar in das Schätzproblem $G_1 = [\Theta \times K_1 \times K_2, D(V_n^\mu), R_1 = R]$ und das Versuchsplanungsproblem $G_2 = [H, V^{(0)}, R_2]$ mit

$$R_2(\boldsymbol{\mu}; V_n^\mu) = Q_1 R(\cdot, \cdot, \cdot, \boldsymbol{\mu}; \boldsymbol{d}^*(\cdot, \cdot, V_n^\mu), V_n^\mu) ,$$

wobei $\boldsymbol{d}^*(\cdot, \cdot, V_n^\mu) \in D(V_n^\mu)$ eine Q_1-optimale Strategie in G_1 ist, (vgl. Satz 2.1.2) •

Die Realisierung einer Zufallsvariablen wird als *beobachtbar* bezeichnet, wenn sie zur Schätzung benutzt werden kann (weil sie dem Statistiker bekannt wird).

Wir setzen voraus, daß für alle $V_n^x \in C_v$ alle Realisierungen des Zufallsvektors $\mathfrak{Y}(V_n^x)$ beobachtbar sind.

Nun soll das Schätzproblem G_1 näher betrachtet werden. Dazu wollen wir zwei Fälle unterscheiden

a) alle Komponenten aller Realisierungen von $\mathfrak{V}_n^X$ sind beobachtbar,
b) keine Komponente aller Realisierungen von $\mathfrak{V}_n^X$ ist beobachtbar.

Im Unterschied zum Fall determinierter Regressoren führen wir folgende Bezeichnungen ein:
Der Versuchsbereich $V \subseteq B \subseteq \mathrm{R}^k$, aus dem die Erwartungswerte $\boldsymbol{\mu}_i$ $(i = 1, \dots, n)$ gewählt werden können, werde *Einstellbereich* genannt. Für den Fall b) benutzen wir die abkürzende Bezeichnung ORK (ohne Realisierungskenntnisse).

Weiterhin werde der Bereich $W_B \subseteq \mathrm{R}^k$, in dem Realisierungen der Komponenten von $\mathfrak{V}_n^X$ erhalten werden können, *Beobachtungsbereich* genannt. Es gilt i. allg. $V \neq W_B$. Es seien $P_{\mathfrak{X}_i}$; $i = 1, \dots, n$; die Verteilungen von $\mathfrak{X}_i$ und

$$W = \bigcup_{i=1}^{n} \operatorname{supp} P_{\mathfrak{X}_i} . \tag{12.1.15}$$

Wir bezeichnen den Fall $W \subseteq W_B$ mit VRK (vollständige Realisierungskenntnisse). In diesem Fall sind alle Realisierungen von $\mathfrak{V}_n^X$ beobachtbar (vgl. a)). Der Fall $W_B \subset W$ kann prinzipiell nur dann vermieden werden, wenn die Verteilungen $P_{\mathfrak{X}_i}$ endlichen Träger haben.

Mit der Annahme, daß der Ansatz $\tilde{S}$ wahr und linear ist, ergibt sich aus (12.1.8)

$$\forall V_n^x \in C_v : \mathfrak{Y}(V_n^x) = \boldsymbol{F}(V_n^x)\, \boldsymbol{\vartheta} + \varepsilon(V_n^x) , \tag{12.1.16}$$

wobei $\boldsymbol{F}(V_x^n) = ((f_{ij}))_{n\times r} = \big((f_j(\boldsymbol{x}_i))\big)_{n\times r}$ ist.

Def. 12.1.3: Das Quadrupel $(\mathfrak{Y}(\mathfrak{V}_n^X), \boldsymbol{F}(\mathfrak{V}_n^X)\, \boldsymbol{\vartheta},\ \sigma_y^2 \boldsymbol{I}_n\, \boldsymbol{B}_{\delta(V_n^\mu)})$ heißt *klassisches lineares Regressionsmodell bei stochastischen Regressoren mit einstellbaren Erwartungswerten* (KLRS) $=_{\mathrm{df}}$

$$P_{\mathfrak{V}_n^x}(\operatorname{Rg} \boldsymbol{F}(\mathfrak{V}_n^X) = r) = 1 \wedge \boldsymbol{B}_{\delta(V_n^\mu)} = \mathrm{E}\boldsymbol{\delta}(V_n^\mu)\, \boldsymbol{\delta}(V_n^\mu)'$$

$$\wedge \forall V_n^x \in C_v :\ \boldsymbol{B}_{\varepsilon(V_n^x)} = \sigma_y^2 \boldsymbol{I}_n \; \bullet$$

12.2. Schätzung und Versuchsplanung im Fall VRK

In diesem Abschnitt wird der Fall betrachtet, daß wir außer dem Plan V_n^μ noch die Realisierung V_n^x kennen. Die Kenntnisse über V_n^x spielen bei der Wahl der Schätzfunktion $\boldsymbol{d}$ eine wichtige Rolle. Ist V_n^x beobachtbar, dann können wir eine Schätzfunktion verwenden, die bereits in Kapitel 3 eingeführt ist und deren Eigenschaften bei determinierten Regressoren untersucht wurden.

12.2.1. MKQ-Schätzung unter Benutzung von V_n^x

Es sei ein KLRS gegeben. In Analogie zur Def. 3.1.1 wird die Abbildung

$$\forall V_n^\mu \in V^{(0)}\ \forall \boldsymbol{\vartheta} \in \Theta\ \forall V_n^x \in C_v: \check{\boldsymbol{\vartheta}}(\cdot, V_n^x, V_n^\mu) \mid C_\mu \to \mathrm{R}^r$$

als klassische MKQ-Schätzung für $\boldsymbol{\vartheta}$ bez. VRK bezeichnet, falls gilt

$$\forall \boldsymbol{y} \in C_\mu: \|\boldsymbol{y} - \boldsymbol{F}(V_n^x)\, \check{\boldsymbol{\vartheta}}(\boldsymbol{y}, V_n^x, V_n^\mu)\|_{\boldsymbol{I}_n}^2 = \inf_{\boldsymbol{t} \in \Theta} \|\boldsymbol{y} - \boldsymbol{F}(V_n^x)\, \boldsymbol{t}\|_{\boldsymbol{I}_n}^2 . \tag{12.2.1}$$

Aus (12.2.1) folgt $P_{\mathfrak{B}_n^x}$-fast-überall

$$\check{\boldsymbol{\vartheta}}(\mathfrak{Y}(\mathfrak{B}_n^X), \mathfrak{B}_n^X, V_n^\mu) = (\boldsymbol{F}(\mathfrak{B}_n^X)'\, \boldsymbol{F}(\mathfrak{B}_n^X))^{-1}\, \boldsymbol{F}(\mathfrak{B}_n^X)'\, \mathfrak{Y}(\mathfrak{B}_n^X) \tag{12.2.2}$$

mit $\boldsymbol{F}(\mathfrak{B}_n^X) = \big((f_j(\mathfrak{X}_i))\big)_{n \times r}$.

Lemma 12.2.1:

$$\mathrm{E}_{\mathfrak{Y}(\mathfrak{B}_n^x)|\boldsymbol{\vartheta}}\check{\boldsymbol{\vartheta}}(\mathfrak{Y}(\mathfrak{B}_n^X), \mathfrak{B}_n^X, V_n^\mu) = \boldsymbol{\vartheta} \wedge \boldsymbol{B}_{\check{\boldsymbol{\vartheta}}(\mathfrak{Y}(\mathfrak{B}_n^X), \mathfrak{B}_n^X, V_n^\mu)} = \sigma_y^2 \mathrm{E}_{\mathfrak{B}_n^x}(\boldsymbol{F}(\mathfrak{B}_n^X)'\, \boldsymbol{F}(\mathfrak{B}_n^X))^{-1} \bullet$$

Im Fall determinierter Regressoren ist bereits aus dem GAUSS-MARKOV-Theorem (vgl. Satz 3.2.2) bekannt, daß die MKQ-Schätzung unter den linearen erwartungstreuen Schätzungen die kleinste Kovarianzmatrix besitzt. Wie diese Aussage für den vorliegenden Fall modifiziert werden kann, soll im folgenden untersucht werden. Es seien $\mathscr{B}_{C_\mu}$ und $\mathscr{B}_\Theta$ σ-Algebren der Teilmengen von C_μ und Θ. Es sei $V_n^\mu \in V^{(0)}$ und $\mathfrak{B}_n^X$ mit $\mathrm{E}\mathfrak{B}_n^X = V_n^\mu$. Im weiteren wird $\mathrm{E}_{\mathfrak{B}_n^x}$ mit $\mathrm{E}_{\mathfrak{X}}$ abgekürzt. Dann bezeichne

$$D = \{\tilde{\boldsymbol{\vartheta}} \in \mathscr{F}(\mathscr{B}_{C_\mu}, \mathscr{B}_\Theta): \tilde{\boldsymbol{\vartheta}} = \boldsymbol{J}(\mathfrak{B}_n^X, V_n^\mu)\, \mathfrak{Y}(\mathfrak{B}_n^X) \wedge (\forall V_n^x \in C_v: \boldsymbol{J}(V_n^x, V_n^\mu) \in \mathscr{M}_{r\times n}^{(r)})\}\ , \tag{12.2.3}$$

$$D_0 = \{\tilde{\boldsymbol{\vartheta}} \in D: P_{\mathfrak{B}_n^x}(\boldsymbol{J}(\mathfrak{B}_n^X, V_n^\mu)\, \boldsymbol{F}(\mathfrak{B}_n^X) = \boldsymbol{I}_r) = 1\}\ , \tag{12.2.4}$$

$$D_1 = \{\tilde{\boldsymbol{\vartheta}} \in D: \mathrm{E}(\tilde{\boldsymbol{\vartheta}} \mid \boldsymbol{\vartheta}) = \boldsymbol{\vartheta}\}\ . \tag{12.2.5}$$

Lemma 12.2.2: Es gilt $D_0 \subseteq D_1 \bullet$

Beweis: Sei $\tilde{\boldsymbol{\vartheta}} \in D_0$, wegen $\mathrm{E}(\tilde{\boldsymbol{\vartheta}} \mid \boldsymbol{\vartheta}) = \boldsymbol{\vartheta}$ ist auch $\tilde{\boldsymbol{\vartheta}} \in D_1$.

Satz 12.2.1: $\forall \tilde{\boldsymbol{\vartheta}} \in D_0: \boldsymbol{B}_{\tilde{\boldsymbol{\vartheta}}} - \boldsymbol{B}_{\check{\boldsymbol{\vartheta}}} \in \mathscr{M}_r^{\geqq} \bullet$

Beweis: Durch einfache Nachprüfung ergibt sich

$$\boldsymbol{B}_{\tilde{\boldsymbol{\vartheta}}} = \sigma_y^2 \mathrm{E}_{\mathfrak{X}}(\boldsymbol{J}(\mathfrak{B}_n^X, V_n^\mu)\, \boldsymbol{J}(\mathfrak{B}_n^X, V_n^\mu)')\ .$$

Mit der Bezeichnung $\tilde{\boldsymbol{F}}(\mathfrak{B}_n^X) := (\boldsymbol{F}(\mathfrak{B}_n^X)'\, \boldsymbol{F}(\mathfrak{B}_n^X))^{-1}\, \boldsymbol{F}(\mathfrak{B}_n^X)'$ gilt wegen

$$\mathrm{E}_{\mathfrak{X}}(\boldsymbol{J}(\mathfrak{B}_n^X, V_n^\mu)\, \tilde{\boldsymbol{F}}(\mathfrak{B}_n^X)') = \mathrm{E}_{\mathfrak{X}}(\boldsymbol{F}(\mathfrak{B}_n^X)'\, \boldsymbol{F}(\mathfrak{B}_n^X))^{-1} = \mathrm{E}_{\mathfrak{X}}(\tilde{\boldsymbol{F}}(\mathfrak{B}_n^X)\, \tilde{\boldsymbol{F}}(\mathfrak{B}_n^X)')$$

folgende Beziehung:

$$\mathrm{E}_{\mathfrak{X}}(\boldsymbol{J}(\mathfrak{V}_n^X, V_n^\mu)\,\boldsymbol{J}(\mathfrak{V}_n^X, V_n^\mu)') = \mathrm{E}_{\mathfrak{X}}(\boldsymbol{F}(\mathfrak{V}_n^X)'\,\boldsymbol{F}(\mathfrak{V}_n^X))^{-1}$$
$$+ \mathrm{E}_{\mathfrak{X}}\big((\boldsymbol{J}(\mathfrak{V}_n^X, V_n^\mu) - \tilde{\boldsymbol{F}}(\mathfrak{V}_n^X))\,(\boldsymbol{J}(\mathfrak{V}_n^X, V_n^\mu) - \tilde{\boldsymbol{F}}(\mathfrak{V}_n^X))'\big),$$

woraus sich die Behauptung unmittelbar ergibt.

12.2.2. Das Versuchsplanungsproblem im Fall VRK

Wir wenden uns nun dem Versuchsplanungsproblem G_2 zu und betrachten einige Risikofunktionen.

Lemma 12.2.3: Es sei $Z \mid \mathcal{M}_r \to \mathrm{R}^1$ ein lineares Funktional. Für alle $\boldsymbol{A}(\mathfrak{V}_n^X) \in \{\boldsymbol{A}_0(\mathfrak{V}_n^X)\colon \forall V_n^x \in C_v\colon \boldsymbol{A}_0(V_n^x) \in \mathcal{M}_r\}$ gilt

$$\mathrm{E}_{\mathfrak{X}} Z(\boldsymbol{A}(\mathfrak{V}_n^X)) = Z(\mathrm{E}_{\mathfrak{X}} \boldsymbol{A}(\mathfrak{V}_n^X))\ \bullet$$

Der *Beweis* folgt aus der Linearität des Erwartungswertoperators $\mathrm{E}_{\mathfrak{X}}$.

Lemma 12.2.4: Es sei $Z \mid \mathcal{M}_r^{\geqq} \to \mathrm{R}^1$ ein konvexes Funktional. Dann gilt für alle $\boldsymbol{A}(\mathfrak{V}_n^X) \in \{\boldsymbol{A}_0(\mathfrak{V}_n^X)\colon \forall V_n^x \in C_v\colon \boldsymbol{A}_0(V_n^x) \in \mathcal{M}_r^{\geqq}\}$

$$Z(\mathrm{E}_{\mathfrak{X}} \boldsymbol{A}(\mathfrak{V}_n^X)) \leqq \mathrm{E}_{\mathfrak{X}} Z(\boldsymbol{A}(\mathfrak{V}_n^X))\ \bullet$$

Der *Beweis* wird durch Anwendung der JENSENschen Ungleichung (s. FERGUSON [1]) erbracht (indem man den $(r \times r)$-Matrizen in eineindeutiger Weise r^2-dimensionale Vektoren zuordnet).

In Analogie zum Abschnitt 5.2 können die Optimalitätskriterien für das Versuchsplanungsproblem definiert werden, und zwar bez. konkreter Versuchspläne, indem man in den Def. 5.2.1 bis Def. 5.2.11 die Matrix $\boldsymbol{M}(\cdot)^{-1}$ durch

$$\mathrm{E}_{\mathfrak{X}}[\boldsymbol{M}(\mathfrak{V}_n^X)^{-1}] = n\mathrm{E}_{\mathfrak{X}}[\boldsymbol{F}(\mathfrak{V}_n^X)'\,\boldsymbol{F}(\mathfrak{V}_n^X)]^{-1}$$

ersetzt, z. B. können wir einen D-optimalen Plan als Lösung von

$$\det \mathrm{E}_{\mathfrak{X}}[\boldsymbol{M}(\mathfrak{V}_n^X)^{-1}] = \min_{V_n' \in V^{(0)}}$$

erhalten.

Die Bestimmung optimaler Pläne erfordert die Berechnung des Erwartungswertes für die Matrix $[\boldsymbol{F}(\mathfrak{V}_n^X)'\,\boldsymbol{F}(\mathfrak{V}_n^X)]^{-1}$ und dieser ist i. allg. nicht explizit als Funktion von V_n^μ angebbar. In Spezialfällen kann man jedoch zeigen, daß optimale Pläne bei determinierten Regressoren auch im Fall VRK optimal bleiben; es bezeichne $V_Z^{(d)*}$ (bzw. $V_Z^{(s)*}$) die Menge der Z-optimalen Pläne im Fall determinierter Regressoren (bzw. VRK).

Beispiel 12.2.1: Es sei $\tilde{S} = \{\tilde{\eta}(\cdot, \boldsymbol{\vartheta})\colon \tilde{\eta}(\cdot, \boldsymbol{\vartheta}) = \boldsymbol{f}(\cdot)'\,\boldsymbol{\vartheta} \wedge \boldsymbol{\vartheta} \in \Theta \subseteq \mathrm{R}^r \wedge \forall \mu \in B\colon \boldsymbol{f}(\mu) = (1, \mu)'\}$.

$$\forall i \in \{1, \ldots, n\}\colon \mathfrak{X}_i \sim \mathrm{N}(\mu_i, \sigma_X^2),$$
$$\forall (i, j) \in \{1, \ldots, n\} \times \{\{1, \ldots, n\} \setminus \{i\}\}\colon \mathrm{E}\delta_i\delta_j = \mathrm{E}\varepsilon_i\varepsilon_j = 0,$$
$$\forall (i, l) \in \{1, \ldots, n\} \times \{1, \ldots, n\}\colon \mathrm{E}\delta_i\varepsilon_l = 0,$$
$$V = H = [a, b].$$

Dann gilt

$$V_G^{(d)*} \subseteq V_G^{(s)*};\ V_D^{(d)*} \subseteq V_D^{(s)*}$$

(s. NÄTHER/LE ANH SON [1]).

Da i. allg. die Abhängigkeit vom Plan V_n^μ in $\mathrm{E}_{\mathfrak{X}}[\boldsymbol{F}(\mathfrak{B}_n^x)'\,\boldsymbol{F}(\mathfrak{B}_n^x)]^{-1}$ nicht explizit angebbar ist, soll im folgenden eine Näherungsmethode zur Bestimmung optimaler Pläne untersucht werden:

Es bezeichne

$$\boldsymbol{F}(V_n^\mu) = ((f_j(\boldsymbol{\mu}_i)))_{n\times r}\,,$$

$$\boldsymbol{M}(\mathfrak{B}_n^X) = \frac{1}{n}\boldsymbol{F}(\mathfrak{B}_n^X)'\,\boldsymbol{F}(\mathfrak{B}_n^X)\,,$$

$$\boldsymbol{M}(V_n^\mu) = \frac{1}{n}\boldsymbol{F}(V_n^\mu)'\,\boldsymbol{F}(V_n^\mu)\,.$$

Wir betrachten folgende Zerlegung von $\boldsymbol{F}(\mathfrak{B}_n^X)$:

$$\boldsymbol{F}(\mathfrak{B}_n^X) = \boldsymbol{F}(V_n^\mu) + \boldsymbol{\Delta}$$

mit

$$\boldsymbol{\Delta} = ((f_j(\mathfrak{X}_i) - f_j(\boldsymbol{\mu}_i)))_{n\times r}$$

und damit ist $\boldsymbol{M}(\mathfrak{B}_n^X)$ darstellbar als

$$\boldsymbol{M}(\mathfrak{B}_n^X) = \boldsymbol{M}(V_n^\mu) + \boldsymbol{N}(\mathfrak{B}_n^X, V_n^\mu)\,, \tag{12.2.6}$$

wobei $\boldsymbol{N}(\mathfrak{B}_n^X, V_n^\mu) = \frac{1}{n}[\boldsymbol{F}(V_n^\mu)'\,\boldsymbol{\Delta} + \boldsymbol{\Delta}'\boldsymbol{F}(V_n^\mu) + \boldsymbol{\Delta}'\boldsymbol{\Delta}]$ ist. Weiterhin sei $\boldsymbol{A} = ((a_{ij}))$ $\in \mathcal{M}_r$. Mit $||\cdot||_1$ bezeichnen wir die gemäß

$$||\boldsymbol{A}||_1 = \max_{i\in\{1,\ldots,r\}} \sum_{j=1}^{r} |a_{ij}|$$

definierte Matrizennorm.

Lemma 12.2.5 (Draper/Beggs [1]): Für alle $V_n^\mu \in V^{(0)}$ sei

$$\mathrm{Rg}\,\boldsymbol{F}(V_n^\mu) = r;\ P_{\mathfrak{B}_n^x}(\mathrm{Rg}\,\boldsymbol{F}(\mathfrak{B}_n^X) = r) = 1\,.$$

Weiterhin sei

$$\forall V_n^\mu \in V^{(0)}\ \forall V_n^x \in C_v\colon ||\boldsymbol{N}(V_n^x, V_n^\mu)\,\boldsymbol{M}(V_n^\mu)^{-1}||_1 < 1\,.$$

Dann gilt für jedes $V_n^x \in C_v$

$$\boldsymbol{M}(V_n^x)^{-1} = \boldsymbol{M}(V_n^\mu)^{-1} \sum_{\nu=0}^{\infty} (-1)^\nu\,[\boldsymbol{N}(V_n^x, V_n^\mu)\,\boldsymbol{M}(V_n^\mu)^{-1}]^\nu \bullet$$

Beweis: Aus (12.2.6) ergibt sich

$$\boldsymbol{M}(V_n^x) = [\boldsymbol{I}_r - (-1)\,\boldsymbol{N}(V_n^x, V_n^\mu)\,\boldsymbol{M}(V_n^\mu)^{-1}]\,\boldsymbol{M}(V_n^\mu)\,,$$

folglich ist

$$\boldsymbol{M}(V_n^x)^{-1} = \boldsymbol{M}(V_n^\mu)^{-1}\,[\boldsymbol{I}_r - (-1)\,\boldsymbol{N}(V_n^x, V_n^\mu)\,\boldsymbol{M}(V_n^\mu)^{-1}]^{-1}\,,$$

woraus wir mit Satz 1.1.4 die Behauptung erhalten.

Es bezeichne

$$((m_{ij}^{(s)}))_{r\times r} := \boldsymbol{M}(V_n^\mu)^{-1} \sum_{\nu=0}^{s} (-1)^\nu\,[\boldsymbol{N}(V_n^x, V_n^\mu)\,\boldsymbol{M}(V_n^\mu)^{-1}]^\nu$$

$$((m^{ij}(V_n^x)))_{r\times r} := \boldsymbol{M}(V_n^x)^{-1}\,.$$

Folgerung 12.2.1: $\forall V_n^x \in C_v\ \forall V_n^\mu \in V^{(0)}$:

$$\lim_{s\to\infty} |m^{ij}(V_n^x) - m_{ij}^{(s)}| = 0 \bullet$$

(Wegen des Beweises s. Le Anh Son [2].)

Mit der Folgerung 12.2.1 folgt aus Lemma 12.2.5

$$\mathrm{E}_{\mathfrak{x}} \boldsymbol{M}(\mathfrak{B}_n^X)^{-1} = \boldsymbol{M}(V_n^\mu)^{-1} \mathrm{E}_{\mathfrak{x}} \left\{ \sum_{\nu=0}^{\infty} (-1)^\nu \left[\boldsymbol{N}(\mathfrak{B}_n^X, V_n^\mu), \boldsymbol{M}(V_n^\mu)^{-1}\right]^\nu \right\}. \tag{12.2.7}$$

Die Gleichung (12.2.7) stellt eine Beziehung zwischen den beiden Matrizen $\mathrm{E}_{\mathfrak{x}} \boldsymbol{M}(\mathfrak{B}_n^X)^{-1} = n \mathrm{E}_{\mathfrak{x}}[\boldsymbol{F}(\mathfrak{B}_n^X)' \boldsymbol{F}(\mathfrak{B}_n^X)]^{-1}$ und $\boldsymbol{M}(V_n^\mu)^{-1} = n[\boldsymbol{F}(V_n^\mu)' \boldsymbol{F}(V_n^\mu)]^{-1}$ dar, die bis auf Konstanten die Kovarianzmatrizen der MKQ-Schätzungen der beiden Fälle (determinierter und stochastischer Regressoren (VRK)) repräsentieren. Wir benutzen (12.2.7), um näherungsweise optimale Pläne zu konstruieren, insbesondere berücksichtigen wir nur die ersten drei Summanden aus (12.2.7), d. h., es sei

$$\mathrm{E}_{\mathfrak{x}} \boldsymbol{M}(\mathfrak{B}_n^X)^{-1} = \boldsymbol{A}(V_n^\mu) + \boldsymbol{B}(V_n^\mu) \tag{12.2.8}$$

mit

$$\boldsymbol{A}(V_n^\mu) = \boldsymbol{M}(V_n^\mu)^{-1} \mathrm{E}_{\mathfrak{x}} \left\{ \sum_{\nu=0}^{2} (-1)^\nu \left[\boldsymbol{N}(\mathfrak{B}_n^X, V_n^\mu) \boldsymbol{M}(V_n^\mu)^{-1}\right]^\nu \right\} \tag{12.2.9}$$

und

$$\boldsymbol{B}(V_n^\mu) = \boldsymbol{M}(V_n^\mu)^{-1} \mathrm{E}_{\mathfrak{x}} \left\{ \sum_{\nu=3}^{\infty} (-1)^\nu \left[\boldsymbol{N}(\mathfrak{B}_n^X, V_n^\mu) \boldsymbol{M}(V_n^\mu)^{-1}\right]^\nu \right\}. \tag{12.2.10}$$

Es seien Z ein lineares Funktional auf $\mathcal{M}_r^{\geqq}$ und $\varkappa$ eine positive Zahl.

Def. 12.2.1: Der Plan $V_n^{\mu *} \in V^{(0)}$ heißt *$\varkappa$-Z-optimal in* $V^{(0)} =_{\mathrm{df}}$

$$Z(\boldsymbol{A}(V_n^{\mu *})) = \inf_{V_n^\mu \in V^{(0)}} Z(\boldsymbol{A}(V_n^\mu)) \wedge |Z(\boldsymbol{B}(V_n^{\mu *}))| \leqq \varkappa \bullet$$

Für spezielle Funktionale Z wurden in Le Anh Son [2] $\varkappa$-Z-optimale Pläne untersucht.

12.3. Schätzung und Versuchsplanung im Fall ORK

Dieser Abschnitt beschäftigt sich mit dem Fall, daß die Realisierung V_n^x unbekannt ist und daher nicht zur Schätzung herangezogen werden kann.

12.3.1. MKQ-Schätzung im Fall ORK

Es sei

$$\tilde{S} = \{\tilde{\eta}(\cdot, \boldsymbol{\vartheta}) : \tilde{\eta}(\cdot, \boldsymbol{\vartheta}) = \boldsymbol{f}(\cdot)' \boldsymbol{\vartheta} \wedge \forall \boldsymbol{\mu} \in B : \boldsymbol{f}(\boldsymbol{\mu}) = (1, \boldsymbol{\mu}')' \wedge \boldsymbol{\vartheta} \in \Theta \subseteq \mathrm{R}^r\}. \tag{12.3.1}$$

Vor. 12.3.1: $\forall V_n^\mu \in V^{(0)} : \operatorname{Rg} \boldsymbol{F}(V_n^\mu) = r \bullet$

Die Abbildung

$$\forall V_n^\mu \in V^{(0)} \; \forall \boldsymbol{\vartheta} \in \Theta \subseteq \mathrm{R}^r : \hat{\boldsymbol{\vartheta}}(\cdot, V_n^\mu) | \; C_\mu \to \mathrm{R}^r$$

heißt klassische MKQ-Schätzung für $\boldsymbol{\vartheta}$ bez. ORK, falls gilt

$$\forall \boldsymbol{y} \in C_\mu : \|\boldsymbol{y} - \boldsymbol{F}(V_n^\mu) \hat{\boldsymbol{\vartheta}}(\boldsymbol{y}, V_n^\mu)\|_{\boldsymbol{I}_n}^2 = \inf_{\boldsymbol{t} \in \Theta} \|\boldsymbol{y} - \boldsymbol{F}(V_n^\mu) \boldsymbol{t}\|_{\boldsymbol{I}_n}^2. \tag{12.3.2}$$

Die Schätzung $\hat{\boldsymbol{\vartheta}}(\cdot, V_n^\mu)$ ist nicht nur eine analog zur MKQ-Schätzung (vgl. Kap. 3) definierte Schätzung, sie besitzt bei dem Ansatz $\tilde{S}$ aus (12.3.1) auch optimale Eigenschaften.

Es sei D_{LE} die Menge der linearen erwartungstreuen Schätzungen

$$D_{LE} = \{\tilde{\boldsymbol{\vartheta}} \mid C_\mu \to \Theta \colon \forall V_n^\mu \in V^{(0)} \; \exists \boldsymbol{J}(V_n^\mu) \in \mathcal{M}_{r \times n}^{(r)} \colon$$
$$\mathrm{E}\mathfrak{B}_n^X = V_n^\mu \wedge \tilde{\boldsymbol{\vartheta}} = \boldsymbol{J}(V_n^\mu)\, \mathfrak{Y}(\mathfrak{B}_n^X) \wedge \mathrm{E}(\tilde{\boldsymbol{\vartheta}} \mid \boldsymbol{\vartheta}) = \boldsymbol{\vartheta}\} \,.$$

Satz 12.3.1: Es liege ein KLRS vor mit $\boldsymbol{B}_\delta = \sigma_x^2 \boldsymbol{I}_{n(r-1)}$. Dann gilt mit Vor. 12.3.1 und speziell $\tilde{S}$ aus (12.3.1)

$$\mathrm{E}_{\mathfrak{Y}(V_n^x)|\boldsymbol{\vartheta}} \hat{\boldsymbol{\vartheta}}(\mathfrak{Y}(\mathfrak{B}_n^X), V_n^\mu) = \boldsymbol{\vartheta} \tag{12.3.3}$$

$$\boldsymbol{B}_{\hat{\boldsymbol{\vartheta}}(\mathfrak{Y}(\mathfrak{B}_n^X), V_n^\mu)} = (\sigma_y^2 + \sigma_x^2 \boldsymbol{\vartheta}^{(1)\prime} \boldsymbol{\vartheta}^{(1)}) (\boldsymbol{F}(V_n^\mu)' \boldsymbol{F}(V_n^\mu))^{-1}; \; \boldsymbol{\vartheta}^{(1)} = (\vartheta_2, \ldots, \vartheta_r)' \tag{12.3.4}$$

$$\forall \tilde{\boldsymbol{\vartheta}} \in D_{LE} \colon \boldsymbol{B}_{\tilde{\boldsymbol{\vartheta}}} - \boldsymbol{B}_{\hat{\boldsymbol{\vartheta}}} \in \mathcal{M}_r^{\geqq} \; \bullet \tag{12.3.5}$$

Beweis: Aus (12.3.2) folgt

$$\hat{\boldsymbol{\vartheta}}(\mathfrak{Y}(\mathfrak{B}_n^X), V_n^\mu) = (\boldsymbol{F}(V_n^\mu)' \boldsymbol{F}(V_n^\mu))^{-1} \boldsymbol{F}(V_n^\mu)' \mathfrak{Y}(\mathfrak{B}_n^X)$$

und damit ergibt sich (12.3.3) durch einfache Nachprüfung. Die Beziehung (12.3.4) erhält man dadurch, daß $\boldsymbol{B}_{\hat{\boldsymbol{\vartheta}}}$ sich in folgender Gestalt darstellen läßt:

$$\boldsymbol{B}_{\hat{\boldsymbol{\vartheta}}} = \sigma_y^2 (\boldsymbol{F}(V_n^\mu)' \boldsymbol{F}(V_n^\mu))^{-1} + \tilde{\boldsymbol{F}}(V_n^\mu)\, \mathrm{E}_{\mathfrak{x}}\{(\boldsymbol{F}(\mathfrak{B}_n^X) - \boldsymbol{F}(V_n^\mu))\, \boldsymbol{\vartheta}\boldsymbol{\vartheta}'(\boldsymbol{F}(\mathfrak{B}_n^X) - \boldsymbol{F}(V_n^\mu))'\}\, \tilde{\boldsymbol{F}}(V_n^\mu)'$$
$$\text{mit } \tilde{\boldsymbol{F}}(V_n^\mu) = (\boldsymbol{F}(V_n^\mu)' \boldsymbol{F}(V_n^\mu))^{-1} \boldsymbol{F}(V_n^\mu)' \,.$$

Mit gleichem Rechengang wie im Beweis von Satz 12.2.1 folgt aus (12.3.4) die Beziehung (12.3.5) (vgl. Le Anh Son [1]).

12.3.2. Modifizierte lineare Minimaxschätzung

Die in Abschnitt 12.3.1 eingeführte MKQ-Schätzung bez. ORK ist also optimal für den speziellen Ansatz $\tilde{S}$ aus (12.3.1). Für den allgemeinen Fall gehen wir von dem Entscheidungsproblem $G = [Z_\Theta, U, R]$ aus und nehmen zur einfachen Darstellung an, daß die Mengen K_1 und K_2 einelementig sind und lassen die Abhängigkeit von w_1 und w_2 im Verlust und Risiko weg. Es sei $Q = \sup\limits_{(\boldsymbol{\vartheta}, \boldsymbol{\mu}) \in \Theta \times H}$. Falls $R(\boldsymbol{\vartheta}, \boldsymbol{\mu}; \boldsymbol{d}(\cdot, \cdot, V_n^\mu), V_n^\mu)$ auf Z_Θ in $(\boldsymbol{\vartheta}, \boldsymbol{\mu})$ nach oben beschränkt ist, ergibt sich

$$\sup_{(\boldsymbol{\vartheta}, \boldsymbol{\mu}) \in \Theta \times H} R(\boldsymbol{\vartheta}, \boldsymbol{\mu}; \boldsymbol{d}(\cdot, \cdot, V_n^\mu), V_n^\mu)$$
$$= \sup_{\boldsymbol{\mu} \in H} \sup_{\boldsymbol{\vartheta} \in \Theta} \mathrm{E}_{\mathfrak{x}} \mathrm{E}_{\mathfrak{Y}(\mathfrak{B}_n^x)|\mathfrak{x}, \boldsymbol{\vartheta}} L(\boldsymbol{\vartheta}, \boldsymbol{\mu}; \boldsymbol{d}(\mathfrak{Y}(\mathfrak{B}_n^X), \mathfrak{B}_n^X, V_n^\mu), V_n^\mu)$$

(vgl. Lemma 2.1.2), und damit kann Q also dargestellt werden als

$$Q = Q_2 \circ Q_1 \tag{12.3.6}$$

mit $Q_1 = \sup\limits_{\boldsymbol{\vartheta} \in \Theta}$ und $Q_2 = \sup\limits_{\boldsymbol{\mu} \in H}$. Es sei nun $Q_1' \mid (\mathrm{R}^1)^{Z_\Theta \times U} \to (\mathrm{R}^1)^{H \times U}$ ein Operator, der gemäß

$$\forall \boldsymbol{\mu} \in H \; \forall V_n^\mu \in V^{(0)} \; \forall \boldsymbol{d}(\cdot, \cdot, V_n^\mu) \in D(V_n^\mu) \colon$$
$$Q_1' R(\cdot, \boldsymbol{\mu}; \boldsymbol{d}(\cdot, \cdot, V_n^\mu), V_n^\mu) = \mathrm{E}_{\mathfrak{x}} \sup_{\boldsymbol{\vartheta} \in \Theta} \mathrm{E}_{\mathfrak{Y}(\mathfrak{B}_x^n)|\mathfrak{x}, \boldsymbol{\vartheta}} L(\boldsymbol{\vartheta}, \boldsymbol{\mu}; \boldsymbol{d}(\mathfrak{Y}(\mathfrak{B}_n^X), \mathfrak{B}_n^X, V_n^\mu), V_n^\mu) \tag{12.3.7}$$

definiert ist. Weiterhin sei

$$Q' = Q_2 \circ Q_1' \tag{12.3.8}$$

mit Q_2 aus (12.3.6).

Lemma 12.3.1:

$$\forall \boldsymbol{\vartheta} \in \Theta\ \forall \boldsymbol{\mu} \in H\ \forall V_n^\mu \in V^{(0)}\ \forall \boldsymbol{d}(\cdot, \cdot, V_n^\mu) \in D(V_n^\mu):$$
$$QR(\cdot, \cdot; \boldsymbol{d}(\cdot, \cdot, V_n^\mu), V_n^\mu) \leqq Q'R(\cdot, \cdot; \boldsymbol{d}(\cdot, \cdot, V_n^\mu), V_n^\mu) \bullet$$

Beweis: $\forall V_n^\mu \in V^{(0)}\ \forall \boldsymbol{d}(\cdot, \cdot, V_n^\mu) \in D(V_n^\mu)\ \forall V_n^x \in C_v\ \forall \boldsymbol{\vartheta} \in \Theta\ \forall \boldsymbol{\mu} \in H$:

$$\mathrm{E}_{\mathfrak{Y}(V_n^x)|\vartheta} L(\boldsymbol{\vartheta}, \boldsymbol{\mu}; \boldsymbol{d}(\mathfrak{Y}(V_n^x), V_n^x, V_n^\mu), V_n^\mu) \leqq \sup_{\vartheta \in \Theta} \mathrm{E}_{\mathfrak{Y}(V_n^x)|\vartheta} L(\boldsymbol{\vartheta}, \boldsymbol{\mu}; \boldsymbol{d}(\mathfrak{Y}(V_n^x), V_n^x, V_n^\mu), V_n^\mu)$$

also auch

$$\forall V_n^\mu \in V^{(0)}\ \forall \boldsymbol{d}(\cdot, \cdot, V_n^\mu) \in D(V_n^\mu)\ \forall \boldsymbol{\vartheta} \in \Theta\ \forall \boldsymbol{\mu} \in H:$$
$$\mathrm{E}_{\mathfrak{X}} \mathrm{E}_{\mathfrak{Y}(\mathfrak{B}_n^x)|\mathfrak{X},\vartheta} L(\boldsymbol{\vartheta}, \boldsymbol{\mu}; \boldsymbol{d}(\mathfrak{Y}(\mathfrak{B}_n^X), \mathfrak{B}_n^X, V_n^\mu), V_n^\mu) \leqq \mathrm{E}_{\mathfrak{X}} \sup_{\vartheta \in \Theta} \mathrm{E}_{\mathfrak{Y}(\mathfrak{B}_n^x)|\mathfrak{X},\vartheta} L(\boldsymbol{\vartheta}, \boldsymbol{\mu}; \boldsymbol{d}(\mathfrak{Y}(\mathfrak{B}_n^X), \mathfrak{B}_n^X, V_n^\mu), V_n^\mu),$$

folglich ist mit (12.3.6) und (12.3.7)

$$\forall V_n^\mu \in V^{(0)}\ \forall \boldsymbol{d}(\cdot, \cdot, V_n^\mu) \in D(V_n^\mu)\ \forall \boldsymbol{\mu} \in H:\ Q_1R(\cdot, \boldsymbol{\mu}; \boldsymbol{d}(\cdot, \cdot, V_n^\mu), V_n^\mu) \leqq Q_1'R(\cdot, \boldsymbol{\mu}; \boldsymbol{d}(\cdot, \cdot, V_n^\mu), V_n^\mu).$$

Mit $Q_2 = \sup_{\mu \in H}$ aus (12.3.6) ergibt sich die Behauptung.

Bezüglich der Bestimmung einer Q'-optimalen Strategie ist $G = [Z_\Theta, U, R]$ trennbar in das Schätzproblem $G_1' = [\Theta, D(V_n^\mu), R_1' = R]$ und in das Versuchsplanungsproblem $G_2' = [H, V^{(0)}, R_2']$ mit R_2' gemäß

$$\forall \boldsymbol{\mu} \in H\ \forall V_n^\mu \in V^{(0)}: R_2'(\boldsymbol{\mu}; V_n^\mu) := \sup_{\vartheta \in \Theta} R(\boldsymbol{\vartheta}, \boldsymbol{\mu}; \boldsymbol{d}^*(\cdot, \cdot, V_n^\mu), V_n^\mu)$$

definiert, wobei $\boldsymbol{d}^*(\cdot, \cdot, V_n^\mu)$ eine Q_1'-optimale Strategie in G_1' ist (vgl. Satz 2.1.2).

Es sei nun Q aus (12.3.6); eine Q-optimale Strategie ist gemäß der Def. 1.5.15 minimax. Die Bestimmung einer Minimaxstrategie ist im allgemeinen kompliziert. Deshalb betrachten wir Q'-optimale Strategien; Q' aus (12.3.8).

Def. 12.3.1: Die Strategie $(\boldsymbol{d}(\cdot, \cdot, V_n^\mu), V_n^\mu)^* \in D(V_n^\mu) \times V^{(0)}$ heißt *modifiziert minimax* in $G =_{\mathrm{df}}$

$$(\boldsymbol{d}(\cdot, \cdot, V_n^\mu), V_n^\mu)^* \text{ ist } Q'\text{-optimal in } G \bullet$$

Es sei $\boldsymbol{A} \in \mathcal{M}_r^>$, wir betrachten das Schätzproblem G_1' speziell mit

$$\Theta = \{\boldsymbol{\vartheta} \in \mathrm{R}^r: ||\boldsymbol{\vartheta}||_{\boldsymbol{A}}^2 \leqq 1\}; \tag{12.3.9}$$

$$D(V_n^\mu) = \{\tilde{\boldsymbol{\vartheta}}(\cdot, V_n^\mu) \in \mathcal{F}(\mathcal{B}_{C\mu}, \mathcal{B}_r): \forall V_n^\mu \in V^{(0)}\ \exists \boldsymbol{J}(V_n^\mu) \in \mathcal{M}_{r \times n}^{(r)}$$
$$\forall V_n^x \in C_v\ \forall \boldsymbol{y} \in C(V_n^x): \tilde{\boldsymbol{\vartheta}}(\boldsymbol{y}(V_n^x), V_n^\mu) = \boldsymbol{J}(V_n^\mu)\, \boldsymbol{y}(V_n^x)\}. \tag{12.3.10}$$

Dann ergibt sich bei quadratischem Verlust der Form

$$\forall \boldsymbol{\vartheta} \in \Theta\ \forall \boldsymbol{\mu} \in H\ \forall V_n^\mu \in V^{(0)}\ \forall \tilde{\boldsymbol{\vartheta}}(\cdot, V_n^\mu) \in D(V_n^\mu):$$
$$L(\boldsymbol{\vartheta}, \boldsymbol{\mu}; \tilde{\boldsymbol{\vartheta}}(\cdot, V_n^\mu), V_n^\mu) := ||\tilde{\boldsymbol{\vartheta}}(\cdot, V_n^\mu) - \boldsymbol{\vartheta}||_{\boldsymbol{U}(\mu)}^2 \tag{12.3.11}$$

mit

$$\forall \boldsymbol{\mu} \in B: \boldsymbol{U}(\boldsymbol{\mu}) = \boldsymbol{f}(\boldsymbol{\mu})\, \boldsymbol{f}(\boldsymbol{\mu})'$$

die folgende Aussage:

Lemma 12.3.2: In G_1' habe Θ die Gestalt (12.3.9). Es sei $D(V_n^\mu)$ aus (12.3.10) und L aus (12.3.11), dann gilt mit Q_1' aus (12.3.7)

$$\forall \boldsymbol{\vartheta} \in \Theta\ \forall \boldsymbol{\mu} \in H\ \forall V_n^\mu \in V^{(0)}\ \forall \tilde{\boldsymbol{\vartheta}} \in D(V_n^\mu):$$
$$R_{Q_1'}(\boldsymbol{\mu}; \boldsymbol{J}(V_n^\mu), V_n^\mu) := Q_1'(R(\cdot, \boldsymbol{\mu}; \tilde{\boldsymbol{\vartheta}}(\cdot, V_n^\mu), V_n^\mu)$$
$$= \sigma_y^2\, ||\boldsymbol{J}(V_n^\mu)'\, \boldsymbol{f}(\boldsymbol{\mu})||_{\boldsymbol{I}_r}^2 + \mathrm{E}_{\mathfrak{X}} \{||(\boldsymbol{J}(V_n^\mu)\, \boldsymbol{F}(\mathfrak{B}_n^X) - \boldsymbol{I}_r)'\, \boldsymbol{f}(\boldsymbol{\mu})||_{\boldsymbol{A}^{-1}}^2\} \bullet \quad (12.3.12$$

Beweis: Durch einfache Nachprüfung ergibt sich für alle $V_n^x \in C_v$

$$\mathrm{E}_{\mathfrak{Y}(V_n^x)|\vartheta} L(\vartheta, \mu; \vartheta(\tilde{\mathfrak{Y}}(V_n^x), V_n^\mu), V_n^\mu) = \sigma_y^2 ||\boldsymbol{J}(V_n^\mu)' \boldsymbol{f}(\mu)||^2_{\boldsymbol{I}_r} + ||(\boldsymbol{J}(V_n^\mu)\, \boldsymbol{F}(V_n^x) - \boldsymbol{I}_r)' \boldsymbol{f}(\mu)||^2_{\vartheta\vartheta'} .$$

Bekanntlich gilt für Θ aus (12.3.9)

$$\forall z \in \mathrm{R}^r: \sup_{\vartheta \in \Theta} ||z||^2_{\vartheta\vartheta'} = ||z||^2_{A^{-1}} ,$$

woraus die Behauptung folgt.

Es seien Θ aus (12.3.9), $D(V_n^\mu)$ aus (12.3.10) und L aus (12.3.11):

Def. 12.3.2: $\tilde{\vartheta}^* \in D(V_n^\mu)$ heißt *modifizierte lineare Minimax-Schätzung für* ϑ *bez. quadratischen Verlustes* in $G_1' =_{\mathrm{df}}$

$$\forall V_n^\mu \in V^{(0)}\ \forall \mu \in H:$$

$$\tilde{\vartheta}^*(\mathfrak{Y}(\mathfrak{B}_n^X), V_n^\mu) = \boldsymbol{J}^*(V_n^\mu)\, \mathfrak{Y}(\mathfrak{B}_n^X) \wedge R_{Q_1'}(\mu; \boldsymbol{J}^*(V_n^\mu), V_n^\mu) = \inf_{\tilde{\vartheta} \in D(V_n^\mu)} Q_1' R(\cdot, \mu; \tilde{\vartheta}(\cdot, V_n^\mu), V_n^\mu) \bullet$$

Satz 12.3.2: Es gelte die Voraussetzung von Lemma 12.3.2. Dann hat die modifizierte lineare Minimax-Schätzung gemäß Def. 12.3.2 folgende Gestalt:

$$\tilde{\vartheta}^*(\mathfrak{Y}(\mathfrak{B}_n^X), V_n^\mu) = \boldsymbol{J}^*(V_n^\mu)\, \mathfrak{Y}(\mathfrak{B}_n^X)$$

mit

$$\boldsymbol{J}^*(V_n^\mu) = \boldsymbol{A}^{-1} \mathrm{E}_{\mathfrak{x}} \boldsymbol{F}(\mathfrak{B}_n^X)' \,[\sigma_y^2 \boldsymbol{I}_n + \mathrm{E}_{\mathfrak{x}}(\boldsymbol{F}(\mathfrak{B}_n^X)\, \boldsymbol{A}^{-1} \boldsymbol{F}(\mathfrak{B}_n^X)')]^{-1} \bullet \tag{12.3.13}$$

Die Behauptung folgt unmittelbar durch die Minimierung von $R_{Q_1'}$ aus (12.3.12) bez. $\boldsymbol{J}(V_n^\mu)$ (vgl. Kusk/Ol'man [1]).

Folgerung 12.3.1: Speziell für $\tilde{S}$ aus (12.3.1) und $\boldsymbol{B}_\delta = \sigma_x^2 \boldsymbol{I}_{n(r-1)}$ gilt

$$\boldsymbol{J}^*(V_n^\mu) = [\sigma^2 \boldsymbol{A} + \boldsymbol{F}(V_n^\mu)'\, \boldsymbol{F}(V_n^\mu)]^{-1}\, \boldsymbol{F}(V_n^\mu)' \tag{12.3.14}$$

mit

$$\sigma^2 = \sigma_y^2 + \sigma_x^2 \sum_{\nu=2}^{r} a^{\nu\nu}$$

und

$$\boldsymbol{A}^{-1} = ((a^{ij}))_{r \times r} \bullet$$

Unter Beachtung, daß für $\tilde{S}$ aus (12.3.1) die Beziehung $\boldsymbol{F}(V_n^\mu) = \mathrm{E}_{\mathfrak{x}} \boldsymbol{F}(\mathfrak{B}_n^X)$ gilt, ergibt sich die Behauptung durch einfache Umformung von (12.3.13).

12.3.3. Das Versuchsplanungsproblem im Fall ORK

Bezüglich des Ansatzes $\tilde{S}$ aus (12.3.1) wurde in Abschnitt 12.3.1 gezeigt, daß die MKQ-Schätzung $\hat{\vartheta}(\cdot, V_n^\mu)$ optimal in der Menge der linearen erwartungstreuen Schätzungen ist (vgl. Satz 12.3.1). Für diesen speziellen Ansatz und für diese Schätzfunktion werden die Optimalitätskriterien dadurch definiert, daß man in den Def. 5.2.1 bis Def. 5.2.11 die Matrix $\boldsymbol{M}(\cdot)^{-1}$ durch die Matrix

$$\frac{n}{(\sigma_y^2 + \sigma_x^2 \vartheta^{(1)'} \vartheta^{(1)})} \boldsymbol{B}_{\hat{\vartheta}(\mathfrak{Y}(\mathfrak{B}_n^X),\, V_n^\mu)}$$

ersetzt. Da nach Satz 12.3.1

$$\boldsymbol{B}_{\hat{\vartheta}(\mathfrak{Y}(\mathfrak{B}_n^X),\, V_n^\mu)} = (\sigma_y^2 + \sigma_x^2 \vartheta^{(1)'} \vartheta^{(1)})\, (\boldsymbol{F}(V_n^\mu)'\, \boldsymbol{F}(V_n^\mu))^{-1}$$

ist, ergibt sich die folgende Aussage.

Satz 12.3.3: Für den speziellen Ansatz (12.3.1) sind alle optimalen Pläne im Fall determinierter Regressoren auch optimal im Fall ORK •

Wenn wir für den allgemeinen Ansatz die modifizierte lineare Minimax-Schätzung als optimale Strategie in G_1' verwenden, dann gilt mit folgender Bezeichnung

$$\boldsymbol{N}(V_n^\mu) = \mathrm{E}_{\mathfrak{x}}\{(\boldsymbol{F}(\mathfrak{B}_n^X) - \mathrm{E}_{\mathfrak{x}}\boldsymbol{F}(\mathfrak{B}_n^X))\,\boldsymbol{A}^{-1}(\boldsymbol{F}(\mathfrak{B}_n^X) - \mathrm{E}_{\mathfrak{x}}\boldsymbol{F}(\mathfrak{B}_n^X))'\}\ : \qquad (12.3.15)$$

Lemma 12.3.3: Unter den Voraussetzungen von Lemma 12.3.2 gilt

$$R_{Q_1}'(\boldsymbol{\mu};\boldsymbol{J}^*(V_n^\mu), V_n^\mu) = R_3(\boldsymbol{\mu};\boldsymbol{J}^*(V_n^\mu), V_n^\mu) + r(\boldsymbol{\mu};\boldsymbol{J}^*(V_n^\mu), V_n^\mu) \qquad (12.3.16)$$

mit

$$R_3(\boldsymbol{\mu};\boldsymbol{J}^*(V_n^\mu), V_n^\mu) = \sigma_y^2\boldsymbol{f}(\boldsymbol{\mu})'\,(\sigma_y^2\boldsymbol{A} + \mathrm{E}_{\mathfrak{x}}\boldsymbol{F}(\mathfrak{B}_n^X)'\,\mathrm{E}_{\mathfrak{x}}\boldsymbol{F}(\mathfrak{B}_n^X))^{-1}\boldsymbol{f}(\boldsymbol{\mu}) \qquad (12.3.17)$$

$$\begin{aligned} r(\boldsymbol{\mu};\boldsymbol{J}^*(V_n^\mu), V_n^\mu) &= \boldsymbol{f}(\boldsymbol{\mu})'\,\boldsymbol{C}[\sigma_y^2\boldsymbol{I}_n + \mathrm{E}_{\mathfrak{x}}\boldsymbol{F}(\mathfrak{B}_n^X)\,\boldsymbol{A}^{-1}\mathrm{E}_{\mathfrak{x}}\boldsymbol{F}(\mathfrak{B}_n^X)']\,\boldsymbol{C}'\boldsymbol{f}(\boldsymbol{\mu}) \\ &\quad + \boldsymbol{f}(\boldsymbol{\mu})'\,\boldsymbol{J}^*(V_n^\mu)\,\boldsymbol{N}(V_n^\mu)\,\boldsymbol{J}^*(V_n^\mu)'\,\boldsymbol{f}(\boldsymbol{\mu})\,, \end{aligned} \qquad (12.3.18)$$

wobei

$$\begin{aligned} \boldsymbol{C} = \boldsymbol{A}^{-1}\mathrm{E}_{\mathfrak{x}}\boldsymbol{F}(\mathfrak{B}_n^X)'\,\{&[\sigma_y^2\boldsymbol{I}_n + \mathrm{E}_{\mathfrak{x}}(\boldsymbol{F}(\mathfrak{B}_n^X)\,\boldsymbol{A}^{-1}\boldsymbol{F}(\mathfrak{B}_n^X))]^{-1} \\ &- [\sigma_y^2\boldsymbol{I}_n + \mathrm{E}_{\mathfrak{x}}\boldsymbol{F}(\mathfrak{B}_n^X)\,\boldsymbol{A}^{-1}\mathrm{E}_{\mathfrak{x}}\boldsymbol{F}(\mathfrak{B}_n^X)']^{-1}\} \end{aligned} \qquad (12.3.19)$$

und $\boldsymbol{N}(V_n^\mu)$ aus (12.3.15) sind •

Beweis: Die Behauptung des Satzes ergibt sich durch Einsetzen von $\boldsymbol{J}(V_n^\mu) = \boldsymbol{J}^*(V_n^\mu)$ aus (12.3.13) in $R_{Q_1}'(\boldsymbol{\mu};\boldsymbol{J}(V_n^\mu), V_n^\mu)$ aus (12.3.12). Dabei muß man beachten, daß

$$\boldsymbol{N}(V_n^\mu) = \mathrm{E}_{\mathfrak{x}}(\boldsymbol{F}(\mathfrak{B}_n^X)\,\boldsymbol{A}^{-1}\boldsymbol{F}(\mathfrak{B}_n^X)') - \mathrm{E}_{\mathfrak{x}}\boldsymbol{F}(\mathfrak{B}_n^X)\,\boldsymbol{A}^{-1}\mathrm{E}_{\mathfrak{x}}\boldsymbol{F}(\mathfrak{B}_n^X)'$$

ist.

Wegen $\boldsymbol{A} \in \mathscr{M}_r^>$ ist $\boldsymbol{N}(V_n^\mu) \in \mathscr{M}_r^{\geqq}$ (vgl. (12.3.15)), folglich gilt

$$\forall\boldsymbol{\mu} \in H\ \forall V_n^\mu \in V^{(0)}: r(\boldsymbol{\mu};\boldsymbol{J}^*(V_n^\mu), V_n^\mu) \geqq 0\,. \qquad (12.3.20)$$

Folgerung 12.3.2: Unter den Voraussetzungen von Folgerung 12.3.1 gilt

$$R_{Q_1}'(\boldsymbol{\mu};\boldsymbol{J}^*(V_n^\mu), V_n^\mu) = \sigma^2\boldsymbol{f}(\boldsymbol{\mu})'\,(\sigma^2\boldsymbol{A} + \boldsymbol{F}(V_n^\mu)'\,\boldsymbol{F}(V_n^\mu))^{-1}\,\boldsymbol{f}(\boldsymbol{\mu})$$

mit

$$\sigma^2 = \sigma_y^2 + \sigma_x^2 \sum_{\nu=2}^{r} a^{\nu\nu}$$

und

$$\boldsymbol{A}^{-1} = ((a^{ij}))_{r\times r}\ \bullet$$

Def. 12.3.3: Der Plan $V_n^{\mu*} \in V^{(0)}$ heißt $\boldsymbol{c}$-*optimal* bez. quadratischen Verlustes in $G_2' = [H, V^{(0)}, R_2'] =_{\mathrm{df}}$

$$\exists\boldsymbol{\mu} \in H: \boldsymbol{f}(\boldsymbol{\mu}) = \boldsymbol{c} \wedge R_{Q_1}'(\boldsymbol{\mu};\boldsymbol{J}^*(V_n^{\mu*}), V_n^{\mu*}) = \inf_{V_n^\mu \in V^{(0)}} R_{Q_1}'(\boldsymbol{\mu};\boldsymbol{J}^*(V_n^\mu), V_n^\mu)\ \bullet$$

Es sei $V_n^{\mu**} \in V^{(0)}$ und $\boldsymbol{\mu} \in H$ mit

$$R_3(\boldsymbol{\mu};\boldsymbol{J}^*(V_n^{\mu**}), V_n^{\mu**}) = \inf_{V_n^\mu \in V^{(0)}} R_3(\boldsymbol{\mu};\boldsymbol{J}^*(V_n^\mu), V_n^\mu)\,. \qquad (12.3.21)$$

Satz 12.3.4: Es sei $V_n^{\mu*} \in V^{(0)}$ ein $\boldsymbol{c}$-optimaler Plan und $V_n^{\mu**} \in V^{(0)}$ ein Plan gemäß (12.3.21). Dann gilt

$$0 \leqq R_{Q_1}'(\boldsymbol{\mu};\boldsymbol{J}^*(V_n^{\mu*}), V_n^{\mu*}) - R_3(\boldsymbol{\mu};\boldsymbol{J}^*(V_n^{\mu**}), V_n^{\mu**}) \leqq r(\boldsymbol{\mu};\boldsymbol{J}^*(V_n^{\mu**}), V_n^{\mu**})\ \bullet \qquad (12.3.22)$$

Beweis: Wegen (12.3.20) folgt aus (12.3.16) und (12.3.17)

$$\forall V_n^\mu \in V^{(0)}\ \forall \boldsymbol{\mu} \in H\colon\ R_{Q_1}'(\boldsymbol{\mu}; \boldsymbol{J}^*(V_n^\mu), V_n^\mu) \geqq R_3(\boldsymbol{\mu}; \boldsymbol{J}^*(V_n^\mu), V_n^\mu)\,.$$

Nun sei $\boldsymbol{f}(\boldsymbol{\mu}) = \boldsymbol{c}$, es gilt

$$\forall V_n^\mu \in V^{(0)}\colon R_{Q_1}'(\boldsymbol{\mu}; \boldsymbol{J}^*(V_n^\mu), V_n^\mu) \geqq \inf_{V_n^\mu \in V^{(0)}} R_3(\boldsymbol{\mu}; \boldsymbol{J}^*(V_n^\mu), V_n^\mu) = R_3(\boldsymbol{\mu}; \boldsymbol{J}^*(V_n^{\mu^{**}}), V_n^{\mu^{**}})\,,$$

d. h. auch

$$\inf_{V_n^\mu \in V^{(0)}} R_{Q_1}'(\boldsymbol{\mu}; \boldsymbol{J}^*(V_n^\mu), V_n^\mu) = R_{Q_1}'(\boldsymbol{\mu}; \boldsymbol{J}^*(V_n^{\mu^*}), V_n^{\mu^*}) \geqq R_3(\boldsymbol{\mu}; \boldsymbol{J}^*(V_n^{\mu^{**}}), V_n^{\mu^{**}})\,,$$

woraus die linke Ungleichung von (12.3.22) folgt. Weiterhin gilt

$$\begin{aligned} &R_{Q_1}'(\boldsymbol{\mu}; \boldsymbol{J}^*(V_n^{\mu^*}), V_n^{\mu^*}) - R_3(\boldsymbol{\mu}; \boldsymbol{J}^*(V_n^{\mu^{**}}), V_n^{\mu^{**}}) \\ &\leqq R_{Q_1}'(\boldsymbol{\mu}; \boldsymbol{J}^*(V_n^{\mu^{**}}), V_n^{\mu^{**}}) - R_3(\boldsymbol{\mu}; \boldsymbol{J}^*(V_n^{\mu^{**}}), V_n^{\mu^{**}}) = r(\boldsymbol{\mu}; \boldsymbol{J}^*(V_n^{\mu^{**}}), V_n^{\mu^{**}})\,. \end{aligned}$$

Gemäß der Beziehungen (12.3.16), (12.3.17) ist die Struktur von R_3 einfacher als die von R_{Q_1}'. Deshalb kann es leichter sein, einen Plan $V_n^{\mu^{**}}$ gemäß (12.3.21) zu finden. Dabei heißt $V_n^{\mu^{**}} \in V^{(0)}$ $\varkappa$-$\boldsymbol{c}$-optimal, wenn $r(\boldsymbol{\mu}, \boldsymbol{J}^*(V_n^{\mu^{**}}), V_n^{\mu^{**}}) \leqq \varkappa \in \mathrm{R}^+$ ist.

12.4. Weitere Probleme

1. Von Box, G. E. P., [2] wurde für Polynomansätze die Veränderung des Modells untersucht, wenn von determinierten Regressoren zu stochastischen mit einstellbaren Erwartungswerten übergegangen wird. Dabei wurde u. a. die Erwartungstreue der MKQ-Schätzung für Zweiniveaufaktorpläne im Falle ORK festgestellt.
   Für allgemeine lineare Ansätze wurden von Draper/Beggs [1] die MKQ-Schätzungen in den Fällen VRK und ORK miteinander verglichen und als Planungskriterium die erwartete Summe der quadratischen Abweichungen dieser beiden Schätzungen voneinander in den Planpunkten vorgeschlagen. Nach Approximation der Matrix $\mathrm{E}_{\mathfrak{X}} \boldsymbol{M}(\mathfrak{V}_n^X)^{-1}$ durch die ersten drei Summanden aus (12.2.7) wurden für den Ansatz $\tilde{S}$ aus (12.3.1) näherungsweise optimale Pläne konstruiert.
2. Im Falle ORK wird von Fedorov [13] (vgl. auch Fedorov [4] und [6]), für nichtlineare Ansätze eine iterative Schätzmethode vorgeschlagen. Hierfür werden unter Voraussetzungen, die ähnlich denen bei Jennrich [1] sind, asymptotische Aussagen (starke Konsistenz, asymptotische Normalverteiltheit) hergeleitet.
3. Zum Fall, daß nur ein Teil der Komponenten der Realisierungen von $\mathfrak{V}_n^X$ beobachtbar ist, finden sich weitere Bemerkungen in Le Anh Son [2] und Näther/Le Anh Son [1].
4. Zur Regression bei stochastischen Regressoren mit unbekannten Erwartungswerten gibt es sehr viele Arbeiten, von denen hier nur Madansky [1], Acton [1], Halperin/Gurian [1] genannt sein sollen, in denen weitere Literaturhinweise zu finden sind.

13. VERSUCHSPLANUNG BEI KORRELIERTEN BEOBACHTUNGEN

Im Unterschied zu den vorangegangenen Kapiteln seien die Komponenten des Fehlervektors $\boldsymbol{\varepsilon}(V_n)$ jetzt korrelierte Zufallsgrößen. Wir wollen für diesen allgemeinen Fall Möglichkeiten einer optimalen Versuchsplanung für das lineare Regressionsmodell darstellen. Dabei werden wir nach der Formulierung der Problemstellung zuerst Modelle mit speziellen Kovarianzmatrizen $\boldsymbol{B}_{\varepsilon(V_n)}$ betrachten, die sich auf Modelle mit unkorrelierten Fehlern zurückführen lassen. Für spezielle stochastische Prozesse wird dann ein Verfahren zur Konstruktion einer asymptotisch optimalen Folge von Versuchsplänen angegeben. Das Verfahren wird für einen Regressionsansatz mit nur einem Parameter ausführlich dargestellt, für Ansätze mit einem Parametervektor werden auch Äquivalenzbeziehungen zwischen Optimalitätskriterien angegeben.

13.1. Problemstellung

Auch in diesem Kapitel ist der Ausgangspunkt unserer Überlegungen das statistische Entscheidungsproblem

$$G^{(\psi)} = [\Theta \times K \times H,\ U^{(\psi)}, R^{(\psi)}]$$

(vgl. (2.3.39)), und es gelten Vor. 2.3.7 (wahrer Regressionsansatz), Vor. 2.3.8 (linearer Regressionsansatz) und Vor. 3.1.1 (Trennung von $G^{(\psi)}$ in Schätz- und Planungsproblem). Durch $w \in K$ und $V_n \in V^{(0)}$ sei die Verteilung $P^{(w)}_{\varepsilon(V_n)}$ des Vektors $\boldsymbol{\varepsilon}(V_n)$ eindeutig festgelegt. Falls ein $w \in K$ existiert, für das $\boldsymbol{B}_{\varepsilon(V_n)}$ nicht proportional der Einheitsmatrix ist, haben wir also, allgemeiner als in Vor. 3.2.1, ein LR

$$(\mathfrak{Y}(V_n), \boldsymbol{F}(V_n)\,\boldsymbol{\vartheta}, \boldsymbol{B}_{\varepsilon(V_n)}) \tag{13.1.1}$$

zu behandeln. Für die Kovarianzmatrix $\boldsymbol{B}_{\varepsilon(V_n)}$ fordern wir Regularität.

Vor. 13.1.1:

$$\forall V_n \in V^{(0)}\ \exists \sigma^2 \in \mathrm{R}^+\ \exists \boldsymbol{\Sigma}(V_n) \in \mathcal{M}_n^{>} : \boldsymbol{B}_{\varepsilon(V_n)} = \boldsymbol{B}_{\mathfrak{Y}(V_n)} = \sigma^2 \boldsymbol{\Sigma}(V_n)\ \bullet$$

Im Schätzproblem $G_1^{(\psi)}$ existiert unter Vor. 13.1.1 für die Schätzung des Parametervektors $\boldsymbol{\vartheta}$ eine optimale Strategie $\check{\boldsymbol{\vartheta}}_{\Sigma}$. Damit $\boldsymbol{\vartheta}$ stets eindeutig schätzbar ist, sei

$$V^{(0)} \subseteq \left\{V_n \in \bigcup_{i \in \mathrm{N}} V^{(i)} : \det\left(\boldsymbol{F}(V_n)'\,\boldsymbol{\Sigma}(V_n)^{-1}\,\boldsymbol{F}(V_n)\right) > 0\right\} =: V_{\mathrm{reg},\,\Sigma}\,. \tag{13.1.2}$$

Dann ist (vgl. (3.2.48), Tabelle 3.3.1, Satz 3.2.1)

$$\forall V_n \in V^{(0)} : \check{\boldsymbol{\vartheta}}_{\Sigma}(\mathfrak{Y}) = [\boldsymbol{F}(V_n)'\,\boldsymbol{\Sigma}(V_n)^{-1}\,\boldsymbol{F}(V_n)]^{-1}\,\boldsymbol{F}(V_n)'\,\boldsymbol{\Sigma}(V_n)^{-1}\,\mathfrak{Y}\,. \tag{13.1.3}$$

Außerdem ist bei wahrem Regressionsansatz

$$B_{\check{\vartheta}_{\Sigma(V_n)}} = \sigma^2[F(V_n)'\Sigma(V_n)^{-1}F(V_n)]^{-1} =: B_{\check{\vartheta}}(V_n) . \tag{13.1.4}$$

Analog zu Abschnitt 3.2.1 kann man auf die Voraussetzung der Regularität von Σ und die Einschränkung (13.1.2) verzichten und in (13.1.3) und (13.1.4) zu verallgemeinerten Inversen übergehen. Es wird jedoch von dieser Möglichkeit kein Gebrauch gemacht, da für das entsprechende Versuchsplanungsproblem bei korrelierten Beobachtungen noch keine Ergebnisse bekannt sind.

Betrachtet man für die Schätzung (13.1.3) quadratischen Verlust der Form

$$\forall V_n \in V^{(0)}\ \forall x \in H\ \exists U(x, V_n) \in \mathcal{M}_r^{\geqq}\ \exists \sigma^2 \in \mathrm{R}^+\ \forall \vartheta \in \Theta\ \forall \check{\vartheta} \in D_0(V_n)\ \forall y \in C(V_n):$$

$$L(\vartheta, \check{\vartheta}(y)) = \sigma^{-2}\,||\vartheta - \check{\vartheta}(y)||^2_{U(x, V_n)} , \tag{13.1.5}$$

dann ist das Risiko (vgl. (3.3.57))

$$\forall x \in H\ \forall V_n \in V^{(0)}: R_2(x, V_n) = \mathrm{sp}\, U(x, V_n)\,[F(V_n)'\Sigma(V_n)^{-1}F(V_n)]^{-1} \tag{13.1.6}$$

Bei (13.1.5) und (13.1.6) wurden keine Kosten $c(x, V_n)$ berücksichtigt, auf die durch $c(x, V_n) \neq 0$ erweiterte Problemstellung wird nicht eingegangen. In analoger Vorgehensweise zu Abschnitt 5.2 wird nun mit dem Risiko (13.1.6) als Grundlage für eine Versuchsplanung bei korrelierten Beobachtungen ein allgemeines Optimalitätskriterium definiert.

Es sei $Z^\Sigma \mid \mathcal{M}_r^{\geqq} \to \mathrm{R}^1$.

Vor. 13.1.2: Das Funktional Z^Σ sei isoton bezüglich $\mathcal{M}_r^{\geqq}$:

$$\forall A \in \mathcal{M}_r^{\geqq}\ \forall C \in \mathcal{M}_r^{\geqq}: A \geqq C \Rightarrow Z^\Sigma(A) \geqq Z^\Sigma(C) ,$$

und es gelte $Z^\Sigma(O) = 0$ •

Def. 13.1.1: Der konkrete Versuchsplan $V_n^* \in V^{(0)}$ heißt Z^Σ-*optimal in* $V^{(0)} =_{\mathrm{df}}$

$$Z^\Sigma(B_{\check{\vartheta}}(V_n^*)) = \inf_{V_n \in V^{(0)}} Z^\Sigma(B_{\check{\vartheta}}(V_n)) \bullet \tag{13.1.7}$$

Durch spezielle Wahl von Z^Σ können wir verschiedene, später betrachtete, Optimalitätskriterien erhalten. Eine Erweiterung des Versuchsplanungsproblems auf stetige Versuchspläne (s. Abschnitt 2.2.2) wird in diesem Kapitel nicht betrachtet werden, da eine der hinreichenden Bedingungen für die Invarianz des entsprechenden Entscheidungsproblems (s. Vor. 2.2.1) unter π (s. (2.2.15)) i. allg. nicht erfüllt ist.

13.2. Versuchsplanung bei spezieller Struktur der Kovarianzmatrix $B_{\mathfrak{Y}(V_n)}$

Die Struktur der Matrix $\Sigma(V_n)$ bzw. die Kenntnis des Statistikers über diese Struktur beeinflußt wesentlich die Möglichkeiten für eine optimale Versuchsplanung. Für einige spezielle Matrizen $B_{\mathfrak{Y}(V_n)}$ ist eine Zurückführung des LR (13.1.1) auf ein KLR (also mit $B_{\varepsilon(V_n)} = \sigma^2 I_n$) möglich. Es sei

$$\forall V_n \in V^{(0)}\ \exists \Sigma \in \mathcal{M}_n^{>}: B_{\mathfrak{Y}(V_n)} = \sigma^2 \Sigma , \tag{13.2.1}$$

d. h., die Kovarianzmatrix $\boldsymbol{B}_{\mathfrak{Y}}$ hänge nicht vom Versuchsplan V_n ab. Diese Voraussetzung ist zum Beispiel erfüllt bei einem autokorrelierten stochastischen Prozeß 1. Ordnung mit

$$\boldsymbol{B}_{\mathfrak{Y}} = \begin{pmatrix} \sigma^2 & \varrho & \cdots & \varrho^{n-1} \\ \varrho & \sigma^2 & \cdots & \varrho^{n-2} \\ \cdots \\ \varrho^{n-1} & \varrho^{n-2} & \cdots & \sigma^2 \end{pmatrix}$$

und bei serienkorrelierten Zufallsgrößen mit

$$\boldsymbol{B}_{\mathfrak{Y}} = \begin{pmatrix} \sigma^2 & \varrho & 0 & \cdots & 0 \\ \varrho & \sigma^2 & \varrho & \cdots & 0 \\ 0 & \varrho & \sigma^2 & \cdots & 0 \\ \cdots \\ 0 & 0 & 0 & \cdots & \sigma^2 \end{pmatrix}.$$

Wie in Abschnitt 3.2.2 gezeigt wurde, läßt sich mit (13.2.1) ein lineares Regressionsmodell $M = (\mathfrak{Y}, \boldsymbol{F\vartheta}, \sigma^2\boldsymbol{\Sigma})$ durch eine geeignet gewählte affine Abbildung (z. B. durch die Matrix der orthonormierten Eigenvektoren von $\boldsymbol{\Sigma}$) auf ein lineares Regressionsmodell $M_1 = (\mathfrak{Y}_1, \boldsymbol{F}_1\boldsymbol{\vartheta}_1, \sigma^2\boldsymbol{I}_n)$ mit unkorrelierten Beobachtungen zurückführen. Damit kann das Versuchsplanungsproblem bei von V_n unabhängiger Matrix $\boldsymbol{\Sigma}$ mit den in Kapitel 5 und 6 dargelegten Methoden behandelt werden. Die für die Lösung des Schätzproblems notwendigen Transformationsbeziehungen findet man in Abschnitt 3.2.2.

Bemerkung 13.2.1: Falls die Matrix $\boldsymbol{\Sigma}$ unbekannt ist, so können wir (13.1.3) zu einer Schätzung $\breve{\boldsymbol{\vartheta}}_{\hat{\Sigma}}(\mathfrak{Y})$ dadurch modifizieren, daß wir $\boldsymbol{\Sigma}$ durch eine Schätzung $\hat{\boldsymbol{\Sigma}}$ ersetzen. ZELLNER [1] zeigt für konsistente Schätzungen $\hat{\boldsymbol{\Sigma}}$, daß $\breve{\boldsymbol{\vartheta}}_{\hat{\Sigma}}(\mathfrak{Y})$ eine asymptotisch äquivalente Strategie zu $\breve{\boldsymbol{\vartheta}}_{\Sigma}(\mathfrak{Y})$ ist.

Die Kovarianzmatrix $\boldsymbol{B}_{\mathfrak{Y}(V_n)}$ sei nun vom Versuchsplan V_n abhängig. Es liege ein LR $(\mathfrak{Y}, \boldsymbol{F\vartheta}, \sigma^2\boldsymbol{\Sigma})$ vor, und es sei

$$\forall V_n \in V^{(0)}\ \exists \boldsymbol{\Gamma} \in \mathcal{M}_r\ \exists \boldsymbol{\Delta} \in \mathcal{M}_{n-r}\ \exists \boldsymbol{Z} \in \mathcal{M}_{n\times(n-r)}\colon \operatorname{Rg} \boldsymbol{Z} = n - r \wedge \boldsymbol{Z}'\boldsymbol{F}(V_n) = \boldsymbol{0}$$
$$\wedge\ \boldsymbol{\Sigma}(V_n) = \boldsymbol{F}(V_n)\,\boldsymbol{\Gamma}\boldsymbol{F}(V_n)' + \boldsymbol{Z\Delta Z}' + \boldsymbol{I}_n\,. \tag{13.2.2}$$

Wenn $\boldsymbol{\Sigma}(V_n)$ von der Form (13.2.2) ist, dann sind $\breve{\boldsymbol{\vartheta}}_{\Sigma}(\mathfrak{Y})$ aus (13.1.3) und $\breve{\boldsymbol{\vartheta}}(\mathfrak{Y})$ aus (3.2.39) identisch (vgl. RAO, C. R. [2]). Damit ist auch in diesem speziellen Fall eine Zurückführung des LR auf ein KLR möglich.

Sind die Komponenten von $\boldsymbol{\varepsilon}(V_n)$ unkorreliert, besitzen aber unterschiedliche Varianzen (dies wird als Heteroskedastie bezeichnet), dann hat die Kovarianzmatrix $\boldsymbol{B}_{\mathfrak{Y}(V_n)}$ die Form (s. Abschnitt 5.7):

$$\forall V_n \in V^{(0)}\ \forall i \in \{1, \ldots, n\}\ \exists \lambda(\boldsymbol{x}_i) \in \mathrm{R}^+\colon \boldsymbol{B}_{\mathfrak{Y}(V_n)} = \big((\lambda(\boldsymbol{x}_i)\,\delta_{ij})\big)_{n\times n}\,.$$

Eine ganze Reihe von Aussagen über optimale Versuchspläne für das KLR lassen sich auch auf dieses spezielle LR übertragen (vgl. Abschnitt 5.7).

Die Bestimmung Z^{Σ}-optimaler Versuchspläne ist häufig mit numerischen Schwierigkeiten verbunden. Die Matrix $\boldsymbol{B}^{-1}_{\mathfrak{Y}(V_n)}$ kann i. allg. nicht explizit in Abhängigkeit von den Punkten $\boldsymbol{x}_i$; $i = 1, \ldots, n$; des Planes V_n angegeben werden. Eine Erweiterung des Versuchsplanungsproblems bei korrelierten Fehlern auf diskrete oder stetige Versuchspläne im Sinne von Abschnitt 2.2.2 ist bisher nicht durchgeführt worden, und damit ist die Theorie konvexer Funktionale über konvexen Mengen wie in Kapitel 5 hier nicht einsetzbar. Die bei der Transformation des LR in ein KLR auftretende Transformationsmatrix hängt im allgemeinen auch noch vom Versuchsplan V_n ab. Aus diesen Gründen verwendet man mitunter nur näherungsweise optimale Schätzungen für $\boldsymbol{\vartheta}$, z. B. die klassische MKQ-Schätzfunktion (vgl. (3.2.39))

$$\check{\boldsymbol{\vartheta}}(\mathfrak{Y}) = (\boldsymbol{F}(V_n)' \boldsymbol{F}(V_n))^{-1} \boldsymbol{F}(V_n)' \mathfrak{Y} . \tag{13.2.3}$$

Dann ist für $\boldsymbol{B}_{\mathfrak{Y}(V_n)} = \sigma^2\boldsymbol{\Sigma}(V_n)$:

$$\boldsymbol{B}_{\check{\vartheta}(V_n)} = \sigma^2[\boldsymbol{F}(V_n)' \boldsymbol{F}(V_n)]^{-1} \boldsymbol{F}(V_n)' \boldsymbol{\Sigma}(V_n) \boldsymbol{F}(V_n) [\boldsymbol{F}(V_n)' \boldsymbol{F}(V_n)]^{-1} . \tag{13.2.4}$$

Diese Schätzung ist in $G_1^{(\boldsymbol{v})}$ i. allg. nicht optimal, aber, weil in (13.2.4) $\boldsymbol{\Sigma}(V_n)$ nicht als Inverse auftritt, vielfach einfacher zu handhaben auch in bezug auf die näherungsweise Bestimmung Z^{Σ}-optimaler Pläne.

Sei $\boldsymbol{A} \in \mathcal{M}^{>}$, dann bezeichne $\lambda_{\min}(\boldsymbol{A})$ den minimalen und $\lambda_{\max}(\boldsymbol{A})$ den maximalen Eigenwert von $\boldsymbol{A}$. Ein Vergleich der Kovarianzmatrizen der Schätzungen $\check{\boldsymbol{\vartheta}}(\mathfrak{Y})$ und $\check{\boldsymbol{\vartheta}}_{\Sigma}(\mathfrak{Y})$ wurde u. a. von Magness/McGuire [1] durchgeführt.

Satz 13.2.1:

$$\forall V_n \in V^{(0)}: \lambda_{\min}(\boldsymbol{B}_{\mathfrak{Y}(V_n)}) \left(\boldsymbol{F}(V_n)' \boldsymbol{F}(V_n)\right)^{-1} \leqq \boldsymbol{B}_{\check{\vartheta}}(V_n) \leqq \boldsymbol{B}_{\check{\vartheta}(V_n)} \leqq \lambda_{\max}(\boldsymbol{B}_{\mathfrak{Y}(V_n)}) \left(\boldsymbol{F}(V_n)' \boldsymbol{F}(V_n)\right)^{-1} . \tag{13.2.5}$$

Der *Beweis* beruht auf der Abschätzung von $\lambda_{\min}(\boldsymbol{B}_{\mathfrak{Y}(V_n)})$ bzw. $\lambda_{\max}(\boldsymbol{B}_{\mathfrak{Y}(V_n)})$ durch geeignete Rayleigh-Quotienten (s. Bellmann [1]).

Eine andere Möglichkeit des Vergleiches der Kovarianzmatrizen ergibt sich aus einer Ungleichung von Kantorovič.

Satz 13.2.2:

$$\forall V_n \in V^{(0)}: \boldsymbol{B}_{\check{\vartheta}(V_n)} \leqq \frac{1}{4} \left(\lambda_{\max}(\boldsymbol{B}_{\mathfrak{Y}(V_n)}) + \lambda_{\min}(\boldsymbol{B}_{\mathfrak{Y}(V_n)})\right) \times \left(\frac{1}{\lambda_{\max}(\boldsymbol{B}_{\mathfrak{Y}(V_n)})} + \frac{1}{\lambda_{\min}(\boldsymbol{B}_{\mathfrak{Y}(V_n)})}\right) \boldsymbol{B}_{\check{\vartheta}}(V_n) . \tag{13.2.6}$$

Zum *Beweis* dieses Satzes vgl. Kantorovič [1].

Aus den beiden Ungleichungen (13.2.5) und (13.2.6) lassen sich Ungleichungen für die Risiken bezüglich quadratischen Verlusts für spezielle isotone Funktionale Z^{Σ} ableiten (s. Bellmann [1]).

Als ein weiteres Maß für die Abweichung der Kovarianzmatrizen voneinander wird von Borodjuk/Kuznecov [1] der Quotient

$$v = \frac{1}{r} \operatorname{sp} \left(\boldsymbol{B}_{\check{\vartheta}(V_n)} \boldsymbol{B}_{\check{\vartheta}}(V_n)^{-1}\right) \tag{13.2.7}$$

vorgeschlagen.

13.3. Asymptotisch optimale Folgen von Versuchsplänen

Im Gegensatz zu den anderen Kapiteln erweist es sich im folgenden als günstig, die korrelierten Beobachtungen $\mathfrak{Y}$ und den Fehler ε durch einen stochastischen Prozeß zu beschreiben. Wir beschränken dabei unsere Betrachtungen auf nur eine Einflußgröße x (d. h. $k = 1$) und werden die optimale Versuchsplanung bei speziellen stochastischen Prozessen asymptotisch behandeln.

Es seien $\{\mathfrak{Y}(x)\}_{x \in B}$ und $\{\varepsilon(x)\}_{x \in B}$ zwei auf einem Wahrscheinlichkeitsraum $[\Omega, \mathcal{B}_\Omega, P]$ definierte stochastische Prozesse zweiter Ordnung mit

$$\forall x \in B: \mathfrak{Y}(x) = \eta(x) + \varepsilon(x) .$$

Vor. 13.3.1: Für $\{\varepsilon(x)\}_{x \in B}$ existieren Erwartungswertfunktion $\mathrm{E}\varepsilon(\cdot) = 0$ und Korrelationsfunktion $B_\varepsilon(\cdot, \cdot) = \mathrm{E}\varepsilon(\cdot)\, \varepsilon(\cdot)$ •

Vor. 13.3.2: Es sei $\tilde{S} = \{ \tilde{\eta}(\cdot, \boldsymbol{\vartheta}) \in (R^1)^B : \boldsymbol{\vartheta} \in \Theta = \mathrm{R}^r\}$ ein wahrer linearer Regressionsansatz für die Erwartungswertfunktion $\eta(\cdot)$ •

Die Vor. 13.3.2 bedeutet insbesondere

$$\exists \boldsymbol{f} \in \mathcal{F}_r(B)\ \forall \boldsymbol{\vartheta} \in \Theta\ \forall x \in B: \tilde{\eta}(x, \boldsymbol{\vartheta}) = \boldsymbol{f}(x)'\, \boldsymbol{\vartheta} .$$

Wird der stochastische Prozeß $\{\mathfrak{Y}(x)\}_{x \in B}$ über dem Versuchsbereich $V = [0, 1] \subseteq B$ nur einmal beobachtet, so erhält man eine Trajektorie dieses Prozesses und nur diese eine Trajektorie kann für eine Schätzung von $\eta(\cdot)$ verwendet werden. Solch eine Trajektorie $\{y(x)\}_{x \in [0, 1]}$ läßt sich auch als Funktion $y \mid [0, 1] \to \mathrm{R}^1$ schreiben.

Vor. 13.3.3: Es seien $V = [0, 1]$ und

$$\exists \boldsymbol{g}(\cdot) = (g_1(\cdot), \dots, g_r(\cdot))' \in \mathcal{F}_r([0, 1])\ \forall i \in \{1, \dots, r\}: f_i(\cdot) = \int_0^1 B_\varepsilon(\cdot, x)\, g_i(x)\, \mathrm{d}x \ \bullet \tag{13.3.1}$$

Es bezeichne mit g_i gemäß Vor. 13.3.3

$$\boldsymbol{W} = ((W_{ij}))_{r \times r}; \qquad W_{ij} = \int_0^1 f_i(x)\, g_j(x)\, \mathrm{d}x ,$$

$$\mathfrak{S} = (\mathfrak{S}_1, \dots, \mathfrak{S}_r); \qquad \mathfrak{S}_i = \int_0^1 \mathfrak{Y}(x)\, g_i(x)\, \mathrm{d}x .$$

Falls $\{\mathfrak{Y}(x)\}_{x \in B}$ ein meßbarer, stochastisch stetiger GAUSS-Prozeß mit der Erwartungswertfunktion $\mathrm{E}\mathfrak{Y}(\cdot) = \boldsymbol{f}(\cdot)'\boldsymbol{\vartheta}$ und der Korrelationsfunktion $B_\varepsilon(\cdot, \cdot)$ ist und falls $\boldsymbol{f} \in \mathcal{F}_r(B)$, wird in RICHTER, M. [1] unter gewissen weiteren Bedingungen gezeigt, daß

$$\check{\boldsymbol{\vartheta}}(V) = \boldsymbol{W}^{-1}\mathfrak{S} \tag{13.3.2}$$

erwartungstreue Maximum-Likelihood-Schätzung und wirksamste Schätzung für $\boldsymbol{\vartheta}$ mit

$$\boldsymbol{B}_{\check{\vartheta}}(V) = \boldsymbol{W}^{-1} \tag{13.3.3}$$

ist.

Für eine Behandlung des Versuchsplanungsproblems ist es vielfach einfacher, nicht die über V zur Verfügung stehende Trajektorie y selbst zu betrachten, sondern von dieser Trajektorie nur die Funktionswerte an den Punkten $x_i \in V$; $i = 1, \dots, n$; zu verwenden. Dieser Ausweg ist häufig notwendig, da numerische Schwierigkeiten bei der Lösung der FREDHOLMschen Integralgleichungen 1. Art (13.3.1) auftreten können.

Beschränkt man sich bei der Beobachtung des Prozesses $\{\mathfrak{Y}(x)\}_{x \in B}$ auf nur eine Trajektorie, dann sind, im Gegensatz zur bisherigen Vorgehensweise, Versuche im gleichen Punkt $x \in V$ nicht wiederholbar und die Reihenfolge der Versuche auch nicht permutierbar.

Vor. 13.3.4:

$$V^{[n]} = \{V_n \in V^{(n)} \cap V_{\text{reg}, \Sigma} : 0 \leqq x_1 < \cdots < x_n \leqq 1\} \bullet \tag{13.3.4}$$

Im weiteren werden wir unsere Betrachtungen stets auf die Menge $V^{[n]}$ von Versuchsplänen beziehen. Beschränken wir uns bei der Betrachtung des Prozesses $\{\mathfrak{Y}(x)\}_{x \in B}$ auf $V_n \in V^{[n]}$ gemäß Vor. 13.3.4, dann geht die Schätzung (13.3.2) über in die Schätzung (13.1.3), die aber dann nicht mehr wirksamste Schätzung ist. Aussagen über $\check{\boldsymbol{\vartheta}}_\Sigma(\mathfrak{Y})$ und $\check{\vartheta}(V)$, insbesondere auch asymptotisches Verhalten der Schätzungen wurden u. a. von GRENANDER/ROSENBLATT [1] und PARZEN [1] angegeben.

13.3.1. Asymptotisch optimale Folgen von Versuchsplänen zur Schätzung eindimensionaler Regressionsparameter

Bisher liegen über die optimale Versuchsplanung bei stochastischen Prozessen nur asymptotische Aussagen vor.

Wir beschreiben nun ein Konstruktionsverfahren von SACKS/YLVISAKER [1] für asymptotisch optimale Folgen von Versuchsplänen. Ausgehend von quadratischem Verlust ist bei $r = 1$, d. h. als Ansatz verwenden wir $\tilde{\eta}(x, \vartheta) = \vartheta f$, das Risiko bis auf einen konstanten Faktor durch die Varianz der Schätzung bestimmt. Bei der asymptotischen Herangehensweise an die Problematik der optimalen Versuchsplanung wird versucht, eine Folge $\{V_n\}_{n \in \mathrm{N}}$ von Plänen anzugeben, so daß die Differenz zwischen der Varianz $\mathrm{D}^2\check{\vartheta}(V)$ und der durch V_n erreichten Varianz $\mathrm{D}^2\check{\vartheta}_\Sigma(V_n)$ möglichst klein wird.

Es sei $\{V_n\}_{n \in \mathrm{N}} =: V_{\{n\}}$ eine Folge von konkreten Versuchsplänen mit $V_n \in V^{[n]}$.

Def. 13.3.1: Die Folge $V^*_{\{n\}}$ heißt *asymptotisch optimal* $=_{\text{df}}$

$$\lim_{n \to \infty} \frac{\inf\limits_{V_n \in V^{[n]}} \mathrm{D}^2\check{\vartheta}_\Sigma(V_n) - \mathrm{D}^2\check{\vartheta}(V)}{\mathrm{D}^2\check{\vartheta}_\Sigma(V^*_n) - \mathrm{D}^2\check{\vartheta}(V)} = 1 \bullet \tag{13.3.5}$$

Für die weiteren Überlegungen ist es für eine einfachere Darstellung vorteilhaft, den Prozeß $\{\varepsilon(x)\}_{x \in B}$ in einem HILBERT-Raum zu betrachten (vgl. Def. 1.1.20). Es sei $\mathcal{F}_\varepsilon$ der HILBERT-Raum, der durch $\{B_\varepsilon(\cdot, x), x \in [0, 1]\}$ mit dem Skalarprodukt $\langle f, B_\varepsilon(\cdot, x)\rangle$ (vgl. Def. 1.1.16) erzeugt wird. Wegen $\langle f, B_\varepsilon(\cdot, x)\rangle = f(x)$ für alle $x \in [0, 1]$ besitzt der Raum $\mathcal{F}_\varepsilon$ die Korrelationsfunktion $B_\varepsilon(\cdot, \cdot)$ als reproduzierenden Kern (s. ARONSZAJN [1], MESCHKOWSKI [1]).

Es sei $\mathcal{F}_{V_n}$ der durch $\{B_\varepsilon(\cdot, x), x \in V_n\}$ erzeugte Unterraum und P_{V_n} die orthogonale Projektion von $\mathcal{F}_\varepsilon$ auf $\mathcal{F}_{V_n}$ (vgl. Def. 1.1.19). Wegen $r = 1$ ist $\boldsymbol{F}(V_n) =: \boldsymbol{f}(V_n)$.

Def. 13.3.2:

$$\lim_{n \to \infty} \sup_{V_n \in V^{[n]}} \boldsymbol{f}(V_n)' \boldsymbol{B}^{-1}_{\mathfrak{Y}(V_n)} \boldsymbol{f}(V_n) =: ||f||^2 \bullet \tag{13.3.6}$$

Durch Def. 13.3.2 ist eine Norm für den HILBERT-Raum $\mathcal{F}_\varepsilon$ gegeben, und es gilt $\mathcal{F}_\varepsilon = \{\boldsymbol{f} \in \mathcal{F}_1 : ||f||^2 \in \mathrm{R}^+\}$. Benutzen wir die in Abschnitt 3.1 eingeführte Schreibweise, dann ist

$$\boldsymbol{f}(V_n)' \boldsymbol{B}^{-1}_{\mathfrak{Y}(V_n)} \boldsymbol{f}(V_n) = ||f||_{\boldsymbol{B}^{-1}_{\mathfrak{Y}(V_n)}} .$$

Mit P_{V_n} und (13.3.6) ist

$$||f||^2_{\boldsymbol{B}^{-1}_{\mathfrak{Y}(V_n)}} = ||\mathrm{P}_{V_n} f||^2 . \tag{13.3.7}$$

Wegen $(f(V_n)' B^{-1}_{\mathfrak{Y}(V_n)} f(V_n))^{-1} = D^2\check{\vartheta}_\Sigma(V_n)$ und (13.3.7) ist die Lösung der Aufgabe $D^2\check{\vartheta}_\Sigma(V_n) \overset{!}{=} \inf_{V_n \in V^{[n]}}$ äquivalent zur Lösung der Aufgabe $\|P_{V_n} f\|^2 \overset{!}{=} \sup_{V_n \in V^{[n]}}$ (s. SACKS/YLVISAKER [1]). Da P_{V_n} orthogonale Projektion ist, gilt $\|f\|^2 - \|P_{V_n} f\|^2 = \|f - P_{V_n} f\|^2$ und deshalb ist $\|f\|^2 - \sup_{V_n \in V^{[n]}} \|P_{V_n} f\|^2 = \inf_{V_n \in V^{[n]}} \|f - P_{V_n} f\|^2$. Aus diesem Grund gehen SACKS/YLVISAKER zu einem äquivalenten Optimalitätskriterium über:

Eine Folge $V^*_{\{n\}}$ heißt *asymptotisch optimal*, wenn

$$\lim_{n\to\infty} \frac{\|f - P_{V_n^*} f\|^2}{\inf\limits_{V_n \in V^{[n]}} \|f - P_{V_n} f\|^2} = 1\,. \tag{13.3.8}$$

Im weiteren wollen wir folgende Abkürzungen verwenden. Es sei

$$\forall x_1 \in V\ \forall x_2 \in V\ \forall u_0 \in V\ \forall v_0 \in V\ \forall p \in \mathsf{N} \cup \{0\}\ \forall q \in \mathsf{N} \cup \{0\}:$$

$$\frac{\partial^{p+q}}{\partial x_1^p\, \partial x_2^q} B_\varepsilon(x_1, x_2)\Big|_{x_1 = u_0,\, x_2 = v_0} =: B^{pq}(u_0, v_0) \tag{13.3.9}$$

$$\wedge \lim_{u\to u_0,\, v \to v_0,\, u > u_0,\, v < v_0} B^{pq}(u, v) =: B^{pq}_{+-}(u_0, v_0) \tag{13.3.10}$$

$$\wedge \lim_{v \to v_0,\, v > v_0} B^{0q}(u_0, v) =: B^{0q}_{+}(u_0, v_0)$$

$$\wedge \lim_{v \to v_0,\, v < v_0} B^{0q}(u_0, v) =: B^{0q}_{-}(u_0, v_0)$$

Vor. 13.3.5: Auf $V \times V = [0, 1] \times [0, 1]$ sei $B_\varepsilon(\cdot, \cdot)$ stetig. Für alle $x_1 \in V$, für alle $x_2 \in V$ und $x_1 \neq x_2$ existiere $B^{pq}(x_1, x_2)$ für $p + q \leqq 2$ und sei stetig. Für $x_1 = x_2$ existieren die rechts- und linksseitigen Ableitungen $B^{pq}_{++}(x_1, x_1)$, $B^{pq}_{+-}(x_1, x_1)$, $B^{pq}_{-+}(x_1, x_1)$ und $B^{pq}_{--}(x_1, x_1)$ •

Es sei $\alpha \mid (0, 1) \to R^1$ mit

$$\forall x \in (0, 1): \alpha(x) = B^{01}_{-}(x, x) - B^{01}_{+}(x, x)\,. \tag{13.3.11}$$

Vor. 13.3.6: Es gelte

$$\langle\!\langle \alpha \text{ stetig} \rangle\!\rangle \wedge \inf_{x \in (0,1)} \alpha(x) =: \alpha_0 \in R^+ \wedge \sup_{x\in(0,1)} \alpha(x) =: \alpha_1 \in R^+ \bullet \tag{13.3.12}$$

Vor. 13.3.7: $\forall x \in [0, 1]: B^{02}_{+}(\cdot, x) \in \mathcal{F}_\varepsilon \wedge \sup_{x \in [0,1]} \|B^{02}_{+}(\cdot, x)\| \in R^+$ •

Eine asymptotisch optimale Folge $V^*_{\{n\}} = \{V^*_n\}_{n \in \mathsf{N}}$ kann nun dadurch bestimmt werden, daß für alle $n \in \mathsf{N}$ als Plan V^*_n aus $V^{[n]}$ ein solcher Plan gewählt wird, für den gerade das Infimum von $\|f - P_{V_n} f\|^2$ angenommen wird. Dann erfüllt $V^*_{\{n\}}$ die Forderung (13.3.8). Deshalb betrachten wir jetzt nur noch den Nenner von (13.3.8).

Die Existenz eines solchen V^*_n wird durch den folgenden Satz gesichert.

Satz 13.3.1 (SACKS/YLVISAKER): Es sei $M \subset [0, 1]$ mit card $M = n \in \mathsf{N}$ und für alle $\delta \in R^+$ bezeichne $A_{M\delta} = \left\{B_\varepsilon(\cdot, x) \in \mathcal{F}_\varepsilon : x \in [0, 1] \cap \bigcup_{x' \in M} [x' - \delta, x' + \delta]\right\}$, $\mathcal{F}_{A_{M\delta}}$ sei der durch $A_{M\delta}$ erzeugte abgeschlossene Unterraum, $J(M) = \bigcap_{\delta \in R^+} \mathcal{F}_{A_{M\delta}}$, $A'_M = \{B_\varepsilon(\cdot, x') \in \mathcal{F}_\varepsilon : x' \in M\}$ und $\mathcal{F}_{A'_M}$ der durch A'_M erzeugte abgeschlossene Unterraum. Wenn

$$\forall M \in \{M \subset [0, 1]: \text{card } M = n \in \mathsf{N}\}\ \forall f \in \mathcal{F}_\varepsilon : J(M) = \mathcal{F}_{A'_M}\,,$$

dann

$$\forall n \in \mathrm{N}: \lim_{V_n \to M} \|\mathrm{P}_{V_n} f\| = \|\mathrm{P}_M f\| \bullet$$

Zum *Beweis* siehe SACKS/YLVISAKER [1] und [4].

Satz 13.3.1 gibt eine Existenzaussage für alle $\|\mathrm{P}_{V_n} f\|$, also auch für $\sup_{V_n \in V[n]} \|\mathrm{P}_{V_n} f\|$, deshalb existiert also ein V_n^*, das (13.3.8) erfüllt.

Der folgende Satz liefert ein Konstruktionsverfahren für $V_{\{n\}}^*$. Es bezeichne

$$\gamma = \int_0^1 [\alpha(x)\, g^2(x)]^{1/3}\, \mathrm{d}x\,.$$

Satz 13.3.2 (SACKS/YLVISAKER): Unter den Voraussetzungen 13.3.3 (FREDHOLMsche Integralgleichung für f), 13.3.5 (Differenzierbarkeit von B_ε), 13.3.6 (Unstetigkeitsfunktion von B_ε) und 13.3.7 (Beschränkung der Ableitung $B_+^{02}(\cdot, x)$) gilt:

a)
$$\lim_{n \to \infty} n^2 \inf_{V_n \in V[n]} \|f - \mathrm{P}_{V_n} f\|^2 = \frac{1}{12} \gamma^3\,. \tag{13.3.13}$$

b) Die Folge $V_{\{n\}}^* = \{V_n^*\}_{n \in \mathrm{N}}$ mit $V_n^* = (x_1^*, \dots, x_n^*)$ und

$$\forall n \in \mathrm{N}\ \forall i \in \{1, \dots, n\}: \int_0^{x_i^*} [\alpha(x)\, g^2(x)]^{1/3}\, \mathrm{d}x = \frac{i-1}{n-1} \int_0^1 [\alpha(x)\, g^2(x)]^{1/3}\, \mathrm{d}x \tag{13.3.14}$$

ist asymptotisch optimal •

Beweis: Der Beweis gliedert sich in drei Teilschritte. Im ersten Schritt, den wir ausführlich darstellen, wird gezeigt, daß der Grenzwert in (13.3.13) für alle Pläne V_n größer oder gleich $\gamma^3/12$ ist. Im zweiten Schritt muß dann gezeigt werden, daß für V_n^* gemäß (13.3.14) der Grenzwert in (13.3.13) kleiner oder gleich $\gamma^3/12$ ist. Damit ist dann die Behauptung bewiesen. Wir führen den Beweis für den Fall $\forall x \in [0, 1]: g(x) \neq 0$. Wegen des Überganges zum Fall $\{x \in V: g(x) = 0\} \neq \emptyset$ siehe SACKS/YLVISAKER [1].

1. Es sei $\forall n \in \mathrm{N}\ \forall V_n \in V^{[n]}\ \forall x \in [0, 1]: g(x) \neq 0$ und es bezeichne $\mathrm{P}_{V_n} f = k_n$. Somit ist

$$\|f - \mathrm{P}_{V_n} f\|^2 = \|f\|^2 - \|k_n\|^2 = \int_0^1 f(x) f(x)\, \mathrm{d}x - \int_0^1 k_n(x)\, k_n(x)\, \mathrm{d}x\,.$$

Wegen

$$\int_0^1 f(x_2) f(x_2)\, \mathrm{d}x_2 = \int_0^1 f(x_2) \int_0^1 B_\varepsilon(x_1, x_2)\, g(x_1)\, \mathrm{d}x_1\, \mathrm{d}x_2 = \int_0^1 g(x_1) f(x_1)\, \mathrm{d}x_1$$

ist für $V_n = (x_1, \dots, x_n)$

$$\|f - \mathrm{P}_{V_n} f\|^2 = \int_0^1 f(x)\, g(x)\, \mathrm{d}x - \int_0^1 k_n(x)\, g(x)\, \mathrm{d}x = \int_0^1 (f(x) - k_n(x))\, g(x)\, \mathrm{d}x$$
$$= \sum_{i=1}^{n-1} \int_{x_i}^{x_{i+1}} (f(x) - k_n(x))\, g(x)\, \mathrm{d}x\,.$$

Aus Vor. 13.3.5 über $B_\varepsilon(\cdot, \cdot)$ folgt wegen Vor. 13.3.3, daß die Funktion f zweimal differenzierbar ist.

Auf $f(x_{i+1}) - k_n(x_{i+1})$ wird nun die TAYLOR-Formel angewandt, um damit eine Abschätzung für $\|f - \mathrm{P}_{V_n} f\|^2$ zu erhalten. Sei k'_{n+} die rechtsseitige Ableitung von k_n

$$f(x_{i+1}) - k_n(x_{i+1}) = f(x_i) - k_n(x_i) + \frac{x_{i+1} - x_i}{1!} [f'(x_i) - k'_n(x_i)]$$
$$+ \frac{(x_{i+1} - x_i)^2}{2!} [f''(\tau_i) - k''_n(\tau_i)]\,, \quad \tau_i \in (x_i, x_{i+1})\,.$$

Wegen $x_{i+1} - x_i =: d_i$ und $f(x_i) = k_n(x_i)$ ist

$$f'(x_i) - k'_{n+}(x_i) = -\frac{d_i}{2}[f''(\tau_i) - k''_n(\tau_i)]. \tag{13.3.15}$$

Aus (13.3.1) ergibt sich für $r = 1$

$$f'(\cdot) = \int_0^x B_+^{01}(x_1, \cdot)\, g(x_1)\, dx_1 + \int_x^1 B_-^{01}(x_1, \cdot)\, g(x_1)\, dx_1$$

$$f''(\cdot) = [B_+^{01}(\cdot, \cdot) - B_-^{01}(\cdot, \cdot)]\, g(\cdot) + \int_0^1 B_+^{02}(x, \cdot)\, g(x)\, dx$$

und somit wegen (13.3.12) und Vor. 13.3.7 gilt für alle $x \in V$

$$f''(x) - k''_n(x) = -\alpha(x)\, g(x) + \langle B_+^{02}(\cdot, x); f(x) - k_n(x)\rangle. \tag{13.3.16}$$

Nun wenden wir auf $f(x) - k_n(x)$ für $x \in (x_i, x_{i+1})$ die TAYLOR-Formel an:

$$f(x) - k_n(x) = f(x_i) - k_n(x_i) + [f'(x_i) - k'_n(x_i)]\,(x - x_i)$$
$$+ [f''(\tau'_i) - k''_n(\tau'_i)]\frac{(x - x_i)^2}{2}; \quad \tau'_i \in (x_i, x_{i+1}).$$

Es werden nun die Ausdrücke (13.3.15) und (13.3.16) eingesetzt:

$$\begin{aligned} f(x) - k_n(x) &= (-d_i/2)\,(f''(\tau_i) - k''_n(\tau_i))\,(x - x_i) \\ &\quad + (-\alpha(\tau'_i)\, g(\tau'_i) + \langle B_+^{02}(\cdot, \tau'_i), f(\tau'_i) - k_n(\tau'_i)\rangle)\,\frac{(x - x_i)^2}{2} \\ &= \left(-\frac{d_i}{2}\right)(-\alpha(\tau_i)\, g(\tau_i) + \langle B_+^{02}(\cdot, \tau_i), f(\tau_i) - k_n(\tau_i)\rangle)\,(x - x_i) \\ &\quad + (-\alpha(\tau'_i)\, g(\tau'_i) + \langle B_+^{02}(\cdot, \tau'_i), f(\tau'_i) - k_n(\tau'_i)\rangle)\,\frac{(x - x_i)^2}{2} \\ &= \frac{d_i}{2}\alpha(\tau_i)\, g(\tau_i)\,(x - x_i) - \alpha(\tau'_i)\, g(\tau'_i)\,\frac{(x - x_i)^2}{2} \\ &\quad - \frac{d_i}{2}\langle B_+^{02}(\cdot, \tau_i), f(\tau_i) - k_n(\tau_i)\rangle\,(x - x_i) + \langle B_+^{02}(\cdot, \tau'_i), f(\tau'_i) - k_n(\tau'_i)\rangle\,\frac{(x - x_i)^2}{2}. \end{aligned}$$

Im weiteren wollen wir die folgenden Abkürzungen verwenden:

$$A_{1i} = \int_{x_i}^{x_{i+1}} (x - x_i)\,(g(x) - g(\tau_i))\, dx,$$

$$A_{2i} = \int_{x_i}^{x_{i+1}} (g(x) - g(\tau_i))\,\frac{(x - x_i)^2}{2}\, dx,$$

$$A_{3i} = \int_{x_i}^{x_{i+1}} (\alpha(\tau_i)\, g(\tau_i) - \alpha(\tau'_i)\, g(\tau'_i))\, g(x)\,\frac{(x - x_i)^2}{2}\, dx,$$

$$A_{4i} = \frac{d_i}{2}\langle B_+^{02}(\cdot, \tau_i), f(\tau_i) - k_n(\tau_i)\rangle \int_{x_i}^{x_{i+1}} g(x)\,(x - x_i)\, dx,$$

$$A_{5i} = \int_{x_i}^{x_{i+1}} \langle B_+^{02}(\cdot, \tau_i), f(\tau_i) - k_n(\tau_i)\rangle\,\frac{(x - x_i)^2}{2}\, g(x)\, dx,$$

$$B_{1i} = \sup_{(x, x') \in [x_i, x_{i+1}] \times [x_i, x_{i+1}]} |g(x') - g(x)|, \tag{13.3.17}$$

$$B_{2i} = \sup_{(x, x') \in [x_i, x_{i+1}] \times [x_i, x_{i+1}]} |\alpha(x)\, g(x) - \alpha(x')\, g(x')|. \tag{13.3.18}$$

Die Funktionen g und α sind auf $[0, 1]$ nach Voraussetzung (vgl. Vor. 13.3.3 und 13.3.6) stetig, deshalb gilt

$$\lim_{n\to\infty} \sup_{i\in\{1,\dots,n-1\}} B_{1i} = \lim_{n\to\infty} \sup_{i\in\{1,\dots,n-1\}} \sup_{(x,x')\in[x_i,x_{i+1}]\times[x_i,x_{i+1}]} |g(x') - g(x)| = 0$$

$$\lim_{n\to\infty} \sup_{i\in\{1,\dots,n-1\}} B_{2i} = 0$$

$$|A_{1i}| \leqq \sup_{(x,x')\in[x_i,x_{i+1}]\times[x_i,x_{i+1}]} |g(x) - g(x')| \frac{(x_{i+1} - x_i)^2}{2} = B_{1i}\frac{d_i^2}{2}$$

$$|A_{2i}| \leqq B_{1i}\frac{d_i^3}{6},$$

$$|A_{3i}| \leqq \sup_{x\in[0,1]} |g(x)|\, B_{2i}\frac{d_i^3}{6},$$

$$\exists C_0 \in \mathrm{R}^1\colon |A_{4i}| + |A_{5i}| \leqq C_0 d_i^3 \sup_{j\in\{1,\dots,n-1\}} d_j\,.$$

Damit können die einzelnen Summanden von $\|f - \mathrm{P}_{V_n}f\|^2$ abgeschätzt werden durch

$$\exists C_0 \in \mathrm{R}^1\ \exists C_1 \in \mathrm{R}^1\ \exists C_2 \in \mathrm{R}^1:$$

$$\int\limits_{x_i}^{x_{i+1}} (f(x) - k_n(x))\, g(x)\,\mathrm{d}x \geqq \alpha(\tau_i)\, g^2(\tau_i)\frac{d_i^3}{12} - d_i^3\Big[C_1B_{1i} + C_2B_{2i} + C_0 \sup_{j\in\{1,\dots,n-1\}} d_j\Big].$$

Bezeichne

$$\varkappa_n = \sup_{i\in\{1,\dots,n-1\}} \Big[C_1B_{1i} + C_2B_{2i} + C_0 \sup_{j\in\{1,\dots,n-1\}} d_j\Big].$$

Für $n \to \infty$ gilt wegen (13.3.17) und (13.3.18) und wegen $\lim\limits_{n\to\infty} \sup\limits_{j\in\{1,\dots,n-1\}} d_j = 0$ auch $\lim\limits_{n\to\infty} \varkappa_n = 0$. Wegen der Stetigkeit von g und α ist für hinreichend großes n

$$\alpha(\tau_i)\, g^2(\tau_i)/12 - \varkappa_n \geqq 0\,.$$

Unter Verwendung der Hölder-Ungleichung ist für alle $n \in \mathbf{N}$

$$\|f - k_n\|^2 \geqq \sum_{i=1}^{n-1} [\alpha(\tau_i)\, g^2(\tau_i)/12 - \varkappa_n]\, d_i^3 \geqq \frac{1}{(n-1)^2}\left\{\sum_{i=1}^{n-1} [\alpha(\tau_i)\, g^2(\tau_i)/12 - \varkappa_n]^{1/3} d_i\right\}^3$$
$$= \frac{1}{12n^2}\gamma^3 + o\left(\frac{1}{n^2}\right)$$

und somit

$$\liminf_{n\to\infty}\ n^2 \|f - k_n\|^2 \geqq \frac{1}{12}\gamma^3\,. \tag{13.3.19}$$

2. Es sei $V^*_{\{n\}}$ eine asymptotisch optimale Folge von Versuchsplänen gemäß (13.3.14), dann führt der Mittelwertsatz der Integralrechnung zu:

$$\exists \tau_i \in (x_i^*, x_{i+1}^*)\colon \frac{\gamma}{n-1} = \int\limits_{x_i^*}^{x_{i+1}^*} [\alpha(x)\, g^2(x)]^{1/3}\,\mathrm{d}x = d_i^*(\alpha(\tau_i)\, g^2(\tau_i))^{1/3}\,.$$

Analoge Überlegungen wie im Teil 1 des Beweises führen mit entsprechend modifizierten Ausdrücken A_{ji}; $j = 1, \dots, 5$; zu

$$\liminf_{n\to\infty} n^2 \|f - \mathrm{P}_{V_n^*}f\|^2 \leqq \liminf_{n\to\infty} n^2 \left(\frac{\gamma^3}{12}\sum_{i=1}^{n-1}\left(\frac{1}{(n-1)^3}\right) + o\left(\frac{1}{n^2}\right)\right) = \frac{\gamma^3}{12}.$$

Aus dieser Beziehung und aus (13.3.19) folgt die Behauptung (13.3.13).

Wir haben somit gezeigt, daß $V^*_{\{n\}}$ gemäß (13.3.14) den durch (13.3.13) gegebenen Grenzwert für $\inf\limits_{V_n\in V[n]} \|f - \mathrm{P}_{V_n}f\|^2$ erfüllt. Somit ist auch die Beziehung (13.3.8) erfüllt und $V^*_{\{n\}}$ asymptotisch optimal.

Durch die Vorschrift (13.3.14) des Satzes 13.3.2 wird ein Konstruktionsverfahren für eine asymptotisch optimale Folge von Versuchsplänen angegeben. Diese Folge wird im wesentlichen bestimmt durch die Funktion

$$\left(\alpha(\cdot)\, g^2(\cdot)\right)^{1/3} =: h^*(\cdot)\,.$$

Es sei $V = [0, 1]$ und $h \in \mathcal{F}_1(V)$ mit

$$\forall x \in [0, 1]: h(x) \in \mathrm{R}^+ \wedge \int_0^1 h(x)\,\mathrm{d}x = 1\,.$$

Def. 13.3.3: Eine Folge $V_{\{n\}} = \{(x_1, \dots, x_n)\}_{n \in \mathsf{N}}$ heißt *reguläre Folge erzeugt durch h* (abgekürzt: $rs(h)$) $=_{\mathrm{df}}$

$$\forall n \in \mathsf{N}\ \forall i \in \{1, \dots, n\}: \int_0^{x_i} h(x)\,\mathrm{d}x = \frac{i-1}{n-1}\,. \tag{13.3.20}$$

Bei der Konstruktion von $V^*_{\{n\}}$ wird für die Funktion g (vgl. (13.3.1)) eine explizite Darstellung benötigt, d. h., es muß die entsprechende Fredholmsche Integralgleichung 1. Art lösbar sein. Man kann g z. B. dann explizit angeben, wenn der Kern dieser Integralgleichung ausgeartet ist. Für die Korrelationsfunktion $B_\varepsilon(\cdot, \cdot)$ heißt das

$$\exists u \in \mathcal{F}_1(V)\ \exists v \in \mathcal{F}_1(V)\ \forall (x, x') \in [0, 1] \times [0, 1]: B_\varepsilon(x, x') = u(x)\, v(x')\,. \tag{13.3.21}$$

Unter der folgenden Voraussetzung läßt sich eine Lösung der Integralgleichung (13.3.1) angeben.

Vor. 13.3.8: $\forall (x_1, x_2) \in [0, 1] \times [0, 1]$

$$\exists u \in \mathcal{F}_1(V)\ \exists v \in \mathcal{F}_1(V): u'' := \frac{\mathrm{d}^2u}{\mathrm{d}x^2} \in \mathcal{F}_1(V) \wedge v'' := \frac{\mathrm{d}^2v}{\mathrm{d}x^2} \in \mathcal{F}_1(V)$$

$$\wedge \left(x_1 < x_2 \Rightarrow (u(x_2)\, v(x_1) - u(x_1)\, v(x_2)) \in \mathrm{R}^+ \wedge (u'(x_2)\, v(x_2) - u(x_2)\, v'(x_2)) \in \mathrm{R}^+\right).$$

Für (13.3.1) ergibt sich mit Vor. 13.3.8 die Lösung

$$g = -\frac{\left[f'' - v''\left(\dfrac{fu' - f'u}{u'v - uv'}\right) + u''\left(\dfrac{fv' - f'v}{u'v - uv'}\right)\right]}{u'v - uv'}\,. \tag{13.3.22}$$

Beispiel 13.3.1: Der Brownsche Bewegungsprozeß wird beschrieben durch $\forall x_1 \in V\ \forall x_2 \in V$: $B_\varepsilon(x_1, x_2) = \min(x_1, x_2)$. Es sei $\forall x \in V\ \exists a \in (\frac{1}{2}, \infty): f(x) = x^a$. Die Lösung (13.3.22) der Integralgleichung (13.3.1) ist in diesem speziellen Fall

$$g = -f''\,.$$

Somit ermittelt man aus (13.3.14) die Punkte des Planes V_n^*: $\forall i \in \{1, \dots, n\}: x_i^* = \left(\dfrac{i}{n}\right)^{3/(2a-1)}$.

13.3.2. Asymptotisch optimale Folgen von Versuchsplänen zur Schätzung eines Parametervektors im Regressionsmodell

In diesem Abschnitt wollen wir die Ergebnisse von Abschnitt 13.3.1 auf den Fall übertragen, daß der Ansatz mehr als einen unbekannten Koeffizienten enthält. Die Optimalitätskriterien (13.3.5) bzw. (13.3.8) müssen dazu modifiziert werden.

Es sei

$$\forall x \in V\ \forall \vartheta \in \Theta = \mathrm{R}^r: \tilde{\eta}(x, \vartheta) = f(x)'\,\vartheta$$

ein Ansatz zur Schätzung der Erwartungswertfunktion η (vgl. Vor. 13.3.2). Die in Abschnitt 13.3.1 eingeführten Bezeichnungen verwenden wir nun für jede Komponente f_i; $i = 1, \ldots, r$; von f. Der Satz 13.3.2 gilt für jeden der mit den Komponenten f_i gebildeten Ausdrücke $||f_i - \mathrm{P}_{V_n} f_i||^2$. Wir erweitern nun das Konstruktionsverfahren auf eine Linearkombination dieser Normen.

Für $a_i \in \mathrm{R}^+$; $i = 1, \ldots, r$; und g_i gemäß Vor. 13.3.3 bezeichne

$$l := \sum_{i=1}^{r} a_i\, ||f_i - \mathrm{P}_{V_n} f_i||^2\,,$$

$$w: = \left(\int_0^1 \alpha(x)^{1/3} \left(\sum_{i=1}^{r} a_i g_i^2(x)\right)^{1/3} \mathrm{d}x\right)^{-1}.$$

Satz 13.3.3 (Sacks/Ylvisaker): Unter den Voraussetzungen 13.3.3 (Fredholmsche Integralgleichung für f_i), 13.3.5 (Differenzierbarkeit von B_ε), 13.3.6 (Unstetigkeitsfunktion von B_ε) und 13.3.7 (Beschränkung der Ableitung $B_+^{02}(\cdot, x)$) gilt

a) $\forall V_n \in V^{[n]}$:

$$\liminf_{n\to\infty} n^2 l \geqq (12 w^3)^{-1}\,. \tag{13.3.23}$$

b) Es sei $V^*_{\{n\}}$ eine $rs(h^*)$ mit

$$h^*(\cdot) = w\alpha^{1/3}(\cdot) \left(\sum_{i=1}^{r} a_i g_i^2(\cdot)\right)^{1/3}, \tag{13.3.24}$$

dann ist

$$\lim_{n\to\infty} n^2 \sum_{i=1}^{r} a_i\, ||f_i - \mathrm{P}_{V_n^*} f_i||^2 = (12 w^3)^{-1}\,. \tag{13.3.25}$$

Einen *Beweis* dieses Satzes, den man durch eine entsprechende Übertragung des Beweises von Satz 13.3.2 erhält, geben Sacks/Ylvisaker [2] an.

Wir erweitern nun die Definition 13.3.1 auf Funktionale Z^Σ der Kovarianzmatrix $\boldsymbol{B}_{\check{\vartheta}}(V_n)$ (vgl. (13.1.4)) und definieren drei weitere Optimalitätskriterien.

Def. 13.3.4: Eine Folge $V^*_{\{n\}}$ heißt *asymptotisch* $Z^{\Sigma 1}$*-optimal* $=_{\mathrm{df}}$

$$\lim_{n\to\infty} \frac{\inf\limits_{V_n \in V^{[n]}} Z^\Sigma(\boldsymbol{B}_{\check{\vartheta}}(V_n)) - Z^\Sigma(\boldsymbol{B}_{\check{\vartheta}}(V))}{Z^\Sigma(\boldsymbol{B}_{\check{\vartheta}}(V_n^*)) - Z^\Sigma(\boldsymbol{B}_{\check{\vartheta}}(V))} = 1\,. \tag{13.3.26}$$

Def. 13.3.5: Eine Folge $V^*_{\{n\}}$ heißt *asymptotisch* $Z^{\Sigma 2}$*-optimal* $=_{\mathrm{df}}$

$$\lim_{n\to\infty} \frac{Z^\Sigma(\boldsymbol{B}_{\check{\vartheta}}^{-1}(V)) - \sup\limits_{V_n \in V^{[n]}} Z^\Sigma(\boldsymbol{B}_{\check{\vartheta}}^{-1}(V_n))}{Z^\Sigma(\boldsymbol{B}_{\check{\vartheta}}^{-1}(V)) - Z^\Sigma(\boldsymbol{B}_{\check{\vartheta}}^{-1}(V_n^*))} = 1\,. \tag{13.3.27}$$

Def. 13.3.6: Eine Folge $V^*_{\{n\}}$ heißt *asymptotisch* $Z^{\Sigma 3}$*-optimal* $=_{\mathrm{df}}$

$$\lim_{n\to\infty} \inf_{V_n \in V^{[n]}} \frac{Z^\Sigma(\boldsymbol{B}_{\check{\vartheta}}(V_n) - \boldsymbol{B}_{\check{\vartheta}}(V))}{Z^\Sigma(\boldsymbol{B}_{\check{\vartheta}}(V_n^*) - \boldsymbol{B}_{\check{\vartheta}}(V))} = 1\,. \tag{13.3.28}$$

Def. 13.3.7: Eine Folge $V^*_{\{n\}}$ heißt *asymptotisch $Z^{\Sigma 4}$-optimal* $=_{df}$

$$\lim_{n\to\infty} \inf_{V_n \in V[n]} \frac{Z^\Sigma(B^{-1}_{\check\vartheta}(V) - B^{-1}_{\check\vartheta}(V_n))}{Z^\Sigma(B^{-1}_{\check\vartheta}(V) - B^{-1}_{\check\vartheta}(V^*_n))} = 1 \bullet \tag{13.3.29}$$

Wir geben nun für einige spezielle Funktionale Z^Σ Funktionen h^* an, durch die eine asymptotisch optimale Folge von Versuchsplänen bestimmt wird. Dabei werden wir solche Funktionale Z^Σ auswählen, die eine Anwendung von Satz 13.3.3 erlauben.

Def. 13.3.8: Ein isotones Funktional Z^Σ heißt *streng isoton bezüglich* $\mathcal{M}_r^{\geqq}$ $=_{df}$

$$\forall A \in \mathcal{M}_r^> \ \forall C \in \mathcal{M}_r^{\geqq} : (A \geqq C \wedge A \neq C) \Rightarrow Z^\Sigma(A) > Z^\Sigma(C) \bullet$$

Für die positiv semidefiniten Matrizen $C = ((c_{ij}))_{r\times r} \in \mathcal{M}_r^{\geqq}$ führen wir die Norm

$$\|C\|_M = \max_{i\in\{1,\ldots,r\}} \max_{j\in\{1,\ldots,r\}} |c_{ij}|$$

ein. Weiterhin setzen wir für alle $A \in \mathcal{M}_r^>$ zur Abkürzung

$$\left(\left(\frac{\partial Z^\Sigma A}{\partial a_{ij}}\right)\right)_{r\times r} =: U[Z^\Sigma, A].$$

Vor. 13.3.9:

a) Z^Σ streng isoton bezüglich $\mathcal{M}_r^{\geqq}$;

b) Z^Σ stetig differenzierbar bezüglich aller Elemente von A;

c) $\forall A \in \mathcal{M}_r^> \ \forall \{C_n\}_{n\in\mathbb{N}} \in (\mathcal{M}_r^{\geqq})^{\mathbb{N}} : \lim\limits_{n\to\infty} \|C_n\|_M = 0$

$$\Rightarrow \lim_{n\to\infty} \frac{1}{\|C_n\|_M} (Z^\Sigma(A - C) - Z^\Sigma(A) + \mathrm{sp}\,(U[Z^\Sigma, A]C)) = 0 \bullet \tag{13.3.30}$$

Unter Vor. 13.3.9 kann die Differenz $Z^\Sigma(B_{\check\vartheta}(V_n)) - Z^\Sigma(B_{\check\vartheta}(V))$ (vgl. Def. 13.3.4) umgeformt werden. Mit $A := B_{\check\vartheta}(V)$ und $C_n := B_{\check\vartheta}(V) - B_{\check\vartheta}(V_n)$ ergibt (13.3.30)

$$\lim_{n\to\infty} \frac{\{Z^\Sigma(B_{\check\vartheta}(V_n)) - Z^\Sigma(B_{\check\vartheta}(V)) + \mathrm{sp}\,(U[Z^\Sigma, B_{\check\vartheta}(V)](B_{\check\vartheta}(V) - B_{\check\vartheta}(V_n))\}}{\|B_{\check\vartheta}(V) - B_{\check\vartheta}(V_n)\|_M} = 0\,. \tag{13.3.31}$$

Durch den in (13.3.31) auftretenden Spuroperator ist eine Zurückführung der Differenz der Funktionalwerte auf die Linearkombination l möglich und damit für Funktionale gemäß Vor. 13.3.9 der Satz 13.3.3 anwendbar.

Satz 13.3.4: Das Funktional Z^Σ erfülle Vor. 13.3.9.

a) Eine Folge $V^*_{\{n\}}$, die durch $rs(h^*)$ mit $h^* = w\alpha^{1/3}(g'U[Z^\Sigma, B^{-1}_{\check\vartheta}(V)]g)^{1/3}$ erzeugt wird, ist asymptotisch $Z^{\Sigma 2}$-optimal.

b) Eine Folge $V^*_{\{n\}}$, die durch $rs(h^*)$ mit $h^* = w\alpha^{1/3}(g'B_{\check\vartheta}(V)\,U[Z^\Sigma, B_{\check\vartheta}(V)]B_{\check\vartheta}(V)\,g)^{1/3}$ erzeugt wird, ist asymptotisch $Z^{\Sigma 1}$-optimal •

Zum *Beweis* siehe SACKS/YLVISAKER [2].

Es sei

$$\mathcal{M}^1 := \{U \in \mathcal{M}_r^{\geqq} : \det U = 1\}\,.$$

Vor. 13.3.10: $\exists U^* \in \mathcal{M}^1 \; \forall x \in [0, 1]$:

$$\int_0^1 \alpha^{1/3}(x)\,(\boldsymbol{g}'(x)\,\boldsymbol{U}^*\boldsymbol{g}(x))^{1/3}\,\mathrm{d}x = \inf_{\boldsymbol{U}\in\mathcal{M}^1} \int_0^1 \alpha^{1/3}(x)\,(\boldsymbol{g}'(x)\,\boldsymbol{U}\boldsymbol{g}(x))^{1/3}\,\mathrm{d}x \bullet \tag{13.3.32}$$

Vor. 13.3.11: $\exists U^{**} \in \mathcal{M}^1 \; \forall x \in [0, 1]$:

$$\int_0^1 \alpha^{1/3}(x)\,(\boldsymbol{g}'(x)\,\boldsymbol{B}_{\vartheta}^{\vee}(V)\,\boldsymbol{U}^{**}\boldsymbol{B}_{\vartheta}^{\vee}(V)\,\boldsymbol{g}(x))^{1/3}\,\mathrm{d}x$$

$$= \inf_{\boldsymbol{U}\in\mathcal{M}^1} \int_0^1 \alpha^{1/3}(x)\,(\boldsymbol{g}'(x)\,\boldsymbol{B}_{\vartheta}^{\vee}(V)\,\boldsymbol{U}\boldsymbol{B}_{\vartheta}^{\vee}(V)\,\boldsymbol{g}(x))^{1/3}\,\mathrm{d}x \bullet \tag{13.3.33}$$

Satz 13.3.5: Es sei $Z^{\Sigma} = \det$.

a) Eine Folge $V^*_{\{n\}}$, die durch $rs(h^*)$ mit $h^* = w\alpha^{1/3}(\boldsymbol{g}'\boldsymbol{B}_{\vartheta}^{\vee}(V)\,\boldsymbol{g})^{1/3}$ erzeugt wird, ist asymptotisch $Z^{\Sigma 2}$-optimal.

b) Falls $\boldsymbol{U}^*$ die Vor. 13.3.10 erfüllt, ist eine Folge $V^*_{\{n\}}$, die durch $rs(h^*)$ mit $h^* = w\alpha^{1/3}(\boldsymbol{g}'\boldsymbol{U}^*\boldsymbol{g})^{1/3}$ erzeugt wird, asymptotisch $Z^{\Sigma 4}$-optimal.

c) Falls $\boldsymbol{U}^{**}$ die Vor. 13.3.11 erfüllt, ist eine Folge $V^*_{\{n\}}$, die durch $rs(h^*)$ mit $h^* = w\alpha^{1/3}(\boldsymbol{g}'\boldsymbol{B}_{\vartheta}^{\vee}(V)\,\boldsymbol{U}^{**}\boldsymbol{B}_{\vartheta}^{\vee}(V)\,\boldsymbol{g})^{1/3}$ erzeugt wird, asymptotisch $Z^{\Sigma 3}$-optimal •

Zum *Beweis* siehe SACKS/YLVISAKER [2].

Satz 13.3.6: Es sei $\exists \boldsymbol{U} \in \mathcal{M}_r^{\geqq} \; \forall \boldsymbol{A} \in \mathcal{M}_r^{\geqq} : Z^{\Sigma}(\boldsymbol{A}) = \operatorname{sp}(\boldsymbol{A}\boldsymbol{U})$.

a) Eine Folge $V^*_{\{n\}}$, die durch $rs(h^*)$ mit $h^* = w\alpha^{1/3}(\boldsymbol{g}'\boldsymbol{U}\boldsymbol{g})^{1/3}$ erzeugt wird, ist asymptotisch $Z^{\Sigma 2}$- und $Z^{\Sigma 4}$-optimal.

b) Falls $\boldsymbol{B}_{\vartheta}^{\vee}(\operatorname{supp} h^*) \in \mathcal{M}_r^{>}$, ist eine Folge $V^*_{\{n\}}$, die durch $rs(h^*)$ mit $h^* = w\alpha^{1/3}(\boldsymbol{g}'\boldsymbol{B}_{\vartheta}^{\vee}(V)\,\boldsymbol{U}\boldsymbol{B}_{\vartheta}^{\vee}(V)\,\boldsymbol{g})^{1/3}$ erzeugt wird, asymptotisch $Z^{\Sigma 1}$- und $Z^{\Sigma 3}$-optimal.

c) Falls $\boldsymbol{U}^{**}$ die Vor. 13.3.11 erfüllt und falls $\boldsymbol{B}_{\vartheta}^{\vee}(\operatorname{supp} h^*) \in \mathcal{M}_r^{>}$, ist eine Folge $V^*_{\{n\}}$, die durch $rs(h^*)$ mit $h^* = w\alpha^{1/3}(\boldsymbol{g}'\boldsymbol{B}_{\vartheta}^{\vee}(V)\,\boldsymbol{U}^{**}\boldsymbol{B}_{\vartheta}^{\vee}(V)\,\boldsymbol{g})^{1/3}$ erzeugt wird, asymptotisch $Z^{\Sigma 3}$-optimal •

Zum *Beweis* siehe SACKS/YLVISAKER [2].

Es sei

$$\forall \boldsymbol{A} \in \mathcal{M}_r^{\geqq} \; \exists \boldsymbol{U}_1 \in \mathcal{M}^1 : Z^{\Sigma}_{\min}(\boldsymbol{A}) := \operatorname{sp}(\boldsymbol{A}\boldsymbol{U}_1) = \min_{\boldsymbol{U}\in\mathcal{M}^1} \operatorname{sp}(\boldsymbol{A}\boldsymbol{U}).$$

Satz 13.3.7: Es sei $Z^{\Sigma} = Z^{\Sigma}_{\min}$. Falls $\boldsymbol{U}_1^*$ die Vor. 13.3.10 erfüllt, ist eine Folge $V^*_{\{n\}}$, die durch $rs(h^*)$ mit $h^* = w\alpha^{1/3}(\boldsymbol{g}'\boldsymbol{U}_1^*\boldsymbol{g})^{1/3}$ erzeugt wird, asymptotisch $Z^{\Sigma 4}$-optimal •

Zum *Beweis* siehe SACKS/YLVISAKER [2].

Vor. 13.3.12: $\forall x \in [0, 1] \; \forall \boldsymbol{U} \in \mathcal{M}_r^{\geqq}$:

$$\lim_{n\to\infty} n^2 \operatorname{sp}((\boldsymbol{B}_{\vartheta}^{\vee -1}(V) - \boldsymbol{B}_{\vartheta}^{\vee -1}(V_n^*))\,\boldsymbol{U}) \leqq \frac{1}{12} \int_0^1 \alpha(x)\,\boldsymbol{g}'(x)\,\boldsymbol{U}\boldsymbol{g}(x)\,(h^{*2}(x))^{-1}\,\mathrm{d}x \bullet \tag{13.3.34}$$

Es sei $\mathcal{M} \subset \mathcal{M}_r$.

Vor. 13.3.13: $\exists U^{***} \in \mathcal{M} \; \forall x \in [0, 1]$:

$$\int_0^1 \alpha^{1/3}(x)\,(\boldsymbol{g}'(x)\,\boldsymbol{U}^{***}\boldsymbol{g}(x))^{1/3}\,\mathrm{d}x = \sup_{\boldsymbol{U}\in\mathcal{M}} \int_0^1 \alpha^{1/3}(x)\,(\boldsymbol{g}'(x)\,\boldsymbol{U}\boldsymbol{g}(x))^{1/3}\,\mathrm{d}x \bullet \tag{13.3.35}$$

Es bezeichne $\mathcal{H}[\mathcal{M}_r^{\geqq}]$ die konvexe Hülle von $\mathcal{M}_r^{\geqq}$ (vgl. Def. 1.1.5), und es sei

$$\forall \boldsymbol{A} \in \mathcal{M}_r^{\geqq}\ \exists \boldsymbol{U}_2 \in \mathcal{H}[\mathcal{M}_r^{\geqq}]: Z^{\Sigma}_{\max,1} = \operatorname{sp}(\boldsymbol{A}\boldsymbol{U}_2) = \max_{\boldsymbol{U}\in\mathcal{H}[\mathcal{M}_r^{\geqq}]} \operatorname{sp}(\boldsymbol{A}\boldsymbol{U})\,.$$

Satz 13.3.8: Es sei $Z^{\Sigma} = Z^{\Sigma}_{\max,1}$. Falls $\boldsymbol{U}_2^{***}$ die Vor. 13.3.13 für $\mathcal{M} = \mathcal{H}[\mathcal{M}_r^{\geqq}]$ erfüllt, ist eine Folge $V^*_{\{n\}}$, die durch $rs(\boldsymbol{h}^*)$ mit $\boldsymbol{h}^* = w\alpha^{1/3}(\boldsymbol{g}'\boldsymbol{U}_2^{***}\boldsymbol{g})^{1/3}$ erzeugt wird, asymptotisch $Z^{\Sigma 3}$-optimal •

Zum *Beweis* siehe SACKS/YLVISAKER [2].

Es bezeichne

$$\mathcal{M}^2 := \{\boldsymbol{B}_{\boldsymbol{\vartheta}}^{\vee}(V)\,\boldsymbol{U}\boldsymbol{B}_{\boldsymbol{\vartheta}}^{\vee}(V): \boldsymbol{U} \in \mathcal{M}_r^{\geqq}\}\,, \tag{13.3.36}$$

und es sei

$$\forall \boldsymbol{A} \in \mathcal{M}_r^{\geqq}\ \exists \boldsymbol{U}_3 \in \mathcal{M}^2: Z^{\Sigma}_{\max,2} = \operatorname{sp}(\boldsymbol{A}\boldsymbol{U}_3) = \max_{\boldsymbol{U}\in\mathcal{M}^2} \operatorname{sp}(\boldsymbol{A}\boldsymbol{U})\,.$$

Satz 13.3.9: Es sei $Z^{\Sigma} = Z^{\Sigma}_{\max,2}$ und für alle $\boldsymbol{U} \in \mathcal{M}^2$ gelte Vor. 13.3.12.

Falls $\boldsymbol{B}_{\boldsymbol{\vartheta}}^{\vee}(\operatorname{supp} h^*) \in \mathcal{M}_r^{>}$ und falls $\boldsymbol{U}_3^{***}$ die Vor. 13.3.13 für $\mathcal{M} = \mathcal{M}^2$ erfüllt, ist eine Folge $V^*_{\{n\}}$, die durch $rs(\boldsymbol{h}^*)$ mit $\boldsymbol{h}^* = w\alpha^{1/3}(\boldsymbol{g}'\boldsymbol{U}_3^{***}\boldsymbol{g})^{1/3}$ erzeugt wird, asymptotisch $Z^{\Sigma 4}$-optimal •

Zum *Beweis* siehe SACKS/YLVISAKER [2].

Es bezeichne

$$\mathcal{M}^3 =: \{\boldsymbol{U}_4 \in \mathcal{H}[\mathcal{M}_r^{\geqq}]: \sup_{\boldsymbol{U}\in\mathcal{H}[\mathcal{M}_r^{\geqq}]} \operatorname{sp}(\boldsymbol{B}_{\boldsymbol{\vartheta}}^{\vee -1}(V)\,\boldsymbol{U}) = \operatorname{sp}(\boldsymbol{B}_{\boldsymbol{\vartheta}}^{\vee -1}(V)\,\boldsymbol{U}_4)\}\,, \tag{13.3.37}$$

und es sei

$$\forall \boldsymbol{A} \in \mathcal{M}_r^{\geqq}\ \exists \boldsymbol{U}_5 \in \mathcal{M}^3: Z^{\Sigma}_{\max,3} = \operatorname{sp}(\boldsymbol{A}\boldsymbol{U}_5) = \max_{\boldsymbol{U}_4\in\mathcal{M}^3} \operatorname{sp}(\boldsymbol{A}\boldsymbol{U}_4)\,.$$

Satz 13.3.10: Es sei $Z^{\Sigma} = Z^{\Sigma}_{\max,3}$ und $\exists \boldsymbol{U}^{(*)} \in \mathcal{M}^3\ \forall x \in [0, 1]$:

$$\int_0^1 \alpha^{1/3}(x)\,(\boldsymbol{g}'(x)\,\boldsymbol{U}^{(*)}\boldsymbol{g}(x))^{1/3}\,\mathrm{d}x = \inf_{\boldsymbol{U}_5\in\mathcal{M}^3} \int_0^1 \alpha^{1/3}(x)\,(\boldsymbol{g}'(x)\,\boldsymbol{U}_5\boldsymbol{g}(x))^{1/3}\,\mathrm{d}x\,.$$

Eine Folge $V^*_{\{n\}}$, die durch $rs(\boldsymbol{h}^*)$ mit $\boldsymbol{h}^* = w\alpha^{1/3}(\boldsymbol{g}'\boldsymbol{U}^{(*)}\boldsymbol{g})^{1/3}$ erzeugt wird, ist asymptotisch $Z^{\Sigma 2}$-optimal •

Zum *Beweis* siehe SACKS/YLVISAKER [2].

Die in diesem Abschnitt erhaltenen Ergebnisse wollen wir nun im Hinblick auf die in Kapitel 5 dargelegte Theorie interpretieren. Dabei werden wir den Begriff eines stetigen Versuchsplanes heranziehen.

Es sei λ das LEBESGUE-Maß auf $V = [0, 1]$. Die Menge $\tilde{\Xi}$ der stetigen Versuchspläne, aus der ein optimaler Plan ausgewählt werden soll, ist in diesem Abschnitt gegeben durch

$$\tilde{\Xi} = \left\{\xi \in \Xi: \exists h \in (\mathrm{R}^+)^V: \frac{\mathrm{d}\xi}{\mathrm{d}\lambda} = h \wedge h \in \mathcal{F}_1(V)\right\}.$$

Die Funktion h aus Def. 13.3.3 kann also als Dichte eines stetigen Planes bezüglich des LEBESGUE-Maßes angesehen werden. Da h den Plan $\xi \in \tilde{\Xi}$ eindeutig charakterisiert, genügt es, das zum optimalen Plan ξ^* gehörende h^* anzugeben, wie es in den

Sätzen 13.3.2 bis 13.3.10 für bestimmte Optimalitätskriterien geschehen ist. In diesem Sinne ist die Sprechweise: „$V_{\{n\}}$ ist eine durch $rs(h)$ erzeugte Folge von Versuchsplänen“ lediglich als eine (und von den in Kapitel 6 beschriebenen Methoden verschiedene) Möglichkeit zu interpretieren, wie man aus einem stetigen Plan $\xi \in \tilde{\Xi}$ mit $\frac{\mathrm{d}\xi}{\mathrm{d}\lambda} = h$ für jedes $n \in \mathsf{N}$ einen konkreten Plan V_n erhält, der als Näherung für ξ anzusehen ist. Insbesondere ist eine asymptotisch optimale Folge $V^*_{\{n\}}$ eine spezielle Möglichkeit, aus einem stetigen optimalen Plan $\xi^* \in \tilde{\Xi}$ für alle $n \in \mathsf{N}$ einen näherungsweise optimalen konkreten Versuchsplan zu berechnen.

Das Konstruktionsverfahren von SACKS/YLVISAKER zur Bestimmung asymptotisch optimaler Folgen von Versuchsplänen wurde noch auf andere Klassen von Korrelationsfunktionen übertragen.

1. Der stochastische Prozeß $\{\varepsilon(x)\}_{x \in B}$ wird über eine Integralbeziehung durch einen stochastischen Prozeß $\{\nu(x)\}_{x \in B}$ beschrieben (siehe SACKS/YLVISAKER [3]).
2. Der stochastische Prozeß $\{\varepsilon(x)\}_{x \in B}$ genügt der stochastischen Differentialgleichung
$$\mathrm{L}\varepsilon(x) = \mathrm{d}W(x)/\mathrm{d}x\,,$$
wobei L ein Differentialoperator und $W(x)$ ein WIENER-Prozeß ist (siehe WAHBA [1]).
3. Der stochastische Prozeß $\{\varepsilon(x)\}_{x \in B}$ sei ein autoregressiver Prozeß m-ter Ordnung, der der Differentialgleichung
$$\mathrm{L}_m\varepsilon(x) = \mathrm{d}W(x)/\mathrm{d}x$$
genügt, wobei L_m ein beliebiger Differentialoperator m-ter Ordnung ist und $W(x)$ ein WIENER-Prozeß (siehe HAJEK/KIMELDORF [1]).

Das Verfahren ist von WAHBA [2] auch noch auf den Fall übertragen worden, daß Äquivalenzklassen von Korrelationsfunktionen betrachtet werden.

Von WITTWER [1] und YLVISAKER [1] werden Ergebnisse für den Fall angegeben, daß ein stochastisches Feld $\{\varepsilon(\boldsymbol{x})\}_{\boldsymbol{x} \in B}$, $B \subseteq \mathrm{R}^k$ vorliegt.

13.4. Weitere Probleme

1. Zur Schätzung von ϑ_1 in $\tilde{\eta}(x, \boldsymbol{\vartheta}) = \vartheta_0 + \vartheta_1 x$ sei $\mathrm{D}^2\check{\vartheta}_1(V^*_n) = \min\limits_{V_n \in V[n]} \mathrm{D}^2\check{\vartheta}_1(V_n)$ Optimalitätskriterium. Als Versuchsplan soll ein Blockplan mit zwei Niveaus verwendet werden. Fordert man noch $\sum_{i=1}^{n} x_i = 0$, dann wird von UGER [1] der optimale Blockumfang für einen diskreten serienkorrelierten Fehlerprozeß angegeben und die Aufgabenstellung auf stetige Prozesse erweitert.
2. Für alle $(\boldsymbol{x}, \mathring{x}) \in B \subseteq \mathrm{R}^{k+1}$ sei $\{\mathfrak{Y}(\boldsymbol{x}, \mathring{x})\}_{(\boldsymbol{x}, \mathring{x}) \in B}$ ein stochastisches Feld mit $\mathfrak{Y}(\boldsymbol{x}, \mathring{x}) = \big((\tilde{\eta}_1(\boldsymbol{x}, \boldsymbol{\vartheta}), \dots, \tilde{\eta}_m(\boldsymbol{x}, \boldsymbol{\vartheta})) + \boldsymbol{\varepsilon}(\boldsymbol{x})\big)' (f_1(\mathring{x}), \dots, f_m(\mathring{x})) + \gamma(\mathring{x})$, weiterhin sei $\boldsymbol{B}_{\boldsymbol{\varepsilon}(V_n)}$ Kovarianzmatrix von $\boldsymbol{\varepsilon}(\boldsymbol{x})$, $B_\gamma(\mathring{x}, \mathring{x})$ Korrelationsfunktion von $\gamma(\mathring{x})$ und $\mathrm{E}\gamma(\mathring{x})\,\boldsymbol{\varepsilon}(\boldsymbol{x}) = \boldsymbol{0}$. Von FEDOROV [5] wird zur Schätzung von $\boldsymbol{\vartheta}$ eine zweistufige Zurückführung auf ein Modell mit unkorrelierten Fehlern vorgeschlagen.
3. Für die stochastischen Prozesse $\{\mathfrak{Y}(x)\}_{x \in B}$ und $\{\varepsilon(x)\}_{x \in B}$ gelte für alle $x \in B$: $\mathfrak{Y}(x) = \sum_{i=1}^{r} \vartheta_i f_i(x) + \varepsilon(x)$. Von DOROGOVCEV [1] wird das Problem der optimalen Wahl der Funktionen $f_i(x)$; $i = 1, \dots, r$ bei bekannter Korrelationsfunktion $B_\varepsilon(\cdot, \cdot)$ betrachtet. Als Optimalitätskriterien

werden dabei verwendet: sp $\boldsymbol{B}_{\check{\vartheta}}(V)$ und det $\boldsymbol{B}_{\check{\vartheta}}(V)$. Weitere Aussagen über die Wahl der Funktionen $f_i(x)$; $i = 1, \ldots, r$; bei MKQ-Schätzung der Parameter ϑ_i; $i = 1, \ldots, r$; findet man bei Dorogovcev/Kartašev [1], [2] und [3].

4. Für die unter 3. betrachteten stochastischen Prozesse wird das Problem der Versuchsplanung für eine optimale Wahl der Funktionen $f_i(x)$; $i = 1, \ldots, r$; bei Verwendung von Maximum-Likelihood-Schätzungen für die Parameter ϑ_i; $i, = 1, \ldots, r$; von Richter, M. [1] betrachtet. Als Optimalitätskriterien werden dabei Funktionale der Kovarianzmatrix (13.3.3) verwendet, die analog zu den Kriterien für das Versuchsplanungsproblem für $\boldsymbol{\vartheta}$ konstruiert worden sind. Für diese modifizierte D-, I- und A-Optimalität werden Existenz- und Äquivalenzaussagen über optimale Pläne formuliert.
5. Es sei $|k| \leqq 1$ eine reelle Konstante, die Kovarianzmatrix $\boldsymbol{B}_{\mathfrak{Y}(V)} = ((b_{ij}))_{n \times n}$ besitze die Elemente $b_{ii} = \mathrm{D}^2\mathfrak{Y}(\boldsymbol{x}_i)$ und $|b_{ij}| \leqq k\sqrt{b_{ii}b_{jj}}$. Dann läßt sich die Varianz der Schätzung der Wirkungsfläche ausdrücken durch $\mathrm{D}^2\hat{\mathfrak{Y}}(x, k) = (1 - k)\,\mathrm{D}^2\hat{\mathfrak{Y}}(x, 0) + k\mathrm{D}^2\hat{\mathfrak{Y}}(x, 1)$. In Bažinov/Počukaev [1] wird ein optimaler Versuchsplan bestimmt durch die Forderung der Minimierung von $\mathrm{D}^2\hat{\mathfrak{Y}}(x, k)$.
6. Für einen diskreten stochastischen Prozeß, der sich für alle $x \in B$ durch $A(z^{-1})\,\mathfrak{Y}(x) = B(z^{-1})\,\mathfrak{U}(x) + \lambda C(z^{-1})\,\varepsilon(x)$ darstellen läßt, wird der Parametervektor mittels Maximum-Likelihood-Methode geschätzt. Eine rekursive Form der entsprechenden Kovarianzmatrix (bzw. Informationsmatrix) wird von Keviczky [1] als Grundlage für die iterative Berechnung eines D-optimalen input-Signals verwendet.

LITERATURVERZEICHNIS

ACTON, F. S. [1]: Analysis of Straight-Line Data, Wiley & Sons, New York 1959

ADDELMAN, S. [1]: Irregular fractions of the 2^m factorial experiments, Technometrics **3** (1961), 479—496

[2]: Symmetrical and asymmetrical fractional factorial plans, Technometrics **4** (1962), 47—58

[3]: Recent developments in the design of factorial experiments, Journ. Amer. Statist. Assoc. **67** (1972), 103—111

ADICHIE, J. N. [1]: Estimates of regression parameters based on rank tests, Ann. Math. Stat. **38** (1967), 894—904

AHRENS, H./LÄUTER, J. [1]: Mehrdimensionale Varianzanalyse, Akademie-Verlag, Berlin 1974

ALAM, K. [1]: A family of admissible minimax estimators of the mean of a multivariate normal distribution, Ann. Statist. **1** (1973), 517—525

AL-BAYYATI, H. A./ARNOLD, J. C. [1]: On double-stage estimation in simple linear regression using prior knowledge, Technometrics **14** (1972), 405—414

ALBERT, A. [1]: Regression and the Moore-Penrose pseudoinverse, Acad. Press, New York/London, 1972

[2]: The Gauss-Markov-Theorem for regression models with possibly singular covariances, SIAM J. Appl. Math. **24** (1973), 182—187

ALBERT, A. E. [1]: The sequential design of experiments for infinitely many states of nature, Ann. Math. Stat. **32** (1961), 774—799

ALLEN, D. M. [1]: The relationship between variable selection and data augmentation and a method for prediction, Technometrics **16** (1974), 125—127

AMEMIYA, T. [1]: Regression analysis when the dependent variable is truncated normal, Econometrica **41** (1973), 997—1016

ANDERSON, T. W. [1]: Least squares and best unbiased estimates, Ann. Math. Stat. **33** (1962), 266—272

ANDO, A./KAUFMAN, G. M. [1]: Bayesian analysis of the independent multinormal process — neither mean nor precision known, Journ. Amer. Statist. Assoc. **60** (1965), 347—358

ANDREWS, D. F. [1]: Sequentially designed experiments for screening out bad models with F-test, Biometrika **58** (1971), 427—432

ARNOLD, J. C./AL-BAYYATI, H. A. [1]: On double-stage estimation of the mean using prior knowledge, Biometrics **26** (1970), 787—800

ARONSZAJN, N. [1]: Theory of reproducing kernels, Transactions of the Am. Math. Soc. **68**, (1950) 337—404

ARROW, K. J./BLACKWELL, D./GIRSHICK, M. A. [1]: Bayes and minimax solutions of sequential decision problems, Econometrica **17** (1949)

ATIQULLAH, M. [1]: On a restricted least squares estimator, Journ. Amer. Statist. Assoc. **64** (1969), 964—968

ATKINSON, A. C. [1]: Planning experiments to detect inadequate regressions models, Biometrika **59** (1972), 275—293

[2]: Planning experiments for model testing and discrimination, Math. OF Stat. **6** (1975), 253—267

ATKINSON, A. C./COX, D. R. [1]: Planning experiments for discriminating between models (with discussion), Journ. Roy. Statist. Soc. Ser. B **36** (1974), 321—348

ATKINSON, A. C./FEDOROV, V. V. [1]: The design of experiments for discriminating between two rival models, Biometrika 62 (1975), 57—70
[2]: Optimal design: Experiments for discriminating between several models, Biometrika 62 (1975), 289—303

ATWOOD, C. L. [1]: Optimal and efficient designs of experiments, Ann. Math. Stat. 40 (1969), 1570—1602
[2]: Robust procedures for estimating polynomial regression, Journ. Amer. Statist. Assoc. 66 (1971), 855—860
[3]: Sequences converging to D-optimal designs of experiments, Ann. Stat. 1 (1973), 342—352
[4]: Convergent design sequences for sufficiently regular optimality criteria, Ann. Stat. 4 (1976), 1124—1138.

BALESTRA, P. [1]: On the efficiency of ordinary least-squares in regression models, Journ. Amer. Statist. Assoc. 65 (1970), 1330—1337
[2]: Best quadratic unbiased estimators of variance-covariance matrix in normal regression, Journ. Econometr. 1 (1973), 17—28

BAMBERG, G./RAUHUT, B. [1]: Lineare Regression bei alternativen Schadensfunktionen, Operations Res.-Verf. 12 (1971), 1—10

BANDEMER, H. [1]: Optimale Wahl der Abszissenwerte für die lineare Regression bei gegebener Kostenfunktion, Math. OF Stat. 1 (1970), 290—308
[2]: Experimental design in decision models, Transact. Seventh Prague Conference 1974
[3]: Optimale Versuchsplanung als Entscheidungsproblem, Freiberger Forschungshefte D 88, 79—100, Deutscher Verlag für Grundstoffindustrie Leipzig 1975

BANDEMER, H./BELLMANN, A./JUNG, W./RICHTER, K. [1]: Optimale Versuchsplanung, 2. Aufl., Akademie-Verlag Berlin 1976

BANDEMER, H./JUNG, W. [1]: Optimale Versuchsplanung für das Regressionsmodell, Biometr. Zeitschr. 16 (1974), 323—336

BANDEMER, H./LE ANH SON [1]: Entscheidungstheoretisches Modell für das Schätz- und das Versuchsplanungsproblem im linearen Regressionsmodell bei stochastischen Regressoren mit einstellbaren Erwartungswerten, Freiberger Forschungshefte D 106, 7—15, Deutscher Verlag für Grundstoffindustrie, Leipzig 1977

BARANCHIK, A. J. [1]: Multiple regression and estimation of the mean of a multivariate normal distribution, Tech. Report Nr. 51 (1964), Stanford Univ. California
[2]: Inadmissibility of maximum likelihood estimators in some multiple regression problems with three or more independent variables, Ann. Statist. 1 (1973), 312—321

BARD, Y. [1]: Nonlinear parameter estimation, Acad. Press, New York-London 1974

BAUER, H. [1]: Wahrscheinlichkeitstheorie und Grundzüge der Maßtheorie, De Gruyter Verlag, Berlin 1968

BEAUCHAMP, J. J./CORNELL, R. G. [1]: Simultaneous nonlinear estimation, Technometrics 8 (1966), 319—326

BECKENBACH, E. F./BELLMAN, R. [1]: Inequalities, Springer-Verlag, Berlin 1965

BEDNAREK-KOZEK, B. [1]: On estimation in the multidimensional Gaussian model, Zastowania Mat. 13 (1973), 511—520

BELLMANN, A. [1]: Optimale Versuchsplanung bei korrelierten Meßfehlern, Freiberger Forschungshefte D 89, 63—108, Deutscher Verlag für Grundstoffindustrie Leipzig 1975

BEMENT, T. R./WILLIAMS, J. S. [1]: Variance of weighted regression estimators when sampling errors are independent and heteroscedastic, Journ. Amer. Statist. Assoc. 64 (1969), 1369 to 1382

BESSLER, S. A. [1]: Theory and applications of the sequential design of experiments, k actions and infinitely many experiments, Part I, Techn. Rep. No. 55 (1960), Stanford Univ.

BICKEL, P. J. [1]: On some robust estimates of location, Ann. Math. Statist 36 (1965), 847—858
[2]: On some analogues to linear combinations of order statistics and linear models, Ann. Statist. 1 (1973), 597—616

BIRNBAUM, A./LASKA, E. [1]: Optimal robustness: a general method, with applications to linear estimators of the mean, Journ. Amer. Statist. Assoc. 62 (1967), 1230—1240

BLACKWELL, D. [1]: Comparison of experiments, Proc. Sec. Berkeley Symp., 93–102, Univ. of Calif. Press, 1951
[2]: Equivalent comparisons of experiments, Ann. Math. Stat. 24 (1953), 265–272
BLACKWELL, D./GIRSHICK, M. A. [1]: Theory of games and statistical decisions, Wiley & Sons, New York-London 1954
BLATTBERG, R./SARGENT, T. [1]: Regression with non-gaussian stable disturbances: some sampling results, Econometrica 39 (1971), 501–510
BLIGHT, B. J. N./OTT, L. [1]: A Bayesian approach to model inadequacy for polynomial regression, Biometrika 62 (1975), 79–88
BLOMFIELD, P./WATSON, G. S. [1]: The inefficiency of least squares, Biometrika 62 (1975), 121 to 128
BOCK, M. A./YANCEY, T. A./JUDGE, G. G. [1]: The statistical consequences of preliminary test estimators in regression, Journ. Amer. Statist. Assoc. 68, 341 (1973), 109–116
BORTH, D. M. [1]: A total entropy criterion for the dual problem of model discrimination and parameter estimation, Journ. Roy. Statist. Soc., Ser. B, 37 (1975), 77–87
BOSE, R. C./DRAPER, R. [1]: Second order rotatable designs in three dimensions, Ann. Math. Stat. 30 (1959), 1097–1112
BOULLION, T. L./ODELL, P. L. [1]: Generalized inverse matrices, Wiley & Sons, New York 1971
BOX, G. E. P. [1]: Multi-factor designs of first order, Biometrika 39 (1952), 49–57
[2]: The effects of errors in the factor levels and experimental design, Technometrics 5 (1963), 247–262
BOX, G. E. P./DRAPER, N. R. [1]: A basis for selection of a response surface design, Journ. Amer. Statist. Assoc. 54 (1959), 622–654
[2]: The choice of a second order rotatable design, Biometrika 50 (1963), 335–352
BOX, G. E. P./HILL, W. J. [1]: Discrimination among mechanistic models, Technometrics 9 (1967), 57–71
BOX, G. E. P./HUNTER, J. S. [1]: Multi-factor experimental design for exploring response surfaces, Ann. Math. Stat. 28 (1957), 195–241
[2]: The 2^{k-p} fractional factorial designs, Part I–Part II, Technometrics 3 (1961), 311 to 351, 449–458
BOX, G. E. P./HUNTER, W. G. [1]: Sequential design of experiments for nonlinear models, I.B.M. Scientific Computing Symposium on Statistics, (1965), 113–137
BOX, G. E. P./LUCAS, H. L. [1]: Design of experiments in nonlinear situations, Biometrika 46 (1959), 77–90
BOX, G. E. P./TIAO, G. C. [1]: A further look at robustness via Bayes's theorem, Biometrika 49 (1962), 419–432
[2]: Bayesian inference in statistical analysis, Reading Mass. London 1973
[3]: Multiparameter problems from a Bayesian point of view, Ann. Math. Stat. 36 (1965), 1468–1482
BOX, G. E. P./WATSON, G. S. [1]: Robustness to non-normality of regression tests, Biometrika 49 (1962), 93–106
BOX, M. J. [1]: The occurrence of replications in optimal designs of experiments to estimate parameters in non-linear models, Journ. Roy. Statist. Soc., Ser. B, 30 (1968), 290–302
[2]: Planning experiments to test the adequacy of non-linear models, Appl. Statist. 18 (1969), 241–248
[3]: Bias in nonlinear estimation, Journ. Roy. Statist. Soc., Ser. B, 33 (1971), 171–201
[4]: An experimental design criterion for precise estimation of a subset of the parameters in a nonlinear model, Biometrika, 58 (1971), 149–153
BOX, M. J./DRAPER, N. R. [1]: Factorial designs, the $|X'X|$-criterion, and some related matters, Technometrics 13 (1971), 731–742
Corrigendum: Technometrics 15 (1973), 430
[2]: Estimation and design criteria for multiresponse non-linear models with non-homogeneous variance, Journ. Roy. Statist. Soc., Ser. C, 21 (1972), 13–24
BRADLEY, E. L. [1]: The equivalence of maximum likelihood and weighted least squares estimates in the exponential family, Journ. Amer. Statist. Assoc. 63, 341 (1973), 199–200

BRITNEY, R. R./WINKLER, R. L. [1]: Bayesian point estimation and prediction, Ann. Inst. Math. 26 (1974), 15–34

BROOKS, R. J. [1]: A decision theory approach to optimal regression designs, Biometrika 59 (1972), 563–571

[2]: On the choice of an experiment for prediction in linear regression, Biometrika 61 (1974), 303–311

BUNKE, H. [1]: Approximation of regression functions, Math. OF Stat. 4 (1973), 315–325

BUNKE, H./BUNKE, O. [1]: Identifiability and estimability, Math. OF Stat. 5 (1974), 223–234

BUNKE, H./GLADITZ, J. [1]: Empirical linear Bayes decision rules for a sequence of linear models with different regressor matrices, Math. OF Stat. 5 (1974), 235–244

BUNKE, H./HENSCHKE, K./STRÜBY, R./WISOTZKI, C. [1]: Parameter estimation in nonlinear regression models, Math. OF Stat., Ser. Statistics, 1 (1977), 23–40

BUNKE, H./STRÜBY, R. [1]: Estimation procedures in inadequate models: comparisons and empirical two step procedure, Math. OF Stat. 6 (1975), 167–177

BUNKE, O. [1]: Bedingte Strategien in der Spieltheorie: Existenzsätze und Anwendung auf statistische Entscheidungsprobleme, Transact. Third Prague Conference, Prague 1964, 35–43

[2]: Minimax linear, ridge and shrunken estimators for linear parameters, Math. OF Stat. 6 (1975), 697–701

[3]: Model choice and parameter estimation in regression analysis, Math. OF Stat. 4 (1973), 407–423

[4]: Mixed models, empirical Bayes and Stein estimators, Math. OF Stat., Ser. Statistics, 1 (1977), 55–68

[5]: Improved inference in linear models with additional information, Math. OF Stat. 6 (1975), 817–830

BURMAN, J. P./PLACKETT, R. L. [1]: The design of optimum multifactorial experiments, Biometrika 33 (1946), 305–325

CHEN, E. H./DIXON, W. J. [1]: Estimates of parameters of a censored regression sample, Journ. Amer. Statist. Assoc. 67 (1972), 664–671

CHERNOFF, H. [1]: Locally optimal designs for estimating parameters, Ann. Math. Stat. 24 (1953), 586–602

[2]: Sequential design of experiments, Ann. Math. Stat. 30 (1959), 755–770

[3]: Sequential analysis and optimal design, Regional Conference Series in Applied Mathematics 8, (Philadelphia, Pa.) SIAM (1972)

CHEW, V. [1]: Covariance matrix estimation in linear models, Journ. Amer. Statist. Assoc. 65 (1970), 173–181

CHIPMAN, J. S./RAO, M. M. [1]: The treatment of linear restrictions in regression analysis, Econometrica 32 (1964), 198–209

COGBURN, R. [1]: Stringent solutions to statistical decision problems, Ann. Math. Stat. 38 (1967), 447–463

COHEN, A./STRAWDERMAN, W. E. [1]: Admissibility of estimations of the mean vector of a multivariate normal distribution with quadratic loss, Ann. Math. Stat. 42 (1971), 270–296

CONSLINK, J. [1]: Notes on a canonical form theorem useful in regression designs, Journ. Amer. Statist. Assoc. 69 (1974), 196–198

COURRÉGE, PH./PHILOCHE, J. H./PRIOURET, P. [1]: Régression linéaire et estimation la méthode des moindres carrés, Ann. Inst. H. Poincaré B7 (1971), 253–270

COVEY-CRUMP, P. A. K./SILVEY, S. D. [1]: Optimal regression with previous observations, Biometrika 57 (1970), 551–566

CROW, E./SIDDIQUI, M. M. [1]: Robust estimation of location, Journ. Amer. Statist. Assoc. 62 (1967), 352–389

DANG THI HOC/BELLMANN, A. [1]: Zur optimalen Versuchsplanung für den eindimensionalen Polynomansatz, Freiberger Forschungshefte D 89, 109–114, Deutscher Verlag für Grundstoffindustrie, Leipzig 1975

DAVIES, O. L. (Ed.) [1]: The design and analysis of industrial experiments, Oliver and Boyd, London 1963

DE GROOT, M. H. [1]: Optimal statistical decisions, McGraw-Hill-Company, New York 1970

DE GROOT, M. H./RAO, M. M. [1]: Bayes estimation with convex loss, Ann. Math. Stat. 34 (1963), 839–846

DEMPSTER, A. P. [1]: Alternatives to least squares in multiple regression,in: Multivariate Statistical Inference, Proc. Dalhousie Univ., Halifax, 25–40, New York 1973

DIEUDONNÉ, J. [1]: Grundzüge der modernen Analysis, Deutscher Verlag der Wissenschaften, Berlin 1971

DOLBY, G. R./LIPTON, S. [1]: Maximum likelihood estimation of the general nonlinear functional relationship with replicated observations and correlated errors, Biometrika 59 (1972), 121–129

DRAPER, N. R. [1]: Third order rotatable designs in three dimensions, Ann. Math. Stat. **31** (1960), 865–874

[2]: A third order rotatable design in four dimensions, Ann. Math. Stat. **31** (1960), 875–877

DRAPER, N. J./BEGGS, W. J. [1]: Error in the factor levels and experimental design, Ann. Math. Stat. **42** (1971), 46–58

DRAPER, N. R./HUNTER, W. G. [1]: The use of prior distributions in the design of experiments for parameter estimation in nonlinear situations, Biometrika **54** (1967), 147–153

[2]: The use of prior distributions in the design of experiments for parameter estimation in non-linear situations: multiresponse case, Biometrika **54** (1967), 662–665

[3]: Design of experiments for parameter estimation in multiresponse situations, Biometrika **53** (1966), 525–533

DRAPER, N. R./HERZBERG, A. M. [1]: Further second order rotatable designs, Ann. Math. Stat. **39** (1968), 1995–2001

DRAPER, N. R./LAWRENCE, W. E. [1]: Designs which minimize model inadequacies: cuboidal regions of interest, Biometrika **52** (1965), 111–118

DREZE, J. [1]: Limited information estimation from a bayesian viewpoint, CORE Discussion Paper 6816, Univ. of Louvain 1968

DRYGAS, H. [1]: On the theory of Gauss-Markov estimators, CORE Discussion Paper 6932, Univ. of Louvain 1969

[2]: Estimation and prediction for linear models in general spaces, Math. OF Stat. **6** (1975), 301–324

DUNCAN, D. B./HORN, S. D. [1]: Linear dynamic recursive estimation from the viewpoint of regression analysis, Journ. Amer. Statist. Assoc. **67** (1972), 815–821

EFRON, B./MORRIS, C. [1]: Combining possibly related estimation problems, Journ. Roy. Statist. Soc., Ser. B, **35** (1973), 379–421

[2]: Limiting the risk of Bayes and empirical Bayes estimators, Journ. Amer. Stat. Assoc. **66** (1971), 807–815

[3]: Empirical Bayes on vector observations: An extension of Stein's method, Biometrika **59** (1972), 335–347

[4]: Stein's estimation rule and its competitors – An empirical Bayes approach, Journ. Amer. Stat. Assoc. **68** (1973), 117–130

EHRENFELD, S. [1]: On the efficiency of experimental designs, Ann. Math. Stat. **26** (1955), 247 to 255

[2]: Complete class theorems in experimental designs, Proc. Third Berkeley Symp. 1, 57–67, Berkeley-Los Angeles 1956

EICKER, F. [1]: Asymptotic normality and consistency of the least square estimators for families of linear regressions, Ann. Math. Stat. **34** (1963), 447–456

[2]: Limit theorems for regressions with unequal and dependent errors, Proc. Fifth Berkeley Symp. 1, 59–83, Berkeley-Los Angeles 1967

ELFVING, G. E. [1]: Optimum allocation in linear regression theory, Ann. Math. Stat. **23** (1952), 255–262

[2]: Design of linear experiments, in: Probability and Statistics (Cramér volume), Wiley & Sons, New York 1959, 58–74

EVANS, I. G. [1]: Bayesian estimation of parameters of a multivariate normal distribution, Journ. Roy. Statist. Soc., Ser. B, **27** (1965), 279–283

FABIAN, V. [1]: On the choice of design in stochastic approximation methods, Ann. Math. Stat. **39** (1968), 457–465

[2]: Stochastic approximation, In: Optimizing methods in Statistics, (Ed. RUSTAGI), Academic Press, New York/London, 1971

FABIAN, H./JUNG, W. [1]: Zur Affininvarianz optimaler Versuchspläne, Freiberger Forschungshefte, D 89, 109–114, Deutscher Verlag für Grundstoffindustrie, Leipzig 1975

FAREBROTHER, R. W. [1]: Minimax regret significance points for a preliminary test in regression analysis: Comment, Econometrica **43** (1975), 1005–1006

[2]: The minimum mean square error linear estimator and ridge regression, Technometrics **17** (1975), 127–128

FARRELL, R. H. [1]: On a necessary and sufficient condition for admissibility of estimators when strictly convex loss is used, Ann. Math. Stat. **39** (1968), 23–28

FEDOROV, V. V. [13]: Regression problems with controllable variables subject to error, Biometrika **61** (1974), 49–56

[14]: Optimal experimental designs for discriminating two rival regression models, in: J. N. SRIVASTAVA ed., A survey of statistical design and linear models, North-Holland Publ. Comp. 1975

[15] On the designs for certain weighted polynomial regression minimizing the average variance, Preprint MGU Nr. 8, Moskau 1969

[16]: The design of experiments in the multiresponse case, Theory of Probability and its Applications **13** (1971), 323–331

FEDOROV, V. V./MALYUTOV, M. B. [1]: Optimal designs in regression problems, Math. OF Stat. **3** (1972), 281–308

FERGUSON, T. S. [1]: Mathematical statistics — a decision theoretic approach, Acad. Press, New York 1967

FINNEY, D. J. [1]: An introduction to the theory of experimental design, The University of Chicago Press, Chicago 1960 (russ. Übersetzung Moskau 1970)

FISHER, R. A. [1]: The design of experiment, Oliver and Boyd, Edinburgh 1935

FISK, P. R. [1]: Models of the second kind in regression analysis, Journ. Roy. Statist. Soc., Ser. B **29** (1967), 266–281

FORSYTHE, A. B. [1]: Robust estimates of straight line regression coefficients by minimizing p-th power deviation, Technometrics **14** (1972), 159–166

GARDINER, D. A./GRANDAGE, A. H. E./HADER, R. J. [1]: Third order rotatable designs for exploring response surfaces, Ann. Math. Stat. **30** (1959), 1082–1096

GEISSER, S./CORNFIELD, J. [1]: Posterior distributions for multivariate normal parameters, Journ. Roy. Statist. Soc., Ser. B, **25** (1963), 368–376

GIRLICH, H. J. [1]: Diskrete stochastische Entscheidungsprozesse, BG Teubner, Leipzig 1973

GLESER, L. J./OLKIN, I. [1]: Estimation for a regression model with an unknown covariance matrix, Proc. Sixth Berkeley Symp. **1**, 541–568, Berkeley-Los Angeles 1970

GOLDBERGER, A. S. [1]: Econometric theory, Wiley & Sons, New York-London-Sidney 1964

[2]: Unbiased prediction by recursive least squares, Econometrica **38** (1970), 367

GOLDSTEIN, M. [1]: Approximate Bayesian inference with incompletely specified prior distribution, Biometrika **61** (1974), 619–621

GOLDSTEIN, M./SMITH, A. F. M. [1]: Ridge-type estimators for regression analysis, Journ. Roy. Statist. Soc., Ser. B, **36** (1974), 284–291

GOLIKOVA, T. I./MIKESHINA, N. G./NALIMOV, V. V. [1]: On practical use of the concept of D-optimality, Technometrics **12** (1970), 799–812

GRENANDER, U. [1]: Stochastic processes and statistical inference, Arkiv för Mathematik, **1** (1950), 195–277

GRENANDER, U./ROSENBLATT, M. [1]: Statistical analysis of stationary time series, Wiley & Sons, New York 1957

GUILKEY, D. K./MURPHY, J. L. [1]: Directed ridge regression techniques in cases of multicollinearity, Journ. Amer. Statist. Assoc. **70** (1975), 769–775

GUTTMAN, I. [1]: A remark on the optimal regression designs with previous observations of Covey-Crump and Silvey, Biometrika **58** (1971), 683–685

GUTTMAN, J./PEREYRA, V./SCOLNIK, H. D. [1]: Least squares estimation for a class of nonlinear models, Technometrics **15** (1973), 209–218

HABERMAN, S. J. [1]: How much do Gauss-Markov and least squares estimates differ? A coordinate-free approach, Ann. Stat. **3** (1975), 982–990

HAHN, G. J./NELSON, W. [1]: Linear estimation of a regression relationship from censored data — Part I: Simple methods and their application, Technometrics **14** (1972), 247—269
[2]: Linear estimation of a regression relationship from censored data — Part II: Best linear unbiased estimation and theory, Technometrics **15** (1973), 133—150
HAJEK, J./KIMELDORF, G. [1]: Regression designs in autoregressive stochastic processes, Ann. Stat. **2** (1974), 520—527
HALPERIN, M./GURIAN, J. [1]: A note on estimation in straight line regression when both variables are subject to error, Journ. Amer. Statist. Assoc. **66** (1971), 587—589
HAMPEL, F. R. [1]: The influence curve and its role in robust estimation, Journ. Amer. Statist. Assoc. **69** (1974), 383—393
HARTIGAN, J. A. [1]: Invariant prior distributions, Ann. Math. Stat. **35** (1964), 836—845
[2]: Linear Bayesian methods, Journ. Roy. Statist. Soc., Ser. B, **31** (1969), 446—454
HARTLEY, H. O. [1]: Smallest composite designs for quadratic response surfaces, Biometrics **46** (1959), 611—624
HARTLEY, H. O./YAYATILLAKE, K. S. E. [1]: Estimation for linear models with unequal variances, Journ. Amer. Statist. Assoc. **68** (1973), 189—192
HAVERLAND, U. [1]: Verfahren zur Wahl von Regressionsmodellen, Dissertation, Humboldt-Universität Berlin 1976
HECKENDORFF, H. [1]: Sequentielle Methoden der statistischen Modellierung (unpubliziertes Manuskript), TH Karl-Marx-Stadt 1973
HEMMERLE, W. J. [1]: An explicit solution for generalized ridge regression, Technometrics **17** (1975), 309—314
HERZBERG, A. M./COX, D. R. [1]: Recent work on the design of experiments: a bibliography and a review, Journ. Roy. Statist. Soc., Ser. A, **132** (1969), 29—67
HILL, W. J./HUNTER, W. G. [1]: Design of experiments for model discrimination in multiresponse situation, Technical Report No. 65 (1966), Dep. of Statistics, Univ. of Wisconsin, Madison.
HILL, W. J./HUNTER, W. G./WICHERN, D. W. [1]: A joint design criterion for the dual problem of model discrimination and parameter estimation, Technometrics **10** (1968), 145—160
HIMMELBLAU, D. M. [1]: Process analysis by statistical methods, Wiley & Sons, New York 1970 (russ. Übersetzung Moskau 1973)
HODGES, J. L./LEHMANN, E. L. [1]: Some problems in minimax point estimation, Ann. Math. Stat. **21** (1950), 182—197
[2]: Estimates of location based on rank tests, Ann. Math. Stat. **34** (1963), 598—611
HOEL, P. G. [1]: Asymptotic efficiency in polynomial estimation, Ann. Math. Stat. **32** (1961), 1042—1047
[2]: Efficiency problems in polynomial estimation, Ann. Math. Stat. **29** (1958), 1134—1145
[3]: Minimax designs in two dimensional regression, Ann. Math. Stat. **36** (1965), 1097—1106
[4]: A method for the construction of sequential selection procedures, Ann. Math. Stat. **42** (1971), 630—642
[5]: Optimum designs for polynomial extrapolation, Ann. Math. Stat. **36** (1965), 1483 to 1493
[6]: Confidence regions for linear regression, Proc. Second Berkeley Symp. 1, 75—81, Berkeley—Los Angeles 1950
HOEL, P. G./LEVINE, A. [1]: Optimal spacing and weighting in polynomial prediction, Ann. Math. Stat. **35** (1964), 1553—1560
HOERL, A. E./KENNARD, R. W. [1]: Ridge regression: Biased estimation for nonorthogonal problems, Technometrics **12** (1970), 55—82
HOHMANN, G. [1]: Sequentielle Versuchsplanung für das Schätzproblem im Regressionsmodell, Freiberger Forschungshefte, D 92, 57—96, Deutscher Verlag für Grundstoffindustrie, Leipzig 1975
HUBER, P. J. [1]: Robust regression: asymptotics, conjectures and Monte Carlo, Ann. Statist. **1** (1973), 799—821
[2]: Robust estimation of a location parameter, Ann. Math. Stat. **35** (1964), 73—101
[3]: Robust statistics: A review, Ann. Math. Stat. **43** (1972), 1041—1067
HUMAK, K. M. S. [1]: Statistische Methoden der Modellbildung, Band 1, Akademie Verlag, Berlin 1977

JACKSON, D. A./O'DONOVAN, T. M./ZIMMER, W. J./DEEHY, J. J. [1]: G_2-minimax estimators in the exponential family, Biometrika 57 (1970), 439–443

JAECKEL, L. A. [1]: Robust estimates of location: Symmetry and asymmetric contamination, Ann. Math. Stat. 42 (1971), 1020–1034

JAMES, W./STEIN, C. [1]: Estimation with quadratic loss, Proc. Fourth Berkeley Symp., 1, 361 to 379, Berkeley–Los Angeles 1961

JEFFREYS, H. [1]: Theory of probability, Clarendon Press, Oxford 1961

JENNRICH, R. J. [1]: Asymptotic properties of nonlinear least squares estimators, Ann. Math. Stat. 40 (1969), 633–643

JENSEN, D. R./MAYER, L. S. [1]: Normal-theory approximations to tests for linear hypotheses, Ann. Stat. 3 (1975), 429–444

JENSEN, D. R./MAYER, L. S./MYERS, R. H. [1]: Optimal designs and large-sample tests for linear hypotheses, Biometrika 62 (1975), 71–78

JUNG, W. [1]: G-optimale Versuchsplanung für die Regressionsgerade $y(x) = \Theta_1 + \Theta_2 x$, Biometr. Zeitschr. 13 (1971), 369–375

[2]: Kostenoptimale Versuchsplanung im Regressionsmodell, Biometr. Zeitschr. 16 (1974), 31–48

JURECKOVA, J. [1]: Nonparametric estimates of regression coefficients, Ann. Math. Stat. 42 (1971), 1328–1338

KADIYALA, K. R. [1]: Regression with non-gaussian stable disturbances: some sampling results, Econometrica 40 (1972), 719–722

KARLIN, S. [1]: Admissibility for estimation with quadratic loss, Ann. Math. Stat. 29 (1958), 406–436

KARLIN, S./STUDDEN, W. J. [1]: Optimal experimental designs, Ann. Math. Stat. 37 (1966), 783–815

[2]: Tchebycheff systems, Interscience, New York 1966

KARSON, M. J. [1]: Design criterion for minimum bias estimation of response surfaces, Journ. Amer. Stat. Assoc. 65 (1970), 1565–1572

KARSON, M. J./MANSON, A. R./HADER, R. J. [1]: Minimum bias estimation and experimental design for response surfaces, Technometrics 11 (1969), 461–475

KARSON, M. J./SPRUILL, M. L. [1]: Design criteria and minimum bias estimation, Comm. in Stat. 4 (1975), 339–355

KATTI, S. K. [1]: Use of some a priori knowledge in the estimation of means from double samples, Biometrics 18 (1962), 139–147

KATTI, S. K./WAIKAR, V. B. [1]: On a two-stage estimate of the mean, Journ. Amer. Statist. Assoc. 66 (1971), 75–81

KAWAMURA, K. [1]: Asymptotic behavior of sequential design with costs of experiments, Kōdai Math. Sem. Reports 16 (1964), 169–182

KEMPTHORNE, O. [1]: The design and analysis of experiments, Wiley & Sons, New York 1952

KEVICZKY, L. [1]: "Design of experiments" for the identification of linear dynamic systems, Technometrics, 17 (1975), 303–308

KIEFER, J. [1]: Invariance, minimax sequential estimation and continous time processes, Ann. Math. Stat. 28 (1957), 573–601

[2]: On the nonrandomized optimality and randomized nonoptimality of symmetrical designs, Ann. Math. Stat. 29 (1959), 675–699

[3]: Optimum experimental design, Journ. Roy. Statist. Soc., Ser. B, 21 (1959), 272–319

[4]: Optimum experimental designs V, with applications to systematic and rotatable designs, Proc. Fourth Berkeley Symp., 1, 381–405, Berkeley–Los Angeles 1961

[5]: Optimum designs in regression problems II, Ann. Math. Stat. 32 (1961), 298–325

[6]: An extremum result, Canad. Journ. Math. 14 (1962), 597–601

[7]: Two more criteria equivalent to D-optimality of designs, Ann. Math. Stat. 33 (1962), 792–796

[8]: Multivariate optimality results, Proc. Int. Symp. Dayton 1965, 255–274, New York 1966

[9]: Optimum experimental designs, Actes, Congrès intern. Math. 3 (1970), 249–254

[10]: General equivalence theory for optimum designs (approximate theory), Ann. Statist. 2 (1974), 849–879

[11]: Optimal design: Variation in structure and performance under change of criterion, Biometrika 62 (1975), 277–288

KIEFER, J./SACKS, J. [1]: Asymptotically optimum sequential inference and design, Ann. Math. Stat. 34 (1963), 705–750

KIEFER, J./STUDDEN, W. J. [1]: Optimal designs for large degree polynomial regression, Ann. Stat. 4 (1976), 1113–1123

KIEFER, J./WOLFOWITZ, J. [1]: Stochastic estimation of the maximum of a regression function, Ann. Math. Stat. 23 (1952), 462–466

[2]: Optimum designs in regression problems, Ann. Math. Stat. 30 (1959), 271–294

[3]: The equivalence of two extremum problems, Canad. Journ. Math. 12 (1960), 363–366

[4]: Optimum extrapolation and interpolation designs, Ann. Inst. Statist. Math. 16 (1964), 79–108, 295–303

[5]: On a theorem of Hoel and Levine on extrapolation designs, Ann. Math. Stat. 36 (1965), 1627–1655

[6]: On a problem connected with the Vandermonde determinant, Ann. Math. Stat. 16 (1965), 1092–1095

KLEIJNEN, J. P. C. [1]: Screening Designs for Poly-Factor Experimentation, Technometrics 17 (1975), 487–493

KLOEK, T./LEMPERS, F. B. [1]: Posterior Probabilities of Alternative Linear Models, Report 7006 Econ. Institute Netherlands School of Economics 1970

KONO, K. [1]: Optimum design for quadratic regression on k-cube, Memoirs of the faculty of science, Kyushu University 16 (1962), Ser. A, 114–122

Correction: Memoirs of the faculty of science, Kyushu University 18 (1964), Ser. A

KOWALIK, J. [1]: A note on nonlinear regression analysis, Austral. Comput. Journ. 1 (1967), 51–53

KRICKEBERG, K. [1]: Wahrscheinlichkeitstheorie, B. G. Teubner, Stuttgart 1963

KRUSKAL, W. [1]: When are Gauß-Markov and least squares estimators identical? A coordinate-free approach, Ann. Math. Stat. 39 (1968), 70–75

KULLBACK, S. [1]: Information theory and statistics, Wiley & Sons, New York, London 1959 (russ. Übersetzung Moskau 1967)

KUPPER, L. L. [1]: A note on the admissability of a response surface design, Journ. Roy. Statist. Soc., Ser. B 35 (1973), 28–32

KUPPER, L. L./MEYDRECH, E. F. [1]: Experimental design considerations based on a new approach to mean square error estimation of response surfaces, Journ. Amer. Statist. Assoc. 69 (1974), 461–463

LÄUTER, E. [1]: Experimental designs in a class of models, Math. OF Stat. 5 (1974), 379–398

[2]: Verallgemeinerte Optimalitätskriterien in der Versuchsplanung, Dissertation Akademie der Wissenschaften der DDR 1975

[3]: Optimal multipurpose designs for regression models, Math. OF Stat. 7 (1976), 51–68

LÄUTER, H. [1]: On the admissibility and nonadmissibility of the usual estimator for the mean of multivariate normal population and conclusions to optimal design, Math. OF Stat. 5 (1974), 591–598

[2]: A minimax linear estimator for linear parameters under restrictions in form of inequalities, Math. OF Stat. 6 (1975), 689–695

[3]: Linear minimax estimation for inadequate models for the J. PETERSEN approach, Math. OF Stat. 6 (1975), 769–774

[4]: Optimale Vorhersage und Schätzung in regulären und singulären Regressionsmodellen, Math. OF Stat. 3 (1970), 229–243

LARSON, H. J./BANCROFT, T. A. [1]: Sequential model building for prediction in regression analysis, Ann. Math. Stat. 34 (1963), 462–479

[2]: Biases in prediction by regression for certain incompletely specified model, Biometrika 50 (1963), 182–197

LAYCOCK, P. J. [1]: Convex loss applied to design in regression problems (with discussion), Journn. Roy. Statist. Soc., Ser. B, 34 (1972), 148–186

[2]: Optimal design: regression models for directions, Biometrika 62 (1975), 305–311

LE ANH SON [1]: Schätzung und Versuchsplanung bei einstellbaren Erwartungswerten und unbekannten Realisierungen der stochastischen Regressoren, Freiberger Forschungshefte D 106, 93–125, Deutscher Verlag für Grundstoffindustrie, Leipzig 1977

[2]: Schätzung und Versuchsplanung bei einstellbaren Erwartungswerten und bekannten Realisierungen der stochastischen Regressoren, Freiberger Forschungshefte D 106, 17–43, Deutscher Verlag für Grundstoffindustrie, Leipzig 1977

[3]: Zur optimalen Versuchsplanung in linearen Regressionsproblemen bei fehlerbehafteten Regressoren, Revue Roumaine de Mathématiques Pures et Appliquées, 1977

LEHMANN, E. L. [1]: Testing statistical hypotheses, Wiley & Sons, New York, London 1959

LEMPERS, F. B. [1]: Posterior probabilities of alternative linear models — Some theoretical considerations and empirical experiments, Rotterdam 1971

LEONARD, T. [1]: A Bayesian approach to the linear model with unequal variances, Technometrics 17 (1975), 95–102

LEONE, F. G./MOUSSA-HAMOUDA, E. [1]: Relative efficiencies of O-BLUE estimators in simple linear regression, Journ. Amer. Statist. Assoc. 68 (1973), 953–959

LINDLEY, D. V. [1]: On a measure of the information provided by an experiment, Ann. Math. Stat. 27 (1956), 986–1005

[2]: The choice of variables in multiple regression, Journ. Roy. Stat. Soc., Ser. B, 30 (1968), 31–66

[3]: The use of prior probability distributions in statistical inference and decisions, Proc. Fourth Berkeley Symp., 1, 453–468, Berkeley-Los Angeles 1961

[4]: Introduction to probability and statistics from a Bayesian viewpoint, Part 2: Inference, Cambridge Univ. Press, London 1965

[5]: The estimation of many parameters, in: GODAMBE, V. P./SPROTT, D. A. ed. Foundations of statistical inference, 435–455, Toronto 1971

LINDLEY, D. V./SMITH, A. F. M. [1]: Bayes estimates for the linear model, Journ. Roy. Statist. Soc., Ser. B, 34 (1972), 1–41

LINDER, A. [1]: Planen und Auswerten von Versuchen, Birkhäuser-Verlag, Basel–Stuttgart 1969

LOÈVE, M. [1]: Probability theory, D. Van Nostrand, Princeton 1963

LOWERRE, J. M. [1]: On the mean square error of parameter estimates for some biased estimators, Technometrics 16 (1974), 461–464

MADANSKY, A. [1]: The fitting of straight lines when both variables are subject to error, Journ. Amer. Statist. Assoc. 54 (1959), 173–205

MADDALA, G. S. [1]: Generalized least squares with an estimated variance covariance matrix, Econometrica 39 (1971), 23–33

MAGNESS, T. A./MCGUIRE, J. B. [1]: Comparison of least squares and minimum variance estimates of regression parameters, Ann. Math. Stat. 33 (1962), 462–470

MALINVAUD, E. [1]: The consistency of nonlinear regressions, Ann. Math. Stat. 41 (1970), 956–969

v. MANGOLDT, H./KNOPP, K. [1]: Einführung in die höhere Mathematik, Bd. 4, S. Hirzel-Verlag, Leipzig 1973

MANN, N. R. [1]: Optimum estimators for linear functions of location and scale parameters, Ann. Math. Stat. 40 (1969), 2149–2155

MARDIA, K. V. [1]: The effect of nonnormality on some multivariate tests and robustness to nonnormality in the linear model, Biometrika 58 (1971), 105–121

MARITZ, J. S. [1]: Empirical Bayes methods, Methuen and Co., London 1970

MARQUARDT, D. W. [1]: Generalized inverses, ridge regression, biased linear estimation and nonlinear estimation, Technometrics 12 (1970), 591–612

MAYER, L. S./WILLKE, T. A. [1]: On biased estimation in linear models, Technometrics 15 (1973), 497–503

MAYER, L. S./SINGH, J./WILLKE, T. A. [1]: Utilizing initial estimates in estimating the coefficients in a linear model, Journ. Amer. Statist. Assoc. 69 (1974), 219–222

MCDONALD, G. C./GALARNEAU, D. I. [1]: A Monte Carlo evaluation of some ridge-type estimators, Journ. Amer. Stat. Assoc. 70 (1975), 407–416

McElroy, F. W. [1]: A necessary and sufficient condition that ordinary least squares estimators be best linear unbiased, Journ. Amer. Statist. Assoc. 62 (1967), 1303–1304

McGilchrist, C. A. [1]: Efficient difference equation estimators in exponential regression, Ann. Math. Stat. 39 (1968), 1638–1645

Meeter, D./Pirie, W./Blot, W. [1]: A comparison of two model-discrimination criteria, Technometrics 12 (1970), 457–470

Mehta, J. A./Srinivasan, R. [1]: Estimation of the mean by shrinkage to a point, Journ. Amer. Statist. Assoc. 66 (1971), 86–90

Mehta, J. S./Swamy, P. A. V. B. [1]: The exact finite sample distribution of Theil's compatibility test statistic and its application, Journ. Amer. Stat. Assoc. 69 (1974), 154–158

Meschkowski, H. [1]: Hilbertsche Räume mit Kernfunktion, Springer-Verlag, Berlin 1962

Mitra, S. K. [1]: Unified least squares approach to linear estimation in a general Gauss-Markov model, SIAM J. Appl. Math. 25 (1973), 671–680

Mitra, S. K./Moore, B. J. [1]: Gauss-Markov estimation with an incorrect dispersion matrix, Sankhya 36 (1974), 139–152

Mitra, S. K./Rao, C. R. [1]: Conditions for optimality and validity of simple least squares theory, Ann. Math. Stat. 40 (1969), 1617–1624

Mortensen, R. E. [1]: Bayesian identification of nonlinear systems, Journal of The Franklin Institute, 288 (1969), 213–221

Müller, P. H. [1]: Lexikon der Stochastik, 2. Aufl., Akademie-Verlag, Berlin 1975

Murty, V. N. [1]: Optimal designs with a tchebyscheffian spline regression function, Ann. Math. Stat. 42 (1971), 643–649

Näther, W. [1]: Optimalitätseigenschaften von Schätzungen nach der Methode der kleinsten Quadrate — ein Beitrag zur optimalen Versuchsplanung im linearen Regressionsmodell, Freiberger Forschungshefte, D 92, 13–56, Deutscher Verlag für Grundstoffindustrie, Leipzig 1975

[2]: Optimale Versuchsplanung im linearen Regressionsmodell im Hinblick auf die Optimalität der Parameterschätzungen, Dissertation, Bergakademie Freiberg, 1974

[3]: Semi-orderings between distribution functions and their application to robustness of parameter estimators, Math. OF Stat. 6 (1975), 179–188

Näther, W./Le Anh Son [1]: On experimental design in linear regression models with random regressors, Biometr. Zeitschr. 18 (1976), 217–228

Näther, W./Pilz, J. [1]: Estimation and experimental design in a linear regression model using prior information, Zastosowania Matematyki 1977

Natanson, I. P. [1]: Theorie der Funktionen einer reellen Veränderlichen, 4. Aufl., Akademie-Verlag, Berlin 1975

[2]: Konstruktive Funktionentheorie, Akademie-Verlag, Berlin 1955

Neveu, J. [1]: Mathematische Grundlagen der Wahrscheinlichkeitstheorie, Oldenbourg-Verlag, München–Wien 1969

Newhouse, J. P./Oman, S. D. [1]: An evaluation of ridge estimators, Rand Report, No. R-716-PR (1971), 1–28

Odell, P. L./Lewis, T. O. [1]: Best linear recursive estimation, Journ. Amer. Statist. Assoc. 66 (1971), 893–896

O'Hagan, A. [1]: Bayes estimation of a convex quadratic, Biometrika 60 (1973), 565–571

Owen, R. J. [1]: The optimum design of a two-factor experiment using prior information, Ann. Math. Stat. 41 (1970), 1917–1934

Paley, R. E. A. C. [1]: On orthogonal matrices, Journ. Math. and Phys. 12 (1933), 311–320

Parzen, E. [1]: Regression analysis of continuous parameter time series, Proc. Fourth Berkeley Symp. 1, 469–489, Berkeley, Los Angeles 1961

Pazman, A. [1]: A convergence theorem in the theory of D-optimum experimental designs, Ann. Stat. 2 (1974), 216–218

[2]: The ordering of experimental designs — a Hilbert Space Approach, Kybernetika 10 (1974), 373–388

Pitman, E. J. G. [1]: The estimation of location and scale parameters of a continuous population of any form, Biometrika 30 (1939), 391–421

Petersen, I. [1]: Linear minimax estimation for inadequate models in L^2 metric, Math. OF Stat. 4 (1973), 463–472

PLACKETT, R. L. /BURMAN, J. P. [1]: The design of optimum multifactorial experiments, Biometrika 33 (1946), 305–325

PONTRJAGIN, L. S. [1]: Topologische Gruppen, Teil 1, B. G. Teubner-Verlag, Leipzig 1957
[2]: Topologische Gruppen, Teil 2, B. G. Teubner-Verlag, Leipzig, 1958

RADNER, R. [1]: Minimax estimation for linear regression, Ann. Math. Stat. 30 (1959), 1244–1260

RAGHAVARAO, D. [1]: Constructions and combinatorial problems in design of experiments, Wiley & Sons, New York 1971

RAIFFA, H./SCHLAIFER, R. [1]: Applied statistical decision theory, Graduate School of Business Administration, Harvard Univ., Boston, 1961

RAO, C. R. [1]: The theory of least squares when the parameters are stochastic and its application to the analysis of growth curves, Biometrika 52 (1965), 447–458
[2]: Least squares theory using an estimated dispersion matrix and its application to measurement of signals, Proc. Fifth Berkeley Symp. 1, 355–372, Berkeley, Los Angeles 1967
[3]: Linear statistical inference and its applications, sec. ed., Wiley & Sons, New York, 1973
[3]: Lineare statistische Methoden und ihre Anwendungen, Akademie-Verlag, Berlin 1973
[4]: Unified theory of linear estimation, Sankhya 33 (1971), 371–394
[5]: Representations of best linear unbiased estimators in the Gauss-Markov-model with a singular dispersion matrix, Journ. Multivar. Anal. 3 (1973), 276–292

RAO, C. R./MITRA, S. K. [1]: Further contributions to the theory of generalized inverses of matrices and its applications, Sankhya 34 (1972), 289–300

RAO, P. V. /THORNBY, J. I. [1]: A robust point estimator in a generalized regression model, Ann. Math. Stat. 40 (1969), 1784–1790

RAY, B. [1]: Linear regression with random coefficients: The finite sample and convergence properties, Journ. Amer. Statist. Assoc. 70 (1975), 127–137

RENYI, A. [1]: Probability theory, Akad. Kiadó, Budapest 1970

RICHARDSON, H. R. [1]: Recursive regression analysis when the least-squares estimate is not asymptotically efficient, SIAM J. Appl. Math. 19 (1970), 178–190

RICHTER, H. [1]: Wahrscheinlichkeitstheorie, 2. Aufl., Springer-Verlag, Berlin–Heidelberg–New York 1966

RICHTER, K. [1]: Spieltheoretische Behandlung der optimalen Versuchsplanung für das Regressionsmodell, Freiberger Forschungshefte, D 88, 41–78, Deutscher Verlag für Grundstoffindustrie, Leipzig 1975
[2]: Entwicklung eines Verfahrens zur Bestimmung eines konkreten G-optimalen Versuchsplanes am Beispiel der linearen Regression und Verallgemeinerung des Verfahrens, Freiberger Forschungshefte, D 89, 39–62, Deutscher Verlag für Grundstoffindustrie, Leipzig 1975

RICHTER, M. [1]: Parameterschätzung und Versuchsplanung von Gauß-Prozessen, Freiberger Forschungshefte, D 106, 53–78, Deutscher Verlag für Grundstoffindustrie, Leipzig 1977

ROSENBERG, B. [1]: Linear regression with randomly dispersed parameters, Biometrika 60 (1973), 65–72

ROTHENBERG, T. J. [1]: Efficient estimation with a priori information, Clowes Foundation for Research in Economics at Yale University, Monograph 23, New Haven, Conn.-London, 1973

RUDOLPH, P. [1]: Über einige Probleme der bayesschen Inferenz für das lineare Modell, Dissertation, Humboldt-Univ. Berlin 1976

SACKS, J. [1]: Generalized Bayes solutions in estimation problems, Ann. Math. Stat. 34 (1963), 751–768

SACKS, J./YLVISAKER, D. [1]: Design for regression problems with correlated errors, Ann. Math. Stat. 37 (1966), 66–89
[2]: Design for regression problems with correlated errors: many parameters, Ann. Math. Stat. 39 (1968), 49–69
[3]: Design for regression problems with correlated errors III, Ann. Math. Stat. 41 (1970), 2057–2074
[4]: Statistical designs and integral approximation, 12th Biennial Seminar of the Canadian Mathematical Congress, Canad. Math. Congr. Montreal, Que., 1970, 115–127

SAVAGE, L. J. [1]: The foundations of statistics, Wiley & Sons, New York, London 1954
[2]: Bayesian statistics, in: Decision and Information Processes, MacMillan and Co., New York 1962
SAVAGE, L. J./GIRSHIK, M. [1]: Bayes and minimax estimates for quadratic loss functions, Proc. Second Berkeley Symp. 1, 53–73, Berkeley–Los Angeles 1951
SAWA, T./HIROMATSU, T. [1]: Minimax regret significance points for a preliminary test in regression analysis, Econometrica 41 (1973), 1093–1101
SCHEFFÉ, H. [1]: Experiments with mixtures, Journ. Roy. Stat. Soc., Ser. B, 20 (1958), 344–360
SCHMIDT, W. [1]: Asymptotic normality of least-squares estimators in multivariate singular linear models, Math. OF Stat. 6 (1975), 285–299
SCHÖNFELD, P. [1]: Best linear minimum bias estimation in linear regression, Econometrica 39 (1971), 531–544
SCLOVE, S. L. [1]: Improved estimators for coefficients in linear regression, Journ. Amer. Statist. Assoc. 63 (1968), 596–606
SCLOVE, S. L./MORRIS, C./RADAKRISHNAN, R. [1]: Non-optimality of preliminary-test estimators for the mean of a multivariate normal distribution, Ann. Math. Stat. 43 (1972), 1481–1490
SEARLE, S. R. [1]: Linear Models, Wiley & Sons., New York–London 1971
SEN, P. K. [1]: Estimates of the regression coefficient based on Kendall's tau, Journ. Amer. Statist. Assoc. 63 (1968), 1379–1389
SHANNON, C. E./WEAVER, W. [1]: The mathematical theory of communication, Univ. Illinois Press, Urbana 1949
SHULMAN, S. D. [1]: Constrained minimax estimate of a normal mean, Journ. Amer. Statist. Assoc. 67 (1972), 239
SIBSON, R. [1]: D_A-optimality and duality, Progress in Statistics (Europ. Meeting Budapest 1972), 9 (1974), 677–692
SILVEY, S. D./TITTERINGTON, D. M. [1]: A geometric approach to optimal design theory, Biometrika 60 (1973), 21–32
[2]: A Lagrangian approach to optimal design, Biometrika 61 (1974), 299–302
SINGER, J. [1]: Bases in Banach spaces I, Springer-Verlag, Berlin 1970
SINHA, B. K. [1]: A Bayesian approach to optimum allocation in regression problems, Calcutta Statistical Association Bulletin 9 (1970), 45–52
SMITH, A. F. M. [1]: A general Bayesian linear model, Journ. Roy. Statist. Soc., Ser. B, 35 (1973), 67–75
[2]: Bayes estimates in one-way and two-way models, Biometrika 60 (1973), 319–329
SOLOMON, D. L. [1]: Λ-minimax estimation of a multivariate location parameter, Journ. Amer. Stat. Assoc. 67 (1972), 641–646
SPJØTVOLL, E. [1]: Random coefficients regression models, a review, Math. OF Stat., Ser. Statistics 1 (1977), 69–93
STEIN, C. [1]: Inadmissibility of the usual estimator for the mean of a multivariate normal distribution, Proc. Third Berkeley Symp. 1, 197–206, Berkeley–Los Angeles 1956
[2]: The admissibility of PITMAN's estimator of a single location parameter, Ann. Math. Stat. 30 (1959), 970–979
[3]: Multiple regression, in: Contributions to probability and statistics (ed. OLKIN), Univ. Press, Stanford (Calif.) 1960
[4]: Approximation of improper prior measures by prior probability measures, in: NEUMAN/LE CAM (ed.) Bernoulli, Bayes, Laplace Anniv., 217–240, Springer-Verlag Berlin 1965
STIGLER, S. M. [1]: Optimal experimental design for polynomial regression, Journ. Amer. Statist. Assoc. 66 (1971), 311–318
STOER, J./WITZGALL, C. [1]: Convexity and optimization in finite dimensions I, Springer-Verlag, Berlin 1970
STONE, M. [1]: Application of a measure of information to the design and comparison of regression experiments, Ann. Math. Stat. 30 (1959), 55–70
[2]: Generalized Bayes decision functions, admissibility and the exponential family, Ann. Math. Stat. 38 (1967), 618–622
STOYAN, D. [1]: Halbordnungsrelationen für Verteilungsgesetze, Math. Nachr. 52 (1972), 315–331
[2]: Monotonieeigenschaften stochastischer Modelle, ZAMM 52 (1972), 23–30

STOYAN, H./STOYAN, D. [1]: Bedienungstheoretische Anwendung von Halbordnungsrelationen für Verteilungsgesetze, Wiss. Zeitschr. der TU Dresden 21 (1971), 519–523

STRASSER, H. [1]: The asymptotic equivalence of Bayes and maximum likelihood estimation, Journ. Multivar. Anal. 5 (1975), 206–226

STUDDEN, W. J. [1]: Optimal designs on Tchebycheff points, Ann. Math. Stat. 39 (1968), 1435–1447

[2]: Optimal designs for multivariate polynomial extrapolation, Ann. Math. Stat. 42 (1971), 828–832

[3]: Elfving's theorem and optimal designs for quadratic loss, Ann. Math. Stat. 42 (1971), 1613–1621

[4]: Optimal designs and spline-regression, in: Optimizing methods in Statistics (ed. RUSTAGI), Academic Press, New York/London 1971

STUDDEN, W. J./VAN ARMAN, D. J. [1]: Admissible designs for polynomial spline regression, Ann. Math. Stat. 40 (1969), 1557–1569

SUZUKI, Y. [1]: On the use of some extraneous information in the estimation of the coefficients of regression, Ann. Inst. Stat. Math. 16 (1964), 161–173

SWAMY, P. A. V. B. [1]: Statistical inference in random coefficient regression models, Lecture Notes in Operations Research and Mathematical Systems 55, Springer-Verlag, Berlin 1971

TEMPEL'MAN, A. A. [1]: On linear regression estimates, Second Internat. Symp. on Inf. Th., 329–354, Budapest 1973

THEIL, H. [1]: A rank-invariant method of linear and polynomial regression analysis I, II and III, Nederl. Akad. Wetensch. Proc. 53 (1950), 386–392, 521–525 and 1397–1412

[2]: On the use of incomplete prior information in regression analysis, Journ. Amer. Statist. Assoc. 58 (1963), 401–414

THEOBALD, C. M. [1]: Generalizations of mean square error applied to ridge regression, Journ. Roy. Statist. Soc., Ser. B, 36 (1974), 103–106

THOMPSON, J. R. [1]: Some shrinkage techniques for estimating the mean, Journ. Amer. Statist. Assoc. 63 (1968), 113–122

THOMPSON, W. O. [1]: Secondary criteria in the selection of minimum bias designs in two variables, Technometrics 15 (1973), 319–328

TIAO, G. C./ZELLNER, A. [1]: Bayes's theorem and the use of prior knowledge in regression analysis, Biometrika 51 (1964), 219–230

[2]: On the Bayesian estimation of multivariate regression, Journ. Roy. Statist. Soc., Ser. B, 26 (1964), 277–285

TITTERINGTON, D. M. [1]: Optimal design: Some geometrical aspects of D-optimality, Biometrika 62 (1975), 313–320

TOUTENBURG, H. [1]: Vorhersage im allgemeinen linearen Regressionsmodell mit Zusatzinformation über die Koeffizienten, Math. OF Stat. Sammelband 1 (1968), 107–120

[2]: Minimax linear estimation (MMLE) and 2-phase MMLE in a restricted linear regression model, Math. OF Stat. 6 (1975), 703–708

[3]: Lineare Restriktionen und Modellwahl im allgemeinen linearen Regressionsmodell, Biometr. Zeitschr. 15 (1973), 325–342

[4]: Probleme linearer Vorhersagen im allgemeinen linearen Regressionsmodell, Biometr. Zeitschr. 12 (1970), 242–252

[5]: Vorhersage in linearen Modellen, Akademie-Verlag, Berlin 1975

[6]: The use of mixed prior information in regression analysis, Biometr. Zeitschr. 17 (1975), 363–372

[7]: Minimax-linear and MSE-estimators in generalized regression, Biometr. Zeitschr. 18 (1976), 91–100

TUKEY, J. W. [1]: A survey of sampling from contaminated distributions, In: Contributions to probability and statistics (ed. OLKIN), Univ. Press, Stanford (Calif.) 1960

VADUVA, J. [1]: On estimation of non-linear regression, Bull. Math. de la Soc. Math. de la R. S. de Roumanie 12 (1968), 133–139

VILLEGAS, C. [1]: On the least squares estimation of non-linear relations, Ann. Math. Stat. 40 (1969), 462–466

WAHBA, G. [1]: On the regression design problems of Sacks and Ylvisaker, Ann. Math. Stat. **42** (1971), 1035–1053
[2]: Regression design for some equivalence classes of kernels, Ann. Statist. **2** (1974), 925–934
WALD, A. [1]: Sequential analysis, Wiley & Sons, New York–London 1947
[2]: Statistical decision functions, Wiley & Sons, New York 1950
WALD, A./WOLFOWITZ, J. [1]: Bayes solution of sequential decision problems, Ann. Math. Stat. **21** (1950), 82–99
WASAN, M. T. [1]: Stochastic approximation, Cambridge University Press, London 1969
WATSON, S. R. [1]: On Bayesian inference with incompletely specified prior distribution, Biometrika **61** (1974), 193–196
WATSON, G. S. [1]: Linear least squares regression, Ann. Math. Stat. **38** (1967), 1679–1699
WESTLAKE, W. J. [1]: Composite designs based on irregular fractions of factorials, Biometrics **52** (1965), 324–336
WHITE, L. V. [1]: An extension of a general equivalence theorem to nonlinear models, Biometrika **60** (1973), 345–348
WHITTLE, P. [1]: Some general results in sequential design (with discussion), Journ. Roy. Statist. Soc., Ser. B, **27** (1965), 371–394
[2]: Some general points in the theory of optimal experimental design, Journ. Roy. Statist. Soc., Ser. B, **35** (1973), 123–130
WILLIAMS, R. M. [1]: Experimental designs for serially correlated observations, Biometrika **39** (1952), 151–167
WIND, S. L. [1]: An empirical Bayes approach to multiple linear regression, Ann. Stat. **1** (1973), 93–103
WISE, J. [1]: Linear estimates for linear regression systems having infinite residual variance, Unpublished report, 1966
WITTING, H. [1]: Mathematische Statistik, B. G. Teubner, Stuttgart 1970
WITTING, H./NÖLLE, G. [1]: Angewandte Mathematische Statistik, B. G. Teubner, Stuttgart 1970
WITTWER, G. [1]: Versuchsplanung im Sinne von Sacks-Ylvisaker für Vektorprozesse, Math. OF Stat. **7** (1976), 95–105
WYNN, H. P. [1]: The sequential generation of *D*-optimum experimental designs, Ann. Math. Stat. **41** (1970), 1655–1664
[2]: Results in the theory and construction of *D*-optimum experimental designs, Journ. Roy. Statist. Soc., Ser. B, **34** (1972), 133–147
[3]: Simple conditions for optimum design algorithms, in: A survey of statistical designs and linear models, (ed. SRIVASTAVA), North Holland, Amsterdam 1975
ZELLNER, A. [1]: An efficient method of estimating seemingly unrelated regressions and tests of aggregation bias, Journ. Amer. Statist. Assoc. 57 (1962), 348–368
[2]: An introduction to Bayesian inference in econometrics, Wiley & Sons, New York 1971
ZELLNER, A./CHETTY, K. V. [1]: Prediction and decision problems in regression models from the Bayesian point of view, Journ. Amer. Statist. Assoc. **60** (1965), 608–616
ZIELINSKI, R. [1]: A simplex design for gradient estimation in quadratic regression, Zastosowania Mat. **13** (1973), 493–496
[2]: Global stochastic approximation, Preprint Polish Academy of sciences (Institut of Mathematics) No. 81
ZYSKIND, G. [1]: Parametric augmentations and error structures under which certain simple least-squares and analysis of variances procedures are also best, Journ. Amer. Statist. Assoc. **64** (1969), 1353–1360
[2]: On canonical forms, non-negative covariance matrices and best and simple least squares linear estimators in linear models, Ann. Math. Stat. **38** (1967), 1092–1109
ZYSKIND, G./MARTIN, F. B. [1]: On best linear estimation and a general Gauss-Markov theorem in linear models with arbitrary nonnegative covariance structure, SIAM, J. Appl. Math. **17** (1969), 1190–1202

Бачинов, И. К./Почукаев, В. Н. (BAČINOV, I. K./POČUKAEV, V. N.) [1]: Об оптимальном планировании дискретных измерений в наблюдаемых процессах, Извест. Ак. наук СССР, Техническая Кибернетика **3** (1975), 179–184

Бородюк, В. П./Кузнецов, В. Е. (Borodjuk, V. P./Kuznecov, V. E.) [1]: Эффективность обобщенного метода наименьших квадратов в задачах идентификаций, Автоматика и телемеханика 7 (1974), 18—23

Бродский, В. З. (Brodskij, V. Z.) [1]: Многофакторные регулярные планы, Изд. Моск. унив., Москва 1972

Грановский, Б. Л./Ермаков, С. М. (Granovskij, B. L./Ermakov, S. M.) [1]: О непараметрическом подходе к задачам планирования регрессионных экспериментов, Докл. Акад. наук СССР **180** (1968), 273—275

Дороговцев, А. Я. (Dorogovcev, A. Ja.) [1]: О планировании регрессионного эксперимента, Теор. вер. и мат. статист., Киевский унив. **3** (1970), 56—61

Дороговцев, А. Я./Карташев, Ю. В. (Dorogovcev, A. Ja./Kartašev, Ju. V.) [1]: Об оценке среднего значения стационарного процесса при заданном времени наблюдения I, Теор. вер. и мат. статист. **8** (1973)

[2]: Об оценке среднего значения стационарного процесса при заданной длительности времени наблюдения II, Теор. вер. и мат. статист. **9** (1973), 73—81

[3]: Оценка наименьших квадратов коэффициента регрессии случайного процесса при заданном времени наблюдения, Теор. вер. и мат. статист. **10** (1974), 82—87

Ермаков, С. М. (Ermakov, S. M.) [1]: Об оптимальных несмещённых планах регрессионных экспериментов, Труды мат. инст. Стеклова **111** (1970), 252—257

[2]: Об оценивании параметров при непрямых измерениях, Труды Мат. инст. Стеклова **79** (1965), 106—112

Ермаков, С. М./Мелас, В. Б. (Ermakov, S. M./Melas, V. B.) [1]: Об одном подходе к планированию эксперимента при нелинейной параметризации, Заводская лаборатория **10** (1973), 1222—1225

Ермаков, С. М./Седунов, Е. В. (Ermakov, S. M./Sedunov, E. V.) [1]: О несмещённых планах регрессионных экспериментов в конечномерном пространстве функций, Вестник Ленинградского унив. **1** (1974), 12—20

Ермуратский, П. В./Круг, Г. К./Лецкий, Э. К./Никифорова, Е. С./Вучков, И. Н. (Ermuratskij, P. V./Krug, G. K./Leckij, E. K./Nikiforova, E. S./Vučkov, I. N.) [1]: Об одном алгоритме получения D-оптимальных планов, Труды Моск. энергет. инст. **68** (1969), 20—40

Ибрагимов, И. А./Хасьминский, Р. З. (Ibragimov, I. A./Chas'minskij, R. Z.) [1]: Асимптотическое поведение некоторых статистических оценок — Исследовании отношения правдоподобия, Теор. вер. и её прим. **17** (1972), 469—486

[2]: Асимптотическое поведение некоторых статистических оценок — Предельные теоремы для апостериорной плотности и байесовских оценок, Теор. вер. и её прим. **18** (1973), 78—93

[3]: Асимптотический анализ статистических оценок для „почти гладкого" случая, Теор. вер. и её прим. **18** (1973), 250—260

[4]: О моментах обобщенных байесовских оценок максимального правдоподобия, Теор. вер. и её прим. **18** (1973), 535—546

Каган, А. М./Линник, Ю. В./Рао, С. Р. (Kagan, A. M./Linnik, Ju. V./Rao, C. R.) [1]: Характеризационные задачи математической статистики, Изд. Наука, Москва 1972

Каган, А. М./Шалаевский, О. В. (Kagan, A. M./Šalaevskij, O. V.) [1]: Допустимость оценок наименьших квадратов — исключительное свойство нормального закона, Мат. заметки Акад. наук СССР **6** (1969), 81—89

Канторович, Л. В. (Kantorovič, L. V.) [1]: Функциональный анализ и прикладная математика, Успехи мат. **3** (1928), 89—185

Кукс, Я. (Kuks, Ja.) [1]: Минимаксная оценка коэффициентов регрессии, Извест. Акад. наук Эстон. ССР **21** (1972), 73—78

Кукс, Я./Ольман, В. (Kuks, Ja./Ol'man, V.) [1]: Минимаксная линейная оценка коэффициентов регрессии, Извест. Акад. наук Эстон. ССР **21** (1972), 66—72

Лётер, Е. (Läuter, E.) [2]: Метод планирования эксперимента для случая нелинейной параметризации, Math. OF Stat. **5** (1974), 625—636

Малютов, М. Б. (Maljutov, M. B.) [1]: Максиминные планы проверки гипотезы о степени полинома, в сб. Планирование оптимальных экспериментов, Изд. Моск. унив., Москва 1975, 150—160

Малютов, М. Б./Мятлев, В. Д. (Maljutov, M. B./Mjatlev, V. D.) [1]: Минимаксные планы проверки адекватности линейной модели на кубе и шаре, Препринт МГУ № 23, Москва 1971

Малютов, М. Б./Федоров, В. В. (Maljutov, M. B./Fedorov, V. V.) [1]: О планировании экспериментов, учитывающем возможную неадекватность, Препринт МГУ № 18, Москва 1971

Маркова, Е. В./Лисенков, А. Н. (Markova, E. V./Lisenkov, A. N.) [1]: Планирование эксперимента в условиях неоднородностей, Изд. Наука, Москва 1973

Налимов, В. В. (Nalimov, V. V.) [1]: Новые идеи в планировании эксперимента, Изд. Наука, Москва 1969

[2]: Развитие работ по планированию эксперимента, Информ. материалы научн. совета Кибернетика Акад. наук СССР, № 8 (45), Москва 1970, 5—13

[3]: Логические основания прикладной математики, Препринт МГУ № 24, Москва 1971

Налимов, В. В./Голикова, Т. И. (Nalimov, V. V./Golikova, T. I.) [1]: Логические основания планирования эксперимента, Изд. Металлургия, Москва 1976

Налимов, В. В./Чернова, Н. А. (Nalimov, V. V./Černova, N. A.) [1]: Статистические методы планирования экстремальных экспериментов, Изд. Наука Москва 1965

Ольман, В. (Ol'man, V.) [1]: Минимаксное линейное оценивание при неквадратичной потере, Извест. Ак. наук Эстон. ССР **23** (1974), 127—134

Петерсен, И. (Petersen, I.) [1]: Сопоставление метода воспроизводящих ядер с методом наименьших квадратов, Извест. Акад. наук Эстон. ССР **18** (1969), 403—409

[2]: Описание и оптимизация при коррелированных входных параметрах, в сб. Проблемы планирования эксперимента, Изд. Наука, Москва 1969, 19—24

Седунов, Е. В. (Sedunov, E. V.) [1]: О несмещенных в метрике L_2 планах регрессионных экспериментов, Вестник Ленинградского университета **19** (1973), 49—53

[2]: Обобщение задачи Бокса — Дрейпера в планировании регрессионных экспериментов, Заводская лаборатория **39** (1973), 308—313

Темпельман, А. А. (Tempel'man, A. A.) [1]: К общей теории линейных оценок среднего значения, Докл. Акад. наук СССР **218** (1974), 1028—1031

Успенский, А. Б./Федоров, В. В. (Uspenskij, A. B./Fedorov, V. V.) [1]: Планирование экспериментов в некоторых обратных задачах математической физики, Кибернетика **4** (1974), 123—128

Угер, Е. Г. (Uger, E. G.) [1]: Планирование эксперимента в условиях, когда ошибки наблюдении коррелированы, в сб. Новые идеи в планировании эксперимента, Изд. Наука, Москва 1969

Фаррел, Р. Х. (Farrell, R. H.) [1]: Оценки сдвигового параметра в абсолютно непрерывном случае, Математика **12** (1968), 134—184

Федоров, В. В. (Fedorov, V. V.) [1]: Свойства и методы построения точных оптимальных планов регрессионных экспериментов, Препринт МГУ № 5, Москва 1969

[2]: Свойства и методы построения планов, минимизирующих выпуклые функционалы от информационной матрицы, Препринт МГУ № 10, Москва 1970

[3]: Локально-оптимальные последовательные планы дискриминирующих экспериментов, Препринт МГУ № 11, Москва 1970

[4]: Анализ экспериментов при наличии ошибок в определении контролируемых переменных, Препринт МГУ № 2, Москва 1968

[5]: Планирование регрессионных экспериментов, когда одна из контролируемых переменных — время, Препринт МГУ № 13, Москва 1970

[6]: Теория оптимального эксперимента, Изд. Наука, Москва 1971

[7]: Планирование экспериментов при линейных критериях оптимальности, Теор. вер. и её прим. **16** (1971), 189—195

[8]: Планирование экспериментов в случае одновременного измерения нескольких поверхностей отклика, Теор. вер. и её прим. **16** (1971), 319—327

[9]: Планирование при нелинейной зависимости поверхности отклика от оцениваемых параметров, Препринт МГУ № 21, Москва 1971

[10]: Построение оптимальных планов при наличии априорных сведений о конкурирующих регрессионных моделях, Препринт МГУ, Москва 1973

[11]: Сходимость итерационных процедур при построении оптимальных планов, в сб. Решение задач оптимального управления и некоторых обратных задач, Москва 1974

[12]: Численные методы построения оптимальных планов для регрессионных экспериментов, Кибернетика **1** (1975), 124—130

Федорова, Г. С. (Fedorova, G. S.) [1]: Планирование дискриминирующих экспериментов в случае вектор-наблюдения, Препринт МГУ, Москва 1971

Nachtrag zum Literaturverzeichnis

Atwood, C. L. [N1]: Convergent design sequences for sufficiently regular optimality criteria — singular case, Ann. Stat. **5** (1977)

Brooks, R. J. [N 3]: Optimal regression designs for prediction when prior knowledge is available, Metrika **23** (1976), 221—230

Chernoff, H./Moses, L. E. [N1]: Elementary Decision Theory, New York, 1959

de Groot, M. H./Rao, M. M. [N1]: Multidimensional information inequalities and prediction, in: Multivariate Analysis (ed. Krishnaiah), Academic Press, New York 1966, 287—313

Näther, W. [N1]: D_A-optimality and Whittle's equivalence theorem, Math. OF Stat. (eingereicht)

Rao, C. R. [N1]: Estimation of parameters in a linear model, Ann. Stat. **4** (1976), 1023—1037

[N2]: Characterization of prior distributions and solution to a compound decision problem, Ann. Stat. **4** (1976), 823—835

Ермаков, С. М./Мелас, В. Б./Седунов, Е. В. (Ermakov, S. M./Melas, V. B./Sedunov, E. V.) [N1]: О некоторых нетрадиционных подходах в задачах планирования регрессионных экспериментов, в сб. Исследование операций и статистическое моделирование, выпуск 3 (под ред. Романовский), Изд. Ленинградского университета 1975

ÜBERSETZUNG WICHTIGER FACHBEGRIFFE IN DIE ENGLISCHE UND IN DIE RUSSISCHE SPRACHE

affin	affine	аффинный
Aktion	action	действие
	decision	решение
Algebra (von Mengen)	algebra (of sets)	алгебра (множеств)
Alternativhypothese	alternative hypothesis	альтернативная гипотеза
Anfangsplan	initial design	начальный план предварительный план
Annahmebereich	acceptance region	область принятия гипотезы
Ansatz	setup (mechanistic model or family of functions to approximate the true response surface)	подход (механистическая модель или семейство функций для аппроксимации истинной поверхности отклика)
unvollständiger ~	incomplete ~	неполный ~
Approgression	approgression	аппрогрессия
Approximation	approximation	аппроксимация
Äquivalenzsatz	equivalence theorem	теорема эквивалентности
asymptotisch	asymptotical	асимптотический
Auswahlentscheidungs-funktion	selection (decision) function (decision function to choose the next experimental point)	выборочная решающая функция (решающая функция для выбора следующей эксперимен-тальной точки)
Auswahlregel	selection rule	правило выбора
beobachtbar	observable	наблюдаемый
Beobachtung	observation	наблюдение
Beobachtungsbereich	region of observations	область наблюдений
Beobachtungsvektor	vector of observations	вектор наблюдений
Blockmatrix	block matrix	блочная матрица
Bereich	region domain	область
kritischer ~	critical ~	критическая ~
besser	better	лучше
gleichmäßig ~	uniformly ~	равномерно ~
Determinante	determinant	определитель
Diagonalmatrix	diagonal matrix	диагональная матрица
Dichte	density	плотность
konjugierte ~	conjugate ~	сопряжённая ~
drehbar	rotatable	ротатабельный

Effektivität (eines Versuchsplanes)	efficiency (of a design)	эффективность (плана)
Effizienz (einer Schätzung)	efficiency (of an estimator)	эффективность (оценки)
Einflußgröße	controlable variable factor exogenous variable	влияющая величина управляемая величина фактор
Einheitskugel	unit sphere	единичный шар
Einheitsmatrix	identity matrix	единичная матрица
Einheitswürfel	unit cube	единичный куб
Einpunktplan	one-point-design	одноэлементный план
randomisierter ~	randomized ~	рандомизированный~ ~
einstellbar	controlable	контролируемый
Einstellbereich	(domain where the expected values of the stochastic regressors can be fixed)	(область, где возможно регулировать математические ожидания случайных величин)
Endentscheidung	terminal decision	окончательное решение
Endentscheidungsfunktion	terminal decision function	окончательная решающая функция
Entropie	entropy	энтропия
Entropieänderung	change of entropy	изменение энтропии
Entscheidung	decision	решение
Entscheidungsfunktion	decision function	решающая функция
randomisierte ~	randomized ~ ~	рандомизированная ~ ~
Entscheidungsproblem	decision problem	проблема принятия решений
invariantes ~	invariant ~ ~	инвариантная ~ ~ ~
randomisiertes ~	randomized ~ ~	рандомизированная ~ ~ ~
statistisches ~	statistical ~ ~	статистическая ~ ~ ~
sequentielles ~ ~	sequential ~ ~ ~	последовательная ~ ~ ~ ~
abgeschnittenes ~ ~ ~	truncated ~ ~ ~ ~	усечённая ~ ~ ~ ~ ~
bayessches ~ ~	bayesian ~ ~ ~	байесовская ~ ~ ~ ~
Entscheidungstheorie	decision theory	теория принятия решений
statistische ~	statistical ~ ~	~ ~ статистических ~
Entscheidungsverfahren	decision procedure	решающая процедура
sequentielles ~ mit sequentieller Versuchsplanung	sequential ~ ~ with sequential design of experiments	последовательная ~ ~ с последовательным планированием эксперимента
erwartungstreu	unbiased	несмещённый
Erwartungswert	expected value (mathematical) expectation	математическое ожидание
einstellbarer ~	controlable ~ ~	контролируемое ~ ~
Exponentialfamilie	exponential family	экспонентное семейство
Extrempunkt	extreme point	экстремальная точка
Faktor	factor	фактор
fast sicher	almost sure	почти наверное
fast überall	almost everywhere	почти всюду
Fehler	error	ошибка
systematischer ~	systematic ~ bias	систематическая ~

zufälliger ~	random ~	случайная ~
Fortsetzungsbereich	region of continued sampling	область продолжения (выбора)
Freiheitsgrad	degree of freedom	степень свободы
F-Test	F-test	F-критерий
Funktion	function	функция
charakteristische ~	characteristic ~	характеристическая ~
erzeugende ~	generating ~	производящая ~
Funktional	functional	функционал
F-Verteilung	F-distribution	F-распределение
nichtzentrale ~	non-central ~	нецентральное ~
Generator	generator	генератор
Generatorensystem	generator system	система генераторов
Gesetz der großen Zahlen	law of large numbers	закон больших чисел
Gewicht	weight	вес
Gewichtsfunktion	weight function	весовая функция
Gleichverteilung	uniform distribution	равномерное распределение
Grundgesamtheit	population	генеральная совокупность
Güte (eines Tests)	power (of a test)	мощность (критерия)
Gütefunktion (eines Tests)	power function (of a test)	функция мощности (критерия)
einhüllende ~	envelope ~ ~	огибающая ~ ~
Halbordnung	semi-ordering	полуупорядочение
Heteroskedastie	heteroscedasticity	гетероскедастичность
Hülle	hull	оболочка
konvexe ~	convex ~	выпуклая ~
Hypothese	hypothesis	гипотеза
identifizierbar	identifiable	отождествляемый идентифицируемый
Indikatorfunktion	indicator function	индикаторная функция
induziert	induced	индуцированный
Informationsmatrix	information matrix	информационная матрица
lokale ~	local ~ ~	локальная ~
Interpolation	interpolation	интерполяция
invariant	invariant	инвариантный
maximal ~	maximal ~	максимально- ~
Inverse (einer Matrix)	inverse (matrix)	обратная матрица
verallgemeinerte ~	generalized ~	обобщенная ~ ~
Iteration	iteration	итерация
Iterationsschritt	iteration step	итерационный шаг
Iterationsverfahren	iteration procedure	итерационная процедура
iterativ	iterative	итеративный
Kern (eines Versuchsplanes)	kernel (of a design)	ядро (плана)
Kompromißkriterium	compromise criterion	компромиссный критерий
konkav	concave	вогнутый
streng ~	strongly ~	строго ~
Konsistenz	consistency	состоятельность
schwache ~	weak ~	слабая ~
starke ~	strong ~	сильная ~

Konvergenz	convergence	сходимость
fast sichere ~	~ almost surely	~ почти наверное
~ in Wahrscheinlichkeit	~ in probability	~ по вероятности
konvex	convex	выпуклый
streng ~	strongly ~	строго ~
Korrelation	correlation	корреляция
Korrelationsfunktion	correlation function	корреляционная функция
Korrelationskoeffizient	correlation coefficient	коэффициент корреляции
Kostenfunktion	cost function	функция стоимости
Kovarianz	covariance	ковариация
Kovarianzmatrix	covariance matrix	ковариационная матрица
Likelihoodfunktion	likelihood function	функция правдоподобия
Likelihoodquotient	likelihood ratio	отношение правдоподобия
Likelihoodquotiententest	likelihood ratio test	критерий отношения правдоподобия
sequentieller ~	sequential ~ ~ ~	последовательный ~ ~ ~
Linearisierung	linearization	линеаризация
Matrix	matrix	матрица
Maß	measure	мера
absolutstetiges ~	absolutely continuous ~	абсолютно непрерывная ~
diskretes ~	discrete ~	дискретная ~
induziertes ~	induced ~	индуцированная ~
Maßraum	measure space	пространство с мерой
Mehrfaktorplan	multi-factor design	многофакторный план
meßbar	measurable	измеримый
Methode der kleinsten Quadrate (MKQ)	method of least squares (MLS)	метод наименьших квадратов (МНК)
MKQ-Schätzung	least squares estimation	оценка наименьших квадратов
verallgemeinerte ~	generalized ~ ~ ~	обобщенная ~ ~ ~
Metrik	metric	метрика
mindestens so gut	at least as good	не менее хорошо не хуже
Modell	model	модель
Moment	moment	момент
gerades ~	even ~	чётный ~
ungerades ~	odd ~	нечётный ~
Momentenmatrix	moment matrix	матрица моментов
Nebenbedingung	restriction constraint (additional) condition	ограничение допольнительное условие
Nichtzentralitätsparameter	non-centrality parameter	параметр нецентральности
Niveau (eines Faktors)	level (of a factor)	уровень (фактора)
Normalgleichungssystem	normal equation system	система нормальных уравнений
Normalverteilung	normal distribution	нормальное распределение
Normkonvergenz	norm convergence	сходимость по норме
Nullhypothese	null hypothesis	нулевая гипотеза

Operator	operator	оператор
optimal	optimal	оптимальный
asymptotisch ~	asymptotically ~	асимптотически ~
näherungsweise ~	approximately ~	почти ~
Optimalität	optimality	оптимальность
Optimalitätskriterium	criterion of optimality	критерий оптимальности
Optimierungsaufgabe	optimization problem	задача оптимизации
Orthogonalität	orthogonality	ортогональность
Parameter	parameter	параметр
Permutation	permutation	перестановка
Planungsproblem	problem of design of experiment designing problem	задача планирования эксперимента
erweitertes ~	extended ~ ~	расширенная ~ ~ ~
Polynom	polynomial	полином
Prognosebereich	region of forecast	область прогнозирования
Projektion	projection	проекция
orthogonale ~	orthogonal ~	ортогональная ~
Prozeß	process	процесс
stochastischer ~	stochastic ~	стохастический ~
Punktschätzung	point estimation	точечная оценка
Quantil	quantile	квантиль
Randomisierung	randomization	рандомизация
Randpunkt	boundary point	граничная точка краевая точка
Randverteilung	marginal distribution	маргинальное распределение
Rang (einer Matrix)	rank (of a matrix)	ранг (матрицы)
Raum	space	пространство
linearer ~	linear ~	линейное ~
meßbarer ~	measurable ~	измеримое ~
metrischer ~	metric ~	метрическое ~
normierter ~	normed ~	нормированное ~
semimetrischer ~	semi-metric ~	полуметрическое ~
Realisierung	realization	реализация
Realisierungskenntnisse	knowledge of realization (of the random regressors)	информация о реализациях (случайных факторов)
ohne ~	without ~ ~ ~	без информации ~ ~
vollständige ~	complete ~ ~ ~	полная ~ ~ ~
Regressand	regressand dependent (regression) variable predictand endogenous variable	целевая величина зависимая переменная регрессии
Regression	regression	регрессия
Regressionsansatz	regression setup (mechanistic regression model or family of regression functions to approximate the true response surface)	регрессионный подход (механистическая регрессионная модель или семейство регрессионных функций для аппроксимации истинной поверхности отклика)
linearisierter ~	linearized ~ ~	линеаризированный ~ ~
wahrer ~	true ~ ~	истинный ~ ~

Regressionsmodell	regression model	регрессионная модель
lineares ~	linear ~ ~	линейная ~ ~
klassisches ~ ~	classical ~ ~ ~	классическая ~ ~ ~
~ ~ ~ bei stochastischen Regressoren mit einstellbaren Erwartungswerten	~ ~ ~ ~ for stochastic factors with controlable expected values ~ ~ error-in-the-variables- ~ ~ with controlable expected values	~ ~ ~ ~ для стохастических влияющих величин с контролируемыми математическими ожиданиями
normales ~ ~ ~	normal ~ ~ ~ ~	нормальная ~ ~ ~ ~
nichtlineares ~	nonlinear ~ ~	нелинейная ~ ~
multivariates ~	multivariate ~ ~ multiresponse ~ ~	многомерная ~ ~
Regressor	regressor controlable variable predicated variable exogenous variable factor	влияющая величина фактор
determinierter ~	deterministic ~	детерминистическая ~ ~
stochastischer ~	stochastic ~	стохастическая ~ ~
regulär	regular	регулярный
Restquadratsumme	residual sum of squares	остаточная сумма квадратов
normierte ~	normed ~ ~ ~ ~	нормированная ~ ~ ~
Restriktion	restriction constraint (additional) condition	ограничение допольнительное условие
Risiko	risk	риск
bayessches ~	Bayes ~	байесовский ~
partielles ~ ~	partial ~ ~	частный ~ ~
robust	robust	устойчивый робастный
Sattelpunkt	saddle point	седловая точка
schätzbar	estimable	оцениваемый
Schätzproblem	estimation problem	задача оценки
Schätzung	estimation estimator	оценка
bayessche ~	Bayes ~	байесовская ~
erweitert ~ ~	extended ~ ~	расширенная ~ ~
fast- ~ ~	nearly ~ ~	квази- ~ ~
erwartungstreue ~	unbiased ~	несмещённая ~
asymptotisch ~ ~	asymptotically ~ ~	асимптотически ~ ~
projektions- ~ ~	projection- ~ ~	~ по проекцию ~
gestauchte ~	shrunken ~	толкнутая ~
gleichmäßig beste ~	uniformly best ~	равномерно наилучшая ~
konsistente ~	consistent ~	состоятельная ~
schwach ~ ~	weakly ~ ~	слабо ~ ~
stark ~ ~	strongly ~ ~	строго ~ ~
minimax- ~	minimax ~	минимаксная ~
modifizierte lineare ~- ~	modified linear ~ ~	модифицированная линейная ~ ~
wirksamste ~	efficient ~	эффективная ~

Schritt (eines Iterationsverfahrens)	step (of an iteration procedure)	шаг (итерационной процедуры)
semidefinit	semi-definite	полуопределённый
negativ ~	negative ~	отрицательно ~
positiv ~	positive ~	положительно ~
	non-negative definit	неотрицательно определённый
Semimetrik	semi-metric	полуметрика
Sequentialverfahren	sequential procedure	последовательная процедура
sequentiell	sequential	последовательный
Signifikanzniveau	significance level	уровень значимости
Simplex	simplex	симплекс
singulär	singular	вырожденный
Skalenparameter	scale parameter	параметр масштаба
Spaltenraum (einer Matrix)	column space (of a matrix)	пространство столбцов (матрицы)
Spektrum	spectrum	спектр
Spiel	game	игра
Spur (einer Matrix)	trace (of a matrix)	след (матрицы)
Statistik (Stichprobenfunktion)	statistic (sample function)	статистика (выборочная функция)
suffiziente ~	sufficient ~	достаточная ~
vollständig ~ ~	completely ~ ~	полно ~ ~
Sternpunkt	star point	звёздная точка
stetig	continuous	непрерывный
absolut- ~	absolutely ~	абсолютно ~
gleichmäßig ~	uniformly ~	равномерно ~
Stichprobe	sample	выборка
konkrete ~	concrete ~	конкретная ~
mathematische ~	mathematical ~	математическая ~
Stichprobenumfang	sample size	объём выборки
Stoppregel	stopping rule	правило остановки
Strategie	strategy	стратегия
bayessche ~	Bayes ~	байесовская ~
gleichmäßig beste ~	uniformly best ~	равномерно наилучшая ~
maximin-~	maximin ~	максиминная ~
minimax-~	minimax ~	минимаксная ~
eingeschränkte ~-~	restricted ~ ~	ограниченная ~ ~
Stufe (eines Sequentialverfahrens)	stage (of a sequential procedure)	ступень (последовательной процедуры)
suboptimal	suboptimal	субоптимальный
Suffizienz	sufficiency	достаточность
Test	test	критерий
ähnlicher ~	similar ~	подобный ~
gleichmäßig bester ~	uniformly most powerful ~	равномерно наиболее мощный ~
maximin-~	maximin ~	максиминный ~
randomisierter ~	randomized ~	рандомизированный ~
schärfster ~	most stringent ~	наиболее строгий ~
sequentieller ~	sequential ~	последовательный ~
unverfälschter ~	unbiased ~	несмещённый ~
lokal streng ~ ~	locally strictly ~ ~	локально строго ~ ~
Test einer Hypothese	test of hypothesis	проверка гипотезы
Träger (eines Maßes)	support (of a measure)	носитель (меры)

Trajektorie	trajectory	траектория
Trennbarkeit	decomposition separability	отделимость
Trennsatz	decomposition theorem separation theorem	теорема отделимости
Umfang (eines Tests)	size (of a test)	объём (критерия)
unabhängig	independent	независимый
paarweise ~	pairwise ~	попарно ~
Variable	variable	переменная
zufällige ~	random ~	случайная ~
Varianz	variance	дисперсия
präposteriori-~	preposterior ~	препостериорная ~
Varianzanalyse	analysis of variance	дисперсионный анализ
Vektor	vector	вектор
zufälliger ~	random ~	случайный ~
Verhaltensauswahlregel	behavioural selection rule	выборочное правило поведения
Verhaltensendentscheidungsregel	terminal behavioural decision rule	окончательная решающая функция поведения
Verhaltensentscheidungsfunktion	behavioural decision function	решающая функция поведения
Verhaltensentscheidungsproblem	behavioural decision problem	проблема принятия решений поведения
Verhaltensentscheidungsregel	behavioural decision rule	решающее правило поведения
Verlust	loss	потеря
Verlustfunktion	loss function	функция потерь
vermengt	confounded	смешанный
Vermengungsstruktur	confounding structure	структура смешивания
Versuch	experiment trial	эксперимент опыт
Versuchsbereich	experimental region	область измерений
diskretisierter ~	discretizised ~ ~	дискретизированная ~ ~
Versuchsplan	design plan	план
diskreter ~	discrete ~	дискретный ~
	continuous ~	непрерывный ~
	(discrete probability measure on the experimental region)	(дискретная вероятностная мера над областей измерений)
drehbarer ~	rotatable ~	ротатабельный ~
faktorieller ~	factorial ~	факторный ~
teilweiser ~ ~	fractional ~ ~	дробный ~ ~
umfangsregulärer ~ ~ ~	regular (according to the size) ~ ~ ~	регулярный (по объёму) ~ ~ ~
vollständiger ~ ~	complete ~ ~	полный ~ ~
gesättigter ~	saturated ~	насыщенный ~
konkreter ~	exact ~	точный ~
erwarteter ~ ~	expected ~ ~	ожидаемый ~ ~
optimaler ~	optimal ~	оптимальный ~
lokal-~ ~	locally ~ ~	локально- ~ ~
näherungsweise ~ ~	approximately ~ ~	почти ~ ~ приблизительно ~ ~
orthogonaler ~	orthogonal ~	ортогональный ~
randomisierter ~	randomized ~	рандомизированный ~

regulärer ~	regular ~	невырождённый ~
stetiger ~	continuous ~	непрерывный ~
	discrete ~	(непрерывная вероятностная мера над областей измерений)
	(continuous probability measure on the experimental region)	
zusammengesetzter ~	composite ~	композиционный ~
zentral ~ ~	central ~ ~	центральный ~ ~
Versuchsplanmatrix	design matrix	матрица плана
Versuchsplannorm	design norm	норма плана
Versuchsplanung	design of experiments	планирование эксперимента
optimale (statistische) ~	optimal (statistical) ~ ~~	оптимальное (статистическое) ~ ~
sequentielle ~	sequential ~ ~ ~	последовательное ~ ~
Verteilung	distribution	распределение
a-posteriori-~	posterior ~	апостериорное ~
a-priori-~	prior ~	априорное ~
konjugierte ~-~	conjugate ~ ~	сопряжённое ~ ~
nichtinformative ~-~	non-informative ~ ~	неинформативное ~ ~
	diffuse ~ ~	
ungünstigste ~-~	least favourable ~ ~	наименее благоприятное ~ ~
bedingte ~	conditional ~	условное ~
sphärische ~	spherical ~	сферическое ~
Verteilungsfunktion	distribution function	функция распределения
vollständig	complete	полный
schwach ~	weakly ~	слабо ~
	essentially ~	
Vortestschätzung	preliminary test estimation	(оценка после проверки гипотезы)
Wahrscheinlichkeit	probability	вероятность
bedingte ~	conditional ~	условная ~
Wahrscheinlichkeitsdichte	probability density	плотность вероятности
Wahrscheinlichkeitsmaß	probability measure	вероятностная мера
Wahrscheinlichkeitsraum	probability space	вероятностное пространство
Wahrscheinlichkeitsverteilung	probability distribution	вероятностное распределение
Wirkung	response	отклик
	effect	эффект
Wirkungsfläche	response surface	поверхность отклика
Zufallsgrößen	random variables	случайные величины
identisch verteilte ~	identically distributed ~	идентично распределённые ~ ~
korrelierte ~	correlated ~	коррелированные ~ ~
Zustand	state	состояние
wahrer ~	true ~	истинное ~
Zwei-Personen-Nullsummen-Spiel	zero-sum two-person game	игра двух лиц с нулевой суммой

SYMBOLVERZEICHNIS

Die Liste enthält solche Symbole, deren Grundbedeutung in allen Kapiteln dieses Bandes gleich ist. Diese Grundbedeutung kann gegebenenfalls lokal durch weitere Indizierung spezifiziert werden. Die nachgestellte Zahl in Klammern bedeutet die Seitenzahl, auf der das Symbol eingeführt wird.

N	Menge der natürlichen Zahlen; $0 \notin \mathsf{N}$
$\aleph_0$	$:=$ card N
∂	partielles Differential
$\subseteq$	Mengeninklusion
$\subset$	*echte* Mengeninklusion
$\geqq$	Halbordnung auf $\mathcal{M}_n^{>}$ bzw. $\mathcal{M}_n^{\geqq}$ (33)
$>$	Relation auf $\mathcal{M}_n^{>}$ bzw. $\mathcal{M}_n^{\geqq}$ (33)
$\underset{j}{<}$	Relation auf einer Menge von Wahrscheinlichkeitsverteilungen (83)
$\ll$	Absolutstetigkeit von Maßen (7)
$\propto$	Proportionalität von Funktionen (129)
$\equiv$	Termidentität von Generatoren (391)
$\sim$	Verteiltheitsrelation einer zufälligen Variablen
$\xrightarrow[(i\to\infty)]{}$	Normkonvergenz (3)
$\xrightarrow[\mu\text{-}f.\ddot{u}.]{}$	Konvergenz μ-fast überall (8)
$\xrightarrow[\mu]{}$	Konvergenz dem Maße μ nach (8)
$\lVert\cdot\rVert$; $\lVert\cdot\rVert_U$	(Semi-)Norm (3; 70)
$\langle\cdot,\cdot\rangle$; $\langle\cdot,\cdot\rangle_U$	Skalarprodukt (5)
$\circ$	Hintereinanderausführung von Operatoren (4)
$\odot$, Π	Komposition von Verteilungen (134); komponentenweise zu bildendes Vektorprodukt (391)
$\oplus$	Operation über einer Menge von Verteilungen (133)
$*$	Operation über einer Menge von Verteilungen (133)
$V_{n_1} + V_{n_2}$, $\sum_{i\in I} V_{n_i}$	Summe von konkreten Versuchsplänen (59)
$A \setminus B$	Differenz zweier Mengen A und B
B^A	Menge aller eindeutigen Abbildungen von A in B
$f \mid A \to B$	f ist eine eindeutige Abbildung von A in B
A^*	Menge aller Wahrscheinlichkeitsverteilungen über $[A, \mathcal{B}_A]$
$A \times B$, $\overset{n}{\underset{i=1}{\times}} A_i$, $\underset{i\in}{\times} A_i$	kartesisches Produkt von Mengen (1)
$P_1 \times P_2$, $\overset{n}{\times} P$, $\underset{i\in I}{\times} P_i$	Produkt von Maßen (7)
$\mathcal{B}_1 \otimes \mathcal{B}_2$, $\overset{n}{\otimes} \mathcal{B}$, $\underset{i\in I}{\otimes} \mathcal{B}_i$	im Produktraum erzeugte σ-Algebra (7)
$\boldsymbol{A}'$, $\boldsymbol{x}'$	Transponierte der Matrix $\boldsymbol{A}$, des Vektors $\boldsymbol{x}$
$\boldsymbol{A}^{-1}$	Inverse zur Matrix $\boldsymbol{A}$
$\boldsymbol{A}^{-}$	verallgemeinerte Inverse zur Matrix $\boldsymbol{A}$ (73)
$\boldsymbol{A}_r^{-}$	reflexive verallgemeinerte Inverse zur Matrix $\boldsymbol{A}$ (74)

$\boldsymbol{A}^{+}$	MOORE-PENROSE-Inverse zur Matrix $\boldsymbol{A}$ (74)
$\boldsymbol{A}_{\boldsymbol{U}}^{-}$	MKQ-Inverse zur Matrix $\boldsymbol{A}$ (74)
$\boldsymbol{x}^{[m]}$	Vektor m-ter Potenz (34)
$\boldsymbol{A}^{[m]}$	SCHLÄFLI-Matrix (34)
$[Z, A, L]$	Entscheidungsproblem (22)
$[Z, A_L^*, L^{(*)}]$	randomisiertes Entscheidungsproblem (22)
$[Z, U, R]$	statistisches Entscheidungsproblem (23)
$[Z, U^{(*)}, R^{(*)}]$	statistisches Verhaltensentscheidungsproblem (23)
$[Z, U^{(s)'}, R^{(s)'}]$	sequentielles statistisches Entscheidungsproblem (30)
$a(\cdot, \cdot)$	Faktor zur Normierung des Verlustes (73)
A	Aktionenraum (22)
$\boldsymbol{A}(\cdot)$	(54)
$\mathcal{A}_{\boldsymbol{A}}$	Menge der verallgemeinerten Matrizen zur Matrix $\boldsymbol{A}$ (73)
$\boldsymbol{b}(\cdot)$	Bias (systematischer Fehler) (19)
B	Teilmenge des R^k (49)
$\boldsymbol{B}_{\mathfrak{X}}$	Kovarianzmatrix des zufälligen Vektors $\mathfrak{X}$ (14)
$\mathcal{B}_A$	σ-Algebra über der Menge A (6)
$\mathcal{B}[\mathcal{E}]$	von $\mathcal{E}$ erzeugte σ-Algebra (6)
$\mathcal{B}^n$	σ-Algebra der BOREL-Mengen des R^n (6)
$\mathcal{B}^{(n)}$	σ-Algebra der LEBESGUE-meßbaren Mengen des R^n (8)
$c(\cdot\,; \cdot, \ldots, \cdot)$	Kostenfunktion (29)
$C, C(V_n)$	Stichprobenraum (von V_n) (23; 40)
card A	Kardinalzahl der Menge A
cov $(\mathfrak{X}, \mathfrak{Y})$	Kovarianz der zufälligen Variablen $\mathfrak{X}$ und $\mathfrak{Y}$ (14)
d	Differential
$d(\cdot, \cdot)$	Entscheidungsfunktion (41)
$\mathfrak{d}_1$	a-priori-Schätzung (153)
D^2	Varianzfunktional (13)
$D_{\psi}(\cdot)$	(47)
$D(V_n)$	Menge von Entscheidungsfunktionen bei gegebenem Versuchsplan V_n (41)
$D_0(V_n)$	Menge der Schätzfunktionen für $\boldsymbol{\vartheta}$ mit endlichem Risiko (71)
$D_0^{(\psi)}(V_n)$	Menge der Schätzfunktionen für ψ mit endlichem Risiko (55)
$D_E(V_n)$	Menge der erwartungstreuen Schätzfunktionen für $\boldsymbol{\vartheta}$ (71)
$D_L(V_n)$	Menge der linearen Schätzfunktionen für $\boldsymbol{\vartheta}$ (157)
$D_{LE}(V_n)$	Menge der linearen erwartungstreuen Schätzfunktionen für $\boldsymbol{\vartheta}$ (71)
$D_{LP}(V_n)$	Menge der linearen projektionserwartungstreuen Schätzfunktionen für $\boldsymbol{\vartheta}$ (354)
$D_P(V_n)$	Menge der projektionserwartungstreuen Schätzfunktionen für $\boldsymbol{\vartheta}$ (354)
$D_T(V_n)$	Menge von Ansatzdiskriminationsfunktionen (58)
det $\boldsymbol{A}$	Determinante der Matrix $\boldsymbol{A}$
diag $((\boldsymbol{x}))$	Diagonalmatrix des Vektors $\boldsymbol{x}$ (32)
dim A	Dimension des linearen Raumes A (2)
$e_{\psi}(\cdot)$	ψ-Effektivität eines Versuchsplanes (255)
$\mathrm{E}_{\mathfrak{X}}$	Erwartungswertoperator bez. der Zufallsvariablen $\mathfrak{X}$ (12)
exp	Exponentialoperator zur Basis e
$\boldsymbol{f}(\cdot)$	Funktionenvektor im linearen Ansatz (53)
$\boldsymbol{f}(\cdot, \cdot)$	Gradient der Ansatzfunktion (296)
$\mathrm{F}(\ , \cdot, \cdot)$; $\mathrm{F}(\cdot, \cdot)$	(nichtzentrale) F-Verteilung (16)
$\boldsymbol{F}(V_n)$; $\boldsymbol{F}$	Versuchsplanmatrix (53)
$\mathcal{F}_r(B)$	(53)
$\mathcal{F}(\mathcal{B}_1, \mathcal{B}_2)$	Menge der $\mathcal{B}_1$-$\mathcal{B}_2$-meßbaren Funktionen (8)
$g(\cdot)$	Gütefunktion eines Tests (20); Funktional bei Nebenbedingungen an stetige Versuchspläne (180)
$\mathrm{G}(\cdot, \cdot)$	Gammaverteilung (17)
$\mathrm{Gl}(\cdot)$	Gleichverteilung (15)
G	Approgressionsproblem mit Versuchsplanung (52)
G_1	Schätzproblem (52)

G_2	Planungsproblem (52)
$G^{(\psi)}$	Versuchsplanungsproblem zur Schätzung von ψ (55)
G^{η}	Versuchsplanungsproblem bei wahrem und linearem Ansatz (54)
G_T	Entscheidungsproblem zur Ansatzdiskrimination mit Versuchsplanung (58)
$G_{NL}^{(\psi)}$	Versuchsplanungsproblem zur Schätzung von ψ bei wahrem nichtlinearem Ansatz (295)
$G^{(s)}$	sequentielles statistisches Entscheidungsproblem mit sequentieller Versuchsplanung (SSESV) (63)
$\tilde{G}^{(s)}$	randomisiertes sequentielles statistisches Entscheidungsproblem mit sequentieller Versuchsplanung (ESSESV) (64)
$\mathcal{G}(\cdot)$	Generator eines TFV (391)
grad	Gradientenoperator
h_n	(44)
H	Prognosebereich (50)
$H(\cdot)$	Entropie einer Verteilung (88)
$\mathcal{H}[\cdot]$	konvexer Hüllenoperator (2)
$\mathrm{I}(\cdot)$	identischer Operator (4)
$I_A(\cdot)$	Indikatorfunktion der Menge A (7)
$\boldsymbol{I}_n$	Einheitsmatrix der Ordnung n
$\boldsymbol{I}(\cdot)$	FISHER-Informationsmatrix (19)
$\boldsymbol{I}(\cdot, \cdot)$	lokale FISHER-Informationsmatrix (302)
$\tilde{k}$	Kern der Likelihoodfunktion (131)
K	kritischer Bereich eines Tests (21); Indexmenge zur Festlegung einer Klasse von Fehlerverteilungen (51)
$\overline{K}$	Menge der n-dimensionalen Wahrscheinlichkeitsverteilungen mit dem Erwartungswertvektor $\boldsymbol{0}$ (89)
$K_j^{(0)}$	spezielle Klasse von Fehlerverteilungen (92)
$K_p^{(0)}$	Klasse der induzierten Fehlerverteilungen für card $K = 1$ (129)
$K_p^{(1)}$	Klasse der induzierten Fehlerverteilungen bei gegebenem Versuchsplan (139)
KLR	klassisches lineares Regressionsmodell (70)
KLRS	klassisches lineares Regressionsmodell bei stochastischen Regressoren mit einstellbaren Erwartungswerten (410)
$l(\cdot, \ldots, \cdot; \cdot); l(\cdot; \cdot, \cdot)$	Likelihoodfunktion (19; 129)
$L(\cdot; \cdot)$	Verlustfunktion (22)
$L_M(\cdot; \cdot)$	matrixwertige Verlustfunktion (106)
$L^2[\cdot, \cdot, \cdot]$	Menge quadratisch integrierbarer Funktionen (361)
$\mathcal{L}_j^m$	Menge von Verlustfunktionen (71)
$\mathcal{L}[A]; \mathcal{L}(\boldsymbol{A})$	lineare Hülle von A (2); Spaltenraum der Matrix $\boldsymbol{A}$
LR	lineares Regressionsmodell (54)
$\overline{\boldsymbol{M}}(\cdot)$	Informationsmatrix eines konkreten Versuchsplans (177)
$\boldsymbol{M}(\cdot)$	Informationsmatrix eines stetigen Versuchsplans (178)
$\overline{\boldsymbol{M}}(\cdot, \cdot)$	lokale Informationsmatrix eines konkreten Versuchsplans (298)
$\boldsymbol{M}(\cdot, \cdot)$	lokale Informationsmatrix eines stetigen Versuchsplans (302)
$\overline{\boldsymbol{M}}_{\mathrm{b}}(\cdot)$	bayessche Informationsmatrix eines konkreten Versuchsplans (269)
$\boldsymbol{M}_{\mathrm{b}}(\cdot)$	bayessche Informationsmatrix eines stetigen Versuchsplans (271)
$\boldsymbol{M}_{\lambda}(\cdot)$	(224)
$\mathcal{M}_{n_1 \times n_2}$	Menge der reellen Matrizen der Ordnung $(n_1 \times n_2)$
$\mathcal{M}_n$	Menge der reellen quadratischen Matrizen der Ordnung n
$\mathcal{M}_{n_1 \times n_2}^{(m)}$	Menge der reellen Matrizen der Ordnung $(n_1 \times n_2)$ vom Rang m
$\mathcal{M}_n^d$	Menge der Diagonalmatrizen der Ordnung n (227)
$\mathcal{M}_n^{>}$	Menge der positiv definiten Matrizen der Ordnung n (31)
$\mathcal{M}_n^{\geqq}$	Menge der positiv semidefiniten Matrizen der Ordnung n (31)
MKQ	Methode der kleinsten Quadrate
ML-	Maximum-Likelihood-

n	Stichprobenumfang
N_i	Gesamtstichprobenumfang bis zur i-ten Stufe eines sequentiellen Verfahrens (61)
$\mathrm{N}(\cdot, \cdot)$	Normalverteilung (15)
$\mathrm{NG}(\cdot, \cdot, \cdot, \cdot)$	Normal-Gamma-Verteilung (18)
NKLR	normales klassisches lineares Regressionsmodell (141)
NR	nichtlineares Regressionsmodell (295)
p_i	Gewicht eines Elements aus dem Spektrum eines diskreten Versuchsplans (45)
$p(\cdot)$; $p_{\mathfrak{X}}(\cdot)$	Verteilungsdichte (einer Zufallsvariablen $\mathfrak{X}$) (11)
$P(\cdot)$; $P_{\mathfrak{X}}(\cdot)$	Wahrscheinlichkeitsmaß (, das durch die Zufallsvariable $\mathfrak{X}$ induziert wird) (10)
$P(\cdot \mid \cdot)$	bedingte Wahrscheinlichkeit (10)
$P_{\boldsymbol{v}}$	randomisierter Versuchsplan (301)
P; $\boldsymbol{P}$; P	orthogonale Projektion (5; 426)
$\mathcal{P}$	Klasse von a-priori-Verteilungen über dem Zustandsraum (131)
$\mathcal{P}_{\boldsymbol{\theta}}(\boldsymbol{\mu}, \boldsymbol{\Lambda})$	Klasse von a-priori-Verteilungen über Θ (164)
$\mathcal{P}_{(\boldsymbol{\theta}, \boldsymbol{\Sigma}^{-2})}(\boldsymbol{\mu}, \boldsymbol{\Lambda}, \beta)$	Klasse von a-priori-Verteilungen über $\Theta \times K$ (164)
Q	Operator, der auf die Risikofunktion angewendet wird (25)
$r_{\inf}(\cdot, \cdot)$	Regret-Funktion (373)
R^+	Menge der positiven reellen Zahlen
R^n	n-dimensionaler euklidischer Raum
$R(\cdot\,;\cdot)$	Risikofunktion (23)
$R_M(\cdot\,;\cdot)$	matrixwertige Risikofunktion (106)
$R_Q(\cdot)$	Q-Risikofunktion (25)
$\mathrm{Rg}\,\boldsymbol{A}$	Rang der Matrix $\boldsymbol{A}$
$S(\cdot)$	Spektrum eines Versuchsplans (44)
S	Menge von Wirkungsflächen (50)
$\tilde{S}$; $\tilde{S}_t$	Ansatz (51; 57)
S_T	Familie von Ansätzen (57)
SLQT	sequentieller Likelihood-Quotienten-Test (21)
$\mathrm{sp}\,\boldsymbol{A}$	Spur der Matrix $\boldsymbol{A}$
$\mathrm{supp}\,\mu$	Träger des Maßes μ (7)
$\mathrm{t}(\cdot, \cdot)$; $\mathrm{t}(\cdot\,; \cdot, \cdot)$	(nichtzentrale) t-Verteilung (17)
$\boldsymbol{t}_{\min}(\cdot)$; $\boldsymbol{t}_{\max}(\cdot)$	Eigenvektor zum minimalen (maximalen) Eigenwert einer Matrix
T	Indexmenge einer Familie von Ansätzen (57)
$T^*_{\mathrm{F}}(\cdot)$	F-Test (324)
$\mathcal{T}^{(\cdot)}_{V_n}$	Menge von Testfunktionen (319)
TFV	teilweiser faktorieller Versuchsplan (390)
U	Strategienraum des Statistikers (23)
V	Versuchsbereich (40)
$V_{(d)}$	diskretisierter Versuchsbereich (388)
V_n	konkreter Versuchsplan vom Umfang n (40)
V_n^{μ}	erwarteter konkreter Versuchsplan (408)
$\mathfrak{V}_n^X$	(408)
V_n^X	(408)
$[V_n]$	Äquivalenzklasse der bis auf Permutation der Punkte gleichen Pläne (44)
$V^{(0)}$	Menge konkreter Versuchspläne (40)
$V^{(n)}$	Menge der konkreten Versuchspläne vom Umfang n aus $V^{(0)}$ (40)
V_{reg}	Menge der regulären konkreten Versuchspläne (176)
$V^{(n)}_{[\,]}$	(177)
$\mathcal{V}_{\{\mathcal{G}_1, \ldots, \mathcal{G}_p\}}$	Vermengungsstruktur zum Generatorensystem $\{\mathcal{G}_1, \ldots, \mathcal{G}_p\}$ (392)
VFV	vollständiger faktorieller Versuchsplan (390)
$\boldsymbol{x}$	Regressor, Einflußgröße, Faktor (49)
$\mathfrak{X}_i$	stochastischer Regressor (407)
$\mathfrak{Y}(\boldsymbol{x})$	Regressand, Wirkungsgröße (49)
$\mathfrak{Y}(V_n)$	Beobachtung(-svektor) (40)

Z	Zustandsraum der Natur (22)
$Z(\cdot)$	Funktional als Optimalitätskriterium (180)
$\gamma_i(\cdot)$	Auswahlentscheidungsfunktion auf der i-ten Stufe eines sequentiellen Entscheidungsproblems (60)
$\Gamma(\cdot)$	Gammafunktion
δ_{ij}	KRONECKER-Symbol
$\Delta_T(V_n)$	Menge von Verhaltensentscheidungsfunktionen zur Ansatzdiskrimination (58)
$\boldsymbol{\varepsilon}(V_n)$	zufälliger Fehlervektor (50)
ζ	zufällige Variable über dem Zustandsraum (27)
$\eta(\cdot)$	Wirkungsfläche (49)
$\tilde{\eta}(\cdot)$; $\tilde{\eta}(\cdot, \cdot)$	Regressionsansatzfunktion (51; 53)
$\boldsymbol{\vartheta}$	Regressionsparameter (53)
$\hat{\boldsymbol{\vartheta}}$	Schätzfunktion für $\boldsymbol{\vartheta}$
$\check{\boldsymbol{\vartheta}}$	MKQ-Schätzfunktion (70)
$\hat{\boldsymbol{\vartheta}}^{(0)}$	bayessche Schätzfunktion für $\boldsymbol{\vartheta}$ bei bekannter Varianz (142)
$\hat{\boldsymbol{\vartheta}}^*$	bayessche Schätzfunktion für $\boldsymbol{\vartheta}$ bei unbekannter Varianz (140)
$\check{\boldsymbol{\vartheta}}_\Sigma$	AITKEN-Schätzung (421)
$\hat{\boldsymbol{\vartheta}}_S$	STEIN-Schätzung (111)
$\hat{\boldsymbol{\vartheta}}_P$	PITMAN-Schätzung (112)
$\hat{\boldsymbol{\vartheta}}_R$	Ridge-Schätzung (159)
$\hat{\boldsymbol{\vartheta}}_J$	Schätzung bei quadratischen Restriktionen (157)
$\hat{\boldsymbol{\vartheta}}_g$	gestauchte MKQ-Schätzung (159)
$\check{\boldsymbol{\vartheta}}_P$	Projektions-MKQ-Schätzung (355)
$\check{\boldsymbol{\vartheta}}^{(\eta)}$	(362)
$\hat{\boldsymbol{\vartheta}}_0^{(\nu)}$	Vortestschätzung (372)
Θ	Raum der möglichen Regressionsparameter (53)
$\tilde{\Theta}$	Parameterraum von $\tilde{S}$ (353)
$\boldsymbol{\theta}$	Zufallsvektor über Θ (56)
$\boldsymbol{\varkappa}$	Zufallsvektor über dem Prognosebereich H (56)
$\lambda_i(\boldsymbol{A})$; $\lambda_i(\boldsymbol{A}, \boldsymbol{B})$	Lösung einer (allgemeinen) Eigenwertaufgabe für Matrizen (33)
$\lambda_{\min}(\boldsymbol{A})$; $\lambda_{\max}(\boldsymbol{A})$	minimaler (maximaler) Eigenwert der Matrix $\boldsymbol{A}$
$\lambda^{\otimes n}$	LEBESGUE-Maß auf $[\mathrm{R}^n, \mathscr{B}^{(n)}]$ (8)
ξ	stetiger bzw. diskreter Versuchsplan (45)
ξ_v, ξ_x	Einpunktplan (47)
Ξ_V	Menge der Einpunktpläne (49)
Ξ	Menge der stetigen Versuchspläne (44)
$\Xi^{(0)}$; $\tilde{\Xi}$	Teilmengen von Ξ (44; 45)
Ξ_d	Menge der diskreten Versuchspläne (45)
Ξ_{reg}	Menge der regulären stetigen Versuchspläne (178)
$\Xi^{(n)}$	(44)
$\Xi^{(\infty)}$	(180)
$\Xi_A^{(0)}$	(213)
Ξ_A	(213)
$\tilde{\Xi}_{\mathrm{orth}}$	Menge der orthogonalen stetigen Versuchspläne aus $\tilde{\Xi}$ (227)
$\tilde{\Xi}_{\mathrm{dreh}}$	Menge der drehbaren stetigen Versuchspläne aus $\tilde{\Xi}$ (227)
$\Xi^*_{\psi, \tilde{\Xi}}$	Menge der ψ-optimalen stetigen Versuchspläne aus $\tilde{\Xi}$ (45)
$\Pi^{(n)}$	Gruppe der Permutationen von n Elementen
Π	(44)
$\varrho(\cdot\,;\cdot)$	bayessches Risiko (27)
σ^2	Varianz im KLR
Σ^{-2}	zufällige Variable über R^+ (97)
$\boldsymbol{\Sigma}$	Kovarianzmatrix des Fehlervektors (79; 421)

τ	zufällige Variable über T (310)
v	zufällige Variable über V^n (301)
$\varphi_{\mathfrak{X}}(\cdot)$	charakteristische Funktion der Zufallsvariablen $\mathfrak{X}$ (14)
$\varphi_i(\cdot, \dots, \cdot)$	Stoppregel auf der i-ten Stufe eines sequentiellen Entscheidungsproblems (29)
$\Phi_\psi(\cdot, \cdot)$	Anstieg von ψ (47)
$\chi^2(\cdot, \cdot)$	nichtzentrale Chi-Quadrat-Verteilung (16)
$\psi(\cdot)$	Funktional im Optimalitätskriterium (45)
$\boldsymbol{\psi}(\cdot, \cdot)$	allgemeine lineare Parameterfunktion (54)
$\hat{\boldsymbol{\psi}}(\cdot, \cdot, \cdot)$	Schätzfunktion für $\boldsymbol{\psi}(\cdot, \cdot)$ (55)
$\check{\boldsymbol{\psi}}(\cdot, \cdot, \cdot)$	MKQ-Schätzfunktion für $\boldsymbol{\psi}(\cdot, \cdot)$ (71)
$\hat{\boldsymbol{\psi}}^{(0)}(\cdot, \cdot)$	bayessche Schätzung für $\boldsymbol{\psi}(\cdot, \cdot)$ bei bekannter Varianz (268)
$\hat{\boldsymbol{\psi}}^*(\cdot, \cdot)$	bayessche Schätzung für $\boldsymbol{\psi}(\cdot, \cdot)$ bei unbekannter Varianz (127)
$\boldsymbol{\omega}$	Zufallsvektor über K (56)

SACHWORTVERZEICHNIS

FSC
www.fsc.org
MIX
Papier | Fördert
gute Waldnutzung
FSC® C083411

Kolibri 360 GmbH
Ferdinand-Jühlke-Straße 7
99095 Erfurt, Deutschland
produktsicherheit@kolibri360.de